ZWIRNE

IHRE HERSTELLUNG UND VEREDELUNG

VON

PROF. HEINRICH BRÜGGEMANN

MIT 29 TAFELN

MÜNCHEN UND BERLIN 1933

VERLAG VON R. OLDENBOURG

Druck von R. Oldenbourg, München und Berlin

Seinem lieben alten Freund

Herrn Dr.-Ing. e. h. Wilhelm Reiners in Gladbach-Rheydt

zugeeignet

Geleitwort.

Eine weitere meiner Vorlesungen über Textilindustrie an der Technischen Hochschule München übergebe ich hiermit in Buchform dem Lernbegierigen und dem Praktiker.

Diese Vorlesung behandelt ein Grenzgebiet, das die Spinner und die Veredler kennen müssen, und an dem die Weber und die zahlreichen Verbraucher von Zwirnen, Nadel- und Handarbeitsgarnen nicht achtlos vorbeischauen dürfen, weil der Erfolg ihrer Tätigkeit von der Güte der Zwirne wesentlich beeinflußt wird.

Das vorliegende, vertiefte Studium der Herstellung der Zwirne und ihrer Veredlung ist keine einfache Maschinenbeschreibung und Aufzählung praktischer Maßnahmen und Ergebnisse, sondern eine zielbewußte Entwicklung und ein folgerichtiger Aufbau der in der Technik benutzten Verfahren und Arbeitsmittel, wobei von den zu erfüllenden Bedingungen ausgegangen wird und die zur Verwirklichung des erstrebten Erfolges notwendigen Wege und Ausführungen behandelt werden. Hierzu sind ebensowohl die in der Industrie benützten Maschinen als die von vorausschauenden Erfindern gezeigten Verbesserungen und Vorschläge berücksichtigt worden. Letztere sind in ausgedehntem Maße den Patentschriften und dem technischen Schrifttum entnommen, unter Angabe der Quellen, damit der Leser jederzeit in der Lage ist, einen ihm besonders beachtenswert erscheinenden Vorschlag gründlicher weiter zu verfolgen, als es auf dem gedrängten Raum eines Buches oder in der kurzen Zeit einer Vorlesung möglich ist.

Die natürliche Folge dieser Behandlungsweise des äußerst vielseitigen Stoffes ist das Zurücktreten der Hersteller der Maschinen und der Urheber der Verfahren in den Überschriften der einzelnen Abschnitte; beide sind in dem Quellenverzeichnis aufgenommen.

Durch die reichlichen Begründungen und Anregungen wird eine Weiterentwicklung der Industrie ermöglicht und gefördert, und wenn dieses auch nur in bescheidenem Maße gelingt, so ist der Zweck des vertieften Studiums erreicht.

Die vielen Zeichnungen und die weitläufigen Erklärungen der chemischen Einflüsse der Veredelungsmittel sind besonders für den Maschineningenieur berechnet und sollen es ihm erleichtern, einen kleinen Teil des weitverzweigten Gebietes des Chemikers insoweit zu verstehen, als es für seine erfolgreiche Tätigkeit in einem Zwirnereibetrieb mit Veredelung notwendig ist. Aber auch dem Chemiker, der in seinem Wirken tagtäglich die Zwirnereimaschinen streift, dürfte das Verstehen ihrer Arbeitsvorgänge von großem Nutzen sein; für beide, Chemiker und Techniker, ganz besonders für den Fall, daß sie sich gegenseitig in der Gesamtleitung des Betriebes vertreten müssen.

Auch in dieser Veröffentlichung habe ich die Fremdwörter tunlichst vermieden und die Arbeitsvorgänge, soweit sie sich darstellen lassen, in schematischen Zeichnungen mit den von mir eingeführten Abkürzungen und Zahlen veranschaulicht. Neu sind in diesem Band hinzugekommen die Zusammenstellungen, welche die Textseiten angeben, auf denen die Beschreibungen der Abbildungen sowie die Quellen zu finden sind, um das Nachschlagen zu erleichtern und zu beschleunigen, sowie der Anhang, in dem die Maschinenfabriken die Gelegenheit wahrnehmen, vorzügliche Lichtbilder und Schnittzeichnungen derjenigen Maschinen zu geben, welche sie in besonderer Vervollkommnung herstellen, wodurch die in der Beschreibung eingehend erklärten, nüchternen schematischen Strichzeichnungen der Tafeln eine lebendigere Form für diejenigen bekommen, welche diese Maschinen nicht tagtäglich vor Augen haben. Von jeder Maschinenausführung konnte aus Platzmangel meistens nur eine schematisch dargestellt werden; in der Quellenangabe sind auch die übrigen anerkannten Hersteller mit aufgeführt. Desgleichen habe ich die Erzeugnisse für die Textilindustrie bewährter Fabriken im Anhang aufgenommen und die Wirkungen und Verwendungen der chemischen Hilfsmittel in der Auskunft eingehend erklärt.

Wie bisher, wurden auch unter der „Auskunft" weniger geläufige Worte und Ausdrücke, meist nach Herders Konversationslexikon, Ullmanns Enzyklopädie der technischen Chemie, Prof. Dr. P. Heermann, Technologie der Textilveredelung und der Leichtfaßlichen Chemie von Dr. A. Ganswindt kurz erklärt, um den im praktischen Leben Stehenden Vergessenes wieder aufzufrischen.

Besonderen Dank spreche ich an dieser Stelle aus den Maschinen- und chemischen Fabriken für ihr weitgehendes Entgegenkommen durch Überlassung von Zeichnungen und Angaben, sowie den Herren Ing. Arthur Bietenholz, Basel, ehemaliger Direktor von Schappe-Spinn- und Zwirnereien, Prof. Dr. phil. Hans Theodor Bucherer, Vorstand des chemisch-technischen Laboratoriums der Technischen Hochschule München; Ingenieur Rudolf Ehlich, Chemnitz; Wilhelm Elwert, München, früher Leiter der Verkaufsabteilung der Firma Cucerini Cantoni Coats, Mailand; Direktor Alfred Grünert der Zittauer Maschinenfabrik; Adolf Vogelgesang, Färbereitechniker der Maschinenfabrik H. Krantz, Aachen, welche mich durch Aufschlüsse und Mitteilung praktischer Erfahrungen im Betriebe wertvoll unterstützten. Lobend möchte ich auch die treue

Mitarbeit des Herrn Dipl.-Ing. Hans Gramshammer hervorheben, durch dessen vollendete Zeichnungen der Wert des Werkes wesentlich erhöht wurde.

Dem Verlag geziemt es sich nicht nur für die vorzügliche buchtechnische Ausführung dieses Werkes höchste Anerkennung zu zollen, sondern auch ganz besonders seine großen Verdienste festzulegen, die er sich um die Förderung des vertieften Studiums der Textilindustrie dadurch erworben hat, daß er trotz der schweren Zeit die teuere Herausgabe dieses Bandes ermöglichte.

München, Weihnachten 1932.

Prof. Heinrich Brüggemann.

Inhalt.

Erklärungen der Strichzeichnungen und ihrer Bezeichnungen.

Die neben den Buchstaben in Klammern stehenden Ziffern geben die Nummern der Abbildungen an und die Beizahl dieser Ziffern die durch sie rechts oben gekennzeichnete Tafel, auf dem die Abbildung zu suchen ist. Also wird festgelegt durch 1 (1_0), daß der Arbeitsteil 1 durch die Abbildung 1 der Tafel 0 dargestellt ist.

Es sind gekennzeichnet:

Der Boden und die Gestelle durch dünne Linien, die Arbeitsteile, Hebel und Übertragungen durch dicke; — der **Boden** 1 (1_0) durch eine Gerade mit darunter Schraffierung von links oben nach rechts unten gehend; — ein **ortsfestes Gestell** 2 (2_0) durch eine Gerade mit darunter Schraffierung von rechts oben nach links unten; — ein sich im Raum **verschiebendes Gestell** 3 (3_0) durch eine Gerade mit darunter sich kreuzender Schraffierung; — ein auf dem Boden oder dem Gestell befestigter einfacher **Lagerbock** 4 (4_0) durch einen Kreis 4 auf einem $\perp$-Stück 5, das mit der Unterlage durch Schrauben 6 verbunden ist; — ein **lotrecht einstellbarer Lagerbock** $7!$ (5_0) durch eine Unterbrechung 7 des lotrechten Schenkels mit Klemmschraube zum Zusammenhalten beider Teile; — ein **waagerecht einstellbarer Lagerbock** durch zwei waagerecht aufeinander passende Teile 8, $9!$ (6_0), die durch eine Schraube miteinander verbunden sind; — die **Einstellbarkeit** eines Arbeitsteiles durch Beifügung eines $!$ (Achtung, Einstellung) an die Ziffer, welche den Arbeitsteil benennt; — **Hebel** durch Gerade 1, 2_x–2_x, 4 (7_0), die von einem Kreis 2_x ausgehen; — der **Drehpunkt** eines Hebels durch den Punkt im Kreis, den man sich als Zapfen 2 (8_0) des senkrecht zur Zeichnungsebene befestigten Lagerbockes vorstellen muß; — **ortsfeste Drehpunkte** 2_x (7_0) durch Anhängung eines x unten an die Ziffer, die den Kreis (die Nabe des Hebels) bezeichnet; — **verschiebbare Drehpunkte** durch x oben an der Ziffer; — die **Augen** durch kleine Kreise 4 $(7, 8_0)$ an den Endpunkten der Hebel, in denen Stangen, Seile, Ketten od. dgl. angreifen, um die Schwingung der Hebel hervorzurufen oder weiterzuleiten; — **verschiebbare Angriffspunkte** durch $3!$, wobei $3!$ ein einstellbares Winkelstück ist; — die **Riemen** 1 $(9, 10_0)$ durch Strichpunktlinien; — die **Seile** 1 $(11, 12_0)$ durch Strichpunktpunktlinien; — die **Ketten** 1 $(13, 14_0)$ durch Strichpunktpunktpunktlinien; — die **Zahnstangen** $2'$ $(15, 16_0)$ durch Strichpunkt . . . . . . punktstrichlinien; — die **Zahnräder** durch das $'$ oben an der Ziffer; — **Stirnräder**, als Teilkreis in der Scheibenfläche gesehen, durch einen punktierten Kreis $1'$ (17_0), von der Seite gesehen, als ausgezogene Gerade $1'$ (18_0) mit kurzen, senkrecht zu ihr stehenden Strichen; — das **feste Rad** $1'$ (18_0) durch eine Gerade, welche die sich drehende Welle $1'_x$ schneidet; — das **lose Rad** $1'$ $(19, 20_0)$ auf stillstehender Welle 1 durch einen Kreis um den Punkt 1 (19_0) in der einen Ansicht, in der andern erscheint die durch den Kreis dargestellte Nabe durch zwei kurze, parallel zur Welle 1 (20_0) angeordnete Striche; die kurzen, senkrecht zur Welle gezeichneten Striche 2 geben Stellringe an, welche die seitliche Verschiebung der Losräder verhüten; 3 ist eine Feststellschraube, um den Zapfen 1 an der Drehung zu verhindern; — die **Kettenräder** $2'$ $(13, 14_0)$ in der Seitenansicht (14_0) durch eine Gerade, welche die kurzen Querstriche etwas überragt; — **Kegelräder** $1'$, $2'$ $(21, 22_0)$ durch einen punktierten Kreis $1'$ und eine Berührende $2'$, abgegrenzt durch zwei gegen die Achse geneigte Striche bzw. durch zwei derartige Gerade $1'$, $2'$ (22_0); — der **endlose Schraubenantrieb** $1'$, $2'$, $3'$–$4'$ $(23, 24_0)$ durch eine Spirale $1'$, $2'$, $3'$ (23_0) mit einer durch zwei nach außen gerundete Bögen begrenzte Gerade $4'$, in der andern Ansicht durch eine Schraube $1'$, $2'$, $3'$ mit punktiertem Kreis $4'$ (24_0); $1'$, $2'$, $3'$ besagt, daß die endlose Schraube ein-, zwei- oder dreigängig ist; — der **Schraubenradantrieb,** Räder mit schiefgeschnittenen Zähnen und senkrecht zueinander liegenden Wellen, durch einen punktierten Kreis $1'$ (25_0), der in ein Schraubenrad $2'$ eingreift, in der andern Ansicht durch einen Schraubentrieb $1'$ (26_0) und einen punktierten Kreis $2'$; — ein **Zwischenrad** z' (27_0), zwischen dem ortsfesten Wechseltrieb $1'!$ und dem ortsfesten Wechselrad $2'!$, die durch andere von größerer oder kleinerer Zählzahl ersetzt werden können; die Welle z_x' ist in einem Lager $3'!$ gehalten, das auf einem um die Axe $1'_x$ des Triebes $1'$ schwenkbaren Arm 4 verstellbar ist, der auf dem kreisförmig angeordneten Bock 5 befestigt wird; — die **Riemenscheiben** $2_f''$, $2_l''$ (10_0) durch Gerade mit nach außen gewölbten Bogenstücken; $2_f''$ ist die Festscheibe, $2_l''$ die Losscheibe; in der andern Ansicht durch einen voll ausgezeichneten Kreis mit auflaufenden Riemen 1 (9_0), oder durch einen Punktstrichkreis, wenn der Riemen nicht eingezeichnet ist; — die **Seilscheiben** $2_l''$ bzw. $2_f''$ (12_0) durch Gerade begrenzt mit gegen die Welle zeigenden Pfeilen in der Seitenansicht und durch Strichpunktpunktkreis bzw. Strichpunktpunkt Seil 1 (11_0) in der Vorderansicht; — die **Triebe** (Treibenden) durch ungeradzahlige Ziffern mit $'$, die **Triebscheiben** mit $''$, wenn ihre Zähnezahlen bzw. ihre Durchmesser unbekannt sind, sonst durch die Zähnezahlen mit $'$ oder die Durchmesser in mm mit $''$; — die **Räder** (Getriebenen) durch geradzahlige Ziffern mit $'$ bei Zahnrädern und mit $''$ bei Scheibenrädern. Sind die Zähnezahlen bzw. die Durchmesser bekannt, so werden sie eingetragen und mit $'$ bzw. mit $''$ versehen, so daß die Berechnungen der Übersetzungen leicht durchzuführen sind. Die zusammenarbeitenden Räder und Scheiben werden in der Beschreibung durch , getrennt und die aufeinanderfolgenden Paare durch — verbunden; — die **Wechselräder,** falls ihre Größen unbekannt sind, durch die laufende Ziffer mit $!$, also $1'!$, $2'!$ (27_0), $2''!$ (11_0) hervorgehoben. Sind alle Zähne eines Wechseltriebsatzes $1'!$ (27_0), z. B. von $30' \div 45'$, vorhanden, so ist dieses durch $30' \leftharpoondown 45'$ angegeben; sind die Zähne des Wechselrades $2'!$, z. B. in den Abständen von zwei Zähnen vorrätig, so heißt die Abkürzung $25' \backsim 61'$. Sind bloß Wechselräder von $25'$, $40'$, $50'$ verfügbar, so werden diese Ziffern durch Bindestriche getrennt, also $25'$—$40'$—$50'$. Ist ein Seilwirtel mit z. B. $350'' \lessgtr 800''$ ($11, 12_0$) bezeichnet, so heißt das, daß Scheiben von 350 mm Durchmesser um 50 mm steigend auf Lager sind. Ist die Übersetzung eines Paares bekannt, aber die Abmessungen von Trieb und Rad nicht, so wird diese in der Zeichnung und Beschreibung eingesetzt; z. B. $\underline{1} : \overline{2,5}$ ($28, 29_0$); — die **Klauenkupplung** durch ein rechtwinkliges Gebilde $3'$, $4'$ (28_0) mit beiderseits gleich weit vorstehenden, schiefen Begrenzungen; die Loskuppel $3'$ ist mit dem Rad $2'$ verbunden, das vom Trieb $1'$ bewegt wird; die Schiebkuppel $4'$ gleitet über einen Keil 4 der Welle $4_x'$, die durch den Trieb $5'$ bei geschlossenen Kuppeln $3'$, $4'$ die Drehung des Triebes $1'$ auf das Rad $6'$ überträgt; — die **Reibungskupplung** durch ein rechtwinkliges Gebilde $3''$, $4''$ (29_0) mit beiderseits nur nach innen gerichteten, kurzen Strichen 3, 4. Sind die Kuppeln $3''$, $4''$ gegeneinander gepreßt, so überträgt die Gleitkuppel $4''$ durch die Stifte 5 die Drehung des Triebes $1'$ über das Rad $2'$ auf das Festkreuz 6 der Welle $6_x''$ und diese sie durch das Räderpaar $7'$, $8'$ auf das Rad $8'$; — die **Exzenter** $11''$ (28_0) durch einen exzentrischen Kreis $11''$, wenn die Verschiebung senkrecht (radial) zur Welle $11_x''$ stattfindet (Radialexzenter), und durch einen schiefabgeschnittenen Muff $17''$ (29_0) bei paralleler zur Achse erfolgender Schwingung (Axialexzenter); — den **Hub** des Exzenters durch e unten an die in mm angegebene Größe; — **Stellschrauben** $1!$ (7_0), $12!$ (29_0) durch Gerade, welche das mit ihnen versehene Stück schneiden; der kurze Begrenzungsstrich bedeutet den Kopf der Schraube der folgende Querstrich die Gegenmutter; — **Flachfedern** 5_0 (7_0) durch geschweifte Linien, die einerseits am Gestell 2 befestigt sind und anderseits am Hebelarm 2_x, 4 anliegen; — **Spiralfedern** 13_0 (29_0) durch klammerförmig über die Welle 11_x gelegte, einerseits in 14 am Gestell befestigte und anderseits in 10 am Hebel $12!$, 11_x, 9 angreifende Linien; — **Schraubenzugfedern** 9_0 (28_0) durch Zickzacklinien, die einerseits mit einem Auge, anderseits mit Bolzen und Muttern ausgerüstet sind; — **Schraubendruckfedern** 9_0 (29_0) durch versetzte Punkte, die um die Welle $6_x''$ oder 7_0 um einen Stift 6 (30_0) angeordnet sind; — **Gewichte** $1_0!$ (31_0) durch ein Trapez, das bei verlegbaren Gewichten in eine der Kerbungen des Hebels 2, 3_x eingehängt wird; — **Auflegegewichte** 1_0 (31_0), Scheiben mit schmalen Schlitzen, die in größere Löcher münden, als waagerechte Striche; — die **Selbstbelastung** durch eine $_0$ unten an die Durchmesser der abhebbaren Oberwalze, z. B. $2_0''$ ($32\,I_0$); — die **Hängebelastung**, ein auf die Schäfte der Oberwalzen $2_0''$ (33_0) durch Haken 4, 5 aufgehängtes Gewicht 3_0, durch einen darüber gezeichneten Pfeil 3, mit vollem Kopf; wirkt eine Feder 3_0 ($32\,I_0$), so endet der Pfeil mit einem Kreis; — die **Hebelbelastung:** a) die einfache Hebelbelastung, z. B. mittels der Feder 7_0 (30_0), welche zwischen der Scheibe 6 des Stiftes der Mulde 5 und dem Hebel 4, 2_x den Zylinder $3''$ gegen die Mulde 5 preßt, durch einen mit Kreis versehenen Pfeil 3_0 ($32\,III_0$) mit einem kurzen Strich bzw. mit einem schiefen Z ($32\,IV_0$). Wirkt das Gewicht 1_0, $1_0!$ (31_0) über einen zusammengesetzten Hebel $2!$, 3_x—4, 5—5, 6_x—7, $8!$, 9—9, 10_x—11, 12, dessen Sattel 11, 12 im Schlitzlagerbock 13 geführt ist und die Walze $14''$ auf den Zylinder $15''$ preßt, so wird zur Übersichtlichkeit verwickelter Zeichnungen, diese Übertragung angedeutet, durch einen Pfeil 3. ($32\,V$, VI_0) mit drei kurzen Strichen ($32\,V$.) bzw. mit drei schiefliegenden Z ($32\,VI$.); — ein **Spannschloß** durch eine Mutterhülse $8!$ (31_0), welche die beiden, entgegengesetzt zueinander geschnittenen Enden zweier Stangen 7 und 9 miteinander verbindet. Durch Drehung der $8!$ nähern sich beide Stangen oder sie entfernen sich voneinander; — **ortsveränderliche Gewichte** oder **Federn** durch Ziffern mit ^{0} oben; — die **stetige Rechtsdrehung** durch Pfeil $\searrow\uparrow$ (9, 10_0); — die **stetige Linksdrehung** durch Pfeil $\nearrow\downarrow$ (11, 12_0); — die **ruckweise Drehung** durch einen abgesetzten Pfeil (28, 29_0) gleicher Länge; — die **Pilgerschrittbewegung** (kleiner Rücklauf großer Vorwärtsgang) durch einen abgesetzten Doppelpfeil ungleicher Länge (27_0); — die **Schwingung** durch einen Doppelpfeil; — das **Umlegen** der Übertragungen in die Zeichnungsebene durch ein Kegelpaar i', das in Wirklichkeit nicht besteht (i = Abkürzung für imaginär = hinzuzudenken).

Die einzelnen Bestandteile der Hebelverbindungen werden durch , zwischen den Zahlen getrennt und die aufeinanderfolgenden durch — verbunden; also z. B. in Abb. 29_0: $17''$—$16''$, 15_x—$12!$, 11_x, 10, 9—13_0—14—$4''$, $3''$— besagt, daß das Exzenter $17''$ über den Rollenhebel $16''$, 15_x, der in 15_x drehbar ist, und über den in $12!$ einstellbaren und in 11_x drehbaren Hebel $12!$, 11_x, 10, 9, der durch die Feder 13_0, die in 10 an ihm anliegt und in 14 am Gestell befestigt ist, bei der einen halben Umdrehung des Exzenters $17''$, gekennzeichnet durch den abgesetzten Pfeil, mittels der Feder 13_0 die Kuppel $4''$ mit der Kuppel $3''$ nachgiebig verbindet und bei der andern halben Umdrehung des $17''$ die $4''$ aus $3''$ starr löst.

Die Bezifferung jeder Zeichnung beginnt mit 1 für den besondern Arbeitsteil oder den Antriebsriemen, und sie geht folgerichtig weiter; bei der Erklärung lasse man sich durch sie leiten.

Zur bessern Übersichtlichkeit eines Schemas werden sich überschneidende Linien möglichst vermieden und dazu Linien unterbrochen und mit gegeneinander gerichteten Pfeilen an den Enden versehen, um den Verlauf leicht verfolgen zu können.

Abkürzungen in der Beschreibung.

Um Wiederholungen zu vermeiden, wird der durch Zahlen gekennzeichnete Arbeitsteil bloß das erstemal, wenn er auftritt, durch ein treffendes Wort benannt, später ist er eine einfache Nummerfolge.

Das Verstehen und die Besprechung der Arbeitsvorgänge noch so verwickelter Maschinen wird durch Beherrschen dieser einfachen Hilfsmittel wesentlich erleichtert.

In der Beschreibung werden bei DRP. Nr. (Deutsches Reichspatent Nummer) die Zeichen * für eingereicht am . . . und + für erloschen am . . . verwendet. Die in Klammern angegebenen Zahlen sind Hinweisungen auf die Nummern des Quellenverzeichnisses.

Die Wärmegrade sind Celsiusgrade. Es bedeuten:

A = Ampère; Atü = Atmosphärenüberdruck; bzw. = beziehungsweise; dgl. = der- oder desgleichen; h = Stunde; l = Liter; m = Meter; m/s = Meter in der Sekunde; proz. = prozentig; P. S. = Pferdestärke; rd. = rund; s. S. = siehe Seite; ung. = ungefähr; V = Volt; 50 $\downarrow$ = 50 Umdrehungen in der Minute.

In der Auskunft bezeichnen: A = Aktiengesellschaft für Anilinfabrikation, Berlin SO 36; B = Badische Anilin- und Sodafabrik, Ludwigshafen a. Rh.; By = Farbenfabriken vormals Friedrich Bayer & Co., Leverkusen bei Köln a. Rh.; C = Leopold Casella & Co., Frankfurt a. M.; F.T.M. = Fabriques de produits chimiques de Thann et de Mulhouse, Haut-Rhin; J = Gesellschaft für chemische Industrie, Basel; M = Farbwerke vormals Meister, Lucius & Brüning, Höchst a. M.; NJ = Chemikalienwerk Griesheim G. m. b. H., Griesheim a. M.; P = Société anonyme des matières colorantes et produits chimiques de St Denis, Paris, Rue Lafayette 105; t. M. = Chemische Fabriken, vormals Weiler-ter-Meer, Uerdingen a. Rh.

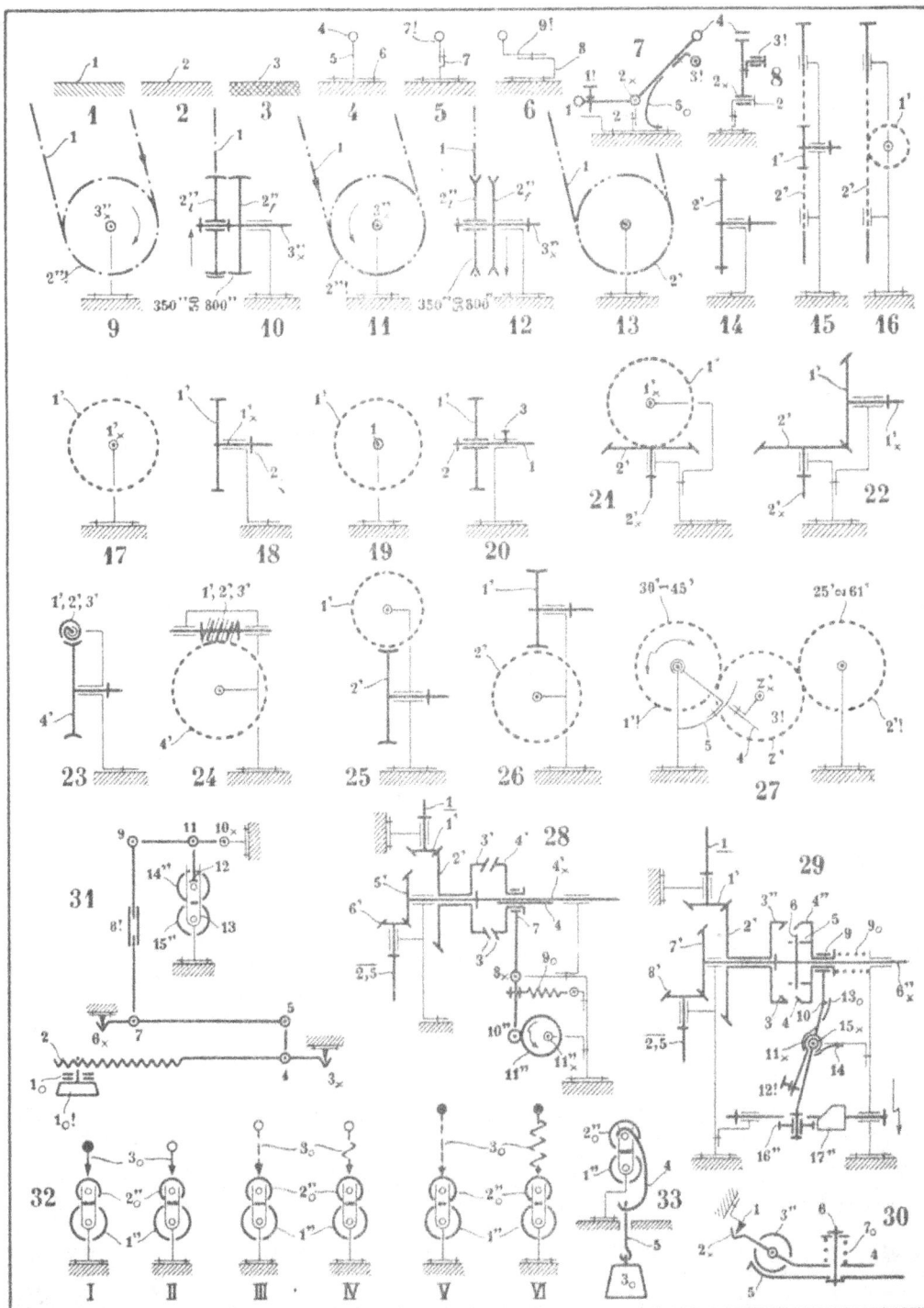

350" 800"   350" 800"

1 2 3 4 5 6 7 8

9 10 11 12 13 14 15 16

17 18 19 20 21 22

23 24 25 26 27

30°—45'   25'ci 61'

31 28 29

32 33 30

I II III IV V VI

Verlag von R. Oldenbourg, München und Berlin.

0. Die Kennzeichnung und Einteilung der Textilgebilde.

Die Textilgebilde bestehen aus natürlichen Fasern des Stein-, Tier- und Pflanzenreiches, aus künstlichen, welche durch Zerkleinern oder Auflösen faseriger Gebilde, hauptsächlich des Pflanzenreichs, und Wiederherstellung der Faserform entstehen, oder aus Rückfasern, welche aus den Verarbeitungsabfällen der Textilfasern zu Geweben und zu Gebrauchswaren sowie aus Lumpen durch Zerfasern erhalten werden.

Die Textilgebilde lassen sich einteilen in: A) die Textilfasergebilde, B) die Textilgespinstgebilde und C) die Textilflächengebilde.

0 A. Die Textilfasergebilde

zerfallen in: A a) Faserflachgebilde, A b) Faserlanggebilde und A c) Faserflächengebilde.

A a) **Die Faserflachgebilde** begreifen alle Faservereinigungen von rechteckigem Querschnitt und annähernd gleicher Länge l (l_1) und Breite b, die Blätter oder Watten (z. B. für Steppdecken) oder von beschränkter Breite b und großer Länge l, wie z. B. die Watten der Öffner und Schläger oder das Vlies, der Flor, der Karden in der Spinnereivorbereitung. Als

A b) **Faserlanggebilde** werden Fasermischungen mit rechteckigen oder kreisflächigen (2_1) Querschnitten bezeichnet, deren Längen l die Breiten b (1_1) oder die Dicken d (2_1) bedeutend übertreffen. Sie lassen sich unterscheiden in: b 1. Gebilde mit zwangsloser Faseranordnung, die Flachbänder (1_1) oder die Rundbänder (2_1), z. B. der Karden, Strecken und Kämmer, und in: b 2. Gebilde mit erzwungener Faseranordnung, *2a. die Lunte* und *2b. das Garn*, welche erhalten werden aus den übereinandergreifenden Faserstapeln s (3_1), einmal durch Hin- und Herrollen der Fasermasse 0 (4_1) zwischen Ledermuffen *1, 2*, die über sich drehende Walzen *1'', 1''—2'', 2''* und Stützwalze *3''* gehen, deren obere *1'', 1''—1* sich senkrecht zur Zeichnungsebene entgegengesetzt zur unteren *2'', 2''—3''* hin und her bewegt. Dieser Arbeitsvorgang heißt Nitscheln und das aus dem Nitschelwerk austretende Gut, kurz Ausgut genannt, genitschelte Lunte. Nur sehr lange Fasern, wie die Seidenabfälle, oder sehr rauhoberflächige Fasern, wie die Wolle, erhalten durch das Nitscheln genug Zusammenhalt, um auf- und abge-

wickelt werden zu können, ohne daß das Fasergebilde stellenweise verdünnt „geschnitten" wird. Alle anderen Textilfasern müssen durch
Drehen des Gebildes 0 (3, 5_1) um seine Längsachse in schraubenförmige
Lagen gezwängt werden, aus denen sie ihre ursprüngliche gerade Richtung wieder zu erlangen versuchen. Hierdurch stehen die Faserspitzen
s_1 (5_1) vom Kern ab, und das Gebilde erscheint flaumig. Jede Faser
verursacht auf ihrer ganzen Länge gegen das Innere gerichtete Drücke D,
welche durch entsprechende Gegendrücke der ihr gegenüberliegenden
Faser ausgeglichen werden. Bei der Beanspruchung des Gebildes auf
Zug Z in seiner Längsrichtung verursachen die Drücke D eine Reibung R,
die dem Auseinandergleiten der Fasern einen Widerstand entgegensetzt.
Dieser ist um so größer, je mehr Fasern im Querschnitt, je länger die
Fasern und je zahlreicher die Drehungen des Gebildes um seine Längsachse sind, d. h. je mehr Drehungen t auf die Längeneinheit l gezählt
werden. Die Anzahl Drehungen auf die Längeneinheit ist der Draht t
des gedrehten Faserlanggebildes. Ist der Draht t des Gebildes gering,
so daß bei schwachem Zug Z die zwischen Daumen und Zeigefinger
beider Hände I, $I—II$, II (3_1) gehaltenen Fasern auseinanderschleichen
und durch ein rechtzeitiges Nachschieben durch II, II einer neuen Be-
anspruchungslänge ein dünnes und doch gleichmäßiges Fasergebilde ent
steht, so heißt es Lunte. Ist das Verhältnis der Länge l (2_1) des Gebildes
zu seiner Dicke d sehr groß und der Draht t so stark, daß er ein gleichmäßiges Verfeinern des Gebildes nicht zuläßt, sondern seine Fasern
durch die Reibung R (5_1) so fest zusammenhält, daß sie zum Teil oder
alle bei der Beanspruchung auf Zug Z zerreißen, so heißt das gedrehte
Faserlanggebilde Garn, ein Oberbegriff, unter den drei Arten fallen:
b1) das Spinngarn oder Gespinst, das Fasergebilde der Spinnmaschinen,
das durch Verziehen der Lunte im Streckwerk I, $I_0—II$, $II_0—III$, III_0
(24, 26, 28, 29_{22}) und Drehen der Spindel erhalten wird und durch
Zurückdrehen, wobei es sich zwischen den Daumen und Zeigefingern
beider Hände befindet, sich in seine Einzelfasern zerlegen läßt; b2) das
Zwirngarn oder der Zwirn, das einfache oder mehrfache, weitergedrehte,
oder das mehrfache I, 2 (6_1), entgegengesetzt zum Gespinst gedrehte
Gebilde der Zwirnmaschinen, das aus Gespinsten ohne Verziehen nur
durch Zusammendrehen entsteht und ebenfalls in seine Gespinste auf-
lösbar ist, und diese in ihre Fasern zerlegbar sind; b3) die Nadelgarne,
welche, um zur Verarbeitung mit glatten Stricknadeln (7_1), mit Haken I
(8_1) versehenen Häkelnadeln, oder mit Ösen I (9_1) ausgerüsteten Näh-
nadeln geeignet zu sein, veredelt sind. Zu den Nadeln zählen wir auch
die mit Ösen I (10_1) versehenen Litzen 2 und die Stäbe I (11_1) des
Blattes 2, 3, die durch Schraubenfedern 4 im Bundstab 5 mit Verbindungssteg 6 gleich weit auseinander gehalten werden und auf dem Zettel-
und Webstuhl die Gespinste zwischen sich führen. Damit die Garne
mit diesen Nadeln bearbeitet werden können, dürfen sie sich an ihnen

nicht aufrauhen. Dieses wird bei Strickgarnen durch ihre großen Faser-
längen erreicht, wodurch nur wenige Spitzen s_1 (5_1) von ihnen abstehen.
Bei Garnen aus kurzen Fasern s (3_1) werden diese vorher geglättet, entweder auf trockenem Weg, in dem sie durch Flammen gezogen werden,
welche alle Faserspitzen wegbrennen, sengen, gasieren, oder auf nassem
Weg durch Tränken der Fasergebilde mit Kleister, Gummi oder einer
Glättmasse mit nachfolgendem Reiben und Bürsten, wodurch die Faserspitzen s_1 (5_1) an den Kern verklebt werden. Die durch Naßbehandlung
gegen das Aufrauhen gesicherten Garne heißen Faden. Sie weichen dadurch von den Gespinsten, Zwirnen und den übrigen Nadelgarnen ab,
daß sie genäßt werden müssen, um ihre Schlichte zu entfernen, bevor sie
sich, oft sehr schwer, in ihre Gespinste 1, 2 (6_1) und diese in ihre Einzelfasern zerlegen lassen.

 2c. Die Verwendung der Garne. Die meisten Spinngarne, Gespinste,
dienen als Kette 0, 0_1 ($37 \div 39_1$), welche die Länge des Gewebes bildet,
und als Schuß 0_2, das im Breitensinn verlaufende Gespinst; die übrigen
Gespinste 1, 2 (6_1) werden gezwirnt, um sie zum Netzen ($12 \div 16_1$),
Stricken ($17 \div 23_1$), Häkeln (25, 26_1), Nähen ($40 \div 66_1$) und Sticken
($67 \div 85_1$) gebrauchen zu können. Die Kettgarne 0 haben dem Gewebe
die Festigkeit zu geben, weshalb sie aus den besten Fasern und mit dem
höchsten Draht gesponnen werden. Die Schußgespinste 0_2 dienen zum
Zusammenhalten der Kette 0 und bedingen den weichen Griff des
Stoffes; daher sind für sie geringere Fasern verwendbar, deren Fasergebilde nur sehr wenig Draht haben dürfen. Die zu Zwirn zu verarbei-
tenden Gespinste werden gefacht, meistens je zwei oder drei, und dann
für die Herstellung von zwei- oder dreifachen Zwirnen entgegengesetzt
zur Spinndrehung gezwirnt. Für zweifache Vorzwirne, die zu vier-
oder sechsfachen Auszwirnen dienen, werden die zweifach gespulten
Gespinste im gleichen Sinn wie die Gespinstdrehungen gezwirnt. Aus
diesem Grund erhalten die Gespinste, die zum zwei- oder dreifachen
Nähzwirn verwendet werden, eine härtere Gespinstdrehung, weil sich
beim entgegengesetzt zur Spinndrehung erfolgenden Zwirnen ein Teil
der Gespinstdrehung auflöst. Bei den Vorzwirnen wird jedoch durch
das Zwirnen in der Drehrichtung der Gespinste, diesen eine Zusatzdrehung gegeben, weshalb man zu solchen Zwirnen Gespinste mit mittleren Drehungen wählt, die zwischen der Kette und Schußdrehungen
liegen und mit Mittel-(Medio-)drehungen bezeichnet werden. Die
Lunten, welche im Gegensatz zu den Gespinsten noch verfeinert werden
können, heißen oft Vorgarn und die sie herstellenden Maschinen: Vor-
spinner oder Spuler, weil sie die ersten Spulen bilden.

 A c) **Die Faserflächengebilde.** Die Faserflächengebilde werden durch
Übereinanderlegen von $40 \div 50$ Floren 0 (1_1) zu einem widerstandsfähigen Faserflächengebilde, das im Handel als Watte geht und zu Pol-
sterungen von Matratzen und Sitzmöbeln dient. Um sie für Bettdecken

geeignet zu machen, werden sie oft auf einer Seite mit Leim bestrichen, der alle Fasern beim Trocknen mehr oder weniger zusammenklebt. Solche Watten heißen Leimwatten oder geleimte Watten. Werden die Tierhaare beim Übereinanderschichten der Flore mit Dampf befeuchtet und im Nitschelwerk $1 \div 3''$ (4_1) sehr stark gewürgelt, so geraten die viele Häkchen aufweisenden Fasern zäh ineinander und bilden den schwer zerfaserbaren, äußerst widerstandsfähigen Filz.

0 B. Die Textilgespinstgebilde.

B a) Die Gespinstflachgebilde.

Hierzu gehören die Netze ($12 \div 16_1$), Gestricke ($17 \div 20_1$), Häkeleien ($25, 26_1$), Gewirke ($21 \div 23, 28_1$), Geflechte (29_1), Gardinen ($31 \div 34_1$) und Gewebe ($37 \div 39_1$). Diese entstehen entweder aus einem Garn, Gespinst oder Zwirn, oder aus mehreren.

a 1. Die Flachgebilde aus einem Garn werden erhalten durch:

1a. das Henkeln im Breitensinn des Gebildes.

a 1) mit ineinander verknoteten Henkeln; *das Netzen.*

Wird das Garn *0* (12_1) zur Bildung der folgenden Henkel *2* in die vorhergehenden *1* geknotet, *3*, so ergeben sich aus vier Henkelhälften unverschiebliche, rautenförmige Maschen, welche die Netztuche bilden, oder bei waagerechter Maschenlage die sog. Netz-(Filet-)stoffe (15_1). Diese Knüpfarbeit heißt: Netzen. Das *Handnetzen* wird mit einem Zwirn *0* ($12, 14_1$) durch nacheinander erfolgendes, im Breitensinn fortschreitendes Verknoten *3* ausgeführt, indem der auf einer Nadel *4* (12_1) aufgewickelte Zwirn *0* nach Umlegen um das die Größe des Henkels bestimmende Maßholz *5* mit dem Henkel *1* des bereits fertiggestellten Netzanfanges in der Richtung der Pfeile (13_1) verschlungen wird; die Knoten *3* (14_1) verlaufen alle gleichartig.

a 2) Mit ineinander hängenden Henkeln: das Stricken. Hier hängen die alten Henkel *1* ($17, 18, 21 \div 23_1$) in den neuen *2*; sie werden in waagerechten Reihen gebildet, und sie steigen nach jeder Reihe um einen Henkel.

2a) Das Handstricken. Sind die alten Henkel *1* ($17, 18_1$) bei der Verarbeitung auf einer Nadel *3* (7_1) aufgereiht und werden die folgenden Henkel *2* ($17, 18_1$) aus dem Garn *0* durch Drehung der Nadel *3* nach dem punktierten Kreis nacheinander durch die vorhergehenden *1* gezogen und auf der Nadel *4* gesammelt, so entsteht durch das Handstricken das Handgestricke, z. B. der handgestrickte Strumpf. Beim Handstricken werden die Henkel *1* auf einer Stricknadel *3* bzw. *4* aufgereiht, mit welcher auch die Henkelbildung durchgeführt wird. Sie ersetzt also das Maßholz *5* (12_1) und die Nadel *3* des Handnetzens.

1. In Deutschland wird das Garn *0* (17_1) über die linke Hand gelegt und zwischen dem fünften (19_1) und vierten Finger von außen nach dem

Innern der Hand zwischen dem dritten und zweiten Finger heraus und zweimal um letzteren herumlaufen gelassen. Die Arbeit selbst ist mit dem Daumen (17_1), dem Mittel- und vierten Finger der linken Hand so zu halten, daß das eine Ende jeder Nadel, von welcher die Maschen abgestrickt werden, zwischen den Spitzen des Daumens und des Mittelfingers höchstens 15 mm hervorragt, weil sich sonst die Henkel leicht verziehen und ungleich lang werden. Beim einfachen Anschlag zu Beginn der Arbeit mit einfachem Garn 0 (19, 20_1) wird es, wie oben, über den Zeigefinger gelegt, dann über den Daumen geschlungen, das lange, der anzuschlagenden Henkelzahl entsprechende Garnende 5 zwischen dem vierten und fünften Finger gefaßt, die Nadel 3 (19_1) von unten nach oben in die über dem Daumen liegende Schlinge und dann von rechts nach links unter dem zwischen Zeigefinger und Daumen gelegenen Garnteil 6 (20_1) geführt, hierauf wieder durch die über dem Daumen liegende Schlinge 7 gezogen, der Daumen aus ihr entfernt und die Schlinge 7 ($20\,a_1$) auf der Nadel 3 angestrafft. Bei den folgenden Henkeln wird das Garn so über den Daumen gelegt, daß das Ende 5 (20_1) außen bleibt; die Nadel 3 wird unter das vorn liegende Garn gebracht und die Masche wie oben vollendet. Nachdem alle Henkel auf der Nadel 3 aufgereiht sind, wird die zweite Nadel benutzt und wie oben angegeben gestrickt.

2. In England, Frankreich und Italien wird das Garn 0 (18_1) über die rechte Hand gelegt, und zwar schlingt man es einmal um den kleinen Finger, führt es sodann unter dem vierten und Mittelfinger durch über den Zeigefinger, der dicht an der Strickerei steht. Der Daumen und der Mittelfinger der linken Hand haben allein die Arbeit zu halten. Die linke Hand bleibt beim Stricken ziemlich untätig; sie schiebt bloß die auf der linken Nadel befindlichen Henkel, einen nach dem andern, gegen die rechte Nadel vor. Durch eine kleine Bewegung mit dem Daumen der rechten Hand im Sinn des punktiert gezeichneten Bogens bildet man mit der rechten Nadel die Maschen, wobei sie durch die vorderste Masche der linken Nadel greift, das vorrätige Garn erfaßt und durch die Masche der linken Nadel zieht (1).

2b) Das Maschenstricken, Wirken. Wird dadurch gehenkelt, daß jeder alte Henkel 1 (21_1) über den Schaft 3 seiner senkrecht zu ihm stehenden Nadel 3, 4 durch den Schnabel 5 der Platte, Platine 6, 7^x, 8 so lang zurückgehalten bleibt, bis das davor quer auf die Nadeln gelegte Garn 0 (22_1) durch Senken der Platten 6, 7^x, 8 (21_1) von der Nase 6 (22_1) nacheinander zu Henkeln ausgebildet ist und diese dann durch Vorwärtsbewegung der 6, 7^x, 8 (21_1) in die offenen Öhren 4 der Nadeln 3 gelangen, während nach Schließen der 4 durch die Schiene 9 (23_1) die 1 über die 3, 4 abgeworfen werden und sich in die 2 hängen, so wird das Maschengestricke oder Gewirke gebildet, die unter dem Namen Kulier- oder Schußgewirke gehen (vom Französischen couler und noeud coulant = Schleife, Henkel) und Schußgewirke, weil das Garn quer über die

Nadeln, ähnlich wie der Schuß eines Gewebes, gelegt und die Henkel ebenso verlaufend gebildet werden.

Das Maschinenstricken und Wirken erfordert Öhrennadeln mit federnden Haken 4 $(21 \div 23_1)$ oder mit starrem Haken 4 (24_1) und mit aufklappbarer Zunge 10, 11_x, in welche die neu gebildeten Henkel eingelegt und über welche die alten abgeschoben werden, so daß alle sich gleichzeitig in die neuen hängen, worauf diese aus den geöffneten Öhren zurückbefördert werden. Bei den eigentlichen Strickmaschinen wird das Garn, ähnlich wie dieses beim Handstricken mit der einen glatten Nadel 1 (7_1) geschieht, mit der Zungennadel (24_1) durch den alten Henkel gezogen und zu einem neuen ausgebildet, während bei den Wirkstühlen das Henkeln dadurch erfolgt, daß das über die Nadelschäfte 3 $(21, 22_1)$ gelegte Garn 0 der Reihe nach zwischen ihnen von 6 durchgebogen wird.

1b. Das Henkeln im Längen- und Breitensinn des Gebildes: Das Häkeln. Schreitet die Arbeit durch die Entwicklung nur eines Henkels 1 $(25, 26_1)$ im Breiten- und Längensinn weiter, so heißt sie Häkeln und das Gut Häkelei. Beim Häkeln wird das Garn 0 (25_1) wie bei dem deutschen Stricken zwischen dem vierten und fünften Finger (19_1) der linken Hand geführt, geht unter dem vierten und dritten durch, um dann um den Zeigefinger zweimal geschlungen zu werden, so daß das Garn nach außen, dem Daumen zugekehrt, liegt. Dann wird es von rechts nach links so um den Daumen gelegt, daß es um diesen eine Schlinge bildet. Das Ende des Garnes wird beim Anschlagen mit dem dritten und vierten Finger festgehalten. Die Häkelnadel (8_1), welche man genau so hält wie die Feder beim Schreiben (25_1), wird in die Schlinge (19_1) beim Daumen der linken Hand eingeführt, das Garn 6, welches vom Zeigefinger ausläuft mit dem Häkchen der Nadel 3 (20_1) erfaßt, der Daumen aus der Schlinge gezogen und der Henkel, der sich nun bildet, nur so weit zugezogen, daß sich die Häkelnadel leicht durch die Schlinge 7 $(20a_1)$ stecken läßt. Das Garnende halten dann die Daumen und der dritte Finger der linken Hand fest. Die zweiten und weiteren Henkel entstehen durch das Fangen des Garnes mit dem Häkchen 3 (25_1) und sein Durchziehen durch die Schlinge.

a2. Die Flachgebilde aus vielen Garnen, hergestellt durch:

2a. Das Leimen. Die geleimten Bänder, welche durch Hindurchziehen von Gespinsten oder Zwirnen 0 (27_1) durch eine Schlichte und nachfolgendes Trocknen erhalten werden, dienen zum Verschnüren leichter Päckchen.

2b. Das Henkeln im Längensinn des Gebildes, seitliches Henkeln.

b1) Mit ineinander verknoteten Henkeln: Das Maschinennetzen. Bei älteren Ausführungen erfolgt die Knotenbildung durch ein einziges Garn, welches einerseits des Netzes eingeführt wird, nacheinander die Henkel verknüpft, um dann von der anderen Seite unter Einzelknotenbildung zurückzukehren. Die neueren Maschinen bilden sämtliche Knoten einer Reihe bis zu 600 gleichzeitig, und zwar $10 \div 15$ Reihen in der Minute (2). Hierzu werden zwei Fadengruppen verwendet, deren eine, die Kette 1 (16_1), bloß Schlingen bildet, während die andere 2 diese umfaßt und durch sie geht. Die Knotenverschlingungen wechseln ab (3).

b2) Mit ineinander hängenden Henkeln. Durch das Henkeln der im Längensinn des Gebildes verlaufenden Kettfäden 1, 2, 3, 4 (28_1) entsteht das sog. Kettengewirke, oft Kettenware genannt.

2c. Das Flechten, wobei die ungeradzahligen Gespinste 1, 3, 5, 7, 9 (29_1) in schräger Richtung senkrecht die geradzahligen 2, 4, 6, 8 kreuzen, und der Richtungswechsel eines jeden der Reihe nach an den beiden Rändern erfolgt: die Geflechte, Klöpeleien, Schmalspitzen, Einsätze.

2d. Das Umschlingen der Kettfäden 1, 2, 3, 4 ... (30_1) durch von einem Rand des Flachgebildes schräg zum anderen und desgleichen zurück wandernde Gespinste 6: der glatte Tüll (4).

2e. Das Verzwirnen der Henkel, gebildet vom Musterzwirn 1 (31_1), an die Kettfäden 2 mittels des Wickelgarnes 3, wobei 1 zwischen je zwei Kettfäden 2 (englischer Grund) oder über zwei Kettfäden 2 (französischer Grund) (32_1) henkelt und so die Grundfläche für die Gardinen entsteht, oder über mehr zur Bildung erhabener Muster (5). Während bei dieser Herstellung die Henkel spitzwinklig zur Kette verlaufen, sind sie beim Netzgrund rechtwinklig dazu angeordnet. Zur Herstellung sind vier Garne notwendig. Der Netzfaden (Filet) 4 (33_1) geht mit dem Kettgarn 2 von *a* nach *b* und wird dabei durch 3 an 2 gezwirnt und geknüpft, worauf 4 über den Nachbarkettfaden hinweg bis *c* geht und dann mit dem dritten Kettfaden 2 durch das Wickelgarn 3 verzwirnt wird. Nun läuft 4 mit 2 von *c* nach *d* unter Umwicklung durch 3 und wieder zum ersten Kettfaden nach *a* zurück, worauf dieselbe Folge wiederholt wird.

Zur Herstellung des Kreuzgrundes werden ebenfalls vier Fäden verwendet, der nicht gezeichnet Zierfaden 1, die Kettfäden 2 (34_1), das Wickelgarn 3 und der Kreuzfaden 4, welcher schräg zu 2 wechselt und auf kurze Strecken durch 3 mit 2 verbunden ist. In der Musterung ergeben zwei verschieden dicke, sehr widerstandsfähige Musterfäden besonders schöne Schattierungen (Swiss-Gardine). Die Gitterwirkungen kommen besonders dadurch zum Ausdruck, daß durch Vereinigung mehrerer Kettfäden und ihrer zugehörigen Musterfäden größere Durchbrechungen entstehen (5).

2f. Das Weben, eine Arbeit, durch welche die in den Ösen 1, 1_1 (35_1) der Litzen 2, 2_1 (10_1), der Schäfte 3, 3_1 (35_1) und durch die Zähne des Blattes 9 bzw. 1 (11_1) geführten Kettfäden 0, 0_1 (35_1) zu einem Fach 4, 1, 5, 1_1, 4 ausgehoben werden, durch das das Schußgespinst 0_2, das

von einem Kötzer *6* (36$_1$) des Schützen *7* bei seiner über die Laden-
bahn *8* (35$_1$) und senkrecht zur Zeichnungsebene erfolgende Hin- und
Herbewegung abläuft, quer zu den Kettfäden eingetragen wird, worauf
es durch Vorwärtsgehen des Blattes *9* der Lade *10$_x$, 8, 9, 11* an den
Geweberand *5* angeschlagen und durch ein Wechseln der Schaftstel-
lungen das neue Fach *4, 1$_1$, 5, 1, 4* zum Eintragen des folgenden
Schusses 0_2 gebildet wird.

Die Grundbindungen. Gelangen bei der Fachbildung die ungeradzahligen Kettfäden *0* ins Oberfach und die gradzahligen 0_1 ins Unter-
fach und wechseln diese Stellungen für jedes folgende Fach regelmäßig,
so heißt die Bindung (37$_1$) Leinwand für alle Gewebe aus Pflanzenfaser-
gespinsten, Tuch für die aus Wollfasergespinsten und Taffet für die aus
Seidenfäden. Werden die Verhältnisse der hebenden zu den senkenden
Kettfäden, z. B. 1:4 (38$_1$), nach den den Saum des Gewebes bildenden,
meistens in Leinwand bindenden Kettfäden *0*, in regelmäßiger Folge
gewechselt, so entstehen: die Köper, und zwar $1 + 4 = 5$ bindiger, wenn
die Bindungspunkte *1, 2, 3 . . .*, d. h. die Punkte, an denen die Kettfäden *0* über dem Schußgespinst 0_2 liegen, aneinanderstoßen und das
Gewebe mit schrägen Rippen erscheint; die Atlasse oder Satins, wenn
die wenigen Bindungspunkte *1, 2, 3 . . .* (39$_1$) so zerstreut angeordnet
sind, daß die Gespinstflottungen, z. B. über 7 Kettfäden beim gezeichneten 8 bindigen Atlas, die Gespinstkreuzungen *1, 2, 3* schwer erkennen
lassen, wodurch eine glänzende Gewebeoberfläche verursacht wird.

Mit diesen drei Grund- oder klassischen Bindungen werden durch
Zusammenstellungen die schönsten Musterungen erzeugt.

B b) **Die Gespinstlanggebilde:** Hierunter fallen die Zwirne und die
geklöppelten, geflochtenen Schnüre, welche ähnlich hergestellt werden
wie die schmalen, geflochtenen Bändchen unter *2c*.

0 C. Die Textilflächengebilde

entstehen aus den Faserflachgebilden entweder durch Übereinanderlegen
von Faserflächen auf Gewebebahnen und Zusammensteppen, die Bettdecken z. B., oder durch Aneinandernähen ebener Gespinstgebilde, z. B.
von Netzflächen, Gestricken, Gewirken, Spitzen und Geweben. Fertige
Textilflächengebilde kommen in den Handel als Waren: z. B. Netz-,
Strick-, Wirkwaren, Kleider.

C a) **Das Nähen,** von Hand oder durch Nähmaschinen, ist die Fertig-
keit, mittels Nadel (9$_1$) und Fadens entweder zwei vorher zweckentspre-
chend geschnittene Gewebebahnen *1, 2* (40$_1$) durch die Verbindungs-
naht *0* im Überwendlichstich miteinander zu einem Flächengebilde zu
vereinigen oder freiliegende Stoffkanten *1* (41$_1$) durch einen Faden *0*
mit Seitenstich zu verriegeln und mittels der Saumnaht einzufassen.

a1. Die Stiche für das Handnähen.

Erscheint der Nähfaden 0 (42_1) in gleichen Abständen abwechselnd auf der Oberseite 1 und der Unterseite 2 des Stoffes, so wurde mit *1a. Vorderstich* genäht. Beim *1b. Saumstich* wird der Rand 1 (43_1) der Gewebebahn 2 kurz abgebogen und eingeschlagen, und der Faden 0 von der Seite in gleichen Abständen fortlaufend durch die untere Gewebelage 2 und den umgelegten Rand 1 eingeführt. Zur Erzielung einer festeren Naht verwendet man den *1c. Hinterstich*, wobei der folgende Durchstich 1 (44_1) hinter dem Austritt 2 des vorhergehenden Stiches 3 beginnt. Berühren sich die Ein- und Ausstiche 1, 2 (45_1), so wird mit *1d. Steppstich* genäht. Liegen die Stoffränder 1, 2 (46_1) einfach übereinander, so können sie durch den *1e. Zickzackstich* (-naht) 0 miteinander verbunden werden. Während beim *1f. Überwendlichstich* 0 (40_1) die Nadel immer von einer Seite des Stoffrandes quer zur Naht unter gleichmäßigem Vorwärtsgehen einsticht, wird der Zickzackstich 0 (46_1) durch eine in ihrer Richtung ein- und ausstechende Nadel erhalten. Für den *1g. Hohlsaum* für Leib- und Tischwäsche 1, 2 (47_1) werden mehrere aufeinanderfolgende Fäden ausgezogen und die stehengebliebenen Querfäden 3 mittels Seitenstichen 0 zu Bündeln miteinander vereinigt. Bei der *1h. Kappnaht* (bei Maschinenarbeit Rollnaht) werden die Enden der Bahnen 1, 2 (48_1) mittels Vorderstiches (42_1) oder Steppstiches (44, 45_1) 0 (48_1) zuerst verbunden, dann beide Kanten umgeschlagen und auf der einen Gewebebahn 1 durch Saumstich (43_1) 0_1 (48_1) festgelegt. Im *1i. Knopflochstich* wird der Faden 0 (49_1) durch den Verbindungssteg 1 der vorher gebildeten Schlinge 2 geführt und in der Steglänge wieder als Schleife 2 ausgebildet.

a2. Die Stiche für das Maschinennähen sind: der nachgeahmte Überwendlichstich, der Kettenstich, der Doppelkettenstich und Doppelsteppstich.

2a. Der nachgeahmte Überwendlichstich 1, 2 (50_1), welcher zum Zusammennähen von Gestricken und Gewirken ausgeführt wird, kennzeichnet sich dadurch, daß die Garnverschlingungen nach 0, 3, 4, 5, 6, 0 verlaufen, wobei der Zug 3, 4 über die Ränder der 1, 2 greift.

2b. Der Kettenstich weist auf der Unterseite Henkel 1 (51_1) auf, die in ihrer Folge einer Kette gleichen, daher Kettenstich, durch die Gewebe 2, 3 mit den Schenkeln 4, 5 greifen, welche auf der Oberseite von 2 durch die Stege 6 mit den benachbarten zusammenhängen. Der Fadenverbrauch ist das $3\frac{1}{2} \div 4$fache der Länge der Naht, welche wegen der Verwendung nur eines Fadens sehr dehnbar ist, mit $4 \div 5000$ Stichen in der Minute hergestellt werden kann und sich durch Ziehen am Ende 7 leicht auflösen läßt. Dieser Stich findet daher zum Verbinden von Gestricken, Gewirken und der Gewebebahnen in der Bleicherei und Färberei sowie zum Sacknähen Verwendung.

2c. Der Doppelkettenstich wird durch zwei Fäden, von denen der von oben kommende *1* (52_1), der Oberfaden, die Gewebe *2, 3* durchdringt und einen Henkel *4* bildet, während der zweite *5*, der Unterfaden, durch den ersten Henkel *4*, um den zweiten *4_1*, zurück durch den *4* geht, worauf er nach Durchdringung des *4_1* dasselbe Spiel wiederholt. Auch hier ist der Garnverbrauch ein sehr großer.

2d. Der Doppel-Steppstich. Bei ihm geht der Oberfaden *1* (53_1) als Henkel *4* durch beide Gewebe *2, 3* und durch den Henkel *4* der Unterfaden *5*, der bei richtigen Spannungen der *1* und *5* einen Henkel *6* ergibt, der gleich lang wie *4* ist. Dieser Doppelsteppstich wird bevorzugt, weil die Naht nur das $2\frac{1}{2} \div 3$ fache ihrer Länge Faden gebraucht und unaufziehbar ist (6).

d1) Die Bildung des Doppelsteppstiches. *1a) Mit schwingendem Schiffchen und lotrecht gelagerter Spule.* In der an der Grundplatte *1* (54_1) angeschraubten Schiffchenbahn *2* gleitet in deren Nut *3* das Schiffchen *4* mit einer halben Umdrehung vor und zurück. Auf seinem Zapfen *5* (55_1) ist die Hülse *6* (54_1) der Spule *7* (56_1) aufgesteckt. *7* wird durch eine Federklappe *8_0*, *9_x* (54_1) am Herausfallen aus dem *4* verhindert und *6* durch den Stellfinger *10* im Schlitz *11* der *2* lose gehalten. Die Schwingung des *4* wird vom punktiert gezeichneten Treiber *12_x, 13, 14* (55, 57_1) veranlaßt. Beim Hochgehen der *$15 \div 18$* (58_1) wird der Fadenteil, der in der kurzen Nut *16* liegt, infolge seiner Reibung am Stoff *19, 20* (57_1) gewölbt, so daß die Spitze *21* des *4* in den so gebildeten Henkel des *0_1* eingreifen kann und ihn bei der Vorwärtsbewegung des *4* um die *$4 \div 10$* (59_1) mitnimmt, wobei *0_1* durch die lange Nut *17* der Nadel nachgezogen wird. *0_1* wird über dem *0*, der durch die Feder *22_0* gegen die Wand der *6* gepreßt und dadurch gespannt ist, hinweggezogen, um dann zwischen *10* und *11* (54, 60_1) abzugleiten und sich in den *0* einzuhängen; hierauf wird *0_1* durch einen Fadenzughebel so weit zurückgenommen, daß die beiden Henkel in der Mitte der Stoffe *19, 20* (61_1) zusammenhängen.

Das Ausheben des *6* (54_1) zum Nachfüllen mit *0* geschieht durch Aufklappen von *8, 9_x*, wodurch sich ein nicht gezeichneter, unter Federwirkung stehender Schieber aus der Ringnut des *5* (55_1) entfernt.

1b) Mit schwingendem, waagerecht gelagerten Greiferschiffchen und seitlich in ihm gehaltener Spule. Der von der Spule *1* (62_1) kommende Unterfaden *0* geht durch den Schlitz *2* (63_1) und die Einkerbung *3* der Spulenhülse *4*, die mit den beiden Flanschen *5, 6, 7* (64_1) im Greiferring *8, 8_x* (65, 66_1) liegt, welcher um eine halbe Umdrehung schwingt. Die *4* wird durch Anliegen der Kante *5* (63_1) an der Nase *9* des Tragstückes *10* und der Kante *6* an der Feder *11_0*! an der Mitnahme durch *8* verhindert. Die Einstellung der *11_0*! erfolgt durch den Hebel *12, 13_x* des *10* und ihre Festlegung durch die Schraube *14*. Der von der Rolle ablaufende Oberfaden wird von der Nadel $15 \div 18$ (58_1) durch die beiden Gewebe in den Bereich des 8 (63, 65, 66_1) gebracht. Beim Hochgehen der 15 wird der Fadenteil, welcher in der kurzen Nut 16 (58_1) liegt, infolge seiner Reibung am Stoff gewölbt, so daß die Spitze 19 des 8 (63, 65_1) in den so gebildeten Henkel 10_1 des Oberfadens eingreifen kann und ihn bei der Vorwärtsbewegung des 8 um die $4 \div 7$ (63_1) mitnimmt, wobei 0_1 durch die lange Nut 17 (58_1) der Nadel nachgezogen wird. 0_1 (63_1) wird über den 0, der in der Einkerbung 3 tief gelegen, und von der ihn gegen 4 drückenden Feder 20_0! gespannt ist, in die punktierte Lage gezogen, um dann zwischen 6 und 11! abzugleiten und sich in den 0 einzuhängen; hierauf wird 0_1 durch einen Fadenzughebel so weit zurückgenommen, daß die beiden Henkel in der Stoffmitte zusammenhängen, ähnlich wie 61_1.

Das Schmieren der Gleitflächen $5 \div 7$ (63, 64_1) und des 8 besorgt ein geölter Filz 21 (63_1) auf 10. Das Ausheben der 1 zum Nachfüllen mit 0 geschieht durch Druck auf den Spulenauswerfer 22, 23_x, 24 (7b).

Cb) **Das Sticken** ist das Ausschmücken der Gewebeoberfläche mit ein- oder mehrfarbigen Garnen, welche durch mannigfaltige Sticharten mittels Hand- oder Maschinenarbeit nach dem auf dem Stoff vorgezeichneten Muster in flacher oder erhabener Ausführung dauerhaft mit den Gespinsten der Unterlage verbunden sind. Dabei können die Stickgarne den gegitterten Grund (Stramin) vollständig bedecken oder dichter geschlagene Gewebe nur stellenweise verzieren.

b1. Die Stiche für das Handsticken. 1a. Für die Flachstickerei. Die einfachsten Verzierungen werden im $a1$) *Kreuzstich* ausgeführt, wobei das Garn 0 (67_1) im Sägezahn nach $1 \div 10$ hin-, und dann im entgegengesetzten Sägezahn nach 11, 8—9, 6—7, 4—5, 2—3, 0 zurückgeht; desgleichen im $a2$) *Gitterstich* (auch Kreuznaht genannt), wobei das Garn 0 (68_1) nach den Zahlen 1, 2, 3 . . . sich gitterartig überkreuzt. Der durch ein zweites Ziergarn 0_1 (69_1) durchflochtene Gitterstich ist als $a3$) *Hexenstich* bekannt. Beim $a4$) *Knötchenstich* bilden die mit der Nadel aus dem Garn 0 (70_1) geschlungenen Knötchen 1 die Zier und legen gleichzeitig den Stich fest. Liegt das Garn in Henkeln 1 (71, 72_1) auf der Oberfläche des Gewebes 2, so heißt der Stich $a5$) *Kettenstich*; er wird hergestellt, in dem nach der Bildung des Steges 3 das Garn bei 4 auf die Oberseite geht und in den vorhergehenden Henkel 1 eingehängt wird, worauf das Garn durch 5 nahe der Austrittsstelle 4 des Steges 3 wieder zurück zur Bildung des folgenden Steges 6 geführt wird. Liegen die Einstichpunkte 4, 5 (73_1) in größerer Entfernung voneinander und wird bei der Bildung der Stege 3, 6 und der Schleifen 1 genau wie vorhin beschrieben verfahren, so erhält man den $a6$) *Doppelkettstich* (Doppelfeston- oder Knopflochstich). $a7$) *Der Katzenstich* besteht aus der Folge langer Stiche 1, 3, 5, 1 (74_1) unterbrochen von punktartigen Stichen 2, 4. Zur Ausführung des $a8$) *Grätenstiches* wird das

Garn 0 (75_1) nach $1\div6$ gestickt. $a\,9$) Der *Bogenstich* kann als eine Folge von Henkeln 1, 2, 3 (76_1), die verschieden geneigt und dem Muster entsprechende Länge aufweisen, bezeichnet werden. — $a\,10$) Der *Quadratstich* wird durch das Garn nach den Zahlen $1\div19$ (77_1) und zurück 19, 20, 17, 22, 15, 23 ... gebildet. Gekennzeichnet ist der $a\,11$) *Verschiedenheitsstich* durch wiederkehrende Stiche $1\div6$ (78_1). Zur Erzielung von Flächenwirkungen wird der $a\,12$) *Plattstich* verwendet, welcher aus nebeneinander gelegten Garnlagen 1 (79_1) besteht, deren Neigung senkrecht oder schief zu Musterlängsachse steht und auf der Rückseite dasselbe Stichbild mit entgegengesetzter Richtung bietet.

1 b. Für die Hoch-(Erhaben-)stickerei. Hierzu wird auf dem Stoff 1 (80_1) eine Auflage aufgestickt 2 oder, aus Tuch 3 geschnitten, aufgelegt und um diese zu verbergen, über sie das Stickgarn 0 im Plattstich (79_1) geführt, wie dieses teilweise dargestellt ist.

b 2. Die Stiche für das Maschinensticken. Hierzu kommen die meisten Handstiche in Betracht, ganz besonders die Kreuzstiche ($67\div69_1$), der Kettenstich (71, 72_1), der Bogenstich (76_1), der abgeänderte Steppstich, der sog. Doppelsteppstich (81_1). Bei letzterem liegen die in der Zeichnung auseinandergezogenen Stichlöcher 1, 3, 5, 7 ... und 2, 4, 6 ... nebeneinander, so daß die Schauseite aus sich berührenden Garnlagen 1, 2—2, 3—3, 4 ... besteht und die auf der Rückseite zurückführenden Schleifen 8, 9, 10 ... vom Unter-(Rück-)garn 0 gespannt werden.

2 a. Die Bildung des Kettenstichs a 1) mit der Öhrnadel erfolgt auf der Kurbelstickmaschine ähnlich wie auf der Nähmaschine. a 2) mit der Hakennadel 1 (82_1). Sie sticht durch den Henkel 0 und den Stoff 2 und tritt durch das Loch der Platte 3 in den schwingenden Schlingenbildner 4, welcher den Faden 0 bei seiner Vorwärtsbewegung um die 1 legt (83_1), so daß 1 beim Hochgehen mittels seines Hakens den 0 (84_1) als Henkel durch den vorhin gebildeten 0 hindurchzieht; hierauf wird der 2 (85_1) weiter gerückt und das vorige Spiel zur Bildung des folgenden Henkels wiederholt sich (8). Während hier eine der Nähmaschine ähnliche Ausführung mit einer Nadel die Stiche in schneller Folge wiederholt, arbeiten die von Paul Heilmann, dem Erfinder der Kämmaschine, geschaffenen Stickmaschinen und ihre weiteren Ausbildungen mit bis zu 500 Nadeln, welche gleichzeitig durch die auf Rahmen aufgespannten Gewebe hin und her stechen, während die Gewebe nach dem Muster verschoben werden, so daß im Plattstich die Verzierungen auf den Gewebeschauseiten entstehen.

C c) **Das Stopfen** wird von Hand oder mit der Maschine unter Verwendung von Stopfgarnen, etwas weicher gedrehten Garnen als die des auszubessernden Gutes, ausgeführt, indem nach Herstellung des Bodens, dem Anordnen von Fäden im Kettensinn, mit der Nadel nach der Bindung das Schußgespinst in diese eingeflochten wird (7).

I. Die Zwirne, ihre Gespinste und ihre Verwendungen.

I A. Die Ermittlung der Eigenschaften der Gespinste und Zwirne.

Das Gespinst ist das Ausgut der Spinnmaschine. Dieses besteht aus kurzen, schuppenartig übereinanderliegenden Einzelfasern s (3_1), welche umeinander gedreht sind. Die Zwirne sind zylindrische Gespinstgebilde, welche durch Drehung zusammengehalten werden.

Aa) **Ihre Feinheit.**

Die Anzahl der im Querschnitt enthaltenen Fasern bestimmt das Gewicht des Gespinstes für die Längeneinheit von 1000 m in der metrischen und französischen Feinheitsangabe sowie von 840 Yards = 840 · 0,91438 = 768,096 m in der englischen. Hierdurch wird seine Feinheit, seine Nummer, festgelegt, welche angibt, wieviel Längeneinheiten auf die Gewichtseinheiten von 1000 g für die metrische, von 500 g für die französische und von 453,59 g (1 englisch Pfund) für die englische Feinheitsbezeichnung gehen.

a1. Die Nummerbestimmung der Gespinste. Zur Bestimmung der Feinheit ist die genaue Ermittlung der Längeneinheit notwendig. Dazu dient:

1a. Der Haspel oder die Weife. Das von den beiden auf den Spindeln *1* (1_2) aufgesteckten Kötzern *2*, wie die Wickel der Spinnmaschine heißen, ablaufende Gespinst *O* geht durch die Führungsplatte *3*, der Reihe nach über die Rillenrollen *4″÷9″*, durch die Leitstifte *10* und den senkrecht zur Zeichnungsebene selbsttätig verschobenen Führer *11* auf die Haspelkrone *12″*, *12″ₓ*, die einen umlegbaren Arm hat, um das Abnehmen der Stränge durch seine Einwärtsknickung zu erleichtern. Der Antrieb erfolgt durch Drehen der Handkurbel *13, 13ₓ*, auf welcher sich ein Planetenrad *14′* befindet; dieses greift in die beiden gleich großen Räder *15′, 16′* ein, deren eines *15′* fest auf einer unbeweglichen Welle ist, während der sich lose auf letzterer drehende Muff des andern *16′* über *i′* die Hülse *12″ₓ* der *12″* treibt. Durch dieses Umlaufgetriebe macht *12″* die doppelte Anzahl Umdrehungen der *13, 13ₓ*. *4″, 5″, 7″, 9″* sind ortsfest gelagert; an den Rand der *5″* kann sich eine Bremsbacke *17, 18⁰—19, 20ₓ, 21₀!* legen, welche *6″* trägt. Das

Gewichtchen 21_0! ist mittels Schleppfeder einstellbar, und sein Hebelarm ist auf der Einteilung 22 abzulesen. 8" ist an einer Schreibstange 23,
24_0, 25 vorgesehen, die vor dem waagrecht sich verschiebenden Papier-
muff 26 lotrecht verschoben wird; letzterer erhält seine Bewegung durch
die Übertragung $27' \div 30''$ mittels der beiden Walzen 31", 32". Die
Regelung der Gespinstspannung erfolgt zwischen dem Aufsteckzeug
$1 \div 9''$ und 10, so daß die beim Abwickeln auftretenden Spannungsschwankungen teils durch Gewichtsbelastung 6", 21_0!, 20_x, 19, teils
durch die Schleifbremsung 19, 18^0, 17—5" ausgeglichen werden. Dadurch wird auf 12" ein gleichmäßig gespannter O gewickelt und eine
genaue, für die Nummerbestimmung richtige Länge erzielt. Der Schreib-
stift 25, welcher nach Belieben eingeschaltet werden kann, zeichnet auf
dem 26 die Spannungsschwankungen auf. Für jedes der zwei Gespinste
ist eine von der andern unabhängige Regelung der Spannung vorgesehen. Der 11 legt die Gespinste genau nebeneinander und in je 5 Gebinden zu 50 Umdrehungen der 12" mit 500 m Gesamtlänge. Abgelesen
werden die Längen durch den Zähler, dessen Wurm 1' zwei Räder 100'
und 99' treibt. Der feste Zeiger 32 gibt auf der Einteilung des 100er-
Rades die Einheiten bis 100 an, der auf der Hülse des 99er-Rades feste
Zeiger 33 auf der Einteilung des 100er-Rades die Zahl der Umdrehungen
des 100er-Rades, weil er bei je 100 Umdrehungen um 100 — 99 = 1 Zahn
zurückbleibt. Durch Heben des Knopfes 34 werden unter Überwindung
der Feder 35_0—100', 99' aus 1' entfernt und sind dann leicht in die
Nullstellung zurückzuführen (9).

1b. Die Nummerberechnung erfolgt nun durch Abwiegen des Stranges
auf einer sehr genauen Waage und durch Teilen seines Gewichtes in
die Gewichtseinheit. Also:

$$\text{Nummer} = \frac{\text{Gewichtseinheit}}{\text{Gewicht des Stranges}}.$$

Um diese Rechnung zu umgehen, ermittelt man sich im voraus
diesen Bruch für die in Frage kommenden Stranggewichte und ordnet
sie in einer Zahlentafel an, welche neben den Stranggewichten sofort die
Nummer ablesen lassen. Einfacher ist die Nummerbestimmung jedoch durch:

1c. die Gespinstwaage, an deren Haken 1 (2_2) der Strang aufgehängt wird, wodurch der Hebel 2, 3_x, 4_0, 5_0 durch den Zeiger 6 auf
dem Gradbogen 7 die Nummer anzeigt. Die Stellschrauben 8! dienen
zum Einspielen des 6 auf die Ausgangslage, die durch Übereinstimmung
des Lotes 9, 10 mit 11 angezeigt und durch den Anschlag 12! gesichert
wird. Je weiter die Nummern auf 7 auseinanderliegen, desto genauer
ist die Ablesung. Deshalb verwende man bei großen Nummerbereichen
eine Garnwaage für die groben und eine zweite für die feinen Gespinste,
oder man hänge für die groben Gespinste auf der feinen Waage nur die

halbe Längeneinheit auf und teile die angezeigte Nummer durch 2 oder für feinere mehr Längeneinheiten auf die grobe Waage und multipliziere die angezeigte Nummer mit der Strangzahl (9).

1d. Die Numerierungen. Während für die Kennzeichnung der Feinheit der Gespinste aus Pflanzenfasern, Wollen und Haaren die Angabe der Anzahl Längeneinheiten auf eine Gewichtseinheit, die Längennummer, üblich ist, wird sie für die Seiden- und Glanzstoffäden durch die Anzahl Gewichtseinheiten, welche die Längeneinheit wiegt, die Gewichtsnummer, ausgedrückt. Die Feinheiten der aus den Seidenabfällen gesponnenen Schappe- und Bourettegespinste sowie der Gespinste aus den Glanzstoffkurzfasern werden nach der Längennummer bezeichnet.

Die Nummer der Seiden- und Glanzstoffäden gibt die Anzahl grain $= 0,0648\,g$ oder g an, welche die Längeneinheit von $7000 \div 12000$ m, je nach dem Handelsbezirk, wiegt. Sie heißt auch oft nach dem französischen Wort titre deutsch Titer. Während die Einheiten für die metrische Feinheitsangabe das g und 10000 m sind, hat man sich, um allen Gepflogenheiten entgegenzukommen, für den zwischenstaatlichen Titer (titre international) auf 1 g und 9000 m geeinigt. Zur Feinheitsermittlung dienen jedoch $^1/_{20}$ dieser Werte, also 0,05 g und 450 m. Die zwischenstaatliche Nummer wird durch Abwiegen eines Strängchens von 450 m und Berechnen oder durch Aufhängen dieses an einer feinen Garnwaage bestimmt, deren Einteilung nicht wie bei der äußeren Teilung der Ausführung 2_2 von oben nach unten höhere Zahlen aufweist, sondern in umgekehrter Folge, wie es die innere Einteilung angibt, weil bei ihr ja der höhere Titer mehr Gramm wiegt als der niedere.

Die Feinheit der Jutegespinste wird sowohl durch die Längen- als auch die Gewichtsnummer ausgedrückt. Die englische Nummer gibt an, wieviel Stränge zu 300 Yards $= 274,314$ m auf 1 engl. Pfund $= 453,59$ g gehen (Gewichtsnummer mit $\frac{274,314}{453,59} = 0,605$ als Numerierungszahl), während die schottische Nummer bestimmt, wieviel englische Pfunde eine Spindel von 14400 Yards $= 13167$ m wiegt (Längennumerierung mit $\frac{13167}{453,59} = 29,028$ als Numerierungszahl).

1e. Die Umrechnungen der Nummern.

e1) derselben Numerierung. Zur Umrechnung der Nummern ermittle man die Gewichte derselben Längen und setze sie einander gleich.

1a) Die Längennumerierung. In der englischen Numerierung mit der Numerierungszahl $\frac{768,096}{453,59} = 1,69337$ wiegen:

Ne Stränge von 768,096 m . . . 453,59 g, also wiegt:

1 Strang von 1000 m . . . . . $\frac{453,59 \cdot 1000}{Ne \cdot 768,096}$ g.

In der französischen Numerierung mit der Numerierungszahl $\frac{1000}{500} = 2$ wiegen:

Nf Stränge von 1000 m . . . . 500 g, mithin wiegt:

1 Strang von 1000 m . . . . . $\frac{500}{Nf}$ g.

Demnach ist:

$$\frac{453{,}59 \cdot 1000}{Nf \cdot 768{,}096} = \frac{500}{Nf},$$

oder es verhält sich:

$$\frac{Nf}{Ne} = \frac{500 \cdot 768{,}096}{453{,}59 \cdot 1000} = \frac{1{,}6934}{2} = 0{,}847,$$

d. h. die Nummern verhalten sich umgekehrt wie die Numerierungszahlen, also: $Nf = 0{,}847\,Ne$, und: $Ne = 1{,}181\,Nf$.

1 b) Die Gewichtsnumerierung. In der metrischen Seidennummer NS_m mit der Numerierungszahl $\frac{10\,000}{1} = 10\,000$ wiegen:

10000 m . . . . 1 g, mithin wiegen:
9000 m . . . . 9/10 = 0,9 g;

also: $NS_m : NS_i = 10\,000 : 9000$, d. h. die Nummern verhalten sich wie wie Numerierungszahlen. Daher:

$$NS_m = NS_i \cdot \frac{10}{9} \quad \text{und} \quad NS_i = \frac{9}{10} \cdot NS_m.$$

Ebenso verfahre man mit der Umrechnung der Jutenumerierungen.

e2) beider Numerierungsarten. Von einem Baumwollgespinst der englischen Nummer Ne wiegen:

$Ne \cdot 768{,}096$ m . . . . 453,59 g; mithin wiegen:

9000 m . . . . $\dfrac{453{,}59 \cdot 9000}{Ne \cdot 768{,}096} = \dfrac{9000}{Ne \cdot 1{,}6934}.$

Dieses ist die der Baumwoll-Ne entsprechende zwischenstaatliche NS_i des Seidenfadens; daher:

$$NS_i = \frac{9000}{Ne \cdot 1{,}6934} \quad \text{und} \quad NS_i \cdot Ne = \frac{9000}{1{,}6934} = 5314{,}824,$$

d. h. das Produkt der Nummern beider Numerierungsarten ist gleich dem Bruch aus Gewichtsnumerierungszahl und Längennumerierungszahl (10).

a2. Die Zwirnnummer.

2a. bei gleicher Gespinstnummer. Die Feinheit des aus mehreren Gespinsten (Fachungen-Enden) bestehenden Zwirns wird durch den Bruch aus der Nummer des Gespinstes und der Anzahl Gespinste, seltener, wie in England, aus dem Bruch aus Anzahl Gespinste und

Nummer des Zwirnes angegeben. Allgemein bezeichnet also: 60/2 einen Zwirn, der aus 2 Gespinsten der Nummer 60, und 120/4 einen Zwirn, der aus 4 Gespinsten der Nummer 120 besteht. Ab und zu kommt auch die umgekehrte Schreibweise, also 2/60 und 4/120, vor, und zwar auch oft zur Unterscheidung der wirklichen Zwirne, z. B. 60/2 oder 120/4 von den gefachten Garnen, z. B. 2/60 oder 4/120, die gar nicht oder nur wenig gezwirnt sind und als geschleifte Garne oder Double zur Herstellung von Strickwaren (Trikotagen), Strümpfen und Handschuhen dienen. Man hat diese Feinheitsbezeichnung der Zwirne gewählt und nicht die eigentliche Zwirnnummer zugrunde gelegt, welche angeben würde, wie oft die Gewichtseinheit in dem Gewicht der Längeneinheit oder das Gewicht der Längeneinheit in der Gewichtseinheit enthalten ist, weil das Gewicht der Längeneinheit je nach dem Zwirndraht und der Anzahl der den Zwirn bildenden Gespinste (Fachungen) wechselt, und man sich aus der eigentlichen Zwirnnummer ohne Angabe der Fache keine Vorstellung von der Beschaffenheit des Zwirnes und seiner Eigenschaften machen könnte.

In der englischen Längennumerierung für Baumwolle, Wolle, Schappe, Bourrette und in der Gewichtsnumerierung, dem Denierstiter, für Seide und Glanzstoffäden (Kunstseide) wird die Feinheit der Zwirne durch den Bruch aus der Zahl der Fache und der Zwirnnummer angegeben.

Ein Zwirn, der aus einem Gespinst der Nummer 30 hergestellt ist, wird daher bezeichnet:

1. In der allgemeinen Schreibweise als 30/1, wenn er ein weitergedrehtes Gespinst 30 ist; 30/2, wenn er aus zwei; 30/3, wenn er aus drei Fachen der Nummer 30 besteht.

2. In der englischen Kennzeichnung als 1/30, wenn er aus einem; 2/15, wenn er aus zwei; 3/10, wenn er aus drei Gespinsten der Nummer 30 zusammengesetzt ist.

3. In dem Denierstiter: 1/30, wenn er aus einem; 2/60, wenn er aus zwei; 3/90, wenn er aus drei Gespinsten der Deniersnummer 30 erhalten wurde (11).

2b. bei verschiedenen Gespinstnummern. Haben die Gespinste nicht dieselbe Nummer, wie letzteres meistens der Fall ist, so muß man die Zwirnnummer nach folgender Überlegung ermitteln. Seien a, b, c, d, e, ... die Gespinstnummern und wiegen deren Längeneinheiten der Reihe nach: p_a, p_b, p_c, p_d, p_e, ... so ist das Gewicht der Längeneinheit P_s aller Gespinste zusammen:

$$P_s = p_a + p_b + p_c + p_d + p_e + \ldots$$

Dieses ergibt in der ersten (Gewichtsnumerierung) eine Nummer:

$$N_I = \frac{\text{Gewicht der Längeneinheit}}{\text{Gewichtseinheit}} = \frac{p_a + p_b + p_c + p_d + p_e + \ldots}{P}$$

Es ist hier:

$$p_a = P \cdot a; \; p_b = P \cdot b; \; p_c = P \cdot c; \; p_d = P \cdot d; \; p_e = P \cdot e; \; \ldots$$

Mithin:

$$N_I = \frac{P \cdot a + P \cdot b + P \cdot c + P \cdot d + P \cdot e + \cdots}{P} = a + b + c + d + e + \ldots$$

In der zweiten (Längennumerierung) ergibt sich eine Nummer:

$$N_{II} = \frac{P}{p_a + p_b + p_c + p_d + p_e + \ldots}.$$

Es ist hier:

$$p_a = \frac{P}{a}; \; p_b = \frac{P}{b}; \; p_c = \frac{P}{c}; \; p_d = \frac{P}{d}; \; p_e = \frac{P}{e} \; \ldots$$

Mithin:

$$N_{II} = \frac{P}{\dfrac{P}{a} + \dfrac{P}{b} + \dfrac{P}{c} + \dfrac{P}{d} + \cdots} = \frac{1}{\dfrac{1}{a} + \dfrac{1}{b} + \dfrac{1}{c} + \dfrac{1}{d} + \cdots}.$$

a3. **Die Umrechnung der Zwirnnummern bei gleichen Gespinstnummern.**

3a. bei der Fachung 1:

a1) Metrische Nummer

$$= \frac{\text{englische Nummer}}{0{,}590538} = 1{,}693377 \cdot \text{englische Nummer};$$

$$\text{Metrische Nummer} = \frac{9000}{\text{Denierstiter}}.$$

a2) Englische Nummer $= 0{,}590538 \cdot \text{metrische Nummer};$

$$\text{Englische Nummer} = \frac{5312{,}87}{\text{Denierstiter}}.$$

a3) $\text{Denierstiter} = \dfrac{9000}{\text{metrische Nummer}};$

$$\text{Denierstiter} = \frac{5312{,}87}{\text{englische Nummer}}.$$

3b. bei der Fachung 2:

b1) Metrische Nummer $= 2 \cdot 1{,}693377 \cdot \text{engl. Gespinstnummer}$
$= 3{,}387 \cdot \text{engl. Gespinstnummer};$

$$\text{Metrische Nummer} = \frac{2 \cdot 9000}{\text{Denierstiter}} = \frac{18\,000}{\text{Denierstiter}}.$$

b2) Englische Nummer $= \dfrac{0{,}590538 \cdot \text{metr. Gespinstnummer}}{2}$

$$= 0{,}29537 \cdot \text{metr. Gespinstnummer};$$

$$\text{Englische Nummer} = \frac{5312{,}87}{\text{Denierstiter}}.$$

b3) Denierstiter $= \dfrac{2 \cdot 9000}{\text{metr. Gespinstnummer}}$

$= \dfrac{18000}{\text{metr. Gespinstnummer}}$

Denierstiter $= \dfrac{5312,87}{\text{engl. Gespinstnummer}}$.

3c. bei der Fachung 3:

c1) Metrische Nummer $= 3 \cdot 1,693377 \cdot$ engl. Gespinstnummer

$= 5,08 \cdot$ engl. Gespinstnummer;

Metrische Nummer $= \dfrac{3 \cdot 9000}{\text{Denierstiter}} = \dfrac{27000}{\text{Denierstiter}}$.

c2) Englische Nummer $= \dfrac{0,590538 \cdot \text{metr. Gespinstnummer}}{3}$

$= 0,196846 \cdot$ metr. Gespinstnummer;

Englische Nummer $= \dfrac{5312,87}{\text{Denierstiter}}$.

c3) Denierstiter $= \dfrac{3 \cdot 9000}{\text{metr. Gespinstnummer}}$

$= \dfrac{27000}{\text{metr. Gespinstnummer}}$;

Denierstiter $= \dfrac{5312,87}{\text{engl. Gespinstnummer}}$.

3d. Beispiele. Zwirn metrisch 11/2 ist ausgedrückt in:

Englischer Bezeichnung $= 0,2953 \cdot 11 = 2/3,2483$.

Denierstiter $= \dfrac{18000}{11} = 2/1636$.

Zwirn Denierstiter 100/3 ist ausgedrückt in:

Metrischer Gespinstnummer $= \dfrac{27000}{1000} = 27/3$

Englischer Gespinstnummer $= \dfrac{5312,87}{1000} = 3/5,31$.

A b) Ihre Drehungen.

b1) Der Drehungssinn der Gespinste und Zwirne. Das Gespinst wurde auf der Spinnmaschine dadurch erhalten, daß das zwischen den Auszylindern I (1_4) gefaßte Fasergut O an seinem anderen Ende von einer Drehzange $1''$ mitgenommen wurde. Dreht sich $1''$, gegen den Weg 2 gesehen, den das Gespinst läuft, im Uhrzeigersinn 3, so bezeichnen der ausländische Spinner und alle Zwirner die Drehung des Gespinstes als Rechtsdrehung. Läuft die $1''$ entgegengesetzt zur Bewegung des Uhrzeigers nach 4 (2_4), so fertigen sie ein Gespinst mit Linksdrehung an.

Weil meistens die Spindeln, welche in der Maschine die Drehzange bilden, lotrecht stehen und, von oben gesehen, im Sinne des Uhrzeigers ($2\,a_4$) laufen, so wird das gewöhnliche Gespinst Linksdrehung (Kettdrehung) haben; laufen sie links herum ($1\,a_4$), d. h. umgekehrt wie gewöhnlich, so entsteht die Rechtsdrehung (Schußdrehung). Weil sehr viele deutsche Baumwollspinner den Drehungssinn ihrer Garne nach der von oben gesehenen Spindeldrehung, also entgegengesetzt zu der obigen und der des Zwirners, bezeichnen und weil auch die meisten Verbraucher der Gespinste die Drehung der Garne nur nach dem Drehungssinn der lotrecht stehenden Spindel von oben gesehen angeben, so ist bei Gespinstbestellungen geboten, den gewollten Drehungssinn genau zu kennzeichnen oder nur gewöhnliche oder umgekehrte Drehung zu verlangen, je nachdem man links oder rechts gedrehtes Gespinst zu erhalten wünscht. Bei den folgenden Betrachtungen legen wir immer die Zwirnerbezeichnung den Drehungen zugrunde.

b2. Die Einheit der Drehungen, der Draht. Die Einheit der Drehungen ist die Anzahl Schraubenlinien je Längeneinheit und heißt Draht. Als Längeneinheit dient der englische Zoll = 2,54 cm = annähernd $\frac{1}{4}$ dm, das dm oder das m. Der Draht wird gekennzeichnet durch Vorausstellung des Gebildes als: Spinndraht = Draht des Gespinstes; Vorzwirndraht = Draht des Vorzwirnes, gebildet aus 2 oder mehreren Gespinsten, und Auszwirndraht = Draht des aus 2 oder mehr Zwirnen entstehenden Garngebildes.

b3. Die Ermittlung des Drahtes erfolgt auf dem Drahtmesser.

Der Drahtmesser. Der Draht eines Gespinstes oder Zwirnes wird dadurch gemessen, daß man ein Stück *0* (3_2) von 30, 50 oder 100 cm zwischen zwei Klemmen einspannt, deren eine *1* ortsfest ist und durch den Kurbeltrieb *100'* und Rad *10'* gedreht wird, während die zweite *2* sich auf einem Schlitten *3, 4* befindet, der im Geleis *5* des Lagerkörpers *6!* durch die Klemmschraube *7* festgelegt wird. Der *6!* kann auf dem Bett *8* durch die Klemmschrauben *9* in der gewünschten Einspannlänge des Gespinstes eingestellt werden. Der Zeiger *10* gibt auf dem Maßstab *11* die untersuchte Länge an. Die Zapfen *4* greifen in die Langlöcher der Stelzen *12, 13ᵡ, 14⁰*, deren linke, die auf der Rast *16!* anliegen kann, mit einem Gewicht *13ᵡ, 15⁰!* sowie mit dem Zeiger *17* ausgerüstet ist, der über der Einteilung *18* spielt. Die Ermittlung des Drahtes eines Gespinstes oder Zwirns geschieht nun wie folgt. Man zieht das Gespinst durch *2* und *1* ein und befestigt es auf der Spannscheibe *19''*. Hierauf klemmt man es mit *2*, öffnet *7* und dreht *19''* bis *17* auf die Nullstellung der *18* einspielt, wodurch *15⁰!* gehoben wird. Nun schließt man *1* und schneidet das Gespinst zwischen *1* und *19''* durch. Bei einer entsprechenden Betätigung des *100'* dreht sich das *0* auf. Man merke sich die Stellung des *17* auf *18*, z. B. bei 10 mm, wann unter der Einwirkung des *15⁰!* die plötzlich eintretende Beschleunigung erfolgt. Nun stelle man den *16!* so ein, daß *17* nur auf den $10/2 = 5$. Teilstrich zurückgehen kann. Dabei muß die Stellung des *15⁰!* durch Versuche so getroffen werden, daß durch das dem Auflösen durch Weiterdrehen folgende Zudrehen des Gespinstes, also im entgegengesetzten Sinn zu der ursprünglichen Drehung, *17* wieder die Nullage erreicht hat, wenn das Zählwerk *1'* : *99'*, *100'* den doppelten Wert der zum Aufdrehen notwendigen Umdrehungen anzeigt. Geht z. B. *17* nicht wieder in die Ausgangslage zurück, so ist die Zugkraft durch *15⁰!* zu groß und umgekehrt. Die Auflösung verfolgt man am besten durch das Vergrößerungsglas *20!* auf der Unterlage *21!*, die mit dem Gestell *22!* auf *8* verschoben werden können. Vor jeder Drahtbestimmung muß *17* und *99'*, *100'* in die Nullage gebracht werden. Das erste geschieht durch *0* und *19''*, das letzte durch Ausheben der *100'*, *99'* mittels ihrer Lagerung im Hebel *23*, *24ₓ*—*25₀* und Zurückdrehen, bis die Zeiger *26*, *27* auf *0* einspielen. Die Umdrehungen zum Auf- und Wiederzudrehen des Gespinstes teile man durch die doppelte Einspannlänge in ¼ dm oder 1 englisch Zoll, um den Draht des Gespinstes zu erhalten (12).

A c) **Ihre Gleichmäßigkeit und Festigkeit.**

c1. Zur Feststellung der Gleichmäßigkeit und Reinheit der Gespinste dient:

1 a. Der Gleichheitsprüfer. Das von den Kötzern *1* (*4₂*) ablaufende Gespinst *0* geht über die beiden Spannstangen *2*, *3* und durch die Ösen *4* zur Tafel *5''*, welche in den Haltern *6*, *7* gefangen ist. Die Backe *6* wird vom Handrad *8''* gedreht, das auch über *9''*, *10''* und die Schraube *10''ₓ* die auf der Stange *11* geführte Mutter *12*, *13* der *4* verschiebt. Die andere Backe *7* ist auf einer Achse *14ₓ* gefangen, welche mit einem Arm *14* mit Rundkeil *15ₓ* versehen ist, der durch die Feder *16₀* gegen eine entsprechende Ausbildung *17* der Lagerschale gepreßt wird. Zum leichten und schnellen Einlegen und Herausnehmen der *5''* wird der *14*, *15ₓ* auf den hohen Teil des *17* gedreht, wodurch sich der *7* unter Zusammendrücken der *16₀* zurückzieht. Schnitte, das sind dünne Stellen, Grob- oder Klotzfäden haben dicke Stellen, Flammen, auf dünne folgende grobe Stellen, Schleifchen, das sind umeinander geschlungene Auswüchse, Schalentrümmer vom Samenkorn und sonstige Unreinigkeiten lassen sich sehr deutlich auf den nebeneinander aufgewickelten Gespinsten erkennen (9).

1 b. Der Festigkeitsprüfer. Der Faden *0* (*5₂*) wird in die obere Klemme *1* eingespannt, wozu die Klemmschraube *2* angezogen wird; darauf wird das andere Ende mit einem Klemmgewichtchen *3⁰* (*5a₂*) dadurch belastet, daß es zwischen die obere Backe *4* und die Hülse *3⁰* durch die Feder *5⁰* gepreßt wird. Zum Aufbringen und Abnehmen des

Gewichtchens hält man die Hülse *3⁰* zwischen zwei Fingern fest und drückt mit dem Daumen auf die Fläche *6*. Hierauf wird das Fadenende *0* in der Klemme *7*, die durch die Stellschraube *8!* in höchster Lage gehalten wird, befestigt. Die *1* hängt durch die Stange *9* an der Kette *10* des Halbmondes *11″* des Gewichtshebels *11″*, *11″ₓ*, *12—13*, *14ˣ*, *15⁰—16₀*, *17*, der auf der Einteilung *18* des Sperrzahnkranzes *19′* spielt; die lotrechte Nullage des Zeigers *17* auf *18* wird durch die Klinke *20*, *21ₓ*, *22* festgehalten. Eingestellt wird der Festigkeitsprüfer durch drei Stellschrauben *23!* so lang, bis das Lot *24* auf die Spitze *25* einspielt. Auf dem *19′* legt eine Sperrklinkeneinrichtung *13÷15⁰* jede Stellung fest. Die *7* liegt auf einer Stange *7*, *26*, deren Schlitze durch die Stifte *27*, *8!* geführt werden. Der Finger *28* dreht die Hebel *29*, *30ˣ*, *31⁰—32*, *33ˣ*, *34—35⁰* derart, daß der Haken *32* auf der Nase *36* der Stange *37*, *38′* ruht. Das Lagerstück *40* ist mit seiner Stange *41* auf der Spindel *42′*, *42* befestigt, welche in eine ortsfeste Mutter *43* eingreift. Über einen Keil dieser Mutter gleitet eine Kuppel *44′*, die abwechselnd mit den Kuppeln *45′* des oberen oder unteren Zahnrades *46′* eingreifen kann. Dieses wird an der Handhabe *47*, *48*, *48₀* durchgeführt. Die entgegengesetzt zueinander laufenden Räder *46′* werden über *49′*, *50″*, *51″* vom Motor *M* getrieben. Die Verschiebung der *7* wird über *7*, *8!—26÷38′* und *52′*, *52′ᵣ*, *53* auf der Einteilung *54*, des Zeigers *11″ₓ÷16₀* festgelegt. Weil dieses die Verschiebung der *1* mitmacht, so gibt der *53* die Dehnung an.

Soll die Prüfung des Garnes erfolgen, so wird *2* gelöst, *44′* in die obere *45′* eingeschaltet und, sobald die *42′* sich so weit verschoben hat, daß die Spannung des *0* hinreichend ist, um *7*, *26* zu tragen, die *8!* aufgedreht. Erfolgt der Riß des *0*, so legt sich die *13*, *14ˣ*, *15⁰* fest in den *19′* ein und hält den *11″ₓ÷17* an; die *35⁰* verursacht das Ausklinken von *32÷34* aus *36*, so daß die *36÷38′* nicht mehr von der weiter sinkenden *42′*, *42*, *46₀* mitgenommen wird. Das Ablesen der Festigkeit in Gramm auf dem *18* und der Verlängerung des *0* bis zum Riß in Millimetern auf dem *54* durch den *53* kann in aller Ruhe erfolgen, weil unterdessen der obere Stift *42* der Spindel *42′* durch den Schalthebel *48* die *44′* in die Mittellage gebracht hat, welche durch die *48₀* festgehalten wird. Nachher drückt man den *48* nach unten, wodurch *44′* mit der untern *45′* eingreift und über *46′*, *49′* die *42′*, *42* wieder in die Einspannlage bringt; diese wird durch Auftreffen des untern *42* auf *48* und Ausschalten der *44′* aus *45′* festgelegt. Nun wirkt man auf die *13*, *14ˣ*, *15⁰* ein, führt den *17÷11″* so weit zurück, bis *12* in das Hakenmaul *20* der *20*, *21ₓ*, *22* eingreift; dann wird die *2* angezogen, um die *1* festzulegen, und die *7*, *26* in ihre höchste Stellung gebracht, welche durch Anziehen der *8!* festgelegt wird. Der Festigkeitsprüfer ist für einen weiteren Zerreißversuch gerüstet. Der Zerreißer dient bis zu einer Kraftleistung von 1,5 kg; ihm werden mehrere Ansteckgewichte beigegeben. Dadurch kann er für verschiedene Belastungsstufen verwendet werden. Die

Einspannlänge zwischen den *7* und *1* beträgt $10 \div 500$ mm in Abständen von 10 zu 10 mm. Die Festigkeitsprüfer sind eingerichtet, um mit Schaulinienzeichnern versehen werden zu können, welche die Dehnungs-Zerreißarbeit des Versuchsstückes, d. h. die Abhängigkeit von Belastung und Dehnung ($4 \div 12\%$) darstellen. Die Dehnung wird durch Schnur über $55'' \div 60$ auf den Schreibhebel $61''$, $57''^x$, 62_x, *63* übertragen, der in 62_x ortsfest gelagert und dessen Rolle $61''$ auf dem Gestell *64* ausweichen kann, so daß der Stift *63* immer lotrecht ausschwingt. Er beschreibt auf dem Papier des Zylinders $65''$ eine Kurve, weil dieser durch Schnur mit Gewicht 66_0 über $67'' \div 70''$ von der ungleichförmigen Drehung des Gewichtshebels $11''_x \div 17$ bewegt wird (9a).

c2. **Die Auswertung der Angaben der Gleichheits- und Festigkeitsprüfer.**

2a. des Gleichheitsprüfers. Die Mustertafel $5''$ (4_2) ist hell für dunkelfarbige Gespinste und dunkel für hellfarbige, so daß die Unregelmäßigkeiten in der Dicke der Gespinste deutlich sichtbar sind (9). Zur ziffermäßigen Festlegung der Ungleichheit und Unreinigkeit des Garns zähle man die Lagen auf der Tafel, die Schnitte, die Groben, die Schleifchen und für die Ermittlung der Reinheit des Garnes die Schalenreste und Unreinigkeiten ab und drücke sie für 100 Lagen aus, indem die ermittelte Anzahl durch die Lagenzahl geteilt und mit 100 vermehrt wird. Doch hierbei sind die Grenzen zwischen Schnitten usw. und der zulässigen, der sog. laufenden Dicke sehr schwer zu ziehen, so daß diese Angaben nicht nur allein wenig zuverlässig, sondern auch noch sehr umständlich zu ermitteln sind. Aus diesem Grund verwendet man die Angaben:

2b. des Festigkeits- und Dehnungsprüfers.

Zum ziffernmäßigen Ausdruck der Garngleichmäßigkeit bedient man sich der Eigenschaft der dünnen Stellen, weniger auf dem Zerreißer (5_2) auszuhalten als dickere, um den Grad der Gleichmäßigkeit durch eine Verhältniszahl auszudrücken, die die Zerreißkraft der schwächsten Stellen in bezug auf die in 100 Versuchen ermittelte mittlere Zerreißkraft darstellt. Je weiter die Mindestkraft von der Mittelkraft entfernt ist, desto unregelmäßiger ist das Garn, d. h. desto ausgesprochener sind die dünnen Stellen im Garn. Man ermittelt also die Zerreißwiderstände von 100 Garnproben, bildet aus ihnen das Mittel und teilt es in die Mindestzerreißfestigkeit des Garnes. Je mehr sich der Wert dieses Bruches *1* nähert, desto gleichmäßiger ist das Garn, denn desto weniger Unterschiede weisen die Mittel- und Mindestzerreißkräfte, also die Dicken auf. Wird der Wert mit 100 multipliziert, so erhält man die Gleichmäßigkeit des Garnes in Hundertsteln der mittleren Zerreißkraft, also:

$$\text{Gleichmäßigkeit} = \frac{\text{Mindestkraft}}{\text{Mittelkraft}} \cdot 100.$$

Gewöhnlich drückt man aber nicht die Gleichmäßigkeit, sondern die Ungleichmäßigkeit des Garnes ziffernmäßig aus, d. h. die Entfernung beider Festigkeiten voneinander. Dieses wird durch Abziehen der Mindest- von der Mittelkraft dargestellt. Will man nun wissen, in welchem Verhältnis die Unregelmäßigkeit zur Mittelkraft steht, so teile man den Unterschied von Mittel- und Mindestkraft durch die Mittelkraft. Multipliziert man den Wert mit 100, so ergibt er die Unregelmäßigkeit des Garnes, ausgedrückt in Hundertsteln der Mittelkraft. Also:

$$\text{Ungleichförmigkeitsgrad} = \frac{\text{Mittelkraft} - \text{Mindestkraft}}{\text{Mittelkraft}} \cdot 100.$$

Für den Garnverbraucher ist es immer vorteilhaft, den geringsten Zerreißwert seines Garnes bei der zahlenmäßigen Angabe seines Ungleichförmigkeitsgrades zu berücksichtigen und nicht eine Verschleierung, wie dieses noch meistens geschieht, indem nicht der Mindestwert zur Berechnung genommen wird, sondern ein sog. Untermittel, welches das Mittel aus allen Zerreißkräften der Garne darstellt, welche die Mittelkraft nicht erreichten. In dieser Voraussetzung heißt dann die Formel, nach der der Ungleichförmigkeitsgrad des Garnes berechnet wird:

$$\text{Ungleichförmigkeitsgrad} = \frac{\text{Mittel} - \text{Untermittel}}{\text{Mittel}} \cdot 100.$$

Die Berücksichtigung des Untermittels soll den Vorteil haben, daß durch Zufälligkeiten herbeigeführte geringste Zerreißwerte gemildert werden. Bei der ersten Formel merzt man aber diese sowieso aus.

c3. Die Gütezahl.

Weil die Dehnung des Garnes von ebensolcher Wichtigkeit ist wie die Festigkeit, so multipliziert man den aus den 100 Versuchen auf dem Dehnungsmesser ermittelten Mittelwert der Dehnungen mit der aus der gleichen Anzahl Versuche festgestellten Mittelkraft des Garnes und erhält die sog. Gütezahl des Garnes zu: Gütezahl des Garnes = Mittelkraft · Mitteldehnung. Ein Garn, welches bei geringerer Mittelkraft und höherer Mitteldehnung die gewünschte Gütezahl ergibt, ist als Kettgarn vorzuziehen, weil es der Beanspruchung auf dem Webstuhl besser standhält als Garne mit größerer Kraft und geringerer Dehnung.

c4. Die Reißlänge.

Nachdem ein Maß für die Festigkeit der Garne nicht wie bei starren Körpern durch Berechnung der Festigkeit je Querschnittseinheit erhalten werden kann — dazu ist die Querschnittsmessung zu ungenau — so gibt man die Reißlänge R an, d. h. diejenige Länge, welche das Gebilde haben müßte, um durch sein eigenes Gewicht zu zerreißen. Diese ist gleich: $R = N_m \cdot p$, wobei sind: p das Gewicht in kg, N_m die metrische Gespinstnummer und R die Reißlänge in km.

A d) **Ihr Feuchtigkeitsgehalt.**

Die Zerreißkraft der Gespinste und Zwirne wächst mit ihrem Feuchtigkeitsgehalt; ausgenommen davon sind die Glanzstoffäden (Kunstseiden), welche durch die Feuchtigkeitsaufnahme aufquellen und schwächer werden. Es ist deshalb bei einwandfreien Vergleichen von Zerreißfestigkeiten notwendig, Gespinste und Zwirne nur nach langer Belassung in einem nach Wärme und Feuchtigkeitsgehalt geregelten Raum zu prüfen oder, weil Zeit Geld ist, zur Herbeiführung der vorgeschriebenen Feuchtigkeit den

d1. *Hygrostat*, einen Leichtmetallkasten 1 (1_{23}), zu benutzen, in dem die zu prüfenden Gute 0, in Klemmen oder Kästen 2 angeordnet, in $3 \div 5$ Stunden auf den Feuchtigkeitsgehalt gebracht werden, den sie erst in längerer Zeit im Versuchszimmer annehmen, welches ständig unter Kosten auf 65% Feuchtigkeit zu halten ist. Im untern Teil des Kastens ist eine Schublade 3 mit zwei Fächern angeordnet, welche durch einen von außen durch Drehknopf 4 und Zahnstange $6'$ verstellbaren Schieber 5 mehr oder weniger abgedeckt werden können. Durch ein Schauglas läßt sich der Luftzustand im Kasten 1 auf einem in ihm hängenden Feuchtigkeitsmesser 7 und Wärmemesser 8 ablesen. Ist die Feuchtigkeit zu gering, so wird ein in einem der Fächer des Schubkastens liegender Filz befeuchtet; ist sie zu hoch, so wird in das zweite Fach Chlorkalzium gestreut. Ist in 1 die zur Festigkeitsbestimmung der Textilgute vorgeschriebene Raumfeuchtigkeit von 65% erreicht, so läßt sie sich ohne weiteres durch entsprechende Einstellung des Schiebers 5 gleichmäßig erhalten. Längere Ermittlungen ergaben in 8 Stunden höchstens Schwankungen von $\mp 2\%$ bei den verschiedensten Außenluftfeuchtigkeiten (13).

Auf das Gewicht der Zwirne übt ihr Feuchtigkeitsgehalt einen um so größeren Einfluß aus, je leichter und größer das Wasseraufnahmevermögen ihrer Fasern ist. Um Benachteiligungen sowohl des Käufers als des Herstellers der Zwirne, die dem ersten durch einen höheren und dem letzteren durch einen geringeren Wassergehalt der Ware als gesetzlich zulässig ist, erwachsen, auszuschalten, genügt es, sie einem heißen, trockenen Luftstrom auszusetzen und ihr Trockengewicht festzustellen, was etwa 2 Stunden beansprucht, und diesem den Feuchtigkeitsgehalt in Hundertsteln des Trockengewichtes hinzuzurechnen, den die Gespinste nach dem langen Lagern aufweisen. Dieser beträgt für Gespinste aus Baumwolle $8\frac{1}{2}\%$; Seide und Glanzstoffäden 11%; Flachs $11\frac{1}{2}\%$; Jute 14%; Kammwolle $18\frac{1}{4}\%$; Streichwolle 15%. Die Handelskammer Roubaix schlägt vor für Azetatglanzstoffäden 6%, Viskoseglanzstoffäden $14,5\%$, hohlfaserige Viskoseglanzstoffäden (Celta) 17%. Aus dem so entwickelten Gewicht des Stranges wird seine Nummer, auf welche sich die Zerreißfestigkeiten beziehen, und sein Handelsgewicht bestimmt.

d 2. Der Trockengewichtsprüfer besteht aus einer Trommel *1* (6_2) mit daraufgesetzter Waage. *1* hat einen doppelten Mantel *1, 2*, einen Boden *3* und oben einen ringförmigen Kranz *4*, der durch einen Metalldeckel *5* abgeschlossen ist. Zwei Stutzen *6, 7* dienen zur Zuleitung der Raumluft (6) und zum Abführen der heißen feuchten Luft (7) in einen Kamin, dessen Zug durch seine Höhe oder durch einen eingebauten Luftbeförderer verursacht wird. Der *6* leitet die Luft nach Pfeil *a* in den Heizraum *8* mit elektrischem Heizkörper *9* oder mit Petroleum-, Benzin- oder Gasbrenner; auch kann sehr vorteilhaft Dampf im Mantel verwendet werden, weil dann die Hitze im Gutraum (100 ÷ 110°) ohne jede Regelung stets die richtige ist. Aus dem *8* strömt die Heißluft nach den Pfeilen *b* ÷ *e* durch die Öffnungen der inneren Verschalungen *8* ÷ *12*, welche oben einen Ringraum *13* bilden, in den nur einerseits nach *d* die Heißluft eintreten kann, und den sie nach Pfeil *e* verläßt. Der Wärmemesser *14* erlaubt es, die Hitze im Innern festzustellen. Das in den Korb *15* eingebrachte, vorher genau abgewogene Gut — entweder Stränge oder eine von Hand vom Kötzer abgezogene Wirrmasse — wird von der Heißluft durchstrichen und getrocknet. *15* hängt durch den Bügel *16*, die Stangen *17, 18* am Waagebalken *18*, *19^x, 20, 21—20, 22—23, 24^0*; dessen Drehpunkt *19^x* liegt auf einer Stange *19^x, 25*, die in der Säule *26* mit Teilung *27* und Stelleinrichtung *28! ÷ 30* geführt ist und während der Trocknung auf dem kleinen Durchmesser *31''* des Handhebelexzenters *31'', 32_x, 32* ruht. Durch Umlegen der Handhabe *32, 32_x* in die gezeichnete Lage läßt sich das Gewicht des Gutes im *15* durch Wegnahme von *24^0* genau ermitteln. Dabei muß der Luftzug durch die Trommel abgestellt sein, was durch Rechtsdrehen der Handhabe *33, 34, 35_x, 35—34, 36—36, 37_x, 37* geschieht. Nach Ermittlung des *24^0* wird die *33 ÷ 37* wieder in die Arbeitslage nach links umgelegt und nach 10 Minuten eine zweite Wägung vorgenommen. Die Prüfung ist beendet, wenn dann bei bis zu 1000 g locker eingeschichteten Gespinsten oder Zwirnen die Gewichtsabnahme weniger als 0,05% des zuerst ermittelten Trockengewichts beträgt (9). Der *14* veranlaßt ein Warnungszeichen, wenn die Hitze im Innenraum z. B. 105° (100 ÷ 110°) übersteigt. Der Beamte entfernt den *5* und legt ihn erst wieder auf, wenn die Warnung aufhört. Bei elektrisch beheizten Trockengewichtsprüfern ist ein Selbsteinsteller für die Hitze vorgesehen, so daß diese nur wenig schwankt (9).

I B. Die Benennung der Gespinste und Zwirne.

B a) **Die Benennung der verwendeten Gespinste.** Der Zwirner unterscheidet die Gespinste: a 1. nach ihrer Rohfaser in amerikanische, indische, ägyptische und Insel- (Sea, Island) Gespinste; a 2. nach der Spinnmaschine in Ringspinner (Drossel) oder Selbstspinner- (Mule) gespinste;

a3. nach ihrem Draht in Kettgespinste mit vielen Drehungen je Längeneinheit (Water), in Halbkette mit ungefähr $^1/_2 \div ^2/_3$ Kettdraht (Mediogespinste) und in Schußgespinste (Mule) mit dem geringsten Draht, der sie am Auseinanderfallen beim Abwickeln verhindert.

Bb) Die Benennung der Zwirne. Die Zwirne werden benannt:

b1. nach ihrer Herstellung. *1a. einfache oder einstufige Zwirne*, welche durch nur einmaliges Zwirnen aus Gespinsten erhalten sind, so z. B. das Untergarn, die Double; *1b. Doppelzwirne oder zweistufige*, welche ein zweimaliges Zwirnen durchmachen, wobei der einfache Zwirn das Vorgut für die zweite Zwirnmaschine ist. Zur Unterscheidung der Ausgute der beiden Zwirnmaschinen heißt das erste Vorzwirn, das zweite Nachzwirn oder Auszwirn. Bei entsprechender Abwechslung des Drehungssinnes im Vor- und Auszwirn entsteht ein glatter Doppelzwirn, welcher deshalb durch Zwirngarn, Kordelgarn (französisch Cordonnet), auch Litzengarn, weil es aus zwei oder drei Litzen (Vorzwirn) besteht, genannt wird. Die Doppelzwirne bestehen aus dem Vorzwirn (1_3), meistens aus zwei Gespinsten, selten aus drei (2_3), und dem Nachzwirn, wobei mit zweifachem Vorzwirn der vierfache Nachzwirn (3_3), oder mit drei zweifachem Vorzwirn (4_3) (wird kaum ausgeführt), bzw. mit zwei dreifachem Vorzwirn (5_3) der sechsfache Nachzwirn, mit drei dreifachem Vorzwirn der neunfache Nachzwirn (6_3) entsteht. Die sechs- (5_3) und neunfachen (6_3) Zwirne in Rechts- und Linksdraht finden Verwendung in der Schuhindustrie und dort, wo grobe Tücher (Segeltuch usw.) zu nähen sind, wenn auch hier vielfach schon der Leinenzwirn mehr zur Anwendung kommt als der Baumwollzwirn. Alle mehr als dreifachen Doppelzwirne heißen im Handel meistens Kordonnett.

1c. Rohzwirne, sog. naturfarbene, welche unmittelbar von der Zwirnmaschine verwendet werden.

1d. veredelte Zwirne, deren Handelswert durch Sengen, Bleichen, Färben und Glänzen erhöht wurde.

1e. Kunst- oder Zierzwirne, auch Effekt- oder Fantasiezwirne genannt, welche zur Erzielung gewisser Wirkungen im Gewebe mit Knötchen, Schleifchen oder Flammen und buntgefärbten Spritzern versehen sind.

b2. nach der Anzahl der Fachungen in:
2a. zweifache, 2b. dreifache, 2c. vierfache usw. Zwirne.

b3. nach der Beschaffenheit des Fertiggutes in:

3a. Dochte, weiche Zwirne aus einer großen Anzahl lose gedrehter Gespinste mit wenig Zwirndrehung.

3b. Garne, Gebilde aus mehreren zusammengedrehten Gespinsten, bei denen die Zerlegung in die Einzelgespinste leicht durchführbar ist:

z. B. Stickgarn, Häkelgarn, Strickgarn, Wirkgarn, Untergarn auch Nähgarn genannt.

3c. Fäden, sehr glatte Gute, bei welchen der Ermittlung der Einzelgespinste eine feuchte Auflösung des Glättmittels vorausgehen muß, z. B. die geschlichteten Kettgespinste, das Eisengarn und der Nähfaden.

b4. nach dem Verwendungszweck in:

4a. Webzwirne, welche in der Weberei das einfache Gespinst ersetzen, oder als wenige Leistenfäden *0* (37, 38_1) beiderseits der Gewebe das Einreißen der Bahnen bei den großen Beanspruchungen, denen die Gewebe in der Veredlung ausgesetzt sind, verhüten.

4b. Litzenzwirne 1, 1_1—*2*, 2_1 (35_1) sind gefirnißte Zwirngarne, welche für die Webstuhllitzen verwendet werden, die mit Ösen oder Augen *1*, 1_1 versehen, auf zwei Holzstäben *3*, 3_1 aufgereiht sind und das Geschirr zur Erzeugung des Faches bilden, durch das der Schützen oder das Schiffchen *7* (36_1) zur Eintragung des Schusses hindurchgeworfen wird.

4c. Netzzwirne, für die Herstellung der Fischernetze ($12 \div 16_1$).

4d. Nadelzwirne oder Nadelgarne, oder Handarbeitsgarne als da sind: Nähgarn, Nähfaden, Stopf-, Stick-, Strick-, Wirk-, Häkelgarne. Die im Handel vorkommenden Nadelzwirne werden unterschieden in:

d1. die einfachen Nähzwirne (englisch Sewing) oder auch Zwirngarne genannt, bestehend aus zweifach (1_3) oder dreifach (2_3) gezwirnten Gespinsten. Die viel im Bekleidungsgroßgewerbe (Konfektion) verwendeten zweifachen (1_3) werden auch als: a1) Untergarn (Nähgarn) *5* (52, 53_1) bezeichnet, weil diese in der Maschinennäherei als Garn für die Spülchen (französ. Bobines, daher oft Deutsch Bobinen) der Schiffchen *7* (56_1) und *1* (62_1) benutzt werden. Dreifache Garne dienen als: a2) Glanzgarne (Glacés, Nähfaden) und meist für die Handnäherei. Die Drehung dieser Garne erfolgt entgegengesetzt der Spinndrehung.

d2. Der vierfache Nachzwirn (3_3) wird auch Obergarn *1* (52, 53_1) genannt, weil er bei der Maschinennäherei für den Faden in der Nadel $15 \div 18$ (58_1) dient, also oben liegt. Die Vorzwirndrehung erfolgt im Sinn der Spinndrehung, die Nachzwirnung entgegen der Spinndrehung, so daß also das fertige Obergarn (vierfach) (3_3) dieselbe Drehung hat wie der einfache Zwirn oder das Untergarn (1_3).

d3. Der sechsfache Nachzwirn.

3a. Der sechsfache Nähfaden, welcher oft Atlasgarn heißt oder eine jeder Nähfadenfabrik eigene Bezeichnung hat, besteht aus drei zweifachen Vorzwirnen; er hat bei rechtsgedrehtem Gespinst auch Rechtsdrehung.

3b. Das Schuhgarn ist ein sechsfacher Nachzwirn, dessen Gespinst Linksdrehung hat (4b₃), dessen Vorzwirn mit Rechtsdrehung gezwirnt und im Nachzwirn mit Linksdrehung versehen ist; deshalb heißt das Schuhgarn auch Linkszwirn.

3c. Das sechsfache Häkelgarn besteht aus drei zweifachen Vorzwirnfäden (4a₃), wobei die Vorzwirndrehung entgegen der Spinndrehung, welche eine Rechtsdrehung ist, und die Nachzwirndrehung in der Spinndrehung erfolgen; diese Garne haben also Rechtsdrehung und heißen deshalb oft Rechtsdrahtzwirne.

IC. Die Gespinste für die Nähfadenherstellung.

Bei allen den Zwirnen, welche entgegen der Spinndrehung gearbeitet werden, das sind also die einfachen Zwirne oder Untergarne (1, 2₃) und die Vorzwirne der Häkel-, Kordonnet- und Schuhgarne (4a, 4b₃), wird hart gedrehtes Gespinst zur Verwendung kommen müssen, weil man ja beim Zwirnen entgegen der Spinndrehung einen Teil der Spinndrehung wieder aufhebt. Dagegen wird für den Vorzwirn bei vier- und sechsfach, der mit der Spinndrehung erfolgt (3, 4₃), ein weich gedrehtes Gespinst verwendet, das die sog. Mittel(Medio)drehung erhielt, weil hier die Zwirndrehung im Sinn der Spinndrehung erfolgt, also dem einfachen Gespinst noch eine Zusatzdrehung beim Zwirnen gegeben wird. Wird beim entgegengesetzt zur Drehung des Vorgutes erfolgenden Zwirnen der Draht des Ausgutes größer als der des Eingutes, so entstehen Gebilde in der Art des durch 3a₃ dargestellten, bei denen das im Ausgut enthaltene Vorgut die Drehung des Ausgutes erkennen läßt.

Die Verwendungsart des Nähfadens bedingt, daß nur gute, gleichmäßige Gespinste für seine Herstellung Verwendung finden, denn der Durchgang durch das Nadelöhr 15 (58₁) erfordert vollständige Schleifenfreiheit, keine dicken Stellen und keine Unreinigkeiten in dem Nähgarn, weil dadurch ständig Nadelbrüche entstehen würden, wenn man bedenkt, daß die heutigen Nähmaschinen mit 2000 ÷ 6000 Nadelstichen in der Minute laufen. Es wird außerdem, wie das Untergarn, beim Verarbeiten starken Spannungsschwankungen ausgesetzt und deshalb, wenn es nicht sehr stark ist, reißen. — Weil jedes Reißen der Fäden einen Aufenthalt in der Näherei verursacht, wird vielfach auch als Untergarn ein vierfacher Zwirn (3₃) verwendet, was natürlich die ganze Näherei bedeutend verteuert.

Ca) **Ihre Rohfasern und Ausrüstung.** Um allen Ansprüchen gerecht zu werden, verwendet man für vierfache Zwirne (3₃) fast ausschließlich gekämmte Selbstspinnergespinste aus ägyptischer Baumwolle; wenigstens von den Nummern 40 an aufwärts. Bei zweifachem Garn (1₃) ist man allerdings schon auf Gespinste aus amerikanischer Baumwolle zurückgegangen, um den starken Wettbewerb der ausländischen Garne gerecht zu werden. Gekämmte Gespinste aus amerikanischer Baumwolle, bzw. kardierte aus ägyptischer, verwendet man für den dreifachen Zwirn (2_3) in groben Nummern, die, wie oben schon gesagt, meistens nur für Handnäherei Verwendung finden.

Man könnte nun annehmen, daß man, um einen glatten Nähfaden zu erhalten, das Gespinst flämmt, sengt oder gasiert, d. h. durch Gasbrenner zieht, um die kleinen Härchen abzusengen; das wäre aber grundfalsch, weil dadurch die Haltbarkeit des Zwirnes unbedingt leidet und auch die Weiterverarbeitung erschwert wird. In der Nähfadenherstellung wird die Glätte des Fadens durch Klebmittel und Bürsten und Reiben erzielt.

Die Nähfaden werden vorwiegend in Weiß und Schwarz gebraucht; außerdem auch in bunten Farben, je nach der Farbe der Stoffe, für die der Faden zur Anwendung kommt. Man sollte nun meinen, daß schon gebleichte oder gefärbte Gespinste zum Zwirnen vorteilhaft verwendet werden könnten. Das ist aber nicht der Fall, weil bei der Verarbeitung alle Feinheiten der Färberei bzw. Bleicherei, wieder verlorengingen und sich unansehnliche Nähfaden ergeben würden.

Die Merzerisation, die für Häkelgarne, Flor-, Web- und Kunstzwirne allgemein verwendet wird, ist auch in der Nähfadenherstellung mit gutem Erfolg aufgenommen worden, um dem Wettbewerb der Nähgarne aus Glanzstoffäden begegnen zu können.

Ob das in der Spinnerei angewendete Hochverzugs-Streckverfahren irgendwelchen Einfluß auf die Gespinste für die Nähfadenherstellung hat, ist schwierig festzustellen, weil keine Spinnerei verraten wird, in welcher Weise sie ihre Gespinste für die Nähfadenherstellung fertigt. Wenn aber die Spinnerei mit dem Hochverzugs-Streckverfahren ein gleichmäßiges Gespinst, das eine bestimmte Reißfestigkeit aufweist, liefert, dann wird auch kein Hinderungsgrund vorliegen, die Hochverzugsgespinste in der Nähfadenherstellung anzuwenden, denn bei ihr ist die Gleichmäßigkeit und Haltbarkeit der Gespinste ausschlaggebend. Daher werden sämtliche Gespinste, ehe sie Verwendung finden, vor dem Verzwirnen, auf ihre Haltbarkeit im einfachen Gespinst geprüft. Hierauf wird der Rohzwirn nach dem Verzwirnen und zum drittenmal der fertige Nähfaden auf Festigkeit und Dehnung untersucht. Man sieht daraus, daß sehr hohe Ansprüche an das Gespinst gestellt werden, und das ist notwendig, um überhaupt die Nähfadengüte auf der Höhe zu halten.

Cb) **Werte für die Zerreißfestigkeit der Gespinste.**

Um einen guten Nähfaden zu erzielen, ist es, wie bereits erwähnt, vor allen Dingen erforderlich, daß schon das Rohgespinst eine bestimmte Festigkeit aufweist. Man muß sich aus den Ansprüchen der Verbraucher Grenzwerte mittlerer Reißfestigkeiten schaffen, unter die die Haltbar-

keit des einfachen Gespinstes nicht sinken darf. Die Zusammenstellung
1a gibt auf einem selbstwirkenden Festigkeitsprüfer (9) bei 200 mm
Einspannlänge erhaltene Grenzwerte von Gespinsten mit $8\frac{1}{2}\%$ Feuchtigkeit an, welche guten Nähfäden zugrunde lagen.

Hierbei bedeuten die niedrigsten Zahlen die geringsten Sollmittel-
werte. Je nach der Rohbaumwolle, welche für das Gespinst verwendet
wurde, und je nach der Herstellungsweise in der Spinnerei kommen
natürlich verschiedene mittlere Zerreißwiderstände heraus, so daß die
gegebenen Zahlen nur als Annäherungswerte zu gelten haben.

I D. Die Wickelgebilde der Gespinste und Zwirne

bestehen aus dem Wickelgerüst, einer Hülse und entweder nur einem
Gut (Gespinst, Zwirn), oder mehreren Guten; erstere nennen wir Eingutwickelgebilde, letztere Mehrgutwickelgebilde.

D a) **Die Eingutwickelgebilde.** Alle Spinn- und Zwirnmaschinen
sowie die Maschinen zum Aufmachen der Fertiggute der Zwirnerei
liefern Eingutwickelgebilde, auf denen nur eine kleine Gutlänge untergebracht werden kann.

a1. Die Eingutwickel der Spinner und Zwirner weisen
zwei verschiedene Wicklungen auf: die Spulenwicklung (3_4) und die
Kötzerwicklung (4_4).

1a. Die Spulenwicklung. Bei ihr werden auf der Hülse *1* (3_4)
parallel zur Achse verlaufende Schichten aufgewickelt, gebildet aus sich
berührenden Gespinstschraubenlinien, die auf der einen Schicht nach oben,
auf der andern nach unten gerichtet sind und sich daher flach kreuzen.
Weil Windung an Windung liegt, heißen derartige Wickelkörper auch
Spule mit geschlossener Wicklung. Stetigspinner, z. B. für die Stengel-
und Blattfasern sowie Schappe und viele Stetigzwirner, liefern ihre Gute
in der Gleichhubspulenform ab. Zum Abwickeln müssen sie auf eine
Spindel aufgesteckt werden, wobei das senkrecht zur Spulenachse abgezogene Gut die Spule dreht. Die Spulen werden unterschieden in:

a1) Doppelflansch- *0″* (8_3); a2) Einflanschspulen (38, 55_3),
deren Hülsen nur einen Fußflansch *39* haben und oben *40* etwas ver-
breitert sind. Diese erlauben auch ein Abziehen des Gutes parallel zur
Spulenachse über den Kopf hinaus bei stillstehender Spule. Sie sind
nur auf dem Stetigzwirner in Verwendung. a3) Flanschlose Spulen
(3_4), bei denen klare Stirnflächen des Wickelgebildes durch Verkürzen
der aufeinanderfolgenden Schichten (0_5) erhalten werden, weshalb sie
auch oft Doppelkegelspulen heißen; sie lassen sich leicht in der Richtung
der Spulenachse abziehen und kommen bei Baumwollringspinnern und
Zwirnern vor.

1b. Die Kötzerwicklung. Bei ihr ist das Gut in kegeligen Schichten (4_4) aufgewickelt, so daß es über die Spitze in Richtung der Achse bei stillstehendem Kötzer abgewickelt werden kann. Dieses Wickelgebilde wird auf allen Spinnmaschinen, außer denen für Stengelfasern, und auf Zwirnmaschinen, welche als Schuß verwendbare Zwirne abliefern, hergestellt.

Als Kötzer bezeichnet man einen Gespinstwickel *1÷8* (7_3), der oft auf einer bis über die Kötzerspitze reichenden Durchhülse, meist aber auf einer Kurzhülse *0″* sitzt. Er besteht aus zwei Teilen, dem Ansatz *1, 2, 3, 10, 9, 8, 1* und dem Körper *3, 4, 5, 6, 7, 8, 9, 10, 3.* Die Schichten *4, 5, 6, 7, 4* sind kegelig, beginnend bei der ersten Schicht des Ansatzes mit einer beinahe zylindrischen Schicht *1, 2, 11, 12, 1* und möglichst schnell übergehend in die kegelige, längste Schicht *8, 9, 10, 3.* Die Schichten werden gebildet aus den nebeneinanderliegenden Spiralen *13* und aus einer steilen Kreuzung *14*, um einen sichern Halt dem Wickelgebilde zu geben.

Die Wickelgebilde der Spulen abliefernden Spinn- und Zwirnmaschinen müssen, um das Gut im Weberschiffchen als Schuß verwenden zu können, auf eigenen Kötzerwindemaschinen umgewickelt werden. Derartig umgewickelte Kötzer mit sich stark kreuzenden Windungen (4_4) auf einer Durchhülse *0″*, oder ohne sie ($4a_4$), und dann Schlauchkötzer genannt, enthalten bei gleichem Rauminhalt infolge der starken Aufwindespannung oft über die doppelte Gespinstlänge, in der alle schwachen Stellen ausgemerzt sind, weshalb das Umwickeln mit Vorteil selbst für die Kötzer der Baumwollspinnmaschinen vorgenommen wird.

a2. Die Eingutwickel der Zwirnereiaufmachung. Auch die Fertiggute der Zwirnerei verlassen sie in folgenden Eingut-Wickelgebilden als:

2a. Knäuel, welche unterschieden werden in: a1) Walzen- oder Eierknäuel (*24, 25_2*); a2) Würfelknäuel (26_2) und a3) Scheibenknäuel (27_2) mit oder ohne Hülse und oft mit einem Einbund (*25, 27_2*) versehen.

2b. Spule. b1) Doppelflanschenspule. 1a) Gleichhubspule. Haben alle Schichten die gleiche Länge, wie das bei den Spulen der Spinnmaschinen für Stengelfasern der Fall ist, so bilden sich bei der Hubumkehr, wegen des kurzen Stillstandes der Gespinstverschiebung bei sich gleichbleibender Umfangsgeschwindigkeit der Wickelwalze, leicht Wulste, die beim schnellen Abwickeln oft Gespinstrisse verursachen, und es werden die gleichgerichteten Wicklungen, d. h. die jeder übernächsten Schicht, übereinanderliegen und eine gewellte, unschöne Wickelfläche verursachen. Die Schaulinie dieser Schichtenanordnung ist aus 1_5 zu ersehen.

1 b) Spule mit Hubverminderung und -vergrößerung und
1 c) Wechselhubspule. Für feine Gespinste und Zwirne, welche mit
großer Geschwindigkeit ablaufen müssen, verändert man die Hublänge
nach 0_5 (Hubverminderung), bzw. nach 3_5 (Hubzu- und -abnahme),
bzw. nach $2 \div 4_5$ (Wechselhub), um eine Gespinstverlegung zwischen
den einzelnen Schichten und dadurch eine schöne, gleichmäßige Spule
zu erhalten, bei der die Wicklungen nicht in die tieferliegenden einschneiden, und deren Kanten an den Hülsenflanschen keine Wülste
aufweisen, sondern leicht abgeschrägt sind. Wechselhubspulen fallen
entweder bauchig (6_4) oder zylindrisch mit starken (5_4) oder schwachen
($5 a_4$) Abschrägungen aus. Letztere Form ist am vorteilhaftesten und
wird heute bevorzugt, weil beim Abrollen der Spule ihre Drehzahlen
beinahe unverändert bleiben. Die gewöhnlichen Spulmaschinen mit der
ersten Wicklung (1_5) bezeichnen wir als Gleichhubspulmaschinen, die
mit Wicklung 0_5 mit Hubabnahmespuler, die letzteren $2 \div 4_5$ mit Wechsel-
hubspuler.

1 d) Röllchenspule (12_3) mit Doppelschrägflansch, bei der jede
folgende Schicht um die Fadendicke zunimmt.

b 2) Flanschenlose Spule, Kreuzspule (9, 10_3 mit einer Windung, 11_3 mit fünf Windungen). Infolge der Musterung des Wickelkörpers heißt diese geschlossene Wicklung auch gemusterte.

2 c. Vierkantwickel (13_3). *2 d. Kartenwickel* (14_3). *2 e. Sternwickel*
(15_3); er hat 32 Zacken, in die der Faden *0* sich unter Überspringen von abwechselnd *n—1* (nach vorwärts) und *n* (zurück) Zacken
einlegt, wobei er in der Mitte beiderseits eine freie Fläche zum Auf-
kleben der Kennscheibe (Bezeichnung) läßt. *2 f. Endloser Strang, Rundstrang 1* (24, 27_3, 1_{10}), in dem sowohl die Gespinste zum billigen
Versand und für das Bleichen und Färben als wie die Strickgarne für
den Handel abgeliefert werden, und zwar zu Puppen oder Docken (11_{10})
zusammengedreht, wovon soviel in einem Pack *0* ($11 a_{10}$) gebündelt und
durch Schnüre *1* zusammengehalten sind, als die Nummer des Gespinstes
Einheiten hat. Der Strang enthält, wenn die Feinheit des Gespinstes
in der gleichen englischen Nummer ausgedrückt ist, 7 Strängchen zu
je 80 Windungen von 1,5 Yards = 1,3716 m Umfang, also eine Länge
von 840 Yards = 768,096 m; wird sie in der metrischen und französischen
Nummer angegeben, so sind im Strang 10 Strängchen zu 70 Windungen
mit einem Umfang von 1,428 m, also eine Länge von $10 \times 100 = 1000$ m.

a 3. Die Eingutwickel der Zwischenstufen der vom Gespinst
zum Fertigzwirn notwendigen Arbeitsfolgen. Für sie ist es nötig, die Gute
in die passendste Form zu bringen und die kurzen Längen der Wickelgebilde des Gespinstes zu möglichst großen zu verknoten, um die Dauer-
arbeit der Maschinen zu gewährleisten. Zu derartigen Wickelgebilden
gehören die: *3 a. walzenförmige Kreuzspule* (9_3), ein Wickelgebilde,
bei dem die Gespinstschraubenlinien 0_1 jeder gleichlangen Schicht flach

verlaufen und die der vorhergehenden und folgenden stark kreuzen; wegen der Zwischenräume heißt die Wicklung auch offene. Eine Kreuzspule mit geschlossener, Wicklung zeigt 10_3. *3b. Doppelkegelkreuzspulen* (3_4). *3c. Zapfen-* oder *Kreuzkötzer* (8_4), so genannt, weil die Hülse und die Schichten kegelig sind; Kreuzkötzer heißen bei geringer Höhe und großem Durchmesser auch Sonnenspulen. *3d. Flaschenkötzer* (7_2), der ähnlich wie der Kötzer gebildet wird, nur daß dabei der Ansatz durch einen kegeligen Fuß ersetzt ist; auch bei 3b) und 3c) werden die Gespinste oder Zwirne über die Spitze bei feststehendem Wickel abgezogen. Oft werden auch Spulen mit abnehmenden Schichtenlängen (0_5) und mit wechselnden Schichtenlängen ($2 \div 4_5$) verwendet.

D b) **Die Mehrgutwickelgebilde.** *b1. Fertiggut.* Zu den Mehrgutwickelgebilden gehört der Musterkartenwickel ($14 a_3$) für handelsfertige Gespinste und Zwirne. *b2. Zwischengute.* Hierunter fallen:

2a. Der **Kettwickel**, bestehend aus einer großen Doppelflanschenhülse $0''$, *1* (9_4), auf der nebeneinander so viele Gespinste bzw. Zwirne unter der größten aber gleichmäßigen Spannung aufgewickelt sind, als die folgende Maschine Liefereinheiten hat, als z. B. die Glänzmaschine am Ausgang Spulen hat, oder ein Vielfaches der Spindeln, welche auf der Zwirnmaschine von ihm zu speisen sind, wobei das Vielfache gleich der Fachung des Zwirnes ist. Auch zum Bleichen und Färben werden die Gespinste und Zwirne auf durchlochte Kettbäume $0''$ aufgewickelt.

2b. Der **lose Langstrang** (10_4), in dem soviel Fäden vorhanden sind, als die folgende Maschine benötigt. Dieser Langstrang wird in den Bleich- bzw. Färbkessel eingelegt oder als großer Knäuel oder Kreuzspule aufgewickelt behandelt. Nachher wird der Langstrang als Schicht ausgebreitet, damit die einzelnen Gute den Arbeitseinheiten der folgenden Maschine regelrecht zugeführt werden können. Um dem Auseinanderlaufen und Verfilzen beim Ein- und Auspacken in die Kessel nicht ausgesetzt zu sein, wird verwendet:

2c. Der **umwickelte Langstrang** 0 (11_4), bei dem ein Zwirn *1* ihn zusammenhält, welcher nach der Behandlung wieder abgewickelt wird, bevor die Gute ausgebreitet den Arbeitseinheiten der folgenden Maschine dargeboten werden.

2d. Der **durchschossene Langstrang** (12_4), bei dem in größeren Abständen ($1 \div 3$ m) bei der Strangbildung Schußgarngruppen *2* eingewoben werden, welche beim späteren Ausbreiten des Stranges gute Dienste leisten.

2e. Der **gekettelte Langstrang** 0 (13_4), dessen Anfang und Ende durch je eine Schnur *3* festgebunden sind; nach Lösen des Bundes läßt sich die Kettelung ohne weiteres aufziehen und das Ausbreiten der Gespinste oder Zwirne mühe- und abfallos durchführen. Diese Stränge gewährleisten die wirtschaftlichste Höchstleistung in der Bleicherei und Färberei bei großen Mengen.

II. Die Arbeitsstufen der Herstellung der Zwirne.

Die ersten Stufen, das Umspulen der als Kötzer oder im endlosen Strang übernommenen Gespinste und das Zwirnen (Vorzwirn — Auszwirn) sind für alle Gute, mit Ausnahme der Ziergarne, dieselben und auf den gleichen Maschinen durchführbar. Die größten Anforderungen an die Arbeiter und Maschinen stellt die Herstellung des Nähfadens, weshalb sie im folgenden besonders berücksichtigt wird.

Auf das Zwirnen folgt in der Herstellung der Rohzwirne (Webzwirne, Strumpf- und gewöhnliche Häkelgarne) die Trockenveredelung: das Gasieren, ein Abbrennen der heraustehenden Faserspitzen und das Aufmachen, bestehend in der Bildung endloser Stränge, die gedockt (11_{1c}), zu Bündeln gepreßt ($11\,a_{10}$) oder zu Knäueln ($24 \div 27_2$) oder als Kötzer (7_3, 4_4) gewickelt in den Handel kommen. In der Nähfadenherstellung schließt sich an das Zwirnen die Vorbereitung der Zwirne für das Bleichen und Färben, gewissermaßen eine Nebenarbeit; diese ist sehr verschieden, je nach der Einrichtung der Nähfadenfabrik; das Bleichen und Färben; das Umspulen der Kreuzwickel oder der Stränge; das Aufbäumen der Spulen; das Glänzen und Glätten — Polieren, auch Appretieren genannt; das Wickeln, das ist das Fertigmachen des Zwirnes zum Verwendungszweck, entweder auf Holzrollen oder auf Papphülsen zu Kreuzwickel oder auf Pappsterne; das Auszeichnen und das Packen für den Versand. Oft kommen zu diesen neun Arbeitsfolgen, je nach der Einrichtung der Zwirnereien, noch andere, die den Preis des Nähfadens aber zuungunsten der Fabrik mehr oder weniger verteuern. Für die veredelten Web-, Wirk-, Strick- und Stickgarne erfolgt vor der Aufmachung für den Handel das Gasieren und Merzerisieren, auch das Bedrucken; für die Geschirrfäden, die Zwirne für die Schuhsenkel und für das Eisengarn außerdem noch das Glänzen, während die Herstellung der Kunst- oder Ziergarne Bearbeitungen aufweist, die je nach der von der Mode verlangten Ausbildung des Gespinstes und Zwirnes schon in der Spinnerei begonnen werden.

II A. Das Umwinden der Gespinste und Zwirne.

Unter Umwinden versteht man den Vorgang, das Wickelgebilde in die gleiche oder eine andere Form zu bringen, sei es, um durch Zusammenknoten der Gute mehrerer Wickelgebilde eine größere Länge auf

dem neuen Eingutwickelgebilde unterzubringen, sei es, um durch Neben-
einanderwicklung mehrerer Gute ein Mehrgutwickelgebilde zu erhalten,
das der Weiterverarbeitung angepaßt ist. Die erste Arbeit liefert als
Wickelgebilde Spulen oder Kötzer und heißt allgemein Umspulen oder
Umkötzern; die zweite bildet die Gespinste als Kette oder Langstrang
aus, letztere Bezeichnung im Gegensatz zum endlosen Rundstrang, welcher aus nur einem Gut besteht und auf den Haspeln erhalten wird. Infolge der zu Scharen vereinigten Gespinste heißt dieses Umwinden
Schären, in der Weberei auch oft Zetteln, weil die Webkette auch Zettel
genannt wird.

A a) Das Spannen und Reinigen des Vorgutes.

Mit dem Umwinden verbindet man gleichzeitig: 1. das Ausmerzen
der schwachen Gutstellen, indem man die Gespinste einer entsprechenden
Spannung aussetzt, und 2. das Reinigen von groben Stellen, Flaum,
Schalen und sonstigen an der Oberfläche haftenden Unreinigkeiten durch
Hindurchziehen des Gutes durch Borsten, die aufrechtstehenden Faserenden des Plüschs, Kratzenbeschläge oder durch Schlitze in Stahlplatten,
deren Breiten den auszuscheidenden Fehlern angepaßt sind. Dabei ist
es Grundbedingung, daß die einzelnen Gespinste gleichmäßig gespannt
von den Vorgutspulen ablaufen, um die regelmäßige Verteilung der
Zwirnwindungen nicht zu stören. Ist dies nicht der Fall, so erhält man
auf der Zwirnmaschine einen rippigen und ungleichmäßigen, unsaubern
Zwirn, dessen Fehler in keiner der folgenden Arbeitsstufen mehr gut gemacht werden können. Es ist daher schon bei dieser ersten Gespinst-
verarbeitung eine peinliche Überwachung der Maschinen in bezug auf
die Spannung und Reinigung des Gespinstes vorzunehmen. Diese erzielt
man durch eine sich langsam gegen das Gespinst drehende Plüschwalze $3''$ (8_3), welche ständig von der Bürste oder Kratze 4 geputzt wird,
oder durch eine Kugelbremse, bestehend aus dem Träger 1 (16, 17_3),
dem Porzellanbecher 2, der Kugel $3''$, der Leitrolle $4''$ und dem Führer 5
für das Gespinst 0 (11), oder einer Scheibchendämmung, bei welcher das
Gespinst 0 (18_3) zwischen zwei Scheibchen 1, 2, deren eine, oft zwangläufig gedrehte (14), 1, durch die Schraubenfeder 3_0 gegen die andere ortsfeste, 2, gepreßt wird und derart das zwischen beiden hindurchgehende
Gespinst spannt und etwas putzt (15), oder der Scheibendämmung, zusammengesetzt aus Porzellankörper 1 (19, 20_3) mit Reinigungsgrübchen 2,
Bremsplatte 3 und Gewichtchen 3_0, wodurch die Unreinigkeiten stets vom
durchziehenden Gespinst 0 entfernt gehalten werden (16), oder durch
Rechendämmer, gekennzeichnet durch den feststehenden Rechen 1
(21_3, 10_5) mit Stahlzähnen 2, dem drehbaren Rechen 3_x, 4, welcher durch
die Schnur 5, $6''$, $7''$, 8_0 die senkrecht zur Zeichnungsebene erfolgende
Drehung des Rechens 3_x, 4 verursacht. Das 0 wird dadurch aus seinem
geraden, lotrechten Lauf verdrängt und an den 2 und 4 der Rechen

reiben, wodurch die Aufwicklungsspannung des Gespinstes erzeugt und es etwas gereinigt wird (15).

Zur Reinigung läuft das 0 oft durch die Nadeln eines Kratzen-beschlages oder durch Schlitze, gebildet aus zwei Plättchen $1, 2$ (22—23_3), welche durch eine Schraube 3 (22_3), bzw. durch Schlitze 4 (23_3) mit Schraube 3, gegeneinander gestellt werden können (15).

Die Bremsung durch feststehende Plüschwalzen verursacht Staub-ablagerungen, die bei längerem Laufen des Gespinstes vielfach mitgerissen werden, was natürlich für die Nähfadenherstellung unbedingt vermieden werden muß. Deshalb wurde die sich drehende und sich an der Kratze 4 (8_3) reinigende Plüschwalze $3''$ eingeführt. Manche Zwirnereien verwen-den statt der plüschbeschlagenen Walzen $3''$ die Kugelbremsen $1 \div 5$ (16, 17_3), um eine Ablagerung von Staub überhaupt zu vermeiden. Jedoch hat sich ergeben, daß bei einer Fachung von zwei und drei Ge-spinsten diese nicht gleichmäßig angespannt bleiben, weil das feinere Gespinst sich leichter durchzieht als das gröbere und daher auch eine andere Spannung bekommt. Diese Mängel treten zum Teil auch bei den übrigen Dämmungen auf. Man hat daher meist in der Nähfaden-herstellung nur die oben beschriebenen Plüschwalzen. Die feinen Ge-spinste N_e $90 \div 130$ können vielfach nicht einmal den Zug an der Plüsch-walze vertragen, und für sie wendet man feststehende Walzen an, die ent-weder ganz mit Blech beschlagen sind oder zur Hälfte einen Plüsch-beschlag haben. Zur Spannung werden nach ihr die feinen Gespinste über Drahtösen und Porzellanrollen geführt.

Ab) Die Bildung der Eingutwickel für die Zwirnmaschinen.

Das Eingut ist entweder ein einfaches Gespinst oder eine Vereini-gung von mehreren Gespinsten, meistens bis zu acht, welche nur selten etwas umeinander gedreht sind.

Die zum Umwickeln verwendeten Maschinen sind meist einstöckig, d. h. alle Ablieferungen befinden sich auf derselben waagerechten Ebene nebeneinander angeordnet. Die Leistungssteigerung der Spulerin sucht man entweder dadurch zu verwirklichen, daß man mehrere Wickelköpfe übereinander anordnet, oder die Wickelköpfe strahlenförmig auf einem Drehgestell unterbringt, und dieses ruckweise bewegt, so daß die Wickel-spindel zur Arbeiterin, die sich sitzend oder stehend davor befindet, ge-führt und der Arbeiterin der Weg zur Spindel erspart wird. In Amerika werden die mehrstöckigen Umwickler viel für die Glanzstoffäden ver-wendet, bei denen übereinander zwei und oft drei Spulenreihen liegen, so daß die Arbeiterin einen viel kleineren Weg zur Bedienung einer be-stimmten Anzahl Spulen zurückzulegen hat.

Die einzelnen Maschinenausführungen werden nach der Art der Wicklung eingeteilt in solche mit Steilwicklung und Kreuzwicklung;

nach dem Hub des Gespinstführers in Spulmaschinen mit gleichen, mit zu- und abnehmendem und mit wechselndem Hub.

b 1. Die einstöckigen Spulmaschinen.

1 a. Die Gleichhubspuler.

a 1) **Die Steil- oder Flanschenspulmaschine.** Das Gespinst *0* (*8₂*) gelangt von dem über die Stäbchenrollen *1″* durch den Gewichtshebel *2!*, *3ₓ!*, *4₀* gespannten Strang *1*, bzw. vom Kötzer *2* (*8₃*), durch den Sauschwanz *3*, über die beplüschte Walze *100″*, welche von einer Bürste *4* gereinigt wird, durch das Schlitzstück *5!*, in dem alle groben Stellen hängen bleiben und das schwache Gespinst abreißt, über Führer *6!*, *7* zur senkrecht stehenden Spule (30″ ÷ 115″) · *110″*, die von der Trommelwelle *8″ₓ* über *200″*, *32″* angetrieben wird, bzw. nach dem Schlitzstück *5!* (*8₂*), dessen Latte *5* auf Rollen *5″* liegt, auf die waagerechte Spule *6″*, die von der Trommel *7″* gedreht wird, und deren Achse *6ₓ″* in der Führung *8* gleitet. Auf *8ₓ″* (*8₃*) sitzt die Antreibscheibe *8″*; sie bewegt durch die Übertragung (180″, 420″) — (60″, 200″) die Walze *100″*, und durch die Zahnradübersetzung *9′ ÷ 12′* ((1′ : 16′) — (36′ : 125′)) das Exzenter *13″*, gegen das die Rollen *14″* der Zahnstange *15, 16′* anliegen, welche über das Rad *17′*, über die Scheibe *18″* und durch die Kette *19* den Gespinstführer *7 ÷ 5!* auf und ab bewegt. Bei 1000 Spindelumdrehungen beträgt die Wickelgeschwindigkeit 210 m (17 a, e).

Diese alte Gleichhub-Spulmaschinen-Ausführung mit lotrechten oder waagerechten Wickelspulen und hin und hergehenden Fadenführer *6!*, *7* ist heute durch die Gleichhub-Kreuzspulmaschine mit waagerecht liegender Spule fast vollständig verdrängt worden. Als solche kommen hauptsächlich zur Anwendung:

a 2) **Die Kreuzspulmaschinen.** 2a) Mit hin- und hergehendem Gespinstführer. *1. Die Stangenspulmaschinen*, bei denen ein am Triebgestell gelagertes Radial- oder Axialexzenter, z. B. *120″* (*10₅*), das über Fest- und Losscheibe *35″*, über *75″, 75″!* und *27′, 108′* gedreht wird, mit der Gespinstführerstange *10—11, 12, 13* verbunden ist, welche die axiale Verschiebung des Gespinstes zur Bildung der Kreuzwickel verursacht und mittels eines Reiters oder der Rolle *10″*, *14ˣ* in die Nut der Trommel *120″* greift und beiderseits die Gespinstführer *9!* trägt. Die Hülsen *0″* sind in Zentrierkegeln *15, 16, 17₀* eingespannt und werden bei *15* durch eine Gummischeibe mitgenommen. Das Gespinst *0* geht entweder vom Kötzer *0″* über die Dämmung *1 ÷ 8₀* (siehe S. 36) und durch den Fadenführer *9! ÷ 14ˣ* auf den Kreuzwickel *0″*, oder von den Flanschenspulen *0″* über die Leitrollen *35″*, bzw. den Scheibchenreiniger *1 ÷ 3₀* (*18₃*), durch den Führer *9! ÷ 14ˣ* (*10₅*) auf die Kreuzspule *0″*, wobei die Federspindeln *18, 18″* über *i′* und Hebel *19ₓ, 20₀!* abgebremst werden. Je nach dem Rohstoff und der Wickellänge der Spulen werden verschiedene Kreuzungen gewählt, welche durch die Größe der das Exzenter

120″ antreibenden Scheiben, erzielt werden. Diese Windungsrollen erlauben $2 \rightleftarrows 6$ Windungen je Wickellänge. Um eine geschlossene Wicklung zu erhalten, wird der Durchmesser der unteren Riemenrolle durch Lösen der Stellschrauben *21!* und Ein- und Ausschrauben der äußeren Scheibe *70″* vergrößert oder verkleinert, bis Windung an Windung gespult wird. Dieselbe Maschine gestattet Gespinste, welche sich für Kreuzwicklung nicht eignen, wie Eisengarn, Roßhaar usw., in Parallelwicklung zu spulen. Zu diesem Zweck wird die Maschine mit einer ausschaltbaren Übersetzung versehen. Die bei Parallelwicklung verwendeten Randspulen erfordern ein so weites Zurückstellen und Festlegen des Gespinstführers, daß er knapp über die Spulenränder hinwegstreift. Diese Stangenmaschinen werden in den verschiedensten Ausführungen geliefert, und zwar mit 2 Spindeln, wie gezeichnet, oder mit, auf einer oder zwei Seiten, $5 \div 10$ nebeneinander angeordneten Spindeln mit Einzelantrieb. Sie dienen hauptsächlich zur Herstellung von Spulen für die Bandweberei und für das Umspinnen von Drähten (15). In der Spulerei für Baumwollgespinste sind Ausführungen mit Radialexzentern in Anwendung, welche im Triebgestell der Maschine angeordnet sind und Stangen mit bis zu 40 Gespinstführern hin- und herbewegen, so daß die in Haltern gefangenen Hülsen, die von Wickelwalzen angetrieben sind, sich mit zylindrischen Schichten in sich steil kreuzenden Windungen mit bis zu 200 m Geschwindigkeit bewickelt werden. Infolge des großen Gewichtes der schwingenden Massen bei vielen Wickeleinheiten ist die hin- und hergehende Verschiebung und daher die Wickelgeschwindigkeit begrenzt (17).

2. Die Reiterspulmaschinen. Gesteigert kann die Wickelgeschwindigkeit dadurch werden, daß das vom Haspel *1* ($24 \div 26_3$), bzw. Kötzer *2*, ablaufende Gespinst *0* über den festen Führer *3* entweder sofort oder über eine besondere Spann- und Wächtereinrichtung $4 \div 22$ zum Gespinstführer *23, 24* und zu dem auf dem Wickelzylinder *35″* befindlichen Kreuzwickel *0″* gelangt. *23, 24* (26_3) ist als sehr leichter Reiter auf einer feststehenden Stange *25* ausgebildet; seine Schenkel *24* umklammern den Kranz eines Axialexzenters *240″* von 130 mm Hub für Hülsen von 145 mm Länge. Die einzelnen Exzenter für die nebeneinander gelegenen Wickeleinheiten sind gegeneinander derart versetzt, daß die Gespinste nacheinander die Umkehrlagen durchlaufen, wodurch selbst bei großer Geschwindigkeit starke Stöße vermieden werden (16).

2b) Mit sich drehendem Gespinstführer. *1. Die Schlitztrommelmaschine.* Der Gespinstführer ist eine Schlitztrommel *320″* ($27, 28_3$), auf welcher der Gespinstwickel *0″* von gewöhnlich $125 \div 130$ mm Hub bei 145 mm Hülsenlänge aufliegt. Er ist gefangen in dem durch das Gegengewicht *4₀, 5* ausgeglichenen Spulenhalter *6, 7ₓ* und der Flachfeder *8⁰*. Die beiden Hälften der Trommel *320″* sind mit je einem mit Hülse ausgerüsteten Armkreuz *9!* so auf der Welle *320$_x$"* befestigt, daß ihre beiden inneren Ränder einen gleich breiten Schlitz lassen, durch den bei der Drehung das Gespinst hin- und hergeführt wird und sich durch Vorüberstreichen an der feststehenden Führungs-fläche *10!, 11$_x$, 12—13$_0$* auf den Wickel *0"* auflegt. Ist der Wickel *140"* · *135* mm voll, so macht der Arm *14, 15, 16^x, 17^0* eine kleine Schwin-gung, wodurch sein Zapfen *15* auf die Rast *18* und das Ende *14* in den Bereich der Kreisbahn des Fingers *19* gelangen. *14, 15, 16^x, 17^0* und *6, 7$_x$* werden so weit gehoben, bis sich *19* unter *14* wegzieht und *15* auf der Rast *20* ruht. Währenddessen ist auch *10!, 11$_x$, 12—13$_0$* etwas zurückgegangen, um *0* freizugeben (rechte Seite 27$_3$). Nach Ersatz des Fadenwickels *140"* · *135* mm durch eine Hülse *0"* und nach Zurückführen aller Teile in ihre Arbeitslage (linke Seite 27$_3$) beginnt eine neue Be-wicklung der Hülse *0"* (16). Zum selbsttätigen Einführen des Garnes in den Schlitz ist oft in der Nähe der Trommelmitte ein Hilfsschlitz *20* senkrecht zur Trommelachse vorgesehen, in den das quer über die *320"* gelegte Garn eintritt und von ihm in den Führungsschlitz übergeführt wird (18).

2. *Die Rillenwalzenmaschine.* Das vom Kötzer *0"* (14, 15$_7$) ab-laufende Gespinst *0* geht durch eine Dämmvorrichtung *1*, über einen Drahtbügel *2, 3$_x$, 4* in die Schraubenrillen *5* der Walze *5"*, um sich auf die Spulenhülse *6"* in flachen Kreuzwindungen aufzuwickeln. Die Spulenseele ist in den zwei Armen eines Hebels *7, 8$_x$, 9* gelagert, welcher, wenn bei Garnmangel *2, 3$_x$, 4* nach vorn in der Richtung des Pfeiles ausschwingt, über eine kraftschlüssige Verbindung zwischen *4* und *9* das Abheben der *6"* von *5"* bewirkt (19).

3. *Die Leitflügelmaschine.* Der Gespinstführer ist ein zweiteiliger Flügel *1, 2* (29$_3$)—*250"* (14$_4$) aus Messing, der auf der Welle *250$_x$"* fest-sitzt, welche in Abständen von je 3 Wickeleinheiten gelagert ist und vom Motor *M* über *120", 120"—21', 85'* getrieben wird. Das vom Kötzer *1* kommende Gespinst *0* geht über den Spanner und Reiniger *2*, durch den Schlitz des Gespinstführers *250"*, über die Wickelwelle *18"* auf die Spule *0, 0"*. Die Hülse *0"* der Spule ist auf dem Dorn *3÷7* (14b$_4$) durch die Flachfedern *4^0* festgehalten, die durch ihre Ausbildung selbst-schmierend wirkt. Mit dem Laufzapfen *7* wird die Spindel gefangen in dem auf der festen Welle *8* drehbaren Träger *9, 10!, 11$_x$*, so daß jede Neigung der *0, 0"* in bezug auf die *18"* eingestellt werden kann, um zylindrische sowohl als auch kegelige Kreuzwickel zu erhalten.

Zur Sicherung eines ruhigen Spulenrundlaufes dient der Winkel-hebel *12, 13, 14^x* (14a$_4$) mit Feder *15^0* und Stift *16*, welcher gegen die Bremsfläche *17!, 18, 19, 20—8, 8* drückt. Bei zunehmender Spule ge-langt *16* in die Vertiefung *18*, was über *16÷9* ein Abheben der fertigen *0, 0"* von *18"* verursacht. Nachdem die Spule durch eine Hülse *0"* ersetzt ist, drückt die Arbeiterin mit dem Daumen auf *12* und führt die $0''$ auf $18''$ zurück. Die mit $7 \div 9000$ Umdrehungen laufende $18''$ erhält vom Motor M über $120''$, $120'' - 87'$, $19'$ ihren Antrieb. Die Räderübertragung ist in einem öldichten Gehäuse 21 untergebracht und Schutzbleche 22_x, 23 verdecken die Flügelführer $250''$ vollständig; sie sind an der Handhabe 23 zur Bedienung der Lagerung der $250''$ aufklappbar.

Weil die Gesamtlänge der Wickelwelle etwa $4 \div 5$ m ist, wird sie in jedem Lager unterteilt und die Bewegung von dem einen Wellenstück zum nächsten durch eine elastische Kupplung $22 \div 24$ ($14c_4$) übertragen. Diese besteht aus der auf dem Ende des einen Wellenstückes $18''$ aufgeschraubten Scheibe $52''$ mit Zapfen 22, welche in die um 60^0 gegen 22 versetzten Löcher von Chromlederscheiben 23 eingreifen, die durch die in den Rand der Gegenscheibe $52''$ eingegossenen Warzen 24 das mit ihr verschraubte $18''$ mitnehmen. Hierdurch wird es möglich, die Wellenstücke so kurz zu wählen, daß die der hohen Umdrehungszahl entsprechende genaue Ausführung gewährleistet ist, und außerdem bei einem nicht genauen Ausrichten der Maschine auf ihrer ganzen Länge und einer sich dadurch ergebenden nicht axialen Gesamtlagerung der Welle trotzdem keinerlei Lagerklemmung stattfinden können.

Die Form und Einstellung der Gespinstführer $250''$ zueinander ist derartig gewählt, daß die führenden Umfangskanten eine Schraubenlinie bilden, welche dem Gespinst, ähnlich wie bei der Schlitztrommel, die kreuzweise Führung auf der zylindrischen oder kegeligen Kreuzspule gibt. Hierbei bilden die beiden Blechflügel mit ihren Umfangskanten an den Umkehrstellen der Schraubenlinie einen Schlitz, so daß das Gespinst an diesem wichtigsten Punkt der Spule sicher geführt und außerdem beim Einlegen in den Führer von diesem zuverlässig erfaßt wird. Im Gegensatz zur bekannten Schlitztrommel, welche sowohl die Gespinstführung als auch die Umdrehung der Kreuzspule bewirkt, hat hier der Führer nur die Hin- und Herbewegung des Gespinstes zu vollführen, während die über dem Führer angeordnete Wickelwelle $18''$ ausschließlich zur Drehung der Spule dient. Hieraus ergeben sich die folgenden großen

a. Vorteile: 1) Das Gewicht der umlaufenden Massen ist im Gegensatz zu dem der Schlitztrommel-Kreuzspulmaschine $320''$ (27, 28_3) auf etwa $^1/_5$ ermäßigt, was einen entsprechenden geringeren Kraftbedarf zur Folge hat.

2) Weil die Umfangswandungen der Schlitztrommeln vollständig fortfallen, ist der bisherige große Übelstand der Ablagerung von Flaum innerhalb der Schlitztrommeln $320''$ und die damit zusammenhängende Verunreinigung des Gespinstes vollständig beseitigt; außerdem haben die Windflügel $250''$ (14_4) noch den Vorteil, den dem Gespinst trotz Durchlaufens des Spanners und Reinigers 2 etwa noch anhaftenden Flaum vollständig zu beseitigen.

3) Das bei den Schlitztrommelmaschinen (27, 28₃) die Arbeiterin
ermüdende und zeitraubende, die Leistung sehr herabdrückende Anhalten
der Schlitztrommel *320″* zum Zweck der Einführung des Gespinstes fällt
vollkommen fort. Das Gespinst wird selbsttätig vom Führer *250″* (*14₄*)
ergriffen, was die Bedienung bedeutend erleichtert.

4) Bei den Schlitztrommelmaschinen (27, 28₃) muß zur Führung
des Gespinstes oberhalb der Trommel *320″* und hinter der Kreuzspule
ein starres Leitblech *10!* gelagert werden, um das Gespinst *0* zur Spule *0,*
0″ zu leiten. Dieses *10!* hat den außerordentlichen Nachteil der Auf-
rauhung und übermäßigen Beanspruchung des Gespinstes, so daß man
in den meisten Fällen mit dieser Maschine nicht über 350 m Wickelgeschwindigkeit hinausgehen darf. Bei *14₄* übernimmt die *18″* infolge
ihres kleinen Durchmessers die Stelle des vorbeschriebenen Leitmessers.
Sie bietet dabei den großen Vorteil, daß sie mit dem Gespinst in gleicher
Umfangsgeschwindigkeit rundläuft und damit jede Beanspruchung, Reibung, Flaumbildung und Schwächung des Gespinstes vermeidet, so daß
man mit Leichtigkeit Wickelgeschwindigkeiten bis zu 500 m anwenden
kann, was eine Mehrlieferung von fast 50% ausmacht.

b. Angaben. *0) Der Antrieb* erfolgt durch Riemen oder Elektromotor.

1) Lieferung der Maschine. Bei der Mindest-Wickelgeschwindigkeit
von 400 m kann, unter Berücksichtigung von Stillständen durch Anknüpfen des Gespinstes, Auswechseln der Kreuzspulen u. dgl., mit einer stündlichen Lieferung je Wickeleinheit in der Durchschnittsgarnnummer
engl. 20 von 0,6 kg gerechnet werden, wobei 21 Wickeleinheiten leicht
von einer Arbeiterin zu bedienen sind; bei Anwendung der höheren
Geschwindigkeit bis zu 500 m entsprechend mehr. *2) Die bedienbare
Spindelzahl* je Spulerin hängt vor allem von der auf dem Wickelgebilde
im Aufsteckrahmen vorhandenen Gespinstlänge ab. Durchschnittlich
rechnet man mit 21÷24 Spindeln je Arbeiterin. Hieraus erklärt sich
auch die Vergrößerung des Hubes der Ringspinner von 150 mm auf
250 mm und mehr, um möglichst viel Garn im Kötzer unterbringen zu
können. Die abgelieferten Kreuzspulen wiegen zwischen 780÷850 g und
enthalten rund: Gespinst N_e 36—50000 m; N_e 30—42000 m; N_e
24—32000 m; N_e 20—26000 m; N_e 16—23000 m; N_e 14—20000 m.
3) Raumbedarf bei 160 mm Leitflügelteilung: Bei 60 Leitflügel 7,28 ·
1,04 m; bei 120 Leitflügel 14,37 · 1,04 m. *4 Kraftbedarf* · 2,5÷5 PS (16).

00. **Der Gespinstwächter.** Wird auf der Spulmaschine gefacht, so
muß die Wicklung unterbrochen werden, wenn eines der Gespinste
fehlt. Hierzu dient für alle Spulmaschinen der Gespinstwächter, der
auf der Reiterspulmaschine wie folgt wirkt.

Nach der Plüschwalze *4* (26₃) wird das über Rollen *5″, 6* gehende
Gespinst abgelenkt durch eine hakenförmige Fallnadel *7, 8*, welche in
dem durch die Schraube *9* zusammengehaltenen Nadelkasten *10—11*,

12_x, *13* geführt wird. Durch Eingreifen der Umbiegung *13* in die Lücke *14* der Verbindung *15*, *16—16*, 17_x, *18—19_0—18*, *20*, *21—22* wird der $10 \div 13$ in lotrechter Lage und die Schaufel *21* in angemessener Entfernung vom Wickel *0″*, welcher auf dem Zylinder *35″* aufliegt, gehalten; das Gespinst *0* ist auf ihn durch die leichte Reitereinrichtung *23*, *24—25—240″* gerichtet. Fehlt *0*, so fällt *7*, *8* und ihr verstärktes Ende *8* wird von der Flügelwelle *60″* mitgenommen, was eine Rechtsschwingung des Nadelkastenhebels *11*, 12_x, *13* und ein Ausheben von *13* aus der Lücke *14* zur Folge hat. Unter der Wirkung des 19_0 erfolgt eine Rechtsschwingung des Hebels *16*, 17_x, *18*, ein Steigen des Schaufelarmes *20*, *21*, der durch den Stift *22* in seiner Gleitbahn *20* geführt wird, ein Abheben des *0″* von *35″* und ein Herausnehmen des *0* aus dem Führer *23*, *24*. Die Arbeiterin verknotet die Enden und stellt die Arbeitslage des Wächters $7 \div 22$ wieder her.

Die Gespinste laufen über *11*, 12_x, *13*, in dem so viel Nadeln angebracht sind, als Gespinste gefacht werden sollen. Die Gewichte dieser Nadeln richten sich wiederum nach der Gespinstnummer, die man facht. Sie müssen so schwer sein, daß beim Reißen eines Gespinstes sofort die Abstellung zur Auslösung kommt, wodurch die betreffende Kreuzspule stillgesetzt wird. $10 \div 13$ sind sehr sauber zu halten, weil sonst der beim Durchgang des Gespinstes durch die Nadeln sich absetzende Flug beim Niederfallen der Nadeln in die Kasten gelangt und diese mit der Zeit so verschmutzt, daß die Nadeln nicht mehr wirken können. Dadurch läuft aber das einfache Gespinst weiter und verursacht, wenn es nicht entfernt wird, falschen Zwirn. Um das Eindringen des Staubes von oben in die Führung $9 \div 12$ für die Nadel *7* zu vermeiden, verwendet man mit Erfolg doppelt rechtwinklig abgebogene Nadeln *7* ($26\,a_3$).

Gefacht wird nur selten auf den Spulmaschinen mit Schlitztrommeln, weil sie wegen ihrer großen Massen nicht schnell genug abzustellen sind und das Aufsuchen des unterdessen auf die Spule aufgewickelten Gespinstes Zeitverlust beim Anknüpfen verursacht. Werden Selbstabsteller verwendet, so müssen die Putzplatte und die Nadelkasten, über die die Gespinste der Schlitztrommel zugeführt werden, in großer Entfernung von ihr liegen, um das leichte Erfassen des Gespinstendes zu gewährleisten. Für später zu bleichende oder zu färbende Garne ist die Selbstabstellung immer vorteilhaft, weil die Spulen alle gleiche Abmessungen haben müssen (16).

0. **Das Abwickeln der Spulen**, sowohl der Flanschen- (1_9) als der Kreuzspulen (9_3), erfolgt meistens senkrecht zur Achse unter Drehung des Wickelgebildes, das auf einer Spindel im Aufsteckrahmen aufgestellt ist, oder über eine in der Achse gelegenen Führungsöse *1* (7_4), *6* (*19*, 20_4), oder bei glatten Garnen (Glanzstoff) und hartgedrehten Zwirnen über die Kappe aus Hartmetall *1* ($20\,a_4$), um im Aufsteckrahmen $19\,a_4$ Platz zu sparen. Zur Erzielung einer gleichmäßigen Spannung im ablaufenden Gespinst und um Abfall bei plötzlichem Abstellen der Aufwicklung durch Weiterdrehen der Spule zu vermeiden, wird entweder die gleichmäßige Bremsung der Federspindel 18, $18''$ (10_5) oder eine Ausführung mit beim Reißen des Gespinstes verstärkter Wirkung verwendet. Das im Festpunkt 1 ($10\,a_5$) hängende, über die Rolle $2''$, $3''$ gehende Bremsband 1, 4, 5^0 verursacht durch die Feder 5^0 die einfache Bremsung, wobei die $3''$ über den Hebel $3''$, 6_x, 8 durch den im Sinne des Pfeiles 9 wirkenden Zug unter Überwindung der Feder 7_0 in der richtigen Lage gehalten wird. Hört der Zug auf, so verursacht 7_0 eine Linksdrehung von $3''$, 6_x, 8 und ein festeres Anlegen der $1,4$ an $2''$ (14).

Um den Beginn des Ablaufens des Garnes 0 (7_4) bei stillstehender Kreuzspule ohne ihr Streifen an dem dem Abwickelpunkt 1 am nächsten gelegenen oberen Rand 2 der Spule zu gestatten, muß entweder die Führung 1 weit von ihm entfernt liegen oder der Durchmesser der oberen Stirnfläche 2 (8_4) der Spule kleiner als der der unteren 3, und dementsprechend auch die Hülse $0''$ ausgebildet sein, so daß also ein kegelartiges Wickelgebilde entsteht, dessen Einzelschichtenlängen immer gleich der Höhe der bewickelten Hülse sind. Wegen der gleichen Kreuzung der Gespinste der aufeinanderfolgenden Lagen nennen wir diesen Wickel Kreuzkötzer zum Unterschied der gewöhnlichen Kötzer (7_3, 4_4), deren Schichtenlänge ein Bruchteil der Hülsenlänge ist und deren beide Teile verschieden steile Windungen aufweisen, und wegen seiner Form heißt er oft Zapfenkötzer, auch Zapfenspule.

a3) **Die Kreuzkötzermaschinen.** 3a) Mit sich drehendem Gespinstführer. Kreuzkötzer werden dadurch erhalten, daß ein kegeliger Dorn $0''$ ($27\div29_3$, 14_4) von den ungleich langen Armen 6, 7_x (27, 28_3) so gehalten wird, daß seine Berührungslinie parallel zur Schlitztrommelachse $320_x''$, bzw. zum Zylinder $4''$ (29_3), liegt. Das Gespinst wird auf eine dünne Papphülse, welche den Dorn $0''$ bekleidet, in flachen Spiralen aufgewickelt (16, 17). Um das Durchziehen des Garnes beim Abnehmen der Kreuzkötzer auf die einfachste Art zu ermöglichen, ist in der Verlängerung des $0''$ ($20\,a_4$) eine Kerbe 2 vorgesehen, in die das Garn vor dem Abziehen eingeklemmt wird. — 3b) Mit hin- und hergehendem Gespinstführer. Aber auch Maschinen mit hin- und hergehenden Gespinstführern sind, obschon sie weniger Lieferung als die mit Schlitztrommeln haben, zum Wickeln von großen Kreuzkötzern sehr beliebt, weil sie feste Wickelgebilde mit klaren Stirnflächen liefern. Die Schemas einer solchen Maschine zeigen, 15, 16_4, worauf alle Teile in eine Ebene umgelegt sind, um die einzelnen Bewegungen in ihrem Wesen leichter verständlich zu machen.

Das vom Kötzer kommende Gespinst geht durch die Führung 0 (15_4) und die Spannvorrichtung, bestehend aus einem feststehenden Rost 1, in dessen Zwischenräume der bewegliche Rost 2, 3_x unter Einwirkung des verstellbaren Gewichtes 4_0! greift. 4_0! läßt sich mittels der Flachfeder 5_0 in Einkerbungen des Hebels 6, 7^x, 8 festlegen, der durch das Stängchen 8, 9 mit dem Arm 9, 3_x des losen Rostes zusammenhängt. Um das Gespinst zwischen beide Roste einzubringen, klappt man den beweglichen Rost zurück unter Überwindung von 4_0! und der Gewichtswirkung des Hebels 10_0, 11_x, 12. Dadurch, daß die beiden Roste bei der Arbeit ineinandergreifen, erfährt das sich hindurchschlängelnde Gespinst die nötige Reibung, die durch Verstellungen von 4_0! geregelt werden kann. Das Gespinst geht hierauf durch eine feste Führung 13, die oberhalb bei 14 die Schwingung des Drahtes 15, 16_x begrenzt; hinter ihm zieht es vorbei, über eine oben auf der Maschine vorgesehene Rolle $32''$ und durch den Führer 17, 18^x zur kegeligen Papierhülse $0''$ (16_4). Ihr Dorn $64'' \div 16''$ ist auf dem großen Durchmesser $64''$ gerillt und hat 8 Einschnitte parallel zur Achse von 60 mm Länge und 2 mm Schlitzbreite. In die kegelige Ausbohrung 19 läßt sich die ebenfalls kegelige Kuppel 20 hineinschieben, die mit einer Scheibe $77''$ ausgerüstet ist, in deren Kehle 21 der Handhebel 22, 23^x, 24 eingreift. Nach Aufsteckung der Papierhülse $0''$ wird 24, 23^x, 22 nach rechts gelegt, wobei 20 durch die 19 den $64'' \div 16''$ aufspreizt, so daß die Rillen 25 richtig festhalten. Auf der Spindelachse $26''$ ist fest die Kuppel $27''$ und lose die Riemenscheibe $90''$ mit ihrer Kuppel $28''$. Auf der Nabe der Riemenscheibe $90''$ sitzt eine sich nach außen verjüngende Scheibe $52''$, die von den keilartigen Enden des Hebels 29, 30, 31, 32_x, 24 (15_4) beeinflußt werden können. Durch Drehung des 24, 32_x, 29 wird der Keil 29 die $52''$ (16_4) nach links verschieben und $28''$, $27''$ einrücken, wobei die Feder 33_0 gespannt wird. Diese Stellung wird aufrechterhalten durch 32_x, 34 (15_4), der in eine Kröpfung 35 des Hebels 36, 35, 37_x, 38, 39^x einhakt. Die Verschiebung des 17, 18^x (16_4), der mittels des mit einem Röllchen $40''$ ausgerüsteten Armes 41 in das Axialexzenter $42''$ eingreift, geschieht durch die Übersetzung $77''$, $77''$—$15'$—$17'$, $90'$—$102'$ von $26''$. Bei der hin- und hergehenden Längsverschiebung des 17, die 152 mm beträgt, wird seine Achse 18^x geführt in der Höhlung 43^x des Hebels 43^x, 44_x, 45_0. Fehlt das Gespinst, so schwingt 15, 16_x (15_4), nimmt den umgebogenen Draht 46, 47_x, 48 mit, der mit 48 in die Führung 49 des Hebels 49, 50^x, 51 greift. Durch die dadurch verursachte Rechtsschwingung kommt das Ende 51 in den Bereich einer mit Erhöhungen versehenen Scheibe $66''$, die fest auf der Achse $42_x''$ ist. Durch die Linksdrehung von $66''$ wird 51, 50^x, 39^x, die mit dem Schlitze 53 auf 16_x geführt wird, zurückgedrängt, was ein Heben von 39^x, 37_x, 38 verursacht. Dadurch gibt die Kröpfung 35 die Nase 34 frei, so daß die Feder 33_0 wirken kann und 31, 32_x, 24, 29, 30 eine Linksschwingung macht. Der Keil 29 (16_4) verläßt $52''$, und Keil 30 verschiebt sie und mit ihr die $90''$ nach rechts, so daß die $27''$, $28''$ gelöst werden und nur die $90''$ noch lose weiterläuft. Nachdem das Gespinst angeknüpft und über die verschiedenen Führungen geleitet worden ist, wird die Maschine wieder durch Drehen von 24, 32_x im Rechtssinne in Tätigkeit gesetzt. 17, 18^x gleitet bei seiner Verschiebung senkrecht zur Zeichnungsebene (15_4) oben mit einem Haken 54 auf dem schneideartig ausgebildeten Hebel 55, 43^x, 44_x, 45_0, der durch das Gegengewicht 45_0 ausgeglichen ist. Der einstellbare Arm 56^x, $57!$, 58^x ist mit dem abgebogenen Arm 58^x, 59_x verbunden, dessen Gewicht 60_0 auf die Hebelverbindung 59_x, 58^x—58^x, $57!$, 56^x—45_0, 44_x, 54, 18^x, 17 beständig so einwirkt, daß 17 an dem Wickel anliegt. Mit zunehmender Bewickelung wird die Aufwickelgeschwindigkeit gesteigert und eine größere Beanspruchung des Gespinstes erfolgen. Um Risse zu vermeiden, müssen mit zunehmender Aufwickelgeschwindigkeit die auf das Gespinst einwirkenden Widerstände verringert werden; also muß sowohl das Anpressen von 17 an den Garnwickel als auch das Ineinandergreifen der beiden Roste 1, 2, die die Spannung des durchgehenden Gespinstes verursachen, verkleinert werden. Dieses geschieht dadurch, daß mit zunehmendem Wickel 17, 44_x, 45_0 nach rechts verschoben wird, was eine Linksschwingung von 6, 7^x, 59_x um 59_x verursacht; infolgedessen werden die wirksamen Hebelarme von 60_0 und $4_0!$ verkürzt, was die Abnahme der Widerstände auf das Gespinst zur Folge hat. Ist die Spule voll, so schiebt sich 43_x unter $61!$ und hebt durch die schiefe Ebene $61!$ den 39^x, 37_x, 35, so daß 34 frei wird und 33_0 wirken und die $27''$, $28''$ ausrücken kann. Steht die Spindel still, so wird der 24, 23^x, 22 (16_4) nach links gedreht, wodurch 20 zurückgeschoben wird und sich der Dorn $64'' \div 16''$ infolge seiner Elastizität zusammenzieht, so daß die Spule lose und durch Anstoßen von $70''$ von dem Dorn $64'' \div 16''$ abgeworfen wird. Die Lage von 17 bei Abnehmen der vollen Spule und beim Aufstecken der Papierhülse festzulegen, dient der Arm 62, 63^x, 64 (15_4), der mittels der Flachfeder 65_0 das Ende 62 gegen 38, 37_x, 39^x preßt, weil 62 einen anderen Kreisbogen zu beschreiben sucht als die Krümmung 38, 39^x. Ist die Papierhülse $0''$ (16_4) aufgesteckt, so wird das Ende 64 (15_4) des 64, 63^x, 62 gegen 55 geklemmt, wodurch 62 von 38, 39^x entfernt und 55, 44_x, 45_0 und mit ihm die an ihn angelenkten Hebel in die Anfangslage zurückgeführt werden. Damit der den Antrieb auf die Exzenterwelle übermittelnde Riemen 66 stets gleichmäßig gespannt werde, ist die Scheibe $77''$ auf dem lose um 44_x sich drehenden Hebel 67_x, 68, 69 angeordnet, der vom Gewicht 70_0 beeinflußt wird (19).

a 4) **Die Flaschenkötzermaschinen.** Den gleichen Zweck wie der Kreuzkötzer, d. h. die Zulassung des Abwickelns bei feststehendem Wickelgebilde und bei fast gleichförmiger Spannung des Gespinstes, erfüllt auch der sog. Flaschenkötzer, welcher noch den weiteren Vorteil hat, möglichst große Gespinstlängen unter seiner leicht aufzustellenden Form zu enthalten, die dem Abziehen des Gespinstes den geringsten Widerstand entgegensetzt, weshalb er sich vorzüglich für die Zwirner für Ziergarne und die Knäuelwickler eignet.

4a) Mit Starrantrieb. Das von einem Kötzer oder Strang *1* (*17₄*) kommende Gespinst (Zwirn) *0* läuft über die Röllchen *13″* des Spannungsausgleichhebels *13″*, *2ₓ*, *3—4₀*, *5!* und *24″* des Abstellhebels *24″*, *6ₓ*, *7″* —, dessen Wälzflächen durch den Kuppelhebel *8*, *9ₓ*, *10* die auf dem Spindelschaft *10″* lose obere Kuppel *11″*, bei Gespinstmangel durch Drehung nach rechts herum und bei verwirrtem Strang durch Drehung nach links herum, aus der unteren Kuppel *12″* der Hülse des Schraubenrades *15′* aushebt; dieses liegt lose um das Halslager *13* des Lagerkörpers *14*, der durch Mutter *15* und Unterlegscheibe *16* auf dem Ölkasten *17* befestigt ist und vom Schraubentrieb *32′* bewegt wird — über die Führung *22* der Spannungsausgleichsfeder *18₀* und durch den Gespinstführer *19!÷25ˣ*, ein Sauschwänzchen *19!* oder ein mit Einführungsschlitz ausgebildeter Flachfinger, zur Hülse *45″*. Kleine Spannungsunterschiede werden durch *13″÷5!* und *18₀* ausgeglichen, ohne daß die *45″* zum Stillstand gebracht wird. Werden *45″* aus Papier von meist 85 mm Durchmesser und 250 mm Höhe verwendet (20), so ist auf der Krone von *10″* eine Spannvorrichtung *26÷29* befestigt und auf dem Schaft *10″* eine Aluminiumglocke *30″*, deren Stift *31* in den Ausschnitt von *11″* eingreift. Holzhülsen *40″* (*18₄*) (21) werden auf einen flachen Teller *84″* gesteckt und klemmen die Spindel *12″* oben mit der verengten Durchbohrung, während Kunststoffhülsen *4* (*7₂*) mit ihrem inneren Rohr *5*, das oben in sie und unten in den Metallbeschlag *6* umgebördelt ist, auf *84″* (*18₄*) sitzen; in die Aussparungen von *6* greifen die Mitnehmerstifte von *84″* ein (22). Spulen über 100 mm Durchmesser und 280÷600 mm Länge erhalten keine durchgehende *12″*, sondern nur einen wenige Zentimeter den Mitnehmerteller *84″* von *11″* überragenden Dorn, während ein Gegenhalter den Hülsenkopf führt, was selbst bei schweren Spulen und hoher Drehzahl einen ruhigen Gang sichert (15). Der Haken *32* (*17₄*) hält *30″* mit *10″* beim Abnehmen der *45″* zurück. Der Antrieb auf die durchgehende Welle *32ₓ′* erfolgt von der durch Riemen auf Fest- und Losscheibe oder durch elektrischen Motor in geeigneter Weise (1:6) getriebenen Hauptwelle *20ₓ′* durch *20′*, *124′—77′*, *28′—72′!*, *36′—43′*, *20′—32′*, *15′*. Der Trieb *77′* ist um 33 mm exzentrisch gelagert und zur Aufrechterhaltung des Eingriffes sind *77′*, *28′—72′!*, *36′* als ein von der Kurbel *124ₓ′*, *33*, dem Pleuel *33*, *34*, und dem Arm *35*, *36ₓ* hin- und herbewegtes Rädergehänge ausgebildet; hierdurch wird das Gespinst mit sich gleichbleibender Geschwindigkeit aufgewickelt, trotzdem der Bewicklungsdurchmesser für einen Hub des *19!*, von z. B. 45 mm auf 90 mm, wächst und abnimmt. Dieser Hub wird dadurch verwirklicht, daß die Hülse *20* eine feststehende Schraubenspindel *22′* mit auf der hinteren Seite weggenommenem Gewinde umfasst und zwischen sich ein als Mutter ausgebildetes Scheibchen *40″—37⁰* fängt, das durch eine Feder *37⁰* in das Gewinde *22′* gedrückt wird und ein Ausgreifen zum Hinabführen in die Anfangslage zuläßt. Die *19!÷23* ist auf einer zum Abnehmen der Kötzer schwenkbaren Platte *24, 25ˣ* gelegen, welche von dem oberen Teil einer Zahnstange *38, 38′*, die über *20′, 20′, 120′*, den Hebel *120′, 39ₓ, 40!—40!*, *41—30″* vom Exzenter *60″*, das über *110′, 20′*, mit der Welle *43ₓ′* zusammenhängt, auf- und abbewegt wird. *40!* ist nach beiden Seiten um 30 mm verschiebbar. In seiner tiefsten Lage wird das Scheibchen *40″* von dem Wickelkörper mitgenommen und etwas gehoben, so daß die nächste Schicht sich um die Gespinstdicke verschiebt und so die Flaschenform entsteht, deren Schichtenhöhe durch das entsprechende *60″* und deren Kötzerdurchmesser durch Verdrehen der *24, 25ˣ* wunschgemäß ausgebildet werden können (16).

4b) Mit Gleitantrieb. Der Riemen *1* (18, 18a₄) treibt über die mit 190÷210 Umdrehungen laufenden Fest- und Losscheiben *250″ · 70*, über eine der Stufenscheiben *100″, 115″, 130″—130″, 115″, 100″*, über die Reibungsräder *110″÷200″, 62,5″* die Spindel *12″*, welche im Spindelbügel *2,2ₓ* geführt wird und auf dem Spindelteller *84″* die Hülse *100″÷120″—40″* trägt. Die Lager *3!* der Wellen der Reibtriebe *110″ ÷200″* sind auf zwei Hebeln *4,5ₓ—6!, 7, 40″* befestigt, deren Rollen *40″* von Exzentern *50″* auf und ab bewegt werden. Ihre Welle *8ₓ″* steht durch *90′, 18′—(65′—60′—50′—45′); (25′—30′—40′—45′)—16′, 10′* mit der Hauptwelle *250ₓ″* in Verbindung. Bei wachsendem Durchmesser der Schicht treiben abnehmende Durchmesser des *110″÷200″* und umgekehrt, wodurch die auf die Kötzerschicht *38″÷120″* aufgewickelte Länge dieselbe bleibt. Die zwei Herzexzenter *60″—80″—100″* der *8ₓ″*, welche zum besseren Verständnis über *zᵢ′, 90ᵢ′* tiefer gelegt wurde, wirken auf Rollen *40″* der Gabelstange *9, 10*, welche auf der oberen, über die ganze Länge der Maschine reichende Leiste *11*, die Gespinstführungen tragen, bestehend aus dem Schwenkarm *12, 13ˣ, 14*, der beim Abziehen der Kötzer etwas zur Seite gedreht und dann durch die Feder *15⁰* in die durch den Anschlag der *16* begrenzte Arbeitslage zurückgeführt wird, der feststehenden Schraubenspindel *17*, dem Gespinstführer *18!*, *19*, der Leitstange *20*, dem Schaltscheibchen *30″* mit Hülse *30″ˣ*, auf welcher die federnden Mutterarme *21⁰* befestigt sind, und dem Stellring *22!*. Letzterer wird von Hand nach oben gehalten, um durch Ausgreifen von *21⁰* aus *17* das schnelle Zurückführen von *18÷21⁰* in die Anfangslage zu ermöglichen.

Das von der Haspelkrone *23″* kommende Gespinst *0* geht über die Rolle *34″* des federnden Hebels *34″, 24ₓ—25₀—26!*, über *24″* des mit wenig Übergewicht eingestellten Wächterhebels *24″, 27ₓ, 28₀!—29*, der durch *29, 30!—30!, 31ₓ, 32—32, 33!* (18a₄)—*33!, 34ₓ, 35, 36—37*, *2—2ₓ—38₀* den Spindelbügel *2, 2ₓ* betätigt, und durch den Führer *18!* auf den Kötzer *38″÷120″* (18₄). Ist der Strang verwirrt, so verursacht *0* eine Rechtsdrehung von *24″, 27ₓ, 28₀!, 29* um 80÷120 mm der *24″*, diese eine Rechtsdrehung von *30!, 31ₓ, 32* und eine Linksdrehung von

33!, *34ₓ*, *35*, *36* (18a₄). Durch sie drückt die schiefe Ebene *35* den Arm *37*, *2ₓ—38₀* zurück und entfernt die Reibrolle *62,5"* (18₄) von dem Reibtrieb *110"÷200"*. Durch das Anziehen des Bremsbandes *39* auf *84"* erfolgt sofort der Stillstand der Spindel *12"*. Nach Entwirrung des Stranges wird an der Handhabe *36* die Bremsrolle *84"* freigegeben, so daß die Feder *38₀* sie an den *110"÷200"* anpressen kann. Um jeder Gleitung des über die Stufenscheiben *100"—115"—130"* gelegten Riemens zu begegnen, dient ein Spannrollenhebel *40₀—41*, *80"*, *42ₓ*.

Angaben. Die Maschinen werden einseitig und zweiseitig gebaut, und zwar zum Kötzern von über den Spindeln angeordneten Haspeln oder ab unter den Spindeln stehenden Spinnmaschinenkötzern, mit Riemen- oder Elektromotorenantrieb, mit Teilungen von 190 oder 220 mm. Die Breite der einseitigen Maschine beträgt 900 mm, die der zweiseitigen 1200 bzw. 1300 mm. Auf der einseitigen Maschine können enthalten sein 6÷60 Spindeln; die zweiseitige hat 10÷64 Spindeln. Der Kraftbedarf wächst für eine einseitige Maschine bei 6 Spindeln von ¼ PS bis auf 1¼ PS bei 60 Spindeln; für die zweiseitige Maschine bei 10 Spindeln von ½ PS auf 1½ PS bei 64 Spindeln (15).

1b. Spulmaschinen mit Hubverminderung oder Hubvergrößerung.

b 1) Mit abnehmendem Hub. Der Trieb *1'* (1, 1a₆), dessen über die ganze Maschine reichende Welle mittels Stufenscheiben angetrieben wird, bewegt das Losrad *2'* auf der Spindelwelle *2ₓ'*. Auf dieser sind paarig Scheibchen *3"* angeordnet, deren eine auf das Vierkantende paßt, während die andere mit größerem Loch über es geschoben ist und mit 2 Warzen in die Nuten des Rades *2'* eingreift. Die *3"* werden nach und nach zum Anliegen durch die Verschiebung der *2ₓ'* im Sinne des Pfeiles mittels des Abstellhebels *4*, *5ₓ*, *6* gebracht, wodurch die stetig bis zur Höchstgeschwindigkeit zunehmende Drehung der *2ₓ'* gesichert ist. Zum Abstellen wird die *2ₓ'* entgegengesetzt zum Pfeil verschoben, wodurch die Berührung der *3"* aufgehoben wird. Gleichzeitig greift ein kegeliger Stellring *7"!* in eine kegelige Vertiefung *8* des Gestells, was ein sofortiges Anhalten der *2ₓ'* herbeiführt. Zwischen dem Dorn *9"* der *2ₓ'* und dem Dorn *10"!* wird durch die Feder *11₀!* die Hülse *0"* festgeklemmt. Diese Anordnung bezweckt ein weiches Anlaufen der Maschinen, um Fadenrisse zu vermeiden, was bisher durch Reibscheiben *180"*, *70"* (4₆) erreicht wurde. Die Drehung der Spindel *2ₓ'* (1₆) wird über *14'*, *98'* durch den Stift *12* auf die Trommeln *115"* übertragen, in deren Nut *60ₑ"* die Rolle *10"* der Führerstange *13*, *14!* eingreift. Der Stift *15* ihres Armes *16* bewegt über die Schlaufe *17* die mit ihm ein Stück bildende Scheibe *50"*, welche in einem Auge *18* des Gestelles gefangen ist. In ihrer Bahn gleitet der Stein *19*, der drehbar auf dem Zapfen des Armes *20!* sitzt. Dieser ist einstellbar auf dem Arm *21*, *22ˣ* und überträgt die Schwingung des Steines *19* über den Zapfen *23* der

Stange *23*, *24!*, *25* mittels des Armrohres *26!*, *27* und der beiden Bunde *28* auf die Welle *115$_x$''* der Nutentrommel *60$_e$''*. Die Abnahme der Schwingungsweite des *14!* erfolgt durch Senken des *21*, *22^x*, wodurch die durch seinen *19* verursachte Drehung der *50''* immer kleiner wird und daher auch die um diese Schwingung vergrößerte Hubhöhe des *14!* sich vermindert. Durch die Schwingung der *50''* bewegt die Rolle *10''* den Hebel *29*, *30$_x$*, *31*, dessen Exzenter *6$_e$''* sich in die Rille der unter der Wirkung der *32$_0$* (1 a$_6$) stehenden Scheibe *80''* einklemmt und sie mitnimmt. Beim Zurückschwingen der *50''* (1$_6$) rollt sich das *6$_e$''* in der Rille der *80''* ab, ohne sie zu bewegen. Durch ihr Plangewinde *33'* wird das mit Zähnen in sie eingreifende Gleitstück *34*, *34'* (1 a$_6$) und der auf ihm befestigte Drehpunkt *22^x* des *22^x*, *21* unter Spannung der Feder *35$_0$* nach unten bewegt, wodurch die sich immer gleichbleibende Schwingung des *14!* (1$_6$) einen gegen den Drehpunkt abnehmenden Ausschlag der *17* und mithin des *19* und *21* verursacht. Fängt die Spulenbewicklung bei der Stellung des *19* im Drehpunkt der *50''* an, so bewirkt der zunehmende, zur *13*, *14!* entgegengesetzte Ausschlag des *21*, *22$_x$* über *23*, *24*, *25—26! 27*, *28* ein Verringern des Hubes von *6$_e$''*. Sobald *34*, *34'* aus *33'* ausgelaufen ist und der Spindelantrieb durch Verschwenken des *4*, *5$_x$*, *6* durch eine Selbstauslösung stillgesetzt wurde, führt die Arbeiterin den Hebel *36*, *37$_x$*, *38* (1 a$_6$) senkrecht zur Zeichnungsebene nach vorn, wodurch *10''!* zurückgezogen, die *0''* frei wird und durch den Hebel *39*, *40$_x$*, *41* der im Gestell gelagerte Stift *42* unter Überwindung der Feder *32$_0$* die *80''* aus dem *34*, *34'* ausrückt, so daß die *35$_0$* das *34'* in die Anfangslage zurückbringt; diese wird begrenzt durch den Puffer *34* am Gestell. Nachdem die Spule durch eine Hülse *0''* ersetzt ist, schaltet die Arbeiterin über *4*, *5$_x$*, *6* den Wickelkopf zur neuen Spulenbildung wieder ein (15).

b2) Mit zunehmendem Hub. Um bauchige Spulen zu erhalten, welche durch zunehmende Wickelhöhen erreicht werden, wird das, unter einer entgegengesetzt zu *35$_0$* (1$_6$) wirkenden Feder stehende, *34*, *34'* seinen Lauf in der untersten Stellung beginnen, welche durch einen entsprechenden Anschlag begrenzt ist, und das entgegengesetzt zu *33'* geschnittene Plangewinde verschiebt *34'*, *34* nach oben, was die Zunahme des Hubes *13*, *14!* bedingt (15).

1c. Die Wechselhubspulmaschinen. c1) Mit 2 Axialexzentern. Der Motor treibt über *16':80'* und über eines der Stufenscheibenpaare *120''*, *140''*, *160''—205''*, *185''*, *165'' · 40* (5, 6$_5$) die Triebachse *165$_x$''* mit den Triebscheiben *200'' · 20*, von denen die Fibrewirtel *37''* der Doppelfederspindel *1^0* angetrieben werden. Diese ruhen in Lagerarmen *2÷7^0!* (6$_5$), deren mit zwei Rasten *6$_1$*, *6$_2$* versehenes Schlitzstück *4*, *5$_x$*, *6^0* im Zapfen *8* des Bockes *8*, *9* geführt wird. Die Haspelkrone *10''* ist aus einem Draht *11* hergestellt, welcher als Steg *10''* (5$_5$) mit zwei Schenkeln *11*, *12—13*, *14* ausgebildet ist. Mit *12*, bzw. *14*, greifen die

Drähte in zwei Scheiben 110″, die durch Drehen an den Naben *110ₓ″* gegeneinander verstellt werden können. Ihre Lage wird durch Feder und Klauen, ähnlich wie bei der Ausführung *10₂*, festgelegt. Die Bremsung erfolgt durch die Schnur oder den Riemen *15* mit Gewicht *16₀*. Das von der *10″* kommende Gespinst *0* geht über das Glasröhrchen *16″* des Hebels *16″*, *17ₓ!*, *18—19₀*, *20!*, der durch Einhängen eines der Löcher des Stückes *20* in den Stift *21* des Kronenarmes *22* so eingestellt wird, daß bei gutem Ablauf des *0* vom *10″* der Stellring *23!* über die Stange *23!*, *24* den Hebel *24*, *25*, *26ₓ* so einstellt, daß zwischen *25* und *7₀!*, *3ₓ*, *2* Spiel ist. Bei verwirrtem Strang verursacht die größer werdende Spannung des *0* unter zunehmender Anspannung der *19₀* einen Ausschlag der Übertragung *16″*, *17ₓ!*, *18—19*, *20!—23!*, *24—24*, *25*, *26ₓ—7₀!*, *3ₓ*, *2*, *4*, *6*, soweit bis *6₁* auf *8* hakt, *37″* außer Berührung mit *200″* gelangt und die Aufwicklung aufhört. Nach Inordnungbringung wird durch Fingerdruck auf die Taste *4* und Zurückführen von *37″—1⁰÷7₀!* in die Arbeitslage das Weiterwickeln veranlaßt. — Von der Triebachse *165ₓ″* wird über einige der Stufenscheibenpaare *60″*, *72″*, *85″—155″*, *140″*, *125″* · *25* die Welle *125ₓ″* in dem mit Armen *27* versehenen Ölkasten *28* getrieben. Durch *11′*, *72′* und *8′*, *75′* werden die auf der Welle *29* unverschieblichen, aber auf ihr lose laufenden Axialexzenter *40″—5′*, *15″* gedreht, deren Nuten über die Röllchen *14″* von Stellfingern *30!*, *31!*, die Stangen *32*, *33!—34*, *35ˣ* hin und her verschieben. Dadurch, daß der Hebel *36*, *35ˣ*, *37* mit seinen Stiften *38ˣ*, *39ˣ* in die Schlitzplatten *33!* und *40!* eingreift, wird die Stange *41*, *42*, *43!—44*, *45!* mit den Gespinstführern *45!* über die Wickelfläche von *1⁰* hin und her geführt. Die Hublänge läßt sich durch Verstellen der *38ˣ*, *39ˣ* erreichen, nachdem vorher der *44*, *45!* durch *42*, *43!* grob in die Mitte der Spulen und jeder einzelne dann durch *45!* genau eingestellt worden ist. Je größer der Hebelarm *39ˣ*, *35ˣ* im Verhältnis zum *35ˣ*, *38ˣ*, um so größer ist der Hub und umgekehrt. Bei der Einstellung ist darauf zu achten, daß sich an den Seitenflanschen des Wickelkörpers keine Wulste, sondern leicht abgeschrägte Flächen bilden. — Die Aufwickelspannung läßt sich regeln durch entsprechendes Einhängen von *20!* in *21*, d. h. durch die Spannung der *19₀*, oder durch Verschieben von *16″*, *18* in *17ₓ!*, d. h. durch Abänderung des Hebelverhältnisses. Zum Auswechseln der Spulen wird *2*, *3ₓ* nach außen geschwenkt bis *6₀* mit *6₂* über *8* einfällt; die Hülse wird dann von rechts aufgesteckt, durch den Daumen *4*, *5ˣ*, *6₀* gehoben und zurückverlegt bis *37″* an *200″* anliegt. Die Wechselhubschaulinie dieser Maschine entspricht der in *2₅* dargestellten. Angaben über Raum und Kraftbedarf sowie Bedienung der Ausführung für Glanzstoffäden siehe *1_d* (16).

c2) Mit zwei Radialexzentern. Der Riemen *1* (*7₅*) treibt über *230″* · *40* bzw. *250″* · *70*, *—123″*, *105″*, *79″—79″*, *105″*, *123″—10′*, *14′—3′*, *55′*, *51′* die zwei Radialexzenter *80″!*, *65ₑ″* und mittels der

Rollen *60''*, *40''* über den Verbindungshebel *60''*, *2ˣ*, *40''* sowie die Über-
setzungshebel *3ₓ*, *2ˣ*, *4!—4!*, *5!*, *6—7ₓ*, *6*, *8!*, *9!—8!*, *10!—10!*, *11ₓ*,
12—13₀, die Stange *14*, *15—28''* mit den Gespinstführern *16ˣ*, *16!*,
16, *17!*, deren Hub zwischen 80÷130 mm einstellbar ist. Das Gespinst
kommt von einem Haspel oder einer Spule, geht durch eine Dämmung
und dann durch den Führer *17!* auf die Hülse *0''* der Federspindel *18''*,
welche mit ihrer Scheibe *25''* von der Triebscheibe *200''* mitgenommen
wird. Je nach der Ausbildung der beiden Exzenter (*7*a, *b₅*) und ihrer
gegenseitigen Einstellung ergeben sich die durch *1*, *3* (*1₅*) dargestellten
Wechselhübe. Die Schaulinie *1₅* gibt die Wechselhubfolge für diese Ausführung (*7₅*), für *7*a₅ ist Schaulinie *3₅* und für *7*b₅ die Schaulinie *1₅*
mit beschleunigtem Rückgang entsprechend dem steilabfallenden Teil
des Exzenters *65ₑ''* maßgebend für die Wechselhubfolge. Eine derartige
Hubeinrichtung genügt für Maschinen bis zu 60 Ablieferungen, auch
Gänge genannt. Länge der Maschine = Ablieferungen je Seite · Teilung
+ 360 mm. Die übrigen Angaben siehe 2d (15).

c3) **Mit zwei Schraubenspindeln und Formplatte.** Der
Riemen *1* (*8*, *9₅*) treibt über *230''* · *40* — bzw. *250''* · *70* — (*85''—100''*
—*115''*) — Riemen *2* — (*115''—100''—85''—200''*), *35''* bzw. *45''* die
Spulenmitnehmer *3ˣ''* und über *30''* — Kette *4—9'*, die Spindel *5'*
und über *17'*, *17'* die Spindel *5₁'*. In diese greifen die Halbmuttern *6'*,
6₁' des Bügels *7*, *8*, *9*, welcher in das Leitblatt *8* endet und fest auf der
Stange *9* für die Gespinstführer *10!÷12!* sitzt. An einem Arm *13* (*9₅*)
des Bügels *7* ist die Leitrolle *20''* vorgesehen, welche bei der Verschiebung von dem Wirkungsbereich der einen Leitschiene *14*, *14ₓ—15* in
den der anderen *14₁*, *14ₓ₁—15* unter Überwindung der Federn *16₀*, *16₀₁*
gelangt. Dabei gleitet *8* unter bzw. über der Formplatte *17!*. Gelangt
beim Hubwechsel, wie gezeichnet, *8* in die Hochlage, so wird *6₁'* mit
5₁' eingreifen und *6'* die *5'* verlassen; *5₁'* treibt über *6₁'÷12!* (*8₅*) nach
links, wobei die *20''* die *14₁*, *14ₓ* zurückdrückt, die Feder *16₀₁* spannt
und *8* auf *17!*, *18* preßt. Gelangt *8* über *17!* hinaus, so findet der Hubwechsel dadurch statt, daß *6₁'* aus *5₁'* ausgreift und *6'* in *5'* gelangt.
Nun treibt *5'* die Gespinstführung *6'÷12!* zurück, wobei *8* unter *17!*
liegt. Die Hublänge ist abhängig von der Wirkungslänge der *17!* auf *8*;
es genügt *17!*, das in die Kehle *18* der Stellschraube *40''* eingreift und
im Rahmen *19* geführt wird, durch Drehen der *40''* entsprechend einzustellen.

Die Hubverschiebung erfolgt durch Verlegen des Wirkungsbereiches
von *17!* parallel zu den *5'*. Zu diesem Zweck wird der Rahmen *19* mit
Schlitz *20* und Schienen *21* im Bett *22* des Gestelles *23*, durch die
Kurbel *24ₓ*, *25*, über *70'*, Klinke *26*, *27ₓ*, *28⁰* des Armes *24ₓ*, *29* und die
Stellringe *30!*, *30₁!*, der Stange *31*, *32*, mit Arm *32*, *33* von der *9* des
10!÷12! verlegt. Die Bestandteile der Hubverlegung *5÷16₀* laufen in
einem mit Öl gefüllten Gehäuse *34*. Die Schaulinie *4₅* zeigt die Verlegung

des Hubes zur Erzielung einwandfreier Spulen. Das Gespinst kommt von dem Haspel oder der Spule geht durch den Führer *12!* (8_5) auf die spindellose Hülse *0''*, welche zwischen den zwei kegeligen Spitzen *3''ˣ*, *3''* ortsfest ist. *3''ˣ* lagert im Arm *3''ˣ*, *35*, *36ˣ* und wird durch die Feder *37₀* gegen die Flansche der *0''* gepreßt, um die Drehung zu übertragen. Die *0''* mit Reibscheibchen *35''* bzw. *45''* wird über den Winkelhebel *3''ˣ*, *35*, *36ˣ*, *37₀*, *38ₓ* vom Gewicht *39₀* senkrecht zur Zeichnungsebene gegen die Triebscheibe *200''* gepreßt. Die Spule *0''* läßt sich unter Überwindung der *37₀* und *39₀* leicht durch eine Hülse ersetzen. Die Länge der Maschine beträgt: Anzahl Gänge je Seite · Teilung + 930 mm (15).

1d. Die Haspelkronen. Die beim Spulen vom Strang nötigen Haspel müssen ein leichtes und schnelles Aufbringen der Stränge verschiedener Umfänge ermöglichen, weshalb allgemein Haspel mit verstellbaren Durchmessern verwendet werden.

d1) **Mit einstellbaren, starren Armen.** Sind die Arme *1''*, *1'* (9_2) starr und mit unnachgiebigen Stegen *1''* versehen, so müssen zum Aufbringen des Stranges die beiderseits angeordneten Scheibchen *2''* etwas von Hand auseinandergezogen und die eine so gedreht werden, daß der Trieb *3'* durch die Zahnungen *1'*, die *1'*, *1''* nach innen verschiebt. Ist der Strang aufgelegt, so wird *3'* entgegengesetzt gedreht, bis er gespannt ist. Nach dem Loslassen von *2''* stellt sich die Nabe durch axiale Federwirkung sofort fest (15).

d2) **Mit einstellbaren, biegsamen Strangauflagen.** Das zeitraubende Verstellen des Haspels beim Auflegen der Stränge wird dadurch vermieden, daß auf der Holz- oder Blechnabe *1''* (10_2) Arme *2*, *3ˣ* befestigt sind, welche in *3ˣ* Bügel *3ˣ*, *4*, *5* aus Klaviersaitendraht tragen, an die in 4 Drähte *4*, *6ˣ* angelenkt sind, die in *6ˣ* auf der gegenüberliegenden Nabenscheibe *7''* angreifen. *2''* ist mit dem Zackenkranz *8'* und *7''* mit dem Arm *7''*, *7ₓ*, *9'* versehen. Für denselben Strangumfang bleibt der Eingriff in *8'*, *9'* unverändert, und die nachgiebigen *2÷6ˣ* lassen das Auflegen des Stranges zu. Beim Verändern des Haspelumfanges genügt es, *1''*, *7''* zu ergreifen und sie axial auseinanderzuziehen; hierdurch wird *8'*, *9'* gelöst und durch Vor- oder Rückwärtsverlegung des Eingriffes von *8'* und *9'* eine Vergrößerung oder eine Verkleinerung des Haspelumfanges bewirkt; dieser wird durch Freilassen der *1''*, *7''* infolge einer axial wirkenden Feder aufrechterhalten. Die Endstellungen für den kleinsten und größten Haspelumfang sind durch fühlbaren Anschlag begrenzt (11). Eine über die Rolle *10''* gelegte Schnur *11* mit Gewicht *12⁰* gibt die Ablaufspannung der nur 400 g schweren Haspelkrone, die in drei auf O_c angegebenen Größen ausgeführt werden.

1e. Die Hülsen. Die auf den beschriebenen Maschinen verwendeten Hülsen sind entweder flanschenlos oder mit zwei Seitenflanschen versehen. Sie sind hergestellt aus Pappe (20), Holz (21), Leichtmetall (23),

Kunststoff (22) oder aus verschiedenen dieser Rohstoffe für die einzelnen Bestandteile, dem Schaft und dem Beschlag bei flanschenlosen Hülsen oder dem Schaft aus dem einen Rohstoff und den Flanschen aus einem anderen. Die zur Verwendung kommenden Hölzer sind das der finnischen Birke, des Ahorns oder der Weißbuche. Zufolge des langsamen Wuchses der finnischen Birke wegen der rauhen Witterung ist ihr Holz feinjährig und fest, so ähnlich wie Ahornholz, welches aber viel teurer ist als ersteres, das neben seiner Festigkeit noch etwas speckig ist und sich daher ganz besonders zu Drehereiarbeiten eignet (21 b). Daher kommt es, daß Finnland etwa 70% des gesamten Weltbedarfes in Nähgarnröllchen von unerreichter Güte deckt. Die großen deutschen Nähgarnfabriken, welche früher im Ortsbetrieb ihre Röllchen herstellten, haben eigene Näröllchenbetriebe an den Meeresküsten errichtet, um die Frachtauslagen für den Abfall, der auf das Stammgewicht berechnet ungefähr 45% ausmacht, zu ersparen. Die Papp- und Holzhülsen werden geölt, gefirnißt oder emailliert, sowie mit und ohne Metallbeschläge geliefert. Kunsthülsen mit Metallbeschlägen für Zapfenkötzer siehe S. 47. Die Flanschenspulen bestehen aus zwei Scheiben *47, 48* (62$_3$), welche als Halbscheiben mit sich überkreuzenden Faserlagen über den kegeligen Auslauf *49* der Hülse *10''* geschoben und dann verleimt und mit einem Randbeschlag *43* und einem Lochbeschlag *44* geschützt sind (21 a).

1f. Die Antriebe. f1) Der Riemenantrieb. Von den Saalwellenleitungen werden durch Riemen die Fest- bzw. Losscheibe der Maschinenvorgelegewelle, von ihr mittels eines zweiten Riemens über Stufenscheiben die Hauptwelle und durch sie die Arbeitsteile angetrieben, um die verschiedenen Aufwickelgeschwindigkeiten, welche, je nach der Maschinenausführung und Garngüte, zwischen 125 m und 1050 m in der Minute liegen, zu verwirklichen. *f2) Der elektrische Antrieb* wird vom Motor 2a) durch Ritzel mit Gleitung oder 2b) durch Riemen übertragen.

1. Motor auf dem Boden. Falls genügend Platz vorhanden ist, erfolgt der Antrieb durch einen auf dem Boden stehenden Wippen-Motor *M* (11$_2$), dessen Trieb *1''* über den Riemen *1* auf die Scheibe *2''*, deren Welle *2$_x$''* auf einem Bock *0* des Triebgestelles lagert, wirkt. Durch eine der Stufenscheiben *3''* und den Riemen *3* wird die entsprechende der unteren Stufenscheiben *4''* der Hauptwelle *4$_x$''* getrieben.

2. Motor auf dem Maschinenbock. Um den Riemen *1* zu umgehen, wird der Wippenmotor *M* (12$_2$) auf den Bock *0* aufgesetzt; auf seiner freitragenden Welle sitzen die Stufenscheiben *3''*, deren eine durch Riemen *3*, wie vorhin, die entsprechende Scheibe *4''* der Hauptwelle der Maschine antreibt. Diese Anordnung ist wegen des schwierigen Auswuchtens der Scheiben *3''*, *4$_x$''* leicht Stößen ausgesetzt.

3. Motor auf der Vorgelegewelle. Für Spulmaschinen eignet sich gut der Kurzschlußmotor *M* (13$_2$) mit Riemenantrieb mit unmittelbar mit den unteren Stufenscheiben *3''* durch *2''* gekuppeltem Motor *M*, der über den Riemen *3* die obere Stufenscheibe *4''* und über *5'*, *6'* die Achse *6ₓ'* des Lieferzylinders treibt. *7* ist der Anlasser (24).

4. *Außenläufermotor mit Stufenscheiben.* Im Gegensatz zu einem Innenankermotor besitzt der Außenläufermotor eine feststehende, das Polgestell tragende Achse *1* (14₂), auf welche das unmittelbar mit dem Motoranker *2''* zusammengebaute und als Stufenscheibe ausgebildete Gehäuse *3''* in Kugellagern *4*, *5* läuft. *1÷5* ist auf einem erhöhten Gestellbock aufgestellt und eine der Scheiben *3''* treibt durch Riemen die Stufenscheibe der Hauptwelle der Maschine. Infolge der guten Auswuchtung des Motors auf der feststehenden, nicht freitragenden Achse und des Wegfallens der Riemenübertragung vom Motor auf die obere Stufenwelle oder die des Ritzelantriebes arbeitet dieser Antrieb erschütterungsfrei, wirtschaftlich, geräuschlos und ist wegen der Mindestzahl bewegter Teile betriebssicher (16, 25).

b2. Die mehrstöckige Spulmaschine ist gekennzeichnet durch z. B. zwei übereinander waagerecht angeordnete Reihen von Wickelspulen *I*, *I₁* (16₇) und ebensoviel Reihen Ablaufspulen *II*, *II₁*. Die letzteren *0''* sind auf Federspindeln *1''* aufgesteckt, welche sich sehr leicht in ihren Lagern drehen, um den geringsten Widerstand dem ablaufenden Gespinst *0* entgegenzusetzen. Dieses geht über den Führer *2!* der Stange *3*, *4!* zur Wickelspule *0₁''*. *3*, *4* ruht in auf dem Gestell *5* befestigten Rillenrollen *6''* und wird durch den in den Schlitz *4!* eingreifenden Zapfen *7!* des Hebels *7!*, *8''*, *9*, *10ₓ* von der Spiralfeder *11₀*, die einerseits am Lager in *12* und andererseits am Zapfen *9* des *7!*, *8''*, *10ₓ* angreift, gegen das Exzenter *13''* gepreßt. Dieses steht über die Räderverbindungen *14'*, *Z'*, *15'* mit der Welle *15ₓ'* der Triebscheiben *15''* für die Scheiben *16''* der Federspindel der Wickelspulen *0₁''* in Verbindung. Die *15ₓ'* werden vom Motor *M* über die Scheiben *17''*, *18''* bzw. *19''*, *20''* angetrieben. Die offenen Schlitze der Lagerarme *21* erlauben das schnelle und leichte Abnehmen der fertigen Spulen und das Aufstecken der Hülsen. Das *13''* ist mit Sprungstellen *13* dort ausgerüstet, wo das Umkehren des Exzenterhubes erfolgt, um das Übereinanderwickeln des Gespinstes an den Scheibenrändern der *0''* zu vermeiden (26).

b3. Die Rundlaufspulmaschine enthält 20 oder 25 Köpfe auf einem ruckweise rundlaufenden Gestell, dessen Bewegung so geregelt ist, daß alle 10 Sekunden eine neue Wickelspindel an die Arbeiterin gelangt. Die Spindelgeschwindigkeit wird durch Versetzen des auf der lotrechten Antriebswelle angeordneten Reibtriebes in bezug auf das zugehörige Reibrad so gewählt, daß der Kötzer in einer Umdrehung des Spindelträgers voll bewickelt ist. Erlaubt die Feinheit des Zwirnes, daß die Arbeiterin gleichzeitig zwei Maschinen bedient, so wird die Spindelgeschwindigkeit so eingestellt, daß der Kötzer bei zwei Umdrehungen seines Spindelträgers fertig gewickelt ist. Während der Zeit, in der eine der Maschinen ihre zweite Umdrehung macht, wird die andere bedient; dazu braucht die Arbeiterin nur auf ihrem Drehstuhl eine Viertelwendung zu machen, um die eine oder die andere Maschine bedienen zu können. In achtstündiger Arbeit soll die Arbeiterin 2700 Kötzer mit Glanzstoffzwirnen liefern, also bei einem Garngewicht von 10 g—27 kg; 15 g—41,5 kg und 20 g—54 kg (27).

b 4. Der Selbstspuler wickelt durch Kreuzwindung Zapfenspule, die durch einen Laufkopf, der mit einer der Garnlänge des Kötzers angepaßten Geschwindigkeit sich im Umlauf längs der beiden Spindelreihen verschiebt. Dabei saugt er das Garnende der wegen Risses stillgesetzten Zapfenspule an, führt es zur Knotstelle, wo schon der durch die Bewegung des Kopfes erfaßte Garnanfang des neuen Kötzers bereitliegt, worauf beide Enden durch den Selbstknoter mittels eines Weberknotens vereinigt werden. Gleichzeitig wird die Hülse bzw. der Kötzerrest ausgeworfen und der neue Kötzer in Arbeitsstellung gebracht. Der Laufkopf legt dann die Zapfenspule auf den Triebzylinder und schaltet den Wächterhebel ein, welcher sie bei Fehlen des Garns vom Zylinder abhebt. Volle Zapfenspulen werden nicht mehr angeknüpft und von der Arbeiterin entfernt, worauf sie die Hülse für die neue Zapfenspule auflegt. Die abgerissenen Kötzer und die leergelaufenen Hülsen werden über ein Förderband einem Arbeitstisch am Ende der Spulmaschine zugeführt, von wo die Arbeiterin die ersten wieder in Arbeit gibt. Die Garngeschwindigkeit in der Minute kann bis zu 1000 m gesteigert werden; für 72 Spulen genügen zwei Arbeiterinnen (28).

b 5. Die Berechnungen der Spulerei. *5a. Die Lieferung der Fachmaschinen.* Um die Lieferung der Maschinen, z. B. nach *24, 25₃*, festzustellen, diene das Folgende. Sind N_f = französische Gespinstnummer, f = Fachung, u = minutliche Umdrehungen des Zylinders von 35 mm, S = Anzahl der Spindeln je Spulerin und A = Arbeitsstunden, so ist die von einer Arbeiterin in der Woche verbrauchte Gespinstlänge in m: $0,035 \cdot 3,1416 \cdot u \cdot 60 \cdot A \cdot f \cdot S$, und das in der Woche hergestellte Gewicht in kg: $0,035 \cdot 3,1416 \cdot u \cdot 60 \cdot S \cdot A \cdot f$: $2 \cdot N_f \cdot 1000 = 0,0032987 \cdot u \cdot S \cdot A \cdot f : N_f$. Werden 46 wirkliche Arbeitsstunden zugrunde gelegt, so ist die wöchentliche Lieferung in kg = $0,151740 \cdot u \cdot S \cdot f : N_f$. — Ist die der N_f entsprechende englische Gespinstnummer N_e, so ist $N = 0,847 N_e$. Eingesetzt erhält man die in der Woche von einer Arbeiterin verarbeitete Gespinstmenge in kg: $0,151740 \cdot u \cdot S \cdot f : 0,847 N_e = 0,179141\ u \cdot S \cdot f : N_e$. Es genügt, diese Zahlen mit der Spindelzahl je Arbeiterin S zu multiplizieren und durch die entsprechende Gespinstnummer (N_f oder N_e) zu teilen, um die Lieferungen zu erhalten. Die Lieferungen berechnet man sich für verschiedene Umdrehungen des Zylinders *35″* in der Minute und stellt sie in einer Tafel zusammen, wovon die folgende Zusammenstellung einen Auszug für die Fachung 2 gibt.

Zyl.-Umdr.		1250				2000			
Spindeln		16	20	24	30	16	20	24	30
N_f	N_e	6070	7587	9104,5	11 381	9711	12 138	14 567,5	18 209
8,47	10	716,65	895,75	1074,91	1343,68	1146,52	1433,06	1719,89	2149,82
135,52	160	44,79	55,98	67,18	83,98	71,66	89,57	107,49	134,36

Es genügt, die unter der Spindeldrehzahl stehende Kopfzahl durch die französische Nummer zu teilen, um die in der Spalte stehenden Lieferungen in kg zu erhalten.

5 b. Die Nutzleistung der Spulerinnen und Spulmaschinen.

Es versteht sich, daß je nach der Garnnummer und der Geschicklichkeit der Spulerin die wirkliche Lieferung nur einen Teil der berechneten erreichen wird. Man kann richtig annehmen, daß bei der Fachung von 2 und 3 Gespinsten niedriger Nummern und bei 1700 Zylinderumdrehungen die wirkliche Lieferung ungefähr 0,8 · berechneter Lieferung beträgt; bei feineren, N_e ab 50, wird sich die wirkliche Lieferung bis auf 0,9 der berechneten heben. Man gibt den Spulerinnen so viel Spindeln, daß die erste Spindel, die die Spulerin besteckt hat, abgelaufen ist, bis sie die letzte Spindel erreicht. Es wechselt die Spindelzahl, die eine Spulerin bedienen kann, je nach der Kötzergröße, der Fachung (2- oder 3fach) und der Gespinstnummer; bis zu N_e 20 zwischen 12÷16 Spindeln; in den mittleren Feinheiten, N_e 20÷40, zwischen 20÷24; in den feineren Gespinsten, N_e über 40÷70, kann eine Spulerin 24÷30 Spindeln bedienen, während nachher wiederum bei den feinsten Gespinsten, N_e von 70÷130, durch das öftere Reißen des Fadens, infolge der Feinheit, die Spindelzahl eher wieder fällt. Jedoch hat man auch hier Spulerinnen, die 24 Spindeln und noch mehr, ja bis zu 30 Spindeln gut bedienen können.

5 c. Die Berechnung der kg-Löhne. Z. B. bei 1700 minutlichen Umdrehungen der Zylinder von 35 mm, bei 46 Wochenstunden und bei 16 Spindeln je Arbeiterin mit einem Mindestverdienst von RM. 22,40 in der Woche berechnen sich die kg-Löhne wie folgt: Durch Multiplikation mit der Nutzleistung 0,8 der Maschine werden aus den obigen Angaben über die errechnete Anzahl kg die wirklich gelieferten berechnet und der Wochenlohn (RM. 22,40) durch sie geteilt, also z. B. bei 2000 Zylinderumdrehungen und 30 Spindeln je Arbeiterin für die N_e = 160 die kg 134,36 · 0,8 = 108,49 kg zu teilen in 2240 Pfennig, d. h. 2240:108,49 = 2,06 Pf. Auf diese Art werden alle in Betracht kommenden kg-Löhne berechnet und in einer Tafel zusammengestellt.

b 6. Die Abfälle in der Spulerei. Die Abfallmenge kann man in der Kötzerspulerei mit 0,3 Hundertstel des verarbeiteten Gespinstgewichtes annehmen, wobei jedoch gutes Gespinst vorausgesetzt ist.

Dieser Anteil wird sich steigern, wenn man minderwertige Gespinste verwendet. Die Abfälle werden aber sehr gut verkauft und finden als Putzfaden Verwendung.

b7. **Arbeitsvorschriften.** Vorschriften für die Spulerei.

7a. Der Spulmeister hat 1. das Öffnen der Gespinstkisten zu überwachen; 2. dafür zu sorgen, daß die Kisten erst in die Arbeit gegeben werden, wenn die Probekötzer im Prüfraum untersucht sind und es feststeht, daß im Gespinst weder Schleifen noch sonstige Fehler sind; 3. sich davon zu überzeugen, daß schmutzige und falsche Kötzer nicht aus der Kiste in die Beförderungskörbe gelangen und die Körbe nicht übervoll gehäuft sind und so Kötzer unterwegs verlorengehen; 4. bestrebt zu sein, für das Aufwickeln von Gespinsten nahe beieinanderliegender Nummern verschieden farbige Hülsen zu verwenden; 5. streng darauf zu achten, daß die sämtlichen Gespinste abgelaufen sind, bevor solche mit anderen Nummern aufgesteckt werden und daß die richtige Fachung durchgeführt wurde; erst dann sollen die Gespinstschilder an der Spulmaschine ausgewechselt werden; 6. seine Spulmaschinen daraufhin zu prüfen, daß keine Hülsen mit zu großer lichter Weite in Verwendung sind, weil diese leicht rutschen und Wickelfehler verursachen; daß der Plüsch der Putzwalze nicht zu hart und zu abgenützt ist, weil sonst das Gespinst angerissen wird; daß die Fallnadeln nicht verbogen sind und nicht klemmen, was oft das Abstellen der Wicklung bei zerrissenem Gespinst vereitelt, und die Leitrollen nicht klemmen; daß die Gespinstführungen nicht angefressen und die Exzenter nicht abgenützt sind, denn beides verursacht die so gefürchteten Fallgespinste *1* (30_3) an den Stirnseiten der Kreuzspulen; 7. unauffällig die Arbeit seiner Leute auf ihre Güte, den Zeitverbrauch und den Abfall zu beobachten und sich zu überzeugen, daß auch die Spulenkennzeichnung lückenlos eingehalten wird. Um die Spulerin, welche schlecht gearbeitet hat, herauszufinden, gibt man nämlich jeder kleine Zettel mit ihrer Arbeits- und der Gespinstnummer, die sie zu Anfang der Bewicklung in den Wickel einlegt; man kann daher jederzeit bei Gespinstfehlern in der Zwirnerei auf die betreffende Spulerin zurückgreifen. Diese Art der Kennzeichnung ist wohl die sicherste, aber bei mangelnder Aufsicht werden oft die Zettel nicht eingelegt, oder später wieder entfernt, um bei schlechten Spulen die Ermittlung der Arbeiterin zu vereiteln. Die Nummern der Arbeiterin von ihr auf der Stirnseite der Spule aufstempeln zu lassen, was auch oft zur Kennzeichnung gemacht wird, hat den Nachteil, daß sie beim Abwickeln verschwindet und Restwickel die Arbeiterin nicht mehr einwandfrei festzustellen erlauben; deshalb ist strenge Beaufsichtigung durch den Meister geboten; 8. die Menge und Güte des Abfalls festzustellen, indem er die Kötzer und die daraus hergestellten Kreuzspulen abwiegt und die Abfälle durch die Hände gehen läßt; 9. die ihm vom Prüfraum übermittelten Ergebnisse der Gespinsteprüfung und die Mengen der eingehenden Gespinste und Kreuzwickel sowie die Ablesungen der Wärme- und Feuchtigkeitsmesser in eigene Bücher einzutragen; 10. ausbesserungs- bedürftige Stücke und Maschenteile der Werkstatt zu übergeben und den Wiedereingang zu buchen mit der Angabe des ausgebesserten Schadens.

7b. Die Spulerin hat 1. ihre Hände immer rein zu halten, besonders nach dem Ölen der Zapfen der Dorne, welche die Hülse führen, nach dem Ölen der Garnführer (Reiter) und dem Fetten der Exzenter, um Schmutz- und Ölflecken auf dem Wickel zu vermeiden; dazu hat sie auch das überflüssige Öl abzuwischen und den Kreuzwickel vorsichtig aus- und einzulegen und ihn bei der ersten Umdrehung der frisch- gefetteten Exzenter hochzuheben; 2. auf das sorgfältige Knoten der Gespinstenden mit dem Selbstknoter besonderen Wert zu legen, Schleifen und Losenden zu vermeiden; 3. nach dem Anknüpfen die Gespinste beim Einlegen in den Gespinstführer straff gespannt zu halten und beide Gespinste *1, 2* (31_3) in ihn einzuführen, weil sonst der nicht gefangene *2* abirrt, er beim Abwickeln daher eine geringe Spannung hat und un- gleichen Zwirn verursacht; 4. darauf zu dringen, daß die Hülsen recht- zeitig zugebracht und die in Körbe untergebrachten Kreuzspulen abge- holt werden; 5. die Maschine täglich mindestens einmal im Gespinstlauf- gebiet sauber zu halten und wöchentlich dreimal eingehend zu putzen; das Bodenkehren wird von einer Hilfsarbeiterin und das Maschinenölen durch einen Wärter besorgt; 6. den zulässigen Abfall nicht zu über- schreiten durch ungeschicktes Aufstecken der Gespinstkötzer, durch unbesorgtes Arbeiten und Nachlässigkeiten aller Art.

A c) Die Bildung der Mehrgutwickel zur Speisung der Zwirnmaschine.

c 1. D a s K e t t e n w i n d e n. *1a. Der Aufsteckrahmen*, auch *Zettelgatter* genannt, ist aus Stahlrohren *1* (19_4) gebildet und hat einen Bedienungs- gang in der Mitte, von dem aus durch Umlegen der Halter *2, 3$_x$* (20_4) in die punktierte Lage die Zapfenkötzer *4* aufgesteckt und in die Arbeits- lage zurückgedreht werden. Für jedes Gespinst *0* des Kettbaumes sind zwei *4* vorgesehen, und es wird das an der Hülse des ablaufenden Zapfen- kötzers vorrätige Ende *0$_1$* an den Anfang *0$_2$* der neu aufgesteckten mit dem Handknoter in *5* zusammengeknotet, so daß das Ersetzen leergelau- fener *4* ohne Zeitverlust während des Laufens der Schärmaschine ge- schehen kann. Die geringe Neigung der *4* nach unten erlaubt bei der großen Abwickelgeschwindigkeit (bis 500 m in der Minute) infolge der sich bildenden Ausbauchung ein reibungsloses Abziehen des *0*, das durch den Reiniger und Dämmer *6* (19, 20$_3$) gereinigt und gespannt wird. Zur Platzersparnis (19a$_4$) ist bei Glanzstoffgarnen und glatten, hartgedrehten Zwirnen der obere Rand der Kappe *1* (20b$_4$) als Abwickel- führung ausgebildet und die Dämmung in den mit Schlitz *2* versehenen Aufsteckdorn *3* verlegt. Dadurch, daß auch der Porzellanbecher *4* einen Schlitz *5* hat, läßt sich beim Aufstecken des Zapfenkötzers *0* der Zwirn

leicht unter die Kugel *6* bringen (16). Die Gespinste derselben Zapfen-
kötzerreihe gelangen einzeln durch die Führer eines der beiderseits das
Stirngestell *1* (*19₄*) überragenden Sammelleisten *7*, in welche sie sich
selbst einlegen, aber aus denen sie sich nicht herausarbeiten können,
durch die Wächter *8₀*, *9ₓ*, *10* (*2₆*) mit einer Glühlampe *11₀* je *7* und in
leicht zu überwachenden Schichten in den

1b. Schär- oder Zettelstuhl von den Stangen *35*, *20* geleitet, durch
den in seiner Breite ausdehnbaren Kamm *12′÷20′* in richtiger Verteilung über die Meßwalze *102″* als ebene Schicht zum Kettbaum *200″* mit
den beiden Stahlscheiben *670″*.

b1) Der Antrieb. Die Triebscheibe *125″* des Elektromotors *M*
treibt über den Keilriemen *21* die Losscheibe *310″* und mittels der
Reibkuppeln *22″*, *23″* mit Rohr *23ₓ″* über die Triebe *48′*, *38′* die Losräder *72′*, *82′* der Welle *24ₓ′*. Über ihren Keil *24* läßt sich die Doppel-
kuppel *25″* mittels des Handhebels *26*, *27ₓ* in Eingriff mit einer der
Klauenkuppeln *28″* bringen, wodurch die Wellen *24ₓ′* mit zwei Geschwindigkeiten angetrieben werden können. Die gezeichnete ausgekup-
pelte Stellung der *22″*, *23″* wird aufrechterhalten durch die Losscheibe
80″ mit den Stiften *29* und Federn *30⁰*, welche die Loshülse *23ₓ″* mit dem
Axialexzenter *31″* gegen das auf der feststehenden Welle *32* angeordnete
Axialexzenter *33* preßt. Ersteres wird im Schema durch die Übertragung *i′*, *i′—34′*, *35′*, *35ₓ′* festgelegt. Wird *35′* um ¼-Umdrehung gedreht,
so wird über *35′*, *34′—i′*, *i′—33*, *31″*, *23ₓ″*, *30⁰*, *29*, *80″* das Einkuppeln
von *23″*, *22″* erfolgen, so daß nun der Motor *M* entweder über *125″*,
310″—22″, *23″—48′*, *72′—28″*, *25″—i′*, *i′—33*, *76′*, oder über *125″*,
310″—22″, *23″—38′*, *82′—28″*, *25″—i′*, *i′—33*, *76′* die Wickeltriebwalze *550″* bewegt. Der von ihrer Welle *550ₓ″* über *Z′*, *Z′* bewegte
Kettentrieb *20′* übermittelt durch die Kette *36* die Drehung auf das
Kettenrad *20′*, auf dessen Welle das Sperrad *6′* sitzt. Die über die Meßwalze *102″* streichende Kette nimmt sie mit und über die Räder *26′*,
104′ das Zählwerk, dessen Zahlen die aufgewickelte Länge angeben.

b2) Der Zettelkamm *12′!÷20′* (*2a*, *b₆*) ist nach Art der Nürn-
berger Schere ausgebildet. Die Zähne *12!* sind in Backen *12* eingelötet,
welche in zwei Stehbolzen *13₁*, *14₁* der beiden Scherenarme *13*, *14* verschraubt sind. Die Arme *13*, *14* sind in Stiften der Muttern *15′* drehbar,
welche die verschieden steilen Gewinde einer Schraubenspindel *16′* umfassen. In der Mitte der Breite der Schere sind die beiden Arme *13*, *14*
um einen Stift *16* einer feststehenden Führung für die Spindel *16′* nur
drehbar und nicht verschiebbar. Von hier ab sind nach der einen Seite
die Gewindegänge rechtsgängig nach der anderen linksgängig; ihre,
Steighöhen nehmen mit jeder folgenden Mutter *15′* zu, so daß beim
Drehen an der Kurbel *18*, *17ₓ*, *19₀* über *20′*, *20′* die Drehung der *16′*
eine von der Mitte nach beiden Seiten hin zunehmende Verschiebung
der Kämme *12!* erfolgt. Während des Zettelns zum Bleichen und Färben

bestimmter Kettbäume wird der *12'!÷20'* selbstätig seitlich verschoben, wodurch eine bessere Durchlässigkeit für den Flottenumlauf erzielt wird.

b3) **Der Druck auf den Kettbaum** *200''* (*2₆*). Seine Zapfen sind in den Lagern *37* der Arme *37, 38, 39ₓ* gehalten; er wird mittels Ketten *40!, 41!—42!, 43!*, die über die Rollen *105''—70''—165''* gelegt sind, durch das Gewicht *44₀* auf die Wickeltriebwalze *550''* gepreßt, um eine feste Aufwicklung zu gewährleisten. Das Sperrad *50'* mit Klinke *45, 46ₓ* sichert die Stellung des *44₀*, das durch Drehen des Handkurbelrades *250''* über *16', 56'* und die *43!, 42!* so weit gehoben werden kann, daß die Ketten *41!, 40!* aus den Ösen des *37, 38, 39ₓ* ausgehängt werden können, um ein Niederlassen des *200''* zu ermöglichen.

b4) **Die Niederlaßvorrichtung des Kettbaumes** besteht aus den beiden Armen *37, 38, 39ₓ*, die durch *38* in Bogen *47* der Zahnkranzhebel *48ₓ, 430'* geführt sind, den Rädern *35', 24', 40', 2'* und dem Handrad *240''*. Nachdem die Klemmschrauben *38* festgezogen sind, werden durch Drehen des Handrades *240''* die Hebel *430', 48ₓ, 47—38, 37, 39ₓ* nach außen gedreht und der Zettel auf einen Räderkarren gelegt.

b5) **Das Unrundlaufen der Bäume** *200''* wird dadurch verhindert, daß die Bremsbacken *38* der *37, 38, 39ₓ* auch während des Zettelns so stark angespannt sind, daß ein Schlagen des Baumes *200''* infolge Unrundseins nicht stattfinden kann. Die genaue parallele Einstellung der Baumachse *200ₓ''* zur Trommelachse *550ₓ''* wird durch Spannschlösser *40!* der *40!, 41!* eingestellt und kann sich während des Arbeitens nicht verändern, weil die *40!, 41!* mit ihren Enden *41!* auf den Rollen *105''* angreifen, die wiederum auf einer gemeinsamen Achse verkeilt sind.

b6) **Das Schaltschema für die elektrische Abstellung.** Der Strom fließt vom Hauptschalter *49, 50ₓ* durch die Drähte *51, 52* unmittelbar zum Motor *M* für den Schärstuhl und durch die Drähte *53, 54* zum Motor *m* für den Windflügel *55''*, der zum Durchwirbeln der Luft innerhalb des Aufsteckrahmens *1* (*19₄*) dient. Vom Motor *M* (*2₆*) laufen die Drähte *56, 57* zum Umformer *58*, von dem die drei Drähte *59, 60, 61* abzweigen und den Schwachstrom, 20—10 Volt, weiterleiten, und zwar Schwachstrom 20 V durch Draht *59* über den Magnet *62* zum Kontakt *63*, über den Schalthebel *64, 65ₓ, 66* zum Kontakt *67*, über die Verbindung *68, 69—70, 71, 72₀—73* zur Klemme *60* zurück. Außerdem geht der 20-V-Strom von *68* über *74, 75* zur Glühlampe *11₀* und über den Draht *11*, den Wächterhebel *10, 9ₓ, 8*, die Drähte *9, 76, 77* und über *73* zur Klemme *60* zurück. Auch wird der 20-V-Strom von *68* zum Kontakt *78, 79* und über *73* zurück nach *60* geführt. Liegt Hebel *64, 65ₓ, 66* auf Kontakt *80*, dann geht der Schwachstrom von *61* über *80—64, 65ₓ, 66—67, 68, 69—70, 71, 72₀—73* zur Klemme *60* und von *68* über *74, 75—11₀—9, 76, 77—73* zur Klemme *60*.

b7) Die Hand- und Selbstabstellung. 7a) Die Handabstellung. Drückt die Arbeiterin den Druckknopf 72_0, 71, 70 nieder, so schließt die federnde Spitze 71 durch Berührung mit 69 den Stromkreis; der Magnet 62 zieht den Anker 81, 82_x, 81_0 unter dem Stoßer 83, 84^x weg und das Sperrad $6'$ drückt durch ihn den Haken 85, 86^x aus seiner Rast 87, wodurch das Gewicht $88_0!$ den Fußhebel $88_0!$, 89, 86^x, 90, 91_x, 92 nach links schwingt und durch 89, 93 der Arm 93, $35_x'$ eine Rechtsdrehung macht, welche über $35'$, $34'-i'$, i' eine Drehung des Axialexzenters $31''$ und durch die feststehende Gegenfläche 33 über $23_x''-30^0-48'$ ein Ausgreifen der $23''$ aus $22''$ verursacht.

Durch 90, 94 zieht der Dreiecklenker 94, 95_x, 96, 97, 98 das Bremsband 96, 97 auf der Scheibe $350''$ fest zum sofortigen Anhalten der Aufwicklung. Durch die Stange 98, $99!-100^0$ wird die Bremsbacke 101, 102_x die Scheibe $75''$ der Zählwalze $102''$ bremsen. Durch den niedergehenden Hebel 85, 86^x wird der Schalthebel $66-65_x$, 64 mit 64 von 63 nach 80 gleiten, wodurch der Magnet 62 stromlos wird und der Anker 81, 82_x, 81_0 zurückfallen kann. Das Einrücken des Schärstuhls geschieht durch Niedertreten des 92, 91_x, 90, 86^x, 89, $88_0!$ über die Verbindung 89, $93-93$, $35_x'-35'$, $34'-i'$, $i'-31''$, $33-23_x''-30^0-23''$ in $22''$ und gleichzeitiges Heben von 86^x, 85, wodurch 84^x, 83 sich über den Anker 81, 82_x, 81_0 legt und der Schalthebel 66, 65_x, 64 in die gezeichnete Lage zurückkehrt.

7b) Die Selbstabstellung. 1. Bei Garnmangel dreht sich 8_0, 9_x, 10 und berührt mit 10, 11, wodurch der Stromkreis des Magneten 62 geschlossen wird und wie vorhin angegeben der Schärstuhl schnell zum Stillstand kommt. Dabei wird der Schalthebel 64, 65_x, 66 über 80 den 10-V-Strom für die Glühlampe 11_0 der entsprechenden Gespinstsammelleiste 7 einschalten.

2. Bei Erreichung der gewünschten Kettenlänge. Die Meßuhr wird zu Beginn des Zettelns auf die gewünschte Kettenlänge eingestellt und läuft, während die Maschine arbeitet, allmählich auf Null zurück. Wenn die Nullstellung und damit die gewünschte Meterzahl erreicht ist, schließt sich im Innern der Uhr selbsttätig der Kontakt 78, 79, wodurch über die Leitung 68, $67-66$, 65_x, $64-63$, 62, 59 der Anker 81, 82_x, 81_0, wie vorhin, die Maschine zum Stillstand bringt.

Der für zwei Geschwindigkeiten eingerichtete Antrieb dient dazu, im Anfang, wenn der Zettelbaum noch leer ist, etwa 1000 m Gespinst mit nur 250 m aufzuwickeln, damit der glatte Zettelbaum auf der Antriebstrommel nicht rutscht, worauf die zwischen $400 \div 450$ m liegende Wickelgeschwindigkeit eingeschaltet wird.

8b) Angaben: Lieferung in 8 h: Bei Einspulaufsteckung und $500 \div 600$ Gespinsten etwa 90000 m Kette. Bei Doppelspulaufsteckung und $500 \div 600$ Enden rd. 110000 m Kette.

Raumbedarf: Zettelmaschine mit Gatter von 180 mm Spindelteilung und 616 Spulen: 1. bei Einspulaufsteckung 7,7 m Länge · 3 m Breite; 2. bei Doppelspulaufsteckung 15,2 m Länge · 3 m Breite.

Kraftbedarf: 2,5 PS bei $400 \div 450$ m Wickelgeschwindigkeit (16).

II B. Das Zwirnen.

B a) Die Einteilung der Zwirnmaschinen.

a1. Nach der Zwirnerteilung. Das Zwirnen besteht im einseitigen Festhalten des Zwirngutes 0 (17_7) durch das Zylinderpaar 1, I_0 bei gleichzeitigem Drehen seines anderen Endes durch die Trommel $1''$ bzw. den Flügel $2''$.

1a. Einfache Zwirnung. Ist der Drehvorgang in einer Zwirnmaschine nur einmal beim stetigen Gutdurchlauf verwirklicht, so heißt die Zwirnung einmalige oder einfache, wenn also das Gut 0, aus einem Aufsteckrahmen kommend, nur durch 1, I_0 zum Flügel $2''$ geht.

1b. Zweifache Zwirnung. Doppeldraht. Wird die Drahtgebung bei einmaligem Gutdurchlauf in derselben Maschine wiederholt, so spricht man von zweimaliger oder doppelter Zwirnung und Doppeldraht.

b1) Doppeldrahtmaschine. *1a) Mit fortlaufendem Draht.* So wird z. B. das aus zwei oder mehreren Gespinsten gebildete Garn 0 (17_7) der Kreuzspule $0''$ durch die bis zu 2000 minutlichen Umdrehungen laufende Vorgarnkapsel $1''$ zwischen ihr und dem Zuführzylinderpaar 1, I_0 die erste Drehung erhalten, während es auf dem Weg von 1, I_0 über den im gleichen Sinn mit bis zu 5000 minutlichen Umdrehungen laufenden Flügel $2''$ zur Spule $3''$ die zweite Drehung erfährt. Die $1''$ und der $2''$ werden durch die Wirtel $4''$, $4_1''$ von der Trommel $5''$ mittels Schnur 6 über die Spannrollen $7''$ getrieben. Das gefachte Vorgut 0 wird vom Innern der Spule $0''$ abgezogen, wozu ihre Hülse vorher zu entfernen ist. Durch die Schleuderwirkung wird 0 an den Innenwandungen der $0''$ und des abhebbaren Deckels 1 gebremst, so daß es zwischen $0''$ und 1, I_0 gespannt bleibt und die von 1, I_0 entwickelte Länge ebensoviel Drehungen erhält, wie die $1''$ währenddessen Umdrehungen macht. $3''$ befindet sich auf einer Reibfläche 8 des Spulenwagens 9, welcher auf und ab geht. Die $3''$ bleibt durch ihre Reibung auf 8 gegen $2''$ zurück, so daß der Zwirn unter Spannung auf sie aufgewickelt wird und die dabei entwickelte Länge des 1, I_0 nochmals ebensoviel Drehungen erhält, wie der $2''$ dabei Umdrehungen macht. Derartige Doppeldrahtzwirner, d. h. Maschinen mit zweimaliger Zwirnung, werden zur Erhöhung der Lieferung verwendet, wenn die drahtgebenden Arbeitsteile $1''$, $2''$ (Flügel) nur eine begrenzte Geschwindigkeit zulassen. Vorguttrommel $1''$ und Flügel $2''$ teilen sich in die Drahtgebung, welche daher ein schnelles Durchgehen des Gutes gestatten und eine größere Lieferung der Maschine verursachen (29).

1b) Mit Drahtumkehrung. Bei der vorhin beschriebenen Ausführung befindet sich die Festzange I, I_0 zwischen den beiden Drahtzangen $1''$ und $2''$; damit sich die von beiden verursachten Drähte auf dem Zwirn fortlaufend im gleichen Sinn auswirken, müssen die $1''$ und $2''$ von oben gesehen im gleichen Sinn laufen, d. h. gegen das durchlaufende Gut gesehen sich entgegengesetzt drehen. Soll, wie üblich, die Zwirndrehung entgegengesetzt zur Drehung der Gespinste in $1''$ erfolgen, so muß $1''$, von unten gesehen, im entgegengesetzten, von oben gesehen, im gleichen Sinn wie die Gespinstdrehung laufen. Bei der durch die Abb. 6_7 dargestellten Ausführung bewegt sich das Gut von der Spule $0''$ durch die Führung 10 über die Reibstifte 11, 12, 13 durch das Drehröhrchen 16 ($6a_{18}$), tritt unter der Kugel $18''$ und durch das Loch 17 nach außen, durch das Loch 19 wieder nach innen, geht dann durch die Führung 8 auf den auf der Triebwalze $75''$ angeordneten Kreuzwickel $80''$. Je zwei einander gegenüberliegende Spindeln werden durch denselben Riemen getrieben, welcher im Sinn der Pfeile $1 \div 7$ (6_7) von der Spindeltrommel $300''$ über die Wirtel $45''$ (Pfeil $1 \div 4$), über eine Leitrolle $115''$, über die Wirtel $35''$ (Pfeil $5 \div 7$) der Zwirnröhrchen $15 \div 19$ und über die Leitrolle 115 (Pfeil $7 \div 1$) zurück zur Trommel $300''$ läuft. Beim Fachen der Spule $0''$, die annähernd 600 g wiegt, muß sorgfältig verfahren werden, weil sich sonst infolge der Schleuderwirkung das abgefallene oder schwere Ende ausbaucht und sich beim Durchgang durch die Bremsvorrichtung $10 \div 14_x$ Schleifchen bilden. Die vom Zwirnröhrchen $15 \div 19$ ($6a_{18}$) erteilte Zusatzdrehung zwischen $13 \div 15$ erfolgt entgegengesetzt zu der zwischen 19 und 8, so daß im Bereich der Kugel $18''$ der Drahtübergang stattfinden dürfte. Der Zwirnführer 9 (6_7) geht hin und her, so daß der Zwirn auf der Hartpapierhülse eine Kreuzspule bildet von 135 mm Durchmesser und 100 mm Breite mit 600 g knotenfreiem Zwirn, welche durch den belasteten Arm 20_0, 21_x, der auf die Seele der Hülse wirkt, bis zu steinhart gewickelt werden kann. Es betragen die Teilung: 135 mm, die Anzahl Spindeln $80 \div 212$, die Maschinenbreite 950 mm und die Höhe bei Trockenzwirnung 1300 mm, bei Naßzwirn 1450 mm. Die Zusammenstellung 3d gibt einige praktische Ermittlungen (30).

Laufen die $0''$ und die $15 \div 19$ im gleichen Sinn mit derselben Geschwindigkeit und entgegengesetzt zur Spindeldrehung, so werden die in dieser Zeit durchlaufenden Einzelgespinste ab 19 ebensoviel Aufdrehungen erfahren und die aufgewickelte Zwirnlänge nur so viele Drehungen besitzen als $0''$ Umdrehungen macht. Dreht sich $15 \div 19$ schneller als $0''$, so erhalten die Gespinste zwischen $0''$ und 15 einen Zusatzdraht, der sich zwischen 19 und $75''$ wieder auflöst; das Einzelgespinst des Zwirnes bekommt daher beim Zwirnen keinen Zusatzdraht. Die entgegengesetzt zur Spindeldrehung gerichteten Zwirnungen werden daher gleich den Spindeldrehungen $0''$ sein. Einen eigentlichen Doppeldraht dürfte diese Maschine nicht gewährleisten.

a2. Nach dem Gutlauf.

2a. Von der Spindel zum Wickelzylinder. Die gefachten Seiden-
oder Glanzstoffäden der auf der Spindel *3''* (5₇) aufgesteckten Spule *0''*
gehen fast immer unmittelbar durch den Führer *4* über die Stangen *5*,
6 durch die Zylinderpaare *2''*, *1''*, über die Spannstangen *7* und die
Wächterrolle *8''* zur Spule *0''* auf der Wickelwalze *9''* oder ausnahmsweise durch einen sog. Vorzwirner *10÷14ₓ* (6₇) und ein Zwirnröhrchen
15÷19 (30).

Das Zwirnen der zwischen der Kreuzspule *0''* und dem Führer *4*
gelegenen Gespinste wird dadurch verwirklicht, daß bei jeder Drehung der
Spule sich das Gut einmal um seine eigene Achse dreht. Das Ablösen
des Gespinstes *0* von der Spule *0''* erfolgt durch sein Nachaußendrängen
infolge der großen Drehgeschwindigkeit der *0''*, wobei es in der Ausführung 5₇ über die Scheibe *3* gleitet (15). In 6₇ wird das Vorgut zwischen *3''* und *10÷14ₓ* gedreht, während es durch *15÷19* eine kleine
Zusatzdrehung erfahren kann.

In beiden Ausführungen sind zwischen den *0''* Blechwände angeordnet, um das Berühren der Schleier der Gespinste zweier Nachbar-
spindeln zu vermeiden. Denselben Zweck verfolgt eine auf die Spindel
3'' (5a₇) aufgesetzte und über die Kreuzspule *0''* gestülpte Glocke *3*,
an deren Innenwand die fast senkrecht zur *0''* ablaufenden Gespinste
sich reiben; sie verlassen durch eine obere Öffnung die *3* und gehen,
vom Sauschwanz *4* geführt, durch das Abzugswalzenpaar *1''*, *2''* (5₇)
bzw. *75''*, *80''* (6₇) zur Aufwicklung *9''*, *0'* bzw. *60''*, *0''*. Diese Ausführung
gestattet Durchgangsgeschwindigkeiten bis zu 60÷70 m in der Minute,
gegenüber meist 20 m der gewöhnlichen Ringzwirner und verbraucht
im Mittel auf rund 40 Spindeln 1 PS (31b).

2b. Vom Vorgutzylinder zur Spindel. Hierbei werden die Gespinste
durch das Zylinderpaar *1''*, *2''* (1÷4₇) einer 2÷8000mal in der Minute
sich drehenden Spindel *3''* zugeführt, wodurch das Gebilde bei jeder
Drehung der Spindel eine Drehung um seine Achse erhält. Beim Zwirnen
ist es notwendig, daß die Spannung der einzelnen Gespinste dieselbe
bleibt und der Zwirn selbst immer gleichmäßig gespannt ist.

a3. Nach dem Arbeitsverlauf.

3a. Mit unterbrochener Arbeit. Dieses Zwirnen wird in der durch 1₇
dargestellten Maschinenausführung dadurch verwirklicht, daß der
Zwirnanfang auf dem unteren Teil des Schaftes der geneigten Spindel *3''*
befestigt, der Zwirn von der Spitze der Kötzerschicht *0''* in steilen Windungen, dem Verbund, zur Spindelkrone *3''* geführt ist und der Abstand zwischen *1''*, *2''* und *3''* entsprechend der von *1''*, *2''* zugeführten
Länge vergrößert wird. Dieses geschieht entweder durch Wegbewegen
der *1''*, *2''* mit der Aufsteckung von *3''*, Zwirner mit fahrender Aufsteckung, oder der *3''* von *1''*, *2''*, Zwirner mit fahrender Spindel. Bei

jeder Drehung der *3''* wird der Zwirn über die Spitze abgeworfen und erhält eine weitere Drehung. Begrenzt wird der Auszug durch das schließliche senkrechte Auflaufen und das dadurch bedingte Aufwickeln des Zwirnes auf der Spindelspitze, was etwa bei 1,8 m eintreten würde. Vorher, meist bei 1,625 m Entfernung, hält die Verschiebung an (2_7), *3''* wird rückwärts gedreht zum Ablösen des Verbundes, wobei der Zwirn durch den Führungsdraht *4* des Winders *4, 5$_x$,* und durch den Spanndraht *6* des Gegenwinders *6, 7$_x$,* regelrecht von *3''* abgelöst und gespannt erhalten wird. Hierauf verringert sich der Abstand zwischen *1'', 2''* und *3'',* wobei *4, 5$_x$* den Zwirn *0* auf *0''* führt und *6, 7$_x$* ihn spannt. Kurz bevor die ursprüngliche Entfernung *1'', 2''—3''* (1_7) erreicht ist, gehen *4, 5$_x$* über die Spitze der *3''* und *6, 7$_x$* unter sie, in welchen Stellungen beide bei der nun wieder erfolgenden Zuführung des Zwirnes durch *1'', 2''* zur *3''* verbleiben (32). Diese unterbrochen arbeitenden Zwirner, oft auch Selbst(tätige)zwirner genannt, mit fahrender Aufsteckung, sind früher viel in England und Westfalen verwendet worden, weil auf ihnen der gröbste, weichste Zwirn ebensogut wie der feinste, sehr schonungsbedürftige, hergestellt werden können. Doch der Lieferungsausfall beim Aufwickeln des Zwirnes auf dem Selbstzwirner und die vorzügliche Durchbildung der nachfolgend dargestellten stetig arbeitenden Zwirner haben erstere fast ganz verdrängt, weshalb sie hier nicht behandelt werden.

3b. Mit stetigem Arbeitsverlauf. Hierbei muß der Faden gleichzeitig in der Achse des Zwirnes und senkrecht zum Wickelkörper gerichtet sein. Hierzu dient beim Gutlauf: Spindel-Zylinder das durch die große Geschwindigkeit der Spindel *3''* (5, 6_7) verursachte Ausbauchen des Garnes, wodurch es fast senkrecht zur Spule abgezogen und um seine Achse gedreht wird, und die Führung *4* (5_7), und beim Gutlauf: Zylinder-Spindel eine Führung *6!* (32_3) oberhalb der Spindel *11,* welche ein Sauschwanz oder ein Glasstab (51, 52_3) sein kann oder mit Flügeln *40* (39, 42_3) ausgerüstet ist, und eine Führung *41* in der Nähe des Wickelkörpers *9'',* welche ein einfaches Auge oder ein Läufer *7* (32, 36, 37_3) ist, der vom Zwirn über einen Ring *8* ($32 \div 35_3$) nachgeschleppt wird. Derartige Stetigzwirner heißen Flügelzwirner, wenn die beiden Führungen *6!, 41* (42_3) durch einen Flügel *40* verbunden sind, oder Ringzwirner, wenn die Führungen *6!, 7* (32_3) unabhängig voneinander sind und die Wickelführung *7* über einen Ring *8* vom Zwirn nachgeschleppt wird. Der Flügel *40* (57_3) ist gewöhnlich durch ein seiner Drehung entgegengesetzt gerichtetes Schraubengewinde mit der Spindel *1* verbunden. Zum Abziehen des Gutes muß er abgeschraubt und nach Ersetzen der vollen Spule durch eine Hülse wieder aufgeschraubt werden (32).

Bb) **Die Stetigzwirner.**

b0. Einstufige und Verbundzwirner. Je nach dem herzustellenden Zwirn ist das gefachte Garn nur durch eine Zwirnmaschine oder durch zwei nacheinander zu bearbeiten. Im letzten Fall heißt die erste Maschine Vorzwirner und die zweite Nach- oder Auszwirner. Die Vorzwirnspulen werden entweder unmittelbar in der gewünschten Anzahl dem Nachzwirner vorgelegt oder vorher auf einer Spulmaschine gefacht. Die damit verknüpften Kosten vermeidet man in amerikanischen Zwirnereien dadurch, daß das Vorzwirnen, das Fachen und Auszwirnen auf derselben Maschine erfolgt, so daß in der allgemeinen Einteilung der Stetigzwirner zwei Gruppen zu unterscheiden sind: Zwirner für einstufige Zwirne und Verbundzwirner, auf denen die beiden Stufen, Vor- und Auszwirnen, vereinigt sind.

b 1. **Stetigzwirner mit Gutlauf von der Spindel zum Wickelzylinder.**

1 a. Für einstufige Zwirnung. Dieser Gutlauf wird hauptsächlich für das Zwirnen langer Seiden- und Glanzstoffäden verwendet, weil bei kurzfaserigen Gespinsten infolge des Aufdrehens des Fasergebildes bei der eigentlichen Zwirnung durch das Ausbauchen des Garnes ein Zerfasern eintreten könnte. Derartige Maschinen werden in zwei Ausführungen hergestellt, als:

a 1) Einstöckige Maschinen mit Langbandantrieb für eine Spindel $3''$ (5_7) (15) oder für vier Spindeln 6_7 (30) bzw. $45'' \backsim 60''$ (53_3) von einer Trommel $250''$ aus über eine Spannrolle $180''$; das Band verläuft in der Länge der Maschine, d. h. in der Richtung des Gutdurchganges.

Die größte Drehzahl für Gleitlagerspindeln (S. 83) beträgt 5000, für Rollenlagerspindeln (S. $85 \div 87$) $7000 \div 12\,000$, je nach dem zu zwirnenden Garn. Die Trommelwellen laufen in Kugellagern, die übrigen Wellen in Ringschmierlagern. Jede Spindel ist mit einer Fußbremse ausgerüstet zwecks Stillsetzung bei Spulenwechsel und Garnrissen. Um Platz zu gewinnen, sind die Wickelspulen $9''$, $0''$ (0_8) in zwei übereinander liegenden Reihen angeordnet und können für zylindrische oder schwach kegelige Wicklung von 120 mm Hülsenlänge · 120 mm Durchmesser auf Hartpapierhülsen vorgesehen werden. Neben der Abstellvorrichtung (1_9) (S. 95—96) bei Garnriß und voller Spule ist der Antrieb derart ausgeführt, daß ein in einem Ölkasten gelagerter Regler die Abzugsgeschwindigkeit des Garnes von der Spule $0''$ (0_8) der Spindel $3''$ durch Auswechseln der Räder dem Zwirndraht (bis 1500 Drehungen je m) anzupassen erlaubt und stets eine Bildverschiebung des auflaufenden Zwirnes verursacht, so daß eine geschlossene Wicklung vermieden wird und ein abfalloses Abwickeln gesichert ist. Um die auf der Spinnmaschine erhaltenen Spulen mit sehr großer Bohrung gut auf der Spindel $3''$ festzulegen, werden Teller 3 (5_7, 0_8) mit kegeligem Zentrierdorn verwendet, welche mit der Spinnhülse ziemlich stark verbunden sind, wodurch ein besseres Abziehen gewährleistet ist.

Angaben: Bei einer Spindelteilung von 150 mm (also 300 mm für die Wickelwalzen $9''$) haben die einseitigen Maschinen $6 \backsim 24$ Spindeln und die zweiseitigen $12 \overset{\cap}{\smile} 108$, bei einer ungefähren Länge von $1 \dashv 10$ m. Die

5*

einseitige Ausführung ist 0,8 m, die zweiseitige 1,2 m breit. Der Kraftbedarf ist annähernd 5 PS für 96—108 Spindeln (15).

a 2) Mehrstöckige Maschinen mit Querbandantrieb, bei denen quer
zur Längsrichtung der Maschine, d. h. senkrecht zum Gutdurchgang
laufende Riemen oder Stahlbänder *1* (18÷27₇) die Spindeln *2″* treiben.

2 a) Die Anordnungen und Antriebe. Die *1* gehen über Scheiben *3″*,
4″! (18, 19, 25₇), von denen die Welle *3″ₓ* der *3″* vom Elektromotor (33)
unmittelbar oder über geeignete Übertragungen getrieben wird, wie z. B.
durch Riemen *5* (19₇) (34) auf die Scheiben *6f″* und *6l″*, und durch
Zahnräder *7′, 8′—9′, 10′* (23₇) (35). Der Antrieb erfolgt von der Seite
der Maschine mit auf der lotrechten *3ₓ″* (20₇) (26) befindlichem Motor *M*
22₇ (36), *27₇* (24), bei größeren Maschinenlängen (Spindelzahl 240÷360,
Teilung = 160 mm) von der Mitte aus, um allzu lange Riemen zu vermeiden. Der Motor *M* (23₇) (35) befindet sich dabei entweder seitlich
der Maschine auf dem Boden und treibt über *7′÷10′* mittels einer Fuß-
welle *8ₓ′* die *3ₓ″* oder *M* ist oberhalb der Maschine vorgesehen und
treibt über die Riemen *5* (19₇) die Scheiben *6″* (34) oder *M* sitzt auf der lotrechten *3ₓ″* (22₇) (36) (27₇). Die *3″* auf den *3ₓ″* (19, 23₇) liegen dabei
übereinander, wodurch die Reihe der Spindeln *2″* der einen Maschinen-
hälfte etwas tiefer liegt als die der anderen. Zum Antrieb müssen in der
Dicke sehr gleichmäßige Lederriemen oder Stahlbänder und eine leicht
zu regelnde Spannvorrichtung verwendet werden. Gewöhnlich ist *4″!* (23₇)
als Spannrolle ausgebildet oder der *1* (18, 23₇) läuft über eigene Spannrollen *4″!*. Der *1* drückt gegen die Wirtel der Spindel *2″* entweder dadurch, daß diese längs eines nach innen gerichteten Bogens (18₇) angeordnet sind, oder daß nach je zwei *2″* (20, 23, 27₇) Druckrollen *11″* den
1 nach außen pressen, oder daß mit *11″* abwechselnd Scheiben *12″* (20₇)
vorgesehen sind, welche auf beide Riementrumme wirken und wegen
ihrer großen Durchmesser weniger Reibung und Schmierung verursachen, oder daß jedem mit weicher Auflage, z. B. Gummimuff, versehenen
Spindelwirtel *2″* (25₇) gegenüber eine mit weicher Auflage ausgerüstete
Druckrolle *13₀″* auf *1* wirkt (37). Die gewöhnlich starr gelagerten *2″*
erfahren bei jeder Unebenheit des Riemens einen Stoß, der sie leicht
zum Schwirren bringt und daher ihre Geschwindigkeit begrenzt. Um
diese Stöße aufzufangen, werden die Spindeln *1, 2* (21₇) doppelt gefedert;
die Feder *27₀* ist einerseits im Auge *26ₓ* des Armes *26ₓ, 26*, welcher das
Spindelgehäuse trägt und andererseits im Stellring *28!* befestigt, welcher
durch die Schraube *29* im Lagerstück *30* der Spindelbank *101* festgelegt
wird. *27₀* preßt daher den Spindelwirtel *3, 4″* gegen den Antriebsriemen
R. Seine Unebenheiten werden durch die Feder *31₀* aufgenommen,
welche zwischen dem Auge *26* des *26, 26ₓ* und der Mutter *9!* wirkt und
den Flansch des *7* mit den Unterlagen *8* fest auf *26* preßt (26).

2 b) Der Gutlauf. Die von den Spulen *0″* (19, 22₇) der Spindel *2″*
ablaufenden Garne *0* gehen durch die stillstehenden Führer *13!* und die

hin- und hergehenden *14!* auf die Spulen $0_1''$, welche in Lagerarmen geführt, durch sie auf die Walzen *15''* (22_7) gepreßt und von letzteren getrieben werden. Der Antrieb von *15''* erfolgt über *16'*, *17'* von $4_x''$ aus. Die *14!* der Stange *14* erhalten ihre Schwingung über die Verbindung *14, 18* — Stift *19!* des Hebels *19!*, *20''*, 21_x — bzw. *19!*, 21_x, *20''*, *22* von den Exzentern *23''*. Das obere *23''* ist über *24'*, *25'* mit $15_x''$ — das untere *23''* über *24'*, *25'—26'*, *27'* mit $4_x''$ in Verbindung (36).

2 c) Die Spindelausrückung. Beim Ansetzen eines zerrissenen Zwirnes wird die Spindel meistens von Hand festgehalten und gleichzeitig die beiden Enden von Hand oder unter Zuhilfenahme eines Selbstknoters verbunden, was eine ziemliche Geschicklichkeit verlangt. Zur Erleichterung des Anknotens wird der Hebel *5*, 6_x (24_7) senkrecht zur Zeichnungsebene unter Überwindung der Feder 7_0 verlegt, wobei seine Oberkante aus der Rast *8* über eine schiefe Ebene *9* in die tiefer gelegene Rast *10* gleitet und dadurch die *2''* derart neigt, daß ihr Wirtel *3*, *4''* vom Riemen *1* entfernt und an das Bremsleder *11* gepreßt wird. Die Schräglage der Spindel erlaubt ein leichtes Zusammenknoten und Auswechseln der Spulen (35).

1 b. Für zweistufige Zwirnung. Eine Vereinigung von Vor- und Nachzwirner wird in Amerika für das Zwirnen von Seiden- und Glanzstoffgarnen mit elektrischem Antrieb verwendet, bei der die gefachten Vorgutspulen *0''* (26, 27_7) auf Spindeln *2''* sitzen, deren Wirtel *2''* vom Riemen *1* (27_7) getrieben wird, der über Bordscheiben *3''* (26_7) geht, auf deren Wellen $3_x''$ die Motoren *M* wirken. Das von *0''* ablaufende Garn *0* geht durch die Führungen *4!*, *5!*, wo es sich mit dem *0* der hinter *1'* angeordneten Spindel vereinigt. Jedes der beiden *0* erhält dabei eine Zwirnung, genau wie sie auf der Vorzwirnmaschine gegeben wird. Nebeneinander laufen beide *0* nun über die Führung *6!*, umschlingen, wie gezeichnet, die beiden Zuführwalzen *1*, I_0 und gelangen durch die senkrecht über der Spindel angeordnete Führung *7!* und den Läufer *8* des Ringes *9* auf die Spule $0_1''$ der Spindel, deren Wirtel *10''* vom Band *11* gedreht wird. Das *11* geht beiderseits über Randscheiben, deren eine *11''* auf dem im Seitengestell *12* gelagerten Motor M_1 sitzt, der über *13'*, *14'—15'*, *16'—17'*, *18'* die *I* treibt. Auf *18'* befindet sich I_1 mit I_{01} für die zweite Seite der Maschine. Zwischen *7!* und *8* wird den beiden Vorzwirnen *0*, genau wie auf einer Nachzwirnmaschine, der endgültige Draht erteilt, wozu die *10''* sich entgegengesetzt zu den *1''* dreht. Die Schwungscheibe *19''* bewirkt, daß beim Anhalten die *10''* mit den $0_1''$ um $7 \div 12$ Sekunden länger laufen als die *2''* mit den *0''*, um die Bildung von Schlingen im Garn zu verhindern (24).

1 c. Zwirner mit offenen Vorgarnspulen. Als solche bezeichnen wir die nur seitlich von Trennungswänden *0* (5, 6, 19_7) geschützten Spulen *0''*, die dazu dienen, das Berühren der Garnschleier zu vermeiden.

1d. Zwirner mit geschützten Vorgarnspulen. Um die zwischen zwei Wänden *0* verursachten Luftströmungen sowie das durch sie verursachte Flaumen der Garne zu vermeiden und um die Spindelgeschwindigkeit steigern zu können, ist auf der Spindel *3″* (5a$_7$) ein leichter Becher *1″* befestigt, auf den in geeigneter Weise eine Glocke *2″* gestülpt wird, durch deren obere Öffnung das von der gefachten Kreuzspule *0″* ablaufende Garn abzieht und durch die Führung *4* zur Aufwicklung *9″*, *0″* (4$_7$) bzw. 60″, *0″* (6$_7$) abgelenkt wird. Durch den Becher *1″* und die Glocke *2″* wird das senkrecht zur *0″* ablaufende Garn in einem mitkreisenden Luftstrom gegen Aufrauhen und Auflösen geschützt, so daß auch Gespinste aus verhältnismäßig kurzen Fasern und selbst schwach gedrehte Lunten unter geringem Zwirndraht mit größter Durchzugsgeschwindigkeit verarbeitet werden können (31b).

b2. Stetigzwirner mit Gutlauf vom Vorgutzylinder zur Spindel.

Bei den Stetigzwirnern mit von der Zuführung *1″*, *2″* (3, 4$_7$) zur Spindel *3″* laufendem Zwirn muß er in einer Führung *4!* in der Verlängerung der *3″* und in der Führung *5* senkrecht zu ihr gerichtet werden; ersteres um die Drehung, letzteres um die Aufwicklung durch den Unterschied der Drehzahlen von *3″* (3$_7$) und *5* bzw. von *3″* (4$_7$) und *0″* zu ermöglichen.

2a. Allgemeines.

a1) Einteilung. Die für das Zwirnen in Betracht kommenden Stetigzwirner werden eingeteilt in Ringzwirner (32, 41$_3$) (11, 13, 31) und Flügelzwirner (39, 42$_3$) (31b). Gezwirnt wird trocken oder naß; in letzterem Fall wird das Gespinst vor dem Verlassen des Lieferzylinderpaares *45″—56″* (32, 41$_3$), indem es durch einen Wassertrog *3* geht, mit Wasser befeuchtet.

a2) Gestelle. Die Gestelle der Zwirner unterscheiden sich in Vordergestell, Mittelböcke oder Zwischengestelle und Endgestell. Die beiden letzteren sind vereinigt durch die senkrecht zu ihnen verlaufenden Zylinderbänke *100* (45, 47, 51$_3$) und Spindelbänke *101* (39, 54, 55, 57$_3$), wobei in letzteren noch die Führungen für die Zahnstangenschlitten *13′*, *43* (42$_3$) und ihre Gleise bei schweren Flügelzwirnern oder bei leichten und Ringzwirnern, die Stelzen *16!* (32, 39, 41$_3$), welche in ihren oberen Klauen die aus einzelnen Teilen oder Platten bestehenden Ringbänke *15* tragen, befestigt sind.

a3) Abmessungen.

3a) Ringzwirner. Die Zwirner sind doppelseitig und besitzen auf beiden Seiten von 40 ≙ 400 Spindeln. Je nach der Zwirnnummer sind die Abstände der Spindeln, die sog. Spindelteilungen, und die Durchmesser der Ringe verschiedene. Die englischen Maschinen haben Zollteilung und die deutschen an sie angeglichene mm-Einheiten; jedoch sind diese noch nicht vereinheitlicht. So sind die zwei Werbeblättern A und B (31 a, b) für die Ringzwirner und die *3b) Flügelzwirner* entnommenen Werte auf Tafel 3 a angegeben.

Die Teilung ist gewöhnlich $^6/_8$ bis $^9/_8$ englische Zoll = 19,1 ÷ 28,6 mm, also annähernd 20 ÷ 30 mm größer als die Ringweite. Die Länge der Zwirner errechnet sich nach der Formel: Länge = halbe Gesamtspindelzahl · Teilung + 842 mm bei einer Brücke von 275 mm Länge. Die Gestellbreite beträgt 942 mm (31 a).

a 4) Die Antriebe. Der Antrieb der Maschine erfolgt entweder durch:

4 a) Riemen auf eine Fest- und Losscheibe, welche auf der über das Triebgestell bis zum Vordergestell verlängerten Welle einer Trommel vorgesehen sind, oder durch Riemen auf die Fest- und Losscheibe einer Stufenscheibe oder eines Kegels, dessen Riemen die Drehung auf die Stufenscheiben oder den Kegel der Trommelwelle überträgt, um so die Durchgangsgeschwindigkeit der Gespinste entsprechend der Nummer und Güte des Zwirnes abstimmen zu können.

4 b) Elektromotor. Hierbei fallen die Brücke, welche das Triebgestell mit dem Vordergestell verbindet, und das Vordergestell weg. Der Motor muß regelbare Geschwindigkeiten zulassen und kann dann unmittelbar auf der Welle der einen Trommel angreifen, oder er ist unabhängig davon auf dem Boden oder auf dem verstärkten Kopfgestell aufgebaut und überträgt durch einfachen oder Gliederriemen (38), Ketten- (39) oder Ritzelantrieb mit Gleitkupplung den Antrieb auf die Trommelwelle. Auch können ein Stufenscheiben- oder Kegelpaar eingeschaltet werden (11 ÷ 13₂), um bei nur wenig Änderungen in den Umdrehungszahlen des billigen Motors dennoch eine große Auswahl verschiedener Spindelgeschwindigkeiten zu haben.

4 c) Geteilte Antriebe. Für das Zwirnen kleiner Mengen bewährt sich in den meisten Fällen das Teilen der Zylinder *I, I* (28₇) und der Trommeln *254″* in der Mitte. Der Antrieb erfolgt durch den Riemen *1* auf die Scheibe *2″* der einen Trommel *254″*, deren Trommelschaft durch den Wirtel *3″* über das Seil *3* den Wirtel *4″*, die Welle *4ₓ″* und durch deren Wirtel *5″* über das Seil *5* den Wirtel *6″* des Schaftes der andern Trommel *254″* treibt oder durch zwei Elektromotoren. Auf den äußersten Enden jeder Trommel *254″* erfolgt über *7′, z′, 8′, 9′l, 10′* der Antrieb auf die Zylinder *I, I*. So lassen sich zwei verschiedene Spindelgeschwindigkeiten und vier voneinander unabhängige Durchzugsgeschwindigkeiten des Zwirnes durch diese Maschine leicht verwirklichen (31 a, b).

a 5) Die Aufsteckungen. *5 a) Kötzer.* Das früher übliche Aufstecken von Kötzern *0₁″* (29₇) auf stehenden oder hängenden Stiften ist heute durch Einschalten der Spulmaschinen überholt und nur für besondere Verhältnisse wird ab Kötzern gezwirnt, weil dabei 1. die Anzahl der von einer Zwirnerin zu bedienenden Spindeln beschränkt ist, wenn eine unwirtschaftliche Vermehrung des Abfalls vermieden werden soll; 2. die vom Schichtendurchmesser abhängende Spannung der zusammenlaufenden Gespinste ungleich ist; 3. der Zwirn mehr Zwirnknoten aufweist als bei vorher gefachten Gespinsten, deren Ansätze sich verteilen und daher weniger bemerkbar sind, und 4. infolge der größeren Nutzleistung der Zwirnerin bei gefachten Gespinsten die kg-Kosten des Zwirnes trotz Einschaltens der Spulmaschine geringer sind, als beim Zwirnen ab Kötzer.

5b) Flanschen- oder Kreuzspulen werden auf liegenden oder stehenden Stiften *2* (32_3) aufgesteckt, wobei beobachtet wurde, daß im allgemeinen liegende Spulen schneller als stehende ausgewechselt werden. Für zweistufige Zwirne sind auf dem zweiten Zwirner die Spulen *1''* (15_2) des ersten mittels Spindeln *2* entweder in einem senkrecht zur Längsrichtung der Lieferwalzen *3''* stehenden Gatter *4* oder in einem dazu parallelen Gatter *5* aufgesteckt. Die Zwirne laufen zusammen über je eine Leitrolle aus Porzellan *6''*, die auf Leitstangen angeordnet sind oder vorher noch durch Ösen *7!* von Wächterhebeln, die die Maschine abstellen, sobald ein Zwirn fehlt. Jede Abrollspindel ist mit einem Wirtel versehen, worauf eine Leder- oder Schnurbremse wirken kann, so daß die Spulen durch Anhängen größerer oder kleinerer Gewichte genügend gebremst werden können, um ihr Vorlaufen selbst bei plötzlichem Abstellen der Zwirnspindel auszuschließen. Auch werden

5c) Flaschenspulen auf etwas geneigt stehenden Stiften aufgesteckt, und zwar in Strickereien, welche Zwirngarne mit Gespinsten aus verschiedenen Rohstoffen herstellen (15). Ebenfalls werden große Kegel-(Flaschen-)Spulen mit mehreren gefachten Enden verwendet, welche über Dämmungen verteilt mehreren Spindeln zugeführt werden.

5d) Kettbäume. Viel in Aufnahme kommt auch die in Amerika ausgeprobte Kettenbaumvorlage für die Zwirner. Auf dem Kettbaum *1''* (16_2) mit Scheiben *2''* sind so viel Gespinste, als Spindeln des Zwirners auf beiden Seiten zu speisen sind, aufgewickelt. Die Zapfen $1_x''$ ruhen auf je zwei Rollen *3''* des Gestells *4*, um wenig Reibung zu verursachen. Ein einerseits am Gestell befestigtes Leder *5*, das über die Bremsscheibe *6''* geht, und andererseits abnehmbare Gewichte $7_0!$ trägt, läßt die Spannung der ablaufenden Gespinste *0* regeln. Diese gehen durch Führungsösen *8*, tragen Fallnadeln und gelangen über die Einlaufführungen in die Lieferwalzen *9''*, *10''* des Zwirners. Fehlt ein Gespinst, so fällt seine Nadel, schließt den elektrischen Schwachstromkreis und verursacht das Aufleuchten eines Lämpchens so lange, bis das Garn angeknüpft ist. Für starke Zwirne, welche ohne zu reißen ablaufen, fällt diese Wächtervorrichtung weg (31a). Diese $7_0!$ müssen mit abnehmendem Durchmesser des *1''* erleichtert werden. Um diese Handarbeit zu umgehen, wird *1''* auf die schmalen Scheiben einer Welle gelegt, die die Breite des Abstandes der Kettenbaumscheiben hat und durch Kette (39) in der

Mitte angetrieben wird. Angenommen, es sollen von einem Kettbaum 36 Spindeln, 18 auf jeder Seite, gespeist werden, die Fachung betrage 5 Gespinste und die Spindelteilung sei 115 mm, so ist die Zahl der zu schärenden Gespinste: $36 \cdot 5 = 180$ und die verfügbare Breite für den Kettbaum $115 \cdot 18 = 2070$ mm. Für das Unterbringen der Lager und der Bremsung des Kettbaumes seien 500 mm vorgesehen, so darf der innere Abstand der Kettbaumscheiben $2070 - 500 = 1570$ mm betragen. Der Vorteil dieser Speisung besteht in der großen Länge, über 10000 m, des Gespinstes auf dem Kettbaum, deren Einzelknoten im gefachten Zwirn nicht stören. Meistens ist die Länge des Gespinstes auf dem Kettbaum ein Mehrfaches der Länge des Zwirnes auf der Zwirnspule, vermehrt um die für den Anfang des Schärens notwendige Garnlänge. Viele Sorgfalt muß allerdings auf das Schären verwendet werden. Ungleichmäßig gespannte Garne dürfen nebeneinander nicht aufgewickelt werden; die Gespinste sollen eng aneinanderliegen, ohne sich zu überwickeln, wozu der Verteilungskamm auf dem Schärstuhl und der Abstand der Kettbaumscheiben genau eingestellt werden müssen. Ein ausgelaufenes Gespinst muß durch Einflechten eines farbigen Garnstückes gekennzeichnet werden, sobald es die Schärerin bemerkt, damit die Zwirnerin rechtzeitig für Ersatz sorgen kann, um Fachfehler im Zwirn zu vermeiden. Es sollten beim Aufbäumen nur Knoter verwendet werden, welche den kurz abgeschnittenen Weberknoten machen (28, 40).

a6) Die Zuführungen. 6a) *Waagerechte.* Außer der Zuführung, bestehend aus dem Unterzylinder *45''* (32, *41₃*) und der Oberwalze *56''*, werden auch noch 6b) *lotrecht stehende* Walzen *60''* (29₇) verwendet, deren in der Zylinderbank *1* geführte Achse mit einem unten schräg abgeschnittenen Muff *2* in der Führung *3* gehalten ist und über die Kegelräder *4'*, *5'* von der Welle *6ₓ''* der Trommel *254''* getrieben wird, auf der die Fest- und Losscheiben *6''* angeordnet sind. Die von den Spulen *0''* oder Kötzern *0₁''* ablaufenden Gespinste *0* gehen über die Führung *7!* in einem Schraubengang um *60''* herum, über die Ablaufkante von *3*, über den Hebel *11*, *12ₓ*, *13₀!*, *14* durch den Läufer *15* des Ringes *16* zum Wickelkörper *0''* der Spindel *17''*, deren Wirtel *25,4''* durch die Schnur *18* von der entfernteren *254''* getrieben wird. Die Spindelplatten *19* von ungefähr 1,3 m Breite sind auf den Hebeln *19*, *20ₓ*, *21₀!* angeordnet, um die Schnüre aller auf *19* befestigten Spindeln in Spannung zu erhalten. Die *18* wurden vor dem Einziehen ausgereckt und auf gleiche Länge abgeschnitten, so daß eine gleichmäßige Spannung der einzelnen Schnüre gewährleistet ist (41).

Die nachfolgende kurze Beschreibung der Zwirner und ihrer Bedienung gibt alles Wissenswerte dieser an sich so einfachen Maschinen, von deren guter Arbeit jedoch der Handelswert der Nadelgarne wesentlich abhängt.

2b. Die Zwirnmaschinen mit zylindrischer Wicklung.

b1) Ringzwirner. Die von den waagerecht oder lotrecht im Gatter *1* (32₃) aufgesteckten Flanschen- oder Kreuzspulen *2* kommenden ein- oder mehrfachen Gespinste *0* gehen unter der in das Wasser des Troges *3* eintauchenden Glasstange *4!* hindurch, über die gläserne Führung *5*, von unten um die Unterzylinder *45"* nach oben über die abhebbare Oberwalze *56"*, durch die Führung *6!* und durch den Läufer *7*, der auf dem Ring *8* geführt wird, zur Spule *9"*, bestehend aus dem Fadengebilde *9"* und der Hülse *10"*. Diese ist auf dem Schaft der Spindel *11* aufgesteckt, welche im Lagerkörper *12* gehalten wird; ihren Antrieb erhält die Spindel durch die Spindelschnur *13*, die über den Spindelwirtel *24" ⊹ 36"* und die entfernter von ihm liegende Trommel *250"* gelegt ist. Der Ring *8* (33÷35₃) ist entweder einflanschig (33, 35₃), dann wird sein unterer Teil in der Ringbank *15* festgeschraubt, oder zweiflanschig (34₃), wobei der nicht benützte Flansch in einem einseitig geschlitzten, federnden Greifring *14* erfaßt ist, dessen unterer Teil wie vorhin in der Ringbank *15* (32, 41₃) verschraubt wird. Die Führung für den Läufer ist waagerecht angeordnet (33, 34₃), wenn er die Form eines liegenden ⌒ (36₃) hat, lotrecht (35₃) für ohrmuschelartige Läufer *7* (37₃). Er ist aus Stahl, wenn trocken gezwirnt wird, oder aus nicht rostendem Metall, z. B. Messing, für das Naßzwirnen.

Der Ring *8* (32, 41₃) ist auf der Ringbank *15* befestigt, welche durch Stelzen *16!* gehoben und gesenkt wird. Werden Wickelgebilde mit zylindrischen Schichten von gleichen Höhen hergestellt (39, 42₃), so erfolgt die lotrechte Verschiebung entweder durch Exzenter *17"* (32, 39₃) über die Hebelanordnung (39₃) *18ₓ*, *19"*, *20!—20!*, *21!*, *22"—23"*, *24"*, *24ₓ"*, *25"—16!*, *15* oder über die Übertragung (32₃) *26"*, *26ₓ*, *27"—27"*, *28"*, *29"*, *30—16!*, *15*. Beide Antriebe haben verschieden geformte Exzenter *17"*.

1a) Zwirner mit steilen, sich berührenden Garnwindungen. Das für die Ausführung nach 39₃ verwendete Exzenter ist ein Herz mit gleicher Anlauf- und Abstieglinie, so daß die Schraubenlinien der zylindrischen Schichten sich immer berühren (16, 31).

1b) Zwirner mit gegen die Spitze beschleunigt ansteigenden, gleich hohen Schichten. Das in der Ausführung 32₃ dargestellte Exzenter *17"* hat für die dem Fußflansch naheliegenden Schraubenlinien eine gleichförmige Anlauflinie, während der übrige Teil gegen ³/₄ Schichtenhöhe eine derartige Beschleunigung erzeugt, daß die Schraubenlinien sich von da ab nicht mehr berühren, sondern zunehmend auseinandergezogen sind, eine Art Spirale bilden, so daß die Spulendurchmesser abnehmen und eine kegelige Spulenspitze sich ergibt, die es erlaubt, das Abwickeln bei stillstehender Spule über den Hülsenkopf *40* (38₃) durchzuführen (16, 31).

1c) Zwirner mit verschieden hohen Schichten (Archimedeswindung) nach 55₃. Eine schematische Darstellung der Bewegungseinrichtung für eine derartige Wicklung ist auf 40_3 dargestellt. An dem verlängerten Hebel 1_x, $2''$, 4 des Exzenters $3''$ ist drehbar eine Rolle $5''$ mit Anschlag 6 und der auf ihr befestigten Nase $7!$. Die $5''$ ist durch die Übertragung $8!$, $9!$—$10''$, $12''$—$11!$, $13!$—$13!$, 14_x, $15''$ mit den Stelzen $16!$, welche die Ringbank 15 tragen, verbunden. Bei der Linksschwingung wird die Nase $7!$ und mit ihr die $5''$ durch Auftreffen auf das Exzenter $17''$ aufgehalten. Dieses erzeugt eine Linksdrehung der $5''$, wodurch eine Zusatzhebung auf 15 entsteht. Beim Zurückschwingen des 1_x, $2''$, $4''$ geht der Ringwagen zuerst schnell zurück, bis der 6 der $5''$ am Exzenterhebel anliegt, und dann erst werden wieder die sich berührenden Windungen gewickelt. Die oberen Windungen werden daher auseinandergezogen und somit eine Verminderung der dortigen Durchmesser der Spulen für die folgenden spiraligen Windungen erreicht. Um wachsende und abnehmende Zusatzhöhen zu erzeugen, ist das $17''$ mit einem Sperrrad $18'$ ausgerüstet, das durch den schwingenden Hebel $17_x''$, 19 mit Klinke 20^x, 21 bei jeder Schicht etwas gedreht wird. Diese Archimedeswindungen werden hauptsächlich für Webzwirne und Stickgarne verwendet (16, 31 a, b).

Eine von dieser Ausführung etwas abweichende, im Grunde jedoch die gleiche, kommt oft bei englischen Zwirnern vor.

Der Ringwagen 1 (17_2) ruht mit den Stelzen 2, $3!$ auf den Rollen $4''$ des Hubhebels $4''$, 5_x, $6_0!$, $7!$, der durch die Stangen $7!$, 8 mit den übrigen Hubhebeln verbunden ist und durch die Kette $9!$, $10''$, $11!$ auf den Exzenterhebel $11!$, 12_x wirkt, dessen Rolle $13''!$ durch das Übergewicht des durch $6_0!$ nicht vollständig ausgewichteten Wagens 1, 2, $3!$ an das Exzenter $94''$ drückt. Dieses steht durch die Räder (32_3) $80'$, $24' \backsim 36'$—$30'$, $1' \frown 8'$—$58'$, $60'$—$20'$, $60'$ mit dem Lieferzylinder $45''$ (oberer $56''$) und diese durch die Räder $60'$, $20'$—$60'$, $58'$—$58'$, $96'$—$96'$, $20' \frown 60'$—$96'$, $24'$ mit der Hauptwelle in Verbindung. Durch eine Umdrehung des $94''$ (17_2) wird eine beinahe die ganze Höhe der Hülse $10''$ (55_3) einnehmende Schicht aufgewickelt; alle Schichten beginnen auf dem oberen Rand des unteren Hülsenflansches 39, wenn die $13''!$ (17_2) sich auf dem kleinsten Durchmesser des $94''$ befindet. Um den oberen Flansch der Hülse, welcher dem Abwickeln hinderlich wäre, entbehrlich zu machen, erhält der Wagen verschieden hoch steigende Hebungen dadurch, daß die Spitze des $94''$ durch ein Gleitstück 14 gebildet wird, dessen Teil allseitig im $94''$ eingekapselt und mit dem Dorn 15 in einem Fenster 16 der Exzenterfläche geführt ist. Mit der Rolle $17''$ bewegt sich das 14 um ein kleines Exzenter $20''$, dessen Rad $24'$ mit der endlosen Schraube $2'$, 2^0 eingreift, welche durch i' mit dem Sperrad $36'!$ verbunden ist. Der Winkelhebel 18_x, $19!$, $20!$ wird durch das Stängchen $20!$, $21!$ vom Hubhebel so ausgeschwungen, daß bei jedem Hub der 1 das $36'!$ um zwei Zähne weitergeschaltet wird. Durch die Räder i' und $2'$, $24'$ verschiebt sich das $20''$ in bezug auf die $17''$, welche mit dem großen Exzenter *94''* sich um es dreht. Das *20''* wird den höchsten Wagenhub erzeugen, wenn es mit seiner Spitze auf die *17''* des im *94''* gefangenen *14* wirkt. In jeder anderen Lage ist der Wagenhub kürzer und für den kleinen Hub des *20''* ist er am kürzesten. Der längste Hub kehrt daher wieder nach einer Umdrehung des *20''*, d. h. nachdem sein Rad *24'* eine Umdrehung gemacht hat; dazu macht das Sperrad $24':2' = 12$ Umdrehungen. Für diese Anzahl Umdrehungen entwickelt es $12 \cdot 36 = 432$ Zähne, und weil 2 Zähne je Wagenhub geschaltet werden, so wird der höchste Wagenhub wiederkehren nach 216 Schichten (17 d).

Zum besseren Verständnis des *20''* zeigt *18₂* einen Schnitt durch eine ähnliche Einrichtung. Das *20''* ist in einem Ausschnitt *1* des *94''* auf seiner Welle *20ₓ''* befestigt. Die Verschalung *2* ist auf *20''* verschraubt, führt und schützt vor Staub. Das Spitzenstück *14* umfängt mit einem viereckigen Ausschnitt *15* das *20''*, auf dessen Welle *20ₓ''* ein Rad *24'*, das sich bei der Drehung des *94''* durch das Rad *80'*, die Welle *80ₓ'* und den Keil *80* auf einem Festrad *25'* abwickelt; hierdurch werden seine verschiedenen Halbmesser auf das *14* einwirken und entsprechende Hübe des Ringwagens erzeugen (42).

b2) **Flügelzwirner.** Für das Zwirnen grober Gespinste, bzw. das zweite Zwirnen, verwendet man statt der Läufer Flügelspindeln (39, 42₃), bei denen auf der Spindel *11* ein Flügel *40* (57₃) mit Ösen aus Metall oder Porzellan *41* zur Führung des Zwirnes senkrecht auf das Wickelgebilde *9''* aufgeschraubt ist. Die Bewegung der Ringbank erfolgt:

2 a) *Durch Exzenter 17''* (39₃) meistens und für schwere Zwirne,

2 b) *durch eine Mangelradeinrichtung* (42₃). Diese besteht aus der von der Hauptwelle über *18' ↶ 28'*, *100'* getriebenen, nach dem gegenüberliegenden Seitengestell gehenden Welle *100ₓ'*, dem Trieb *11'* und einem Stiftenrad *68'*, das eine Lücke aufweist, in der zwei Führungen *42* stehen; diese stoßen abwechselnd gegen den Zapfen des *11'* und verschieben ihn bei dem Abwälzen des *11'* um die Endstifte des Mangelrades *68'* so, daß der *11'* von der anderen Seite das *68'* zurücktreibt, bis die zweite Führung *42* die ursprüngliche Eingriffslage des *11'* mit dem *68'* wieder hergestellt hat. Die dazu notwendige Verschiebung des *11'* ist durch die schwingbare Lagerung der *100ₓ'* am Triebstock und die verschiebbare Lagerung des anderen Endes vom *100ₓ'* ohne Verzahnungsstörungen durchführbar. Die wechselweise Drehung des *68'* wird durch einen Trieb *12'* auf die Zahnstange *13'*, *43* übersetzt, welche die Spulenbank *15* trägt; diese wird durch die über die Leitrolle *250''* gehende Kette *44* mittels des Gegengewichtes *45⁰* ausgewichtet. Die durch den Zwirn vom Flügel mitgenommene Hülse *10''* ruht zur Erzeugung ihrer notwendigen Nacheilung in bezug auf den Flügel, um eine straff gewickelte

Spule zu erhalten, auf einer feststehenden Filzscheibe *46*, oder der untere Hülsenflansch von *10''* (*39*, *43*$_3$) ist mit einer Rille versehen, in welcher eine Schnur *48* eingelegt ist, die von einem Festpunkt *47* ausgeht und über die gekerbte Schiene *49!* derart, einzeln oder im gesamten, verlegt werden kann, daß das Gewicht *48*$_0$ bei wachsendem Spulendurchmesser auch auf größeren Reibflächen der Rolle einwirkt, um derart eine sich gleichbleibende Zwirnspannung zu erzielen (*31b*, *32*).

b3) **Das Ersetzen der Spulen durch Hülsen.** Dazu bedingt die Ausführung der Flügelzwirner einen lang dauernden Stillstand der Maschine, weil zuerst die oberen Führungen *6!*, *6*$_x$ (*42*$_3$) umzuklappen sind, dann die Flügel *40*, *41* (*57*$_3$) von der Spindel *1* abgeschraubt und auf die Zylinderbank gelegt werden, worauf das Auswechseln der Spulen und Abschneiden des Zwirnes erfolgt, und weil erst, nachdem die Flügel wieder aufgeschraubt sind, die Zwirnenden um die Hülsen gelegt werden müssen. Dahingegen wird das Abnehmen oder Abziehen, wie diese Arbeit oft heißt, ohne Aufhalten der ganzen Lieferung bei den Ringzwirnern mit Archimedeswindung erfolgen, indem die einzelnen Ringplatten beim Niedergehen des Ringwagens nacheinander abgezogen werden, so daß immer nur soviel Spulen in ihrer Arbeit auf kurze Zeit unterbrochen sind, als das Plattenstück zwischen zwei Stelzen Ringe hat. Dabei wird am besten wie folgt verfahren: Weil beim Zwirnen selbst auf peinlichste Sauberkeit der Ringe geachtet werden muß, ist die Zwirnerin angewiesen, beim Ersetzen der vollen Spulen durch Hülsen in einem Kasten sich die Hülsen mitzuführen, in einem zweiten Kasten aber die vollen Spulen, die sie abnimmt, einzulegen. Auf dem Kasten, der die Hülsen enthält, hat sie außerdem einen Fettnapf stehen und eine kleine Büchse mit den notwendigen Läufern. Die Zwirnerin steht zwischen beiden Kasten. Sie nimmt so viel Zwirnspulen heraus, als eine Ringplatte Spulen enthält. Nun entfernt sie die Ringplatte von den Wagenstelzen und reibt die Ringe mit mitgeführten Putzfäden aus. Hierauf schmiert sie mit einem Pinsel sog. Ringfett in sämtliche Ringe frisch ein; wenn sie schlechte Ringläufer findet, muß sie diese durch neue ersetzen. Dann legt sie die Ringplatte ein und nimmt den Zwirn vom Unterzylinder auf die Hülse, schlingt ihn um sie und hebt ihn gleichzeitig zwischen Unterzylinder und Oberwalze, worauf das Zwirnen wieder beginnt; sie geht von Ringplatte zu Ringplatte, muß aber beobachten, daß, wenn der Zwirn einer neu angefangenen Spule reißt, dieser sofort wieder angeknüpft wird, damit sie am Ende der Maschine nicht zuviel Garnrisse nachzuarbeiten hat. Auf diese Weise wird jede Zwirnerin das Höchste liefern und ihre Maschine in Ordnung halten können.

2 c. Die Zwirnmaschinen mit kegeliger Wicklung.

c1) **Der Antrieb.** Auf Ringzwirnern mit Kötzerwicklung, bei der die Maschine zum Ersetzen der Spulen durch Hülsen ebenfalls stillgesetzt

werden muß, treibt der Riemen *49* (*41₃*) über *300″* und *40′, 40′—20′ ⌢ 65′,*
60′—60′, 70′—70′, 80′—20′ ⌢ 65′, 115′—115′, 85′—20′ ⌢ 80′, 80′ den
unteren Zylindern *45″*; das Exzenter *34″* wird vom *45″* getrieben über:
2′, 15′—2′, 40′. Bei jeder Umdrehung des *34″* wird eine Schicht aufgewickelt, indem es über die Verbindung *50ₓ, 32″, 600″—51!, 120″,*
52!—300″, 300ₓ″, 290″, 205″—17₀ auf die Stelze *16!* wirkt. Zur Bildung des Kötzers muß die Schwingung der Ringbank *15* mit jeder folgenden Schicht um die Garndicke gehoben werden. Dieses geschieht
dadurch, daß lose auf der Welle des Sperrades *13′ ⌢ 70′*, zwischen ihm
und der Kettentrommel *72″*, ein doppelarmiger Hebel *53, 54ˣ, 55* liegt,
dessen Klinke *56* in das Sperrad *13′ ⌢ 70′* eingreift. In dem Schlitzarm
53, 54ˣ gleitet der Finger *57!* eines Stellstückes *58!*, das sich auf dem
Schlitzstück *53, 54ˣ, 55* verschieben läßt, um den Weg des *53, 54ˣ, 55*
und damit die bei jedem Hub geschalteten Zähne festlegen zu können.
Die so erzeugte Drehung des *13′ ⌢ 70′* verursacht über die Übersetzung
12′, 44′—12′, 44′ bei jeder Schicht eine Aufwicklung der Kette *51!, 52!*,
auf die Kettenrolle *72″* und somit ein In-die-Höhe-Verlegen des Ring-
bankhubes zur Bildung der aufeinanderfolgenden, annähernd gleich
langen Schichten des Körpers.

c2) Die Ansatzbildung. Die Schichten des Ansatzes werden mit
demselben Exzenter hergestellt wie die des Körpers, trotzdem ihre
Durchmesser erheblich von denen der Körperschicht abweichen. Der
Ansatz ist daher unregelmäßiger gewickelt als der Körper und auch
schwerer herzustellen; der Zwirn reißt sowohl beim Auf- als auch beim
Abwickeln leichter ab. Deshalb muß der Ansatz wenig Garn enthalten,
denn wenn das Garn beim Abwickeln einmal abgerissen ist, wird der
Rest zum Abgang gehen, weil es sich nicht lohnt, kleine Längen abzu-
winden. Um den Ansatz schnell herzustellen, beginnt man mit einer
kurzen Schicht und läßt die Höhen der folgenden zunehmen, bis sie die
des Körpers erreicht haben. Je kürzer die Schicht ist, um so mehr
Zwirnspiralen wickeln sich übereinander und um so größer fällt die
Dicke der Schicht aus.

Das Verkürzen des Exzenterhubes für die erste Schicht des Ansatzes und das nachfolgende Verlängern bis zur Erreichung der längsten
Schicht des Körpers geschieht durch einen Stift *59!*, der beim In-die-
Höhe-Gehen des *600″, 50ₓ* in ein V-förmiges Stück *60, 61ₓ* gelangt und
dieses mitnimmt. Dadurch werden die *51!, 52!* durchgebogen, die *300″,*
300ₓ″, 290″, 17⁰ am Ausschwingen nach unten verhindert und der Hub
der *15* verkürzt. Gleichzeitig wurde die *51!, 52!* etwas auf die *72″* aufgewickelt, so daß der *59!* später in *60, 61ₓ* gelangt und die *51!, 52!* weniger
durchbiegt. Die *15* kommt dadurch beinahe wieder in die vorige tiefste
Stellung, wodurch ein rasches Anwachsen des Ansatzfußes erfolgt.

c3) Die Körperbildung. Trifft bei der weiteren Schichtenbildung der *59!* das *60, 61ₓ* nicht mehr, so ist der Ansatz fertig und alle

Schichten des Körpers entsprechen wieder dem Exzenterhub, d. h. sie sind alle annähernd gleich hoch. Die vom Zwirn eingenommene Hülsenlänge heißt der Hub der Maschine.

c4) Das Ersetzen der Spulen durch Hülsen. Ist der Körper beendet, so stellt die Arbeiterin bei den Kötzerringzwirnern die Maschine ab. Beim Abstellen führt sie die Ringbank dadurch schnell nach unten, daß sie mit dem Handhebel 62_0, 63_x und dem kleinen Trieb $25'$ den Zahnkranzhebel $26'$, 64_x etwas anhebt, die Klinke 65, 66_x, 67 nach rechts dreht, um sie aus dem Bereich des Nockens 68 zu bringen, und dann den $26'$, 64_x nach unten senkt. Die auf ihm gelagerte Kettenrolle $120''$ entspannt dabei die $51!$, $52!$ und das Übergewicht der $16!$ und der 15 führt den Wagen bei auslaufenden Spindeln schnell nach unten, wobei die Ringbänke auf den Spindelplatten aufliegen. Um den Fuß der Hülse legen sich einige Zwirnwindungen. Nun hebt die Arbeiterin mit dem Handhebel 87 und der Übertragung: 87, 88_x, 89—89, $90!$—$90!$ 91_x, $90!$—$90!$, 92—92, 93 alle Sauschwänzchen $6!$, 6^x, 6_x gleichzeitig in die Höhe, zieht die Kötzer ab, wobei einige der auf dem Hülsenfuß angeordneten Zwirnwindungen sich längs der blanken Spindel oder dem Aufsatz, wenn auf Papierhülsen gezwirnt wird, emporwinden und reißt mit einem scharfen Ruck senkrecht zur Spindel den Zwirn ab. Die Hülsen $10''$ werden über die Zwirnwicklungen und die Spindel 11 gesteckt und darauf geachtet, daß alle Hülsen in gleicher Höhe liegen. Nun wird mit einer auf dem Vierkant der Sperradwelle aufgesteckten Handkurbel nach dem Heben der 56 das Sperrad zum Abwinden der $51!$, $52!$ von der $72''$ zurückgedreht, bis die auf seinem Rade $44'$ vorgesehene Nase 69 an das Stellstück $70!$ stößt. Derart fangen alle Kötzer eines jeden Abzuges immer in derselben Lage auf dem Hülsenfuß an, so daß ein Kötzer wie der andere ausfällt.

Nachdem die Hülsen aufgesteckt sind, die $6!$, 6^x, 6_x mittels des $87 \div 93$, dessen Stellungen durch die Klinken 94, $95'$ festgehalten werden, in die waagerechte Stellung gebracht sind und die $120''$ durch den 62, 63_x mittels des $26'$, 64_x wieder in die durch die 65, 66_x, 67 gesicherte Lage gehoben wurde, läßt die Zwirnerin die Maschine an (43).

c5) Das Nummerwechseln. Beim Übergang von einer Zwirnnummer zu einer andern sind der Zwirnwechsel $20' \frown 65'$ bzw. $20' \frown 80'$, das Läufergewicht und das Schaltrad $13' \frown 70'$ entsprechend abzuändern. Der bisher übliche Schalträdersatz $13' \frown 70'$ wird auch durch ein einziges Schaltrad $120'$ (18_8) mit dreiteiliger Schaltklinke 1, 2^x und Schalthebel 2^x, 3^x, 4, sowie Sperrklinke 5, 6^x, 7^0 ersetzt. Beim Niedergang des Exzenterhebels 8 trifft 4 auf den geränderten Griffkopf $9!$, was über 4, 3^x, 2^x—2^x, 1 die Drehung des $120'$ zur Folge hat. Diese wird über $1'$, $10'$ und die Trommel $11''$ die Kette 12 ruckweise auf sie aufwickeln. Die Schraubenspindel $9''$ des $9!$ führt einen Zeiger $13!$, der auf der Einteilung 14 die Stellung des $9!$ abzulesen erlaubt. Die $9''$ ist in der

Mutter *15* des Gestelles *16* durch Drehen von *9''*, *9!* verschiebbar und durch die Handgegenmutter *17!* feststellbar. Bei Wiederholung des gleichen Zwirnes genügt es, *9!* mit *13!* auf die Stellung der *14* zu bringen, welche sich früher für denselben Zwirn bewährt hat (16).

2 d. **Der Zwirner mit feststehender Ringbank und sich verschieben-den Spindeln.** Bei den bisher besprochenen Zwirnern mit feststehenden Spindeln ging der Ringwagen auf und ab, wodurch die Garnlänge zwischen der Führung *6!* (32, 41_3) und dem Läufer *7* und damit auch ihre Spannung während des Zwirnens wechselt. Um diese auf dem geringsten Wert aufrechtzuerhalten, bleibt bei einer neueren Ausführung die Ringbank in der günstigsten Lage ortsfest, und es werden zur Aufwicklung die Spindeln gehoben und gesenkt. Wegen der sich gleichbleibenden Garnspannung wird diese Bauart für die Herstellung hochwertiger Zwirne aus allen Faserstoffen auch aus Glanzstoffen verwendet (44). Allerdings muß ein Mehrverbrauch an Betriebskraft von ungefähr 20% zur Verschiebung der schweren Spindeln berücksichtigt werden, trotzdem je zwei Spindelbänke paarig ausgewichtet sind.

2 e. **Das Naßzwirnen.** Die Näh- und Häkelgarne sowie die Geschirrzwirne werden allgemein naß gezwirnt, damit sie auf keine Weise ringeln. Stellen trockenen Zwirnes, die manchmal vorkommen, wenn die Zwirnerin versehentlich nicht genügend Wasser im Trog hat, werden stets einen Fehler im Nähgarn ergeben. Man unterscheidet zwei Arten der Wasserzuführung zu den Gespinsten auf den Zwirnmaschinen, die Netzung im englischen Trog und die im schottischen Trog.

e1) Die Zwirner mit englischem Trog (32, 41, 45_3, 29_7). Bei ihnen läuft das Vorgut von der Gespinst- oder der Vorzwirnspule *0''* (29_7) bzw. *2* (32_3) über einen Glasstab *9* (29_7) bzw. *4!* (32_3) durch das Wasser im Trog *10* (29_7) bzw. *3* (32_3), über die Führung *7!* (29_7) bzw. *5* (32_3) nach dem lotrechten Zylinder *60''* (29_7) bzw. dem Unterzylinder *45''* (32_3) und von diesem über die Oberwalze *56''* durch die Führung *6!*, 6^x, 6_x auf die Hülse *10''* der Zwirnspindel *11*. Der Glasstab *4!* ist auf den Armen *4!*, 4_x (45_3), die einerseits der Maschine auf die Eintauchtiefe des *4!* in das Wasser des *3* eingestellt werden können, befestigt. Die *45''* sind unterteilt und liegen in Lagern *71*, die entweder mit Messing oder Pockholz ausgefüttert sind. Es ist genau darauf zu achten, daß der Vierkantbolzen des vorhergehenden Zylinderstückes in der richtigen Lage in das Vierkantloch des nächstfolgenden Zylinderteiles paßt, damit kein Verdrehen der Zylinder stattfindet, wodurch schlechter Zwirn entstehen würde. Die Zapfen der Oberwalzen *37''* sind gefangen in den Schlitzen der Zylinderhalter *72*. Beim Zwirnriß ist die Spule sofort abzuziehen, um das Schleudern des Zwirnendes zu verhüten, weil sich sonst Flug auf die Nachbarzwirne absetzt und auf ihnen Schmutzstreifen entstehen. Während dessen werden *37''* in die Mulden *73* zurückverlegt, damit die Gespinstzuführung so lange unterbrochen bleibt, bis nach dem Anknüpfen die Arbeiterin die *37''* wieder auf die *45''* aufgelegt hat. Um auf die Oberwalze gewickelte Gespinste leicht entfernen zu können, sind die Oberwalzen mit einer Rinne *74* (*46₃*) versehen. Zur Erhöhung der Reibung des Gespinstes, um ihr Durchziehen zu vermeiden, werden sie über einen Dorn *75* (*47₃*) und die glatte Oberwalze *56''* (*48₃*) geführt.

e2) Die Zwirnmaschinen mit schottischem Trog. Beim schottischen Trog läuft das Gespinst durch einen Führer *00* (*51₃*) zum Unterzylinder *60''*, der in einem Kupfertrog *3* liegt, und dann von dort aus über die Oberwalze *45''* nach den Führungen *6!* zur Zwirnspindel.

Der *60''* liegt mit seinen Zapfen in mehreren ausgewichteten Armen *76*, *77ₓ*, *78—79₀*, die sich auf die Rasten *80* des Trägers *86* für die Glasstangen *6!* stützen. Die Welle *77ₓ* ist einerseits der Maschine mit einem Zahnkranzstück ausgerüstet, in das eine endlose Schraube eingreift, deren Vierkantzapfen durch eine Handkurbel betätigt wird, wenn nach Arbeitsschluß oder bei Störungen die *60''*, *45''* aus den Wasserbehältern entfernt werden. Diese sind mit Ablaßhähnchen ausgerüstet, um das Wasser leicht auswechseln zu können. Um bei Wiederingangsetzen der Maschine den Zwirn auf die Oberwalze *45''* zurückzubringen, ist sie mit seitlichen Einschnitten *81* (*49, 50₃*) ausgerüstet.

e3) Die Rostbekämpfung. Weil man in der Nähgarnherstellung naß zwirnt, so hat man mit dem Übelstand zu kämpfen, daß bei Verwendung von Eisenteilen leicht Rost mit in den Zwirn kommt. Deswegen werden der Unterzylinder und alle damit zusammenhängenden Teile aus Messing und die Oberwalzen aus Gußeisen mit einem Messingüberzug hergestellt. Es empfiehlt sich aber auch, die Oberwalzen ganz aus Rotguß zu nehmen. Verwendet man aus Billigkeitsgründen für die Maschinen gußeiserne Oberwalzen mit Messingüberzug, so läuft man die Gefahr, daß sich beim Anzwirnen der Gespinste oder beim Abgleiten des Gespinstes von der Oberwalze das Garn am Eisen beschmutzt. Die Eisenteilchen in den Verschmutzungen können beim nachfolgenden Bleichen das Zerstören des Zwirnes herbeiführen. Die Oberwalzen haben verschiedene Schwere, welche sich nach den Teilungen richtet; am besten bewährt haben sich bei 64 mm Teilung 500 g schwere, bei 70 mm 585 g und bei 76 mm Teilung 765 g schwere Oberwalzen. Die Oberwalze muß stets mit dem Unterzylinder parallel laufen und auch keine hohlen Stellen aufweisen, weil sonst das Gespinst ungedreht durchzieht und kein gleichmäßiger Zwirn erzielt wird. Tritt dies ein, so ist der Unterzylinder bzw. die Oberwalze herauszunehmen und leicht zu überdrehen. Das kann natürlich beim Unterzylinder nur ein- oder zweimal geschehen, weil sonst der Zylinder einen zu geringen Durchmesser bekommt und dadurch der Zwirn mehr Draht erhalten und die Lieferung sinken würde. Tritt eine zu große Verkleinerung des Durchmessers ein, so müssen die Unterzylinder durch neue ersetzt werden.

e 4) Die Führungsstangen aus Glas. Ein Arbeitsteil, der sehr genau beim Zwirnen beobachtet werden muß, ist die Glasstange *6!* (45, 51$_3$), über die der Zwirn läuft, sobald er die Oberwalze verlassen hat, ehe er auf die Spindel gelangt. Dieser Glasstab hat dieselbe Teilung wie die Zwirnmaschine; in der Glasstange sind Rillen *6!* (52$_3$) eingeschliffen von ungefähr 2 mm Breite und 2 mm Tiefe, die genau über der Spindelspitze stehen müssen. Durch die Garnspannung und die Drehung des Zwirnes, die sich bis an diesen Glasstab hinauflegt, werden die eingeschliffenen Rillen des Stabes stark angegriffen. Hat man längere Zeit eine feine Zwirnnummer auf der Maschine bearbeitet, und wechselt man auf eine gröbere, so wird die am Glasstab eingeschnittene Stelle den gröberen Zwirn festhalten. Es kann dann ein Reißen des Zwirnes stattfinden oder aber das eine Gespinst wird kurze Zeit eingezwängt, während das andere weiterläuft. Dies verursacht einen rippigen Zwirn. Es ist deshalb Vorschrift, daß dieser Glasstab von Zeit zu Zeit durch die Meister gedreht wird. In der Ausführung dieser Bestimmung ist man auf die mehr oder weniger gewissenhafte Aufmerksamkeit der Meister in dieser Beziehung angewiesen. Um aber dem nicht ausgesetzt zu sein, kann man je nach der Teilung $30 \div 40$ cm lange, lose gelagerte Glasstäbe anwenden, welche durch den Druck des Zwirns mitgenommen werden und daher sich dauernd langsam bewegen, wodurch ein Einlaufen der Glasrille vermieden wird. Diese Glasstäbe *6!, 6!* (52$_3$) müssen mit Messinghülsen *82* versehen sein, die kleine Zapfen *83* haben. Die *83* lagern in exzentrischen Messingbüchsen *84*, die von den Lagerstellen *80* (51$_3$) im Trog festgehalten werden. Die Büchse *84* (52$_3$) muß exzentrisch sein, um zu erreichen, daß die Glasrille der *6!* genau über die Spindelspitze eingestellt werden kann. Die Mitnahme der Glasstäbe ist selbstverständlich ganz willkürlich, je nach der Fadenspannung. Es ist aber gar nicht notwendig, daß eine schnelle Umdrehung stattfindet; wenn sich die Glasstange innerhalb eines Tages einmal umdreht, genügt es vollkommen. Der Zweck der Anordnung ist, durch den Zwirn eine Bewegung der Glasstange zu verursachen, um unabhängig von der Aufmerksamkeit der Meister und Leute zu sein.

2f. **Die Spindeln.** Besondere Sorgfalt muß auf die Auswahl und die Unterhaltung der Spindeln verwendet werden. Bei der Anschaffung darf der Gestehungspreis nur eine untergeordnete Rolle spielen. Von ausschlaggebender Bedeutung ist der ruhige Lauf in den für das Zwirnen in Betracht kommenden Umdrehungsgrenzen; die kritische Drehzahl soll über der höchsten liegen, so daß niemals durch Spindelschwirren Zwirnfehler entstehen können. Das Entleeren und Ölen der Spindeln muß leicht und ohne Ölverluste während der Arbeit durchzuführen sein. Die Spindelgehäuse müssen öldicht schließen und unverrückbar auf der Spindelbank befestigt werden können, sie dürfen nicht wandern und ihr Kraftverbrauch soll den Verhältnissen entsprechend niedrig sein.

Wenn hier nur die neuesten Spindelausführungen dargestellt und an ihnen die günstigen Arbeitsbedingungen erläutert sind, so ist es doch möglich, jede Spindel an Hand dieser Angaben auf ihren Wert zu prüfen und sich ein Urteil über ihre zwirntechnische Brauchbarkeit durch Vergleich zu bilden (32, 45).

f1. Die Ringspindeln.

1a) Die Gleitlagerspindeln. An der Spindelseele *1, 2* (54, 57₃, 1₈) werden unterschieden: Die Spindelkrone *1*, die Kuppe der Spindelseele, der obere und der untere Schaft. Auf dem ersteren, auch Klinge genannt, sitzt, warm aufgezogen, die Wirtelhülse *3* mit Wirtel oder Flanschenscheibe *4''*. Der untere Schaft hat oben einen zylindrischen Teil, der im Halslager *5* des Hemdes, Zwischenstückes oder der Büchse *5, 6* geführt wird. Der sich ihm anschließende kegelförmige Teil endet in eine Spitze *2*, mit der sich die Spindel im Fußlager *6* des *5, 6* dreht. Die verschiedenen Abschrägungen beider lassen ein Ölpolster zwischen ihnen zu, durch welches die Abnützung selbst bei über 10000 minutlichen Umdrehungen wesentlich vermindert wird. Das *5, 6* ist in dem Spindelgehäuse *7* aufgehängt, das durch eine Unterlagscheibe *8* und mäßig steilgewindiger Mutter *9* auf der Spindelbank *10¹* befestigt ist. Nur durch die richtige Anpassung der Steile und der Abmessungen des Gewindes läßt sich das Wandern der Spindeln, das viele Fadenrisse verursacht, verhüten; Unterlegscheiben, Aufrauhen, Schmirgelleinen nützen dagegen nichts. Damit das *5, 6* sich nicht verdreht und dem Einsetzen und Herausnehmen keinen zu großen Widerstand entgegensetzt, paßt eine Flachfeder *10₀* (54₃) in eine Nut des Spindelgehäuses bzw. eine Warze *10* (57₃, 1₈) des *5, 6* in die Nute des *7*. Die der Spindeltrommel zugekehrte und die dem auflaufenden Schnurknoten entgegengesetzte Fläche der Büchse *5* (54₃) sind den Abnützungen am meisten ausgesetzt. Die Spindel läuft sich nach längerer Zeit ein, so daß dann erst die Reibungsflächen von Spindel und Hemd übereinstimmen; deshalb darf sich das Hemd nicht verdrehen können, und sollte man die Spindeln nie auswechseln. Beim Abziehen der Kötzer wird die Spindelseele durch den Wirtelhaken *11* zurückgehalten; dieser ist in das Gleitstück *12* (54₃) eingeschraubt bzw. als Feder *11₀* am *7* (57₃) befestigt oder seitlich ausschwenkbar *11, 12—12₀* in *7* (1₈) gelagert oder im Arm *26, 26ₓ* (21₇) vorgesehen. Die Spindel schwirrt, wenn sie durch die kritische Drehzahl geht und stellt sich kreiselnd vorher und nachher von selbst in die richtige Lage ein. Dieses Selbsteinstellen begünstigt man durch entsprechendes Spiel und durch eine kleine ballige Ausbildung der Außenflächen *13* (54, 57₃) des oberen Teiles des *5, 6*, mit denen es im *7* aufgehängt ist. Bei guten Spindeln liegt die kritische Drehzahl weit über den zwirntechnisch möglichen Umdrehungen.

Das Steigen des Öles vom *6* zum *5* wird meist nur durch die gehöhlte Ausbildung des unteren Schaftes veranlaßt: eine Ölnut *14* (54₃) begünstigt das Steigen des Öls. Das oben austretende Öl fließt durch äußere Längsnuten 0 (1_8) der 5, 6 nach unten in das 7. Um das Abschleudern des Öles zu vermeiden, überragt 7 bzw. die Hülse des Loswirtels $4_l''$ den oberen Rand des 5. Das Öl tritt aus dem unteren 7 durch zwei bis auf den Grund des 5, 6 reichende Schlitze (57_3) bzw. Löcher (54_3, 1_8) wieder in das Innere der 5, 6. Metallische Abschürfungen, welche schwerer als das Öl sind, werden durch richtig verteilte Löcher 0_1 (57_3, 1_8) nach außen geschleudert und setzen sich als Schlamm ab, welcher von der Saugwirkung der Spindel nicht gehoben werden kann. — Um ihn zu entleeren, wird eine Pumpe verwendet, deren Ansaugerohr 1 (2_8) bis auf den Grund des 7 reicht und deren Pumpengehäuse 2 als Aufnahmebehälter für das beförderte Öl dient. Durch Druck auf Knopf 3 befördert Kolben 4 unter Überwindung der Feder 5_0 das unter ihm befindliche Schmutzöl nach Schließen des Tellers 6 und Heben des Tellers 7 in den Vorratsraum 2. Beim Loslassen saugt 4 unter Schließung von 7 durch den gehobenen 6 das gebrauchte Öl in den Kolbenstiefel 8 (46). Ist 2 gefüllt, so wird er durch ein mit einem abschraubbaren Stöpsel 9 versehenes Loch entleert. — Gut ist es, den Boden des Gehäuses 7 auszurüsten entweder mit einem Ölbecher 15 (54, 57_3) bzw. Stöpsel 15 (1_8), der durch ein Vielgewinde mit einer Umdrehung im 7 befestigt wird (47a), oder mit einem Becher, der mit einem Öleinguß 16 (54_3, 1_8) und mit einem Abschlußdeckel 17_x, 18 versehen ist, der mittels einer Einlagefeder 19_0 (54_3) auf das Spindelgehäuse festgeklemmt wird (17c). Zum Entfernen des Bechers dient ein Schlüssel 20 (58_3) bzw. eine Gabel 20 (54a$_3$) mit einem vorne etwas nach oben gebogenen Zinken. Zur Abdichtung des Bechers sind kegelförmige Abschlußflächen 00 (54, 57_3) bzw. ein Leder 00 (1_8) vorgesehen. Das Entleeren des verbrauchten Öles und das Nachfüllen von frischem Öl kann bei beiden Spindelausführungen daher während des Arbeitens der Maschine geschehen. Aber auch das Nachölen läßt sich bei den Pfeifenkopfspindeln (54_3, 1_8) in vollem Lauf der Spindeln ausführen. Das Auspumpen des Spindelgehäuses, wie dieses bei Spindeln ohne Ölbecher (55_3) notwendig ist, fällt bei den Ölbecherspindeln weg. Es sind aber auch Ausführungen in Verwendung, bei denen das Spindelgehäuse unten einfach offen ist und in einen gut abgedichteten Ölkasten reicht, der zwischen den Stelzen angeordnet ist und durch dessen Schauglas der Ölstand beobachtet werden kann. Zum Einfüllen des Öles dient ein durch Schraubenstöpsel verschließbares Loch, während der Deckel des Ölkastens zum Entfernen des schmutzigen Öles und zum Reinigen des abgenommenen Ölbehälters leicht abhebbar ist (31a). Bei einer sog. Spindelzentralölung sind die Böden der Spindelgehäuse mit Anschlußstutzen versehen und stehen durch sie in Verbindung mit einem etwas geneigten Ölrohr, das zu einem Ölbehälter zu beiden Seiten der Maschine führt. Diese Ölbehälter sind entweder im Seitengestell unbemerkbar eingebaut oder als es überragender Ölkessel angeordnet, oft sogar wirkt in letzterem noch ein Kolben, um das Öl aus allen Spindeln gleichzeitig heraussaugen und nach Umstellung der Hähne in der Leitung zwangsläufig entfernen zu können. Die Ölbehälter sind mit Schaugläsern versehen, um den Stand des Öles leicht nachsehen zu können (32, 47a).

Weil das Ölen und Reinigen der Spindeln bei den gewöhnlichen Spindeln sehr zeitraubend ist und alle Vierteljahr mindestens einmal zu erfolgen hat, so wird die Zeitersparnis, welche mit den Becherspindeln und den zuletzt beschriebenen Einrichtungen, die während des Laufes der Maschinen geölt und gereinigt werden können, einen nicht zu unterschätzenden Lieferungsgewinn ergeben, wozu noch für die zentralen Spindelschmierungen die Gewähr hinzukommt, daß Spindeln nie trocken laufen, was besonders für die Gleichmäßigkeit der Zwirnung sehr vorteilhaft ist.

Die Spindel wird durch Massenfertigung mit der größten Genauigkeit und in allen Stücken austauschbar hergestellt. Die Spindelseele ist aus bestem Stahl und gehärtet, vollständig blank geschliffen und rissefrei. Die Härten des gußeisernen Hemdes und der stählernen Spindel sind so abgestimmt, daß ein Warmlaufen und eine vorzeitige Abnützung und Einrillen der Spindel ausgeschlossen ist. Der Kraftverbrauch wird durch eine vorzügliche Ausführung der Spindel, auch bei Gleitlagerspindeln, auf das Mindestmaß herabgedrückt. Vor dem Versand sollte jede Spindel auf dem Prüfstand längere Zeit mit 18000 minutlichen Umdrehungen laufen und jede nicht vollständig ruhig und kaltlaufende zurückgewiesen werden (31, 47).

Zum Anhalten der Spindel bei Zwirnriß drückt die Arbeiterin das das Gehäuse 7 (54_3) umgebende Gleitstück 12 gegen die Spindel $1, 2$ und durch Hinaufgleiten seiner inneren Abschrägung 12_1 auf den Flansch des Spindelgehäuses 7 legt sich die belederte Innenfläche 12_1 an den unteren Flansch des Wirtels $4''$.

Die Verbesserungen der Spindeln gehen hauptsächlich darauf hinaus, ihre Gleitung zu vermindern, um eine höhere minutliche Umdrehung ohne zu schwirren zu erhalten, Umdrehungsunterschiede von Spindel zu Spindel zu verringern und den Kraft- und Ölbedarf zu vermindern. Schon frühzeitig verwendete man dazu, ganz besonders für den letzteren Zweck, Kugellager für Hals und Fuß, welche neuerdings durch die Rollenlager überholt sind.

1b) Die Rollenlagerspindeln. *1. Mit starrem Zwischenstück 1, 2* (3_8, 21_7), in dem die aus gehärtetem Chromstahl hergestellte Spindel $3''$, $4''$ (3_8) $1, 2$ (21_7) im gehärteten Chromstahlfußlager 1 (3_8), 6 (21_7) steht und deren Hals von den Rollen $5''$ umgeben wird. Die $5''$ (3_8) sind seitlich im Ring 6 und oben und unten in den Scheibchen $7, 8$ gehalten. Das aus Siemens-Martin-Stahl angefertigte und im Gehäuse etwas

pendelnd aufgehängte Hemd *1*, *2* wird durch die Feder 9_0 am Sichver-
drehen gehindert; das Öl gelangt aus dem aufschraubbaren Becher *10*
des Lagerkörpers *11*, der mit Flansch, Unterlegscheibe *12* und Mutter *13*
auf der Spindelbank *14* befestigt ist, durch die Löcher *15* an den Spindelschaft, steigt an ihm in die Höhe zum Halslager $5'' \div 8$. Eine Ölfüllung
soll für 2000 Betriebsstunden genügen. *16* ist der Wirtelhals, *17''* der
Wirtel, 18_0 die Rückhaltefeder, 19_x, *20*, *21* die Bremse zum Anhalten
bei Zwirnriß (48).

    2. Mit Federhemd. Die an dem geraden Schaftteil der Spindel *1*
(55_3) anliegenden Rollen *18''* sind im Käfig *19* des Halslagers *5* gefangen,
welches mit Dorn *21* im Spindelgehäuse *7* gegen Verdrehen geschützt
ist und eine Ölmulde *22* aufweist. Das Eindringen von Schmutz wird
durch den Lagerdeckel *23*, der durch Federring *24* in der Halslagerhülse
20 festgehalten wird, verhindert. Das Schwirren der Spindel, welches
bisher durch Spiel und ballige Aufhängung des Hemdes *5*, *6* (54, 57_3)
im Gehäuse *7* vermindert wurde, wird bei der Ausführung der Rollen-
lagerspindel 55_3 durch die Schraubenfeder 25_0, welche im unteren Teil
das Fußlager *6* trägt, ausgeglichen. Starr gehaltene Spindelhemden
rillen mit dem oberen Rand des Fußlagers die schweren Spindeln leicht
ein, wodurch die Kraftersparnis des Rollenlagers beeinflußt wird (49).

    3. Mit Pendelhülse. An der Pendelhülse 2_1, *2* (0_6) ist die Ausweitung
2_1 zur Aufnahme des Rollenlagers $5'' \div 8$ als Kugelkopf ausgebildet, der
in der Kugelpfanne des Gehäuses *11* hängt. Die 2_1, *2* wird am Verdrehen
gehindert durch ihren Dorn *9* im Schlitze des Rohres *22*, das durch die
Schraube *23* in dem *11* festgelegt ist. Gegen einen Ring *24* preßt die
Feder 25_0, welche sich andererseits auf dem Ring *26* stützt. Dieser liegt
auf dem Rohr *27*, das von den Ringen *28*, *29* gehalten wird, wobei *29*
geteilt ist, damit es in eine Nut des Fußlagers *1* eingeschoben werden
kann. Die Bohrung des *27* ist so groß, daß die 2_1, *2* nach allen Seiten hin
ausschwingen kann. Gedämpft werden die Pendelbewegungen durch
die $24 \div 27$, wobei die Stirnflächen *24*, *26* und *28* auf den Stirnflächen
der *22* und *27* verschoben werden. Außer dieser für die Herbeiführung
eines ruhigen Laufes besonders wichtigen Umwandlung von Schwin-
gungswucht in Reibungsarbeit hilft auch das zwischen *11*, *27* und 2_1,
2 befindliche Öl sehr stark mit, die Ausschläge der 2_1, *2* zu dämpfen.

    Diese Spindel, die dank ihrer Rollenlagerung sehr wenig Kraft ver-
braucht und die ihrer wirkungsvollen Dämpfung wegen auch mit
schlecht ausgewuchteten Spulen ruhig läuft, erfordert wenig Wartung.
Eine Schmierung soll für 5000 Betriebsstunden genügen und ihre Reinigung erst nach 10000 Betriebsstunden nötig sein (48).

    4. Mit federnder Aufhängung. Beim Querbandantrieb der Spindeln
2'' ($18 \div 27_7$) durch einen Riemen *1* muß sowohl die ganze Spindel *4''*
(21_7) gegen *R* durch die Feder 27_0 gepreßt werden, damit sie gleichmäßige Drehung erhält, als auch durch die Feder 31_0 etwaige von un-

gleichen Dicken des *R* herrührenden Schwingungen zurückgeworfen werden, um das Schwirren der schweren Spindel bei großen Drehzahlen zu vermeiden (36).

Mit den Rollenlagerspindeln hat man schon gute Erfolge erzielt und gleichmäßige Zwirnungen erhalten.

1 c) Die **kritische Drehzahl** wird oft durch unberechenbare Umstände beeinflußt, so daß sie auch in den Verfügungsbereich der Umdrehungen für manche Zwirne fallen kann, ein Nachteil, der schon bei den früheren Kugellagerspindeln gerügt wurde (32).

Weil die kritische Drehzahl durch entsprechende Verlegung der Gleichgewichtsverhältnisse vom Spindelhersteller in gewissen Grenzen geregelt werden kann, so empfiehlt es sich, den Drehbereich der Spindeln, in den die kritische Umdrehungszahl nicht fallen darf, bei der Bestellung festzulegen.

1 d) Die **Wirtschaftlichkeit von Gleit- und Rollenlagerspindeln.** Die neueren Anschauungen über wirtschaftliches Arbeiten auf den Zwirnmaschinen zielen dahin, die Spindelgeschwindigkeiten klein zu halten, weil dadurch weniger Zwirnrisse und ein besserer Zwirn entstehen, dafür aber der Zwirnerin mehr Spindeln zu geben. Werden die für hohe Umdrehungszahlen gebauten Kugel- und Rollenlagerspindeln nicht voll ausgenützt, so muß man es sich genau überlegen, ob dann die durch sie bedingte bessere Güte und der geringere Kraftverbrauch (bis zu 15% des einer Maschine mit Gleitlagerspindeln) die höheren Anschaffungskosten rechtfertigen. Wegen der geringeren Reibung der Rollenlagerspindeln sind sie besonders zu empfehlen für Ringzwirner, welche in schwer zu belüftenden Sälen arbeiten. Durch Ersetzen der Gleitlager- durch Rollenlagerspindeln gelang es, die Saalwärme im Sommer auf über 2^0 herabzusetzen, wo sie bisher bei Gleitlagerspindeln zeitweise über 30^0 stieg.

f 2) **Die Flügelspindeln.**

Für die Herstellung der Häkelgarne und manchmal als zweiter Zwirner für die Doppelzwirne benützt man Flügelspinnmaschinen, und hier verwendet man für den Nachzwirn, weil die Drehung weich ist, vorteilhaft Trockenzwirnung.

1 a. Für **schwere Zwirne** bevorzugt man die mit getrenntem Halslager *6!* (42_3) und Fußlager *2*, wobei der Flügelkopf in einer umklappbaren Führung *6!*, *6$_x$* nochmals gefangen ist, um das Schwirren der schweren Flügelspindeln zu vermeiden. Auch wird jede Spindel durch ein eigenes Band *3* angetrieben, das über die Wirtelscheibe *100″* und die Trommel *250″* gelegt ist und durch eine nicht gezeichnete Spannrolle beeinflußt wird.

1 b) Für **leichte Zwirne** werden die durch den Lagerkörper *12* (39_3) vereinigten Hals- und Fußlagerspindeln (57_3) sowie Kugel- und

Rollenlagerspindeln mit vereinigten Hals- und Fußlagern (55_3, 0_6, 3_8) verwendet.

2g. Der Antrieb der Spindeln.

g1) Die Trommeln bestehen aus dem Mantel 1 (30_7), dem Boden 2 und den Kurzwellen 3_x, welche zwei 2 miteinander verbunden und im Lager 4 oder in den Endlagern ruhen. Auf dem einen Endlagerwellenstumpf sind die Fest- und Losscheiben beim Riemenantrieb oder beim Elektromotorenantrieb der Motor selbst oder das Übertragungsmittel vom Motor auf die Trommel angeordnet. Die 4 sind entweder gewöhnliche Gleitlager oder solche mit Ringschmierung oder Kugel- bzw. Rollenlager. Wegen der Kraft- und Ölersparnis der letzteren werden sie hauptsächlich im Triebstock, aber auch sehr viel in den Zwischenstützlagern verwendet. Die 2 sind meist aus Gußeisen, vereinzelt aus gepreßtem Blech. Die 1 (32) sind entweder aus Blechen gerollt und im Längssinn verlötet, wobei auch die mit Versteifungsringscheiben versehenen Schüsse ebenfalls miteinander verlötet sind, oder sie bestehen aus etwa 30 cm langen gezogenen Töpfen 1 ohne Längsnaht, die einerseits eine Stufe 5 haben, über die der Mantel des folgenden Schusses saugend paßt, so daß der Durchmesser der Trommel überall der gleiche ist. Nachdem die Schußstöße sorgfältig verlötet und abgeschliffen sind, werden die Mäntel auf die genau ausgewuchteten, gußeisernen Böden 2 gelötet und verstiftet. Deren geschlitzte, sich etwas verjüngende Naben 6 sind durch je einen gesicherten Stellring 7 auf den Kurzwellen 3_x befestigt (31a). Bei langen Schüssen und schlechter Lötung liegt die Gefahr vor, daß sich die Lötstellen lösen, die Trommeln durchhängen und die Böden abbrechen. Schmiedeeiserne Wellen rosten durch die Saalfeuchtigkeit und fressen bei vorübergehendem Trockenlaufen leichter an als gußeiserne, deren Graphitgehalt schmierend wirkt, weshalb gußeiserne Wellen in Gleitlagern vom Zwirner bevorzugt werden.

g2) Der Einzelspindelantrieb. 2a) Durch Schnur (Saite) oder Band 3 (42_3).

1. Unmittelbar von der Antriebstrommel 250″ auf den Spindelwirtel *100″* laufend, so wie diese Anordnung bei den Flügelzwirnern sehr häufig in Gebrauch ist. Diese Ausführung wurde auch bei doppelseitigen Ringspinnern von 0,914 m Breite versucht, doch ohne Erfolg für hohe Spindeldrehzahlen, weil die Trommel bei dieser schmalen Breite der Maschine höchstens 200 mm Durchmesser haben kann und sie sich deshalb bei gleichem Wirteldurchmesser 27% schneller drehen muß als eine Trommel von 254 mm Durchmesser und daher leicht warm läuft und schlägt.

2. Mittelbar über eine gleich große Trommel 250″ (32, 41_3), so daß nur das eine Trumm diese Trommel auf fast ¼ Umfang berührt, diese mitnimmt und die vor ihr stehende Spindel antreibt. Von ihr aus wird in gleicher Weise die vor der ersten Trommel gelegene Spindel gedreht.

3. *Mittelbar über eine Leitrolle 36″* (4, 5_8) von der Antriebstrommel *180″* auf die Spindel *30″*. Bei dieser besonderen Ausführung ist ein Festwirtel $30_f″$, $4_f″$ (1_8) und ein Loswirtel $30_l″$, $4_l″$ auf dem Hals der Spindel vorgesehen, auf welche die Führung *32″* (4, 5_8) die Saite beim Fehlen eines Vorgespinstes oder zerrissenem Zwirn überleitet, wenn ab $2 \div 7$ Spulen (15_2) im Gatter zugeführt wird (15). Derartige Leitrollen werden ebenfalls bei zweiseitigen Maschinen verwendet, bei denen jede Seite gesondert angetrieben wird, um auf beiden Seiten verschiedene Nummern und Zwirnsorten herzustellen. Geschieht die Übertragung von Trommel auf Spindel durch Saite oder Spindelschnur, so wird diese fest angezogen und verknotet. Die Spindel erhält bei jedem Auftreffen des Knotens auf den Wirtel einen Stoß. Um dieses zu umgehen, werden sog. knotenlose Spindelschnüre verwendet, bei denen die Enden ineinander gesteckt sind.

4. *Die knotenlose Schnur.* Zum Schließen einer hohlgeflochtenen Spindelschnur ohne Knoten (43) wird nach einem bekannten Verfahren das zugespitzte, mit einer Metallspitze *1* (7_7) versehene Ende *2* der Schnur in den inneren Hohlraum des die Spindelschnur bildenden Rundgeflechtes *3* eingeführt. Die Spitze *1* wird in geeigneter Entfernung seitlich herausgenommen und abgerissen, worauf durch Zurückstreifen des umschließenden Hohlgeflechtes das zugespitzte Schnurende *2* im Innern des Geflechtes *3* verschwindet. Statt Metallsenkel *1* kann auch eine Spicknadel oder eine Hakennadel nach 9_7 verwendet werden, in deren Öse das zugespitzte Schnurende *2* eingeführt wird.

Bei einer zweiten Verbindung erfolgt das Einführen seitlich. In diesem Fall werden beide Schnurenden *2, 3* (10_7) zugespitzt; sie können mit Senkeln ausgerüstet sein, oder sie werden mittels einer Spick- oder Hakennadel in einer bestimmten Entfernung seitlich, bei *6* und *8*, in das Innere des Rundgeflechtes gebracht und bei *7* und *9* wieder seitlich nach außen gezogen. Bei einer anderen Ausführung werden an den Stellen *1, 2* und *3, 4* (11_7) der Spindelschnüre *0*, wo die zugespitzten, mit Metallhaken *5, 6* versehenen Enden *7, 8* in das Hohlgeflecht der Schnur eingeführt werden müssen, geflochtene Schnurstückchen *9, 10* und *11, 12* eingezogen, deren Knoten *10* und *12* ein Herausgleiten der Schnurstückchen bei der Beförderung zur Maschine und beim Einziehen der Spindelschnur verhindern. Nach dem Auflegen der *0* auf die Spindeltrommeln werden die *5* und *6* in die *9, 10* und *11, 12* eingehängt, durch nacheinander erfolgendes Ziehen an den beiden *10* und *12* die zugespitzten *7, 8* mit ihren *6, 5* seitlich in das Hohlgeflecht eingezogen und in genau festgelegter Entfernung wieder seitlich herausgeführt (12_7); dann werden die *5, 6* abgerissen und durch Vorwärtsstreichen des umschließenden Geflechtes verschwinden die *7, 8* in seinem Inneren (13_7). Das Einhängen und Einziehen der zugespitzten Enden ist leicht selbst im kleinsten, dunkelsten Raum und ohne Verschiedenheiten in den Spannungen der

Spindelschnüre von Spindel zu Spindel auszuführen, weil alle Schnurstückchen auf allen gleich langen Spindelschnüren genau im selben Abstand von den Enden eingezogen sind (51). Außerdem werden besonders geschlagene Saiten *1* (19÷21$_2$) (52) durch eine nicht kantige Ahle *2*
geöffnet (19$_2$), eine Schnur *3* zweimal durch die Ösen *4* geführt (20$_2$),
dann gut angezogen. Hierauf wird jedes Ende mit einem dicht auf der
1 sitzenden Knoten *5* (21$_2$) versehen und die Enden auf 3÷4 mm abgeschnitten (15). Bei Übertragung durch Bänder werden diese auf die
richtige Länge zerschnitten und nach Umlegen um die Trommel mit
einer kleinen Handnähmaschine (7 a) zusammengenäht. Auch werden
endlos gewobene, d. h. ohne Naht hergestellte Bänder in Amerika verwendet, welche die Spindeln ohne Stöße antreiben und sich durch eine
große Lebensdauer vorteilhaft auszeichnen sollen (53).

5. Das Strecken der Spindelschnur. Damit alle Spindeln mit derselben Drehzahl laufen, was für die Gleichmäßigkeit des Drahtes auf
demselben und allen Nachbarkötzern unbedingt nötig ist, werden die
Spindelschnüre *1* (0$_9$) vor ihrem Aufbringen auf eigenen kleinen Maschinen naß gestreckt, indem sie durch die Führung *2*, um die Stifte *3*,
durch die Führung *4*, über die Rillen *5″÷9″*, von den *5″ = 7″ = 9″*
und *6″ = 8″* sind, und durch die Führungen *11, 12* auf die Spule *13″*
gelangen, welche über *14′, 15′, 16″* vom Riemen *17* getrieben wird.
Auf der Scheibe *10″*, welche mit *9″, 7″* zusammengegossen ist, lastet
die Bremsbacke des Hebels *18$_x$*, *19, 20*, auf dem sich das Gewicht *21$_0$*
zur Erzeugung verschiedener Schnurspannungen verschieben läßt. Die
Rillenrolle *8″, 6″* taucht in das Wasser des Behälters *22* ein (54).

Nach dem Trocknen wird die Schnur in gleiche Längen zerschnitten,
welche dem Spindelantrieb angepaßt sind. Jede Länge wird beim Aufbringen über dem Wirtelhals der Spindel scharf angezogen, verknotet
und dann über den Wirtel gezogen. Trotz dieser Vorsorge ist es nötig,
die Spannung der Schnüre von Zeit zu Zeit zu messen und so die Arbeit
der Schnureinzieher zu prüfen. Zu lose Schnüre rutschen über die
Spindelwirtel, und es entstehen Garnstellen mit zu geringem Draht; zu
angespannte verursachen eine Kraftvergeudung, ohne die Gleichmäßigkeit des Drahtes zu erhöhen.

6. Der Spannungsmesser für die Spindelschnur. Über die Wirtel-
hälfte *1* (0$_7$) wird die von dem Spindelwirtel abgestreifte Schnur *0* gelegt. Die *1* ist im oberen Teil des Rohres *2* fest, in dem eine als Kolben *3*
ausgebildete Stange *4* mit Ring *5* geführt ist. Um sie sind zwei Federn
6^0, 7^0 von gleicher Beschaffenheit angeordnet, die durch die über die *4*
verschiebbare Hülse *8* getrennt, aber andererseits durch sie fest miteinander verbunden sind, damit durch Ziehen am *5* in der ersten Be-
lastungsstufe von 0÷1,5 kg beide *6^0, 7^0* zusammen sich auswirken
können und so einen langen Kraftmaßstab *9* mit weiter Teilung ergeben.
Bei der Belastung 1,5 kg ist die *6^0* so weit zusammengedrückt, daß die

8 an dem *3* anliegt und nicht mehr zusammengepreßt werden kann. Bei
weiterer Belastung wird *7⁰* nur noch allein beansprucht; sie ergibt also
bis 3 kg nur die Hälfte des ersten Federungsweges und somit eine engere
Teilung. Der große Maßstab erlaubt die meistens in Frage kommenden
Schnurspannungen genau abzulesen (9). Die Spannung der Spindelschnüre beträgt im Mittel 1 kg, wobei eine Gleitung von höchstens 6,5%
eintritt. Mit Spannungen bis zu 1,5 kg können die Gleitverluste auf 3,5%
vermindert werden, wobei der Kraftverbrauch nur um weniges erhöht wird.

2b) Durch Zahnradantrieb. *1. Spindel mit Schraubenverzahnung
und Gleitkuppel.* Die im Fußlager *1* (6_8) und im Halslager *2* geführte
Spindel *3″* ist mit einer Festkuppel *4″* versehen; in diese drückt die
Gleitkuppel *5″*, deren Zahnrad *6′* in den Trieb *7′* der Welle *7_x′* eingreift,
über die Hülse *8* unter der Wirkung der Feder *9⁰*, welche sich gegen den
auf der Spindel *3″* festen Ring *10″* anlegt. Das Lösen der Mitnahme
der Spindel geschieht durch Einwirken auf den Hebel *11*, *12_x*, *13*. Die
herausnehmbare Büchse *14* wird durch Eingreifen des Stiftes *15* in die
Nut des Lagerkörpers *16*, der durch Mutter mit Scheibchen *17* auf der
Spindelbank *18* befestigt ist, gehalten. Im Becher *19* des Lagerkörpers
befindet sich Starrschmiere *20* mit Öl, das durch eine Öffnung des
Deckels *21* zugeführt wird (55a).

2. Spindel mit Schraubenradantrieb und Gleitkuppel. In einem durch
Deckel *0* (56_3) geschlossenen Lagerkasten *26*, der an den Zwischengestellen,
auf denen er befestigt wird, durch Zwischenwände abgeteilt ist, sind die
Welle *21_x′*, die Schraubenräder *20′* lose auf Büchsen *21″*, die Fußlager
27÷29 und die Halslager *30÷38* angeordnet. Der Kugelring *27* wird
durch Reibung von dem kegeligen Fuß *2* der Spindel *1, 2* mitgenommen.
Das obere Kugellager besteht aus dem auf die etwas kegelige Spindel
1, 2 aufgezogenen Kugelkäfig *30÷32* ($56a_3$), dem in bezug auf den
äußeren Kugelring *32* sattgehenden Becher *33* mit Ölüberlauf *34*, in
dem in gesonderten Abteilen Schraubenfederchen *35_0* gehalten werden
und dem lose aufgesetzten Deckel *36*, dessen Loch *37* zum Schmieren
über die Öffnung *38* geschoben wird. Das die Kugeln *31* übersteigende
Öl läuft längs des Überlaufes *34* in den Lagerkasten *26*. Die Welle *20_x′*
macht 1600÷2000 Umdrehungen in der Minute, so daß die Spindel
deren 5000÷10000 erhalten kann. Während bei der Ausführung 6_8 beim
Stillsetzen der Spindel *3″* das Rädchen *6′* weiterläuft, wird bei 56_3
über *4′* (0_4) der auf *21″* lose Spindeltrieb *20′* angehalten, während die
20_x′ mit *21″* weiterläuft. Die Mitnahme von *20′* geschieht durch Reibung der beiden Scheiben *39″*, *40″*, deren erstere durch Stifte mit *21″*
verbunden ist und deren letztere unter der Einwirkung der Feder *41⁰*
steht, welche sich auf die Mutter *42!* stützt, die durch die Stiftschraube
43 auf *21″* festgelegt ist (44).

g3) Der Mehrspindelantrieb. Die durch Unterschiede in den
Widerständen und durch ungleichgespannte Spindelschnüre verursachten

Verschiedenheiten in den Spindeldrehungen durch den Zahnradantrieb der Spindeln mit Gleitkupplungen (55a) für jede Spindel sind durch den Antrieb von bis zu 24 Spindeln   *3a) durch eine Schnur,* die über Spannrollen läuft (56a, b), schon vor 30 Jahren behoben worden. Der Umständlichkeit wegen und weil beim Anhalten einer Spindel die durch ihren Wirtel verursachte Abbremsung der Schnur eine Drehzahlabnahme aller übrigen Spindeln verursachte, wurde dieser Vielspindelantrieb verlassen. Neuerdings, und zwar seitdem der Hub der Spulen und Kötzer von $5\frac{1}{2}$ Zoll = 140 mm auf bis zu 10 Zoll = 256 mm erhöht wurde, ist statt des Schnurantriebes   *3b) der Bandantrieb* für je 4 Spindeln eingeführt worden, um diese schweren Massen mit wenig Gleitung mitzunehmen. Hierbei werden je zwei einander gegenüberliegende Spindeln durch ein $13 \div 18$ mm breites Band *1* (53_3), das über die Wirtel *45″ ⌒ 60″*, über eine Spannrolle *180″* und die Trommel *250″* nach den Pfeilen $a \div f$ geht, angetrieben. Die Spannrolle *180″* ist auf dem Wälzhebel *32, 33!, 34, 35—36₀* angeordnet, der auf der Unterlage *37* schlittenartig geführt wird und dessen Endstellungen durch Daumen *38* und *39* begrenzt werden (31a). Dieser Bandantrieb hat für große Kötzer den Vorteil, daß alle 4 Spindeln immer nahezu die gleichen Geschwindigkeiten haben und daher Drahtunterschiede auf ihren Gespinsten geringer sind als beim Einzelantrieb. Unterschiede treten beim Anhalten eines der 4 Spindeln auf, und zwar wurden beim Stillsetzen einer Spindel Drahtveränderungen von 2%, bei zwei Spindeln von 10,3% auf den weiterlaufenden Spindeln festgestellt (31a). Ebenso verursacht das Werfen des Bandes Gleitverluste.

Ermittlungen ergaben, daß bei einer Bandbelastung von 0,6 kg eine genügende, bei 0,8 kg eine gute und bei 1 kg eine sehr gute Reibungsmitnahme der Spindel erreicht wird. Weil diese Spannung sich auf 4 Spindeln verteilt und demnach geringere Achsdrücke bedingt, so konnte bei mäßiger Bandbelastung ein bis zu 14% geringerer Kraftverbrauch gegenüber dem Einspindelantrieb durch Schnüre und nur 1,75% Schwankungen in der Spindeldrehzahl festgestellt werden. Die Bandspannung sollte nicht zu groß gewählt werden, selbst unter Verzicht auf geringe Drehzahlabweichungen, weil mit zunehmender Belastung, besonders bei Rollenlagerspindeln mit Pendel- und Federhülsen leicht eine vorzeitige Abnützung verursacht werden kann. Der Mehrpreis des Bandantriebes wird durch die größere Lebensdauer des Bandes von $1 \div 1,5$ Jahren gegenüber der einer Schnur von etwa 2 Monaten ausgeglichen (57).

b1) Das Verbinden der beiden Enden des abgepaßten Bandes geschieht, nachdem es über die Trommel und die Welle der Leitrollen gelegt und etwas aus der Spindelreihe herausgezogen ist, entweder durch Klammern oder besser durch Übereinandernähen mittels einer kleinen Nähmaschine *1* (2_{23}), welche auf einem fahrbaren Bock *2* angeordnet ist, durch eine Arbeiterin, die auf dem Sitz *3* Platz nimmt. Die Höhe der Nähbahn und ihre Stellung in bezug auf die Spindeln lassen sich durch die Handklemmen *4!* einstellen. Für das Zusammennähen wenig aus der Spindelreihe herausziehbarer Bänder wird eine besondere Nähmaschine *1* (3_{23}) verwendet, deren Nähbahn *5* äußerst nahe an die Spindeln *0''* herangestellt werden kann (7a).

b2) Endloses Band. Zur Verhütung der Erschütterung der Spindel beim Auftreffen der steifen Bandverbindungsstelle verwendet man in Amerika endlos gewebte Bänder auf besonders dazu gebauten Ringzwirnern; außer diesem Vorteil kann das Ersetzen eines abgenützten Bandes in der kürzesten Zeit durchgeführt werden (53).

g4) Die Verbindung Spindel—Zylinder.
4a) Über die Trommel mit Zahnrädern. Diese Ausführung (32, 41, 42_3) ist die gebräuchlichste (16, 31a, b).

4b) Über die Trommel mit Kette und Rädern. Von der Trommel *180''* (7_8) erfolgt der Antrieb über *180''* auf der Spindel *1''* und über *30''*, — (*40'*—*60'*), (*40'*—*20'*) — *1*: *2,5*—*A'*, *B'*—*C'*, *D'* auf den Zylinder *40''* (15).

2h. Das Umkehren des Drahtsinnes.

h1) Beim Schnuren- und Langbandantrieb der Spindeln.
1a) Zwirner mit zwei Trommeln. Beim Zwirnen erfolgt die Drehung des Zwirnes meistens entgegengesetzt zu der des Gespinstes oder des Vorzwirnes. Um die Maschinen unter einfacher Umkehrung des Bewegungssinnes der Antriebtrommeln leicht von der einen Drehung in die andere umändern zu können, ist auf der Welle des Rades *70'* (41_3) ein Hebel schwingbar, der die Wellen der Räder *80'*, *20'* ⌢ *65'* trägt und mittels Handhabe sich in einer zur unteren Welle $70_x'$ konzentrischen Führung derart verlegen läßt, daß der obere Trieb *20'* ⌢ *65'* mit dem anderen Rad *115'* in Eingriff kommt und dadurch die zur Lieferung notwendige Drehung der Zylinder *45''*, *56''* aufrechterhält (16, 31a. b).

1b) Zwirner mit einer Trommel und Leitrollen. Beim Kettenantrieb (7_8) würde dieses auch durch Einschalten eines Zwischenrades zwischen *A'* und *B'* oder *C'* und *D'* zu ermöglichen sein.

1. Mit Einzelumlegung der Leitrollen. Auf Maschinen mit bis zu 98 Spindeln legt man die Spindelschnur *1* (4, 5_8) um, indem man den Wirtelrückhalter *2*, 3_x, 4_0 ausschwenkt, den Spindelschaft *5* aus dem Lagergehäuse *6* herausnimmt und die Schnur *1* nach links oder rechts kehrt; die Saitenleitrollen *36''* sind so zu stellen, daß sie die auf den Wirtel *30''* auflaufende Schnur *1* führen (15).

2. Mit Gesamtumlegung der Leitrollen von einer Stelle aus. Um von einer Stelle aus alle Leitrollen *140''* (1, 2_{11}) bei der Umänderung der Drehrichtung der Trommel *254''* in die richtige Lage für das Auflaufen der Bänder *1* auf die Spindelwirtel *25*, *4''* zu bringen, sind die *140''* in

Pockholzlagern *2!* auf je einem Hebel *2!*, *3ˣ*, *4* angeordnet, die über je einem Gewichtswinkelhebel *3ˣ*, *5$_x$*, *6*, *7⁰* das Band spannen. Die Stange *6* (*2$_{11}$*) ist mit zwei Stellringen *8!*, *9!* ausgerüstet und in Armen *10* der Spindelbank *11* geführt. Jeder Stift *4* (*1$_{11}$*) durchdringt ein Schlitzstück *12*, *13*, einer in der *10* verschieb-, jedoch nicht drehbaren Stange *14*, die an dem im Triebgestell *15* (*2$_{11}$*) gelagerten Ende mit einem Arm *14*, *16* und mit zwei Stellringen *17!*, *18!* versehen ist; mit ihrem anderen Schraubengewindende faßt sie in die Mutter *19''*, welche im Lagerstück *20* des Endgestelles *21* gefangen ist. Die auf ihr feste Kettenscheibe *90'* wird über die Kette *22*, den Trieb *45'*, dessen Achse *45$_x$'* im Lager des *21* steckt, von der Kurbel *23*, *45$_x$'* von Hand gedreht, wenn der Laufsinn der *254''* geändert werden muß. Hierdurch verschiebt sich *14* (für den gezeichneten Fall im Sinne des Pfeiles), wodurch *14*, *13*, *12* eine Drehung von *4*, *3ˣ*, *2!* über ihre neue richtige Lage hinaus verursacht, worauf der *14*, *16* mit dem entsprechenden *8!* oder *9!* (hier *9!*) über eine entgegengesetzte Bewegung der *6* die Einstellung aller *140''* gleichzeitig in die Arbeitslage in der Mitte der beiderseits angetriebenen Spindeln bewirkt. Es brauchen die *1* bloß unter Heraushebung und wieder Einsetzen der Spindeln in die Spindelgehäuse umgelegt zu werden und die Maschine mit 400 Spindeln ist nach Einschalten des Vorwärtsganges der Lieferwalzen in 25 Minuten anlaufbereit für den neuen Zwirnsinn (17 b).

3. Ohne Betätigung der Leitrollen. Beim Bandantrieb für 4 Spindeln genügt es dazu statt einer Führungsrolle *180''* (*53$_3$*) deren zwei *100''* (*8*, *9$_8$*) anzuwenden, über welche das Band sowohl von *a* nach *e* als auch von *e* nach *a* laufen kann. Dazu sind die *100''* auf Hebeln *1*, *2$_x$* bzw. *3*, *4* mit dazwischengeschalteter Feder *5$_0$* angeordnet (31 a). Beim

h2) Querbandantrieb der Spindeln genügt es, nachdem die Drehung des Motors *M* (*22$_7$*) umgekehrt wurde, das Rad *16'* auf der andern Seite des Triebes *17'* einzuzahnen. Beim

h3) Zahnradantrieb der Spindeln auf Zwirnmaschinen (*1$_{13}$*) für einstufige Zwirne mit 9, 12, 16 und 24 Fachungen (17 d) wird der Trieb *3'* (*2$_{13}$*) aus der vollgezeichneten Lage in die punktierte das Umkehren der Drehung der Spindel *7''* ergeben, denn im ersten Fall sind zwischen *3'* und *4'* zwei Zwischenräder *z'*, im letzten jedoch nur eines, *z'*, vorhanden. Die beiden Stellringe *8!* begrenzen die Verschiebungen des Triebes *3'*. Es braucht also weder der offene Riemen *1* der Scheibe *2''* gekreuzt, noch in der Übersetzung *9'!* ÷ *12'* von der Hauptwelle *2$_x$''* auf den Zylinder *I* ein Zwischenrad ein- oder ausgeschaltet zu werden.

2i. Die Zwirn- und Gespinstwächter. Auf den Zwirnern werden zweierlei Wächter verwendet, einer der bei Fehlen des Zwirnes die Oberwalze von der Unterwalze abhebt, der Zwirnwächter, und ein zweiter, welcher für das Zwirnen bei Fachung von mehr als zwei Vorguten die

Lieferung unterbricht, wenn ein Fach fehlt, Gespinstwächter. Beide Wächter können zusammen arbeiten und außerdem noch jeder die Spindel bei ihrer Wirkung stillsetzen, um das Schleudern des Zwirnendes und damit das Flaumabsetzen auf den Nachbarzwirnen zu vermeiden. Ohne Wächter kann der Zwirn auf den Nachbar überspringen und sich mit ihm verzwirnen bzw. ihn und weitere ebenfalls zerreißen, was Abfall und Bedienungsschwierigkeiten zur Folge hat. Durch das Abheben der Oberwalze vom Unterzylinder wird auch jedes Wickeln verhütet. Die Wächter bringen Gespinstersparnis, Abfallverminderung, steigern die Lieferung der Maschinen und Arbeiterinnen und erhöhen die Güte des Zwirnes.

Die Zwirnwächter sind jedoch Einrichtungen, welche die Maschinen und die Arbeit an ihr belasten; sie sollten in den einfachsten Ausführungen nur dann Verwendung finden, wenn die Anforderungen an die Güte des Zwirnes es notwendig machen, d. h. wenn ohne ihre Verwendung sein Handelswert vermindert würde.

i1) Der Zwirnwächter. Fehlt der Zwirn zwischen den Lieferwalzen $45''$, $52''$ (10_8) und Glasstab 4, der mit dem Sauschwänzchen 5 auf der Klappe 4, 5, 6_x befestigt ist, so schwingt der Hebel 7_0, 8_x, $9!$ und schiebt die Messingzunge $9!$ zwischen $45''$ und $52''$, wobei der Zapfen $52_x''$ in der Oberwalzenführung 3 geführt und $52''$ nicht mehr von $45''$ getrieben wird. Sind die Gespinste 0 wieder durch 1 um $52''$, über 2 und zwischen $52''$ und $45''$ hindurchgeführt und mit dem Zwirnende verknotet, so wird der Draht 7_0 des 7_0, 8_x, $9!$ angehoben, wodurch $9!$ zurückgeht, so daß $52''$ wieder auf $45''$ aufliegt und die Zwirnlieferung von neuem erfolgt. Der Wächter wirkt auch, wenn eines der beiden Gespinste fehlt, vorausgesetzt, daß, wie dieses gewöhnlich der Fall ist, die Zwirnung entgegengesetzt zur Spinndrehung gerichtet ist, weil das sich aufdrehende Einzelgespinst in seine Fasern zerfällt. Der 7_0, 8_x, $9!$ verliert dadurch seine Rast und verursacht, wie vorhin, das Abheben der $52''$ von $45''$. Vor dem Abstellen des Zwirners muß jedesmal der Handhebel 10, 11_x, 12 so hoch gedreht werden, daß der längs der Maschine gespannte Draht 12 sämtliche Abstelldrähte 7_0, 8_x unterstützt, damit die beim Anlaufen nicht sofort angespannten Zwirne durch 7_0, 8_x, $9!$ kein Abheben der $52''$ von $45''$ verursachen. Erst nach Erreichung der Höchstdrehzahl der Spindeln wird 10, 11_x, 12 wieder in seine Ruhelage zurückgelegt (16).

i2) Der Gespinstwächter. Die von den im Aufsteckrahmen 1 (1_9) (vgl. auch 15_2) auf Abrollspindeln untergebrachten Spulen $0''$ kommenden Gespinste 0 gehen einzeln über einen Führer 3, 4_x, 5_0, 6_0, 7 und alle gemeinsam über die Walzen $18''$, $24''$, die glatten oder geriffelten Zuführwalzen $32''$, $32''$, die durch Zahnräder Z' miteinander in Eingriff stehen, durch die Führung $8!$, 9^x, 10_x, den Läufer 11 des Ringes 12, der auf der Ringbank 13 befestigt ist, welche mittels der Stelzen 14

gehoben und gesenkt wird, auf die Spulen $0''$ der Spindel 15, die mit Fest- und Loswirtel $30''$, $30''$ ausgerüstet, auf der Spindelplatte 16 verschraubt und durch die Schnur 17 angetrieben ist. Die Spannung der durch 3 gehenden 0 hält über 18, 19^x, 20 die Zunge 20 von den Zähnen des sich ständig drehenden Triebes $4'$ entfernt. Fehlt das Gespinst, so gelangt 20 in den Wirkungsbereich von $4'$ und 19^x wird gehoben. Die Stange 19^x, 21 verursacht über 21, 22_x, 23—23, 24, 25 eine Linksverschiebung von 23, 25, wodurch der Zapfen 24 aus der höhergelegenen Rast 26 in die tiefere gelangt und 23, 25 eine kleine Rechtsdrehung macht. Über $27!$, 28—29_x, 30_0, 31 leiten die Röllchen $32''$ die zwischen ihnen geführte Spindelsaite 17 von der Fest- auf die Losscheibe $30_1''$, und gleichzeitig legt sich die Bremsbacke 31 auf den oberen Rand der Festscheibe $30_f''$ zum Anhalten der Spindel. Über die Stange $33!$, 34, den Dreieckhebel 34, 35_x, 36, $24''$ werden die beiden $32''$ und ihre Verzahnungen z' gehoben, so daß keine Zuführung mehr erfolgt; nun wird 0 angeknüpft und die Hebelverbindungen in die Lauflage zurückgebracht. Zum Anhalten der Spindel von Hand genügt es, den Hebel 25, 23 nach hinten zu drücken und fallen zu lassen (15).

Ähnlich wirkt der Wächter der Ausführung 29_7. Fehlt der Zwirn oder ein Gespinst, so verursacht $13_0!$ eine Drehung des $13_0!$, 12_x, 11 und 14 legt sich an die schiefe Ebene von 2, so daß $60''$ mit $4_x'$ so hoch steigt, daß $4'$ aus $5'$ gelangt und die Zuführung aufhört. Nun verlegt die Arbeiterin den Daumenhebel 22, 23_x, 24 nach oben, so daß durch die Stange 23^x, $25!$ über den Stift 26 und die Feder 27^0 der Bremshebel 28, 29_x, 30 den Wirtel 25, $4''$ der Spindel $17''$ und diese anhält. Nach dem Ansetzen wird ein Druck auf 11 das Zurücknehmen von 14 und eine Drehung von 22, 23^x, 24 und über $23^x \div 30$ die Freigabe der $17''$ bewirken (41).

i3) Doppelzwirnverhüter und -zerstörer (58). Beim Zwirnen kommt es leicht vor, daß das Garn zwischen dem Zylinder I ($4 \div 6_{23}$) und dem Sauschwanz 1, oder zwischen I und dem Ring 2 (6_{23}) reißt und das aus I kommende Gespinst auf dem Nachbargarn einen Doppelzwirn bildet und mit ihm auf die Spindel $3''$ geht. Um dieses zu verhüten, sind oft Fangwalzen $4''$, $5''$ angeordnet (59a), deren untere $5''$ angetrieben wird und die auf ihr liegende Plüschwalze $4''$ dreht. Seitlich angeordnete Blechwände 6, 7_x, 8, die zum Ansetzen und Reinigen der $4''$ nach Pfeil a umklappbar sind, leiten die Lunte auf sie, und verhindern das Überspringen auf den Nachbarzwirn (55b). Die unterhalb von 1 wirkenden Doppelzwirnzerstörer lassen das Zusammenlaufen zu und zerstören es, dadurch, daß die Fanghaken 9 (6_{23}) der zwischen je zwei Spindeln $3''$ angeordneten Schwinghebel 10, 11_x den Zwirn senkrecht auf die $3''$ führen, wodurch er durch sein Aufwickeln auf $3''$ zerrissen wird. Dazu ist die durchgehende Welle 11_x mit einem Arm 11_x, 12 ausgerüstet, dessen Zapfen 12 im Schlitz 13 des Hebels 13, 14_x gleitet, der durch den

Pleuel *15!*, *16* mit der Kurbel *16*, I_x des *I* in Verbindung steht (59b).

2k. **Die Zwirnhülsen.** Hierzu muß ein tadellos trockenes Holz, meist längere Zeit in Öl getränktes finnisches Birkenholz (21c), Ahornholz oder Weißbuchenholz, verwendet werden, das sich weder zieht noch wirft, denn eine Hülse, die, wie beim Naßzwirnen, dauernd in feuchter Luft läuft, darf keine Feuchtigkeit anziehen und sich durch sie nicht beeinflussen lassen. Die Hülsen werden deshalb gut gefirnißt oder lackiert. Um hohe Umdrehungen zuzulassen, müssen sie auch vorzüglich ausgewuchtet sein. Der Flansch, mit dem die Hülse aufruht, heißt Teller *39* (38, 44, 54, 55, 59, 60₃), der gegenüberliegende Kopf *40*. Der *39* ist bei Hülsen, welche das Gut bei der Aufwindung nachschleppen, mit einem Schlitz *41* versehen. In diesen Schlitz paßt der Mitnehmer *42* (54, 55, 57₃) der Zwirnspindel. Der *41* muß so weit sein, daß der *42* nicht zwängt, aber auch nicht zu weit, daß die Spule *9''*, *10''* herausspringt. Zum Schutze für den Teller der Hülse *10''* werden Drahteinlagen bzw. zwei Metallbeschläge *43, 44* (59, 60₃, [19], 61₃, [48]) benützt. Diese Beschläge sind C-förmig abgebogene Metallbleche, wovon der obere Rand des Außenbeschlages und dessen unterer Teil mit Lappen *45* (61₃) und Zacken *46* versehen ist, deren letztere in die Flächen des Flansches eindringen. Der *39* (38, 54, 55₃) muß im Ring *8* (32₃) so viel Spielraum haben, daß der Läufer *7* zwischen Flansch und Ring ohne Hemmung durchgeführt werden kann. Für die Flügelzwirner werden doppelflanschige Hülsen *10''* (39, 42₃) verwendet, welche als Kopf- und Tellerflansch gleich ausgebildet sind, wenn die Hülse *10''* (42₃) auf einer Filzscheibe *46* zur Erzeugung der Zwirnspannung ruht; wird dazu eine Schnureinlage *47, 48₀—49!* (39, 43₃) verwendet, so ist der Teller mit einer Rille versehen. Meistens ist der Kopf *40* (54₃) der Hülse *10''* mit einem Beschlag ausgerüstet. Man muß aber hierbei beobachten, daß diese Beschläge, namentlich am Kopf, gut eingefalzt sind, damit kein Einklemmen des Zwirnes auf der Hülse zwischen Holz und Messing eintritt, oder gar ein Zerschneiden des Zwirns beim Abwinden von der Spule in den nächsten Maschinen. Diese Beschläge schützen die Hülse vor vorzeitiger Abnützung und vor Zersplitterung des Holzes. Sind diese Drahteinlagen bzw. Beschläge abgenützt oder beschädigt, so ist ein einwandfreies Zwirnen nicht mehr möglich. Vorteilhaft ist es auch, diese Drahteinlagen bzw. Beschläge aus Messing zu nehmen. Wenn auch der Zwirn mit diesen Teilen der Hülse nicht unmittelbar in Verbindung tritt, so kann es doch vorkommen, daß die Zwirnspulen beim Abnehmen aufeinanderfallen und dann ein Beschmutzen des Zwirnes mit Eisenteilchen verursachen, welche beim Färben schwarze Flecken bzw. beim Bleichen mit Chlor morsche Stellen ergeben.

Die Abmessungen der Zwirnhülsen in mm sind der Tafel 4ₐ zu entnehmen.

2 l. **Die Ringplatten** sind meistens aus Gußeisen, manchmal (60) zur Verringerung ihres Gewichtes aus Stahl *1* (31_7) und in beiden Fällen mit Verstärkungsrippen *2* versehen. Sie müssen gegenseitig auswechselbar sein, bis auf die Endstücke; sind sie fortlaufend mit Nummern versehen, so sind sie nach dem Reinigen entsprechend einzulegen.

2 m. **Die Ringe.** m 1) Ihr Baustoff. Die Ringe sollen aus nichtrostendem Edelstahl aus dem Vollen, weniger bewährt aus Stahlrohren oder aus geschmiedeten Ringen, hergestellt, im elektrischen, genau in seiner Wärme einstellbaren Ofen gehärtet, durch ein besonderes Verfahren künstlich gealtert, wodurch ihnen die zu Härterissen führende Neigung zu Spannungsauswirkungen nach Möglichkeit genommen wird, und mit dem höchsten Glanz versehen sein. Von nichtrostendem Edelstahl wird meistens abgesehen, weil er wegen der Zusätze, die diese Eigenschaft bedingen, in der Härte nicht so hoch gesteigert werden kann wie ein normaler Kohlenstoffstahl (61 d).

m 2) Ihre Form. Je nach den Läuferformen ändern sich auch die Querschnitte der Ringe. Für den C-Läufer (36_3) wird eine Bahn *8* (33, 34_3) verwendet, an deren Innenseite der Läuferfuß von innen nach außen oben durch seine Schleuderwirkung und den Garnzug gepreßt wird. Zwischen dem *7* (33_7) und dem größten Durchmesser des Wickelkörpers *0″* muß ein Abstand *a* eingehalten werden, welcher einen Spielraum *b* zwischen *0″* und der Bohrung der Ringbank bedingt. Um letztere besser auszunützen, verwendet man Ringe *8* mit nach außen verlegten Laufflächen, so daß bei gleichem *a* der *b* vermindert und der Durchmesser des *0″* vergrößert werden. Ringe mit nach innen verlegtem Flansch werden beim Wechseln von Kette auf Schuß eingesetzt (61 g).

Für die Ohrenläufer (37_3) dient eine reifenartige Führung *8* (35_3) bzw. *3* (31, 32_7), (49 a), deren Ränder von den beiden Haken des Läufers umfaßt werden. Der Ring *3* (31_7) wird durch die Feder 4_0 in der Ringlatte *1* gehalten. Die Ringe für die C-Läufer sind einflanschig (33_3) und werden mit ihrem Unterteil durch eine Kopfschraube in der Ringbank befestigt oder zweiflanschig (34_3), wovon einer entweder im Klemmring *14* oder auf einer aufgeschraubten flachen Fassung gehalten wird (32). Zweiflanschige Ringe lassen sich umkehren, wenn eine Seite abgenützt ist. Dieses Wenden darf dem Gutdünken der Arbeiterin nicht überlassen bleiben. Gewendete Ringe geben sehr oft wegen Uneben- und Rauheiten Grund zu Garnrissen, weshalb einflanschige Ringe vorgezogen werden.

m 3) Ihre Schmierung. Um dem unteren Haken des Läufers, der vom Zwirnzug beeinflußt am unteren Rand des *3* reibt, das bei jedem Abzug nach dem Putzen in die Nuten *5*, *6* (32_7) des Ringes gebrachte Fett, das durch die schnelle Drehung des Läufers flüssig wird, zuzuführen, leiten es die schief nach unten gerichteten Löcher *7* an die Außen- und Unterflächen *8* des Ringes (60 a).

3 a) Selbstschmierender Ring. Zur Vermeidung des zeitraubenden Einfettens der Ringe, der wegen ihres abnehmenden Fettgehaltes zu Ende des Abzuges größer werdenden Läuferreibung und der bei der Ingangsetzung häufig auftretenden Schmutzflecken im Zwirn, werden in letzter Zeit selbstschmierende Zwirnringe *1* (7, 8_{23}) verwendet, deren Ringnut *2* mit einem Docht *3* versehen ist. Zur Festlegung des *3* dient ein federnder Einlegedraht *4, 5,* der sich mittels der Zehe *5* in der Bewegungsrichtung des Läufers *0* an die Wandung der Durchbohrung *6* des *1* hakt, durch welche die beiden Enden des *3* in eine Rinne *7* der Ringbank *8* treten. Der *3* saugt aus dem in den *7* eingepaßten Filzstreifen *9* das Öl und gibt es gleichmäßig während der ganzen Arbeitszeit an den *0* ab. Öl wird nur auf den *9,* nie auf den *3* gebracht. Alle zwei Tage wird die Innenseite des *1* mit einem öligen Lappen ausgewischt. Infolge der gleichmäßigen Schmierung der Ringe läßt sich ein gröberer, länger haltender Läufer verwenden oder die Spindelgeschwindigkeit erhöhen. Diese selbstschmierenden Ringe eignen sich für alle Zwirne mit Ausnahme der Kunstzwirne, z. B. der Knoten- oder Flammenzwirne. Für sie ist der C-Läufer vorzuziehen, weil er ausweichen kann, wenn die Zier durch ihn läuft, was bei ohrenförmigen Läufern nicht möglich ist (61 d).

m 4) **Ihre Prüfung.** Die Ringe müssen beim Einkauf mit einer stark vergrößernden Lupe ($2\frac{1}{2} \div 4$fach) auf Haarrisse untersucht werden. Mit einer spitzen Schreibfeder kann man feststellen, daß der C-Läufer sich hüpfend über den Innenrand des Ringes bewegt und dort staffelförmige Abnützungen verursacht, weshalb der Ohrenläufer für die Herstellung guter Zwirne vorgezogen wird.

2n. **Die Läufer.** n1) Ihr Baustoff. Die Läufer sind aus gezogenem Walzdraht gefertigt, im elektrischen Ofen gehärtet und mit Hochglanz versehen. Sie dürfen nicht zu spröde sein, um beim Aufsetzen auf die Ringe nicht zu brechen, und ihre Härte muß auf die des Ringes abgestimmt sein, um die höchste Laufdauer zu gewährleisten (61).

n2) Ihre Form. Für die Kennzeichnung der Läufer *7* (32, 41_3) ist es notwendig, neben der äußeren Form ($33 \div 37_3$) noch ihr Gewicht anzugeben, denn davon hängt bei gleichen Spindelgeschwindigkeiten, gleichen Ringdurchmessern, gleichen Abständen des Ringes zur oberen Führung in den beiden äußersten Stellungen der Ringbank für denselben Zwirn ihre Reibung am Ring *8* (32, 41_3) und die Aufwindespannung des Zwirnes ab (61). Die Läuferform bedingt die Größe der Reibfläche, welche beim Läufer nach *33, 34, 36_3* sich auf die Berührung des stumpfen Endes am inneren Rand *8* des Flanschensteges beschränkt; während der Läufer nach 35_3 (62) mit zwei Punkten an der Innenseite des Steges *8* und der Läufer nach 37_3 mit dem ganzen mittleren Teil des Schenkels daran reibt, und zwar infolge des Nachaußendrängens des Läufers beim Zwirnen. Je weniger Reibpunkte vorhanden sind, desto schwerer kann das Läufergewicht bei denselben Aufwindebedingungen sein und desto dicker, d. h. haltbarer ist der Läufer.

n3) Die Läufernumerierungen.

3a) *Die Grännummer.* Die Einteilung der Läufer nach ihren Gewichten legt das Gewicht von 100 Läufern zugrunde. Wiegen 100 Läufer 100 Gran oder Grän (früheres Gewicht vieler Länder für Edelmetalle und Arzneien, in Deutschland $^1/_{5760}$ des Medizinalpfunds, in England 1 grain = 0,0648 g), also 6,48 g, so bezeichnet man den einzelnen Läufer mit Nummer $L_N = 1$. Wiegen sie 200 grains = 12,96 g, so haben sie die $L_N = 2$ usf. Die Läufernummer gibt also das Gewicht eines Läufers in Grän an; derartig bezeichnete Läufer heißen oft kurz Gränläufer (32).

3b) *Die amerikanische oder schottische Nummer.* Eine zweite Läufernumerierung, die amerikanische oder schottische, beruht darauf, zu dem Gewicht von 100 grains für 100 Läufer der $N_L = 1$ eine gewisse Anzahl grains für jeden folgenden schwereren Läufer hinzuzuzählen, bzw. für leichter werdende Läufer von dem vorhergehenden abzuziehen. Bei dieser Numerierung steigt bzw. fällt also mit jeder Nummereinheit (das Gewicht von 100 Läufer) um eine gewisse Anzahl grains. Die Läufer, welche schwerer als die der $N_L = 1$ sind, werden mit den Zahlen der Zahlenreihe *1, 2, 3 . . .* benannt; bei Läufern, welche aber leichter als die $N_L = 1$ sind, erfolgt die Kennzeichnung durch 1/0, 2/0, 3/0. . . Die Zunahmen der Gewichte bei der Grainnumerierung für die sich folgenden Nummern fallen stetig von der $L_N = 1 \div 20$, z. B. von $1 \div 1/19$, während sie bei der amerikanischen und schottischen Läufernumerierung gruppenweise verlaufen. Aus den Ausführungen von 6 der größten Läuferherstellern ließen sich diese Größen ungefähr, wie in der Tafel 5$_a$ angegeben, feststellen. Bei dieser Läufernumerierung, welche auch als „amerikanischer Standard" (61 a) bezeichnet wird, sind die Gewichtszunahmen für die aufeinanderfolgenden Nummern in Bruchteilen des Gewichtes des leichteren Läufers ungleich.

3c) *Die Boyd-Nummer.* Eine dritte Numerierung der Läufer wählt als Gewichtszunahmen bzw. Abnahmen immer denselben Bruchteil des Gewichtes des leichtern Läufers. Sie heißt nach ihrem Einführer „Boydscher Standard". Bei ihr wiegen für das Naßzwirnen 100 Läufer (der $N_L = 1$) 100 grains, und es beträgt deren Gewichtszunahme $^1/_5$ des Gewichts des vorhergehenden L_N. Für das Trockenzwirnen wiegen 100 Läufer der $N_L = 1$ zusammen 89 grains und die Gewichtszunahme ist immer $^1/_{10}$ des Gewichtes der feineren L_N. Hier ist der Gewichtsunterschied bei den feineren Läufernummern ein verschwindend kleiner; es kann also für jede zu spinnende Garnnummer das richtige Läufergewicht an den Faden gehängt werden, während andererseits bei den schweren Läufernummern die Gewichtsunterschiede sehr groß werden, so daß man nicht nötig hat, eine große Zahl verschiedener Nummern auf Lager zu halten, denn hier sind die feineren Gewichtsunterschiede zwecklos (32, 41).

n4) Die Läuferauswahl.

Bei derartig voneinander abweichend gestaffelten Läufernummern ist die richtige Auswahl der der Zwirnnummer entsprechenden Läufernummer schwierig. Praktisch verfährt man daher wie folgt: Man verwendet für je 10 Spindeln die nach dem Gefühl als für die Nummer und die Abmessungen der Maschine am besten geeigneten Läufer der von jeder Fabrik kostenlos abgegebenen Musterkarte und beobachtet die beim Zwirnen sich bildenden Ausbauchungen der Zwirne zwischen der oberen Führung und den Läufern, die Häufigkeit und die Zeiten der Zwirnrisse. Die Bäuche dürfen sich bei kegeligen Schichten bei der ersten Schicht des Körpers und bei zylindrischen Schichten in der mittleren Schicht nicht berühren. Reißt der Zwirn nachher infolge zu großer Bauchungen, so ist der Läufer zu leicht; reißt er, weil der Zwirn zu straff gespannt ist, was man sieht oder durch Zerreißproben aus der geringeren Dehnbarkeit des Zwirnes feststellen kann, so ist der Läufer zu schwer. Er muß unter allen Umständen so gewählt sein, daß nur wenig Zwirne auf den letzten Schichten reißen. Die sich am besten eignende Läufernummer und ihre Hersteller werden in ein Buch neben der Zwirnnummer und der Kennzeichnung der Maschine, wobei der Ringdurchmesser und die Kötzerabmessungen sowie die Spindelgeschwindigkeiten nicht fehlen dürfen, eingetragen, um ohne Mühe die richtigen Läufer zur Hand zu haben.

In der Naßzwirnerei werden ausschließlich Ohrenläufer aus Messing verwendet, weil der Faden nicht mit Eisen in Berührung kommen darf.

Aus der Zusammenstellung 6a ergeben sich die den Zwirnnummern entsprechenden Läufernummern. Man ersieht aus der Zusammenstellung, daß bei gleichen Nummern verschiedene Läufer verwendet wurden. Dieses ergibt sich daraus, daß man die Zwirnnummern nicht auf derselben Spindelteilung laufen läßt und deswegen auch engere oder weitere Ringe benützt, woraus sich dann der feinere oder gröbere Läufer ergibt. Es sind deshalb die obigen Zahlen in Einklang zu bringen mit dem Ringdurchmesser und der Zwirnnummer. Außerdem aber wird auch der Läufer verschieden sein, je nach dem Zustand des Ringes auf der Zwirnmaschine selbst.

n5) Das Auswechseln der Ringläufer muß außer beim Abziehen noch monatlich mindestens einmal durchgehend geschehen, d. h. man nimmt sämtliche Läufer heraus, ganz unabhängig davon, ob es gute oder schlechte Läufer sind. Man hat nämlich die Erfahrung gemacht, daß trotz der Anweisung, die Läufer beim Abnehmen der Spulen durchzusehen und beschädigte auszuwechseln, dies von der Zwirnerin oft übersehen wird, wodurch aufgerissener Zwirn entsteht, der vollständig ohne Halt ist, und diesen Fehler bemerkt man meistens erst dann, wenn der Zwirn schon bereits in den nächsten Maschinen weiter verarbeitet wird.

Zum Auswechseln der Läufer *1* (22₂) des Ringes *2* der Ringbank *3* benutzt man vorteilhaft den Handhebel *4*, *5—6ˣ*, *7*, welcher zum Einhängen des *1* (23₂) mit *7* im Fuß von *1* und mit *5* unter *3* angesetzt und durch Druck der Hand *8* unter *2* geführt wird. Zum Aushängen zieht *8* (22₂) mittels *4*, *3*, *5* den von den Fingern *9*, *9₁* gehaltenen *1* unter *2* weg (15).

2o. **Die Spindelteilungen der Zwirner.** Je nach der Zwirnnummer, und ob Vorzwirn oder Nachzwirn, verwendet man Maschinen verschiedener Teilung und ihnen entsprechenden Ringdurchmessern. Einige brauchbare Abstimmungen zwischen Zwirnnummer und Spindelteilungen gibt die Zusammenstellung 7ₐ.

2p. **Die Spindeldrehzahl.** Für die gute Beschaffenheit ist auch die Wahl der richtigen Spindelumdrehungen von ausschlaggebender Bedeutung. Es sind erprobt und zu empfehlen mit den Gespinstnummern N_e und den Teilungen in mm die Spindeldrehzahlen nach Zahlentafel 8ₐ.

2q. **Vorspinnmaschinen als Zwirner** für einstufige Zwirne mit 9, 12, 15, 24 gefachten groben Gespinsten. Diese einstufigen Zwirne werden hergestellt aus auf Spulen *0″* (1₁₃) vorgefachten oder besser auf Zettelbäumen *0₂″* aufgewickelten Gespinsten meistens aus Sakkelaridisbaumwolle der englischen Nummer 23 mit 19,65 Drehungen je Zoll englisch. Verwendung finden vorteilhaft Fein- oder Hochfeinspuler, welche bei der gewöhnlich gezwirnten Gespinstnummer 23 für Zwirne, die zu Segeltuch (Schiertuch), Treibriemen, Hosen- und Schuhstoff, Packtuch, auch für die Bereifung von Krafträdern und -wagen bestimmt sind, meist mit wenig Abänderungen in Betrieb genommen werden können. Sollen statt der Doppelkegelspulen darauf Flanschenspulen *0″* hergestellt werden, so halte man den Kegelriemen *1* in der geeignetsten Lage auf dem Kegelpaar *2″*, *3″* fest, schalte also die Sperradbewegung der Steuerung aus und lege ebenfalls die Hubzahnstange, welche den Hub des Spulenwagens *4* auf die Steuerung überträgt, in der für die Spulenhöhe in Betracht kommenden Stellung fest; man versehe die Spulenräder mit Tellern, auf deren Filzscheiben die Doppelflanschhülsen *0″*, welche vom Flügel *5″* über den Zwirn *0* mitgenommen werden, die nötige Bremsung erhalten, um festgewickelte Spulen zu erzeugen, oder man verwende mit Rille *6* am unteren Flansch der Hülse *0₁″* versehene *0₁″* und bremse sie durch am Wagen *4* in *7* befestigte und über *7₁* gehende Schnüre *8* mit Gewicht *9⁰*, das zur Gleichbleibung der Aufwindespannung bei zunehmendem Durchmesser der *0₁″* über *7₁* verlegt wird, um größere Bogen der *6* zu umfassen. Auch schalte man das Umlaufgetriebe und Rädergehänge sowie den Antrieb des zweiten und dritten Zylinders aus oder stutze das Zylinderlager *10* und befestige hinter ihm die Luntenführung *11*, *11!*. Die Gespinste werden in Kreuzspulen *0″* oder im Kettbaum

O_2'' vorgelegt; jedoch muß dieser weit zurückliegen, z. B. im Gestell *12*
oder *13*, und mit einer Bremse $14_x \div 17_0$ versehen sein, damit die Spannung der zu fachenden Garne je Spindel beim Abwickeln dieselbe ist,
weil sonst korkzieherartiger Zwirn entsteht. Mit abnehmendem Kett-
baumdurchmesser muß zur Erhaltung derselben Garnspannung das 17_0
dem 14_x genähert werden. Es ist selbstverständlich, daß das Zusatz-
gestell *18* für die Kreuzspulen entfernt ist, wenn die Garne von dem
tiefgelegenen Kettbaum O_2'' im Gestell *13* zugeführt werden (14e, 63).

Bc) Die Berechnungen in der Zwirnerei.

c1. Der Zwirndraht und seine Berechnung.

1a. Köchlins Drahtgesetz. Der wichtigste Teil der Zwirnerei ist die
Wahl der richtigen Zwirndrehungen je Einheit des Zwirnes, die wir im
folgenden Zwirndraht nennen zum Unterschied vom Draht der Gespinste, den wir mit Spinndraht bezeichnen. Die Berechnung des Zwirndrahtes erfolgt, wie die Berechnung des Spinndrahtes, nach der Formel,
die Josef Köchlin am 28. November 1828 in der „Société industrielle de
Mulhouse" vorgetragen hat, und nach der die Drähte sich wie die Qua-
dratwurzeln nahe beieinander liegender Nummern derselben Zwirnsorten, d. h. gleicher Neigung der Gespinste im Zwirn, verhalten. Also
$t : t_1 = \sqrt{N} : \sqrt{N_1}$, und $t = (t_1 : \sqrt{N_1})\sqrt{N}$, worin $t_1 : \sqrt{N_1}$ als Drahtzahl
bezeichnet wird.

Sei t der Draht, d. h. die Drehungen des Fasergebildes je Längeneinheit, dann nimmt eine Drehung eine Länge von $1 : t$ (9_{23}) ein. Bei
einem zylindrisch angenommenen Garn vom Durchmesser d hat es
einen Umfang $\pi \cdot d$, so daß die Entwicklung einer Faser, die auf der
Außenfläche des Fasergebildes angeordnet ist, sich als Eckenverbindungslinie eines Rechteckes mit der Höhe $1 : t$ und der Grundlinie $\pi \cdot d$ darstellen läßt. Es ist: $tg\, a = 1 : t \cdot \pi \cdot d$. Wie schon auseinandergesetzt
wurde, verursachen bei der Beanspruchung des Gebildes auf Zug Z
(5_1, 9_{23}) die Drücke D eine Reibung $R = D \cdot f =$ Druck auf die Nach-
barfasern mal Reibungszahl, welche die Kraft in kg angibt, die nötig ist,
um bei einem Druck von 1 kg das Gleiten der Fasern zu veranlassen.
Diese Reibung R setzt dem Auseinandergleiten der Fasern einen Widerstand entgegen, der um so größer ist, je mehr Fasern im Querschnitt,
je länger die Einzelfasern und je zahlreicher die Drehungen auf die
Längeneinheit sind. Unter der Voraussetzung, daß sich die Faserreibung
und die Faserspannung das Gleichgewicht halten, ist: $D \cdot f = R$, woraus:
$f = R : D = 1 : t \cdot \pi \cdot d = tg\, a$. Köchlin nimmt für die aus derselben
Fasermischung gesponnenen Garne dieselbe Reibungszahl an, woraus
ein gleicher Drehungswinkel a folgt. Wenn bei einem anderen Gespinst
vom Durchmesser d_1 der Draht t_1 beträgt, so wird er daher der Gleichung
genügen: $f = 1 : t_1 \cdot \pi \cdot d_1 = tg\, a$. Mithin ist: $1 : t \cdot \pi \cdot d = 1 : t_1 \cdot \pi \cdot d_1$,
woraus: $t \cdot d = t_1 \cdot d_1$ und $t : t_1 = d_1 : d$.

Es ist das Gewicht p einer Länge l gleich: $p = \pi \cdot d^2 \cdot s \cdot 1 : 4$, worin s das Raumeinheitsgewicht des Fasergebildes bezeichnet. Hieraus ergibt sich: $d = \sqrt{4\,p : \pi \cdot s \cdot l}$ und dementsprechend auch: $d_1 = \sqrt{4\,p_1 : \pi \cdot s \cdot l}$. Mithin: $t : t_1 = \sqrt{p' : p}$. Nun verhalten sich aber die Längennummern $N : N_1$ umgekehrt wie die zugehörigen Gewichte $p_1 : p$ derselben Länge l; es ist daher: $t : t_1 = \sqrt{N} : \sqrt{N_1}$.

Dieses Köchlinsche Drahtgesetz bedarf in der Anwendung kleiner Anpassungen an die wirklichen Erfordernisse, weil sich die Reibungsverhältnisse der verschiedenen Fasern nach ihrem Verlauf im Fasergebilde richten. Sie liegen nicht alle auf seiner Oberfläche, sondern sie dringen wahllos auch vom Innern auf sie. Je mehr Fasern vorhanden und je länger sie sind, um so geringer braucht die Drahtzahl zur Erreichung eines verhältnismäßig gleichen Widerstandes gegen das Zerreißen zu sein; d. h. je gröber das aus der gleichen Mischung gesponnene Garn ist oder je besser die Mischung für dieselbe Nummer dazu genommen wird, um so kleiner ist die Drahtzahl $b = t_1 : \sqrt{N}$ zu wählen. Aus dem leicht zu ermittelnden Draht t_1 eines Zwirnes der Nummer N_1 läßt sich die Zwirndrahtzahl: $b = t_1 : \sqrt{N_1}$ errechnen, und mit ihr können alle einschlägigen Zwirndrähte für nahe beieinander liegende Zwirnnummern aus derselben Gespinstgattung nach der vereinfachten Formel: $t = b\sqrt{N}$ bestimmt werden. Ändert sich aber der Rohstoff und der Draht des Gespinstes, werden z. B. statt Gespinste aus amerikanischer Baumwolle solche aus ägyptischer oder Insel- (Sea Island) Baumwolle oder statt hart gedrehter Gespinste weich gedrehte oder nach beiden Richtungen veränderte Gespinste verwendet, so sind natürlich die Zwirndrähte den veränderten Verhältnissen anzupassen. Diesen Anforderungen wird durch eine richtige Auswahl der Zwirndrahtzahl b Rechnung getragen. Meistens ergibt sie sich aus den Aufschreibungen einer vieljährigen Erfahrung und wird von den Beteiligten sorgfältig gehütet. Durch eine über vierzigjährige Anwendung in größeren Zwirnereien hat sich die folgende

1b. erweiterte Köchlinsche Zwirndrahtformel einen guten Platz gesichert:

$$t = \frac{t_1 \sqrt[3]{F_1}}{\sqrt[2]{Z N_{e1}} - \dfrac{1}{F_1}} \cdot \frac{\sqrt[2]{Z N_e} - \dfrac{1}{F}}{\sqrt[3]{F}} = b\,\frac{\sqrt[2]{Z N_e} - \dfrac{1}{F}}{\sqrt[3]{F}},$$

worin F und F_1 die Fachungen, d. h. die Anzahl Gespinste, welche den Zwirn bilden und $Z N_e$ die Zwirnnummer bedeuten. Angenommen, die zu untersuchende Zwirnsorte war $Z N_e = 20/4 = 5$ mit $t_1 = 177$ Umdrehungen der Meter, dann ist: $b = \dfrac{177 \cdot \sqrt[3]{4}}{\sqrt[2]{5} - 1/4} = 141{,}44$. Wie groß ist die

Drehung je m für einen Zwirn der $ZN_e = 60/6$? Antwort:

$$t = \frac{\sqrt[2]{Z\,N_e} - 1/F}{\sqrt[3]{F}} \quad b = \frac{141{,}44\,(\sqrt[2]{10} - 1/6)}{\sqrt[3]{6}} = 233{,}21 \ (64, 65).$$

1c. Drahtzahlen.

c1) **Baumwollzwirne.** Eine Zusammenstellung brauchbarer Zwirn-drahtzahlen zeigt die Tafel 9_a.

Die Drahtzahlen können natürlich Veränderungen unterworfen sein, je nachdem mehr oder weniger gedrehte Rohgespinste Verwendung finden. Wie schon früher erwähnt, nimmt man für 2- und 3fache Zwirne hartgedrehte Gespinste, für die 4fachen und 6fachen weichgedrehte. 10a gibt eine Zusammenstellung von Zwirndrehungen auf 1 englisch Zoll.

1a) Treibriemenzwirn. Für einstufigen, 12fachen Zwirn zu Ketten für gewebte Treibriemen aus gekämmter Sakkelaridis- oder guter Perubaumwolle der $N_e = 23$ mit $t'' = 4{,}1\sqrt{N_e}$ ist der Zwirndraht t'' je englisch Zoll:

$$t'' = 2{,}67\sqrt{\frac{\text{Gespinst } N_e}{\text{Fachung}}}; \quad t'' = 2{,}67\sqrt{\frac{23}{12}} = 3{,}41.$$

1b) Zwirne für Bereifungen und Luftschiffhüllen. Bei gleicher Baumwolle und Gespinstnummer (23e) für zweistufigen Zwirn zu Geweben für die Bereifungen und Flugschiffhüllen bei Fachungen auf dem Vorzwirner von 5, 4, 3 und einer Fachung von 3 auf dem Auszwirner, erhält man den Zwirndraht auf dem Vorzwirner:

$$t'' = 8{,}8\sqrt{\frac{\text{Gespinst } N_e}{5}} = 8\sqrt{\frac{N_e}{4}} = 7\sqrt{\frac{N_e}{3}}$$

dem Auszwirner:

$$t'' = 8{,}2\sqrt{\frac{\text{Gespinst } N_e}{5 \cdot 3}} = 6{,}9\sqrt{\frac{N_e}{4 \cdot 3}} = 4{,}8\sqrt{\frac{N_e}{3 \cdot 3}},$$

also auf dem Vorzwirner:

$$t'' = 8{,}8\sqrt{\frac{23}{5}} = 18{,}87; \quad t'' = 8\sqrt{\frac{23}{4}} = 23{,}54; \quad t'' = 7\sqrt{\frac{23}{3}} = 19{,}38;$$

auf dem Auszwirner:

$$t'' = 8{,}2\sqrt{\frac{23}{15}} = 10{,}15; \quad t'' = 6{,}9\sqrt{\frac{23}{12}} = 9{,}55; \quad t'' = 4{,}8\sqrt{\frac{23}{9}} = 7{,}67.$$

Trockenzwirnung ist für diese Zwecke gebräuchlicher als Naßzwirnung. Beiden Zwirnern wird das Garn auf Kettbäumen gewickelt vorgelegt. Als Schuß für die Bereifung dient $N_e = 36$ aus gewöhnlicher amerikanischer Baumwolle, und zwar in der Anzahl von 2 Schüssen auf 25 mm Kettenlänge (51). Denn bei diesen Geweben werden nur die Kettfäden beansprucht und diese dürfen sich nicht dabei an vielen Schußgespinsten reiben, welche ausschließlich dem Zusammenhalt der Kettfäden beim Einlegen in die Gummimasse dienen.

1c) Netzzwirne. Die Zusammenstellung 1_e zeigt bewährte Zwirnungen für die Netzgarne (66a).

c2) **Schappezwirne.** 2a) Ihre Herstellung. Sie bestehen meistens aus zwei Gespinsten; für Strumpf- und Nähgarne beträgt die Fachung $3 \div 5$. Gezwirnt werden sie auf Ringzwirnern mit $4 \div 7000$ minutlichen Umdrehungen der Spindeln, einem Ringdurchmesser von 51 mm, 70 mm Teilung und einem Hub von $100 \div 125$ mm. Nur für die gröberen Garne sind noch Flügelzwirner in Anwendung mit 2500 und 3500 minutlichen Flügelumdrehungen, einer Teilung von 64 mm bei 65 mm Hub und einem kleinsten Spulendurchmesser von 18 mm (66b). Die Gespinste und Zwirne werden metrisch numeriert (Anzahl km auf 1 kg) und der Draht für 1 m angegeben.

Beim Zwirnen von Schappegespinsten hat die Anpassung des Gespinstdrahtes an den Zwirndraht noch eine größere Bedeutung als für die Zwirne aus den übrigen Gespinstfasern. Deshalb begnügt man sich bei den Schappezwirnangaben nicht damit, allgemein neben dem Ursprungsland der Fasern den Gespinstdraht als hart, mittel oder weich zu bezeichnen, sondern man pflegt den Gespinstdraht der Zwirndrehung stets voraus zu stellen und dabei die Güte der Fasermasse durch kurze, mittellange oder lange Ware oder durch den Zug zu kennzeichnen, aus dem das Garn gesponnen wurde. Als erster Zug (*I*) wird die Fasermasse bezeichnet, welche aus der ersten Kämmaschine kommt. Die von ihr herausgekämmte Fasermasse (erster Kämmling) ergibt auf der zweiten Kämmaschine den zweiten Zug (*II*), und die von ihr entfernten Kämmlinge bilden das Gut, das auf dem dritten Kämmer bearbeitet wird und Zug *III* liefert usw. Berücksichtigt man das Gesagte, so werden die Werte der Tafeln 2, 3, 4_e und $1 \div 17$b leicht verständlich sein (52b, c). Die gängigsten Nummern sind bezeichnet, z. B. $60 \supseteq 180$, d. h. am meisten gebraucht werden die Nummern 60, 70, 80 ... 180. Wird die Drahtzahl angegeben von 66, $67 \div 66$, 85, so heißt das, daß sie für die angegebenen Nummern von 66, 67 auf 66, 85 steigt, und zwar fast in regelmäßig gleichen Zunahmen. Die Mittel *b* (mittleren Drahtzahlen) wurden aus allen zur Verfügung stehenden Werten errechnet.

Schappezwirne für die Weberei, die Korsett, Strickerei (Trikotage) 2fach und Spitzen erhalten beim Spinnen Linksdrehung und Rechtszwirnung; während rechts gedrehte Gespinste für die Herstellung der links gezwirnten Schappen, der Kordonetts, Nähseiden, 3fach Strick-(Trikotagen-)garne, Trommel-(Tambour-)stickgarne, Häkel-(Crochet-)garne 3fach und Fransengarne verwendet werden.

2b) Ihre Beschwerung. Sehr oft wird der durch das dem Färben voraufgehende Entbasten der Rohseide oder, bei der Schappe, durch das Faulen der Seidenhüllen zur Gewinnung der Fasern verursachte Gewichtsverlust durch eine Beschwerung der Zwirne mit Zucker, Zinn, Eisensalzen ausgeglichen. Die Beschwerung (Charge, französisch, Chargierung) erfolgt gewöhnlich durch Umziehen der auf Drehwalzen in das Bad gehängten Stränge. Die Zusammenstellungen 2, 3, 4_e geben die Zwirnzahlen für Fransen und Orientgarne bei verschiedenen Beschwerungen.

1d. Die Drahtberechnungen. d1) Ohne Beschwerung. Die Drahtberechnung erfolgt stets nach dem einfachen Köchlinschen Drahtgesetz; z. B. hat $N_m = 60$ auf 1 m 800 Umdrehungen, so muß die $N_m = 50$ einen Draht haben $t_m = 800 \cdot \sqrt{50} : \sqrt{60} = 730$. Auch die Drähte für verschiedene Fachungen werden entsprechend berechnet. Hat $N_m = 100/2$ auf 1 m 820 Drehungen, so wird die $N_m = 100/3$ auf 1 m haben $820 \cdot \sqrt{2} : \sqrt{3} = 670$ Umdrehungen.

d2) Mit Beschwerung. Weil der Draht auch bei der Beschwerung (Charge) maßgebend ist, so berechnet man die zugehörigen Drehungen wie folgt: Hat das Garn $N_m = 50$ bei 700% Beschwerung 430 Umdrehungen je m, so gibt man ihm bei 600% Beschwerung auf 1 m $430 \cdot \sqrt{700} : \sqrt{600} = 464$ Drehungen (66 c).

1e. Beziehungen zwischen den in verschiedenen Einheiten ausgedrückten Drahtzahlen. Seien b_m die Drahtzahl ausgedrückt in metrischen Einheiten und b_e die Drahtzahl für die englischen Einheiten. Ihre Beziehungen zueinander ergeben sich aus der folgenden Ableitung: Es ist für die metrische Nummer N_m der Draht t_m auf 1 m: $t_m = b_m \sqrt{N_m}$, und für die englische Nummer derselbe Draht t_z, aber auf 1 englisch Zoll = 0,0254 m ausgedrückt, durch: $t_z = b_e \sqrt{N_e}$. Das Garn enthält daher im letzten Fall auf 1 m eine Anzahl Drehungen:

$$t_m = t_z \cdot 1 : 0,0254 = 39,37 \cdot t_z = 39,37 \cdot b_e \cdot \sqrt{N_e}.$$

Es ist aber:

$$N_e = 0,5906\, N_m, \text{ und daher: } t_m = 39,37 \cdot b_e \cdot \sqrt{0,506\, N_m},$$
$$t_m = 27,85 \cdot b_e \cdot \sqrt{N_m}.$$

Durch Gleichsetzen beider Werte für t_m ergibt sich: $b_m = 27,85 \cdot b_e$, d. h. ist die englische Drahtzahl b_e für 1 Zoll und die englische Nummer N_e bekannt, so findet man die entsprechende Drahtzahl b_m für 1 m und die metrische Garnnummer N_m durch Multiplikation der englischen Drahtzahl b_e mit 27,85. Ähnlich verfährt man für alle übrigen Drahtzahlen in den verschiedensten Einheiten.

c2. Die Längenveränderungen beim Zwirnen in bezug auf die Urlängen der Gespinste hängen vom Grad der Zwirnung ab. Beim Zwirnen, das entgegengesetzt zur Drehung der Vorstufe erfolgt, löst sich der Draht der Einzelgute auf, wodurch eine Verlängerung erfolgt, welche so lange festzustellen ist, als die Verkürzung durch das Zwirnen nicht letztere übersteigt. Dieser Fall tritt nur bei scharfgezwirnten Gebilden auf. Während die Verlängerung des zweidrähtigen Zwirnes bei loser Zwirnung 2,5% ist, beträgt seine Verkürzung bei schärfster Zwirnung 4,5%. Bei sechsdrähtigen Zwirnen sind diese Grenzwerte: Verlängerung 5% — Verkürzung 6% (53, 54). Die starke Zwirnung ist meistens nur bei angefeuchteten Vorguten möglich (Naßzwirnen). Bei den Nähzwirnen tritt immer eine Verkürzung, der sog. Einzwirn, ein. Er beträgt ungefähr: bei 2fach 4%, bei 3fach 5%, bei 4fach 8%, bei 6fach 7%. Für die spätere Verarbeitung und für die Berechnung von Aufträgen muß man diese Einzwirnprozente berücksichtigen.

c3. Die Nachprüfung des Zwirndrahtes. Der Zwirndraht muß dauernd von dem Zwirnmeister nachgeprüft werden. Das geschieht mittels Drehungsmesser (3_2) für eine Einspannlänge von 500 mm oder bei der Berechnung mit englischen Einheiten von $20 \cdot 25,4 = 508$ mm sofort nachdem der Zwirnwechsel angesteckt worden ist, und zwar mit 3 Spulen, die er an verschiedenen Stellen der Zwirnmaschine entnimmt. Das Mittel aus den Zwirndrähten muß mit dem Wert aus der Zusammenstellung, z. B. 10a, übereinstimmen und darf höchstens 2% nach oben und unten abweichen. Außerdem müssen im Laufe einer Woche sämtliche andere Maschinen durchgeprüft werden. Findet der Zwirnmeister größere Unterschiede, so können diese bei richtiger Ausrechnung nur auf später noch besprochene Fehler an der Maschine zurückgeführt werden.

c4. Die Zerreißfestigkeit der Zwirne. Auf dem Zwirndraht und dem Rohstoff der Gespinste begründet sich die Festigkeit der Zwirne. Man hat in jeder Zwirnerei Erst-(Prima-)garne und Zweit-(Sekunda-)garne, welche natürlich auch verschiedene Festigkeiten aufweisen, weil man zu den besseren Sorten auch bessere Garne verwendet. Einen ungefähren Anhalt mögen die auf 11 a angegebenen auf einem Festigkeitsprüfer mit selbstwirkendem Antrieb und einer Einspannlänge von 200 mm (9a) erhaltenen Werte geben. Von dem Zwirndraht hängt natürlich außer der Festigkeit der Zwirne auch die Lieferung der Maschine ab. Denn je mehr Draht man gibt, desto langsamer läuft bei gleicher Spindeldrehzahl das Gespinst durch die Maschine. Man muß also mit dem Zwirndraht nur so weit gehen, als es für den geschlossenen Zwirn, der sich gut verarbeiten läßt, notwendig ist. Alles weitere darüber geht auf Kosten der Wirtschaftlichkeit.

c5. Die Berechnung des Zwirnwechsels. Für eine Umdrehung des Lieferzylinders $45''$ (32_3) liefert er mit $v^0/_0$ Verkürzung beim Zwirnen eine Länge $l = 45'' \cdot 3,1416 \cdot (1 - 0,01 \cdot v)$, und die Spindel macht mit $g \, \%$ Gleitung der 3 mm dicken Spindelschnur oder des Bandes eine Anzahl Umdrehungen $u = 1 \cdot \dfrac{60'}{20'} \cdot \dfrac{60'}{20' \smile 60'} \cdot \dfrac{96'}{24'} \cdot \dfrac{\left(250'' + \dfrac{3}{2}\right)}{(24'' \smile 36'') + \dfrac{3}{2}} \cdot$

$(1 - 0{,}01\,g.)$ Die Länge l erhält daher u Drehungen, mithin ist der Draht des Gespinstes:

$$t = \frac{u}{l} = \frac{60'}{20'} \cdot \frac{60'}{(20' \smile 60')} \cdot \frac{96'}{24'} \cdot \frac{\left(250'' + \dfrac{3}{2}\right)}{(24'' \smile 36'') + \dfrac{3}{2}} \cdot \frac{(1 - 0{,}01\,g)}{45'' \cdot 3{,}14 \cdot (1 - 0{,}01\,v)} \cdot$$

Weil $t = b\,\sqrt{N}$ aus den Tafeln 9a und 10a zu entnehmen ist, so lassen sich die Wechselräder aus der Gleichung bestimmen. Wird einer der zur Verfügung stehenden Wechseltriebe $20' \smile 60'$ mit ZwT bezeichnet, so haben wir:

$$ZwT = \frac{60'}{20'} \cdot \frac{60'}{t} \cdot \frac{96'}{24'} \cdot \frac{251{,}5}{25{,}5 \smile 37{,}5} \cdot \frac{(1 - 0{,}01\,g) \cdot 25{,}4}{141{,}37 \cdot (1 - 0{,}01\,v)} \cdot$$

Beispiel: Sei $g = 6{,}5\%$, $v = 4{,}5\%$, der Wirteldurchmesser 32 mm und $t = b \cdot \sqrt{N}$, bei zweifach Nähgarn (Sewing) (10a): $t = 4{,}4\,\sqrt{36} = 26{,}4$ für 25,4 mm, mithin für 1 mm $26{,}4 : 25{,}4 = 1{,}04$, dann ist:

$$ZwT = \frac{60'}{20'} \cdot \frac{60'}{t} \cdot \frac{96'}{24'} \cdot \frac{251{,}5}{33{,}5} \cdot \frac{(1 - 0{,}065) \cdot 25{,}4}{141{,}37\,(1 - 0{,}045)} =$$

$$= \frac{950{,}859}{t} = \frac{950{,}859}{26{,}4} = 36.$$

Aus den zur Verfügung stehenden Wechselrädern, die von $21'$ bis $60'$ reichen, wird der 36er Wechseltrieb in die Maschine gesteckt.

c6. **Das Verhältnis der Zwirnwechseltriebe zu den Zwirn- nummern.** Sei ZwT der der Zwirnnummer N zukommende Zwirn- wechsel und ZwT' der Nummer N' entsprechende, dann ist:

$$\frac{ZwT}{ZwT'} = \frac{950{,}859 \cdot t'}{t \cdot 950{,}859} = \frac{t'}{t} = \frac{b \cdot \sqrt{N'}}{b\,\sqrt{N}} = \frac{\sqrt{N'}}{\sqrt{N}},$$

d. h. die Zwirnwechseltriebe verhalten sich umgekehrt wie die Quadrat- wurzeln aus den Nummern. Hieraus:

$$ZwT = \frac{ZwT'\,\sqrt{N'}}{\sqrt{N}} \cdot$$

Beispiel: Auf der Maschine läuft mit der $N_e = 36/2$ der Zwirnwechsel $36'$. Welcher Wechsel ist für die Nummer $40/2$ aufzustecken?

$$ZwT = \frac{36 \cdot \sqrt{36}}{\sqrt{40}} = \frac{216}{\sqrt{40}} = \frac{216}{6{,}3246} = 34{,}15 = 34'.$$

Um den Zwirnwechseltrieb zu finden, genügt es daher, die Zwirntrieb-zahl 216 durch die Quadratwurzel der herzustellenden Nummer zu teilen.

Für die Zwirner mit Zahnradantrieb gibt es keine Schnur- oder Bandgleitung; also ist in der Berechnung des Wechsels $g = 0$ zu setzen, so daß die Klammer $1 - 0{,}01 \cdot 0 = 1$ wird.

c7. Die Berechnung des Zwirngewichtes. Man berechnet sich das Gewicht von 1000 m Rohzwirn (1_c) auf Grund folgender Er-wägungen. Als Gespinst wiegen $N_e \cdot 840$ Yards $= N_e \cdot 768{,}096$ m ... 453,6 g und $N_e \cdot 1000$ m ..... $\dfrac{453{,}6 \cdot 1000}{768{,}096}$; mithin wiegen 1000 m Ge-spinst $\dfrac{590{,}42}{N_e}$ g. Das Gewicht von 1000 m für zweifaches Gespinst ist daher $\dfrac{500{,}42 \cdot 2}{N_e} = \dfrac{1180{,}84}{N_e}$; für dreifaches Gespinst $\dfrac{590{,}42 \cdot 3}{N_e} = \dfrac{1771{,}26}{N_e}$ für vierfaches Gespinst $\dfrac{590{,}42 \cdot 4}{N_e} = \dfrac{2361{,}68}{N_e}$; und für sechsfaches Ge-spinst $\dfrac{590{,}42 \cdot 6}{N_e} = \dfrac{3542{,}52}{N_e}$. Zu diesen Werten kommen die Einzwirn-anteile noch dazu, und man erhält dann als Grundzahlen für die Berech-nung des Gewichtes von 1000 m Zwirn:

für zweifach unter Berücksichtigung von 4% Einzwirn $\dfrac{1228{,}07}{N_e}$

» dreifach » » » 5% » $\dfrac{1859{,}82}{N_e}$

» vierfach » » » 8% » $\dfrac{2550{,}61}{N_e}$

» sechsfach » » » 7% » $\dfrac{3790{,}49}{N_e}$.

c8. Die Lieferung der Zwirnmaschine berechnet man sich daher aus den Drehungen je $\frac{1}{4}$ dm oder 1 englischer Zoll und den Spindeldrehzahlen. Bezeichnet man mit u die Spindeldrehzahl, t den Zwirndraht je englisch Zoll, f die Fachung, N_e die Nummer des Ge-spinstes englisch, so ist $\dfrac{u}{t} \cdot 60 \cdot 46 \cdot f =$ Zollieferung in 46 Arbeitsstun-den; $\dfrac{u}{t} \cdot \dfrac{60 \cdot 46 \cdot f}{36} =$ Yardslieferung in 46 Arbeitsstunden; $\dfrac{u}{t} \cdot \dfrac{60 \cdot 46 \cdot f}{36 \cdot 840}$ = Schnellerlieferung in 46 Arbeitsstunden. Es ist aber: $N_e \cdot$ Gewicht eines Schnellers $= 453{,}6$ g; demnach Gewicht eines Schnellers $= \dfrac{453{,}6 \text{ g}}{N_e}$ $= \dfrac{453{,}6}{N_e \cdot 1000}$ kg; mithin ist die Lieferung bei 46 Stunden je Woche und

Spindel in kg:

$$G = \frac{u \cdot 60 \cdot 46 \cdot f \cdot 453,6}{t \cdot 36 \cdot 840 \cdot N_e \cdot 1000} = \frac{u \cdot x \cdot f}{t \cdot N_e} \cdot 0,04148.$$

Diese Formel ergibt für:

zweifache Zwirne: $G_2 = \dfrac{u}{t \cdot N_e} \cdot 0,08296$ kg je Woche und Spindel;

dreifache   »   : $G_3 = \dfrac{u}{t \cdot N_e} \cdot 0,12444$ » » » » » ;

vierfache   »   : $G_4 = \dfrac{u}{t \cdot N_e} \cdot 0,16592$ » » » » » ;

sechsfache »   : $G_6 = \dfrac{u}{t \cdot N_e} \cdot 0,24888$ » » » » » ;

neunfache »   : $G_9 = \dfrac{u}{t \cdot N_e} \cdot 0,37322$ » » » » » .

Unter Berücksichtigung der früher gegebenen Zwirndrahttafel (10$_a$) erhält man aus den obigen Werten die Gewichtszahlentafel 1$_c$. Es genügt, die Spindeldrehzahl durch die Werte der zweiten Zahlenreihe zu teilen oder sie mit denen der dritten zu multiplizieren, um die Lieferung in kg in 46 Arbeitsstunden zu erhalten. Die gleiche Tafel kann man sich auch für die übrigen Zwirne ausrechnen. Aus diesen ist dann mit Hilfe der Spindeldrehzahlen die Lieferung der Maschinen je Spindel zu berechnen und in Tafeln zusammenzustellen. Als Beispiel dienen 2$_c$ und 3$_c$.

c9. Die Lohnsatzberechnung. Aus den Lieferungstafeln ergibt sich nunmehr der Lohn der Zwirnerin. Die Löhne werden allgemein nach kg geliefertes Gewicht bezahlt. Verschiedene Zwirnereien vergüten allerdings auch nach Schnellern (Hanks), deren Anzahl von Zähluhren, die von dem Unterzylinder getrieben sind, täglich abgelesen werden kann. Es ist Ansichtssache, ob man lieber nach Längen oder nach geliefertem Gewicht bezahlt. Im ersten Fall hat man den Einzwirn zu berücksichtigen, bei den Berechnungen nach dem Gewicht, muß man allerdings mit in Kauf nehmen, daß auch das Wasser, das der Zwirn enthält, mitbezahlt wird, hat aber dafür den Vorteil, daß die Zwirnerinnen stets auf genügend mit Wasser gefüllte Tröge achten, was, wie schon angedeutet, für das Zwirnen unbedingt notwendig ist. Wir hatten gesehen, daß die Lieferung in kg je Woche und Spindel allgemein:

$$G = \frac{u \cdot f}{t \cdot N_e} \cdot 0,04148 \text{ beträgt. Es muß demnach bei } z = \text{ Anzahl der von}$$

der Zwirnerin bedienten Spindeln, sein: Wochenlohn $= \dfrac{u \cdot z}{t \cdot N_e} \cdot 0,04148 \cdot$

· dem Wirkungsgrad der Maschine · dem Lohnsatz. Bei einem Wochenverdienst von 2240 Pf. und einem Wirkungsgrad der Maschine, der natürlich sehr von der Geschicklichkeit der Arbeiterin, ferner von der

Anzahl der Spindeln, die die Arbeiterin zu bedienen hat, und von den Spindeldrehzahlen abhängig ist, aber zu mindestens mit 80% angenommen werden kann, ergibt sich: $\dfrac{u \cdot z}{t \cdot N_e} \cdot 0{,}04148 \cdot 0{,}8 \cdot$ kg-Lohn $= 22{,}40$, woraus der kg-Lohn $= \dfrac{t \cdot N_e \cdot 22{,}40}{u \cdot z \cdot 0{,}8 \cdot 0{,}04148}$. Dieser beträgt für 2fache Zwirne:

$$\text{kg-Lohn} = \frac{t \cdot N_e}{u \cdot z} \cdot \frac{22{,}40}{0{,}8 \cdot 0{,}08296}.$$

2fache Zwirne: $\dfrac{t \cdot N_e}{u \cdot z} \cdot 33750$; 3fache Zwirne $\dfrac{t \cdot N_e}{u \cdot z} \cdot 22508$;

4 »   » : » $\cdot 16877$; 6 »   » » $\cdot 11250$;

9 »   » : » $\cdot 7305$.

Daraus kann man sich dann den kg-Lohnsatz berechnen. Benützt man als Beispiel die Lieferungen je Spindel und 46stündiger Woche in kg nach Tafel 2_c und 3_c, so ergeben sich bei einem Wirkungsgrad von 0,8 unter Zugrundelegung der Drehzahl 6000, der dafür in Betracht kommenden Teilungen und der Anzahl durch eine Arbeiterin zu bedienenden Spindeln die auf Tafel 4_c angegebenen Werte für den Lohn je kg in Pfennigen. Selbstverständlich ist, daß bei der Feststellung des Zwirngewichtes das Gewicht der Zwirnhülsen und der Spulenkasten in Abrechnung zu bringen ist. Ferner kann man auch hierbei einen Prozentsatz Wasser mit abziehen, je nachdem man den Verdienst gestalten will. Um der jetzt allgemein geltenden Vorschrift, dem Arbeiter einen Mindestverdienst zukommen zu lassen, zu genügen, müßte man im letzten Fall den Lohnsatz wiederum erhöhen. Diese Wertziffern ergeben zuerst Annäherungsgrößen, die dann in der Praxis noch zu verbessern sind, je nach der Art der Maschinen. Auch diese Werte stellt man sich in Tafeln zusammen. Weil die Maschinen, wie schon früher angegeben, wegen der verschiedensten Garnnummern mit verschiedenen Teilungen und Ringdurchmessern nebeneinander aufzustellen sind, so werden auch die Mädchen Maschinen verschiedener Ausführungen zu bedienen haben. Es kann ein Mädchen bei einer Teilung von 81 mm 300 Spindeln, bei 76er Teilung 320, bei 70er Teilung 350, bei 64er Teilung 400 Spindeln bedienen. Es ist nun vorteilhaft, wenn man die Vorzwirn- gleich neben den Nachzwirnmaschinen stehen hat, so daß man die Maschinen mit Teilungen von 81 und 76 bzw. von 70 und 76 mm abwechselnd aufstellt. Dann stellt man die Zwirnerin in einen Gang, so daß sie eine Maschinenseite mit 76 bzw. 70 oder 64 mm und eine Maschinenseite mit 81 bzw. 76 oder 70 mm Teilung zu bedienen hat. Sie bekommt dadurch einen besseren Überblick über die zu bedienenden Spindeln und braucht nicht um die ganze Maschine herumzulaufen. Diese Art der Bedienung muß natürlich auch in dem kg-Lohnsatz und in der Löhnung zum Ausdruck kommen. Man wird in diesem Fall den Lohnsatz nicht auf eine ganze Maschine berechnen, sondern auf die halbe.

B d) **Praktische Angaben.**

d 1. Der Kraftbedarf. Dieser richtet sich nach der Bauart der Maschinen und der angewendeten Spindeldrehzahl und ob Einzelantrieb oder Gruppenantrieb. Bei Gruppenantrieb muß man natürlich die schwere Wellenleitung dauernd mitschleppen, hat aber die Möglichkeit, jede beliebige Spindeldrehzahl durch Stufenscheiben auf jeder Maschine zu verwirklichen. Bei Einzelantrieb kann man dies auch erzielen, durch Auswechseln der Scheiben bei Motorenantrieb durch Riemen oder durch Drehzahl veränderliche Motoren; diese sind teuer; sie machen sich aber durch das schnelle Einstellen der Spindeldrehzahlen an die Geschicklichkeit der Zwirnerin bezahlt. Bei Riemenantrieb ist festgestellt worden, daß zu rechnen ist: 28½ Spindeln je aufgezeichnete (indizierte) PS bei durchschnittlich 6850 Spindelumdrehungen und 22 Spindeln je aufgezeichnete PS bei durchschnittlich 7300 Spindelumdrehungen. Bei Einzelantrieb haben 11-PS-Motoren genügt für Maschinen mit 400 Spindeln und 8000÷9000 Spindelumdrehungen. Um die Spindeldrehzahl veränderlich zu gestalten, sind drei Phasen-Kommutator-Motoren in geschlossener Ausführung mit Luftkühlung mit einer Leistung von 8 kW bei 1000 Umdrehungen regelbar von 600÷1000 verwendet worden, die vollständig ihren Zweck erfüllten. Auf 12_a sind die ungefähre Anzahl Spindeln für 1 PS nach dem Werbeblatt B zusammengestellt. 12_c gibt eine Meßreihe einer Eintrommelzwirnmaschine mit Bandantrieb; Trommeldurchmesser = 254 mm, Wirteldurchmesser = 25,4 mm, Messung bei Baumwollzwirn 36/2 N_e, Läufer Nr. 7, Spulen 3/4 voll, stets gleiche Ringbankstellung (24). Die Angaben über Kraftbedarf sind äußerst vorsichtig zu bewerten, weil sie von der Güte der Ausführung und der Wartung der Maschinen abhängig sind und bis jetzt einheitliche Richtlinien für die Kraftbedarfsermittlung noch nicht befolgt werden.

Die Luftkühlung der Elektromotoren kann vorteilhaft in Kanälen erfolgen und die abgestoßene warme Luft gemeinsam abgeleitet werden.

d 2. Der Verbrauch an Öl, Fett, Schnüren und Bändern. Öl rechnet man für die Spindel im Jahr 20÷24 g bei einem viermaligen Ölen sämtlicher Spindeln. Der Ringfettverbrauch beträgt ungefähr 53 g je Spindel und Jahr, das wäre 0,02 g je Spindel und Stunde. Der Schnurverbrauch ist natürlich ganz abhängig von der Art des verwendeten Garnes der Schnüre, ob mit Weberknoten oder sog. Patent ohne Knoten, wobei die Schnüre nur ineinander durchgezogen werden. Der Gesamtverbrauch stellt sich ungefähr bei geknoteten Schnüren für 1000 kg Garnerzeugung auf 1,5 kg im Jahr bei der 46-Stundenwoche oder auf 1000 Spindeln kommen 14 kg im Jahr, ebenfalls gerechnet in 46-Stundenwoche; bei zusammengenähten Bändern auf 1 Band in 1÷1½ Jahren.

d3. Zwirnfehler. *3a. Rippiger Zwirn.* Die Gleichmäßigkeit in der Zwirnung ist ein Haupterfordernis für einen guten Nähfaden. Man kann das beste Gespinst anwenden, wenn aber der Vorzwirn ungleichmäßig ist, so kann auch der Nachzwirn nicht einwandfrei hergestellt werden; dieses ergibt aber beim vierfachen Zwirn dann einen vollständig rippigen Zwirn. Die Ursachen dieses Fehlers sind meistens ungleich gedrehte Gespinste, loser Vorzwirn, einfacher Vorzwirn, das gespreizte Abwickeln der Gespinste auf der Kreuzspule, das Klemmen der Spulen auf den Rahmenstiften, das Laufen eines der Gespinste neben der Rille im Glasstab, das Einlaufenlassen ungezwirnter Stellen im Vorzwirn, die beim Anknüpfen entstanden sind, das zu straffe Anspannen des Vorzwirnes beim Anknüpfen einer Vorzwirnspule. Um den rippigen Zwirn zu vermeiden, muß die Aufsicht scharf und rücksichtslos sein. Um bei Kordonett feststellen zu können, ob Spinnfehler die Ursache des rippigen Zwirnes sind, müssen die Meister mit den rippigen Spulen die Vorzwirnspulen vorlegen.

3b. Lockerdraht, ein gefürchteter Fehler im Zwirn, entsteht durch lose Spindelschnuren, durch ungeölte oder schadhafte Spindeln und durch verzogene Hülsen; er kennzeichnet sich im Zwirn durch weniger Drehungen auf die Längeneinheit. Auch entsteht er, wenn beim Anknüpfen der Zwirn zu wenig abgezogen wird.

3c. Spannungsunterschiede. Ein fernerer Fehler kann bei der Zwirnerei namentlich bei dem 4fachen Zwirnen dadurch entstehen, daß die Vorzwirnspule mit der Nachbarspule nicht gleichmäßige Spannung hat. Man muß daher darauf achten, daß die im Gatter aufgesteckten Zwirnspulen nicht klemmen, sondern freien Ablauf besitzen. Das Hemmen der Zwirnspulen tritt bei schmutzigen oder mit Gespinstresten umwickelten Aufsteckstiften oder auch bei sonst vollständig einwandfreien Aufsteckspindeln im Gatter und bei guten, schon vielfach gebrauchten Zwirnspulen auf, wenn sich der Hohlraum der Hülsen durch Feuchtigkeit oder durch eingelaufenen Schmutz verengt und diese somit auf den Aufsteckspindeln zwängen und dadurch an der Querlatte streifen.

3d. Einfache. Die Zwirnerin muß streng darauf achten, daß keine „Einfache" einlaufen, und darf die Vorzwirnspulen nicht ablaufen lassen, ohne anzuknüpfen; die einfach gelaufenen Längen sind zu entfernen.

3e. Doppelzwirne. Springen zerrissene Zwirne auf einen der benachbarten, so entstehen Doppelzwirne, also 4fach im 2fach, 6fach im 3fach, 8fach im 4fach; diese müssen sofort entfernt und die Ursache des Reißens behoben werden.

3f. Angerissene Zwirne zeigen aufgerauhte Stellen auf kleinere oder größere Längen, welche entstehen, wenn infolge Schleuderns des Zwirnes dieser zeitweilig nicht in der Glasführung läuft, sondern an der Messingfassung vorbeireibt, wenn auf feinere Zwirne, welche die Glasführung scharf eingeschnitten haben, gröbere verarbeitet werden, und es versäumt wurde, die Glasstange etwas umzudrehen; wenn infolge ungenügender Schmierung der Ringe die Läufer stark abgenützt, eingeschnitten oder wenn sie verschmutzt sind, oder wenn die mit einer feineren Zwirnnummer gelaufenen Läufer zu einer gröberen benützt werden. Rauher Zwirn kann außer von dem Aneinanderschlagen nebeneinander liegender Zwirne, auch von zu wenig Wasser im Trog und von falsch gewählten Ringläufern herrühren.

3g. Ungezwirnte Knoten treten auf, wenn der Zwirn beim Anknoten nicht zurückgezogen worden ist, was durch eine strenge Aufsicht vermieden wird.

3h. Anflug entsteht beim Riß des Zwirnes, besonders gröberer Nummern, und durch ungenügendes Reinhalten der Maschine; hier mangelt es an der Aufsicht.

3i. Schwarze Zwirnstellen werden verursacht durch ölige Hände, schmutzige Zylinder, Laufen des Zwirnes über die geölten Zapfen der Oberwalze.

3j. Gehäufter Draht. Stellenweise zu großer Draht kann verursacht sein durch Laufen des Zwirnes auf dem Druckzylinderzapfen, Klemmen der Oberwalzen oder durch zu weites Zurückziehen des Zwirnes beim Anknoten.

3k. Drahtunterschiede in den Zwirnen mehrerer Maschinen rühren her von falschen Zwirnwechseln und von der Verwendung geknoteter und knotenloser Spindelschnüre auf der Maschine, was unbedingt vermieden werden muß.

3l. Schwarze und ölige Spulen sind die Folge von zu voll gelaufenen Spulen, welche am Läufer streifen, von ungeschicktem Einfetten der Läufer, während des Ganges, von verspätetem Abziehen der Spulen bei Zwirnriß, wodurch das Zwirnende das Ringfett auf die Nachbarspulen schleudert. Auch schmutzen die Spulen, wenn die Hülse nicht in, sondern über dem Mitnehmer sitzt.

3m. Krüppelspulen. Zeigt die Spulenform Unschönheiten und läßt die Wicklung zu wünschen übrig, so sind abgenützte Exzenter, Spiel in den Lagerungen, lose Steuerteile und fehlerhafte Einstellungen die Schuld daran. Diese Maschine muß ausgeschaltet und überholt werden.

3n. Übermäßiger Abfall hat oft seinen Grund in zu frühem Ausbrechen der ablaufenden Spulen im Gatter und kann durch eine peinliche Aufsicht vermindert werden.

3o. Gütevermischungen. Zum Schluß sei noch darauf hingewiesen, daß beim Vermischen von Gespinsten und Vorzwirnen verschiedener Herkunft oft recht nachteilige Folgen für das Fertiggut entstehen, weshalb streng darauf zu sehen ist, daß die Ausgabe nur durch den Meister oder einen Vertrauensmann geschieht, daß das Verwechseln von Vorzwirnkästen durch strenge Aufsicht vermieden werde, daß die Kreuz-wickel nur doppelreihig aufgestapelt werden, daß die Kastenzettel nie fehlen und die Abzüge nicht durcheinander kommen.

d4. Die Abfälle in der Zwirnerei. Man kann in der Zwir-nerei bei einer Fachung von 4 mit 2% Abfall rechnen, er kann sich aber bis auf 0,5% vermindern, wenn man mehr 2fach oder 3fach zwirnt.

Um Zwirnfehler zu vermeiden, haben die Meister auf die Einhaltung der folgenden

B e) **Bedienungsvorschriften**

besonders zu achten.

e1. Gespinstausgabe. Die gefachten Gespinste hat nur der Zwirnmeister an die Zwirnerinnen auszuhändigen.

e2. Das Anstecken einer Maschine muß in einer Stunde beendet sein. *2a. Das Aufstecken* geschieht wie folgt: a1) Die Spulen werden auf die gereinigten Stifte gesteckt, die Fäden durchgezogen und an die Hülsen festgemacht. a2) Die Ringplatten sind einzufetten und mit den richtigen Läufern zu versehen.

e3. Das Anlassen. Die Maschine ist vorsichtig anzulassen, worauf die Zwirnerin gut beobachten muß, ob alles in Ordnung geht.

e4. Das Bedienen. *4a. Schwergehende Läufer* sind nachzufetten, besonders früh und mittags, sonst werden die Fäden angerissen. Ist

4b. der Zwirnzug infolge zu schwerer Läufer zu stark, so sind andere einzusetzen.

4c. Schleudert hingegen der Zwirn, und schlagen Schleier benach-barter Zwirne aneinander, wodurch sie aufrauhen, so sind entweder die Läufer zu leicht oder die Teilung nicht der Zwirnnummer an-gepaßt, oder die Spindel steht nicht in der Mitte des Ringes; alle Spin-deln sind daraufhin zu prüfen und richtig einzustellen und nötigenfalls der Zwirn auf einer Maschine mit größerer Teilung zu verarbeiten.

4d. Das häufige Reißen der Gespinste oder die Vorzwirne wird durch zu schwere Kreuzwickel, Fallfäden an den Enden, abgenützte Hülsen und zu schräg stehende Rahmenstifte verursacht. Die Spulerei ist ent-sprechend zu benachrichtigen und die Stiftstellung abzuändern. Bei

4e. Hängenbleiben der Wagen, bei *ungewöhnlichem Geräusch* oder bei *Überlaufen*, d. h. zu hoch oder zu tief Laufen der Spulen, wenn der Wagenhub nicht mit dem Schaft der Hülse übereinstimmt, ist die Maschine anzuhalten und der Meister sofort herbeizurufen.

4f. Reißt ein Zwirn, so ist die Druckwalze aufzuheben und die Spule sofort abzuziehen, um ein Schleudern des Fadenendes zu ver-meiden, weil sonst Anflug und Schmutzstreifen auf den Nachbarzwirnen entstehen.

4g. Ablaufende Vorzwirnspulen sind rechtzeitig anzuknüpfen, dabei darf das ungezwirnte Ende nicht mit einlaufen.

4h. Das Knüpfen der Fäden geschieht durch Weberknoten, sog. Vogelköpfe sind streng verboten. Die Knotenenden dürfen höchstens 1 cm lang sein. Vogelköpfe, schleifrige Knoten und solche mit zu langen Enden werden durch scharfe Aufsicht vermieden.

Vor dem Knotenknüpfen Hände abwischen, sonst entstehen schmutzige Knoten. Jeder Knoten muß verzwirnt werden, d. h. der Zwirn muß hinter dem Knoten die richtige Drehung haben. Dies wird erreicht, indem der Knoten so geknüpft wird, daß er auf die Druckwalze zu liegen kommt, oder indem der Faden langsam einläuft.

4i. Das Abziehen. a1) Die Spulen dürfen nicht dicker werden als der Durchmesser des Tellers der Zwirnspule. a2) Die Zwirne der vollen Spulen werden beim Niedergehen des Wagens plattenweise durchgeschnitten, vom Unterzylinder entfernt, die Spulen abgezogen, auf Lockerdraht angesehen, auf den linken Arm gestapelt und in die Kisten geordnet. a3) Schmutzige und Lockerdrahtspulen werden vorn auf die Maschine gestellt und vom Meister abgezogen. a4) Die Spulen sind nicht an die Unterzylinder zu legen, weil sie Flecke bekommen. a5) Die leeren Platten sind zu putzen, die Ringe gleichmäßig zu fetten, die Läufer nachzusehen, die Hülsen aufzustecken und nun der Zwirn anzuknüpfen.

4j. Bei lockerer Schnur ist die Spule abzuziehen und die Druckwalze hochzulegen. Lose Schnüre ergeben Lockerdraht.

4k. Großputz. k1) Die Platten werden einmal wöchentlich, Donnerstags oder Freitags, gründlich vom Rost gereinigt und k2) über die Hälfte eingelaufene Läufer sind durch neue zu ersetzen. Es werden k3) die Spritzbleche wöchentlich einmal gewaschen, k4) die Zylinder und k5) die Druckwalzen nach Bedarf von Wasserschlamm und schwarzen Flecken befreit. k6) Blanke Teile der Maschine sollen stets rostfrei sein. Es sind k7) die Wassertröge nach Bedarf zu reinigen und während des Ganges genügend voll Wasser zu halten. k8) Die Aufsteckstifte von Fäden und Schmutz zu säubern und k9) die Hülsen von allen Garnresten zu befreien.

4l. Das Nummerwechseln ist so zu beschleunigen, daß die Maschine in einer Stunde wieder läuft (Läufer ändern). l1) Die abgesteckte Nummer ist von der Maschine zu entfernen, ehe die neue Nummer übergeben wird. l2) Auf der Maschine dürfen nur die Spulen für einmal Aufstecken liegen und nur in zwei Reihen übereinander.

4m. Abfälle. Jede Zwirnerin bekommt einen Messinghaken zum Losreißen der Wickel und eine Tasche für den Abfall, der nur in die Kisten, niemals auf die Maschinenbretter gelegt werden darf.

III. Das Aufmachen der rohen Zwirne.

Die im vorhergehenden beschriebenen Verfahren zur Herstellung handelsfähiger roher Zwirne bestehen darin, daß für die einfachen oder einstufigen Zwirne die aus der Spinnerei kommenden Gespinste zuerst zu 2, 3 oder mehr auf einer Spulmaschine zu Scheibenspulen oder Kreuzspulen gefacht und dann auf einer Zwirnmaschine zu Zwirn zusammengedreht werden. Nachdem der Webzwirn in endlose Stränge auf der Weife (Haspel) umgewickelt und zu Puppen mittels eines einfachen Drehhakens ausgebildet ist, wird er in der Bündelpresse unter starkem Druck zu Packen vereinigt, oder der Webzwirn wird auf Spulmaschinen zu Kreuzspulen aufgewickelt und in Kisten verpackt dem Handel übergeben. Für die zweifachen oder zweistufigen rohen Zwirne, z. B. das vier- oder sechsfache Litzen- oder Kordel-Kord-Garn (französisch Cablé-Cordonnet), folgt nach der ersten Zwirnmaschine, auf der 2 Gespinste gezwirnt wurden, eine Spulmaschine, auf der 2 oder 3 Vorzwirne vereinigt werden, oft auch noch eine Schärmaschine, auf der eine Kette gebildet wird, und eine Nachzwirnmaschine, welche das 4- $(2 \cdot 2)$ bzw. das 6- $(3 \cdot 2)$ Kordgarn herstellt. Die weitere Aufmachung ist dieselbe wie beim einfachen Zwirn.

III A. Die Aufmachung zu Bündeln.

A a) Das Haspeln oder Weifen.

a 1. Die Haspeln oder Weifen (31 b, 35). Auf ihnen wird das Gespinst oder der Zwirn von dem Spulen- oder Kötzerwickel in die Rundstrang- oder Strähnform übergeführt. Der Rundstrang, oft Schneller genannt, weil früher bei beendeter Aufwicklung ein Federhammer auf eine Glocke schnellte und das Zeichen der Arbeiterin zum Abnehmer der Stränge oder Strähne gab, kann in 7 oder 10 Unterabteilungen $1 \div 7$ $(1 a_{10})$ aufgewickelt und an 2 oder 3 Stellen quer zu den Wicklungen mit Fitzgarn 8 abgebunden werden, weshalb der Strähn auch Gebinde heißt; oder die Wicklungen liegen in der gewünschten Anzahl nebeneinander $(1 b_{10})$, welches Gebilde zum Unterschied von den unterteilten Gebinden auch glatter Strang genannt wird. Kreuzen die Wicklungen sich sehr stark $(1 c_{10})$ und bilden sich durch ihre Wiederholungen Bändchen, so heißt das Wickelgebilde Kreuzstrang oder Grantstrang, nach dem Einführer dieser Wicklung in die Haspelei.

Die Gebindeeinheit der Gespinste hat bei der englischen Numerierung eine Länge von $^1/_7$ Strang $= ^1/_7 \cdot 840$ Yards $= 120$ Yards $= 109{,}728$ m. Sie bilden 80 Windungen auf der Haspelkrone von 1,5 Yards $= 1{,}37157$ m Umfang und alle nehmen auf ihr eine Breite von $50 \div 60$ mm ein — je nach der Gespinst- oder Zwirnnummer; bei der metrischen und französischen Numerierung ist in der Gebindeinheit $^1/_{10}$ Strang $= ^1/_{10} \cdot 1000$ m $= 100$ m; sie bildet 70 Windungen auf der Haspelkrone von 1,428 Umfang. Für Zwirne können die Gebinde beliebige Anzahl Windungen haben; ihre Berechnung siehe S. 124.

Am Haspel werden unterschieden die Aufsteckung oder das Ablaufzeug, die Gespinst- oder Zwirnführung und die Haspelkrone.

1 a. Das Ablaufzeug ist meistens eine auf einem gußeisernen Träger befestigte Latte *1* (*2*, *4₁₀*) mit einfachen Stahlstiften *2*, auf denen kegelige oder kreuzweise geschlitzte Holzaufsätze *3* für die Kreuzspulen *4* (*4₁₀*) oder die Kötzer *4* (*2₁₀*) mit Harthülsen festsitzen oder mit geschlitzten Stiften zur Aufnahme der Kötzer mit Weichhülsen geringer Durchmesser oder mit sich drehenden Spindeln *3* (*3₁₀*) ähnlich der nach 54₃, jedoch ohne abnehmbaren Ölbecher $15 \div 19_0$, in dessen Wirtel *4''* (*3₁₀*) eine einseitig befestigte Schnur *0* liegt, welche andererseits ein Bremsgewicht *0₀* trägt, um die Ablaufspannung des Zwirnes zu regeln. Auf diesen *3*, die geneigt oder waagerecht angeordnet sein können, werden die *4* mit parallel zur Achse gewundenen Schichten abgehaspelt, bei welchen das Gespinst senkrecht zur Wickelachse ablaufen und es daher die Spule drehen muß, wie z. B. auch die Doppelflanschenspulen *0''* (*8₃*) die Archimedesspulen *9''* (*55₃*).

1 b. Die Zwirn- oder Gespinstführung besteht aus einem Fadenführer *5* (*2*, *3₁₀*), einer Putzplatte oder Walze, oft mit Plüsch beschlagen, *6*; bei Weifen, auf denen gleichzeitig gefacht wird, für jedes Gespinst noch aus einem Wächter *7*, *8₀*, *9ₓ*, *10*, aus der Glasstange *11* und dem Sauschwänzchen oder einer Schlitzführung *12*, welche beide auf einer Latte *13*, *14—15₀*, die in der oberen Rinne der Stützen verschiebbar ist, angeordnet sind. Die Latte *13*, *14* wird entweder durch den Daumen *51* nach Aufwicklung der Längeneinheit des Gebindes über *1'* : (*80'—70'*) (*3₁₀*) oder nach Aufwicklung einer beliebigen Anzahl Wicklungen (*2₁₀*) über *1'*, *60'* — *a'*, *b'* — *c'*, *d* — *30'*, *30'* um etwa 10 mm verschoben, oder sie erhält eine ständige hin- und hergehende Bewegung (*4₁₀*) durch *15!*, *14—14*, *13*, *12* für die Bildung von glatten, nicht unterbundenen Strängen für die Bleicherei, Färberei und Glänzerei. Statt nur die Gespinstführung $5 \div 14$ bei ortsfestem Vorgut *4* hin- und herzubewegen, gibt es auch englische Ausführungen (*17 e*), bei denen das *4* (*5₁₀*) und die Führungen $5 \div 8$, wobei *7* eine Bürste und *8* eine Schlitzplatte, der sog. Knotenfänger ist, auf einem Wagen *9* angeordnet sind, der über Räder *0''* hin- und hergeschoben wird.

1c. Der Gespinstwächter wird meistens nur bei Weifen verwendet, welche für bis zu 12 Fachungen eingerichtet sind, um die Weife sofort anzuhalten, wenn ein Gespinst abläuft oder zerreißt. Dann verursacht das Übergewicht der Wächterhebel 10, 9_x, 8_0, 7 (2, 3_{10}), daß die Flügelwelle 16, 17_x, 16 angehalten wird, welche über i' und 17_x den Keil 18, die Kupplung mit welligen Eingriffsflächen $19''$, $20''$, $21''$, die Räder $22'$, $23'$ von der Welle $180_x''$ (2_{10}) getrieben wird. Infolge des Stillstandes der Kuppel $20''$ verursacht die weiterlaufende $21''$ eine Rechtsverschiebung von $20''$, $19''$ über den 18 und über den Hebel 24, 25, 26_x, 27, unter Heben des Gewichtes 29_0, das durch eine über die Leitrolle $28''$ gehende Schnur mit 24, 25, 26_x, 27 verbunden ist, ein Auslösen des Hakens 30, 31_x, 32 aus der Rast 33 und eine Linksdrehung des unter Wirkung der Feder 34_0 stehenden Hebels 35, 36_x, 37, so daß durch den Stellring $38!$ die Stange mit Handhaben 38, 39 des Gabelarmes 40, den Riemen 41 von der Festscheibe $180_f''$ auf die Losscheibe $180_l''$ befördert. Gleichzeitig wird das über die Scheibe $42''$ gehende Bremsband 43, das einerseits in $44!$ am Gestell, andererseits an der Riemengabelstange 40 befestigt ist und über die Leitrolle $45''$ geht, angezogen und ein sofortiges Anhalten der Weifenkrone verursachen. Es ist dieses nötig, damit kein Gespinst in der Fachung und keine Wicklungen im Strang fehlen. Deshalb verwendet man auch oft den Absteller bei den Zwirnhaspeln, bei denen es darauf ankommt, daß beim Ablaufen des Vorgutes kein Windungsausfall entsteht (35).

1d. Der Antrieb. Bei den durch 3, 4_{10} dargestellten Weifen erfolgt der Antrieb vom Motor M auf die Welle $332_x''$ der Haspelkrone durch (3_{10}) $30'$, $110' - a'$, $b' - (130'' - 146'' - 162'' - 176'')$, ($176'' - 162''$ $- 146'' - 130''$) $- c''$, $332''$ bzw. (4_{10}) $30'$, $110' - a'$, $b' - (105'' \div 150'')$, ($150'' \div 105''$) $- c''$, $332''$, worin c'' und $332''$ Reibungsräder sind. Der Riemen R wird auf den Stufenscheiben (3_{10}) unmittelbar von Hand verlegt, während er bei Kegelantrieb (4_{10}) von einer Riemengabel $101!$ geführt wird, welche auf einer Zahnstange $102'$ befestigt ist, die über den Trieb $103'$ vom Handrad $104''$ auf ihrer Unterstützung 105 verschoben werden kann, um die zuträgliche Höchstgeschwindigkeit für das Haspeln einstellen zu können. Die Welle c_x'' (3_{10}) des Triebes c'' ist einerseits wie der obere Kegel $105'' \div 150''$ (4_{10}) in einem drehbaren Lager 106_x und andererseits in einem Lager 107^x geführt, das auf dem Hebel 36^x, 39 (3_{10}) befestigt ist.

1e. Die Wirkung des Wächters. Fehlt in den Ausführungen 3, 4_{10} ein Gespinst oder der Zwirn, so hält der niederfallende 7, 8, 9_x, 10 (3_{10}) die Drehung von 16, 17_x, 16 und damit über i', i', $17_x \div 20''$ auf. Die weiterlaufende $21''$ verschiebt $20''$, $19''$ über den Keil 18 nach rechts und der 24, 25, $26_x - 27$, 30_x, 32 zieht den 32 unter der 33 weg, der 39, 36_x, 40 fällt unter dem Gewicht 34_0 der getriebenen Stufenscheiben oder des getriebenen Kegels *105″÷150″* (4_{10}) nach unten, der Antrieb auf *332″* hört auf und das Band *40, 43, 44!* bremst die Scheibe *332″* zum sofortigen Stillstand der Haspelkrone. Der obere Kegel *105″÷150″* hängt dazu in einem Arm *107$_x$, 108* des Doppelhebels *108, 36$_x$, 39*, dessen *33* sich gegen den *32, 26$_x$, 27* stützt, welcher stets durch die Feder *60$_0$* festgelegt ist. Der wie bei Ausführung *3$_{10}$* wirkende Selbstabsteller bei fehlendem Zwirn ist hier nicht gezeichnet. Um den Haspel beliebig abstellen zu können, sind in *2$_{10}$* der Stellring *38!* und das Hebelende *37* unabhängig voneinander und bei der Ausführung *3$_{10}$* eine Hebeleinrichtung *31$_0$, 31^x, 31* auf dem Abstellhebel *39, 34$_0$, 36$_x$, 40* vorgesehen, durch die beim Erfassen der Handhabe *39* bei gleichzeitigem Niederdrücken des Endes *31$_0$* die Stange *31* den Haken *32, 30$_x$, 27* unter der Rast *33* wegzieht.

1f. Der Gebindeleger. Die Verlegung der Führung *12* (2, 3_{10}) nach Aufwicklung der Gebindeeinheit erfolgt durch die ruckweise geradlinig oder sich drehend bewegte Treppe *46÷50* einer Gebindelegevorrichtung. Diese wird betätigt von der Haspelwelle durch die Übersetzung *1′ : 80′* oder *70′* (3_{10}), je nachdem, ob ein englisches oder metrisches Gebinde verlangt wird. Bei jeder Umdrehung des Windungsrades *80′—70′* wird durch den Stift *51* ein Zahn *48′* weitergeschaltet bzw. gehoben (2_{10}), wodurch die Feder *15$_0$* die folgende Staffel der Treppe *46*, die meistens *5÷13* Stufen hat, vor den Zapfen *14* der Führungslatte *13* stellt und die Fadenführer *12* um die Staffelbreite zur Seite verschoben werden. Eine Gegenklinke *52, 53$_x$, 54$_0$* sichert die Lage der *46÷50* bei der Verlegung.

1g. Die Änderungen der Anzahl Windungen je Strähnchen. In der Zwirnerei rechnet man nicht wie in der Spinnerei mit festliegenden Gebindezahlen, daß also z. B. 7 Gebinde auf einen Strang oder eine Zahl englisch und 10 Gebinde auf einen Strang oder eine Zahl metrisch gehen; sondern man richtet sich nach dem an der Weife befindlichen Gebindeleger *46—46′* (2, 3_{10}) und berechnet die Windungen je Gebinde unter Zugrundelegung eines gewünschten Gewichts für den Strang oder die Zahl. Dementsprechend müssen die Übersetzungen zwischen Haspelkrone und Gebindeleger auswechselbar sein. Bei den Weifen nach 3_{10} läßt sich das Rad *80′* für den englischen Strang bzw. das *70′* für den französischen oder metrischen Strang auswechseln. Schneller geht das Ändern der Windungszahlen bei der Verwendung einer Kette *70′—80′* (4_{10}), wovon jedes Glied einer Windung (Haspelung) entspricht und leicht herausnehmbar oder einsetzbar ist. Um die Anzahl Windungen jedes Strähnchens verändern zu können, ist in der Ausführung nach 2_{10} eine Übersetzung *1′, 60′ — a′, b′ — c′, d′ — 30′, 30′* eingebaut, deren Berechnung und Auswechslung umständlich ist.

Sollen die Anzahl Windungen im Gebinde schnell und leicht geändert werden, so ersetzt man die Übersetzung *1′, 80′* bzw. *1′, 70′* (3_{10})

durch ein Kegelradpaar *61'*, *62'* (*6₁₀*) mit der Zählspindel *63'*, in deren spitzes Gewinde der Läufer *64*, *65ˣ*, *66—65ˣ*, *67*, *68* greift, dessen Hülse *67* auf der Stange *69* geführt wird. Beim Steigen gibt der Zeiger *68* auf der Einteilung die Anzahl Windungen an. Oben angelangt, hat das Ende *66* den Hebel *70₀*, *71ₓ*, *72* gehoben und durch die Zugstange *72*, *73!*, *74* den Klinkenhebel *74*, *50ₓ* mit Klinke *51* nach rechts gedreht, wodurch ein Zahn *48'* weitergeschaltet wurde, und die nächstfolgende Staffel *46'* sich dem Zapfen *14* (*2*, *3₁₀*) darbietet. Gleichzeitig mit dem Heben des *70₀*, *71ₓ*, *72* wurde durch eine kleine Linksdrehung der *64*, *65ˣ*, *66—65ˣ*, *67*, *68* aus der *63'* entfernt und fiel in seine tiefste, durch die Stellmutter *75!* begrenzte Lage, in der er sofort wieder mit der Spindel *63'* gekuppelt wurde. Die Fallhöhe bestimmt die Anzahl Windungen des Gebindes auf dem Haspel. Nach Beendigung des letzten Gebindes rückt die Weife selbsttätig aus (31 b).

1 h. Der Selbstabsteller bei fertigem Strang. Sind die Gebinde (7 Einheiten bei der englischen, 5 oder 10 bei der französischen oder metrischen Numerierung) fertiggestellt, so bietet sich bei der nun folgenden Verlegung der Treppe *46÷50* (*2₁₀*) die Staffel *56* der Rolle *57''* dar; der Hebel *57''*, *58ₓ*, *59* wird unter Wirkung der Feder *60₀* eine Linksschwingung ausführen und den Haken *32*, *31ₓ*, *30* aus der Rast *33* heben; es erfolgt nun wie bei Gespinstmangel durch die Feder *34₀* über *35*, *36ₓ*, *37—38!*, *39—40* das Überführen des Riemens *41* auf die Losscheibe *180₁''* und durch *42''÷45''—40* das sofortige Anhalten der Maschine. Ähnlich stellt sich nach Erledigung aller Stufen der Treppe *46!* (*3₁₀*) der kleinere Durchmesser *56* des mit *46'*, *48'* verbundenen Nockens *49* vor die Rolle *57''*, so daß durch die Verbindung *57''*, *58ₓ*, *59—59*, *27—60₀* der Haken *27*, *26ₓ*, *32* von der Rast *33* zurückgezogen und über die Verbindung *39*, *36ₓ*, *40—34₀—40*, *43*, *44!* der Haspel schnell abgestellt wird (31 b, 35).

Bei der Ausführung nach *4₁₀*, bestehend aus der Übersetzung *1'* und dem Kettenrad *60'*, dessen Kette ebensoviel Glieder hat als Haspelumläufe für die Gebindeeinheit (*80'* bei englisch und *70'* bei französisch), verursacht das hohe Glied *56* der Kette das Ausschwingen des Kettenhebels *27*, *26ₓ*, *32*, wodurch über die Verbindungen *33*, *36ₓ*, *108—108*, *107ˣ* die Scheibe *c''* außer Berührung mit *332''* kommt und durch das Band *40*, *43*, *44!* gebremst wird (35).

1 i. Das Fitzen. Nach Fertigstellung der Wicklung werden die einzelnen Gebinde durch ein abwechselnd über und unter die Stränge geführtes Fitzgarn *8* (*1 a₁₀*) an 2 oder 3 Stellen unterbunden und die glatten Stränge durch einen 5- bis 6mal in möglichst gleichen Abständen lose geschlungenen Fitzfaden *8* (*1 b₁₀*) abgebunden, um das Ineinandergeraten der einzelnen Windungen bei der weiteren Verarbeitung, was oft Verfitzen oder Verfilzen genannt wird, zu verhüten und so bei größter Geschwindigkeit ein Abwickeln des Stranges ohne Abreißen zu gewährleisten.

1j. Die Haspelkronen sind gebildet aus den Latten *81* (2_{10}) (Leisten aus zusammengeleimtem Fichten- und Erlenholz), den Armkreuzen *82*, *83* mit Nabe *84*, der etwa 38 mm dicken durchgehenden Welle *180$_x$"* und der zwischen den Naben *83* vorgesehenen Blechröhre *84"*. Die Haspel sind gebaut entweder für einen starren Umfang (3, 4_{10}) (1,37157 m englisch, 1,428 m französisch) oder mit zwischen 2 Grenzen wechselbaren Umfängen (2_{10}), wie sie aus den Angaben der Tafel 6$_c$ (35) zu entnehmen sind.

1k. Die Größe der Haspeln. Auf jeden Haspel (Weife) können gleichzeitig 30 ⊆ 60 Stränge je nach der Gespinstnummer hergestellt werden. Die entsprechenden Werte entnehme man der Tafel 5$_c$ (35).

1l. Das Entspannen der Strähne. Die fertigen Stränge werden dadurch entspannt, daß man die auf der Hülse *10$_x$* (5_{10}) der Arme *10* drehbaren Arme *11^x*, *11* und *12^x*, *12* der Kronen, nach Lösen z. B. von zwei Lederbändern *13*, welche die Kronenarme auseinanderhalten, zusammenführt, wodurch die Stränge entspannt werden und sich so leicht gegen das eine Ende der Kronen verschieben lassen, oder daß einer der Arme aus zwei Teilen *82*, *83* (3_{10}) besteht, deren einer, *82*, klappbar ist, aber in der gestreckten Lage durch eine Schiebehülse *85* od. dgl. gehalten wird oder beim Haspel mit veränderbarem Umfang dadurch, daß alle Arme *81*, *84* (2_{10}) aus zwei Teilen bestehen, deren einer *82* als Zapfen in einer Hülse *83* der Nabe *84* steckt und die Kronenlatten *81* durch Arme *85*, *86* an Hülsen *87* angelenkt sind, die sich auf dem Rohr *84"* verschieben lassen. Dazu sind alle Hülsen *87* durch Stangen *88* verbunden, welche einerseits in einer Hülse *89* befestigt sind, die mit Stiften *90* in die Ringnut *91* einer Mutter *92*, *92"* greifen. Die Mutter umfaßt das Gewinde *93* der Welle *180$_x$"*. Sollen die Arme *81* der Achse *180$_x$"* genähert werden, so dreht man das Handrädchen *92"* der Mutter *92* so, daß sie sich nach links verschiebt. Die Verschiebung nach rechts wird durch den Stellring *94!* begrenzt, um stets des richtigen Weifenumfanges sicher zu sein (35).

1m. Das Abnehmen der Strähne. Um das Abnehmen der Strähne, welche auf die dem Antrieb gegenüberliegende Seite der Weifenachse geschoben sind, zu ermöglichen, ist die Welle *180$_x$"* (2_{10}), *332$_x$"* (3_{10}) entweder in der Nabe eines ¾-Mondrades *95*, *96* (7_{10}), das mit einer Rille auf einer halbkreisförmigen Rippe *97* der Stütze *98* ruht oder in einem festen Arm *99* (8_{10}) und einer klappbaren Brücke *100*, *101*, welche beim Weifen ($8a_{10}$) hochgestellt ist, gelagert (14e). Im ersten Fall genügt es, den Strang *0* von der Achse *180$_x$"* ($7a_{10}$) über die Mondradstütze *95* zu verhängen ($7b_{10}$) und diese zu verdrehen ($7c \div f_{10}$), worauf der Strang *0* ohne weiteres abgenommen werden kann. Bei der zweiten Lagerung wird die Brücke *100*, *101* (8_{10}), nachdem der Strang über sie im Sinne der Pfeile auf die Querstrebe *98* verhängt wurde ($8a_{10}$), um den Zapfen *102* gedreht ($8b_{10}$), alsdann um den Zapfen *103* aufgerichtet ($8c_{10}$), wobei die Achse *180*$_x''$ auf die *99* gelangte, was das Entfernen der *0* gestattet. Hierauf wird die Brücke wieder in ihre Anfangslage ($8a_{10}$) zurückgebracht (31b, 35).

1n. Die Berechnung der Windungen für 1 Strang oder 1 Gebinde. Gegeben sind die Anzahl Gebinde g des Zwirnstranges und sein Gewicht p_1. Gesucht die dem Gewicht p_1 entsprechenden Zwirnwindungen (Faden) w. Der gewöhnliche englische Strang hat 560 Windungen (840 Yards: 1,5 Yards Umfang des Haspels) und ein Gewicht von $453{,}59 : N_e$ Gramm. Dieses erhöht sich bei der Fachung auf $f \cdot 453{,}59 : N_e$ Gramm. Mithin läßt sich folgern:

Auf $f \cdot 453{,}59 : N_e$ Gramm geht ein Strang von 560 Windungen,

» p_1 Gramm geht ein Strang von $g \cdot w$ Windungen, mithin ist:

$$g \cdot w = 560 \cdot N_e \cdot p_1 : f \cdot 453{,}59 = 1{,}235 \cdot N_e \cdot p_1 : f,$$

also gehen auf 1 Gebinde w Windungen, d. h.

$$w = 560 \cdot N_e \cdot p_1 : g \cdot f \cdot 453{,}59 = 1{,}235 \cdot N_e \cdot p_1 : f \cdot g.$$

Angenommen für Häkelgarn 28/6 soll der Strang (die Zahl) 5 Gebinde haben und nach dem Bleichen 46 g wiegen. Wenn erfahrungsgemäß mit einem Bleichverlust von z. B. rd. 4% zu rechnen ist, dann muß die Zahl $46 \cdot 1{,}04 = 47{,}84$ g auf dem Haspel wiegen, mithin gehen auf 1 Gebinde eine Anzahl Windungen (Faden) von:

$$W = 47{,}84 \cdot 1{,}235 \cdot 28 : 6 \cdot 5 = 56.$$

Aus der Fadenführerverschiebung (2_{10}) berechnen sich die Windungen bei gegebenen Wechseln wie folgt: Für w Windungen macht die Haspelkrone w Umläufe, und der Daumen hebt einen Zahn der Zahnstange *49'*, worauf das folgende Gebinde gebildet wird. Mithin: $w \cdot \dfrac{1'}{60'} \cdot \dfrac{a'}{b'} \cdot \dfrac{c'}{d'} \cdot \dfrac{30'}{30'} = 1$, woraus $\dfrac{b'}{a'} \cdot \dfrac{d'}{c'} = \dfrac{u}{60}$. Soll das Gebinde z. B. 60 Wicklungen haben, so ist: $\dfrac{b'}{a'} \cdot \dfrac{d'}{c'} = \dfrac{60}{60} = 1$; dieses wird erfüllt durch $\dfrac{26'}{52'} \cdot \dfrac{36'}{18'}$, d. h. $b' = 26'$; $a' = 52'$; $d' = 36'$; $c' = 18'$. Bei 56 Windungen des Gebindes ist: $\dfrac{b'}{a'} \cdot \dfrac{d'}{c'} = \dfrac{56}{60} = 0{,}934$; mithin: $a' = 30$; $b' = 56$; $c' = 52$; $d' = 26$.

Statt der Windungen w für 1 Gebinde werden oft die Fäden je Strang, also $g \cdot w$ Windungen, verlangt; es ist dann:

$$w \cdot g = \frac{p_1 \cdot 1{,}235 \cdot N_e}{f}.$$

Ist $g \cdot w = 710$, dann ist: $\dfrac{b'}{a'} \cdot \dfrac{d'}{c'} = \dfrac{710}{60} \cdot \dfrac{76'}{18'} \cdot \dfrac{54'}{18'} = \dfrac{71}{6}$.

Ist $g \cdot w = 560$, dann ist: $\dfrac{b'}{a'} \cdot \dfrac{d'}{c'} = \dfrac{560}{60} \cdot \dfrac{56'}{20'} \cdot \dfrac{60'}{18'} = \dfrac{56}{6}$.

So wurden die Werte 7$_c$ erhalten (31 b).

1o. Die Haspeldrehzahlen. Beim Abhaspeln von stehenden Wickel-gebilden im Sinn der Achse macht die Haspelkrone bis zu 400 Um-drehungen, von zu drehenden nur von 100 an, so daß die Wickel-geschwindigkeit in der Minute $570 \div 140$ m beträgt. Die Tafel 8$_c$ gibt einige Werte (35).

1p. Die Abzüge in 10 Stunden. Beim Abhaspeln von stehenden Wickelgebilden im Sinn der Achse rechnet man $40 \div 55$ Abzüge, von zu drehenden *$30 \div 40$*.

1q. Die Anzahl Wickeleinheiten je Arbeiterin. Diese hängen von den Nummern und den Wickelgeschwindigkeiten ab. So kann z. B. beim Abwickeln von Kötzern der Gespinst-N_e *$20 \div 30$* eine Arbeiterin 50 Stränge bedienen.

1r. Die Berechnung der Lieferung der Weifen. Es bezeichne $f =$ Fachung, $U =$ Weifenumfang; $w =$ Zahl der Wicklungen je Gebinde; $g =$ Anzahl Gebinde je Strähn; $W =$ Anzahl Wickeleinheiten der Weife (Spindeln, Schneller, Zahl oder Strähne); $A =$ Arbeitsstunden in der Woche; $n =$ Drehzahl der Weife; $t_1 =$ Zeit zum Abziehen der Stränge plus Zeit zum Putzen der Weife; $t_2 =$ Zeit zum Aufstecken einer Spule, $t_3 =$ Zeit zum Aufstecken neuer Spulen für 1 Strang; $p_1 =$ Gewicht einer Zahl; $p =$ Garngewicht auf einer Spule; $S =$ Anzahl ge-lieferter Strähne in der Arbeitswoche $= 46$ Stunden; $L =$ verbrauchte Gespinstlänge; $P =$ Erzeugung für 46 Stunden in kg. Es folgen nun die:

Arbeitszeit je Woche in Minuten $= 60 \cdot A$;

Minuten zum Haspeln eines Stranges $= \dfrac{w \cdot g}{u}$;

Anzahl Aufsteckungen neuer Spulen für 1 Strang $= \dfrac{p_1}{p}$;

Zeit zum Aufstecken der Spulen für 1 Strang: $t_3 = t_2 \cdot \dfrac{p_1}{p}$;

Anzahl Strähne je Wickeleinheit und Woche:

$$S = \frac{60 \cdot A}{\dfrac{w \cdot g}{u} + t_1 + t_3} = \frac{60 \cdot A}{\dfrac{w \cdot g}{u} + t_1 + t_2 \cdot \dfrac{p_1}{p}};$$

Gespinstlänge je Wickeleinheit:

$$L = S \cdot w \cdot g \cdot f \cdot 1{,}5 = \frac{60 \cdot A}{\dfrac{w \cdot g}{u} + t_1 + t_2 \cdot \dfrac{p_1}{p}} \cdot w \cdot g \cdot f \cdot 1{,}5.$$

Hergestelltes Strangengewicht P in der Wickeleinheit in kg je Arbeitswoche:

$$P = \frac{L}{k \cdot N_e \cdot 1000} = \frac{60 \cdot A}{\dfrac{w \cdot g}{u} + t_1 + t_2 \cdot \dfrac{p_1}{p}} \cdot \frac{w \cdot g \cdot f \cdot 1,5}{1,69 \cdot N_e \cdot 1000} =$$

$$= \frac{0,053255 \cdot A \cdot w \cdot g \cdot f}{\left(\dfrac{w \cdot g}{u} + t_1 + t_2 \cdot \dfrac{p_1}{p}\right) \cdot N_e}.$$

Die Dauer eines Abzuges (Wickelzeit + Abziehzeit + Aufsteckzeit) schwankt bei 350 Haspelumdrehungen und 36 Spindeln zwischen 15 und 22 Minuten. Das Gewicht des Zwirnes auf einer Spule von 150 mm Hub, 28 mm innerem und 64 mm äußerem Durchmesser beträgt ungefähr 58 g. Der Bruch aus Stranggewicht durch Zwirngewicht einer Spule bleibt in den Grenzen 1,65÷1,56. Die Zeit t_1 zum Abziehen kann zu 5÷6 Minuten angenommen werden. Die Zeit t_2 zum Aufstecken neuer Spulen liegt zwischen 4,5 und 6 Minuten. Der Wirkungsgrad des Haspels hängt von der Geschicklichkeit der Arbeiterin ab und wechselt zwischen 0,65÷0,80.

Beispiel. Angenommen ein Zwirn 30/3; $A = 46$ Arbeitsstunden in der Woche; $wg = 1074$ Wicklungen (je Strang); $u = 350$; $t_1 = 5$ Minuten; $t_2 = 5,25$ Minuten; $p_1 = 91,4$ g; $p = 55$ g; $N_e = 30$; $f = 3$; dann ist:

$$S = \frac{60 \cdot A}{\dfrac{w \cdot g}{u} + t_1 + t_2 \cdot \dfrac{p_1}{p}} = \frac{60 \cdot 46}{\dfrac{1074}{350} + 5 + 5,25 \cdot \dfrac{91,4}{55}}$$

$$= \frac{2760}{3,07 + 5 + 5,25 \cdot 1,66} = \frac{2760}{16,8} = 164.$$

Auf diese Art wurden die Werte der Tafel 9$_c$ berechnet und aus ihnen die wirklichen Lieferungen ermittelt.

1s. Der Kraftbedarf. Mit 1 PS können 1÷8 Weifen, je nach der Haspeldrehzahl, der Aufsteckung und der Gutnummer getrieben werden. Bei einfachen Gespinsten der $N_e = 20÷30$ gehen auf 1 PS 6 Maschinen zu 40 Strängen. Um sicher zu gehen, rechne man ungefähr ½ PS je Maschine mit festem und ¾ PS÷1 PS mit verstellbarem Umfang.

1t. Knotenfänger für die Weifen der Nähfadenherstellung. Damit Zwirnfehler nicht weiterlaufen, sondern bei der Weife schon ausgeschieden werden, wendet man auf ihr Knotenfänger an, das sind Führungen *1÷4* (22, 23$_3$) mit feinen Schlitzen, die je nach der Nummer verstellbar sind, durch die der Zwirn läuft. Kommt nun eine fehlerhafte Stelle, so reißt er ab, die fehlerhafte Stelle muß ausgeknüpft werden und die Weiferin kann wieder weiterarbeiten. Diese Knotenfänger müssen je nach der Nummer eingestellt werden, und dazu legt man die Angabe der Zusammenstellung 10_c zugrunde. Die Nummern bedeuten $\frac{1}{1000}$ Zoll, d. h. also, daß das Meßblech Nr. 7 7000stel Zoll oder 0,1778 mm stark ist und mithin mit diesen Meßblechen eingestellte Schlitze auch nur Faden von dieser Stärke durchlassen.

1u. Das Auslesen der Zwirne. Rippiger Zwirn, der durch diese Knotenfänger geht, muß in der sog. Ausleserei entfernt werden. Dazu kommen die Strähne 0 (9_{10}), über Stangen 1 gereiht, auf Böcke 2, vor denen die Ausleserinnen sitzen und die Stränge durchziehen, wobei sie den rippigen Zwirn von Hand entfernen. Dieses Auslesen aller fehlerhaften Stellen ist teuer; aber es macht sich durch die einwandfreie Güte des späteren Nähgarns bezahlt.

a 2. Das Docken, Zopfen oder Schlicken, Puppeln.

Um die Strähne, Stränge oder Schneller für das Verpacken geeignet zu machen, müssen sie zu $2 \div 10$ gezopft werden.

2a. Der Docker mit Fußbetrieb. Hierzu wird der Strang 0 (10_{10}) auf den Haken 1 gebracht, dessen Schaft 2 im Lagerbock 3 gefangen und mit einer Seiltrommel $4''$ versehen ist; auf ihr ist ein Seil dreimal geschlungen und oft im ablaufenden Teil, welcher das Gewicht 5_0 trägt, mit einem Stift gehalten. Das andere Ende ist in 6 am Boden befestigt und mit einem Knoten 7 versehen, auf dem ein Tritthebel 8, 9_x ruht, durch dessen Öffnung 8 das Seil geht. Die Arbeiterin hängt den Strang 0 in den 1 und steckt in das freie Ende einen Handstift 10, mit dem sie durch Ruck die Fäden entwirrt und den Strang darauf gespannt erhält, während sie mit dem Fuß den 8, 9_x nach unten bewegt. Beim Abwickeln des Seiles von der $4''$ wird diese und mit ihr der 1 und der 0 sich dreimal drehen. Die Arbeiterin steckt nun das freie Ende durch die Strangöffnung am Haken und hebt den zur Docke oder Puppe (11_{10}) gedrehten Strang aus dem Haken (9).

2b. Der Spindeldocker. Bei einer zweiten Ausführung wird der Strang auf den Haken 1 (12_{10}) der langgewindigen Spindel 2 mit Stellring $3!$ und Gewicht 4_0, dessen Schnur 5 über die Leitrolle $6''$ geht, gehängt, ein Handstift in das entgegengesetzte Ende des Stranges eingeführt und auf ihn ein Zug ausgeübt. Diesem folgt der 1 und weil in das Langgewinde 2 ein Zapfen 7 des Kopflagers 8 hineinragt, so dreht sich der 1 ebensovielmal als Gewindegänge vorbeiziehen, höchstens dreieinhalbmal. Nun wird das freie Ende des gedrehten Stranges durch seine Höhlung am Haken hindurchgeführt und der durch die Drehungen des Stranges gebildete Zopf, oder die Puppe, die Docke oder die Schlicke abgenommen. Durch das 4_0 wird der 1, 2 wieder in die durch Anschlag des $3!$ an dem Bock 9 einstellbare Anfangslage gebracht (67).

2c. Der Mehrdrahtspindeldocker. Um größere Drehungen als dreieinhalb geben zu können, wird die Steigung der Spindel 2 (13_{10}) etwas kleiner gewählt und die Nabe 10 des 1 lose um den Auslauf 11 der 2 angeordnet. Ihre vordere Stirnfläche ist gezahnt und greift mit der Zahnung der fest auf dem Auslauf 11 sitzenden Kuppelhälfte 12 ein, wenn an dem aufgehängten Strang gezogen und die zwischen beiden Kuppeln 10′, 12′ angeordnete Feder 13^0 zusammengepreßt wird. Ist die 2, 11, 3! ganz aus dem Kopflager 8 herausgezogen, so hat der Strang bis zu vier Drehungen erhalten. Läßt der Zug auf den Strang nach, so treibt die 13^0 die 10, 12 auseinander, der Haken geht, ohne an der Drehung der 12, 1 teilzunehmen, in seine Anfangslage zurück. Beim nochmaligen Auszug erfolgt, wie vorhin, ein zweites Drehen des Stranges, das die Größe der ersten Drehung auf acht vermehrt (31 b).

a3. Das Bündeln.

3a. Die Bündelpresse. Der Riemen 1 (14_{10}) treibt über die Festscheibe $2_f''$ die Übersetzung 3′÷6′ die beiden Exzenter 7″; diese heben durch Rollen 8″ und Stangen 9 die Grundplatte 10, auf welcher ein Holzbelag 11 mit vier Rillen zur Aufnahme der Bündelschnüre 12 befestigt ist. Die fünf Puppen 0 sind auf ihm aufgeschichtet; wozu sie auf einen Einlegestab 0_1 gereiht sind und, nachdem dieser in den äußersten Schlitz der fünf Leitenstreben 13, 14 eingeschoben ist, in den Presseraum umgelegt wurden. Sie sind beiderseits durch die fünf Streben 13, 14 gehalten, welche zwischen sich vier Schlitze freilassen, die den vier Rillen in der Grundplatte 10, 11 entsprechen. Nach oben werden die Puppen durch fünf Klappen 15_x, 16 dadurch abgeschlossen, daß in den gegabelten Enden 16 Schließen 17, 18 geführt sind, welche mit ihren Nasen 17 über den Gabelgrund 16 greifen. Nach dem Herausziehen der Stäbe werden durch das Heben der 10, 11 die Puppen auf die Hälfte ihrer ursprünglichen Höhe zusammengepreßt und in dieser höchsten Lage der 10, 11 hat der Anschlag 19! den Haken 20, 21^x, durch dessen Einhaken in die Rast 22 der Riemengabelhebel 23_x, 24 den 1 auf der $2_f''$ hielt, ausgelöst und dieser, der Wirkung der Feder 25_0 folgend, überführt den 1 nun auf die Losscheibe $2_l''$. Die gehobene Stellung der 10, 11 wird durch die Sperrklinke 26, 27_x, 28 im Sperrrad 29′ festgehalten. Sind die zusammengepreßten Puppen mit den vier 12 gehörig verschnürt, so wird die 28, 27_x, 26 an der Handhabe 26 aus den Zähnen des 29′ gehoben und die 7″ durch Drehen des Handrades 30″ in ihre Ausgangslage zurückgeführt, wodurch die 10, 11 so weit zurückgeht, daß sie eben mit dem Arbeitstisch 31 der Presse ist. Nach Zurücklegen der 17, 18_x und der 16, 15_x kann der Bündel 0 herausgenommen werden und eine neue Beschickung erfolgen (13, 28, 31 b). Diese Bündelpressen werden auch mit Vorrichtungen zum selbsttätigen Öffnen und Schließen der 15_x, 16—17, 18_x geliefert, wodurch die Arbeiterin entlastet und die Lieferung erhöht wird. Sie werden ausgeführt für Packen von lbs (4,536 kg) und 5 kg Gewicht. Im ersten Fall betragen die Abmessungen $305 \cdot 229 \cdot 330$ mm, im zweiten $337 \cdot 229 \cdot 330$; für Zwirne sind sie: $300 \cdot 215 \cdot 380$ mm. Sollen Packe von 5 lbs (2,268 kg) hergestellt werden, so bedient man sich einer Einlage aus Lorbeerbaumholz auf der *10, 11* aus Birkenholz.

a 1) Nummer und Bündelzahl je Pack. In jedem Pack befinden sich ebensoviel Puppen als das Gespinst Nummereinheiten hat. Bei 10 Pfund Packen haben die Puppen 10 Schneller, denn $10 \cdot 768{,}096 \cdot N_e$ wiegen $10 \cdot 453{,}59$ g $= 10$ Pfd. (englisch); bei 5 Pfd. Packen hat die Puppe demnach nur 5 Schneller. Weil 5 oder 10 Schneller in einer Puppe vereinigt sind, so zeigt die an der Stirnseite des Packes sichtbare Anzahl von Dokken ohne weiteres die Feinheitsnummer des Gespinstes an. Gespinste über 60 packt man jedoch fast immer mit 20 Schnellern in einer Docke; dementsprechend ist die Gespinstnummer gleich der doppelten Puppenzahl. Bei 5-kg-Packungen ist die Anzahl Docken (zu je 10 Schneller die Docke) um 10% größer als die englische Gespinstnummer Einheiten hat, denn 5 kg $= 5000$ g $= 4535{,}9 + 0{,}01 \cdot 4536$. Aber auch davon abweichende Packungen sind gebräuchlich, so z. B. in Bayreuth, Bayern, hat jedes Bündel 20 Docken zu je halb soviel Schnellern als die Gespinstnummer Einheiten hat. — Z. B.: Ein Bündel Garn $N_e = 24$ hat 20 Dokken zu 12 Schnellern je Docke. — Bei 5-kg-Packungen hat dort jedes Bündel 22 Docken zu halb soviel Zahlen je Docke als die Gespinstnummer Einheiten hat; z. B. ein Bündel Garn $N_e = 24$ hat 22 Docken zu je 12 Schnellern.

In jedem Zwirnpack befinden sich bei zweifachen Garnen ebensoviel Docken als die Gespinstnummer Einheiten hat, aber jede Docke hat nur 5 Schneller oder Zahlen; oder es sind halb soviel Docken als die Gespinstnummer Einheiten hat mit je 10 Zahlen vorhanden, dementsprechend ist die Gespinstnummer gleich der doppelten Puppenzahl.

Bei Zwirnen geht die Zahl s der zu einer Docke vereinigten Schneller von $1 \div 10$, um die Zahl der Docken im vorgeschriebenen Gewicht möglichst einhalten zu können. Im allgemeinen läßt man die Docken aus soviel Schnellern s bestehen, daß die Anzahl der Docken d im Bündel mal s die Gespinstnummer $\dfrac{N}{f}$ angibt, wobei f die Fachung, des Zwirnes z. B., bedeutet. Weil von Nummern $\dfrac{N}{f}$ auf 1 lb $\dfrac{N}{f}$ Schneller gehen, so enthält der Pack (Bündel) von 10 lbs Gewicht $10 \cdot \dfrac{N}{f}$ Schneller, und es ist: $s \cdot d = 10 \cdot \dfrac{N}{f}$, woraus: $d = \dfrac{10 \cdot N}{s \cdot f}$. Beispiel: Ein einfaches Gespinst ($f = 1$) der Nummer $N = 50$, enthält bei $s = 10$ eine Anzahl Docken: $d = \dfrac{10 \cdot 50}{10 \cdot 1} = 50$ Docken.

Zur Erleichterung der Rechnungsstellungen nimmt man so viele Schneller, als zur Erreichung des Gewichtes (10 oder 5 Pfund) nötig sind und bei Über- oder Untergewicht ebnet man dieses durch einen unvollständigen Strang. Die Tafel 11c, welche nach der obigen Formel berechnet wurde, läßt dieses deutlich erkennen.

a2) Angaben. Größen: Presse für Pakete bis 5 kg, 1 m lang · 0,72 m breit; Presse für Pakete 5 bis 10 kg, 1,3 m lang · 0,90 m breit. Drehzahl der Antriebwelle: 50÷80. Kraftbedarf: 1 PS. Lieferung: 144÷160 Pack in 8 Stunden.

a4. Das Einpacken.

Die sorgfältig in Papier eingeschlagenen Bündel werden zu je 2 mal 5 = 10 Packen derselben Nummer gut verschnürt und die Spannung der Schnur durch Einführen einer Spannschnur zwischen der zweiten und dritten Bündelreihe noch vergrößert und festgelegt, worauf zwei solcher Einheiten, die zusammen z. B. 5 · 20 = 100 kg wiegen, nebeneinander gestellt und ihre Schnurmitten durch Verbindungsschnüre gegeneinander gezogen werden, so daß beide Einheiten fest zusammenhalten, und zum Schluß werden sie in Rupfen eingenäht und durch 3÷4 Stricke oder Eisenreifen zusammengehalten dem Handel übergeben.

III B. Die Aufmachung zu Knäueln.

Das Aufmachen zu Knäueln kommt nur in Ausnahmefällen für die rohen Zwirne in Betracht; ihm werden die veredelten Zwirne, wie z. B. die gebleichten, gefärbten, bedruckten und merzerisierten Handarbeitszwirne unterworfen.

B a) Die Knäuelformen. Die Knäuel kommen in den verschiedensten Ausbildungen in den Handel; vom Walzenknäuel (Eierknäuel) (24, 25₂), dessen Breite das Zwei- und Mehrfache des Durchmessers beträgt. über den Würfelknäuel (26₂), bei dem die Breite gleich dem Durchmesser ist, bis zum Scheibenknäuel (27₂) mit einem Durchmesser, der größer als die Breite ist. Diese Knäuel können auf einer Durchhülse (26₂), Versteckthülse oder hülsenlos aufgewickelt und mit oder ohne seitlich eingearbeiteten Kennscheiben aus Papier versehen sein. Die Windungen erfolgen entweder mit der gleichen Steigung oder im Innern mit einer flacheren (offenen Windung) und am Umfang mit einer steileren (geschlossenen Windung). Um ein Zusammenfallen zu verhüten, wird manchmal die Wicklung durch senkrecht zur Knäuelachse (25₂) angeordnete Windungen, den Einbund, beendet. Jeder Knäuel derselben Garngüte muß dieselbe Form und dasselbe Gewicht aufweisen; meistens zwischen 2÷120 g bzw. bei Schnüren 0,900÷2,700 kg (35, 67).

B b) Die Knäuelwickler. An ihnen werden unterschieden die Aufsteckung, meistens Aufsteckstifte, die Zuführspannung (Dämmung), der

Leitflügel *1''* (28₂), durch dessen Hohlwelle 1_x der Zwirn *0* zu den Ösen 1_1 geht, und das Wickelgerüst, das entweder der nackte Dorn *2''* oder eine auf ihn aufgesteckte Papiereinlage ist. Die Unterschiede in den Dreh- zahlen von Flügel- und Wickelgerüst müssen mit zunehmendem Knäuel- durchmesser so aufeinander abgestimmt werden, daß eine möglichst sich gleichbleibende Länge in der Zeiteinheit aufgewickelt werde, um derart zu große Unterschiede in der Zugbeanspruchung des Wickelgutes zu ver- meiden. Am besten wird es, um die Leistung der Maschinen durch häu- figes Auswechseln des Vorgutes nicht zu beeinträchtigen, in der Form sehr großer Flaschenkötzer (7₂) oder über den Kopf abziehbaren Kreuzwickel (9₃) waagerecht oder lotrecht aufgesteckt und durch eine Dämmung (21₃) geführt, bevor es durch den Leiter *1''*, 1_1 (28₂) zur Wickelfläche *2''* gelangt.

b 1. **Der Handknäuelwickler.** Zur Herstellung der bis zu 180 mm dicken Knäuel legt sich der von der Öse 1_1 (28₂) des Flügels *1''*, 1_x, *3* zulaufende Zwirn *0* dadurch auf den fünfkantigen Dorn *2''* auf, daß seine Umfangsgeschwindigkeit meistens kleiner als die des *1''* ist, und die Drehungsebenen beider in einem Winkel zueinander stehen, dessen Größe die Steigungen der Windungen ergibt. Um diese gleichzuhalten oder wunschgemäß verändern zu können, ist der *2''* in einem Rahmen *5, 4_x* gelagert, der durch die Handhabe *6* verlegt werden kann. Der Antrieb erfolgt von Hand über die Kurbel *7, 8_x* (28₂) oder durch Riemen *7* (29₂) und Scheiben *8''* mittels Schnur durch die Übertragung *9'', 10''* (28₂) und *11'', 12''* bzw. durch den Reibscheibenantrieb *9'', 10''* (29₂) — *11'', 12'' —13', 14'* und *15', 16', 17'', 18''.* Die Reibrolle *9''* gleitet über einen Keil der Antriebswelle $8_x''$ mittels des Hebels *19, 20, 21_x.* Ein Zählwerk *1', 99', 100'* (28₂), dessen 100er Rad 100 Teilstriche aufweist, welche durch den Zeiger *13* abgelesen werden können. Der auf der Nabe des 99er Ra- des feste Zeiger *14* gibt die Hunderter an (68).

b 2. **Knäuelwickeler mit feststehendem Leiter.** Eine Abart der Knäuelwickler, welche jedoch wenig Verbreitung gefunden hat, ist die Ausführung mit feststehendem Zwirnleiter *1* (30₂) und einem geneigten Dorn *2'', 2',* der in dem Rahmen *3, 3_x, 3^0—4''* gefangen ist. Dieser erhält durch die Schnur *4* eine Drehbewegung, bei der sich das Rad *2'* auf dem Kranz *5'* abrollt, welcher über die Schnur *7* und die Über- tragung *8'', 1', 6'* eine langsame Drehung erhält, um die Windungen nebeneinander anzuordnen (69).

b 3. **Das Einarbeiten der Bezeichnungen** geschieht entweder dadurch, daß die Maschine selbsttätig abstellt, worauf die Arbeiterin die Markenzettel einlegt, oder daß der auf der Spindel *1* (31₂) sitzende Flansch *2* vier Drähte *3*, die bei *4* geknickt und von einer Grund- platte *5* gestützt sind, trägt. Es werden vor der Bewicklung über *4* das Scheibchen *6*, die Papphülse *7* und das zweite Firmenscheibchen *8* eingeschoben, worauf nach Fertigstellung des Knäuels dieser mit seiner Versteckhülse *7* und den beiden Scheibchen *6* und *8* abgezogen wird (70).

b4. Die Selbstwickler, die selbsttätigen Knäueler haben eine:

4a. Windungsschaltung, um die im Innern des Knäuels angeordneten offenen Windungen in die geschlossene Wicklung für den Knäuelmantel überzuführen. Der Riemen *R* (32₂) treibt über die Scheibe *180''* die Antriebswelle *180ₓ''* und die Räder *75'*, *20'—22'*, *22'* den Flügel *1''*. Der Dorn *2''* wird für die offenen Windungen von der *180ₓ''* durch die Kuppeln *3'*, *4'*, über *45'*, *a'—b'*, *c'—44'*, *z'*, *28'—14'*, *22'* und für die geschlossenen Windungen von *180ₓ''* durch *5'*, *6'* über *24'*, *d'—b'*, *c'—44'*, *z'*, *28'—14'*, *22'* gedreht. Über *e'*, *f'—g'*, *90'—h'*, *120'* wird die Steuerwelle *120ₓ'* angetrieben. Zum gleichzeitigen Einschalten der offenen und Ausschalten der geschlossenen Windungen und umgekehrt dient das Exzenter *7''!*, der Winkelhebel *8''*, *9ₓ*, *10*, *11₀*, der Stift *12*, die Stange *13* und ihre Arme *14!*. *a!÷h'* sind Wechsel um alle Knäuelwicklungen und Größen ausführen zu können.

4b. Riemenschaltung, welche die Knäuelwickler für das Einlegen der Marke und bei fertigem Knäuel abstellt. Hierzu dient das Exzenter *15''!*, der Winkelhebel *16''*, *17ₓ*, *18*, die Feder *19₀*, der Handhebel *20*, *21*, *22ˣ* der Stange mit Gabel *22ˣ*, *23!* für den Riemen *R*. Zum Anlassen und Abstellen der Maschine wird der *20*, *21*, *22ˣ* so hoch gehoben, daß *21* über *18* hinweggelangt und durch entsprechende Verschiebung der *22ˣ*, *23!* der *R* auf die *180f''* bzw. die *180₁''*, übergeht. Kurz vor dem selbsttätigen Abstellen verursacht die Nocke *24* des *15''!* eine Linksdrehung des Hebels *16''*, *17ₓ*, *18* und das Einlegen des Endes *18* hinter die *21*.

Die nach innen gehende Nockenfläche gestattet darauf der Feder *19₀* das Überführen des *R* auf die *180f''*.

4c. Neigungseinstellung des Dornes 2''. Das Wickel-Exzenter *25''!* verursacht ein Ausschwingen des Hebels *26''*, *27ₓ*, *28!*, *29₀!* und über die Kette *28!*, *30!* eine Drehung der Rolle *30''*, auf deren Achse der ausgewichtete Rahmen *31*, *32₀!* befestigt ist, in dem die Dorne *2''* gelagert sind. Der Knäuelform muß das Exzenter *25''!* angepaßt werden (35, 71).

b5. Spannungsausgleicher. Mit zunehmendem Durchmesser des Knäuels wird die aufgewickelte Länge je Windung zunehmen; auch sind die Teilstücke einer Windung abhängig von den jeweiligen Durchmessern der Wickelzone. Hierdurch entstehen wechselnde Spannungen im Zwirn, wenn er mit gleichmäßiger Geschwindigkeit zugeführt wird. Um diese auszugleichen, gibt man entweder dem Dorn oder dem Flügel zwangsläufig veränderliche Drehzahlen oder erlaubt ihnen eine selbsttätige Anpassung ihrer Drehzahlen an die Wickelbedürfnisse.

5a. Die zwangläufige Regelung der Umdrehungen des Dornes 2'' (33₂) erfolgt vom Riemen *3* über die Scheibe *4''*, das Kegelpaar *5''*, *6''*, den

Riemen *5*, der in den Gabelhebeln *6!* geführt ist, über *i'*, *i'*—*7''*, *8''* angetrieben, wobei der *5* über *9''!*, *9*, *10''!*, *11'*, *12'*, *13'*, *14!*—*15*—*16* durch die *6!* über die *5''*, *6''* verschoben wird. Der Flügel *1''* ist von der Hauptwelle *4_x''* über *i'*, *i'*, *17'*÷*20'* bewegt. Er erhält durch die elliptischen Räder *17'*, *18'* eine Beschleunigung und Verzögerung, um auf dem Wickelgebilde eine gleichmäßige Steigung der Windungen zu erzielen und außerdem eine Verschiebung derart, daß seine Wickelebene die zur Auflegung von abnehmenden Schichtenhöhen nötige Schräge in bezug auf den Wickeldorn *2''* einnehmen kann. Hierzu befindet sich auf der Leitspindel *13'* eine Mutter *21!*, *22*, die in der *16* Führung hat. Die Mutter *21!* ist mit einer pflugscharähnlichen Leitschiene *23* ausgerüstet (im Schema mit 2 Ansichten dargestellt), auf welcher die Rolle *24''* des Flügelrahmens *25*, *24''* ruht, der durch das Gegengewicht *26_0*, dessen Leder *27* über die Leitrolle *28''*, *i''* geht, ausgeglichen ist (72).

5b. Gleitender Spannungsausgleicher. Damit die Spannung des Zwirnes *0* (*34_2*), welcher durch die Führungsöse *3* und das Zuführungswalzenpaar *4''*, *5''* mit gleichmäßiger Geschwindigkeit durch das Rohr *1_x''* des Flügels *1''*, *1_1* auf den Dorn *2''* gelangt, trotz wechselnder Durchmesser des Wickelgebildes stets sich gleichbleibt, ist der *1''* mit einer Klinkenscheibe *6'* ausgerüstet, die mit einem Federpuffer *7!*÷*9* gegen die Scheibe *10''* drückt und über die Klinkerei *11*÷*14!* mit *10''* eingreifen kann. Das durch das Verdeck *15* geschützte Schraubenrad *16'* der Hülse *10_x''* wird vom Trieb *17'* einer durchgehenden Welle *18_x''* bewegt, welche auf bekannte Art von der Hauptwelle aus, z. B. durch Riemen *18* auf *18_x''*, getrieben ist. Für das Ingangsetzen erfolgt die Übertragung über *11*÷*14!* auf *6'*, und wenn durch die Schleuderwirkung bei Erreichung der Höchstdrehzahl *11*, *12^x* ausfliegt, so wird *1''* von *10''* mittels *7*÷*9* mitgenommen. *1''* kann daher zurückbleiben, wenn die Wicklung mehr Zwirnlänge bedarf als die Zuführwalzen *4''*, *5''* liefern und so die Spannung im Zwirn ausgleichen (73).

5c. Spannungsausgleicher bei ungleichförmiger Abwicklung.

c1) Dämmungen. Trotzdem die Drehzahlen des Dorns *2''* und Flügels *1''* den Wickelbedürfnissen angepaßt werden, sind kleine Unregelmäßigkeiten nicht zu vermeiden, wodurch ein Voreilen und Loswerden des Zwirnes eintritt. Um dieses zu vermindern und zur Aufrechterhaltung der Spannung, verwendet man die Dämmungen, z. B. *21_3*.

c2) Spulenbremsen. Wird der Zwirn von sich drehenden Scheibenspulen abgezogen, so ist es empfehlenswert, eine Dämmung der Spule *1''* (*35_2*) anzuwenden, bestehend aus dem Gewicht *2_0!*, *3* und dem Hebel *3*, *4_x*, *5*, dessen Auge *6* den durch die Führung *7* zur Walzenbremseinrichtung *8* gehenden Zwirn anspannt. Wächst seine Spannung, so werden die *2_0!* von dem Flansch der *1''* abgehoben (74); sie gibt leichter Zwirn frei, wodurch die Spannung nachläßt und die *2_0!* wieder frei aufsitzen.

Heute verwendet man zur Umgehung dieser letzten Bremsvorrichtung große kegelige Kreuzspulen (8_4) und die sog. Flaschenkötzer (7_2), welche beide nach oben abgezogen werden können.

b6. **Das Abziehen der Knäuel.** Knäuel ohne Durchhülsen aus hartgedrehtem Gut, Schnüre und Zwirne, lassen sich, ohne daß die ersten Lagen auf dem Dorn wesentlich in bezug auf die übrigen zurückbleiben, abziehen; bei lose gedrehtem Gut, Strick- und andern besonders feinen Handgarnen, gerät dabei die Wicklung oft in Unordnung, wodurch ein schlechtes Aussehen des Knäuels entsteht. Begünstigt wird dieses noch, wenn die Windungen der aufeinander folgenden Schichten nicht gleich tief ineinander greifen. Dieses soll seinen Grund in wechselnden Spannungen haben, welche besonders bei voreilendem Flügel dadurch entstehen, daß die Garnstücke vor und hinter den Ösen verschieden beansprucht werden, während bei voreilendem Dorn vom Wickelpunkt zum Vorgut ein stets abwechselnder Zug auf den Zwirn erfolgt.

b7. **Voreilender Dorn.** Ein Ausführungsbeispiel eines Antriebes für voreilenden Dorn zeigt 34_2. Es genügt die Übersetzung a', b'—$19'$, $20'$—$21'$, $22'$—$23'$, $24'$ größer zu wählen als $17'$, $16'$. Hierin sind a', b' Wechsel, um über eine Auswahl stärkerer oder schwächerer Ineinanderdringungen verfügen zu können (73).

b8. **Dornausbildungen.** Um besonders den hülsenlosen Knäuel leicht vom Dorn abziehen zu können, wird oft eine *8a) Schlitzhülse 2* (36_2) über einen kegeligen Dorn *1* aufgesteckt, welche beim Abziehen sich einerseits im Durchmesser verringert und das Entfernen des Knäuels, ohne daß Windungen im Innern verschoben werden, erlaubt (75). *8b) Federdorn.* Das Federgerüst besteht aus der Spindelachse *1* (37, 38_2) der darauf festgeschraubten Hülse *2*, der Zwinge *3*, die der oberen Schiebehülse *4* mit Griffzapfen *5* als Führung dient und zugleich für den Stift *6* den Stellschlitz *7* hat, und den Federn 8^0. Um die Spindel wickelfertig zu machen, wird *4* am *5* gefaßt und gegen *2* gedrückt, bis sich *6* durch eine kleine Drehung in die Erweiterung von *7* einlegt. Dadurch werden die 8^0 ausgebaucht und bilden so die gewünschte Wickelform. Zum Herausnehmen des Knäuels erfolgt die entgegengesetzte Betätigung des $3 \div 8^0$, so daß der Knäuel sehr leicht abgezogen werden kann. Sollte der Zwirn an einer 8^0 hängenbleiben, so wird diese beim Abziehen des Knäuels ein wenig aus ihrer Lage gebracht, so daß der Zwirn ohne weiteres abgleiten kann (76).

b9. **Angaben.** Die ungefähre Lieferung einer 12spindligen Maschine beträgt in 8 Stunden $40 \div 50$ kg, je nach der Geschicklichkeit der Arbeiterin. — Die Länge = 2,45 m, Breite bei 8 Spindeln = 1,1 m, für die übrigen 0,7 m. Die sonstigen Maße sind der Tafel 4_d zu entnehmen. Der Kraftbedarf ist ungefähr 0,5 PS (35).

b10. **Die halbselbsttätigen Knäuelwickler.** Bei diesen Maschinen erfolgt der Antrieb durch Riemen auf eine Fest- und Losscheibe; durch einen Fußhebel wird das Anlassen und Abstellen verursacht. Die Wickelspindeln und Flügel werden durch gefräste Schrauben-Zahnräder angetrieben, die ersteren durch Gußeisenräder, die letzteren aus Hartfiber und Stahl. Verschalungen aus spiegelndem Mahagoniholz sichern diese vor Staub und Flug. Die Maschinen halten selbsttätig an zum Einlegen der Kennscheibchen und bei Erreichen des Knäuelgewichtes oder der verlangten Zwirnlänge, welche durch Wechselräder geändert werden können. Der einstellbare Übergang von den weitläufigen, inneren Wicklungen zu den wenigen, engen äußeren geschieht ebenfalls selbsttätig. Die Form der Knäuel wird durch verstellbare Exzenter bestimmt, während die Gestalt des Loches in den Knäueln durch Aufsätze auf der Wickelspindel abgeändert werden kann. Diese klappen für weiche Knäuel, die beim Abziehen sonst leicht beschädigt werden, bei Beendigung des Wickelns zusammen, so daß die Knäuel besser abgenommen werden können. Am geeignetsten werden Flaschenspulen vorgelegt, weil das Ablaufen ihres Fadens stoßlos erfolgt. Der durch die Garnpannungsregler einstellbare Aufwindezug erlaubt es, harte oder weiche Knäuel herzustellen. Das Zusammenfallen der Knäuel und das dadurch veranlaßte Verwirren des Garnes wird bei einer besonderen Maschinenausführung durch eine Kreuzwicklung vereitelt, wodurch die Außenflächen rautenförmig (24_2) geformt sind und ein gewebeartiges Aussehen haben. Das Auflegen der Kennscheibchen auf die Mitte der Stirnflächen des Knäuels, das Abschneiden des Garns und das Abwerfen des fertigen Knäuels erfolgt dadurch, daß die Kennscheibchen in zwölf Haltern untergebracht sind, welche in der Höhe und Lage so eingestellt werden können, daß sie der Größe der im Wickeln begriffenen Knäuel entsprechen; mittels eines Handhebels wird der entsprechende Halter so bewegt, daß beide Kennscheibchen an die Stirnflächen des Knäuels gelangen, dort für einen Augenblick festgehalten werden, so daß sich das Garn über ihre Ränder legt, worauf die Halter gleichzeitig zurückgezogen werden. Bei Beendigung des Wickelns schneidet eine Anordnung von Haken und Messern, welche durch einen Handhebel bewegt wird, das Garn ab, während durch Handhabungen eines andern Hebels die Spindeln aus den Knäueln zurückweichen, so daß letztere in einen darunter befindlichen Behälter fallen (77).

Die Maschine wird mit 12 und 6 Spindeln geliefert; nähere Angaben 5d.

b11. **Die selbsttätigen Knäuelwickler.** Die gewöhnlichen Knäuelwickler werden durch folgende Ausbildungen zu selbsttätigen:

11a. Anfeuchter für geglänzte Fäden, bestehend in einem Wassertrog mit Anfeuchtwalze, über welche die Fäden laufen und sich anfeuchten, wodurch ihr Schlupfen vermindert wird und haltbare Knäuel entstehen.

11 b. Selbstunterbrechung der Arbeit in allen für die Gestaltung, das Einführen der Kennscheibchen, das Abschneiden des Garnes und Abstreifen der Knäuel nötigen Stellungen durch geeignete Ein- und Ausschaltungen der Getriebe.

11 c. Ansauger für die Kennscheibchen, gekennzeichnet durch eine Luftverdünnungspumpe, einen Satz ausziehbarer Röhren für die Scheibchenzuführung und einen Satz verstellbarer Behälter für die Kennscheibchen, die leicht und schnell für die benötigte Größe eingestellt werden können.

11 d. Garnzerschneider. Durch ihn wird das Garn erfaßt und zerschnitten; das eine Ende zur Weiterarbeit bereitgehalten und das andere in den Knäuel hineingezogen, worauf er die Spindel zurückzieht; dadurch fällt der vom Dorn abgezogene Knäuel in einen darunter stehenden Behälter. Die Spindeln gehen nun in die Arbeitsstellung zurück und das Knäueln beginnt von neuem (77).

Die Maschine wird mit 12 Spindeln gebaut. Angaben s. Tafel 6_d.

III C. Die Aufmachung zu Spulen.

Für den Versand, das Bleichen und Färben werden die Zwirne auf flanschenlose Hülsen zu Kreuzspulen mit offener (9_3) oder geschlossener, gemusterter Wicklung $(10, 11_3)$ auf denselben Maschinen umgewunden, wie sie unter dem Abschnitt II A. beschrieben wurden.

III D. Die Aufmachung zu Kötzern.

Die als Schuß des Gewebes dienenden Zwirne können nur als Kötzer $(7_3, 4, 4 a_4)$ mit Durchhülse $0''$ (4_4) oder ohne, als sog. Schlauchkötzer $(4 a_4)$, Verwendung finden. Der Rohzwirn wird als Kötzer auf dem Ringzwirner mit Kötzerwicklung (41_3) unmittelbar erhalten. Meistens sind die Zwirner jedoch mit Spulenwicklung $(32, 39_3)$ gebaut, deren Spulen umgekötzert werden müssen.

D a) **Die Kötzerwickler.** Die dazu verwendeten Maschinen lassen sich einteilen in: a1. solche mit ortsfestem Hub des Zwirnführers $21!$ $(11_5) — 22!$ $(12_5) — 24!$ $(13_5) — 135''$ $(14_5) — 1!$ (15_5) und ruckweiser Verschiebung des Kötzers $0''$ und a2. in Maschinen mit ortsfestem Wickelgebilde $0''$ (3_6) und Verlegung des Zwirnführers. Der Hub des Zwirnführers wird bei allen Ausführungen bis auf 14_5 durch ein Exzenter $12''$ $(11_5) — 70''$ $(12_5) — 45_e''$ $(13_5) — 12_e''$ (15_5) erteilt; bei 14_5 sind an seiner Stelle zwei sich schraubenförmig folgende Drähte $24, 25$. Der Wickelkörper $0''$ wird immer auf Spindeln gebildet, welche durch Reibungsscheiben oder Räder mit sich gleichbleibender Drehzahl oder mit vom kleinen zum großen Durchmesser der Schicht abnehmender und vom großen zum kleinen zunehmender Drehzahl getrieben werden. Letzteres, um die Wickelgeschwindigkeit bei Schonung bedürftigen Gespinsten nicht zu verändern. Zur festen Wicklung muß das Gespinst zwischen seiner Auflaufstelle auf den Kötzer und seiner Führung die Höchstspannung haben; diese vermag es nur auszuhalten, wenn beide aneinander liegen, weil dann alle Fasern bis zur Reißbelastung beanspruchbar sind. Je größer ihre Entfernung ist, desto mehr Fasern gleiten vor dem Zerreißen auseinander und desto loser muß das Wickelgebilde ausfallen, um das Gespinst nicht zu beschädigen. Die Höchstbeanspruchung wird dadurch erreicht, daß das Gespinst 0 (11_5) nach dem Führer $21!$ über eine Kante 16 läuft, an welcher das Wickelgebilde stets unter Druck aufliegt und die parallel zur Kötzerschicht ist.

Die Kötzerbildung geschieht durch Einzwängen des Zwirnes 0 zwischen Flächen, deren eine, die Schicht $0''$, rauh ist und sich zwangsläufig dreht, während die andere einen glatten, geschlitzten Becher 16 bildet, an den die Wickelfläche $0''$ durch eine Belastung 18_0 der Spindel 6 drückt. Die dadurch auf dem Kötzer erzeugte, axial zur Spindel gerichtete Seitenkraft verursacht das langsame Heben des Kötzers. Infolge dieses Druckes und der lückenlosen Führung des Zwirnes vom Schlitz des Bechers zum Wickelpunkt können sehr harte Kötzer hergestellt werden. Aber alle Zwirne vertragen die bei der Wicklung auftretende Reibung und das dadurch herbeigeführte Glänzen nicht. Für derartige Zwirne wird der Becher 16 durch einen sich drehenden Kegel $35''$ ($12 \div 14_5$) ersetzt oder bei ortsfestem Kötzer $0''$ (3_6), der in einiger Entfernung von ihm auf und abgehende Zwirnführer $4!$ dadurch verlegt, daß der große Kötzerdurchmesser ein Reibscheibchen $48''$ bzw. bei sich verschiebendem Kötzer einen leicht laufenden Becher $9''$ (4_6) etwas mitnimmt und den Führer dabei um die Dicke des Zwirnes auf einer Spindel verlegt.

a1. Die Kötzerwickler mit ortsfestem Hub des Zwirnführers und Verschiebung des Kötzers. *1a. Die Verschiebung des Kötzers erfolgt nach oben.* a1) Der Zwirnführer schwingt. a) Die Druckfläche ist ein geschlitzter Trichter. *1. Ausführung mit ortsfester Zwirnspannung für Schlauchkötzer aus groben Zwirnen.* Vom Riemen 1 (11_5) der Antriebswelle erfolgt über $300''$, die Reibscheiben $200''$, $100''$ und beim Eingriff des Fingers 2 der Nabe $100_x''$ des Reibrades $100''$ in den Stift 3 der im Lager 4 geführten Hohlwelle $3_x''$ mit Scheibe $3''$, welche ausgeschaltet auf der Rast 5 liegt, die Drehung der in der oberen rechteckigen Höhlung der $3_x''$ mit ihrem freien, abgeplatteten Ende geführten Spindel 6, $6''$. Die $3''$, 3 wird gehoben erhalten durch den dreiarmigen Hebel 7, 8_x, 9, 10, 11_0, den die Arbeiterin so weit nach links drehen muß, bis sich der Hebel 12_0, 13, 14_x, 15 mit 13 vor 10 legt. Die 6 ist mit dem kegeligen rauhen Fuß $6''$ versehen, mit dem sie in den schmal geschlitzten Trichter 16 paßt. Belastet wird 6 durch die in Gestellarmen 17 geführte Stange 18_0, welche in ihrer tiefsten Lage mit dem Stellring $18!$ über die

Feder 19_0 einen weichen Druck auf den von der Zwirnspule kommenden, über die Spannstangen *20!* gehenden, von dem Führer *21!* durch den Schlitz des *16* zwischen seine glatte Innenfläche und die rauhe *6″* geleiteten Zwirn *0* ausübt. Der Fuß bewickelt sich, und die Schicht ist nun die weitere weiche, rauhe Fläche, die zur Bildung des Kötzers notwendig ist. Dabei hebt sich bei jeder neuen Lage, welche der über *21!*, *22!*, *23!*—*23!*, *24* vom Exzenter *12″* in Schwingung versetzte *21!* einführt, *6—18_0* so lange, bis ihr unterer Stellring 18_1*!* eine Linksdrehung von *15*, 14_x, *13*, 12_0 verursacht, *13* aus *10* rückt und nun 11_0 eine Rechtsdrehung von 11_0, *10*, 8_x, *9*, *7* ausführt, wobei *3″*, 3_x*″*, *3* auf *5* aufsitzt und die Verbindung *2*, *3* gestört ist. Zum Abziehen wird 18_0 von *6* entfernt, wobei *18!* auf 19_0 aufsitzt, *6* aus *3* und *16* gehoben und, nachdem der *0″* abgezogen und der Zwirn durchgeschnitten ist, *6* wieder in *16* und 3_x*″*, den *0* zwischen *6″* und *16* klemmend, eingesetzt, 18_0 über *6* gelegt und durch Linksdrehung von 11_0, *10*, *9*, 8_x, *7* bis zum Eingriff mit 12_0, *13*, 14_x, *15* die Einkupplung von *2* mit *3* festgelegt (29d).

2. Ausführung mit beweglicher Zwirnspannung. Für feinere Zwirne, welche auch auf Durchhülsen *0″* (4_4) aufgewickelt werden, ist die Dämmung *20!* (11_5) durch eine Rolle *45″—50″* (12_5) ersetzt, letztere auf einem als Zwirnwächter dienenden Doppelhebel $50″^x$, 20_x, *20*, 21_0*!* angeordnet, der bei Zwirnmangel den Antrieb auf die Spindel *3* unterbricht.

1b) Die Druckfläche ist eine Kegelrolle, 1. eine ortsfeste Kegelrolle. Der Riemen *1* (12_5) treibt über *280″—120″*, *120″* die Welle 210_x*″*, von hier über den Reibtrieb *210″* und die Reibscheibe *110″*, deren Hohlwelle 110_x*″* im Lager *2* geführt ist und in ihrem obern Teil einen rechteckigen Hohlraum hat zum Führen der abgeplatteten Spitze der Spindel *3* mit oberem Ölbecher, welche zum Abziehen des Kötzers *0″* und Aufstecken der Hülse oben in *4*, 5^x nach außen schwingbar ist. Der Träger 5^x, *6*, *7* der *3* gleitet in der Führung *8* des Gestells *9* und ist durch die Stange *7*, *10* an einem Hebel *10*, 11_x, 12_0*!* angegliedert, der den Druck auf die *3* einzuregeln erlaubt. Der Zwirn *0* des liegenden, stehenden oder hängenden Kötzers *13* geht über den Drahtbügel *14*, des Armes *15*, *16*, 17_x, über die Reibrolle *45″* mit Bremseinrichtung *60″*, *17*, *18*, 19_0*!*, den Bügel *15*, die Spannrolle $50″^x$ des Zwirnwächterhebels $50″^x$, 20_x, *20*, 21_0*!*, und durch den Führer *22!*, *23!*, 24_x, *25!*—*25!*, $80″^x$, *26—70_x″* zum *0″*, der am Kegel *30″* anliegt. Der Exzenter *70″* wird von 210_x*″* über *17′*, *52′—i′*, *i′—24′*, *124′—i′*, *i* getrieben. Die Drehzahlregelung der *3*, umgekehrt wie die Durchmesserzu- und -abnahmen des *0″*, erfolgt durch das axiale Verschieben des Reibungstriebes *210″*, zu welchem Zweck die Welle 210_x*″* mittels eines Zwischenstückes *27*, *28* in die Nut des Axialexzenters *27″* eingreift, das über *i′*, *i* von der Welle 70_x*″* gedreht wird. Reißt der Zwirn, so verursacht eine Linksdrehung des $50″^x$, 20_x, *20*, 21_0*!* mit *20* über Flansch *40″* das Abheben der *110″* von *210″* (16).

2. Die Gegenfläche ist eine bewegliche Kegelrolle. Um einen tadellosen Kötzeransatz auf einer fußlosen Hülse $0''$ (13_5) zu ermöglichen, ist die Kegelrolle $35''$ in einem Halter 1_x, 2 drehbar derart gelagert, daß sie sich bei beginnender Bewicklung selbsttätig mit ihrer ganzen Länge gegen die $0''$ ($13a_5$) anlegt. Jede Zwirnschicht drängt $35''$ ($13b \div d_5$) etwas zurück, bis bei Erreichung des verlangten Kötzerdurchmessers ($13d_5$), 2 (13_5) auf der Stellschraube $0!$ aufsitzt. Durch diese Rückwärtsbewegung wird über 1_x, 2—3, 4_x, 5—$6!$, 7, 8—8, 9_x, $10_0!$, 11—11, 12—12, 13, mit dem in der Führung 14 gleitenden Schlitten 12. 13 die an ihr angelenkte Spindel 15^x, 16 mit oberm Ölbecher zwangsläufig gehoben, deren abgeplattete Spitze im Mitnehmer 17 mit der Kuppel $18''$ sitzt, die mit Kuppel $19''$ des Wirtels $50''$, der durch die Schnur 20 von der Trommel $200''$ getrieben wird, eingreift. Der Zwirn 0 geht über die Rolle $35''$ der Stange $35''$, 21_x, 22, $23_0!$ und durch den Führer $24!$, der über $24!$, 25_x, $26!$—$26!$, 27—$55''$ vom Exzenter $45_c''$ bewegt wird, zwischen den Wickelkörper $0''$ und die $35''$. Durch die besondere Ausbildung der Spindelaufhängung 15^x, 16 und der Lagerung der $35''$ auf 1_x, 2, welche nur selten Schmierung verlangen, ist ein Beschmutzen der Kötzer ausgeschlossen. Fehlt der Zwirn, so fällt $35''$ und verursacht über $35''$, 21_x, 22, $23_0!$ ein Ausheben der $18''$, $19''$. Das $23_0!$ dient zur Regelung der Aufwindespannung. Um $35''$ in die durch $13a \div d_5$ dargestellten Übergänge von der ersten zylindrischen Schicht zur kegeligen Körperschicht zu zwingen, erlaubt $6!$ infolge seines Steigens über 5, 4_x, 3—2, 1_x der $35''$ sich an die wachsenden Kötzerdurchmesser anzuschmiegen, wodurch ein festgewickelter Ansatz gebildet wird, welcher abfallslos abläuft. Bei Erreichung der kegeligen Körperschicht sitzt 1_x, 2 auf $0!$ auf und $6!$ bleibt ohne Einfluß.

a. Angaben: Lieferung je Spindel in 8 Stunden in Baumwollgespinst 20_e: ab Strang $0{,}7 \div 0{,}8$ kg; ab Kötzer $1 \div 1{,}5$ kg.

Bedienbare Spindelzahl je Arbeiterin: ab Strang bis 15, ab Kötzer bis 20 Spindeln.

Raumbedarf in 1,35 m Breite; Länge bei 125-mm-Teilung: für 60 Spindeln 4,6 m und für 120 Spindeln 8,87 m; in 175-mm-Teilung: für 60 Spindeln 6,11 m und für 120 Spindeln 11,87 m (16).

a2) Der Zwirnführer dreht sich. Flügelführer. Die Einrichtung der Kegelrolle $35''$ (14_5) ist von $0'' \div 17$ dieselbe wie bei Ausführung 13_5. Der Mitnehmer 17 steht über $20'$, $108'$—$108_x'$—Keil 18, Kuppel 19, $19''$—$20''$, die in 21 geführt werden, mit dem Wirtel $60''$ in Verbindung; dieser wird durch die Schnur 22, welche über die Leitrolle $60''$ zur Trommel $120''$ geht und die Scheiben $240''$ vom Riemen 23 getrieben. Auf der Welle $108_x'$ ist der Flügelführer $135''$ befestigt; er besteht aus zwei sich schraubenförmig folgenden Drähten 24, 25, die von Naben auslaufen und abwechselnd bei ihrer Drehung den Zwirn 0 nach oben und unten zwischen den Kötzer *0''* und die Kegelrolle *35''* leiten. Der von dem unter oder oberhalb angeordneten Haspel ablaufende *0* geht, nachdem er einen Reiniger und Spanner durchlaufen hat, durch den Führerhebel *26!*, *27*, *28$_x$*, *29*, *30$_0$!*, dessen Schiene *27*, *31* mit der Schlaufe *31* über den Finger *32* des Hebels *33*, *32*, *34$_x$*, *35* mit Feder *36$_0$* gleiten kann. Beim Einrücken durch Druck auf *29* hakt über *29*, *28$_x$*, *27—27*, *31* der Hebel *33*, *32*, *34$_x$*, *35—36$_0$* mit *37*, *38$_x$*, *39—40$_0$* ein, wobei *19''* mit *20''* eingreift und die Drehung des Loswirtels *60''* sowohl auf die Flügelführerwelle *108$_x$'* als über *108'*, *20'* auf den Mitnehmer *17* der Spindel *16* übertragen wird. Bei fertigem Kötzer dreht *7!* den *39*, *38$_x$*, *37* unter Überwindung von *40$_0$* nach links, wodurch *33* aus *37* ausgreift und *33*, *32*, *34$_x$*, *35* freigibt, so daß *36$_0$* mit *35* die *19*, *19''* aus *20''* aushebt und *31*, *27—27*, *28$_x$*, *29*, *30$_0$!* nach außen schwingt.

2a) Angaben: 1. Lieferung: Diese Ausführung wird nicht mehr gebaut. Sie hatte 225-mm-Teilung; ihre Wickelgeschwindigkeit betrug etwa 200 m in der Minute.

2. Raumbedarf: in 1,5 m Breite, Länge für 60 Spindeln 7,3 m und für 120 Spindeln 14,4 m Länge.

3. Kraftbedarf: bei 60 Spindeln 2 PS, bei 120 Spindeln 3,5 PS (16).

2a. Die Verschiebung des Kötzers erfolgt nach unten. Der Zwirn *0* (15$_5$) geht über die Rolle *35''*, durch den Führer *1!* und den Schlitz des Trichters *2* auf den Kötzer *0'' · 1!* erhält über *1!*, *3$_x$*, *4!—4!*, *5* vom Exzenter *12$_e$''* schwingende Bewegung. *0''* sitzt auf der Spindel *6*, *7*, *7^x*, welche im Drehpunkt *7^x* durch eine Feder stets in die Verlängerung der Welle *8* einschnappt. *8* steht in dem Fußlager *9*, in dessen Schlaufe *10* der Stift *11* des Fußhebels *12*, *11*, *13$_x$*, *14$_0$!* geführt wird. Dadurch wird *0''* gegen *2* gepreßt. *8* erhält ihre Drehung durch eine Muffe *15''*, die sich über den Keil *16* der *8* verschieben läßt und mit einer starken Schraubenfeder *17^0* ausgerüstet ist, deren unteres, radial gerichtetes Ende in den Stift *18* des auf *8* losen Kegelrades *25'* eingreift, das vom Trieb *72'* der Exzenterwelle *12e$_x$''* gedreht wird. Bei Widerstand im ablaufenden Zwirn wird über den Hebel *35''*, *19$_x$*, *20$_0$!*, *21* die Feder *22$_0$!* angespannt. Fehlt der Zwirn, so fällt *35''*, *19$_x$*, *20$_0$!*, *21*, der Ansatz *21* löst die Klinke *23*, *24$_x$*, *25* aus der Rast *26* des Hebels *26*, *27$_x$*, *28$_0$*, *29*, *30* und durch seine Rechtschwingung wird *15''* mit *17^0* gehoben, so daß ihr unteres Ende aus *18* ausgreift und somit *8* stillsteht. Bei vollem *0''* wird der Stellring *31!* der in *28$_0$* geführten Stange *32*, *33* das Ausgreifen der *25*, *24$_x$*, *23* aus *26* und, wie vorhin, den Stillstand der *8* verursachen. Zum Abnehmen tritt die Arbeiterin den *12*, *11*, *13$_x$*, *14$_0$!*, die *8* geht nach unten und durch Auftreffen des *7* der *7^x*, *6* auf *34* wird der *0''* nach außen geschwenkt, so daß ihn die Arbeiterin abziehen kann. Nach Aufsteckung einer Hülse und Loslassen des *12*, *11*, *13$_x$*, *14$_0$!* geht die *7^x*, *6* selbst wieder in die Arbeitslage zurück. Durch Niederdrücken des *30*, *29*, *27$_x$*, *28$_0$*, *26* klinkt sie *26* in *23, 24$_x$, 25* ein, so daß *18* wieder mit *17^0* eingreift und *7^x, 7, 6* in Drehung versetzt. Der Stellring *34!* sichert das Ausheben von *28$_0$, 27$_x$, 26, 29, 30—17^0* aus *18* beim Abnehmen der Kötzer. — Bei dieser Ausführung wird die Spindel wegen der Federübertragung (*17^0*) sanft anlaufen, einwandfrei über den Spindelfuß und nicht über eine abgeplattete Spitze angetrieben, keiner Schmierung im Oberteil und in der Nähe des Wickelgebildes benötigen, wodurch leicht Ölflecke verursacht werden, was bei gebleichten Gespinsten sehr nachteilig ist, und infolge ihres selbsttätigen Umlegens beim Abziehen Kötzer bis zu 150 mm Länge ermöglichen, ohne die Arbeiterin besonders anzustrengen. Diese Ausführung ist besonders für das Kötzern von Leinengespinsten geeignet.

a1) Angaben: Lieferung. Spindeldrehzahl 750; mittlere Wickelgeschwindigkeit in der Minute 60 m.

Raumbedarf in 175-mm-Teilung und 1,8 m Breite Länge für 60 Spindeln 6,3 m und für 120 Spindeln 12,13 m.

Kraftbedarf. Für 60 Spindeln 3 PS, für 120 Spindeln 6 PS (16).

Db) Die Kötzermaschinen mit ortsfestem Kötzer und Verschiebung des Hubes. *b1. Ausführung mit lotrechter Wickelspindel.* Der von der Spule *0''* (*3$_6$*) ablaufende Zwirn *0* geht durch den Fadenführer *1*, die zwei Scheibchenspanner *2* (s. S. 36), zwischen denen eine Schichten-Spitzenbremse *3* angeordnet ist, über die Spannrolle *14''* und durch den Führer *4!, 4* auf den Kötzer *0''*. Dieser wird gebildet auf der Spindel *5* mit Ölbecher *6* und Aufhängung *7^x*, welche im Langloch *8* des Gestellarmes *9* etwas verschiebbar ist. Die abgeplattete Spitze der *5* wird von einem entsprechend gehöhlten Oberteil *10''* der Welle *10$_x$''* mitgenommen, auf der, über den Keil *11* verschiebbar, die Nabe *12''*, *12* unter der Einwirkung der Feder *13^0* die Reibscheibe *54''* auf die Triebscheibe *320''* preßt, deren Welle *320$_x$''* mit Stufenscheiben *150'', 165'', 180''* ausgerüstet ist. Der Riemen *14* übermittelt von der entsprechenden unteren Stufenscheibe *180'', 165'', 150''* den Antrieb. Die Spindel *10'', 10$_x$''* bewegt durch *3', 49'* das Nutenexzenter *36'', 40'', 45$_e$''* und dieses über die Rolle *12''* und den Arm *12'', 15* die nur einseitig mit Schraubengang versehene Spindel *16$_x$!, 17!, 18* auf und ab. Durch die Feder *19^0* liegt bei der Wicklung der Körperschichten des *0''* der Stift *18* der *16$_x$, 18* in der rechten Ecke des Langloches *20* des Gleitstückes *20÷23!*, das im *9* geführt wird, und mit einer Formplatte *23!* ausgerüstet ist. Auf *16$_x$, 18* ist lose der Träger *4* des *4!* verschiebbar; seine Lage wird durch den Eingriff der Mutter *24* des Scheibchens *48''* in das Gewinde der *16$_x$!, 18* unter der Einwirkung der Schraubenfeder *25^0* festgehalten. Kommt das *48''* in der höchsten Lage mit dem sich drehenden *0''* in Berührung, so verschiebt es sich an dem Gewinde von *16$_x$!, 18* etwas nach unten und stellt *4!* in die für die Bildung der folgenden Schicht notwendige Lage ein. 1a. Bildung des Ansatzes. Für die erste Schicht des Ansatzes liegt der obere Rand *4* an *17!*; dabei wird *4* durch *23!* nach links gedrückt unter Überwindung der *19⁰*; die *16ₓ!*, *18* gelangt dadurch in eine solche linke Stellung, daß *48''* von der Hülse des *0''* in ihrer obersten Lage gedreht wird. Auf jeden Schichtenfuß des Ansatzes wirkt *23!* ein, und sobald der Ansatz beendet ist, kommt der obere Rand *4* nicht mehr in den Bereich von *23!*, und die Wirkung der *19⁰* wird durch den Ansatz von *18* in der rechten Begrenzung *20!* des *20* aufgehoben. Durch entsprechende Einstellungen von *16ₓ!*, *21* und *23!* können der Kötzerdurchmesser und die Ansatzwölbung verändert werden. 1b. Aufwindespannung. Zu ihrer Regelung genügt es, durch Drehen am *3''* über *3ₓ*, *3* die Durchbiegung des Zwirnes zwischen den *2* zu verändern. 1c. Festgewickelte Schichtenköpfchen werden auch bei weichen Kötzern durch eine ähnliche Wirkung erhalten, indem *3ₓ* über die Hebel *3ₓ*, *26ₓ*—*27*—*28!*—*29!*, *30*—*30*, *31ₓ*, *32* vom Exzenter *4ₑ''* der Welle *49ₓ'* den Zwirn auf dem kleinen Schichtendurchmesser zwischen *2* stärker durchbiegt als auf dem großen. 1d. Das Stillsetzen der Spindel: d1) bei Gespinstmangel erfolgt durch die Linksschwingung des Wächterhebels *14''*, *33ₓ*, *34*, die Klinke *35ₓ*, *36*—*37*, *38ₓ*, *39*, *40*—*41₀*. Durch *39* wird *12, 54''* gehoben unter Überwindung der *13⁰*; d2) bei fertigem Kötzer, indem der untere Flansch *4* über die Verbindung *42!*, *43*—*44₀*—*45*, *46ₓ*, *47*—*35ₓ*, *36*—*37*, *38ₓ*, *39*, *40*—*41₀*—*36* aus *37* löst und durch *39* das Abheben von *12, 54''* von *320''* bewirkt. Zum Wiederanlassen wird *40*, *39*, *38ₓ*, *37*—*41₀* so weit nach links gedrückt, bis *35ₓ*, *36* mit *37* eingreift. Diese Kötzermaschine hat 125⚬ 200-mm-Teilung; letztere wird besonders für das Kötzern ab Strang empfohlen. Die Länge einer 100spindligen Maschine beträgt rund 8 m bei 1 m Breite. Eine besondere Vorrichtung erlaubt auch Kötzer mit Garnvorrat vor der ersten Ansatzschicht zu winden für die Kötzer der Selbstweber mit Schußfühler, um das Auswechseln der Kötzer zu veranlassen, bevor der Zwirnvorrat angegriffen wird und so Schußfehler im Gewebe zu vereiteln.

1e. Angaben: Lieferung in 8 Stunden je Spindel in Baumwollgespinsten N_e 20 beim Kötzern ab Strang 1,2÷1,5 kg; ab Kötzer 2÷2,5 kg; ab feststehenden, also axial abgezogenen Kreuzspulen 2,5÷2,8 kg.

Bedienbare Spindelzahl je Arbeiterin. 12÷15 beim Kötzern ab Strang; 12÷20 ab Kötzer; etwa 30 ab Kreuzspulen.

Raumbedarf in 1,1 m Breite, Länge für 125-mm-Teilung: bei 60 Spindeln 5,6 m und bei 120 Spindeln 10,6 m; für 200-mm-Teilung: mit 60 Spindeln 7,7 m und mit 120 Spindeln 14,8 m.

Kraftbedarf bei 60 Spindeln 2 PS; bei 120 Spindeln 4 PS (16).

b2. Ausführungen mit waagerechter Wickelspindel. 2a. mit ungezahnter Hubscheibe. Die Welle *180ₓ''* (*4₆*) der von der entsprechenden unteren Stufenscheibe *148''*, *136''*, *124''* angetriebenen oberen Stufenscheibe *124''*, *136''*, *148''* überträgt durch die Triebscheibe *180''* auf die

belederte Reibscheibe *70''* den Antrieb auf die Welle *$70_x''$*, welche mit
einer Hohlnabe *2''* ausgerüstet und in einem auf den Stangen *3, 4* geführten Körper *5* gelagert ist. Die *2''* greift mittels des innengezahnten
Ringes *11'* mit dem breiten Trieb *11'* ein, welcher das Rad *122''* dreht;
dessen Welle *$122_x'$* bewegt durch das Axialexzenter *$46_e''$* der glatt-
randigen Hubscheibe den Schieber *6* der Welle *$11_x'$*, welcher auf der
Stange *4* geführt wird. Durch den Spindeleinsatz *7* mit dem Fänger *8⁰*
wird die hin- und hergehende Hülse *0''* gedreht. Durch die Aufwicklung
des über die Rolle *10''* zugeführten Zwirnes *0* gelangt die Schicht in der
vordersten linken Lage in den trichterförmigen Fühler *9''*, dessen Kugellager *10* ein reibungsloses Mitnehmen des *9''* sichert. Jede folgende
Schicht verschiebt den *9''* nach außen, wobei er durch das Lagerstück *11*,
10'', das auf der Stange *12, 12_0* verschoben und durch die Stange *13* mit
Stellring *13!* geführt wird. *11* ist mit der Klemmvorrichtung versehen,
bestehend aus der innen kegeligen Hülse *14*, mit Abstellrolle bei vollem
Kötzer *6''*, der Feder *15⁰*, den Kugeln *16* und der Gegenhülse *17* mit
Griffscheibe. Bei der Nachaußenverschiebung des *9'' ÷ 11* wird die *15⁰*
etwas zusammengedrückt, die kegelige Innenfläche *14* verschiebt sich
über die eingeklemmt gewesenen *16* und gibt sie frei. Durch den Druck
der *15⁰* werden die *16* wieder an die kegelige *14* gezwängt, wodurch die
Lage *9'' ÷ 17* festgelegt wird.

a1) **Abstellung der vollen Kötzer.** Bei vollem Kötzer dreht *6''*
über die schiefe Ebene *18!* den Hebel *18!, 19, 20⁰, 21_x, 22—23_0—24*
links herum, wodurch der Stift *19* den Hebel *25, 26_x, 27, 28* freigibt und
der Stange *4* der Wirkung der Feder *29_0, 30!, 31_0* zu folgen erlaubt. *5* entfernt über *11'', 11', $70_x''$* die *70''* von *180''*, was den Stillstand der *$11_x'$* mit
0'' verursacht. Durch einen Druck gegen *17* kann nach Herausnahme des
Kötzers *0, 0''* und Einsetzen einer Hülse *0''* die *9 ÷ 17* wieder bis vor *13!*
in die Anfangslage zurückgebracht werden.

a2) **Abstellung bei Zwirnmangel.** Der von der Spule *00''* (5_6)
und über die Leitrollen *20'', 15''* (4_6) zur Rolle *10''* gehende Zwirn *0*
erfährt eine ausgleichende Spannung erstens durch den Federarm *15''*,
32^x, 33—34⁰!, den Hebel *32^x, 35_x, 36*, zweitens durch den federnden Hebel
20'', 37_x, 38!—39_0—40!—40!, 41! (5_6), der auf dem Stellstück *42!* in *37_x*
drehbar ist; drittens durch den Federbügel *43_0* mit Band *44*, das die
Scheibe *25''* der *00''* bremst bzw. sie freigibt, wenn durch eine straffere
Spannung des Zwirnes die *20'' ÷ 41!* sich senkt. Fehlt der Zwirn *0* (4_6), so
schwingt unter der Wirkung der *34⁰!* der *15''*, *32^x, 33* nach rechts und
durch die Wucht und das Übergewicht nimmt *33*, den *32^x, 35_x, 36* nach
rechts mit, wodurch *36* die Verbindung *24, 21_x, 22—23_0—19, 20⁰, 18!*
nach links dreht, was wie vorhin das Stillsetzen der *$11_x'$, 0''* bewirkt.

a3) **Spitzenüberbindung.** Zur Bildung eines stark gekreuzten
Köpfchens (Spitze) ($4a_6$), für die Erzeugung weicher Schußkötzer ohne

besondere Spitzenanzugsvorrichtung, wird durch die Feder 12_0 (4_6) die Stange 12 gegen das, über $40'$, $10'$ von $122_x'$ getriebene Axialexzenter $3_e''$ gedrückt, wodurch $9'' \div 17$ eine Zusatzverschiebung erhält. Der Spindelkasten 45 soll stets ungefähr 0,15 l dünnflüssiges möglichst Mineralöl (Shellöl Voltol II) enthalten, damit $122'$ leicht Öl fassen kann; jährlich soll 45 durch den Stöpsel 46 zweimal entleert und mit Petroleum gründlich ausgespült werden, bevor frisches Öl nachgefüllt wird.

a4) **Klemmen für die Hülsen.** Bei der vorliegenden Ausführung wird die Hülse $0''$ über die Spindel $11_x'$ geschoben und durch den Fänger 8^0 federnd geklemmt. Statt der letzteren kann bei leichtern Hülsen auf $11_x'$ selbst eine Zwinge mit als Flachfeder wirkenden Ausläufer verwendet werden, oder die Hülse $0''$ (6_6) wird mit ihrer Bohrung auf den Metallzapfen $1''$ gedrückt, welcher im hin- und hergehenden und sich drehenden Mitnehmer $2''$ befestigt ist und durch einen Gummipuffer 3 die Mitnahme der $0''$ sichert. Die Spitze der $0''$ ist in der kegeligen Bohrung des mit einem Gummifutter 4 ausgerüsteten Kopfes 5 gefangen, dessen im Lager des Gehäuses 6 geführter Stift 5^x durch die Feder 6^0 gegen $2''$ verschoben wird. 6 ist auf der Stange 7 befestigt, welche über das Verbindungsstück 8 sich durch das Nutenexzenter $46_e''$ wie die Mitnehmerwelle $2_x''$ hin- und herverschiebt, ohne sich zu drehen. Bei der Verschiebung des Kötzers $0''$ nach außen verursacht er über $9'' \div 17$ die schrittweise Versetzung des $9''$ mit $10''$, genau wie beschrieben für 4_6.

a5) **Vorratwicklung.** Sollen die Kötzer auf Webstühlen mit selbsttätiger Kötzerauswechslung beim Schußablauf verwendet werden und darf das ablaufende Ende nicht als Schußstück in das Gewebe gelangen, so wird die Bewicklung des Kötzers mit einer Vorratwicklung v (7_6) von $4 \div 8$ m Länge und 12 mm Breite begonnen, die unter dem Wirkungsbereich w des Schußfühlers des Webstuhles liegt. Auf diese Weise verursacht letzterer bei abgelaufenen Wicklungen w das Ersetzen der Hülse $0''$ durch einen Kötzer bevor die Vorratwindungen v erschöpft sind. Zu diesem Zweck wird der durch den für die gewöhnlichen Wicklungen vorgesehene Führer 1, $10''$ (8, 9_6) gehende Zwirn 0 von einem zweiten Führer $2!$ während der Bildung der Vorratwindungen beeinflußt. Dieser $2!$ ist auf einem mit einem Fiberstück 3 ausgerüsteten Hebel 3, 4_x, 5, $6 \!-\! 7_0 \!-\! 8^0$ angeordnet, welcher mit Klinke 8^0 (9_6) von der Seite in die Sperrzähne $9'$ des Ringes 10 eingreift. Dieser wird durch den auf der andern Fläche vorgesehenen Zahnkranz $11'$ (8, 9_6) mittels des Zahnes 12 der Stange 12, 13, 14 festgehalten. Mit der durch eine Nut von 10 (9_6) gehenden Schraube 15 wird 10 auf der Trommel 16 befestigt; diese ist durch die Schraubenfeder 17^0 mit dem Kopf 18 verbunden, welcher fest auf der Nabe $4''$, 4_x des $2! \div 8^0$ sitzt, wobei die Feder 19^0 das Anpressen der $11'$ auf 12 begünstigt. Zwischen 4 und 18 ist eine Feder 20^0 angeordnet, welche die $11'$ an 12 anlegt. Die Schwingung von $2! \div 8^0$ (8, 9_6) wird erzeugt durch Andrücken von

3 durch *7₀* an den Rand der Hülse *21*, welche, wie der Einsatz *22* (8_6) mit Fänger *23⁰*, auf der hin- und hergehenden Spindel *24''* befestigt ist. Jede Schwingung dreht über *8⁰* (9_6) den beiderseits in *9'* und *11'* gezahnten *10* um je 1 Zahn weiter und spannt über *15, 16* die *17⁰*. Kommt die Nut *25* (8_6) in den Wirkungsbereich von *12*, so schiebt *20⁰* (9_6) die Anordnung *19⁰÷2!* nach rechts bis *4ₓ* an *4* anliegt. Hierdurch legt sich *2!* rechts der *10''* (8_6), welche von nun ab die Führung des *0* auf die *0''* übernimmt; gleichzeitig entfernt sich *3* von *21*, so daß *2!÷20⁰* stillsteht, und das Ende *5* von *2!*, *4ₓ*, *5* von der Seite also an *12* (9_6) senkrecht zur Zeichnungsebene, an *12÷14* anliegt.

Bei Beginn des folgenden Kötzers wird zur Einschaltung der Vorratwicklung die zwischen *4* und *18* angeordnete *20⁰* von Hand zusammengedrückt, wodurch *18÷2!* längs der *4* so weit nach links verschoben wird, daß *5* durch die Aussparung *13* freigegeben wird, *2!* den *0* selbsttätig erfaßt und *3* an den Rand von *21* anlegt. Zugleich verursacht die *17⁰* das Zurückdrehen von *9'÷11'* und *15, 16* bis *15* an *12÷14* anstößt.

Diese Vorrichtung kann an jede Kötzermaschine nach *4₆* angebracht werden. Zum Einstellen des Führers *2!* (8_6) stecke man eine Hülse auf die Spindel *24''* und schiebe den Fühler *26''* in die durch den Stellring *27!* begrenzte Anfangslage. Der Führer *10''* wird vorläufig gelöst und nach oben gedreht. *2!* wird nun so gestellt, daß er bei hinterster Hubstellung senkrecht über der Stelle steht, wo die Bewicklung beginnen soll und so tief, daß er in der vordersten Hubstellung noch ungefähr 1 mm vom Fühlerkegel *26''* absteht. Auch *1, 10''* soll nun möglichst tief gestellt werden, so daß *2!* unter diesem durchgeht ohne ihn zu berühren. Zur Einstellung der Anzahl der Vorratswindungen wird *15* (9_6) gelöst, durch sie *16* gegen *10* verlegt und an der Zahl der Teilung von *10*, welcher der verlangten Vorratslänge entspricht, wieder festgezogen. Hierdurch wird die Entfernung der Nut *25* (8_6) von Zahn *12* und damit die Anzahl der zu schaltenden Zähne verändert. Hierzu muß das Verdeck *28*, welches vor Verstauben schützt, abgenommen werden, was nach Lösen der Befestigungsschrauben leicht durchführbar ist.

a6) **Das Durchziehen des Gespinstabziehendes durch die Hülse.** Um den Hohlraum *1* (*10, 11₆*) des Weberschiffchens *2* voll auszunützen, wird das Abziehende des Schußgespinstes mechanisch, durch Luftdruck, oder durch andere Mittel durch die Bohrung der Hülse *0''* von der Spitze *3* zum Fuß *4* gezogen, bis es etwa *10÷20* cm herabhängt. Wird der Kötzer *0''*, *0* auf Webstühlen mit Selbstauswechslung der Kötzer in voller Geschwindigkeit des Stuhles in das Weberschiffchen *1, 2* hineingedrückt, wodurch die Hülse des abgewobenen Kötzers aus ihm entfernt wird, so verfängt sich das heraushängende Gespinstende an der Kratze *5* (*11₆*), so daß es beim Einschießen des Schützen *2* in das Kettfach festgehalten wird. Nach dem Abschneiden des Gespinstes am Gewebesaum wird das Ablaufende aus *5* entfernt. Als Vorteil dieser Anordnung werden genannt das Wegfallen der Einfädelungen im Schützen, so daß bei gleicher Kötzerlänge er kürzer, leichter und billiger wird, oder bei gleichen Schiffchenabmessungen einen größeren Kötzer aufnehmen kann und das Auswechseln daher weniger oft erfolgt. Auch für empfindliche Zwirne, wie z. B. solche aus Glanzstoffäden, hat sich das Abziehen durch die Längsbohrung der Hülse zur Schonung des Fadens zweckdienlich erwiesen (78). Um das Hindurchziehen auf der Kötzerwindemaschine durchzuführen, wird die Hülse $0''$ (12_6) beim Einspannen zwischen den Dorn *1* und den Mitnehmer *2* über eine in letzterem befestigten Nadel *3* geschoben, deren Haken *4* das nach dem Herausnehmen des Kötzers $0''$, *0* um die Nadel *3* mehrere Male von Hand geschlungene Ablaufende des Schusses zurückhält und ihn so durch die Bohrung der Hülse $0''$ zieht. Werden die mit Fußringen *5* versehenen Hülsen $0''$ verwendet, so sind sie wie in der Ausführung 8_6 freitragend von der Federklemme 23^0 bzw. dem Gummiring *6* (12_6) gehalten und die Nadel *3* überragt mit ihrem Hakenende *4* die Hülse. Bei der an beiden Enden gefaßten Hülse $0''$ sitzt ihr Fuß auf dem Dorn *7* des im Mitnehmer *8* axial verschieb- aber unverdrehbaren Kopfes mit Vierkantzapfen *9*, der unter der Einwirkung der Feder 10^0 steht, welche durch den Stift *11* derart begrenzt wird, daß bei eingespannter $0''$ die *3*, *4* in ihrer Bohrung verschwindet. Die Hülsenspitze ist in dem kegeligen, mit Gummi *12* ausgerüsteten Aufnahmekörper gehalten. Wird zum Abziehen des $0''$ der *9* zurückgeschoben unter Zusammendrückung der 10^0, so läßt sich um das hervorstehende *4* der Zwirn wickeln, so daß er beim Wegnehmen der $0''$ am Fußende aus ihm herausragt. *13* ist eine Pelzeinlage, welche zur Bremsung des vom Kötzer ablaufenden Gespinstes beim Verweben dient (14).

Statt das Garn zum Durchziehen durch die Bohrung der Hülse mit einem Haken zu erfassen, dem es sich infolge seiner Sprödigkeit entziehen kann, wird es bei der Ausführung $4b_6$ durch das nach Rechtsverschieben des Fühlers $9'' \div 12$ (4_6) und sein darauf erfolgendes Umlegen senkrecht zur Zeichnungsebene über $10''$ ($4b_6$) zwischen zwei der Scheibchen *1* gelegt, die auf einem in der Spindel $11_x'$ eingesetzten und mit Kopf versehenen Dorn 11^0 aufgeschoben sind. Weil der Durchmesser der *1* dem der $11_x'$ gleich ist, berühren die *1* beim Abziehen die Bohrung der Hülse $0''$, wodurch sie zusammengepreßt und das *0* sicher geklemmt und durchgezogen wird (15).

a7) Der Langsamanlauf. Um ein sanftes Anlaufen der Spindel mit stoßfreier Steigerung der Drehzahl bis zur höchstzulässigen in der kürzesten Zeit zu verwirklichen, was beim Abhaspeln oder bei Abrollen des Vorgutes zur Vermeidung von Rissen unbedingt nötig ist, wird *27*, 26_x, *25* (4_6) mit der linken Hand nach und nach hinuntergedrückt, so daß über *28*, *4*, *30!*, 31_0—*5*, $70_x''$, $70''$ der Lederbelag $70''$ immer besser von $180''$ mitgenommen und über $11''$ die Spindel $11_x'$ allmählich in Bewegung gesetzt wird, bis die Höchstdrehzahl erreicht und diese Lage des *27*, *26ₓ*, *25* durch *19* festgelegt wurde. Die Reibscheibenausführung hat einen besonderen Ölrücklauf, so daß ein Verschmutzen ausgeschlossen und eine sichere Mitnahme gewährleistet ist.

a8) Angaben. Mit diesen Maschinen können auf Ansatzhülsen *0″*, Fußhülsen *0″* (*7₅*), oder Durchhülsen *0″* (*4₄*) Kötzer von 180 mm Höchstlänge · 30 mm größtem Durchmesser gewickelt werden. Die Spindeln laufen mit 2500÷5000 Umdrehungen je nach der Güte und Feinheit der Gespinste bzw. Zwirne. Alle Wellen sind in doppelreihigen Kugellagern mit Spannhülsen angeordnet, deren Schmierung mittels Vaselinfettes geschieht.

Die Spindelteilung beträgt beim Abrollen und Abziehen 150 mm und bei Strangvorlage 200 mm. Die einseitige Maschine ist 850 mm, die zweiseitige 1400 mm breit. Die einseitige Maschine hat 6 ↭ 18 Spindeln, bei 150-mm-Teilung, 5 ↭ 20 bei 200-mm-Teilung; die zweiseitige 12 ↭ 96 bei 150-mm-Teilung und 20 ↭ 100 bei 200 mm.

Bei 4000 Spindelumdrehungen sind die PS für die Spindelzahl *z*:

$$\frac{PS}{z} \cdot \frac{0,5}{6} \cdot \frac{1}{12} \cdot \frac{1}{18}; \frac{0,5}{5} \cdot \frac{0,75}{10} \cdot \frac{1}{15} \cdot \frac{1,25}{20}; \frac{1}{12} \cdot \frac{4,75}{96}; \frac{1,25}{20} \cdot \frac{5}{100}$$

etwa 0,5 PS steigend.

Bei größerer Drehzahl erhöht sich der Kraftbedarf entsprechend (15).

2b. Mit gezahnter Hubscheibe (Radialexzenter). Durch ein Stufenscheibenvorgelege, dessen obere Scheiben *100″*, *125″ 150″* (*3₁₁*) auf der Welle *32ₓ′* sitzen, welche die ganze Breite der Maschine hat, werden über die Schraubenräderpaare *32′*, *18′* die einzelnen Spindeln *1″* wie folgt angetrieben:

b1) Die Drehung und Verschiebung der Spindel *1″*. Die Kuppel *2″* (*3a₁₁*) des Losrades *18′* ist mit zwei axial wirkenden Blattfederstücken *3⁰* ausgerüstet, welche in einer durch die beiden Ränder *2* begrenzten Ringnut liegen. An letztere läßt sich beim Einkuppeln durch Verschiebung der Welle *13ₓ′* (*3₁₁*) mittels der Scheibe *5″* (*3a₁₁*) und der Feder *5⁰* die durch Stifte *5* gehaltene Reibscheibe *4″* federnd mit zunehmendem Druck derart anpressen, daß die Mitnahme von *13ₓ′* beschleunigt erfolgt. Gelangt dabei der durchgehende *5* hinter die *3⁰*, so nimmt er *13ₓ′* mit der vollen Geschwindigkeit des *18′* mit. Der Kopfstift *5* dient zum Zurückhalten der *4″*; im ganzen sind zwei Paar *5* vorhanden. Die Verschiebung der Welle *13ₓ′* geschieht über das Kugellager *6* (*3₁₁*), den Gabelhebel *7*, *8ₓ*, *9*, *10*, *11₀* durch Daumendruck auf *10*. Das dadurch gesicherte sanfte Anlaufen des Langritzels *13′* wird über die Zahnung *100′* des Hubexzenters *36ₑ″* auf die Räder *11′* der Spindel *1″* übertragen. Bei voller Geschwindigkeit greift *9* unter die Nase *12* des Abstellhebels *13*, *12*, *14ₓ*, *15!*—*16⁰* und sichert so den Druck der Gabel *7* gegen die Kupplung $2'' \div 6$. Die waagerechte Verschiebung von $1''$ wird hervorgerufen durch den Eingriff der Rolle $12''$ des Gleitstückes 17, das auf die Spindel $1''$ geschoben ist und von der Stange 18 geführt wird.

Die Spitzenkreuzung erfolgt durch eine zusätzliche Verschiebung der Hubscheibenwelle $100_x'$, indem ihr Trieb $12'$ über die Zahnung $36'$ das Axialexzenter $3_e''$ dreht, in dessen Nut eine ortsfeste Rolle $10''$ greift, so daß sich bei der Drehung das $3_e''$ verschiebt. Über das auf ihm feste Scheibchen $24''$ und die Rillenscheibe $32''$ wird die Zusatzverschiebung durch $36_e''$, $12''$, 17 — auf die $1''$ übertragen.

b2) Die Aufwicklung des Zwirnes 0. Dieser läuft entweder von einem auf einem Haspel befindlichen Strang oder von einer Abrollspule $60''$ (4_{11}) über die Rollen $20''$, $20''$ (3_{11}), $9''$ zum Kötzer $0''$ der Spindel $1''$. Die Spannung erfolgt: a) durch den Federarm 19^0 des Winkelhebels $20, 21_x, 22, 23—24_0$, der vom Zug des 0 nahe an $13, 12, 14_x, 15!—16^0$ steht, und b) durch den Federhebel $20''$, 25_x (4_{11}) und die Feder 27_0, welche an einem der Zapfen 26 der Einstellrolle $40''$ angreift, die durch die Leder $28, 30$ mit Federn $29^0, 31_0$ das Andrücken des Bremsbandes 30 an die Bremsscheibe $30''$ bewirkt. Ein übergroßer Zug im 0 verursacht ein Tiefergehen des $20''$, 25_x unter Anspannung der 27_0 und Lockerung des 30, so daß die weniger gebremste $30''$ den 0 leichter abzuziehen gestattet. Während des Kötzerns wird das Zwirnführergehäuse $32''$ (3_{11}) entsprechend dem Wachsen des Kötzers $0''$ von der hin- und hergehenden Spindel $1''$ auf dem Führungsrohr 33 nach außen verschoben, wobei es durch einen Schlitz bei 34 geführt wird.

b3) Die Abstellung erfolgt: 3a) *bei Zwirnmangel*, wodurch 24_0 eine Rechtsdrehung von $23, 21_x, 22, 20—19^0$ bewirkt, und über $13, 12, 14_x, 15!—16^0$ ein Ausgreifen von 12 aus 9 durch die Wirkung der 11_0 eine Rechtsdrehung von $10, 9, 8_x, 7$ und mithin ein Lösen der Kupplung $6 \div 2''$ erfolgt. 3b) *Bei fertigem Kötzer* drückt die Rolle $10''$ auf $15!$ und durch die Linksdrehung des $15!$, 16^0, 14_x, 12, 13 über $10, 9, 8_x, 7—11_0$ das Auskuppeln von $6 \div 2''$ hervorruft. Das $32''$ wird bis zum Schlitzende des 33 zurückgezogen und senkrecht zur Zeichnungsebene umgeklappt. Der $0''$ wird abgezogen, der noch nicht abgerissene 0 wird zwei- bis dreimal um die nackte $1''$ gewickelt, die Hülse aufgesteckt und, nachdem das $32''$ wieder eingerückt und der 0 um die $0''$ gelegt worden ist, kann mit dem Kötzern wieder begonnen werden. Praktische Angaben siehe Tafel 7_d (16).

III E. Die Aufmachung zu Kettbäumen.

Für das Bleichen und Färben werden die Zwirne aus der Spulenform der Zwirnmaschine auf einen durchlöcherten Kettbaum $0''$ (9_4) nebeneinander aufgewickelt, von dem sie nach dem auf es folgenden Ausschleudern ablaufen und, wenn noch nötig, in einem Trockner auf den

für die folgende Bearbeitung, das Glänzen, notwendigen Feuchtigkeitsgehalt gebracht werden. Die dazu verwendete Zettel- oder Schärmaschine
ist auf 2, 2a, 2b$_6$ dargestellt; s. S. 59÷63.

III F. Die Aufmachung zu Langsträngen.

Obschon es gelungen ist, die Spannungen in den nebeneinander laufenden Zwirnen auf der Schärmaschine so gleichförmig und so stark zu
gestalten, daß der auf dem Kettbaum $0''$ (9_4) gesammelte Garnwickel 0_1
von der Bleich- und Farbflotte gleichmäßig durchflutet wird, so ziehen
dennoch viele Praktiker für diese Naßbehandlungen die Rund- (1_{10}) oder
Langstrangform (10÷13_4) vor, weil die Zwirne durch sie der Einwirkung
der Bäder in offenem Zustand dargeboten werden, alle toten Räume,
welche die Wandung des durchlochten Kettbaumes $0''$ verursachen, wegfallen und selbst bei den größten Mengen leicht zu handhaben sind.

Die Herstellung der endlosen Rundstränge erfolgt auf den Haspeln
oder Weifen (1_2 und 1÷8_{10}), welche auf den S. 118÷124 beschrieben
wurden.

Als Langstränge kommen bekanntlich die offenen 0 (10_4), die umwickelten 0 (11_4), die geketteten 0, 3 (13_4) und die durchschossenen
0, 2 (12_4) Stränge in Betracht, von denen die letzten nur wenig ausgeführt
werden; trotzdem wird die Maschine zu ihrer Herstellung der Vollständig-
keit halber hier erläutert.

F a) Die Langstrangmaschinen für den offenen Strang und Ablage:
1 a. in einem Sack. Die von den 500÷1200 Spulen im Zettelrahmen
(19_4) kommenden Zwirne 0 (11_8) gehen als Schicht durch das Rietblatt 1,
über die Trommel $150''$, unter die Leitwalze $50''$ hinweg, durch die Blätter
2, 3, über die Walze $40''$, unter der in einer lotrechten Führung 4 geführten Fallwalze $40''$ durch, über die Walze $40''$ hinweg, unter der Trommel
$255''$ und der Walze $60''$ durch, über die Walzen $50''$, $80''$, um durch die
Umlenkrolle $45''$ als Band zusammengenommen zu werden, das durch den
Trichter 5 geht und von den Ablieferwalzen $80''$, deren obere mit ihren
Zapfen in Schlitzlagern 6 geführt sind und an den Ketten 7 hängen, als
Strang in den Sack 8 gelangt. Die $40''$ gleitet beim Zurückbewegen der
$255''$, zwecks Aufsuchens des Endes eines zerrissenen Zwirnes, in 4 nach
unten, um dabei die Fadenschicht gespannt zu erhalten. Bei etwaigen
Verschlingungen wird die Oberwalze $80''$ durch Hochziehen mit 7 zum
Durchlassen gehoben. Der Antrieb erfolgt durch den Riemen 9 auf die
Scheiben $255''$, über i', i'—$20'$, $100'$ auf die Trommel $255''$, von da über
$260''$, $90''$ auf die obere Walze $80''$ und von hier über $70''$, $70''$ mittels
eines über eine Leitrolle senkrecht zur Zeichnungsebene abgelenkten
Riemens auf die Ablieferwalze $80''$. Das Abstellen geschieht von Hand
durch den Hebel 10, 11_x, die Stange 12, 13 mittels der Riemengabel 14,

welche auf der Schiene *15* geführt ist. Ein Zähler, bestehend aus der
Übersetzung *1'*, *16'—1'*, *17'*, dem Stift *18*, dem Hakenhebel *19*, *20ˣ*, *21*,
dessen Haken in der Rast *22* zurückgehalten ist, und dem Arm *23*, *24$_x$*,
25$_0$, erlaubt die Länge der Langstränge gleich groß zu machen, indem *18*
nach jeder Umdrehung des *17'* durch *19*, *20ˣ*, *21* das Ausheben der *21*
aus *22* verursacht und dem *25$_0$* erlaubt über *24$_x$*, *23—10*, *11$_x$—12*, *13*,
14, *15* den *9* von der Festscheibe *255$_f$''* auf die Losscheibe *255$_l$''* zu führen. Bei 500÷*1200* Spulen im Aufsteckgatter beträgt die Gesamtboden-
fläche 10,40 · 4,90 m; die Maschinenlänge 3,65 und der Abstand von
Vorderkante des Zettelrahmens zum Richtblatt 10,6 m. Die Höhe ist
2,60 m (79).

1b. in einen Lattenkasten. Die vom Schärstuhl (*2$_6$*) kommende
Zwirnschicht *0* (*12$_8$*) wird nach der Schiene *1* vom Trichter *2* zu einem
Band zusammengerafft, das über den Walzen *100''*, *300''*, *150''*, die an
der Saaldecke angeordneten Rillenscheiben *160''*, *120''* und die Trichter
3!, *4!*, *5!* geht, welche auf dem Schwinghebel *5!*, *6$_x$*, *7!* befestigt sind,
und in den an den Schmalseiten offenen Lattenkasten *8* gelangt. *5!*, *6$_x$*,
7! erhält zwei Bewegungen, eine Schwingung in der Zeichnungsebene
und eine zweite senkrecht dazu. Erstere erfolgt von *160$_x$''* über *9'*,
10'—10$_x$', *11—11*, *12!—12!*, *13$_x$*, *14!—14!*, *7!*, und letztere über *15'*, *16'*,
die elliptischen Räder *17'*, *18'* zur Verhütung von Aufhäufungen beim
Richtungswechsel des Stranges in der Ablage, Stift *19* und Schlaufe *20*
auf *5!*, *6$_x$*, *7!* (80).

1c. als Kreuzwickel. *c1. Ausführung mit Trichterantrieb* durch
ein Kreuzgewinde.
Zur Bildung eines Langstranges von 5000÷20000 m Länge und
75÷150 kg Gewicht laufen die von der in einem Zettelrahmen (19, 19a$_4$)
angeordneten 300÷360 Spulen kommenden Zwirne durch einen Schärstuhl von 1170 mm Arbeitsbreite nach der Ausführung *2$_6$* (S. 59÷63).
Von der Meßwalze *75''* (*13$_8$*) wird die Schicht unter einer Leitwalze *50''*
hinweg zu einem Trichter *1* geführt, den sie als Strang verläßt. Dieser
läuft dann über eine Rillenscheibe *250''*, durch ein Auge *2* und einen
Trichter *3*, der senkrecht zur Zeichnungsebene durch die Vorrichtung
3÷10' sich hin- und herbewegt, auf die Seele *200''*. Diese wird durch
die Arme *11$_x$*, *12* mit Gewichtsbelastung *12*, *13$_0$*, deren Ketten über die
Leitrollen *60''*, *60''*, *80''* gehen, auf die Wickelwalze *550''* gepreßt, so daß
auf ihr ein oder, bei Unterteilung, nebeneinander zwei und mehr straff-
gewundene Kreuzwickel bis zu 120 kg Gewicht gebildet werden können.
Die Verschiebungseinrichtung *3÷10'* besteht aus dem Trichter *3*, einem
Schlitten *4*, der auf der Stange *5* gleitet, mit Hülse *6* und Reiter *7*, dessen
Schenkel in die kreuzweise geschnittene Spindel *8'* (*13a$_8$*) eingreifen,
welche über *9'*, *Z'*, *10'* (*13$_8$*) von der Wickeltrommelwelle *550$_x$''* angetrieben
wird. In dem einen Gang der *8'* (*13a$_8$*) wird sich *3* z. B. von links nach rechts
bewegen, am Gangende führt eine senkrecht zur Achse verlaufende

Rinne *8* in den andern Gewindegang *8'* über und der Rücklauf von rechts nach links erfolgt. Eine gleiche Rinne *8* führt *3* wieder in den ersten Gewindegang *8'* ein. Die Aufwickelgeschwindigkeit beträgt je Minute $45 \div 55$ m und der Wirkungsgrad 0,75. Der Kreuzwickel wird von der Seele *200''* (13_8) abgezogen und gelangt in den Bleich- bzw. Färbkessel. Gewöhnlich werden $500 \div 1200$ Gespinste, bzw. Zwirne, vorgelegt und der dafür beanspruchte Raum der Maschine ist $5 \cdot 10 \cdot 2,6$ m. Die Entfernung der Vorderkante des Aufsteckrahmens vom Einzugskamm beträgt 0,6 m. Die Gesamtlänge des Schärstuhles 3 m (81).

c2. Ausführung mit Schwinghebel und dahinter angeordneten Abwickeleinrichtung. Die vom Schärstuhl (2_6) kommende Zwirnschicht *0* (14_8) wird über der Schiene *1* vom Trichter *2* zu einem Band zusammengerafft, das über die Walzen *100'', 300'', 150'',* die in der Führung *3* gelagerte Walze *30''!,* unter der nächsten *30''!,* über die Schiene *4* und durch den Trichter *5* zwischen die Wickelwalzen *550''* und die Seele *90''* gelangt, auf der sie sich unter der Belastung *6, 7_x, 8—9$_0$* in Kreuzwindungen aufwickelt. Dazu erhält die *550''* von dem von der Hauptwelle des Schärstuhles angetriebenen Riemen *10* über *280'', 250'',* Riemen *11* und Scheibe *500''* die Drehbewegung, und *5* über *12, 13_x—i', i'—13_x, 14—14, 15!—15!, 16_x—i', i'—17, 17'—18', 18'—19', 20'* von der Welle *500$_x$''* eine senkrecht zur Zeichnungsebene erfolgende Hin- und Herbewegung. Der so entstehende Kreuzwickel erreicht einen Durchmesser von 700 mm bei einem Gewicht von 135 kg.

Auf dieser Maschine können auch 2 und mehr Kreuzwickel gebildet werden; dann sind unabhängig voneinander auf der in *6* gehaltenen Welle für jeden Wickel je ein Paar lose Hebel *7_x, 8, 6* angeordnet und die Stränge gehen nicht über die obere *30''!* sondern bei 2 Wickeln neben den Stützarmen *3* und bei 3 Wickel über *30''* und neben *3* vorbei (81).

1d. als Knäuel. Nach dem Verlassen der Walzen *100'', 300'', 150''* (14_8) geht der Strang *0* (15_8) durch das Porzellanauge *3* über die Bremslatten *$4 \div 7$,* die Leitrolle *8'',* die in dem Gestellarm *9* angeordnet sind, durch die Durchbohrung des Kegelrades *10'* mit Flügel *11''* auf den Wickeldorn *12''* mit kegeliger Sitzfläche *13''* für den Knäuel *0''.* Der *12'', 13''* ist durch den Gestellarm *14!, 14_x* unter Festschraubung auf dem Gestell *15* entsprechend der Wickelform von *0''* einstellbar; er wird über *16', 17'—18', 19'—20'', 21''—22'', 23''—24''* gedreht. Der auf der Welle *22_x''* feste Trieb *25'* verursacht über *10'* die Drehung der Flügel *11''.* Durch die gleichzeitige Drehung von *12'', 13''* und *11''* entsteht der gewünschte Knäuel *0'',* welcher abgezogen von *12''* sofort in den Bleichoder Farbkessel gebracht wird (82).

Fb) für den umwickelten Strang. Um das Schleifenbilden und Zerreißen des Gespinstes, die losen und verdrehten Leistenzwirne in den verschiedenen Bearbeitungen des Bleichens und Färbens zu vermeiden, und um die Schwierigkeiten der Zurückführung des Langstranges nach dem Bleichen und Färben in den Kettbaumwickel zu verringern, wird der Langstrang mit einer angemessenen starken Schnur umwickelt, und die dazu dienende Schnur nach dem Bleichen bzw. Färben wieder vor dem Aufbäumen des Stranges entfernt. Dadurch werden die Kosten des Wiederaufbäumens der Kette und des Webens auf mindestens die Hälfte der bisherigen vermindert. Die von den Kettbäumen 1 (16_8) ablaufenden Gespinste 0 gehen über den Streichbaum $2''$ und werden durch die Rillenscheibe $3''$ als Strang ausgebildet, welcher durch die Bohrung des Rades $4'$ und der auf ihm befestigten Hülse $5''$ hindurch und über die Rolle $6''$ geht, wobei er von der von der Flaschenspule 7 ablaufenden und durch den Führer 8 gehenden Schnur 9 umwickelt wird. Der umwickelte Strang $0, 9$ wird über die Rolle $10''$ einerseits in dem Kochkessel bzw. den Färbkessel 11 geführt, geht dann über die Walzen $12'' \div 15''$ in nebeneinander liegenden Schraubenlinien, und verläßt ihn an seiner dem Einlauf gegenüberliegenden Stirnwand des Behälters 11 durch die Ablieferwalzen $16'', 17''$ getrieben, um über die sich drehenden Flügelwalzen $18'', 19''$ und einer geeigneten Ablegevorrichtung, z. B. $3! \div 20$ (12_8) in dem Wagen 20 (16_8) aufgestapelt zu werden. Nach dem Trocknen erfolgt das Abwinden der 9 von dem umwickelten Strang $0, 9$ (17_8). Dazu geht er durch das an der Decke befestigte Porzellanauge 21, zwischen den Abwickelwalzen $22'', 23''$ hindurch, einerseits auf die untere Walze $24''$ und in Schrauben um die beiden Walzen $24'', 25''$ an der dem Einlaufende entgegengesetzten Ende über die Spannstäbe $26''$, um nach der Rolle $27''$ die Abwickelvorrichtung für den 9 zu durchlaufen. Diese besteht aus dem mit Führung 28 versehenen Flügel $29''$ und der Spule $30''$, welche auf einer Filzscheibe 31 des Lagers $32, 33$ ruht und von dem sich entgegengesetzt zu den Wicklungen von 9 sich drehenden $29''$ durch 9 mitgeschleppt ist, wobei 9 auf $30''$ aufgewickelt wird. Um 9 in nebeneinanderliegenden Schraubenwindungen aufzuwinden, erhält die $30''$ eine auf- und abgehende Verschiebung. Der unbewickelte Strang 0 geht dann über die Rolle $34''$ zwischen den hebelbelasteten Zugwalzen $35'' \div 37''$ hindurch über die Ablieferwalzen $38'' \div 40''$ und einen geeigneten Ableger, z. B. $3! \div 20$ (12_8), in den Wagen 41 (17_8). Schon 1901 arbeitete dieses Verfahren zur vollsten Zufriedenheit in der größten Buntweberei, der Amorkeag Company, und in den meisten Kettenbleichereien und Färbereien der Vereinigten Staaten Nord-Amerikas. Die durch es erzielten Ersparnisse beim Wiederaufbäumen der Kette und beim Weben sind bedeutend und können bis zu 50% der Kosten des alten Bleich- und Färbverfahrens mit losem Strang betragen (83).

F c) **für den gekettelten Strang.** Den gleichen Zweck wie das vorige Verfahren und außerdem noch das Kürzen der Länge des zwischen 5000 und 20 000 m messenden Langstranges auf weniger als $\frac{1}{3}$, wodurch die

Durchgangsgeschwindigkeit in den folgenden Bearbeitungsstufen bei gleicher Lieferung vermindert werden kann, hat das Ketteln des Langstranges, welches besonders in England seit 1883 für das Bleichen und Färben im Langstrang gewöhnlicher Gespinste und der Zwirne, auch der zur Nähfadenherstellung bestimmten, verwendet wird. Der Kettelbock ist zwischen dem Auslauf *100″*, *300″*, *150″* (*12₈*) und dem Einleger *3!÷20* eingeschaltet.

Der von den Walzen *100″*, *300″*, *150″* gelieferte Strang *0* (2_9) geht durch die Trompete *1* des Hebels *1*, 2^x, 3^x, *4*, 5_x, der über den Pleuel *4*, *6*, die Kurbel *6*, 7_x, die Übersetzung *8′*, *9′*, die Riemenscheiben *10″* vom Riemen *11* in einer ∞-Bahn bewegt wird. Hierzu muß der Arm *1*, 3^x eine senkrecht zur Zeichnungsebene erfolgende Schwingung erhalten, was durch die Verbindung 2^x, $12^x—13^x$, $14^x—14^x$, *15*, *16″* vom Exzenter *17″* geschieht. Die Welle $17_x″$ erhält ihre Drehung über *18′*, *19′—20′*, *21′—i′*, *i′* von der Welle $10_x″$. Durch diese ∞-Bewegung wird *0* je ein Auge *a* oder *b* über die oben abgedeckten hohlen Festhaken *22*, *22* bilden. In *22* sind verschiebbar angeordnet die Zughaken *23*, $24—25_0$, deren hintere Teile im Gestell *26* geführt sind, und deren Nasen *24* von den Stiften *27* über *i′*, *i′* von $10_x″$ abwechselnd verschoben werden. Beim Verlassen von *24* bringt 25_0 den *24*, *23* wieder in seine Ausgangslage zurück. Durch die Verschiebung nimmt die aus *22* herausragende Spitze von *23* das soeben auf *22* aufgelegte Auge *b* des *0* zurück und schiebt es in seiner hintersten Stellung in den kurz vorher ebenfalls in seiner hintersten Lage angelangten Haken *28*, 29_x, der durch das Zahnrad *30′*, die Zahnstange *31′*, *32*, den Pleuel *32*, *33*, die Kurbel *33*, 33_x und die Übersetzung *34′*, *35′* von $10_x″$ betätigt wird. Der andere *28*, 29_x macht die entgegengesetzte Verschiebung, und er befindet sich, ebenso wie *23*, *24*, 25_0, in seiner vordersten Lage, bereit, das aufgelegte Strangauge a_1 zurückzuziehen. Sobald das zurückgeschobene Auge *b* von *28*, 29_x ergriffen ist, wird ein neues Strangauge b_1 auf *22* aufgelegt, so daß der nun nach vorne schwenkende *28*, 29_x das erste *b* über das zweite b_1 hinüberhebt und es dann in seiner vordersten Stellung fallen läßt, so daß es im zweiten b_1 hängen bleibt und die Kettelung verursacht. Ebenso verhängen sich die erst gebildeten Strangaugen *a* über die folgenden a_1. Der gekettelte Strang *a b* geht durch auf dem Boden stehenden Porzellanaugen *36* nach oben zur Ablegevorrichtung *3!÷20* (*12₈*). Zu einem Bündel verschnürt, läßt sich der Inhalt leicht befördern.

Die Maschine kann zum Einlegen der Einlegeschnur mit einem entsprechenden Blatt ausgerüstet werden, durch das die Garne leicht und schnell in geradzahlige und ungeradzahlige zu trennen sind. Der gekettelte Langstrang ist die beste Form für das Bleichen und Färben.

Um zu gleicher Zeit zwei gekettelte Langstränge herzustellen, werden auf das Gestell dieser Maschine zwei Böcke aufgeschraubt und auf ihnen eine zweite Kettelvorrichtung angebracht. Diese Erweiterung ist zum Ketteln von Ketten mit wenig Enden (Fachung) von großem Vorteil, weil der Langstrang mit wenig Garnen beim Ingangsetzen der Maschine eher Schaden leidet als beim gleichzeitigen Ketteln von zwei Langsträngen und die Lieferung der Maschine dann auch entsprechend erhöht wird. Noch erwähnt sei, daß die Nummer der Gespinste und die Fachung der Langstränge für beide verschieden und beide in demselben Behälter oder getrennt gesammelt werden können; selbstverständlich ist es auch möglich, nur mit einem Kettler zu arbeiten. Die Zwirnspulen sind im Gatter der Maschine liegend angeordnet. Der Zwirn wird also rechtwinklig zur Spulenachse abgezogen. Das ist insofern ein Vorteil, als sich keine Zusatzdrehungen, wie beim Abziehen über den Kopf, bilden. Das Blatt, durch das die Zwirne zum Auseinanderhalten laufen, ist aus Messing, weil das Garn noch naß ist, und das Blatt sonst Rost ansetzen würde. Der gekettelte Strang fällt in einen, unter der Maschine stehenden Holzkasten. Die letzte Masche muß mit einer Spindelschnur 3 (13$_4$) abgeknüpft werden, sonst geht die Kettelung beim Ziehen am Ende wieder auf. Je nach der Nummer und Fachung werden die Garne, wie an der Zettelmaschine, durch sog. Kreuzbänder auseinandergehalten, was für die Weiterverarbeitung notwendig ist. Auch beim Ketteln ist es nicht möglich, alle Fehler der Zwirnerei auszumerzen; es ist jedoch eher durchzuführen, als beim Bäumen, weil man die gekettelte Kette durch die Hand gehen lassen und die Garne einzeln beobachten kann. Das Gewicht einer derartigen Kette beträgt ungefähr 150 kg; ihre Garnzahl richtet sich nach der Anzahl Spindeln (360) der Glänzmaschinen. Man muß von diesen Maschinen mehrere haben, um das viele Ausknüpfen beim Wechseln der Nummer zu vermeiden. Die Spulen bleiben einfach im Gatter stecken, und die Maschine steht so lange unbenützt, bis wieder dieselbe Nummer benötigt wird. Das Ausknüpfen verursacht großen Zeitaufwand und Abfall und beeinflußt die Herstellungskosten stärker als der vorübergehende Stillstand. In N_e 50/4 liefert die Maschine ungefähr 150 kg in 4 Stunden. Der Vorteil dieser Kettelung gegenüber dem Kettbaum besteht darin, daß die Zwirne nicht modern, auch wenn sie längere Zeit nicht zur Weiterverarbeitung gelangen; es kann daher von diesen Ketteln ein größerer Vorrat als von Bäumen gehalten werden (80).

F d) **für den durchschossenen Strang.** In den Entfernungen von 0,91÷1,22 m sind in den Langstrang zwei Kreuzschnüre eingezogen, um seine Garne beim Bleichen und Färben am Verwirren zu verhindern und den Handwebern der Überseeländer besonders Indiens, die Kette in althergebrachter Aufmachung zu liefern. Diese wird dort dadurch erhalten, daß das auf einen Handhaspel gewickelte Gespinst 0 (3$_9$) auf den einen Endstab 1 einer Anzahl waagerechter, 0,91÷1,22 m voneinander entfernter Stäbe 2 befestigt wird, worauf der Eingeborene mit dem Haspel an den Stäben 2 vorbeigeht und das sich abwickelnde Gespinst 0 über, dann unter usw. die sich folgenden Stäbe 2 legt, vom letzten Stab 3 zurückwandert und es dabei in umgekehrter Legung auf den *2* anordnet. Ist der Handhaspel abgelaufen, so wird das Gespinst eines neuen Rundstranges auf ihn gewickelt, das Ende des gelegten Gespinstes mit dem Anfang des auf dem Haspel befindlichen verknotet und die Arbeit so lange fortgesetzt, bis die Anzahl der nebeneinander zu legenden Gespinste der Kette erreicht ist, deren Länge von dem Abstand der Endstäbe *1*, *3* abhängt. Hierauf wird neben jedem Stab *1* und *2* einerseits eine Schnur *4* durchgeführt und diese mit der Kette von den Stäben *1*, *2*, *3* abgezogen. Diese gutgesicherten Ketten werden nun als Längsstrang in dem Bleichoder Farbkessel behandelt, oder nur geschlichtet, getrocknet und auf den Webbaum gebracht; alle diese Behandlungen können in den urtümlichsten Formen ohne oder mit nur sehr wenig Abfall und Stillständen vorgenommen werden. Für das Eintragen der Kreuzschnüre *4* bei der Herstellung des Längsstranges wurde im Anschluß an die Ablieferwalzen *102''* (2_6) der Schärmaschine ein Webstuhl mit ortsfester Lade eingebaut, in dessen Schützen die Kreuzschnur *4* als Kötzer gewickelt untergebracht ist.

Die Gespinste bzw. Zwirne *0* (4_9) gehen durch die Augen *1* der beiden Schäfte *2* und das Blatt *3*; bei gebildetem Fach wird die Kreuzschnur *4* (3_9) eingetragen, worauf die Kette über die Walzen *120''*, *90''*, *70''* (4_9), in die Zuführwalzen *100''*, *300''*, *150''* ($12, 14_8$) bzw. *75''*, *50''* (13_8) für die Aufwickelvorrichtung ($13, 14_8$) oder den Lattenkasten (12_8) gelangt. Zum Eintragen der Kreuzschnur *4* (3_9) in das Fach befindet sie sich als Kötzer aufgewickelt in einem Schiffchen *5* (4_9), das durch das Fach, dessen untere Schicht *0* auf dem Ladenklotz *6* gleitet, von der einen Lade zur anderen geworfen wird. Zur Verhütung der Mitnahme des *5* durch die ziemlich schnell über den *6* sich bewegenden *0*, sticht kurz vor dem Schützenschlag, ein in einer Führung *7* des *6* auf und ab sich verschiebender Kamm *8* zwischen die *0*, um sich nach Eintragung zweier Schüsse wieder aus *0* zu entfernen. Das von dem Geweberand zur Lade reichende Schnurende wird durch einen schwingenden Arm *9*, *10_x*, *11*, welcher sich in einen Schlitz *12*, der *6* einlegt, festgehalten und durch eine mit ihm verbundene Messerklinge nahe am Geweberand abgeschnitten. Der Antrieb erfolgt über den Riemen *13* auf die Scheibe *14''* und: 1. über *15' ÷ 20'!* auf das Exzenter *21''*, das durch *22''*, *23_0!*, *24_x* und den Rollenzug *25''*, *26* die *2* hebt; die Senkung erfolgt durch die Federn *2_0*. Durch Auswechseln der Räder *19'!*, *20'!* kann die Fachbildung zwischen den Kettenverschiebungen von *0,91 ÷ 3,03* m verändert werden. Sind gewöhnliche Langstränge herzustellen, so wird das Zwischenrad *Z'* entfernt und das *21''* auf der Mittellage festgelegt, worin kein Fach ausgehoben wird. 2. über die Schlagnase *27!*, die Arme *28*, *29_x*, *30!*, *31—32*, *33_x—i'*, *i'*, den Schlagstock *33_x*, *34* senkrecht zur Zeichnungsebene. Dieser befördert den Schützen *5* durch das Fach. Fehlt der Schuß, so stellt ein Mittenschußwächter die Maschine und den Durchlauf des Längsstranges ab; ebenso sind die Schützenkästen mit Zungen ausgerüstet, welche das Anhalten bewirken, wenn das Schiffchen nicht in seine Lade gelangt. Um den Schützenschlag in Übereinstimmung mit der Fachbildung zu bringen, verursacht die Schwingung der Welle 24_x über Trieb $35'$, Kette 36, Rad $38'$ und Sichel 37_x, $39!$ durch die Kette $40!$, $30!$ zeitweilig eine Linksdrehung von $30!$, 29_x, 28, 31, so daß 28 aus dem Bereich der $27!$ kommt und der Schlag, d. h. das Hindurchschießen der 5 durch das Fach erst erfolgt, wenn dieses geöffnet ist. Der auf 37_x feste Arm 37_x, 41 verursacht durch 42, 8 das Heben und Senken des 8. Durch den Arm 37_x, 43 wird über 44, 44_x, 45—45, 46—46, $47!$, 48^0 der Schußklemmer mit Abschneidmesser 11, 10_x, 9 betätigt. Mittels der Handhabe 49, 37_x, 50 kann die Welle 37_x durch Heben und Einklinken von 50 in die Rast 51^0 so hoch festgelegt werden, daß alle von ihr abhängigen Arbeitsteile die Bildung eines gewöhnlichen Langstranges zulassen.

Um später auf dem Webstuhl das Einlegen der Kreuzruten zu Anfang der Kette zu erleichtern, laufen die 0 unmittelbar nach 6 über die versetzt zueinander angeordneten Sicheln 52, 53_x, 54 und 56, 57_x, 58, welche in der Ruhelage auf dem Gestell 55 aufliegen. Sollen die Kreuzschnüre eingelesen werden, so verschiebt man das Blatt 3 etwas zur Seite, so daß die Garne schief über die Sicheln 52, 56 laufen, und dreht nun die Sicheln 52, 53_x, 54 nach aufwärts, wodurch aus den erfaßten Garnen ein Fach gebildet wird, durch das man die Kreuzschnüre hindurchzieht. Nun wird 52, 53_x, 54 zurückverlegt, etwas Kette aufgewickelt und mit 56, 57_x, 58 ein Fach gebildet, durch das ebenfalls eine Kreuzschnur hindurchgezogen wird. Beliebige viele Kreuzschnüre können leicht und schnell in der angegebenen Weise zur Verwendung kommen. In der Schlichterei, Bleicherei und Färberei leisten diese Kreuzschnüre gute Dienste, und beim Wiederaufbäumen des Stranges sind sie leicht zu entfernen (84, 85).

F e) **Anwendungen der Mehrfadengebilde.** Der durchschossene Strang ist in England auf die Herstellung von aufzugfertigen Ketten für die Überseeländer beschränkt geblieben. — In Amerika war der umwickelte Strang für das Färben maßgebend; für das Bleichen wurde er vom geketteltem Strang überflügelt, der infolge seiner verkürzten Länge ein schnelles Einlegen in die Beuchkessel zuläßt, so daß diese besser ausgenutzt sind; auch widersteht er dem Verwirren der Garne in der Naßbehandlung gut und verursacht wenig Abfall. Diese Vorteile kommen aber nur bei großen Tageslieferungen voll zur Auswertung. — Für mittlere Mengen bevorzugt man in den letzten drei Jahren das Bleichen im Kettbaum, seitdem es gelungen ist, weich zu zetteln (s. S. 60). Die Anzahl Gespinste dieser Kettbäume mit 800 mm bzw. 1600 mm Abstand zwischen den Scheiben schwankt zwischen 90 und 300; ihr Garngewicht beträgt 100 kg beim Bleichen im waagerechten offenen Bleicher und bis zu 200 kg in geschlossener, stehender Ausführung (86).

IV. Das Veredeln der Garne.

Unter Veredelung der Garne wird die Erhöhung ihres Gebrauchs- und Handelswertes verstanden: a) durch Ausmerzen von Herstellungs- fehlern, Schmutz-, Schnitt- und Grobstellen, Schleifchen, Knötchen, Schalenresten; b) durch Entfernen der die Herstellung erleichternden Öle und Fette (Schmälze) und c) durch Ausnützen und Erhöhen der guten Eigenschaften der Garnrohstoffe, Bleich-, Färb-, Glänz-, Form- und Auf- nahmefähigkeit, wodurch die aus ihnen hergestellten Textilwaren in ihrem Äußern gefällig erscheinen, oder durch ihren harten Griff ein er- höhtes Sicherheitsgefühl bezüglich der Dauerhaftigkeit geben, oder durch ihre Weichheit oder ihre Wasserdichtigkeit ein Wohlbehagen auslösen, oder durch ihren Duft oder ihr krachendes Geräusch beim Tragen ange- nehme Nervenreize verursachen, oder, mit gewissen Zusätzen behandelt, Schutz gegen Feuer- und Mottenschäden bieten. Die zur Verwirklichung dieser Eigenschaften angewandte Veredelung wird auf trockenem oder nassem Wege oder durch die Verbindung beider erreicht. Sehr oft wird zur Veredelung noch die Aufmachung der Garne gezählt, deren Zweck es ist, sie in eine für den Handel und den Verbrauch empfehlende, leicht zu befördernde, zweckdienliche und ohne viel Abfall abzuarbeitende Form zu bringen.

IV A. Die Trockenveredelung der Garne.

A 0) Das Sengen, Flämmen oder Gasieren.

Die Garne weisen viele Faserspitzen an ihrem Umfang auf, welche ihr Aussehen trüben und nach dem Verweben mit Fäden aus Seide oder Glanzstoff oder nach dem Merzerisieren, einer Behandlung der Baumwoll- garne oder Gewebe mit Natronlauge unter Spannung mit nachfolgendem Trocknen, flaumige Oberflächen erzeugen. Mit Seide verarbeitet, ver- billigen die Baumwollgarne den Herstellungspreis, zusammen mit Glanzstoffäden vergrößern sie die Haltbarkeit und merzerisiert erhöhen sie, wegen des entstehenden Glanzes, den Verkaufswert des Gewebes. Um die Garne zu diesen Verwendungen geeignet zu machen, genügt es, ihre Faserspitzen abzusengen. Es ist selbstverständlich, daß dadurch ein Gewichtsverlust eintritt, dem man schon bei der Auswahl der Gespinste Rechnung trägt und diese je nach dem Draht und der Feinheit um 2÷6 Nummern gröber wählt, als die verlangte des gesengten Garnes. Die zum Absengen nötige Hitze wird erzeugt A a) durch Gas und A b) durch Elektrizität. Die dabei entstehenden Brandgerüche und der mit Faser- flaum geschwängerte Rauch müssen unmittelbar an der Entstehungsstelle abgesogen und durch Vermeidung von Holz beim Bau der Maschinen (Aufsteckgatter und Abdeckungen) die Feuersgefahr verringert werden.

A a) Sengmaschinen mit Gasbrennern.

a1. mit waagerechter Garnführung durch den Brenner.

1a. Der Gasluftmischer. Als Gas kommt zur Anwendung aus Kohlen, Öl („Paraffin"-, „Palm"-, „Kokosnuß"-Öl) und Fetten gewonnenes Gas, dem zur Hitzesteigerung und Gasersparnis vor dem Brenner Luft beigemischt wird. Es empfiehlt sich, die Luft gefiltert und unter Druck zuzuführen, um ein Verstopfen der Brenner zu verhindern, denn durch es würden Schwankungen in der Brennwirkung und daher in der Bräunung des Zwirnes Tonunterschiede entstehen. Weil die Hitze von dem Mischungsverhältnis von Gas und Luft und von dem Druck der Mischung abhängt, führt man Gas und Luft zwangläufig durch je eine Pumpe I, II (1_{12}), deren I durch das Rohr 1 das Gas und deren größere II die Luft durch das Rohr 2 in einen Gasometer III befördern. Dieser besteht bekanntlich aus dem äußeren Behälter 3, in dessen Wasser der als Schwimmer ausgebildete innere 4_0 taucht. Durch die Zwischenwand 5 wird eine Vermischung von Gas und Luft verhindert. Diese findet erst in dem Rohr 6 statt, das zu den Brennern 6_1 der Maschine führt. Der Antrieb auf die I, II erfolgt vom Riemen 7 über die Scheiben $8''$, die Reibscheiben $9''$, $10''$, die Welle $10_x''$ mit Keil 10, die Umlegeräder i', i', die Stirnräder $11'$, $12'$—$13'$, $14'$—$15'$, z', z', $16'$. Die Übertragungsstelle des $9''$ auf $10''$ wird durch die Gabel 17, die Gewindestange 18, die Mutter $19'$ und die Umlegeräder i', i' von der Welle $20_x'$ festgelegt. Werden Brenner ausgeschaltet, oder eine der von den I, II gespeisten Maschinen stillgesetzt, so wächst der Druck in III; der Schwimmer 4_0 steigt und über die belastete Kette 21, 21_0, die über das Rad $22'$ geht, wird der Trieb $23'$ durch die Kette 23 die beiden Klinken 24^x, 25 und $24^x{}_1$, 25_1 aus der ausgeklinkten Mittellage beide heben bzw. senken. Die gesenkte $24^x{}_1$, 25_1 schaltet das zugehörige Sperrad $26_1'$ dadurch, daß beide Klinken durch die Hebelverbindung 24^x, 27_x, 28—28, $29''$ von dem auf der Pumpenwelle $15_x'$ sitzenden Exzenter $29''$ hin- und herbewegt werden. Die durch i', i' auf $19'$ übertragene Drehung verursacht über 18, 17 eine Näherung der $10''$ zu $9_x''$ und daher eine verringerte Pumpenwirkung. Der Druck in 4_0 nimmt ab; 4_0 senkt sich und hebt in der Mittellage die 24^x, 25_1 aus. Werden Flammen eingeschaltet, so nimmt der Druck in 4_0 ab; 4_0 senkt sich weiter und die zweite 24^x, 25 greift nun in $26'$ ein, das, entgegengesetzt wie vorhin, gedreht wird, wodurch über i', i'—$19'$—18, 17 die $10''$ vom $9_x''$ entfernt wird und somit eine größere Pumpengeschwindigkeit einsetzt. Der Druck in 4_0 steigt und 4_0 bringt über 21, 21_0—$22'$, $23'$—23—24^x 25 zum Ausgriff. Ein Gasluftmischer kann bis zu 1500 Brenner speisen.

1b. Der Brenner besteht aus dem Zuführungsrohr 6, 6_1 (2_{12}) mit Düse 30, dem Flachbrenner 31, welcher mit einem oder zwei Schlitzen 32

($2a_{12}$) oder mit Löchern 32 ($2b_{12}$) versehen ist ($14a$). Statt der zwangsläufigen Mischung von Gas und Luft im Zuführungsrohr 6 (1_{12}) verwendet
man auch gewöhnliche „Bunsenbrenner", bei denen das aus der Düse 30
(3_{12}) strömende Gas die Luft im Sinne der Pfeile mitreißt und sich mit
ihr auf dem Wege nach 31 mischt; das Ausströmen erfolgt durch die
seitlichen Löcher 32 ($17e$).

1c. Der Gutlauf. Der von den für das Gasieren sich vorteilhaft eignen-
den Kreuz- oder Flaschenspulen $0''$ (4_{12}) ablaufende Zwirn 0 geht über
den Draht 1, 2, die Leitstange 3, über die Rillenrollen $4''$, $5''$, mehrere
Male durch die Flamme des Brenners 6, 6_1, über die Stange 7, den hin-
und hergehenden Führer 8 zur Spule $0_1''$, welche im Hebel 9, 10_x gelagert ist. Dieser wird durch eine belastete, über die Leitrolle $12''$
gehende Schnur 11, 11_0 an die Wickeltrommel $13''$ gepreßt. Die Maschine
ist mit einer selbsttätigen Ausrückung des Zwirnes aus dem Flammen-
bereich beim Stillstand des Durchlaufs des Garnes versehen.

1d. Die Absaugung erfolgt im Sinn der Pfeile durch die über jeder
Flamme vorgesehene Öffnung 14 des Stahlgehäuses 15, durch den in
der Mitte der Maschine angeordneten Stutzen 16 (5_{12}), die Rohre 17, den
Seiteneingang 18, den Luftbeförderer $19''$, durch den Abluftstutzen 20
ins Freie oder in eine Abluftkammer, auf deren Boden Wasserbehälter
angeordnet sind. Schwere Flaummassen setzen sich in 15 ab und werden
von Zeit zu Zeit selbsttätig durch eine von Ketten bewegte Eisenbürste
in die seitlich der Maschine stehenden Wasserbehälter abgeführt. Der
Antrieb des $19''$ erfolgt von der Welle $21_x''$ über die Scheiben $21''$, $22''$.
$23''$ sind die Antriebscheiben für die Sengmaschinen. Der durch die
Absaugung verursachte Unterdruck im Arbeitssaal wird durch Frischluft
ersetzt, welche durch die Kanäle 24, den Verteiler 25 mit Verteilungs-
blech 26 unterhalb der Maschine in den Saal gelangt ($17a$).

Die Absaugung geschieht auch dadurch, daß die Brenner um 180^0
gedreht, die Flammen daher nach unten gerichtet sind und unter jedem
Brenner der Absaugetrichter einer Leitung steht, die zu einem Luftbeförderer führt. Weder Rauch noch Flaum gelangt so in den Arbeits-
raum (87).

a2. mit lotrechter Garnführung durch den Brenner.

2a. Der Gasluftmischer, wie vorhin beschrieben, oder ein ähnlich
wirkender kann für mehrere Maschinen dienen; auch sind kleinere Mischer
für Maschinen bis zu 48 Brennern in Anwendung.

2b. Der Brenner besteht aus dem mit zwei Flanschen am Gestell
verschraubten Gehäuse 1 (6_{12}), der durchlochten vordern Klappwand 2,
3, $4''$, 5_x, $6!$, die durch die Feder 7_0 geschlossen gehalten wird und der
in 1 durch vier Kopfschrauben befestigten zweischenkligen Gaskammer 8,
deren vordere Öffnung durch das mit einem Stift auf 1 hängende, geschlitzte Metallrohr 9 ($6a_{12}$) geschlossen ist und die durch den in eine

ihrer Seitenwand eingewindeten Stutzen *10* (6₁₂), und dem Standrohr *11*
mit Hahn *12* von dem Zuführungsrohr *13* mit Gas-Luftgemisch gespeist
wird. Das Gas strömt durch die vier Reihen zu je 18 Löchern des *9* (6a₁₂),
so daß das über *3, 4″* (6₁₂) geführte Garn mit großer Geschwindigkeit (bis
900 m in der Minute) durchziehen kann und dennoch gut gesengt wird.

2c. Der Gutlauf. Der Zwirn *0* (6₁₂) der Kreuzspule *0″* geht durch
den Sauschwanz *14!*, über die Stange *15!*, die Plüschwalze *16″*, die
für jede Garnspannung einstellbar ist, durch eine Öffnung in *2÷6!*, über
das Röllchen *4″*, durch die Flamme, den Sauschwanz *3* und den Schlitz
der Trommel *270″* auf die Spule *150″*, welche durch den Spulenbügel
17⁰—18, 19ₓ, 20—21₀ belastet und geführt wird. Dieser fällt, wenn er
zum Ansetzen eines zerrissenen Zwirns gehoben wurde (linke Maschinenseite), selbsttätig herunter, sobald *2÷6!* geschlossen wird. Wie alle
Schlitztrommelmaschinen, so ist auch diese mit einer Selbstabstellung
bei erreichtem Höchstdurchmesser der *150″* versehen; sie ist in Verbindung mit *2÷6!*, um den Zwirn während des Abziehens aus dem Bereich
der Flamme zu bringen (88).

2d. Die Absaugung erfolgt im Sinne der Pfeile, wobei durch die
Löcher *22* die Verbrennungsgase und durch die Eingänge *23* der Seng-
flug in die Hauben *24* und von da durch die Absaugrohre *25* in den An-
saugestutzen *26* des Luftbeförderers *27″* gelangen und von ihm durch
die Ausblaseöffnung *28* ins Freie abgestoßen werden.

2e. Angaben. Dadurch, daß der Brenner bis auf den Einführungsschlitz des Garnes geschlossen ist und die Absaugung durch *22* oben
und unten erfolgt, wodurch eine ruhige Flamme gewährleistet ist, wird
bei wirtschaftlichstem Gasverbrauch die höchste Leistung erzielt. Die
gelieferten Spulen *150″* haben einen Garnhub von 125, 110, 85 mm bei
einer Hülsenlänge von 120÷135 mm. Der Gasverbrauch je Brenner
und Stunde beträgt ungefähr 50 l Steinkohlengas, oder 100 l Gasolingas.
Weitere Angaben s. 8d; Garnsenge mit Gasbrenner (89).

A b) Sengmaschine mit elektrischem Brenner.
Beim Sengen mit Gas, das in den meisten Betrieben noch in Anwendung ist, muß eine gute Gas-Luftmischung die im Laufe des Tages wechselnden Drücke und Zusammensetzungen des Gases ausgleichen, um
Unterschiede in den Sengwirkungen zu vermeiden. Durch den „Teer“-
gehalt des Leuchtgases hat das Garn einen eigenartigen Geruch und eine
leicht bräunliche Färbung ist nicht zu vermeiden. Die Reinigung der sich
oft verstopfenden Schlitze und Löcher der Brenner verursacht ihre Erweiterung und daher, außer wechselndem Gasverbrauch, ungleichmäßige
Sengung und öftern Ersatz der Brenner. Diese Übelstände hat der elektrische Brenner nicht; wo billiger Strom zur Verfügung steht, ist er ver-
schiedentlich eingeführt. Bei einem Gaspreis von M. 0,12 für den m³
und einem Strompreis von M. 0,06 die Kilowattstunde soll durch den

Ersatz des Gases durch die Elektrizität eine Ersparnis von $10 \div 25^0/_0$ erzielt worden sein (90).

b 1. Die Stromzuführung. Die elektrischen Brenner arbeiten mit $2 \div 4$ V Spannung und $30 \div 42$ A Stromstärke; es kann Drehstrom oder auch Gleichstrom verwendet werden. Leichtverständliche Schaltungs-Schemas für einphasigen und Dreiphasen-Wechsel- (Dreh-)strom, sowie für Gleichstrom, erzeugt durch eine Dynamomaschine oder aus einem Leitungsnetz von 110 V, durch einen mechanischen Umformer oder durch einen Hauptstromregler entnommen, werden jeder Maschine beigelegt, weshalb hier nur ein Ausführungsbeispiel dargestellt sei, bei dem nicht nur jeder Brenner unabhängig angeschlossen ist, sondern auch jeder Brenner seinen eigenen Stromumformer hat. Der Strom wird den Zuleitungen *1, 2, 3* (3_{13}) abwechselnd von *1, 2—2, 3—3, 1* entnommen und den einzelnen Umformern *4÷10* zugeführt. Die Stromabnahme erfolgt in dieser Weise, weil in den meisten Fabriken Drehstrom verwendet wird und die Belastung der einzelnen Phasen gleichmäßig gehalten werden sollte. Der von *1, 2* oder *3* kommende Strom geht über den Schalter *4*, durch den Schleifstreifen *5*, den Leithebel 6_x, *7*, einen der sechs Abnehmerpunkte *8*, durch die Wicklungen *9* zurück zu *2, 3* oder *1*. Der dadurch in den Wicklungen *10* in sechs verschiedenen Stärken erzeugbare Strom geht durch den Brenner *11*, so daß durch entsprechendes Einstellen des 6_x, *7* alle Brenner auf der gleichen Brennwirkung erhalten werden können (16).

Die Nachteile der früher ausgeführten Maschinen (76) mit bis zu 30 Einheiten auf einen Umformer bzw. bis zu 90 Ablieferungen auf 3 Umformer verteilt, gegenüber der neuen Bauart mit eigenem Umformer und dem unabhängigen Anschluß jedes Brenners bestehen darin, daß bei einer Spannung von 3,5 V je Brenner eine Maschine mit 20 Ablieferungen $20 \cdot 3,5 = 70$ V $+ 7$ V für Stromverlust $= 77$ V gebraucht. Stand Strom von 220 V zur Verfügung, so mußte er entsprechend vermindert werden, was Verluste bedeutet. Wenn von den einem den 3 Umformern angeschlossenen Ablieferungen ein Brenner erlosch, so wurde damit zugleich der Stromkreis für alle übrigen angeschlossenen Einheiten unterbrochen, so daß 30 Ablieferungen stillstanden. — Wurde die Stärke eines Brenners schwächer, so sengte er schlechter. Mußte nur eine kleine Garnmenge gesengt werden, welche vielleicht am günstigsten auf 3 oder 6 Wickeleinheiten zu sengen wäre, so mußten sämtliche an den betreffenden Umformer angeschlossenen Brenner (also bis zu 30 Stück) unter Strom stehen (16).

b 2. Der Brenner. Der Hauptbestandteil des Brenners ist die Platinmulde *11* (4_{13}), welche durch Endlappen und Schrauben *12, 13* an dem Gehäuse *14* des Umformers *4÷10* (3_{13}) befestigt ist, dessen Seitenbleche *15* (4_{13}) mit der Klappe *16!, 17!, 18, 19₀, 20ₓ—21₀* einen geschlossenen Kanal bildet, durch den das Garn *0* läuft, indem es oben im Sauschwanz

16!, unten in der Porzellangabel *17!*, hinten in den Porzellangabeln *22!*, *23!* geführt ist und durch das Loch *18* aus dem Brenner tritt. Die *16!÷21₀* wird über den Hebel *24, 25ₓ, 26, 27, 28* durch Drücken von Hand auf *28* mit der Nase *27* unter den Federhaken *29₀* gebracht. Zum Auswechseln der Spulen *160″* wird durch Zug am *29₀* eine Rechtsdrehung des *28, 27, 26, 25ₓ, 24* verursacht, wodurch *26* die *160″* von der Trommel *200″* abhebt und die Klappe *21₀÷16!* nach vorn fällt und den Zwirn aus dem Brenner entfernt.

b3. **Der Gutlauf.** Das von der *0″* ablaufende *0* geht durch den Sauschwanz *30* über die Plüschleiste *31*, die Führungsstange *32!*, durch den *16!*, den Brenner *16!÷23!* unter der Führungsstange *33!* hindurch über die Schlitztrommel *200″* auf die Spule *160″* (60—70), auf der es sich mit *200÷400* m in der Minute aufwickelt. Die Spule ist in den Gabeln *34* der Stützhebel *34, 35₀, 36ₓ* gelagert. Zum Entfernthalten der Spule von der Trommel dient der Handhakenhebel *37, 38ˣ, 39*, der beim Zurückziehen mit *39* in der Rast *40* festgelegt wird.

b4. **Die Absaugung.** Die durch einen Luftbeförderer *43* angesaugte Luft tritt oberhalb *14* ein, nimmt den sich dort besonders stark absetzenden Staub mit, bestreicht das Garn, erhöht die Sengwirkung und geht durch den quer zur Maschine angeordneten Saugkanal *41* und den Stutzen *42* über den Lüfter *43* ins Freie (16).

IV B. Die Naßveredelung der Garne.

B 0. Allgemeines.

0a) **Ihre Kennzeichnung und Ziele.** Unter Naßveredelung wird die Beeinflussung der Zwirne durch Flüssigkeiten und feuchte Massen verstanden, welche die darauf entwässerten und getrockneten Garne wertvoller für den späteren Gebrauch machen und dadurch ihren Handelswert erhöhen. Hierhin gehören das Waschen, Bleichen, Färben, Bedrucken und Glänzen der Garne.

a1. **Das Waschen** bezweckt die Lösung und Wegspülung aller Fremdkörper, welche sich auf den Oberflächen der Textilfasern befinden und die Geltendmachung ihrer guten Eigenschaften erschweren. Diese Massen können von Natur aus die Fasern umgeben — so der Pflanzenleim, in dem die Stengelfasern eingebettet sind, der Seidenleim, welcher die beiden Haare, die den Rüsseln der Unterlippe der Seidenraupe entstammen, zu einem Faden verbindet und diesen bei der Bildung der Puppenhülle (Kokon) verklebt, oder der Schweiß und das Fett, welche das Wollhaar bei der Entstehung einhüllen und es gegen die Unbilden der Witterung schützen — oder zur Erleichterung der Verarbeitung den Fasergebilden absichtlich beigegeben werden — so die Schmälze in der Wollspinnerei und in der Batscherei der Jute, um die Fasern geschmeidiger zu machen, und die Schlichte, der Leim in der Vorbereitung der Weberei, um das Aufrauhen der Gespinste zu verhüten — oder unbeabsichtigterweise im Laufe der Bearbeitung in das Textilgut gelangen — wie Staub, der Schmutz und das Öl, das zum Schmieren der Arbeitsmaschinen verwendet wird, und das Eisen, Messing und sonstiges Metall, welche aus der Abnützung der Maschinen in das Gut sich einnisten oder als Folge der Benutzung auftreten, wie z. B. der Schmutz auf der Gebrauchswäsche und den Kleidern, welcher sie unansehnlich und gesundheitsschädlich macht.

a 2. Das Bleichen, eine Behandlung mit Chlorkalk, Chlorsoda oder Wasserstoffsuperoxyd für die Pflanzenfasern oder mit Schwefeldioxyd (SO_2) oder Wasserstoffsuperoxyd für die Tierfasern, hat das Ersetzen des natürlichen Farbtones der Fasern durch einen weißen zur Aufgabe, um entweder ein blendend weißes Gebrauchsgut zu erhalten oder das folgende Färben und Bedrucken mit zarten, hellen Farben zu erleichtern.

a 3. Das Färben ist die Aufnahme der Farbstoffe aus der Flotte und das Umhüllen der Faseroberflächen durch die Farbstoffteilchen bzw. ihr vollständiges Eindringen in das Faserinnere, wodurch die aus ihnen hergestellten Gebilde gleichmäßig und dauernd farbig erscheinen.

a 4. Das Bedrucken beschränkt sich auf die Strich- oder flächenweise farbige Ausschmückung der Faser- und Gespinstgebilde, wobei die Farbe entweder nur oberflächlich auf ihnen haftet oder sie vollständig durchdringt.

a 5. Das Glänzen der Garne durch Strecken der Rundstränge oder Tränken mit Schlichte und Trockenreiben oder Bürsten oder, besonders für die aus Baumwolle, durch Merzerisieren, eine Einwirkung von 30⁰ Bé starker Natronlauge auf die Gespinste und Gewebe, welche eine Quellung der Fasern verursacht. Die abgeplatteten Fasern runden sich dadurch und schrumpfen in der Länge zusammen, weshalb das Gut größere Farbmengen aufnimmt und einen anderen Griff erhält. Wird durch Spannen des Gutes beim Eintauchen in die Natronlauge das Eingehen verhindert, so bleiben die Faserflächen prall und werfen das Licht gleichmäßig zurück; sie glänzen. Heute wird unter Merzerisieren meistens das Glänzendmachen der Fasern verstanden.

a 6. Das Entwässern und Trocknen bilden den Abschluß der Naßbehandlung, aus der das Garn dem Verbrauch oder den Zwischenlagern der Fabrik zugeführt wird. Mit Entwässern bezeichnet man das mechanische Entfernen der Flüssigkeit aus den Textilguten, durch Pressen, Schleudern oder Absaugen, während

a 7. Das Trocknen die Anwendung von Luft und Wärme verlangt, also als physikalisches Entfernen der Feuchtigkeit aus den Textilfasergebilden angesprochen werden kann.

a8. Das Tränken mit chemischen Stoffen, um die Zwirne feuersicher, wasserdicht oder Motten abstoßend zu machen.

Ob der durch diese Veredelungen erhöhte Handelswert der Textilgute auch ihren Gebrauchswert steigert, hängt davon ab, ob die zur Veredlung verwendeten Verfahren und Zusätze die einzelnen Fasern und das Fasergebilde stärken.

Für die Naßbehandlung wird sowohl zum Lösen der die Fasern beeinflussenden Mittel als zur Ermöglichung ihrer Wirkungen und zum Spülen nach jeder Behandlung Wasser in großen Mengen gebraucht, weshalb einige allgemeine Angaben über seine Beschaffenheit zu allererst notwendig sind.

0b) **Das Wasser.** b1. Die schädlichen Beimischungen. Das Wasser für die Textilbehandlung soll klar, weich und frei von Eisen, Mangan und salpetersauren Salzen sowie von Bodenverunreinigungen sein. Die Härte des Wassers ist verursacht durch die Karbonate und die Bikarbonate des Kalks und der Magnesia sowie durch schwefelsauren Kalk (Gips), die sog. Härtebildner, welche mit gewöhnlichen Seifen und Türkischrotölen unlösliche Eisen-, Kalk- und Magnesiaseifen, kurz Kalkseifen genannt, bilden. Diese setzen sich als klebrige und, weil sie die Unreinigkeiten aus dem Wasser aufsaugen, als schmutzige Niederschläge auf den Fasern ab, die so fest kleben, daß sie selbst durch starkes Spülen mit viel Wasser schwer zu entfernen sind, besonders wenn hartes Wasser dazu verwendet wird, dessen Härtebildner mit den Seifenresten die Kalkseifenmenge vermehren. In der Färbekufe bewirken die Härtebildner bei manchen Farbstoffen Niederschläge, vereiteln den Zutritt der Farbe zur Faser, verursachen so Flecken und trübe Färbungen und beim Lagern außer Vergilben der gebleichten Ware noch einen widerlichen Geruch, der durch die Zersetzung der Fettsäure der Seife hervorgerufen ist.

b2. Die Härte des Wassers wird in deutschen, französischen oder englischen Härtegraden ausgedrückt. Der deutsche Härtegrad (DH) gibt die Anzahl Hundertstelgramm Kalziumoxyd (CaO = gebrannter Kalk) in 1 l Wasser an. Diese Gesamthärte Hg ist gleich der vorübergehenden (Hv) (temporären) Härte Ht, die von den löslichen Bikarbonaten des Kalks und der Magnesia bedingt ist und durch Kochen (Ausfällen der unlöslichen Karbonate) beseitigt wird, und der bleibenden (Hb) (permanenten) Härte Hp, welche durch die schwefelsauren Salze des Kalks und der Magnesia, die beim Kochen weiter in Lösung bleiben, verursacht ist; also $Hg = Ht + Hp \cdot$ 1 französischer Härtegrad entspricht einem Gehalt von 1 Teil kohlensaurem Kalk ($CaCo_3$) in 100 000 Teilen Wasser; 1 englischer Härtegrad entspricht einem Gehalt von 1 Teil kohlensaurem Kalk in 70000 Teilen Wasser. Es ist also: 1^0 deutsch $= 1{,}25^0$ englisch $= 1{,}79^0$ französisch. 1 Härtegrad zersetzt je m³ Wasser 150÷180 g gute „Kernseife", und 1 kg Kalk bindet je nach dem Fettsäuregehalt der Seife 15÷16 kg Seife. Durch die Härtebildner wird deswegen ein großer Teil der Seife unwirksam. Von allen Verunreinigungen verursachen daher die Härtebildner die schwerwiegendsten Schäden. Um sie zu vermeiden, wird die Härte dem Wasser vor seiner Verwendung entzogen, oder es wird mit Zusätzen vor der Beigabe der Seife oder der Farbe versehen, durch die die Bildung der Kalkseife verhindert wird, oder ihre Teilchen feinst verteilt so im Schwebezustand gehalten werden, daß sich nur wenige davon auf die Faser locker absetzen und daher leicht abzuspülen sind (91÷93).

b3. Die Wasserreinigung geschieht u. a. nach dem: *3a. Kalksodaverfahren*, wobei Kalkmilch das Ausfällen der Bikarbonate und Soda das des schwefelsauren Kalkes bewirken; das überstehende klare, nur wenige Härtegrade aufweisende Wasser wird verwendet.

3b. Basenaustauschverfahren, unter denen das Permutitverfahren am meisten bekannt ist; dieses arbeitet in der Weise, daß die Basen der Härtebildner, Kalzium und Magnesium, beim Durchlaufen des Rohwassers durch natürliche oder künstliche Natrium-Aluminiumverbindungen (Zeolithe) gegen das Natrium der Reinigungsmasse ausgetauscht werden, so daß im gereinigten Wasser an Stelle der Erdalkalisalze nunmehr die Natriumsalze vorhanden sind, die bei der Verarbeitung des Wassers weiter nicht mehr stören. Das Basenaustauschverfahren liefert in der Regel tatsächlich ein Wasser von 0° DH, das laugig wirkt, d. h. das Lackmus blau färbt.

Der allgemeinen Einführung der Wasserreinigung stehen von Fall zu Fall gewisse Hindernisse im Weg. Das Kalksodaverfahren, das die Ausfällung der störenden Erdalkalisalze durch Soda und Kalkmilch bewirkt, richtet sich hinsichtlich der Zusätze jeweils nach der vorliegenden Härte des Wassers. Weil aber die Menge der Härtebildner je nach Jahreszeit, nach Witterung und sonstigen Umständen schwankt, so ist stets der für eine zweckmäßige Enthärtung erforderliche Zusatz zu bestimmen. Das Basenaustauschverfahren macht eine derartige Überwachung überflüssig, denn es enthärtet jegliches Wasser vollständig. Hier liegt der die allgemeine Einführung des Verfahrens hemmende Grund auf dem wirtschaftlichen Gebiet. Die Gestehungskosten der nötigen Einrichtung liegen vielfach über dem Betrag der zur Verfügung stehenden Mittel, wobei man außerdem noch zu bedenken hat, daß die notwendige Auffrischung der Reinigungsmasse mit Kochsalz fortlaufende Unkosten verursacht. In der Regel sind die Reinigungsanlagen derart bemessen, daß nur ein Bruchteil des in der Veredelung benötigten Wassers enthärtet werden kann, so daß bei manchen Naßbehandlungen doch mit hartem Wasser gearbeitet werden muß.

So bleibt in vielen Fällen nichts anderes übrig, als das von der Natur gelieferte Wasser als solches mit Zusätzen zu verwenden (94).

b4. Die Verbesserung des Wassers durch Zusätze. Als Zusatz für die Enthärtung wird dem Wasser oft Soda beigegeben. Für die Waschbäder darf erst nach einigen Minuten die Seife folgen, weil bei gleichzeitiger Zugabe sich die Seife mit den Härtebildnern zu Kalkseife vereinigt und ausflockt, bevor die Soda das Enthärten bewirkt hat. Die Seife muß immer in großem Überschuß vorhanden sein, um das Ausflocken der Kalkseife, die bei hohen Wärmegraden die Neigung sich zusammenzuballen hat, zu verhüten, so daß nur ein kleiner Teil der Seife zu Kalkseife umgesetzt wird, die von dem übrigen in der Flotte in feinst verteiltem Zustande zurückgehalten wird. Die Bildung und die Natur der Kalkseifen sind von der Art der Fettsäuren und der Flottenwärme, und ihre Wirkung von der dauernden Härte des Wassers abhängig. Alle kalkbeständigen Hilfsmittel sollen die kristallisierten Kalziumsalze, die Kalkseifen, sowohl in der Kälte als auch beim Kochen in Lösung halten und ihr Ausfallen verhüten. Fettfreie Zusätze erreichen die Seife höchstens in Einzeleigenschaften, nicht aber in der Gesamtheit der Wirkung. Sie kommen deshalb nur für Sonderzwecke in Frage (93). An Stelle der teuren Seife, welche gegen Säuren, Salze und Härtebildner wenig beständig ist, werden durch Behandlung mit Fettalkoholen, mit an Schwefelsäure chemisch gebundene und dadurch wasserlöslich gemachte Öle (Sulfonate der Rizinusöle oder anderer Fettsäuren) verwendet, die außer den guten Eigenschaften der Seife große Netzwirkung haben und noch genügend säurebeständig sind, um auch in sauren Flotten, wo die Seife versagt, weil sich ihre freien Fettsäuren abscheiden, verwendet werden zu können. Die Fettalkoholsulfonate sind rein weiß und als feine Pulver, Pasten oder Würfel im Handel; sie zeichnen sich durch großes Waschvermögen und gutes Schäumen aus.

Auch Salz-, Schwefel-, Essig- und Ameisensäure, letztere wegen ihres hohen Preises sparsam den ersten beiden zugesetzt, werden zur Verbesserung des Wassers verwendet. Empfehlenswerte Zusätze zum Wasser werden bei den einzelnen Naßbehandlungen angegeben.

0c) Die Gutformen für die Naßbehandlung. Hier handelt es sich um Zwirne aus pflanzlichen oder tierischen Fasern, also gedrehte Gespinstgebilde in der Rundstrang-, Kötzer-, Kreuzspul-, Ketten- oder Langstrangform. In letzterer und im Rundstrang sind sie wenig dichte Wickelgebilde und setzen daher dem Eindringen der Flotten geringeren Widerstand entgegen.

Kommen beim Naßbehandeln nur kleine Posten in Betracht, so wird der Zwirn im Rundstrang behandelt; bei mittleren empfiehlt es sich, ihn aufgewickelt als Spule oder als Kettbaum zu bleichen und zu färben, während bei großen Lieferungen der einfache, der umwickelte oder der gekettelte Langstrang, besonders der letztere, die beste Wirtschaftlichkeit gewährleisten.

Die Bearbeitung im Rundstrang ist auch gut geeignet für die Herstellung gebleichter und hellfarbiger Nähfäden, welche besonderen Anforderungen an Stärke, minutlicher Stichzahl der Nähmaschinen und Licht- und Luftechtheit, sowie an einheitlicher Färbung zu genügen haben.

0d) **Das Waschen.** Landläufig begreift man unter Waschen die folgenden Arbeitsstufen:

1. Die Vorbehandlung, das Beuchen, Einnetzen und Einweichen, Gären, um die fremden Bestandteile in ein lockeres Gefüge zu bringen. 2. Die Durchflutung der Gute aus Tierfasern mit heißem Wasser und solcher aus Pflanzenfasern mit kochendem Wasser, mit Zusätzen, wie Seife, Soda und Ammoniak, welche die Haftmittel für die Fremdstoffe, das Öl, Wachs, den Schweiß, in feiner Verteilung an das Wasser binden, worauf das Herauswaschen mit Reiben des Gutes in den Händen, auf dem Waschbrett oder durch Bürsten bzw. Schlagen erfolgt. 3. Das Spülen mit vielem Wasser zum Wegschwemmen der Lösungsmittel und Fremdstoffe. 4. Das Bleichen, auf dem Land durch Ausbreiten auf dem Rasen und wiederholtes Begießen und durch die Ozon und Superoxyd entwickelnde Sonnenwirkung, die Rasenbleiche bzw. durch Bleichmittel in der Waschflotte, wie wässeriges Chlor oder Waschpulver, welche entweder den Naturfarbstoff zerstören oder ihn nur einhüllen und weiß erscheinen lassen. 5. Das Bläuen, ein Durchziehen des Gutes durch mit Blaustein versetztes klares Wasser, um den Gelbstich der Ware zu verdecken.

Im folgenden werden die Naßbehandlungen getrennt nach Arbeitsstufen und den Faserstoffen der Garne vorgeführt, wobei hauptsächlich Baumwolle und Wolle berücksichtigt werden.

0e) **Die Arbeitsstufen des Bleichens der Pflanzenfasern mit** e1. **Alkalien.** Dem Bleichen der Zwirne, einem Zerstören der natürlichen Farbstoffe der Fasern, meistens durch schwache unterchlorige Säure in Form des Chlorkalkes und der Chlorsoda, geht 1. das Beuchen und 2. das Kochen in Pottaschen-, Soda- oder schwachen Kalk- oder Natronlaugen voraus, wodurch sich die fettigen Bestandteile von den Fasern ablösen, so daß die durch sie an den Garnen anhaftenden Fremdkörper beim darauffolgenden 3. Waschen weggeschwemmt werden. An dieses schließt sich bei Verwendung des Kalkes zum Beuchen 4. das Säuren mit sehr verdünnter Schwefel- oder Salzsäure an, um die Kalkreste aus den Fasergebilden durch Zersetzen der entstandenen Kalkseifen zu entfernen, und 5. ein zweites Kochen mit Soda- oder Natronlauge. Dem nun folgenden 6. Waschen und 7. Bleichen reihen sich an 8. ein zweites Waschen und 9. ein Säuren mit schwacher Schwefel- oder Salzsäurelösung, um die Überbleibsel der Bleichmittel zu binden, damit sie 10. beim Spülen mit vielem Wasser weggeschwemmt und so die

Zwirne von jedem Säurerest befreit werden. Es folgen nun 11. ein Behandeln in kochender Seifenlauge, das sie geschmeidig macht und 12. ein Hindurchziehen durch ein gebläutes Bad, das den jeder Kalkbleiche anhaftenden Gelbstich durch einen ruhigen Blauton ersetzt, so daß die Garne nach dem 13. Entwässern und 14. Trocknen blendend weiß sind und beim Lagern sowie beim Gebrauch fast nicht nachgilben. Zum Entfernen hartnäckig auf dem Garn verbleibender Reste des Bleichmittels folgt auf das Spülen oft ein kaltes Bad mit unterschwefligsaurem Natron (Antichlor).

e 2. Wasserstoffsuperoxyd und Natriumsuperoxyd.

Bei der reinen Wasserstoffsuperoxydbleiche fällt das Kochen und Chloren weg, und nur ein kurzes Spülen beendigt diese Behandlung, so daß sie weniger als die Hälfte der Zeit der Koch-Chlorbleiche beansprucht und schon in 4÷6 Stunden beendet ist, wodurch erheblich an Arbeit gespart wird und die Lieferung eine bedeutend größere ist. Zwar stellt sich diese Bleiche wohl noch etwas teurer, doch ist man bemüht, die Kosten durch Verbilligung des Wasserstoffsuperoxydes zu vermindern und der Koch-Chlorbleiche anzupassen.

e 3. Koch- und Chlorlauge und Wasserstoffsuperoxyd oder Natriumsuperoxyd.

Zur Herabminderung des Gestehungspreises und zur Erzielung eines nicht nachgilbenden Höchstweiß der Garne wird neuerdings in fast allen Betrieben diese als Verbund- oder Kombinationsbleiche bezeichnete Behandlung eingeführt, bei der auch gekocht, gechlort, oft gesäuert und zum Schluß eine leichte Wasserstoffsuperoxydeinwirkung gegeben wird.

B A) Das Beuchen und Kochen.

A a) **Die Beuchbehälter.** Beim Beuchen wirkt die heiße mit Fettlösungsmitteln angesetzte Flotte oder die Altlauge der vorherigen Kochung ruhend auf die in einem offenen oder gedeckelten Bottich eingelegten Garne. Die Behälter sind meistens würfelförmig aus Holz oder Zement mit Eisenstangeneinlagen oder aus einem vollständig mit Zement umhüllten Holzbottich, um große Spannungen beim Abkühlen aushalten zu können (95), bzw. Zement mit einem Kern aus Lehm (96) und oft aus Beton mit Kacheln oder Steinzeugplatten ausgestattet. Meistens dient der Kochbehälter über Nacht als Beuchbehälter, in dem die Zwirne in der Altlauge einweichen.

A b) **Die Kochbehälter** sind walzenförmige, stehende oder liegende Kessel aus Gußeisen, mit einem Rostboden, auf den die Garne aufgeschichtet werden, und einem dampfdicht verschließbaren Deckel bei lotrechten Kesseln bzw. einer dampfdicht schließenden Tür. Zur Vermeidung des Rostens erhalten sie einen Innenanstrich von weißem, fettem Kalk, bestehend aus einem Gemisch von 3 kg gut verriebenem Kalk, 2 kg Kochsalz und 2 kg Wasser, das bis zum Kochen erhitzt und der Schaum abgeschöpft wird. Vor dem Erkalten werden 250 g Alaun, 150 g Pottasche und soviel feiner Flugsand zugemischt, bis die Masse pinselstreichbar ist. Besser ist ein Innenanstrich von 0,4 mm Dicke aus einer Kalkzementmischung von $50\% \div 80\%$ Kalk. Nach höchstens 24-stündigem Trocknen wird während 12 Stunden mit einer heißen Lösung, die Alkalisilikat und Alkalikarbonat enthält, ausgekocht, was den Anstrich biegsam und widerstandsfähig gegen Alkalien und Bleichlösungen, insbesondere Wasserstoffsuperoxyd macht. Beim Umpumpen der heißen Lösung werden die Leitungen und die Pumpe mit einer dünnen Schicht davon überzogen (97).

Ac) **Die Beuch- und Kochmittel.**

c1. Soda, kohlensaures Natron, Natriumkarbonat, Na_2CO_3, geruchlos; im Handel: 1a) als weißes wasserfreies Pulver, Solvay-, Ammoniak-, kalzinierte Soda genannt, das durch die Luftfeuchtigkeit harte Brocken bildet, und 1b) in der farblosen Kristallform als Leblanc- oder Kristallsoda, welche 36% reines kohlensaures Natron, 63% Kristallwasser und etwas Glaubersalz enthält, in der Luft verwittert und in Pulver zerfällt. Gewertet wird sie nach Graden, die entweder den Gehalt an Karbonat (deutsche Grade) oder an Natriumoxyd (englische Grade) in Hundertsteln des Gewichtes angeben. 100 Teile Wasser lösen unter Wärmeentwicklung höchstens 59 Teile kalzinierte Soda, und zwar nur bei $32,5^0$ (98). 100 Teile guter kalzinierter Soda sind ungefähr 270 Teilen Kristallsoda gleichwertig.

c2. Ätznatron, Natriumhydroxyd, kaustische Soda, Seifenstein, NaOH, ist leicht wasserlöslich, kommt in die Fabriken in eisernen Trommeln als feste, weiße Masse eingeschmolzen oder als $38 \div 40^0$ Bé starke Natronlauge in Wasser gelöst. Gehandelt wird sie, wie die Soda, nach deutschen und nach englischen Graden.

2a) Auflöser. Die Trommel 1 (19_8) welche die feste Soda 0 ent-, hält, wird abgedeckt, auf die Schienen 2 über das Rohr 3 gesetzt, aus dem nach Öffnen des Hahnes 4 Dampf ausströmt. Die abtropfende, mit Soda gesättigte Lauge wird im kalten Wasser des im Gemäuer 5 vorgesehenen Kessels 6 gesammelt, um das Wiedererstarren der Soda zu verhindern. Durch den Hahn 7 wird die Lauge entnommen (99).

c3. Ätzkalk, gebrannter, ungelöschter Kalk, CaO, grau-, gelbweiße, staubbildende Stücke, die in feuchter Luft in pulvriges Kalkhydrat und kohlensauren Kalk zerfallen. Bei wenig Wasserzusatz entsteht der gelöschte Kalk (Kalkhydrat), mit mehr Wasser die Kalkmilch.

Ad) **Die Beuch- und Kochbehandlung** geschieht entweder nur durch die Einwirkung von Kalkmilch von etwa $4 \div 5$ Hundertsteln des Gewichtes des Beuchgutes (selten ausgeführt) im offenen oder im Druckkessel I

(17_{10}) während $5\div8$ Stunden, oder auf sie folgt nach dem Absäuren noch eine Kochung mit Sodalauge ($2\div4\%$ des Gutgewichtes). Statt Kalk und Soda verwendet man sehr viel die auch unzersetzte Fette lösende und daher nur ein einmaliges Kochen notwendigmachende Natronlauge von $1\div5^0$ Bé ($1\div3\%$) oder eine $3\div6\%$ Lösung von kalzinierter Soda. Zusätze von Petroleum, Türkisch-Rotöl, Harz-, Marseillerseife und Fettlösungsmitteln, Benzin — Kohlenwasserstoffe z. B., sollen die Verseifung beschleunigen, die Netzwirkung erhöhen und die Beuch- und Kochdauer, welche letztere je nach dem Druck im Kessel ($2\div3$ atü) bis zu 12 Stunden beträgt, vermindern.

Die das Lösen des Baumwollwachses, das der Alkaliwirkung widersteht, bewirkenden Harzseifen werden bei der Kalkkochung verwendet, während zum Nachkochen mit Sodalauge Marseillerseife in der Stärke von $0,5\div1$ kg je 100 kg Kochgut dient, weil diese nur Fette und Öle in der Flüssigkeit feinst verteilen, aber Wachs nicht beeinflussen kann.

Statt dieser Seifen oder mit geringen Mengen davon wirken auch besonders vorteilhaft die Mittel: Terpuril (100a); Avirol, Gardinol (100b), Adulcinol, Biancal, Flerhenol (100c), Humectol C, Neckal Bx (100d), Beuchöl, Beuchseifen, Puropolöl NB und S, Solutol W, Universol (100e); Monopolseife, Terpinopol, Tetrapol, Verapol (100g), Beuchöl PL, Beuchseife N (100i).

Die fettlösenden, die Seife ganz oder zum Teil ersetzenden, auch dauerhaften Zusätze sind meistens Salze organischer Sulfosäuren, welche gegen die Härtebildner des Wassers und gegen verdünnte Säuren beständig sind und sich durch hohes Netzvermögen auszeichnen; sie verhindern, selbst bei Flottenwärmen von 60^0, die Bildung von Kalkseifen, wodurch an Soda und Natronlauge gespart, die Kochdauer verkürzt und das nachträgliche Zersetzen der Kalkseifen mit Säuren unnötig wird. Ihre gute, das Kochen beschleunigende Wirkung beruht auf der durch sie angeregten Sauerstofftätigkeit, wodurch die Stärke- und Wärmegrade der Lauge herabgesetzt werden können und der durch die letzteren verursachte Faserstoffabbau vermindert wird (101). Je nach der Wirkung der Zusätze werden die Schalentrümmer gelöst und das zweite Kochen mit Soda überflüssig. Ihre schaumbildenden und reinigenden Eigenschaften ergeben ein sauberes Kochgut von weichem, vollem Griff; sie erleichtern daher das Bleichen und das gleichmäßige Ausfärben. Die Zusätze werden unmittelbar oder nach vorheriger Verdünnung mit Wasser bei der Vorbereitung der Laugen und Farbflotten zugegeben. Alles Wissenswerte, um die Zusätze zur vollen Wirkung zu bringen, enthalten die Werbeblätter der sie herstellenden chemischen Werke. Wird zur Verminderung der Gestehungskosten und der Gewichtsverluste der Garne ohne vorheriges Abkochen chlorgebleicht, wie für Waren, an die geringere Bleichansprüche gestellt werden, so können manche Zusätze die Güte der so gebleichten Zwirne wesentlich steigern.

Es muß die Lauge von unten in den Druckkessel eingeleitet werden, um die Luft durch einen oberen Lufthahn zu treiben, weil sich sonst Oxyzellulose bildet, welche die Fasern zermürbt. Dieses soll ein Zusatz von Hydrosulfit oder Natriumbisulfit ($NaHSO_3$), das in starkgehaltigen Lösungen ($38 \div 40^0$ Bé) in Holz- oder Eisenfässern oder als festes Kristallpulver in Blechgefäßen im Handel ist, verhindern. Die Alkalien verseifen die Fette und das Wachs der Fasern, indem sie diese in Fettsäuren und Glyzerin spalten, welche durch das Waschen leicht zu entfernen sind. Das folgende Absäuren bezweckt, die auf den Fasern entstandenen unlöslichen Kalkseifen zu zerlegen; das zweite Kochen mit Soda oder Ätznatronlauge entfernt dann die durch das Säuren gebildeten freien Fettsäuren, worauf mit sehr reinem Wasser, um Niederschläge auf den Fasern zu vermeiden, gespült wird (102, 103). Vorteilhaft benützt man bei kalkhaltigem Wasser: Hydrosan (100a), Adulcinol LL, Flerhenol M superior (100c), Puropolöl amg (100e), Igepon T, Neopol T extra (100g), Supralan T. S. (100i).

Ae) **Erklärung der Einwirkung der Beuch- und Kochmittel auf die Faser.** Die Alkalien der Beuch- und Kochlauge verursachen ein Aufquellen der Fasern, was das Sprengen der die Fasern umhüllenden Fremdbestandteile zur Folge hat, so daß die Fettlösungsmittel das unmittelbar auf der Faser sitzende Wachs und das Fett verseifen können, worauf die Alkalien die Pektin- und Eiweißstoffe in lösliche Alkaliverbindungen überführen und die Schalenreste erweicht werden. Die Kalk-(Erdalkalien-)verseifung geht viel rascher vor sich, als die mit Alkalien allein und verlangt keine Kochung unter Druck; weshalb oft zuerst mit Kalk vorgekocht wird, wobei die Kalkseifen in Natronseifen übergeführt werden (101). Ätznatronhaltige Leblanc-Soda verseift besser als reine Solvay-Soda; eine Verbindung beider hat sich in der Mischung $^3/_4$ Ätznatron- und $^1/_4$ Sodalauge gut bewährt (104). Die Fasergebilde nehmen aus der Kalkmilch $^1/_2 \div ^1/_3$ des schwerlöslichen Kalkes in Form eines Faserüberzuges auf, der das Fett gewissermaßen aufsaugt, um es zu zersetzen. Weil Erhitzen die Löslichkeit noch erschwert, so hat es einen größeren Einfluß auf die Kalkkochung als die Steigerung der Laugenumlaufgeschwindigkeit. Bei Sodalaugen hingegen muß ein schneller Umlauf die Bildung des durch die Verseifung hervorgerufenen gallertigen Überzuges auf der Faser verhindern, weil er sonst das Ablösen des Fettes erschwert. Der Kalküberzug vereitelt während des Kochens das Herauswinden der Faserspitzen aus dem Gespinst, Flusen genannt, was bei verdünnter Natronlauge der Fall ist; bei stärkerer bewirkt die durch sie verursachte Prallung ein Verkürzen der Faser und daher ein Einziehen der Faserenden in den Faserkern, wodurch das Bleichgut (wie bei der Kalkkochung) glatt bleibt. Die im Kalküberzug eingeschlossene Luft wirkt durch ihren Sauerstoff lösend und gering bleichend auf den weniger als die Faser widerstandsfähigen Farbstoff der Faser, die aus der Kochflotte Alkali und Erdalkali (Kalk) aufnimmt. Die so entstehende Alkalizellulose, welche gegen Luft und Hitze sehr empfindlich ist, wird durch den Kalküberzug vor zu rascher Oxyzellulosebildung geschützt. Aus diesen Gründen gibt die Kochung mit Kalk ein reineres, bläuliches Weiß als die mit Natronlauge, welche den Fettüberzug der Fasern schnell verseift, in Gegenwart von Luft die Zellulose angreift und die Oxyzellulosebildung einleitet, ohne bis dahin der Luft Zeit zur Einwirkung auf den Faserfarbstoff zu lassen (105).

Trotz der Vorteile der Beuche und Kochung mit Kalk ist sie heute meistens durch die schneller und billig wirkende mit Natronlauge ersetzt.

Das Auflösen der Schalentrümmer bietet wegen ihres großen Ölgehaltes Schwierigkeiten und wird durch hohen Druck im Kochkessel wesentlich gefördert. Alle Ware sollte gut genetzt eingeführt werden, um Rohflecken und Kanalbildung im Gut zu vermeiden und die Kochdauer zu vermindern. Die Kochmenge beeinflußt die Zeitdauer und den notwendigen Kesseldruck; bei 450 kg Bündelgarn z. B. genügen zur Kochung 2½ Stunden bei 1½ atü; während 1800 kg 8 Stunden mit 2 atü gekocht werden müssen, um dieselbe Wirkung zu erzielen (106). Gewöhnlich wird der Zerreißwiderstand der Ware durch das Kochen erhöht, weil eine stärkere Haftung der Fasern aneinander durch das Entfernen des Wachses und Öles eintritt.

Wird mit verdünnten Alkalien gekocht, so muß die Ware von der Flotte bedeckt sein. Wenn mit einer Ätznatronlauge von 4% im von Luft befreiten Kessel gekocht wird, so genügt es, den Kessel nur halb mit ihr zu füllen und durch einen lebhaften Flottenumlauf die Lauge unter Druck von bis zu 3 atü als Schaum durch das Gut zu pressen, um ihre Wirkung zu erhöhen und die Behandlungsdauer abzukürzen. Es muß nur für eine vollständige Entlüftung der Lauge, des Kessels und der Ware gesorgt sein; letzteres durch Dämpfen des vorher alkalisierten Gutes. Nach 4½ stündigem Kochen wird der Kessel mit siedendem Niederschlagwasser gefüllt, nachdem die Lauge durch einen Röhrenkessel zum Vorratkessel geleitet wurde, wobei sie auf 65° abgekühlt wird; das durch sie erhitzte Wasser geht durch den Kochkessel. Das Auswaschen, das Bleichen mit Natriumhypochlorit, das Säuren mit 10 g Schwefelsäure und ½ g Flußsäure im l sowie das Waschen erfolgen auf hintereinandergeschalteten Maschinen im Durchlauf des Gutes (107).

B B) Das Bleichen der Garne aus Pflanzenfasern.

B a) **Die Bleichmittel** wirken durch den Sauerstoff, den freies Chlor unter Zersetzung des Wassers und den die Hypochlorite unmittelbar abgeben, und der auf den Farbstoff der Faser besonders stark in seinem Entstehungszustand einwirkt und ihn bei der Vollbleiche zerstört. Bei der Teilbleiche ($\frac{1}{2} \div \frac{3}{4}$ Bleiche) kann mit der Zeit ein Gilben eintreten. Beim Zerstören des Farbstoffes in der Vollbleiche muß ein Angreifen der Fasermasse durch richtige Stärke, Wärme und Dauer der Einwirkung des Bleichmittels verhindert werden.

Die Bleichmittel (98, 108) werden eingeteilt in solche, welche den zur Zerstörung der Naturfarbstoffe der Faser nötigen Sauerstoff an sie abgeben (oxydierende) und solche, die den Farbstoff der Faser durch Sauerstoffentzug (Reduktion) zum Verschwinden bringen (reduzierende).

a1. Chlorkalk, Bleichkalk, Kalziumchloridhypochlorit, $Ca(OCl)_2$; der technisch verwendete besteht aus $CaCl_2 + Ca(OCl)_2$, ist also ein Gemisch von Kalziumchlorid und Kalziumhypochlorit; er ist ein weißes, trockenes Pulver mit stechendem Chlorgeruch, das $37 \div 40 \%$ wirksames Chlor enthält; er wird durch Einwirkung von Chlorgas auf gelöschten Kalk in Kammern belegt mit Stein- oder Bleiplatten erhalten; seine Bleichwirkung wird auch angegeben durch die Anzahl Liter Chlorgas, welche aus 1 kg Chlorkalk erhalten werden können (französische Grade; 1 l Chlorgas wiegt bei 0^0 und 760 mm Druck 3,1776 g), oder durch den Gehalt an bleichendem Chlor in Hundertsteln des Gewichts (englische Grade). Durch Multiplikation der französischen Grade mit 0,318 (nach neueren Bestimmungen mit 0,3219) erhält man die englischen Grade. Chlorkalk zersetzt sich durch Aufnahme von Wasser und Kohlensäure aus der Luft zu einer teigigen, schmierigen Masse unter Entwicklung des wirksamen Chlors. Wärme, Licht und Katalysatoren (Eisen-, Nickel-, Kobalt-, Kupfer- und Manganverbindungen) verursachen ebenfalls ein Zerfallen des Chlorkalks. Es darf nur in kaltem Wasser gelöst werden, denn beim Erwärmen verwandelt sich der Chlorkalk in ein Gemenge von chlorsaurem Kalk, $Ca(ClO_3)_2$ und $CaCl_2$, wovon letzteres keinerlei bleichende Wirkung besitzt (108).

1a. Das Lösen des Chlorkalkes muß zur Verhütung der Zersetzung in der Kälte ausgeführt werden.

a1) Der Lösraum. Wegen der Schädlichkeit des Staubes für die Lungen der Arbeiter ist das Einfüllen in einem durch eine Schiebetür *1*, *2″—3* (15$_{10}$) geschlossenen Raum *I* vorzunehmen und das Faß *4* von außen umzukippen. Hierzu benutzt man einen Wagen *5*, der auf Schienen *6* läuft und außerhalb des Füllraumes *I* mit dem Faß *4* durch Einstellen in den um *7^x* drehbaren Rahmen *7^x*, *8* beladen wird. Dieser Rahmen ist mit einem Rad *10′* ausgerüstet, das durch die Schraube *9′* und die lange Welle *9′^{x}* vom Handrad *11″* außerhalb des Einfüllraums *I* betätigt wird. Durch die Drehung des Rahmens *7^x*, *8* wird das Faß *4* umgekippt, und sein Inhalt entleert sich in den Fülltrichter *12*, der zur Chlorkalkmühle oder zum Kalkauflöser (16$_{10}$) führt (86).

a2) Die Chlorkalkmühle. Der Chlorkalk wird in zwei Brechwalzen *13″* (15$_{10}$) (Kugelmühlen) zerkleinert, die durch *z′* und *i′* über

die Riemenscheibe *14''* vom Riemen *15* getrieben werden. Die Brechwalzen *13''* stehen unter der Einwirkung der Federn *16*$_0$. Durch den
Trichter *17* gelangt der Chlorkalk in das Wasser des Auflösers *II* mit
Ablaßhahn *18*, worin ein aus eisernen Stäben *19* und Querarmen *20''*
gebildeter Rührer, der mit den den Boden bestreichenden Schaufeln *21*
ausgerüstet ist, wirkt, indem seine Welle *20*$_x$*''* durch Zahnräder *22'*, *23'*
und die Scheiben *24''* vom Riemen *25* getrieben wird. Die Bleichlösung
geht durch den Überlauf *26* in eiserne, verbleite oder gemauerte, daran
sich anschließende, meistens übereinanderliegende Behälter *II*, *III*
(*16*$_{10}$), aus denen die klare, auf 0,3÷1° Bé (1÷4 g wirksames Chlor im
Liter) verdünnte Lauge durch den Hahn *10* mittelst Pumpe zum Bleichbehälter geführt wird. *11* ist ein Entleerungshahn (86). (1° Beaumé
entspricht 4 g wirksamem, bleichendem, aktivem Chlor im Liter.) Zur
Herstellung der Chlorkalklösung teigt man 1 Teil Chlorkalk mit 3 Teilen
Wasser zu einem ganz gleichförmigen Brei an, gibt nochmals 3 Teile
Wasser zu, läßt absitzen, zieht die klare Lösung ab und verdünnt sie
auf die gewünschte Stärke.

a3) Der Chlorkalkauflöser ist eine stark verzinnte und verbleite
Siebtrommel *1''* (*16*$_{10}$), die in einem gemauerten, verkachelten, betonier-
ten oder schmiedeeisernen, verbleiten Behälter *I* sich dreht; dieser ist
mit dem Zulaufrohr *2* für das Wasser, dem Ablaßstutzen mit Hahn *3*
für den Schlamm und den beiden verschieden hoch angeordneten
Hähnen *4*, *5* zum Ablassen der reinen Lauge versehen. Die Trommel *1''*
hat zum Einfüllen einen abklappbaren Deckel *6*^{x}, *7*; sie wird durch die
Riemenscheiben *8''* vom Riemen *9* in Drehung versetzt (86).

a2. Chlorsoda, Bleichsoda, unterchlorigsaures Natron, Natriumhypochlorit, NaOCl, gelangt in wässerigen Lösungen als Natronbleichlauge 25° Bé mit 140÷150 g wirksamem Chlor im Liter entweder in
dunkelfarbigen Korbflaschen (60 kg Inhalt) oder in Topfwagen (10÷12 t
Fassungsvermögen) oder in ebonitierten Kesselwagen *1* (*8*$_{11}$) mit 14÷15 t
Inhalt in den Handel (109).

Die Natriumhypochloritlösung unterscheidet sich von der Chlor-
kalklösung dadurch, daß an Stelle des Kalkes Natron getreten ist. Sie
macht die Zwirne weniger hart als die Chlorkalklösung. Weil nach dem
Bleichen keine Kalkschicht von den Fasern zu entfernen ist, wird das
Waschen erleichtert, und es können schwächere Säurelösungen verwendet
werden, wodurch außer der Verringerung der Auslagen und des weicheren
Griffes noch ein haltbareres Weiß erzielt wird und nachträgliche örtliche
Schädigungen durch Chlorkalktrümmer ausgeschlossen sind.

2a. Seine Herstellung. Das unterchlorigsaure Natron kann auch in
der Zwirnerei hergestellt werden:

a1) Aus Chlorkalk und Soda. Ein Gemisch von 4 Teilen
Chlorkalk, Ca(OCl)$_2$, und 5 Teilen Soda, Na$_2$CO$_3$, wird absitzen ge-

lassen; die grünlichgelbe, nach Chlor riechende Flüssigkeit ist das noch etwas Kochsalz, NaCl, und Soda, Na_2CO_3, enthaltende unterchlorigsaure Natron, NaOCl, das in gefüllten Flaschen aufbewahrt wird.

a2) **Durch Einleiten von Chlorgas aus Stahlflaschen 1** (5_{11}) oder aus Bomben (daher Bombenchlor) über die Leitung 2, den Wäscher 3 und das Rohr 4 (110); 2a) in Ätznatronlauge, 2b) in ein Gemisch von Ätznatronlauge und Soda, 2c) in Sodalösung allein.

a3) **Durch Elektrolyse von Kochsalzlösungen.**

3a) Anlage zur Herstellung der Elektrolytlauge. Die in dem Salzlösegefäß aus Holz oder Beton 1 (6_{11}), in das durch die Leitung 2 mit Hahn 3 das Wasser zufließt, hergestellte Kochsalzlösung geht durch das Rohr 4 mit Hahn 5 aus Steinzeug in die zwei hintereinander geschalteten Steinzeugwannen 6, 6_1 (6, 7_{11}), welche durch die Glasplatten 7 in zwei Längsabteile getrennt und durch die halbkreisförmige Rinne 8 aus Bleiblech miteinander verbunden sind.

Die 18 g wirksames Chlor im Liter enthaltende Lauge gelangt durch den Ausguß 9 aus Blei über eine Steinzeugleitung 10 zum Sammelgefäß 11 aus Beton mit Ablaßhahn 12. Die 6, 6_1 sind durch lotrechte, oben einerseits eine Stufe 13 aufweisende Zwischenwände 13, 14 (7_{11}) in eine Anzahl von Zersetzungszellen unterteilt. Die 13 der aufeinanderfolgenden 13, 14 wechseln die Seite, so daß die Salzlösung bzw. die Bleichlauge die sämtlichen Zellen nacheinander in waagerechter Richtung auf Schlangenweg durchfließen muß. Über die höheren Ränder 14 der 13, 14 greifen die auf dem Boden stehenden Tonrahmen 15 (6, 7_{11}), welche rückwärts mit zwei gleichlangen, aber verschieden hoch eingekitteten Kohle- (künstlicher Graphit) leisten 16 und vorn mit der Elektrode 17 aus einem dünnen Platin-Iridiumblatt versehen sind, welches mit drei Ausläufern in drei Schlitzen des 15 festgeklemmt ist. Damit 17 des nächstfolgenden Elementes zwischen die 16 des vorhergehenden eingeschoben werden kann, sind die 13, 14 (7_{11}) dort geteilt. Durch auf 17 aufgesteckte Glasreiter 18 wird die Berührung von 16 mit 17 verhindert. Infolge der abwechselnd höher und tiefer angeordneten 16 ändert die Lösung in jeder Zelle auch ihre lotrechte Durchflußrichtung. Die Elektroden 16, 17 sind „bipolar" geschaltet, d. h. es sind innerhalb 6, 6_1 zwischen 16, 17 keine Verbindungen erforderlich und daher nur die negativen Endelektroden $19 \div 22$ (6_{11}) aus Kohle mit den Anschlußklemmen $23 \div 25$ notwendig, deren Zerstörung durch Einwirkung der Elektrolyse ausgeschlossen ist.

Die für jede Anlage nötige Kühleinrichtung, bestehend aus der Zuleitung 26 des Wassers, den Glasschlangen 27, Gummischläuchen 28 und der Ableitung 29 befindet sich unterhalb der 6, 6_1.

Die Elektroden 16, 17, die Glasteile 7, 15, 14, 18 können jederzeit zwecks etwaiger Überprüfung aus 6, 6_1 entfernt und rasch wieder eingesetzt werden.

Bei Ausnützung des billigen Nachtstromes ist die Wirtschaftlichkeit der Anlage trotz der hohen Anschaffungskosten gewährleistet.

3b) Angaben über Stromstärke, Energie an den Elektrolyseurklemmen und Salzverbrauch bei Anwendung eines Salzes mit mindestens 97% NaCl und Laugenerzeugungen mit 18 g wirksamem Chlor im Liter gibt die Zusammenstellung 9_d (111a).

2b. Vorteile bei der Verwendung der durch Elektrolyse erhaltenen Bleichlauge gegenüber der Chlorkalklösung. Außer den bereits angegebenen Vorteilen bei der Verwendung von Natriumhypochloritlösungen im allgemeinen sind noch zu nennen:

b1) **Chlorersparnis durch:**

   1a) Bessere Chlorausnützung im Vergleich zu gelöstem Chlorkalk.

   1b) höhere Wirksamkeit des Elektrolytchlors; im Durchschnitt eine Ersparnis von 25%.

b2) **Verminderung des Gewichtsverlustes** und größere Schonung der Fasern (geringere Verminderung der Faserfestigkeit).

b3) **Schnellere Bleichwirkung.**

b4) **Gleichmäßigere Bleichung.**

b5) **Günstigere Gestaltung des Betriebes im allgemeinen**

   5a) in gesundheitlicher Hinsicht. — Fortfall

   1. des beim Chlorkalklösen auftretenden schädlichen Staubes;

   2. der Löserückstände des Chlorkalkes;

   5b) hinsichtlich der Reinlichkeit:

   1. vollkommen klare Bleichlauge;

   2. Vermeidung des langwierigen Abklärens der Chlorkalklaugen.

2c. Nachteile der Selbstbereitung des Natriumhypochlorits und Vorteile bei Verwendung von Handelsbleichlaugen. Bei der Herstellung des unterchlorigsauren Natrons nach Verfahren a1) entstehen Verluste durch das Zurückhalten von wirksamem Chlor im Schlamm der Behälter, der oft bis zu 40 Hundertstel des Ansatzgewichtes beträgt und, weil er das Wachstum der Pflanzen schädigt, als Dünger wertlos ist. Außerdem wirken die gelösten Kalksalze ungünstig auf das zu erzielende Hochweiß.

Nach dem Verfahren a2) besteht die Gefahr der Fehlansätze, die nur von einem erfahrenen Chemiker zu vermeiden sind. Verursacht können sie werden bei Eintritt eines Chlorüberschusses oder infolge zu großer Wärme bei der Chlorisierung.

Die Wirtschaftlichkeit der Herstellung nach Verfahren 3a) ist von den Anlage- und Stromkosten abhängig.

Die Lauge, welche sofort verbraucht werden muß, enthält noch 70÷80 g Kochsalz im Liter, die eine Verzögerung der Bleichwirkung bedingen. Der hohe Salzgehalt wird dadurch verursacht, daß eine günstige Stromausbeute nur zu erwarten ist, wenn der Gehalt der Lösung nicht unter 100 g im Liter beträgt.

Die Selbstherstellungen belasten den Betrieb daher wirtschaftlich stärker als der Bezug der mindestens 150 g wirksames Chlor im Liter enthaltenden und bei sachgemäßer kühler Aufbewahrung wochenlang haltbaren Bleichlauge, wie sie die chemischen Großbetriebe liefern. Außer den bereits bei der Elektrolytlauge angegebenen Vorteilen kann mit dieser Lauge nach entsprechender Verdünnung mit Wasser (0,5÷2 g wirksames Chlor im Liter) kalt gebleicht werden; auch wegen ihres schwachen Alkaligehaltes, der eine Säuerung der Bleichflotte verhindert, wird die Ware sehr geschont (109).

2d. Das Abfüllen der Bleichlauge aus den Töpfen *3* (8₁₁) aus gebranntem Ton oder Zement der Topfwagen *0, 1* erfolgt mit Hilfe eines Hebers, dessen Rohr *2* in den Topf *3* nach Öffnen des Verschlusses *4* gesteckt wird, dem Schlauch *5* und dem Abfüllrohr *6* mit Hahn *7*. Durch den Fülltrichter *8* mit Hahn *9* wird *6* zu Beginn, bei geschlossenem *7* und geöffnetem *9*, mit Flüssigkeit aufgefüllt, dann *9* geschlossen und *7* geöffnet. Das Hebern ist auch mit einem mit Wasser gefüllten Gummischlauch auszuführen.

Die Kesselwagen werden durch Heber oder durch eine Druckluftanlage entleert. Die Bleichlauge muß kühl und vor Sonnenlicht geschützt aufbewahrt werden.

2e. Die Prüfung der Bleichlauge.

e1) Chlorgehalt. Die Ermittlung des wirksamen Chlores in der Bleichlauge. Die Prüfung auf den Chlorgehalt geschieht mittels einer Arseniksäurelösung, die im Liter 13,96 g As_2O_3 und 110 g $KHCO_3$ enthält. Von dieser Lösung entspricht 1 cm³ 0,01 g Chlor. Zu 5 cm³ Chlorlauge gibt man so lange Arseniksäurelösung zu, bis das Chlor verbraucht ist, was man daran erkennt, daß eingetauchtes Jodkalistärkepapier keine Blaufärbung mehr zeigt. Der Verbrauch an arseniger Säure wird in cm³ gemessen und durch 5, d. h. der Anzahl cm³ der Chlorlauge, geteilt. Das Ergebnis bedeutet die Anzahl cm³ arsenige Säure, die man nötig hat, um das in 1 cm³ der Chlorlauge enthaltene Chlor zu zerstören. Um nun zu wissen, wieviel Arsenigsäure für 1 l Chlor nötig ist, multipliziert man die für 1 cm³ verbrauchte arsenige Säure mit 1000. Da aber 1 cm³ arsenige Säure 0,01 g Chlor entspricht, so entspricht die für 1 l Chlorlauge gebrauchte arsenige Säure, ausgedrückt in cm³ und geteilt durch 100 der Chlormenge ausgedrückt in g. Wurden z. B. für 5 cm³ Chlorlösung 10,2 cm³ arsenige Säure gebraucht, so sind für 1 cm³ Chlorlösung 2,04 cm³ arsenige Säure notwendig. Weil 1 cm³ arsenige Säure

0,01 g Chlor entspricht, so entsprechen 2,04 cm³ arsenige Säure 2,04 ·
0,01 g Chlor, oder für 1000 cm³ Lösung = 1 l Chlorlösung ergibt sich
2,04 · 0,01 · 1000 g Chlor = 20,4 g wirksames Chlor in 1 l Lösung (112).

Eine andere Ermittlung des wirksamen Chlors in der Bleichlauge
ist die folgende: 10 cm³ der Bleichlauge verdünnt man in einem mit
einer Marke versehenen 100-cm³-Kölbchen mit Dampfniederschlagwasser
(destilliertes Wasser) auf 100 cm³ und nimmt hiervon 10 cm³ zur Bestimmung = 1 cm³ der ursprünglichen Lauge. Die 10 cm³ verdünnt man
auf etwa 200 cm³ und läßt hierzu unter stetem Umschütteln so lange
³/₁₀ normal arsenige Säure aus einem Tropfenmesser (Bürette) hinzu-
fließen, als noch beim Betupfen von Jodkaliumstärkepapier mit einem
Glasstab, der in die zu prüfende Lösung eingetaucht wird, eine Blaufärbung entsteht. Solange noch wirksames Chlor vorhanden ist, tritt
auf dem Papier Blaufärbung ein, indem durch Chlor Jod ausgeschieden
wird und dieses die Stärke blau färbt. Das Ende ist erreicht, wenn, falls
durch einen Tropfen der zu prüfenden Lösung noch ein ganz schwach
blau gefärbter Ring entsteht, dieser nach Zugabe eines weiteren Trop-
fens arseniger Säure nicht mehr auftritt. Vor einer weiteren Zugabe
von ¹/₁₀ normal arseniger Säure hat man sich zu hüten, weil hierdurch
ein Mehr an wirksamem Chlor berechnet würde.

1 cm³ ¹/₁₀ normal arseniger Säure entspricht 0,00354 g wirksamem
Chlor.

Sind also z. B. 15 cm³ ¹/₁₀ normal arseniger Säure verbraucht worden, so entsprechen diese 15 · 0,00354 g wirksamem Chlor = 0,0531 g
Chlor. In 100 cm³ Lauge wären alsdann 5,31 g wirksames Chlor enthalten
= 5,31 Hundertstel (109).

In die Bleichereibetriebe hat sich außerdem die sehr handliche Prüfung durch Indigo nach Theis eingeführt. Man verwendet eine eingestellte
Indigolösung, erhalten durch Auflösen von Indigo rein in höchstgehaltiger
Schwefelsäure und Verdünnen mit Wasser und behandelt 10 oder 20 cm³
mit der Chlorkalklösung bis zur Gelbfärbung.

Danach verbrauchen 266 Teile Indigo 142 Teile wirksames Chlor;
hat man daher 1,873 g Indigo rein zu 1 l gelöst, so entsprechen 10 cm³
dieser Lösung 0,01 g Cl, und dieser Betrag ist in der Anzahl cm³ Bleichlauge enthalten, die zum Entfärben der 10 cm³ Indigolösung verbraucht
werden. Die Indigolösung ist durch eine Chlorkalklösung von bekanntem
Gehalt nachzuprüfen und einzustellen.

Ein drittes Verfahren beginnt sich neuerdings ebenfalls in die praktischen Betriebe einzubürgern. Es beruht auf der Zersetzung des Chlorkalks durch Wasserstoffsuperoxyd in schwach alkalischer Lösung, wobei
ein dem wirksamen Chlor gleicher Rauminhalt Sauerstoff in Freiheit
gesetzt wird (113).

c2) Alkaligehalt. Die Bestimmung des Gehaltes an freiem und
kohlensaurem Alkali der Natronbleichlauge. Der Alkaligehalt der Na-

tronbleichlauge setzt sich zusammen aus freiem Ätznatron und Soda. Zu deren Bestimmung benötigt man eine eingestellte Salzsäure, deren Gehalt man genau kennt, etwa $^1/_{10}$ normal, neutralisierte Wasserstoffsuperoxydlösung, Chlorbariumlösung, einen Tropfenmesser (Bürette) und einen Stechheber (Pipette), einige Glasbecher sowie Phenolphtaleinlösung und Methylorangelösung als Anzeiger (Indikatoren).

10 cm³ der zu untersuchenden Lauge werden im Becherglas tropfenweise mit Wasserstoffsuperoxyd versetzt, bis keine Gasentwicklung mehr eintritt, also aller wirksamer Sauerstoff entwichen ist, und mit 200 cm³ Wasser verdünnt. Sodann gibt man unter Umschütteln Chlorbariumlösung im Überschuß hinzu, wodurch die Soda unschädlich gemacht wird, indem kohlensaures Barium ausfällt. Nach Hinzufügen einiger Tropfen Phenolphtaleinlösung, welches alkalische Lösung rot färbt, wird die eingestellte Salzsäure tropfenweise bis zur Entfärbung zugesetzt.

1 cm³ der verbrauchten $^1/_{10}$ normal Säure entspricht 0,004 g NaOH. Wurden beispielsweise 8 cm³ $^1/_{10}$ normal Salzsäure für 10 cm³ Bleichlauge verbraucht, so sind in 1 l 0,004 · 8 · 100 = 3,2 g NaOH (109).

e3) Sodagehalt. Will man die Soda ebenfalls bestimmen, so verfährt man in folgender Weise: Man zerstört mit Wasserstoffsuperoxyd in 10 cm³ Bleichlauge, die auf etwa 200 cm³ verdünnt werden, den wirksamen Sauerstoff, gibt Methylorange hinzu und behandelt mit eingestellter Salzsäure bis zum Umschlag der Farbe von gelb auf weinrot. Der Unterschied aus den hierfür verbrauchten cm³ Salzsäure und den cm³, die für Ermittlung des Ätznatrons verbraucht wurden, multipliziert mit 0,0053 ergibt den Gehalt an Soda in 10 cm³ ursprünglicher Bleichlauge (109).

Bb) Das Bleichen mit Chlorkalk und unterchlorigsaurem Natron.

b1. Die Bleichbehälter (114). In jeder Anlage sind außer dem eigentlichen Bleichbehälter noch Vorratsbehälter vorzusehen, in welche die Ablauge zur Anreicherung mit Bleichmitteln zurückgeführt wird und wo sie verbleibt, wenn im Bleichbehälter etwa noch gewaschen und gesäuert werden sollte. Die jedesmal aufgefrischte Hypochloritlösung wird einige Male verwendet, ehe sie in die Grube abgelassen wird.

Die Einrichtungen, in denen gekocht und gebleicht wird, müssen naturgemäß wegen des zum Kochen erforderlichen Druckes aus Eisen gebaut sein. Um das Eisen durch die Bleichflotte nicht anzugreifen, sind die Behälter innen mit Blei beschlagen. Durch die ungleichen Ausdehnungen des Eisenmantels und der Bleiauskleidung entstehen sehr leicht Risse in der Auskleidung. Durch diese dringt die Bleichflotte, bringt den Mantel zum Rosten und führt Eisen auf den Zwirn. Dieses verursacht, ebenso wie die oft im Gut enthaltenen Eisen- und Messingtrümmer, z. B. die Riete und Schäfte des Webstuhles, eine gesteigerte örtliche Sauerstoffentwicklung der Flotte, wobei die Metalle nur leitend beteiligt sind und von den Flotten nicht beeinflußt werden. Die dadurch herbeigeführte Schwächung des Zwirnes bemerkt man meistens erst bei seinem Aufwickeln auf die Röllchen und viele Abfälle und Lieferungsverluste sind die Folge. Deshalb ist sehr scharf darauf aufzupassen, daß die Bleimäntel nicht undicht werden.

Die Bleichbehälter sind unter Vermeidung von Metallnägeln aus Holz (20_8) (114a, c, e), am besten aus Pitch-Pineholz, das gefirnißt oder mit Tetralin gestrichen oder mit Karbolineum geteert oder mit Bleiauskleidungen versehen ist. Holz wird namentlich von warmen Bädern sehr angegriffen. Mit Vorteil findet Aluminium Verwendung, wenn der Flotte etwas Wasserstoffsuperoxyd zugesetzt wird, denn dieses schützt das Aluminium gegen die Alkalien der Bleichlauge, die gewöhnlich $2 \div 3$ g Ätznatron je Liter enthält. Ohne den Zusatz des Wasserstoffsuperoxyds wird Aluminium bereits in kalten, ätzalkalischen Lösungen von $^1/_{10}\%$ Gehalt schnell zerstört (115, 116). Es empfiehlt sich auch für die Behälter der Chlor- und Sauerstoff-Flotten nichtrostenden, ätzbeständigen $V4A$-bzw. $V2A$-Kruppstahl zu verwenden (117, 118), weil diese ihn nicht angreifen, über ihn weder die Bleichflotte noch die Gewebe beeinflußt werden und diese Bottiche ohne besondere Warmnachbehandlung ausgebessert werden können (114f).

Die Vorratsbehälter bestehen entweder aus Holz wie die Bleichbehälter oder aus gebranntem Ton, oder Steinzeug (114b), oder bei großen Anlagen aus eisenversteiftem Zement und sind oft mit Ton- oder Steinzeugplatten ausgeschlagen oder gekachelt.

Der Baustoff der zur Flottenbewegung nötigen Pumpen, Rohrleitungen und Hähne darf von der Bleichlauge nicht angegriffen werden und nicht katalytisch wirken, d. h. als Beschleuniger der Wirkung und als Zersetzer der Flotten auftreten, wie es bei den geringsten Spuren von gewöhnlichen Metallen der Fall ist. Für Chlorlaugen eignen sich Tonhähne (114b) und geschwefelte Bleirohre gut. Die Pumpen sind mit Blei- oder Steinzeugmänteln (114b) zu versehen, damit keinerlei Verrostungen entstehen. Selbst Phosphorbronze wird mit der Zeit von der Bleichlauge angegriffen und zersetzt die Flotte.

In den Bleichbehältern können das Bleichgut und die Bleichmittel ruhen oder das Bleichmittel kann im Rundlauf durch das ruhende Gut bewegt oder das Gut durch das ruhende Bleichmittel gezogen und endlich das sich langsam verschiebende Gut durch ein kreisendes Bleichmittel getroffen werden.

b2. Die Bleichflotte. *2a. Ihr Wasser.* Die Hauptmasse der Bleichflotte ist Wasser, in dem die Bleichmittel aufgelöst zur Wirkung auf das Bleichgut kommen. Das Wasser muß rein, frei von Schlamm und Eisen sein und darf nicht mehr als $1 \div 2$ Härtegrade haben. Vorteilhaft ist es, Niederschlagwasser der Dampfmaschine oder in Wasserreinigern vorbehandeltes Wasser zu benutzen. Empfohlen werden bei ungünstigen Wasserverhältnissen außer den auf S. 170 aufgeführten Zusätzen auch: Neoflerhenol (100c), Universalin (100e) — Igepon T und Neopol (100g) — Produkt C F D 1931 (100i).

2b. Ihre Wärme. Die Flotte kann kalt, d. h. erdwarm ($7 \div 12^0$), blutwarm ($35 \div 40^0$) oder heiß ($60 \div 90^0$) angewendet werden. Durch die Wärme verwandelt sich der Chlorkalk in chlorsauren Kalk, $Ca(ClO_3)_2$, und Chlorkalzium, $CaCl_2$, das für das Bleichen wertlos ist. Heiße Flotte bleicht rascher als kalte, aber sie vermorscht die Fasern durch Bildung von Oxyzellulose an den Stellen, wo die Sauerstoffentwicklung zu stürmisch vor sich ging. Heiß gebleicht wird bei Eilaufträgen in Zwirnen; dann empfiehlt es sich, die Stränge gut umzuziehen, damit die Wärmewirkung durch Berühren des Stranges mit der Außenluft unterbrochen wird, wobei der Sauerstoff und die Kohlensäure der Luft die Bleichwirkung erhöhen und die Bleichdauer abkürzen. Das Vorwärmen der Bleichflotte durch Dampfumlauf in geschlossenen Röhren auf Blutwärme muß zur Verhütung der zu schnellen Zersetzung des Bleichmittels langsam geschehen; die Chlorkalklösung z. B. scheidet dadurch zu schnell gelöschten Kalk und unterchlorige Säure aus und letztere gibt beschleunigt den Sauerstoff ab.

2c. Ihre Prüfung. Die Bleichbäder, welche neutral sind, d. h. welche blaues oder rotes Lackmuspapier nicht umfärben, ergeben mit alkoholischer Phenolphtaleinlösung vorübergehend (einige Sekunden) Rotfärbung, dann wird die Lösung, meist über Violett, farblos. Ist die Bleichflüssigkeit alkalisch, so hält die Rotfärbung um so länger an, je mehr überschüssiges Alkali vorhanden ist. Bei saurer Bleichflotte tritt keine Rotfärbung ein.

2d. Ihre Dauer, Haltbarkeit und Wirkungssteigerung. Das im Chlorkalk enthaltene Kalkhydrat, $Ca(OH)_2$, macht die Bleichlösung alkalisch; überschüssiges Alkali verzögert die Bleichwirkung und erhöht ihre Dauer, Haltbarkeit, weshalb oft in geringen Mengen Alkalilauge zugesetzt wird.

Die bei der Sauerstoffabgabe der unterchlorigen Säure entstehende Salzsäure neutralisiert das Kalziumhydroxyd, das die Flotte alkalisch macht, und zersetzt das noch vorhandene Kalziumhypochlorit in das nicht bleichende Chlorkalzium und die unterchlorige Säure. Mit abnehmendem Alkaligehalt wird die Bleichkraft des Bades zunehmen. Weil schon beim Bleichen Säure entwickelt wird, sieht man im Betrieb meistens davon ab, durch Säurezusätze den Säuregehalt des Bades zu erhöhen, denn dadurch würde die Haltbarkeit der Flotte verringert und die Möglichkeit der Schädigung der Faser durch Oxyzellulosebildung gesteigert. Am wirtschaftlichsten sind fast neutrale Bleichflotten von 30^0 Wärme, welche nur wenig freie unterchlorige Säure enthalten.

Die Kohlensäure der Luft zersetzt den Chlorkalk unter Entwicklung von unterchloriger Säure und erhöht so die Bleichwirkung der Flotte; deshalb wird oft Kohlensäure in die gebrauchte Bleichlauge geleitet, um sie zur Wiederbenutzung geeigneter zu machen und so ihre Dauer zu verlängern. Ihre kohlenstoffreichen (organischen) Verunreinigungen bilden mit dem freiwerdenden Sauerstoff Kohlensäure, wodurch die Ablauge, sofern sie nicht ganz erschöpft an Chlor meist wirksamer als Frischlauge ist (102). Länger als eine Woche sollte man die Bleichlaugen, selbst wenn sie häufig angereichert werden, nicht verwenden.

Die Kohlensäure der Luft macht kein Chlor aus dem unterchlorigsauren Natron frei, weshalb beim Bleichen mit Chlorkalklösungen öfter auf den Chlorgehalt der Flotte geprüft werden muß als mit Natronlaugen, um Faserschwächungen vorzubeugen.

2e. Zusätze zur Bleichlauge bezwecken, die Bleichzeit abzukürzen, oft auch das Bleichen mit dem Kochen in einem Arbeitsgang auszuführen oder ohne Kochen auszukommen. Derartige Zusätze sind die sauer eingestellten Seifen aus Rizinusöl, ferner Türkischrotöl, Terpentinöl, sowie Alaun, Mangansuperoxyd, Glyzerin, Alkohol, Malz und seine Entwicklungsstoffe, wie Diastafor, Diamalt, das in der Hälfte der Zeit und mit der halben Chlorkalkmenge bleichen soll (119). Weitere Zusätze, welche die Netzfähigkeit der Fasern erhöhen und die Wirkung der Chlorlösungen so verstärken sollen, daß selbst die Schalentrümmer weggespült werden, sind außer den bereits auf S. 170 genannten: Oleonat F (100a) — Neoflerhenol (100c) — Puropolseife (100e) — Monopolöl, Prästabitöl (100g) — Triumphseife und Produkt CFD 1931 (100i).

2f. Erklärung der Einwirkung der Lösungen des Chlorkalkes und der unterchlorigen Säure auf die Faser. Die Bleichmittel wirken auf die Fasern durch die leicht erfolgende Sauerstoffabgabe der unterchlorigen Säure, ClOH, in welche die Lösung des Chlorkalks, $Ca(OCl)_2 + CaCl_2$, neben gelöschtem Kalk, $Ca(OH)_2$, zersetzt wird. Auch das unterchlorigsaure Natron, NaOCl, bleicht durch seinen schnell freiwerdenden Sauerstoff und seine Chlorwirkung, welche bei der Aufhellung und Reinigung der Zwirne von großer Bedeutung ist (120), weshalb nur schwache Bleichlösungen verwendet werden dürfen und die Sauerstoffabgabe so zu regeln ist, daß das Durchdringen der Außenwand der Fasern, ohne ihre Zellulose anzugreifen, vor sich geht und der leichter als sie zerstörbare Farbstoff scharf genug angegriffen wird, um gelöst zu sein, bevor die Fasern sich in Oxyzellulose zu verwandeln beginnen. Die weitere Wirkung ist durch ein Spülen mit vielem Wasser zu beenden, dem vorteilhaft beigegeben wird: Natriumbisulfit oder Schwefelsäure oder, außer den auf S. 171 angegebenen Zusätzen, Igepon T, oder Neopol T extra (100g) oder ein klein wenig Produkt CFD 1931 (100i).

Das Chlor wirkt beim Bleichen weniger in seiner ungebundenen Form als in Verbindungen der unterchlorigen Säure, den Hypochloriten des

Kalkes, des Kaliums oder Natriums, d. h. als Chlorkalk oder Javalle-
scher Lauge.

Durch ein dem ersten alkalischen Bleichen und dem Absäuren folgen-
des zweites Bleichen mit sehr schwacher saurer Lauge ist für Zwirne die
Zerstörung der von der Kochlauge übrigbleibenden Naturfarbe am
besten zu erzielen. Auch wird oft die Ware angesäuert und darauf mit
alkalischer Hypochloritlösung behandelt, wodurch ein edleres Weiß
bei geringem Dampf- und Chlorverbrauch und eine größere Schonung
der Fasern als bei der sauren Bleichlauge erzielt werden soll (121).

Das Bleichen der Pflanzenfasern geht in saurer Bleichflotte schneller
vor sich als in alkalischer, weshalb empfohlen wird, die Ware alkalisch
vorzuchloren und mit schwach saurer Lösung nachzubleichen (105);
neuerdings sauer vorzuchloren und alkalisch nachzubleichen (103). Am
wirksamsten sind Chlorbäder von $1/2 \div 1 1/2$° Bé mit $0,2 \div 0,25$ g, höchstens 2 g Chlor je l. Wird zur Erzielung eines Höchstweiß zweimal
gebleicht, so benütze man zur Vorbleiche starke Chlorlaugen und schwächere zur Nachbleiche; denn die bei letzterer der Flotte unterworfenen
Fasern haben geringere Mengen oxydierbarer organischer Fremdbestandteile, welche die Wirkung der Bleichlauge auf die Fasern auffangen, als
sie in der Vorbleiche hatten. Zu den Fremdkörpern, welche, um die
Zellulose rein zu erhalten, entfernt werden müssen, zählen:

f1) Die Schalentrümmer, welche durch das Kochen aufquellen und
sich dunkelbraun färben; diese saugen sich sehr schnell, wie ein Schwamm,
mit dem Bleichmittel voll, verfärben sich hellgelb und zerfallen, so daß
sie beim Waschen leicht weggeschwemmt werden.

f2) Die im Faserkanal als Innenwandbekleidungen der Faser vorhandenen Protoplasmareste, Eiweißkörper, welche mit dem Chlor eine
Verbindung, das Chloreiweiß, Chloramin, bilden, das selbst starkem
Kochen widersteht und bei seiner, nach längerer Zeit eintretenden
Zersetzung durch die sich dabei entwickelnde freie Salzsäure die Faser
schwächt. Dieses Eiweiß-Chlor muß deshalb sofort nach dem Bleichen
durch Behandeln mit schwefliger Säure, Ammoniak, Natriumsulfit oder
Natriumthiosulfit, den sog. Antichlormitteln, entfernt werden; diese
machen auch das wirksame Chlor der in der Faser zurückgebliebenen
unterchlorigen Säure unschädlich, während die Wirkung der schwachen
Wasserstoffsuperoxydlösungen sich nur auf das Chlor der unterchlorigen
Säure beschränkt. Das Weiß der mit Antichlor behandelten Fasern
ist lagerbeständig, d. h. die Faser gibt nicht nach.

b3. Die Nachbehandlung. Nach dem auf das Bleichen erfolgten
Spülen wird die Ware mit einer Lösung von $1/2 \div 1$ g Schwefel- oder
Salzsäure im Liter abgesäuert, welche nicht nur den Niederschlag von
der Faser ablöst, sondern auch noch durch die frei werdende unterchlorige Säure nachbleicht. Zur Entfernung der letzten Reste von Chlor

folgt auf das Spülen ein kaltes Bad mit Wasserstoffsuperoxyd oder Antichlor, wie z. B. Natriumsulfit oder Natriumthiosulfat oder Blankit, welches das Weiß und die Garnfestigkeit erhöht. Ein kochendes Seifenbad von etwa 10 g Marseillerseife im Liter macht die Ware geschmeidig; ein Bläuen mit Ultramarin, Berlinerblau, Methylviolett, Methylenblau, Alizarinzyanol, Alizarinsaphirol, Sulfonzyanin oder Indanthrenblau RS Teig (5 g je 1 in der Stammlösung) übertönt den Gelbstich der gebleichten Ware bläulich oder ins Violette.

b4. **Die Kaltbleichen.** Bei diesen fällt die Hochdruckkochung weg. Die ruhende, beim Einlegen in den schmiedeeisernen Bleichkessel mit Altlösung eingeweichte Ware wird nach dem Netzen im Rundlauf der Flotte gechlort, worauf im Kessel gewaschen, gesäuert und mit einer 60÷80° warmen Peroxyd-(Sauerstoff)Flotte im Umlauf unter Druck behandelt und oft nachher geseift wird. Das Waschen erfolgt auf 3÷4 Waschmaschinen. Das erzielte Weiß ist gut und lagerbeständig; der Zwirn voller, weil Fett und Wachs nicht restlos entfernt sind und nur ein Gewichtsverlust von 2½% eintritt (122).

Hierhin gehört auch das 3stündige Bleichen in einer Flotte von unterchlorigsaurem Natron von 0,3% wirksamem Chlor unter Zusatz von 2÷2,5% Rizinusölseife oder Türkischrotöl mit nachfolgendem Waschen sowie Spülen mit Antichlor, was aber wegen des großen Verbrauchs an Seife und Waschmitteln nur selten ausgeführt wird (123).

b5. **Kochbleichverfahren für Nähgarne.** Ein älteres, aber erfolgreiches Bleichverfahren nimmt im allgemeinen den folgenden Verlauf: Zuerst wird gebäucht, worauf gekocht, dann gewaschen, gechlort, gesäuert, ein zweites Mal gekocht, wiederum gewaschen, ein zweites Mal gechlort, gesäuert, gewaschen, gesäuert und wiederum gewaschen, hierauf geschönt (aviviert) und danach getrocknet. Eine für diesen Arbeitsgang bewährte Bleichereivorschrift lautet: 1. Einweichen (Beuchen) der Ware, wozu das alte Kochbad dient; Dauer 10÷12 Stunden. Es wird dazu die Lauge vom zweiten Kochen der vorhergehenden Bleichung 1÷2 Stunden auf der Ware im Bottich stehen gelassen. Nach 2 Stunden wird die Lauge abgelassen und, um das Schmierigwerden der Zwirne zu verhüten, Wasser auf die Ware gegeben. Dann bleibt die Ware meistens über Nacht stehen. Der Bottich darf natürlich nur aus Holz angefertigt sein, ohne jegliche Eisenteile. 2. Das erste Kochen: im Laugenkessel wird dazu 1½% Ätznatron, bezogen auf das Warengewicht, aufgekocht. Diese Lauge wird, nachdem die Ware eingelegt ist, in den Kessel eingelassen. In dem daraufhin geschlossenen Kessel kocht die Ware bei 1½÷2 atü Druck 5÷6 Stunden. Anschließend erfolgt im Kochkessel ein Spülen mit Kaltwasser ½ Stunde lang. Das Spülen kann auch außer im Kochkessel auf Waschmaschinen geschehen, die aus zwei starken Holzwalzen bestehen, die in durch Zu- und Abfluß sich ständig erneuerndem Wasser laufen. Nach dem Spülen erfolgt als 3. Arbeitsstufe das erste Chloren. Das Stranggarn wird in den Chlorständer, einem Holzbottich, der innen mit Blei ausgeschlagen ist, eingelegt. In der Mitte steht eine hohle durchlochte Spindel aus Blei. Das Chloren selbst geschieht mit Elektrolytchlorlauge von 1,8 g Chlor je Liter. Man zieht die Chlorlauge dreimal auf und ab mit je ¼ Stunde Stillstand, wobei die Chlorlauge auf der Ware stehenbleibt. Danach erfolgt ein Spülen im Chlorständer mit kaltem Wasser ½ Stunde lang. Um das Chlor vollständig zu entfernen, erfolgt nunmehr ein Säuren mit 3,7 kg Schwefelsäure auf 2 m³ Wasser; dieses Säurewasser wird in ¼ Stunde einmal durchgezogen, worauf ein Spülen mit kaltem Wasser ½ Stunde lang eintritt. Darauf erfolgt 4. die Hauptbehandlung, das zweite Kochen mit einer Kochlauge, welche, auf das Warengewicht bezogen, 0,16% Ammoniak-Soda und 0,8% Schmierseife enthält. Nachdem der Koch-kessel wieder geschlossen ist, wird mit einem Druck von 1½ atü auf-gekocht und dann der Dampf abgestellt. Sobald der Druck weg ist, wird der Kessel geöffnet. Darauf erfolgt ein Spülen mit Kaltwasser 1½ Stunde lang. Nach diesem zweiten Kochen wird die Ware wiederum in einen zweiten Chlorständer eingelegt; zum zweiten Chloren benutzt man die alte Chlorlauge des ersten Bades ohne weiteren Zusatz, und zwar zieht man die Flotte zweimal auf und ab mit je ¼ Stunde Stillstand der Flotte auf der Ware. Dann erfolgt wiederum ein Spülen mit Kaltwasser 1½ Stunde lang und das Säuren mit dem alten Säurebad vom ersten Chloren, wobei man einmal auf und ab zieht und ¼ Stunde die Flotte auf die Ware wirken läßt. Nunmehr wird mit kaltem Wasser ½ Stunde gespült. Darauf erfolgt ein Waschen der Ware in der Waschmaschine, wie schon vorher beschrieben wurde. Die Stränge können nach diesem Auswaschen in der Wanne auf Stöcken durchgeseift werden, wobei man sie ungefähr 5mal durch die Flotte zieht. Diesem Bad ist 1% weiße Marseiller Seife zugesetzt, wodurch die Ware gleichzeitig den nötigen Fettgehalt erhält. Das Schönen wird wesentlich unterstützt durch Ver-wendung von Brillant Avirol L 168 (100b) — Tallosen K (100g) — Seta-vin ON und Triumpf Avivage (100i) — Textil-Milchsäure (100j).

Die so erhaltene weiße Ware ist aber für den Zwirn nicht geeignet. Vielmehr muß das Weiß eine leichte blaue Färbung erhalten; man spricht von einem blauen Stich bekommen. Dazu wird der Strang nach dem Seifen nochmals in ein Bad genommen, dem Ultramarin, Berliner Blau, Methylviolett, Methylenblau, Alizarinzyanol, Sulfonzyanin oder Indanthrenblau RS Teig (5 g je l in der Stammlösung) zugesetzt ist (109). Hierauf erfolgt ein Schleudern der Ware und nunmehr das Trocknen. Man sieht daraus, daß zum Bleichen des Zwirnes sehr viele Arbeits-vorgänge notwendig sind.

In neuerer Zeit wurde deswegen das Bleichen dadurch abgekürzt, daß nur einmal gekocht und nur einmal gechlort wird. Für 500 kg Nähfaden erfolgt ein erstes Kochen 5 Stunden bei 1½ atü mit 1½%

Ätznatron, dem 10 l Tetrapol (100 g) zugesetzt sind. Das Spülen mit Kaltwasser dauert $\frac{1}{2} \div 1$ Stunde. Darauf wird mit Salzsäurelösung von $\frac{1}{10}$° Bé, das sind 8 l auf 2 m³ Wasser, im Bleichständer gesäuert. Anschließend findet nach dem Spülen und Säuren das Chloren, wie oben beschrieben, statt, und den Schluß bildet, nach dem kochend heißen Seifen der Stränge auf der Wanne mit 5 kg Marseiller Seife je 500 kg Ware, wobei der Seifenflotte noch auf 1 l $\frac{1}{2}$ g Perborat bei 40° zugesetzt wird, und dem Bläuen im Spülbad, das Entwässern und Trocknen.

Bc) Das Bleichen mit Peroxyden.

c1. Wasserstoffsuperoxyd, H_2O_2, eine farblose wässerige Lösung, wird in Glasbomben mit 65 kg Inhalt und in Topfwagen geliefert (124); diese sind mittels Kipper oder Heber in Gefäße aus Steingut, Porzellan, Hartgummi, nicht rostendem Stahl, verzinntem oder emailliertem Eisen zu entleeren und aufzubewahren. Es wird bereitet durch Umsetzen von Bariumsuperoxyd oder auch Natriumsuperoxyd mit verdünnter Schwefelsäure (125). Seine Stärke wird durch die Anzahl der Gramm H_2O_2 im cm³ oder der Raumeinheiten Sauerstoff, welche 1 Raumeinheit der Lösung entwickelt, angegeben. Es wird geliefert in der Stärke von 30 Raumhundertsteln (Volumprozent), d. h. im Liter sind 300 g H_2O_2 enthalten, und von 40 Raumhundertsteln, d. h. im Liter sind 400 g H_2O_2 enthalten. Zur Ermittlung der aus 1 cm³ erhältlichen cm³ wirksamen Sauerstoffes mischt man diesen mit 20 cm³ verdünnter Schwefelsäure und führt vorsichtig tropfenweise eine Permanganatlösung (5,648 g Kaliumpermanganat in 1000 cm³ Wasser) bis zur Rosafärbung zu. Jedes cm³ Permanganatlösung entspricht 1 cm³ bleichendem Sauerstoff (126). Als Baustoff für die Bleichbehälter dienen Holz, Ton, Steinzeug, Blei, Zinn, Aluminium, V2A-Krupp-Stahl, Reinnickel oder Zement und letzterer, wenn Flotten über 60° Wärme nötig sind, mit Einlageschicht aus Lehm (96) oder Holz (95). Eisen soll nicht verwendet werden; ebenso dürfen im Wasser und dem Bleichgut Rost oder Eisen, Messing oder Kupfer oder sonstige katalytisch wirkende Verunreinigungen nicht enthalten sein, weil diese das Wasserstoffsuperoxyd sofort in Wasser und Sauerstoff spalten würden und letzterer, der nur im Entstehungszustand bleicht, verlorenginge. Durch Regelung der Abgabe des wirksamen Sauerstoffs durch geeignete Zusammensetzung der Bäder und durch Anwendung von Stabilisatoren, wie Silikate, besonders Magnesiumsilikat, Härtebildner, Phosphate, kann Verlust an Sauerstoff vermieden werden. Aus Wasserstoffsuperoxyd mit 30 Raumhundertsteln, stellt man her eine 1 proz. Lösung, indem man 1 l davon mit 29 l Wasser verdünnt; eine 2 proz. Lösung aus 1 l Wasserstoffsuperoxyd und 14 l Wasser und eine 3 proz. Lösung erhält man dementsprechend aus 1 l Peroxyd und 9 l Wasser. Die Anzahl beizumischender Liter Wasser zu 1 l Wasserstoffsuperoxyd mit 40 Raumhundertsteln sind 39 für eine 1 proz., 19 für eine 2 proz. und 12 für eine 3 proz. Lösung.

1 a. Anwendungen des Wasserstoffsuperoxyds.

a 1) Baumwollgarne. Diese werden sowohl im Strang wie auf der Kreuzspule gepackt gebleicht. Nach erfolgtem Einpacken wird etwa 1 Stunde gedämpft und dann gebleicht. Die Flottenlängen betragen bei Kreuzspulen etwa 1 : 4, bei Strangbleiche 1 : 5. Gebleicht wird mit 2 Bädern, das erste Bad ist entweder als reines Kochbad oder mit geringem Wasserstoffsuperoxydzusatz zu verwenden. Es enthält auf 100 kg Ware: $\frac{1}{2} \div 1\%$ Ätznatron + $\frac{1}{2} \div 1$ l Wasserglas vom Einheitsgewicht 1,35 (34° Bé) + 0,1 ÷ 0,2 kg Wasserstoffsuperoxyd 100% + einem entsprechenden Netzölzusatz, der nach der Art der verwendeten Netzöle (siehe S. 170) verschieden hoch ist.

Mit dem Bad wird warm auf die Ware gegangen, und zwar von unten nach oben gefüllt und 3 ÷ 5 Stunden unter Anwärmen auf 85 ÷ 90° umgepumpt. Das Bad wird dann abgelassen und das Bleichbad auf die Ware gegeben. Dieses enthält auf 100 kg Garn: 1 kg Soda + $\frac{1}{2} \div 1$ l Wasserglas + 0,5 ÷ 0,6 kg Wasserstoffsuperoxyd 100%ig. Das zweite Bad wird meistens etwa 2 Stunden unter Anwärmen auf 85 ÷ 90° umgepumpt und über Nacht auf der Ware stehengelassen. Am Morgen wird das Bad nochmals umgepumpt und dann in das Ansatzgefäß zurückgepumpt, um nach Zusatz von Ätznatron als Beuchbad verwendet zu werden. Es sind also für die Berechnung der Gestehungskosten Wasserstoffsuperoxyd und Wasserglas nur einmal einzusetzen, hierzu kommen dann die im Vorbad verwendeten Mengen an Ätznatron und Netzmitteln.

Nun wird gespült, gebläut und in der üblichen Weise weiterbehandelt.

a 2) Leinengarn. Die Garne werden mit Ätznatron, Soda und Netzmitteln in der üblichen Weise vorgekocht. Die Flottenlänge beträgt 1 : 6; sie enthält 2 g Ätznatron und 6 g Soda je Liter; gekocht wird 3 Stunden. Hierauf folgt ein zweites Kochen die gleiche Zeit mit 10 g Soda je Liter und das Auswaschen der Garne. An sie schließt sich an eine Chlorung mit 4 ÷ 7 g wirksamem Chlor je Liter während 25 ÷ 45 Minuten mit nachfolgendem Spülen und Säuern in Salzsäure (3 g höchstgehaltiger Säure je Liter) während 30 Minuten. Die Flottenlänge beim Chlorbad ist 1 : 8. Das darauffolgende Bleichbad wird unter Verwendung eines gebrauchten Bades hergestellt. Es enthält im Liter 2 g Soda, 4 cm³ Wasserglas und 1,2 g Wasserstoffsuperoxyd 100%ig. Das Bleichbad wird bei 80 ÷ 85° während 5 Stunden umgepumpt und gegebenenfalls über Nacht auf der Ware stehen und dann weggelassen; hierauf wird mit Wasser gespült und ein zweites Chlorbad mit 1,5 g Chlor je Liter während $1\frac{1}{2} \div 2$ Stunden angewendet. Man spült und säuert wieder wie beim ersten Chlorbad und gibt das zweite Bleichbad auf die

Ware. Dieses enthält je Liter $6 \div 8$ cm³ Wasserglas, 2,4 g Wasserstoffsuperoxyd 100 %ig und wird bei $80 \div 85^0$ während 5 Stunden umgepumpt. Auch dieses Bad kann über Nacht auf der Ware stehenbleiben.
Das Bad wird in das Ansatzgefäß zurückgepumpt und dient zur Herstellung des ersten Sauerstoffbades. Die Garne werden schwach gesäuert, gespült und getrocknet (124c).

c2. Natriumsuperoxyd, Na₂O₂, ist ein hellgelbes, feinkörniges
Pulver mit 20 % wirksamem Sauerstoff; es wird in luftdicht verschließbaren Metallbüchsen aufbewahrt, weil es leicht Feuchtigkeit anzieht
und dadurch verwittern kann. Das Natriumsuperoxyd ist weder selbst-
entzündlich noch brennbar, vermag aber Papier, Holz, Stroh und der-
gleichen unter Umständen zu entzünden, weshalb dafür zu sorgen ist,
daß es damit nicht in Berührung kommt (96, 103, 121, 127).

Die Garne aus Pflanzenfasern bleicht man in Lösungen von Natriumsuperoxyd in reinem Wasser, wodurch eine Ätznatron und Wasserstoffsuperoxyd enthaltende Flotte entsteht, deren Sauerstoffabgabe, wie beim
Wasserstoffsuperoxyd bereits erwähnt wurde, durch geeignete Zusätze
(Stabilisatoren) geregelt ist. Diese beiden Mittel (Lauge und Peroxyd)
ergeben dieselbe bleibende Wirkung in einer Behandlung wie die Anwendung von Alkalien (Druckkochung) und Chlor in zwei Stufen; sie
geben dem Zwirn ein reines Vollweiß, ohne Nachgilbung, und einen
weichen Griff bei größter Schonung der Fasern. Sie verursachen daher
geringen Bleichverlust, keine belästigenden Ausdünstungen beim Bleichen, liefern unschädliche Abwässer und gestatten die volle Ausnutzung
des zur Entwicklung kommenden Sauerstoffs bei einfachem und leicht
zu prüfendem Arbeiten (124b).

c3. Sauerstoffbleiche — Peroxydbleiche — Verbund-(Kom-
binations-)bleiche. Die Wasserstoffsuperoxyd- und die Natrium-
superoxydbleiche, die man auch kurz mit „Sauerstoffbleiche" oder
„Peroxydbleiche" bezeichnet, wird allein angewandt, wenn auf einfache
Arbeitsweise mehr Wert gelegt werden darf als auf den bisher noch
etwas hohen Preis dieser Bleiche, oder wenn es sich handelt um das
Bleichen von Buntwaren oder Kunstgarnen aus Glanzstoff und Baumwolle, deren Farben bzw. deren Glanzstofffäden, Kochungen unter Druck
mit Alkalien nicht vertragen, oder wenn besondere Anforderungen an
den Griff der Ware, wie bei Strick- und Wirkwaren, gestellt werden,
deren Elastizität unter allen Umständen erhalten bleiben muß. Vielfach
verwendet werden die Peroxyde auch zur „Verbund-(Kombinations-)
bleiche", bei der das Baumwollgarn erst einer Chlorvorbleiche und darauf
einer Peroxydbleiche unterworfen wird, wodurch man eine weiche, voll-
griffige Ware und ein reines Weiß erzielt. Ferner werden die Peroxyde
auch zur Nachbehandlung bei der Koch-Chlorbleiche an Stelle der früher
ausschließlich verwendeten Antichlormittel gebraucht, um ein nicht

gilbendes Reinweiß zu erhalten. Durch die bei diesen Bleichen statt-
findende Alkaliabkochung unter Druck wird auch eine weitgehende
Entfernung der Fette und der Wachse der Baumwolle erreicht, so daß
die Ware außer dem beständigen reinen Weiß auch eine gute Wasser-
aufnahmefähigkeit besitzt, also Eigenschaften, die für die zu bedrucken-
den Garne, Zwirne und Gewebe nötig sind. Bei der reinen Peroxydbleiche ohne vorherige Alkalikochung unter Druck bleiben diese Fette
der Faser erhalten, weshalb die Garne sich voller und molliger anfühlen;
sie bleiben elastischer, weil die Fasern durch den Fettschutz beim
Bleichen wenig Gerüstmasse verlieren, und eignen sich besonders zu
Maschenwaren.

B d) Weitere Bleichmittel für Pflanzenfasern.

d1. Magnesium-Superoxyd, MgO_2, bildet sich beim Zusammen-
bringen des weißen, leichten, geruch- und geschmacklosen Pulvers
Magnesiumhydroxyd, Magnesiahydrat, $Mg(OH)_2$, mit Wasserstoffsuperoxyd. Es gibt seinen Sauerstoff langsamer ab als letzteres.

d2. Natriumbisulfit, Bisulfit, doppeltschwefligsaures Natron,
$NaHSO_3$, bildet weiße, sich an der Luft leicht unter Erhitzen zersetzende
Kristalle; es kommt in den Handel selten als ein farbloses, nach schwefliger Säure riechendes, trocken gut haltbares, schwer lösliches Kristallpulver, meist in Holz- oder Eisenfässern als farblose oder durch Eisen-
spuren gelblich gefärbte, nach schwefliger Säure riechende Lösung von
$38 \div 40^0$ Bé, mit einem Gehalt an schwefliger Säure, SO_2, von $24 \div 25\%$,
welche nicht zu kalt lagern darf, um das Auskristallisieren von Salz
zu vermeiden. Eine Bisulfitlösung von etwa 35^0 Bé enthält $22 \div 25\%$
Schwefeldioxyd; sie wird statt Thiosulfat oft als Antichlor verwendet,
weil sie beim Ansäuren keine Schwefelabscheidungen verursacht und
Eisenflecke besser löst (96, 109).

d3. Kaliumpermanganat oder Übermangansaures Kalium,
$KMnO_4$, violettrote, nadelförmige, metallisch glänzende, luftbeständige
Kristalle. Die Entwicklung des wirksamen Sauerstoffs erfolgt zur Vermeidung der Faserschwächung im schwach angesäuerten, $5 \div 8\%$ Kaliumpermanganat enthaltenden Bleichbad (1 g $KMnO_4$ im Liter) unter
gleichmäßiger Bildung eines Niederschlages von Braunstein auf der Faser.
Diesen kann man durch Zusatz von Schwefelsäure zum Bad selbst verhindern, doch zieht man es vor, ihn durch starkes Spülen und Einlegen
der Strähne während 10 Minuten in eine sehr verdünnte Lösung von
schwefliger Säure (SO_2) oder Wasserstoffsuperoxyd, Oxalsäure oder
meistens Natriumbisulfit mit nachfolgendem Durchziehen durch ein
schwaches Schwefelsäurebad und starkem Waschen zu entfernen (121).
Für Gespinste, welche nicht nachgilben dürfen, verwendet man mit
Vorteil die saure Kaliumpermanganatbleiche, die ein schönes Weiß
ergibt, während die neutrale dem Bleichgut einen größeren Zerreiß-

widerstand erhält (102), so z. B. auch für die mit Gold- und Silberstreifchen zu umwickelnden Gespinste und Zwirne, welche nach dem Bleichen für die Silbergespinste entsprechend grau und für die Goldgespinste apfelsinenrot (orange) gefärbt werden. Nach einer Chlorbleiche würden die später frei werdenden Chlorausdünstungen ein Schwärzen des Gold- oder Silberbelages verursachen.

d 4. Natriumthiosulfat, unterschwefligsaures Natron, Natriumhyposulfit, $Na_2S_2O_3 + 5H_2O$, große, farblose, durchscheinende, leicht in Wasser lösliche, geruchlose, kühlendsalzig schmeckende Kristallsäulen. Die wässerige Lösung scheidet in verschlossenen Flaschen Schwefel ab, und bei Luftzutritt wird sie in schwefelsaures Natron (Na_2SO_4) umgesetzt. Freies Chlor, Cl, zersetzt die Thiosulfatlösung; es macht überschüssiges Chlor und unterchlorige Säure, HClO, unschädlich; hierauf beruht seine Anwendung als Antichlor (102, 108, 121).

d 5. Perborate sind die Alkalisalze der Überborsäure, HBO_3, deren durch die Wärme freiwerdender Sauerstoff sich sofort mit dem Wasser zu Wasserstoffsuperoxyd verbindet. Auch mit kalter Schwefelsäure geben sie Wasserstoffsuperoxyd. Benutzt werden sie in der Bleicherei, hauptsächlich das Natriumperborat $NaBO_3 \cdot H_2O_2 + 3H_2O$, ein weißes grobkristallinisches, beständiges Salz. Im Handel ist meist das weiße Pulver mit 10,4% Sauerstoffgehalt, das in gut verschlossenen Gefäßen kühl aufbewahrt werden muß. Gelöst wird es in ungefähr 30° warmem Wasser in Holz- oder Steingutbleichwannen; schwefelsäurehaltiges Wasser begünstigt die Lösung. Die für das Bleichen notwendige schwach alkalische Lösung des Salzes gibt bei langsamer Steigerung der Wärme von 35° an den Sauerstoff bis zu 70° beschleunigt ab und ist bei 100° erschöpft. 1 kg chemisch reines Natriumperborat liefert bei 70° etwa 100 g bleichenden Sauerstoff. Auf das Bleichen folgt ein Essig- oder Schwefelsäurebad. Das Bleichen mit ihm ist wirtschaftlich, greift die Fasern nicht an, die Ware hat ein gutes Weiß und gilbt nicht nach. Wegen des hohen Preises wird Natriumperborat nur an Stelle des Thiosulfats als Antichlor benutzt (102).

d 6. Natriumhydrosulfit, hydroschwefligsaures Natrium, $Na_2S_2O_4$, für gewisse Zwecke zur Erhöhung der Haltbarkeit, in Doppelverbindung mit Formaldehyd. Es kommt als grauweißes Pulver in den Handel, und zwar entweder als Natriumsalz oder als Zinksalz, die sich leicht an der Luft verändern. Hydrosulfit wird nie allein, sondern nur im Anschluß an sauerstoffabgebende Bleichmittel gebraucht. So dient eine Handelsmarke Blankit (110) in der Chlorbleiche nach dem Spülen, Säuren und zweiten Spülen in einer heißen Lösung, die 1 g Soda und 1 g Blankit im Liter enthält zur Erzielung eines schönen Weiß. Auch nach dem Sauerstoffbleichen — mit Permanganat und Superoxyd — erhöht Blankit die Bleichwirkung (103, 128).

Be) **Die gängigsten Bleichverfahren für Baumwollzwirne in wirtschaftlicher Beziehung.**

Die Wirkungen der Bleichmittel und der Verfahren werden beurteilt: nach dem Grad des Weiß der Bleichware, nach ihrem Glanz, Griff, ihren Reißfestigkeiten und Dehnungen vor und nach dem Bleichen. Um einen Rückschluß auf die Wirtschaftlichkeit der Bleichverfahren zu ermöglichen, ist es nötig, außer den obigen Eigenschaften noch die Bleichdauer und die Auslagen für Bleichmittel, Arbeitslohn, Dampf- und Wasserverbrauch, sowie die allgemeinen Unkosten zu berücksichtigen. Unter der Voraussetzung, daß bis auf die Zeitdauer und die Bleichmittelkosten die übrigen Anteile sich nahezu gleichbleiben, erleichtert es die Wirtschaftlichkeitsgegenüberstellungen, wenn den verschiedenen Verfahren das Bleichgut in einem solchen Zustand dargeboten wird, in dem die Bleichdauer als nahezu sich gleichbleibend angenommen werden kann. Diese Voraussetzungen erfüllt im großen und ganzen das als Kettbaum dem Bleichen dargebotene Gut. Bei ihm beträgt die Bleichdauer 5÷6 Stunden für die hauptsächlichsten Bleichverfahren, die wie folgt durchgeführt werden.

c1. Die **Koch-Chlorbleiche.** Die Kochdauer bei der Chlorbleiche wird nach einer neueren Arbeitsweise durch Verwendung einer etwa 4% Ätznatron vom Warengewicht enthaltenden Lauge auf nur 2÷2½ Stunden, für Kettbäume z. B., vermindert; hierauf wird heiß, dann kalt gespült und gebleicht; anschließend wird mit Natriumhypochlorit, ungefähr 2 g wirksames Chlor im Liter, nahezu 2 Stunden gebleicht, worauf mehrere Spülbäder folgen. Im dritten Spülbad gibt man etwa ¼% Natriumbisulfit vom Warengewicht zu, und nach einer Einwirkungsdauer von etwa 10 Minuten folgt der Schwefelsäurezusatz, so daß sich also das Entchloren und Säuren in einer kurz dauernden Arbeitsstufe bewerkstelligen läßt. Nach weiteren 10 Minuten Einwirkungszeit ist dann säurefrei zu spülen. Die Kosten dieser Bleiche für 100 kg Kette errechnen sich bei Verwendung der Natronbleichlauge (96) auf RM. 2,68, wobei der in Ansatz gebrachte Verbrauch an wirksamem Chlor sehr reichlich bemessen ist. Die Verteilung der Kostenanteile der für dieses Chlorverfahren benötigten Beuch- und Bleichmittel ist aus der Aufstellung 10d zu ersehen.

c2. Das **Zwischenbrühverfahren.** Das folgende seit etwa 1924 in verschiedenen Betrieben eingeführte Chlorbleichverfahren (109), das sog. Zwischenbrühverfahren, wird besonders zur Erzielung eines weicheren Griffes des Bleichgutes mit weniger Gewichtsverlust verwendet.

Das in der dritten Stufe anfallende Hypochloritbad wird nach Zusatz von 2,5% Ätznatron und 1% Soda, berechnet auf das Warengewicht, für das erste Chloren bei einer Flottenwärme von 30÷40° verwendet. Die Einwirkungsdauer beträgt 1÷1½ Stunden, in welcher Zeit das wirksame Chlor verbraucht ist. Bei Netzschwierigkeiten empfiehlt es sich, diesem Bad $\frac{1}{4}\%$ Nekal Bx oder Humectol C (100 d) zuzugeben. Nach Zusatz von 0,25% Natriumbisulfit zur Ansatzflotte wird mit dem verbleibenden Alkali 2 Stunden gekocht, wobei die Oxydations- und Chlorierungsprodukte in Lösung gehen. Hiernach folgen nach gutem Spülen eine einstündige Nachbleiche mit etwa 2% wirksamem Chlor, berechnet auf das Warengewicht, und anschließend die weiteren Spülbäder unter Zusatz von 0,25% Natriumbisulfit als Antichlor. Die auf Tafel 11$_d$ angegebenen Bleichmittelkosten sind gegenüber denen der Koch-Chlorbleiche (10$_d$) etwas höher und betragen RM. 3,09 für die 100 kg Bleichgut; woran mit RM. 2 das Natriumhypochlorit den größten Anteil hat.

e 3. Die Verbundbleiche. Die für die Buntbleiche geläufige Verbund-(Kombinations-)bleiche: Hypochlorit + Sauerstoff wird unter Verwendung von Natriumsuperoxyd, Na_2O_2, oder von Wasserstoffsuperoxyd, H_2O_2, durchgeführt.

Die erste Arbeitsstufe wird wie beim Zwischenbrühverfahren ausgebildet, indem man das Bleichgut mit einer alkalischen Hypochloritlösung, die, neben 2% wirksamem Chlor, 2% Ätznatron und 1% Soda enthält, $1 \div 1\frac{1}{2}$ Stunden behandelt. Nach Verbrauch des wirksamen Chlors wird unter Zusatz von 0,25% Natriumbisulfit kurz gespült und anschließend $2\frac{1}{2} \div 3$ Stunden mit Peroxyd behandelt. Dem Natriumsuperoxydbad mit 0,2% wirksamem Sauerstoff wird 1,5% Wasserglas und der Wasserstoffsuperoxydflotte (30 proz.) außerdem noch 1% Ätznatron beigegeben. Die Badwärmen betragen $50 \div 80^0$.

Wie die Gegenüberstellung zeigt, ist die Verbundbleiche (12$_d$) gegenüber den Chlorbleichen (10, 11$_d$) erheblich teurer; sie verdoppelt sich nahezu bei der Verwendung von Wasserstoffsuperoxyd. Auch ist der Unterschied beider Verbundbleichen (12$_d$) groß, weil das Natriumsuperoxyd nicht allein der billigste Sauerstoffträger ist, sondern auch das zur Verwendung kommende Alkali gleich mitführt.

e 4. Die Sauerstoffbleiche. Hiebei bedient man sich des sog. Zweibadverfahrens, wobei das in der zweiten Stufe gebrauchte Sauerstoffbad wieder für die erste, unter Umständen nach Zugabe von Alkali und Netzmitteln, Verwendung findet. Das Bad enthält gewöhnlich noch $0,2 \div 0,3\%$ an wirksamem Sauerstoff, $1 \div 1\frac{1}{2}\%$ Ätznatron und $1\frac{1}{2}\%$ Wasserglas. Die Einwirkungsdauer beträgt gewöhnlich $1\frac{1}{2} \div 2$ Stunden, bei $70 \div 90^0$. Es folgt das eigentliche Bleichbad mit einem Gehalt von etwa 1% Ätznatron und $1\frac{1}{2}\%$ Wasserglas, während einer Einwirkungsdauer von ungefähr 3 Stunden und Wärmen von $50 \div 80^0$. Die Kosten sind der Tafel 13$_d$ zu entnehmen.

Für eine Vollweißbleiche, für die auch bei amerikanischer Baumwolle 1% wirksamer Sauerstoff in Anrechnung gebracht werden muß, kommt, wie sich aus der Gegenüberstellung 13$_d$ mit 10, 11$_d$ ergibt, die Sauerstoffbleiche nicht in Frage, auch nicht unter Verwendung des billigsten Sauerstoffträgers, des Natriumsuperoxyds, denn der Preis von RM. 6,59 bzw. RM. 12,19, verglichen mit der teuersten Chlorbleiche, betragen das Doppelte bzw. das Vierfache.

Die Sauerstoffbleiche kommt für ein Vollweiß wegen der zu hohen Bleichkosten nicht in Frage; dagegen ist sie unter Umständen, bei weniger hohen Ansprüchen hinsichtlich Weiß- und Reinheitsgrad, d. h. also bei Halbbleichen, wirtschaftlich tragbar. Bei ihnen kommen aber höchstens Anteile von $0,2 \div 0,3\%$ wirksamer Sauerstoff in Betracht, um nicht die Wirtschaftlichkeit zu gefährden (120).

Berücksichtigt man jedoch die Angaben der Peroxydhersteller (124c), siehe S. 187, 195 daß man mit $^1/_3 \div ^1/_4$ der in obigen Berechnungen zugrunde gelegten Mengen Peroxyd zur Erzielung eines guten Weiß auch auskommen kann, und bedenkt man, daß fürderhin der Lohn, wie in Amerika, einen ausschlaggebenderen Bestandteil des Gestehungspreises als die Kosten für die Bleichmittel bilden wird, so muß die Entwicklung naturnotwendig darauf gerichtet sein, die Arbeitsverfahren von der Gewissenhaftigkeit und Geschicklichkeit der Mannschaft zu befreien, um so die Verwendung teuerer Bleichmittel durch geringer bezahlte Bedienung wettzumachen. Eine Unachtsamkeit des Arbeiters bei der Chlorlaugenbereitung, ein Überschreiten der Einwirkungsdauer und der Schärfe der Koch- und Bleichlaugen, verursachen große Verluste im Laufe der Zeit durch Schadensersatzleistungen bei Güteausfall der Bleichware, abgesehen von den ärgerlichen Beanspruchungen des Fabrikleiters für die Erledigung derartiger Vorkommnisse. Diese fallen bei der Sauerstoffbleiche weg, weil mit ihr die Gefahren der Unterschiede in den Chlorkalklösungen ausgeschlossen sind, und eine Überdauer der Einwirkung der Sauerstoffbleiche einflußlos ist. Berücksichtigt man ferner die Verkürzung der Bleichdauer mit Peroxyd auf die halbe Zeit der Koch-Chlorbleiche und seine schonende Einwirkung bei höchstens 90⁰ auf die Faser, gegenüber den beim Kochen unter Druck erreichten 135⁰ der alkalischen Flotten, welche einen bis zu 2% höheren Gewichtsverlust der Garne als bei der Peroxydbleiche verursachen (129), und daß das Nachgilben der Ware für beide Behandlungen keinen Unterschied aufweist, so darf aus allen diesen Gründen die Sauerstoffbehandlung als die Bleiche der Zukunft bezeichnet werden, um so mehr als der Übergang von der Chlorbleiche auf sie dadurch erleichtert wird, daß es gelungen ist, die bestehenden Einrichtungen ohne große Kosten für die Verwendung von Peroxyd geeignet zu machen.

Bf) Bleichmittel und Bleichen für Tierfasern.

f1. Schweflige Säure, Schwefeldioxyd, SO_2, das beim Verbrennen des Schwefels entstehende farblose Gas von stechendem, erstickendem Geruch, das weder brennbar ist, noch die Verbrennung unterhält, sich durch Druck oder Kälte leicht verflüssigen läßt und bei der

Zurückverwandlung in das Gas große Kälte erzeugt. Sie kommt entweder als wässerige Lösung des Gases im Wasser, schweflige Säure, H_2SO_3, mit $5 \div 6/100$ SO_2 oder als gepreßte wasserfreie Flüssigkeit in nahtlosen Stahlflaschen von $60 \div 100$ kg Inhalt mit $^{99,5\,:\,100}/_{100}$ SO_2 in den Handel (108).

1a) Das Bleichen mit Schwefligsäure in Schwefelkammern I (9_{11}). Diese sind in Holz, Stein- oder Zementmauern *1*, oft mit Holzverkleidungen oder plattenbelegten Böden *2* auszuführen, durch ein Dach *3* aus Holz- oder Glasplatten abzudecken, mit geeignet verteilten Dampfheizröhren *4* zur Vermeidung von Tropfenbildung der Schwefligsäuredämpfe auszustatten, mittels eines gutwirkenden Abzuges *5*, dessen Schieber *6*, *7$_x$*, *8$_0$*, *9* über *9*, *10''*, *11*, *12* mit der Tür *13*, *14$_x$* geöffnet und geschlossen wird, lüftbar zu machen und mit nach außen sich selbst schließenden Lufteingängen *15*, *16*, *17$_0$*, *18* zu versehen, welche den zur Verbrennung des Schwefels nötigen Sauerstoff ersetzen und bei dem durch das Aufsaugen der Schwefligsäuredämpfe durch die feuchte Ware wechselnden Innendruck den Druckausgleich mit der Außenluft herbeiführen. Zum Bleichen der Tierfasern werden Schwefligsäuredämpfe aus einer Nebenkammer zugeführt, oder es wird in Versenkungen des Bodens aufgestellten Schalen *19* Schwefel durch Einlegen eines glühenden Bolzens *20* verbrannt; *21* ist ein Verteilungssieb.

Die Schwefligsäuredämpfe gehen mit dem Naturfarbstoff der auf Stäben *22* aufgehängten Stränge oder der hängenden oder im Rundlauf oder im langsamen Durchlauf bewegten, vorher angefeuchteten Kette eine in einem 40^0 warmen, schwachen Ammoniak-, Soda- oder Seifenbad lösliche Verbindung ein, welche nachher durch starkes Spülen entfernt werden muß, weil sie sonst wieder zerfällt und das Garn nachgilbt. Zum Geschmeidigmachen dient ein Durchziehen durch ein warmes Seifenwasser. Durch ein kaltes Spülbad mit etwas Wasserstoffsuperoxyd, was die Schwefligsäurereste in Schwefelsäure überführt, und Kristall- oder Alkaliviolett oder -blau wird der der schwefelgebleichten Ware immer anhaftende Gelbstich verhüllt. Das Blau wird oft beim Netzen der Ware vor der Bleiche zugesetzt; auch wird die Wolle erst nach einem verdünnten Seifenbad geschleudert und geschwefelt. Für

1b) das Bleichen mit wäßriger schwefliger Säure, H_2SO_3, stellt man sich ein Bad aus der wäßrigen Handelslösung durch Verdünnung mit Wasser oder durch Einleiten des aus Stahlflaschen entnommenen Gases SO_2 ($1 \div 5\%$) in Wasser oder durch Zersetzen von Natriumbisulfit, seltener von Natriumsulfit, mit Schwefelsäure her. Z. B. 50 l Bisulfit von $38 \div 40^0$ Bé, in 5 l Wasser verdünnte 600 cm³ Salz- oder Schwefelsäure von 66^0 Bé auf 1000 l nicht über 25^0 warmes Wasser. Das Bleichbad enthält $10 \div 15$ Hundertstel des Wollgewichtes Bisulfit und $4 \div 6$ Hundertstel Schwefelsäure 66^0 Bé; Bleichdauer mindestens $2 \div 3$ Stunden. Die

Zwirnstränge werden vor dem Einlegen auf Stöcken gut umgezogen. Nachbehandelt wird wie vorhin. Die so gebleichten Zwirne sind weicher als die mit Schwefeldämpfen behandelten (121).

f2. Hydrosulfit, Natriumhydrosulfit, hydroschwefligsaures Natron, $Na_2S_2O_4$, Blankit, wirkt als Bleichbad bei $30 \div 40^0$ mit $0,03 \div 0,15$ Hundertsteln des Wassergewichtes an Blankit, in das die Stränge bis zu 12 Stunden eingelegt werden. Nachher wird ausgespült und getrocknet.

Bei den nun folgenden Bleichmitteln: Wasserstoffsuperoxyd, Natriumsuperoxyd, Perborat und Kaliumpermanganat wird der Wollfarbstoff durch Sauerstoff zerstört und ein Nachgilben vereitelt.

f3. Wasserstoffsuperoxyd. Die Wollgarne werden vorgewaschen, indem sie in einem warmen Seifenbad mit einem kleinen Wasserstoffsuperoxydzusatz umgezogen werden. Auf 100 l Seifenbad setzt man $30 \div 60$ g Wasserstoffsuperoxyd 100 proz. zu. Es wird mit frischem Wasser nachgewaschen und das Garn in das Bleichbad eingebracht. Bei einer Flottenlänge von 1:10 wird mit einem Bad von folgender Zusammensetzung gebleicht: auf 100 l Wasser werden 200 g Natriumpyrophosphat, 1,2 kg Wasserstoffsuperoxyd 100 proz., 0,15 l Ammoniakwasser, Einheitsgewicht 0,93, zugesetzt. Das Bad wird in einem Ansatzgefäß auf 50^0 angewärmt und dann auf die Ware gegeben und umgepumpt. Man kann nun entweder so arbeiten, daß man $1 \div 2$ Stunden umpumpt und das Bad über Nacht stehen läßt, oder man pumpt 5 Stunden um und hält es in diesem Fall durch eine kleine, in das Bad eingebaute Heizschlange auf 45^0. Nach beendeter Bleiche wird das Bleichbad in das Ansatzgefäß zurückgepumpt und so viel Wasser nachgespült, daß nach Zurückpumpen das Waschwasser in dem Ansatzgefäß wieder den ursprünglichen Stand einnimmt. Das Bad wird zur erneuten Verwendung auf den anfänglichen Gehalt eingestellt. Man benötigt dazu etwa $^1/_4 \div ^1/_5$ der Anfangszusätze. Weil die Bäder $20 \div 40$ mal verwendet werden, kann man die zum ersten Ansatz verwendeten Zusätze in der Berechnung der Gestehungskosten praktisch vernachlässigen und hat nur mit den jeweils zur Neueinstellung des Bades erforderlichen Chemikalienmengen zu rechnen. Die Wolle wird nach dem Bleichen im Bad gespült und dann entweder mit Blankit oder in der Schwefelkammer nachbehandelt. Das Blankitbad wird bei etwa 40^0 Wärme $2 \div 3$ Stunden verwendet und enthält 1 g Blankit je Liter. Das schönste Weiß ist durch das Nachschwefeln zu erhalten; man hängt zu diesem Zweck die Garne in einer Schwefelkammer auf und verbrennt eine entsprechende Menge Schwefel zur Erzeugung der schwefligen Säure (124c).

f4. Natriumsuperoxyd, Na_2O_2. Zum Bleichen der Tierfasern bindet man das beim Auflösen des Natriumsuperoxyds in Wasser frei werdende Ätznatron mit Schwefelsäure, wodurch man neutrale Wasserstoffsuperoxydlösungen erhält, die man mit milden Alkalien schwach

13*

alkalisch macht (127). Zur Herstellung von Bleichbädern löst man das Natriumsuperoxyd in Wasser auf, das mit einer entsprechenden Menge Schwefelsäure angesäuert ist, um das Ätznatron des Natriumsuperoxyds zu neutralisieren. Die aus dieser Umsetzung erfolgende Wasserstoff-superoxydlösung macht man durch Zusatz von Phosphat schwach alkalisch und bleicht darin die tierischen Garne (z. B. Wolle) während $3 \div 15$ Stunden bei $40 \div 45^0$. Nach der Peroxydbleiche wird mit reinem Wasser ausgewaschen; wenn nötig wird noch geseift und wieder ge-waschen (124b).

f5. Natriumperborat, $NaBo_2H_2O_2 + H_2O$, wird wegen seines hohen Preises weniger verwendet.

f6. Kaliumpermanganat, übermangansaures Kalium, $KMnO_4$; der gut entfettete, gereinigte und genetzte Zwirn wird während einer halben Stunde in einem lauwarmen Bad umgezogen, das $2 \div 3$ g Per-manganat je Liter und, um die schädliche Wirkung der bei der Um-setzung sich bildenden Kalilauge aufzuheben, noch Schwefelsäure oder Magnesiumsulfat $MgSO_4 + 7 H_2O$, Bittersalz, enthält. Der sich auf der Faser bildende braune Überzug aus Mangandioxydhydrat wird durch ein zweites, bis zu 30^0 warmes Bad, das $20 \div 30$ cm³ Bisulfitlösung von 40^0 Bé auf 1 l und $2 \div 3$ cm³ höchstgehaltige Schwefelsäure oder unter-schweflige Säure je Liter enthält, entfernt, was eine gut gebleichte Faser ergibt. Nachher werden die Stränge mit Seifen- und Ammoniak-haltigem kaltem Wasser gewaschen und langsam getrocknet.

f7. Bariumsuperoxyd, BaC_2, eine weiße, erdige Masse, welche mit Schwefel- oder Salzsäure Wasserstoffsuperoxyd abgibt, weshalb man, z. B., vorher in einem 1% Säurebad von 30^0 eingeweichte Tussah-seiden in einem 60^0 warmen 10% Bariumsuperoxydbad 1 Stunde um-zieht und, wenn nötig, das Verfahren wiederholt, bis die Bleichung er-reicht ist (121).

f8. Natriumsulfit und Natriumbisulfit kommen auch zum Bleichen von Wollzwirnen manchmal zur Verwendung.

B g) Die technischen Arbeitsmittel für das Beuchen, Kochen, Bleichen, Säuren, Spülen und Bläuen der Zwirne aus Pflanzenfasern.

00. Das Gut. Diesen Naßbehandlungen werden die Zwirne a) als einfache oder zu mehreren kg gebündelte Stränge oder als zu einem Langstrang zusammengebrachte Rundstränge, oder b) auf Kreuzspulen und Kettbäumen, oder c) als Langstrang unterworfen.

0. Die Behälter. Die Behälter sind a) offen oder zugedeckt und b) dampfdicht verschließbar, wenn mit $2,5 \div 3$ atü gearbeitet wird. Von dem lückenlos eingelegten Garn werden durch grobe, als Filter dienende Gewebe alle Flottenrückstände abgehalten und durch Bedecken mit einem, oft durch Steine beschwerten Holzrost die Packung unter Wasser und die Garne straff erhalten. Durch ein Austreiben der Luft aus dem

Druckkessel, dem Gut und der Lauge, welche etwa 200 mm über der Ware stehen soll, zu Anfang oder während der Behandlung, wird die Oxyzellulosebildung verhindert. Eine Bewegung der Flotte durch das Gut waagerecht oder lotrecht hin und her vergleichmäßigt die Wirkung. In demselben Behälter kann die ganze Naßbehandlung durchgeführt werden. Große Betriebe verwenden dafür örtlich getrennte, jeder Einwirkung angepaßte Behälter, in welche das Gut durch Fördervorrichtungen, Laufkatzen, Krane, Laufringe und Zugwalzen in der kürzesten Zeit übergeführt und eingelegt wird.

Im folgenden werden für die verschiedenen Wickelgebilde der Zwirne mehrere Ausführungen bewährter technischer Arbeitsmittel und ihre Bedienung sehr eingehend behandelt.

g 1. Die technischen Arbeitsmittel für das Beuchen, Kochen, Bleichen, Spülen, Säuern und Bläuen der Rundstränge und der eingepackt zu behandelnden Spulen.

1 a. Die Arbeitsmittel für das Beuchen.

Das Beuchen besteht für die Zwirne aller Aufwindungsarten im Einweichen der Garne bis auf den innersten Kern, um durch Aufblähen der Fasergebilde die Einzelfasern für die Einwirkung der fettlösenden Mittel beim Kochen und der farblösenden beim Bleichen zugänglich zu machen. Es wird am besten in besonderen, meistens gemauerten und mit Kacheln verkleideten Behältern ausgeführt, in denen die Ware mindestens über Nacht, besser noch bis zu 24 Stunden, meist der Ablauge des Kochens ausgesetzt wird. Es kann aber auch im Kochbehälter über Nacht geschehen.

1 b. Die Arbeitsmittel für das Kochen, Bleichen, Säuern und Spülen.

b 1) *Die Behandlung in demselben druckfreien Behälter.*

1 a) Das Beschicken. Die Kötzer, Stränge oder Kreuzspulen werden lückenlos und, um dieses zu erreichen, oft mit Garnabfällen in den toten Räumen derart auf dem Rost 1 (1_{14}) in den Kessel 2 gepackt, daß Flottenkanäle im Bleichgut nicht entstehen können, mit dem Lattenrost 3_0 beschwert und der Deckel 4 auf den Kessel gebracht. Zur bevorstehenden Kochung wird das Kochrohr 5 mit Düse 6 und Steigrohr 7 an die Dampfleitung 8 mit Hahn 9 angeschlossen. Begonnen wird mit dem

1 b) Dämpfen zum Netzen der Zwirne, wozu eine gewisse Menge Wasser durch die Leitung 10 mit Hahn 11 (2_{14}) in den Nebenbehälter 12 gespeist wird, damit kein Dampf entweichen kann. Der 12 (1_{14}) ist durch das Rohr 13 mit 2 verbunden. An 13 ist das Rohr 14 mit Hahn 15 angeschlossen, der durch die Handhabe 16 betätigt wird. Zum Dämpfen ist der 9 zu öffnen, so daß der Dampf über $8, 9, 5, 6, 7$ durch 4 in den 2 und durch 3_0 in die Garne eindringt.

1 c) Die Laugenzubereitung. Während des eine Stunde dauernden Dämpfens wird die Kochflotte mit den Zusätzen im Laugenkessel 17 (2_{14}) bereitet und durch die Dampfschlange 18 mit Hahn 19 erhitzt. Von hier wird sie über das Rohr 20 mit Hahn 21 und Schlauch 22 in den 12 geleitet, bis dieser fast gefüllt ist.

1 d) Das Kochen. Nach dem Dämpfen wird der 9 (1_{14}) geschlossen, der 15 geöffnet und das Wasser aus 12 durch 13÷15 in den Ablaufkanal 23 abgelassen. Nach Schließen des 15 wird 9 geöffnet, und zwar so weit, bis die lebendige Kraft des durch 6 strömenden Dampfes reichlich Flotte aus 12 über 7, durch 4, 3_0 in den 2 ergießt.

1 e) Das Scharfhalten der Flotte. In kurzen Abständen gibt man mit einem Eimer gewisse Laugenmengen in den 12. Die Kochung dauert 6÷7 Stunden.

1 f) Das Spülen. Am Abend wird die Lauge durch 14, 15 in den 23 abgelassen und das Garn gespült, zuerst mit heißem Wasser aus 17 (2_{14}), das über 20, 21 Schlauch 22 durch den 3_0 (1_{14}) die Ware und 1, 13, 14, 15 in den 23 gelangt. Nachdem der Inhalt des 17 (2_{14}) durchgelaufen ist, spült man mit kaltem Wasser aus 10, 11, und zwar so lange, bis die aus 15 ablaufende Flüssigkeit klar ist.

1 g) Das Bleichen. Nach Schließen der 11 und 15 wird die in dem 17 angesetzte Lauge über die 20÷22 dem 12 zugeführt und ihre Grädigkeit (Schärfe) geregelt durch Zusatz im 12, wie bei der Kochung. Der Flottenumlauf erfolgt über 13, 12 (1_{14}), den Stutzen 24, die Pumpe 25, das Rohr 26, durch den 3_0, die Ware, den 1 zum 13. Die Umlaufdauer der Chlorflotte beträgt ungefähr drei Stunden.

1 h) Das Spülen. Hierauf wird die 25 abgestellt, der 2 über 13÷16 ungefähr auslaufen gelassen, verschiedene Male kalt gespült durch 11 (2_{14}) auch oft der 15 geschlossen und das Garn über Nacht im Wasser stehengelassen.

1 i) Das Säuern. Am nächsten Morgen wird durch Öffnen des 15, 16 (1_{14}) das Wasser abgelassen, dann 15 geschlossen und gesäuert. Hierzu wird die Säureflotte in 17 (2_{14}) vorbereitet, über die Leitung 20÷22 in den 2 gebracht, und durch die 25 (1_{14}) im Kreislauf 4, 3_0, 1, 13, 12, 24, 25, 26, 4 durch die Ware geführt.

1 j) Das Spülen. Nach 3 Stunden wird die 25 abgestellt, der 15, 16 geöffnet, worauf wieder, wie vorhin, gespült wird. Sämtliche Behandlungen dauern 20 Stunden.

1 k) Angaben. Der Kessel kann für ein Fassungsvermögen bis zu 4000 kg geliefert werden. Bei 4000 kg in 8 Stunden genügt für den Saugkessel eine Pumpe von 2 PS und ein Mann zur Bedienung (130a).

b 2) Das Kochen und Bleichen in zwei gleichen Niederdruckbehältern.

Zum Kochen und Bleichen in stetiger Folge sind zwei Behälter notwendig, die zur Verminderung der Anlagekosten mit nur einem Flottenumlauf ausgerüstet sind. Die in den Bottichen *I*, *II* (17₁₀) aus Holz *1* auf den Holzsiebböden *2* sorgfältig eingepackten Garnstränge oder -wickel werden oben durch Holzroste *3₀* abgedeckt. Der verzinkte Blechdeckel *4* mit Handhaben *5* dient für beide Bottiche *I*, *II*; er wird auf dem Bottich, z. B. *I*, in dem gekocht werden soll, durch Zwingen *6* dampfdicht aufgebracht. Das Speisen mit Kochlauge, welche im hochliegenden, daneben angeordneten oder einem unter Flur befindlichen Laugenbehälter *L*, z. B. aus Holz oder mit Kacheln beschlagenem Gemäuer, erfolgt durch Dampf, der durch die Leitung *7* mit Hähnen *8*, *9*, *10* geht und mittels der Düse *11* im Düsenraum *12* durch seine lebendige Kraft eine Luftleere erzeugt, so daß der auf die Oberfläche der Lauge in *L* wirkende Luftdruck diese durch das Rohr *13*, den geöffneten Hahn *14* und das Anschlußrohr *15* mit dem nach außen geöffneten Hahn *16* in den *12* bringt, von wo sie mit dem Dampf zusammen durch die Steigleitung *17* sich über den *3₀* auf die Stränge ergießt. Tritt aus dem nach außen geöffneten *16* des Ablaßrohres *18* Lauge aus, so wird der *14* geschlossen und *16* auf Durchlauf von *I* nach *15* gestellt, so daß der Kreislauf der Kochlauge vor sich geht. Ist die Kochung beendigt, so wird der *8* abgestellt, der *4*, *5*, *6* auf dem *II* festgemacht, der *14* geöffnet, so daß die Kochlauge in den Bottich *L* abfließen kann. Nun wird der Hahn *19* der Wasserleitung geöffnet und Wasser strömt durch die Zwirnstränge des *I*. *16* wird nun so gedreht, daß das Wasser durch *18* nach dem Behälter oder einer Grube *W* abläuft. Nach einiger Zeit wird der *19* abgestellt, das Rohr *20* über den *I* geführt, die Kapsel-, Räder- oder Schleuderpumpe *21″*, deren Scheibe *22″* vom Riemen *23* getrieben wird, angelassen und der Hahn *24* des Rohres *25* so gestellt, daß die *21″* die klare Chlorlösung von 0,2° Bé aus dem Behälter *C* über *25*, *24*, *26*, *21″*, *20* auf den *3₀* des *I* und das Gut befördert. Tritt durch den *16* und das *18* die Chlorlösung aus, so wird *16* abgestellt, damit das Chlor über das Rohr *27* zur *21″* gelangt, und der *24* zum Rundlauf abgestellt. Nach dem Chloren wird die *21″* angehalten, nochmals gründlich mit Frischwasser gewaschen und dann der *24* so gerichtet, daß die *21″* durch das Rohr *28* Säure aus dem Behälter *S* ansaugt und über *28*, *24*, *26*, *21″*, *20* auf das Bleichgut befördert. Zum Schluß wird nochmals mit viel Wasser gespült, ablaufen gelassen, dann nach Abheben des *3₀* das gebleichte Gut entfernt und der Bottich von neuem beschickt. Während des Bleichens, Waschens und Säuerns im *I* wurde im *II*, wie vorhin bei *I* angegeben, der Zwirn mit Kochlauge behandelt. Auf diese Weise ist die Arbeit des Kochens und Bleichens mit den entsprechenden Spülungen stetig. Die ganze Behandlung, erforderlichenfalls auch das Seifen, einem Durchbewegen einer Seifenflotte durch das Gut, und das Bläuen, einem Belassen der Zwirne in Wasser mit aufgelöstem Waschblau, dem Ultramarinblau, werden in demselben Behälter vorgenommen und dauern mehrere Stunden (86).

b 3) Die Behandlung im Hochdruckkocher mit äußerem Flotten-
umlauf, zwei Hilfskesseln und wechselseitig von unten nach oben und von
oben nach unten gerichtetem Flottenlauf beim Kochen.

3 a) Das Kochen mit schwacher Lauge. 1. Das Beschicken. Ungefähr
$1500 \div 5000$ kg gebündelter bzw. zu einem Langstrang verbundener
Rundstränge, oder umwickelter oder geketteter Langstränge, oder Knäuel
aus Langsträngen geschieht von Hand, oder die Langstränge werden
durch einen Rüsseleinleger lückenlos auf dem Siebboden *1* (1_{16}) des
Kessels *I* aufgeschichtet, der Lattenrost 2_0 mit Beschwerung ($2 \div 3$
Steine) über sie gelegt und der *I, II* durch den Deckel *3* mit Verdränger *4*
durch die Flügelschrauben *5* dampfdicht geschlossen. Dazu hängt der
3, 4 an der Kette *6, 7''*, die über die Leitrollen *8'', 8''* des Kranes *9, 9_x*
zur Trommel *7''* geht, welche von der Kurbel $7_x''$, *7* betätigt wird; eine
mit *7''* zusammenhängende Sperreinrichtung sichert die gehobene Lage
des *3, 4*.

2. Das Bereiten der Kochlauge. Diese wird im Hilfskessel *III* angesetzt, indem bei geschlossenem Hahn *10* der Laugenleitung *11* mit
Stutzen *12*, bei geschlossenem Hahn *13* der Wasserleitung *14* und bei
geöffnetem Hahn *15* Permutitwasser aus Rohr *16* über *15, 12*, durch
den Trichter *17* und die geöffneten Hähne *18, 19*, bei geschlossenem
Hahn *20* bis zur Marke *A*, 2400 mm vom Boden entfernt, in den Kessel *III*
fließt. Hierauf wird *15* geschlossen und durch Öffnen von *10* aus *11*
dem Wasser 85 l Lauge von 40° Bé und 2 l Monopolbrillantöl zugesetzt.
Die *10, 18, 19* werden nun geschlossen und der Inhalt des *III* wird
durch den Dampf aus der Leitung *21* über die Hähne *22, 23* und das
Siebrohr *24* bis auf 65° erwärmt. Um die Luft während des Einfüllens
der Lauge entweichen zu lassen, wird die Sicherheitsvorrichtung *25*,
26_x, 27_0 durch Einschieben eines Keiles entlastet.

3. Das Überführen der Kochlauge von *III* in *I, II* und *V*. Durch
einen der Hähne *28*, die Rohre *29, 30*, die Pumpe *31*, die Rohre *32, 33*,
den Vierweghahn *34*, den Stutzen *35*, tritt sie in den *II*, worauf sie durch
den *1*, die Ware in *I*, den 2_0, die Löcher des Kreisrohres *36* und den
Stutzen *37* mit Hahn *38* in den Flottenbehälter *V* gelangt. Ist dieser
nach einer Stunde auf ¾ gefüllt, so wird der *28* abgestellt. Hierbei ist
zu beachten, daß der von den Druckmessern *39, 40* angegebene Druckunterschied nicht über 0,2 atü steigt.

4. Der Flottenumlauf während ungefähr 3 Stunden bei einem
Dampfdruck von 1,7 atü erfolgt unter gleichzeitigem Öffnen des Hahnes
41 der Dampfleitung *21* von der *31* über $32 \div 35$, *II, 1, I*, 2_0, $36 \div 38$,
V, 42, 34, das Rohr *43*, den Hahn *44*, die *29, 30* zur *31* zurück, und in
umgekehrter Richtung, wobei der aus *21* durch *41* in die den Verdränger
46 umgebende Schlange *45* einströmende Dampf eine Erhöhung der
Flottenwärme von 60° auf 95° verursacht. Der Stutzen *46* mit Hahn *47*

führt zu einem Dampfwasserabscheider. Zur Beschleunigung des Flottenumlaufs wird im obern Teil des *I* gegenüber dem *II* ein Druckunterschied dadurch erzeugt, daß durch das Rohr *48*, mit Hahn *49* und Dampfschlange *50* des *V*, dem Verbindungsrohr *51* mit Hahn *52*, Mantel *53*, mit Ableitung *54* und Hahn *55* eine Erwärmung der Flotte im *V* und *42* entsteht, so daß der Druck im obern *I* etwas größer als im *II* ist. Der Druckausgleich findet statt durch das 5 m hohe Standrohr *56*, das oben offene und durch den Hahn *57* geschlossene Luftdruckrohr *58* und den Schenkel *59*, der an die Druckleitung *32* der *31* angeschlossen ist. Die Flottenspiegel in *56* und *59* steigen und fallen entsprechend den Drücken in *I* und *II*. Beim Flottenrundlauf ist ein mehrmaliges Abblasen der Luft aus *I* durch den Hahn *60* erforderlich. Nach etwa ³/₄ stündigem Flottenumlauf kann die Beuchlauge in Ruhe über Nacht auf der Ware bleiben; der weitere Flottenumlauf wird am nächsten Morgen fortgesetzt. Er kann aber auch sofort bis zu Ende durchgeführt werden.

5. Das Ablassen der Beuchlauge dauert 40 Minuten und erfolgt durch den Hahn *61* in die Grube *62*. Hierbei ist zu beachten, daß der Druckunterschied, angegeben durch die *39, 40*, nicht 0,3 atü überschreitet. Der Druck im *I* muß nach dem Entleeren noch 0,5 atü betragen.

3b) Das Kochen mit hochgehaltiger Lauge. 1. Das Bereiten der Kochlauge. Hierzu wird aus *16* über *15, 12, 17, 18, 19* in den *III* Permutitwasser bis zur Marke *B*, 1800 mm, eingeführt, worauf *15* geschlossen und durch Öffnen von *10* aus *11* über *10, 12, 17 ÷ 19* die 180 l Lauge von 40° Bé mit 20 kg Soda und 4 l Monopolbrillantöl zugegeben werden. Während des ungefähr 1 Stunde beanspruchenden Anheizens der Flotte durch den *22*, die *21*, den *23*, das *24*, ist von Zeit zu Zeit die *25 ÷ 27₀* zu öffnen, damit der *III* vollständig luftfrei wird.

2. Das Überführen der Kochlauge aus *III* in den *I, II* erfolgt, nach dem die Beuchlauge aus dem *I, II* ausgeblasen ist, unter einem Druck von 1 atü, wie es bei 3 a 3) angegeben ist.

3. Der Flottenumlauf wird wechselseitig von unten nach oben und von oben nach unten 2 ÷ 3 Stunden, wie unter 3 a 4) beschrieben, durchgeführt, wobei zu beachten ist, daß die *31* nicht zu schnell läuft und der Druckunterschied, angegeben durch *39, 40*, nicht über 0,3 atü steigt. Gleich zu Beginn des Flottenumlaufs ist durch Öffnen des *49* mittels der *50* die Flotte im *V* zu erhitzen, bis im *I* ein Druck von 1,5 ÷ 1,7 atü erreicht ist; dieser muß bis zum Schluß gehalten werden.

4. Das Scharfhalten der Flotte. Um Kochflecke, entstanden durch erschöpfte Lauge, zu vermeiden, wird aus dem Gefäß *63* durch das Rohr *64* mit Hahn *65* mittels Handpumpe *66*, nötigenfalls Frischlauge zugeführt.

5. Das Spülwasservorbereiten in *IV*. Aus der *14* strömt bei geöffnetem *13*, *20* das Spülwasser in einer Menge von 3000÷4000 l in den *IV*, worin es durch Öffnen des *23*, der *21*, über das *24* erhitzt und auf einen Druck von 0,5÷0,75 atü gebracht wird.

6. Das Zurückführen der Kochlauge aus *I*, *II* in den *III*. Um die Kochlauge für das folgende Beuchen, nach Anreicherung, wieder verwenden zu können, wird sie durch Umstellen des *34* und Öffnen der *44*, *28* in den *III* abgeblasen, wobei der $25÷27_0$ mit Holzkeilen offen zu halten ist. Dauer 25 Minuten. Sehr oft läßt man die Lauge durch den *61* in die *62*.

7. Das Heißspülen. Das heiße Wasser fließt aus dem *IV* über die *28*, *29*, *30*, die Pumpe *31*, die *32*, *33*, den *34*, das *42*, den *V*, den *38*, die *37*, *36* von oben in den *I* durch 2_0, das Gut, den *1*, den *61* in die *62*. Dauer 30 Minuten. Nach Beendigung der Spülung muß der *I*, *II* vollständig ausgeblasen werden, bis kein Druck mehr vorhanden ist.

8. Das Kaltspülen. Nach Öffnen des *3*, *4* durch *6÷9* wird Rohwasser aus einem an den Hahn *66* der *16* angeschlossenen Schlauch *67* während $1\frac{1}{2}÷2$ Stunden durch die Ware und über *61* in die *62* geführt (130 a).

3 c) Anwendungen. Man begnügt sich mit dem einfachen Beuchen, wenn keine allzu hohen Anforderungen an das zu erzielende Weiß gestellt sind. Soll dagegen ein Vollweiß erreicht werden, so wird zuerst das einfache Beuchen und im Anschluß daran das Kochen mit höchstgehaltiger Lauge durchgeführt.

3 d) Das Bleichen. 1. Das Säuern. Der *IV* wird bis zur Stockmarke *C*, 500 mm ab Boden, mit Rohwasser aus *14*, *13*, *20* gefüllt und dann langsam verdünnte Schwefelsäure zugegeben, worauf über *21÷24* auf 30° erwärmt und nachher die Flotte, wie unter 3 a 4) beschrieben, während 2 Stunden in Umlauf gehalten wird.

2. Das Spülen: mit Rohwasser, bis es aus dem Ablauf *61* auslaufend Lackmuspapier nicht mehr verfärbt, worauf mit Permutitwasser nachgespült wird, und man *IV* über *b* in *c* auslaufen läßt.

3. Das Chloren. Nun schließt man *b* und füllt *IV* bis zur Stockmarke *C*, worauf man Natronlauge von 40° Bé, kalzinierte Soda und Chlorlauge zugibt. Der Flottenumlauf wird darauf, wie unter 3 a 4) beschrieben, während 3 Stunden unterhalten. Zur Erhöhung der Umlaufwirkung stelle man von Zeit zu Zeit die *31* für einige Minuten ab. Alle 15 Minuten wird die Grädigkeit geprüft und gleichmäßig gehalten. Bei Abnahme der Grädigkeit schärft man die Lauge, und zwar erstreckt man die Zugabe bei schwer durchlässigen Zwirnen auf eine längere Zeit als bei gut durchlässigen Garnen. Nach dem Bleichen wird *I* und *II* über *61* in *62* während 20 Minuten auslaufen gelassen und es erfolgt:

4. Das Spülen mit Permutitwasser, wie bei 3d3. Über Nacht beläßt man das Permutitwasser in *I* und *II*, das über die Ware reichen muß und leitet es zu Arbeitsbeginn über *61* in die *62*, worauf mit Rohwasser gespült wird, wie unter 3d2 beschrieben. Nach dem Auslaufenlassen des *I*, *II* geschieht:

5. Das Säuern, wie unter 3d1, während 2½ Stunden bei 25° Wärme, worauf, wenn der *I*, *II* über 62 ausgelaufen ist,

6. das Spülen mit Rohwasser, wie unter 3d2, so lange durchgeführt wird, bis Lackmuspapier vom Abwasser nicht mehr verfärbt wird. Nachdem *I*, *II* praktisch säurefrei ist, wird mit Permutitwasser, wie unter 3d3, gespült und hiernach über *61* in *62* auslaufen gelassen.

7. Die Sauerstoffbehandlung. Hierzu wird *IV* bis zur Stockmarke *C* mit Permutitwasser über *16*, *15*, *12*, *17*, *18*, *20* gefüllt und über *17* Natronlauge, Wasserglas, Seife und Wasserstoffsuperoxyd zugegeben und das Ganze durch *21÷24* auf *30÷40°* und die Flotte weiter auf 65° erwärmt.

8. Der Flottenumlauf wird nun, wie unter 3a3 beschrieben, eingestellt und während 2 Stunden aufrechterhalten.

9. Das Spülen durch Einleiten der Flotte von *I*, *II* über *61* in *62*. Die Zwirne werden nun vollständig gebleicht aus *I*, *II* entnommen (131) und dem

10. Seifen und Bläuen auf der Barke oder Maschinen unterworfen.

b4) Das Kochen, Säuern und Spülen der Garne in örtlich getrennten Behältern.

In einer solchen Anlage wird getrennt in einem Bottich oder in einer gekachelten Grube gebeucht, in einem Hochdruckkessel gekocht, gesäuert und gewaschen, oder in eigenen Waschmaschinen gewaschen und gesäuert, oder gesäuert durch Einlegen in eine Grube, und gebleicht in großen Bottichen aus Holz *1* (20_8), oder in gekachelten Gruben, und besonders gespült. Bei *1* bezeichnen: *2* eiserne Reifen, *3* Siebboden, *4* Boden, *5* Siebschlange, *6* Dampfrohr, *7* Hahn, *8* Schutzwand, *9* Ablaßstutzen, *10* Entleerungshahn.

4a) Das Kochen in Hochdruckkesseln 1. mit innerm Flottenumlauf. Für das Kochen größerer Mengen Strangzwirn (etwa *500÷1000* kg in 8stündiger Arbeit) wird der Hochdruckkessel mit innerm Flottenumlauf verwendet. Nachdem die Stränge lückenfrei auf dem Siebboden *2* (18_{10}) des Kessels *1* um das Standrohr *3*, *4* eingelegt sind, wird die Lauge aus dem Behälter *L*, in den sie durch Rohr *5* mit Hahn *6* aus dem Laugenbereiter zuströmt, durch das abschwenkbare Rohr *8* mit Hahn *7* über die Ware geführt, bis diese untertaucht, dann *7* abgestellt und der Deckel *9*, welcher mittels der Ketteneinrichtung *10—11″—12″—13″—14′*, *1′—1ₓ′*, *15* abgehoben war, auf dem Kessel mit Schraubenverschlüssen *16* dampfdicht befestigt. Der *9* trägt auf der Innenseite den Schirm *17* und ist ausgerüstet mit einem Lufthahn *18*, einem Druckmesser *19* und einem gewichtsbelasteten Sicherheitsteller *20*. Unterhalb des *2* befindet sich ein Siebrohr *21*, das an die Dampfleitung *22* mit Abstellhahn *23* angeschlossen ist. In das *3, 4* mündet die Dampfeinblasedüse *24* des Dampfrohres *25* mit Hahn *26*. Am Boden ist außerdem der Ablaßstutzen *27* mit Hahn *28* angeordnet. Alle Hähne sind geschlossen. Nun werden der *18* und die *23, 26* geöffnet. Nachdem der in den Kessel einströmende Dampf alle Luft aus ihm durch den *18* getrieben hat, wird er geschlossen. Durch die Erwärmung und den Dampfstrahl aus der *24* wird die Lauge, welche durch ringförmig angeordnete Fenster im unteren Körper *4* des *3* eintritt, nach oben gegen den *17* geschleudert und übergießt als Sprühregen die Zwirnstränge, durchsickert sie und den *2*, um sich darunter zu sammeln und den Kreislauf von neuem zu machen. Nach beendeter Kochung werden die *23, 26* geschlossen, die *16* gelöst, der *9, 17* durch die Vorrichtung *15*, $1_x'$—*1'*, *14'*—*13''*—*10*—*12''*—*11'* abgehoben, Frischwasser aus einem Schlauch über die Ware gegossen und der *28* geöffnet, dann wird der Wasserzufluß abgestellt, der *28* geschlossen, die Stränge herausgenommen und eine neue Beschickung ausgeführt (86); ·

2. mit äußerem Flottenumlauf und zwei Hilfskesseln, welche abwechselnd zur Entlüftung des Kochkessels dienen und

a. mit von oben nach unten gerichtetem Flottenumlauf während des Kochens. Um alles Wachs und Fett sowie die Unreinigkeiten und die Schalentrümmer restlos von den Zwirnen durch das Kochen zu entfernen, damit das folgende Bleichen nur auf das Beseitigen des Naturfarbstoffs beschränkt werden kann und daher weniger Zeit beansprucht, verwendet man im Kochkessel Natronlauge von $4 \div 5^0$ Bé mit fettlösenden Zusätzen, damit die Lauge die Unreinigkeiten zerstören kann, und zwar unter einem Druck bis zu 4 atü, wobei die Luft sorgfältig aus den Strängen und den Flüssigkeiten entfernt sein muß, um die Bildung von Oxyzellulose aus der Baumwollfaser zu verhindern. Hierzu, sowie zur Vermeidung der an trockenen Stellen beim Kochen entstehenden Kochflecke und des ungleichen Ausfalls von Bleichposten gleicher Beschaffenheit, müssen die zu Langsträngen verbundenen Rundstränge vorher gut genetzt sein (132) oder beim Einfüllen in den Kessel mit Ablauge getränkt werden.

1) Das Einlegen des Stranges in den Kessel. Dem über einen Haspel *410''* (3_{17}) laufenden Strang *0* wird beim Durchgang durch den aus Steinzeug oder Kupfer hergestellten, ausziehbaren Rüssel *1, 2, 3, 4, 4^x, 4^0*—*5''*, *5* durch das Rohr *6* Altlauge zugeführt und der *0* lückenlos auf den Siebboden *7* (1_{15}) des Kessels *8, 9* aufgeschichtet, indem ein auf dem Hochboden *00* stehender Arbeiter den $1 \div 6''$ (3_{17}) an der Handhabe *3* hin und her führt, oder indem das Verlegen des $1 \div 6$ durch einen selbstwirkenden Antrieb erfolgt. Der $1 \div 6$ des Hebels *4, 4^x, 4^0*

hängt mit dem Rohr *6* durch die Rolle *5''* auf der Schiene *5*, über die er sich zu den Kochkesseln verschieben läßt (133, 134). Die Garnschichten werden auf *7* (*1₁₅*) gepreßt und entlüftet infolge der Luftverdünnung in *9*, die über die Leitung *10* bei geöffneten Hähnen *11, 12* durch die Luftpumpe *13* erzeugt wird. Vor dem Einlegen des *0* wurde *9* bis zum *7* mit Altlauge gefüllt. Alle Hähne sind geschlossen. Die Altlauge geht im Rundlauf durch das Rohr *14*, den Vierweghahn *15*, den Stutzen *16*, die Pumpe *17*, das Rohr *18*, den Vorwärmer *19*, das Rohr *20*, den Hahn *21*, die Leitung *22*, den Hahn *24*, das Rohr *6* (*3₁₇*) den *1, 2* und den *7* nach *9* zurück.

2) Das Entlüften der Stränge und des Kessels. Nach fertigem Einlegen wird der Rost *7₀* (*1₁₅*) auf die Ware gelegt und Spritzkorb *26*, des *9, 8* durch den Deckel *25* mit Lufthahn *27* luftdicht verschlossen und die Luft aus *8, 9* und der Ware entfernt durch: a) Absaugen der *13* wie vorhin bzw. b) mittels Dampfes, oder c) durch Einpumpen von Altlauge aus einem der geschlossenen Hilfskessel *28, 29* in den *8, 9* und Zurückbewegen nach *28, 29*.

b) Bei Verwenden des Dampfes geht er vom Dampfverteilungsrohr *30* über den geöffneten Hahn *31*, die Rohrleitung *32*, die Dampfschlange *33* des Vorwärmers *19* (135) mit Wasserstandszeiger *34* und Sicherheitssteller *35*, die Rohrleitung *36*, den Hahn *37*, das Rohr *22*, den Hahn *38*, das Rohr *39* in den *8, 9*. Die Luft tritt aus dem *40* und geht durch das *41* in den Ablaufkanal *42*. Sobald der Dampf nachfolgt, ist das Innere des *8, 9* entlüftet, worauf *40* geschlossen wird.

c) Wird Altlauge zum Entlüften verwendet, so öffnet man den *27* und verbindet bei geöffnetem Lufthahn *43* den *28* über die Rohrleitung *44*, den *15*, den *16*, die *17*, die *18*, den *19*, die Leitung *45*, bei geschlossenem *21* und geöffneten Hähnen *46, 47*, durch das *14* mit dem *9* des *9, 8*, so daß die Lauge mit ungefähr 60° Wärme von unten nach oben durch die Stränge geht. Bei gefülltem *9, 8* wird der *27* geschlossen und durch die weiterlaufende *17* der Druck in *8, 9* gesteigert auf über 2,5 atü, damit die im Garn eingeschlossene Luft von der unter Spannung befindlichen Lauge aufgenommen und mitgeführt wird. Um die Spannung aufrechtzuerhalten, wird nach Entleeren des *8, 9* der *15* umgestellt und der Dampfzutritt von *30* über *31, 32, 33, 36, 37, 22, 38, 39* zum *8, 9* veranlaßt. Durch den Dampfdruck wird die Lauge aus *9* über die *14*, den umgestellten *15* und das *44* zum *28* zurückgetrieben. Durch den geöffneten *43* entweicht die Luft, welche durch die Entspannung der Lauge frei wird.

3) Das Überführen der Frischlauge aus dem *29* in den *8* geschieht nach Abstellen der *30, 31, 37, 21* und Einstellen des *15* durch die *17*, die *18*, den *19*, das *20* bei geschlossenen Hähnen *48, 46, 37* und geöffneten *21, 38*, durch die *39* von oben in den *8, 9*.

4) Das Kochen. Der Rundlauf der Flotte aus *9* erfolgt über *14÷22*, *38*, *39*, *25*, *26* durch das Gut in *8* von oben nach unten zum *9*. Um zwischen dem obern Raum des *8* und dem *9* starke Druck- und Wärmegefälle zu erhalten, wird entweder der Dampf des *9* über *40*, *41*, *42* abgelassen oder bei geschlossenem *40* und geöffnetem *11*, *12* der *10* mittels der *13* eine Luftverdünnung in *9* verursacht. Unterdessen wird die erschöpfte Altlauge des *28* nach Öffnen des *43* und des Ablaßhahnes *49* über die Leitung *50* bei geöffnetem Hahn *51* in *42* abgelassen, worauf *51* geschlossen wird. In *29* leitet man durch das Rohr *52* bei geöffnetem Hahn *53* frische Lauge ein, die nach Öffnen des Dampfhahnes *54* über die Leitung *55* mittels der Dampfschlange *56* erwärmt wird. Die gebrauchte Lauge des *8*, *9* wird durch Dampfdruck über *30÷33*, *36*, *37*, *22*, *38*, *39*, *25*, *26* aus ihm durch die *14*, nach Umstellen des *15*, über *44* in den *28* gepreßt.

5) Das Heißspülen mit Niederschlagwasser aus z. B. *28* erfolgt über: *28*, *44*, *15÷22*, *38*, *39*, *25*, *26*, *8*, *7*, *9*, Hahn *57*, Rohr *58*, *51*, *42*. Nun folgt das Entwässern der *33* durch Rohr *59* mit Hahn *60*, *61*, Rohr *62* mit Hahn *63*.

6) Das Kaltspülen. Nun erfolgt durch Zuleitung kalten Wassers aus der Leitung *64* mit Hahn *65* über *16÷22*, *38*, *39*, *25*, *26*, *8*, *7*, *9*, *57*, *58*, *51*, *42* eine neue Füllung des *7*, *8*, aus der dann die Stränge durch das Herausnehmen gewaschen werden.

7) Das Ableiten des Niederschlagwassers über den Wassersammler *61*, der durch ein entsprechendes Einstellen der *60*, *12*, *66*, *67*, *63*, *68* mit den verschiedenen Rohrleitungen verbunden werden kann; dieses erlaubt auch das Entleeren der *61* und *19* (86, 136).

1c) Das Bleichen, Säuren, Spülen, Seifen und Bläuen.

c1) In demselben Behälter ohne Umpacken. Hierzu dienen:

1a) *Der Kochbehälter.* In vielen Fällen wird im Kochbehälter bzw. im Hochdruckkochkessel auch gebleicht (s. S. 196).

1b) *Der Bleichschrank.* Er ist ganz aus bestem amerikanischem Pitch-Pineholz hergestellt, das im sog. Sumpf *1* (*19*₁₀) mit dickem Bleiblech ausgeschlagen ist. Entleert kann er werden durch den großen Ablaßhahn *2* in den Abflußkanal *3*. Aus Blei ist auch der Siebdeckel *4*, welcher von mit Blei bekleideten, festen Stäben *5* getragen wird. Die Kanten *6* sind mit starkem U-Eisen versteift und bewehrte Türen *7*ₓ, *8*, von denen nur die rechts gezeichnet ist, ermöglichen das Einschieben der Einsatzlattenkästen *9* mit runden Gitterstäben aus Pitch-Pineholz beladen mit den Zwirnsträngen. In der neuern Ausführung sind die Einsatzkästen durch Lattenböden ersetzt, auf welchen die Spulen regellos liegen; am Hinausfallen werden sie durch ein vorne eingesetztes Brett verhindert. Das Rohr *10* verbindet den *1* mit der aus bester, zinkfreier Phosphorbronze gefertigten Schleuderpumpe *11''*, die eine Welle *11$_x$''* aus säurebeständigem Stahl hat und über ihre Fest- und Losscheiben *12''* (*125''*) vom Riemen *13* mit 1200 Umdrehungen getrieben wird. Diese entnimmt bei geschlossenem Hahn *14* und geöffnetem *15* durch die Rohre *16* die Chlorlauge dem Bereitungsbehälter III und befördert sie über den Hahn *17* aus Hartblei und das Rohr *18* aus Blei, das in den Deckel *19* hineinragt, auf die Flüssigkeit, die über *4* steht und als starker Platzregen auf das Bleichgut strömt. Tritt die Flüssigkeit im *1* beim Hahn *20* aus, so wird er und der *15* geschlossen und *14* geöffnet; nun erfolgt der Umlauf der Lauge. Nach beendetem Chloren wird der *17* umgestellt und die Lauge über das Rohr *21* in den Chlorbehälter zurückgedrückt, um sie dort aufzufrischen und während des Säurens, Spülens und Bläuens aufzubewahren. Zum Waschen wird die *11''* abgestellt und Frischwasser durch eine Deckenleitung auf den *4, 5* geführt und, wenn dieses durch den *2* sauber (Jodkaliumstärkepapier darf nicht mehr gebläut werden) austritt, der *2* geschlossen, der *17* wieder auf Rundlauf eingestellt und durch den mit Blei ausgeschlagenen Behälter *22* Säure über den geöffneten Hahn *23* zugeführt. Nach dem Säuren wird die *11''* abgestellt, der *2* geöffnet und nochmals gespült. Ist das Wasser abgelaufen, so werden die *7$_x$, 8* geöffnet, die *9* mit den gebleichten Zwirnsträngen durch solche mit ungebleichten ersetzt, worauf, wie vorhin beschrieben, das neue Bleichen durchgeführt wird. Bleichdauer *6÷8* Stunden (137).

1c) Der Bleichständer. Der Holzbottich *1* (*20$_{10}$*) ist mit Reifen *2* versehen und steht auf Unterlagen *3* so hoch, daß die Rohrleitungen *4* mit Hähnen *5, 6* und die Schleudersaugpumpe *7''*, alle aus Hartblei, Platz finden. Die *7''* wird über die Scheiben *8''* vom Riemen *9* angetrieben und saugt die Bleichflotte aus dem Chlorbottich *C* bei gegen den *1* geschlossenem *6*, geöffnetem Hahn *10* und geschlossenem Hahn *11* durch das Rohr *12* an und befördert sie durch das Rohr *13*, bei geschlossenen Hähnen *14, 15* durch den Hahn *16*, den waagerechten Schlauch *17*, der am Kettchen *18* hängt, und durch die Brause *19* auf die im *1, 2* auf dem Siebboden *20* aufgeschichteten Zwirnstränge. Tritt die Chlorlauge durch den geöffneten *5* aus, so wird er und *10* geschlossen und *6* geöffnet. Die Lösung macht nun den Rundlauf vom Bleichfaßboden über die Leitung *4, 6, 7'', 13, 16, 17, 19*, das Gut, den *20* zur *4* zurück. Ist genügend gechlort, so wird *16* geschlossen und *14* geöffnet, wodurch die *7''* die Chlorlösung in den *C* zurückbefördert, wo sie angereichert werden kann und bis zum nächsten Chloren verbleibt. Nach der Entleerung des *1, 2* wird die *7''* abgestellt und der *5* geöffnet und durch eine eigene Zuleitung Wasser auf das Zwirngut gebracht. Hierauf werden die *11* und *16* geöffnet und die *7''* angelassen. Strömt durch *5* die aus dem Säurebehälter *S* angesaugte Säure heraus, so wird er und *11* geschlossen, der *6* geöffnet und der Säureumlauf erfolgt wie vorhin der Chlorumlauf. Ebenso wird auch das Säuren beendet und das Waschen durchgeführt.

Soll geseift werden, so schließt man den *5*, wenn das Waschen beendet ist, und füllt von oben auf das Gut gelöste Seife, öffnet die *6* und *16*, worauf nach Ingangsetzen der *7''* der Rundlauf dieser Lösung, wie vorhin beschrieben, vor sich geht. Die Hähne *21, 22* dienen zum Entleeren der Behälter *C, S* (86).

c2) Die Behandlung in verschiedenen Behältern mit Umpacken.

2a) Das Säuren, Spülen, Seifen und Bläuen auf der Barke. Hierbei tauchen die Stränge *0* (1_{18}), die über Stöcken *1* (138) hängen, beim Säuern in ein Schwefel oder Salzsäure enthaltendes Bad, zum Spülen in reines Wasser, zum Seifen in eine heiße Seifenlösung und zum Bläuen in ein leichtes Blaubad des Bottichs, der Kufe oder Barke *11* ein. Zwei Arbeiter heben mit der einen Hand die Stöcke und verhängen den Strang mit der andern, worauf sie ihn in der Flotte mehreremal umziehen. Dann wird der Stock aus der Mitte der Kufe an das leere Ende unter Hindurchziehen des Stranges durch die Flotte verschoben. Sind alle Stränge derart behandelt, so schieben die Arbeiter die gesamten Stöcke wieder in die Ausgangslage zurück, um das Durchziehen von neuem vorzunehmen. Dieses Verfahren wird schneller, kurzer Durchzug (französische Passage) genannt. Behandeln sie die verschobenen Stränge in umgekehrter Reihenfolge, wobei sie mit den Stöcken in die Ausgangslage zurückbefördert werden, so arbeitet man mit langem Durchzug. Ist das Seifen oder Bläuen beendet, so werden die Stränge oben zum Abtropfenlassen des Wassers über die Stöcke gehängt, was Aufwerfen heißt.

Zur Anheizung des Bades dient die Dampfleitung *2* mit den Hähnen *3* und *4*, das Rohr *5* mit dem Siebrohr *6*. Hat die Flotte den richtigen Wärme- und Seifen- bzw. Blaugehalt, so wird der *4* abgestellt und der *3* geöffnet. Die Leitung *7* geht am Boden des Bottichs *11* als Schlange *8* durch die Barke und steht durch den Stutzen *9* mit einer Rohrleitung *10* in Verbindung, welche mit einem für mehrere Barken gemeinsamen Abscheider des Niederschlagwassers ausgerüstet oder an eine Rücklaufleitung zur Wiederverwendung angeschlossen ist. *12* ist eine Schutzwand, um die Wärme gleichmäßig auf alle Stränge zu verteilen.

Zum Seifen wird das Bad mit 1% Marseiller Seife auf das kg Warengewicht angesetzt und auf 40° erwärmt; darin werden die Stränge dreimal umgezogen, aufgeworfen, dann auf 1 l Flotte 0,5 g Perborat zugesetzt, die Stränge fünfmal umgezogen und nun die Flotte langsam auf 100° gebracht. Die Stränge werden darin eine Viertelstunde unter öfterm Umziehen belassen.

Zum Bläuen dient meistens klares, lauwarmes Wasser mit einem Zusatz von Ultramarin (s. S. 185).

2b) Das Spülen, Seifen und Bläuen auf der Maschine. Um alle Chlor- und Säurereste auch aus dem Innern der Gespinste zu entfernen, werden die Stränge mit vielem kristallklarem Wasser gespült; weil diese Behandlung in den Bleichbehältern wirtschaftlich kaum restlos durchgeführt werden kann, verwendet man dazu eigene Barken und Strangspülmaschinen, in denen die Stränge lose über einer Walze hängend, oder gespannt über zwei Walzen, der Einwirkung von ruhendem oder laufendem Wasser ausgesetzt und oft geseift und gebläut werden.

1. Der Strangspüler mit losem Strang auf ortsfester Drehwalze. Für kleinere Lieferungen besteht sie aus dem würfelförmigen Waschbottich aus Holz 1 (22_{10}) mit Eisenbeschlägen 2, 3 und dem gußeisernen Gestell 6 für die Lagerung der Strangwalzen $7''$ und der Quetschwalzen $8''$ sowie des Antriebes dieser Walzen. Die $7''$, $8''$ laufen zur Erleichterung der Aufbringung der Stränge 0 nach vorn in Kegel aus. Der Antrieb erfolgt mittels Riemens 9 auf die Scheibe $10''$ und der Räder und Kettenübertragung $11' \div 14'$ auf die $7''$ und $8''$. Sind die 0 gehörig gespült, so wird nach Ablassen der Waschflüssigkeit durch 4, 5 neues Frischwasser zugeleitet und das weitere Spülen durchgeführt (138).

2. Der Strangspüler mit losem Strang auf rundlaufender Drehwalze. Die Stränge 0 (5, 6_9) werden von kantigen Walzen $1''$ von dem auf der Rampe 4 stehenden Arbeiter abgenommen und auf sie neue aufgelegt. Je $12 \div 24$ Wellen $1''^x$ sind in der Scheibe $2''$ gelagert. Die Welle $2_x''$ der $2''$ wird durch die Schraubenradübersetzung $5'$, $6'$ von den Scheiben $7''$ getrieben. Die Drehung der $1''$ erfolgt durch die Reibräder $8''$, $9''$, indem sich bei der Bewegung der $2''$ die $8''$ auf dem Kranz $9''$ abrollen. Eine Zusatzdrehung erfahren diese $1''$ dadurch, daß $9''$ nicht stillsteht, sondern von der Hauptwelle $7_x''$ durch die Kurbel $7_x''$, 10, die Schleife 11 des in zwei Lagern geführten Schlittens 12 und die Kurbelstange 13, 14, welche am $9''$ angreift, hin und her bewegt wird. Dadurch wird eine ungleich lange Vor- und Rückwärtsdrehung der $1''$ und der 0 erfolgen. Das Wasser fließt ständig im Gegenstrom zur Strangbewegung im Sinne der punktierten Pfeile durch das Zuleitungsrohr 15 in den Eisenbottich 16, der auf Füßen 3 steht, und durch das Sieb 17 in das Abteil 18, von wo es durch das Ableitungsrohr 19 ins Freie gelangt. 20 ist die Entleerungsleitung. Die Stränge gehen in Pilgerschrittdrehung in Richtung der ausgezogenen Pfeile durch die Waschflotte (86).

3. Der Strangspüler mit losem Strang auf aushebbarer Drehwalze. Dieser kennzeichnet sich durch die Unterteilung der bis zu 100 Walzen $18''$ (7_9) tragenden Maschine in Gruppen zu je $3 \div 30$ Walzen, um das Beschicken zu erleichtern und zu beschleunigen, und durch deren Anordnung auf hebbaren Kasten 19 sowie durch die exzentrische Ausbildung der Walzen $18''$, um den Strang 0 abwechselnd zur Lockerung des Garnes und zur Bewegung der Flotte enger und weiter zu machen. Der Antrieb erfolgt vom Motor 1 über Zahnräder $2'$, $3'$ auf die Welle

$3_x{}'$, die den Antrieb über $4'$, $5'$, $6'$ auf die Zwillings-Verschieberäder $7'$ oder $8'$ weitergibt. Durch das Exzenter $9''$ auf der Welle $3_x{}'$ werden durch die Hebelübertragung 10, 11_x, 12 die Zahnräder $7'$, $8'$ verschoben und je nach ihrem Eingriff ein Links- oder Rechtslauf des Mitnehmers 13 der Welle 13_x bewirkt. Durch die Zahnräder $14'$, $15'$ wird die Drehung auf die Schraubenwelle $15_x{}'$ übertragen, die durch den Wurm $16'$ und Rad $17'$ die wechselnde Links- und Rechtsdrehung der $18''$ aus glasiertem Porzellan, Kunstguß mit säurefestem Glasfluß oder als Glasstabwalzen mit Bronzehalter, betätigt. Die Walzen haben eine nutzbare Länge von 700 mm und können mit 800 bis 1000 g Zwirn beschickt werden. Mehrere Walzen sind zu Gruppen in einem Hubkasten 19 vereinigt, der durch Wasserdruck mittels des Zylinders 21 und des Kolbens 20 zum Abnehmen und Auflegen der Stränge gehoben werden kann. Das Zulassen des Wasserdrucks erfolgt durch den Handhebelhahn 22 im Wasserleitungsrohr 23. 24 ist ein Hahn zum Wasserablassen nach beendigtem Hochheben der Strangwalzen. Für das Heben der Gruppe ist Wasserdruck von ungefähr 8 atü erforderlich, für dessen Erzeugung, falls eine andere Kraftquelle nicht zur Verfügung steht, das Exzenter $25''$ auf der $3_x{}'$ dient. Seine Exzenterstange 26, 27 bewegt den geradegeführten Tauchkolben 27, 28 im Pumpenstiefel 29. Zur Gleichhaltung des Druckes ist ein großer Windkessel 30 vorgesehen, der mit einem Sicherheitsteller und einer Pumpenausschaltung bei erreichtem Höchstdruck versehen ist (139).

4. Der Strangspüler mit losem Strang und schaukelndem Durchgang. Die Stränge 0 (1_{19}) werden über die freitragenden Walzen $120''$, welche auf den Wellen 1 der Kette 2 drehbar sind, gehängt und gehen mit der 2 im Sinne des Pfeiles a durch die Maschine. Dazu treibt der Riemen 3 die Fest- und Losscheibe $600''$, deren Welle $600_x{}''$ über die Kurbel $600_x{}''$, 4 den Pleuel 4, 5 das Schaukelgestell 6, 7, 8 hin- und herbewegt, wobei die Zahnkränze 9, $9!$, $10'$ sich auf der feststehenden Zahnstange $11'$ abrollen und dadurch die schaukelnde Bewegung des 6, 7 erzeugt. Fest auf 4 ist die Riemenscheibe $170''$, so daß diese bei einem Umlauf der $600_x{}''$, 4 auch eine Umdrehung um sich macht; sie treibt durch den Riemen 12 die Losscheibe $380''$, auf deren Nabe der Trieb $18'$ sitzt, der über die Räder $18'$, $52'—18'$, $52'$ das Kettenrad $1060''$ langsam umdreht. Durch die Vorwärtsbewegung der 2 rollen sich die $120''$ auf den Schienen 7 und 8 ab, wodurch die Auflage der 0 auf den $120''$ ständig fortschreitet und alle Teile des 0 der Waschflüssigkeit des Bottichs 13 ausgesetzt werden. Zur Ausgleichung der Massenwirkung beim Schaukeln sind zwei Schwungräder $1700''$ vorgesehen. Die Waschflüssigkeit strömt durch den Stutzen 16 des Rohres 17 zu und kann durch Heben der Schütze 18 abgelassen werden. Um die Dauer ihrer Einwirkung auf die 0 vergrößern zu können, wird der Gewichtshebel 14^x, $18'^x$, 15^0 herumgelegt, so daß $18'$, $52'$ aus $52'$, $18'$ ausgreifen und die 2 stillsteht. Die Maschine beansprucht eine Bodenfläche von 7,6 m Länge und 3 m Breite.

Bei einer Lieferung von 200÷300 kg je Stunde ist der Kraftverbrauch ungefähr 4 PS. Zur Bedienung ist ein Mann nötig (86).

5. Der Strangspüler mit ortsfestem, über zwei Walzen gespanntem Strang. Der Riemen R (8_9) treibt über die mit 200 minutlichen Umdrehungen laufenden Fest- und Losscheiben $420''\cdot 100$ die Räder $18'$, $36'—1'$, $40'$, die Exzenterwellen $40_x'$ und über $500''$, $200''—i'$, i' die Triebwalzen $83''$ für die Stränge 0, welche über die Walzen $83_0''$, $83''$ gelegt sind, deren obere $83''$ mit ihren Achsen im T-Stück 1, 2, $2'$, 2 lagern, das durch den Trieb $3'$ ($14'$) vom Handrad $4''$ ($250''$) entsprechend der Stranglänge verschoben werden kann und dessen Lage durch die Klinke 5_x, 5 im Sperrad $6'$ ($18'$) festgehalten wird. Die Achsen jeder $83_0''$, welche von der untern $83''$ durch $8'$, $8'$ getrieben wird, ist im Arm 7, 8_x, 9 geführt, die mit der Fläche 9 auf der Rolle $65''$ des Armes 10_x, 11 ruht und durch die Stange 11, 12 mit dem Arm 12, $65''$, 13_x verbunden ist, dessen Rolle $65''$ auf dem Exzenter $40_e''$ aufliegt. Auf der gleichen Walzeneinrichtung $14_x÷17_x$ befinden sich andere Stränge 0. Die beiden Exzenter $40_e''$ sind um nahezu 180° gegeneinander versetzt, so daß die einen Stränge — auf der Zeichnung die linken — gespannt sind, durch den Strahl der Spritzrohre 18, 18 hindurchlaufen und von den untern $83_0''$ abgequetscht werden. Das Wasser läuft durch das Rohr 19, den geöffneten Hahn 20, durch das Steigrohr 21 in die 18 und wird im Becken 22 gesammelt, aus dem es durch den Stutzen 23 in die Abflußgrube 24 gelangt. Die andern 0 sind infolge der gehobenen $83_0''$ entspannt und können ausgewechselt werden. Die rundlaufenden 0 werden durch die Führung 25!, und die Arme 26!, 27_x, $28—28$, $29^x—29^x$, 30!, 31, $32—100''—33_0—34$, 35_x, $100''$ mit den Exzentern $100_e''$, die in Wirklichkeit zu zweit auf der Welle $40_x'$ liegen, aber durch i', i' zur bessern Übersicht zur Seite verlegt und nur in einer Ausführung gezeichnet wurden, geleitet. Der Antrieb auf die Triebwalzen $83''$, $83_0''$ darf nur auf die gespannten Stränge erfolgen, während der Antrieb auf die Triebwalze $83''$ der entspannten Stränge ausgeschaltet ist. Hierzu dienen die Riemengabeln 30!, welche die Riemen über die Scheibe $500''—200''$ verschieben. Der Wasserzufluß an die gespannten Stränge 0 und das Absperren des Wassers für die losen erfolgt durch den Nocken $170''$ über die Rollen $120''$ der Übertragung 36_x, $120''$, $37—37$, $38—38$, 39_x, 20. Selbsttätig wird die Klappe 39_x, 20 durch den Wasserdruck geschlossen. Durch das Abquetschen wird eine Reinigung der Gespinste und Zwirne auch im Innern erreicht (86).

g2. **Die Arbeitsmittel für das Kochen und Bleichen der Garne auf Kötzern, Kreuzspulen und Kettbäumen.**

2a. Die Anwendungen. Die Stränge verwirren leicht bei der Naßbehandlung und verursachen durch schlechtes Ablaufen 7÷10% Abfälle; außerdem verlangen sie viele Handarbeit. Beides vermindert man durch das Kochen und Bleichen der Garne in der festgewickelten

Form als Kötzer, Kreuzspulen, Kreuzkötzer oder Kettbäume. Die Behandlung im Kötzer kommt wegen der durch das Aufstecken verursachten Auslagen nicht mehr in Frage. Das Bleichen und Färben von Kreuzkötzern bietet größere Schwierigkeiten als das von Kreuzspulen; das Flottenverhältnis ist auch weniger günstig und die Lieferung der Färber geringer. Für die Wollgarne hat sich das Färben von Kreuzkötzern noch nicht durchgesetzt. Den Zwirn als Kreuzspule zu bleichen und zu färben empfiehlt sich nicht, wenn er in heiklen, hellen Tönen gefärbt werden soll, weil die ungleichmäßigen Aufwindespannungen der Kreuzspulmaschinen örtlich verteilte, fester gewickelte Stellen im Wickelgebilde verursachen, welche, besonders auf den Fadenröllchen, Streifen in Fehltönen erkennen lassen, die den Handelswert des Garns vermindern. Weniger empfindlich in dieser Hinsicht sind die auf Kettbäumen gebleichten und gefärbten Zwirne, weil hier die Verschiedenheiten in den Aufwickelspannungen sich auf $200 \div 360$ Fäden verteilen. Nur zu lose gewickelte Kettbäume lassen beim längeren Liegen vor dem Schleudern dem Wasser Gelegenheit, nach unten zu sacken und den Schwerpunkt außerhalb der Achse des Kettbaumes zu verschieben, was sein Unrundlaufen und Schlagen beim Schleudern mit über 1000 Umdrehungen in der Minute zur Folge hat. Das Bleichen und Färben der Zwirne im Kettbaum empfiehlt sich für die Nähfadenherstellung, wenn geglänzt wird von Baum zu Baum, weil dadurch das Trocknen und Umwinden der Zwirne wegfällt.

2 b. Die Anlage mit lotrechten Kettbäumen.

b 1) Das Beschicken. Hierzu wird bei kleinen Lasten eine Laufkatze *1* (3_{14}), bei größeren ein elektrisch betriebener Kran benützt, durch welchen die Gutträger *0* zu den verschiedenen Arbeitsstufen befördert werden. Als Gutträger sind in Anwendung die durchlochten Hohlbäume *0* (9_4) mit Seitenflanschen, auf denen die Garne aufgewickelt sind bzw. auf deren Löchern die durchlochten Hohlspindeln für die Kötzer *0* ($3a_{14}$) oder Kreuzspulen *0* ($3b_{14}$) stecken. Der Kettbaum *0* (3_{11}) mit bis zu 200 kg Garngewicht wird mittels der Laufkatze *1* in den Kessel *2* durch Aufsetzen des kegeligen Ansatzes *3* von *0* auf das entsprechend geformte Mundstück *4* gebracht. Dieses steht durch das Rohr *5* mit dem Behälter *6* und dieser über die Leitung *7*, den Hahn *8*, den Querstutzen *9*, den Steuerhahn *10*, *11* und das Rohr *12* mit dem Saugkessel *13* in Verbindung, der durch das Rohr *14* an die Luftpumpe *15* angeschlossen ist.

b 2) Das Kochen. Hierzu wird in die nun in den *2* eingebrachte Flotte durch die Verbindung des Bodens des *2* über das Rohr *16* mit Hahn *17* Dampf eingeleitet. Die Flotte wird durch Öffnen des *8* über $7 \div 4$, *0* aus *2* in den *6* gehoben. Nach je einer halben Minute schlägt *10*, *11* um, und die Flüssigkeit in *6* fällt über *5*, *4*, *0* in *2* zurück infolge Unterbrechung der Verbindung von *8* über $9 \div 12$ mit *13* und Einströmens von Außenluft durch $11 \div 7$ in *6*. Dieses Hoch- (Auf)ziehen und Zurückströmenlassen der Flotte wird ungefähr $1 \div 2$ Stunden lang je nach der Güte des Garnes durchgeführt.

b3) Das Abspritzen und Spülen. Nachher wird der Gutträger *0* mittels der *1* in den Abspritzkessel *18* gebracht, und die auf der Garnfläche haftende Verschmutzung (Harze und Schalen) durch das aus den Löchern des Spritzrohres *19* mit Hahn *20* strömende Wasser in $1 \div 2$ Minuten unter Drehung des *0* entfernt. Durch das Rohr *21* steht *19* in Verbindung mit einem Wasserbehälter, oder, bei weichem Leitungswasser, mit der Wasserleitung. Das Abwasser fließt aus dem *18* in den Kanal *22*.

b4) Das Entwässern geschieht, nachdem der *0* durch *1* auf den Stutzen *23* des Kessels *24* gebracht wurde, mittels Luftverdünnung im *24*, welche durch Öffnen des Hahnes *25* der Leitung *26* und der damit verbundenen *13* erzeugt wird.

b5) Das Bleichen. Nun wird *0* in den gemauerten Bleichbehälter *27* mit *3* auf das Mundstück *28* gesetzt, das durch das Rohr *29* mit dem Nebenbehälter *30* verbunden ist. Durch die Leitung *31* mit Hahn *32* ist *30* angeschlossen an den *9*, so daß durch Öffnen des *32*, infolge der Verbindung des *9* über $10 \div 12$ mit dem *13*, die Lauge aus dem *27* durch *28*, *29* in den *30* emporsteigt. Durch selbsttätiges Umschalten des *10*, *11* wird, wie vorhin unter b2), das Hin- und Herströmen der Lauge zwischen *27* und *30* durchgeführt.

b6) Das Spülen der fertig gebleichten Garne erfolgt im *18*, wie bereits unter b3) beschrieben, worauf durchgeführt wird:

b7) das Absaugen auf $23 \div 26$, wie bereits unter b4) beschrieben, und

b8) die Nachbehandlung mit Antichlormitteln (Blankit) im Kessel *33*, durch Aufsetzen des *3* des *0* auf das Mundstück *34*; dieses ist durch das Rohr *35* mit dem Behälter *36*, und dieser durch die Leitung *37* und den Hahn *38* mit dem *9* verbunden. Das Hochsaugen und Fallenlassen der Flotte zwischen *33* und *36* erfolgt wie unter b2) angegeben. Nun findet

b9) das Absaugen auf $23 \div 26$ statt (130a), und die Garne sind für

b10) das Trocknen fertig. Die Kreuzspulen gehen zum Trockner; die Trocknung dauert etwa 8 Stunden. Die Kettbäume werden ohne vorherige Trocknung der Schlicht- bzw. der Glänzmaschine vorgelegt, in welcher sie geschlichtet bzw. geglänzt und zugleich getrocknet werden.

2c. Die Anlage mit waagerechten Kettbäumen.

Die 2b, jedoch mit offenen, liegenden Behältern *F* (21_{18}), s. S. 298, mit Kettbäumen bis zu 100 kg Zwirn wird dort verwendet, wo die Raumhöhe für die Aufstellung einer stehenden Kettenbaumbleiche nicht ausreicht; sie läßt das Bleichen gut beobachten (86).

g3) Die Arbeitsmittel für das Kochen, Bleichen, Spülen, Säuren, Seifen und Bläuen der Garne als Langstrang im Stetigverfahren.

Das zu bleichende Gut ist den verschiedenen Behandlungen bestimmten Zeiten auszusetzen. Um eine stetige Lieferung der Bleichanlage zu ermöglichen, muß der Langstrang durch jede Arbeitsstufe bei stetiger Zuführung und stetigem Abzug entsprechend der Einwirkungsdauer im Rundlauf durch das Arbeitsmittel geführt oder in ihm aufgespeichert werden. Beansprucht die Behandlung mehrere Stunden, wie z. B. das Beuchen und Kochen, so sind dafür je zwei Arbeitsmittel von gleichem Fassungsvermögen zu verwenden, deren eines den Durchlauf des Gutes durch die folgenden Stufen speist, während im andern behandelt wird. Im Rundlauf wird stetig gespült, auch gesäuert und gebläut, während der Langstrang aufgespeichert die Einwirkung des Bleichmittels bzw. der Säurelösung erfährt.

3a. Die Durchlaufspülmaschine oder der Stetigspüler. Bei ihr geht der Langstrang 0 (3, 4_{15}) über eine Dämmung — bestehend aus den drei Porzellanaugen 1, $2!$, 3, deren 1, 3 im Gestell 4 mit Mutter $4'$ fest sind, und deren $2!$ auf einem Rahmen $5!$ mit Augen 6 auf den Stangen 4 beiderseits durch Drehung der Schraubenspindel $7'$ am Handrad $200''$ verursachten Verschiebung geführt wird — zu den Walzen $350''$, $400''$, $550''$. Die $350''$ ist kurz und mit einem Zapfen in den Armen 8, 9_x der über die Breite des Waschtroges reichenden Welle 9_x gelagert. Beiderseits ist 9_x mit je einem Arm 9_x, 10 ausgerüstet, auf den die Feder $11_0!$ wirkt, welche über der Stange 12_x, 13 mittels der Handräder $14''$, $15''$ eingestellt werden kann. Die 0 gehen über $400''$, zwischen $400''$ und $550''$ hindurch, über $500''$ nach vorne, über $360''$ zurück, zwischen $400''$ und $550''$ durch, wieder zurück über $500''$ und denselben Weg schraubenartig siebenmal, jedesmal mit ihren unteren Teilen durch die Waschflüssigkeit im Bottich 16. Hierbei werden sie geführt durch die Rechen 17, 18 und die Leitflächen 19 für den Wasserlauf nach den kleinen Pfeilen, wozu das Wasser vorn in der Mitte durch den Hahn 20 einströmt, den 19 entlangläuft und über die beiden Überläufe 21 in der Rückwand des 16 abfließt. Es geht daher im Gegenstrom zum Lauf des 0, der in der Mitte über die $550''$, $400''$, $350''$, ausgequetscht durch $8 \div 15''$ und geführt vom Rechen 22, die Waschmaschine verläßt. Der Riemen 23 wird durch die Riemengabel 24, $25'$, 26, über die Spindel $25'$ und die Stange 27 vom Handrad 28 auf den der Durchgangsgeschwindigkeit des Stranges entsprechenden Durchmesser der losen Kegelscheibe $975'' \div$ $\div 1025'' \cdot 400''$, die 225 Umdrehungen macht, eingestellt. Das Einkuppeln erfolgt über die Reibkuppeln $29''$, $30''$, deren $30''$, 30 über den Keil 31 der Welle des Handrades $800''$ verschoben und in den Rasten der Stütze 35 festgelegt wird. Über die Räder $36'$, $76'$ wird die $550''$ und von ihr aus über $55'$ und $50'$, $36'$ die beiden $500''$ und $360''$ getrieben. Das Handrad $800''$ dient zum Bewegen der Walzen von Hand. Die Stränge gehen mit ungefähr 180 m in der Minute durch die Waschmaschine, welche $8 \div 10$ PS verlangt und einen Wasserverbrauch von etwa 30 m³ je Stunde hat (86).

3b. Der Strangspeicher ist ein viereckiger, stiefelförmiger, aus Bretterwänden 1 (5_{15}) und einem Boden aus Rollen $2''$ bestehender

Schacht, in den oben der Langstrang *0*, durch den Haspel *650"* und den Trichter *3*, und gleichzeitig Flüssigkeit durch das Rohr *4* eingeführt werden. Der *0* stapelt sich in ihm bei einer Strangeinlaufgeschwindigkeit von 100÷200 m in der Minute in einer Menge von 300÷400 kg auf, bevor sein Anfang aus *1*, *2"* durch die Abzugwalzen *200"*—*300"*, *250"* mit der Einlaufgeschwindigkeit hinausbefördert wird. Der Strangspeicher dient zum Bleichen, Säuern und Nachbehandeln in der Stetig-Laufstrang- (französisch Continu) Bleiche und bezweckt, trotz der stetigen Zu- und Abfuhr den *0* auf 30÷100 Minuten der Einwirkung der Bleich-, Säure- oder Nachbehandlungsflüssigkeit auszusetzen. Zur Aufstapelung des *0* führt der *3* gleichzeitig schnelle Schwingungen nach Pfeil *a* parallel zum Durchlauf des *0* und eine langsame hin- und hergehende Verschiebung senkrecht zu *a* nach Pfeil *b* ($5a_{15}$) aus. Dazu ist der *3* im Ring *5* um 3^x drehbar aufgehängt. Die schnelle Schwingung nach *a* (5_{15}) erhält *5* über den Arm 5_x, *6*, die Exzenterstange *6*, *7* vom Exzenter $46_e"$ der Welle der Antriebsscheibe *700"*. Zur langsamen Verschiebung nach *b* ($5a_{15}$) ist *3* durch das an ihm angreifende Glied *8*, *9* über die Hebel *9*, 10_x, *11*, den Pleuel *11*, *12* mit der Kurbel *12*, 13_x des Rades *18'* verbunden, das vom Wurm *1'* der Antriebswelle $700_x"$ gedreht wird. Sobald der *1*, *2"* (5_{15}) mit *0* angefüllt ist, wird der Anfang des *0* durch ein oberhalb der Schachtaustrittsöffnung angeordnetes Auge *14* über die Leitwalze *200"* und die Quetschwalzen *300"*, *250"* nach außen befördert. Gleichzeitig mit dem Eintritt des *0* in den *3* wird die Flüssigkeit mittels der Pumpe *300"* und dem Rohr *4* mit Hahn *15* in den *3* gegeben, so daß die *0* dauernd berieselt werden. Die Flotte dringt in den untern Teil des Behälters *16* und fließt durch den Stutzen *17* zur *300"* zurück. Die mit der Flotte in Berührung kommenden Teile werden zweckmäßig aus nicht rostendem V 4 A Stahl und die Pumpe aus Hartblei hergestellt. *18* ist das Zuleitungsrohr mit Hahn *19*; *20* ist eine senkrecht zur Zeichnungsebene verlaufende Dampfschlange mit Hahn *21*, um die Flotte auf ungefähr 40⁰ erwärmen zu können; *22* ist eine obere Abdeckung. Die Antriebe erfolgen von der $300_x"$: a) für die Pumpe *300"* mit 1400 Umdrehungen durch *800"*, *120"*; b) für den mit 60 Umdrehungen laufenden Haspel *650"* durch *200"*, *700"*; c) für die 137 Umdrehungen machende untere Quetschwalze *300"* durch *300"*, *460"*. Der *0* geht mit 120 m in der Minute durch den Strangspeicher, in den die Pumpe *300"* in der Minute 60 l Flüssigkeit befördert. Der Kraftbedarf beträgt ungefähr 0,5 PS, für den Haspel *1*, die Quetsche 0,5 PS, die Pumpe 0,3 PS (86). Für die Bleichbehandlung sind oft zwei Strangspeicher nacheinander angeordnet, während für das Säuern Speicher mit einer Ablegedauer von 40÷50 Minuten genügen. Zur Sauerstoffbehandlung muß die Schachtgröße der Einwirkungsdauer von 2÷4 Stunden entsprechen (125).

3c. Der Strangableger. Nach dem Spülen müssen die Langstränge in einem Holzbehälter oder in einer Grube durch einen selbstwirkenden Ableger so gesammelt werden, daß sie ohne Verwirren der Garne oder Verknoten der Stränge aus ihnen entnommen und der folgenden Behandlung, z. B. dem Trocknen, dargeboten werden können. Dazu geht der Langstrang *0* (6, 7_{15}) durch das Porzellanauge *1*, dessen Fassung *2* auf einem Muff *3* angeordnet ist, der auf dem feststehenden Rohr *4* dadurch hin- und hergeschoben wird, daß durch dessen Schlitz *5* ein Stift mit Reiter *6* des *3* hindurchgeht und in die kreuzweise geschnittene Spindel *7'* eingreift. Beiderseits der *7'* leitet eine Überführungsnut von dem vorwärts gerichteten Gewindegang in den rückwärts verlaufenden. Diese *7'* wird über die Räderübertragung *88'*, *14'*—*60'*, *50'*—*75'*, *25'* und die Scheibe *330''* vom Riemen *R* gedreht. Der eine Gewindegang des *7'* verschiebt dabei über den *6* und die *3*, *2* das *1* mit dem *0* langsam in der einen Richtung um die Breite des Behälters *8*; dann wird *0* infolge des Einführens des *6* in den rückläufigen Gewindegang des *7'* zurückgeführt. Während dessen läuft der *0* über den auf der Welle des *50'* festen Haspel *450''* und die Legewalze *180''* in den *8*. Die *180''* ist beiderseits in je einem Wagen *9* gelagert, der mittels zwei Paar Rollen *80''* auf Schienen *10* dadurch verschoben wird, daß ein Stift mit dem Reiter *11* des *9* durch den Schlitz der *10* in das Kreuzgewinde der Spindel *12'* eingreift, welche über die Räder *29'*, *42'*, *60'*, *50'* von der Welle des *50'* gedreht wird. Um bei der Verschiebung des *9* über die *10* des Gestells *13* die *180''* anzutreiben, ist auf ihrer Welle einerseits eine Scheibe *100''* befestigt, über die ein endloser Riemen *14* gelegt ist, der über die beiden Leitrollen *100''* des *9*, die ortsfeste Leitrolle *100''* rechts und am Triebkopf die ortsfeste Leitrolle *100''*, die Triebscheibe *300''* und die Leitrolle *100''* geht. Durch die so gebildete Schleife auf den Rollen des *9* wird der Antrieb der *180''* bei der Verschiebung des *9* derart durchgeführt, daß die *180''* in jeder Lage die gelieferte Länge des *360''* in den *18* in regelmäßigen Lagen anordnet, so daß durch Zug auf das zuletzt eingelieferte Ende der *0* glatt aus dem *14* abläuft (86).

3d. Die Stetig- oder Laufstrangbleiche für Zwirne im Langstrang. Die sich stetig folgenden Behandlungen für das Kochen und Bleichen der Langstränge *0* (3, 4_{17}) bestehen in: a) dem Zuführen der *0* durch den getriebenen Haspel *410''* und den Rüsseleinleger *1÷6*; b) dem Kochen mit Ätznatronlauge in der I. Bearbeitungsstufe, mit Waschen, Stufe II; c) dem zweimaligen Chloren mit Ablagen bzw. Rutschen *0* der Stränge, Stufen III, V; d) dem Säuern, Stufe VII, jede gefolgt von einem Waschen, Stufen IV, VI, VIII, IX; e) dem Abquetschen des Wassers, Stufe X, und f) dem Ablegen der Stränge, Stufe XI, in Behälter, die mittels eines Kippwagens zur Trocknung der Stränge gefahren werden.

Die einfachen oder geketteten Langstränge *0* gehen über den angetriebenen Haspel *410''* (3_{17}) (s. S. 204), durch den aus Steinzeug oder Kupfer hergestellten, ausziehbaren Rüssel *1÷6* in den einen der Beuchkessel *8, 9*, worin sie lückenlos eingelegt werden, indem ein auf einem Hochboden *00* stehender Arbeiter den *1÷6* entsprechend hin- und herführt, oder dadurch, daß *1÷6* durch eine selbsttätige Vorrichtung bewegt wird. Damit derselbe *1÷6* für die verschiedenen Beuchkessel verwendet werden kann, ist er mittels Rollen *5''* auf Schienen *5* verschiebbar. Durch das Rohr *6* wird Altlauge aus einem der Hilfskessel I_1 an den *0* gebracht. Die eingelegten, feuchten *0* werden durch eine im untern Teil *9* des *8, 9* durch eine Pumpe *13* (1_{15}) verursachte Luftverdünnung fest aufeinandergepreßt. Nachdem der Beuchkessel gefüllt ist, werden die Garne mit einem Lattenrost 7_0 abgedeckt und der Kessel durch seinen Deckel *25* luftdicht geschlossen. Nun wird, wie auf S. 205 beschrieben, gekocht. Während des Füllens mit Ware des ersten Kessels *8, 9* (3_{17}) kochen die Garne des zweiten und die des dritten laufen über die Waschmaschine II durch die übrigen Stufen. Zugeleitet werden sie in der Mitte durch ein Porzellanauge (s. S. 214), die kurze Druckwalze *350''* und die breiten Triebwalzen *400''—550''*. Von hier aus gehen die *0* über die Leitwalzen *500''—360''* und zwischen *550''* und *400''* hindurch in Schraubenlinien und mit ihren unten gelegenen Teilen durch die Flüssigkeit des Behälters, um seitlich durch zwei ähnliche Walzenanordnungen *550''—400''—350''* wie beim Einlauf die Waschmaschine, Stufe II, durch ein Porzellanauge zu verlassen. Über den treibenden Haspel *650''* gelangen die *0* durch einen Rüssel mit vierseitiger Bewegung in den Ablegeschacht III (siehe S. 214), indem sie sich in solchen Mengen aufstapeln, daß sie darin wenigstens 20 Minuten verbleiben. Während dieser Zeit fließt beständig alkalisches Chlor (1 g im Liter mit 37° Wärme) in den III. Die *0* verlassen ihn über die angetriebenen Zugwalzen *250''*, *300''* und gehen über die Leitwalze *250''*, durch den Ablegekasten *0*, über den Haspel *250''* zur Waschmaschine IV. Dieses Chloren kann in Stufe V, VI wiederholt und in VII gesäuert werden, oder es wird in V und VI schwach sauer (7 g Schwefelsäure und 0,03 g Chlor im Liter bei 37° Wärme) gechlort, um die letzten Pektinreste aus den Fasern zu entfernen und so das Nachgilben des gebleichten Garnes zu vereiteln. Nach der letzten Rutsche *0* und den beiden Waschmaschinen VIII, IX werden die *0* durch die beiden Walzen *290''* der Quetsche X entwässert, wobei das Quetschwasser über eine unter ihr stehende Mulde abgeleitet wird. Die *0* gelangen dann über einen Haspel *450''* (s. S. 215) der Stufe XI mittels eines Stapellegers in einen Wagenbehälter, mit dem sie zur Trocknerei befördert werden (86).

g 4) Die Arbeitsmittel für die Kaltbleichen.

Die Kaltbleiche ist eine Einrichtung, um ohne Kochung mit Hilfe von Chlor und Sauerstoff eine wirtschaftlich tragbare Vollbleiche durchzuführen, indem die Kraft des bleichenden Sauerstoffes durch Behandlung unter Druck erhöht ist. Im selben Kessel wird nacheinander gechlort, gesäuert, mit Sauerstoff behandelt und in Verbindung mit Seife nachbehandelt. Die Flottenwärme braucht nicht über 80⁰ zu sein. Leinengarn wird nach vorheriger Kochung mit 2proz. Sodalauge bis zu $^{7}/_{8}$ weiß. Die Kaltbleiche eignet sich ganz besonders gut für das Vollbleichen der Langstränge, weil diese während der ganzen Behandlung in demselben Kessel verbleiben, wodurch sie außerordentlich geschont werden und keine Anlässe zu Schlingenbildungen des Stranges und Garnrissen bestehen. Nach erfolgter Kaltbleiche werden die Stränge, genau wie bei der Bleiche mit voraufgehender Kochung, auf zwei Waschmaschinen zum Trocknen fertiggestellt.

Die Einrichtung besteht aus dem Bleichkessel _1_ (8_{15}), dem Sättigungs- und Filtergefäß _2_, dem Saugkessel _3_, der Förderpumpe _4_, der Luftpumpe _5_, den Flottenvorratsbehältern _6_, _7_, _8_, den Rohrleitungen und dem Abflußkanal _9_. Der Siebboden _10_ des _1_ ist gewölbt und besteht aus Roststäben von linsenförmigem Querschnitt mit 2 mm Spaltöffnung, um das Abfließen der Flotte zu erleichtern und ihr Erbreitern zu gewährleisten.

4a. Das Einlegen des Stranges in den Bleichkessel.

a1) Das Zuführen. Der Langstrang _0_ bzw. die zu einem Langstrang zusammengeketteten Rundstränge, wird durch einen Rüssel, wie beschrieben auf S. 204, in den _1_ eingelegt unter Zugabe von Chlor- oder Sauerstoff-Flotte, indem die Pumpe _4_, z. B. Chlorflotte aus _6_ über den Saugkorb _11_, Rohr _12_, Hahn _13_, Rohr _14_, Pumpe _4_, Rohre _15_, _16_, Hahn _17_, den Trichter des Rüssels in den _1_ drückt. Die durch den _10_ gesickerte Flotte läuft durch den Stutzen _0_ nach Öffnen des Hahnes _18_ über die Leitung _19_, _20_ und den offenen Hahn _21_ in den _6_ zurück. Alle andern Hähne sind dabei geschlossen. Wird mit Sauerstoff-Flotte aus _8_ eingelegt, so werden statt _13_ und _21_ der über dem Saugkorb _22_ und dem Rohr _23_ gelegene Hahn _24_ und der Hahn _25_ des _20_ geöffnet. Während des Einlegens wird die Chlor- oder Sauerstoff-Flotte durch Zulauf von höchstgehaltigen Lösungen in _6_ bzw. _8_ angeschärft, um die Flotte auf gleicher Stärke zu halten.

a2) Das Entleeren der Leitungen. Ist _1_ zu $^{3}/_{4}$ gefüllt, dann muß die Flottenzuleitung aus _6_ oder _8_ durch Schließen von _13_ oder _24_ abgesperrt und aus den _4_ und den Leitungen _14_, _15_, _16_ die Flotte entleert werden. Dieses geschieht unter Weiterlaufen der _4_ über die Leitung _26_ mit Hahn _27_, die Leitung _28_ mit Hahn _29_, nach Öffnen der _27_, _29_, die Leitung _30_, den Saugkessel _3_, die Rohre _31_, _14_ und _33_ mit den zu öffnenden Hähnen _32_ und _34_ und je nach der Flotte über _20_ bei geöffneten _21_ oder _25_. Die Sauerstoff-Flotte kann, wenn sie verbraucht ist, über den zu öffnenden Hahn _35_ und Auslauf _36_ in den _9_ abfließen.

a3) Das Zusammenpressen der bisher eingelegten Stranglagen durch Ansaugen. Sämtliche Hähne werden geschlossen und die _4_ stillgesetzt. Über den Stutzen _37_ mit geschlossenem Lufthahn _38_, die Leitung _39_ mit zu öffnendem Hahn *40* wird durch die nun anzusetzende *5* die Luft aus *3* abgesaugt und über das Rohr *41* bei zu öffnendem Hahn *42* ins Freie geführt. In *3* entsteht dadurch eine Luftverdünnung bis 50 mm Wassersäule, worauf schnell der Hahn *43* geöffnet wird, so daß *3* über *30, 43, 28, 0* mit dem *1* verbunden ist. Die Strangschichten werden dadurch von unten festgesaugt und ihre Höhe um 300÷500 mm vermindert. Hierauf wird *5* abgestellt und die Hähne *40, 42, 43* geschlossen.

*a*4) *Das Fertigeinlegen* erfolgt wie vorhin beschrieben, wobei die Flotte aus *6* oder *8* nach Ingangsetzen der *4* und Öffnen der *13* oder *24*, sowie des *17* über die Leitung *14, 15, 16* in den Trichter des Rüssels gedrückt wird. Hierauf werden *18* und *21* oder *25* ebenfalls geöffnet.

*a*5) *Das Schließen des Bleichkessels*. Ist *1* mit Langstrang gefüllt, so werden: die *4* stillgesetzt, *17, 18, 21* oder *25* sowie auch *13* oder *24* geschlossen; der Spritztopf *44, 45* in den Hals des *1* eingehängt und der Deckel *46* dampfdicht geschlossen. Die seitliche Öffnung *45* des *44, 45* muß dabei genau vor der Mündung der Flottenleitung *28* zu liegen kommen. Nun wird der Stutzen *47* mit Hahn *48* des *46* durch das Verbindungsrohr *49* mit dem Lufthahn *50* des *3* verbunden.

4b. Das Bleichen.

*b*1) *Das Füllen des Bleichkessels* mit Chlorflotte und ihr Rundlauf von unten nach oben durch den Bleichkessel (Chlorflotte ungefähr 10⁰ Wärme und 3 g Chlor im Liter). Die *50, 38* werden geöffnet. Durch die *4* wird die Lauge aus *6* über *11÷14, 4* angesaugt und über *15*, den zu öffnenden Hahn *51*, in das Filtergefäß *52*, begreifend die Scheidewand *53*, die Siebflächen *54÷57*, den obern Raum *58* und die Siebflächen *59÷61* gepreßt. Zur Reinigung der Chlorflotte von festen Bestandteilen sind die Räume zwischen den *54÷57* und *59÷61* mit an Feinheit zunehmender Holzwolle gefüllt. Die *54÷57* beruhigen die eintretende, sprudelnde Flotte, damit diese gleichmäßig aus dem *52* austritt und über die Rohre *62, 63* mit dem zu öffnenden Hahn *64* und der *28* von unten in den *1* gelangt. Sie durchdringt den *10*, das Bleichgut, füllt den *1* vollkommen und tritt durch *45* oben hinaus, läuft durch *28, 29, 30* in den *3* und füllt ihn bis ungefähr $^9/_{10}$ voll Flotte, wobei die Luft durch *38* entweicht. Nun werden die *38, 50* und *13* geschlossen und *32* geöffnet, und die Flotte kreist von unten nach oben durch *1, 45, 28, 29, 30, 3, 31, 32, 14, 4, 15, 51, 52, 53* ÷ *64, 28, 0, 10, 1*. Nachdem der Druckmesser *65* des *1* einen Druck von 2,5÷3 atü zeigt, wird der *29* so viel weiter geöffnet, daß der Druck im *1* darauf verbleibt. Zeigt der *65* einen Druckunterschied gegenüber dem Druckmesser *66* von mehr als 0,3 atü, so muß er durch Öffnen des Hahnes *67* auf 0,3 atü geregelt werden. Hierdurch wird Flotte über *67, 16, 14* zu *4* zurückgeleitet, und dementsprechend weniger über *15, 51÷64, 28, 0, 10* nach *1* geliefert. Fällt der Flottenspiegel im *3*, so ist *32* zu schließen und *13* zu öffnen, wodurch Flotte aus *6* über *11÷14*,

1, 15, 51÷64, 28, 0, 10 nach *1* und über *45, 28, 29, 30* nach *3* strömt und der Laugenzufluß durch Schließen der *13* unterbrochen wird, wenn der *3* wieder bis zur Hälfte gefüllt ist. Durch Öffnen des *32* setzt der Rundlauf wieder ein. Der Druck am *65* darf 3 atü nicht übersteigen. Die Dauer des Rundlaufs beträgt etwa ½ Stunde.

b 2) Das Absaugen der Chlorgase aus dem Saugkessel 3 und ihr Durchleiten durch das Filtergefäß *52*. Die nun angelassene *5* saugt über die Leitung *37, 39, 40, 5* die mit Luft gemischten Chlorgase an und befördert sie über *41, 42*, während ungefähr 10 Minuten ins Freie. Nach Schluß des *42* wird der Hahn *68* geöffnet und der Rundlauf des Chlorgases erfolgt über die Leitung *69* mit Hahn *70*, das *52*, vermischt sich dort mit der durchströmenden Flotte und reichert sie an, wobei die schädlichen Kristalle in der Holzwolle zurückbleiben. Nicht gebundene Gase steigen in *52* nach oben und drängen die Flotte aus *58* zurück, wodurch der fallende Schwimmer *71₀, 72ₓ, 73* die Leitung *74* öffnet. Die Gase strömen nun durch den zu öffnenden Hahn *75* und *30* in den *3*, sättigen die darin befindliche Lauge, treten oben hinaus und werden über *37, 39, 40* von der *5* wieder angesaugt und über *41, 68, 69, 70, 52 ÷ 58, 74, 75, 30* nach *3* gedrückt. Durch die Umlaufleitung *76* mit Hahn *77* wird die Luftverdünnung in *3* so geregelt, daß der Unterdruckmesser *78* ungefähr 20 cm WS anzeigt. Dieser Rundlauf des Chlorgases findet auch bei der nächsten Arbeitsstufe statt.

b 3) Der Rundlauf der Chlorflotte durch den Bleichkessel von oben nach unten (Chlorflotte ungefähr 10° Wärme und 1¼÷2 g Chlor im Liter). Die *5* läuft weiter; es werden geschlossen *29* und *64*, geöffnet *43* und der Hahn *79* des Rohres *80*, so daß die Flotte von *4* aus über *15, 51÷63, 79, 80, 26, 28, 45* durch *44* in *1* eintritt, das Bleichgut von oben nach unten und den *10* durchdringt und über *0, 28, 43, 30, 3, 31, 32, 14* zur *4* zurückströmt. Das *66* muß gegenüber *65* einen Druckunterschied von 0,2÷0,3 atü aufweisen. Steigt er, so wird er durch *67* geregelt. Der Druck darf 3 atü nicht übersteigen. Die Dauer dieses Rundlaufes beträgt ¾ Stunden.

b 4) Das Ablassen der Chlorflotte und Spülen des Bleichgutes mit kaltem Wasser von oben nach unten.

Die *5* wird stillgesetzt; die *40, 68, 70, 75, 77* werden geschlossen. Die *4* läuft weiter. Der *43* wird geschlossen, der Hahn *81* der Frischwasserleitung *82* und die *18, 21* werden geöffnet. Die Chlorflotte aus *1* läuft ab über *0, 18÷21* in die *6*. Während des Ablaufens der Chlorflotte wird das Wasser von der *4* angesaugt über *82, 81, 30, 3, 31, 32, 14* und durch *15, 51, 52÷63, 79, 80, 26, 28, 45* durch den *44* in *1* gedrückt. Ist der *6* auf den ursprünglichen Flottenstand gefüllt, so wird der *21* geschlossen, der *35* geöffnet und der Hahn *83* geschlossen, so daß der stark verwässerte Inhalt des *1* in den *9* abläuft. Es wird so lange gespült, bis in dem aus

35 tretenden Wasser Jodkaliumstärkepapier sich nicht mehr schwärzt, was in ungefähr 1 ¼ Stunden erreicht ist. Der Druck beim Spülen, gemessen mit *66*, beträgt 2÷3 atü.

4c. Das Säuern mit Schwefelsäure (Säureflotte 10⁰ Wärme und 1½÷2⁰ Bé).

c1) Das Füllen des Bleichkessels 1 mit Säureflotte und der Rundlauf der Säure.

Der *81* wird geschlossen, so daß durch *82* kein Frischwasser mehr zufließen kann. Ist *3* über *31, 32, 14* durch *4* fast geleert, so werden *32, 51, 79* geschlossen, der über dem Saugkorb *84* und dem Rohr *85* angeordnete Hahn *86* und dem *27*, saugt die Säure aus *7* über *84, 85, 86, 14* durch die *4* und drückt diese über *15, 16, 26, 27, 28, 45* durch den *44* in den *1*. Das sich noch im *1* befindliche Spülwasser wird über *0, 18, 19, 20, 35, 36* in den *9* geleitet. Ist der *7* fast leer gepumpt, so ist alles Spülwasser in den *9* abgelaufen. Es werden dann *18, 35* geschlossen, *43* geöffnet und *3* über die Leitung *0, 28, 43, 30* bis auf ⅓ der Mantelhöhe gefüllt, worauf *32* geöffnet und *86* gleichzeitig geschlossen werden. Durch die *4* wird die Säure im Rundlauf geführt über *15, 16, 26, 27, 28, 45, 44, 1, 10, 0, 28, 43, 30, 3, 31, 32, 14, 4*. Durch Drosseln mit dem *32* wird der Druck im *1* auf 2÷3 atü gebracht, abgelesen bei *66*. Gesäuert wird 20÷30 Minuten.

c2) Das Ablassen der Säure und Spülen nach dem Säuern. Die *4* läuft weiter. Geöffnet werden *18, 87*, geschlossen *43*. Aus *3* wird die Säure über *31, 32, 14, 4, 15, 16, 26, 27, 28, 45, 44* in den *1* befördert und fließt durch *10, 0, 18, 19, 20, 87* nach *7* zurück. Mit *18* wird dabei gedrosselt, um 2÷3 atü, gemessen bei *66*, im *1* zu erreichen. Ist *3* fast leer gesaugt, so wird *81* geöffnet und durch *82, 81, 30, 3, 31, 32, 14, 4, 15, 16, 26, 27, 28, 45, 44* Wasser in den *1* geleitet und die Säure aus *1* über *10, 0, 18, 19, 20, 87* so lange in die *7* abgelassen, bis der vorhergehende Spiegel erreicht ist. Dann wird *87* geschlossen und *35* geöffnet, wodurch das Spülwasser über *36* nach *9* abfließt. Die Spülung dauert ungefähr 1 ¹⁄₂ Stunden, bis das Spülwasser neutral ist.

4d. Die Behandlung mit Sauerstoff-Flotte.

d1) Das Füllen des Bleichkessels mit Sauerstoff-Flotte und ihr Rundlauf von unten nach oben durch den Bleichkessel.

Die *4* läuft weiter. Die Sauerstoff-Flotte gelangt aus *8* über *22, 23, 24, 14, 4, 15, 51, 52÷64, 28, 0* in den *1* und durch *10* und das Bleichgut nach oben, wobei die *81, 18, 27* geschlossen sind und der Rest des im *1* befindlichen Spülwassers über *45, 28, 29, 30, 3, 31, 14, 83, 35, 36* nach *9* verdrängt wird. Ist die *8* leer, so werden *35, 83* geschlossen, mit *29* gedrosselt und *32* geöffnet. Der Rundlauf der Sauerstoff-Flotte aus *1* erfolgt über *45, 28, 29, 30, 3, 31, 32, 14, 4, 15, 51÷64, 28, 0, 1*. Nach Beginn des Rundlaufs wird der Hahn der Dampfleitung *88* geöffnet und die Flotte im *3* bis zu *65⁰* erwärmt. Auf diesem Wärmegrad hält man die Flotte 1÷2 Stunden, schließt dann die *88* und läßt die Flotte langsam abkühlen. Die Dauer des Rundlaufes beträgt 5÷6 Stunden. Nach jeder Stunde wird der Flottenlauf gewechselt von unten nach oben in von oben nach unten durch Umstellen der *64, 29* und *79, 43*. Der Druck im Kessel soll immer 3 atü betragen und ist an den *65* oder *66*, von denen einer jeweils mit der Flotteneinströmungsseite verbunden ist, abzulesen. Der Druckunterschied beider Messer darf 0,5 atü nicht übersteigen. Steigt er darüber, so ist der *67* in der Umlaufleitung etwas zu öffnen. Eine etwa notwendige Auffrischung der Sauerstoff-Flotte während des Umlaufs geschieht durch Zuleitung von Seifenflotte aus dem Rohr *89* mit Hahn *90*.

d2) Das Ablassen der Sauerstoff-Flotte. Zur Beendigung des Flottenumlaufs werden *4, 5* stillgesetzt und die *40, 42, 68, 70, 75* geschlossen. Weil die Sauerstoffbehandlung gewöhnlich als letzte im *1* und nachts durchgeführt wird, so läßt man in der Regel die Flotte bis zu Arbeitsbeginn am nächsten Morgen im *1*. Dann werden die *18, 25, 43, 29, 38* geöffnet, worauf die Flotte aus *1* über *0, 18, 19, 20, 25* und aus *3* über *31, 83, 20, 25* in die *8* zurückfließt. Aus ihr wird sie durch eine besondere Pumpe zur weitern Verwendung in einen Sammelbehälter befördert.

d3) Das Herauswaschen des Stranges aus dem Bleichkessel. Während die Sauerstoff-Flotte in die *8* abläuft, wird das *49* zwischen *1* und *3* abgeschraubt und dann der *46* des *1* geöffnet. Der Strang wird nun durch eine 50⁰ warme Seifenlösung der Strangseifmaschine gezogen und über Rutschen durch die Strangwaschmaschinen und die Ausquetschmaschine nach der Ablage geleitet (86).

g5. Die Arbeitsmittel für die Sauerstoffbleichen.

Als solche kommen die für die Kochchlorbleiche beschriebenen mit unbedeutenden Abänderungen zur Anwendung. Bei den Bleichern für gepackte Kreuzspulen sind die am Rand entstehenden Lücken sorgfältig mit losen Garnen, Garnabfällen oder Baumwollwirrmasse zu verstauen, damit die Flotte den Weg durch die Spulen nimmt.

5a. Bleicher für Wasserstoffsuperoxyd. Statt des Rundlaufs der Flotte mittels Pumpe allein, verwendet man hierbei noch ein Umwälzen durch einen Flottenbeförderer mit großer Wassermenge. In diesem Fall können die Kreuzspulen ohne Verstopfen der Lücken behandelt werden, was einen Zeitgewinn beim Packen bedeutet.

Das zwischen den Siebflächen *1, 2* (9_{15}) des Behälters *3, 4* mit Abteilwand *5* regelrecht eingepackte Gut steht unter der Einwirkung der aus dem Behälter *6* über das Rohr *7* mit Hahn *8* zugeführten Wasserstoffsuperoxyd-Flotte, welche nach Schließen des *8* durch das vom Motor *M* mit 920 Umdrehungen getriebenen Flügelrad *9″* in Umlauf gehalten wird. Die Flotte wird in *6* durch die Dampfschlange *10*, die durch das

Rohr *11* mit dem Hahn *12* an die Dampfleitung *13* angeschlossen ist, erhitzt, und ihre Wärme kann durch die Dampfschlange *14* mit Anschlußrohr *15* und Hahn *16* an die *13* während des Umlaufs gesteigert werden. Das Niederschlagwasser der *10* und *14* wird über die Rohre *17* mit dem Hahn *18* bzw. dem Rohr *19* mit dem Hahn *20* und dem Rohr *21* zeitweilig in den Ablaufkanal *22* abgelassen. Das Zurückbefördern der Flotte aus *1÷5* erfolgt durch das Rohr *23* mit dem Ablaßhahn *24* über die Pumpe *25* und das Steigrohr *26* zum *6*. Das Spülen geschieht aus der Wasserleitung *27* über den Hähnen *28*, *29*, *30*, durch den Stutzen *31* in *1÷5* bzw. durch das Steigrohr *32* in den *6*. Das Ablassen der verbrauchten Flotte findet durch Öffnen des *24* in den *22* statt (124c).

B C) Das Entwässern

Ca) der Rundstränge.

a 1. Die Strangquetsche. Nach dem Waschen werden in kleinen Betrieben die Stränge entwässert durch Ausquetschen der auf einem endlosen Tisch *1* (21_{10}) zugeführten Stränge in einem Walzenpaar *2''*, *3''*, dessen untere Walze *2''* über *4'*, *5'*, *6''* vom Riemen *7* angetrieben wird, und deren mit Weichgummi oder einem Seil umwickelte obere Walze *3''* mit der untern durch *8'*, *9'* verbunden ist. *9'* treibt über *z'* und *10'* den Zuführtisch *1* und das Ablaufband *11*, von dem die entwässerten Stränge zur Trockenkammer gelangen (86). Bei größeren Mengen empfiehlt es sich, das Entnässen auf einer Schleuder durchzuführen.

a 2. Die Schleuder. *2a. Mit Riemenantrieb.* Die Stränge werden gleichmäßig in den kupfernen, 480 mm hohen Korb *1''* (10_{11}) von $800'' \gtreqless 1500''$ mm Durchmesser der Schleuder eingepackt, der Deckel *2*, *3_x*, *4* mittels des Bronzegriffes *2* geschlossen, wodurch die Sicherung sich so weit zurückzieht, daß der Zahn *7* der Schaltwelle *8_x* ihrer durch die Handhabe *9* verursachten Drehung folgen kann und den Aufschlag des Endes *5*, *6* sperrt. Durch die Drehung der Schaltwelle *8_x* wird über den Arm *8_x*, *10* durch die Gabel *11*, *12* der Riemen *13* auf die Festscheibe *14''* (320 mm) überführt. Der Antrieb auf den Schleuderkorb *1''*, in den bei $800'' \gtreqless 1200''$—1500'' mm Durchmesser rund 150 kg entnäßtes Gut hineingehen und der 1200—900—750 Umdrehungen macht, erfolgt über die ständig im Ölbad laufenden Schraubenräder *15'*, *16'* (1:1) und die Riemenscheiben *17''* (360''), *18''* (240'') (1,5:1). Solange also der *1''* umläuft, etwa 10÷15 Minuten, kann der *2*, *3_x*, *4—4*, *5—5*, *6* nicht gehoben werden, weil der *7* und der Stift *19* der Stange *19*, *20* unter der Fliehkraft von *21⁰*, *22^x*, *23* in ein Loch des *5*, *6* eingreift, sperrt. Erst bei unter 15 Trommelumdrehungen zieht sich *19* aus *5*, *6* und erlaubt das Öffnen des Deckels nach Umlegen von *9*, *7*, *8_x*. Die Scheibe *18''* dient als Ölbehälter, aus dem bei der Drehung des *1''* das Röhrchen *24* das Öl in das obere Halslager *25* befördert, von wo es wieder durch die beiden Lager *26*, *27*, wovon das obere *26* führt, das untere *27* stützt, in den Ölbehälter $18''$ zurückfließt. Ein seitlich der Schmierleitung angebrachter Öldruckzeiger läßt den Stand und den Lauf des Öles erkennen. Der $1''$ mit dem Antrieb und dem nach Lösen der Schrauben 28, mit denen er auf dem Untergestell 29 der Schleuder befestigt ist, leicht freizulegenden, schmiedeeisernen Fangmantel 30 sind in drei mit Kugelgelenken ausgerüsteten Pendelstangen 31, $32_0!$, 33 an drei Pendelfüßen 34 angehängt. Das Anhalten des $1''$ bei der Überführung des 13 auf die Losscheibe $14_1''$ geschieht über die Hebelverbindung 9, 8_x—8_x, 35—35, 36—36, 37_x mittels des Bandes 38, $39!$, das sich um die Bremsscheibe $40''$ legt.

Die Schleuder benötigt zum Anlaufen 5 PS, im Dauerbetrieb ungefähr 2 PS. Die ganze Schleuder einschließlich des Antriebvorgeleges ist in drei Kugelgelenken 33 pendelnd aufgehängt und stellt sich deshalb bei ungleichmäßiger Belastung selbsttätig in ihre Schwingungsmittelachse ein. Hierdurch wird ein vollkommener Ausgleich der Schleuderkräfte und ein ruhiger, stoßfreier Lauf erzielt. Bei der Schleuder mit Riemenantrieb ist das Antriebsvorgelege $14'' \div 18''$ unmittelbar an dem gußeisernen Kesseluntergestell 29 angebaut und pendelt mit. Die Aufstellung erfolgt auf ebenem Fußboden ohne schweres Gemäuer und ohne Grube in der Weise, daß die Pendelfüße 34 auf einem dreieckigen Grundrahmen 0 aufgeschraubt werden, welcher in den Fußboden eingelassen ist. Kugel- und Rollenlager gewährleisten einen leichten Lauf und große Ersparnis an Antriebskraft sowie Schmiermitteln. Die Schleuder benötigt infolge ihrer freien Pendelung einschließlich des Antriebes einen geringen Kraftbedarf, wenig Ausbesserungen und hat infolge der offenen Riemen nur geringen Lederverbrauch und eine lange Lebensdauer (137).

2b. Mit Elektromotorantrieb. Die Ausführung des Korbes und Gestelles bleibt dieselbe wie vorhin. An Stelle des Antriebsvorgeleges ist der Elektromotor M (11_{11}) auf der Grundplatte 29 (10_{11}) befestigt. Die Elektroschleuder weist eine elektrisch wirkende Steuerung auf, deren Druckknöpfe 1, 2 (11_{11}) über die Hebel 3, 4_x, 5—6, 7_x, 8 die Nockenscheibe $9''$, die Hebel 10, $9''$, 11—11, 12—13_x, 12, 14 vom Arbeiter unter Linksschwenkung von 14, 12, 13_x betätigt werden. Außerdem ist sie mit einem Selbstanlasser, einem Zeitschalter 15, einer Bremse, deren Band 10, 16 sich um die Bremsscheibe $17''$ (gleich $40''$ in 10_{11}) legt, und einem Lichtzeichen ausgerüstet. Durch eine einfache Linksdrehung des Schalthebels 14, 12, 13_x wird zwangsläufig der Eindruckknopf 1, 1_0 des Steuergehäuses eingedrückt und dadurch der Stromkreis geschlossen. Der Selbstanlasser, der in Abhängigkeit vom Motorstrom Widerstand abschaltet, verhindert beim Anlauf eine Überlastung des Elektromotors. Durch ihn wird vermittels einfacher Riemenübertragung $19''$, 18, $20''$ der 15 angetrieben. Die Zeitscheibe $21''$ ist mit leicht herausnehmbaren und versetzbaren Nocken $21!$ versehen, so daß die Laufzeit der Schleuder zwischen 3 und 20 Minuten, je nach Art des Schleudergutes, entweder für immer oder von Fall zu Fall eingestellt werden kann. Ist die durch den 15 bestimmte

Anlaufzeit beendet, so wird selbsttätig der Verbindungshebel *22*, *23*, *24_x*, dessen Nase *23* unter der Wirkung der Feder *25_0* den Haken *26* der Zahnstange *27'* mit Feder *28_0*, *29!* zurückhielt, ausgeschaltet. Die Linksverschiebung der Zahnstange *27'* verursacht über die Räder *z'*, *30'* eine Rechtsdrehung des Handhebels *13_x*, *12*, *14* und über *12'*, *11—11*, *9''*, *10—8*, *7_x*, *6* das Eindrücken des Ausschaltknopfes *2*, und durch *5*, *4_x*, *3* das Loslassen des Einschaltknopfes *1*, *1_0*, wodurch die Stromzuführung abgestellt wird. Gleichzeitig wird das *10*, *16* an die *17''* gepreßt und die Schleuder gebremst. Nach Unterschreitung von 15 Umdrehungen des Schleuderkorbes zieht sich der Stift *19*, *20* (*10_{11}*) aus dem Loch der Stange *6*, *5* (in *11_{11}* gleich *31*, *32*) und gibt die Deckelsicherung *6÷2* frei. Der Deckel *2*, *3_x* wird gehoben und der Inhalt aus dem Korb *1''* genommen. Eine elektrische Lampe leuchtet so lange auf, als die Schleuder in Gang ist und erlischt sobald durch den Ausdruckknopf der Strom der Schleuder abgestellt und die Maschine stillgesetzt wird.

Durch Zeiteinstellung wird eine vollkommen gleichmäßige Schleuderwirkung erzielt, was für die nachfolgende Fertigtrocknung von größter Wichtigkeit ist (137). Das Ein- und Auspacken der Stränge in die Schleuder sowie das Zuführen und Abnehmen der Rundstränge auf der Strangquetsche erfolgen von Hand, die Beförderung zur Heißluftkammer in beiden Fällen in Rollwagen.

B C) **Das Entwässern der zu einem Langstrang vereinigten Rundstränge und der übrigen Langstränge.**

b1. Die Quetsche. Für das Entwässern der Langstränge wird zwischen der Strangwaschmaschine und dem Strangableger eine ähnliche Quetsche wie *21_{10}* unter Wegfall der Zu- und Abführtische angeordnet, so daß der entwässerte Strang aus dieser Verbindung der Arbeitsstufen hervorgeht. Wurde der nasse Langstrang abgelegt, so ist er in seine einzelnen Rundstränge aufzulösen, und diese sind durch Ausschleudern zu entwässern. Sehr oft wird der ausgequetschte Langstrang durch einen Ableger in einen Holzbehälter oder in eine ausgekachelte Grube gestapelt, von wo er in Wagen zur Heißluftkammer gelangt, oder er wird sofort in die Förderwagen eingelegt. Ohne Verwirren der Garne oder Verknoten des Stranges muß er mit sehr großer Geschwindigkeit der folgenden Bearbeitung dargeboten werden.

Cc) **Das Entwässern der Garne auf Kreuzspulen,** welche auf durchlochte Hülsen aufgesteckt, gebleicht bzw. gefärbt wurden, erfolgt durch Absaugen, das der eingepackt behandelten durch Schleudern.

Cd) **Das Entwässern der Garne auf Kettbäumen** geschieht nach drei Verfahren: durch Absaugung, Schleudern und durch Dampfeinwirkung.

d1. Die Absaugung erfolgt durch Aufsetzen des Kettbaumes *0* (*3_{14}*) bzw. des Kötzerträgers *0''* (*3a_{14}*) oder des Kreuzspulträgers *0''*

($3b_{14}$), auf den Saugmund 23 (3_{14}) einer Leitung 26 mit Hahn 25, die mit dem Saugkessel 13 in Verbindung steht. Dieser ist durch das Rohr 14 an die Luftpumpe 15 angeschlossen. Beim Absaugen bzw. Abdrücken des Wassers durch Luft, wird das Garn bis auf $80 \div 100\%$ des Warentrockengewichtes entwässert. Ist T das Trockengewicht, so ist das Gewicht G des entwässerten (abgesaugten) Garnes: $G = T + (0,85 \div 1)\ T = T (1,85 \div 2)$. Mit diesem Gewicht geht der Kettbaum in den Trockner. Um die Entwässerung noch weiter als $85 \div 100\%$ des Trockengewichts zu treiben, verwendet man die Kettbaumschleudern, welche mit $900 \div 1000$ minutlichen Umdrehungen eine Entwässerung bis auf $40 \div 50\%$ des Trockengewichts erreichen.

d2. **Das Schleudern.** Hiebei wird je nach dem Bleich- und Färbverfahren in waagerechten oder lotrechten Behältern auch eine liegende oder stehende Schleuder verwendet. Um das Schlagen des Kettbaumes beim Schleudern, veranlaßt durch ungleich verteilte Massen, wodurch sein Schwerpunkt aus der Drehachse verdrängt wird, zu dämpfen, darf die Schleuder nicht starr gelagert sein, sondern sie muß federnd nachgeben.

2a. Liegende Schleuder. In den Kettbaum $0 \cdot (1_{17})$ wird ein Sicherheitsrohr 1 eingefügt und die Flanschen 2 der Seitenscheiben 3 (1, 2_{17}) zwischen die beiden Teller $4''$, $5''$ eingespannt. $4''$ ist drehbar auf der im Bock 6 stillstehenden Spindel 7, auf deren Gewinde durch zwei Handräder 8 das Anpressen und Festlegen der $4''$ gegen 2 erfolgt. Der $5''$ sitzt auf der Welle $5_x''$, die in den beiden Lagern 9, 10 läuft und über die Kupplung 11 mit dem Motor M verbunden ist. Um die Wirkung des beim Einspannen verursachten Axialdruckes zu vermindern, befinden sich in 10 und 12 je ein Druckkugellager, während die übrigen Axialkugellager sind. Die 9, 10—6 stehen auf dem Rahmen 13, welcher mit Auflagen 14 (2_{17}) über den Spindeln 15 geführt und durch die Federn $16_0!$, $17_0!$ in den Säulen 18 nachgiebig gestützt sind. Die beiden Mulden 19—20, 21_x sammeln das abgeschleuderte Wasser. Zum schnellen Anhalten dient der Handhebel 22, 23_x, 24 mit dem Bremsband 21, 25, das über die Bremsscheibe $26''$ gelegt ist. Bei 1000 Umdrehungen des Baumes wird der Wassergehalt des Garnes auf $50 \div 60\%$ herausgeschleudert, d. h. auf 100 kg Trockengewicht des Garnes beträgt der Wassergehalt $50 \div 60$ kg (86).

2b. Stehende Schleuder. Das Kettbaumrohr 1 (2_{15}) wird mit dem kegeligen Ansatz 2 auf den Teller $3''$ gesetzt und dadurch auf ihm festgehalten, daß der obere Teller $4''$ durch die Verschlußmutter 5 fest auf die Welle $3''$ gepreßt wird. Letztere ist oben im Deckel 6, 7_x durch zwei Kugellager gefangen und unten in Kugellagern 8, 9 ähnlich geführt, wie dieses bei der Schleuder 10_{11} eingehend beschrieben wurde. Ebenso ist das Gehäuse 10 mit den Trägern 11 in drei Säulen 12 aufgehängt und den Wirkungen der Federn *13*$_0$, wie bei der *10*$_{11}$, ausgesetzt. Durch diese Anordnung wird das Schlagen des Kettbaumes wirksam gedämpft. Der Antrieb erfolgt entweder durch einen an *10* angebauten Motor oder durch die Übertragung *14''*, *15*, *15''—16'*, *17'—18''* vom Riemen *19* (137).

d 3. Die Entwässerungsvorrichtung mit Dampfeinwirkung.

Um die Anschaffung einer Schleuder zu erübrigen, entwässert man den Kettbaum *0* (*6*$_{14}$) auf 45% des Trockengewichtes der Garne innerhalb 5÷10 Minuten, indem man ihn mit seinem kegeligen Ansatz *1* durch die Krananlage bzw. die Laufkatze auf das Munststück *2* des Kessels *3* stellt und letzteren durch den Deckel *4* mittels der Flügelschrauben *5* dampfdicht abschließt. Durch Öffnen des Hahnes *6* der Leitung *7* strömt Dampf in den *3*, dessen Sicherheitsvorrichtung *8* abbläst, wenn der durch den Messer *9* angezeigte Druck den verlangten übersteigt. Das durch den Dampfdruck von 1,5÷1,8 atü nach innen gepreßte Wasser des *0* geht durch die Leitung *10* und die Klappe *11* nach außen in den Abfluß *12*. Nach 5 Minuten wird *6* geschlossen und die Hähne *13÷16* der Saugleitung *17* werden geöffnet. Das noch im *0* vorhandene Wasser wird nun über *1, 2, 10, 17, 16* abgesaugt bis auf 45% des Trockengewichtes des Garnes. Zum Ablassen des niedergeschlagenen Wassers aus *3* in den *12* dient der *14*, *15* (130).

B D) Das Trocknen.

Die nach dem Abpressen oder Schleudern in der Ware noch vorhandene Feuchtigkeit, etwa 60% des Trockengewichtes, wird ihr durch Heißluft entzogen. Bei einem Trockengewicht von 100 kg ist das Gewicht der geschleuderten, entwässerten Ware daher 100 + 60 = 160 kg. Um der Austrocknung sicher zu sein, nähert man sich durch sie nahezu dem Trockengewicht. Weil der etwas feuchte Baumwollzwirn in den weiteren Bearbeitungen besser läuft als der trockene, und weil ein Wasserzusatz bis zu 8½% des Trockengewichtes gesetzlich zulässig ist, so wird dem Zwirn nach dem Austrocknen die fehlende Feuchtigkeitsmenge entweder durch längeres offenes Lagern oder durch Hindurchbewegen durch eine mit Feuchtigkeit gesättigte Kammer einverleibt. Die 100 kg Trockengewicht ergeben dann ein Zwirngewicht von 108½ kg. In Wirklichkeit entzieht man daher der geschleuderten Ware nicht 60%, sondern nur 60 — 8,5 = 51,5% Feuchtigkeit. Man bezieht diese Angaben auf das Trockengewicht der Genauigkeit halber.

D a) Das Trocknen der Rundstränge.

a 1. Der Kammertrockner mit abgestuften Wärmeeinwirkungen besteht aus drei oder mehr Abteilen *A*, *B*, *C* (*0*$_{18}$), in welchen sich die Wagen *0* befinden, und zwar in Raum *B*, die mit fast fertig getrockneten, in Kammer *C*, die mit halbtrockenen und in Abteil *A*, die mit nassen Strängen, welche entweder auf Stöcken aufgereiht oder in Horden *0* eingelegt sind. Zu diesen Unterabteilungen *A*, *B*, *C* gehören die Heizungen *a*, *b*, *c* und die Luftbeförderer *I*, *II*, *III*, die auf einer gemeinsamen, durch die Riemenscheibe *0″* angetriebenen Welle befestigt sind. Jeder Luftbeförderer *I*, *II*, *III* wälzt die Luft aus der ihm zugehörigen Kammer über die Heizrohre *a*, *b*, *c* und durch untere Öffnungen *1÷3* im Sinne der punktierten Pfeile *4÷6*. Der Luftbeförderer des Abteils, in dem sich die nassen Stränge befinden, bläst einen Teil der angesaugten Luftmenge durch seine unverschlossene Öffnung *7÷9* ins Freie. Durch die geöffnete der Klappen *10÷12* im Raum mit den fast fertig getrockneten Strängen strömt die Außenluft nach und folgt dem dick gezeichneten Lauf nach den Pfeilen *13÷16*, wobei sie sich an den Heizkörpern *a*, *b*, *c* genügend vorwärmt, um ein wirtschaftliches Trocknen zu gewährleisten. Die Widerstände in den einzelnen Trocken- und Heizräumen sind sehr gering, und es herrschen nur geringe Unterschiede in den Unterdrücken der Trockenkammern und den Überdrücken in den Heizabteilen. Durch die punktiert eingezeichnete Tür *17_x*, *18* fahren die Wagen *0* ein und aus. Ein dreikammeriger Trockner mit einer Stundenleistung von rd. 150 kg trockener Stränge bei annähernd 60% Feuchtigkeit vom Trockengewicht benötigt ungef. 3 PS und 1 Mann zu seiner Bedienung (141).

a2. **Der Kanaltrockner** mit vereinigtem Ein- und Auslauf und mit Gutbeförderung entgegengesetzt zum Luftstrom mit stufenmäßiger Hitzesteigerung.

2a. Seine Wirkungsweise. Die auf den Stangen *1* (*5÷8_{13}*) hängenden, nassen Stränge *0* werden von der Arbeiterin in die Aufnehmer *2* des Wagens *3*, der mittels Rädern *120″* auf Schienen *4*, *4_1* läuft, gelegt. Das innere Räderpaar *120″* (*8_{13}*) ist durch den inneren Wagenträger *5* mittels dessen Bolzen *6* an die Zugglieder *7* derart angeschlossen, daß *5÷7* eine Förderkette von 400 mm Teilung bilden. Nach Aufhören der *4* (*5*, *6_{13}*) an dem Einlauf *E*, dem Auslauf *A* und der Umkehrstelle *U* legen sich die *6* in die Lücken *9* des Umlenkrades *8′* ein; die Wagen hängen dann mit *7* auf der Oberseite des *8′*. Das äußere *120″* wird ständig auf *4_1* geführt. Der Antrieb der Wagen über die *5÷7* erfolgt vom Motor *M_1* (*5_{13}*) durch die Scheiben *100″*, *500″*, das Schraubengetriebe *1′:50′*, die Kurbel *$50_x′$*, *10*, die Stange *10*, *11!*, den Klinkhebel *11!*, *12^x*, *$45_x′$*, die Klinke *12^x*, *13^0*, das Klinkrad *45′* mit Gegenklinke *14*, *15_0*, die Umlegeräder *i′*, *i′*, die Kegelräder *25′*, *100′* und die lotrechte Welle *$8_x′$* des *8′*. Neben der Klinkerei *10÷15* ist ein ähnliches Sperrgetriebe angeordnet, um die Bewegung während des Beladens eines Wagens auf kurze Zeit zu unterbrechen.

Die Umlaufzeit eines Wagens beträgt 160 Minuten; er legt daher bei einer gestreckten Kettenlänge von 16 m, in der Minute 0,1 m zurück. Weil der Durchmesser des *8′* 1,02 m beträgt, so ist seine Drehzahl = = 0,1 : 3,1416 · 1,02 = 0,0312. Der 0,75 PS starke Motor *M_1* macht

1415 Umdrehungen; die Übersetzung von ihm auf $8'$ muß daher sein:

$$0,0312 : 1415 = 1 : 45\,000 = \frac{100''}{500''} \cdot \frac{1'}{50'} \cdot \frac{1}{45'} \cdot \frac{25'}{100'} \cdot$$

Der Antrieb auf die Lüfter $400''$ (5, 6, 7_{13}) erfolgt vom Motor M_2 (5_{13}) mit Drehzahl 1430 über die Scheiben $200''$, $520''$, so daß ihre Drehzahl 1430 $200'' : 520'' = 550$ beträgt.

Das Gut läuft im Sinn der Pfeile a (5, 6_{13}) vom Einlauf E durch den vordern Kanal K, über die Umkehr U, durch den hintern Kanal K_1 und am Auslauf A entnimmt die Arbeiterin die 1 mit dem trockenen 0 und hängt an ihre Stelle 1 mit nassen 0. Die K und K_1 (5_{13}) sind durch die Heizkammern H und H_1 (5, 7_{13}) getrennt; an der Decke des K (Einlaufseite E) und am Boden des K_1 (Auslaufseite A) befinden sich die Lüfter $400''$. Durch Bleche 16 mit Verteilungssieben 17 wird der Luftstrom nach oben in K bzw. nach unten in K_1 geleitet. Die von $400''$ angesaugte Luft wird, nachdem ihre Hitze in H bzw. H_1 durch die Heizrohre 18 gesteigert ist, durch 16, 17 wieder in den K bzw. K_1 befördert. Es entsteht dadurch eine im Sinn der Pfeile b fortschreitende Luftkreisung durch die K bzw. K_1 einerseits und die H bzw. H_1 anderseits, welche, wenn der Eingang des kalten Luftstroms bei A erfolgt, d. h. entgegengesetzt zum Gutlauf, Pfeil a, auf das gegen Hitzeschäden sehr empfindliche Trockengut mit der geringsten Wärme und durch die stetige Zunahme der Erhitzung in jeder folgenden H bzw. H_1 auf das nasse Eingut mit der stärksten Hitze trifft, wodurch eine große Schonung der Fasern und eine gute Ausnützung der Dampfwärme gesichert sind.

Dadurch, daß die austretenden Zwirnstränge in dem letzten Abteil K_1 mit feuchter, von oben nach unten streichender Luft in Berührung kommen, wird ihr, im ausgetrockneten Zustand spröder und strohig anzufühlender Faserstoff wieder geschmeidig und zu allen Verwendungen geeignet, ohne daß die Zwirnstränge verwirren und zur Erreichung der handelszulässigen Feuchtigkeit (Baumwolle $8\frac{1}{2}\%$, Seide 11%, Glanzstoffäden allgemein 11%, s. S. 25, Kammwolle $18\frac{1}{4}\%$, Streichgarn 15%) längere Zeit in einem feuchten Lagerraum ruhen müssen.

D b) **Das Trocknen der Kreuzspulen.** Die durch Absaugen oder durch Schleudern entwässerten Kreuzspulen enthalten noch bis zu 70% Wasser, das durch die Wirkung eines Trockners bis auf $8\frac{1}{2}\%$ des Trockengewichtes entfernt werden muß. Hierzu kann Verwendung finden:

b1. Der Kammertrockner 0_{18}, dessen Beschreibung auf S. 227 gegeben wurde, oder:

b2. Der Bandtrockner. Die Spulen werden von Hand oder durch einen Selbstaufleger auf das aus Stäben mit Versteifungen und Gliedern gebildete Band 1 (2, 3_{16}) aufgeschüttet, das durch Seitenschienen 2 gestützt wird. Die beiderseits der Stäbe angeordneten Ketten laufen über

Triebrollen, so daß das Band nur wenig beansprucht ist. Es muß aus nicht rostendem Metall oder vorzüglich verzinnt sein, besonders für das Trocknen von Zwirnen, die mit Chlor oder Schwefelfarbstoffen behandelt wurden. Die Spulen gehen mit dem *1* langsam durch die Trockenstufen *A, B, C,* welche seitlich mit den Heiz- und Umluftzellen *a, b, c* in Verbindung stehen. Durch die Niederdruckluftbeförderer *I, II, III* und die untern Öffnungen *3, 4, 5* wird die Luft nach den Pfeilen *6* umgewälzt. Ein Hochdruckgebläse *IV* am Eingang saugt die aus dem Heizraum *a* überströmende Luft nach Pfeil *7* an, während durch die Düsen *V* ein gutes Belüften bewirkt wird. Die *I, II, III* verursachen sowohl die Umwälzung der Luft nach den dünnen Pfeilen *6* als auch den Luftdurchgang nach den dicken *8 ÷ 12,* wobei die Luft sich stets an den *a, b, c* erwärmt. Weil die Kreisluftströmung und die fortschreitende Luftbewegung durch dieselben Luftbeförderer hervorgerufen werden, so wird auch der fortschreitende Luftstrom zwangsläufig und restlos durch die Heizzellen geführt. Ungleichmäßigkeiten in der Erwärmung und Belüftung des Kanalinnern sind daher ausgeschlossen. Durch das Fortschreiten der Luftbewegung in schraubenförmiger Linie, abwechselnd durch die aufeinanderfolgenden Kanalzonen und die seitlichen Heizkörper, erhält bei der Gegenstromtrocknung das nasseste, also gegen Hitzeschäden widerstandsfähigste Gut, die größte Wärmemenge, das stufenmäßig trockener werdende Gut stufenmäßig geringere Wärmemengen und das fast ganz trockene und gegen Hitzeschäden wenig widerstandsfähige Gut die geringsten Wärmemengen von nur einem Heizkörper. Je nach dem Wassergehalt der aufgelegten Spulen wird die Geschwindigkeit des Förderbandes eingestellt. Die Lieferung hängt von der Länge des Bandtrockners ab, ebenso auch der Kraft- und Dampfverbrauch. Bei 100 kg Stundenleistung trockenen Zwirnes rechnet man etwa 8,5 PS für die Luftbeförderer und das Förderband und einen Mann zur Bedienung. Das Gut wird in Wagen, Säcken oder über eine geeignete Fördervorrichtung zur folgenden Arbeitsstufe, dem Glänzen, gebracht.

D c) **Das Trocknen der Langstränge.** Das vor dem Austritt aus der Stetigbleiche ausgeführte Abquetschen des Wassers wird oft noch durch das Schleudern der Langstränge vervollständigt, damit die Zwirne mit möglichst wenig Wassergehalt, etwa 50% des Trockengewichtes, dem teuren Trocknen vorgelegt werden. Der geschleuderte Langstrang gelangt entweder in Wagen zum Trockner und wird durch ihn als Strang geführt, oder die Garne *0* (10_9) gehen beim Ausbreiten des $5 ÷ 6$ cm dicken Stranges in eine 1 m breite Kette auf der Ziehmaschine vor ihrer Aufwicklung auf den Kettbaum *13''* durch den Trockner in vielen waagerechten oder lotrechten Windungen, um die Heißluftwirkung wirtschaftlich auszunützen. Zum Trocknen des Langstranges wird verwendet:

c1. Der Kammertrockner. Die Langstränge werden über einen Ableger ähnlich dem bereits beschriebenen (6, 7_{15}), S. 215, in der kürzesten Zeit in die einzelnen Horden 0 (0_{18}) eingelegt, indem auf die gefüllte eine neue geschoben wird, in die das Band durch eine einerseits angebrachte Aussparung in der Hordenwand eintritt. Sind alle Horden des Wagens 0 gefüllt, so wird er in die freie Kammer des Trockners eingefahren und die Tür 17_x, 18 geschlossen. Das Trocknen erfolgt nun in der auf S. 227 beschriebenen Weise. Nach dem Trocknen werden die Wagen der Kettenziehmaschine (10_9) vorgesetzt.

c2. Der Stetig- oder Laufguttrockner für Ketten- und Langstränge. In ihm gehen die ausgebreitete Kette sowie die Langstränge in hin- und hergehenden Windungen durch die Warmluftzonen hindurch, wobei das Zuführen des nassen Gutes entweder von einem Kettbaum oder aus etlichen Wagen und das Sammeln des trockenen Gutes auf einem Kettbaum oder in Wagen erfolgt. Die vom Kettbaum kommende Breitschicht der Garne 0 (10_{15}) bzw. die aus Wagen 1 ablaufenden Langstränge 0 gehen über die Führungswalze $2''$, zwischen den Zuführwalzen $3''$, $4_0''$ hindurch, über die Führungsstange 5, durch einen Schlitz der Rückenwand 6 des Gehäuses 6, 7, 8, das auf dem Boden verankert ist, über die Leitstangen 9 in die erste Trockenzone I. Über die Walzen $10''$, $11''$ werden sie auf einem langen Weg durch I geführt und gelangen über die 5 und 9 in die zweite Trockenzone II, und nach ihr in die dritte III, aus welcher sie über 5 nach der Decke 7 des Trockengehäuses geleitet werden. Durch einen Schlitz in 7 treten sie aus und gelangen über Stützwalzen $12''$, die Ausfuhrwalzen $13''$, $14_0''$ an der Einlaufseite zur Aufwicklung, und zwar die Ketten durch ein Blatt auf den Kettbaum und die Langstränge über einen ähnlichen Ableger 6 (7_{15}), wie beschrieben auf S. 215, welcher die Stränge wieder in ebensoviel Wagen 1 (10_{15}), als dem Trockner vorgelegt wurden, einlegt. Die Luftbewegung wird hervorgerufen durch die Luftbeförderer $15''$ der durch Riemen oder Elektromotor getriebenen Welle $15_x''$, und zwar im Sinne der eingezeichneten Pfeile, wobei die in jeder Zone kreisende Umluft sich an den Heizkörpern 16 ständig erhitzt und vom Ausgang des Gutes (bei 7) bis zum Einlauf (bei $3''$, $4_0''$) die Hitze der durchziehenden Luft derart gesteigert wird, daß die bei 5 einzutretenden nassen Stränge von der größten Hitze getroffen werden (Näheres s. S. 228) (141).

D d) **Die Berechnungen eines Trockners.**

Als Beispiel für die Berechnungen eines Trockners sei der Kanaltrockner $5 \div 8_{13}$, Beschreibung S. 228, gewählt. Auf denselben Grundlagen beruhen auch die Berechnungen des Kammer-, Band- und Stetigtrockners.

Die Berechnung des Kanaltrockners mit Kühl- und Feuchtzone.

d1. Die Bedingungen. Es sind in 8 Stunden abzuliefern rund 1085 kg Baumwollstränge mit 8,5% Feuchtigkeit über das Trocken-

gewicht (1000 kg). Aufgegeben werden die Stränge mit ungefähr 70,5%
Feuchtigkeit über das Trockengewicht.

d2. Die Bestimmung der Hauptabmessungen.

2a. Das Fassungsvermögen der üblichen Hängewagen mit 1250 mm
Breite, 1560 mm Nutzhöhe und 790 mm Tiefe = 24 Stäbe zu 700 g =
= 16,8 kg.

2b. Die Erfahrungszeiten in Minuten für das:

Trocknen . . . . . . ungefähr	90	Minuten
Kühlen . . . . . . „	12	„
Feuchten . . . . . . „	24	„
Ein- und Auslaufen . „	34	„

Zusammen: 160 Minuten

2c. Die Stundenleistung in kg und Wagenzahl: 1000:8 = 125;
125:16,8 = rund 7,5.

2d. Die Kettenlänge: Bei der Kettenteilung je Wagen von 800 mm
werden für 160 Minuten Umlaufzeit benötigt: 160 · 7,5 : 60 = 20 Wagen,
und daher 20 · 800 mm = 16 m gestreckte Kettenlänge.

2e. Die Abmessungen der Kettenbahn: Kettenscheibendurchmesser:
1020 mm. Achsenabstand: 6400 mm. Also:

2f. Die Kanalabmessungen: Innenmaße: Breite · Höhe = 1300 ·
· 1700 mm; Außenmaße: Breite · Höhe · Länge = 3,9 · 3,1 · 7,8 m.

d3. Die Bestimmung des Wärmebedarfs.

3a. Die Stundenleistung: 125 kg Trockengut.

3b. Die Wasserverdunstung: 70,5 — 8,5 = 62%; also 0,62 · 125 kg =
= 77,5 kg je Stunde.

3c. Der Frischlufteintritt: bei 17° und 75% Sättigung enthält das kg
Luft 14,1 g Wasser (142).

3d. Der Abluftaustritt: Bei 60° und 60% Sättigung enthält das kg
Luft 87 g Wasser. Also kann 1 kg Luft 87 — 14,1 = 72,9 g Wasser aufnehmen, oder für 1 kg Wasser werden 10000:729 = 13,7 kg Frischluft
gebraucht.

3e. Die benötigte Wärmemenge.

e1) in den Kanalwandungen von 2 · (3,9 · 3,1 + 3,9 · 7,8 + 3,1 ·
· 7,8) = 133 m² Oberfläche und einer aus vielen Erfahrungen festgestellten Wärmedurchgangszahl (für 1 m² bei 1° Wärmeunterschied zwischen
innen und außen) $k = 3,1$ (141), für 50° mittlere Kanalwärme und 17°
Außenwärme: $Q_1 = 133 \cdot 3,1 \ (50 - 17) = 13606$ kcal je Stunde.

e2) im Fasergut, wenn zur Erhöhung der Wärme 1 kg Baumwoll-
fasern um 1° der Wert 0,34 kcal (143) zugrunde gelegt wird:

$$Q_F = (1000:8) \cdot 0,34 \cdot (20 - 17) = 127,5 \text{ kcal je Stunde.}$$

e3) in der Verdampfung bei $i =$ Wärmeinhalt des Dampfes bei $60^0 = 623$ (Molliersche i, x-Tafeln (144)):

$$Q_V = 77,5 \cdot (623 - 17) = 46965 \text{ kcal je Stunde.}$$

e4) in der Abluft, wenn als Wärmemenge zur Erhöhung 1 kg Luft um 1^0 der Wert 0,24 kcal (128) genommen wird:

$$Q_L = 13,7 \cdot 77,3 \cdot 0,24 \cdot (60 - 17) = 10975 \text{ kcal je Stunde.}$$

In der Berechnung des Wärmebedarfs können zur genaueren Ermittlung die Werte der Summen von Verdampfungswärme und Abluftwärme den Mollierschen Tafeln (144) entnommen werden; doch sind diese im allgemeinen dem Nichtsonderfachmann weniger zugänglich und verständlich (145).

Gesamtwärmeverbrauch: $= 71656$ kcal je Stunde.

d4) Die Bestimmung des Dampfverbrauchs. Mit 5,5 atü (154,7^0) Frischdampf, entsprechend 502,9 kcal Verdampfungswärme (144), weil die Flüssigkeitswärme des verbrauchten Dampfes zu Lasten des Trockners gerechnet werden muß, denn der Heizdampf kann nur seine reine Verdampfungswärme nutzbringend an den Trockner abgeben, ist der stündliche Dampfverbrauch $= 71656:502,9 = 142,5$ kg, also der: Dampfverbrauch je kg verdunstetes Wasser $= 142,5:77,5 = 1,838 =$ $=$ rund 1,9 kg.

d5) Die Heizflächenberechnung. Mit Frischdampf von 146^0, einer Luft von durchschnittlich 67^0 und einer erfahrungsgemäß festgestellten Wärmedurchgangszahl für Rippenrohre $k = 11$ (141) ist die nötige Heizflächengröße $= 71656:(146 - 67) \cdot 11 = 82,5$ m^2.

d6) Die Lüfterleistung für eine stündliche Abluftmenge von $13,7 \cdot 77,5 = 1061,75$ kg entsprechend ungefähr 1061,75:1,293 (Gewicht 1 m^3 trockner Luft auf dem Meeresspiegel unter 45^0 Breite und bei 760 mm Barometerstand) $=$ rund 820 m^3. — Wählt man 5 Trockenzonen, also 5 Lüfter, mit einer stündlichen Verdunstungsleistung von $47000:5 = 9400$ kcal, so ergibt sich mit einem zulässigen Wärmegefäll um 7^0 für einmaligen Luftdurchtritt unter Zugrundelegung der Wärmemenge 0,32 kcal, die gebraucht wird, um 1 m^3 Luft um 1^0 zu erhöhen (130), eine Lüfterleistung von $9400:7^0 \cdot 0,32 = 4200$ m^3 je Stunde; mithin ist die erzielte Luftumwälzung je Lüfter $4200:850 = 5$mal. Die Lüfterzahl $= 5$ Stück in den Trockenzonen, 1 Stück in der Kühlzone, 2 Stück in den Feuchtzonen; also:

d7) Der Kraftbedarf für die Lüfter: $8 \cdot 0,75$ PS $= 6$ PS; für den Kettenantrieb: (nur Reibungsarbeit) ungefähr 0,75 PS; zusammen 6,75 PS (141).

B E) Das Entwirren der Stränge und Geschmeidigmachen der Zwirne.

E a) Der Rundstränge.

Nach dem Trocknen sind die Stränge oft verwirrt und die Windungen stellenweise bandartig zusammengeklebt, weshalb sie beim Abhaspeln schlecht ablaufen würden. Aus diesem Grund werden die Einzelstränge streckenden Beanspruchungen unterworfen, damit sich die Windungen einzeln nebeneinander anordnen. Diese Wirkung wird erhalten durch:

a1. Die Strangschläger:

1a. mit Flügelwalze. Der Strang 0 (12_{11}) wird über die dreiflügelige Walze $1''$ und die Walze $2''$ gelegt, deren Lager $3!$ einstellbar auf dem Schlitten 4 der Führung 5 befestigt ist. Durch die Kuppelstange $6, 7$ und den Fußhebel $8, 7, 9, 10_x$ kann der Arbeiter den 0 beliebig anspannen. Die $1''$ wird über die Umlegeräder i', i', den Keil 11 und die Reibkuppeln $12'', 13''$ von der losen Riemenscheibe $14''$ getrieben, sobald $8, 7, 9, 10_x$ nach unten getreten und über die Stange $9, 15$ die Feder 16_0 gespannt, sowie über den Winkelhebel $17, 18_x, 19$ die $12''$ in die $13''$ gepreßt werden. Die sich drehende $1''$ erteilt kurze Schläge auf den mitgenommenen 0, welcher in kleinen Zwischenräumen Wellungen unterworfen wird; die Verklebungen im 0 werden dadurch zerstört, das Garn geschmeidig gemacht, und es läuft auf der folgenden Maschine bei großer Geschwindigkeit ohne viel Abfall ab (86).

1b. mit Fallwalze. Der Riemen R (9_9) treibt über die mit 50 Umdrehungen laufenden Fest- und Losscheiben $600'' \cdot 100$ und über $120''$, $420''$ die obere Walze $100''$, deren Stränge 0 um die untere $100''$ gehen, welche im Tisch $100''^x$, 1^x, $50''$, 2_x, $3_0!$ gefangen ist, der auf dem Nocken $90_e''$ aufliegt. Bei jedem Fall der Rolle $50''$ über den zurückspringenden Teil 4 von $90_e''$ werden die 0 gestreckt. Nach je 2 Umdrehungen der Hauptwelle schaltet der Zahn 5 einen der Zahnstange $6', 6!$ mit Hubfläche 7, welche durch das über die Leitrolle $30''$ gelegte Leder 8 vom Gewicht 9_0 zurückgeführt wird, wenn nicht sofort die Gegenklinke 10, 11_x, 12 eingefallen ist. Beim letzten Zahn der $6'$ ($9a_9$) hebt 7 die Verbindung $13, 14^x, 15$ aus der Rast 16 des Lagerstückes 17 der Rolle $80''$, so daß die Feder 18^0 die $80''$ in den Wirkungsbereich des zweiten Nockens $100_e''$ bringt. Dieser schwingt 1^x, 2_x, $3_0!$ (9_9) so hoch aus, daß $100''^x$ sich in den Haken $19, 20_x, 21-22_0$ einlegt und das Ersetzen der 0 gestattet. Die Scheibe $190''$ rollt zwecks Verhinderung des Überhängens der Stränge beim Hochgehen längs des Armes $23, 24_x-25_0$ und hebt durch die Kette $26, 12$ die $12, 10, 11_x$ aus $6'$ aus. 9_0 führt $6', 6!$ in die durch $6!$ geregelte Anfangslage zurück, welche entsprechend der Anzahl Streckungen (Schläge) gewählt ist. Zum Abnehmen und Auflegen der 0 auf die $100''$ ist die untere $100''$ einerseits in einem Arm 1^x, $27, 28$ ($9b_9$) gelagert und durch den senkrecht zur Zeichnungsebene schwingbaren

Sperrhebel *29, 30ˣ, 31* festgehalten. Nach Lösen von *31* aus der Nut *32* läßt sich die *28, 27, 1ˣ* umlegen, so daß die *0* leicht zu ersetzen sind. Hierauf ist *17,(9 a₉)* durch Einklinken der *16* in *15, 14ˣ, 13,* zurückzuhalten. Zum Spannen der aufgelegten *0* wird der Handhebel *33, 34ₓ, 35 (9₉)* nach links ausgeschwungen, wodurch die Hubfläche *35* durch *21, 20ₓ, 19* unter Überwindung der *22₀* den *100′′ˣ, 1ˣ, 50′′, 2ₓ, 3₀!* freigibt; hierauf rollt *190′′* über *23, 24ₓ — 25₀,* die Stränge gleichmäßig anziehend, in die Lage zur Anspannung der *0* (86).

E b) Das Entwirren, Auflösen und Aufwickeln des Langstranges.

Nach dem Trocknen muß das Langband, das entweder als Knäuel, Kreuzwickel oder als Stapel in einer Rollkiste vorkommt, entwirrt, aufgelöst, zu einer Schicht ausgebreitet und deren Fäden gemeinsam auf einen Kettbaum aufgewickelt (aufgebäumt) oder einzeln gekötzert werden.

b1. Das Aufbäumen des Langstranges. Von dem in der Dreh-schüssel *1′′ (10₉)* liegenden Knäuel oder Kreuzwickel *0′′* geht der Lang-strang *0* über die in der Saaldecke *2* befestigten Porzellanaugen *3, 4* zwischen den durch Gewicht *5₀!* und Hebel *5₀!, 6, 7ₓ* belasteten Walzen *6′′* hindurch zu der im Wickelbock *8* gelagerten mit Rillen zur getrennten Führung der einzelnen Gruppen oder der Farben, einer vielfarbigen Kette z. B., versehenen Ausbreitwalze *8′′,* dann als Schicht durch die beiden oberhalb der *6′′* liegenden Walzen *10′′,* deren obere durch den Hebel *9ₓ, 10, 11₀!* belastet wird, über sie hinweg, zwischen den Wälzchen *12′′,* und dem festen oder ausziehbaren Kamm *12!* hindurch und über die Führungsstange *13* hinweg zum Kettbaum *13′′.* Dieser liegt auf zwei in der Breite verstellbaren Mitnehmewalzen *15′′,* und auf die Brems-scheiben des *13′′* wirken die Rollen *14′′,* der mit den Gewichten *14₀* be-lasteten Hebel *14₀, 15ₓ.* Beim Abwickeln des Knäuels bzw. Kreuzwickels *0′′* entsteht für jede Wicklung eine Drehung im abziehenden Lang-strang; um sie zu vermeiden, ist die Schüssel *1′′* drehbar. Das Abstellen der Maschine geschieht durch den Fußhebel *16, 17ₓ, 18,* der senkrecht zur Zeichnungsebene verschoben wird und über *18, 19ₓ, 20* den Riemen *21* von der Festscheibe auf die Losscheibe *22′′* verschiebt. Die *15′′* werden über die Räder *23′, 24′, z′, 24′* getrieben (146 a).

Ein Bäumer kann in 8 Stunden 110 kg Garn liefern.

b2. Das Aufkötzern des Langstranges.

2a) Die mehrreihige Maschine. Der ähnlich wie beim Aufbäumen über *1′′ ÷ 12! (10₉)* zu einer Schicht nebeneinander liegender Fäden ver-breiterte Langstrang geht über die Lieferwalzen *50′′ (11₉)* mit freiliegen-der, mit Flanell bezogener Druckwalze *50₀′′* durch die Führungen *13!* der Führerschienen *13,* welche auf Querschienen *14* befestigt sind. Diese stehen über die Stelzen *15, 16,* die in den Führungen *17* des Gestelles *18* gefangen sind, über die Querschienen *19,* die Verbindungsstücke *20, 21,*

20, die Kette *21, 22!*; die Doppelscheiben *23''*, *24''* mit Nase *24* und die Kette *25!*, *27!*, die über die Rolle *26''* des Hebels *29$_x$*, *30* geht mit der Trommel *28''* in Verbindung. Der *29$_x$*, *30* wird durch die Feder *31⁰* und die Klinke *32, 33^c, 34* auf dem Sperrkranz *35* festgehalten. Die *28''* ist im Arm *36, 37$_x$, 38''* gelagert, dessen Rolle *38''* der Exzenter *39''* auf und ab bewegt; letzteres wird über die Übertragung *40'÷46''* vom Riemen *47* angetrieben. Die Welle *46$_x$''* setzt über *i', i'—45', z', 48'—49'—50'* die Lieferwalzen *50'', 50$_0$''* und über *45', z', 48'—51'', 52''* die Spindel *53''* und mittels der Reibscheiben *54''* die Hülsen *55''* in Drehung. Dieser Gleitantrieb gestattet Hülsenumdrehungen, welche sich umgekehrt wie die Schichtendurchmesser der Kötzer verändern, um immer dieselbe Aufwindespannung zu gewähren, und sich auch kleineren Schwankungen und Abweichungen in der Gespinstfeinheit anzupassen. Die Wechselräder im Antrieb des Exzenters erlauben Garne aller Nummern zu kötzern. Die Form des *39''* verursacht im stark abfallenden Verlauf den kreuzenden und im andern den bildenden Teil der Schicht. Der Hub wird bei jeder Schicht dadurch nach oben verlegt, daß auf der Trommelwelle *28$_x$''* ein Wurmrad *56'* sitzt, das in den Wurm *57'* eingreift, auf dessen Welle das Sperrad *58'!* sitzt. Die Klinke *59, 60^x* des Hebels *61^x*, *60^x, 62* der auf der Rast *63!* gleitet, schiebt bei jedem Niedergehen der *36, 37$_x$* das *58'!*, je nach der Einstellung, um 1 oder mehrere Zähne weiter, wodurch die Kette *27!, 25!* auf die Trommel *28''* aufgewickelt wird. Während der Ansatzbildung wirkt die Nase *24*, was eine immer länger werdende Schicht verursacht. Sobald die Körperbildung anfängt, hat sich *24* unter der *25!, 27!* weggezogen, und es bleiben alle seine Schichten gleich lang. Das Ansetzen zerrissener Fäden geht rasch vonstatten. Zum Abziehen der Kötzer wird der Rahmen *14÷19* dadurch schnell zum Unterwinden gesenkt, daß die Arbeiterin die *30* mit *32, 33^x, 34* erfaßt, *34* aus *35* aushebt und den *30, 29$_x$* nach rechts herumführt und den *47* auf die Losscheibe *46$_l$''* bringt. Nun werden die Kötzer abgezogen, neue Hülsen aufgesteckt, das *58''!* mit einer auf den Vierkant seiner Achse aufgesetzten Kurbel zurückgedreht, wodurch sich die aufgewickelte Länge der *27!, 25!* von *28''* abwickelt, der *29$_x$*, *30* zurückgelegt, so daß *34* in *35* einklinkt und der *47* durch *64, 65$_x$, 66* auf die Festscheibe *40$_x$''* geführt. Zum beliebigen Anhalten tritt die Arbeiterin auf die längs der Maschine angeordnete Leiste *69*, wodurch über *69, 68$_x$, 67—67, 66—66, 65$_x$, 64* der Riemen *47* von der Fest- auf die Losscheibe *46''* gelangt.

Die Maschine hat 9 Spindelreihen zu 42 Spindeln, also insgesamt 378 Spindeln und beansprucht eine Bodenfläche von 2,15 · 1,22 m. Eine Arbeiterin genügt zu ihrer Bedienung bei feineren, zwei bei gröberen Gespinsten (85).

Dieses Kötzern ab Kettbaum hat den Nachteil, daß beim Zerreißen eines Garnes die ganze Maschine plötzlich stillgesetzt werden muß, um das Zusammenknüpfen auszuführen, so daß bei Gespinsten der Wirkungsgrad ein sehr geringer ist. Außerdem wird, wenn der Wächter versagt und das Zerreißen zu spät auffällt, das Entfernen des sich inzwischen als dicke Stelle auf dem Kettbaum aufgewickelten Garnendes sehr schwierig. Wird es unterlassen, so läuft es vor und verursacht lose Kötzer, die vielen Abfall bei der Weiterverarbeitung ergeben. Deshalb ist diese Kötzerung nur für Zwirne und wenig zerreißende Gespinste in Verwendung.

2b. Einreihige Maschine. Mit der vorhin beschriebenen, mehrreihigen Kötzermaschine sind infolge der Gleiteinlage *54″* (11_9) im Antrieb des Wickelkörpers, harte und immer gleichdicke Kötzer schwer herzustellen. Diesem Übelstand ist dadurch abgeholfen worden, daß das Garn ab Langstrang auf einen Kettbaum, oder zu 1, 2 oder 3 Enden auf Scheibenspulen aufgewickelt wird, und diese im Aufsteckrahmen eines abgebauten Selbstzwirners untergebracht werden. Die Gespinste *0* (1, 2_7) werden durch das Vorderzylinderpaar *1″*, *2″* über den Gegenwinderdraht *6* und unter dem Winderdraht *4* hindurch zum Kötzer *0″* der Spindel *3″* geleitet. Der Wagen steht still, und die *3″* erhalten von der Hauptwelle eine gleichförmige Drehbewegung. Der *6* nimmt den überschüssigen Zwirn beim Winden vom großen zum kleinen Durchmesser der Kötzerschicht *0″* auf und gibt beim Übergang vom kleinen zum großen Durchmesser aus seinem Vorrat die notwendige Mehrlänge ab. Der *4* wird durch ein Exzenter ähnlich wie beim Ringzwirner mit kegeligen Schichten (41_3) bewegt.

B F) Das Glätten und Glänzen der Zwirne.

Dieses wird hervorgerufen durch mechanische Bearbeitungen der Garne oder durch chemische Einwirkungen auf ihre Einzelfasern.

F a) **Das Glätten und Glänzen der Zwirne durch mechanische Einwirkungen** besteht darin, die einzelnen Windungen des Stranges an den Nachbarwindungen unter gleichzeitigem Pressen und Strecken zu reiben und in die Zwirnrichtung zu legen, oder die Rundstränge zwischen geheizten Walzenpaaren unter starkem Zug umlaufen zu lassen, oder sie Reib- und Bürstwirkungen auszusetzen. Für matten Glanz genügen diese Bearbeitungen, aber für Hoch- und Spiegelglanz müssen die Stränge vorher mit einer die Faserspitzen an den Garnkern klebenden und die Räume zwischen den einzelnen Fasern ausfüllenden Masse getränkt werden, wodurch das auffallende Licht überall gleichmäßig zurückgeworfen und dementsprechend der Glanz erhöht werden. Ganz besonders ist der aus der Bleiche und der Färberei kommende Zwirn noch nicht zum Nähen geeignet, weil er viel zu rauh und zu spröde ist. Die Faserspitzen müssen deshalb nicht nur durch Schlichte verschwinden, sondern das Garn muß noch einer trocknenden Glättung durch Bürsten und in kurzen Stößen wirkenden Knickungen unterworfen werden, um den Nähfaden geschmeidig zu machen.

a 1. Das Glätten der Zwirne im Strang. 1 a. **Ohne Glänzmittel.**

a 1) Druck und Zug erfolgen getrennt.

1 a) Der Strangpresser wird oft in Zwirnereien verwendet, welche für gebleichte, weiche und glänzende Zwirne Absatz haben oder um matten Nähzwirnen Glanz zu geben. Der Strang *0* (2_{18}) ist geschlungen um die Spannwalze *1″* des Hebels *2*, *3^x*, *4*, *5_0!*, der um *6_x* drehbar ist, und um die mittlere *8″* der drei Glättwalzen *7″*, *8″*, *9″*. Die obere aus Gußeisen *7″* ist fest gelagert im Gestell *10*. Die mittlere *8″* besteht aus einem schmiedeeisernen Flansch mit Kern und auf letzterem aufgereihten Papierscheiben, welche durch eine Gegenscheibe mit Preßmutter fest zusammengeschoben und dann abgedreht sind; sie ruht nun einerseits in einem Lagerarm *11*, *6_x*. Dieser befindet sich im Gestell *10* ($2\,a_{18}$) gelagert, mußte aber im Schema 2_{18} etwas zur Seite gezeichnet werden, um die Schwingung der Walze *8″* senkrecht zur Zeichnungsebene darstellen zu können. In der Arbeitsstellung wird sie von einem Haken *12*, *13_x* am Gestell *10* gehalten; sie kann daher nach Heben des *12*, *13_x* senkrecht zur Zeichnungsebene um *6_x* gedreht und aus dem Bereich der beiden *7″* und *9″* gebracht werden; dabei gleitet der Ansatz *4* über eine in der Bahn von *4* ansteigenden Schraubenfläche *14*, wodurch über *5_0!*, *4*, *3^x*, *2* die *0* entspannt werden. Die untere *9″* ist ebenfalls eine Papierwalze wie *8″*; ihre untere Lagerschale *15* wird von einer Hebelgewichtsanordnung *16*, *17_x*, *18—18*, *$19—20_x$*, *19*, *21_0!* nach oben gedrückt, so daß die Scheibe *22″*, welche vom Riemen *23* gedreht wird und auf *$7_x″*$ der oberen *7″* angeordnet ist, durch die *7″* über den *0* die beiden andern *8″*, *9″* in Drehung versetzt. Weil durch Reibung mitgenommene Walzen stets in bezug auf den Mitnehmer (den Strang *0*) etwas nacheilen, so wird *0* nicht nur gerundet durch das Ineinanderpressen seiner Wicklungen, sondern der Zwirn auch noch geglättet und glänzend gemacht. Ein Zählwerk verursacht nach einer bestimmten Umdrehung der *7″* entweder ein Glockenzeichen oder das Überführen des *23* von der Festscheibe *$22_f″*$ auf die Losscheibe *$22_l″*$. Der Arbeiter tritt den Fußhebel *24_0*, *25_x*, *26* bis über die Rast *27* der Haken *28*, *29_x* fällt, wobei die Hebelgewichtsanordnung *21_0!*, *19*, *$20_x—19$*, *18—18*, *17_x*, *16—16*, *15* der *9″* erlaubt *8″* freizugeben. Der Arbeiter hebt *12*, *13_x* über *$8_x″*$ und dreht an der Handhabe, in welche sie dort ausläuft, die *8″* mit Lager *11*, *6_x* senkrecht zur Zeichnungsebene. Die dadurch entspannten Stränge werden abgenommen und durch neue ersetzt. Nachdem die Walzenanordnung *6_x*, *11—11*, *8″* wieder in *12*, *13_x* zurückbewegt wurde, stößt der Arbeiter mit dem Fuß *28*, *29_x* zurück, wodurch *24_0*, *25_x*, *$26—21_0$!*, *19*, *$20_x—19$*, *18—18*, *17_x*, *16—16*, *15* die *9″* wieder gegen *8″* pressen und überführt den *23* von *$22_l″*$ auf die *$22_f″*$. Das Glätten der neuen Stränge beginnt (17f).

a2) Druck und Zug erfolgen gleichzeitig.

2a) Der Strangwringer wird zur Hervorbringung eines höheren Glanzes auf veredelten Garnen, besonders Nähseide, Schappe, Glanzstoff- und merzerisierten Baumwollzwirnen verwendet. Dazu wird der Strang *0* (9₁₃) bei gleichgerichteten Walzen *85″*, *60″* und gehobener *60″* auf sie aufgelegt. Die *60″* lagert in dem gekröpften Auslauf *1* der lotrechten Welle *1″*, *1⁰!*, *1⁰*, welche in der Schiene *2* des Gestelles *3* drehbar gelagert ist, und deren Keil *4* in der Nut des Rades *18′* gleitet, so daß sie dessen Drehung mitmachen und trotzdem gehoben und gesenkt werden kann. Das Heben erfolgt zum Abnehmen des geglänzten Stranges und zum Auflegen des Rohstranges, und zwar durch den Riemen *5* über die Fest- und Losscheibe *800″*, die Räder *50′*, *40′*, die durch den Riemen *6* verbundenen Scheiben *250″*, die Umlegeräder *i′*, *i′*, die Kegelräder *28′*, *35′*, *28′*, die Kuppel *7′* mit Keil *7*, den Wurm *1′*, die Räder *70′*, *15′*, über das Segment *70′*, *8ₓ*, *9*, die Stangen *9*, *10*, den Balken *10*, *10*, auf dem die Gewichte *1⁰!*, *1⁰* des *60″* aufsitzen, wobei der Handhebel *11*, *12ₓ* die Stange *13*, *14*, der Hebel *14*, *15ₓ*, *16* die *7′* mit dem *28* des linken *28′* in Eingriff hält, so daß sie dessen Drehung über *7* als Hebung auf *10*, *10* übermittelt. Greift *7′* aus beiden *28′* aus, so steht *10*, *10* still. Greift, durch Verstellung der *11*, *12ₓ*—*13*, *14*—*14*, *15ₓ*, *16*, die *7′* mit der *28* der rechten *28′* ein, so folgt das Senken des *10*, *10*, so daß die *1⁰!*, *1⁰*, wovon *1⁰!* abnehmbare Scheibengewichte sind, den zwischen *85″* und *60″* befindlichen *0* spannen. Die *800″* verursacht über die Räder *13′*, *100′*, die Kurbel *100ₓ′*, *17*, den Pleuel *17*, *18!*, den Hebel *18!*, *19ₓ*, *19* und die Stange *19*, *20* ein Hin- und Hergehen der Zahnstange *21′*, welche in *2* gelagert ist, und über *18′* zweieinhalb Zudrehungen und ebensoviel Aufdrehungen der gewichtsbelasteten *0*. Bei offenem *0* verursacht das auf *100ₓ′* feste Exzenter *50ₑ′* über die Rolle *100″* des Hebels *100″*, *22ₓ*, *23*, die Stange *23*, *24*, den Hebel *24*, *25ₓ*, *26*, die Klinke *26*, *27⁰* die Fortschaltung des Klinkenrades *28′* um einen Zahn, welche Drehung mittels der Räder *53′* auf sämtliche *85″* übertragen wird. Dadurch wechselt die Auflagefläche des *0* auf den sehr glatten, vernickelten Köpfen. Der Antrieb erfolgt entweder durch Riemen *5* oder durch gekuppelten Elektromotor mittels Ritzels auf das Rad, welches die Stelle der *800″* vertritt; in beiden Fällen macht die Hauptwelle *100ₓ′* genau 13 Umdrehungen in der Minute. Der Kraftbedarf beträgt rd. 2,5 PS; der Raumbedarf: Länge 3810 mm · Breite 1550 mm · Höhe 1925 mm. Die Maschine fordert zur Bedienung einen Mann und liefert soviel wie 5 Arbeiter von Hand zu leisten vermögen (139).

a3) Dampf und Zug.

3a) mit Streckung durch Riemenantrieb der lotrechten Verschiebung der obern Strangwalzen. Der Riemen *1* (4, 5₁₆) treibt über die Scheibe *2″*, den Wurm *3′* und das Rad *4′* die untern Walzen *5″* und dadurch die über sie und die obern Walzen *6″* gelegten Stränge *0*. Während die Lager *7* der *5″* fest auf dem Gestell *8* liegen, sind die der *6″* als Schlitten *9* ausgebildet und mit einer Mutter *10′* versehen, welche durch Drehen der Schraubenspindel *11′* gehoben oder gesenkt werden kann. Hierzu greift ihr Rad *12′* in zwei Lostriebe mit Klauenmuffen *13₁′, 14₁′* bzw. *13_1′, 14_1′* ein. Durch Verschieben des Doppelklauenmuffes *15′* über einen Keil *16* der Welle *16_x′* des Rades *16′*, das über *17′—18″, 19″* von der Hauptwelle *2_x″* getrieben ist, wird einer der *14′, 13′* oder *14_1′, 13_1′* über *12′—11′, 10′—9, 6″* das Strecken bzw. Entspannen der *0* verursachen. Die Größe der Verschiebung der *6″* ist durch den auf *9* angebrachten Zeiger *20* auf der auf dem Gestell *8* befestigten Einteilung *21* ablesbar. Das Umlegen des *15′* erfolgt durch den Handhebel *22, 23_x, 24*. Die *5″* und *6″* sind in einem Schrank *25, 26* angeordnet, dessen Türe *27_x, 28* mittels des Riegels *29^x, 30* zur Bedienung geöffnet und beim Betrieb dicht verschlossen wird. Unter dem Siebboden *31* befindet sich eine durchlochte Dampfschlange *32* mit Hahn *33* der Dampfzuleitung *34*; das Niederschlagwasser gelangt über ein Rohr *35* nach einem Sammelbehälter. Die *5″* und *6″* können hohl und dampfgeheizt sein. Das Tropfenblech *36* leitet das Niederschlagwasser längs der beiden Seitenwände nach unten, damit keine Wassertropfen auf das Garn gelangen (139).

3b) mit Streckung durch Wasserdruckantrieb des Ausschlages der obern Strangwalzen. Die *0* (*6, 7₁₆*) sind über die hohlen, mit Dampf heizbaren Walzen *1″, 2″* gehängt; sie werden dadurch gestreckt, daß sich die untern *1″* in Lagern *3* drehen, welche auf zwei nebeneinanderliegenden Schienen *4* befestigt sind, die auf den drei Rahmen *5, 6, 7* ruhen, während die Lager der obern *2″* in zwei gleichen, aber schwingbaren Schienen *8* drehbar sind. Zwischen den Schienenpaaren *4* und *8* sind die erste und dritte *1″* mit der zweiten und vierten *2″* durch Kuppelstücke *9, 10^x, 11* und *9, 11* miteinander verbunden. Auf die *8* wirkt der Kolben *12, 13* eines Zylinders *14, 15_x*, der durch das Rohr *16* mit einer Wasserdruckpumpe in Verbindung steht. Diese kann neben der Maschine oder in dem freien Unterraum *17* angeordnet sein und von der Antriebswelle *18_x″*, auf welcher die Riemenscheiben *18″* sitzen, die durch den Riemen *19* getrieben sind, betätigt werden.

Die Streckung wird durch den auf der *8* befestigten Zeiger *20!* und der auf dem *15_x, 14* festen Einteilung *20* angegeben. Der Wurm *21′* treibt über die Räder *22′, 23′, 24′, 25′* die *1″* und durch *24′, z′, 24′, 25′* die *2″*. Die Dampfschlangen *26* in den Behältern *27*, welche mit je einem Siebblech *28* abgedeckt sind, beheizen den Innenraum, dessen Vorderwände *29* mit Handhaben *30* zum leichten Öffnen und Schließen mittels der Ketten *31*, die über Leitrollen *32″* gehen, an den Gewichten *33₀* hängen. Auch schrankartig ausgebildete Kästen sind in Verwendung. Bei einer solchen Ausführung (139) beträgt der Raumbedarf bei 4 Walzen: Länge 1750 · Breite 2000 · Höhe 1900 mm und bei 8 Walzen: 2400 · 2000 · 1900 mm; der Kraftbedarf 2÷3 PS. Diese Streckmaschinen werden hauptsächlich für Seide und Baumwolle verwendet. Für letztere wird trockene Hitze, also keine durchlochten Dampfschlangen, bevorzugt. Ein besonders schöner Glanz soll durch geringes Dämpfen erzeugt werden.

1b. Mit Glänzmitteln.

b1) Glanzmittelzusammensetzungen. Je nach dem Grad des Glanzes, den der Zwirn erhalten soll, enthält die Glanzschlichte entsprechende Anteile an Stärke, Stearin, Glyzerin, Seife, Wachs, Textal (100a), Avirol (100b), Aducinol (100c), Nekal, Ramasit, Soromin (100d), Flockenleim, Paraffinemulsion, Rayonit (100f), Tallosan (100g), Estarfin (100h) und fäulnisverhindernde Stoffe. So z. B. wird empfohlen:

1a) für baumwollenen Nähzwirn (Glanzgarn):
100 kg Wasser + 2 kg Kartoffelstärke + 0,200 kg Bleichseife + 0,080 kg gelbes Bienenwachs + 0,500 kg Estarfin + 0,500 kg Leinsamen + 0,300 kg Carragheenmoos (100h).

1b) für Leinengespinste und Zwirne:
1. 20 kg Wasser + 0,200 kg Bleichseife + 0,200 kg Estarfin + 0,150 kg Türkenöl II (100h).
2. 100 kg Wasser + 5 kg Stärke + 1 kg Ramasit + 0,6 kg Flockenleim + 0,250 kg Glyzerin + 0,200 kg Bienenwachs + 0,200 kg Seife.

1c) für leinene Nähzwirne:
100 kg Wasser + 5 kg Kartoffelstärke + 4,5 kg Estarfin + 1,5 kg Wachs + 1 kg Bleichseife + 1 kg Türkenöl II (100h).

1d) für Schnurkordel-Hanfbindfaden:
100 kg Wasser + 2,5 kg Kartoffelstärke + 2,5 kg Estarfin + 0,250 kg Wachskernseife + 0,250 kg Bienenwachs + 0,100 kg Glyzerin.

Wird etwas mehr Steifheit verlangt, so ersetzt man das Türkenöl durch Stärke, Dextrin oder Carragheenmoos-Abkochung.

Durch Veränderung der einzelnen Zusätze läßt sich eine mannigfaltige Abstufung von Glänzwirkungen erzielen (100h).

1e) für Schwarzmattnähgarn:
100 kg Dampfniederschlagwasser + 1,95 kg Kartoffelmehl + 0,28 kg Olivenöl + 0,070 kg Formaldehyd (100h).

1f) für Schwarzhochglanznähgarn:
100 kg Dampfniederschlagwasser + 5,26 kg Kartoffelmehl + 0,5 kg gelbes Bienenwachs + 0,13 kg Baumwollschwarz + 0,065 kg Formaldehyd + 0,53 kg Olivenöl (100h).

1g) für Weißmattglanznähgarn:

100 kg Dampfwasser + 0,90 kg Kartoffelmehl + 0,140 kg Japanwachs mit Ammoniaksoda gelöst + 0,07 kg Formaldehyd (100 h).

1h) für Weißhochglanznähgarne:

100 kg Dampfwasser + 2 kg Kartoffelmehl + 0,67 kg Japanwachs mit Ammoniaksoda gelöst + 0,08 kg Formaldehyd.

Das Kartoffelmehl muß stets kalt angesetzt und so lange gerührt werden, bis keine Klümpchen mehr vorhanden sind (100 h).

Wurde das Blauen in der Bleichereianlage nicht durchgeführt, so ist der Schlichte der Glanz-(Polier-)maschine der für das Blauen gewählte Farbstoff (s. S. 184) zuzusetzen.

b2) Das Schlichten im Strang.

2a) Das Handschlichten.

Die für das Glänzen bestimmten Stränge werden feucht von Hand in einen hölzernen Behälter mit Glänzschlichte eingelegt oder auf Strangschlichtmaschinen getränkt, dann in einer Walzenpresse ausgequetscht oder von Hand oder mit Maschine ausgerungen, auf Haufen einige Stunden liegen gelassen, damit die Schlichte die Gespinste gut durchdringe, und ihnen dann auf der Strangglänz- (Glacier-, Lustrier-) Maschine Glanz erteilt.

2b) Das Maschinenschlichten.

1. Der Strangschlichter mit losem Strang auf ortsfester Drehwalze. Zum Schlichten werden die Stränge *0* (*3₁₈*) über die 6 flächigen Aufleger *6'* gehängt, welche von dem Riemen *1* über die Scheibe *2ᵢ''*, die Wirtel *3''*, *4''* mittels eines halbgeschränkten Seiles *5* getrieben werden. Die ungefähr 680÷900 g schweren *0* tauchen mit ihrem untern Ende zuerst in die dünnere Schlichte des Troges *7*, später in die dickere des Troges *8*, deren Böden 300 mm über dem Fußboden liegen und deren Tiefe 620 mm beträgt. Die übrigen Maße sind dem Schema zu entnehmen. Der mit leichter Schlichte getränkte Strang des Troges *7* wird auf die Haken *9*, *10'—11*, *12* gebracht; der Haken *11*, *12* gleitet mit seinem vierkantigen Schaft *12* in einer entsprechenden Führung, so daß er, ohne sich zu drehen, der Verkürzung des Stranges durch die Drehung des *9*, *10'* nachgeben kann unter Überwindung der Feder *13₀!*, deren Spannung durch die Lochmutter *14!* zu regeln ist. Das Rad *10'* des Hakens *9* wird von den beiden Zahnkranzhälften *15'*, *17'* des Rades *16'*, das durch den Wurm *1'* der Welle *2₂''* Antrieb erhält, nach beiden Richtungen hin nacheinander gedreht. Die Zahnkranzteile *15'*, *17'* weisen beim Übergang Lücken auf, so daß der Haken *9* dort etwas stehen bleibt. Nach der Zudrehung des Stranges *0* um 2½÷4 Umdrehungen verharrt er in Ruhe, damit der Arbeiter mit der Hand die Schlichte auf den Strang verteilen und den Überfluß abstreifen kann; hierauf werden die Drehungen wieder aufgelöst und der Stillstand dazu benutzt, den Strang zu wechseln. Der ausgequetschte Strang wird durch einen vorher schon behandelten Strang aus dem Trog 8, in dem die dickere Schlichte ist, abgelöst, während der abgenommene Strang nun über die frei gewordene Rolle 6' des Troges 8 gehängt wird, wo er sich mit der dicken Schlichte vollsaugt. Der Strang wird dann ein zweites Mal ausgedreht, worauf er auf ein laufendes Band gelegt und zur Trockenkammer (0_{18}) befördert wird (146a).

2. *Strangschlichter mit über zwei rundlaufenden Drehwalzen gespanntem Strang. Die Rundlauf-Strangschlichtmaschine.* Für größere Lieferungen wird mit Vorteil diese stetig arbeitende Maschine gebraucht, weil sie mit dem Schichten noch das Bürsten der Stränge verbindet. Die Rundlauf-Stranggarn-Schlichtemaschine besteht aus 6 kupfernen Walzenpaaren 1'', 2'' (4_{18}), deren Walzen 1'' sich um Zapfen 3 eines ruckweise bewegten Sternes 3, 4, 5_x drehen, während die Zapfen der Walzen 2'' am Ende eines Winkelhebels 6, 7^x, 8 drehbar sind. Über beiden Walzen 1'', 2'' liegt der zu schlichtende Strang 0. Die Zapfen 8 gleiten in einer ortsfesten Führung 9, 10 des Gestells 11, so daß deren Walzen 2'' die 0 während der Einwirkung des kreisförmigen Teils 9 der Führung anspannen und durch die Vförmige Einbuchtung 10 den 0 freigeben, um ihn leicht auswechseln zu können. Der untere Teil der gespannten 0 taucht bei der Drehung des 3, 4, 5_x in die Schlichte im Behälter 12, dessen Bodenraum 13 durch Abdampf geheizt ist. Um alle Teile des 0 mit Schlichte zu tränken, befindet sich auf jeder 1'' ein Kettenrad 14', das in eine Kette 15 eingreift, welche über das Leitrad 16', den Trieb 17' und die Spannrolle 18'! geht, die unter der Einwirkung des Gewichtshebels 18'!, 19_x, 20_0 steht. Der Trieb 17' wird von der Hauptwelle 5_x mittels Kettenübertragung 21', 22' stetig bewegt, so daß die 0 in der Schlichte im Sinne der Pfeile laufen, wobei die mitgenommenen Holzwalzen 23'' ein Eindringen der Schlichte in das Innere der Garne begünstigen. Zwecks einer noch gründlicheren Eindringung der Schlichte schleudert hier eine Pumpe die Schlichte fortwährend zwischen das Garn. Die überflüssige Schlichte wird von dem Strang durch die Gummiquetschwalze 24'' von 120 mm Durchmesser des Hebels 25, 26_x, 27—28_0 und von den 1'', 2'' durch eine Abstreichvorrichtung entfernt und in den 12 zurückgeleitet. Die den 0 durchdringenden, knieförmigen Nickelnadeln der Walzen 29'', welche vom 0 gedreht werden, lösen die einzelnen Garne, damit sie nicht bandförmig zusammenkleben. Durch die Hebelanordnung 30, 31!, 32_x, 33'', 34'—34', 32_x, 31!, 30, deren Rolle 33'' von einem Kurvenkranz 35, 36, der auf dem 3, 4, 5_x befestigt ist, erfolgt das Heben der Nadelwalzen 29'' beim Durchgehen der 1'', 2''. Das Einbürsten der vorstehenden Faserspitzen mit der Schlichte um den Garnkern erfolgt durch die Bürste 37'', welche durch die Übertragung 38'', 39'—40', 41'—42', 43' von der Hauptwelle gedreht wird, deren Scheibe 44'' vom Riemen 45 getrieben ist. Die Bewegung des 3, 4, 5_x bleibt durch eine selbsttätige

Ausrückung nach $1/_6$ Umdrehung auf $30 \div 40$ Sekunden, je nach der Stärke der Schlichte, unterbrochen. Die Zeit wird durch Auswechslung von Räderpaaren geregelt. Das Stillsetzen erfolgt durch Federbremsen. Raumbedarf $2,50 \cdot 2,10$ m. Arbeitsbedarf $1/_2$ PS. Antriebsscheibenumdrehungen in der Minute 120. Lieferung $27 \div 54$ kg in der Stunde. Bedienung 1 Arbeiter (147).

b3) Das Glänzen der geschlichten Stränge.

Das Glätten im Strang wird meist für feine Webgarne angewendet, welche die große Zugbeanspruchung beim Glätten der in Gruppen durch die Maschine laufenden Fäden nicht aushalten würden. Damit sich die Stränge gut ausgebreitet dem Glänzen darbieten, dürfen keine kreuzgewickelten verwendet werden; die Fitzfäden sollen nur sehr lose eingeflochten und mit doppelter Schleife, aber nicht an den Fortschreitungsstellen von Gebinde zu Gebinde, verknotet sein. S. S. 118.

3a) *Der Glanzbürster* mit ortsfest rundlaufendem Strang findet sowohl für Zwirne als auch für Gespinste im Strang Verwendung. Die Stränge *0* (5_{18}) mit sich berührenden, also nicht kreuzenden Windungen, welche nebeneinander ausgebreitet auf die 800 mm breiten Walzen *80″* gehen, erfahren die Wirkung der Borsten *1* von 8 Bürstenhölzern *2*, welche auf drei Kränzen *435″* der Welle *435$_x$″* angeordnet sind; ihre Scheiben *300″* · 100 werden vom Riemen *3* mit 400 Umdrehungen getrieben. Die Walzen *80″* können leicht von einem Arbeiter aus ihren Lagern entfernt und die geglänzten, trockenen *0* durch feuchte ersetzt werden. Dazu ruhen ihre Wellen *80$_x$″* unten in Lagerarmen *4!, 4, 5$_x$—6, 7$_x$, 8*, wovon einer mit der Handhabe *8* und dem Stiftarm *7$_x$, 9* ausgerüstet ist. Der Stift *9* greift in die Rast *10* eines Handhebels *11$_x$, 10, 12*, wodurch die Stellung des *0* in bezug auf die Bürstenwalze *435″* festgelegt wird. Die Tiefe des Eindringens der Borsten *1* in das Garn wird durch die Einstellung *4!, 4, 5$_x$—6, 7$_x$, 8* geregelt. Die Wellen *80$_x$″* der oberen Walze *80″* ruhen in Lagern *13* der Zahnstangen *14′*, welche mit den beiden auf der durchgehenden Welle *15$_x$′* festen Trieben *15′* eingreifen. Über *i′, i′*, den Keil *16*, die Kuppeln *16′, 17′* und das Schraubengetriebe *18′, 1′* wird durch Drehen des Handrades *400″* bei, mittels des Hebels *19, 20$_x$*, *21*, eingeschalteten Kuppeln *17′, 16′*, der Trieb *15′* die *14′* zum Spannen des *0* heben. Hierdurch kommen die auf der *15$_x$′* festen Armen *15$_x$′*, *22* eingestellten Gewichte *23$_0$!* in ihre wirksamste Lage, so daß sie nach dem nun durch *19, 20$_x$, 21* erfolgenden Ausschalten von *16′, 17′* die *0* während des Bürstens spannen, um bei zunehmender Trocknung die Bürstenwirkung gleichmäßig zu erhalten. Während des Glänzens wird mit einem stumpfen Schlegel auf die Stränge geschlagen, um die Windungen gegeneinander auszugleichen, wozu eine gewisse Geschicklichkeit notwendig ist. Mit Anilin gefärbte Stränge sollen einen weniger feurigen Glanz ergeben als mit Pflanzenfarbstoffen behandelte. Der Kraftbedarf beträgt ungefähr 2 PS. Die Lieferung in 8 Stunden in einstufigen Zwirnen (Fachung *2* und *3*) 12÷20 kg, in zweistufigem Zwirn (Fachung *6*, *9*) 20÷30 kg, je nach dem verlangten Glanz. Weil die Bearbeitungsdauer beliebig ausgedehnt werden kann, so läßt sich durch sie jede Glanzwirkung leicht erzielen; sie eignet sich daher für die Befriedigung von Sonderwünschen anspruchsvoller Kunden (31 b, 148).

3 b) *Der Glanzreiber* mit ortsfestem, rundlaufendem Strang. Diese Ausführung weicht von der vorigen dadurch ab, daß statt der Bürstenwalze zum Glätten zwei Schlagwalzen verwendet werden. Diese bestehen aus einer durchgehenden, in der Mitte gelagerten Welle $1_x''$ (6_{18}), auf welcher beiderseits in Abständen, zwischen denen sechs Stränge *0* ausgebreitet werden, je zwei Scheiben *1''* befestigt sind, und acht durch Schrauben festlegbaren Stängchen *2* mit auf ihnen verdrehbar angeordneten, gerillten Rohren aus Guajak- (Pock-Franzosen-) Holz *3*. Angetrieben werden sie über ihre Scheiben *4''* durch Riemen *4*, *4₁*, deren einer *4* gerade, der andere *4₁* gekreuzt läuft, von der Vorgelegescheibe *5''*. Die untere Schlagwalze treibt über *1'*, *6'*, *7'*, *8'* die obere glatte Zinnwalze *9''*, über welche die *0* gelegt sind, die von der unteren Zinnwalze *10''* gespannt werden. Diese ist mit sieben Führungsrändern *11''* für die *0* ausgerüstet und erfährt die Hebelbelastung *12*, 13_x, 14_0!. Die Maschine erlaubt *0* von 1,37 m oder 2,28 m zu glänzen. Stellt sich eine Abnutzung der *3* ein, so wird die Hülse *3* etwas verdreht und wieder auf *2* befestigt. Die Maschine wird zweiseitig gebaut, so daß im ganzen vier freitragende Glänz- (*1''*) und Strangführungswalzen *9''*, *10''* von einem Vorgelege $5_x''$ aus getrieben werden. Dieses ist so eingerichtet, daß jede Arbeitsseite unabhängig von der andern angetrieben werden kann, so daß beim Stillstand der einen Seite, zur Entfernung der fertig geglänzten und Auflage neuer Stränge, die andere in der Arbeit nicht behindert wird. Lieferung in 8 Stunden ungefähr 32÷40 kg. Kraftverbrauch 2½ PS. Raumbedarf 1,83 m · 1,52 m (148).

a2. Das Glänzen bei durchlaufendem Zwirn.

2a. Das Abspulen der Stränge. Für die in der Nähgarnherstellung allgemein verwendeten Glänzmaschinen mit durchlaufendem Zwirn müssen die Stränge auf einer Spulmaschine mit lotrechten Doppelflanschhülsen (7_{18}) von 125 mm Hub und 102 mm Flanschendurchmesser umgewickelt werden, welche dann im Gatter des Glänzers Platz finden.

2b. Die Glänzmaschinen bei durchlaufendem Gut.

b1) Von Spule zu Spule

1 a) mit schraubenförmigem, waagerechtem Gutlauf und einer Glänzwalze. Die Zwirne *0* (8, 9_{18}) von 32 oder 50 Spulen *1* laufen von den Aufsteckspindeln *2* des Aufsteckrahmens *3* über Fadenführer *4!*, *5!* und als Band in den Trog *6*, in dessen Schlichte die mit einem Filztuchmuff bezogene Triebwalze *7''* taucht, um die Oberwalze *8''* mit Belastung $8_x''$,

9_x, 10_0!, um die überflüssige Schlichte abzupressen, über die eine Leitwalze $11''$!, durch den Kamm 12!, über die Leitwalze $13''$!, zurück zur ersten Leitwalze $11''$!; diesen schraubenartigen Rundlauf machen sie so oft als die Bandbreite in der Arbeitsbreite der Walzen $11''$!, $13''$! enthalten ist bzw. als es der zu erzeugende Glanz verlangt. Hierauf tritt das Zwirnband 0 auf der entgegengesetzten Seite zum Einlauf über $13''$ aus; jeder einzelne Zwirn wird durch die beiden Führungen 14!—15!, $16''$—$17''$ auf eine der Doppelflanschenhülsen $18''$ von 152 mm Hub und 102 mm Flanschendurchmesser geleitet, welche durch Reibung von Tellern $19''$ mitgenommen werden. Es sind im ganzen vier Reihen Spulen vorhanden, gezeichnet sind jedoch nur zwei, die durch die Übertragung $20' \div 25''$ vom Riemen 27, der auf die Fest- und Losscheiben $26''$ ($350''$ · 100) wirkt, angetrieben sind. Die Hauptwelle macht 400 Umdrehungen; sie bewegt durch Riemen über $25''$, $28''$ und durch Ketten $29'$, $30'$, $32'$, $31'$ die hintere Leitwalze $11''$! und die Eintauchwalze $7''$. Das Fadenführerexzenter $17''$ wird über $33' \div 36'$ getrieben. Die Zwirne gehen mit minutlich $16 \div 17$ m durch die Maschine hindurch. Dabei werden die Zwirne geglänzt auf der zurücklaufenden Strecke zwischen den Leitwalzen $11''$!, $13''$! von den 16 Bürsten 37 der Hölzer 38!, die auf den mit der Welle $350_x''$ festverbundenen Kränzen $720''$ leicht auswechselbar angebracht sind. Bedienung: 1 Arbeiter; Kraftbedarf: ungefähr 2 PS; Raumbedarf: Länge 2,45 · Breite 1,65 · Höhe 1 m; Gewicht ungefähr 800 kg (31 b).

1 b) mit einmaligem, waagerechten Durchlauf und mit drei oder einer Glänzwalze. Zum Schlichten und Glänzen von Nähfaden und dünnen Schnüren mit Spiegel- oder Hochglanz dienen Glänzer mit hölzernem Aufsteckrahmen für 98 Spulen, in denen die Garne 0 (13_{11}), durch die Porzellanösen einer hin- und hergehenden Latte 1 geführt, in den Schlichttrog 2 gelangen, in dem sich eine gegen Rost geschützte, mit Filzmuff versehene Schlichtwalze $3''$ dreht. Eine durch Gewichtshebel 4_0!, 5_x—6, 7 belastete, ebenfalls mit Filz belegte Preßwalze $8''$ quetscht die überflüssige Schlichte ab. Der 2 ist im Gestell 9 beiderseits geführt durch die Zahnstange $10'$, welche durch die Triebe $11'$ vom Handrad $12''$ gedreht werden können, um die Tiefe des Eintauchens der $3''$ zu regeln. Die 0 gehen über die Rillenwalzen $13''$!, die zur Verteilung der Schlichte hin- und hergehenden Messingwalzen $14''$! und gelangen über die Ausgangsführungswalzen $15''$! $\div 18''$ auf die Spindeln, wovon je 14 in 7 Reihen übereinander angeordnet sind.

Auf ihrem Durchlauf werden sie von drei Glättrommeln $19''$ von 560 mm Durchmesser und 940 mm Breite bearbeitet, welche je nach der Ausführung ausgerüstet sind: erste Trommel mit 9 Bürsten 19 und 9 Hartholzleisten (31 b) oder 20 (148 a) bzw. 12 Bürsten aus Roßhaar (148 b); zweite Trommel mit 9 Bürsten 19 und 9 Hartholzleisten (31 b); oder 10 Pferdehaarbürsten und 10 Holzleisten (148 a) bzw. 6 Bürsten und

6 Leisten (148b); dritte Trommel mit 20 Hartholzleisten (31b) oder 24 Hartholzleisten (148a) bzw. 12 Leisten (148b). Der Antrieb erfolgt auf die mittlere Glänztrommel *19''* oder durch den Riemen *21* auf die Scheiben *22''* von 300 mm · 100 mm und über *23''*, *24''* und die gleichgroßen Scheiben *25''*, *25''—26''*, *26''* auf die Trommeln *19''*.

Zur Regelung der Fadenspannung bei zunehmender Spule ist in den Antrieb *27''÷41'* ein Kegelpaar *27''*, *28''* mit über *29'*, *30'—31'*, *32'—33'* (*20'—46'*), *z'*, *34'* getriebener, selbsttätig fortschaltender Gewindespindel *35'* und Gabel *36*, *37* für den Antriebsriemen *27* vorhanden.

Bei der Arbeit von Spule zu Spule erfolgt das Aufwickeln der 98 geglänzten Zwirnfäden auf Spulen von 153 mm · 90 mm, welche auf Ringspinnspindeln sitzen, wovon je 7 durch ein Band mit Spannrolle angetrieben werden. Die Durchzugsgeschwindigkeit des Gutes kann durch Wechselräder dem Glanz entsprechend geregelt werden. Angaben für 200, 300, 360 Spindeln, von Spule zu Spule oder vom Baum zur Spule (s. Tafel 14$_d$) (148b).

Es ist empfehlenswert, unter die Bürsttrommeln eine Heizvorrichtung einzubauen, um ein besseres Trocknen der Fäden zu bewirken. Für die Herstellung seiden-(matt) glänzender Fäden wird nur eine Bürsttrommel von *914''* · 940 mm Breite mit zwei Ablenkwalzen über ihr verwendet, so daß die Garne dreimal an sie herangeführt werden. Die Trommel ist ausgerüstet mit: 11 Bürsten aus Schweinsborsten mit je 2 Streichleisten, welch letztere jedoch nur für grobe Garne eingestellt werden (148a), oder 9 Bürsten und 9 Streichlatten (31c) bzw. mit 22 Bürsten (148b). Angaben für 98 Spindeln: Kraftbedarf: 3÷3,5 PS. — Raumbedarf: 5,950 m · 1,700 m. — Lieferung in 8 Stunden: 17÷27 kg Cord 30/3 bzw. 36 kg Cord 36/6 (148b).

1c) mit schraubenförmigem, lotrechten Durchlauf und mit 1 Glänzwalze. Die Garne *0* (*10$_{18}$*) von *24* oder *32* in einem einfachen Gestell waagerecht angeordneten Spulen laufen nach unten über eine Führungsleiste, dann über die Stange *1*, durch den Teilkamm *2!*, unter der mit Flanell bezogenen Holzwalze *3''*, welche in die Glänzmasse des Troges *4* eintaucht, um die Quetschwalze *5''* aus Messing herum, durch den zweiten Teilkamm *6!*, den die ganze Breite der Maschine einnehmenden Kamm *7!*, über die obere Leitwalze *8''*, um die untere Triebwalze *9''*, beide aus gezogenen Messingrohren mit gußeisernen Flanschen, durch den Kamm *7!* und noch so oft in Schraubenlinien denselben Gang als zur Erreichung des Glanzes notwendig sind, darauf durch den Teilkamm *10!* und die Fadenführer *11!*, beide auf der auf und ab gehenden Leiste *12—13*, *14''* — das Exzenter *15''*, zu den Spulen *16''* auf den Tellern der Spindeln *17''*, welche über *18''÷22''* vom Riemen *23* angetrieben werden. Die Glänzwalze besteht aus 16 hölzernen Schlagleisten und 16 Bürsten *24*, welche auf gußeisernen Kränzen befestigt sind. Die Übertragung erfolgt auf die untere Triebwalze *9″* über *25″÷30′*, auf die Eintauchwalze *3″* über *31″*, *32″*, auf das Fadenführerexzenter *15″*, über *33′÷36′*. Ausgerüstet ist die Maschine noch mit einer Abstellvorrichtung bei Fadenmangel. Bei Zwirn 30/3 liefert die Maschine annähernd 350 g in 8 Stunden (148b, 149).

1d) mit einmaligem, lotrechtem Durchlauf und 5 Glänzwalzen. Die von 50 Spulen ablaufenden Zwirne *0* (11_{18}) gehen über die Stange *1*, durch den Kamm *2!*, in Abständen von etwa 25 mm voneinander, um die galvanisierten, mit nahtlosem Tuchmuff bezogenen Einzugs-walzen *3″*, *4″*, deren untere in die Glanzmasse des Troges *5* eintaucht, über vier regelbare messingene Fadenführerstangen *6!*, um die Garne in die richtige Lage zu den Bürsten und Hartholzschlägern der Glänzwalzen *7″* zu bringen, die obere Kehrwalze *8″*, welche die Zwirne durch ihre hin- und hergehende Verschiebung beständig wälzt, um alle Teile ihres Um-fanges mit den Glänzwalzen *7″* in Berührung zu bringen und so einen gerundeten Faden zu erzeugen. Nach der vierten Glänzwalze *7″* läuft die Fadenschicht um die Rückleitwalze *9″*, nochmals um die obere Faden-führerstange *6!*, dann über die dritte, vierte und fünfte Glänzwalze *7″*, um die Ablieferungswalzen *10″*, *11″*, hinauf durch die Fadenführer *12!* auf die Spule *14″*, welche auf den Flanschen der Rabbeth-Spindeln *13* stehen, die durch Kegelrädchen getrieben werden. Im untern Teil der Maschine befindet sich ein Rippenrohr *15* mit Dampfeinströmung *16* und Abzugstutzen *17*, der zum Niederschlagwasserabscheider führt. Die Fadenführer *2!* sind auf einer Leiste *18* befestigt, welche durch ein Schlitz-stück *19* von der Kurbel *20* und einer leicht zu verfolgenden Übersetzung vom Riemen *21* getrieben wird. Die *22* sind auf Leisten angeordnet, wel-che im Rahmen *23* gehalten werden, der durch beiderseits befestigte Stangen *24* mit Rollen *24″* vom Exzenter *25″* auf und ab bewegt wird. Die Geschwindigkeit der Ablieferwalzen *10″*, *11″* läßt sich durch Wechsel-räder im Antrieb derart regeln, daß, zusammen mit der Einstellung der Fadenführerstangen *6!*, jede Glänzwirkung in der vorteilhaftesten Weise zu erreichen ist. Die Bürstenwalzen *7″* machen 800 Umdrehungen. Die Lieferung beträgt ungefähr 16 kg in 8 Stunden; der Kraftbedarf nahezu 1 PS; der Bodenbedarf 1,830 · 1,220 m (148).

b2) Der Durchlauf von Kettbaum zu Kettbaum. Hierzu werden statt Spulen ein 300÷360 Enden fassender Kettbaum *0″* (13_{11}) vorgelegt, welcher beiderseits durch die Bremsscheiben *42″* mit Leder-gurten *43* vom Gewichtshebel *44_x*, *45_0!* abgebremst wird. Durch die ein-stellbaren Rillenwalzen *14″* wird die Fadenschicht in drei Teile und durch die aus Rotguß hergestellten Aufwindebäume *41″*, die vom angetriebenen Kegel *28″* über die Räder *39′*, *40′—41′*, *z′*, *41′* gedreht werden und in der Mitte ihrer Breite mit Scheiben *46″* versehen sind, in sechs Teile zerlegt. Der Kraftbedarf beträgt ungefähr 3,5 PS; der Bodenbedarf 4,50 m Länge · 1,65 m Breite. Die Lieferung hängt vom Grad des Glanzes und der

Zusammensetzung der Schlichte ab und beträgt in 8 Stunden mit matt-schwarzen Garnen ungefähr für: $Ne = 20/3 - 120$ kg; $N_e = 40/4 - 96$ kg; $N_e = 60/4 - 64$ kg (31 b, 85).

a3. Praktische Angaben.

3a. Garnfehler durch das Glänzen. Ist nicht genügend Schlichte im Trog, so wird der Faden beim Durchziehen durch die Bürsten gerauht und gequetscht, ja, er verbrennt sogar.

Ist die Trocknung ungenügend, so kleben die Zwirne auf der Spule, laufen schlecht ab und verursachen weitere Fehler in der Röllchen-wickelei. Man prüfe daher dauernd durch Anfassen der Spulen, ob der Faden trocken genug läuft.

3b. Gewichtsveränderung durch das Glänzen. Die mit Schwarzglänzmitteln behandelten Garne nehmen um 11% ihres Roh-gewichtes zu; Schwarzmatt- und Weißglanzmittel verursachen keine Gewichtszunahme. Dagegen hat man mit einem Gewichtsverlust bis zu 8% beim Glätten mit Weißmattschichten zu rechnen.

3c. Die Bürsten und Filztuchmuffe. Auf die Auswahl der Bürsten ist große Sorgfalt zu verwenden; sie müssen den Anforderungen an den Glanz entsprechen. Für Glanz-(Glacé-)Garne, das sind meist 3fache Zwirne für das Handnähen, sind andere Bürsten im Gebrauch, als für 3fache matte und 4fache Zwirne. Damit die Fäden nicht zu tief in Bürsten eingreifen, sind zwischen den aufeinanderfolgenden Bürsten Holzleisten eingezogen. Je nach ihrer Höhe wird der Faden mehr oder weniger von den Bürsten angegriffen. Man verwendet auf Glänz- (Polier-) Maschinen für Mattglanzgarne Bürsten von 80 mm Breite und 25 mm Höhe mit Büscheln aus PM-Roßhaar und Leisten von 90 mm Breite und 30 mm Höhe. Bei dieser Ausführung wird das Roßhaar die Fäden sehr wenig berühren. Für Mittelglanz sind die Holzlatten 62 mm breit und 20 mm hoch, während die Bürsten 65 mm breit und 25 mm hoch sind. Für Hochglanz haben die Holzlatten 60 mm Breite und 25 mm Höhe, die Bürsten mit Roßhaar „Sch" dagegen eine Breite von 65 mm und eine Höhe von 35 mm. Auch die Anzahl der Bürsten 6, 8, 12, 15, 22, ist je nach dem verlangten Glanz der Zwirne verschieden. Statt Roß-haarbürsten werden oft auch Bürsten mit Schweinsborsten gebraucht, und zwar für feine Garnnummern Roßhaar- und 3 Borstenbürsten; für grobe 6 Roßhaar- und 6 Borstenbürsten. Auch Bürsten aus Kokosfasern werden wegen ihrer Billigkeit oft verwendet; sie sind jedoch wenig haltbar. Alle neuen Bürsten greifen hart an; es empfiehlt sich, damit zu-erst gröbere Zwirne zu bearbeiten und sie, schon etwas abgenutzt, für feinere zu verwenden.

Die Eintauchwalzen im Schlichtetrog sind aus Kupfer und zur Scho-nung des Garnes mit einem Filztuchmuff bezogen, der sich mit der Glanz-masse tränkt und sie an den durchziehenden Zwirn abgibt. Sowohl er als wie die Bürsten sind der Abnützung unterworfen, und es ist, weil ihre Wiederbeschaffung Kosten verursacht, daher notwendig, über ihren Verbrauch genau Buch zu führen. Um sich einen Begriff darüber bilden zu können, gibt die Tafel 1_e eine mittlere Betriebsdauer beider bei 10stündiger Tagesarbeit an.

3d. Die Lieferung. *d1) Ihre Berechnung.* Seien d der Durchmesser der Lieferwalze in m, n ihre minütlichen Umdrehungen, s die Arbeitsstunden, w der Wirkungsgrad der Maschine N_e die englische Gespinstnummer, f die Fachung und F die Anzahl Fäden, die zugleich durch die Maschine laufen, dann ist:

die bearbeitete Garnlänge in m: $l = 3{,}14 \cdot d \cdot n \cdot 60 \cdot s \cdot w \cdot f \cdot F$;

und das gelieferte Garngewicht P in kg:

$$P = \frac{3{,}14 \cdot d \cdot n \cdot 60 \cdot s \cdot w \cdot f \cdot F}{1{,}69338 \cdot N_e \cdot 1000} = 0{,}11126 \cdot \frac{d \cdot n \cdot s \cdot w \cdot f \cdot F}{N_e}.$$

Ist: $s = 46$, $w = 0{,}90$, $F = 100$, so ist, wenn von Spule zu Spule geglänzt wird:

$$P = 460{,}836 \cdot \frac{n \cdot d \cdot f}{N_e}.$$

Guten Mattglanz erhält man mit einer Fadengeschwindigkeit von 0,25 m in der Sekunde, einer Bürstengeschwindigkeit von 14 m/s und mit 23 Bürsten für eine Trommel. Die Lieferung der Glänzmaschinen ist sehr verschieden und schwankt mit den Saalfeuchtigkeiten und mit den Trocknungsmöglichkeiten. Deshalb wendet man oft zwischen den Trommeln Heizschlangen an. Der Dampfverbrauch verteuert natürlich die Herstellungskosten, weshalb manche Nähfadenfabriken die Trocknung mit Dampf weglassen. Beim Arbeiten von Baum zu Baum oder von Baum auf Spule verbilligt sich der Herstellungspreis, weil statt der 100 Spulen deren 360 auf der Maschine sind.

d2) Lieferungsangaben enthält die Zusammenstellung (15_d) für Maschinen mit 100 Spindeln bei 8stündiger täglicher Arbeitszeit ($31\,b$, 80).

3e. Der Kraftbedarf der Glänzmaschinen schwankt zwischen 2 und 7 PS, je nach der Anzahl der Bürsten. Weil die dreifachen Garne am stärksten geglänzt werden, so kann man für die groberen Garne mit 7 PS, für die mittleren mit 5 PS und für die feineren ab $N_e = 50$ mit 3 PS rechnen. Die zweifachen Garne gebrauchen ungefähr 2 PS, ebenso die vierfachen von der $N_e = 50$ ab, während für die gröberen N_e ungefähr 3 PS nötig sind ($31\,b$, 80).

F b) **Das Glätten und Glänzen der Garne durch chemische Einwirkungen: das Merzerisieren.**

Als Merzerisieren wird die Behandlung der Baumwolle mit Natronlauge bezeichnet, der sie als Rundstrang, Kette oder Gewebe ausgesetzt wird.

b1. **Die Grundlagen des Merzerisierens.** Ursprünglich wurde

1a. die Wirkung der Natronlauge auf die Baumwollfaser im ungespannten Zustand ausgenützt, welche darin besteht, daß eine Natronlauge von einer Stärke über 16° Bé die zu einem dünnen Bändchen *1* (12_{18}) eingetrocknete Faser verschiedener Querschnitte *2* (13a, b, c_{18}) zu einem prallen Schlauch von mehr oder weniger rundem Querschnitt *3* (13d, e, f_{18}) ausbildet und seine Zellwände verdichtet, wodurch drei wertvolle Eigenschaften der Faser ausgelöst werden: 1. eine tiefere Ausfärbung durch die Überführung des platten Faserbandes in ein zylindrisches Haarröhrchen, das in seinem Innern vielen Farbstoff aufnimmt; 2. ein erhöhter Glanz durch das von der prallen Oberfläche gleichmäßig zurückgeworfene Licht; 3. eine größere Zerreißkraft wegen der durch die chemische Einwirkung der Natronlauge verursachten Verdichtung der Zellwände. Nebenher wird eine Oberflächenveränderung der mit Natronlauge behandelten Gewebe durch das mit dem Prallwerden verbundene Einschrumpfen der Fasern hervorgerufen, welche es griffiger macht, wenn es ganz mit Lauge getränkt war, oder bloß die nicht bedruckte Oberfläche runzelt, kreppt, wenn die Lauge nur stellenweise auf das Gewebe gedruckt wurde, so daß ein örtlich begrenztes Schrumpfen eintreten konnte.

1b. Die Wirkung der Natronlauge auf die Baumwollfaser im gespannten Zustand. Wird während dieser chemischen Einwirkung das Schrumpfen verhindert, also gleichzeitig eine rein mechanische Einwirkung auf die Baumwollfaser ausgeübt, z. B. dadurch, daß der Baumwollstrang *0* ($14a_{18}$), über zwei sich drehende Walzen *1''*, *2''* gespannt, der Einwirkung der Natronlauge im Behälter *L* ausgesetzt wird, so erhöht sich die durch die Prallheit verursachte Lichtspiegelung und gibt dem so mit Natronlauge behandelten Garn einen bleibenden Glanz. Beide Verfahren, Baumwolle mit Natronlauge ohne oder mit Spannung zu tränken, sie nachher tüchtig zu waschen und zu entnässen, werden nach ihrem Erfinder Mercer (1844) als Merzerisieren bezeichnet. Das Schrumpfen soll eine Folge der Bildung von Alkalizellulose in der Faser sein; hierbei durchdringt die Lauge die Außenhaut *4* (15a, c_{18}) und löst den im Innern abgelagerten Nährstoff *5*, wahrscheinlich ohne, daß umgekehrt letzterer nach außen wandert (Osmose), was eine Erhöhung der Dichte und des Gewichtes der Fasern begründet. Die Ablagerungen *5* werden durch Absetzen und Austrocknen des im Innern der Faser während des Wachstums vorhandenen schleimigen Zellinhalts gebildet, sobald das Korn, infolge Zunahme der Fasermasse im Innern der Kapsel, von seinem, die Ernährungsstoffe zuführenden Mittelstrang abgerissen wurde. Hierauf wird viel Zellinhalt der Faser vom Korn zurückgezogen, teilweise schlägt er sich als blättrige Ablagerung *5* an die Innenwand. Ist die Faser gut genährt gewesen, wie z. B. die der gelben ägyptischen und der Inselbaumwollen (Sea-Island), so sind diese Ablagerungen *5* zahlreich; bei mittelmäßig genährten Fasern, wie z. B. die der nordamerikanischen Baumwollen, ist ihre Menge geringer und bei schlecht genährten, wie z. B. bei den indischen Baumwollen, sind die wenigen Ablagerungen 5 ($15b_{18}$) wendeltreppenförmig angeordnet. Je zahlreicher die Ablagerungen sind, desto gleichmäßiger quillt die Faser durch die Laugeneinwirkung, und desto glänzender wird sie, wenn dabei die Schrumpfung verhindert ist. Amerikanische und indische Baumwollen eignen sich daher schlechter zum Merzerisieren als ägyptische und die Inselbaumwolle.

Der Glanz erinnert an den der glatten, unreifen 1 ($12a$, $13a_{18}$) bzw. halbreifen Fasern 1 ($12b$, $13b_{18}$), welche durch ihr Glitzern in der Baumwollmasse auffallen. Der einzige Unterschied zwischen diesen und den reifen Fasern besteht darin, daß bei den ersteren noch kein Innenkanal ($13a$, b_{18}) vorhanden ist und ihr Zellinhalt sauer wirkt, während der der reifen Faser durch die Einwirkung von Licht und Luft nach dem Aufspringen der Kapsel süß ist. Ersterer widersteht dem Eindringen jedes Farbstoffes, während letzterer es begünstigt. Durch das Merzerisieren wird der Zellinhalt der in jeder Baumwolle enthaltenen unreifen, der sog. toten Fasern, ebenfalls umgewandelt, und in ihnen entstehen Hohlräume ($13d$, e_{18}), woraus sich das große Farbaufnahmevermögen der merzerisierten Baumwollen erklärt. — Wird die Kapsel durch die Fasermasse aufgesprengt, so wird die Luft das Abplatten der hohlen Fasern bewirken; dabei gelangt das Öl aus ihrem Innern an die Oberflächen, und nach Verdunsten der flüchtigen Bestandteile bleibt es als Wachsüberzug auf den Fasern zurück. Gleichzeitig werden durch das von der ungleichmäßigen Einwirkung der Luft und der Sonne verursachte, verschieden schnell erfolgende Trocknen Drehungen auf den Fasern 1 ($12c$, d_{18}) zurückbleiben ($150a$).

1c. Die Ursachen des fleckigen Glanzes des merzerisierten Garnes. Soll die Lauge gut in die Fasern eindringen, so ist durch eine Vorbehandlung, das Beuchen und Abkochen (s. S. $168 \div 172$), der Fettüberzug zu entfernen. Dieses ist oft nicht gleichmäßig durchgeführt, so daß auf dem Garn des Stranges Teile mit viel Fett und entfettetere auftreten. Auch die Lauge ist nicht gleichmäßig stark. Trifft eine starke Laugeninsel die entfetteten Faserstellen, so erfolgt die Schrumpfung stürmisch und das Stranggarn z. B. wird bei starrer Lagerung der $1''$, $2''$ ($14a_{18}$) sich verdünnen. Das Garn verursacht dadurch stoßweise Spannwirkungen, wenn die unter Gewichtswirkung stehende Gegenwalze $2''$ nicht gleichmäßig, sondern ruckweise nachgibt. Dieses erhöht noch die vorige Wirkung und verursacht ein ungleichmäßiges, unruhiges Glänzen der Garne. Dieser fleckige Glanz kann mit dem eines gehämmerten und dann spiegelblank geriebenen Metallstabes verglichen werden, während das gleichmäßig merzerisierte Garn ruhig wie ein Seidenfaden glänzt. Weil der von jedem Andreher beim Anstückeln zerrissener Fasergebilde in der Vor- und Feinspinnerei auf die Faser gelangte Schweiß dieselbe Wir-

kung wie das Fett verursacht und die durch das Ansetzen bedingte Unregelmäßigkeit im Draht des Gespinstes Spiegelungsunterschiede aus-
löst, so werden für die besten Güten der merzerisierten Waren, z. B.
Stickgarne, nur ohne Ansetzen erhaltene Gespinste verwendet.

Erfolgt ein Ruck auf das Garn beim Strecken außerhalb der Lauge,
so wird eine Schwächung, infolge des durch das Übereinandergleiten der
Fasern verursachten geringeren Garnquerschnittes und ein Glanzfleck
eintreten, weil dadurch die höhergelegenen Fasern Schatten auf die tie-
feren werfen. Findet der Ruck auf den Strang in der Lauge statt, z. B.
bei der Verhinderung des Schrumpfens, so werden die in der größeren
chemischen Einwirkung befindlichen Fasern nicht gleiten, sondern ge-
dehnt, am weiteren Aufquellen verhindert und weniger prall werden, ja
sogar Schnitte aufweisen, wodurch auch der Glanz beeinträchtigt wird.
Stöße durch starrgelagerte Walzen müssen daher unbedingt verhindert
werden, und diese vermehren sich sehr leicht, wenn zum nachgiebigen
Spannen der Stränge schwere Gegengewichte an langen Hebeln verwendet
sind, weil diese beim plötzlichen Schwingen der Hebel ruckartig tanzen.

1d. Die Behandlungsstufen. Das Merzerisieren der Baumwollgarne, wobei eine Verbindung des Zellstoffs mit Alkali entsteht, welche
durch Spülen mit Wasser leicht und vollständig gespalten wird, indem
das Alkali aus der Faser restlos entfernt wird (150), besteht darin, den
über zwei Laufwalzen $1''$, $2''$ ($14a_{18}$) gelegten Baumwollstrang 0 in der
ersten Behandlungsstufe auf den Weifenumfang auszustrecken, ihn in
der zweiten Stufe in einen Behälter L mit Natronlauge von $20° \div 35°$ Bé
einzutauchen und ihn durch Vor- und Zurückdrehen der $1''$, $2''$ darin
umzuziehen, so daß die Fasern vollständig mit Natronlauge getränkt
werden. Durch die infolge chemischer Umwandlung in den Faserwänden
sich bildenden gallertartigen, stark durchscheinenden Massen nimmt
ihre Dichte zu, das Fasergewicht erhöht sich, der Querschnitt 2 (13 d,
e, f_{18}) der sonst abgeplatteten Fasern wird rund (13 a, b, c_{18}), und die
Fasern verkürzen sich auf Kosten ihrer Länge unter Wärmeentwick-
lung, wenn der Abstand beider $1''$, $2''$ ($14a_{18}$) dabei aufrechterhalten
oder gar noch größer wird. Ist durch nachgiebiges Festlegen der $1''$, $2''$
in der dritten Behandlungsstufe das Eingehen der Fasern und des 0
verhindert, so werden, wenn der Querschnittsumfang der zylindrischen
Faser 2 (13 d, e, f_{18}) gleich dem der abgeplatteten (13 a, b, c_{18}) ist, die
korkzieherartigen Verdrehungen, die nach beiden Richtungen (12 c, d_{18})
auf der ursprünglichen Faser 1 verliefen, verschwinden; es entsteht
unter Wärmeentwicklung eine pralle Röhre. Wird dann noch in der
vierten und fünften Behandlungsstufe, nach dem Abquetschen ($14b_{18}$)
unter Spannung gewaschen und getrocknet, so schmiegen sich die
prallen Fasern des Gespinstes lückenlos und ohne Vertiefungen ineinander, so daß das auffallende Licht gleichmäßig zurückstrahlt, was

den edlen Seidenglanz des Baumwollgespinstes verursacht, es ist merzerisiert. Die Stärke und Gleichmäßigkeit dieses Glanzes hängt im wesentlichen ab von der Länge der Faser, ihren Abplattungen, ihrer Ober-
flächenbeschaffenheit, ihrem Reifegrad, der Größe und der Gleichmäßigkeit des Drahtes der Garne, der Wirksamkeit der Lauge, ihrem Sätti-
gungsgrad, ihrer Einwirkungsdauer, ihrer Wärme und von dem Fort-
schritt, den die Alkalizellulosebildung bei der Spannung des Garnes
erreicht hat; letztere soll, wie oben angeführt, dann gestoppt werden,
wenn der Umfang der prallen Faser (13d, e, f_{18}) den der Urfaser (13a,
b, c_{18}) erreicht hat, um ein Zerfetzen zu vermeiden.

Die Lauge muß so kalt als möglich sein; jedenfalls darf sie nicht
mehr als 18^0 haben, weil ihre Wirkung bei zunehmender Wärme geringer wird. Ein mehrmaliges Spannen und Entspannen des Stranges
bei der Laugenwirkung hat sich als vorteilhaft erwiesen. Im entspannten
Zustand soll die Spannung des Stranges jedoch noch so stark sein, daß
der Strang weiterläuft und bei Ausführungen, deren zweite Walze *2″*
($14a_{18}$) nicht durch Räder angetrieben ist, sie noch durch den Strang
mitgedreht wird. Die Lauge dringt dadurch vollkommen in das Garn,
weil die einzelnen Wicklungen des Stranges ungleichmäßigen Spannungen nicht ausgesetzt sind. Um eine Laugenverschwendung zu vermeiden, werden in der dritten Bearbeitungsstufe die getränkten *0*
nach Senken des *L, W* ($14b_{18}$) durch Aufdrücken einer Quetschwalze *3″*
auf die Laufwalze *1″*, bzw. zweier gekuppelter *3″* auf *1″* und *2″* (15l)
von der Lauge befreit. Hierauf erfolgt das Ersetzen des *L* durch einen
Wasserbehälter *W* ($14c_{18}$) und, nach Heben der *L, W* ($14d_{18}$), als vierte
Bearbeitungsstufe ein zweimaliges Spülen mit Heißwasser von $70^0 \div 80^0$
und ein einmaliges Kaltwasserspülen. Darauf werden *L, W* gesenkt
($14e_{18}$), und es erfolgt in der fünften Bearbeitungsstufe ein Abquetschen
des Wassers durch die Walze *3″*. Nach dem Austauschen der *W, L*
($14f_{18}$) wiederholt sich derselbe Arbeitsgang, bzw. es wird im *6* die *2″*
der *1″* genähert, um den merzerisierten *0* leicht abnehmen und den
rohen geordnet auflegen zu können, worauf das Entfernen der *2″* bis
in die in $14a_{18}$ angegebene Stellung geschieht; unterdessen sind auch
die *W, L* in ihre Anfangslage gelangt.

Statt durch Eintauchen der Stränge in die Spülflüssigkeit wird
das Entlaugen auch durch Bespritzen mit den Spülflüssigkeiten, heißes
und kaltes, reines und angesäuertes Wasser, durchgeführt. Die Spülflüssigkeiten werden in einem Behälter gesammelt und gelangen aus ihm
entweder in den Rundlauf, wobei sie sich an festem Ätznatron für die
vorgeschriebene Grädigkeit (33^0 Bé) anreichern, oder in ein Sammel-
becken, um auf 40^0 Bé eingedampft zu werden. Als siebente Bearbeitungsstufe erfolgt meistens nach dem Abnehmen der Stränge von den
Walzen *1″, 2″* ein Waschen in vielem Wasser, bis dieses nicht mehr sauer
wirkt; hierauf wird 8. geschleudert, 9. getrocknet und zuletzt 10. auf

dem Garnwringer bzw. der Garnstreckmaschine der Glanz des merzerisierten Garns erhöht.

Die verschiedenen Arbeiten zum Merzerisieren werden durchschnittlich in den folgenden Sekunden ausgeführt (152):

Auflegen der Garne und Auslängen auf den Weifenumfang.	60
Wechseln der LW	5
Einmaliges Umziehen der 0 in der Lauge	25
Umziehen der 0 bei Ent- und Wiederanspannung	50
Umziehen in gespanntem Zustand	35
Abquetschen der Lauge	20
1. Heißwasserspülung	30
2. Heißwasserspülung	25
Kaltwasserspülung.	25
Abquetschen des Wassers und Zusammengehen der $1''$, $2''$	25
Insgesamt 5 Minuten =	300

Die verschiedenen Merzerisierverfahren weichen nur in der Laugenbehandlung voneinander ab, während das Waschen und Entnässen stets in gespanntem Zustand erfolgt. Dem Laugen wird der Strang dargeboten: 1. lose, 2. auf die Weifenlänge ausgelängt und 3. unter mehrmaligem Längen und Nachlassen; auch wird er außerhalb der Lauge nachgelassen und in der Lauge wieder gelängt. Endlich kann die letzte Längung auf den Weifenumfang sowohl in der Lauge als auch beim ersten Spülen erfolgen, wobei noch ein Strecken, d. i. ein Längen über den Weifenumfang des Stranges hinaus, vorgenommen werden kann.

b 2. Die Merzerisiermaschinen.

Hier werden nur die Maschinen zum Merzerisieren der Garne im Rundstrang und in der Kette behandelt.

2 a. Rundstrangmerzerisiermaschinen.

a 1) Ihre Einteilung. Die Merzerisiermaschinen werden geordnet in Maschinen mit ortsfestem Strang und verschiebbaren Behältern für die Lauge und die Spülflüssigkeit, und in solche mit fortschreitendem Strang und ortsfesten Behältern für die Lauge und die Spülflüssigkeiten. Bei ortsfestem Strang sind zwei Ausführungen durchgebildet worden, die mit waagerechtem und die mit lotrechtem Strang (124b, 132b); bei letzterer taucht die untere Strangwalze in die Flüssigkeiten der Behälter ein. Die Merzerisiermaschinen mit sich drehenden und schrittweise rundlaufenden Strängen finden meistens in der Ausführung mit waagerecht liegenden Strängen, und zwar für die Bewältigung großer Garnmengen, Anwendung. Die waagerechte Lagerung hat nicht nur den Vorteil der großen Länge des von der Flüssigkeit bespülten Stranges bei nur mäßiger Tauchtiefe der Garnwalzen, sondern auch noch den der vorzüglichen Übersichtlichkeit der Maschine vom Arbeiterstand aus und der Vermeidung des Auftreffens von Öl- und Laugenspritzern auf den merzerisierten Strang.

Eine weitere Einteilung ist die nach Maschinen mit Handarbeit und solche mit Selbstarbeit. In beiden Fällen erfolgt das Auflegen der rohen Stränge und das Abnehmen der merzerisierten durch Handbedienung, während die Arbeiten des Auslängens, Streckens, Eintauchens und des Ausquetschens der Stränge sowie der Bäderwechsel bei der Handarbeit durch den Arbeiter und bei der Selbstarbeit durch die Maschine ausgeführt werden. Dabei wird bezeichnet mit Auslängen oder Längen des Stranges, sein Ausdehnen auf den Weifenumfang, und mit Spannen, die Einwirkung auf die verschiebbare Walze $2''$ (14_{18}), durch welche dem Schrumpfen des Garnes während der Laugenbehandlung entgegengewirkt wird.

Grundlegend, vom baulichen Standpunkt aus beurteilt, lassen sich die Merzerisiermaschinen scharf trennen in solche mit Gewichts- und Hebelwirkung und in solche mit Wasserdruckwirkung zum Längen und Spannen sowie Ausquetschen der Stränge; auf diesen Unterschieden sind die folgenden Erklärungen der einzelnen Ausführungen aufgebaut.

1a) Merzerisiermaschinen mit Handarbeit.

1. Ausführung mit waagerechten, übereinander liegenden Walzen. Bei ihnen erfolgt die Verschiebung der Walze $2''$ (7_{12}), welche im Bügel *3* gelagert ist, durch Drehen am Handrad *4''*, dessen Nabe *4* als Mutter der feststehenden Spindel *5'* des die Zapfen der Walze *1''* führenden Trägers *6* ausgebildet ist. Der Arbeiter hat es im Gefühl, wenn die richtige Stellung der *2''* erreicht ist, in welcher der Strang den Umfang der Weife hat, auf welcher er hergestellt wurde. Diese Einrichtung wird auf die Lagerböcke *7* im Laugenbehälter *L* aufgesetzt und die Stränge *0* durch Drehen am Handrad *8''* über das Schraubengetriebe *9'*, *10'* in der, bis zur Mitte des Stranges reichenden Lauge des *L* umgezogen (146b).

2. Ausführung mit waagerechten, nebeneinander liegenden Spannwalzen. Zum Merzerisieren kleiner Tagesleistungen bei halb selbstarbeitendem Betrieb, und besonders geeignet für Versuchsanstalten, wird der 1250÷1400 mm lange Strang *0* (8_{12}) auf die zusammengeschobenen Walzen *1''*, *2''* aufgelegt und die Walze *2''* über den als Mutter *4'* ausgebildeten Lagerbock *2''ˣ*, *4'*, *4*, die Schraubenspindel *5'*, die Räder *6'*, *7'* vom Handrad *8''* verschoben, bis der Strang seine Weifenlänge erreicht hat. Hierauf folgt das Heben des Laugenbeckens *L* über die im Gestell *9* geführte Zahnstange *10'*, den Trieb *11'* und den Handhebel *11ₓ'*, *12*, *13₀!*, begrenzt durch den Anschlag *10!* an *9*. Beim Laugen werden die *1''*, *2''* über die Räder *14'*, *15'*, die Welle *15ₓ'* und die Fest-

und Losscheiben *16″* vom Riemen *17* getrieben. Nach dem Laugen erfolgt das Abquetschen durch die Gummiwalze *3″* über den Handhebel *18, 19^x, 3″^x*, worauf durch Umlegen des *12, 13$_0$!, 11$_x$′* über *11′, 10′* das *L* gesenkt wird. Über die Schienen *20* wird nun das Spülbecken *W, 21* von Hand mittels Rollen *22″* unter die *1″, 2″* geschoben, worauf die Hähne der Warm- und Kaltwasserleitungen *23, 24* entsprechend der Spülung geöffnet werden. Die Spülflüssigkeit des *W* fließt durch den Stutzen *21* über das Ablaufblech *25* in den Wassertrog *26*. Nach dem Ausquetschen durch *3″—3″^x, 19^x, 18* wird durch Drehen am *8″* über *7′÷2″^x* die *2″* zum Abnehmen des merzerisierten und Auflegen des rohen *0* genähert, das *W* durch *L* ersetzt, die *2″* wieder in die gespannte Lage gebracht und die neue Bearbeitung wie vorhin beschrieben durchgeführt. Die Garnauflage beträgt je Laugung 225÷340 g, so daß eine Tagesleistung von 27÷36 kg erreicht werden kann (152).

1b) Merzerisiermaschinen mit Selbstarbeit.

1. Maschinen mit ortsfestem Strang und verschiebbaren Behältern für das Laugen und Spülen.

a. Maschinen mit Gewichts- und Hebelwirkungen zum Längen, Spannen und Ausquetschen der Stränge

1. mit nebeneinander angeordneten Behältern für die Lauge und die Spülflüssigkeiten.

a) Die Bewegungen der Becken. Die Stränge *0* (9$_{12}$) sind über die Walzen *1″, 2″* gespannt. Die beiden Becken *L, W* stehen mit den Rollen *4″* auf den Schienen *5* eines Rahmens *6*, dessen Stelzen *6, 6* in den Führungen *7* auf- und abgleiten. Diese Bewegung wird erzeugt über die Verbindung *6, 8—8, 9$_x$, 10″—12, 12* vom Exzenter *11″*. Das Verschieben der *L, W* geschieht durch das Exzenter *13″*, über *14″, 15$_x$, 16—16, 17*, über *18″, —19, 20″, 21$_0$*. Nach dem Laugen bzw. Waschen läßt der einspringende Teil von *11″* über *10″÷5* unter dem Gewicht des *L, W* und der *4″, 5* das Senken von *L, W* zu. Dabei trifft der ansteigende Teil von *13″* auf *14″* und verursacht über *14″÷17* das nach rechts Verschieben der *L, W* unter Heben von *21$_0$*, hierauf der ansteigende Teil von *11″*, über *10″÷5*, das Heben der *L, W*.

b) Das Ausquetschen. Nach dem Laugen und Waschen muß ausgequetscht werden, wozu die Preßwalze *3″* auf *0, 1″* gebracht wird über die Verbindung *22, 3″^x, 23—24, 25$_x$, 26″*, das Exzenter *27″*, wobei die *3″* als Drehpunkt wirkt, und über die Hebelvorrichtung *23, 3″^x, 22—22, 28$_x$, 29—30′, 30″—31, 32—32, 33$_x$, 34—35$_0$!* den Quetschdruck verursacht. Bietet sich der einspringende Teil von *27″* der *26″* dar, so wird über *26″÷22* die *3″* von *1″* entfernt, und über *22÷35$_0$!* die Wirkung des *35$_0$!* durch Auflage des *34, 33$_x$* auf *36* aufgehoben und demgemäß die Steuerwelle *11$_x$″* entlastet (153).

c) Das Auswechseln der Stränge. Nach dem Waschen und während des Zurückverschiebens des L, W in die Ausgangslage erfolgt das Entspannen der 0 und das Nähern der $2''$ so weit zu $1''$, daß das Ersetzen des merzerisierten 0 durch einen rohen durchführbar ist, über die Verbindung $2''^x$, 37—37, 38—38, 39_x, 40, 41_0!—42, $43''$, 44—44, 45_x, $46''$ durch den Nocken $47''$ der Steuerwelle $11_x''$ (154).

2. *mit übereinander angeordneten Behältern.*

a) Die Bewegungen der Becken. Das obere Spülflüssigkeitsbecken W (10_{12}) läuft mit Rollen $4''$ auf den als Schienen ausgebildeten Seitenwänden des unteren Laugenbeckens L, das durch zwei Rahmen 5, 6 über den Arm 7, 8 und den Hebel 8, 9_x, $10''$ vom dreistufigen Exzenter $11''$ gehoben und gesenkt wird. Die waagerechte Verschiebung der W, L erfolgt über den Stift 12 des W mittels der Kette 13, welche über die Räder $14'$, $15'$ gelegt ist, der Rolle $16'$, der Kette 17, 18 und des Hebels 18, 19_x, $20''$ vom Exzenter $21''$. Der höchste Rand des $11''$ bringt, bei ausgefahrenem W, das L unter den Strang 0, der, über die Walzen $1''$, $2''$ gespannt, rundläuft. Der mittelhohe Rand des $11''$ legt die Stellung des W in der Spüllage, auf derselben Höhe wie vorhin das L fest. Die beiden niedrigsten Ränder des $11''$ dienen dem Ein- bzw. Ausfahren des W, letzteres durch das auf die Kettenrolle $22'$ der $16'$ an der Kette 22 wirkende Gewicht 23_0. Die warme bzw. kalte Spülflüssigkeit fließt durch den Hahn 24 und das Rohr 25 in das W. Das hochgradige Lauge enthaltende erste Spülwasser kann über den Rand des mit gelochtem Boden ausgerüsteten Überlaufbechers 26, der unter der Einwirkung der Feder 27^0 das Abflußloch des W verschließt, durch den Ablaufstutzen 28 des W, die Ablaufrinne 29 und das über 30_0, 30_x, $30''$ von einem Exzenter der $11''$ schwenkbare Trichterrohr 30 in einen der Ablaufkanäle 31, 32 zur Weiterverwendung, z. B. in der Beuch-, bzw. Abkochlauge, abfließen. Das ganze hochgehaltige Laugenwasser der ersten Spülung wird aus dem W dadurch entfernt, daß am Schluß der zum Spülen notwendigen Einfahrt des W der Stift des Bechers 26 auf den Hebel 33^x, $34''$ auflief und dessen Rolle $34''$ dann vom Nocken $35''$ der $11_x''$ gehoben wird, so daß das Laugenwasser durch das Abflußloch und den 28 in die 29 und von da über 30 und die 31 in einen Sammelbehälter gelangt. Ebenso wird die zweite Spülflüssigkeit, aber über 32, ins Freie abgeführt, weil sie zu laugenschwach ist, um wieder verwendet zu werden. Ein Ein- oder Überlaufen der Spülflüssigkeiten in das L wird dadurch vermieden (155).

b) Das Ausquetschen der 0 erfolgt durch die Preßwalze $3''$, die Hebelverbindung 36, 37^x—37^x, 38_x, 39_0, 40, 41, 42_x, 43_0, 44—44, 45—45, 9_x, $46''$ vom Exzenter $47''$ der $11_x''$. Die Nachgiebigkeit des Quetschdruckes wird dadurch gewährleistet, daß $33''$—36, 37^x auf dem Gewichtshebel 37^x, 38_x, 39_0, 40 gelagert ist.

c) Die Antriebe der Walzen *1''*, *2''*. Zur Vermeidung freitragender Garnwalzen *1''*, *2''*, welche wegen des starken Spanndruckes sehr große Abmessungen der Lager bedingen, werden nach dem Auflegen der *0* die freien Enden der *1''*, *2''* von starken Haken *48*, *49$_x$*, *50* bzw. *48*, *49^x*, *50*, erfaßt, welche über die Verbindung *50*, *51—51*, *52$_x$*, *53* bzw. *51*, *9$_x$*, *53*, *54''* vom Exzenter *55''* der *11$_x$''* gesteuert werden. Das nachgiebige Spannen der *0* ergibt sich aus der Verbindung *48*, *49^x*, *50—56*, *57'*, *57''—58'*, *59!—59!*, *60''*, *62^x—62^x*, *63$_x$*, *64—64*, *40—40*, *38$_x$*, *39$_0$*, *37^x*, die vom Exzenter *61''* betätigt wird.

Der Antrieb erfolgt durch Riemen *65* auf die Fest- und Losscheiben *66''*, über die Zahnräder *67'÷74'*, auf die *11$_x$''*, und über *70'*, *75'*, *75'*, *76'*, auf die *1''*.

Durch die Verteilung der Stützpunkte *9$_x$*, *38$_x$*, *42$_x$*, *63$_x$* fast in gleichen Entfernungen um *11$_x$''* werden die Spanndrücke auf den Maschinenrahmen gleichmäßig verteilt, und sie können infolge der Hebelübersetzungsverhältnisse mit kleinen Gewichten erhalten werden (156).

1c) Ausbildungen zum nachgiebigen Spannen, Entspannen und Auspressen der Stränge.

1. Durch Einschaltung eines an das Exzenter angepreßten Hebels. Es wurde schon auf die Glanzunterschiede im merzerisierten Garn hingewiesen, welche durch Rucke entstehen, die noch durch das Tanzen der an langen Hebeln wirkenden Gewichte verstärkt werden und besonders die Ausbildungen in der vorhin beschriebenen Merzerisiermaschine hervorgehoben, welche Abhilfe versprechen. Eine gleiche Wirkung hat die Spannvorrichtung, gekennzeichnet durch die Hubscheibe *3''* (11$_{12}$), die Rolle *4''*, die Hebel *4''*, *5^x*, *6''—6''*, *7$_x$*, *8*, *9$_0$!* mit Rast *10* und Hebelarm *11$_x$*, *2''*, welcher den Drehpunkt *5^x* und die Spannwalze *2''* trägt. Bei einer gewissen, der Höchstschrumpfung entsprechenden Spannung des *0* weicht *2''* nicht mehr, und das *3''* verursacht eine Linksdrehung des *4''*, *5^x*, *6''* und durch eine Rechtsdrehung von *6''*, *7$_x$*, *8* das Abheben des Gewichts *9$_0$!* von seiner Rast *10*, so daß ein Überstrecken des *0* verhindert wird (157). Zur mehrfachen Spannung und Entspannung kann *3''* mehrstufig sein. Weitere Ausbildungen sind der Quelle 158 zu entnehmen.

2. Durch nachgiebige Lagerung des Exzenters. Um beim Überschreiten der Höchstschrumpfung eine Nachgiebigkeit der *2''* (12$_{12}$) zu gewährleisten, liegt die Welle des Exzenters *5''* auf dem Gewichtshebel *5^x''*, *6$_x$*, *7$_0$!*, so daß eine Unverschieblichkeit von *2''* über *2''*, *3$_x$*, *4''* das Exzenter *5''* nach rechts bewegt und über *5^x''*, *6$_x$*, *7$_0$!* das Gewicht *7$_0$!* von der Rast *8* gehoben wird. Die Räder *9'*, *10'* sichern die Drehbewegung des *5''*. Eine gleiche Ausführung ist für die Preßwalze *3''* vorgesehen, bestehend aus dem Hebel *3''*, *4''*, *3$_x$*—Exzenter *5''*—Hebel *5^x''*, *6$_x$*, *7$_0$!*—Rast *8* und der Räderübertragung *9'÷10'* (159).

17*

1 d) Maschinen mit mehrmaligem Spannen und Entspannen der Stränge während des Laugens. Es genügt dazu, die Exzenter entsprechend auszubilden und auf die übrigen Arbeiten abzustimmen. Dabei kann die Entspannung nur so weit zugelassen werden, als die nicht durch Zahnräder getriebene Walze $2''$ noch immer durch den Strang mitgenommen wird, wozu die Gewichte 41_0! ($9a_{12}$) nicht unmittelbar an dem Balken 39_x, 40 hängen, sondern gleitend auf der Stange 40, 41 und dem Bund 41 aufgeschoben sind, und von dem sich zeitweilig nach oben bewegenden Ausheber 42_0 von 41 abgehoben werden, so daß der 0 nur unter der Wirkung der Gewichte der 41_0!, 40 und des Balkens 40, 39_x steht (160).

1 e) Maschinen mit ortsfesten vor- und zurücklaufenden Walzen. Der nur in einem Sinn erfolgende Antrieb der Garnwalzen der bisher beschriebenen Merzerisiermaschinen mit ortsfesten Strängen läßt sich leicht durch Einbau eines Wendegetriebes, wie ein solches bei der folgenden Ausführung der Merzerisiermaschine mit Wasserdruckwirkungen für das Laugen, Spülen und Ausquetschen angegeben ist, vor- und zurücklaufend gestalten, um die Vorteile der Umkehr des Stranglaufes, gutes Durchlaugen der Garne und Ausgleichen aller Spannungsunterschiede in den Wicklungen, auf diesen Merzerisiermaschinen ebenfalls auszunutzen.

1. Maschinen mit Wasserdruckwirkungen auf die ortsfest, waagerecht gelagerten, vor und zurück sich drehenden Garnwalzen.

a. Die Verschiebung der Behälter. Der Strang 0 (13_{12}) erfährt, über die beiden Walzen $1''$, $2''$ gespannt, die Einwirkung der Lauge des Behälters L oder der Spülflüssigkeiten der beiden Rohre 4, 5, die im Wasserbecken W gesammelt werden. Dazu wurde W mit Rollen $6''$ auf zwei Schienen 7 unter den 0 gebracht, und zwar über seine Zahnstange $8'$, den Zahntrieb $9'$, das Zahnrad $10'$, die Kette 11, 12, die Hebel 11, 13_x, $14''-12$, 15_x, $16''$ durch eines der zwei nebeneinander liegenden Exzenter $17''$. Das Spülwasser läuft durch den Stutzen 18 und den Ablauftrichter 19, 20, $20''$, 21_0 in eine der Ablaufrinnen 22, 22_1, deren eine das starklaugige Wasser zur Wiederverwendung, und deren andere das zweite Spülwasser zur Eindampfung abführt. Die Verschiebung des $19 \div 21_0$ erfolgt durch das Exzenter $23''$ der Steuerwelle $23_x''$ und zurück durch die 21_0. Die $23_x''$ wird über das Schraubenrad $24'$, den Wurm $25'$, die Welle $25_x'$, das Wechselradpaar $26'$, $26_1'$, die Räder $27'$, $28'$, das Wechseltriebpaar $29'$, $29_1'$, die Räder $30'$, $31'$, die Kurbelwelle $31_x'$ und die Fest- und Losscheibe $32''$ vom Riemen 33 getrieben. Die bei der Ausfahrt des W noch abfließende Spülflüssigkeit läuft über die Rinne 34 zum Trichter 19.

Der L wird zum Laugen über die Verbindung L, 35, $36-37$, 38_x, 39, $40''$ vom Exzenter $41''$ gehoben, so daß der untere Teil des 0 in die Lauge eintaucht.

b. Der Antrieb der Walzen. Die angetriebenen Garnträgerwalzen *1''*, *2''* laufen vorwärts und rückwärts, um den beim Richtungswechsel eintretenden Schlupf mehrere Male zum Ineinanderlagern der Garnwindungen des *0* auszunützen, wodurch der *0* geglättet und ein Verwirren oder gar Zerreissen der zu äußerst gelegenen Wicklungen vermieden wird. Der Antrieb der *1''*, *2''* geschieht von *$31_x'$* über den Keil *31*, die Kuppeln *34''*, *35'*, *$35_1'$*, die Losräder *36'*, *37'*, das Rad *38'*, die Welle *$38_x'$*, den Wurm *39'* und das Rad *40'* auf *1''* sowie durch die gleichen Räder *41'*, *42'*, die Welle *$42_x'$*, den Keil *42*, den Wurm *43'* auf das Schlittenrad *44'* der *2''*. *43'* und *44'* sind über *$42_x'$* durch das Schlittenlager *2*, *45* der *2''* im Geleise *46* verschiebbar. Das Umschalten der Kuppeln *34*, *35'* erfolgt durch die Hebelverbindung *47*, *48_x*, *49—50*, *51_x*, *52''* von den verschieden weit auseinander liegenden Nocken *53''*, so daß der Vor- und Rückwärtslauf des *0* verschieden lang dauern kann.

c. Das Längen des Stranges. Das *2*, *45* steht über *45*, *54!—54!*, *55_x*, *56*, *57_0*— und den Kolben *58*, *59* des Zylinders *60*, *60_x* unter der Wirkung des Druckwassers, das durch die Leitung *61*, *62*, den Verteiler *63*, das Rohr *64*, *65*, das Steuergehäuse *66* mit Einlaßteller *67* und Auslaßteller *68*, und das Rohr *69*, *70* mit den Tauchkolben-Pumpen *71—72* in Verbindung, welche durch die Pleuel *73*, *74* von den Kröpfungen der Welle *$31_x'$* auf und ab bewegt werden. Vom *66* zweigt das Rohr *75*, *76* zum Zylinder *77* des Kraftspeichers ab, dessen Kolben *78* über den Querbalken *79* und die Stangen *80*, *81*, *82* von den Gewichten *$83_0!$*, *83_0* belastet ist. Die *83_0* ruhen auf den Rasten *84* auf. Durch die Einwirkung dieser Druckwasseranlage wird der Kolben *59*, *58* so weit gehoben, bis der Hebel *54!*, *55_x*, *56* an den Stift *85!* anschlägt. *85!* kann in den Löchern *86* so verstellt werden, daß durch die Verschiebung der *2''* die *0* den Weifenumfang (1250÷2500 mm) erreicht und so wieder die ursprüngliche Spannung wie auf der Weife hat.

d. Das Spannen des Stranges infolge seines Schrumpfens veranlaßt die Verschiebung der *2''* und über *2*, *45—45*, *54!—54!*, *55_x*, *56* ein Entfernen des *55_x*, *56* vom *85!* und ein Senken des Kolbens *58*, *59* im Zylinder *60*, *60_x*, wodurch der Kraftspeicher *78÷83_0* von *84* abgehoben wird, und wieder entgegengesetzt wirkt, sobald sich die für das Glänzen notwendige Spannung einstellt.

e. Das Ent- und Wiederspannen des Stranges während des Laugens besorgt das Exzenter *87''* über die Rolle *88''* der Hebelverbindung *89_x*, *90—90*, *91—91*, *92*, *93_x*, *94*, *95—95_0*, indem die an *92* und *94* mit Langloch verbundenen Tellerabschlüsse *67*, *68* geschlossen bzw. geöffnet werden. Das von der Pumpe *71÷74* gelieferte Druckwasser geht über *70*, *69*, *66*, *75*, *76* zum Kraftspeicher *77÷83_0*, und das durch die Wirkung der *57_0* verursachte Senken von *59* im *60* befördert das Wasser über *62÷66*, *68* nach außen. Zur Begrenzung der Entspannung des *0* läuft einer der drei in verschiedener Höhe einstellbaren Zähne des Sperrrades *96'!* auf den an ihn anliegenden Hebel *97, 98*$_x$, *98*. Der wirkende Zahn des *96'!* wird der Stranglänge entsprechend auf der Nabe *58* eingestellt. Zum Wiederspannen des *0* verursacht das *87''* über *88'', 89*$_x$, *90—90, 91—91, 92, 93*$_x$, *94, 95—95*$_0$ das Umschalten der *67, 68*, so daß sowohl von der Pumpe als auch vom Kraftspeicher das Druckwasser durch *69* und *75* über *66, 67, 65÷61* in den *60* einströmt und, *59, 58* hochhebend, über *56, 58, 55*$_x$, *54!, 45—45, 2* die *2''* nach außen verschiebt.

f. Das vollständige Entspannen zum Abnehmen des merzerisierten und Auflegen des rohen Stranges erfolgt mittels des Daumens *99''* der *23*$_x$*''*, welcher den *98, 98*$_x$, *97* von *96'!* entfernt, so daß *57*$_0$ über *56, 55*$_x$, *54!—54!, 45—45, 2* die *2''* der *1''* so weit nähert, bis *55*$_x$, *56* auf den in den Löchern *100* verstellbaren Stift *101!* aufliegt.

g. Das Spülen der Stränge. Die Zuführung der Spülflüssigkeiten, welche durch die Spritzrohre *4, 5* auf den rundlaufenden Strang auftreffen, wird über die Rohre *102, 103*, den Tellerhahn *104, 105, 106*, den Winkelhebel *106, 107*$_x$, *108*, die Feder *109*$_0$ und den Hebel *110, 111*$_x$, *112''* von Hubflächen *113''* gesteuert.

h. Das Ausquetschen der Stränge geschieht während der ganzen Dauer des Laugens und Spülens durch die Gummiwalze *3''*, so daß eine vollständige Durchdringung der Garne gewährleistet ist. Sie hebt sich lediglich zum Wechseln der Stränge. *3''* ist dazu auf dem Hebel *3*$_x$*''*, *114*$_x$, *115* angebracht, dessen Taucherkolben *116* im Zylinder *117* unter der Einwirkung des durch *118* aus *63* zuströmenden Druckwassers steht. Damit auch beim teilweisen Entspannen des Stranges der Kolben *116* unter Druck bleibt, ist in *63* ein Rückschlagteller *119, 120* vorgesehen, welcher durch das Druckwasser der Leitung *118, 63* geschlossen wird, wenn zum teilweisen Entspannen des Stranges das Wasser durch *64* entweicht. Beim vollständigen Entspannen wirkt auf *119, 120* über *120, 121*$_x$, *122''* das Exzenter *123''* durch eine nicht gezeichnete Feder. Die Druckwasserpumpe *70÷74* ist derart gebaut, daß ihre Wirkung beim Höchststand des Kraftspeichers *78÷83*$_0$ selbsttätig ausgeschaltet wird und daher eine Überschreitung des Höchstdruckes unmöglich ist. Anderseits wirkt die *70÷74* selbsttätig wie der beim Sinken des *78÷83*$_0$ unter einen bestimmten Stand. — Stundenleistung ungefähr *31* kg der größten und 18 kg der kleinsten Ausführung bei 3 bzw. 2 PS Kraftbedarf und 1 Arbeiter zur Bedienung. Laugenverbrauch 0,66 kg je kg Garn (152).

1 f) **Merzerisiermaschine mit ortsfest gelagerten Behältern für die Laugen und Spülflüssigkeiten, 8 Paar waagerecht gelagerten, schrittweise rund laufenden, sich vor und zurück drehenden Garnwalzen und mit Wasserdruckwirkungen.**

1. Die Arbeitsstufen. Die verschiedenen Behandlungen des Stranges *0* (*14*$_{12}$) sind auf acht kreisförmig angeordneten Stufen *I÷VIII* verteilt, in denen die Lagerscheibe *4''* für die Walzen *1'', 2''* zwischen *50÷60* Sekunden, der Zeit zum Abnehmen der merzerisierten und Auflegen der rohen Stränge *0*, im Durchschnitt je 1,150 kg, verharrt und dann um eine Stufe = $^1/_8$ Umdrehung weiterschreitet. Bei *I* steht der Arbeiter, welcher die *0* wechselt, worauf ihr Längen erfolgt. Gelaugt wird in den *II÷IV*, und zwar in jeder Stellung unter mehrmaligen Spannen und Entspannen, sowie Vor- und Rücklauf der *0*. Der Zufluß frischer Lauge zur Verstärkung der Umlauflauge kann sehr leicht geregelt werden. Ein besonderer Abfluß führt die überfließende Lauge über eine Anreicherung zum Laugenvorratsbehälter. In *V* erfolgt das erste Ausquetschen, und die dort erhaltene Lauge wird unmittelbar nach Anreicherung in den Kreislauf gebracht. Beim Ausquetschen in *VI* wird aus einem Spritzrohr wenig heißes Wasser zugeträufelt, so daß das Spülwasser noch etwa 15° Bé spindelt und entweder nach Anreicherung an festem Ätznatron oder durch Eindampfen auf die zum Laugen notwendige Grädigkeit, 30÷40° Bé, gebracht wird. In der *VII* wird mit vielem heißem Wasser und in der *VIII* mit reichlichem kaltem Wasser gespült und ausgequetscht, so daß das abgenommene Garn laugenfrei ist und nicht mehr schrumpft.

2. Der Antrieb der Walzen 1'', 2''.

a. Die Drehbewegung der *1''*. Die Lagerung der *1''*, *2''* im *4''* ist dadurch gekennzeichnet, daß die zu den angetriebenen Walzen *1''* jedes Walzenpaares zugehörigen Spannwalzen *2''* je auf eine gekröpfte Welle *2''ˣ*, *5ˣ* gesetzt und alle Walzen *1''*, *2''* in dem gemeinsamen Lagerkörper *4''* einseitig doppelt gelagert sind, wobei sich die Wellen *2''ˣ*, *5ˣ* der Spannwalzen *2''* und die unterhalb der letzteren gelagerten Wellen *1''ˣ* der *1''* des benachbarten Spannwalzenpaares *1''*, *2''* kreuzen, die *1''* werden über *6'*, *7'—8'*, *9'—10'*, *11'—12'*, *13'—14''ₓ*, *14''* vom Riemen *15* getrieben. Der Einfachheit halber wurde der Vor- und Rücklauf der Walzen *1''* weggelassen (161).

b. Der schrittweise Rundlauf der *1''*, *2''*. Dadurch, daß die die Lager der *1''*, *2''* tragende *4''* über dieselbe Verbindung *15÷8'* getrieben wird, und weil die durch die hohe Garnspannung erzeugten Lagerreibungen der *1''*, *2''* einen größeren Widerstand verursachen als der der Lagerung *4ₓ''*, wird die *4''* für jede Stufe festgelegt werden müssen, um die Drehung der *1''*, *2''* durchführen zu können. Dazu dienen acht Löcher *16* der *4''*, in die ein Stift *17*, *18* unter der Wirkung der Feder *19₀* des Gehäuses *20* einschnappt. Das Zurückziehen des *17* erfolgt durch den Hebel *18*, *21ₓ*, *22*, den Stift *23* des Rades *24'*, das über den Wurm *25'* von der Welle *14ₓ''* getrieben wird, worauf infolge der Selbstsperrung durch Reibung der *1''* die *4''* um $^1/_8$ Umdrehung weiterläuft bis in das folgende *16* die *17÷19₀* wieder einschnappt.

3. Das Spannen und Entspannen der Stränge geschieht durch Wasserdruck, indem auf die Kurbel *2''ˣ*, *5ˣ*, der Kolben *26*, *27* (14a₁₂) des

Zylinders *28* wirkt, welcher einerseits über das Rohr *29* andererseits über das Rohr *30*, das Verteilergehäuse *31* und das Rohr *32* mit der Druckwasserleitung *33* in Verbindung steht. Das *31* enthält zwei Kammern *34, 35*, welche durch Bohrungen mit *30* und dem Ablauf *36* verbunden sind. Die Stifte mit Abschlußkegel *37, 38, 39* und *40, 41⁰!, 42* stehen über den Querbalken *43, 44″*, der im Stift *45* geführt wird, und von der an der Stange *43, 46!* angreifenden Feder *47⁰* beeinflußt wird, unter der Einwirkung der Steuerfläche *48, 49*. Zum vollständigen Entspannen beim Ersetzen der Stränge läuft die *44″* unter *49*, und *44″, 43* schließt durch *38, 39, 37* die Druckwasserzuflußöffnung in *34*, so daß *39* als Drehpunkt wirkt und *44″, 43* durch eine Rechtsdrehung den Kegel *40, 41⁰!, 42* hochhebt, so daß das in *28* hinter dem *27* befindliche Druckwasser durch *35, 36* abfließen kann. Gleichzeitig wirkt das Druckwasser in *33* über *29* auf den Bund *27* der *27, 26*, wodurch sich die *2‴ˣ, 5ˣ* gegen *1″* bewegt. — Zum Spannen verschiebt sich *48, 49* nach rechts, so daß *44″* vollständig frei der Feder *47⁰* folgen kann. Hierbei wird *42, 40* nach unten verschoben, *40* schließt *35* ab und weil jetzt *42* Drehpunkt ist, wird *38, 39, 37* gehoben. Das Druckwasser aus *33* gelangt über *32, 34, 30* in den *28* hinter den Kolben *27, 26*, wodurch der Bund *27* die vor ihm liegende Wassermasse überwältigt und so ein sanftes Anspannen des *0* gewährleistet ist. Zum teilweisen Entspannen des *0* wird die Steuerfläche *48, 49* so weit nach links verschoben, daß *48* eine Rechtsdrehung von *44″, 43* unter Anspannung der *47⁰* ausführt. Der Drehpunkt des *44″, 43* wandert dadurch von *42* nach *39*, und das Gewicht *41⁰!* kommt zur Wirkung. Das von *27, 26* verdrängte Rückwasser entweicht über *30, 31, 35, 36* langsam nach außen, so daß der *0* noch genügend Spannung besitzt, um *2″* mitzunehmen (162).

4. Das Heben und Senken der Laugenbehälter L. Gesenkt wird *L* ($14b_{12}$), indem die an der innern Seitenwand befestigte, mit Anlauffläche versehene Leitschiene *50* von der am gemeinsamen Lagerkörper *4″* befindlichen Rolle *51″* niedergedrückt wird, und über die Verbindung *52, 53ₓ, 54, 55* den Kraftspeicher *55₀!* ausbildet, welcher beim Aufhören der *50* das durch die Stellschraube *56!* begrenzte Heben des *L* verursacht.

5. Das Spülen der Stränge erfolgt durch die Spritzrohre *57, 58, 59* (14_{12}), welche über die Hähne *60, 61, 62* mit den Hauptleitungen in Verbindung stehen. Gesteuert werden die *60÷62* durch die Rollenhebel *60, 60″* bzw. *61, 63—62, 63—63, 64—64, 65ₓ, 66″* von den beiden Steuerflächen *67″* und *67₁″* des *24ₓ′*.

6. Das Ausquetschen der Lauge und der Spülflüssigkeiten geschieht dadurch, daß zwischen dem Auffangkasten *W* und den Walzen *1″* die Quetschwalze *3″* auf einem Hebelpaar *68, 69ₓ, 70* angeordnet ist, an dessen Arm *70, 71!, 72!* ($14c_{12}$) die Feder *73₀* ständig wirkt und *3″*

federnd gegen *1''* preßt. Der Ausschlag der *71₀* erfolgt zwischen dem Gestell und der Stellschraube *71!* auf der Federspindel *70, 72!*, so daß er begrenzt ist, und die *3''* nur von der *1''* beansprucht wird.

7. Allgemeine Angaben. Die Einstellung der verschiedenen Weifenlängen erfolgt vom Stand des Arbeiters aus durch ein Handrad mittels einer Schraubenspindel; ein sichtbar angebrachter Zeiger kennzeichnet auf einer Einteilung die erreichte Weifenlänge. Das auf dem Schema durch Gewichte und Federn bewirkte Heben des Laugenbeckens und das Ausquetschen der Stränge erfolgt ebenfalls durch Wasserdruck. Der Rückgang der Garnträgerwalzen kann durch kräftige Federn geschehen. Dadurch, daß das Ausbilden der Federn und Gewichte zu Kraftspeichern, das immer in der der Wirkung vorhergehenden Arbeitsstufe geschehen muß, und diese daher stärker belastet, bei den Maschinen mit Wasserdruckwirkung fortfällt, haben diese einen stets gleichbleibenden Kraftbedarf von ungefähr 5 PS. Die Dauer der einzelnen Bearbeitungen kann vom Arbeiter zwischen 35 bis 65 Sekunden in Abständen von 5 zu 5 Sekunden geregelt werden. Gewöhnlich verharrt der gemeinsame Lagerträger je 55 Sekunden in Ruhe, so daß die gesamte Behandlung eines Stranges in 440 Sekunden durchgeführt ist. Mit einer Auflage von 1,135 kg Garn je Walzenpaar beträgt die stündliche Lieferung: $1,135 \cdot 8,60 : 55 = 90$ kg bei 0,91 Wirkungsgrad. An Lauge werden je kg Garn 0,44 kg Lauge zu 33° Bé gebraucht (152).

1g) Die Aufrechterhaltung der Stärke und Kälte der wiederverwendeten Lauge.

1. Der Laugenrundlauf. Die erste, ohne Wasserbeigabe abgequetschte Lauge geht ohne weiteres in den Rundlauf, indem sie aus dem Behälter *L* (16₁₈) durch das Rohr *4* mit Hahn *5* in den Sammelbehälter *S* abfließt, aus ihm durch die Leitung *6*, die Pumpe *7''* und das Rohr *8* in den mit Kühlwasserschlangen *w* versehenen Laugenvorratsbehälter *V* hochgepumpt wird und durch das Rohr mit Hahn *9* in das Laugenbecken *L* zurückströmt.

2. Die Laugenverdünnung und -erwärmung. Die Stränge werden bekanntlich zur Entfernung des Flaumes und des Fettes vor der Laugenbehandlung gesengt und abgekocht, gebeucht, wozu man mit Vorteil die Ablaugen des zweiten Spülens der Merzerisiermaschinen verwendet, und nach dem Schleudern, noch feucht, in die Lauge gebracht. Weil die Stränge je nach der Garnnummer, der Menge der ursprünglichen Feuchtigkeit und der Schleuderdauer verschieden stark wasserhaltig sind, so verdünnt sich mit jeder folgenden Ladung der Merzerisiermaschine die Lauge, und es treten große Unterschiede in der Grädigkeit auf, was Ungleichheiten im Glanz verursacht. Aus diesem Grund wird mit Vorteil statt des Schleuderns das Ausquetschen in starken Pressen (s. S. 233) verwendet (163).

3. Die Laugenprüfung und Gleichmäßighaltung. Die im Umlauf befindliche Lauge ist daher alle Stunden auf ihre Grädigkeit und Wärme zu prüfen, stetig zu kühlen und anzureichern, sofern ihre Stärke nachläßt und ihre Wärme steigt. Die Prüfung geschieht entweder dadurch, daß der Arbeiter mit Gummihandschuhen dem Laugenvorratsbehälter V (16_{18}) oder L eine Probe entnimmt und sie mit der bekannten Bauméwaage spindelt. Weil die Lauge 33° Bé bei 16° am besten wirkt, und weil bei ihrer Einwirkung auf die Baumwollfaser Wärme entwickelt wird, so ist die Bauméspindel mit einem Wärmemesser zu versehen, um die Laugengrädigkeit und Wärme feststellen zu können. Zur Umgehung des Herausschöpfens der Lauge ist an die Leitung *9* (15_{12}) eine Nebenleitung durch zwei Dreiweghähne *10*, *11* mit Lauge beschickbar, in deren Glasrohr *12* eine in ihrem untern Teil mit einem Wärmemesser *13* versehene Bauméspindel *14* sich verschiebt. Zum Prüfen wird *11* nach *9* geschlossen, *10* auf Durchfluß nach *12* eingestellt und der Lufthahn *15* geöffnet. Nach der Feststellung der Grädigkeit und der Wärme der Lauge werden die *10*, *11*, *15* wieder in die Ausgangslage gedreht und dem Arbeiter das Anreichern durch Beigabe vorgemessener Laugenmengen stärkerer Grädigkeit und entsprechender Kälte überlassen (164).

4. Die stetige Kühlung der Lauge wird durch Kühlschlangen w (16, 17_{18}) im Vorratsbehälter V erreicht, durch welche das zum Kaltspülen nötige Wasser fließt; auch werden besondere, mit Kohlensäure arbeitende Kühlvorrichtungen verwendet (146 b).

5. Die stetige Anreicherung der Lauge. Ein stetiges Zugeben von Frischlauge nach Maßgabe der Verwässerung der Umlauflauge erfolgt aus dem Frischlaugenbehälter F (16_{18}) in das Tellergehäuse *15*, über den Tellerverschluß *16*, *17*, der vom Hebel *18*, 19_x, *20* und dem Nocken $21''$ gesteuert wird, und das *22* in das Sammelgefäß S (165).

6. Die sich selbsteinstellende Anreicherung der Lauge. Bei schwächer werdender Lauge im Zulauftrog Z (17, 18_{18}) sinkt die Bauméspindel *14* (18_{18}) tiefer in sie und verursacht über *14*, *15!—15!*, 16_x, *17* durch das Anliegen von *17* an *18* das Schließen des Stromes *19*, *20*. Der angeregte Zugmagnet *21* (17_{18}) öffnet durch einen nicht gezeichneten Hebel einen Absperrsteller, wodurch die hochgradige Lauge aus dem Hochbehälter H in den Laugenvorratsbehälter V (durch das Rohr *22*) läuft, und zwar solange, bis durch die wieder auf die richtige Grädigkeit gebrachte Lauge die Spindel *14* (18_{18}) gehoben und über $14 \div 17$ der Stromkreis $18 \div 20$ geöffnet werden, wodurch der Laugenzufluß aus H (17_{18}) unterbrochen wird. Eine zweite Bauméspindel *23* (18_{18}) zeigt über $23 \div 27_0$ auf der Einteilung *28* die Grädigkeit der Lauge auch dann richtig an, wenn der Spiegel in Z sich verändert hat, weil *28* auf einem ausgewichteten Hebel *28*, *29*, 30_x, $31_0!$ liegt, in dessen Langloch *29* der Finger *32* des Schwimmerhebels *32*, $33_x—34$, $35_0!$ angreift. Die Wärme der Lauge wird durch den im Stutzen *12* vorgesehenen Wärmemesser *13* angezeigt. *12₁* ist ein Siebstutzen, um eine Verschmutzung und Beunruhigung der Lauge im *12* zu verhüten. Die Zwischenwand *11* begrenzt den Wirkungsraum des Schwimmers 36_0, durch dessen Arm 36_0, *37*, 38_x der Absperrkegel *37* für die Zuflußleitung *9* gesteuert wird. Durch das Rohr *10* fließt die Lauge in den Behälter *L* (17_{18}) (166).

2b. **Die Kettenmerzerisiermaschine.** Die Garne der Schicht *0* (5_{17}) des Kettbaumes gehen durch den Kamm *1* in die Speisewalzen *2″*, *3″*, deren untere über *4′*, *5′*, die Welle $5_x′$, die Scheiben *6″*, *7″* vom Riemen *7* des Motors *M* angetrieben werden. Auf die Zapfen der Oberwalze *2″*, welche in Lagern *8* geführt sind, wirkt die Hebelgewichtsanordnung *9*, 10_x, *11—11₀!*, die durch Umlegen des Armes *12*, $13_x″$ nach unten mittels des Exzenters *13″* unwirksam gemacht werden kann. Die *0* geht dann der Reihe nach über die obern Walzen *14″* und die Eintauchwalzen *15″*, deren Zapfen beiderseits in Lagern *16*, *17* gehalten werden und deren *17* auf zwei innen vorgesehenen Schienen *18* der Seitenwände der Bottiche befestigt sind. Die Bottiche stehen auf Trägern *19* so hoch über dem Boden, daß sowohl einerseits die Frischwasserzuleitung *20* mit Hahn 20_1 als auch andererseits die Laugenleitung und die Heißwasserleitung leicht zugänglich, ohne die Bedienung der Maschine zu stören, verlegt sind. Dadurch, daß der Mitnahme der *14″*, *15″* durch die *0* die Reibungswiderstände in den *16*, *17* entgegenwirken, wird dem Schrumpfen in der Laugenkufe ein von *14″* zu *15″* wachsender Widerstand entgegengesetzt, so daß das Schrumpfen und Spannen im nachgiebigen Ausgleich stehen, was einen guten, gleichförmigen Glanz gewährleistet. Die Scheidewände *21* der Bottiche sind so angeordnet, daß die durch die Förderwalzen *2″*, *3″* ausgepreßte Flüssigkeit in ihren Bottich zurückfließt und die *0* gut entnäßt in dem folgenden weiterbehandelt werden, ohne dessen Bad übermäßig zu verdünnen. Um dieses zu erreichen, wirkt über die doppelt übersetzte Hebelanordnung *9*, 10_x, *11—11*, $22—23_x$, *22*, *24* das Gewicht $25_0!$. Die Bottiche *I*, *II* sind gleich ausgebildet und dienen als Kochkufen, an die sich die Abkühlungskufe *III* anschließt. Die aus ihren Quetschwalzen *2″*, *3″* austretenden *0* gehen unter der Walze *26″* hindurch, über die Walzen *27″!*, *28″*, *29″!*, deren obere *27″!*, *29″!* auf einem Schlittenlager *30* mit Kette *31*, Rolle *32″* vom Gewicht 33_0 unter nachgiebiger Spannung stehen, und über *14″* in die folgenden Natronlaugekufen *IV÷VI*. Diese weichen insofern von den übrigen Kufen ab, als die *16* der *14″* nicht auf den Kufenlängsrippen stehen, sondern auf Trägern 16_1, so daß auf das Eintauchen der Garne in die Lauge jedesmal ein Luftgang folgt. In den weiteren je 5 Kufen *VII÷XI* wird gespült, mit kochendem in *VII*, und mit heißem bzw. kaltem Wasser in den übrigen, worauf in den zwei Kufen *XII*, *XIII* gesäuert und in den vier übrigen *XIV÷XVII* nochmals gespült wird. Nach dem letzten Ausquetschen durch *2″*, *3″* gehen die *0* über dieselbe Luftführung

26″ ÷ 33₀ wie vorhin beschrieben, über die Leitwalze *34″* zu einer Trocken-
einrichtung, bestehend aus dreimal zehn dampfbeheizten Trockentrom-
meln *35″*. Nach der letzten *35″* des ersten Ständers *36* wird die Kette
im Kamm *37!* geöffnet, bevor sie die Einwirkung der *35″* der beiden
nächsten Trockner erfährt. Von hier aus werden sie in einem Schärstuhl
wieder auf einen Kettbaum gewickelt und die Fäden dann auf besonderen Maschinen einzeln gespult oder gekötzert (167, 86). Dieses
Kettenmerzerisieren soll sich nach mündlichen Mitteilungen in vielen
großen Garnveredelungsanstalten Amerikas sehr gut bewähren (168).

B G) Das Färben der Garne.

G a) **Der Begriff Färben.** Das Färben ist das Ausziehen des Farbstoffes aus der Flotte durch die Fasern und das Umhüllen ihrer Oberflächen mit Farbstoffteilchen bzw. deren vollständiges Eindringen in die
Fasern, wodurch die aus ihnen hergestellten Gebilde gleichmäßig und
dauernd farbig erscheinen.

G b) **Die Voraussetzungen für das Färben.** Für das Färben wird vorausgesetzt: 1. das zu färbende Gut; 2. das Gefäß, in dem gefärbt wird,
und 3. die Farbflotte.

b 1. Das Färbegut. *1 a. Seine Kennzeichnung.* Das Färbegut,
das hier zur Behandlung kommt, ist das Garn in den Aufwicklungsformen:
Rundstrang, Kreuzkötzer und Spule, Kettbaum und Langstrang.

1 b. Seine Vorbereitung. Garne aus pflanzlichen Fasern müssen
vor dem Färben in einem mit Soda oder Natronlauge alkalisch gemachtem
Bad abgekocht und hierauf gut gewaschen werden. Dem Wasser setzt
man zur Erhöhung der Netzwirkung zu: Türkischrotöl oder Hydrosan,
Avivan (100a); Avirol; Gardinol (100b)—Aducinol, Neo-Flerhenol (100c)
— Eulysin, Leonil, Nekal, Soromin (100d) — Puropolöl (100e) — Titon
(100f) — Igepon, Monopolöl (86g). Garne aus tierischen Fasern sind gut
zu entfetten, indem Kammgarne längere Zeit in heißes Wasser eingelegt,
gebrüht und Streichgarne einem gründlichen Waschen und Ausquetschen
in heißem Wasser unterworfen werden. Diese Vorbehandlung bezweckt,
dem Verfilzen, Kräuseln und Ringeln der Garne beim Färben vorzubeugen
und die Einwirkungen der Farbflotte auf die Fasern zu befördern. Man
legt die Kötzer, Spulen und die festgebündelten Stränge über Nacht in
kochend heißes Dampfniederschlagwasser oder besser, man taucht die
auf einen Rahmen eines Streckhaspels gespannten Garne kurze Zeit in
kochendes Wasser und läßt sie darin erkalten. Hierdurch erfahren die
einzelnen Fasern nicht das festgelegte Garn, eine Verlängerung, die beim
Erkalten wegen der Formbarkeit der Wolle nicht wieder ganz zurückgeht. Die so entstehenden Lagenverschiebungen der sich beim Drehen
stärker verkürzten und daher das Garn auf Knickfestigkeit beanspruchenden, äußeren Fasern des Garnes in bezug auf seine gewissermaßen zu-

sammengestauchten inneren Fasern verursachen ihr Einpassen in die durch die Drehung erzwungene Faseranordnung, so daß nach dem Erkalten des Garnes in dem Wasser und nach dem Trocknen keinerlei Spannungsunterschiede mehr in den Fasern vorhanden sind, welche, ohne diese Behandlung, eine Verschiebung der Fasern gegeneinander verursachen. Deshalb ringelt sich das Garn dann in ungespanntem Zustand nicht mehr, es verfilzt sich außerdem beim Färben viel weniger und läuft glätter und besser ab als ungebrühtes Garn. Zum Brühen der Wollgarne dient der eingemauerte Kupferkessel 1 (6, 7_{17}) mit Planrost 2 und den Zügen 3, 4, 5, 6, durch welche die Flamme und die Verbrennungsgase den Kessel 1 beheizen und in das Freie abziehen. Statt dieser Beheizung des Kessels 1 (8_{17}) wird auch Dampf durch das Rohr 2 und den Hahn 3 in den Doppelmantel 4 geleitet, dessen Dampfwasser nach Öffnen des Hahnes 5 durch das Rohr 6 abgeleitet wird. Der Hahn 7 mit Rohr 8 erlaubt den Kessel 1 zu entleeren (99). Statt des Brühkessels werden auch die Brühbottiche 1 (1_{18}) mit unmittelbarer und mittelbarer Dampfheizung verwendet. Wird diese Kufe zum Brühen benützt, so bedeckt man nach dem Einlagern die Garne mit einem Rostdeckel aus Holz, damit das Untertauchen gewährleistet ist (99). Strickgarne werden vorher ungefähr $\frac{1}{4}$ Stunde gut gewaschen in einem $30 \div 40^{0}$ warmen Bad, dem 3% Soda oder Ammoniak und 5% Seife vom Garngewicht zugesetzt sind. Auch die S. 268 angegebenen Zusätze wirken sehr günstig. Nach dem Spülen und Schleudern kann gefärbt werden. Schwarz gefärbte Strick- und Strumpfgarne werden zuweilen erst nach dem Färben entfettet, indem sie in einem lauwarmen Bad mit 2% ihres Gewichtes Soda gespült und bei 45^{0} mit 10% Marseiller Seife in möglichst weichem Wasser geseift werden; nach gutem Schleudern werden sie dann ohne Spülen getrocknet. Die so behandelten Garne erfahren nur wenig Gewichtsverlust, besitzen hohen Glanz und weichen Griff und lassen sich sehr gut verarbeiten (169).

b2. Die Färbebehälter. *2a. Ihre Ausführungen.* Die Färbebehälter für das Zubereiten und Aufbewahren der Farbflotte und zum Färben sind offene oder verschließbare: a) halbkugelige 1 (6, 8_{17}) oder zylindrische 30 (4, 5_{14}) Kessel; ersterer selten aus Eisen, meistens aus Kupfer, oft aus Steinzeug, oder b) viereckige Kufen, Bottiche oder Barken 11 (1_{18}) aus Holz, oft mit einem Beschlag aus nicht rostendem Stahl, oder Kupfer, oder verzinntem Kupfer, auch aus Eisen schwarz, Eisen verbleit oder vergummiert, Bronze, Nickelin, Kupfer oder verglastem Steinzeug (101). Für Tierfasern sind sie meistens aus Pitch-Pineholz, selten aus Eisen, weil dieses durch die sauren Farbflotten stark angegriffen wird, so daß leicht trübe Färbungen entstehen.

2b. Die Behandlung der Färbebehälter. b1) Die Färbebehälter aus Holz. Vor der Inbetriebnahme sind die Holzbehälter, in die sämtliche

Zubehörteile des Färbers und einige Säcke eingelegt werden, zwecks Entfernung des Harzes und der Gerbsäure gründlich auszukochen, und zwar in zweimaliger Folge mit 5 l Natronlauge von 40° Bé für je 20 kg Gutfassung, und darauffolgend mit 1 kg Schwefelsäure während ungefähr 6 Stunden Dauer für jede Behandlung. Die ausgeschiedenen Verunreinigungen setzen sich auf den Säcken fest. Nach jeder Auskochung ist der Färber mit kaltem Wasser zu spülen. Sind die Färber mit Pumpen ausgerüstet, so werden die Flotten beim Auskochen in den durch die Pumpen erzeugten Richtungen in Umlauf gesetzt, um auch diese und die Rohrleitungen gleichzeitig zu reinigen. Es ist empfehlenswert, mit dem Färben dunkler Töne zu beginnen und erst später auf helle überzugehen. Beim Farbenwechsel ist der Färber für je 50 kg Gutfassung mit 1÷2 kg Soda, dem 100÷150 g höchstgehaltiges Hydrosulfit in das noch kalte Bad beigegeben wird, zwei Stunden auszukochen. Statt Hydrosulfit zuzugeben kann auch eine zweite Auskochung von 1 Stunde Dauer mit ½ kg Schwefelsäure je 20 kg Gutfassung auf die obige folgen. Werden die Bottiche längere Zeit nicht gebraucht, so sind sie stets bis zum Rand mit Wasser zu füllen. Bei Frostgefahr sind sie, die Pumpe und alle Rohrleitungen zu leeren.

b 2) Die Färber aus Gußeisen. Auch die neuen Färber aus Gußeisen mit allem Zubehör sind sorgfältig zu reinigen. Hierzu ist der Behälter bis auf 100 mm vom obern Rand mit Wasser, in dem 3 kg kalzinierte Soda und 2 kg Seife gelöst sind, zu füllen, und dieses Bad durch Dampf 1½÷2 Stunden wallend kochend zu erhalten. Für die nacheinander eingelegten Zubehörteile, insbesondere die Gutträger, genügen Kochungen von je 20 Minuten. Nach jeder Kochung ist das Bad mit 1 kg Soda und ½ kg Seife aufzufrischen. Die Abkochlauge wird hierauf in die Flottenvorratsbehälter gebracht, und jeder Behälter ebenfalls während ½ Stunde ausgekocht. Der Färbebehälter wird nach seiner Entleerung bis auf ⅓÷¼ vom Rand mit Wasser unter Zugabe von 3 kg Soda und 4÷5 kg Seife gefüllt, dann unter ständigem Flottenumlauf durch die Pumpe so stark gekocht, daß der entstehende Schaum ihn ganz ausfüllt. Die Gutträger und das übrige Zubehör werden nun nacheinander je 20 Minuten darin eingebracht und jedesmal wird ½ kg Soda oder ½ kg Seife zugesetzt. Sind alle Geräte behandelt, so wird Wasser in den Behälter bis auf 100 mm vom obern Rand eingefüllt, und diese Flotte in die Vorratsbehälter befördert, wo sie während ½ Stunde zum Auskochen dient. Das unterdessen in den Behälter geleitete Frischwasser wird wallend kochend zum Spülen des Zubehörs während je 10 Minuten benützt und dann zum gleichen Zweck in den Vorratsbehältern verwendet. In den gußeisernen so gereinigten Färbern können sofort die hellsten Farben ohne Nachteil gefärbt werden. Beim Farbenwechsel, z. B. von Schwefel- auf direkte Farben, behandle man einmal je 20 Minuten für die Gutträger und Vorratsbehälter, wie oben angegeben, unter Zusatz von 2 kg Soda und $\frac{1}{2} \div 1$ kg Hydrosulfit, worauf ein Auskochen mit klarem Wasser während 10 Minuten erfolgt. Nur wenn von sehr dunkeln Farben, wie von Schwefelschwarz oder Schwefeldunkelgrün, auf ganz helle Farben, wie Creme, Rosa oder Lichtblau, übergegangen werden soll, ist das Auskochen und Spülen zu wiederholen (137). Zur Verhinderung des Rostens der eisernen Behälter ist es ratsam, sie bei Arbeitsunterbrechung mit einer Sodalösung nachzuspülen.

b3) Die Färbebehälter aus Kupfer. Das Kupfer übt auf einige Alizarinfarben einen ungünstigen Einfluß aus; man begegnet ihm am einfachsten dadurch, daß man den Kessel nicht blank putzt, sondern ihn nur gut auswäscht; die sich mit der Zeit bildende Grünspanschicht schützt den Farbstoff vor der Einwirkung des Kupfers. Ein sehr gutes Mittel zur Aufhebung des schädlichen Einflusses des Kupfers besteht im Zusatz von Rhodanammonium (ung. 0,2 kg je 1000 l Wasser) zum Färbebad; durch die Essigsäure wird die Rhodanwasserstoffsäure ausgeschieden, welche sofort den Kupferkessel mit einem sehr feinen, festhaftenden Überzug von unlöslichem Rhodankupfer überzieht und so das Kupfer unschädlich macht. Dieses Verfahren kann allerdings nur beim Färben im essigsauren Bad angewandt werden. Beim Verfahren mit essigsaurem Ammoniak ist es nutzlos, auch bei der Chrombeize versagt es wegen der Oxydation des Rhodanammoniums durch das Chromkali (99).

b3. Die Farbflotte. *3a. Ihr Wasser* muß rein und weich sein; Wasser mit $18 \div 20$ D.H. sollte zum Färben nicht dienen. Am besten verwendet man ölfreies Dampfniederschlag- oder permutiertes Wasser, das durch eine Schicht von Tonerde-Natrondoppelsilikaten von seinen Kalk-, Eisen- und Magnesiumbeimischungen befreit wurde (s. S. 165). Die Verunreinigungen des Wassers, besonders der Kalk, können mit den Farbstoffen unlösliche Niederschläge auf den Garnen bilden, welche Flecken und staubende, abrußende oder abschmutzende Färbungen verursachen und dem Bad Farbstoff entziehen. Eisensalz trübt außerdem die klaren Farbtöne des mit Tannin behandelten Garnes durch Bildung gerbsauren Eisens. Die aus der Verwesung des Bodens moorreicher Gegenden in das Wasser gelangten, organischen Säuren können sich als braune Niederschläge auf den Garnen ablagern und viel Farbstoff, Seifen, Farböle und Beizen unnütz fällen ($170 \div 172$).

3b. Ihr Wärmegrad hängt von der Zusammensetzung des Farbstoffes, dem Ton der Färbung sowie von dem Faserstoff des Garnes ab. Bei lichten Farben geht man mit den Strängen gewöhnlich kalt ein und nach $\frac{1}{4}$ stündigem Umziehen erwärmt man in $\frac{1}{2}$ Stunde auf $30 \div 60^{\circ}$, zieht in dem verlangten Höchstwärmegrad $\frac{1}{2}$ Stunde um und beläßt die Stränge bis zum Erkalten in der Flotte unter gelegentlichem Umziehen. Küpenfarben werden immer in Bädern unter 60° gefärbt. Oft beginnt man in einem Bad mit $30 \div 40^{\circ}$ und steigert es langsam auf 100°, ohne jedoch zu kochen; für dunkle und schwarze Färbungen geht man nur in einzelnen Fällen ins kochend heiße Bad. Auf heiße Bäder folgen auch kalte zur Befestigung (Fixierung) des Farbstoffes auf der Faser. Die Farbenfabriken geben diesbezüglich genaue Anweisungen.

3c. Die Färbemittel. Hierin gehören: 1. die Zusätze zum Wasser, um die Fasern aufnahmefähig für 2. die Farbstoffe zu machen, damit die Färbung gleichmäßig und fleckenlos (egal) ausfällt.

c 1) Die Zusätze sind besonders: Alaun, Brechweinstein, Glaubersalz, Kochsalz, Schwefel-, Essig- und Ameisensäure, Seife, Soda, Glukose, Leim und die hartes Wasser unschädlich machenden und die Netzfähigkeit der Fasern erhöhenden, bereits unter Gb 1b. näher gekennzeichneten Mittel. Glauber- und Kochsalz treiben den Farbstoff auf die Fasern und beschleunigen das Färben, während Seife und Türkischrotöle es verlangsamen (171). Statt der Soda sind für Tierfasern beim Färben mit basischen Farbstoffen geringe Säurezusätze, Essig- und Ameisensäure, in Anwendung; sie verbessern die Härte des Wassers, verhüten dadurch das Ausfällen schwacher Farbbasen durch Kalk, verlangsamen das Aufziehen des Farbstoffes auf die Faser und bewirken infolgedessen eine ausgeglichene (egalisierte) Färbung. Glaubersalz in heißen Bädern wird bei Wollfärbungen zum Abziehen des Farbstoffes aus zu dunklen Stellen und Vergleichmäßigen (Egalisieren) vieler Säure-Farbstoffe benützt (172). Sulfoniertes Öl ist mit basischen Farbstoffen nicht anwendbar. Glukose und Traubenzucker sollen die Löslichkeit einiger Farben erhöhen und gleichmäßige, satte Färbungen verursachen; Leim verstärkt oft ihre Lebhaftigkeit (170). Manche Farbstoffe bedürfen zu ihrer Lösung noch besonderer chemischer Mittel, so z. B. Essigsäure für basische Farbstoffe und Schwefelnatrium zum Lösen der Schwefelfarbstoffe, für die Handelsmarken, welche es, wie dieses jetzt meist der Fall ist, nicht enthalten. Andere Farbstoffe erfordern, um auf der Faser festgehalten zu werden, eine Vorbehandlung der Fasern mit sog. Beizen, als welche zu nennen sind: die Metallsalze, hauptsächlich die Salze des Aluminiums (Tonerde), Antimons, Chroms, Eisens, Kupfers und Zinns, auch die Gerbstoffe der verschiedensten Herkunft, z. B. aus sog. Gallen oder aus Sumach in Blättern, oder als Sud (Extrakt, Auszug) für dunkle Töne, und gewisse Fettsäuren (Türkischrotöl). Bei andern Farbstoffen tritt die Färbung der Fasern erst außerhalb der Flotte bei Luftzutritt in die Erscheinung, z. B. bei den echten Küpenfarbstoffen.

c 2) Die Farbstoffe kommen im Handel als Pulver oder Teige vor; erstere sind beim Lagern gegen Feuchtigkeit, letztere gegen Austrocknen und Gefrieren zu schützen.

1a) Ihr Wesen. Die Farbstoffe sind chemische Verbindungen oder deren Mischungen, welche dem Stein-, Pflanzen- und Tierreich entstammen, die sog. natürlichen Farbstoffe, oder aus künstlich bereiteten Erden

(Mineralfarbstoffe) und aus Teer (Teerfarbstoffe) hergestellt werden. Die Stein- (anorganische) Farbstoffe sind meist Verbindungen des Chroms, Eisens und Mangans, des Nickels und Kobalts, des Kupfers und Bleis; ferner gehören dazu viele Schwefelverbindungen von Schwermetallen. Die aus den Elementen Kohlenstoff, Wasserstoff, Sauerstoff, Stickstoff und Schwefel bestehenden organischen Farbstoffe verdanken ihre färberischen Eigenschaften der Anwesenheit farbgebender (chromophorer) Atomgruppen, die zunächst freilich nur zu mehr oder weniger gefärbten Körpern, den sog. Chromogenen führen, welche erst durch den Eintritt von salzbildenden bzw. saure oder basische Eigenschaften auslösenden (auxochromen) Atomgruppen zu wirklichen Farbstoffen werden (173).

1b) Ihre Einteilung. Farbstoffe, welche ohne Beize die Fasern färben, heißen direkte oder substantive, solche, die eine Beize benötigen, indirekte oder adjektive oder Beizenfarbstoffe. Es gibt noch andere Einteilungen der Farbstoffe, aber die geeignetste dürfte die nach ihrer praktischen Verwendung in der Färberei und Druckerei sein, welche die folgenden Gruppen umfaßt:

1. Saure Farbstoffe, auch Säurefarbstoffe genannt. Es sind meist Sulfonsäuren, aber auch Karbonsäuren, die als Natrium-, bisweilen auch als Ammonium- und Kalziumsalze in den Handel kommen. Ihre färberische Verwendung steht im engsten Zusammenhang mit dem Vorhandensein der sauren Atomgruppen, die auch ihre Wasserlöslichkeit bedingen. Sie besitzen eine ausgesprochene Verwandtschaft zur tierischen Faser, die sich ihnen gegenüber als Base äußert. Für Pflanzenfasern kommen die gewöhnlichen Säurefarbstoffe nicht in Betracht, höchstens einzelne für Jute unter Zusatz von Essigsäure und Tonerdesalzen (159). Auf die tierische Faser wird der saure Farbstoff aufgefärbt, indem eine Säure oder ein saures Salz dem Farbbad zugeführt wird. Hierher gehören vor allem die Nitro-, Azofarbstoffe, ferner die Sulfonsäuren der Azin-Triphenylmethan- und Phthaleinfarbstoffe.

2. Basische Farbstoffe. Es sind Farbbasen, welche meist als salzsaure Salze oder als Chlorzink-Doppelsalze verkauft werden. Die färberische Verwendung ist bedingt durch das Vorhandensein von basischen Atomgruppen (Aminogruppen). Sie färben die Tierfasern ohne jede Vorbehandlung und ohne jeden Zusatz zum Färbebad. Gemäß ihrem zugleich basischen und sauren (amphoteren) Charakter (Aminosäuren) spielen die Tierfasern hier die Rolle einer Säure, welche dem gelösten Farbsalz die Farbbase entzieht und mit ihr eine Art Salz bildet. Die Pflanzenfaser wird von basischen Farbstoffen nur nach Beizen mit Gerbsäure (Tannin) oder Ersatzmitteln (Katanol) und Metallsalzen (insbesondere Antimonsalzen) angefärbt. Sie ergeben wenig echte Färbungen, werden aber oft wegen ihrer leuchtenden Töne zum Überfärben (Schönen) verwendet, wobei die erste Farbe unter Umständen als eine Art Beize für die zweite

dient. Zu den basischen Farbstoffen gehören einzelne Azo-, vor allem aber die Di- und Triphenylmethanfarbstoffe; ferner Phthaleine; Oxazine; Thiazine; Azine (128, 174).

3. Direkt ziehende Farbstoffe, auch Salz- und substantive Farbstoffe genannt. Es sind meist Natronsalze von Sulfon- und Karbonsäuren bestimmter Konstitution (Gefüges), welche als solche von den Fasern aufgenommen werden. Wesentlich ist ihre Abstammung von bestimmten p-Diaminen, wie Benzidin; o-Tolidin, p-Phenylendiamin u. a.; die meisten von ihnen sind Dis- und Polyazofarbstoffe. Sie färben die Pflanzenfasern unmittelbar, besonders gut unter Zusatz von Neutral- oder alkalischen Salzen (Kochsalz, Glaubersalz, Soda, Seife). Der Färbevorgang ist vermutlich ein rein physikalischer; ein Zusammenhang zwischen ihrer chemischen Zusammensetzung und den färberischen Eigenschaften ist nicht in allen Fällen zu erkennen (128, 172, 174).

4. Schwefelfarbstoffe nennt man die Farbstoffe, welche durch Schmelzen von organischen Stoffen, wie Phenolen und Aminen, insbesondere Diphenylamin und seinen Abkömmlingen mit Schwefel und Schwefelnatrium erhalten werden. Die ältesten hießen Cachou de Laval; später folgte das Vidalschwarz; heute sind es die Immedial-, Katigen-, Thiogen-, Kryogenfarbstoffe u. a. Sie färben die Pflanzenfasern unmittelbar in einem mit Schwefelnatrium, alkalischen und neutralen Salzen versetztem Bad. Das Schwefelnatrium dient jedoch nicht allein als Lösungs-, sondern vor allem als Sauerstoffentziehungs(Reduktions)mittel; die Befestigung des Farbstoffes auf der Faser findet meist erst nach erfolgter Aufnahme des Farbstoffes durch Sauerstoffaufnahme (Oxydation) statt. So bilden die Schwefelfarbstoffe den Übergang von den direkt ziehenden zu den Küpenfarbstoffen. Der Färbevorgang wird als Aussaugung (Adsorption) der im Bad in Lösung befindlichen sog. Leukoverbindung des Farbstoffes durch die Faser aufgefaßt (172, 174).

5. Küpenfarbstoffe. Sie sind gekennzeichnet durch ihre Fähigkeit, durch Reduktion in eine wasserlösliche Leukoform, die von der Faser aufgenommen wird, überzugehen, welche sich nach dem Färben in der Luft von selbst reoxydiert zum unlöslichen Farbstoff. Als Reduktionsmittel wird heute fast ausschließlich Hydrosulfit verwendet. Der wichtigste und älteste Vertreter ist der Indigo. Ferner sind zu nennen: Thioindigo und alle indigoiden Farbstoffe sowie die Abkömmlinge des Anthrachinons, die Indanthren-, Algol-, Helindon- und Cibanonfarbstoffe. — Sie sind in Wasser unlöslich, während ihre Leukoverbindungen, wie z. B. das Indigweiß, aus ihren Lösungen (Küpen) von den Pflanzen- und Tierfasern aufgenommen werden. Das Überführen in Indigweiß wird auch veranlaßt a) durch Zinkstaub + Kalk; b) durch Eisenvitriol + Kalk; c) durch Hydrosulfit oder Natriumbisulfit + Zinkstaub (128, 172, 174).

6. Beizenfarbstoffe. Sie haben, soweit sie in der Natur vorkommen, schwachsaure Eigenschaften und enthalten freie Hydroxyl- bzw. Karb-

oxylgruppen. In erster Linie sind zu nennen die Anthrachinomabkömm-
linge (Beispiel: Alizarin in der Türkischrotfärberei) und die Farbstoffe
der Farbhölzer. Sie können auf der Faser nur mit Hilfe von Beizen befestigt werden, vor allem durch die Metalloxyde, die sich mit den Farbstoffen zu unlöslichen, echten Farblacken, wie z. B. die Tonerde mit dem
Alizarin des Türkischrots verbinden, welche in ihrem Farbton vom ursprünglichen Farbstoff verschieden sind (174).

7. Entwicklungsfarbstoffe. Zu ihnen gehören die unlöslichen
Körperfarben (Pigmente), die nicht als fertige Farbstoffe in den Handel
gelangen, sondern die erst auf der Faser erzeugt und von der Faser festgehalten werden. Beispiele: Anilinschwarz, Naphtol-AS-Farben (128).

b4. Die Bereitung und einige Sonderwirkungen der
Farbflotte.

4a. Das Auflösen des Farbstoffes. Zum Lösen der Farbstoffe ist
reines, kalk- und eisenfreies Wasser zu verwenden. Bei nicht gereinigtem
koche man es mit der zum Färben erforderlichen Menge Soda; auch
leisten die bereits erwähnten Zusätze und, für basische Farbstoffe, etwas
Essig- und Ameisensäure gute Dienste. Substantive Farbstoffe werden
mit kochendem Wasser übergossen, umgerührt, gekocht und durch-
gebeutelt oder durchgesiebt. Die Lösung basischer Farbstoffe verlangt
vielfach einen Zusatz von Essigsäure, während die Schwefelfarbstoffe erst
mit Hilfe von Schwefelnatrium in Lösung gehen, die Küpenfarbstoffe auf
Zusatz von Natronlauge und Hydrosulfit. Die gut löslichen Farbstoff-
pulver kann man auch nach der Beigabe der Zusätze zur Flotte unmittelbar in sie einstreuen, oder sie mit kaltem oder lauwarmem Spiritus oder
ein sonstiges Netzmittel (s. S. 182) enthaltendes Wasser anteigen und
darauf durch einen Gewebebeutel oder durch feine Siebe treiben, um
jede Klümpchenbildung zu vermeiden. Jedem Farbstoff ist eine Lösungs-
und Anwendungsvorschrift von der Farbenfabrik beigegeben, an die man
sich streng zu halten hat; darin wird meistens der Anteil des Farbstoffes
in Hundertstel des Gewichtes des zu färbenden Gutes (Garn, Zwirn) angegeben.

4b. Die Flottenmenge steht in einem gewissen Verhältnis zum Gewicht
des zu färbenden Gutes; dieses ist abhängig von dem Farbstoff, dem Ton
der gewünschten Färbung, den Eigenschaften des Faserstoffes und dem
Färbeverfahren; sie beträgt für Garne gefärbt mit ruhender Flotte
$(15 \div 20):1$; mit rundlaufender Flotte $10:1$ (gepackt $5:1$, aufgesteckt
$20:1$). Allgemein spricht man von „kurzer Flotte", wenn dieses Verhältnis klein ist, für dunkle Töne, und von „langer Flotte", wenn in
viel Flüssigkeit, für helle Töne, gefärbt wird. Erwähnt möge noch die
Schaumfärberei sein, bei welcher der durch Zusätze (Schmierseife oder
Türkischrotöl) zu einer kurzen Flotte bei starker Erhitzung entstehende
Schaum als Farbstoffträger verwendet wird (175, 176).

18*

4c. Stehende oder laufende Bäder. Durch das Wandern der Farbstoffteilchen aus der Flotte auf und in die Fasern wird das Bad für helle Töne beinahe erschöpft. Um den Rest an Farbstoff bei dunklen Färbungen, der oft ⅓ des angesetzten Farbstoffes beträgt, auszunützen, gibt man neuen Farbstoff und die erforderlichen Zusätze in entsprechenden Mengen zu, wodurch das sog. laufende oder stehende Bad wieder verwendungsfähig wird. Zur Ausnützung der Farbflotten färbt man die dunklen Töne nach den hellen unter entsprechender Verstärkung der Flotte. Sollte durch monatelanges Benützen eine Flotte faul werden, so kocht man sie vor der Benützung auf (171).

4d. Zweibad- und Einbadverfahren. Im Zweibadverfahren werden die zu färbenden Garne im ersten Bad gebeizt und im zweiten mit Beizfarbstoffen gefärbt. Wird das Färben und Beizen (z. B. für Wolle) gleichzeitig, durch Zugabe der Beize zum Farbbad, ausgeführt, so arbeitet man nach dem Einbadverfahren.

4e. Das Ausziehen der Bäder. Hierunter versteht man die Eigenschaft des Gutes, den Farbstoff bis auf einen bestimmten Rest aus dem Bad aufzunehmen. Je länger die Flotte ist, desto mehr Farbstoff bleibt, unter sonst gleichen Bedingungen, nach dem Färben in ihr zurück. Zur Gleichhaltung der Stärke der Flotte sind daher nur die ausgezogenen Mengen Farbstoffe und Zusätze beizugeben.

4f. Das Spindeln der Bäder. Hierunter versteht man die Feststellung der Dichte des Bades durch die Senkwaage (Aräometer), um die Zugaben zu regeln.

4g. Das Diazotieren ist die erste Stufe der Entwicklung von diazotierbaren Azofarbstoffen auf der Faser durch Nitrit und Salz- und Schwefelsäure; dadurch wird in Verbindung mit der zweiten Stufe, dem Kuppeln, der Ton der Färbung verstärkt bzw. eine ganz andere Tönung erreicht, und die Wasch-, Säure-, Koch- und Lichtechtheit erhöht.

4h. Das Kuppeln, die oben erwähnte zweite Stufe, führt die auf der Faser befindliche Diazoverbindung durch Einwirkung eines Phenols oder Amins in einen neuen Azofarbstoff über. Man kann auch durch Kuppeln des Farbstoffes eines vorgefärbten Gutes mit Nitrazol C (= diazotiertes Paranitranilin) in einem zweiten Bad Färbungen erzielen, die gute Wasch- und Kochechtheit, vielfach auch gute Überfärbe- und Lichtechtheit besitzen.

4g und *4h* kommen fast ausschließlich für Baumwolle in Betracht.

4i. Das Abmustern der Färbungen zur Beurteilung des Tones beim Färben nach Muster setzt jedesmal ein sorgfältiges Spülen und Trocknen voraus. Zur Erhöhung der Spülwirkung empfiehlt es sich, dem letzten Spülbad etwas Essig- oder Ameisensäure zuzugeben oder mit Metallsalzen (s. S. 272) nachzubehandeln. Am besten wird eine entnommene

Probe für sich nachbehandelt, und diese zum Vergleich bei späteren gleichen Färbungen herangezogen.

4j. Das Grundieren ist das Ausfärben des Grundtones, worauf das Gut gespült und dann mit einem andern Farbstoff gefärbt oder bedruckt wird.

4k. Das Tönen, Nüancieren, geschieht in der Regel durch Zugabe weiterer Mengen desselben oder eines andern Farbstoffes zum Farbbad bzw. durch:

4l. Das Übersetzen; dieses wird viel gebraucht und besteht im Überfärben des vorgefärbten Garnes mit andern, besonders basischen Farbstoffen, um die Töne zu schönen, lebhafter zu machen (avivieren).

4m. Das Verkochen mit Soda erfolgt bisweilen statt des Entwickelns, indem nach dem Diazotieren gespült, darauf in einem 40÷50⁰ warmen bis zu 5% Soda enthaltenden Bad 15÷20 Minuten behandelt und dann wieder gespült wird.

4n. Das Befestigen der Tanninbeizen, Fixieren, erfolgt mit Brechweinstein oder andern Antimonsalzen, oder mit Eisensalzen (Eisenvitriol), worauf kalt gespült und sofort ausgefärbt wird. Das Beizen nach dem Färben hat für die Woll-Echtfärberei große Bedeutung erlangt.

4o. Das Abziehen der Färbungen, zwecks Verbesserung zu dunkel ausgefallener Töne, besteht im teilweisen Herauslösen des Farbstoffes aus dem Gut, dem darauffolgenden Spülen und, falls erforderlich, dem Neufärben zur Erzielung des gewünschten Tones.

b5. Bäder vor und nach dem Färbebad.

5a. Das Chloren der Strick- und Strumpfzwirne aus Wollgarnen, eine Behandlung vor dem Färben im Säurebad (1½% der Flotte Salzsäure von 22⁰ Bé und im Chlorkalkbad mit 10÷20% des Wollgewichts Chlorkalk) bezweckt die Verminderung ihres Schrumpfens und Filzens und die Erhöhung des Glanzes der Färbungen. Durch nachträgliches, kaltes Seifen mit 9 g Marseillerseife und 2 g Olivenöl je l erhalten die gefärbten Garne einen weichen und durch Seifen (50 g je l) mit darauffolgendem schwachen Säuren einen krachenden Griff. Zur Beseitigung des Chlorgeruches sowie des, durch das Chloren hervorgerufenen, gelben Tones behandelt man sie 15÷20 Minuten in einem kalten Bad mit etwa 5 g Bisulfit von 35⁰ Bé je l, spült gut und färbt dann (125).

5b. Das Schönen einer Färbung (Avivieren) bezweckt, sie lebhafter und klarer zu machen. Dazu werden Seifen oder deren Ersatzbäder verwendet.

5c. Das Griffigmachen (Avivieren) begreift sowohl das Weich- und Geschmeidigmachen der Garne mit öl- und seifenhaltigen Bädern als auch das Hart- und Krachendmachen der Garne in mit Stärke, Leim, Fett und essigsaurem Natron durchsetzten Bädern, in die Milch- und Ameisensäure zugegeben werden (125, 170, 177).

Gc) **Erklärungen der Färbevorgänge.** Das Eindringen der Farb-körperchen in die Faser ist die Folge sowohl der Oberflächenbeschaffen-heit der Faser als des unsteten Bindungszustandes der Farbteilchen mit dem Wasser. Durch die Poren der Fasern wandern die Farbstoffteilchen unter dem Druck der Flotte und der Saugwirkung der Fasern in das Faserinnere und setzen sich im Innenkanal ab. Dahin gelangen sie auch durch die Haarröhrchenwirkung des an der Abrißstelle der Baumwoll-faser vom Samenkorn offenen Faserschlauches, bzw. der an beiden Seiten durch das Scheeren zugänglichen Wollfaser. Daß bei der Wanderung außer diesen physikalischen Ursachen auch noch chemische mitsprechen, besonders bei den Tierfasern, welche infolge ihrer Zusammensetzung selbst chemische Umformungen der Farbstoffbestandteile verursachen können, wird von hervorragenden Chemikern vertreten; sie nehmen an, daß sowohl die Faser als der Farbstoff chemisch verändert werden und chemische Verbindungen eingehen. „Wenig wahrscheinlich ist es, daß es jemals möglich sein wird, der Gesamtheit der Färbevorgänge eine einheitliche Deutung zu geben. Die Färbevorgänge gehören zu den verwickelsten Prozessen, die wir kennen, bei denen sowohl physikalische als auch che-mische Kräfte in wechselndem Verhältnis tätig sind. Das jeweils erzielte Ergebnis ist dabei die Resultante aus zahlreichen Kräften, die wir sowohl ihrer Natur als auch ihrer Stärke nach nur ungenügend kennen" (178).

Gd) **Farbenechtheiten.** Die Färbungen werden während der Aus-rüstung und je nach dem Verwendungszweck der gefärbten Ware mannig-fachen Beanspruchungen unterworfen. Von den verschiedenen Echt-heiten kommen für die Zwirne und Nadelgarne hauptsächlich die Licht- und Luftechtheit, die Waschechtheit, die Reibechtheit und Bügelechtheit in Betracht. Keine Färbung ist in jeder Hinsicht echt. Die Echtheits-prüfung erfolgt nach einheitlichen Vorschriften und Normen nach Stan-dard- oder Vergleichstypen (128, 169).

Ge) **Allgemeine Färbeanleitungen.** Zum Färben von Baumwoll-garnen dienen: Diamin-, Immedial-, Hydron-, basische und saure Farb-stoffe, während zum Färben von Wollzwirn je nach den Anforderungen: Säure-, Chrom-, Diamin-, Hydron- und basische Farben verwendet wer-den (125).

Die in den folgenden Vorschriften angegebenen % beziehen sich auf das Gewicht der Ware.

e1. Saure Farbstoffe. *Nur für Tierfasern.*

Flotte: [Wasser + (10÷15% kristallisiertes Glaubersalz + 3÷5% Schwefelsäure) + Farbstoff] · 60°÷100° oder

Flotte: [Wasser + Weinsteinpräparat (Natriumbisulfat) + Farb-stoff] · 60°÷100°.

Färben 1 Stunde — Spülen — Trocknen.

e2. Basische Farbstoffe. *2a. für Pflanzenfasern.*

a1) Beizen. Erste Flotte: [Wasser + (2÷3% Tannin für helle
Töne, Sumach für dunkle)] · 60⁰÷80⁰.
Einlegen — Stehenlassen über Nacht — Abschleudern.
Zweite Flotte: [Wasser + (1÷2½% Brechweinstein)]. 40⁰÷50⁰.
Behandeln 1 Stunde — Waschen.

a2) Färben. Flotte: [Wasser + wenig Essigsäure + Teil des Farb-
stoffs]. Kalt eingehen; langsam erwärmen auf 80÷90⁰. — All-
mähliches Zusetzen des Farbstoffes.

2b. für Tierfasern. Ohne jede Vorbehandlung.
Flotte: [neutral + Farbstoff]. Ab 50⁰ auf 80⁰÷95⁰.

e3. Substantive Farbstoffe. *3a. für Pflanzenfasern.*

a1) mittlere und dunkle Färbungen.
Flotte: [kurze, laufende, neutrale + (20% Glauber- oder Koch-
salz); oder alkalisch mit 0,5÷2% Soda) + Farbstoff]. 100⁰.
Färben ¾÷1 Stunde — Abquetschen — Kurzes Kaltwaschen
— Trocknen.

a2) helle Färbungen.
Flotte: [laufende, alkalische + (2,5% Glaubersalz + 0,5 ÷ 1%
Soda + 0,5÷1% Seife + Türkischrotöl oder Monopolöl) +
Farbstoff]. 50÷80⁰.
Färben ½ Stunde — Abquetschen — kurzes Kaltspülen — Trock-
nen.

3b. für Tierfasern nur selten verwendet. Flotte: schwach sauer.
Wichtig aber für: *3c. Halbwolle,* z. B. für Schwarz-Färbung aus neutra-
lem Bad.

e4. Schwefelfarbstoffe. *Nur für Pflanzenfasern.*

Flotte: [laufende + (3÷10% Soda) + (Farbstoff für helle Töne
4÷8%, für dunkle 20 gelöst mit Schwefelnatrium in der
1÷2fachen Menge des Farbstoffes)]. 50⁰÷90⁰.
Färben 1 Stunde, möglichst unter der Flotte — Abquetschen —
Verhängen — Spülen — Seifen — Trocknen.

e5. Küpenfarbstoffe. *5a. für Pflanzenfasern.*

a1) Zink-Kalkküpe. Färbeküpe: [Wasser + (Zinkstaub + Kalk —
Vorschärfen genannt —) + Stammküpe]. Kalt. Stammküpe: Ange-
teigter Indigo wird mit angeteigtem Zinkstaub zusammengerührt und
hierauf mit einem dünnen Brei von gelöschtem Kalk (warm) versetzt.
Die Masse bleibt 6 Stunden unter gelegentlichem Umrühren stehen.
Färben 1÷1½ Stunden — Abquetschen — Verhängen — Spülen —
Trocknen.

a 2) Eisenvitriolküpe. Färbeküpe: [Wasser + (Eisenvitriol + Kalk — Vorschärfen —) + Stammküpe]. Luftwarm. Stammküpe: Der Indigo wird mit gelöschtem Kalk zu einem dünnen Brei angeteigt ($50^0 \div 60^0$), dann mit Eisenvitriollösung versetzt. Diese Mischung bleibt 6 Stunden unter mehrmaligem, vorsichtigem Umrühren in einem bedeckten Gefäß stehen.

Färben möglichst unter der Flotte. Soll in Zügen gefärbt werden, so wird der erstmals unter Zusatz nur eines Teiles der Stammküpe gefärbte und behufs Oxydation verhängte Strang abermals in die Farbküpe gebracht (2. Zug), nachdem man sie mit einer weiteren Menge von Stammküpe beschickt hat. Ebenso wird der 3., 4. usw. Zug behandelt.

a 3) Hydrosulfitküpe. Färbeküpe: [kurze + Hydrosulfit — Vorschärfen — + (Farbstoff, der unter Zusatz von Hydrosulfit und Natronlauge in der Stammküpe gelöst wurde)]. 60^0.

Färben $1 \div 1\frac{1}{2}$ Stunden — Abquetschen — Verhängen — Spülen — Trocknen.

a 1 und a 2 sind seit der Herstellung von Hydrosulfit in der Apparatefärberei fast gar nicht mehr gebraucht.

5b. Tierfasern. Hydrosulfitküpe. Färbeküpe: [Wasser + (Ammoniak + etwas Hydrosulfit — Vorschärfen —) + Stammküpe, wie vorhin, vorsichtig umrühren]. $50^0 \div 60^0$.

Färben $20 \div 30$ Minuten — Abquetschen — Verhängen — Absäuern — Kaltwaschen — Trocknen (128, 172, 174).

e 6. Indanthrenfarbstoffe. *Für Pflanzenfasern.*

Flotte: [Wasser + (Natronlauge + Hydrosulfit) + Farbstoff, gelöst in heißem Wasser]. 60^0.

Färben, helle Töne: Eingehen mit dem Garn bei 30^0; allmählich auf 60^0 steigern. $3/4 \div 1$ Stunde.

Färben, dunkle Töne: Eingehen mit dem Garn bei $50^0 \div 60^0$. $3/4 \div 1$ Stunde.

Spülen: erstes Bad mit Hydrosulfit ($10 \div 15$ g je l Wasser); zweites Bad mit reinem Wasser. — Säuern mit $0,1 \div 0,2$ l· Schwefelsäure von 60^0 Bé je 100 l Wasser — Spülen — Seifen ½ Stunde kochend — Spülen — Trocknen (128).

e 7. Beizenfarbstoffe. *7a. Pflanzenfasern.*

Die Türkischrotfärberei für Garne erfolgt nach dem $3 \div 4$ Wochen dauernden Altrotverfahren, mit Krapp und ranzig gewordenem Olivenöl (Tournantöl), nachdem in 3 Tagen zu erledigenden Neurotverfahren, mit Alizarin und Türkischrotöl, und nach dem Gemischtrotverfahren. Das erste Verfahren umfaßt 15 Arbeitsstufen, das zweite 9, das letzte 6, und zwar: das Abkochen (mit 3% kalzinierter Soda bei 2 atü — Spülen — Trocknen); dreimaliges Ölen (mit Tournantöl + Kuhdung + höchstgehaltiger Sodalösung — ½ Minute bei 40^0 — dazwischen Liegenlassen bis 12 Stunden — Trocknen bei 60°); vier Weißbäder oder Lauterbeizen (zwecks Befestigen des Öls auf der Faser ein- bis viermaliges Behandeln in stets frischem Sodabad [1½° Bé]); Auslaugen oder Klarziehen (in Wasser oder Sodalösung von ⅓° Bé — Trocknen bei 60°); Gallieren oder Schmacken (in 50° warmer Sumachabkochung von 1° Bé — 6 Stunden — Auswinden); das Alaunen oder Beizen [(in einem Bad mit 4 Teilen Alaun + 1 Teil Kristallsoda + etwas Rotbeize (Aluminiumazetat) + etwas Zinnsalz oder zinnsaures Natron — 24 Stunden Spülen — Luft- oder Kammertrocknung)]; das Ausfärben (Flotte: [Wasser + (8÷10% Alizarin in Teig + 1% Tannin oder Sumach + 30% Ochsenblut oder 3½÷4% Kleie)] kalt 1 Stunde, dann 1 Stunde bis zum Kochen, schließlich Kochen 30÷60 Minuten — Spülen) und dreimaliges Schönen (Avivieren oder Rosieren) (erstes unter ½÷1 atü + 3% Kristallsoda + 3% Kernseife Kochen — zweites ¼ atü + 2½% Kernseife + 0,15% Zinnsalz — Kochen 1÷2 Stunden — Spülen — drittes mit Seife und Soda) (176÷178).

7b. Tierfasern. b1) Färben auf Alaunbeize.

Beizflotte: Wasser + 10% Alaun + 3% Weinstein + 2% Oxalsäure. Kalt in einer Stunde zum Kochen treiben — Spülen — Färben.

b2) Färben auf Chrombeize. Ansudverfahren. Kochen der Wolle im Bichromatbad unter Zusatz von Säure (z. B. Weinstein-, technische Milchsäure) — Waschen — Ausfärben im frischen Bad (171).

e8) Entwicklungsfarben. Anilinschwarz durch Oxydation des Anilins. Flotte: (Wasser + Anilinsalz + Schwefelsäure + Garn). Kalt 3 Stunden, dann bei 60° Färben 2 Stunden unter langsamem Zusatz von Kaliumbichromatlösung ÷ 1 Stunde. Je langsamer das Anilinschwarz niedergeschlagen wird, desto besser die Färbung — Waschen — Seifen (171, 174).

G f) **Die Nachbehandlung** bezweckt durch Überfärben (Übersetzen, Schönen) matte Töne glänzender, leuchtender, feuriger zu machen, oder durch Abziehen das Verschwinden dunkler Farbstreifen oder Flecke, oder die Erhöhung der Echtheiten der Färbungen, oder die Anpassung des Griffs der Ware an besondere Anforderungen, an Geschmeidigkeit oder Steife (Avivage), oder die Steigerung der Haltbarkeit und Tragfestigkeit der Stoffe.

f1. Pflanzenfasern.

1a. Das Überfärben (Schönen) von substantiven oder Schwefelfärbungen, die dabei als Beize dienen, z. B. mit basischen Farbstoffen, erfolgt unter Zusatz von 1÷3% Essigsäure oder 0,5÷1% Alaun, in der Kälte oder lauwarm bei Steigerung auf 60÷80°.

1b. Das Nachbeizen. Die Erhöhung der Waschechtheit basischer Farbstoffe gewährleistet eine Behandlung mit 0,25 + 0,5% Tannin +

$0,13 \div 0,25\%$ Brechweinstein. Substantive Färbungen behandelt man zu diesem Zweck mit Metallsalzen (Kupfervitriol, Chromkali, Fluorchrom, Tonerdesalze sowie mit Formaldeyd oder Chlorkalk). Kupfervitriol und Chromkali erhöhen die Licht- und Waschechtheit, Kalium- oder Natriumchromat, Chromalaun und Fluorchrom die Waschechtheit. Tonerdesalze steigern die Widerstandsfähigkeit gegen Waschen und Dämpfen; Formaldehyd erhöht besonders die Wasch- und Walkechtheit der Färbungen. Auch die Nachbehandlung der Schwefelfarbstofffärbungen durch $\frac{1}{2}$ stündiges Dämpfen nach dem Abquetschen und vor dem Spülen trägt zur Erhöhung der Farbechtheit bei. Zu ihrem Abmustern muß das Alkali durch Essig- oder Ameisensäure entfernt werden. Ferner dient zum Nachbehandeln, hauptsächlich der Hydronfarben, zwecks Erzielung einer rascheren Sauerstoffaufnahme als durch das Verhängen und Verlüften, und wesentlich lebhafterer Färbungen, Perborat, das man dem letzten Spülbad zugibt und dann bei $40 \div 50^\circ$ bis zu $\frac{1}{2}$ Stunde einwirken läßt.

Die Küpenfärbungen werden oft mit $1 \div 2\%$ Chromkali und $4 \div 8\%$ Essigsäure und mit Natriumperborat nachbehandelt. Ist das Anilinschwarz nach dem auf das Färben folgenden Waschen und Seifen noch grünlich, so wird es mit Bichromat und Schwefelsäure nachbehandelt (125, 176, 177, 150d).

1c. Das Beschweren der Baumwollgarne. Durch die Nachbehandlung mit Metallsalzen (Gerbsäure-Antimonsalz oder Eisenbeize) wird bei basischen Farbstoffen $2 \div 5\%$ Beschwerung erhalten. Eine künstliche Beschwerung bis zu 12% ist durch Stärken mit erdigen Massen (Kaolin, Pfeifenerde) und eine Nachbehandlung mit Metallsalzen (Magnesiumsulfat, Zinksulfat, Chlorbarium, Chlorkalzium) und Rüböl, verseift mit Soda bzw. Glyzerin, zu erreichen. Für schwarze Garne dient häufig eine Beschwerung (bis zu 8%) mit Sumach und Eisen, wodurch der Ton an Fülle und Tiefe gewinnt (125, 176). Eine geringe Beschwerung und einen tiefen, schwarzen Ton gibt auch die Nachbehandlung mit Blauholzauskochungen und essigsaurem Eisen.

1d. Das Verhängen oder Verlüften ist ein Hindurchführen der gefärbten Stränge durch die Saalluft oder ihr Aufhängen in einer eigenen Hänge, einem großen belüft- und heizbaren Raum, zwecks Entwicklung der Färbungen.

1e. Das Dämpfen der gefärbten Gute dient ebenfalls zum Entwickeln der Farben; es kann in einem beliebigen Kasten aus Holz, Kupfer oder Eisen, in den Flottenumlauffärbern oder auch in der gewöhnlichen Färbekufe 1 (4_{19}) mit Siebrohr 2, Hahn 3, gespeist durch die Dampfleitung 4, ausgeführt werden. Je heißer und trockener der Dampf ist, desto schneller und lebhafter entwickelt sich die Färbung. Zugleich mit dem Dampf wird oft Luft eingeführt: hierzu dient ein kleines Dampfstrahlgebläse

10÷15, das in eine Umleitung *10*, *15* des Dampfweges *4*, *3*, *2* eingebaut ist; dieses besteht aus dem Hahn *10*, dem Rohr *11* mit Düse *12*, dem Mischraum *13*, über den die durch die lebendige Kraft des Dampfes in die Öffnung *14* eintretende Luft mit dem Dampf gelangt, dem Stutzen *15*, der an das Siebrohr *2* angeschlossen ist. Die auf dem Lattenboden *0* aufgeschichteten Garnstränge oder Kreuzspulen werden von der Luft und dem Dampf gleichmäßig durchdrungen (125).

1f. Das Warmlagern wird zur Entwicklung der Färbungen oft ausgeführt. Ohne gespült zu sein, werden die Garne nach dem Färbbad, noch möglichst warm, in Körbe oder Holzbehälter, oder in die Förderwagen gelegt, die innen mit Ölpapier oder Wachstuch bekleidet sind, zugedeckt und über Nacht in dem 60÷70⁰ heißen Trockenraum belassen. Nachher wird das Garn warm gespült und geseift (125).

f2. Tierfasern. Die Nachbehandlung der substantiven Färbungen erfolgt meistens nach Zusatz von Essigsäure in der zum Färben verwendeten Flotte oder in einem neuen Bad, das langsam bis zum Kochen getrieben wird, während 20÷30 Minuten, hauptsächlich zur Erzielung des verlangten Farbentons. Die Erhöhung der Haltbarkeit und Tragfestigkeit der Wolle bezwecken Zusätze wie die Salze des Chroms (Chromkali, Fluorchrom) und Aluminiums sowie Kupfervitriol. Wolken dunkler Töne beim Färben mit basischen Farbstoffen werden unter Zusatz von Essigsäure und Erhöhung der Wärmegrade des Bades bis zum Kochen entfernt. Beim Färben mit Beizenfarbstoffen, welche die Wolle unmittelbar anfärben, werden durch eine Nachbehandlung während ½÷1 Stunde unter langsamer Erhöhung der Wärmegrade des Bades bis zum Kochen mit Chromkali z. B. sehr echte Chromlacke erzeugt (158, 170, 172).

Gg) Durchführungshinweise für das Färben von Nähgarnen.

g1. Die Färbeverfahren sind den verwendeten Farbstoffen angepaßt, weshalb hier nur beispielshalber ältere Verfahren für Schwarzfärben gegeben sind, um den Techniker etwas in die Bedienung der Färbevorrichtungen einzuführen. Vorschriften zum Färben geben die Farbenfabriken bereitwilligst, und weil dauernd neue Farbstoffe aufkommen, so bleibe man in steter Fühlung mit den Erzeugern, um das Neueste auf diesem Gebiet anwenden zu können, falls Umstellungen erwünscht sind.

1a. Das Schwarzfärben. Die Färberei der Nähgarne erstreckt sich vorwiegend auf Schwarzfärben; bunt werden Nähgarne verhältnismäßig wenig und meistens im Strang auf der Barke (1_{18}) gefärbt.

a1) Die Behandlung. Bei den hellen Farben geht dem Färben oft ein gutes Bleichen voraus; bei dunklen Farben genügt es, die Stränge im Farbbottich mit Wasser und bei hart gedrehten Garnen mit Netzmitteln (S. 182) oder mit Ablauge aus der Bleicherei auszukochen und dann mit viel heißem Wasser unter Sodazusatz nachzuspülen, um das Baumwollwachs der Kochlauge abzuscheiden und das Bad alkalisch zu erhalten.

Gleichzeitig beim Ablassen fülle man kaltes Wasser nach, damit die Ware immer mit Wasser bedeckt ist. Wird statt der Kochlauge der Bleicherei ein frisch angesetztes, mit Türkischrotöl oder den auf S. 182 angegebenen Zusätzen bereitetes Kochbad angewendet, so fällt gewöhnlich das Waschen weg. Die Stränge werden dann im dritten bzw. zweiten Bad gefärbt und darauf mit viel Wasser gespült, sei es im Färbebottich 11 (1_{18}), sei es auf einer Strangspülmaschine ($5 \div 8_9$, 22_{10}, 1_{19}), entnäßt und getrocknet.

a2) *Das Färben.* Zum Färben benützt man mit Vorliebe waschechte Schwefelfarbstoffe, z. B. Schwefelschwarz T extra konzentriert oder Berliner Schwarz, weil diese direkt ziehenden Farbstoffe ohne vorheriges Netzen gefärbt werden können, während Küpenfarbstoffe es benötigen, weil sie nur in Flotten mit geringen Wärmegraden zu färben sind. Bei Indanthrenfarben muß nach dem Färben eine Luftbehandlung erfolgen, wozu für die als Kreuzspule oder auf dem Kettbaum gefärbten Garne eine Saug- bzw. Druckluftanlage vorzusehen ist. Hierbei muß darauf geachtet werden, daß der Durchdringung der Luft überall der gleiche Widerstand entgegengesetzt wird, weil sonst eine ungleichmäßige Sauerstoffaufnahme und Ausfärbung erfolgen.

Nach dem Einlegen der Stränge in den Farbbottich werden sie ausgekocht und mit der Ansatzflotte gefärbt. Auch benützt man die alte Flotte zum Netzen der Ware ohne vorherige Farbstoffzugabe; netzt darin kochend heiß; pumpt das Bad zurück in den Vorratsbehälter, in den man vorher den vollständig gelösten Farbstoff hineingegeben hat; mischt die Flotte gut; befördert sie in den Färbebehälter zurück und färbt nahe des Kochwärmegrades $3/4 \div 1$ Stunde. Nach dem Färben wird erst mit wenig Wasser, das man als Ersatz der Farbflotte zusetzt, gespült; danach folgt viel Spülwasser, bis die Flotte vollständig klar abläuft. Am schnellsten geschieht dies, wenn man mittels der Pumpe das Wasser aus der Wasserleitung ansaugt, durch die Ware drückt und in den Kanal abfließen läßt. Um den Farbstoff genügend auszuziehen, benützt man das alte Ansatzbad jeweils zum Färben der nachfolgenden Beschickung und gibt nur die entsprechenden Mengen Farbstoffe und Zusätze zu den Bädern. Z. B.: Auf 450 kg Zwirn werden beim ersten Ansatzbad auf 100 kg Farbgut 8,3 kg Schwefelschwarz, 9 kg kalziniertes Schwefelnatrium, 1,75 kg Ammoniaksoda und 18 kg Glaubersalz genommen. Das Bad muß bei 15° auf ungefähr 5° Bé, höchstens 6° Bé, spindeln; es wird eine Stunde bei 90° gefärbt. Dieses Bad wird nicht weglaufen gelassen, sondern in einem Vorratsbehälter gesammelt und zur nächsten Beschickung wieder benützt. Weil das Bad einen Teil seines Farbstoffes und seiner Zusätze an die Zwirne abgegeben hat, so setzt man dann nur diese Mengen zu, und zwar auf 100 kg Zwirn 5,3 kg Schwefelschwarz, 5 kg kalziniertes Schwefelnatrium, 4,1 kg Glaubersalz. Nachdem das Bad auf diese Weise ungefähr 4 Wochen benutzt wurde, läßt man es ablaufen und gibt ein neues Ansatzbad.

*a*3) *Die Nachbehandlung.* 3a) Das Spülen. Nach dem Färben wird gespült. Das erste Spülbad enthält viel Farbstoff, weshalb es zum Teil in das Farbbecken zurückgeführt wird, um die Farbflotte aufzufrischen. Damit aber die Spülflotte die Farbe nicht zu sehr verdünnt, muß wenig Spülwasser verwendet werden. Das zweite Spülwasser wird als sog. Vorfärbebad verwendet und dem Auskochwasser, mit dem jede Beschickung zuerst behandelt wird, zugesetzt. Dann folgt noch ein drittes und viertes Spülen mit Wasser im Färber, wobei die Pumpe das Wasser aus der Wasserleitung ansaugt und wie beim Färben die Farbflotte durch das Farbgut hindurchpreßt, um so alle Unreinigkeiten möglichst zu entfernen. Diese Wasser läßt man ohne weiteres weglaufen.

Das Färben der Stränge in der Barke mit Berliner Schwarz ist ziemlich das gleiche, nur muß dabei bedeutend mehr Farbstoff und statt Glaubersalz Kochsalz verwendet werden.

3b) Das Schönen, Avivieren. Nach dem Färben ist der Zwirn spröde und matt. Um ihn geschmeidig zu machen und seinen Glanz zu erhöhen, unterwirft man ihn dem Schönen, der sog. Avivage, einem Durchlaufenlassen von kochend heißem, angesäuertem Wasser, in dem die verschiedensten Fette und Öle, Textal (100a), Adulcinol (100c), Emulphor FM, Ramasit, Soromin (100d), Paraffinemulsion, Puropolöl E.M.P. (100e), Tallosan (100g), Estarfin (100h), Setavin, Triumpfavivage K.S.P. (100i), in feinsten Tröpfchen, gewissermaßen in Staubform, enthalten sind. Die Zwirne sind dazu in einem Holzbottich eingeschichtet. Man behandelt zuerst die Ware mit einer Lösung von essigsaurem Natron, um die Entstehung von Schwefelsäure aus etwaigen Rückständen von Schwefelnatrium zu verhüten, was eine Zerstörung der Faser zur Folge hätte. Zum Ölen dient in Wasser feinst verteiltes Paraffinöl mit Olivenöl, und zwar auf 150 kg Ware ungefähr 20 l. Um die Öltröpfchen im Wasser schwebend zu erhalten, wird Chlormagnesium angewendet, wovon ungefähr 3 kg in einem Eimer Wasser gelöst werden. Das Chlormagnesium wird aber erst dann zugesetzt, wenn schon Ölwasser die Ware durchdrungen hat. Ein anderes Schönungsmittel besteht aus einer Mischung von Olivenöl und Türkischrotöl, wozu man, um die Verteilung der Öltröpfchen im Wasser vorteilhaft zu gestalten, noch Salmiak zusetzt. Eine derartige Mischung kann man sich herstellen aus 15 l Olivenöl, 5 l Türkischrotöl und 5 l Salmiak und Aufkochen. Nach dieser Behandlung wird das Garn entwässert und getrocknet.

1b. Das Färben heller Töne. Vor dem Färben heller Töne muß das Garn genetzt sein, weil das Färben von kalt nach heiß geschieht, während man bei dunklen Farben und Schwarz mit der ungenetzten Ware ins kochend heiße Bad eingeht. Eine Ausnahme bilden die Küpenfarben, welche immer bei Wärmegraden unter 60° gefärbt und deshalb vorher gründlich genetzt werden müssen.

1c. Die Nachbehandlung von küpengefärbten Zwirnen.
Nach dem Färben im Strang mit Küpenfarben werden zwei Arten der
Oxydation der farblosen Leukoverbindung des Küpenfarbstoffes auf der
Faser angewandt:

c 1) in gewöhnlichen Barken.

Man setzt die Garne nach dem Färben und Ablassen der Flotte in
kaltes Wasser ein, zieht einige Male um und wechselt das Wasser so
lange, bis es rotes Lackmuspapier nicht mehr blau färbt; gibt dann ein
warmes (40⁰) Bad. Hiernach folgt allgemein ein Absäuern mit Schwefelsäure, entsprechend den zu den Farbstoffen gegebenen Vorschriften;
dann wird gründlich gespült und kochend heiß geseift. Darauf erfolgt
ein Kaltspülen, Schleudern, Schlagen und das Trocknen.

c 2) in Barken mit Preßwalzen.

Man zieht stockweise das Garn zwischen zwei Quetschwalzen $20_0''$,
$21''$ (4_{19}) hindurch und entwässert zum Teil auf diese Weise das Garn,
hängt es zwischen zwei Böcke oder zwischen zwei Barken und zieht einige
Male mit der Hand die Stränge um; danach spült man den ganzen Posten
in kaltem und nachher in warmem Wasser.

G h) Die Färbearbeiten.

h1. Das Handfärben auf der Barke. Es verlangt als Handarbeit das Zubereiten der Flotte, das Einlegen des Farbgutes, das Regeln
der Wärmegrade und der Stärke der Flotte, das Umziehen der Stränge
in der Flotte, das Aufwerfen der Stränge auf den Bottichrand (s. S. 208),
das Wegführen der gefärbten Stränge und das Laufenlassen der Flotte.

h 2. Das Selbstfärben mit Maschinen, welche das Einführen der
Stränge in die Flotte, das Umziehen in ihr und das Ausheben sowie das
Befördern der Stränge zur Nachbehandlung und zum Spülen selbsttätig bewirken, läßt dem Arbeiter nur das Beschicken der Maschine und
das Überwachen der Flotte übrig.

h 3. Das Umlauffärben in Vorrichtungen; statt mit ruhender Flotte
und beweglichem Gut zu färben, geht hierbei die Flotte durch das ruhende
Gut hindurch; dieses wird vom Arbeiter auf einen Siebboden des Behälters
aufgeschichtet; der in einiger Entfernung darunter gelegene Boden ist
an eine Pumpe angeschlossen, welche die Flotte absaugt und sie durch ein
Rohr wieder auf die Ware im Farbbottich befördert, wodurch sie im stetigen Rundlauf wirkt. Wird das Gut mit einem Siebdeckel bedeckt und
der in einigem Abstand von ihm angeordnete Abschlußdeckel des Behälters mit dem Flottenrohr der Pumpe verbunden, so kann die Flotte
auch im umgekehrten Sinn, statt von oben nach unten, auch von unten
nach oben durch das Gut getrieben werden. Die Umkehr der Flotten-
richtung wird entweder durch Rückwärtslaufen der Pumpe oder durch
Betätigen eines in den Flottenlauf eingeschalteten Steuerhahnes ver-

ursacht. Die Bedienung kann einem Arbeiter anvertraut sein; oder der Richtungswechsel der Flotte erfolgt selbsttätig durch ein Zählwerk, so daß dem Arbeiter nur das Ein- und Auspacken des Gutes und die Regelung der Stärke und der Wärmegrade der Flotten überlassen bleibt.

h4. Das Stetigfärben mit Gutdurchlauf durch die Barke, wozu die Rundstränge zum Langstrang vereinigt oder die Garne als Langstrang ausgebildet sind und diese im Hin- und Herlauf durch die Flotte, die Behälter und durch die Nachbehandlungen hindurchgeführt werden, verlangt vom Arbeiter nur das Vorlegen und Abnehmen des Gutes zu besorgen, die Flotte zu überwachen und den Durchlauf des Gutes anzulassen bzw. abzustellen.

Gi) Die technischen Arbeitsmittel für das Färben der Garne.

i1) Das Färben der Garne im Strang.

1a. Die Bewegung der Stränge durch die ruhende Flotte.

.a1) *Die Färber mit Strangdurchzug von Hand: die Färbebottiche oder Barken.*

1a) Der einfache Strangfärbebottich ist genau so ausgebildet wie die Barke 11 (1_{19}, 4_{19}) für das Spülen, Seifen und Bläuen der Garne. Die Behandlung der Stränge in der Farbflotte ist auch dieselbe, wie sie auf S. 208 beschrieben wurde. Man geht mit den im Kochkessel oder auf der Barke gut genetzten, gleichmäßig auf dem Stab verteilten Strängen ein, zieht mit der Hand $3 \div 5$ mal um, wirft das Garn auf Stäbe auf, erwärmt das Bad durch Dampfeinströmung auf die notwendige Wärme, geht wieder ein und wiederholt dieses Durchziehen so lange, bis die vorgeschriebene Flottenwärme und die Färbung erreicht ist. Alle Zusätze und Farbstoffe dürfen nur bei aufgeworfenem Färbegut dem Bad zugeführt werden. Hierauf folgen das Ausschleudern der Stränge, ihr Glattschlagen von Hand oder mit Maschinen und das Trocknen.

Für das Färben der meisten Töne werden gerade Farbstöcke 1 (1_{18}) verwendet, weil die Einwirkung der Luft auf die von der Farbflotte durchweichten Stränge die Färbung begünstigt. Oft wird für Schwefelfarben das Garn unter der Flotte gefärbt, wozu doppelt rechtwinklig abgebogene Stäbe 1 (9_{17}) aus Metall verwendet werden (125).

1b) der mit Quetschwerk ausgerüstete Färbebottich. Zur Erzielung gleichmäßiger Färbungen, besonders mit Immedialfarben, ist es ferner sehr wichtig, daß die Garnstränge beim Herausnehmen aus dem Färbebad sofort abgequetscht werden, weshalb an der einen Stirnseite der Kufe 1 (4_{19}) in eisernen Platten 19 die beiden Quetschwalzen $20_0''$, $21_x''$ angeordnet sind. Die Zapfen der $20_0''$ lassen sich in Schlitzen der 19 verschieben, indem sie durch die Pleuel $20_x''$, 22 auf Winkelhebeln $22, 23_x$, 24 angelenkt sind. Nach dem Heben der $20_0''$ wird der Strang mit dem kurzen Stock durch die Öffnung über die $21''$ gelegt, und, während ein

Arbeiter den *24*, *23ₓ* niederdrückt, dreht ein zweiter Arbeiter die Handkurbel *21ₓ″*, *25*; der Strang wird dadurch hinausbefördert und gut abgequetscht. Das Anheizen der Flotte geschieht durch Dampf aus der Leitung *4* bei geschlossenem Hahn *3*, geöffnetem Hahn *5*, über die Leitung *6*
und die Schlange *7*; das Niederschlagwasser kann nach Öffnen des *8*
über den Stutzen *9* abgeleitet werden. Um während des Färbens die
Wärme der Flotte zu halten und letztere durch das entstehende Dampfwasser zu verlängern, wird bei geöffnetem *3* und geschlossenem *5* der
Dampf durch das Siebrohr *2* und den Rost *0* in die auf ihm aufgeschichteten Stränge oder einfach in die Flotte geleitet, wenn die Stränge auf
Stöcken hängen. Die Dampfumleitung *10÷15* mit Dampfstrahlgebläse
12÷14 dient nach Schließen der *5* und *3* und nach Auslaufenlassen der
Flotte über den geöffneten Hahn *16* und das Rohr *17* in die Grube *18*
zum Dämpfen der Garne, wozu der *1* mit einem schweren Deckel abgeschlossen wird (125).

a2) Die Färber mit mechanischem Strangdurchzug: die
Färbemaschinen.

2a) Der Strangfärber mit ortsfesten Drehwalzen 7″ (22₁₀) ist von derselben Ausführung, wie die für das Strangspülen, S. 209, verwendete
Maschine.

2b) Der Strangfärber mit rundlaufenden Drehwalzen 1″ (5, 6₉) gleicht
der Strangspülmaschine, s. S. 209.

2c) Der Strangfärber mit aushebbaren Drehwalzen 18″ (7₁₉) (s. S. 209)
wird viel in der Seidenstrangfärberei verwendet.

*2d) Der Strangfärber mit selbsttätigem Durchlauf der Stränge durch
die Farbflotte der Barke.* Die Stränge *0* (*8*, *8a₁₆*) sind im Gewicht von
1,5 kg nebeneinander auf dem Holzstab *1* aufgehängt, dessen durch-
gehendes Rohr *2ₓ′* (*8a₁₆*) mit zwei Rädchen *2′* ausgerüstet ist. Die *1*
gleiten über die Klappleisten *3*, *4ₓ*, *5*, in deren punktierten, durch die
Stifte *6* in den Gestellstreben *7* festgelegten Lage, gegen zwei endlose
Ketten *8* der Rollen *9′*, *9′*, *10′!*. Hierzu sind die beiden Führungen *11ₓ*,
12, *13* aus der voll ausgezogenen, durch Stifte *14* in den Gestellstücken *15*
gesicherten Stellung in die punktierte Lage an das Gestell *16* zurück-
geklappt. Die Mitnehmer *17* der *8* überführen die *1* auf die beiden über
die Rollen *9′* gehenden Ketten *18*, deren Mitnehmer *19* sie mit ihren *2′*
über die Zahnstangen *20′* des Gestelles *21* führen, wodurch sich die *1*
drehen und die *0* verhängen. Von dem dritten Kettenpaar *22* mit Mitnehmer *23* gelangen die *1* über das Kettenpaar *24* mit Haken *25*, das
über die Rollen *9′*, *26′*, *9′*, *27′!* geht, unter den durch Stift *28* im Gestell *29*
gesicherten Führungsleisten *30*, *31ₓ* hindurch, und fallen auf das Kettenpaar *32* mit nur je einem Mitnehmer *33*, welches über die Rollenpaare *9′*,
34′, *35′* geht, deren letztere über *36′*, *37′—37ₓ′—38′*, *39′—40″* vom Riemen *41* getrieben wird. Die *32* läuft sehr schnell, wodurch der in die Färbe-

flotte eintauchende untere Teil der *0* ordentlich durch sie geschwenkt wird. Nun werden die *0* dem folgenden Kettenpaar *42* übergeben, das über *9′, 43′, 9′*, deren *43′* über *44′, 45′* von der *37ₓ′* langsam getrieben wird, so daß die Farbflotte die *0* gut durchdringen kann. Durch die sich anschließenden Kettenpaare *46* mit dem Mitnehmer *47* und *48* mit den Mitnehmern *49*, die ebenso ausgebildet sind wie die beiden vorhergehenden, erfolgt wieder ein schnelles und ein langsames Durchziehen der *0* durch die Farbflotte. Durch die Geschwindigkeitsunterschiede werden die *0* geschüttelt, ein dickes Auftragen der Farbe verhindert und ein gleichmäßiges Durchfärben gewährleistet. Sind die *1* in den Bereich der *8* gekommen, so werden sie von ihren *17* erfaßt und über die Führungsleisten *50* nach oben mitgenommen. Kommt der zuerst eingelegte *1* auf die Höhe des *11ₓ*, so muß die Zuführung weiterer *1* aufhören, und die *5, 4ₓ, 3* sowie die *11ₓ ÷ 15* sind in den voll ausgezeichneten Lagen durch die *6* bzw. *14* festzulegen. Nun beginnt der Kreislauf der *0, 1* über *8, 18, 22, 24, 32, 42, 46, 48, 8*. Soll das Färben unterbrochen werden, so wird *41* auf seine Losscheibe *40″* gebracht und ein zweiter Riemen *51* auf seine Festscheibe *52″*, so daß über *53′, 54′—54ₓ′—55′, 56′* der Rahmen *57* mit *21* so hoch gehoben wird, daß die *0* außer Flotte gelangen. — Sind die *0* vollständig ausgefärbt, so werden *29 ÷ 31ₓ* in die punktiert gezeichnete Lage zurückgelegt und es wird der *24* ein auf Rollen *58″*, laufendes Gestell *59* genähert, über dessen obere schiefe Ebenen *60* die *1* hinuntergleiten. Ein Arbeiter genügt zum Beschicken und Entfernen der *1, 0* und zum Ordnen etwa durch das Hindurchziehen der *0* durch die Flotte verwirrten Stränge. Die Maschine liefert stündlich ungefähr *55* kg und gebraucht ½ ÷ *1* PS (179).

2e) Der Strangfärber mit selbsttätigem Durchlauf der Stränge durch die Farbflotte und selbsttätiger Beförderung von der Beschickung über die Flotten zur Ablage und zurück.

1. Das Beschicken. a. Das Aufstocken der Stränge. Die Stränge *0 (2, 3₁₉, 1₂₀)* im Gewicht von *2,7 ÷ 4,5* kg hängen über den Trägern *1 (3₁₉)* aus Ahornholz mit Köpfen *2, 3* aus säurebeständiger Bronze und diese mit ihren Lagerflächen *2* auf den beiden Längsseiten *4, 5 (1₂₀)* des Speisetisches *I*; sie werden durch die Führungen *6 (2₁₉)* lotrecht gehalten.

b. Das Befördern der Stränge vom Auflegebock *I* zur Farbbarke *II*. Dieses geschieht über die beiden an den Traggerüsten *7 (1₂₀)* befestigten Schienen *8 (2, 3₁₉)* mittels des Wagens *9″, 10*, dessen Motor *M* von 2 PS durch eine Röllchenstange *11⁰, 12ˣ, 13″ (2₁₉)* von der blanken Kupferleitung *14* gespeist wird. Er treibt die Räder *15′ ÷ 21′*, wobei sich *21′* auf der parallel zu *8* befestigten Zahnstange *22′ (1₂₀)* abrollt und dadurch die Verschiebung des *10* von der Ablage *IV* nach *I* verursacht. Der *M (2₁₉)* ist mit Drehzahlregelung und Umsteuerung für Rechts- und Linkslauf versehen und wird durch ein Handrad betätigt. Nach der Ausschaltung der Verschiebung des $9''$, 10 in der hintersten Lage über dem I (1_{20}), wird vom M über ein durch einen Hebel aus- und einschaltbares Getriebe die Seiltrommel $23''$ in Bewegung gesetzt und durch Aufwickeln der über die Leitrollen $24''$ gehenden Seile $23''$, 25 die unter die 1, 2, 3 geschobenen Schienen gehoben, wobei sie die 1, 2, 3 mit hochnehmen. Nun wird die Verbindung des M mit $23''$ gelöst, der Vorwärtsgang des $9''$, 10 eingeschaltet und über dem II ausgeschaltet. Durch den M wird nun $23''$ zurückgedreht, so daß sich die 1, 2, 3 mit den 2 in die Einkerbungen der Schiene 27 des II einlegen und dann 26 in der tiefsten Lage verharrt.

2. Das Versetzen der Garnträger 1, 2, 3. Hierzu dient das vom M (2_{19}) über $15'$, $16'$—$17'$, $28'$—$29'$, z' getriebene Greiferrad $30'$, das mit vier Greifern 31, $32'$—$32'^x$, $33''$ (2, 3_{19}) aus Bronze ausgerüstet ist. Um diese bei der Drehung des $30'$ in lotrechter Lage zu halten, sind die $32'^x$ durch die lose auf ihnen sitzenden Kurbeln 34, 35 durch ihre Zapfen 36 mit dem Ring 37 verbunden, dessen Drehpunkt um die Kurbellänge gegenüber dem des $30'$ gesenkt ist. Durch Federstifte 38^0 ($3a_{19}$), die sich in die Kerbe 33 des $33''$ einlegen, wird die lotrechte Lage gesichert. Bei der Drehung des $30'$ (2, 3_{19}) erfaßt 31 von unten den 3, führt ihn nach oben und legt ihn nach ½ Umdrehung des $30'$ wieder auf den Rand 27 der II.

3. Das Umziehen der Stränge erfolgt während des Vorsetzens, dadurch, daß sich dabei das $32'$ auf einem der beiden Zahnkränze $39'$, $40'$ (in dem Schema in $40'$) abrollt, wodurch die Stränge auf dem 1 verlegt werden. Die $39'$, $40'$ gelangen in den Bereich des $32'$ (2_{19}) durch den Handhebel 41, 42, 43^x, 44 und den Träger 45, 46 (2, 3_{19}) der $39'$, $40'$, welcher in der Führung 47 gleitet. Nur in den äußersten Stellungen des $41 \div 44$ wirken die $39'$, $40'$. Damit der 3 bei der Drehung des $32'$ nicht aus dem Schlitz des 31 fällt, greift um diesen ein oben geschlitzter Muff 48^x, 49^0, der infolge des Gewichtes 49^0 ständig in der lotrechten Lage bleibt. Auch beim Rückgang des $9''$, 10 kann in derselben Richtung wie beim Hingang umgezogen werden, wenn der $41 \div 44$ beim Auswechseln der Bewegungsrichtung des $9'$, 10 entsprechend umgestellt wird, so daß die $39'$, $40'$ den Eingriff mit $32'$ wechseln. Durch diese Umschaltung können die Garne sowohl beim Vorlauf wie beim Rücklauf in entgegengesetzter Richtung umgezogen werden, um ein Verfilzen und festgeklemmte Garnlagen zu vermeiden.

4. Das Befördern der Stränge aus der Farbbarke II über die Spülbarke III zur Ablage IV und das Zurückführen des Wagens zur Beschickung. Nach dem Färben werden die $1 \div 3$ mit dem Aufzug $7 \div 26$ (1_{20}) aus dem II gehoben und durch den $9''$, 10 über die zweite, mit dem Spülbad gefüllte Barke III gefahren; die auf 1 hängenden 0 werden nun durch wiederholtes Vorsetzen und Umziehen gespült, aus dem III mit $7 \div 26$ gehoben und durch $9''$, 10 auf das

Ablegegestell *IV* gebracht. Hier werden die *0* abgestockt, dann geschleudert und der Trockenstube übergeben. Inzwischen ist eine neue Ladung aufgestockt und auf *I* aufgelegt, sowie ein neues Farbbad vorgerichtet worden, so daß der nach *I* zurückgefahrene *9"*, *10* sofort wieder zur Beförderung der *0* in die verschiedenen Arbeitsstufen benützt werden kann. Die Maschine erlaubt wirtschaftlich das Färben mit substantiven, Schwefel-, Küpenfarbstoffen und Türkischrot, das Bleichen, Absäuern und Spülen aller Garne. Ein Arbeiter färbt in 8 Stunden 6 Ladungen zu 270 kg feldgraue Schwefelfarben einschließlich Chromieren und Wasserdichtmachen oder 4 Ladungen zu 320 kg Türkischrot bis zum vollständigen Ausziehen des Bades einschließlich Spülen der fertigen Garne. Bei substantiven Farben und beim Bleichen ist die Leistung entsprechend größer. Beim Absäuern und Spülen, z. B. merzerisierter Garne, sollen tägliche Lieferungen von 3200 kg und mehr erreicht werden. Zum Auf- und Abstocken werden $2 \div 3$ Mädchen benötigt (180).

1b. Die Bewegung der Flotte durch die ruhenden Stränge: *b1) Das Färben der Stränge in Flottenumlaufbottichen: Die Färbevorrichtungen.* Für große Aufträge in hellen Farben, wie sie z. B. von den Großbetrieben der Kleiderherstellung (Konfektion) gegeben werden, und für das Schwarzfärben wird das Durchziehen der Stränge durch die Farbflotte von Hand ersetzt durch ein Hindurchziehen oder Hindurchpressen der Flotte oder durch beides abwechselnd, durch die ruhenden Stränge in sog. Flottenumlaufbottichen.

1a) Der sich gleichbleibende Flottenumlauf. Zum Färben werden die Stränge in einer durchlochten Trommel *1, 2* (19_{18}) sorgfältig eingepackt in den Färbebottich *F* eingesetzt. Der äußere Mantel *1* hat kegelige Lochung von $3 \cdot 1,5$ mm, das innere Rohr *2* Durchbohrungen von 5 mm. In den oberen Abschluß *3* des Rohres *2* paßt eine Spindel *4'* mit Öse *4* zum Ersetzen der *1, 2* durch eine frischgepackte. Nach dem Abheben des Deckels *5* läßt sich das Entfernen der gefärbten Stränge und das Einpacken zu färbender leicht durchführen. Die *4'* wird in der auf dem Boden *6* des *F* festen Kuppel *7* geführt, auf deren Schrägflächen die des Ringes *8* des Bodens *9* der *1, 2* passen. Die Stützen *10, 11* stehen über die Dreiweghähne *12, 13* mit der Schleuderpumpe *14"* in Verbindung, welche vom Riemen *15* und der Fest-Losscheibe *16"* getrieben wird. Der Stutzen *17* mit Hahn *18* dient zum Ablassen der Flotte; *19* ist das Untergestell des *F*.

Die Flotte wird im *F* angesetzt und durch die Dampfleitung *20* mit Hahn *21* zum Kochen gebracht. Dann wird die *14"* angelassen, nachdem die *12, 13* so gestellt sind, daß die Farbflotte im Sinn der Pfeile kreist. Um den Farbstoff genügend auszunutzen, wird nach dem Färben der untere *13* so eingestellt, daß die Flotte nun bei geschlossenem Hahn *22* der Frischwasserleitung *23* über das Steigrohr *24* in den *V* gelangt, wo ihr zum Färben der folgenden Ladung Farbstoff zugesetzt wird. Auf das Färben folgt das Spülen, wozu der *13* in seine ursprüngliche Stellung gebracht wird und der *12* auf Durchlauf des Frischwassers aus *23* durch den *22*, die *14''*, den *11* im Sinn der Pfeile in den *F* und durch den *17* bei geöffnetem *18* nach außen.

Die gefärbten Stränge werden mit der Trommel *1÷5* unmittelbar in eine Schleuder eingesetzt und entnäßt. Dieser Färber wird in sieben Größen zu 50, 100, 150, 200, 300 und 450 kg gebaut. Die Tagesleistung beträgt durchschnittlich 4 Ladungen. Raumbedarf: 14 m² bei 3,2 m Mindestsaalhöhe. Kraftbedarf: 3÷8 PS. Flottenbedarf im Mittel 12 m³ täglich (181). Zur guten Ausnützung der Färber werden für jeden zwei Einsätze verwendet, wovon einer die Garne in der Farbflotte hält, während der andere außerhalb beschickt wird.

1b) Der wechselnde Flottenumlauf. Die Stränge *0* (9_{16}) sind über einen Stab *1* derart gehängt, daß sie auf ihm reiten, *0* (*7*, $7a_{14}$) und seine Schenkel zu beiden Seiten des *1* in halber Stranglänge herunterhängen. Ein Stab *1* (9_{16}) nach dem andern wird von vorne in die Führungen *2* des schrankartigen Bottichs *3* oder in den Strangträger *2÷4* (10_{16}) eingesetzt und dieser mit seinen kegeligen Ansätzen *8* in die *7* (*20*, 21_{18}) des Farbbehälters *F* gebracht. Nachdem die Schranktür $4_x, 5$ (9_{16}) geschlossen ist, wird die Leitung *6* vom Vorratsflottenbehälter durch Einstellen des Dreiweghahnes *7* über den Stutzen *8*, das Gehäuse *9*, die untere Fläche des Hahnes *10*, 11_x, den Saugstutzen *12*, die Schleuderpumpe *13''*, das Gehäuse *14*, den Druckstutzen *15*, das *9*, die obere Fläche des *10*, 11_x, den Anschlußstutzen *16* mit dem Bottich *3* verbunden. Die Flotte steigt in dem durch die Zwischenwand *17* mit durch Schieber *18* verschließbaren Überläufen, den Seitenwänden des *3* gebildeten Schacht in die Höhe durch die Roste *19* und fließt durch die *0* in den Sumpf *20*. Ist der *3* mit Flotte gefüllt, so wird *7* auf Kreislauf umgestellt. Bei der gezeichneten Stellung der *10*, 11_x ($9a_{16}$) geht die Flotte nach den vollgezeichneten Pfeilen über: *16—9—10*, 11_x—*12*, *12!*, *13''*, *14—15—9—10*, 11_x—*8—7—21—20* (9_{16})—*19*, *0*, *19—3*, *17*, *18—16* zur *13''* zurück. Die Scheibe *22''* ($9a_{16}$) der *13''* wird angetrieben durch den Riemen *R*, und der auf der Welle $13_x''$ sitzende Wirtel *23''* treibt über das Seil *23* den Wirtel *24''* und dieser über die Schraubenantriebe *25'*, *26'—27'*, *28'* die Welle $29_x''$ des Schalters *29''*. Bei jeder Umdrehung verursacht sein Zapfen *29* die ¼-Umdrehung des Maltheserkreuzes *4'*. Hierdurch wird der *10*, 11_x um 90° gedreht, und der Flottenumlauf erfolgt nach den punktiert gezeichneten Pfeilen über den Stutzen *21*, den *7*, den *8*, den *9*, den *10*, 11_x, die *12*, *12!*, die *13''*, *14*, den *15*, den *9*, *10*, 11_x, den *16* (9_{16}), den *3*, *17*, *18*, durch *19*, *0*, *19*, den *20*, den *21* zur *13''* zurück. Durch die Dampfleitung *30* mit Hahn *31* und Siebrohr *32* kann die Flotte angeheizt werden.

Beim Flottenumlauf von oben nach unten sind die *0* einem die Fäden aneinander schmiegenden Zug ausgesetzt, wobei auch die Auflegestellen durchgefärbt werden, weil jeder Strang *0* ($7a_{14}$) an zwei Stellen, mithin mit einem geringeren Druck als bei dem Einschieben des *1* in 0_1, auf *1* aufliegt. Beim ebenso lange dauernden entgegengesetzten Flottenlauf quellen die *0* (7_{14}) auf und werden bis zum Siebboden *19* gehoben, wobei die Flotte die beiden Schenkel des *0* auseinander drückt und so ein Reiben des *0* an den Seitenwänden des *1* verhindert im Gegensatz zur Aufhängung des *0* in $7b_{14}$ in der die Flotte beim Durchströmen die *0* zusammen an die *11* drückt (137). Die Schrankanordnung gestattet infolge der Reihenanordnung der Stränge das Färben bei ganz gefülltem oder nur teilweise ausgenütztem Schrankinnenraum bei nahezu gleichguten Flottenverhältnissen, weil in verschiedenen Höhen Überläufe *18* angeordnet sind.

Für ein Fassungsvermögen von $25 \div 50$ kg dient der Einschrank und darüber bis 200 kg der Zweischrank, in welchem jedoch nach Bedarf nur in einem Schrank gefärbt werden kann. Die auf der Rückseite angebrachte Rampe *33* (9_{16}) erlaubt es, den Flottenumlauf zu beobachten, Muster zu ziehen und Farbstoff in die getrennt angeordnete Flottenmisch- und Anheizkammer *3*, *17*, *18* zuzusetzen. Dieser Färber dient in der Hauptsache zum Färben von Stranggarn und Kreuzspulen, aber auch von loser Wolle, wobei besonders die Teilung hervorzuheben ist, die z. B. ein 100-kg-Gutblock in 6 Teile gestattet, so daß das Durchdringen der Flotte durch die Ware leichter vonstatten geht (137).

i2. Das Färben der Garne auf Kötzern und Spulen.

2a. Die Arten der Färber. Das Färben der Garne auf Kötzern und Spulen wird in Färbevorrichtungen, und zwar in Pack- oder Aufstell- bzw. Aufsteckfärbern ausgeführt.

a1) Der Packfärber. Hierzu dienen die Ausführungen, wie sie in 19_{18} und 9_{16} dargestellt sind. In diese werden die Kötzer und Spulen derart eingeschichtet, daß der Flottenumlauf senkrecht zur Achse der durchlochten Hülsen gerichtet ist. Die Hülsen sind zweckmäßig aus Nickel, Nickelin, Messing, V 4a Stahl oder Aluminium. Auch ungelochte Hartpapierhülsen lassen sich verwenden, sofern ihre Masse, wie dieses häufig vorkommt, keine überschüssige schwefelsaure Tonerde enthält, welche leicht bronzige Flecken auf dem Garn verursacht. Um das Zusammenfallen dieser Papierhülsen zu vermeiden, werden Stifte oder Röhrchen, am besten aus Messing, Nickel oder Nickelin in sie gesteckt, welche erst nach dem Schleudern vor dem Trocknen zu entfernen sind (177).

a2) Die Aufstell- bzw. Aufsteckfärber. In ihnen werden auswechselbare Einsätze mit Gutträgern verwendet, wovon einer beschickt in der

Flotte ist, der andere außerhalb besteckt wird, um ohne Unterbrechung färben zu können.

2b. Die Einsätze. *b1*) *Der Einsetzschrank.* In ihm werden die Stäbe *1* (10_{16}) mit den darüber hängenden Strängen *0* in Gleitleisten eingeschoben, die Türen 2_x, *3* geschlossen und die Ösen *4* durch Haken *5* an die Aufnehmer *6* des Querbalkens *7* der Fördervorrichtung angeschlossen. Mit ihr wird er von der Beschickstelle, z. B. in den Färbebehälter *F* (20_{18}) an die Stelle des dort gezeichneten Kreuzspuleinsatzes und zurück gebracht. Zum dichten Anschluß an die Mundstücke *F, 9* der Flottenleitung dienen die kegeligen Ansätze *8* (10_{16}) (137).

b2) *Der Einsetzkasten* ist ausgerüstet mit senkrecht zu den Breitseiten angeordneten, durchlochten Spindeln *0* (5_{19}) für die Kötzer und Spulen *1*, die Anschlußstutzen *2, 3* für die Rohrleitung zur Pumpe und mit Haken *4* zum Anhängen an die Fördervorrichtung (137).

b3) *Der Einsetztisch* schließt einen liegenden Behälter *4, 5, 19* (20_{18}) ab, der mit Stutzen *5* zum Anschluß an die Rohrleitung zur Pumpe versehen ist. In die Durchbohrungen der Tischplatte *19* werden die nicht bewickelten Enden der Spulen, die in einem Einsatz übereinander angeordnet sind, geschoben, wozu der Einsatz durch die Haken *6* am Querbalken der Fördervorrichtung hängt. Zur Beschickung des Einsatzes werden die Spulen *1* ($9b_{16}$) mit dem einen der nicht bewickelten Enden der Hülsen *0* einfach in die Löcher der *19* (20_{18}) gestellt und auf die andern, durchbohrte Zwischenscheiben aus Steinzeug *2* aufgeschoben, deren Gesamtheit auch einen durchlochten Boden bildet. Nun wird an jeder Langseite eine Seitenschiene *0* (6_{19}) und an jeder Kurzseite ein gekröpftes Stützblech 0_1 eingehängt. Auf die obersten Spulen werden die nicht durchbohrten Deckelscheiben 3_0 ($9b_{16}$, 20_{18}) gebracht und auf diese ein gemeinsamer Lattenrost 0_2 (6_{19}) durch einen Schraubenspindelverschluß 0_3 festgedrückt. Der 0_2 wird nach dem Abkochen bzw. Netzen der Spulen abgenommen, damit beim Färben die 3_0 ($9b_{16}$) weniger hart gewickelte Spulen stärker als härtere zusammendrücken und Unregelmäßigkeiten in den Wickelspannungen, angedeutet durch verschiedene Schraffierungen, vergleichmäßigen können. Die Flotte findet daher überall denselben Widerstand, was wesentlich zur Tongleichheit der Färbungen beiträgt. Die Abbildung $9c_{16}$ zeigt auf derselben Aufsteckspindel 0_2 zwei Spulen, deren eine regelmäßig gewickelt ist und daher überall der Flotte gleichmäßig widersteht, während die fester gewickelten Außenschichten der zweiten Spule nur schwer von ihr durchdrungen werden und größtenteils durch die lose gewickelten Teile und seitlich an den schlecht abgedichteten Stellen der Hülsen nach außen tritt, wodurch die lose gewickelten Schichten im Ton dunkler werden als die äußeren (137, 182).

b4) *Der Einsetzbaum* $0''$ ($3ab_{14}$) ist ein Kettbaum, in dessen Durchbohrungen gelochte Spindeln zur Aufnahme der Kötzer *0* ($3a_{14}$) bzw.

der Spulen 0 ($3\,b_{14}$), eingeschraubt sind. Unten ist er mit einem kegeligen Stutzen 3, mit dem er auf das Mundstück der Flottenleitung aufgesetzt wird und oben mit einem Hals und kegeligen Stutzen 3_1 versehen, an dem der Greifer 1 (3, 4_{14}) der Fördervorrichtung ihn in die Kessel 2 einführt und ihn zur Neubeschickung weiterleitet (86, 130, 137).

2c. Die Gutträger. $c\,1$) *Der Strangträger* ist der Stab 1 (10_{16}) (137), welcher seitlich in entsprechenden Führungen ruht.

$c\,2$) *Der Kötzerträger* ist eine gelochte Spindel 1 (7_{19}), die mit dem Gewinde 2 über den Vierkant 3 in den Einsatz eingeschraubt ist und über welche der Kötzer mit seiner gelochten Hülse derart geschoben wird, daß die Löcher beider übereinander liegen (183 b).

$c\,3$) *Die Spulenträger.* 1. Die Hohlspindel. Diese besteht aus dem durchlochten Mantel 1 (8_{19}), dem Aufsetzkegel 2, dem Vierkant 3 und dem Gewinde 4. Die auf 2 aufgeschobene, gelochte Hülse 0 der Kreuzspule wird vom Kegel 5 des in den 1 gezwängten Federverschlusses 5, 6^0 in einiger Entfernung von 1 festgelegt. Die Feder 6^0 ist zum Durchlassen der Flotte längsgeschlitzt. Um ein Färben in kurzen Flotten zu ermöglichen, werden zwei Spulen 0 ($9\,c_{16}$) auf derselben Spindel 0_1 angeordnet. Die einander gegenüberliegenden Stirnflächen der 0 stützen sich auf eine doppelt kegelige Schiebehülse 7 (9_{19}). Für das Einspannen der durchlochten Hülsen 0 (10_{19}) der Kreuzkötzer ist der Verschluß als Becher 5 an der Flügelmutter 6 ausgebildet, mit der er auf die Spindel geschraubt wird (183 b).

2. Die Kanalspindel. Bei der gelochten Hohlspindel 1 (8_{19}) muß die Farbflotte deren Durchbohrungen und die der Hülse 0 der Spule durchströmen. Um diesen doppelten Widerstand zu vermindern, verwendet man eine Spindel 1, 1_0 (11_{19}) mit drei Flügeln, welche mit ihren dünnwandigen Fußrippen in der Durchbohrung des Aufsetzkegels 2, des Vierkantes 3 und der Schraube 4 steckt und so den Durchfluß der Flotte gestattet. Einer der Flügel 1_0 ist auf ungefähr 30 mm von der Spitze des 1 ab durch einen etwa 2 mm breiten Schlitz von der Achse getrennt und mit einem Höcker versehen, wodurch die auf 2 gesteckte Hülse 0 beim Eindrücken des Verschlusses 5, 6 auf 5 festgelegt und der 5, 6 federnd zurückgehalten wird. Für die Verwendung von durchlochten Papphülsen 0 (12_{19}) sind statt der Aufsetzkegel 2, 5 (11_{19}) Becher 2, 5 (12_{19}) in den Fußstücken $2\div4$ und Verschlüssen 5, 6 vorgesehen. Für dünne Papierhülsen 0 (13_{19}) ist die Kanalspindel 1, 1_0 schraubenartig gedreht, um die 0 auf mehreren Punkten zu stützen. Die in breiten Kanälen durchströmende Flotte hat nur den Widerstand in den Lochungen der Spulenhülse 0 zu überwinden (183 a). Noch geringeren Widerstand findet die Farbflotte bei der hülsenlosen Aufsteckung ($9\,b_{16}$, 6_{19}) (137).

2d. Hervorragende Ausführungen.

d1) Der Färbeschrank für Kreuzspulen und Kreuzkötzer. Sollen in ihm Spulen aufgestellt gefärbt werden, so entferne man die Siebböden *19* (9_{16}) aus ihm, setze statt des untern einen mit der zu färbenden Spulenzahl entsprechenden Anzahl Löchern versehenen Boden *19* ($9b_{16}$) ein und stelle die Kreuzspulen *1* ohne Spindeln auf die Löcher. Die Stirnflächen des *0* sind durch in der Mitte gelochte, hohle Scheiben aus Steinzeug *2*, welche die vorstehenden Hülsenenden der Spulen *1* umschließen, vollkommen abgedichtet. Die Flotte kann daher nur am Umfang der Spulen senkrecht zur Achse ein- und austreten. Der Belastungsdeckel *3₀*, aus Steinzeug für Wollfärber, aus Gußeisen für Baumwollfärber, dient für das gleichmäßige Zusammendrücken der Zwirnschichten, wenn diese durch die Flottenaufnahme sich dichter zusammenschieben, so daß die Flotte auf allen Teilen der Spule denselben Widerstand erfährt, was eine gleichmäßige Ausfärbung begünstigt. Durch die Zwischenschaltung der *2*, den *19*, und die *3₀* wird das sonst leicht eintretende Wölben der Stirnflächen, was vielen Abfall verursacht, vermieden. Das Garn wird, wie gewöhnlich, auf federnde Metallhülsen oder Kegeldorne aufgespult und dann von diesen auf die Färbehülse *0* geschoben, wodurch der Flotte beim Eindringen in die Spule weniger Widerstand entgegengesetzt wird, als wenn sie auf eine eigene durchlochte Färbespindel *0₁* ($9c_{16}$) geschoben ist, wobei auf die Enden der Hülsen *0* Verschlußkegel *0₂* aufgeschoben werden. Das spindellose Färben im Schrank geschieht wie das der Stränge, das auf S. 292 beschrieben ist (137).

d2) Der Färbebottich mit Flottenumlauf. Für das Färben im Bottich *F* (20_{18}) aus Gußeisen für Baumwoll- und aus Holz mit Bronze für Wollfärber werden vier Spulen *1* in 12 bzw. 13 (6_{19}) Reihen im Längssinn und 8 Reihen im Quersinn außerhalb des *19, 4, 5, 6* (20_{18}) aufgestellt, so daß also 400 Spulen gleichzeitig gefärbt werden können. Bei Spulen mit 110 mm Durchmesser, 120 mm Höhe und 330 g Zwirngewicht beträgt die Ladung rd. 132 kg. Der Gutträger ist ein Lattenkasten, der mit den Haken *6* (6_{19}) an den Tragbalken einer Laufkatze gehängt und durch sie in den *F* (20_{18}) eingesetzt wird. Der *4, 5, 6* ist seitlich mit zwei Stutzen *5* versehen, welche in die Abdichtungen *7* des Rohrstutzens *8* und *9* des Haltetellers *10* passen. Durch die Spindel *11* mit Handrad *12* und die auf dem *F* verschraubte Führung *13* mit Mutter *14* wird die Lage des beschickten *4, 5, 6, 19* im *F* gesichert. Der *8* ist mit der Pumpe (8_{14}) verbunden, welche die Flotte einmal von innen nach außen, dann von außen nach innen durch die *1* (20_{18}) treibt. *16* ist das Heizrohr zum Anwärmen bzw. Kochen der Farbflotte. *17* mit Hahn *18* ist der Anschluß an einen Luftdruck- bzw. Saugkessel, um die teilweise Entwässerung bzw. die Oxydation, die zum Färben von Küpenfarben, Naphthol z. B. nötig ist, durchzuführen. Eine Dämpfvorrichtung ermöglicht ein gründliches Dämpfen der Spulen vor dem Färben, um sie aufzulockern und zu netzen.

d 3) Die Universalfärber. Die Färber sind meistens so gebaut, daß in sie die verschiedenen Einsätze passen, so daß die Garne sowohl eingepackt als auch aufgestellt bzw. aufgesteckt als Kötzer, Kreuzspule und Kettbaum gefärbt werden können, und außerdem das lose Gut als Fasermasse oder Band in ihnen behandelt werden kann. Sie werden oft mit dem Namen Universalfärber bezeichnet.

2e. Die Pumpen für die Färber der Baumwoll- und Wollspulen. Wollkreuzspulen setzen selbst bei härterer Wickelung dem Flottendurchgang im Vergleich zu Baumwollkreuzspulen einen erheblich geringeren Widerstand entgegen. Infolgedessen reicht für diese Färber, deren Behälter aus starkem Pitch-Pineholz bestehen, die gezeichnete, aus säurebeständiger Sonderbronze hergestellte Schleuderpumpe $13''$ ($9\,a_{16}$) aus. Für die Baumwollkreuzspulenfärber wird eine langsam laufende Kreiskolbenpumpe verwendet, deren Gehäuse und Stutzen vorwiegend aus Gußeisen und deren Kolben aus Stahl bestehen. Ihre Lager sind als Ringschmierlager ausgebildet und haben sichtbaren Ölumlauf. Diese Kreiskolbenpumpe besteht aus dem Gehäuse 1 (8_{14}) mit Anschlußstutzen $2, 3\text{—}4, 5$ an die Flottenleitung. Bei der durch die ausgezogenen Pfeile angegebenen Laufrichtung der Förderräder $200''$, $300''$ wird die durch $2, 3$ zugeführte Flotte sich in den oberen Förderraum I ergießen und von den Flügeln der $200''$, $300''$ mitgenommen, nach außen in den Flottenraum II gepreßt und durch den Stutzen $4, 5$ weitergeleitet. Der Antrieb beider erfolgt durch $6', 7'\text{—}i', i'$ von der Welle $500_x''$ und der Riemen R_1 und R_2 auf $500''$, welche beide auf ihren Losscheiben $500_l''$ gezeichnet sind und von ihnen entgegengesetzt zueinander umgetrieben werden. Zur Überführung der Riemen auf die Festscheibe $500_f''$ dienen die Riemengabeln $8, 9$ mit den Stangen $10, 11$ und den Schlitzstücken $12, 13$. In diese legt sich der Zapfen 14 der Kurbel $14, 15_x$, die über $16', 17'\text{—}18', 19'\text{—}20', 21'$ von der Welle $500_x''$ getrieben wird. Ihre Verschiebung erfolgt durch den Zapfen 22 des $18'$ dadurch, daß er über den Stift 23 des Gewichtshebels $24_x, 25_0$ diesen senkrecht zur Zeichnungsebene mit nach oben nimmt und nach Überschreiten der lotrechten Lage ein Freifallen des $24_x, 25_0$ zuläßt, wobei 23 den 22 verläßt und über den Arm $26, 17_x'\text{—}17', 16'\text{—}15_x, 14$ eine ganze Umdrehung von $15_x, 14$ verursacht. 14 verschiebt dabei 12 nach links, so daß der Riemen R_1 nun von der $500_f''$ auf seine $500_l''$ gelangt und greift dann in 13 ein, um über $13, 11$ mit 9 den R_2 von seiner $500_l''$ auf die $500_f''$ zu befördern. Hierdurch laufen die $200''$, $300''$ im Sinne der punktierten Pfeile so lange, bis das Schaltwerk $14\div26$ die Umsteuerung, wie vorhin beschrieben, durchführt und die $200''$, $300''$ dann wieder im Sinne der ausgezogenen Pfeile umlaufen (137).

i3. **Das Färben der Garne auf dem Kettbaum.**

3a. Das Abkochen, Spülen, Färben und Entwässern im gleichen Behälter.

a1) Der offene Färber mit liegendem Kettbaum.

Der Kettbaum *1* (21_{18}) besteht aus dem durchlochten Rohr *2* und den beiden Seitenflanschen *3, 4.* Auf dem Rohr *2* sind Abdichtringe *5, 6* befestigt, mit denen der Kettbaum in die Abdichtungen *7* des Rohrstutzens *8* und *9* des Haltetellers *10* paßt. Durch die Spindel *11* mit Handrad *12* und die auf dem Farbbottich *F* verschraubte Führung *13* mit Mutter *14* wird die Lage des Kettbaumes im Bottich gesichert. Der *8* ist mit der Pumpe *200″, 300″* (8_{14}) verbunden, welche die Flotte einmal von innen nach außen, dann von außen nach innen durch die Kette treibt. *16* (21_{18}) ist das Heizrohr zum Anwärmen bzw. Kochen der Farbflotte und *17* ist wie bei *17* (20_{18}) der Anschluß an einen Luftdruck- bzw. Saugkessel, um die teilweise Entwässerung bzw. Oxydation durchzuführen (137).

a2) Der geschlossene Färber mit stehendem Kettbaum.

2a) Das Beschicken. In den Färbebehälter *1* (9_{14}) wird der Kettbaum *2* mit dem unteren Ende des durchlochten Rohres *3* auf den Anschluß der Flottendruckleitung *4* gestellt, sein oberes Ende hierauf durch Schließen des bisher hochgeklappten Deckels *5_x, 6, 7″, 8_0* mit der Kappe *9* festgelegt. *5_x, 6* wird mit Schraubenverschluß *0* gesichert und ist mit einer durch Deckel und Handradschraube verschließbaren Musterklappe *10* und einem Durchgangskegel(küken-)hahn *11* versehen, welcher als Lufthahn dient und über den Schlauch *12* an den Flottenansatzbehälter *13* angeschlossen ist. Am Boden des *1* ist eine durchlöcherte Heizschlange *14* vorgesehen, welche über das Rohr *15* und den Tellerhahn *16* mit der Dampfleitung *17* verbunden ist. Im *1* kann das Abkochen und Färben nacheinander wie folgt durchgeführt werden, wobei alle nicht genannten Hähne als geschlossen gelten.

2b) Das Abkochen.

1. Das Füllen des Ausgleichbehälters *A* mit Kochlauge. Die im Laugenvorratsbehälter *L* angesetzte Kochlauge geht nach Öffnen der Tellerhähne *18, 19,* durch das Rohr *20,* den Tellerhahn *21,* das Saugrohr *22,* durch die Hochleistungs-Schleuderpumpe *23″,* das Druckrohr *24,* den Tellerhahn *25,* das Rohr *26.* das Verteilungssiebrohr *27* in den *A.*

2. Das Erhitzen der Kochlauge. Durch das Öffnen der Tellerhähne *28, 29* wird über die Rohre *30, 31* die Lauge zum Kochen gebracht.

3. Das Rundlaufen der erhitzten Lauge. Auf das Schließen der *19, 21* und Öffnen der Tellerhähne *33, 25* folgt der Rundlauf der Abkochlauge über das Saugrohr *32* und *33, 22÷27* zum *A.*

4. Das Füllen des *1* mit erhitzter Lauge. Durch Schließen des *25* und durch das Öffnen der Tellerhähne *34, 35* und des *11* wird *1* auf-

gefüllt, und es erfolgt ein Rundlauf aus *A* über *32—33—22—23''—24—35*, das Rohr *36*, den Vierweghahn *37*, das Rohr *38*, von *1* durch *2*, *3*, über *4*, *37*, *34*, *26*, *27* in *A* zurück.

5. Das Zurückführen der Abkochlauge in den Laugenvorratsbehälter *L*. Nach dem Abkochen werden die *35* und *34* geschlossen, die Teller-hähne *39*, *40*, *41* und *43* geöffnet, so daß die Lauge von *1* über *4*, *40* bzw. von *38*, *41*, *22*, *23''*, *24*, *39*, das Rohr *42*, den Tellerhahn *43* bzw. aus *A* über *32*, *33*, *22*, *23''*, *24*, *39*, *42*, *43* nach *L* zurückgefördert wird.

2c) Das Spülen. Hierzu wird der Tellerhahn *44* der Frischwasser-leitung *45* geöffnet und nach dem Füllen des *1* sowie des *A* bis über *27* und sämtlicher Rohrleitungen werden *11* und *44* geschlossen, so daß der Rundlauf sich über *32*, *33*, *22*, *23''*, *24*, *35÷38* nach *1*, von *2* durch *3*, über *4*, *37*, *34*, *26*, *27* nach *A* vollzieht.

1. Das Ablassen des Spülwassers erfolgt nach Abstellen der *23''* durch Öffnen der *18* und *11*, *46*, *47*, *33*, *25*, *40*, *41*, *48*.

2d) Das Färben.

1. Das Füllen des Ausgleichsbehälters *A* mit Frischwasser ge-schieht durch Öffnen des *44* der *45* über die *22*, beim Laufen der *23''* über *24÷27* in den *A*, wobei die Luft durch den vorher geöffneten *18* entweicht.

2. Das Erhitzen des Wassers erfolgt durch Öffnen der *28*, *29* der *17*, so daß der Dampf durch das *30* austritt und durch die *31* die Ab-kühlung nach Schließen des *28* verhindert wird. Zur Wärmeverteilung wird *33* geöffnet, so daß ein Rundlauf des Wassers über *32*, *33*, *22*. *23''*, *24÷27* nach *A* stattfindet.

3. Das Netzen des Kettbaumgarnes für den Fall, daß vorher nicht abgekocht ist, wird durchgeführt bei geschlossenen *25*, *28* und geöff-neten *35*, *18*, *33*, Einstellen des *37* zur Bewegung der Lauge über *38* in den *1*, Durchströmen des Kettbaums von *2* nach *3* über *4*, *37*, *34*, *26*, *27* in *A*, wobei der geöffnete *11* die Luft durchläßt.

4. Das Ablassen des Netzwassers geschieht wie bei c1).

5. Das Füllen des *A* wie bei d1).

6. Das Erwärmen des Wassers in *A* wie bei d2).

7. Das Erwärmen der Farbflotte in *13* ist durch Öffnen des Teller-hahns *49*, der *17*, des *16* über *15* möglich.

8. Das Rundlaufen des Wassers durch den *1* und *A*. Hierzu bleibt der *37* von außen nach innen eingestellt. Die *18*, *29*, *33* bleiben offen, die *11*, *35*, *34* werden geöffnet und *25*, *28* geschlossen, so daß der Rund-lauf stattfindet aus *A* über *32*, *33*, *22*, *23''*, *24*, *35*, *36*, *37*, *38* nach *1*, von *2* nach *3*, über *4*, *37*, *34*, *26*, *27* zurück nach *A*.

9. Das Ansaugen der Farbflotte aus *13*. Hierzu sind zu schließen *11*, *33*, *35*, *34*, zu öffnen *48* und *25* etwas.

10. Der Rundlauf der Farbstoff-Flotte wie bei d 8) und in wechselnder Richtung infolge der selbsttätigen Umsteuerung *37*.

11. Das Mustern während des Färbens. Hierzu sind zu schließen *35*, *33*, *34*, zu öffnen *11* und *10*.

12. Das Ablassen der Farbflotte wie bei d 4).

13. Das Füllen mit Frischwasser wie bei d 1).

14. Das Spülen wie bei d 8).

2 e) Das Entwässern.

1. Das Absaugen des Wassers durch *2* nach *3* bei Stellung des *37* von außen nach innen und geöffneten *10*, *46* und Tellerhahn *50*, sonst sind alle Hähne geschlossen, so daß durch *10* und *46* Luft eintreten kann, wenn durch *2* nach *3* über *4*, *37*, *50*, das Rohr *51* und durch schnelles Öffnen des Dreiweghahnes *52* über das Rohr *53*, der Unterdruck des Saugkessels *S* das Absaugen des Wassers von *2* durch *3* veranlaßt. Nach beendigtem Absaugen wird der Hahn *54* geöffnet und das Wasser fließt in die Grube *55*.

2. Das Durchpressen von Druckluft von *3* durch *2* aus dem Druckbehälter *D* geschieht nach Schließen von *11*, *46* und der *10* und Öffnen der *41*, *47*, so daß die Druckluft aus *D* über das Rohr *56*, den umgestellten *52*, das *51*, *50*, *37*, *4*, von *3* durch *2* nach *1* geht und über *38*, *41*, *22*, *47* entweicht.

2 f) Das Zurückpumpen der Farbflotte zum *A* oder dem Flottenvorratsbehälter *F*. Soll nach dem Rundlauf die Flotte nochmals verwendet werden, so pumpt man sie entweder in den *A* oder in den *F*. Zum ersten schließt man die *35*, *29*, *33*, *34* und öffnet die *11*, *18*, *48*, *41*, *40*, *25*; die Flotte geht dann über *4* bzw. *38—40* bzw. *41*, *22÷27* nach *A*. Wird sie in den *F* zurückgepumpt, so sind zu öffnen die *18*, *11*, *33*, *40*, *41*, *39*, *48*, *57*, alle übrigen sind geschlossen, so daß die Flotte aus *A* über *32*, *33*, *22* bzw. aus *1* über *38* oder *4*, *40*, *41*, *22*, *23″*, *24*, *39*, *42*, *57* in den *F* fließt.

2 g) Das Überleiten des fertigen Bades aus *F* in den *A* erfolgt durch Öffnen des Tellerhahnes *58*, der Hähne *21*, *25*, *28*, *29*, *18*, so daß die Flotte aus *F* über *58*, *20÷27* in den *A* fließt.

2 h) Ausführungseinzelheiten. Der *1* und der *5ₓ*, *6* sind aus Gußeisen. Der Verschluß von *5ₓ*, *6* auf *1* erfolgt mit Klappschrauben. Der Ausgleichbehälter *A* ist mit dem Wasserstandszeiger *59* und dem Wärmemesser *60* versehen. Die Flottenpumpe mit Schleuderrad *23″* und Hülle *23* für Drücke bis zu 2,5 atü und großer Fördermenge ist für Riemen- oder Elektromotorantrieb eingerichtet. Alle Absperrungen sind als Tellerhähne ausgebildet, deren Bedienung von einer über Flur *61* liegenden Zentralstelle aus durch Handräder und Wellen erfolgt; sie sind übersichtlich und leicht zu bedienen. Die in die Flottenleitung

eingebaute selbsttätige Umsteuerung *37* arbeitet wie folgt: Vom Motor *62* (9a$_{14}$) erfolgt über *63″, 64″—65′, 66′—67′, 68′—69″, 69—70″* mit Lücken *70* jedesmal wenn *69* in *70* eingreift $\frac{1}{4}$ Umdrehung der Welle *37$_x$* des Vierweghahnes *37*, wodurch der Flottenrichtungswechsel erfolgt. Der Motor der Umsteuerung wird mit dem Antriebsmotor der Pumpe *23″* (9$_{14}$) gemeinsam geschaltet. Die Umsteuerung ist für verschiedene Zeitschaltungen einstellbar. Ferner ist eine Handumsteuerung vorhanden, welche das Umsteuern jeder Zeit ermöglicht. Auch die selbstwirkende Umsteuerung ist durch einen Schaltknopf außer Betrieb zu setzen. Zwei in die Flottenleitung eingebaute Druckmesser *71, 72* zeigen beim Färben die jeweils vorhandenen Pumpendrücke an. Der Druck ist durch die Einstellung der Tellerhähne bis etwa 2$\frac{1}{2}$ atü beliebig und genau einstellbar. Das Prüfen des Flottenumlaufs ist jederzeit durch *11* möglich. *75″* ist die Luftdruck- und -saugpumpe für *D* und *S*.

2i) Praktische Angaben. Die Anlage verlangt bei Einbauausführung 10 PS, bei Zweibaumausführung 12 PS zum Betrieb der Flottenpumpe; 16 PS für die Druckluftpumpe, 15 PS für die neuzeitliche Sauganlage, $\frac{1}{16}$ PS für den Betrieb des Schaltmotors. Die Fördermenge der Pumpe beträgt durchschnittlich 65 cbm Wasser stündlich. Es können gefärbt werden in der 48stündigen Woche 24 Kettbäume direkte Farben oder 24 Kettbäume Schwefelfarben oder 18 Kettbäume Indanthren. Die Kettbäume sollen ein durchschnittliches Garngewicht von 75 kg haben. Zur Bedienung ist ein gelernter Färbereiarbeiter erforderlich (137).

3b. Das Abkochen, Spülen, Färben und Entwässern in ortsgetrennten Arbeitsfolgen.

Wird ohne zu bleichen gefärbt, so erfolgt als erste Behandlung:

b1) Das Abkochen in dem Kessel *2* (4$_{14}$) und das Abspritzen im Kessel *18* auf gleiche Art und Weise, wie auf S. 212 beschrieben. Zum:

b2) Absaugen wird *0* durch *1* mit *3* auf die Saugplatte *23* aufgesetzt, welche über die Leitung *24* und die Hähne *25, 26* mit einem Laugenkessel *27* in Verbindung steht, der über die Leitung *28* mit Hahn *29* an den Saugkessel *13* angeschlossen ist. Nun folgt:

b3) das Färben, nachdem *0* durch *1* in den Färbekessel *30* auf den Mund *31* der Leitung *32* gestellt, der Deckel *33* aufgesetzt und mit Flügelmuttern *34* geschlossen wurde. Die Farbflotte ist unterdessen im Behälter *35* zubereitet und zugeleitet worden. Der *35* (5$_{14}$) steht über den Stutzen *36*, die Schleuderpumpe *37*, das Rohr *38* mit Hahn *39*, den Stutzen *40* und den selbstwirkenden Vierweghahn *41* mit dem *30* in Verbindung. Das *32* des im Boden des *30* festen *31* ist ebenfalls an *41* angeschlossen, von dem das Rohr *42* zum *35* führt. Durch Umstellen nach je 30 Sekunden des *41* geht die Flotte von innen nach außen durch den *0* über den Weg *35÷41, 32, 31—30—41, 42, 35* und von außen nach innen über $35 \div 41$—30—31, 32, 41, 42, 35. Mit der 37 ist der sie treibende Motor M unmittelbar gekuppelt. Am 30 (4_{14}) befindet sich auf dem 33 ein Lufthahn 43, ein Druckmesser 44 und am 30 ein Wärmemesser 45. Jeder Saugkessel und Färbebehälter ist mit einem Uhrzifferblatt versehen, um jeweils die Zeit der Behandlung feststellen zu können. Der Saugbehälter darf auch im Freien aufgestellt werden. An dem 35 befindet sich eine Saugleitung 46 mit dem Hahn 47, um die Flotte vor dem Abheben des 33, 34 nach erfolgtem Färben vom 30 in den 35 zu ziehen. Dieses dauert ungefähr 40 Minuten, worauf 0 mittels 1 auf $23 \div 29$ zum

b 4) Absaugen der bei Schwefel- und Küpenfarben zurückbleibenden Zusätze, die zur Verhütung schädlicher Einflüsse auf die Baumwolle restlos entfernt werden müssen, gesetzt wird. Hierdurch erfolgt in erster Linie die Zuführung von Luftsauerstoff zur Entwicklung der Farben.

b 5) Das Abspritzen des 0, der dazu von 1 in den Mantel 18 gehängt wird, geschieht, nach Öffnen des Hahnes 20, durch das aus dem gelochten Rohr 19 gespritzte Wasser der Leitung 21.

b 6) Das Nachbehandeln. Der 0 wird über 1 mit seinem 3 auf den Mund 48 des Kessels 49, in den vorher die Seife, Soda oder andere Nachbehandlungsmittel gegeben wurden, aufgesetzt. Durch das Rohr 50 steht 48 mit dem Behälter 51 und dieser durch die Leitung 52 und einem nicht gezeichneten, dem 38 (3_{14}) entsprechenden Hahn mit 9 in Verbindung. Das Heben und Senken der Flotte zwischen 49 (4_{14}) und 51 erfolgt wie auf S. 213 beschrieben.

Bei der Behandlung von Kötzern 0 ($3 a_{14}$) und Kreuzspulen 0 ($3 b_{14}$) folgt auf das 4) Absaugen durch $23 \div 29$

b 7) das Spülen in dem Kessel 53 (4_{14}), wozu der 0 mit seinem 3 auf den Mund 54 des Rohres 55 aufgestellt wird. Vom Behälter 56 geht eine Leitung 57 mit nicht gezeichnetem, dem 38 (3_{14}) entsprechenden Hahn zum 9. Das Heben des durch die Leitung 58 (4_{14}) mit dem Hahn 59 in den 53 einströmenden Spülwassers erfolgt über 10, 11, 12 (3_{14}) vom 13. Beim Durchgang des Spülwassers durch das Gut 0 (4_{14}) werden die in ihm enthaltenen Zusätze mitgenommen und durch Ausschalten des 13 (3_{14}) durch den 10, 11 und dem Einströmen von Luft in den 56 (4_{14}) öffnet sich selbsttätig die Klappe 60, so daß das Spülwasser durch das Rohr 61 in den 22 abfließt. Das Spülen ist nach $8 \div 10$ Minuten beendet, was am klaren Ablaufwasser festzustellen ist.

b 8) Das Nachbehandeln. Der $0''$ wird wie vorhin mit seinem 3 auf 48 des 49 aufgesetzt und mit Blankit behandelt; auch kann in 49 neutralisiert oder gebläut werden ($130 a$).

3 c. Koch-, Bleich- und Färbeanlage für Garne auf Kreuzspulen und Kettbäumen.

Die Abb. 5_{14} zeigt die Draufsicht einer Anlage zum Bleichen und Färben von Kettbäumen oder aufgesteckten Kreuzspulen oder Kötzern, wobei der Raum *I* von der Bleicherei und der Raum *II* von der Färberei eingenommen werden. Die Bezeichnungen der einzelnen Behälter und Leitungen stimmen mit denen der Abb. 3, 4_{14} überein. Der Arbeitsvorgang erfolgt wie beschrieben.

Angaben. Bei 400 kg 8-Stundenleistung mit einer Färbeeinrichtung genügt für den Saugkessel *13* (3, 5_{14}) eine Pumpe *15* von 8 PS. Wird der Steuerhahn *10, 11* durch einen eigenen Motor angetrieben, so ist er $\frac{1}{4}$ PS stark zu wählen. Ein Mann reicht zur Bedienung aus. Bei Aufstellung von 2 Färbekesseleinheiten und Vergrößerung des gemauerten Bleichbehälters *27÷30* mit einem Doppelkochkessel *2÷6* (5_{14}) kann die Lieferung der beiden Anlagen (Bleichen und Färben) ungefähr verdoppelt werden. Die Beschickung erfolgt dann durch einen elektrischen Kran, während bei der beschriebenen Anlage mit Gesamtleistung von 800 kg eine Laufkatze *1* (3_{14}) genügt. Für Höchstlieferungen bis 5000 kg werden die Kessel zur Aufnahme von 4 Zettelbäumen oder der vierfachen Menge der Spulen oder Kötzer geliefert. Es ist dann eine zweite Saugpumpe *15* notwendig. Zur Bedienung genügt ein Mann mit Hilfsarbeiter. Der Kraftbedarf der Färbepumpe beträgt 30 PS. Wegen des schwierigen Nachmusterns der Töne eignet sich das Färben im festgewickelten Zustand am besten für Stapelfarben, wie Schwefelschwarz, dunkelbraun, während Türkischrot und Indigoblau besser im Strang gefärbt werden (130 a).

i4. Beachtenswertes beim Färben der Garne auf Kreuzspulen und Kettbäumen.

4a. Die Vorteile des Färbens der Garne im festgewikkelten Zustand bestehen im Wegfall der Löhne für das Abhaspeln vor und für das Aufspulen nach dem Färben, in der Vermeidung des dabei bis zu 10% gehenden Abfalls und, was bei Wollgarnen besonders ausschlaggebend ist, in der Verringerung des Verfilzens, das beim Färben im Strang sehr stark ist. Außerdem werden Zeit, Arbeit, Wasser und Dampf erspart.

4b. Das Beschicken. Die Gutbehälter bzw. die Kettbäume werden entweder auf geeigneten Rollenkarren aus dem Lager bzw. aus der Aufsteckung zum Färber gefahren und dort durch einen Flaschenzug in ihn gebracht oder mittels einer Laufkatze oder einer Hängebahn in ihn befördert. Ist der Anschluß des Gutbehälters bzw. des Kettbaumes wie angegeben durchgeführt, so wird mit der Behandlung begonnen.

4c. Das Abkochen der Garne auf Kreuzspulen, Kreuzkötzern und Kettbäumen mit Soda und Türkischrotöl eignet sich nur für dunkle Färbungen; für helle genügt, weil bei geringer Flottenwärme gefärbt wird,

4d. das Netzen, das mit klarem Wasser durchgeführt wird, weil sich die durch die Soda aufgelösten Harze als gelbe, schmutzige, klebrige

Masse auf der Innen- und Außenfläche der Wickelgebilde absetzen und die Farbflotte nur unregelmäßig durchströmen lassen. In beiden Behandlungen muß das Bad stark wallend kochen, bevor die Pumpe in Betrieb gesetzt wird, weil kaltes Wasser beim Durchdringen der kalten Wicklungen einen größeren Widerstand findet als kochendes und weil bei kaltem Wasser daher leicht Gassen entstehen, welche sehr ungünstig auf die Gleichmäßigkeit der Färbung einwirken. Derselbe Übelstand tritt ein, wenn ohne zu netzen mit nicht wallend kochender Flotte begonnen wird.

Zu Anfang des Netzens sowie nach jedem Flottenwechsel bzw. dann, wenn das Garn aufs neue mit der Luft in Berührung kommt, ist die Pumpe $6 \div 8$ mal in Zeitabschnitten von $\frac{1}{2} \div 1$ Minute von Hand schnell umzusteuern und erst hierauf die selbsttätige Umsteuerung einzuschalten. Dies hat den Erfolg, daß durch den plötzlichen Richtungswechsel der Flotte sich sonst bildende Luftblasen, die sich im Garn festsetzen und das Durchfärben erschweren, vermieden werden.

Nach dem Abkochen ist das Garn am vorteilhaftesten durch oben zulaufendes und unten ablaufendes Wasser $15 \div 20$ Minuten lang mit der Pumpe mit selbsttätig arbeitender Umsteuerung zu spülen und gleichmäßig abzukühlen (137).

Die Wollgarne werden vor dem Färben meist nicht genetzt und gebrüht, sondern man setzt beim Färben zur Erhöhung der Netzwirkung etwas Ammoniak oder die entsprechenden, auf S. 182 angegebenen Mittel zu.

4e. Das Färben. Die Wahl der hierfür geeigneten Farbstoffe und Färbmittel richtet sich nach dem Ton und den jeweiligen Anforderungen an die Färbung. Es dürfen nur vollständig lösliche Farbstoffe bei festgewickelten Garnen verwendet werden, damit sich kein Filtern an den Außenflächen einstellt, was zu dunklen Tönen Veranlassung gibt.

Beim Färben ist das Nachsetzen von Säure, außer für Schwarz und dunkle Farben, zu vermeiden, weil leicht ungleichmäßige Töne entstehen. Soll Farbstoff nachgesetzt werden, so kann es im etwas abgekühlten Bad erfolgen. Höher als auf $92 \div 94^0$ darf die Flotte nicht erhitzt werden, was auch zur vollständigen Befestigung der Farbe hinreichend ist. Über 94^0 fördern zudem die Pumpen die Flotte nicht mehr genügend, so daß sich die eingepackten unten liegenden Garnschichten dunkler als die darüber sich befindlichen färben. Plötzliches Abkühlen schadet der Wolle.

Beim Färben mit gut ausgleichenden (egalisierenden) Säurefarben oder mit Nachchromierungsfarbstoffen gebe man sofort die ganze Menge Essig-, Schwefel- oder Ameisensäure zu, beginne mit dem Färben bei etwa 30^0 und erwärme innerhalb 1 Stunde zum Kochen; je nach der Tiefe der Färbung hält man $\frac{3}{4} \div 1\frac{1}{2}$ Stunden die Flotte kochend. Die Nachchromierungsfarbstoffe werden nach dem Färben durch $\frac{3}{4} \div 1$ stün-

diges Kochen im frischen, zunächst auf etwa 65° abgekühlten, mit
1÷2% Essigsäure und Bichromat versetzten Bad nachchromiert. Beim
Färben von dunklen Tönen und Schwarz wird die Essigsäure nach und
nach dem Chromierungsfarbstoffbad zugegeben. Diaminfarben werden
unter Zusatz von 10% Glaubersalz und 5% essigsaurem Ammon gefärbt. Man beginnt bei 40°, bringt langsam zum Kochen und kocht
schwach 3/4÷1 Stunde. Das Nachbehandeln mit Chromkali und Kupfervitriol erfolgt am besten in frischem Bad unter Zusatz von 2÷3%
Essigsäure. Das Tönen ist im abgekühlten Bad vorzunehmen (125).

i5. **Das Färben der Zwirne im Schaum** kommt für Färbungen in
Frage, deren Gleichmäßigkeit geringen Ansprüchen zu genügen hat;
es werden hauptsächlich Garne auf Kreuzspulen im Schaum gefärbt.

5a. Der Schaumfärber besteht beispielsweise aus dem Flottenbehälter 1 (14_{19}) von 1,6÷1,8 m Höhe, 1 m Breite, 1 m Länge, mit der
8÷11 m langen Dampfschlange 2, deren lotrechtes Rohr 3 über den
Hahn 4 aus der Leitung 5 gespeist wird, deren Rohr 6 und Hahn 7 zum
Dampfwasserabscheider führt, und dem Lattenkasten 8 zur Aufnahme
der Kreuzspulen. Der 8 gelangt über die Ketten 9 mittels des Hakens 10
eines Flaschenzuges in den 1 und aus ihm zur Entwässerungsvorrichtung.
Der Schaum wird durch starkes Kochen der seifenhaltigen Farbflotte erzeugt, die etwa $^1/_5$ des Gesamtinhaltes ausmacht. Der Schaum
soll möglichst gleichmäßig und feinblasig sein. Um die Flottenmenge
ohne Nachfüllen gleich stark zu erhalten, kann man das Niederschlagwasser der 2 zurück in die Flotte leiten. Hierzu genügt es, den 4 nur
so weit zu öffnen, daß das aus 7 austretende Wasser zwischen dem 1
und dem 8 zurücktropfen kann (184).

5b. Das Arbeiten im Schaumfärber. Die Flottenmenge beträgt für eine Ladung von 125÷150 kg ungefähr 350÷400 l, bei einem
Rauminhalt des 1 von 1,5 cm³. Man gebrauche nur reines Wasser,
reine Soda, kristallisiertes Glaubersalz und — bei Schwefelfarbstoffen
— eine ganz klare Lösung von gutem kristallisiertem Schwefelnatrium,
die für helle Farben aus einer Stammlösung, die durch Absitzenlassen
über Nacht geklärt ist, gegeben wird. Zum Färben dienen in erster
Linie die leichtlöslichen Schwefel- und substantiven Farbstoffe. Es
können z. B. Diamin- und Immedialfarben ohne vorheriges Netzen des
Gutes verwendet werden. Für helle Töne wird den Diaminfarben etwas,
1÷2 cm³ je 1 Flotte, Türkischrotöl, Universalöl oder Seife oder von
den Mitteln siehe S. 182 für dunkle höchstens etwas Salz zugegeben.
Für erstere und schwer durchfärbende Garne sollte während des Färbens umgepackt werden. Die Färbedauer beträgt 1÷2 Stunden. Helle
Färbungen werden ohne Spülen sofort geschleudert. Bei Immedialfarben wird etwas Salz nur für dunkle Färbungen zugegeben; Zusätze sind
Schwefelnatrium, Türkischrotöl oder Universalöl; Dauer 1½÷2 Stunden.

Nach beendigtem Färben wird der Gutbehälter hochgezogen, und die Zwirne werden sofort mittelst einer darüber angebrachten Brause gespült. Mit Immedialschwarz gefärbte Kreuzspulen werden nach dem Schleudern geschönt in einer Kufe mit lauwarmem Wasser, dem $1 \div 2\%$ Fett (oder Öl) und etwas Sodalösung, mitunter auch $1 \div 2\%$ Stärke zugesetzt sind. Die Spulen werden darin einige Zeit hin- und herbewegt und nochmals geschleudert (125).

Indigo-, Indanthren- und basische Farbstoffe sowie Entwicklungsfarben finden für diese Arbeitsweise keine Verwendung (178).

i6. Das Stetigfärben.

6a. Die Gutführung im Stetigfärber. Die Stetigfärber beruhen auf der Hindurchführung des Gutes durch die Flotte, indem im Farbbehälter 11 (16_8), II (10_{16}), I, II, III (11_{16}) waagerecht parallel zur Breite Walzen angeordnet sind $12'' \div 15''$ (16_8) —$10''$, $11''$ (10_{16}) —$2''$, $3''$—$8''$, $9''$—$17''$, $18''$ (11_{16}), unter bzw. über welche das Gut vom Eingang zum Ausgang in Windungen hinwegläuft. Sind die Achsen der aufeinander folgenden Rollen $12''$, $14''$, $13''$, $15''$ (16_8) in lotrechter Richtung gegeneinander versetzt, so geht das Gut in waagerechten Windungen durch die Farbbehälter; sind sie in waagerechter Richtung gegeneinander versetzt $10''$, $11''$ (10_{16}) —$2''$, $3''$—$7''$, $8''$—$17''$, $18''$ (11_{16}), so ist der Gutlauf lotrecht. Geht das Gut als Strang durch, so werden zur Ausnützung der Breite des Farbbehälters entweder mehrere Stränge nebeneinander über die Walzen geführt, oder ein Strang läuft auf der einen Seite herein, bei $14''$ (16_8), windet sich schraubenförmig um die Walzen $14''$, $15''$ und verläßt die Kufe auf der entgegengesetzten Seite. Dieselben Anordnungen der Walzen dienen auch für das Färben der ausgebreiteten Kette.

6b. Stetigfärber mit waagerechtem, schraubenförmigem Durchzug des Gutes. Sie werden unterschieden in Einbad- und Mehrbadrollenkufen. Wegen der verwendeten Walzen, auch Rollen genannt, heißen die Stetigfärber allgemein Rollenkufen. Als Beispiel für das Durchführen eines einzigen Stranges sei auf die Herstellung des umwickelten Stranges S. $151 \div 152$ verwiesen. Dieser Strang 0, 9 (16_8) durchläuft, wie es beim Stetigwäscher (3, 4_{15}) S. 214 angegeben ist, den Bottich 11 (16_8) von der einen Seite kommend über die Walzen $13''$, $14''$ in hin- und hergehenden Windungen zur anderen Seite. Bei seiner letzten geht er von $14''$ unter $15''$ hinweg, durch die Walzen $16''$, $17''$, über die Schläger $18''$, $19''$ in den Gutwagen 20.

6c. Mit lotrechter Durchführung der Stränge. c1) Die *einfache Rollenkufe.* Diese dient für das Färben kleinerer Posten; für das Färben größerer Mengen wird der Stetigfärber mit mehreren hintereinander geschalteten Rollenkufen verwendet. Beiden Ausführungen werden die Wagen 1 (11_{16}) der Langstrangmaschinen in solcher Zahl

vorgestellt, daß die Kufenbreite durch die nebeneinander durchlaufenden Stränge *0* ausgenützt ist. Die *0* gehen über die Walzen *2''*, *3''*, unter der Eintauchwalze *4''* des ersten Bottichs *I* hindurch, über die Leitwalze *5''*, die Ausquetschwalzen *6''*, *7''*, deren *6''* beiderseits durch die Hebelgewichte *8ₓ*, *9₀* belastet ist, über die Leitwalzen *10''* und unter den Eintauchwalzen *11''* des Bottichs *II* wieder nach oben, um schließlich durch die Quetsche *12''*, *13''*, deren *12''* durch Hebelgewichte *14ₓ*, *15₀* belastet ist, den Stetigfärber zu verlassen. Sie werden über die Abzugwalze *16''* in den hin- und hergehenden Wagen *17* aufgestapelt. Frischwasser kann aus der Leitung *18* mit Hahn *19* einfließen; für Zusätze und Auffrischungen der Lauge sind die Gefäße *20* mit durch Hähne abschließbare Zuleitungen vorgesehen. Der Antrieb erfolgt vom Riemen *21* auf die Scheibe *22''* und über die Scheiben *23''*, *24''* auf die Ablegewalze; durch die Räder *25'*, *26'* die Kurbelknöpfe *27*, die Pleuelstange *27*, *28* auf den Wagen *17*.

Zum Färben der Ketten verwendet man im allgemeinen Diamin-, Immedial- und Hydronfarben; die Ketten werden vor dem Färben, besonders für helle Töne, ausgekocht mit Soda, Türkischrotöl, Universalöl oder den auf S. 182 angegebenen Mitteln, in den bekannten Kochkesseln oder in einem kochenden Bad, das in einer Rollenkufe bereitet wird. Sie gehen beim Färben ein- oder mehreremal durch die Rollenkufe. In den ersten Färbedurchgang wird je nach der Geschwindigkeit des Gutes $^1/_4 \div ^1/_5$ des erforderlichen, gut gelösten Farbstoffes und des Salzes zugesetzt, der Rest wird beim zweiten Durchgang nachgegeben. Gefärbt wird in warmem bis heißem Bad. Für das Spülen ist eine Spülrollenkufe angeschlossen. Dunkle Töne werden kochend heiß in $4 \div 7$ Durchgängen gefärbt, wobei im ersten $^1/_3 \div ^1/_2$ der Farbstoff- und Glaubersalzlösung zugegeben wird. Zum Schluß wird in einer zweiten Spülkufe in einem oder zwei Durchzügen kalt gespült.

6d. Der mehrbadige Stetigfärber. *d1) Mit Oberflottenleitwalzen.* Beim Färben in großen Stetigfärbern (*11₁₆*) werden $2 \div 3$ Abteile mit gleichmäßig starker Farblösung beschickt; die Kette durchläuft diese Bäder $1 \div 2$ mal. Entsprechend der vom Gut aufgenommenen Farbstoffmenge werden die Bäder während des Durchlaufs verstärkt. Nach dem Spülen wird die Kette mit Metallsalzen zur Erhöhung der Echtheit der Färbungen (siehe S. 278) behandelt und nochmals gespült.

d2) Mit Unterflottenleitwalzen. Zum Färben von Immedialfarben gehen die Langstränge *0* (*12₁₆*) über die Walze *1''* in die Kufe *I*, in der sie abwechselnd unter und über die Eintauchwalzen *2''*, *3''* hin- und hergeführt werden, worauf sie über die Quetsche *4''*, *5''* mit Hebelgewichtsbelastung *6ₓ*, *7₀* in die Kufe *II* gelangen. In lotrechten Windungen laufen sie unter bzw. über den Eintauchwalzen *8''*, *9''* zur

Quetsche *10''*, *11''*, deren *10''* durch die Hebelgewichte *12$_x$*, *13$_0$* belastet wird. Zur Sauerstoffeinwirkung der Luft gehen die *0* nun über die Leitwalzen *14''*, *15''* und die Überführungswalze *16''* in die folgende Spülkufe *III*, welche, wenn der Luftgang nicht nötig ist, unmittelbar an die Kufe *II* gestellt wird. In *III* laufen die *0* über die unteren Dreikantwalzen *17''*, die oberen Walzen *18''* und gehen zwischen den Quetschwalzen *19''*, *20''*, deren obere durch die Hebelgewichte *21$_x$*, *22$_0$* belastet ist. Die Spritzrohre *23* führen Wasser aus der Leitung *24* zu. Die Sauerstoffaufnahme kann durch Behandeln im warmen Bad mit Perborat beschleunigt werden (86, 125).

Diese Ausführung bewährt sich auch als Waschmaschine für den gekettelten Strang in der Nähfadenherstellung (86).

B H) Das Bedrucken der Garne.

Das Bedrucken der Garne ist ein unter Zuhilfenahme des Pressens erzeugtes, örtlich begrenztes Färben. Betrachtet man ein Einzelgarn eines buntgemusterten Gewebes oder Teppichs, so erkennt man auf ihm sich, ohne oder mit Unterbrechungen durch ungefärbte Stellen, folgende Farbenstreifen verschiedener Länge, und nach kurzer Überlegung ist es klar, daß die bunte Flächenmusterung sich erzielen läßt durch Bedrucken der Einzelgarne und durch ihr mustergerechtes Nebeneinanderanordnen zur Bildung einer Kette für den Webstuhl, oder durch Aufdrucken der Muster auf eine schon webfertige Kette oder auf das Gewebe. Die letztere Erzeugungsart schaltet bei unserer Betrachtung aus, weil wir uns ausschließlich mit den Gespinsten und Zwirnen beschäftigen.

H a) Die technischen Hilfsmittel für das Bedrucken.

a 1. Das Bedrucken der Einzelgarne.

1 a. Des Weifenstranges.

Jedes Garn einzeln durch die Maschine laufen zu lassen, ist nicht wirtschaftlich; man behandelt stets so viele Garne als Warenstücke derselben Musterung in Auftrag gegeben sind. Bei kurzen Mustern werden die Garne im endlosen Strang, wie er auf den auf S. 118 behandelten Weifen hergestellt wird, bedruckt; hierbei erfährt er die Einwirkung der mit Farbe bestrichenen Erhöhung von Riffelwalzenpaaren. Zu größeren Mustern wird der lange endlose Strang auf einem Rahmen angeordnet dem Bedrucken ausgesetzt oder auf dem Garnträger — einer Trommel von Kreisflächen — oder viereckigem Querschnitt, oder einem endlosen Riemen oder einer endlosen Stabkette — der Druckmaschine selbst hergestellt. Das Bedrucken geschieht durch strichweises Auftragen der Farbe, wozu der Garnträger stillstehen muß. Nach dem Bedrucken bewegt er oder der Farbträger sich um die Breite der aufgetragenen Farbe weiter, worauf von neuem bedruckt wird. Dieser

unterbrochenen Bearbeitung werden sowohl die kurzen Weifenstränge als die langen, auf dem Rahmen angeordneten oder auf den Garnträgern der Druckmaschinen gebildeten Stränge unterworfen.

a 1) Das stetige Bedrucken im Einfarben- oder Perldrucker. An dem Gestell *1* (15_{19}) ist der Rahmen 2_x, *3*, *4—5ˣ*, *6!* drehbar befestigt, der durch den über den Zapfen *7* greifenden Haken *8*, *9ˣ* des Winkelhebels *9ˣ*, *10_x*, *11*, *12* und letzterer durch Einklinken der Federrast *13_0* über den Zapfen *11* in der Arbeitslage gehalten wird. Auf dem *1* sind die Lagerschlitten *14!* der geriffelten Druckwalze *15″!* durch die Schraube *16* festgelegt. Zur Einstellung greift in das Auge des *14!* der Hals einer Spindel *17′* mit Handrad *17″*, die nach Lösen der *16* und der Gegenmutter *18* gedreht werden können, um die *15″!* in die richtige Lage zum Strang *0* zu bringen. Der *0* ist über die Walzen *19″* gelegt, deren obere durch eine Kurbel *$19_x″$*, *19* zu drehen ist und von denen die vom *5_x*, *6!* gehaltene *$19_0″$* die Spannung gewährleistet. Die zweite ebenfalls längsgeriffelte Druckwalze *20″* wird unter der Wirkung der Feder *21^0* nachgiebig gegen den *0* gepreßt. Die *15″!* ist mit der Handkurbel *$15_x″$*, *15* drehbar und sie treibt über *22′*, *22′* die *20″*. Über die am *15″!* und *20″!* anliegenden und mit Filztuchmuffen bekleideten Übertragungswalzen *23″* werden die Walzen *24″* in den Trögen *25* umlaufen, wodurch die Farbe über die Riffelkronen der *15″!*, *20″* als Streifen auf das *0* gedruckt wird. Dieser Drucker ist viel für feine, einfarbige Muster in Verwendung (185).

a 2) Das unterbrochene Bedrucken mit dem Mehrfarbendrucker. Die Stränge *0* (*16*, *$16a_{19}$*) werden über die aus ihren Lagern *1!*, *2* entfernten Walzen *3″* gleichmäßig ausgebreitet und nach ihrem Einlegen in die *1!*, *2* durch Drehen am Handrad *4″* (*$16a_{19}$*) über die Spindel *5′* und die im Wagen *6* geführte Mutter *1′*, *1!* (*16*, *$16a_{19}$*) angespannt. Der *6* wird nun mit seinen Rollen *6″* über die Schienen *7* des Gestells *8* von Hand verschoben und dadurch der obere Teil des *0* zwischen die Druckwalzen *140″* und die Farbwalzen *70″* gebracht. Auf den Zapfen *$140_x″$* lasten die Bügel *9* (*16_{19}*), die in Stangen *10* geführt sind, mittels der Federn *11_0*, welche über die Schieber *12*, die Kuppelstücke *12*, *13*, die Winkelhebel *13*, *14_x*, *15!*, die Schubkeile *16*, die Schlaufenstange *17*, *18*, *19*, das Verbindungsstück *19*, *20* und den Rollenhebel *20*, *21_x*, *22″* der Druckwalzenträger *23* mit den Farbträgern *24* vom Exzenter *25″* gespannt und entspannt werden. Hierzu verursacht der große Durchmesser des *25″* über *18*, *17—16* eine Rechtsdrehung von *15!*, *14_x*, *13* sowie ein gleichzeitiges Zurückziehen des *16*, wodurch *$140_x″$* freigegeben wird und *11_0* die *140″* und das *0* auf die *70″* preßt, welche über 3 mm breite Scheiben, zwischen denen kleinere Abstandringe (*$16a_{19}$*) angeordnet sind, die Farbe aus den *24* zuführen. Für die Bedienung sind zwei Mann nötig; einer dreht die Kurbel *$140_x″$*, *140* der *140″*, die mit den Gegenscheiben zu

70″ ausgerüstet ist; der andere verschiebt von Hand den *6* mit den *0*
so langsam, daß die durch das Drehen der *140ₓ″, 70″* von den Riffelkronen zugeführte Farbe gleichmäßig auf sämtliche Garnwindungen
aufgetragen wird. In der herausgezogenen Stellung des *6* wird der *0*
durch Drehen an den Griffen *3* (*16₁₉*) um die Breite der *140″* verschoben.
Ein Zeiger gibt die Stellung an, in der die Muster sich folgerichtig an-
einanderreihen. Die kleinste Farbstreifenbreite ist 3 mm. Durch Zusammenschieben mehrerer Scheiben entstehen entsprechend breitere
Aufdrucke. Sollen mehr als zwei Farben im Muster sein, so ordnet man
mehrere *140″, 70″—24* nebeneinander an (186).

1 b. Der langen, auf einem Rahmen angeordneten Stränge.

b 1) Die Arbeitsfolgen. Der Rahmen *1* (*2₂₀*), auf dem das Garn *0*
bedruckt wird, besteht aus einer Welle *1ₓ*, auf der Querstäbe *1, 1₁*,
die um die zu bedruckende Florlänge voneinander entfernt liegen, in
¹/₅ ihrer Länge befestigt sind, so daß bei nahezu ¼ der *1ₓ* (punktierte
Lage) die *0* über die *1, 1₁* auf die weit auseinanderliegenden Querstäbe *2*
eines darunter gefahrenen, schmalen Wagens *3, 3″* gleiten. Mit ihm
fahren sie über die Schienen *4* in einen Dämpfzylinder; nachher zurück
auf die über einem Waschbottich senkbar angeordneten Gleise. Mit
diesen wird der *2, 3, 3″* in ihn niedergelassen, worauf zwischen die zwei
Gabeln greifen, welche die *0* auf und ab durch die Waschflüssigkeit
schwenken und sie dann auf die *2* des *2, 3″* zurücklegen. Mit den
Schienen wird der *2, 3, 3″* wieder auf die Höhe der Bodenschienen *4*
gehoben und über sie zur Trockenkammer geführt. Während der ganzen
Behandlung braucht der Arbeiter das *0* nicht zu berühren, so daß ein
Beschmutzen entfällt; alles erfolgt selbsttätig. Neben den *4* sind zu beiden Seiten Druckrahmen *1₁, 1ₓ, 1* angeordnet, um eine stetige Arbeit
durchführen zu können. Während der eine *1, 1ₓ, 1₁* beschickt und dann
auf ihm das *0* bedruckt wird, gelangt das *0* des andern auf den Wagen
und mit ihm zum Dämpfen, worauf es zurück zum Waschen und dann
zum Trocknen geführt wird. Nach dem Entladen fährt der leere Wagen
zu den Drucktischen zurück und nimmt das auf dem zweiten Rahmen
bedruckte Garn auf und befördert es, wie vorher, zum Dämpfen, Waschen
und Trocknen.

Das Bedrucken der *0* wird ausgeführt durch mehrfaches Hin- und
Herrollen der — in dem auf den Schienen *5* mit Rollen *6″* ruckweise
verschiebbaren Wagen *6* angeordneten — durchlochten Farbrollen *7″*
unter gleichzeitigem Anheben der Druckunterlage *8, 9* aus dem Farbbehälter *10*. Nach jeder Verschiebung des *6, 6″* um die Breite des
Druckstreifens, die der Florlänge entspricht, werden jeweils die *7″* in
Druckstellung gebracht, deren Farben auf das *0* aufgetragen werden
sollen, wodurch das *0* bei einem einzigen Lauf des *6, 6″* an ihm ent-
lang mit allen erforderlichen Farben bedruckt wird. Die ruckweise

Verschiebung des *6″*, *6* wird von Hand oder selbsttätig in einen stetigen Rücklauf mit großer Geschwindigkeit überführt, um die Zeit des Leerlaufes zu verkürzen (187a).

b2) Die Verschiebungen des Förderwagens in die verschiedenen Arbeitsstufen erfolgen in bekannter Weise durch einen Seilantrieb über zwei Seile, worin eines unmittelbar an dem *3, 3″*, das andere über eine Leitrolle befestigt ist. Das Heben und Senken des *3″, 3* zum Waschen der *0* wird durch die Verbindung der Schienen mit einer Hebevorrichtung erreicht.

b3) Die Bewegungen des Druckwagens. Für den ruckweisen Hingang treibt das Seil *11* über den Wirtel *12″*, dessen Welle *12″ˣ* im Handhebel *12″ˣ, 13ˣ, 14* mit Sicherung *15⁰—16* verschiebbar ist, über die Räder *17′!÷20′*, den Maltheserkreuzantrieb *21″, 21—22′*, die Umlegeräder *i′, i′*, den Keil *23*, über den sich mittels des Handhebels *24, 25ˣ, 26* die Kuppel *27′* verlegen läßt, die Kuppel *28′*, die Umlegeräder *i′, i′* und den Trieb *29′*, der sich über die ortsfeste Zahnstange *30′* abrollt, den Wagen *6″, 6—5*. Zum Rücklauf wird durch *26, 25ˣ, 24* die *27′, 28′* entkuppelt und durch *16÷12″ˣ* der *17′* mit *28′* eingezahnt. Die Arbeitsteile *11÷29′* liegen auf dem Wagen *6* in einer Ebene, die senkrecht zur Zeichnungsebene steht, weshalb auch ihre Hebeldrehpunkte durch Kreuzschraffierung unterstützt dargestellt sind.

b4) Das Auswählen der Druckrollen und ihre Hin- und Herbewegungen. Die Jacquardmaschine stellt durch die Schnüre *31*, welche über die Leitrollen *32″* gehen, die Hebel *33₀, 34ˣ, 35* — die in Wirklichkeit senkrecht zur Zeichnungsebene liegen und wovon so viel vorhanden sind, als Farben aufgetragen werden sollen —, derart ein, daß das Ende *35* den sich mit dem *6, 6″* ruckweise verschiebenden Hebel *36, 37ˣ, 38—39⁰* auf die Rast *40* des Hebels *40, 41ˣ, 42—43⁰* legt und *40, 41ˣ, 42* vor den Zapfen *44* der Stange *44, 45, 46* gelangt. Dieses dient zum Zurückführen der *42÷31* in die Ausgangslage, kurz bevor ein neues Auswählen des *7″* durch die Jacquardmaschine erfolgt. Hierzu wird *44, 45, 46* über den Pleuel *46, 47*, den Hebel *47, 48ˣ, 49⁰, 50″* von der Nocke *51″* betätigt, die durch die Kegelräder *52′, 53′* und die Umlegeräder *i′, i′* von der Welle *21″ˣ* getrieben wird. Durch die Schnur *36, 54* greift die Falle *54, 55ˣ, 56* des Armes *57, 55ˣ, 58*, die durch den Winkelhebel *58, 59ˣ, 60″* von den Nocken *61″* hin- und herbewegt wird, mit ihrer Aussparung *56* auf den Zapfen *62* des Armes *63ˣ, 62, 64*. Dadurch schwingt *64, 7″*, und es rollt sich die *7″* so oft auf *0* ab, als *61″* vorgesehen sind. Auf der nichtbenockten Kreisfläche bleibt *7″* in Ruhe, während des Verschiebens des *6, 6″*, wobei sie mit ihrer Rolle *65″* auf der Unterlage *66* aufliegt; ebenso ruht der Arm *58, 57* auf dem *62*; zur besseren Verdeutlichung sind im Schema statt eines *62* deren zwei gezeichnet.

b5) Das Heben der Gegendruckflächen. Zur Farbstoffzuführung und zum Anpressen der *0* an die *7″* wird aus dem *10* die *8* gehoben über die Verbindung: Winkelhebel 9, 67^x, 68 — Stange 68, 68 — Haken 68, 69, 70, der durch die Schnur 70, 36 zum Eingriff des 69 mit dem Hebelende 71 gesenkt ist — Winkelhebel 71, 72^x, 73 — Stange 73, 74 — Arm 74, 75^x, $76''$ durch die gestufte Scheibe $77''$ (187b).

1c. Der langen, auf Garnträgern gebildeten Stränge.

c1) Die Trommel mit Kreisflächenquerschnitt.

1a) Ihre Ausbildung. Die Trommel $1''$ (4_{20}) ist aus Gußeisen und mit ihren Wellen $1_x''$ beiderseitig in den Lagern 2 zweier Gestelle 3 getragen, deren eines zum Auflegen bzw. Abziehen des bedruckten Stranges 0 umlegbar ist. Zu seiner Vereinfachung sind auf derselben Welle $1_x''$ (18_{19}) zwei freitragende Trommeln $1''$, $1_1''$ entweder von gleichen oder verschiedenen Durchmessern (188a) vorgesehen. Letzteres gestattet gleichzeitig z. B. die Herstellung von Sitzen und Taschen von Sofabezügen. Als Unterlage für die Kettgarne ist ein Öltuch auf der Trommel befestigt. Die Druckfarbe benetzt daher nur die Oberfläche der Garne, und ihre Durchfärbung beruht auf ihrer Saugfähigkeit, welche vom Auflagedruck beeinträchtigt wird. Außerdem kann die durch die Rolle $4''$ aus dem Behälter 5, der mit Rollen $6''$ auf Schienen 6 läuft oder mit einer Mutter $6'$ in die kreuzweise geschnittene Spindel $7'$ eingreift, übertragene Farbe nicht nach innen ausweichen, so daß sie von der Druckwalze $4''$ vor sich hergeschoben wird, wodurch sich starke seitliche Ränderverdickungen bilden. Zur Vermeidung dieses Übelstandes wird oft über das Öltuch ein feines Drahtgewebe gelegt, das die Farbe in seinen Maschen aufnimmt und aus denen sie das Garn aufsaugt, wodurch es allseitig gefärbt wird (189). Zur Verwirklichung des guten Eindringens der Farbe in das auf der Trommel aufgewickelte Garn hat man ihre Mäntel aus durchlochtem Blech oder aus Drahtsieb gebildet und mit zwei übereinander angeordneten Farbrollen das Garn zweiseitig bedruckt. Zum Bewickeln und Weiterschalten der Trommel nach jedem Aufdruck liegt sie mit ihren Seitenwänden auf den Rollen zweier Triebwellen (187c).

Zum Abnehmen des Garnstranges wird er durch das Verlegen eines Teiles des Trommelmantels nach innen entspannt. Die Trommel besteht dazu aus den mit den Trommelspeichen 1 (3_{20}) fest verbundenen Mantelstücken $1''$ und den Bögen 8^x, 9, 10—11, 12, 13^x. Diese sind durch Stangen 9 mit Schlaufe 14 und 12, 15 mit dem Zapfen 16 eines Stellringes $16!$ verbunden, der auf dem an dem 1 festen Stützring 17 durch das Handrad $18''$, den Trieb $19'$ und dem auf $16!$ festen Zahnkranz $16'$ drehbar ist, so daß die Bögen zum Entfernen des 0 in die punktierte Lage gebracht werden können (190).

1b) Ihr Umfang entspricht der Garnlänge, welche zur Herstellung eines Kettgarns im Teppichmuster nötig ist, oder er ist ein Vielfaches davon.

1c) Die Anzahl Windungen der Garne. Auf der Trommel sind so viel Garnwindungen eng nebeneinander als Teppiche desselben Musters hergestellt werden sollen; jede Windung entspricht einem Kettgarn des Teppichs.

1d) Ihr Bewickeln mit Garnwindungen erfolgt von Kreuzkötzern oder Laufspulen. Das Garn muß mit gleichmäßiger Spannung aufgewickelt werden, weil sich sonst beim Zusammenstellen der bedruckten Garne zur Kette Verschiebungen in den Farben und verschwommene Muster ergeben. Außer den bekannten Garnbremsen werden auch alle Garne gemeinsam gebremst, dadurch, daß z. B. die von 4 Kreuzkötzern $0''$ (3_{20}) ablaufenden Garne 0 durch den Führer $20!$, die Leitstangen $21!$, über die beplüschte Walze $22''$, die Leitstange $23!$ und den senkrecht zur Zeichnungsebene hin- und hergehenden Verteiler $24, 24!$ auf die $1''$ geleitet wird. Durch die über die Rolle $25''$ gelegte Schnur $26, 27_0!$ wird der Mitnahme der $22''$ durch die 0 ein regelbarer Widerstand entgegengesetzt und ihre gleichmäßige Spannung verursacht (188b).

1e) Ihre schrittweise Drehung: 1. Von Hand. Diese geschieht durch Drehen am Handrad $12''$ (18_{19}), das über $13' \div 16'$ bzw. $13', 14' - 17'$. $18' - 19', 20'$ die innen verzahnten Kränze $16', 20'$ der $1'', 1_1''$ treibt, Zum Festlegen der $1''$ während des Aufdruckens der Farbe greift in eine der Lücken $28'$ (3_{20}) des Trommelrandes die Handklinke $29, 30_x, 30_0$ ein. 2. Durch Kraftantrieb. Der Riemen 31 treibt die Fest- und Losscheiben $32''$, deren Welle $32_x''$ einerseits über die Festkuppel $33''$, die durch den Handhebel $34, 33, 35_x$ mit der Loskuppel $36''$ eingreift, den Kegeltrieb $37'$ und das Rad $38'$ die Trommel $1''$ zum Bewickeln mit Garn 0 schnell dreht; hierzu ist durch den Handhebel $39, 40_x, 41$ die Kupplung $41'', 42''$ gelöst. Zum Bedrucken sind beide Kupplungen $41'', 42''$ und $33'', 36''$ ausgeschaltet und die $1''$ durch die $28' \div 30_0$ festgelegt. Zum ruckweisen Fortschalten der $1''$ nach jedem aufgetragenen Farbstrich wird $41'', 42''$ geschlossen, wodurch das Schraubenrad $43'$ über $44' \div 46'$, das Doppelexzenter $47''$, den Hebel $48'', 49_x, 50$, die Stange $50, 50$, den Winkelhebel $50, 51_x, 52$, die Klinke $52, 53$ und den Zahnkranz $54'$ die $1''$ Zahn um Zahn weiterrückt. Ist $1''$ in die richtige Lage gekommen, so wird durch Verlegen des $39, 40_x, 41$ die $41'', 42''$ ausgeschaltet (190).

1f) Die Schaltfolge. Das schrittweise Drehen der Trommel $1''$ vor dem Bedrucken des auf sie aufgelegten Garnes 0 wird nach einem Musterbild 1 (19_{19}), auch Patrone genannt, das mit Garn- und Farbstrichnummern $2, 3$ versehen ist, ausgeführt. Über es läßt sich ein den 2 entsprechend eingeteiltes Lineal 4 mit Schiebezeiger 5 verlegen. Die am Rand ebensoviel gleiche Teilstriche wie die 3 aufweisende $1''$ (18_{19}) wird auf die vom 5 auf 3 (19_{19}) gekennzeichnete Nummer eingestellt und durch die Klinkerei $28' \div 30_0$ (3_{20}) festgehalten, bis die Druckscheibe $4''$ ihren

Weg unter der $1''$ zurückgelegt hat. Dieses Bedrucken wird unter Festlegung der $1''$ in den Stellungen, die den 3 (19_{19}) entsprechen, so oft wiederholt, als dieselbe Farbe im 1 vorkommt; hierauf wird der Farbentrog 5 (18_{19}) gewechselt und die neue Farbe nach ihrer Reihenfolge im 1 aufgedruckt. Zur zwangsläufigen Einstellung der $1''$ mit der zugehörigen Nummer der 3 (19_{19}) wird 1 auf einer Walze $1_2''$ (18_{19}) befestigt, welche vom Handrad $12''$ über $13'$, $14'$—$21'$, $22'$ gedreht werden kann. Die Welle $14_x'$ treibt über $15'$, $16'$ ein Innenzahnkranz, die $1''$ und über $17'$, $18'$—$19'$, $20'$, ein Innenzahnkranz, die $1''$, $1_1''$, mit denselben Winkelgeschwindigkeiten. Die Übersetzung $21'$, $22'$ ist derartig gewählt, daß der $1_2''$ bei einmaliger Umdrehung der $1''$, $1_1''$ die den hintereinander zu druckenden Mustereinheiten entsprechende, mehrfache Umdrehung oder nur eine Umdrehung gegeben wird, wenn die Mustereinheit sich über den ganzen Umfang der $1''$, $1_1''$ erstreckt. Die Fortschaltung der Trommeln $1'' \div 1_2''$ wird durch den Zeiger 23 auf dem Musterbild angegeben ($188c$).

1g) Ihr Durchmesser. 1. Das Zusammenstellen der Teppichketten. Sind der Reihe nach alle zur Mustereinheit der Kette notwendigen Garne bedruckt, so werden die dem Muster entsprechenden zusammengestellt und auf einzelnen Spulen, meistens aber auf einem Kettbaum aufgewikkelt, wobei scharf auf gleichmäßige Längung der Garne geachtet werden muß, weil sich sonst die Farben im Muster gegeneinander verschieben und es verzerrt ausfällt.

2. Die Garnlänge im Verhältnis zur Teppichlänge. Zur Herstellung der Teppiche auf dem Webstuhl werden quer zu den Kettfäden Ruten eingeschoben, über denen die gefärbten Garne liegen und nach dem Herausziehen der Ruten Schleifen bilden. Derartige Garngebilde heißen Brüsseler Teppiche. Werden die farbigen Schleifen beim Herausziehen der Ruten durch an ihren Enden angebrachte Messerchen zerschnitten, so daß die Garne einen Flor bilden, so entsteht der Samt- (Velour-) oder Tournayteppich. Beim Weben dieser beiden Arten von Teppichen mit gefärbten Kettgarnen dürfen nur diese gehoben werden, deren Farbe im Muster erscheinen soll, was außer dem vielen Garnverlust, durch die im Grund bleibenden Garne, noch die Verwendung einer teuren Jacquardmaschine erheischt. Werden bedruckte Kettfäden verwendet, so genügen die einfachen Exzenter für die Leinwandbindung zur Fachbildung, wenn die Länge der mustergemäß bedruckten Farbenstriche über die Ruten reichen, d. h. sich nicht nur auf die Farbenwirkung im Teppich beschränken. Ist die Schleifenlänge z. B. 6mal größer als die Farbenlänge im Teppich, so muß auch die Länge des bedruckten Garnes 6mal so groß als die Teppichlänge sein. Für einen 6 m langen Teppich ist dann ein $6 \cdot 6 = 36$ m langes Kettengarn nötig. Weil Trommeln zu seiner Bedruckung über 11,45 m im Durchmesser haben müßten, so

verwendet man an ihrer Stelle die über Rollen laufenden, endlosen Garnträger entweder aus einem Riemen (191a) oder aus zwei Gliederketten mit Querstäben (187 d) zur Auflage der Garnwindungen. Sie werden durch einen geeigneten Antrieb ruckweise bewegt und während des Stillstandes durch eine oder mehrere Farbrollen bedruckt. Bei der letzten Ausführung können zwei mit gleicher Farbe gespeiste Rollen das zwischen ihnen hindurch gehende Garn auf beiden Seiten bedrucken.

1 h) Das Aufdrucken der Farbe in den Trommeldruckern. 1. Die Druckmittel. Das Bedrucken erfolgt entweder durch eine schmale Druckscheibe $4''$ (18_{19}) von kleinem Durchmesser, welche über die Garnschicht rollt oder mittels zweier aus solchen bestehenden, gegeneinander angeordneten Walzen $15''!$, $20''$ (15_{19}) bzw. $140''$, $70''$ (16_{19}), zwischen denen die Garnschicht 0 hindurchgeführt wird, oder um die Zeit des Aufdruckens zu vermindern und die Lieferung der Maschine zu erhöhen, durch schmale Stäbe von der Breite der Garnschicht, welche aus dem Farbtrog selbsttätig herausgenommen und elastisch gegen die Trommel gepreßt werden (190) oder von einer senkrecht zur Trommelachse $1_x''$ (4_{20}) in der Führung 5 des Farbbehälters 7 angeordneten Farbröllchenfolge $4''$, welche selbsttätig mit dem Behälter gehoben, an die Garne 0 gepreßt und durch kurze Bewegungen des Behälters parallel zur Trommelachse die Farbe gut in die Garne einwalzen (188 d).

2. Die Bewegungen der Druckmittel. a. Das Abrollen der Druckscheibe $4''$ (18_{19}) geschieht durch den Anschluß des Farbwagens $5, 6''$ mittels Seilen 7, deren eines über die Rolle $8''$ zur Trommel $9''$ geht und sich auf ihr in nebeneinander liegenden Windungen aufwickelt, während das zweite sich von ihr abwickelt und unmittelbar zum $5, 6''$ geht. Die $10''$ wird durch einen offenen Riemen 11 oder einen gekreuzten 11_1 von einer Deckenscheibe getrieben. Es ist nur jedesmal einer der Riemen auf seiner Festscheibe, beide befinden sich bei abgestellter Maschine auf ihren Losscheiben. Statt dieses Seilantriebes erfolgt auch der Antrieb des $5, 6''$ durch Mutter $6'$ mit Reiter, der durch den Schlitz eines feststehenden Rohres in eine doppelt geschnittene Spindel $7'$ greift, welche an beiden Seiten Überführungsgänge aufweist. Die $7'$ wird über die Scheiben $8''$ vom Riemen 9 getrieben.

b. Das Verteilen der Farbe. Beiderseits der federnd auf das Garn der Trommel gepreßten Farbwalze $12''$ (17_{19}) befinden sich nach ihr wirkende Verreiber 11, von denen einer beim Hingang, der andere beim Hergang des Farbwagens 6 wirkt. Die 11 haben Flächen verschiedener Breite. Das Seil 1 bewegt, z. B. wenn es von links nach rechts zieht, den Bügel $2, 3$ nach rechts; dieser nimmt die Stange $4, 5$ mit, bis 2_1 an das Gestell des 6 anstößt und auch er verschoben wird. Kurz vorher hat $5, 4$ über den unter der Wirkung der Feder 7^0 stehenden Mitnehmer $8!$ den Winkelhebel $8!, 9^x, 10$ nach links gedreht, so daß der 11 gesenkt wird.

Die *12''* trägt unter der Wirkung der Feder *13⁰!* den Farbstreifen auf das Garn, während der auf ihm schleifende *11* die Farbe auf dem Garn verreibt und verteilt. Beim Zurückgehen des *6* spielt sich dieser Arbeitsvorgang im umgekehrten Sinn ab (191 b).

c. Das Bedrucken durch glatte oder Röllchenstäbe. Sind statt der fast allgemein verwendeten Farbrollen *12''* Druckstäbe oder Röllchenstäbe *4''* (4_{20}) unter der Trommel $1_x''$ vorgesehen, so müssen die richtigen Farben ausgewählt und die Stäbe zum Bedrucken gehoben werden. Weil die Röllchenstäbe noch mit einer kurzen Hin- und Herbewegung ausgerüstet sind, aber sonst dieselben Hilfsmittel verwendet werden wie für die glatten Druckstäbe, so beschränken wir uns auf die Beschreibung der Röllchendruckanordnung.

1) Ihre Ausbildung. Auf die Trommel *1''* (4_{20}), welche in Lagern *2* des Gestells *3* ruht, werden die Garne *0*, wie in Abb. 3_{20} dargestellt und unter S. 312 beschrieben, aufgewickelt und ebenso erfolgt ihre schrittweise Drehung nach jedem Farbendruck. Außerdem ist eine selbstwirkende Verriegelung der *1''* vorgesehen, welche von der Steuerwelle durch Unrundscheibe und Hebel das Ein- und Auslegen der Klinke *29*, 30_x, 30_0 in die Lücken *28'* besorgt. Die Farbröllchen *4''* (4_{20}) liegen in einer Rinne *5* mit kleinen Öffnungen *6*, durch welche die dünnflüssige Farbe bei der axial hin- und hergehenden Bewegung aus dem Behälter *7* zu den *4''* gelangt. Die *4'' ÷ 7* sind in die Glieder zweier Ketten *8*, welche über Leitrollen *9'* gehen, so eingehängt, daß sie leicht aus ihnen gehoben werden können.

2) Ihr Instellungbringen. Dazu wird die eine der Wellen $9_x'$ über *i'*, *i'*, das Maltheserkreuz *10'* mit Daumenscheibe *11''*, *11*, die Räder *12'*, *13'—i'*, *i'* — die Scheiben *14''* vom Riemen *15* der Antriebscheibe *15''* ruckweise gedreht. Die Welle $15_x''$ steht über *16'*, *z'*, *17'* mit der Welle $18_x''$ in Verbindung, die über die Scheibe *18''* vom Riemen *19* getrieben wird und nach Einkuppeln durch den Handhebel *20*, 21_x, *21* über die Kuppel *21''*, *22''* und die Räder *23'*, *24'* die Trommel *1''* für das Bewickeln mit Garn treibt.

3) Ihr Heben und Senken erfolgt über den Hubbalken *25!*, *26*, die Stangen *26*, *27*, die Hebel *27*, *28'' * 27_x, deren Rollen *28''* in zwei Exzentern *29''* der Steuerwelle $29_x''$ laufen, die über die Räder *30'*, *31'—32'*, *33'*, die Scheiben *34''*, den Riemen *35*, von der Scheibe *35''* getrieben wird, wenn der *35* auf der Festscheibe *34''* sich befindet.

4) Die Verschiebung der Röllchenfolge parallel zur Trommelachse wird verursacht über den Zapfen *36* des *25!*, *26*, den Schlitzarm 37_x, *37*, die Stange *37*, *38*, den Hebel *38*, 39_x, *40* vom Nutenexzenter *41''*.

5) Das Festlegen der Trommel während des Bedruckens geschieht von dem gestuften Rand der Scheibe *43''* mittels des Rollenhebels *44''*,

45_x, *46*, der durch die Stange *46* mit einer Klinke, wie 30_0, 30_x, *29* (3_{20}), verbunden ist.

6) Das Auswählen des Farbtroges. Will der Arbeiter die Farbkasten außer der Reihe in Arbeitsstellung bringen, so legt er die Klinke *47*, 48^x (4_{20}) aus der gestrichelten Lage in die voll ausgezeichnete und hängt die Feder $49_0'$ über den Fortsatz *50* des Riemengabelhebels 51_x, *52*, so daß 48^x, *47* über die Rast *53* greift, sobald der Riemen *15* sich auf der Festscheibe $14_f''$ befindet. Nachdem der eine Schubfinger *11* das Malteserkreuz *10'* um einen Flügel gedreht und daher den folgenden Farbtrog $4'' \div 7$ in die Arbeitsstellung gebracht hat, veranlaßt der andere *11* das Heben der *47*, 48^x und die 49_0 durch den *50*. 51_x, *52* das Überführen des *15* auf die Losscheibe $14_l''$. Die Verschiebung des *15* wiederholt der Arbeiter so oft, bis der richtige $4'' \div 7$ in die Arbeitsstellung gelangt ist. Dann legt er *47*, 48^x in die punktierte Lage zurück und hebt die 49_0 aus (188 d).

c 2) Der vierflächige Garnträger. Wegen der Rundung der Trommel $1''$ (4_{20}) sind die Breite des durch $4''$ aufgedruckten Farbstreifens und die Lieferung der Maschine gering. Um die Druckbreite zu erhöhen, werden Garnträger mit vier Flächen verwendet, die nacheinander als Druckfläche dienen, auf welcher gleichzeitig mehrere Rollenreihen wirken. Der vierflächige Garnträger $1''$ (5_{20}) kann auch als eine Trommel mit quadratischem Querschnitt aufgefaßt werden. Er erlaubt ein gleichzeitiges Bedrucken mit mehreren Farben und kürzt daher die Druckzeit bedeutend herab.

2 a) Seine Ausbildung. Derartige allseitig bewickelte, vierflächige Garnträger müssen zum leichten Auflegen, straffen Anspannen und schnellen Abnehmen der Garne mit veränderbarem Umfang ausgerüstet sein. Dazu sind auf den Mittenflächen $1''$ der Speichen *2* die Ecken 3^x, *4*, *5* einziehbar, indem sie durch die Pleuel *5*, *6* mit dem Ring *7* verbunden sind. Der *7* dreht sich auf der Scheibe *8* und ist mit einem Zahnkranz *7'* versehen, welcher durch den Trieb *9'* vom Handrad $10''$ gedreht werden kann. Zur Verstellung des ganzen Garnträgers $1'' \div 10''$ nach dem Bedrucken dienen die Handgriffe *11* (192 a). Statt das Garn auf die Vierflächentrommel aufgewickelt zu bedrucken, kann es bei kleinen Musterlängen auch als Strang, der auf einem mit schmalen, auseinanderbeweglichen Leisten ausgerüsteten Rahmen aufgewickelt ist, behandelt werden. Dieses hat den Vorteil, daß es für die Weiterbehandlung, das Dämpfen, Waschen und Trocknen schon in guter Form ist, indem die Rahmen mittels des auf Schienen neben der Druckmaschine stehenden Wagens in diese Arbeitsstufen gehen (192 a).

2 b) Das Bedrucken des auf ihm angeordneten Garnes. Das Auftragen der Druckstreifen erfolgt durch Farbscheiben $28''$ (6_{20}), die sich quer zum Garnstrang *0* abrollen oder über welche das Garn geführt wird, je nachdem der Garnträger *1''* (192 c) oder die Druckrollen *28''* (192 b) ortsfest sind. Die letzte Ausführung ist, was den Platzbedarf betrifft, vorteilhafter als die erste, weil der Garnträger *1''* weniger Weg zum Auswechseln der Laufrichtung nach dem Bedrucken nötig hat.

1. Die Bewegung des verschiebbaren Arbeitsteiles. Dieser ist auf einem Wagen *1* angeordnet, welcher mit Rollen *2''* auf Schienen *2* durch das Seil *3* bewegt wird, das über die Wirtel *4''*, *5''* geht, deren letzterer über die Räder *6'*, *7'* von der Welle *$8_x''$* rechts oder links herum getrieben wird, je nachdem der gerade Riemen *9* oder der geschränkte *9_1* von den Riemengabeln *10*, *10_1* der Stange *11*, *12* auf die Festscheibe *$8_f''$* aufläuft. Die Steuerung der *9*, *10—9_1*, *10_1—11*, *12* zur Verschiebung des *1* im Sinne des Pfeiles erfolgt durch den senkrecht zur Zeichnungs-ebene stehenden Handhebel *13*, *14*, *15_x*, wodurch die Hebel *11*, *16_x*, *17* bzw. *11_1*, *16_{x1}*, *17_1*, die auf den Rasten *18* bzw. *18_1* aufliegenden Stangen *17*, *19* und die Arme *19*, *20* bzw. *19_1*, *20_1*, die von den Zapfen *21* bzw. *21_1* geführt sind, in die gezeichnete Stellung gelangen. Kurz vor be-endeter Ausfahrt schiebt der Stellfinger *22!* des *1* über den Zapfen *19_1* diese Hebel in die punktierte Lage, so daß die *9*, *9_1* auf ihren Los-scheiben *$8_l''$* liegen. Durch die lebendige Kraft des *1* gelangt nun der Haken *23'* hinter die Falle *24_0*, *25_x*, *26* unter Zusammendrücken des Puffers *27*, *27_0*. Zum Zurückbewegen des *1* verlegt der Arbeiter den *13*, *14*, *15_x* derart, daß *9* auf *$8_f''$* und *9_1* auf *$8_l''$* aufläuft und sich alle Hebel in einer zur ersten entgegengesetzten Stellung befinden. Das Stillegen des *0* erfolgt dann wie vorhin durch Auftreffen von *22!* auf *19*.

2. Das Einstellen der Farbscheiben. Das Garn *0* befindet sich auf dem Garnträger *1''*, der in Abb. *5_{20}* dargestellt und auf S. 317 beschrie-ben ist. In angemessener Entfernung vor den äußersten Lagen des *1* tauchen die gehobenen Farbscheiben *28''*, welche bei der Ausfahrt des *0*, im Sinne des Pfeiles, den Farbenaufdruck auf *0* hervorriefen, in den Farbbehälter *29*, indem sie durch ihre Lagerhebel *30*, *31^x*, *32* — die federnden Haken *32*, *33_0*, *34* — von den Gewichtshaken *35*, *36^x*, *37^0* festgehalten wurden, dadurch in die Farbe des Troges *29* ein, daß *37^0*, an den Stellfinger *38!* der *17_1*, *16_{x1}*, *11_1* anstoßend, die Verbindung *35*, *34* löste. Während des Stillstandes des *1* gelangen die beim folgen-den Rückweg arbeitenden *28''* auf die zum Abrollen auf den *0* nötige Höhe, indem der verschobene *17_1*, *16_{x1}*, *11_1* über den *38!*, den *37^0*, *36^x*, *35* freigab und die *34*, *33_0*, *32—32*, *31^x*, *30* über die Steuerhebel *39*, *40_x*, *41* und die Schnüre *42* von einer Jacquardmaschine betätigt werden. Die Lage wird durch Einklinken der Haken *34*, *35* festgelegt. Die nicht betätigten Hebel und Farbscheiben verblieben in der rechts gezeichneten Lage. Hintereinander sind mehrere dieser Farbwagen angeordnet, um in einem Zug alle Farben auf die Garne aufzudrucken. Vor jeder Wagen-verschiebung wird der *1''* um ¼-Drehung (siehe S. 317) verstellt, so daß das Garn also in vier Zügen bedruckt ist (192 b).

c3) Die Nachbehandlung der bedruckten Einzelgarne. Die Garne werden den Druckmaschinen in Form von Strängen entnommen, in einem Kasten aufgehängt gedämpft, in einer Spülmaschine gewaschen; dann geschleudert und nach dem Trocknen auf Spulen gebracht, welche entweder dem Webstuhl unmittelbar in der gewünschten Farbenzusammenstellung oder der Schlichtmaschine vorgelegt und auf letzterer als webfertige Kette aufgewickelt werden.

a2. Das Bedrucken webfertiger Ketten.

2a. **Die Arbeitsfolgen.** Mit den auf den bisher behandelten Druckmaschinen erhaltenen Garnen verlangt die umständliche Nachbehandlung viele Handarbeit, und klare Muster sind schwer zu erhalten, weil jede Garnauflage nur eines der Kettgarne des Teppichs bildet. Bei der Zusammenstellung der Ketten genügen Ungleichmäßigkeiten in der Garnspannung beim Bewickeln eines Trägers für das Bedrucken oder beim Aufwickeln auf den Kettbaum, um verzerrte Muster zu verursachen. Durch das Bedrucken webfertiger Ketten werden diese Schwierigkeiten behoben. Die zu einer Mustereinheit (Rapport) gehörigen Garne 0 (15_{19}) werden dem Drucker entweder als Kötzer $0''$ oder Spule $0_1''$ oder als Kettbaum $0''$ (20_{19}) vorgelegt, aus ihnen gelöst, dem Bedrucken unterworfen und nachher auf einem Kettbaum $0_1''$ oder einem Haspel $31''$ (15_{19}) gesammelt. Wird das Auftragen der Farbe auf die Garne 0 (7_{20}) unterbrochen durch das Anfärben der Druckfläche $8''$ außerhalb der Garnschicht durch nicht gezeichnete Farbrollen und durch das Auswechseln ihrer Laufrichtung bzw. durch das Zusammenstellen der Druckfläche 2 (21_{19}), so muß die Kette während dieser Zeit um die Breite des Aufdrucks weiterschreiten, um stets rohe Garnstellen der Farbfläche darzubieten. Folgen sich die Farbenauftragungen stetig, so geht auch das Garn mit gleichförmiger Geschwindigkeit durch die Maschine.

An das schrittweise Bedrucken der Ketten, z. B. in Stufe I (20_{19}) (193) schließt sich oft unmittelbar an das Dämpfen zur Entwicklung der Farbe in Stufe II, das Trocknen in Stufe III und das Aufwickeln in Stufe IV bzw. noch das Waschen zwischen Stufen II und III zum Aufklaren dick aufgetragener Farben, so daß zu diesen Nachbehandlungen, im Gegensatz zu denen für die im Strang bedruckten Garne, fast keine Handarbeit notwendig ist. Ist die Kette zum leichten Verweben zu schlichten, so erfolgt es im Anschluß an das Trocknen in Stufe III. Ausnahmsweise wird es zu Anfang der Behandlung vorgenommen; auf es folgt nach dem Trocknen das Bedrucken der geschlichteten Garne, die dann sofort getrocknet und auf Spulen oder einen Kettbaum aufgewickelt werden (194). In diesem Verfahren muß die Schlichte frei von Fetten, Ölen, Seifen und wasseranziehenden Zusätzen sein, um das Fließen der Druckfarben zu verhüten, das Dämpfen durch ein scharfes Trocknen, z. B. auf einer geheizten Trommel $5''$ (8_{20}) (194, 195) ersetzt werden und das Waschen wegfallen. Bei vielen Kettfäden in der Mustereinheit und besonders bei feinen Garnen wird der Zusammenhalt der Kette dadurch erhöht, daß in Entfernungen von ungefähr ½ m mehrere Schüsse eingetragen werden (siehe S. 154), welche vor dem eigentlichen Verweben der Kette zu entfernen sind.

2b. Der Durchlauf des Garnes durch die Druckmaschinen.

b1) Der schrittweise Durchlauf.

1a) Ausführungsbeispiel eines Maltheserkreuzantriebes für den Durchlauf der Ketten. Am einfachsten ist die schrittweise Bewegung der Kette durch Einschaltung eines Maltheserkreuzes in den Antrieb zu erhalten, wie er in der Abb. 7_{20} eingezeichnet ist. Das von Spulen ablaufende Garn *0* geht durch den Kamm *1!*, über die Leitstange aus Glas *2*, die Leitwalzen *3''*, *4''*, die drei Flächen des Garnträgers *5''*, die Leitwalzen *6''*, *7''* zum Dämpfen, Waschen und Aufwickeln dadurch schrittweise, daß der Riemen *9* über die Scheiben *10''*, der Übersetzung $11' \div 14'$, die Scheibe *15''* mit Stift *15*, das Maltheserkreuz *16'* ruckweise eine ¼-Umdrehung weiterschaltet; die auf der Welle *16ₓ'* feste Kettenrolle *17'* treibt mittels einer endlosen Kette *17*, die über die Leitrollen *18'* geht, die Kettenräder *3'*, *7'*, *6'* der entsprechenden Leitwalzen *3''*, *7''*, *6''* (195).

1b) Der ruckweise Lauf der Ketten durch das Bedrucken, Trocknen und Aufwickeln. Das vom Kettbaum *0''* (8_{20}) ablaufende Garn *0* geht über den Spannriegel *1*, die Leitwalze *2''*, die Zufuhrwalzen *3''*, *4''*, durch die Druckvorrichtung, über die geheizte Trockentrommel *5''*, die Ablenkwalze *6''* auf den Kettbaum *7''* (196).

1c) Der ruckweise Lauf der Ketten durch das Bedrucken, Dämpfen, Waschen, Trocknen und Aufwickeln. Das Garn *0* (20_{19}) des Kettbaumes *0''* gelangt über die Spannwalzen *1''* in die Druckvorrichtung und geht dann über die Leitwalzen *2''*, *3''* in den Dämpfer *4*, in dem es in Windungen über den Walzen *5''*, *6''* dem der Rohrschlange *7* entströmenden Dampf ausgesetzt ist. Von den Leitwalzen *8''*, *9''* geführt, wird es in das Wasser der Tröge *10* durch die schwingenden Flügel *11''* getaucht und durch das Wasser des Spritzrohres *12* gehörig gespült; der Wasserablauf erfolgt über den Behälter *13*. Zum Trocknen läuft das Garn in dem darunter gelegenen Raum *III* über die Leitwalzen *14''*, *15''* und erfährt dabei die Einwirkung eines starken, parallel zu den Garnschichten, d. h. senkrecht zur Zeichnungsebene, durchflutenden Heißluftstromes. Hierauf geht die Kette über die Dämmvorrichtung *16*, die Leitstangen *17*, *18*, um seinen Feuchtigkeitsgehalt zu erhöhen, zum auf den beiden Lieferwalzen *19''* liegenden Kettbaum *0₁''* (193).

1 d) Der ruckweise Durchlauf der Ketten zur gleichzeitigen Behandlung der in einem Teppich nebeneinander verwendeten Mustereinheiten. Dazu werden die zu einer Mustereinheit (Rapport) nötigen Garne zweckmäßig mit der vorherrschenden Farbe vorgefärbt und auf einen Kettbaum aufgewickelt. So viele dieser Kettbäume *0''* (21$_{19}$) als Musterwiederholungen im Teppich vorhanden sind, werden der Druckmaschine vorgelegt. Die von ihnen ablaufenden Garne *0* gelangen über die Leitwalzen *1''*, durch die Druckflächen *2, 3''* — wovon so viele vorhanden sind als das Muster Farben hat, und deren obere *2* als Stempel ausgebildet sind, welche durch die Schnüre *4* mit einer Jacquardmaschine in Verbindung stehen, während die *3''* in die Farbe der Behälter *5* eintauchen — mit dem Tuch *6* über die Leitwalzen *7''*, zwischen den Zufuhrwalzen *8''* hindurch, über deren eine das zweite Lauftuch *9* geht, zwischen und mit den *6, 9* durch den Schlitz des Dämpfkastens *10*, an den Abschlußblechen *11* der Wände *10, 12* vorbei, über die Leitwalzen *13''*, *14''* und wieder zwischen *10÷12* aus dem *10* hinaus, unter und über die Eintauchwalzen *15''* des Spülbehälters *16*. Darauf trennen sich die Mitläufer, indem *6* durch die Leitwalzen *17''÷19''* nach *7''* zurückkehrt, der *9* zwischen den Walzen *20''* durchläuft und auf der Leitwalze *21''* mit den über die Leitwalze *22''* abgelenkten *0* zusammen zur Leitwalze *23''* geht, von wo *9* über die *8''* wieder in den *10* zurückgelangt, während die *0* über die Leitwalze *24''* sich wieder auf soviel Teilbäume *0$_1$''* aufwickeln, als Mustereinheiten im Teppich vorkommen (197).

b 2) Der stetige Durchlauf der Kette durch die Maschine.

1 a) In dem als Kettendrucker verwendbaren Perldrucker. Wird der Arm *5^x, 6!* (15$_{19}$) des Stranggarndruckers in der punktierten Lage befestigt, so können die von den Kötzern *0''* bzw. den Spulen *0$_1$''* ablaufenden, von den Walzen *26''* geführten und durch den Kamm *27!* in gleichen Abständen gehaltenen Garne *0* über die Walzen *19''*, *19''* und *19$_0$''* geleitet, als Schicht durch die Druckwalze *15''!*, *20''* stetig bedruckt werden; es genügt dazu, die *0* durch den Kamm *28!*, die Walzen *29''* und die Führer *30!* auf die sich gleichförmig drehenden Haspeln *31''* zu leiten.

1 b) In der Walzen-(Rouleaux-)Druckmaschine. Der für das Bedrucken von Geweben allgemein gebrauchte Walzendrucker (198) kann mit einigen Abänderungen auch zum Bedrucken von bis zu 1,40 m breiten Ketten, die alle ½ m durch einige Schüsse zusammengehalten sind, in Mustereinheiten mit höchstens 16 Farben benützt werden; die Musterlänge darf den Umfang der gestochenen Druckwalzen 0,4÷0,5 m nicht überschreiten. Für größere Muster sind die vorhin beschriebenen Maschinen und der Handdruck zu verwenden.

Den folgenden Erklärungen der Walzendruckmaschine ist eine Ausführung (198 a) für Gewebe zugrunde gelegt.

Das Garn 0 (10_{20}) des mit seinem Zapfen in den Haltern 1_1 des Gestells 1 sich drehenden Kettbaumes $0''$ läuft abwechselnd über Leitstangen und Spannriegel 2 und die Zufuhrwalze $2''$, dann mit dem über die Triebwalze $3''$ zugeführten Drucktuch 4 (lapping, englisch), ein kautschukiertes Gewebe aus Leinenkette und Wollschuß, welches die elastische Unterlage beim Bedrucken bildet, und dem als Farbenschutz des 4 dienenden Mitläufer 5, ein dichtes Baumwollgewebe, die zusammen unter der Leitwalze $6''$ hindurchgehen, in die Druckvorrichtung, bestehend aus der Gegendruckwalze (presseur) $7''$ und den Druckwalzen (rouleaux) $8''$ aus der 0 mit dem 4 und 5 unter der Leitwalze $9''$ hinweg austritt. Das 0 läuft nun über die an der Saaldecke vorgesehenen Leit- und Stützwalzen $10''$, $11''$, der Reihe nach über die in einem abgeschlossenen Raum, Mansarde, Trockenstuhl oder Trockenkammer, 12 stufenförmig angeordneten Führungswalzen $13''$, $14''$ und verläßt 12 über die Austrittswalze $15''$. Über die Ablenkwalze $16''$ und die Lieferwalzen $17''$ wird 0 zur Bildung eines Kettbaumes oder eines Stranges weitergeleitet. Das Trocknen des 0 erfolgt durch die Dampfplatten 18, wobei es durch die Walzen $19''$, $20''$ geführt wird. Das endlose Drucktuch 4 wird über die Leit- und Stützwalzen $21''$, $22''$ und die Triebwalze $23''$ durch das vordere Abteil des Trockenstuhls wieder zurück zur $6''$ geleitet. Der Mitläufer 5, der, weil er von Zeit zu Zeit gewaschen werden muß, nicht endlos ist, läuft vom Stoß 5_1 ab, geht über die Spannriegel und Leitstangen 5_2 in die Druckwalzen $7''$, $8''$ und verläßt sie unter $9''$. Durch die Leit- und Unterstützungswalzen $24''$, $25''$ gelangt 5 durch das Mittenabteil des Trockenstuhls mit den Dampfplatten 18 und den Führungen $19''$ über die Bodenwalzen $26''$ und die Ablegewalzen $27''$, $28''$ zur Aufstapelung auf den Bock 5_3. Hierzu schwingt der Arm $27_x''$, $28''$ durch die Stange 29, 29 der Kurbel 29, $30_x''$ angetrieben über die Scheiben $30''$, $31''$—$32''$, $33''$. Der Antrieb der Walzen im Trockenstuhl ist leicht aus den Antriebscheiben abzulesen, nämlich: $33''$, $34''$—$34''$, $35''$—$35''$, $36''$—$34''$, $36''$—$35''$, $37''$. Der Antrieb der Welle $38_x'$ (11_{20}), auf der die Naben der Gegendruckwalze $7''$ lose sind, erfolgt selten durch Riemen, oft durch kleine, viel Dampf verbrauchende Zwillingsmaschinen und vorteilhaft durch einen regelbaren Elektromotor M (10_{20}) über ein einfaches Rädervorgelege oder, wenn seine Umdrehungszahlen nicht regelbar sind, mittels Riemens über ein Räderschaltvorgelege, das die kleine Geschwindigkeit der Druckmaschine zur Einstellung und die große Arbeitsgeschwindigkeit auf einfache Art gibt. Die Lager des $38_x'$! (11_{20}) gleiten in den Führungen der Lagerschale 40 und fangen eine Spindel $41'$, die durch die Muttern 42 festgelegt wird, durch das Mutterstück 43 des Gestells 1 geht und über die Kegelräder $44'$, $45'$ und das Handrad $46''$ zur Einstellung des $7''$ gehoben und gesenkt werden kann. Dieser entsprechend werden auch die Druckwalzen $8''$ mittels ihrer Lager 47! in Führungen des Gestells 1

durch die mit Vierkant versehene Einstellspindel *48!* mit Festlegmutter *49* verschoben, so daß die auf den $8_x''$ angeordneten Räder *50'* mit dem auf der $38_x'$ festen Trieb *39'* stets in gutem Eingriff stehen. Die *7''* wird daher durch die Reibung der *8''* über die *0, 5, 4* mitgenommen. Um die Muster der aufeinanderfolgenden *8''* genau einstellen zu können, ist auf seiner Welle $8_x''$ ($11a_{20}$) die mit einem Schraubenrad *8'* versehene Nabe *8* verkeilt und das Rad *50'* lose, dessen Schraube *1'*, *1₁* in *8'* eingreift und die Drehung des *50'* über *8'* auf *8''* überträgt. Durch einen in *1₁* einzusteckenden Stift läßt sich *1₁*, *1'* drehen und die *8''* gegenüber dem *8'* verstellen.

2 c. Die Ausbildung und Wirkung der Druckflächen. Die Farbe wird entweder als quer zu allen Garnen einer Kette verlaufende Striche oder als Flächen beliebiger Begrenzung, örtlich verteilt, auf die Kette gedruckt. Die Formen der Färbung entsprechen entweder den Erhöhungen oder den Vertiefungen der Druckfläche, je nachdem die ersteren oder die letzteren als Farbstoffträger dienen.

c 1) **Für das schrittweise Bedrucken.**

1 a) Die ebene, einstückige Druckfläche, der Model. Ist der Farbstoffträger eben und sind die Vertiefungen aus dem Vollen gestochen, z. B. aus einem Buchenholzbrett, so heißt die Druckplatte „Model". Die Gegenfläche ist dann ein betuchter Tisch, auf dem die Garne sich berührend ausgebreitet werden. Nach dem Abrollen der Farbwalze auf dem Model wird er auf das Garn gepreßt, worauf sich beim Handdruck der Arbeiter um die Musterbreite verstellt und beim Maschinendruck sich die Garnschicht selbsttätig um sie ruckweise weiterbewegt. Die so arbeitende Maschine heißt:

1 b) Die Perrotine, benannt nach ihrem Erfinder Perrot in Rouen im Jahre 1834, wird noch heute für Blaudruck verwendet (170). Sie ist für einseitigen Druck von 1÷6 Farben und für zweiseitigen Druck von 1÷3 Farben eingerichtet. Ihre Seitenwände sind durch Querstücke und zwei Drucktische verbunden. Durch beiderseits der Drucktische angeordnete, ruckweise angetriebene Förderwalzen wird die Kette straff über die Unterseiten der Drucktische gezogen und in den Trockenstuhl weitergeleitet. Den mit einer Filzauflage und einem festen, glatten Wachstuchüberzug versehenen Drucktischen gegenüber sind die Druckplattenträger, die Drucker, angeordnet, auf denen die einstellbaren Druckplatten befestigt werden. Seitlich der Drucktische sind die Farbkissen (Châssis) derart verschiebbar angeordnet, daß sie zwischen die Drucktische und die Drucker eingeschoben werden können und beim Rücklauf zwecks Farbaufnahme über ein Walzenfarbwerk hinweggehen. Die Drucker werden durch Exzenter und Hebelverbindungen gegen die Drucktische in zwei Zeiten bewegt, und zwar zunächst nur soweit, daß

21*

sie zum Einfärben des Models mit dem eingeschobenen und eingefärbten Farbkissen in Berührung kommen und dann, nach wiederausgezogenem Farbkissen, weiter bis an den Drucktisch zur Abgabe der Farbe an die mit einem Mitläufer über den Drucktisch geführte Kette. Der Reihe nach wird sie auf beiden Tischen bedruckt. Zwecks Erzielung eines fetten Drucks kann der Vorschub der Kette ein- oder zweimal aussetzen, um auf dieselbe Stelle zwei- oder dreimal Farbe aufzutragen (150d).

1c) Die Schaltdruckfläche für wählbare Musterung.

1. Mit Gewichtswirkung. Diese besteht aus einer Anzahl hebbarer Stempel 20_0 (20_{19}), welche durch Schnüre *21* mit einer Jacquardmaschine verbunden sind und die durch ihre Eigengewichte das Garn *0* auf die Farbwalzen *22''* drücken. Die *22''* ($20a_{19}$) besteht aus einem Eisenkern, der mit seinen Zapfen in den Seitenwänden des Farbtroges *23* drehbar ist, einem dicken Filztuchmuff und darüber einem Öltuch, an dem der Abstreifer 24_x, 25_0 die Farbe gleichmäßig verteilt (193).

2. Mit zwangsläufiger Druckwirkung. Hierzu lassen sich die Druckstempel *8*, 9^x, *10—11⁰* (*8*, 9_{20}) durch die in *12* angreifenden Schnüre *13* der Jacquardmaschine aus der lotrechten Lage so weit bringen, daß beim Niedergehen des Wagens *14*, der beiderseits mit Führungen im Gestell *15* gleitet — verursacht durch die Hebelwirkung *16*, *17—17*, *17—17*, 18_x—*17*, 18_x, *19* von der waagerecht verschobenen Stange *19*, *20* — der Stempel *8* nicht das Garn *0* auf den Tuchmuff *21* und die Unterlage *22* preßt und daher das Bedrucken unterbleibt. Der wandernde *21* geht um die Walzen *23''* im Farbbehälter *24*. Bei jedem ruckweisen Verschieben der *0* wählt die Jacquardmaschine die umzulegenden *8*, 9^x aus und erst dann erfolgt beim Stillstand der *0* das Senken des *14* zum Bedrucken (195).

1d) Die walzenförmigen Druckflächen.

1. Ihre Einteilung. Ist die Druckfläche als Walze ausgebildet, so spricht man von Hoch-Reliefdruck, wenn ihre Erhöhungen, und von Tiefdruck, wenn ihre Vertiefungen die Farbe zur Wirkung auf das Garn bringen. Die geriffelten oder gestochenen Hochdruckwalzen dienen zum Bedrucken der Stranggarne zur Herstellung von Kunstzwirnen und grober Wollgarne, neuerdings in der letzten Ausführung auch für Baumwollgespinste, die Tiefdruckwalzen sind besonders gut für das Bedrucken feiner Garne geeignet.

2. Ihre Herstellung. Die Druckwalzen bestehen aus dem bis 25 mm dicken und bis 1,40 m langen Kupfermantel, der innen schwach kegelig ist und auf die die ebenso ausgebildete Stahlspindel mittels regelbaren Wasserdruckes auf der Aufspindelmaschine festgepreßt wird; nach vollendeter Arbeit wird die Maschine selbsttätig ausgelöst. Das Stechen

der die ganze Walze einnehmenden Muster besteht im Abpausen der Zeichnung auf die Mantelfläche und im Ausheben der Vertiefungen mit dem Grabstichel, den man durch die Lupe verfolgt. Bei streifenartigen Wiederholungen des Musters sticht man es in ein Wälzchen, dessen Umfang und Breite in denen der kupfernen Druckwalze genau aufgehen, härtet die Stahlwälzchen und läßt es unter zunehmendem Druck mit einem gleich großen Stahlwälzchen rundlaufen, worauf letzteres gehärtet wird. Dieses zeigt das Muster erhaben, spornförmig, weshalb es Spornwälzchen, französisch molette, heißt. Gegen die auf der Sporn-(Molettier-)Bank, einer Drehbank, rundlaufende Druckwalze wird das Spornwälzchen so lange mit zunehmendem Druck gepreßt, bis das Muster klar in der Kupferwalze vertieft ist. Nun wird der Lagerbock des Spornwälzchens zurückgezogen und um dessen Breite zur Seite verschoben, worauf das Einwalzen des Musters in die Druckwalze von neuem ausgeführt wird. Unter Zuhilfenahme des Ätzens läßt sich die Druckwalze dadurch mit dem Tiefenmuster versehen, daß es in die mit einem säurebeständigen Lack überzogene Druckwalze eingeritzt und diese so lange in Salpetersäure gedreht wird, bis die gewünschte Tiefe des Musters erreicht ist. Die Übertragung der vergrößerten Zeichnung von der Vorlage auf die Walze geschieht durch die Diamantspitzen eines Storchschnabels. In großflächigen Mustern werden deren Vertiefungen durch auf einer Schneidebank (Liniermaschine) erzeugte Linien (französisch hachures) oder Punkte (französisch picots) unterbrochen, um die Farbe zu halten und einen gleichmäßigen Druck zu gewährleisten. Das Verfahren, das Muster durch Lichtbildübertragung auf der mit lichtempfindlichen Gelatineschicht überzogenen Druckwalze festzumachen und die Walze darauf zu waschen und zu ätzen, das für das Bedrucken von Papier sich vorzüglich bewährt, hat noch keinen allgemeinen Eingang in die Kettendruckerei gefunden (199).

3. Ihr Anpressen über die Garne und Gewebe an die Gegendruckwalze ist die Folge der Verschiebung des Lagers $47!$ (11_{20}) mittels der Stellschrauben $48!$, 49 in den Führungen des Gestells 1 oder der Einwirkung des Gewichtes $51_0!$ über die Hebel $51_0!$, 52_x, $53—53$, $54!—54!$, 55_x, $56—56$, 57. Der so erzeugte Druck, bis zu 12000 kg, preßt die Garne in die in den Vertiefungen der Druckwalze zugeführte Farbe.

4. Ihre Farbzuführung erfolgt durch die mit Gummi oder Filztuch oder Borsten bekleidete Holzwalze $58''$, welche von der Druckwalze $8''$ durch zwei gleiche Zahnräder $58'$ getrieben wird und die Farbe aus dem Trog 59 der $8''$ zuführt. Zum Entfernen der Farbe von den nicht gestochenen Flächen der Druckwalze dient ein stählernes, scharf geschliffenes Abstreifmesser, Rakel oder Doktor genannt, 60, $61_x!$, $62!—62!$, $63—63$, 64_x, $65_0!$ und zum Abnehmen etwaiger Fasertrümmer das Gegenmesser, die Konterrakel $66!$.

5. Die Einstellungen. Alle mit der Druckwalze zusammenarbeitenden Teile müssen auf ihrem als Rahmen (französisch châssis) ausgebildeten Lagerschlitten *47!* angeordnet sein. Eingestellt werden: die *8''* in bezug auf die *7''* durch *47!÷49*; die *58''* in bezug auf die *8''* durch *67!*; die *59* in bezug auf die *58''* durch *68!*; die *60* in bezug auf die *8''* durch *69!* und die *66!* in bezug auf die *8''* durch *70!*; schließlich sei nochmals die Einstellung der Übereinstimmung der Mustereinheiten der verschiedenen Druckwalzen *8''* durch *8'*, *8*, *1'*, *1_1* ($11a_{20}$) und die Einstellung der Gegendruckwalze *7''* (11_{20}) durch *$38_x'!÷46''$* angeführt.

H b) **Die Druckverfahren.** Das Aufdrucken der Farbe erfolgt senkrecht zur Garnlänge als durchgehender oder unterbrochener Streifen gleicher oder verschiedener Breite, die zu willkürlichen Zeichnungen zusammenstellbar sind. Bei kleinflächigen Mustern färbt man das Garn vorher in dem vorherrschenden Ton, und zwar, zur Verhütung des Fließens der Druckfarben, zweckmäßig unter Ausschluß von Fett und Ölbeizen; alsdann erst druckt man das Muster in einer Ätzfarbe auf, welche nach weiterer Behandlung die Farbe örtlich zerstört, so daß weiße Muster auf farbigem Grund entstehen. Außer Weißätzen gestattet dieses Verfahren auch Buntätzen zu erzeugen, wobei gefärbte Ätzmuster auf anders gefärbtem Grund erscheinen. Dieselbe Musterwirkung wird auch erzielt durch Aufdrucken einer geeigneten, den Farbstoff mechanisch absperrenden Musterpappe oder eines chemisch wirkenden Mittels (Reserve), welche das nachherige Färben der bedruckten Stellen verhindern. Diese Behandlung wird als Reserveverfahren bezeichnet. Eine Verbindung beider Wege ist die Ätzreserve, wobei die Ätze gleichzeitig den Boden, auf den sie aufgedruckt wird, ätzt und als Reserve unter einer übergedruckten Farbe dient. Wird die Ätzwirkung abgeschwächt, so kann man es erreichen, daß der gefärbte Grund nur teilweise geätzt wird; man spricht dann von Halbätzen (170).

H c) **Die Garne und ihre Vorbereitung.** Die Garne aus Pflanzenfasern sind oft vorher unter einem Druck von $1÷1\frac{1}{2}$ atü $3÷4$ Stunden auszukochen, wobei Seife, starke Soda- und Natronlauge nicht benützt werden dürfen, weil sie das Fließen der Druckfarbe herbeiführen. Nach dem Abkochen werden die Garne meist gebleicht und für helle Farben schwach gechlort, selten sind sie nur abgekocht. Garne, welche mit leicht fließenden Farben bedruckt werden sollen, müssen vorgestärkt sein, wobei Fette und Seifen wegen der Begünstigung des Fließens der Farbe zu vermeiden sind.

Die Wollgarne werden über Nacht eingebrüht, mit Wasser von 45° unter Zusatz von 3% Soda, 4% Seife und Ammoniak gewaschen und mit schwefliger Säure oder mit schwefligsaurem Natron oder mit alkalischem Peroxyd gebleicht, worauf ein Chloren mit verdünnter Chlor-

kalklösung und ein Säuern folgen; hierdurch werden die Fasern netz-
barer, und die aufgedruckten Farben fließen nicht und fallen satter im
Ton aus (177).

H d) **Die Druckfarben** werden mit den zum Färben verwendeten
Farbstoffen, Beizen und Zusätzen hergestellt, jedoch zur Verhütung
ihres Auslaufens mit wenig Wasser und unter Zugabe von Verdickungsmitteln, die nach dem Bedrucken auszuwaschen sind. Bevorzugt werden
die waschechten Farbstoffe, welche in den Preislisten oft durch ein
vorgedrucktes *D* hervorgehoben werden (170). Auch organische Säuren,
Alkalien, Resorzin und Lösungsmittel wie Azetin werden zu Hilfe genommen (169). Farben, welche echte Färbungen durch nachheriges
Dämpfen ergeben, heißen oft Dampffarben.

d 1. **Für die Baumwollgarne.** Zum Bedrucken der Baumwollgarne werden benützt: 1 a) die Dampffarben, z. B. die basischen Farben
(mit Tannin und Essigsäurezusatz) wie Methylenblau und ferner gewisse
direkt ziehende Farbstoffe wie die Dianilfarben, sowie Beizenfarben, vornehmlich Alizarin-, Eosin- und vereinzelt Säurefarbstoffe (177). 1 b) Durch
Sauerstoff (Oxydation) auf der Faser zu befestigende Farbstoffe (Anilinschwarz, Diphenylschwarz) und 1 c) die auf der Faser erzeugten, unlöslichen Azofarben (Azophor (177), Naphtol AS-Farben, Pararot); außerdem Indanthren-, Algol- und Helindonfarbstoffe (169).

d 2. **Für die Wollgarne** benützt man bisweilen saure und basische
Farbstoffe, weil sie auch nicht chlorierte Wolle leicht anfärben; ihre
Echtheit ist sehr gering. Schwerlösliche Farbstoffe erhalten Zusätze
von Essig- und Ameisensäure, Azetin, Weingeist und Glyzerin zur
Druckfarbe. Die Beizenfarbstoffe müssen zu ihrer Befestigung auf der
Faser außer der organischen Säure noch eine Beize, z. B. von Chrom-
azetat, Chromfluorid oder Tonerdesulfat enthalten.

H e) **Die Verdickungsmittel** müssen in Wasser leicht löslich, quellbar,
neutral, klebrig und leicht auswaschbar sein. Es kommen für

e 1. die **Baumwollgarne** die Kleister aus Weizen-, Mais- und
seltener aus Kartoffelmehl, Dextrin, Britishgum, arabischer oder Senegalgummi, Tragantschleim und Carraghenmoos in Betracht sowie ferner
in Verbindung mit den vorgenannten die dem Tierreich entstammenden,
wie Albumin, Kasein, Leim, sowie Erden, wie China-Clay, Kaolin,
Pfeifenerde. Letztere verursachen scharfe Drucke mit Ätzfarben, z. B. (170).

e 2. Für die **Wollgarne** werden hauptsächlich gebraucht Carraghenmoos, Tragantschleim, seltener Dextrin, viel gebrannte Stärke.
Gummi mit Chrombeizen gerinnt leicht und macht die Fasern hart.

e 3. **Die Herstellung der Verdickungen.** Hierzu wird die
Stärke nach dem Anmachen mit Wasser unter beständigem Umrühren
zu einem gleichmäßigen Kleister gekocht und dann in entsprechender
Verdünnung mit dem Farbstoff vermischt. Hierzu dient:

3a. Der Farbkochkessel. Dieser besteht aus dem Kessel *1* (22_{19}) und dem Dampfmantel *2*, der mit zwei Hohlachsen *3_x*, *4_x* im Gestell *5* lagert. In die *3_x* mündet der abgedichtete Stutzen *6*, der mit dem Hahn *7* versehenen Dampfleitung *8*, über welche die Erhitzung der im *1* befindlichen gelösten Masse erfolgt. In der Stopfbüchse des *4_x* liegt der Stutzen *9*, durch den über den Hahn *10* aus der Leitung *11* mit den Hähnen *12*, *13* bei geschlossenem *13* Wasser zwischen *1* und *2* zwecks Abkühlens des gekochten Kleisters oder der Farbflüssigkeit gebracht werden kann. Zum Entleeren dient der Ablaßhahn *14*. Frischwasser wird über den *13*, den Stutzen *15* mit Schwenkrohr *16* in den *1* geleitet. Während des Kochens wird der Inhalt des *1* umgewälzt von einem Rührwerk, bestehend aus dem Mittenflügel *17''*, dessen Welle *$17_x''$* im Halslager *17* des Gestells *18* hängt, und dem Seitenflügel *19''*, dessen Welle *$19''^x$* im Fußlager *19* und im Halslager *19_1* der *$17_x''$* geführt wird. Die *$17_x''$* und *$19''^x$* sind gekröpfte Wellen, welche durch Muffe *17_x* und *19^x* gekuppelt sind. Die *$17_x''$* wird getrieben über das Kegelrad *20'*, den Lostrieb *21'* mit der Kuppel *22'*, der Schiebekuppel *23'*, den Keil *23* der Welle *$23_x'$* mit Scheibe *24''* vom Riemen *25*. Das Ein- und Auskuppeln der *23'* erfolgt durch den Handhebel *26*, *27_x*, *28*. Die Drehung des *19* wird durch das Abrollen des auf *$19''^x$* sitzenden Rades *19'* auf dem stillstehenden Trieb *29'* der Lagerhülse *17* verursacht. Nach dem Kochen werden die Hülsen *17_x*, *19^x* nach unten verschoben und der *$1 \div 4_x$* über das Schneckenrad *30'*, die Schnecke *31'*, die Übersetzung *32'*, *33'* durch Drehen des Handrades *34''* gekippt zum Überleiten des gekochten Inhalts von *1* in ein darunter stehendes Gefäß (199a). Soll der Kleister längere Zeit aufbewahrt werden, was jedoch nicht zu empfehlen ist, so setze man ihm etwas Formaldehyd zu, um die Schimmelbildung zu verhindern.

e4. Die Mischung der Farben mit den Verdickungsmitteln kann kalt oder kochend geschehen. Die Druckfarbe eines Beizenfarbstoffes muß außer den Verdickungen die Beize sowie die Essigsäure enthalten, welche die vorzeitige Verbindung des Farbstoffes mit der Beize in der Farbe selbst verhindern soll. Die Mischung wird durch Metalloder Seidensiebe mittels eines Pinsels hindurchgetrieben oder bei flüssigen Farben (Gummifarben) durch einen Beutel aus Baumwollgeweben. Im Großbetrieb dienen dazu:

4a. Die Farbensiebmaschine. Die Siebe *1* (23_{19}) werden in Schüsseln *2* eingepreßt, so daß sie leicht auswechselbar sind. Die *2* liegen in von Rollen *3''* geführten Zahnkränzen *3'*, die über die Zwischenräder *4'*, den Trieb *5'*, seine Welle, die Kegelräder *6'*, *7'*, die Welle *$7_x'$* und die Scheiben *8''* vom Riemen *9* umgedreht werden. Die Pinsel *10* bestreichen dadurch die ganze Fläche der *1*, daß ihre Stiele *10*, *11^x* doppelt gelenkig im Arm *12^x*, *13_x*, *14_0!* aufgehängt sind und über die Kuppelstangen *15, 16* von den Zapfen *17* die Kurbeln *17, 4ₓ′* im Kreis bewegt werden. Die gesiebten Farben gehen in den Behälter *16* (198).

4b. Die Strippmaschine. Die im Behälter *1* (24₁₉) verdickte Farbe wird mit Schöpflöffeln nach Abheben des Deckels *2* in den Beutel *3* gegeben. Dieser hängt zwischen den Ketten *4, 5″*, die über die Rollen *6′!, 7′!—8′!, 9′* gelegt sind, deren untere über die Zahnräder *10′, 11′* und die Scheibe *12″* vom Riemen *13* getrieben werden. Die Quetsch-rollen *5″* pressen den Farbstoff und die Verdickung durch den sieb-artig wirkenden *3* und die innige Mischung beider wird im Behälter *14* gesammelt. Die Einstellung der *7′!* erfolgt durch eine Schraubenspindel *15*, die sich im Achsenlager *16* drehen kann, wobei sie sich in den Ge-stellmuttern *17* verschiebt und durch die Stellmutter *18* festgelegt wird (198a).

H f) Die Nachbehandlung der bedruckten Ketten. Nach dem Trock-nen erfolgt zur Entwicklung der Farben das Dämpfen. Hierauf werden die Ketten z. B. für basische Farben im Antimonbad, für Beizenfarben im Kreidebad, für Anilinschwarz im Chrombad nachbehandelt. Hieran können nach Bedarf noch Seifen, Malzen (bei stärkehaltigen Verdickun-gen) und Chloren angeschlossen werden (170).

B I. Das Wasserdichtmachen der Garne.

Um die Garne wasserabstoßend unter Erhaltung der Luftdurch-lässigkeit, Festigkeit und des Griffes zu machen, werden sie über Nacht in einem Bad getränkt, das essig-, ameisen-, schwefelsaure Tonerde-salze, allein oder mit Seifenzusatz, enthält. Bewährt haben sich gut Imprägnol M (100 a) und Ramasit K (100 d).

Vollständige Wasserdichtigkeit erhält man mit Lösungen aus Kaut-schuk, Harz, Wachs, Paraffin, Leim, Leinöl, Stearin usw.; die Garne verlieren dadurch ihre Luftdurchlässigkeit und fühlen sich hart an.

B J. Das Unentflammbarmachen der Garne.

Unverbrennlich sind nur Zwirne aus Asbest. Die übrigen können durch Tränken mit Alaun, Ammoniumkarbonat, -sulfat, Borax, Bor-salzen, Chlorammonium, Glaubersalz, Magnesiumsalzen, Phosphaten, Silikaten, Stannaten, Tonerdesalzen, Wismutsalzen, wolframsauren Sal-zen, Zinnsoda usw. schwerentzündlich und unentflammbar gemacht werden (128, 150 e, 199 b, c).

B K. Das Mottensichermachen der Garne.

Eine einmalige Naßbehandlung der Wolle mit Eulan (100 d) macht sie mottenfest, weil die Faser bestimmte Mengen davon bindet. Die Garne bleiben geruchlos und im Aussehen und Griff unverändert.

V. Die Aufmachung der veredelten Zwirne.

V A. Die Wickelei der Zwirne.

A a) **Die Wickelformen.** Um den Zwirn dem Verbraucher wirtschaftlich zur Verfügung zu stellen, wickelt man den Nähfaden auf die bekannten Fadenröllchen aus Holz $0''$ (12_3) für den Allgemeinbedarf oder zur Ersparung der teuren und platzbeanspruchenden Röllchen auf Papphülsen $0''$ (10, 11_3) bzw. $0''$ (13_3), für den Großbedarf (Konfektionsgarne) und auf Pappkarten (14_3) oder Sterne $0''$ (15_3) für die Handnäherei. Die gebräuchlichste Form ist die des Röllchens (12_3). Die Häkel-, Stick- und Strickgarne kommen in Strängchen oder als Knäuel in den Handel.

A b) **Die Wickelmaschinen.** b 1. **Die Röllchenwickler.**

1 a. Ihre Bestandteile. Die hauptsächlichsten Teile der Wickelmaschine sind die Spulspindel, die Leitspindel, die Formplatte, der Fadenführer, das Schaltrad nebst Klinkerei, Hebel und Exzenter und der Zuführtisch für die Holzrollen.

a 1) *Die Spulspindel* erhält einen stetigen, gleichförmigen Antrieb, und zwar vom Riemen *1* (12_{20}) über die Fest- und Losscheiben *2''*, den Trieb *126'*, das Zwischenrad *z'* auf das Rad *42'*. Von der Antriebswelle erhält die Leitspindel *3'* einen stetigen, gleichförmigen Antrieb durch den Trieb $a' = 30'$, das Zwischenrad *z'* und das Wechselrad *b'*.

a 2) *Die Leitspindel 3'* ist kreuzweise mit Schraubengewinden *3* versehen. In diese greifen abwechselnd zwei Halbmuttern oder Klauen ein, die über die Formplatte *5!* (13, $13a_{20}$) mittels eines Fingers *4* gleiten, der die Schiene für den Fadenführer trägt.

a 3) *Die Formplatte 5!* entspricht den Abschrägungen und der Bewicklungsdicke der Holzröllchen. Auf alten Maschinen ist sie ein starkes Blech *5!* (13_{20}), auf neuern werden Schienen *6!* ($13a_{20}$) auf der Grundplatte *5!* verwendet, um das lästige Erneuern der Formplatte zu vermeiden. Die alten Formplatten *5!* (13_{20}) sind dauernder Abnützung unterworfen gewesen und konnten auch von den Meistern gefeilt werden, was einesteils ein Vorteil war, weil die Holzrollen sich in ihrer Form vielfach veränderten. Bei der Formplatte mit schrägstehenden Schienen *6!* ($13a_{20}$) müssen die Holzrollen sehr genau gearbeitet sein und ständig dieselbe Form behalten.

a4) Der Fadenführer 1 (14_{20}) von ungefähr $3\div5$ mm Dicke ist aus Gußstahl oder aus gestanztem Flachstahl. In seine Stirnseite sind mittels Fräsern auf kleinen Sonderdrehbänken (200) ungefähr $6\div8$ Einkerbungen *2* geschnitten, die Gewindegängen ähnlich sind, außerdem ist in der Mitte eine Nut *3* ($14a_{20}$) in der Länge des Fadenführers eingefräst, in welcher der Faden *0* ($14b_{20}$) geführt ist. Die Kanten *4* ($14a_{20}$ Draufsicht, $14c_{20}$ Ansicht eines doppelten Führers) werden an der mit Gewindegängen versehenen Stirnseite abgeschrägt und so gefeilt, daß nur $3\div5$ Gewindegänge ($14a, b_{20}$) mit einem vollen Zahn, an den seitlichen Gängen verbleiben. Die äußeren Abschrägungen sind bei guten Fadenführern noch poliert, um die Holzrolle, an die sich der Fadenführer beim Wickeln seitlich andrückt, möglichst zu schonen. Ebenso ist die Mittelrille, in die sich der Faden *0* ($14b_{20}$) legt, mit Schnur und Schmirgel bestens zu polieren, damit der Faden nicht leidet. Diese Rille geht in die Längsnut *3* über. Man ersieht daraus, daß die Rillen *2* des Fadenführers eine Teilung besitzen müssen, die genau dem Fadendurchmesser entspricht, und eine Tiefe, die keinesfalls größer sein darf als der halbe Fadendurchmesser, weil sonst ein scharfes Aneinanderlegen der Windungen unmöglich ist.

Diese Fadenführer werden mit Nummern bezeichnet, und zwar sind die Nummern gleich der Anzahl Windungen des Fräsers je Zoll englisch $= 25,4$ mm, mit dem der Fadenführer geschnitten ist, d. h. also Fadenführer Nr. 120 ist mit einem Fräser von 120 Gängen auf ein Zoll geschnitten worden, die Rillen des Fadenführers besitzen daher $^1/_{120}$ Zoll $= 0,2177$ mm Teilung. Weil der Fadenführer mit seiner seitlichen Abschrägung, wo er auf die Fadenwindungen trifft, nur ung. 1 mm breit ist, so sind diese Fadenführer peinlichst sauber herzustellen; sie werden dabei durch Lupen nachgesehen und auf Risse genau geprüft. Fadenführer mit Rissen sind sofort auszumerzen, denn jeder Riß in einem Gang verdirbt den Faden und macht die Rolle unbrauchbar. Der Meister in der Wickelei muß daher dauernd seine Aufmerksamkeit auf guten Ersatz der Fadenführer richten. Die meisten Nähfadenfabriken härten die Fadenführer nach der Bearbeitung in der Schlosserei, andere wiederum glauben mit normaler Stahlhärte ohne weiteres auskommen zu können, manche beziehen die Fadenführer immer aus der englischen Maschinenfabrik (200).

a5) Die Steigung der Schichten. Der Zwirn ist mehr oder weniger zylindrisch. Je besser in der Wickelei sein kreisrunder Querschnitt erhalten wird, um so geeigneter ist er für das Nähen. Garne von elliptischem oder eckigem Querschnitt lassen sich nur schwer vernähen. Um den Kreisquerschnitt beizubehalten, ist es notwendig, daß die Querschnitte der die Schichten bildenden Zwirne ohne Zwischenräume genau neben- bzw. aufeinander liegen. Dazu müssen sich die Fadenwindungen *2* (15_{20}) der folgenden Schicht in die der vorhergehenden *1* einlegen.

Die Mittelpunktverbindungsgeraden (16_{20}) ergeben ein gleichseitiges Dreieck, dessen Seiten gleich dem Durchmesser d_1 des Fadens sind und dessen Höhe $h_1 = d_1 \cdot \cos 30^0 = 0{,}866 \cdot d$ beträgt. Der Fadenführer muß sich daher für jede Schicht um $0{,}866 \cdot d$ heben. Bei dieser Betrachtung wurde der Druck, den der Fadenführer auf den Faden ausüben muß, um ein Hohlwickeln bei kleiner Nummernschwankung zu vermeiden, nicht berücksichtigt. Aus der Praxis hat sich eine Steigung von $h_1 = 0{,}70095$ gut bewährt und diese liegt bei der Berechnung des Schaltrades zugrunde. Hebt sich der Fadenführer höher als dieser Wert, so entstehen zwischen den einzelnen Schichten Leerräume; es wird „hohl" gewickelt. Ist seine Steigung nur wenig geringer als die berechnete, so wird der Faden elliptisch zusammengequetscht; ist sie bedeutend darunter, so entsteht ein flaches, kantiges Garn. Ist dazu der Fadenführer noch abgenützt, so kann sogar eine Beschädigung des Fadens eintreten.

a6) Der Hub der Schichten. Infolge der Abschrägung der Seitenflanschen des Röllchens (17_{20}) muß der Hub jeder folgenden Schicht um eine Fadendicke zunehmen, um ein Übereinanderwickeln oder ein seitliches Einklemmen des Fadens an den Hubwechselstellen zu verhüten, denn dies würde eine Störung beim Nähen hervorrufen.

1b. Die Einteilung der Röllchenwickler. *b1) Der Handwickler.* Auf ihm erfolgt das Aufstecken der Holzröllchen auf die Spulspindel, das Ingangsetzen der Spindel, das Anfangen der Bewicklung, die Betätigung des Fadenführers, das Abstellen der Maschine, das Einschneiden des Röllchenflansches, das Einziehen des Garnes in den Schnitt, das Abtrennen des Fadens und das Abziehen der Röllchen von Hand. Das regelrechte Neben- und Übereinanderwickeln der Fadenwindungen und die richtige Garnlänge auf dem Röllchen hängt ganz von der Geschicklichkeit der Arbeiterin ab. Eine gut gewickelte obere Schicht kann manche fehlerhaften Wicklungen verdecken, welche viele Anstände beim Nähen verursachen. Aus diesem Grunde wird mit Vorteil:

b2) Der Halbselbstwickler verwendet, welcher von dem amerikanischen Ingenieur Hesekiah Conant erfunden wurde und auch nach ihm benannt ist.

2a) Seine Arbeitsweise. Die Holzröllchen werden durch Verschieben eines Handhebels auf die Aufsteckhülse der Spindel aufgeschoben, welche für die verschiedenen Bohrungen der Holzröllchen auswechselbar ist, dann wird durch kurzes Niedertreten eines Fußhebels der Kopf in Gang gesetzt und selbstwirkend abgestellt, wenn die auf einer Teilscheibe angezeigten Schichten ausgelaufen sind. Reißt bei der Bewicklung der Faden, so stellt der Kopf selbsttätig ab. Der eine Röllchenrand muß nun von Hand eingeschnitten und der Faden eingezogen werden, worauf durch einen Handhebel die fertige Spule hinauszuwerfen, ein neues Röllchen einzusetzen und die Arbeit, wie beschrieben, durch Niedertreten des Fußhebels einzuleiten ist.

2b) Ausführungseinzelheiten. 1. Das Gestell ist nieder, starr und erschütterungsfrei. Auf ihm sind beidseitig je 2, 4 oder 6 Ablieferungen, sog. Köpfe, mit Hartholzverschalungen angeordnet, die Maschine ist also 4-, 8- oder 12spindlig.

2. Die Spindeln sind gewöhnlich rechtshändig und gleich weit voneinander entfernt. Oft liegen auch je zwei Spindeln, eine rechtshändig und eine linkshändig, dicht nebeneinander. An jede Maschine können später weitere Spindeln angekuppelt werden.

3. Der Antrieb. Die Welle mit der Fest- und Losscheibe bei Riemenübertragung ist in einem Ausleger des Gestells gelagert; liegt sie in der Breitenrichtung (200), so erlaubt das Verlegen eines Riemchens auf einem Paar Kegelscheiben mit Durchbiegescheibe für den schmalen Riemen die Wickelgeschwindigkeit den verschiedenen Garnnummern anzupassen. Der Spindelschaft, auf welchem die den Antrieb erhaltende Kegelscheibe liegt, ruht in zwei selbstschmierenden ölsicheren Lagern, wodurch übermäßige Lagerbeanspruchungen vermieden sind, die Höchstgeschwindigkeit ohne Warmlaufen gewährleistet ist und ein Beflecken der Garne mit Öl vermieden wird. Die Kupplung für das Ein- und Ausrücken der Spindel befindet sich auf der Hauptwelle, so daß bei Stillstand der Spindel auch ihre Scheiben ruhen. Liegt die Welle der Fest- und Losscheibe parallel zu den Spindeln (201), so wird ihre Drehung durch einen endlosen Riemen über Scheiben auf ebenso angeordneten Wellen übertragen. Beiderseits treibt eine leicht kegelige Scheibe eine zweistufige Scheibe auf der Spindel. Es genügt, den Riemen auf die passende Stufe in der richtigen Lage auf den kegeligen Scheiben festzulegen, um die Wickelgeschwindigkeit der Garnnummer anzupassen.

4. Die Bewegungen des Fadenführers. Er hat zwei Bewegungen auszuführen, zuerst eine parallel zur Röllchenachse erfolgende Verschiebung mit von Schicht zu Schicht zunehmendem Hub, erzeugt durch die doppelt geschnittene Schraube und einen Universalformer, und dann eine plötzliche Steigung durch eine besondere Hebevorrichtung, wenn die Bewicklung die Endlagen durchläuft. Ein Stillstand beim Richtungswechsel muß vermieden werden, weil er Überwicklungen verursacht. Die Steigung des Fadenführers wird durch ein Schaltrad mit Exzenter und Klinkenhebel verursacht, und durch Einstellung einer Schraube kann auf den Faden mehr oder weniger Druck ausgeübt werden. Ein noch größerer Druck wird durch die beigegebenen Gewichte bewirkt. Der Führer ist so einstellbar, daß er seine Arbeit an jeder Stelle des Röllchenkörpers beginnen kann. Die Stufenhöhe der Steigung liegt zwischen 0,002 und 0,015 engl. Zoll (0,051 ÷ 0,381 mm); die Gesamtstei-

gung beträgt höchstens $1^1/_8 = 28{,}58$ mm. Ist der unterste Hub eingestellt, so wird dieser durch Nachstellung des Hubes einer Zwischenschicht nicht beeinflußt. Meistens verfährt man so, daß nach dem Einstellen des Fadenführers für die erste Schicht das Schaltrad um so viel Zähne weitergedreht wird, als Schichten auf der Spule sind, worauf der Endhub geregelt wird. Sind diese beiden Stellungen festgelegt, so ergeben sich die Hube der Zwischenschichten von selbst.

5. Die Selbstabsteller halten die Maschine augenblicklich an, wenn der Faden reißt und wenn die verlangte Garnlänge aufgewickelt ist. Kennt man die Anzahl der Schichten, so wird das Schaltrad für jede Schicht um einen Zahn gedreht und bei der vorletzten der Ausrückfinger eingestellt. Ist die Schichtenzahl noch nicht bestimmt, so läßt man aufwickeln, bis die ungefähre Füllung der Spule erreicht ist, stellt vor der letzten Schicht die Ausrückung ein und bringt sie so gegen den Hebel, daß sie am Ende des nächsten Hubes die Spindel anhält. Die Ausrückung kann vor- oder zurückgestellt werden, je nachdem man die Anzahl der Schichten, welche die Versuchsspule enthält, vermehren oder vermindern will.

2c) Die Verwendung des Halbselbstwicklers. Er dient zum Spulen von Baumwoll-, Leinen- und Seidennähgarnen für Röllchenspulen bis zu 3 engl. Zoll = 76,2 mm Wickelbreite und Durchmesser und kann für Längen bis zu 2400 yards = 2193,6 m in höchstens 155 Schichten genau eingestellt werden. Weil jeder Kopf eine von den andern unabhängige Einheit bildet und alle Ablieferungen mit verschiedenen Garnnummern laufen können, so eignet er sich vorzüglich zur Ausführung kleiner Aufträge in verschiedenen Nummern; er liefert darin mehr als die Handröllchenwickler und verursacht weniger Mühe zur Einstellung als vollständig selbsttätige Maschinen.

2d) Angaben. Eine Arbeiterin liefert soviel wie $2 \div 4$ geschickte Handspulerinnen, je nach den Fadenlängen. Die Tafel 2_e gibt einige Lieferungswerte (200, 201).

b3) *Die Selbstwickler*, auch Selfaktor genannt, wurden von William Weild (190) erfunden, und die von Baines wesentlich verbesserte Ausführung ist unter dem Namen Baines-Weild bekannt. Sie ist eine 12spindlige, einseitige Maschine.

3a) Ihre Bedienung. Das sie bedienende Mädchen hat nichts weiter zu tun, als das Vorgut aufzustecken, neue Holzröllchen zuzuführen und die selbsttätig anfallenden Garnspulen abzunehmen.

3b) Die Gestelle sind sauber nach allen Seiten verschalt und die Hauptscheiben sowie die Übertragungen der Antriebe in einem abgeschlossenen Endgestell untergebracht.

3c) Die Spindelgetriebe laufen in Ölbädern, welche von einer Hauptölleitung gespeist werden.

3d) Der Fadenabschneider ist am Einkerbmesser vorgesehen und ist in jeder Richtung seitwärts so einstellbar, daß der Faden sehr dicht an der Spule abgeschnitten werden kann.

3e) Der Fadenführer ($14c_{20}$) läßt sich an beiden Seiten benützen, er hält daher doppelt solange als die gewöhnlichen Fadenführer. Die Nachgiebigkeit des Fadenführerhalters vermag man den Erfordernissen des Garnes aufs feinste anzupassen. Jeder Fadenführerhalter ist mit einer besonderen, seitlichen Schraubeneinstellung für den Fadenführer ausgerüstet, welche während des Wickelns gehandhabt werden kann. Der Fadenführer ist mit einer Selbsteinstellung auf die Anfangslage versehen, durch die er auf jede gewünschte Stelle des Spulenkörpers einspielt; dies ist nötig, wenn man kurze Fadenlängen genau herstellen will.

3f) Die Hubvorrichtung. Durch den Ersatz der halben rechten und linken Muttern des Halbselbstwicklers, die abwechselnd mit der kreuzgeschnittenen Leitspindel in Eingriff kommen, durch ständig in Berührung stehende Muttern auf besonderen Leitspindeln, ist ein Stehenbleiben des Fadenführers an den Auswechselstellen ausgeschlossen.

3g) Das Universalschaltrad dient für alle vorkommenden Anzahlen von Garnschichten. Es ist mit einem sich drehenden Fadenanzeiger versehen, welcher die Schichtenzahl angibt.

3h) Die Spulenkasten sind leicht zu bedienen und von besonders großem Fassungsvermögen.

3i) Die Spulengrößen. Die Maschine kann eingestellt werden für alle Spulengrößen bis zu $3 \cdot 2^3/_8$ Zoll $= 76{,}2 \cdot 60{,}3$ mm.

3j) Angaben über Geschwindigkeiten, Lieferungen und Platz- und Kraftbedarf sind aus Tafel 3_e zu ersehen (200).

1. Die Lieferung der Wickelei. Die Weildmaschinen laufen mit ungefähr 3500 Spulspindelumdrehungen je Minute; ihre Antriebsscheiben machen dabei ungefähr 300 Umdrehungen. Bei der neuen Ausführung derselben Maschinen und der gleichen Drehzahl für die Antriebsscheiben werden 4200 Spulspindelumdrehungen erzielt. Die Bainesmaschine macht bei einer Drehzahl der Antriebsscheiben von 275 rd. 4000 Spulspindelumdrehungen je Minute. Man kann mit der 12spindligen Bainesmaschine in 8 Stunden bei 200 Yardrollen durchschnittlich $56 \div 64$ Gros erreichen und mit der 18spindligen $80 \div 88$ Gros. Der Weildsche Selbstwickler gibt mit 6 Spindeln $2{,}4 \div 3{,}2$ Gros je Spindel. Bekannte größte Lieferung einer 10spindligen Weildmaschine sind 48 Gros.

2. Einteilung. Die Maschinen werden in zwei Klassen eingeteilt. Je nach der Länge der Spule. Die Klasse a spult bis zu 51 mm Länge bei einem Durchmesser von 45 mm, die Klasse b bis zu 95 mm Länge bei einem Durchmesser von 64 mm.

3. Die Bodenbeanspruchung für eine 10spindlige Weildmaschine für Spulengrößen bis zu 67 mm Gesamtspulenlänge und 52 mm größtem

Durchmesser beträgt 4,270 · 1,15 m. Für die 18spindlige Bainesmaschine ist eine Länge von 4,250 bei einer Breite von 1,135 erforderlich.

4. Bedienung. Auf der Holzrollenwickelmaschine (29d) kann ein Mädchen bedienen:

bei	2400	Yards	8	Köpfe	bei	200	Yards	3 Köpfe
„	1000	„	6	„	„	80	„	2 „
„	500	„	4	„	„	25	„	1 Kopf
„	300	„	4	„				

3k) Vor- und Nachteile der beiden Ausführungen. Die Einstellung des Baines-Weild-Selbstwicklers ist ziemlich umständlich und zeitraubend, weshalb sich diese vorwiegend für große Massenlieferung sehr gut eignet. Diese Maschine führt die Holzrollen selbsttätig zu und bewirkt auch selbst ihr Wegnehmen, was bei der Weildausführung die Wicklerin besorgen muß; die Holzrollen fallen darauf in einen großen Kasten. Die mit 18 Spindeln ausgerüstete Bainesmaschine beansprucht denselben Raum wie der 10spindlige Weildwickler. Zwei Bainesmaschinen zu 36 Spindeln lassen sich leicht durch ein Mädchen bedienen, während sie höchstens 2 Weildwickler zu 20 Spindeln versehen kann. Dieses ist ein großer Vorteil zugunsten der Bainesmaschine, um so mehr, als auch ihre große Lieferung für die Bewältigung von Massenerzeugungen in Betracht kommt.

1c. Die Berechnungen der Röllchenwickler.

c1) Die Windungen einer Schicht je Zoll und die Berechnung ihrer Wechselräder.

1a) Des Selbstwicklers. Die Führungsspindel $3'$ (12_{20}) des Selbstwicklers hat 20 Gänge auf 1 Zoll englisch = 25,4 mm. Die Räderübersetzungen zwischen Antriebswelle und Spulspindel beträgt $126'$ auf $42'$, die der Antriebswelle nach der Leitspindel $a' = 30'$ auf den Wechsel b'. Da nun der Fadenführer Nr. Gänge je 1 Zoll englisch besitzt, so muß die Spulspindel Nr. Umgänge gemacht haben, wenn der Fadenführer sich um einen Zoll verschoben hat. Währenddessen muß aber auch die Leitspindel 20 Umdrehungen ausführen. Mithin hat nach obiger Übersetzung zu gelten: $\dfrac{\text{Nr. }42}{126'} \cdot \dfrac{30'}{b'} = 20$, woraus b' gleich ist: $b' = \dfrac{\text{Nr. }42 \cdot 30}{126 \cdot 20} = \dfrac{\text{Nr.}}{2}$. Mithin ist der zu einem bestimmten Fadenführer gehörige Wechsel gleich der halben Nummer des Fadenführers. Man erhöht oder vermindert die Zähnezahl dieses Wechsels um einen Zahn je nachdem, ob auf der Nährolle zuviel oder zu wenig Garn aufgewunden ist. Ein größerer Wechsel legt den Faden enger, gibt aber mehr Maß. Ein kleinerer Wechsel legt den Faden weiter, gibt aber auch weniger Maß.

1b) Des Handwicklers. Die fehlerhafte Rolle wird in der Handwickelei umgewickelt oder verbessert. Ebenso werden kleine Aufträge dort gearbeitet, namentlich farbige Garne, weshalb die Berechnung des Wechsels gleich hier mitbehandelt werden soll. Die Leitspindel 3' für den Handwickler hat $G = 30$ Gänge je Zoll. Bei einer Umdrehung der Spindel wird daher der Fadenführer um $^1/_{30}$ Zoll verschoben. Zwischen der Leitspindel 3' und der Spulspindel $0_x''$, die auch einen stetigen, gleichförmigen Antrieb bekommt, sind nur zwei Räder a' und b' angeordnet, es fehlt also das Zwischenrad z' (man denke sich $a' = 30'$ auf die verlängerte Spulenwelle $0_x''$ verlegt und unmittelbar mit b' eingreifend). Zum Verändern der Windungen müssen daher beide Räder a' und b' ausgewechselt werden, wobei die Summe ihrer Zähnezahlen immer denselben Wert haben soll, weil der Achsabstand zwischen Spulspindel $0_x''$ und Leitspindel 3' nicht veränderbar ist. Wird die Zähnezahl des Triebes a' auf der Spulspindel verringert, so ist die Zähnezahl des Rades b' auf der Leitspindel zu vergrößern. Das Übersetzungsverhältnis muß so gewählt werden, daß z. B. für den Fadenführer Nr. = 132 bei 132 Umdrehungen der Spule die Spindel $G = 30$ Umgänge macht, damit die Wicklungen sich richtig berühren. Würden weniger Spindelumdrehungen gemacht, so lägen die Fadenwindungen enger aneinander, würden mehr Spindelumgänge erfolgen, so lägen sie weiter auseinander. Weniger Spindelumdrehungen erhält man bei einem kleineren a' und größeren b'. Die Achsenentfernung ist so gewählt, daß die Zähnezahl beider Räder $a' + b' = 80$ beträgt, und es ist so viel Spielraum gelassen, daß bei Rädern mit einem Zahn mehr oder weniger die Übertragung nicht gestört wird. Soll z. B. die Anzahl Windungen auf 1 Zoll englisch berechnet werden mit dem Fadenführer Nr. = 132 und den zwei Rädern $a' = 12'$ und $b' = 68'$ ($12 + 68 = 80$), so mache man folgende Überlegung: Bei 132 Spulenumdrehungen sind die Spindelumdrehungen $\dfrac{132 \cdot 12'}{68'} = 23{,}294$. Bei 1 Spindelumdrehung verschiebt sich der Fadenführer um $^1/G = {}^1/_{30}$ Zoll, bei 23,294 Umdrehungen um $\dfrac{23{,}294}{30} = \dfrac{132 \cdot 12'}{68 \cdot 30}$ Zoll. Auf sie werden 132 Windungen gelegt; mithin gehen auf 1 Zoll eine Anzahl Windungen:

$$W = \frac{132 \cdot 30 \cdot 68'}{132 \cdot 12'} = 30 \cdot \frac{68'}{12'} = 170 = G \cdot \frac{b'}{a'}.$$

Man findet also die Anzahl Windungen W je Zoll, indem man die Anzahl Gänge der Spindel je Zoll (G) mit der Zähnezahl des Spindelrades (b') multipliziert und durch die Zähnezahl (a') des Spulenrades dividiert.

Ist bei einer Musterrolle die Anzahl Windungen W je Zoll durch den Fadenzähler genau ermittelt und soll man dafür die Wechselräder berechnen, so verfahre man, wie folgt:

Aus der Gleichung: $a' + b' = 80$ folgt: $a' = 80 - b'$. Durch Einsetzen dieses Wertes in die obige Gleichung ergibt sich $W = \dfrac{G \cdot b'}{80 - b'}$,

woraus: $W(80 - b') = G \cdot b'$, woraus: $b' = \dfrac{80\,W}{G + W}$.

Für den Handwickler ist: $G = 30$, mithin: $b = \dfrac{80\,W}{30 + W}$, d. h. bei gegebenen Windungen W je Zoll englisch findet man bei angenommenem Spulenrad a' die dazugehörigen Zähnezahlen des Leitspindelrades b', indem man die sich immer gleichbleibende Zähnezahl 80 mit der Anzahl W der Windungen je englisch Zoll auf der Spule multipliziert und durch die Summe aus der Anzahl G der Gewindegänge der Leitspindel je Zoll und der Anzahl Windungen W teilt. Die Zusammenstellung 16d gibt einen Überblick über die Windungen W und die zugehörigen Räder a', b'. Durch Ausproben mit den Rädern wird man bald auf die richtigen Windungen kommen.

c2) Die Berechnung der Anzahl Schichten und ihrer Wechselräder. Seien: D (17_{20}) der äußere Durchmesser der Spule, d der des Kernes des Holzröllchens, h_1 (16_{20}), die Steigung des Fadenführers von Schicht zu Schicht, h (17_{20}) die Windungshöhe und A die Anzahl Schichten, dann ist: $\dfrac{D - d}{2} = h$. Weil das Schaltrad bei jedem Hin- und Hergang des Fadenführers, d. h. an den Umkehrpunkten jeder Schicht um einen Zahn geschaltet wird, so sind die Anzahl Schichten A gleich der doppelten Zähnezahl des Schaltrades: $A = 2 \cdot$ Schaltradzähne. Es ist aber auch: $A = \dfrac{D - d}{2\,h_1}$. Aus beiden Gleichungen folgt: $h_1 = \dfrac{D - d}{2 \cdot 2 \cdot \text{Schaltrad}}$.

Der Fadendurchmesser: $d_1 = \dfrac{1\,\text{Zoll}}{\text{Windungen je Zoll}} = \dfrac{25,4}{\text{Windungen je Zoll}}$. Weil die Windungen je Zoll = Nr. des Fadenführers sind, so folgt: $d_1 = \dfrac{25,4}{\text{Nr.}}$. Es ist aber nach S. 336 Nr. $= 2b'$; mithin: $d_1 = \dfrac{25,4}{2\,b'}$.

Nach S. 332 ist: $h_1 = d_1 \cdot 0{,}70095 = \dfrac{25,4}{2\,b'} \cdot 0{,}70095$. Beide Werte für h_1 einander gleichgesetzt gibt:

$$\frac{D - d}{2 \cdot 2 \cdot \text{Schaltrad}} = \frac{25,4}{2\,b'} \cdot 0{,}70095.$$

Hieraus ergibt sich das

$$\text{Schaltrad} = \frac{(D - d) \cdot b'}{2 \cdot 25,4 \cdot 0{,}70095} = (D - d) \cdot 0{,}028084\,b'.$$

Hieraus folgt:

$$\text{Wechselrad } b' = \frac{\text{Schaltrad}}{(D - d) \cdot 0{,}028084} = \frac{\text{Schaltrad}}{D - d} \cdot 35{,}6075.$$

Wird statt des Wechsels b' die Nr. des Fadenführers aus der Formel $b' = \dfrac{\text{Nr.}}{2}$ eingesetzt, so ergibt sich:

$$\frac{\text{Nr.}}{2} = \frac{\text{Schaltrad}}{D-d} \cdot 35{,}6075,$$

woraus folgt:

$$\text{Fadenführer Nr.} = \frac{\text{Schaltrad}}{D-d} \cdot 71{,}215.$$

Mit diesen Formeln berechnet man sich die Tafel 17_d z. B. für vierfache Garne.

c3) Die Berechnung des Fadendurchmessers und des Inhalts der Röllchen; ihre Abmessungen. Der Inhalt des Röllchens ist für die Wickelei maßgebend. Nach dem Guldinschen Gesetz ist der Inhalt I dieses Drehkörpers gleich der Querschnittsfläche f mal dem Weg ihres Schwerpunktes bei einer Umdrehung. Die Drehfläche ist ein Trapez mit den Abmessungen D (17_{20}), d, h, a und b:

$$f = \frac{a+b}{2} \cdot h = \frac{a+b}{2} \cdot \frac{D-d}{2}.$$

Sein Schwerpunkt liegt in einer Entfernung e von der Röllchenachse, die gleich ist:

$$e = \frac{d}{2} + \frac{2a+b}{a+b} \cdot \frac{h}{3} = \frac{d}{2} + \frac{2a+b}{a+b} \cdot \frac{D-d}{6}.$$

Der Inhalt I des Drehkörpers mit dieser Trapezfläche ist gleich:

$$I = 2 \cdot 3{,}1416 \cdot e \cdot f = 2 \cdot 3{,}1416 \cdot \left(\frac{d}{2} + \frac{2a+b}{a+b} \cdot \frac{D-d}{6} \right) \frac{a+b}{2} \cdot \frac{D-d}{2}$$

$$I = 2 \cdot 3{,}1416 \cdot \frac{3d(a+b) + (2a+b)(D-d)}{6(a+b)} \cdot \frac{(a+b)(D-d)}{4} =$$

$$I = \frac{2 \cdot 3{,}1416}{24} \cdot \left[\frac{3d(a+b)(a+b)(D-d)}{a+b} + \frac{(2a+b)(D-d)(a+b)(D-d)}{a+b} \right]$$

$$I = 0{,}2618 (D-d) [3d(a+b) + (2a+b)(D-d)].$$

Haben wir z. B. eine Rolle für 1000 Yards $= 914383$ mm mit einem Garn von dem Durchmesser d_1 zu wickeln, so beträgt ihr Inhalt I:

$$I = \frac{914383 \cdot 3{,}1416}{4} \cdot d_1^2 = 718167{,}1936 \cdot d_1^2.$$

Beide Werte einander gleichgesetzt, ergibt:

$$0{,}2618 (D-d) [3d(a+b) + (2a+b)(D-d)] = 718167{,}1936 \cdot d_1^2.$$

Aus dieser Formel läßt sich eine Größe bestimmen, wenn die übrigen bekannt sind. So ergibt sich der Fadendurchmesser zu:

$$d_1 = \sqrt{\frac{0{,}2618\,(D-d)}{718167{,}1936} \cdot [3\,d\,(a+b) + (2\,a+b)\,(D-d)]}$$

$$d_1 = \frac{1}{1935{,}6} \sqrt{(D-d)\,[3\,d\,(a+b) + (2\,a+b)\,(D-d)]}.$$

Für Zwirn $N_e = 50/4$ ist der Rolleninhalt 42569 mm³. Mithin ergibt sich als Durchmesser des Fadens: $d_1 = 0{,}255$; dieser Wert stimmt mit dem in der Tafel 17_d angegebenen bis auf $1/_{1000}$ mm überein. Ist der Durchmesser des Fadens bekannt, so lassen sich die Abmessungen der Holzrolle leicht berechnen. Für die jetzt in Deutschland übliche Aufmachung in m wird diese Formel für 1000-m-Rollen übergehen in:

$$I = \frac{1\,000\,000 \cdot 3{,}1416}{4} \cdot d_1{}^2 = 785\,400 \cdot d_1{}^2$$

und daraus wie vorher:

$$0{,}2618 \cdot (D-d)\,[3\,d\,(a+b) + (2\,a+b)\,(D-d)] = 785\,400 \cdot d_1{}^2,$$

so daß:

$$d_1 = \frac{1}{1732{,}3} \sqrt{(D-d)\,[3\,d\,(a+b) + (2\,a+b)\,(D-d)]}.$$

1d. Das Paraffinieren des Nähfadens auf dem Wickler. Um den Faden gleichmäßig zu spannen, läuft er von der Scheibenspule über Fadenführerbremsen, die als Kugelbremsen oder Scheibenbremsen ausgebildet sind. In den Kugelbremsen muß man dauernd die Kugeln ändern, je nach der Nummer, die man wickelt. Mit den Scheibenbremsen hat man diesen Übelstand nicht. Es muß nur darauf geachtet werden, daß der Faden nicht einschneidet oder sich zwischen den Scheiben Unreinigkeiten einsetzen, wodurch die Bremsung leidet. Um den Faden geschmeidig zu machen, wenden manche Zwirnereien bei der Bremsung eine Paraffinierung des Fadens an. Dazu läuft der von einem Führer geleitete Faden 0 (15_{20}) über die Rolle $1''$ zwischen den federnd gegeneinander wirkenden Paraffinscheiben $2''$, die über die Räder $3'$, $4'$ von der Fadenrolle $5''$ getrieben werden, hindurch. Auch mit Ölzufuhr (flüssiges Paraffin, säurefreie, geruch- und farblose Öle wie Vaselinöl, Knochenöl oder sonstige Textilöle und oft Seifenwasserlösung mit Ammoniak) verbundene Paraffiniervorrichtungen sind zum Geschmeidigmachen der Garne in Gebrauch (15, 202).

1e. Die Prüfung der Nährollen auf richtige Fadenlänge. Das Garn der Zwirnrollen muß auf genaue Länge geprüft werden. Dieses geschieht nach jedem neuen Anstecken und außerdem müssen sich der Meister und der leitende Beamte davon überzeugen, daß sich im Laufe der Bearbeitung diese Längenmaße nicht geändert haben. Durch Abnützen der Formplatte in der Wickelei, durch Verstellen des einen oder des anderen Vorgangs können Veränderungen vorkommen. Zur Längenprüfung dient eine Meßrolle. Der Umfang der Meßrolle ist genau 1 Yard = 0,91438 m. Auf die Meßrolle drückt eine andere schwere Walze und zwischen beiden wird der Faden hindurchgeführt. Die Umdrehungen der Yardrolle wird durch eine Uhr angezeigt, auf welcher gleich die durchlaufenden Yards abzulesen sind. Empfehlenswert sind die Meßrollen, durch die gleichzeitig die Spannung des durchlaufenden Fadens angezeigt wird (15, 31 b, 200).

1 f. Die Holzrollen. Diese müssen außerordentlich genau und gleichmäßig gearbeitet sein; sie werden bei Eingang der Sendung mittels Schablonen geprüft, die man sich nach dem Umriß der Rolle herstellt. Die inneren, schrägen Seiten müssen vor allen Dingen schnurgerade gearbeitet sein, weil sonst beim Wickeln schlechte Ränder entstehen. Auf der einen Seite ist der Flansch gerade, auf der andern abgeschrägt. Die gerade Fläche muß vorhanden sein, um bei Fertigstellung der Wicklung und nach Einschneiden eines Schlitzes den Faden in ihn einführen zu können. Einige Zwirnereien stellen sich die Holzrollen selbst her, andere beziehen die Holzrollen namentlich aus Finnland, weil sich dafür dort das geeignetste Holz in großen Mengen vorfindet. Vor allen Dingen ist notwendig, daß das Holz sehr gut ausgetrocknet ist, damit sich die Holzrollen in keiner Weise werfen. Krumm gezogene Holzrollen sind zur Wickelei ungeeignet. Für besondere Zwecke und um die Güten der Zwirne auseinanderzuhalten, färbt man die Holzrollen. Man poliert sie auch dann noch in großen Trommeln unter Beigabe von Kolophonium in Stücken.

1 g. Wickelfehler und Übelstände, die beim Wickeln auftreten, sind

g 1) *schlechte Ränder.* Diese werden durch falsche Einstellung der Formplatte oder durch schlecht passende Holzrollen verursacht.

g 2) *Rissige Stellen;* diese können durch einen falschen Wechsel entstehen. Man muß die Windungen enger legen, wobei aber zu beachten ist, daß dann mehr Faden auf die Holzrolle gewickelt wird. Um dieses zu vermeiden, wird ein kleineres Schaltrad eingesetzt, was aber den Übelstand zur Folge hat, daß die Rolle nicht genügend gefüllt ist. Um beiden Anforderungen gerecht zu werden, müßte man den Rolleninhalt ändern.

g 3) *Das Hohlwickeln* der Rolle, hervorgerufen durch ein falsches Schaltrad. Die Steigung ist zu groß, man muß ein Schaltrad mit kleinerer Schaltung verwenden. Um aber dieselbe Holzrolle zu füllen, ist ein anderer Wechsel anzuwenden, wodurch wiederum die Anzahl der Lagen sich erhöht und damit auch die Länge des aufzuwindenden Fadens. Weil diese Abhilfe für die Fabrik ein Nachteil wäre, so sind auch hier die Abmessungen der Holzrolle zu ändern.

g4) Loser Wickel. In gewickeltem Zustand tritt bei längerem Lagern der Holzrollen ein Lockern des Zwirnes infolge der Austrocknung auf der Holzrolle ein; der ganze Wickelkörper liegt lose auf der Holzrolle und dreht sich um den Kern der Holzrolle. Dieser Fehler entsteht durch Wickeln von nicht vollständig getrocknetem Zwirn.

b2. **Die Maschinen zum Bewickeln von Papphülsen, Karten und Stern-, Zackenflächen.** Die Wickelgebilde, welche auf diesen Maschinen erhalten werden, sind dargestellt durch die Abb. 10, 11, 13, 14, 15_3. Viel verwendet für die Großnäherei ist die Kreuzspule $0''$ (11_3); bei ihr liegt Faden an Faden in mehrfacher Kreuzung über die ganze Länge. Zur Bezeichnung drückt man das Fabrikzeichen, die Nummer und die Marke durch eine eigene, kleine Druckmaschine (20) in der Zwirnerei auf.

2a. Die Kreuzwickelmaschinen wurden auf S. $38 \div 42$ behandelt.

2b. Die Kärtchenwickelmaschine. Zur Aufnahme der mit abgerundeten Flügelecken versehenen Kärtchen *1* (10, $10\,a_{23}$) dient ein Rechen mit 4 Längsreihen zu je 10 Federkluppen *2*, der mit Lagerzapfen und Handgriff *3* versehen ist. Nach dem Bestecken mit Kärtchen *1* wird der Rahmen *2, 3* mit *3* in den Gabelhebel *4, 5, 6_x* der Maschine eingesetzt, welche 10 Flügelspindeln $7''$ hat, die über die Schraubenräder $22'$, $22'$ und die Riemenscheibe $8''$ vom Riemen *9* getrieben werden. Die $8''$ macht 250 Umdrehungen in der Minute. Die Kärtchenhalter *2, 3* werden in den Flügelspindeln $7''$ gut ausgerichtet. Das von einer Spule $0''$ im Aufsteckrahmen *10* kommende Garn *0* geht über die Leitstange *11!*, den den Garnbedarf ausgleichenden Federhaken 12_0, die Leitstangen *13!, 14!* durch die hohle Welle $7_x''$ des Flügels $7''$ über zwei Ösen *7* am Flügelarm auf das Kärtchen *1*, wo es festgemacht wird.

Die Verschiebung der $1 \div 6_x$ erfolgt über die Stange *5, 15, $16''$* durch das Exzenter $17''$, das über die Räderverbindung $30' \div 60'$, z', $55'$—$90'$; $55' \backsim 145'$, $21' \leftharpoondown 60'$; $40'$—$60'$—$80'$, z', $80'$—$60'$—$40'$; $60'$, $1'$; $32'$, $32'$ von der Welle $8_x''$ getrieben wird.

Nach fertigem Bewickeln stellt die Maschine selbsttätig ab, der Rechen macht $1/4$-Umdrehung um seine Achse, und die Bewicklung der zweiten Kärtchenreihe beginnt ohne weiteres Ansetzen des Fadens, indem dieser vom fertigen Kärtchen auf das leere von selbst hinübergeleitet wird. In 4 Zeiten sind alle 40 Kärtchen bewickelt, der Rechen wird durch einen mit leeren Kärtchen aufgesteckten ersetzt und die vollen Kärtchen des ersten Rechens auf einem besonderen Bock durch leere ausgewechselt. Die Lieferung der so stetig arbeitenden Maschine beträgt je nach der Fadenlänge und der Geschicklichkeit der Arbeiterin $2000 \div 2800$ Kärtchen in 8 Stunden. Die Fadenlängen $10 \div 60$ m, sowie die Anzahl Lagen $1 \div 3$ werden durch Wechselräder bestimmt. Der Kraftverbrauch beträgt $1/4$ PS, die Länge 1600 mm, die Breite 700 mm (15, 35).

2c. Die Sternwickel- oder Zackenwickelmaschine hat 10 Spindeln mit 100 mm Teilung; ihre Antriebswelle macht 450 Umdrehungen in der Minute.

Das zu bewickelnde Stern- oder Zackenkärtchen *1* (15_3, 11a, 11_{23}) wird über den Zapfen *2* der senkrechten Welle $3_x''$ gelegt und durch den Stempel *4''*, *4!*, *4* mit Hilfe der Feder 5_0! auf sie gepreßt. Seine ruckweise Drehung erhält das *1* über die beiden Schraubenräder *6'*, *7'*, das Schaltrad *8'* und den Schalthebel $8_x'$, *9*, *10* mit Klinke *9*, *11* und Rolle *12''* vom Exzenter *13''*, das über die Zahnräder *14'*, *z'*, *15'—i'*, *i'* und die Riemenscheiben *16''* vom Riemen *R* gedreht wird. Ebenfalls über *16''—i'*, *i'* und durch die beiden Schraubenräder *17'*, *18'* erhält die hohle Flügelspindel $18_x'$, *19''* mit Fadenöse *19* ihren Antrieb, wodurch das Garn *0*, das durch $18_x'$ und *19* läuft, auf das *1* aufgewickelt wird. Um die Maschine bei fertig gewickeltem Kärtchen *1* abzustellen, wird die Riemengabel *20*, 21^x, *22* mit Klinke 21^x, *23* und Federhebel *24*, 25_x, *26—27₀* in der Weise geschaltet, daß über den Schneckenantrieb *1'*, *28'* eine Kettenrolle *29'* gedreht wird, über die eine Kette *30* mit Nocken *31*, gespannt von der Gewichtsrolle *32''*, 33_0, läuft und nach einer Umdrehung die Klinke 21^x, *23* aus ihrer Rast *34* hebt. Dadurch verschiebt sich unter der Wirkung von *27₀* die *20÷22* und schaltet den *R* von $16_I''$ auf $16_I''$. Durch Wahl der Glieder der Kette *30* kann die aufgewickelte Länge leicht abgeändert werden.

Der Kraftbedarf der Maschine ist ¼ PS, der Platzbedarf 1450 mm · 450 mm; die Lieferung in 8 Stunden schwankt zwischen 800 und 1600 Sternen je nach der Fadenlänge und der Geschicklichkeit der Arbeiterin (15, 35).

b3. **Die Knäuelwickler** dienen nur zur Wickelei des Häkel- und Stopfgarnes. Auch diese Maschinen sind ganz eingehend auf S. 130÷136 beschrieben. Bei den Handknäuelmaschinen muß die Arbeiterin nach beendigtem Wickeln das Vorstechen des Garnes und Wiederansetzen zum neuen Knäuel besorgen. Bei den Selbstknäuelern wird nicht nur der Knäuel gebildet, sondern auch das Vorstechen, das Abschneiden des Garnes und das Wiederansetzen geschehen selbsttätig (200).

Ac) Das Auszeichnen (Etikettieren).

c1. **Der Nähfaden auf Holzrollen.** Die in einem Blechkasten vorrätigen Röllchen bewegen sich, durch einen endlosen Lederriemen geführt, zu einer Einlaufrinne, in der sie bis auf den Arbeitstisch gleiten und dort während eines kurzen Stillstandes zunächst mit der Eindruckstempelmarke (ohne Einfärbung) versehen werden. Dieser besteht in Nummern, um bei fehlerhaften Rollen die Arbeiterin ermitteln und feststellen zu können, ob falsches Garn gewickelt worden ist. Von hier aus wandern die Spulen in eine zweite Arbeitstellung, wo sie auf beiden Seiten mit Papierscheibchen (Etiketten) beklebt werden. Diese sind in von Zeit zu Zeit nachzufüllenden Behältern aufgestapelt; jedes einzelne Papierchen wird angesaugt, hierauf mit Klebstoff angefeuchtet und dann an das Röllchen gepreßt. Die aufgeklebten Marken erhalten durch eine Führung zwischen Filzbändern eine Nachpressung. Die Arbeit geht vollständig selbsttätig vor sich. Die Arbeiterin braucht nur die Röllchen und Papierbehälter nachzufüllen und den Abzug der bezeichneten Fadenrollen zu überwachen. In der Minute werden 70 Röllchen mit Kennscheibchen versehen, die $20 \div 32$ mm Durchmesser haben. Aber auch Scheibchen unter 20 mm können verwendet werden, nachdem der Saugkopf ausgewechselt wurde. Die Umstellung der Maschine von einer Spulensorte auf die andere kann von einem Arbeiter in der kürzesten Zeit vorgenommen werden. Die Maschine kommt arbeitsfertig zum Versand; eine genaue Anleitung zur Inbetriebsetzung ist beigegeben, so daß jeder Meister imstande ist, die Maschine betriebsbereit zu machen. Nähere Angaben über Lieferung, Umdrehungen, Raum- und Kraftbedarf sind aus der Zusammenstellung 4_e zu ersehen (203). Das Kennscheibchen der einen Röllchenseite gibt an die Nummer des Nähfadens, den Hersteller und die Verwendung, das der anderen Seite den Hersteller, die Länge und oft die Klasse prima oder secunda.

Die Nummer auf der Kennscheibe stimmt nicht mit der verwendeten Gespinstnummer überein; auch sind sie nicht einheitlich in den einzelnen Nähfadenfabriken; sie weichen immer um einige Nummern voneinander ab. Man benützt allgemein für weißen Nähfaden eine gröbere Gespinstnummer als für schwarzen, weil man den Bleichverlust bei weiß berücksichtigt. Die Zusammenstellung 5_e gibt die verwendeten Gespinstnummern gegenüber den üblichen Etikettnummern.

c2. Der Nähgarne und der übrigen Zwirne auf Papphülsen und Scheiben. Um den Kreuzwickel legt man ein sog. Umband. Das ist ein Streifen Papier, der so breit wie der Wickelkörper ist. Zur Befestigung dieses Umbandes wird das Etikett genommen, welches die Nummer und Länge des Garnes aufgedruckt hat, während auf dem Umband selbst meistens der Hersteller und die Gütebezeichnung steht.

c3. Der Häkel-, Strick-, Stick- und Stopfgarnknäuel. Das Auszeichnen dieser Garne geschieht durch Angabe der Gespinstnummer; in den Knäuel wird kurz vor seiner Fertigstellung die Kennscheibe eingearbeitet; sie gibt den Namen des Herstellers, den Verwendungszweck, die Länge und die Gütenklasse des Garnes an.

A d) **Die Festigkeitsprüfung der Zwirne.** Die Festigkeitsprüfung der Zwirne wird auf den auf S. $21 \div 24$ beschriebenen Meßvorrichtungen durchgeführt; die Ergebnisse werden in Reihen zusammengestellt, wie dieses für Nähgarne aus Tafel 18_d ersichtlich ist. Um zu ermitteln, ob der Zwirn durch das Bleichen, Färben, Merzerisieren, Glänzen und Wickeln an Zerreißwiderstand eingebüßt hat, vergleiche diese Werte mit denen der Zusammenstellung für den Rohzwirn. Bekanntlich erfolgen in den Fabriken drei Festigkeitsermittlungen: 1. des Gespinstes bei der Einlieferung in die Zwirnerei; 2. des Rohzwirnes vor seiner Übergabe in die Naßbehandlung und 3. des gewickelten Zwirnes vor seiner Ablieferung an die Verpackung. Aus der Zusammenstellung 18_d ersieht man, daß die schwarzen Zwirne weniger halten als die weißen, was sich daraus ergibt, daß die Bleiche durch das Entfernen des öligen Überzuges und das Zusammenschrumpfen der Fasern dem Zwirn eine höhere Festigkeit verleiht.

A e) Das Verpacken der Zwirne.

e1. Der Nähgarne:

1a. Auf Röllchen und auf Kreuzwickeln. Diese werden zu Dutzenden, und diese zu Gros verpackt. Jedes Dutzendpaket und jedes Grospaket trägt seitlich in langen Streifenbändern ebenfalls die Bezeichnung nach Nummer, Länge und Güteklassen.

Um sich bei einer bestimmten Anzahl Gros das erforderliche Garngewicht zu bestimmen, dient die Zusammenstellung der wirklichen Gewichte von 1000 Yards in Gramm 10_e.

Zum Vergleich ist auch die Zusammenstellung der berechneten Gewichte von 1000 Yards in Gramm Tafel 6_e oft erwünscht. Die letztere wird aus den angegebenen Garnnummern nach der bekannten Formel: Gewicht gleich Länge (1000 Yards) geteilt durch die englische Nummer (N_e) mal Numerierungszahl ($k_e = 1{,}8519$) erhalten. Diese Zusammenstellungen können auch zur Feststellung benutzt werden, ob auch aus der Gewichtszahl die richtige Anzahl Gros, Dutzend und Stück abgeliefert wurden.

Für die jetzt in Deutschland übliche Verpackung werden die Rollen in Packen stets zu 10 Rollen und 10 solcher zu Hunderter zusammengebündelt. Es ergibt sich z. B. für die N_e 20 bei Fachung 2 das berechnete Gewicht ohne Einzwirnung einer Spule zu 1000 m aus der Formel: $p = l : k \cdot N = 1000 \cdot 2 : 1{,}69338 \cdot 20 = 59{,}054$ g.

In 100 kg sind also enthalten: $100 : 0{,}059054 = 16$ Hunderter, 9 Zehner und 3 Einer. Genauere Werte werden aus dem wirklichen Gewicht der Spule gewonnen.

Ferner wird es in Nähgarnfabriken vorteilhaft sein, aus der Zusammenstellung 18*f* die Rollenzahl in Hunderter, Zehner und Einer für ein bestimmtes Gewicht (z. B. für 100 kg) ermitteln zu können.

1b. Auf Sternen-Zackenscheibchen.

e2. Der übrigen Zwirne.

A f) Die Abfälle bei der Herstellung des Nähfadens in Hundertstel der Garnlieferung können im Mittel, wie folgt, angenommen werden: Gespinstspulerei 0,28; Zwirnerei 2,137; Bäumerei, Spulerei, Glänzerei 0,427; Wickelei 0.388 — Gesamtabfälle 3,232.

VI. Die umwickelten Gute und Zierzwirne.

VI A. Die Arten.

Als umwickelte Gute, zu denen die Zierzwirne gehören, werden Gebilde aus mindestens zwei Bestandteilen bezeichnet, von denen der eine a ($1 \div 25_{21}$) bei der Herstellung mit stetiger, gleichförmiger Geschwindigkeit ($1 \div 5$, $12 \div 14$, 16, 17, $19 \div 24_{21}$) oder mit unterbrochener Bewegung (6, $8 \div 10$, 15, 25_{21}) oder mit gleichförmiger, gefolgt von einer langsameren, verzögerten und dann beschleunigten Geschwindigkeit (7, 11_{21}) durch das Zwirnen geht, während der andere b, je nach der Geschwindigkeit, die a bei der Zierbildung hat, in gleichmäßiger stetiger oder in gleichmäßiger unterbrochener oder in veränderlicher Geschwindigkeit senkrecht auf a aufläuft. Bei gleichförmigen, aber verschieden großen Geschwindigkeiten der a und b entsteht das umwickelte Gut mit geschlossener Wicklung, wobei der innere a (1_{21}) oft Seele heißt, wenn er durch seine kleine Geschwindigkeit von den Schraubenwindungen des andern b vollständig bedeckt ist. Sind beide Bestandteile verschiedennaturig, z. B. die Seele a aus Metall und die Wicklungen b aus Gespinst oder Zwirn, so wird das Gebilde als Draht für elektrische Leitungen verwendet. Besteht die Umhüllung b aus Metall und die Seele a aus einem dicken Gespinst (Schappe), so dient dieses Gebilde, das wegen der dicken Seele a reich bei geringen Herstellungskosten erscheint, zur Erzeugung von Tressen, Quasten und in Bildgeweben (Gobelins), sowie in Modewaren. Ist der Draht geglättet oder geplättet (flach gewalzt), sog. Plätte, so heißen diese Erzeugnisse plattiert oder Lahn (Goldlahn, Silberlahn). Mit unechtem Draht, d. h. Kupfer mit Gold- bzw. Silberüberzug, wird der Lahn als unechter oder leonischer bezeichnet, nach der spanischen Stadt Leon, wo er zuerst hergestellt wurde, oder als lyonischer, nach Lyon, einem bedeutenden Lahnerzeugungsort. Mit Flitter (sehr dünne Messingplätte) umwickelte Gespinste gehen als Flitterzierzwirn.

Berühren sich die Wicklungen nicht, die offene Wicklung oder bilden sie beim Umwickeln Ausbuchtungen ($2 \div 17$, $19 \div 25_{21}$) und sind beide Bestandteile a, b Gespinste, welche je nach ihren Rohstoffen, Farben, Dicken, Drehungsrichtungen und ihren Gestaltungen besondere Wirkungen auf das Auge und das Anfühlen hervorrufen, so heißen die Gute Zier-, Phantasie- oder Effektzwirne.

Zur Festlegung dieser Zierwirkungen, Zieren, wird das Gebilde a, b (z. B. 12, 13, 15, 17, 24_{21}) entweder auf einer zweiten Zwirnmaschine mit einem dünnen Gespinst c verzwirnt oder von ihm umwickelt oder in Ausnahmefälle schon bei der Herstellung auf der ersten Maschine (17_{21}) damit versehen.

In den Darstellungen der Zierzwirne wird der Klarheit wegen c meistens weggelassen, die Zier jedoch gezeigt, wie sie mit c sich darbietet.

Verschiedene Rohstoffe und Farben sind im Einfarbendruck schematisch nicht darstellbar, wohl aber verschiedene Gespinstdicken und Gestaltungen. So zeigt 2_{21} einen Zierzwirn mit gleich dicken, meist verschieden gefärbten Gespinsten a, b. Er geht mehrfach oft als gesprenkelter, melierter, bunter Zierzwirn; einfarbig heißt er manchmal gemühlter (moulinierter) Zwirn. Werden jaspierte Gespinste a, b, die auf der Spinnmaschine aus zwei ungleichfarbigen Lunten entstanden, verzwirnt, so entsteht der jaspierte Zierzwirn, oft jaspiert-gemühlt (jaspé-mouliné) genannt. Sind die Gespinste bedruckt, so ergibt sich der gescheckte Zwirn. Ist die Spinnmaschinenlunte bedruckt, so ergibt sich durch das Verziehen eine Farbenwirkung, welche auch als jaspiert-gemühlt (jaspé-mouliné) bezeichnet wird; dementsprechend wird auch der aus solchen Gespinsten hergestellte Zwirn benannt. Dienten in der Vorbereitung der Spinnerei bedruckte Bänder zur Herstellung der nach ihren Erfinder Vigoureux genannten Gespinste, die eine prickelnde Sehwirkung hervorrufen, so kennzeichnet man gleichlautend auch diesen Zierzwirn. Werden zwei entgegengesetzt gedrehte Gespinste a, b ($3a_{21}$) zugeführt, so dreht sich das eine beim Zwirnen zu und verkürzt sich, das andere auf und verlängert sich, wodurch letzteres sich wölbt und der Zwirn wie aus lauter aneinander gereihten Perlen erscheint und deshalb als Perl- oder Krauszwirn bezeichnet wird. 3_{21} gibt einen solchen Zwirn, indem das dünne Grundgespinst a von einem dicken Zwirngespinst b umwickelt ist. 4_{21} stellt ein Gebilde dar aus einem dicken a und einem dünnen b; weil durch ungleiche Dicken in a spiralige Wirkungen entstehen, so heißt letzterer auch oft Spiralzwirn. 5_{21}, hier sind zwei b entgegengesetzt um a gewickelt, weshalb dieser Zwirn oft Kreuzzwirn heißt. Alle diese Zierzwirne gehen auch als Schraubenzierzwirne im Handel. Wird das a (6_{21}) ruckweise bewegt, so entstehen an den Stellen der großen Geschwindigkeit Steilwindungen des b um das a, und an den Stellen des Stillstandes von a bei gleichdicken oder dickeren b überhäufte Wicklungen des b, die ähnlich sind einer Noppe, einem Fasergewirr bis zu Gerstenkorngröße, das bei zu naher Einstellung des Vorreißers zu den Roststäben oder zu weiter der Nadelbeschläge der Karden als Fehler dort auftritt. Mit plötzlich verringerter gleichförmiger Geschwindigkeit des a (7_{21}) bilden sich hülsenartige Wicklungen des b. Bei dünnem b (8_{21}) und weichem, dickem a sind auf a Einschnürungen statt Noppen bei der kleinen Geschwindigkeit des a wahrnehmbar. Werden zwei b

(9_{21}) verwendet, so können sich die Noppen abwechselnd in gleichen oder verschiedenen Abständen folgen. 10_{21} zeigt einen Zierzwirn mit Doppelnoppen. Bei verzögertem und dann beschleunigtem Durchgang des a (11_{21}) entstehen auf ihm Gespinstflammen bei gleichbleibender Auflaufgeschwindigkeit des b. Mit gleichförmiger Mehrlieferung an steifem b (12_{21}), z. B. Mohairgespinst, staut sich dieses, weil es vom dünnen zweiten Gespinst nicht mitgenommen wird und überschlägt sich zu einer kleineren oder größeren Schleife. Über die Kreuzung der Schleifenausläufe legt sich sofort das Grundgespinst, hält die Schleife fest und führt sie weiter, worauf die folgende Schleife auf dieselbe Weise gebildet wird. Diese werden an das durchziehende, geschmeidige a auf derselben (12_{21}) oder verschiedener Seite (13_{21}) angelegt und mit ihm verzwirnt. Um das Festlegen der Schleifen zu erleichtern, verwendet man meist zwei Grundgespinste. Mit gleichförmiger Geschwindigkeit des a und kleinen Schleifen des b (14_{21}) schnürt das Wickelgespinst c beim nachfolgenden Verzwirnen oder Umwickeln die Schleifen an das a, so daß a wie mit Knoten, Körnern oder Perlen besät erscheint und deshalb auch Knoten-, Körner- oder Perlzierzwirn heißt; bei großen Schleifen bilden sich dabei die durchsichtigen, offenen Schleifen (12, 13_{21}), der Schleifenzierzwirn. Bei ruckweiser Bewegung des a (15_{21}) entstehen während des Laufes auf a durch b Schrauben mit starken Steigungen und beim Stillstand Schleifenanhäufungen. Wird statt eines harten ein weiches, sehr stark gedrehtes b (16_{21}) verwendet, so zwirnen sich die Schleifen bei der Herstellung zu Schlingen um das a. Bei immer auf derselben Seite des mit großer Geschwindigkeit zugeführten b (17_{21}) schieben sich die Schleifen gewissermaßen ineinander, wodurch, weil sie in demselben Arbeitsgang unmittelbar nach ihrer Bildung durch c an das a festgelegt werden, das Schleifengebilde krimmerartig aussieht.

Bei diesen verschiedenen Zierzwirnen entstehen die Ziere aus einem zusammenhängenden Gespinst, das beim Zerlegen des Zierzwirnes wieder das Gespinst ergibt. Davon abweichend sind die Raupen- (französisch: Chenille-)Zwirne mit Gespinststückchen, die senkrecht zur Richtung des Zwirnes aus ihm hinausragen, gekennzeichnet. Diese Raupenzwirne werden auf zwei Arten erhalten, entweder dadurch, daß das Schußgespinst e (18_{21}) nach Eintragen in die auseinander liegenden Kettfadengruppen f auf dem Webstuhl sofort oder auf einer besonderen Schneidmaschine (204) zwischen den Fadengruppen f durchschnitten, die Streifen auf einer Zwirnmaschine mit wenig Zwirndraht als Raupengarn ausgebildet und nachher um oder durch eine glühende Metallröhre geführt werden oder dadurch, daß die Zwirnmaschine versehen ist mit einer Schneidvorrichtung (45_{21}), durch die das Gespinst zerschnitten wird und mit einer Zuführung, welche die Fadenstückchen senkrecht zum Zwirn in die sich zusammenzwirnenden Einzelgarne bringt, so daß der Zierzwirn (19_{21}) raupenartig erscheint.

Was nun die Wirkungen durch die Gestalt des Ziergespinstes anbetrifft, so können statt glatter Ziergespinste, mit Noppen unregelmäßig besäte Fasergebilde Verwendung finden, deren Noppen auf dem Krempelvlies oder durch ruckweises Abreißen einer kurzfaserigen Lunte d (20_{21}) in einer mit Streckwerk versehenen Zierzwirnmaschine und durch Einzwirnen in das a entstehen. Derartige Zierzwirne heißen Lunten-Noppenzwirne. Bei Verwendung langfaseriger Lunten d (21_{21}) und bei länger dauernder Streckwirkung ergeben sich die Lunten-Flammenzwirne.

Die vorstehenden Zierwirkungen können in vielen Mischungen und in allen Farben miteinander verbunden werden. So stellt 22_{21} einen Zierzwirn dar, der aus zwei verschieden gefärbten Luntenflammen entstanden ist. Durch straffe Grundfäden lassen sich die eingeschnürten Flammenwirkungen (23_{21}) erreichen. Flammen und Schleifen ergeben den Zierzwirn 24_{21}. Aus Flammen und Noppen besteht der Zierzwirn 25_{21}.

VI B. Die Maschinen.

B a) **Die Maschinen zur Herstellung der umwickelten Gute mit geschlossener Wicklung.**

a 1. **Ihre Einteilung.** Sie kann erfolgen nach den Eigenschaften der Gute in Maschinen für undehnbares (Metalle), wenig dehnbares (Gespinste) und dehnbares (Gummi) Gut; ferner nach der Lage der Umwickelvorrichtung in Maschinen: a) mit waagerecht angeordneter und b) mit lotrecht stehender Umwickelvorrichtung (205).

1 a. Maschinen mit waagerecht angeordneter Umwickelvorrichtung.

a 1) Die Bewegung der Seele. Von der durch die Schnur 1 (26_{21}) mit Gewicht 2_0 gebremsten Spule $3''$, die auf dem Stift 4 aufgesteckt ist, läuft die Seele a durch die beiden Zuführwalzen $5''$, $5_0''$, durch die feststehende Hülse 6, den Fadenführer $7!$, durch die Zylinder $8''$, $8_0''$, den Fadenführer $9!$, 10^x, 11, auf die Flanschenhülse $12''$, welche in zwei Hebeln 13_0, 14_x gehalten und durch ihr Gewicht auf die Wickelwalze $15''$ gepreßt wird, so daß sie deren Geschwindigkeit hat. Der Fadenführer $9!$, 10^x, 11 verteilt das Gut auf die Spule $12''$; er ist auf einem Schlitten 16 ausgebildet, der sich in der Führung 17 hin und her verschiebt; sein Hub ist gleich dem Abstand der beiden Flanschen der $12''$. Der Antrieb der verschiedenen Walzen geschieht durch Riemen 19 auf die Scheibe $18''$ und die Räderverbindung $21'$, $22'$ auf $5''$, $5_0''$; durch $21'$ auf $20'$; $23'$, $24'$—$25'$, $26'$ auf $15''$ und durch $27'$, $28'$—$29'$, z', $30'$ auf $8''$, $8_0''$. Der Antrieb auf den Wickelflügel erfolgt durch die Reibscheiben $31''$, $32''$, über den Keil 33 auf die Hülse $34''$, welche den Gespinstführer $35!$ trägt. Zur Erzielung der notwendigen Drehzahl des $35!$ wird $32''$ über $36''$, 37, 38, 39, $40'$, durch die Handhabe $41''$ längs der Stange *42* verschoben, wodurch ein anderer Durchmesser von *31''* auf *32''* einwirkt.

a2) Das Umwickeln der Seele. Der von der Spule *43''* ablaufende Wickelfaden *c* geht über *35!* zum Führer *7!* auf die Seele *a*.

1b. Maschine mit lotrecht angeordneter Umwickelvorrichtung.

b1) Die Bewegung der Seele. Von der auf einer Filzscheibe *1* (27_{21}) des Tellers *2* mit Stift *3* stehenden Spule *4''* läuft die Seele *a* durch die beiden Zuführwalzen *5''*, $5_0''$ durch den Trichter *6*, die feststehende Hülse *7*, über die Zugwalze *8''*, den senkrecht zur Zeichnungsebene hin- und hergehenden Führer *9!*, *10* auf die Wickelspule *11''*, welche in der Führung *12* gehalten wird und durch die Wickelwalze *13''* umläuft. Der Antrieb erfolgt durch Riemen auf die Scheibe *14''* und von dort vom Wirtel *15''* durch eine Schnur *15* auf die beiden Wirtel *16''*, *17''*; von letzterem durch den Wurmantrieb *17'*, *18'* auf die Welle des Wirtels *19''*, welcher durch Schnur *19* den Wirtel *20''* der *13''* und über *21''*, *19''* den Wirtel *22''* der *5''* treibt.

b2) Das Umwickeln der Seele. Zu diesem Zweck sitzt auf dem Wirtel *16''* der Spulenteller *23''*, auf dem gebremst *24''* sich abwickeln kann. Ihr Gespinst *c* geht über die Führung *25* zur *a*.

1c) Maschinen zur Umwicklung von Gummifäden. Der immer als Seele verwendete Gummi muß stets mit derselben Dehnung durch die Umwicklung laufen, damit das Gut gleichmäßig dehnbar bleibt und der Gummiverbrauch der sparsamste ist. Die allgemein übliche Dehnung erfolgt durch Abbremsen der Gummispulen. Bei kleiner werdendem Durchmesser müßte die Bremswirkung durch Vermindern der Bremsbelastung verkleinert werden, weil sonst die Dehnung des Gummifadens wächst. Diese zeitraubende Arbeit umgeht die Einrichtung nach 28_{21} dadurch, daß die Spule *1''* ungebremst bleibt, der Gummifaden *a* dafür durch die Fadenführer *2* über zwei Rollen *3''* geschlungen läuft, welche mittels Scheiben *4''* und Federn 5_0 gebremst werden, bevor er durch die getriebene Rillenscheibe *6''* und die beiden Umwickelstellen *7''*, *8''* geht, geführt von den angetriebenen Walzen *9''*, *10''*, *11''*, von wo aus der umwickelte Gummifaden auf einen Haspel gelangt (206).

Diese Umwickelmaschinen sind mit Selbstabstellern bei Gutmangel ausgerüstet und ihre einzelnen Arbeitsfolgen werden nach verschiedenen Anschauungen ausgeführt. Um nur das Wesentliche in leicht verständlicher Darstellung zu geben, sind sie im folgenden unabhängig voneinander besprochen.

a2. Der Antrieb für den Lauf der Seele durch die Maschine.

Die Antriebe lassen sich einteilen in:

2a. Starrantrieb (26_{21}), der durch Räder gekennzeichnet ist, welche eine Mitnahme ohne Gleitung durchführen.

2b. Gleitantrieb (27_{21}), so genannt, weil die verwendeten Seile *15, 19* über die Wirtel *15″, 16″, 17″* und *13″, 19″, 22″* hinweggehen können, ohne ihnen ihre Geschwindigkeit zu erteilen. Bei guter, sich gleichmäßig bleibender Seilspannung ist dieses Gleiten jedoch von wenig Nachteil auf die Güte des Wickelgebildes, weshalb man dem Gleitantrieb meistens den Vorzug gegenüber dem Starrantrieb gibt, welch letzterer noch durch sein Geräusch sich unangenehm bemerkbar macht.

2c. Der Gleitantrieb der Wickelspule. Zur Vereinfachung des Antriebes wird oft nur die Wickelspule angetrieben. Um auf jede Längeneinheit dieselbe Anzahl Wicklungen des *c* auf *a* zu erhalten, erfolgt der Antrieb durch den Riemen *1* (29_{21}) auf die Scheibe *2″*, über die Kegelräder *3′, 4′* und die Wirtel *5″, 6″* auf die Welle *6ₓ″*, und von deren Wirtel *7″* durch die Schnur *8* über die Wirtel *9″, 10″, 11″, 12″*, deren letzterer auf dem Hebel *12″, 13ₓ, 14₀* sitzt und die gleichmäßige Spannung der Antriebsschnüre aufrechterhält. Die *8* umspannt den *11″* der Abzugsrolle *15″* auf einem größeren Bogen als den *10″* der Wickelwalze *16″*, wodurch diese in gleitenden Antrieb überläuft, wenn der Spulendurchmesser von *16″* größer wird, so daß stets die gleiche Spannung im Gebilde herrscht und die *a* gleichmäßig vom *c* eingehüllt wird (207).

2d. Der Starrantrieb der Wickelspule. Zwei Winkelstücke *1, 2, 3—4, 5, 6* (30_{21}) sind auf einem festen Zapfen *7* des Gestells durch ihre Schlitze *2, 5* gleit- und drehbar gelagert und werden durch eine sich ständig drehende Welle *8ₓ* mittels der Daumen *9″* in Verbindung mit den Federn *10₀, 11₀* axial verschoben und ausgeschwungen, während die Federn *12₀, 13₀* ebenfalls unter Mitwirkung der *10₀, 11₀* die Abwärtsbewegung der *1, 2, 3—4, 5, 6* und damit durch den Eingriff von *1* bzw. *4* in das Sperrrad *14′* die ruckfreie Drehung der Wickelrolle *15″* bewirken (208).

2e. Der gemischte, regelbare Sonderantrieb für jeden Wickelgang. Auf den Umwickelmaschinen sind immer mehrere Wickelgänge, auch Ablieferungen genannt, angeordnet. Um auf der Maschine verschiedene Umwickelgute herstellen zu können, ist es nötig, die Durchgangsgeschwindigkeiten der verschiedenen Gänge unabhängig voneinander einzustellen. Je schneller die Seele bei gleichbleibender Drehzahl des Umwickelns durchgeführt wird, um so weniger Umwicklungen kommen auf die Längeneinheit des Wickelgebildes. Der Riemen *1* (31_{21}) treibt die Scheibe *2″* und ebensoviel Seilscheiben *3″*, als Gänge vorhanden sind, treiben durch je eine Schnur *4*, die über Leitrollen *5″* geht den Wirtel *6″* einer Loshülse *7″*, auf der eine Gespinstspule *8″* in geeigneter Weise befestigt ist. Das von ihr ablaufende Gespinst *c* wird durch die Ösen *9, 10* auf die Seele *a* geleitet. Diese kommt von der Spule *11″*, deren einer Flansch durch eine Schnur mit Gegengewicht *12₀* gebremst wird, geht über die Leitrolle *13″* durch das feststehende Rohr *14* über die Leitrolle *15''*, den senkrecht zur Zeichnungsebene hin- und hergehenden Führer *16!*, *17*, auf die Spule *18''*, die im Hebel *19₀*, *20ₓ* gehalten wird und auf der Wickelscheibe *21''* aufliegt. Diese paßt zwischen die Scheiben der *18''* mit ziemlich viel Spiel, so daß die *21''* durch eine Schraubenfeder *22⁰*, die senkrecht zur Zeichnungsebene wirkt, sich federnd an die Mitnehmerrolle *23''* anlegen kann. Diese wird mit ihrem Muff *24''* durch den Keil *25* der Welle *26ₓ'*, über *26'*, *27'* von der Hauptwelle *2ₓ''* getrieben. Da jeder Wickelgang diesen Antrieb aufweist, so genügt es, die *23''* entsprechend auf der *21''* einzustellen, um die gewünschte Durchzugsgeschwindigkeit der *a* zu erhalten. Hierzu greift in die Kehle des *24''* die Gabel *28* der Mutter *29*, *30'* ein, die von der Stange *31* geführt wird. Durch Drehen der Schraube *32'*, *33''* wird die *23''* dem Mittelpunkt der *21''* genähert oder von ihm entfernt, so daß verschiedene Geschwindigkeiten der *21''* ausführbar sind (209).

a3. Das Umwickeln der Seele.

3a. Die Anordnung der Umwickelstellen. Das Umwickeln erfolgt durch ein oder mehrere Gespinste. Im ersten Fall ist die Umwickelspule *23''* (*27₂₁*) über ein Rohr des Drehtellers *23''* geschoben, mit dem er das feststehende Leitrohr *7* umgibt, und das Gespinst *c* geht durch 2 Ösen *25*, einer auf dem Drehteller *23''* befestigten Stange zur Seele *a*. Die erste ist ungefähr in der Mitte der Höhe der *24''* gelegen und sichert das reibungslose Ablaufen des *c*; die zweite ist über der oberen Flansche der *24''* angeordnet und bezweckt das Auflaufen des *c* auf die *a*. Soll *a* mit mehreren *c* versehen werden, so können zwei Teller *1''*, *2''* (*28₂₁*) mit Kötzern *7''*, *8''* nacheinander folgen oder bei nur einer Umwickelstelle sind auf dem *1''* (*32₂₁*) Aufsteckspindeln *2* befestigt, auf welchen die Spulen *0''* aufgestellt, bzw. die Kötzer *5* (*33₂₁*) auf Spindeln *4* aufgesteckt werden. Um das lückenlose Nebeneinanderlegen der Umwicklungen zu sichern, den durch das Übereinanderwickeln des *c* verursachten Mehrverbrauch zu vermeiden und genau abgegrenzte Farbenwirkungen zu erzielen, laufen die *c* von *0''* (*32₂₁*) unter dem Ring *2''* hinweg, durch Lücken der Riedzähne *3''* zur *a* (210). Beide Aufsteckarten können selbstverständlich auf demselben Wickelgang verwendet werden, wie dieses *34₂₁* zeigt (211). Bei zwei Umwickelstellen hat man noch den Vorteil, daß die *1''* durch die Wirtel *2''*, welche über *3''÷6''* vom Riemen *7* getrieben werden, entgegengesetzt zueinander sich bewegen können, so daß *c1* und *c* sich auf *a* kreuzen.

3b. Die Ausbildung des Umwickelkopfes. Die einzelnen Bestandteile des Umwickelkopfes müssen leicht zerlegbar und das Ersetzen leergelaufener Hülsen durch volle Spulen schnell durchführbar sein, ohne die Arbeit der Nachbargänge zu stören.

b1) Bei Mittenspulen. Hierbei kann die Spule *1''* (*35₂₁*) sich unmittelbar auf der feststehenden Hülse *2*, die im Sattelholz *3* durch die

Schraube *4* befestigt ist, drehen, wobei ihre Verschiebung in der Achsen-richtung durch die auf der Hülse *2* festen Flansche *5* vereitelt wird (212) oder die Umwickelspule *1''* (36_{21}) dreht sich um ein Rohr $3_x''$ des Drehtellers *3''* (213), das durch den oberen Flansch *16* des Festrohres *2, 18* die Spule *1''* am Steigen verhindert. In beiden Fällen müssen zum Ersetzen der Spulen die Flansche *5* (35_{21}) bzw. das Rohr *16, 2* (36_{21}) entfernt werden. Diese zeitraubende Arbeit wird dadurch ver-mieden, daß die Spule *1''* (37_{21}) auf eine geschlitzte, leicht kegelige Hülse *2''* aufgezwängt wird, die auf der Hülse, *3'', 4''* steckt, welche sich auf dem Ring *5''* und dem Bund *6* des Rohres *7* dreht. Die *1''* wird daher von der Schnur *8* über *4'', 3''—2''* durch Reibung getrieben. Der vom ablaufenden *c* mitgenommene Flügelführer *9'', 10''*, der auf dem Kugellager des Fortsatzes *12''* der *2''* rundläuft, wird durch die Leder-scheibe *13*, deren Druck durch die Muttern *14!* geregelt wird, gebremst. *15* sind Ölkammern. Zum Ersetzen der *1''* durch leere werden *1''* und *2'', 12''* von *3''* abgezogen, die Spule *1''* durch eine Hülse ersetzt und *2'', 12''* auf *3''* aufgezwängt, auf der sie so fest sitzt, daß sie sich nicht verschieben läßt (214).

Für jede Ausführungsart ist es nötig, die Eigendrehung der Spule, hervorgerufen durch die Geschwindigkeit des Drehtellers und den Ge-spinstzug, zu verhüten. Dieses geschieht durch Bremsen verschiedener Ausführungen; bei der Anordnung 35_{21} durch eine um den Wirtel *6''* der *1''* gelegte Bremsschnur, welche am Arm *7!* der *5* befestigt ist; bei der Ausführung 36_{21} durch eine Bremsfläche *4, 5⁰*, welche gegen die *1''* dadurch anliegt, daß sie an einer Schraubenfeder *5⁰* vorgesehen ist, welche um den Stift *6* des Spulentellers *3''* gewickelt und mit ihrem andern Ende *7* in ihm steckt. Die Eigendrehung der *1''* ist um so größer, je geschwinder der *3''* läuft und je schwerer die *1''* ist. Bei ihrer wech-selnden Geschwindigkeit, verursacht durch unregelmäßigen Gang des Motors und bei der Drehzahlzunahme der *1''* infolge Leerlaufens, wird daher die Eigendrehung verschieden groß sein und durch sie das *c* ver-schieden beansprucht. Um die Spannung des *c* regelmäßig zu erhalten, was für ein gutes Umwickeln notwendig ist, trägt die *2''* (38_{21}), auf der die *1''* sitzt, 2 Stangen *3*, auf denen Schleudergewichte *4⁰* lose angeordnet sind. Diese werden durch die Federn *5⁰* und durch die Schleuderkraft nach außen gegen eine Reibfläche *6* gepreßt und sind auch auswechselbar, so daß leicht die richtige Bremsung eingestellt werden kann. Der Deckel *7* schützt die Bremse vor Schmutz. Hier verändert sich die Reibung nur mit der Geschwindigkeit des Drehtellers (215).

Weil außer ihr die Spannung des *c* noch mit der Bremsung der *1''* wechselt, so wird erstere auch dazu benutzt, die Bremswirkung zu regeln, dadurch, daß die zu große Spannung des von *1''* (39_{21}) ablaufenden *c* den Führerhebel *2!, 3ˣ, 4* entgegengesetzt zur Wirkung der Feder *5⁰*, deren eines Ende *6* an dem einstellbaren Scheibchen *7!* und deren anderes *8* am Arm *3ˣ*, *4* angreift, von dem Bremsrand *9''* der *1''* entfernt, wodurch die Spannung des *c* wieder herabgemindert wird; sinkt dagegen die Spannung, so wird der Bremsarm *3ˣ*, *4* von *5⁰* stärker gegen *9''* gepreßt, bis die verlangte Fadenspannung wieder hergestellt ist (216).

Bei den abgebremsten Spulen bleiben diese mit Ruck zurück, wenn um *a* weniger Länge *c* umwickelt wird, als von *1''* nachfolgt, und ebenso entsteht ein Ruck, wenn die Spule wieder in die größere Geschwindigkeit geht. Rucke verursachen aber Gespinstrisse, Stillstände und Abfälle. Um diese zu vermeiden, ist der auf dem Kugellager *1* (40_{21}) der Hülse *2* sich drehende Gespinstführerflügel *3''⁰* unabhängig von der Spule *4''*, welche auf dem kegeligen Rohr *5''*, *6''* aufgepreßt ist; dieses ruht auf Kugellagern *7* und wird durch die Schnur *8* angetrieben. In ungestörter Arbeit dreht sich *3''⁰* mit einer etwas größeren Geschwindigkeit als *4''*, weil das von ihr ablaufende *c* ihn entsprechend der umwickelten Länge mitnimmt. Durch die Schleuderwirkung geht *3''⁰* auseinander. Läuft mehr *c* ab, als aufgewickelt wird, so läßt die Spannung nach und der Luftwiderstand vermag *3''⁰* so lange zu bremsen, bis die von *4''* abgewickelte Länge wieder im Einklang mit der auf *a* aufgewickelten ist. Dieses geht ohne Stöße vor sich, welche gewöhnlich wegen des Spieles der abgebremsten Spulen auf ihren Sitzflächen eintreten. Infolge dieses Vorteils kann die Ausführung *40* eine Drehzahl bis 2000 ohne übermäßige Gespinstrisse erreichen (217).

Auf die Verbindung des Drehtellers *23''* (27_{21}) mit dem Antriebswirtel *16''* ist noch besonders hinzuweisen. Bilden diese ein Stück, so wird der Drehteller beim Ersetzen der Spulen und beim Auseinandernehmen weiterlaufen, was nicht immer wünschenswert ist. Aus diesem Grund ist der Drehteller *9''* (35_{21}) für sich ausgebildet und mit Stiften *10* versehen, die in Löchern des Flansches *11''*, *12*, der über einen Keil *13* der Nabe des Antriebswirtels *14''* verschiebbar ist, eingreifen. Letzterer wird durch eine Schnur *15* angetrieben. Das Ausschalten geschieht durch den Handhebel *16*, *17*, *18* (212).

Eine ähnliche Verbindung zeigt die Ausführung nach 36_{21}. Auch hier hängt der Teller *3''* durch Stifte *8* mit dem Muff *9* des Wirtels *10''*, der von der Schnur *11* getrieben wird, zusammen. Durch den federnden Hebel *12₀*, *13* und das Exzenter *14''*, das durch den Handhebel *15* um 180⁰ verlegt werden kann, wird das Kuppeln beider Teile *3''* und *10''* bewirkt. Weil hier die feststehende Hülse *2* mit einem Bund *16* versehen ist, zwischen dem und der Büchse *17* die Spule *1''* gehalten ist, so muß zum Ersetzen der Spule die Befestigungsschraube *18* der Hülse *2* jedesmal mit einem Steckschlüssel gelöst und letztere herausgezogen werden. Zum Herausnehmen der *17* mit *10''* müssen die *18* und *19* gelöst sein. Das *c* läuft von der Spule *1''* ab, durch die Führer *20*, *21*, deren Träger *22* auf dem *3''* befestigt ist, zur *a*; oberhalb der Umwicklungsstelle wird es nochmals durch einen zurückklappbaren Leiter *23*, *24ᵡ*, *25* geführt, um die Wicklungen regelmäßig zu verteilen (213).

b 2) Bei Seitenspulen. Sind die Spulen *1''* (41_{21}) für das *c* zu den Seiten der feststehenden Hülse *3* angeordnet, so ist der Antrieb des Tellers *4''* nach denselben Regeln durchgeführt, wie bei der Mittenspule, d. h. die Schnur *5* treibt den Loswirtel *6''*, dessen Scheibe *7''* durch die Mitnehmer *8*, den über den Keil *9* der Nabe *4ᵡ''* verschiebbaren Muff *10''* dreht, in dessen Kehle der Hebel *11*, *12ᵡ*, *13* greift, der zum Stillstand des *4''* rechts herumgedreht wird, so daß die *8* sich aus den Löchern der *7''* des *6''* entfernen. Die ganze Anordnung wird zwischen den beiden Flanschen *14* und *15* des feststehenden *3* gehalten. Die Aufsteckung der *1''* für das *c* erfolgt zwischen den Flanschen *2* und *2!*; das ablaufende *c* geht über den Sauschwanz *16!*, *17ᵡ*, *18*, dessen *18* senkrecht zur Zeichnungsebene abgebogen ist und der unter der Wirkung der Schraubenfeder *19⁰* steht, deren eines Ende *20* am *16!*, *17ᵡ* liegt, und dessen anderes *21* in ein Loch des *4''* eingreift. Vom *16!* geht *c* über einen zwischen den *1''* aufgestellten Führer *21''* zur *a*. Die Bremsung der *1''* zur Verhütung des ungewollten Ablaufens des *c* durch die Eigendrehung der *1''* wird erreicht durch die Erbreiterung *22* der Feder *23⁰*, die um die Hülse *24* gewickelt ist und mit ihrem anderen Ende *25* im Sperrad *26'* steckt. Durch dessen Drehung wird der Druck der *22* auf die *1''* geregelt; festgelegt wird er durch die in das *26'* unter der Einwirkung der Feder *30⁰* stehenden Klinke *27*, *28ᵡ*, *29* (218).

3c. Das selbsttätige Abstellen des Umwickelganges bei Gespinstmangel.

c1) Selbstabsteller durch Ausnützung der Gespinstspannung mit Hebelübertragung.

1a) Mit parallel zum Drehteller wirkendem Gespinstführer.

Die Spannung des *c* (41_{21}) verursacht eine Linksdrehung des *16!*, *17ᵡ*, *18* unter Zuziehung der *20*, *19⁰*, *21*. Fehlt *c*, so verursacht *19⁰* eine Rechtsdrehung des *16*, *17ᵡ*, *18*, so daß sein Ende *18* nun in die punktierte Stellung *18₁* kommt, in der *18₁* einen Hebel *31*, *32ᵡ*, *33* senkrecht zur Zeichnungsebene ausschwingt, der das Abstellen des Ganges durch das Ausheben der Kupplung *10''*, *9*, *8—7''*, *6''* für den *4''* und den Antrieb für die *a* veranlaßt (218).

1b) Mit lotrechtwirkendem Gespinstführer.

1. Grundgarnriß. Fehlt die *a* der *1''*, dann schwingt *2*, *3ᵡ*, *4—5₀* (42_{21}) senkrecht zur Zeichnungsebene nach vorn. *4* verläßt *6* des Hebels *6*, *7ᵡ*, *8*, *9₀*, der in der Zeichnungsebene sich rechts herumdreht, bis er auf die Rast *10* aufschlägt. Dadurch hebt er mit der Stange *11—12!*, *13* die Nabe *14''* mit Teller *15''* so hoch, daß die Scheibe *16''* aus dem Mitnehmerdorn *17* der Scheibe des Wirtels *18''*, der durch die Schnur *19* angetrieben wird, gelangt und so der Drehteller *15''* stehenbleibt. Das obere Ende der *11*, *12!* läuft in eine schiefe Ebene *20* aus, die in Wirk-

lichkeit senkrecht zur Zeichnungsebene steht. Beim Steigen verursacht *20* eine Rechtsdrehung senkrecht zur Zeichnungsebene des Hebels *21*, *22_x*, *23*—*24_0* entgegengesetzt zur Wirkung der Feder *24_0*, und dieser gibt den Bund *25* der Stange *26*, *27*, *28!* frei, so daß sie durch die Feder *29_0* nach oben verschoben wird. Dadurch steigt der Schalthebel *30*, *31*, *32*, dessen Schlitz *31* sich über den Stift *33!* verschiebt und der unter dem Einfluß des Exzenters *34''* und den Federn *35_0* und *36_0* steht, so hoch, daß *30* nicht mehr in die Zähne des Schaltrades *37'* der Sammelrolle *38''* eingreift und der Antrieb für den Durchgang der *a* aufhört.

2. Wickelgarnriß. Fehlt ein von der Spule *39''* kommender *c*, so fällt der durch seine Spannung gehobene Wächter *40*. Sein unteres Ende trifft nun bei der Drehung auf den Arm *41*, *42_x* der lotrechten Stange *42_x*, *3_x* und verursacht ihre Drehung, durch die wie vorhin der Antrieb des *15''* und der Aufwickelwalze *38''* ausgeschaltet werden (219).

c2) Selbstabsteller durch Ausnützung der Gespinstspannung und des Stromunterbrechungsvermögens der Textilfasern.

Der Riemen *1* (43_21) läuft auf eine der Antriebsscheiben *2f''* oder *2_l''* auf, je nach der Stellung des Riemengabelhebels *3*, *4_x*, *5*, *6*—*7_0*, dessen Ende bei der Stellung des *1* auf der Festscheibe *2f''* durch die Zunge *8_x*, *9* und die Hakenhebeleinrichtung *10*, *11_x*, *12*, *13*, *14_0!* gehalten wird. Die Hauptwelle *2_x''* treibt durch *15''*, *16''* den Teller *17''*, welcher die Spule *18''* trägt. Das von ihr ablaufende *c* geht über den in *19* gehaltenen Führer *20*, *21_0* auf die *a*. Diese läuft von der Spule *22''* ab und geht durch die Zuführzylinder *23''*, *23_0''*, das feststehende Rohr *24*, die Abführwalzen *25''*, *25_0''*, den sich senkrecht zur Zeichnungsebene hin und her verschiebenden Führer *26!* auf die durch die Wickelwalze *27''* getriebene Wickelspule *28_0''*. Die Lager für die Oberwalzen *23_0''*, *25_0''* sind getrennt von denen der Unterwalzen *23''*, *25''*, und in sie werden durch die Drähte *29*, *30* die Ströme der Elektrizitätsquelle *31_0* geleitet. Durch *29* geht der Strom in die Oberwalzen und in den Bock *32* mit Feder *33_0* und durch *30* über den Hufeisenmagnet *35_0* in das Gestell der Maschine und in die auf ihm unmittelbar befestigten Lager für die Unterwalzen und den Bock *34*. Fehlt das *c*, so verschiebt sich der Führer *20*, *21_0* nach außen, wobei das Ende *21_0* auf die *33_0* des *32* trifft und sie mit *34* in Berührung bringt. Hierdurch wird der Stromkreis geschlossen und durch das sofort erfolgende Magnetisieren des *35_0* wird der *12*, *11_x*, *13*, *10* eine kurze Rechtsschwingung machen. Hierdurch ist *9*, *8_x* frei und die *7_0* dreht den *6*, *5*, *4_x*, *3* nach links; der *1* geht auf die Losscheibe *2_l''* und die Maschine wird angehalten.

Fehlt die *a* zwischen *22''* und *23''*, *23_0''*, so berühren sich beide, der Strom wird geschlossen, und es erfolgt, wie vorhin, das Abstellen der Maschine. Fehlt zwischen dem *24* und dem *25''*, *25_0''* das umwickelte

Gut, so schließt sich durch $25_0''$, $25''$ ebenfalls der Strom zum Stillsetzen der Maschine (220).

B b) Die Maschinen zur Herstellung der umwickelten Gute mit offener Wicklung, der Zierzwirne.

Die folgenden mechanischen Hilfsmittel zur Herstellung der Zierzwirne gelten nur als Ausführungsbeispiele; sie können beliebig abgeändert und zusammengestellt zur Anwendung kommen, so daß dem schöpferischen Geist des Betriebsleiters ein weiter Spielraum zur Erzeugung neuer Zierzwirne offensteht.

b1. Die Einteilung der Zierzwirner.

Die Ziergespinste sind: 1a. nur Gespinstgebilde ($2 \div 19_{21}$) oder 1b. solche verbunden mit Luntenwirkungen ($20 \div 25_{21}$). Hergestellt werden die ersteren auf abgeänderten Zwirnmaschinen, die letzteren auf Zierzwirnern mit Streckwerk. Dementsprechend werden auch die Zierzwirner unterschieden in: 1a. Gespinstzierzwirner, 1b. Luntenzierzwirner.

Die Gespinstzierzwirner 1a. zerfallen in die a1) Zierzwirner mit Zieren aus zusammenhängenden Ziergespinsten und in die a2) mit zerstückelten Ziergespinsten.

1a. Die Gespinstzierzwirner. a1) Mit zusammenhängenden Ziergespinsten.

1a) Die Laufrichtungen der Grund- und Ziergespinste.

Grundsätzlich sind, wie bei den gewöhnlichen Zwirnern, zu unterscheiden: die Laufrichtung von oben nach unten ($1 \div 19_{22}$) und von unten nach oben (20, 21_{22}); die letztere ist wenig gebräuchlich. In beiden Fällen laufen die Gespinste von Spulen $0''$ (1, 2_{22}) oder Kötzern 0 (2_{22}) im Aufsteckrahmen ab.

1. Der Lauf des Grundgespinstes. a. Beim Lauf von unten nach oben. Das a geht von $0''$ (20_{22}) entweder unmittelbar zum Wickelkörper k oder mittelbar über eine Führung 1 (21_{22}) oder außerdem noch durch ein Abzugswalzenpaar I, I_0 (12_{23}).

b. Beim Lauf von oben nach unten. Um die nötige Spannung zu erzeugen, umschlingt das a die lotrechte Walze I (1_{22}) bzw. die beiden Rillenwalzen I, I_0 (2_{22}) ein oder mehrere Male, um dann über die Führungen 2, g (1_{22}) bzw. 2 (10_{22}), die $l!$ und h (1, 3_{22}), den Läufer i des Ringes j auf die Spule oder den Kötzer k aufgewickelt zu werden. Statt der selten verwendeten lotrechten Walze 1 (1_{22}) sind es meistens Zylinderpaare I, I_0 ($2 \div 16_{22}$), welche die Zuführung der Gespinste bewirken, oder sie sind um die Rillen des Oberwalzenpaares I_0 bzw. II_0 (45_{21}) (221) oder um die glatten Oberwalzen I_0 (44_{21}) geschlungen, welche mittels der unter Federwirkung stehenden Hebelverbindung 1, 2, 3—4—3, 5_x, 6—$7''$ durch Rollen $7''$ von vier verschieden großen Durchmessern der Kette *8* verlegt werden. *8* ist durch eine ruckweise gedrehte Kettentrommel *9''* gesteuert, und je nach der Größe des Durchmessers der *7''* wird die I_0 entweder auf *II*, auf *4*, ohne *I* und *II* zu berühren, oder auf *I* aufruhen oder mit der Klemmfläche *10* das um sie geschlungene Gespinst festhalten. Ruht I_0 auf *II* auf, so wird ihr Gespinst doppelt so schnell geliefert, als wenn I_0 auf *I* liegt. Die auf *II* liegenden I_0 liefern daher das Ziergespinst *b* und die auf *I* das Grundgespinst *a*. Gezeichnet sind drei I_0. Je nach den vier Größen der Durchmesser der *7''* werden die Gespinste in drei verschiedenen Zusammenstellungen und den entsprechenden beiden Geschwindigkeiten *I*, *II* zugeführt; ebenso kann jedes für sich festgehalten, d. h. stillgesetzt werden. Auf die stehenden bzw. mit der geringeren Geschwindigkeit (I_0 auf *I*) durchlaufenden Gespinste *a* werden die mit großer (I_0 auf *II*) ausgerüsteten *b* durch ihre Führungen *l!* senkrecht geleitet. Die Übereinstimmung der Stellungen von I_0 und *l!* wird durch die entsprechenden Verbindungen *l!*, 11_x, *12—12*, *13—13*, 14_x, welche von zugehörigen Rollen *7''* ebenfalls gesteuert werden, erreicht (222).

2. Der Lauf des Ziergespinstes. a. Beim Lauf von unten nach oben. Die Spule *0''* (20_{22}) des *b* ist um das von unten nach oben durch ihre Bohrung ziehende *a* drehbar auf einem durchbohrten Teller *5''* mit Gespinstführer *4*, *1!* und Wirtel *6''*, oder es sind mehrere Spulen *0''* (21_{22}) auf den *5''*, *6''* aufgestellt. Angetrieben wird der *6''* durch die Trommel *7''* mittelst der Schnur *9* und über die Spannrolle $8_0''$. Die *b* werden über Führungen *4*, *l!* bis nahe an das *a* und senkrecht auf es geführt, um dann mit ihm nach oben zur Aufwicklung, z. B. einem Haspel *K* (20_{22}) zu laufen.

Um das Abstellen der Maschine bei abgelaufenem Ziergespinst zu umgehen, ist die Ziergarnspule oder der Kötzer *0* (12_{23}) außerhalb des Drehbereiches des *a* angeordnet; ihr Gespinst *b* wird über eine Führung *1*, eine Öse *2!*, einen Bajonnetschlitz *3* im oberen Teil des feststehenden Rohres *4* und über das Drehrohr *5''* zum von unten nach oben durchziehenden Grundfaden *a* mit einer von der Drehzahl des *4* abhängigen Geschwindigkeit zugeführt, wodurch die Zier nach Abb. 17_{21} entsteht (223).

b. Beim Lauf von oben nach unten.

1) Der Laufweg. Die von der Spule *0''* (1_{22}) bzw. dem Kötzer *0''* (2_{22}) ablaufenden *b* gehen über eine Führung *3* durch eine Zuführung über die Auflaufführung *l!* zum *a* bzw. von *II*, II_0 (10_{22}) über eine gerillte Welle *4*, den Stab *g!*, die oberen Stifte *2*, das eine *b* durch die obere *l!*, das andere durch die untere *l!* auf das *a* und mit ihm durch *h!* zur Aufwicklung (31 b).

Auch kommen zwei Zylinderpaare *II*, II_0—*III*, III_0 (22_{22}) für die Zuführung von zwei Ziergespinsten b_1, b_2 zur Verwendung. Das b_1

läuft über die hintere Stange *3*, durch die *II*, *II*₀, die vorderen *3* und *1* durch die untere Auflaufführung *l!* auf das Grundgespinst *a*. Das *b*₂ gelangt über die untere *3*, durch die *III*, *III*₀, über die beiden oberen *3* und durch die obere *l!* auf *a* (224).

Es lassen sich im allgemeinen drei Laufwege der Gespinste *a* und *b* unterscheiden. 1) *a* und *b* treten gemeinsam aus dem vorderen Zylinderpaar *I*, *I*₀ (3÷6, 12, 17₂₂); 2) *b* wird entweder über eine oberhalb gelegene Führung *4* (7÷12₂₂) oder über eine unterhalb angeordnete *3* bzw. *l!* (2, 13÷15₂₂) auf *b* geleitet; 3) *a* (16₂₂) und *b* laufen gegeneinander zur Auflaufführung *l!*

2) Die Gespinstführungen und ihre Einstellungen. Die Gespinstführungen sind entweder einfache am Gestell angeordnete Stangen *l!* (11₂₂), verbundene Stangen *4!*, *l!* (0₄₂), welche auf Armen *1!*, die in gewissen Abständen auf der Maschinenbreite vorgesehen sind und in Winkelstücken *2*, *3!* auf Gestellarmen *3!* festgelegt sind (225); oder es sind auf durchgehenden Latten angeordnete Winkelstücke *l!* (13, 13a₂₂), deren aufrechtstehende Schenkel durchlocht sind, zum Durchführen des Ziergespinstes oder beiderseits in Führungen *0* (9₂₂) verschiebbare Latten.

Es ist wohl selbstverständlich, daß die Führungen die Gespinste bis dicht an die Auflaufstelle bringen müssen, so z. B. liegt der Führungsdraht *1*, *2*, *3*ₓ (6a₂₂) derart auf der Rillenoberwalze, daß die Gespinste *b* und *a* von *1* bzw. *2* regelrecht in die Rille *I*₀′ bzw. den vollen Teil *1* einlaufen (226); ebenso selbstverständlich ist es, daß die Gespinstführungen in den weitesten Grenzen einstellbar sein müssen, um dem Praktiker zu erlauben, alle möglichen Stellungen auszunutzen. Als Beispiel seien die Einstellungsmöglichkeiten mit einer einfachen Ausführung gegeben. So lassen sich durch die beiden Führungen *4!* (0₂₂) und *l!* durch die Einstellung *1!* in ihrer Höhenlage regeln; durch die Einstellung *5!*, der Abstand beider *4!* und *l!* vom Zylinderpaar *I*, *I*₀ und durch die Stellschraube *3!* jede Verdrehung des Hebels *4!*, *l!* festlegen (225).

1b) Die Zuführungen. Die von den im Aufsteckrahmen vorgesehenen Spulen *0″* (1₂₂) oder Kötzern kommenden Grundgespinste müssen angespannt durch das Zwirnen gehen. Hierzu genügt oft ein einfaches Bremsen des Wirtels *3″* (26₂₁) der Spule *0″* durch Schnur *1* und Gewicht *2*₀ bzw. durch Gewicht *17*₀*!* (1₁₃) und Hebel *16*, *14*ₓ—*15*—*15″* oder dieses vermehrt um die Reibung des Gespinstes über eine Leitstange *1* (21₂₂) oder die Gespinstreibung über eine Leitstange *3* (2₂₂) bzw. über mehrere *3* (8₂₂), gefolgt von Dämmvorrichtungen (siehe S. 36, 37). Sicherer ist die Zuführung: 1) über einen lotrechten Zylinder *I* (1₂₂) bzw. *60″* (29₇), um den die Gespinste in mehreren Umschlingungen gleiten, geleitet von Führungen *1*, *2* (1₂₂) (41); 2) durch ein Paar Walzen *32″* (1₉) und *I*, *I*₀ (12₂₃), in deren versetzt zueinander angeordneten Rillen das über

Rollen *24″* (*1₉*) gehende Gespinst *0* (*a* bzw. *b*) mehreremal geführt ist, bevor es zur Führung *8!* weiterläuft. Die Walzen *32″* sind mit Zahn-kränzen *z′* ausgerüstet, welche in Triebe der Walzen *32″* eingreifen, wenn die Hebelverbindung *36, 35ₓ, 24″, 34—34, 33!—25, 24, 23* mit *24* in *26* liegt und durch den Winkelhebel *23, 22ᵥ, 21* und die Stange *21, 19ˣ* der Fadenspannung erlaubt über *3, 4ₓ, 5₀, 6₀, 7* die Klinke *18, 19ˣ, 20* aus dem Sperrad *4′* zu entfernen und über *27!, 28—29ₓ, 30₀, 31, 32″* die Schnur *17* auf dem Festwirtel *30″* bzw. *4ᵢ″* (*1₈*) zu erhalten (15); 3) durch Zylinderpaare *I, I₀—II, II₀* (*2÷15₂₂*) die meistens glatt, aber auch zur Erhöhung der Reibung gerillt, aufgerauht oder mit entsprechen-den Überzügen versehen sind und deren obere *I₀—II₀* durch ihr Eigen-gewicht wirken und leicht entfernt werden können.

1c) Die Bewegungen der Gespinste. Das *b* wird im allgemeinen eine größere Geschwindigkeit als das *a* haben; diese richtet sich nach dem Gespinstverbrauch der Zier.

1. Das Grundgespinst *a* läuft entweder mit stetigen gleichmäßigen oder veränderlichen oder mit von Stillständen unterbrochenen Bewegun-gen durch die Maschine.

2. Das Ziergespinst *b* wird auf das *a* gerichtet durch die Führungen *l!*, welche entweder stillstehen (0, 2, 7, 11, 12, 16₂₂, 14₂₃) oder sich in der Nähe von *a* (8, 22₂₂) auf und ab bewegen oder mittels schwingender, mit Spitzen *l!* (10₂₂) oder Schienen *l!* (9₂₂, 13₂₃) zwischen die *a, b* grei-fenden Auflaufführungen oder bei gleichen Liefergeschwindigkeiten von *a* und *b* (12₂₂) durch zwei schwingende *g* so bewegt, daß sich abwechselnd Vorräte ergeben, aus denen die folgende Zier, sowohl aus *a* als aus *b*, gebildet wird. Die Schwingungen der *l!* werden meistens von Exzentern *11″* (8, 9, 13, 14₂₂) verursacht über einfache Hebel *l!, 10″!, 12ₓ* oder eine Hebelverbindung *l!, 12ₓ, 13—13, 14!—14!, 15ₓ, 16!—16!, 17!—17!, 18ₓ, 10″!* (10₂₂) (31b) oder über eine steuerbare Hebelverbindung *l!, 29, 30ₓ, 31₀!, 32—33!, 34″!, 33ₓ* (13₂₃), wobei das Exzenter *35″* über die Räder *36′, z′—z′, 37′—38′, 39′—28′, z′—z′, 5′!—6′, 7′—8″* vom Riemen *9* getrieben wird. Zum beliebigen Stillsetzen des *l!* dient der Haken *40!, 41ₓ, 42—43₀*, der durch die Stange *42, 44!* und den Arm *45, 46ₓ* von den Rollen *1″* betätigt wird (228). Bei dieser Einrichtung sind die drei Auflaufpunkte des *b* auf das *a* in unveränderlichem Abstand von-einander, d. h. hierbei sind die einzelnen Ziere zwangläufig miteinander verbunden. Unabhängig voneinander können Ziere mit der Ausführung *44₂₁* erzielt werden, indem dort die Auflaufstellen durch die Rollen *7″* einer Kette *8* beliebig verteilbar sind.

1d) Die Antriebe der Arbeitsteile des Zierzwirners.

1. Des Grundgespinstes. a. Beim Lauf von unten nach oben.

1) Mit gleichförmiger stetiger Geschwindigkeit durch die Abzugs-walzen *I, I₀* (12₂₃), welche über *12′, 13′—14″, 15″—8″, 9″—10″* vom

Riemen *11* angetrieben werden und über *17″*, *16″* den Haspel treiben, auf dem das Fertiggut aufgewickelt wird (223).

2) Mit ruckweiser Bewegung. Hierbei wird der Haspel *k* (20_{22}) getrieben vom Riemen *19* über die Scheiben *20″* und durch die Übertragung *21″*, *22″*—*23′*, *24′*—*25′*, *26′*—*27′*, *28′*—$28_x′$, *29!*—*30!*, 31_x, *32!*—*32!*, *33!*—*33!*, 34_x, *35*—36_0—38^x, *37*—*38′* und durch die Gegenklinke 37_0! festgelegt.

b. Beim Lauf von oben nach unten. 1) Mit stetiger Geschwindigkeit.

a) Durch den sich aufwickelnden Zwirn. Der Zug unter dem der, Zwirn aufgewickelt wird, pflanzt sich gegen die Walze *I* (1_{22}) fort, wo er die Reibung *a* an *2*, *I*, *1* überwinden muß, um dessen Abwickeln von *0″* durchführen zu können. Die Aufwindespannung kann durch die Anzahl Umschlingungen des *a* um *I* geregelt werden.

b) Durch eine eigene Aufwicklung und eine mit ihr verbundenen Zuführung: 1— für stetigen gleichförmigen Durchlauf;

a— Der Antrieb der Aufwicklung geschieht durch den Riemen *39* (3_{22}) auf die Scheiben *40″*, über ein Stufenscheibenpaar *140″* $\leftrightharpoons$ *300″*—*i′*, *i′* — *250″*, *25* auf die Spindel $25_x″$, wie beim gewöhnlichen Zwirner, indem der Zwirn dem Läufer *i* über den Ring *j* nachschleppt und dieser durch seine Reibung auf dem *j* derart nacheilt, daß der aufgewickelte Zwirn um die durch den Draht bedingte Verkürzung kleiner ist als die von den Zuführzylindern *I*, *1* gelieferte Länge. Bei Flügelzierzwirnern wird der Flügel *i* (22_{22}) durch ein über die Spannwalze *50″* gehendes Band von der Trommel *250″* auf den Wirtel *25″* gedreht und schleppt durch das Ziergespinst die Spule *k* nach.

b— Der Antrieb der Zufuhrzylinder *I*, I_0 erfolgt über den Riemen *39* (3_{22}), die Antriebscheiben *40″*, das Stufenscheibenpaar *140″* $\leftrightharpoons$ *300″* und die Übersetzung *i′* , *i′*—*30′*, *90′*—*45′* $\leftharpoonup$ *95′*, *80′*—*30′* $\leftrightharpoons$ *70′*, *40′*—*35′* $\leftrightharpoons$ *80′*, *100′* oder von der Welle der Spindeltrommel *180″* (7_8) mittels Ketten (1 : 2,5) und der Räderverbindung *A′*, *B′*—*C′*, *D′* über den Trieb *1′* (14_{23}) die Kette *1*, das Rad *2′*, die Übersetzung *3′*÷*8′* auf die Zylinder *II* und über den Trieb *9′*, die Kette *9*, das Rad *10′*, die Umlegeräder *i′*, die Welle $10_x′$, den Keil *11*, die Kuppeln *11′*, *12′*, die Umlegeräder *i′*, den Trieb *13′*, das Rad *14′* auf die Zylinder *I* (15).

Das Stufenscheibenpaar *140″* $\leftrightharpoons$ *300″* (3_{22}) erlaubt es, die Durchzugsgeschwindigkeit allen Bedürfnissen anzupassen und durch die Wechselräder *45′* $\leftharpoonup$ *95′*, *30′* $\leftrightharpoons$ *70′*, *35′* $\leftrightharpoons$ *70′* wird der Zwirndraht in den weitesten Grenzen geregelt.

c— Der Antrieb der Schichtenbildung wird wie bei den gewöhnlichen Stetigspinnern verwirklicht, entweder durch Heben und Senken des Wickelgebildes (Spule), bei ortsfester Drehvorrichtung, Flügel oder Ring mit Läufer oder mit sich verschiebender Drehvorrichtung, Ring *15* (14_{23}), Läufer *16* bei ortsfest sich drehendem Wickelgebilde *17″* über die Ringbankstelzen *18*, *18!*, den Hebel *19!*, 20_x—21^x, *22''*, *22* vom Exzenter *23''*, das über *24'* $\div$ *27'*—*7'*, *8'* von dem Zylinderpaar *II, II* getrieben wird (15).

2— Für beschleunigt verzögerte Zuführung. Das Räderpaar $35' \backsim 80'$ (15_{22}) und *100'* ist durch das dünn eingezeichnete elliptische Räderpaar ersetzt (227).

3— Für gestaffelte Geschwindigkeiten. Hierzu sind z. B. auf der Welle des Triebes $35' \backsim 80'$ (15_{22}) drei Triebe aufgesteckt, von denen der Trieb *1'* ($15a_{22}$) über das Rad *2'*, den Zylinder *II* für das Ziergespinst *b* mit der der Zier angepaßten, großen Geschwindigkeit treibt und die beiden anderen *3'*, *5'* in zwei Räder *4'*, *6'* eingreifen, welche auf einem gemeinschaftlichen Rohr *7* des Zapfens *8* sitzen und auf einem Teil ihres Umfanges zahnlos sind; dem zahnlosen Teil des einen Rades *4'* entspricht ein bezahnter Umfang des anderen, so daß *7* eine stetige Drehung über *9'*, *10'* auf den Zylinder *I* überträgt und somit die Durchgangsgeschwindigkeit des Grundgespinstes von der Übersetzung *3'*, *4'* · *9'*, *10'* bzw. *5'*, *6'* · *9'*, *10'* abhängt.

4— Für unterbrochene Zuführung.

a— Durch einen Zahnlückentrieb. Hierzu werden manchmal die Triebe $35' \backsim 80'$ (15_{22}) verwendet, der kleinere oder größere zahnlose Stellen aufweist. Das Rad *40'* treibt dabei das *II, II_0* gleichförmig weiter (227).

b— Durch eine Kupplung. 1; mit Musterrad. Die beim Auftreffen des ersten Zahnes nach der Lücke des Triebes $35' \backsim 80'$ auf den Zahn des Rades *100'* entstehenden Stöße werden vermieden durch die zwischen *II* (14_{23}) und *I* angeordnete Klauenkupplung *11'*, *12'*, deren Kuppel *11'* über einen Keil *11* durch die Hebelverbindung 28_x, *28*—29_0—*30*—*31*, 32_x, *32''* von der gestaffelten Krone *33''!* verschoben wird, die durch *34'*, *z'*, *35'* mit $10_x'$ verbunden ist (15).

2; mit Musterkette. Das Musterrad erlaubt nur eine geringe Verschiedenheit in den Zierwirkungen; für größere sind die Musterketten in Gebrauch; diese bestehen in Stäben *1* (13_{23}), die beiderseits in Kettengliedern *2* gehalten sind und sich in die Lücken zweier Sternräder *3'* einlegen und durch deren Drehung mitgenommen werden; dazu wird $3_x'$ über *4'!*, *z'*—*z'*, *z'*—*z'*, *5'!*—*6'*, *7'*—*8''* vom Riemen *9* getrieben. Auf den *1* sind nebeneinander drei Rollen *1''* angeordnet, wovon zwei Reihen auf Schalthebel *10*, 11_x, *12*—13_0 bzw. *14*, 15_x, *16*—17_0 einwirken (in Wirklichkeit liegen beide nebeneinander auf demselben *1''*; im Schema sind sie auf zwei verschiedenen *1''* gezeichnet, um ihre Einwirkungen leichter verfolgen zu können), um die Kuppel *18''* bzw. *22''* zu verschieben. Greift *18* mit der Kuppel *19''* des Rades *20'* ein, so werden über den Keil *21*, die Welle $21_x'$, die Umlegeräder *i'*, *i'* und die Räder *21'*, *z'*, *21* die Zylinder *I* für das Grundgarn *a* getrieben. Greift gleichzeitig *22''* mit der Kuppel *23''* des Rades *24'* ein, so werden über den Keil *25*, die Welle *25ₓ'*, die Umlegeräder *i'* und die Räder *25'*, *z'*, *25'* die Zylinder *II* für die Ziergarne *b* gedreht. Die Eingriffe werden durch die *1''* verursacht. Soll eine der Kuppeln *18''* oder *22''* ausgreifen, so wird die entsprechende *1''* weggelassen, so daß die *13₀* bzw. *17₀* wirken kann. Die *20'* und *24'* greifen mit dem Trieb *27'* ein, der über *i'*, *i'—28'*, *z'—z'*, *5'!—6'*, *7'—8''* vom *9* getrieben wird (228).

c— Durch eine Vorratsschwinge. Wird bei stetiger Drehung der Zylinder *II*, *II₀* (*11₂₂*) die gelieferte Länge durch Hochgehen einer Schwinge *g*, *46ₓ*, *47!—47!*, *48!—48!*, *49ₓ*, *50''!—51''* angespannt, so bleibt das Gespinst stehen und bewickelt sich mit dem *b*, welches durch *I*, *I₀* über die feststehende Führung *l!* zugeführt wird. Beim Zurückschwingen wird die vom Zylinderpaar *II*, *II₀* gelieferte Länge und die vorhin angespannte aufgewickelt und die Steilwicklungen, welche die aufeinanderfolgenden Zieren verbinden, gebildet (229).

2. Der Antrieb des Ziergespinstes.

a. Durch den bei der Bewicklung des Grundfadens entstehenden Zug.

1) Beim Lauf von unten nach oben. Die Spule *0''* (*20₂₂*) bzw. die Spulen *0''* (*21₂₂*), sind dabei auf Drehtellern *5''* gelagert und durch Reibungsflächen gegen unbeabsichtigtes, durch die Schleuderkraft verursachtes Abwickeln gesichert, welche den Ausführungen auf den Umspinnmaschinen (S. 353) gleichen. Der Antrieb erfolgt durch den Riemen *19* (*20₂₂*) auf *20''* über *7''*, *6''*.

Bei der Ausführung *12₂₃* wird das Ziergespinst *b* durch den Einschnitt *3* in der feststehenden Hülse *4* auf den sich drehenden Wickeldorn *5''* geleitet, von ihm mitgenommen und an das von unten nach oben durch *5''* durchziehenden Grundgarn in Schleifen angelegt, deren Größe von der Drehzahl des *5''* abhängig ist. Der Antrieb von *5''*, *6''* erfolgt durch ein Band *7* vom Wirtel *7''*, durch dessen Grundscheibe *8''*, durch die Reibscheibe *9''* der sich über die ganze Breite der Maschine erstreckenden Antriebswelle und durch deren Fest- und Losscheiben *10''* vom Riemen *11* (223).

2) Beim Lauf von oben nach unten. Hierbei wird das Ziergespinst *b* (*1*, *8₂₂*) durch die Reibungsstellen *3*, *3!* so weit gebremst, als es für die Erzeugung der Schraubenwicklungen um *a* notwendig ist. Sollen Übereinanderwicklungen, Noppen oder Schleifen dabei gebildet werden, so muß die nach unten gehende Führung *g* (*1₂₂*) eine Zusatzabwicklung des *b* von der Spule *0''* bewirken, was über die Verbindung *g*, *41ₓ*, *42—43₀—44!* durch die Rollen *45''!* der Scheibe *45ₓ''* erfolgt; diese wird durch eine Räderverbindung mit Wechselrädern und eine Kette von der Spindeltrommelwelle angetrieben.

b. Durch eine eigene Aufwicklung und eine mit ihr verbundene Zuführung.

1) Beim Lauf von unten nach oben. Derartige Antriebe sind beschrieben S. 360÷361 und dargestellt durch 20_{22} und 12_{23}.

2) beim Lauf von oben nach unten.

a) Durch ein Zylinderpaar. Das b wird bei Gespinstzierzwirnern mit zwei Zylinderpaaren I, I_0—II, II_0, deren vorderes I, I_0 (7÷10, 13÷16_{22}) bzw. deren oberes I, I_0 (14_{23}) meistens das a zuführt, von dem hinteren (unteren) II, II_0 geliefert. Wird aus besonderen Gründen das hintere (untere) für die Bewegung des a benutzt, so dient das vordere (obere) für die Lieferung des b. Der Antrieb des II, II_0 (3_{22}) erfolgt vom I, I_0 durch $80'$, Z'—Z', $40'$ oder in einem der Größe der Zier angepaßten anderen Geschwindigkeitsverhältnis; das obere I (14_{23}) wird vom unteren mittels Kette 9 über die Räderverbindung $9'$, $10'$—i', i', die Kuppeln $11'$, $12'$ und i' i'—$13'$, $14'$ getrieben (15).

b) Durch ein Zylinderpaar und Ringgrillenoberwalze auf dem vorderen Zylinder für die Zuführung des Grundgespinstes. Das von I (3_{22}) durch $80':40'$ getriebene II liefert doppelt soviel b als das I (6_{22}) a, welches über die Führung 2 ($6a_{22}$) unmittelbar in die Klemmlinie I, I_0 geleitet wird, während die b durch die von den Rillen I_0' mit I gebildeten Durchlässe hindurch auf a auflaufen und beim Zwirnen auf a Schleifen bilden (226).

c) Durch zwei Zylinderpaare (siehe S. 360).

3. Der gemeinschaftliche Antrieb des Grund- und Ziergespinstes durch einen Zylinder.

a. Beim Lauf von oben nach unten.

1) Mit gestaffelter Oberwalze. Für die Herstellung eines einfachen Schraubenzwirnes (2÷5_{21}) kann man sich mit nur einem Zylinderpaar und gestaffelter Oberwalze I_0', I_0 (18_{22}) oder

2) mit ausgesparter Oberwalze, in deren Vertiefungen $1''$, $2''$ (5_{22}) die a und b abwechselnd lose werden, wenn die Vertiefungen, wie bei b, über dem Unterzylinder I erscheinen; das lose Gespinst bildet Kräusel um das straffe. Werden zwei verschieden gefärbte Gespinste verwendet, so treten die Farben abwechselnd scharf hervor (41). Statt aus einem Stück kann die Lückenwalze I_0 auch aus einem mit Seitenflansch $3''$ versehenen Kern bestehen, auf den Scheiben mit Aussparungen $1''$, $2''$ (Querschnitt 5_{22}) aufgeschraubt und durch eine Gegenmutter $4''$ festgelegt werden.

3) Mit Hülsen und Oberwalzen verschiedener Geschwindigkeiten. Auch wurde zur zwangläufigen Zuführung der Gespinste mit zwei Geschwindigkeiten auf dem I (19_{22}) Hülsen I'', II'' aufgeschoben, deren eine I'' durch Stifte auf I befestigt sind und deren II'' über einen Zahnkranz $4'$ vom Trieb $3'$ der Welle $3_x'$ mit größerer Geschwindigkeit als I'' über $1'$, $2'$ getrieben wird und das b liefert, welches auf dem a Schleifen bildet (227).

4) Mit Oberwalze und Vorratschwinge. Beide Gespinste a und b (12_{22}) gehen durch dasselbe Zylinderpaar I, I_0, das eine a unmittelbar über die Öse g der Schwinge g, 46_x, g zur Zwirnstelle, das andere b erst über die Führung 4 zur Öse g. Durch die Vorratbildung infolge der Bewegung des g, 46_x, g wird die Zier abwechselnd durch die beiden Gespinste a und b gebildet (230).

1e) Das Festlegen der Ziere. Dieses geschieht im allgemeinen mittels eines Wickelgespinstes c entweder in einem zweiten Durchgang durch den Gespinstzierzwirner, wobei die Gespinste entweder einfach, d. h. ohne eine Gespinstauffführung I' (13_{22}), gezwirnt oder umwickelt werden, wozu der Zierzwirn a, b vom Zylinderpaar I, I_0 unmittelbar zur Führung h geht, während das Wickelgespinst c fast gleich schnell wie das Ziergespinst a, b auf es aufläuft. In beiden Fällen dreht sich die Spindel entgegengesetzt zur Laufrichtung der des Ziergespinstzwirners. Hierdurch drehen sich alle Gespinste auf und die sich blähenden Wicklungen der b werden durch c fest an a verzwirnt, so daß die Ziere sich beim Weben nicht verschieben. Zur Ersparung dieses zweiten Arbeitsganges wird auch auf dem Ziergespinstzwirner das Umwickeln vorgenommen. Weil dadurch die gute Wirkung des Aufquellens der Zier fortfällt, so wird das gleichzeitig mit der Herstellung der Ziere verbundene Umwickeln meistens auf solche Ziere, welche ohne es zu leicht formlos werden, beschränkt.

Zwei Ausführungsbeispiele dienen zur Erläuterung dieses Arbeitsverfahrens.

1. Das Gut geht von unten nach oben durch die Maschine. Der Zierzwirn 17 wird nach seiner Herstellung sofort beim Heraustreten aus dem Drehrohr $5''$ (12_{23}) von mehreren Wickelgespinsten c, deren Kötzer aufgesteckt sind auf Spindel 18 des Drehtellers $19''$, der über den Wirtel $20''$ durch die Schnur 21 vom Wirtel $21''$ der lotrechten Welle $15_x''$ getrieben wird. Die c laufen durch die Führungen 22, 23 über den Ring 24 auf den Zierzwirn a, b auf. Die Ösen 22 sind an den Enden von Drähten ausgebildet, welche fest sind auf dem den Wirtel $20''$ tragenden Rohr 20, das im Gestell 0 mittelst einer Laufffläche $25''$ gefangen ist. Der Ring 24 ist auf den Enden der als Augen 23 ausgebildeten Drähte befestigt. Zum Stillsetzen wird der Handhebel 26, $27—27$, 28_x, 29 nach vorn verlegt, wodurch die Anlauffläche 29 über das Scheibchen $30''$ die Welle $15_x''$, 15 hebt und $8''$ außer Berührung mit der Reibscheibe $9''$ kommt.

2. Das Gut geht von oben nach unten durch die Maschine. Der Zierzwirn läuft hierbei durch die Bohrung des Umwickelflügels 1, 2, $20''$ (22_{22}), der über den Wirtel $20''$ durch Schnur von der Trommel $150''$ getrieben wird und sich auf einem umklappbaren Rohr 3, 4_x, 5 dreht. Das Wickelgespinst c geht durch die Ösen 2, 1 auf den Zierzwirn, welcher

aus dem feststehenden Rohr *3* in den Flügelkopf *h* einläuft, aus ihm seitlich heraustritt, längs der Flügel nach unten zieht und durch die Ösen *i* auf die Spule *k* geleitet und auf sie durch ihre Nacheilung in bezug auf den Flügel aufgewickelt wird (224).

1f) Die den Gespinstzierzwirnern mit zusammenhängenden Ziergespinsten entsprechenden Zusatzvorrichtungen an den Zwirnmaschinen.

Bei allen Zierzwirnen spielt die Größe und Richtung des Spinndrahtes eine wichtige Rolle, und es ist eine starke Zwirnung der Grund- und Ziergespinste notwendig, um schöne Wirkungen zu erhalten. Ist der Zwirndraht zu gering, so verteilen sich die Ziere unregelmäßig und geben einen unansehnlichen Zierzwirn. Außerdem muß das Ziergespinst für große Schleifen aus harten Fasern, z. B. aus Mohair oder Cheviotwollen, bestehen oder ein stark gedrehtes sonstiges Gespinst sein.

Zur Bildung der Zier ist ein straffes Grundgespinst und ein auf es möglichst senkrecht auflaufendes, loses Ziergespinst notwendig. Sind beide Gespinste $(2, 3_{21})$ verschiedenfarbig, so überdeckt die Farbe des Ziergespinstes *b* die des Grundgespinstes *a*. Erhalten wird diese Zier durch die Ausführungen *7*, 13_{22} bei stillstehendem *l!*. Zur Bildung dieses Buntzwirnes (chiné) empfiehlt es sich, das von *I*, I_0 (13_{22}) $(17g)$ gelieferte *a* hinter und das von *II*, II_0 kommende *b* vor der Führung *l!* durchgehen zu lassen. Wechseln die Spannungen in den beiden Gespinsten nacheinander ab, so kommen beide Färbungen zur Geltung, weil stets das lose Gespinst die Zier bildet, erzeugt durch die Ausführungen 5_{22} (41), 12_{22} (230). Je größer der Geschwindigkeitsunterschied zwischen dem Ziergespinst *b* und dem Grundgespinst *a* ist, desto größer wird die Zier ausfallen. Je weicher (3_{21}) und dünner (2_{21}) das Ziergespinst *b* ist, um so leichter zieht das sich um seine Achse drehende Grundgespinst *a* das Ziergespinst *b* an sich und bildet es als lose Schraube um sich aus. Je härter und dicker das Ziergespinst *b* ist $(12, 13, 16_{21})$, um so länger folgt es seiner Auflaufrichtung, bis die Wirkung seiner eigenen Drehung es als Schleife umlegt, die mit ihren beiden Schenkeln auf dem Grundgespinst *a* reitend nun von dem sich drehenden Grundgespinst *a* mitgenommen und im Scheitelpunkt der Schleife eingezwirnt wird. Um diese verschiedenen Ergebnisse, welche durch die Ausführungen *3, 6, 10, 16, 17*$_{22}$ bei stillstehenden *l!* oder bei zahlreichen Schwingungen der *l!* mit schnellem Hochgehen gebildet werden, voll ausnützen zu können, müssen nicht nur die Gespinstdicken und ihre Fasern sowie ihr Draht und ihre Drehrichtungen richtig gewählt sein, sondern auch die Geschwindigkeiten beider Gespinste in den weitesten Grenzen veränderlich, also ein großer Bereich an Wechselrädern *2'!*, *3'!*, *4'!* (7_{22}) im Antrieb von einem Zylinderpaar *I*, I_0 zum andern *II*, II_0 vorhanden sein. Durch entsprechende Verteilung der Schraubenwicklungen des Ziergespinstes *b* auf dem Grundgespinst *a* erhält man die folgende Ziere:

1. Beim beschleunigten und dann verzögerten Lauf des Grundgespinstes ($15, 15a_{22}$) (mit elliptischen Rädern) werden die Steighöhen der Schraubengänge (11_{21}) zu- und dann abnehmen; es entstehen Flammenwirkungen.

2. Bei abgestuftem (15_{22}) bzw. unterbrochenem Lauf des Grundgespinstes ($2, 15_{21}, 13_{23}$) werden dichtere und lockerere Umwicklungen (7_{21}) bzw. Anhäufungen von Umwicklungen ($9, 10_{21}$) (Knötchen) an den Stillstandsstellen und dazwischen Schraubensteilwindungen gebildet.

3. Mit gleichförmiger Geschwindigkeit des Grundgespinstes. Statt das Grundgespinst a ($15, 15a_{22}$) mit diesen Bewegungen zu versehen und die Auflaufstelle $l!$ des Ziergespinstes ortsfest anzuordnen, sind diese Wirkungen auch dadurch zu erhalten, daß man das Grundgespinst a ($8, 13, 14_{22}$) mit gleichförmiger Geschwindigkeit durch die Maschine bewegt und die Auflaufstelle $l!$ im und gegen den Lauf des Grundgespinstes a schwingt. Folgt $l!$ dem Grundgespinst a mit dessen Geschwindigkeit, so wickeln sich die Schrauben des Ziergespinstes b als Knäuel, Knötchen, Noppen übereinander, und beim Zurückschwingen des Auflaufpunktes $l!$ erfolgt die Bildung der Steilwicklungen. Mit kleinen Geschwindigkeitsunterschieden zwischen dem Lauf des Grundgespinstes a und der Auflaufstelle $l!$ wird, wenn beide sich im gleichen Sinn bewegen, die Zier verlängert, und wenn $l!$ etwas schneller vorwärts als a und dann zurückgeht, werden überkreuzte Noppen verursacht. Hierbei bilden sich die Ziere während des Entstehens der Schraubenwicklungen. Diese Zierform kann aber auch durch Zusammenschieben bereits gebildeter Schraubengänge erhalten werden. Dazu muß die Auflaufstelle $l!$ ($9, 10_{22}$) zwischen beiden Gespinsten a und b angeordnet sein, so daß sie den Drehbereich der Zwirnung nach oben begrenzt. Beim Zusammenschieben der Wicklungen bewegt sich der Auflaufpunkt $l!$ mit kleiner Geschwindigkeit, aber schneller als die durchziehenden Gespinste a, b, um die Zierbildung ohne Gespinstrisse durchzuführen. Zurück schwingt die Auflaufstelle rasch, um die Steilwindungen gut auszubilden. Dementsprechend sind die Exzenter $11''$ zu formen.

a2) Mit auf dem Zwirner zerstückelten Ziergespinsten.

Der Raupenzwirner. Bei ihm wird die Zier nicht wie bei den bisher behandelten Gespinstzierzwirnern durch ein laufendes Ziergespinst erhalten, sondern es wird durch ein ruckweise sich drehendes Zylinderpaar II, II_0 (45_{21}) über eine untere feststehende Scherenklinge 15 geführt und bei stillstehendem II, II_0 von der ruckweise betätigten oberen Scherenklinge 29 abgeschnitten und fällt über eine Führung 10 zwischen die sich verzwirnenden Grundgespinste a und wird durch sie in ihrer Mitte festgehalten, so daß die Enden rund um den Fadenkern senkrecht nach außen die Raupenhaare bilden.

2a) Der Lauf der Grundgespinste. Die Grundgespinste *a* gehen unter der Führung *1* hindurch, durch das Walzenpaar *I, I*$_0$, dessen Unterwalze *I* über die Verbindung *2', z'—z', 3'—4'', 5''—6''* vom Riemen *7* getrieben wird, über die Leitrollen *8''*, durch die Ösen *9* und den Trichter *10* zum Flügelkopf *11''*, den sie, zusammengezwirnt, durch das seitliche Loch verlassen, worauf der Zwirn einigemal den Flügelarm umwickelt und durch das Auge *12* senkrecht auf die Spule *k* aufläuft. Diese wird, wie üblich, vom Zwirn mitgeschleppt und bleibt unter Überwindung der durch die Schnur *13* des Gewichtes *13*$_0$ verursachten Reibung auf dem Wirtel *14''* der Spulenhülse *k* um so viel in bezug auf den Flügel zurück, als zur Aufwicklung des vom *I, I*$_0$ gelieferten Gutes notwendig ist.

2b) Die ruckweise Zuführung der Ziergespinste. Diese *b* gehen über eine hinter dem Walzenpaar *II, II*$_0$ angeordnete, nicht gezeichnete Führung und werden durch die *II, II*$_0$ über die feststehende untere Schneide *15* ruckweise gelegt, dadurch, daß die Unterwalze *II* über die Verbindung *i', i', 16'—17, 17^x—18$_x$, 19!—19!, 20!—20!, 21$_x$, 22! —22!, 23!—23!, 24'', 26$_x$*, durch den anlaufenden Umfang der Nocke *25''*, die Feder *27*$_0$*!* anspannt und die Klinke *17$_x$, 17* über das *16'* schiebt, worauf beim steilen Abfall der *25''*, die *27*$_0$*!* durch die *17^x, 17* das *16'* mitnimmt, wodurch über *i', i'* die Drehung des *II, II*$_0$ erfolgt. Während des Zurückganges der *17^x, 17*, d. h. des Stillstandes von *16'—i', i'—II, II*$_0$ wird das über *15* hängende Gespinstende durch die Klinge *28$_x$, 29, 30* abgeschnitten. Diese stand bisher in ihrer höchsten Lage, indem sie durch die Verbindung *30, 31!—31!, 32$_x$, 33*$_0$*!, 34!—34!, 35!—35!, 36'', 26$_x$* von der Feder *33*$_0$*!* gehoben wurde, wobei ihre Höchstlage durch Auftreffen der *35''* auf die Nabe der Nocke *37''* begrenzt wurde. Durch die Drehung der Nabe verursacht der Hubteil der Nocke *37''* über die Verbindung *36''÷28$_x$* unter Anspannung der *33*$_0$*!* das Niedergehen der Klinge *29* dicht vorbei an *15*. Durch die Scherenwirkung wird das über *15* hängende Ende der *b* abgeschnitten, und es fällt in den *10* zwischen die beiden sich zusammenzwirnenden *a* und wird selbst eingezwirnt. Der raupenartige Zierzwirn wird, wie vorhin beschrieben, auf die Spule *k* aufgewickelt (223).

1b. Die Luntenzierzwirner. Die Luntenzierzwirner sind Gespinstzierzwirner mit einem Streckwerk.

b1) Das Streckwerk besteht aus zwei Paar Streckwalzen *I, I*$_0$*—II, II*$_0$ (23$_{22}$), deren untere Walzen *I, II* (46$_{21}$) längsgeriffelte Stahlwalzen sind, die im Lagerbock *0* ruhen und deren Oberwalzen *I*$_0$ einen aus einem Eisenkern *1* mit Flanellmuff *2* und eine darüber nach allen Seiten den Flanellmuff dicht abschließendem Ledermuff *3* bestehen, oder ein um den Eisenkern *1* gewickeltes, einerseits auf ihn aufgeklebtes Pergamentpapier haben, das nach einigen Umwicklungen freiliegend endigt. Die Oberwalze I_0 wird mit beiderseits angeordneten Zapfen *4* in Führungen *5* gefangen und mittels des auf den Schaft *6* über die Haken *7, 8* wirkenden Gewichtes 9_0 belastet, so daß die in der Klemmlinie zwischen Unter- und Oberwalze gefaßte Lunte gleitlos die Geschwindigkeit der Riffelwalze erhält. Zum Reinhalten der Oberwalzen I_0 dienen mit Plüsch bezogene, freiaufliegende Putzwalzen *10″*, während die Putzwalzen *11″* durch Federn oder Gewichte an die Unterzylinder *I* gedrückt werden. Die Entfernung der beiden Walzenpaare *I, I_0* (23_{22}) und *II, II_0* muß so bemessen sein, daß die aus dem Walzenpaar *II, II_0* austretenden Fasern sofort an ihren Spitzen von dem Walzenpaar *I, I_0* erfaßt und weitergeführt werden. Je größer die vom *I, I_0* entwickelte Länge L im Verhältnis zu der vom *II, II_0* eingeführten l ist, um so größer ist die Verfeinerung der Lunte durch den Durchgang durch das Streckwerk; man bezeichnet mit Verzug V dieses Verhältnis, also: $V_{I,II} = L : l$. Der Antrieb zwischen beiden Zylinderpaaren erfolgt durch Zahnräder, und es ist: $\iota_{I,II} = \dfrac{L}{l} = \dfrac{I \cdot 3,14}{\dfrac{1'}{2'} \cdot \dfrac{3'!}{4'!} \cdot 3,14 \cdot II}$

$= \dfrac{I \cdot 2' \cdot 4'!}{II \cdot 1' \cdot 3'!}$. Durch Auswechseln der Räder *3′!* und *4′!* läßt sich der Verzug ändern. Soll der Verzug vorsichtig eingeleitet werden, so benutzt man noch ein drittes Walzenpaar *III, III_0* (24_{22}) und in diesem Fall erfolgt der Antrieb vom *I* auf den *III*-Zylinder durch *1′, 2′—3′!, 4′!* und vom *III* auf den *II* durch *5′, z′—z′, 6′*. Der Verzug zwischen *II* und *III* ist: $V_{II,III} = \dfrac{3,14 \cdot II}{(5':6') \cdot 3,14 \cdot III} = \dfrac{II}{III} \cdot \dfrac{6'}{5'}$. Der Verzug zwischen

I, II ist: $v_{I,II} = \dfrac{I}{\dfrac{1'}{2'} \cdot \dfrac{3'!}{4'!} \cdot \dfrac{5'}{6'} \cdot II}$. Der Gesamtverzug zwischen *I, III* ist gleich dem Produkt der Einzelverzüge,

also: $\qquad V_{I,III} = V_{I,II} \cdot V_{II,III} \cdot \dfrac{I}{III} \cdot \dfrac{2'}{1'} \cdot \dfrac{4'!}{3'!}$ (231).

b2) Die Lunten. Die Lunten werden nach zwei Verfahren hergestellt. Das aus der Karde austretende Vlies wird zu einem schmalen Band zusammengerafft und dieses durch fünf Maschinen mit den oben gekennzeichneten Streckwerken (46_{21}) allmählich auf die Dicke der Lunten verfeinert, welche etwas umeinander gedreht, um sie auf- und abwickeln zu können, dem Luntenzierzwirner vorgelegt werden. Dieses Verfahren wird für die Baumwollen über 20 mm Stapellänge verwendet. Für die kürzeren Baumwollen, die verschiedenen Abfälle und die kurzen Wollen werden aus dem Kardenvlies durch Teilen im Breitensinn Streifchen von etwa 10 mm Breite auf der Karde hergestellt, welchen durch Hin- und Herrollen vor dem Aufwickeln, dem Nitscheln, so viel Festigkeit gegeben wird, daß die Bändchen sich abwickeln lassen (231). Das

Florstreckverfahren gibt eine Lunte mit parallel zueinander gerichteten Fasern, welche sich besonders gut für die Erzeugung von Flammen-Lunten-Zierzwirnen (21, 22_{21}) eignet. Die nach dem Florteilverfahren erhaltenen Lunten haben wirr durcheinanderliegende kurze Fasern, die Lunte ist moosig und läßt sich in kleinen Stückchen abreißen; sie ist daher für dicke Noppen (20_{21}) geeignet. Während mit kurzen Luntenabrissen die entstehenden Zwirne noppenartige Zieren aufweisen, ergeben sich beim Umzwirnen langer Luntenabrisse Gebilde mit pfropfenförmigen Verdickungen. Werden nach dem Florteilverfahren erhaltene Lunten verwendet, so ist der Abriß mit stumpferen Enden versehen als bei Zuführung von Lunten, die über das Florstreckverfahren entstanden sind. Wird die Lunte mit zwei verschiedenen, sich stetig folgenden Geschwindigkeiten zugeführt, so entsteht beim plötzlichen Umschalten der Drehzahl des Zuführzylinderpaares III, III_0 (24_{22}) und dem stets gleichförmig weiterlaufenden Lieferzylinderpaar I, I_0 eine Luntenseele mit zwei gestaffelten Durchmessern. Durch eine abwechselnd gleichförmig verzögerte, dann gleichförmig beschleunigte Drehung der Zuführwalzen III, III_0 werden die Luntenflammen gebildet.

b3) Das Zerlegen der Lunten in Flocken oder Flammen und ihr Aufbringen auf das Grundgespinst. Hierbei werden unterschieden:

3a) Das Zerlegen in kurze Abrisse.

1. Bei stetiger Drehung des Zuführwalzenpaares.

Wird ein für die Länge des Stapels der Fasermasse übermäßiger Verzug zwischen I, I_0 und II, II_0 (23_{22}) gegeben, so werden aus der von II, II_0 sehr langsam zugeführten Lunte d von den viel schneller laufenden I, I_0 Stückchen herausgerissen, welche gemeinsam mit den beiden über die Führung 1 gehenden Grundgespinsten a aus dem I_0, I austreten und sofort von den sich bis an dessen Klemmlinie werfenden Drehungen zusammengezwirnt werden. Wegen des ungeordneten Abreißens der Lunte ist der Zierzwirn unregelmäßig, was als Vorzug gilt.

2. Bei ruckweiser Drehung des zweiten Zylinderpaares.

a. Mit Einzelzahntrieb. Das dritte Zylinderpaar III, III_0 (25_{22}) wird vom ersten über $1'$, $2'$—$3'$, $4'$ angetrieben. Der erste Zylinder I treibt den II durch $5'$, z'—z', $6'$, deren Zähnezahlen so gewählt sind, daß II, II_0 fast genau soviel Gut befördert als I, I_0, wegen seiner kleineren Durchmesser aber sehr nahe an III, III_0 herangerückt werden kann, um recht kurze Luntenabrisse zu ermöglichen. Diese werden durch einen Bruchteil einer Umdrehung von III, III_0 geliefert, indem auf dem Umfang des Triebes $3'$ nur einzelne Zähne vorkommen. Die nach dem Florteilverfahren erhaltene Lunte d läuft von der Spule $0''$ im Aufsteckrahmen über den kleinen Durchmesser der oberen Stufenwalze IV, unter der Führungsstange 7 hinweg, durch die Zylinderpaare

III, III₀—II, II₀—I, I₀ in den Zwirnbereich der Spindel, wo die Luntenstückchen *d* sich mit den beiden Grundfäden *a*, die von den Spulen *0″*
über die vollen Durchmesser von *IV* und durch den freien Raum zwischen dem kleinen Durchmesser der *III, III₀* und die Walzenpaare
II, II₀—I, I₀ gehen, verzwirnen. Es empfiehlt sich, den *III* abzubremsen, damit sein Rad *4′* nach Verlassen des Zahnes des *3′* unbeweg-
lich den Eingriff des nächsten Zahnes, ohne Zahn-auf-Zahn-Stoßen,
erfahren kann (232).

b. Mit Zahnlückentrieb. Größere Luntenstückchen werden dadurch
abgerissen, daß der Trieb *3′!* (24₂₂) auf größere oder kleinere Zahnlücken
regelrechte Zahnungen aufweist, durch die die Drehung des *4′!* und des
III, III₀ erfolgt. *III* ist ebenfalls abzubremsen. Die Luntenstückchen
d gehen mit den *a* durch *I, I₀* und werden mit ihnen verzwirnt.

c. Mit Malteserkreuzantrieb. Das sechsflügelige Malteserkreuz *7″*,
8 (26₂₂) ist auf dem Zylinder *II* fest. Mit seinen Flächen *7″* liegt es während des Stillstandes der *II, II₀—III, III₀*, die durch *9′, z′—z′, 10′* miteinander verbunden sind, an den bei den Fingern *5* unterbrochenen
Rand *6″* des Gegenrades *4′!*, das vom *I* über *1′, z′—z′, 2′—3′!, 4′!* getrieben wird. Bei der Drehung greift der Finger *5* in die Lücke *8* des
Malteserkreuzes *7″* ein und dreht es um ¹/₆-Umdrehung, worauf seine
Festlegung durch die beiden Flächen *6″, 7″* erfolgt. Durch die kurze
Drehung wird die Lunte *d* über die *III, III₀—II, II₀* in den Griffbereich
der *I, I₀* gebracht und ein Luntenstückchen geht mit den beiden Grundfäden *a* in die Zwirnung. Durch das Malteserkreuz fällt die immerhin
kraftverzehrende Bremsung der Zylinder *II* bzw. *III* weg.

d. Mit Sperrad und Klinkenantrieb. Dazu trägt der *II*- oder *III*-
Zylinder ein auf seiner Welle befestigtes Sperrad oder es ist der Wechsel-
trieb *3′!* vom Bockrad *2′* getrennt und fest mit einem Sperrad verbunden
Die Sperräder werden in beiden Ausführungen ruckweise durch eine
unter Gewichts- oder Federwirkung in sie eingreifenden Klinke gedreht.
In der Betätigung dieser Klinke sind die Ausführungen verschieden.

1) Durch Exzenter und Hebel. *I* (27₂₂) treibt über *100′ 40′—45′,
100′* — das Exzenter *1″*, das über die Hebelverbindung *2″, 3ₓ, 4!—4!,
5!—5!, 6ₓ, 7ˣ* der Klinke *7ˣ, 7⁰* eine Schwingung erteilt, welche auf
ihrem Vorwärtsgang das Sperrad *60′* um einen oder mehrere Zähne
dreht; bei der Rückwärtsbewegung hält eine Gegenklinke *8, 8ₓ, 8₀* das
60′ fest. Seine durch Stillstände unterbrochene Bewegung überträgt
es durch *80′ 32′—80′, 32′* auf das Zylinderpaar *II, II₀*. Durch es wird
die Lunte *d* dem stetig laufenden Walzenpaar *I, I₀* dargeboten, welches
je nach der Dauer der Zuführung eine kleinere oder größere Flocke in
die durch es gehenden Grundgespinste *a* gibt; beide, *a* und *d*, werden
nach ihrem Austritt aus *I, I₀* sofort miteinander verzwirnt. Die Führung *3!* der *d* geht senkrecht zur Zeichnungsebene hin und her, um die

24*

Abnutzung des Leders der Oberwalze II_0 auf seine ganze Breite zu verteilen. Das Exzenter $1''$ ist ein- oder mehrhubig mit gleichen oder verschieden großen Hüben ($27a_{22}$), je nach der Größe der zur Erzeugung der Ziere notwendigen Flocken, welche durch die Einstellung der Stange $4!$, $5!$ ebenfalls zu verändern sind. Dennoch ist man in der Mannigfaltigkeit der Zierausbildung mit dieser Klinkerei sehr begrenzt. Mehr Auswahl bieten die folgenden Ausführungen.

2) Durch Musterrad. Das Rad $4'$ (28_{22}) ist lose auf der Welle des III und mit einem Rand $7''$ versehen, dessen Klinke 12, 13^x, 14 durch die Feder 15^0 in das auf der Welle des III feste Sperrad $16'$ eingreift, und es sowie die III, III_0—II, II_0 treibt. Lose auf der Welle des III läuft entgegengesetzt zu III das von der Welle des I über $1'$, $8'$—$9'$, z' getriebene Rad $10'$, dessen Musternocken $17!$ die Klinke 12, 13^x, 14—15^0 zeitweilig ausheben und derart den Antrieb auf $16'$—III, III_0—II, II_0 unterbrechen. Die Zeitdauer dieses Stillstandes hängt von der Länge der $17!$ ab und die aufeinander folgenden Stillstände von den Entfernungen der $17!$ voneinander und von der Zähnezahl des $3'!$. Die in verschiedenen Abständen voneinander angeordneten Ziere verschiedener Länge wiederholen sich bei jeder Drehung des Musterrades (17 g).

3) Durch Musterkette. Lose auf dem Bockrad $2'$ (29_{22}) dreht sich der Trieb $3'!$, auf dessen Nabe das Sperrad $20'$ sitzt. Der III wird über $3'$, $4'$ und der II über $5'$, z'—z', $6'$ getrieben; vom I wird über $7'$, z'—z', $8'$—$9'$ die Musterkette $10'$ in Umlauf versetzt. Ihre Stifte 11 nehmen dabei den Gabelhebel 12, 13_x, 14 mit und spannen durch das Leder 15, das über die Leitrolle $16''$ geht, die Feder $17_0!$ Durch die Klinke 19, 19^x wird das Sperrad $20'$ um eine Anzahl Zähne gedreht, welche von der Länge der Gabel 12 abhängig ist, denn wenn 11 sie freigibt, so zieht die Feder $17_0!$ den 12, 13_x, 14 wieder in seine durch den Anschlag $18!$ begrenzte Anfangslage zurück, wobei das Ausheben der Klinke 19 19^x durch die Feder 21^0 vermieden wird. Die Klinke 22, 23^x, 24—25^0 ist dabei in der punktierten Lage gehalten durch den Stift 26 (232).

3b) Das Zerlegen in lange Abrisse. Lange Abrisse sind leicht durch die Drehzahlvergrößerung der Zuführzylinderpaare III, III_0 bzw. II, II_0, d. h. durch die größere Dauer der Einwirkungen auf die Klinken je Abriß zu erhalten. Die Einwirkungsdauer der Klinken hängt ab von der Größe des Zahnkranzes $3'!$ (24_{22}), der Form des Exzenters $1''$ (27, $27a_{22}$), von der Länge der Gabel 12 (29_{22}) und der Musternocken $17!$ (28_{22}). Die letzteren können zur Verlängerung des Stillstandes aneinandergereiht werden. Durch Ausschalten des Doppelrades $8'$, $9'$ aus dem Trieb $1'$ und Verstiften seiner Nabe mit dem Bolzen, auf dem es sich vorher drehte, bleibt das Musterrad $10'$, $17!$ stehen, so daß der Nocken $17!$ immer erst nach einer Umdrehung des $6'$, $7''$ wirkt und die Pfropfen daher in größeren Abständen im Zierzwirn auftreten.

3c) Die Bildung der gestaffelten Luntenzwirne.

1. Durch eine Zusatzdrehung für den Zuführzylinder. Hierzu wird die vorhin ausgehobene Klinke $22\div25^0$ (29_{22}) durch Entfernen des Stiftes *26* in das Sperrad *20'* eingelegt, so daß die stetige Drehung des Lieferzylinders *I* über *1'*, *2'* — die Klinke $22\div25^0$, das Sperrad *20'* und die Übersetzung *3'*, *4'* auf die Zylinderpaare *III*, III_0—*II*, II_0 übertragen. Die Geschwindigkeit der Kette *10* ist dann so gewählt, daß die Stifte *11* über *12* bis 21_0 mittels der Klinke *19*, 19^x eine Zusatzdrehung auf das Sperrad *20'* verursachen, durch welche plötzlich mehr Lunte als bisher zugeführt wurde, wodurch die Staffel im Durchmesser gebildet wird.

2. Durch eine gestaffelte Übersetzung zwischen den Zylinderpaaren *I*, I_0 (15, $15a_{22}$) und *II*, II_0 (siehe S. 367).

3d) Die Erzeugung des Lunten-Flammen-Zierzwirne.

Hierzu genügt es, in die Übersetzung zwischen den beiden Zylindern *I*, *III* ein elliptisches oder exzentrisch aufgekeiltes Räderpaar einzusetzen, ähnlich wie besprochen auf S. 367.

VI C. Die Numerierung der Wickelgarne und Zierzwirne.

Die umwickelten Garne und Zierzwirne werden nach metrischen oder englischen Längennummern (siehe S. 13÷19) angegeben. Die englische Nummer der viel verwendeten Mohairgarne hat als Gewichtseinheit 1 lb = 453,59 g, als Längeneinheit 560 Yards = 512,053 m und als Numerierungszahl 1,129 (10). Zur Nummerbestimmung wird meistens nicht der ganze Strang (1000 m — 768,096 m — 512,053 m), sondern nur ein Strängchen ($^1/_{10}$ oder $^1/_7$) verwendet. Die zulässigen Nummerschwankungen sind $4\div6\%$.

VI D. Die Ermittlung der Anteile der verschiedenen Garne am Gesamtgewicht des Zwirnes.

Der Zwirner muß zur Bestellung der Gespinste und zur Preisberechnung des Zwirnes die Anteile der verschiedenen Garne am Gesamtgewicht des Zwirnes feststellen. Dazu muß er durch Zerlegen des Zwirnes in seine Einzelgarne deren Nummern und ihre Verkürzung im Zwirn feststellen. Letztere wechseln mit der Zwirnart, und in den folgenden Beispielen sind mittlere Werte zugrunde gelegt. Für das Seelengarn beträgt die Verkürzung $1\div2\%$, das Wickelgespinst geht um $3\div5\%$ ein. Die Verkürzung des Ziergarnes ist so verschieden, daß Mittelwerte anzugeben nicht ratsam erscheint. Die Anteilberechnung (233) geschieht wie folgt:

1) Beispiel: Ein Zierzwirn zeige für 1000 m die $N_m = 10$, das Seelengarn sei ein Baumwollzwirn $N_f = 65/2$; das Baumwollwickel-

gespinst habe die $N_f = 45$ und das Mohairziergespinst $N_e = 30$ gleich $N_f = 34,60$.

1) Zwirnlänge auf 1 kg = 1000 g bei $N_m = 10$: ... 10000 m.

2) Seelengarn in kg: 65000 m wiegen 1000 g;

   10000 m wiegen $1000 \cdot 10 : 65 = 154$ g;

   auf 100 umgerechnet: 15,4%
   + Verkürzung: 1,6%, macht in Hundertstel des
   Zwirngewichts: 17,0%.

3) Wickelgespinst in kg: 45000 m wiegen 500 g;

   10000 m wiegen $500 \cdot 10 : 45 = 111$ g;

   auf 100 umgerechnet: 11,1%
   + Verkürzung: 3,9%, macht in Hundertstel des
   Zwirngewichts: 15%.

4) Das Ziergespinst beträgt daher in Hundertstel des Zwirngewichts: $100 - (17 + 15) = 68\%$.

2) Beispiel: Die Zwirn-$N_m = 6$; die Kammgarnseele $N_m = 40$; die Kammgarnwicklung $N_m = 70$; die Zier hat ein Wollgespinst $N_m = 20$ und ein Baumwollgespinst $N_f = 45$.

1) Zwirnlänge auf 1 kg = 6000 m.

2) Seelengarn auf 100 umgerechnet: $\dfrac{1000 \cdot 6000}{40000 \cdot 10} = 15\%$,

   Verkürzung $= 2\%$,

   macht in Hundertstel des Zwirngewichts: 17%.

3) Wickelgespinst auf 100 umgerechnet: $\dfrac{1000 \cdot 6000}{70000 \cdot 10} = 8,57\%$,

   Verkürzung $= 3,43\%$,

   macht in Hundertstel des Zwirngewichts: 12,00%.

4) Das Ziergespinst beträgt daher in Hundertstel des Zwirngewichts: $100 - (17 + 12) = 71\%$.

Die Verteilung der Gewichtsanteile für die beiden Ziergespinste erhält man, wie folgt:

1000 m Kammgarn $N_m = 20$ wiegen: $1000 : 20 = 50$ g.

1000 m Baumwollgarn $N_f = 45$ wiegen: $1000 : 2 \cdot 45 = 11,1$ g.

Zusammen wiegen sie also: $50 + 11,1 = 61,1$ g. Dieses macht in Prozenten für das Kammgarn: $710 \cdot 50 \quad : 61,1 \cdot 10 \qquad = 58,11\%$
und für das Baumwollgarn: $710 \cdot 11,1 : 61,1 \cdot 10 \qquad = 12,89\%$

Zusammen für beide Ziergarne: 71,00%

VII. Die Nachbehandlung der Zwirne.

VII A. Das Verhüten der Schleifchenbildung und die Regelung des Wassergehaltes der Garne.

Durch das Umeinanderdrehen der Fasergebilde 0 (10_{13}) beim Spinnen und Zwirnen wird das Garn von seinen Enden her gegen die Längenmitte durch in der Verkürzung des Fasergebildes beruhende Kräfte (Pfeile a, b) beansprucht, denen die Steifigkeit der Fasern entgegenwirkt. Im Zustand des Ausgleiches beider wird ein nicht angespanntes Garn eben bleiben. Ist aber eine dünne Stelle 1 in ihm vorhanden, so knickt das Garn dort zusammen, weil die geringere Faserzahl eine kleinere Steifigkeit bedingt, ringelt sich zu Schleifchen 2, oft Kringel, meiseldrähtig genannt, welche im Drehungssinn des Garnes umeinander gewunden und bei vielem Draht nur schwer aufzulösen sind; diese verursachen einen großen Fehler im späteren Garngebilde. Das Bestreben, Schleifchen zu bilden, muß dem Garn vor der Weiterverarbeitung genommen werden, was nur durch Entspannung und Festlegung der Einzelfasern des Gebildes geschehen kann. Es müssen also die Fasern gleitfähig gemacht und in ihnen Kräfte wachgerufen werden, durch die sie aus der straffen Anordnung im gedrehten Fasergebilde in eine ungezwungenere gelangen, so daß, ohne den Draht des Gebildes zu beeinflussen, die Kräfte, welche vorher die Knickung an den dünnen Stellen verursachten, abnehmen. Die Rohfasern haben einen Überzug von erstarrtem Öl, natürlichem auf der Baumwolle, hinzugemischten auf der Wollfaser (Schmälze), natürlichen Pflanzenleim auf den Stengel- und Blattfasern und Fällmitteln auf den Glanzstoffäden, hinzugefügtem Öl zum Geschmeidigmachen auf den Zwirnen. Um diesen Überzug geschmeidig zu machen, ist Hitze notwendig, so geht das harzige Baumwollöl in den flüssigen Zustand bei 85^0 über; ähnliche Verhältnisse liegen auch bei den andern Fasern vor. Durch ihre Einwirkung wird das Gegeneinanderverschieben der Fasern erleichtert, was durch Zuführung von Feuchtigkeit verursacht wird. Durch sie verkürzen sich die Pflanzenfasern, während sich die Tierfasern verlängern; beim darauf erfolgenden Verdunsten der Feuchtigkeit und der Abkühlung des Garnes erfahren die Fasern die entgegengesetzten Wirkungen. Weil das Fasergebilde durch den Draht und die straffe Aufwicklung auf dem Kötzer oder der Spule selbst den Längenausdehnungen der Einzelfasern nicht folgen kann, so entsteht ein gegenseitiges Ineinanderverschieben der Fasern in Lagen, welche die Knickkräfte vermindern. Durch das Abkühlen erstarrt der nun gleichmäßig über das Fasergebilde verteilte Fettüberzug und sichert die Lagen der Einzelfasern zueinander. Bei den Garnen aus Tierfasern tritt noch die Formbarkeit fördernd hinzu, welche darin besteht, daß die Fasern die ihnen in heißem, feuchtem Zustand aufgezwungene Lage so lange beibehalten, bis eine größere Erhitzung auf die freie, feuchte Faser einwirkt. Das Verdunsten des, einerlei auf welche Art, den Fasern zugeführten Wassers wird beendet sein, sobald das Garn die Wärme der umgebenden Luft und den ihrer durchschnittlichen Feuchtigkeit entsprechenden Wassergehalt hat, was bei Baumwollgarnen in der Saalluft in höchstens 24 Stunden eintritt. Dieser Wassergehalt ist aber der gesetzlich gestattete, den das Garn vor der Behandlung meistens nicht erreichte.

Neben diesem Gewichtszuwachs werden die Garne durch die Feuchtigkeitsaufnahme stärker. Bei einer Steigerung des Wassergehalts um 5 v. H. betrug die Festigkeitszunahme für Schußgespinste aus Baumwolle z. B. $25 \div 40$ v. H. und für Kettgarne $10 \div 20$ v. H. und die Zunahme der Reißdehnung ungefähr 20 v. H. für Schuß und $10 \div 20$ v. H. für Kette. Leider verschwinden diese Vorteile mit dem Verdunsten des Wassers (234).

Um die Kosten der Befeuchtung herabzumindern, ist es geboten, die Behandlungszeit auf das Notwendigste zu beschränken. Versucht wurde das Netzen schon beim Spulen und Zetteln, um überhaupt keinen Zeitverlust zu bedingen.

Aa) Das Befeuchten durch Naßwickeln.

Hierbei geht der vom Kötzer *1* (25_{19}) ablaufende Zwirn über die Führung *2*, die Dämmung *3*, *4₀*, den Glasstab *5*, den Wächterhebel *6*, *7ₓ*, *8*, der bei Garnmangel die Flügelwalze *9″* stillsetzt, wodurch der Wickel *0″* von seinem Zylinder abgehoben und die Wicklung unterbrochen werden, die Anfeuchterolle *10″*, den Führungsbügel *11*, die hin- und hergehenden Fadenführer *12* auf die Wickelwalze *13″*, von der der Kreuzwickel *0″* gedreht wird. Die *10″* ist mit einem saugenden Belage ausgerüstet, mit dem sie in das Wasser des Behälters *14* eintaucht. Dieses wird auf gleicher Höhe gehalten durch eine Schwimmereinrichtung im Speisebehälter *15*. Um den Flaum von den Zapfen der *10″* fernzuhalten, ist diese beiderseits abgeschrägt und scharf an das Abdeckblech *16*, *17ₓ* eingestellt. Von Zeit zu Zeit muß dennoch *10″* herausgenommen und geputzt werden. Dazu lagert sie einerseits frei in der als Halter ausgebildeten Seitenwand des *14* und eingeschoben in einen Kopf des Mitnehmers *18″*, welcher von einer Reibscheibe *19″* dadurch ruckweise gedreht wird, daß z. B. das Sperrad *20′* durch die Klinke

21, 22^x des Hebels *23_x*, *24* mit dem Exzenter *25''*, die von *9''* über *26!*, *27!* getrieben wird, in Verbindung steht (235).

Dieses Feuchtwickeln, das auch beim Bleichen und Färben der Vorgute und Garne gute Dienste leistet, ist noch ausbaufähig.

Meistens werden die Garne auf die gesetzlich zulässige Feuchtigkeit gebracht und ihr Ringeln verhütet durch: A b) Wasserdunst. A c) Wasserverteilung, c 1. beim Einschichten der Wickel in die Feuchtkisten, c 2. unmittelbar vor dem Einpacken; A d) Feuchttücher, die zwischen die Garnwickellagen gelegt werden; A e) Dämpfen der Wickelgebilde im e 1. Kessel oder e 2. Kanal.

A b) Das Befeuchten durch Wasserdunst. Der Feuchtkeller.

Früher lagerte man die Garne in geöffneten, wassergetränkten Versandkisten verpackt, mindestens während 15 Tagen in warme, mit Feuchtigkeit gesättigte Keller; die Wasseraufnahme und ihre Wirkungen auf die Fasern waren gute, aber durch das viele zeitbeanspruchende Eindringen des Wassers durch die winzigen Poren in die Fasern entstanden Zinsverluste des eingelagerten Kapitals.

A c) Das Befeuchten durch Wasserverteilung.

c 1. Beim Einschichten in die Feuchtkiste. Sehr viel verbreitet ist das Verfahren die Garnwickel lagenweise in den Versandkisten mit einer Brause zu begießen, welche an das Rohr eines Behälters angeschlossen ist, der Wasser mit netzenden und Fäulnis sowie Schimmel verhindernden Mitteln, Hygrolit z. B., enthält oder an eine Vorrichtung, welche zwischen Behälter und Brause eingeschaltet ist und die für jede Lage nur eine vorbestimmte Wassermenge abgibt, so daß die Befeuchtung nicht dem Gutdünken des Arbeiters überlassen bleibt (236).

c 2. Unmittelbar vor dem Einpacken. *Die Feuchtmaschine.* Sie dient zur gleichmäßigen Befeuchtung größerer Garnmengen, bis zu 1500 kg je Stunde, und ist der Fließarbeit der Spinnerei und Zwirnerei hervorragend angepaßt. Die Wasserverteilung, das Bespritzen, geschieht durch sich schnell drehende Bürstenwalzen, welche das mit Hygrolit im Verhältnis von $1:100$ gemischte Wasser von kupfernen Tauchwalzen auf die zu den Versandkisten auf endlosen Tischen wandernden Garnwickel schleudern (236). Nach dem Schließen des Deckels hält das die Garnpackung umgebende Ölpapier die Feuchtigkeit zusammen, welche, wie bei der Kellerlagerung, langsam die äußerst kleinen Poren der Faserhaut durchdringen und sich im Innern festsetzen wird. Eine so behandelte Kiste gleicht einem Feuchtkeller im kleinen. Die Flüssigkeit verteilt sich ins Garn unmittelbar und durch Eindringen des Dunstes, so daß nach kurzer Zeit das Garn eine gleichmäßige Feuchtigkeit zeigt.

A d) Das Befeuchten durch Feuchttücher.

Statt das Wasser unmittelbar durch Begießen oder Bespritzen zu den Garnwickeln zu bringen, bedeckt man auch die einzelnen Garnwickellagen eines Behälters, welcher die tägliche Erzeugung aufnehmen kann, mit nassen Filztüchern, beläßt die Wickel darin über Nacht und bringt sie am nächsten Tag zum Versand.

A e) Das Befeuchten durch Dämpfen.

e1. Der Dämpfkessel.

1a. Mit Dampfentlüftung. Die in Weidenkörben, in durchlochten Blechkisten enthaltenen oder auf lotrechte oder waagerechte Spindeln aufgesteckten Wickelgebilde werden auf einem Wagen *1* (11₁₃) mittels der Räder *2''*, die auf Schienen *3* laufen, in das Innere des Dämpfkessels *4* gebracht. Die Tür *5, 5ₓ*, welche mit der Rolle *6''* auf dem Schienenstück *7* ruht, wird alsdann geschlossen und mit Flügelverschlüssen *8* dampfdicht an die Stirnseite des *4* gepreßt. Der über das Rohr *9* mit Hahn *10* eingeleitete Dampf prallt über das etwaige Wassertropfen von den Garnen abweisende Blech *11*, streicht durch den Dämpfraum und entweicht durch den mit Hahn *12* versehenen Stutzen *13* (237, 86). Wenn nach einigen Augenblicken die meiste Luft ausgetrieben ist, schließt man *10* und *12* und läßt den im Kessel zurückbleibenden Dampf sich abkühlen. Durch das teilweise Niederschlagen des Dampfes entsteht im Dämpfraum eine Luftverdünnung, wodurch die im Innern der Wickelgebilde gefangen gehaltene Luft sich ausdehnen und entweichen kann. Dieses ist unbedingt notwendig, weil sonst die Luft das Eindringen des Dampfes in das Innere der Wickelgebilde verhindern würde. Ein gemeinsames Durchdringen von Dampf und Luft durch die winzigen Poren würde längere Zeit beanspruchen und die Garne äußerst schwächen. Nachdem die im Wickelgebilde eingeschlossene Luft entfernt ist, wird *10* wieder geöffnet und der rasch in das Innere der Wickelgebilde an Stelle der Luft eindringende Dampf wird von der Fasermasse begierig aufgesogen und als Wasser abgesetzt. Bei einem Überdruck von $2 \div 1\frac{1}{2}$ atü ist das Dämpfen in $4 \div 8$ Minuten beendet. In gewissen außergewöhnlichen Fällen, in denen eine Gelbfärbung des Garnes erstrebt wird, dämpft man bei $3 \div 4$ atü eine Stunde und noch länger, was jedoch das Garn schwächt (234).

1b. Mit Pumpenentlüftung. Hierbei wird derselbe Dämpfkessel *4* (11₁₃) wie unter a) verwendet und an ihn durch das mit Hahn *14* versehene Rohr *15* eine Luftpumpe *16* angeschlossen, deren Kolben durch die gekröpfte Welle *17ₓ''* mit Scheiben *18''* vom Riemen *19* auf- und abbewegt wird. Nach der Beschickung des *4* und dem Verschluß der *5 ÷ 8* wird die Luft durch *14 ÷ 19* aus dem *4* gepumpt, was $12 \div 15$ Minuten dauert, der *14* geschlossen und *10* geöffnet. Die Befeuchtung findet bei der geringen Wärme von $40 \div 50^0$ statt, wodurch die Garne sehr geschont werden. Vor dem Herausnehmen der Garne aus *4* werden sie abgekühlt auf die Saalwärme, weil, wenn der Wärmeausgleich auf den heißen Wickelgebilden im Saal erfolgt, gleichzeitig mit ihm ein Verdunsten und mithin ein Feuchtigkeitsverlust eintritt (238).

e 2. Der Dämpfkanal.

Der Dämpfkanal ist gebildet aus einem Eisengerippe mit wärmeundurchlässigen Doppelverschalungen oder aus Mauerwerk 1 (12, 13_{13}), welcher an den Stirnseiten beim Arbeiten durch Schiebetüren 2 verschlossen ist. Im Innern befinden sich Längswände 3 und Trennungsbzw. Luftleitungsflächen 4, welche den für den Wagen 5, $6''$ offenen Innenraum des Kanals in einzelne Abteile $I \div VI$ zerlegen, von denen jedes durch einen Luftbeförderer $700''$ die kreisende und sich durch die Abteile weiterbewegende Luft mittels der Leitbleche 7 nach den Pfeilen a, b, c durch die auf 5, $6''$ untergebrachten Spulen $0''$ bewegen. In der Zone I kreist die Luft und erwärmt sich dabei an den Heizrohren 8 zum Anwärmen des Garns. In $II \div V$ erfolgt das Dämpfen. Der Dampf tritt durch das Rohr 9 mit Tellerhahn 10 in am Boden stehende Dampfkästen 11 ein, welche etwa sich bildendes Niederschlagwasser auffangen und durch den Stutzen 12 ableiten. In der Kaltwasserzone VI werden die Spulen $0''$ abgekühlt. Das Wasser tritt durch die Leitung 13 mit Absperrhahn 14 in die Rieselzellen ein. Diese bestehen gewöhnlich aus den Düsen 15, welche das eintretende Frischwasser zerstäuben und über das dichtmaschige Geflecht 16 verteilen, das dem Wasser eine große Rieselfläche bietet, und dem unteren Wasserkasten 17 mit Abfluß 18. Die durch das 16 streichende Luft kühlt sich stark ab, indem sie zugleich eine große Kaltwassermenge aufnimmt. Das Garn verläßt mit geringen Wärmegraden den Dämpfkanal, eine Nachdampfung, das ist das Entweichen der aufgenommenen Feuchtigkeit, ist also wirksam eingeschränkt. Der Antrieb der Luftbeförderer $700''$ erfolgt vom Motor M aus bei 1400 Umdrehungen über die Riemenscheiben $120''$, $350'' - 250''$, $250'' - 230''$, $230''$. Die Wagen 5, $6''$ werden mittels einer Kettenvorschubvorrichtung von einem besonderen kleinen Motor aus vorgetrieben.

Derartige Dämpfkanäle haben sich auch für die Glanzstoffzwirne sehr gut bewährt.

Angaben: Die Luftbeförderer machen 500 Umdrehungen; der Motor $1400 \div 1500$. Diese Dampfkanäle werden für jede gewünschte Lieferung gebaut. So sind die Abmessungen für ungefähr 5000 kg Spulen in 16 Stunden: Länge 11 m, Breite 4 m, Höhe 2,8 m. Zur Bedienung sind zwei Arbeiter ausreichend. — Der Kraftbedarf des Motors richtet sich nach der Anzahl der Luftbeförderer; bei 6 Zonen, also 6 Luftbeförderern, rechnet man 5 PS und für den Vorschubmotor 1 PS (141).

VIII. Geschichtliches über die Verwendung der Zwirne.

VIII A. Zwirne im allgemeinen.

Zwirne dienen, seitdem der Mensch vom Wanderleben in Siedelungen seßhaft wurde und sich die ihm von der Natur dargebotenen Fasern zu Filzen verband und durch Spinnen zum Netzen, Stricken und Weben nutzbar machte, zur Verfertigung und zur Ausschmückung seiner Kleider und Gebrauchstücher. Mit dem Zwirn unlöslich in der Vorstellung seiner Verwendung verbunden, ist die Nadel, deren Ausbildung zur heutigen Vollkommenheit über Jahrhunderte sich erstreckt.

Die früher zum Zusammennähen der Seehund- und Renntierfelle gebrauchten Fischgräten, Knochensplitter und Dorne wichen bald der Bronze- und Eisenahle, mit der Löcher vor dem Hindurchführen des Zwirnes durch die Stoffbahnen gestochen wurden, und den mit Mitnehmern für den Zwirn versehenen Handarbeitsnadeln. Nach der Erfindung des Drahtziehens (11. Jahrhundert) und der Drahtmühle (14. Jahrhundert) erblühte besonders in Nürnberg das Nadlergewerbe. Seit dem 16. Jahrhundert ist die Öhrnähnadel im Gebrauch. Mit der Entwicklung der Nähmaschine (1790 Saint, 1804 Stone und Henderson, 1814÷39 Madersperger, 1845 Howe und Singer, 1852 Witson, 1862 Pfaff) (239) zum heutigen Schnelläufer, der bis zu 5000 Stiche in der Minute macht, nahm sowohl die Menge des verbrauchten Nähfadens als seine Güte zu.

Die Entwicklung der Nähfadenindustrie ist aufs engste mit der Ausbreitung und Vervollkommnung der Nähmaschine und ihrer Sonderausführungen für die verschiedenen Gewerbe verknüpft. Nähfaden und Nähmaschine sind wahre Kulturträger geworden, denn ohne sie läßt sich die für die neuzeitliche Entwicklung der Wirtschaft erforderliche Massenlieferung auf dem so wichtigen Gebiet der Bekleidung und anderer Industriezweige nicht denken. Auch die Ausrüstung der Millionenheere im Weltkrieg mit ihren riesigen Anforderungen an Uniformen, Wäsche, Schuhwerk, Brot- und Kartuschenbeuteln, Sandsäcken usw. wäre ohne diese Hilfsmittel nicht möglich gewesen. So kam es auch, daß mit der Besetzung von Lille, dem Sitz der französischen Nähfadenindustrie, plötzlich in Italien, bis nach Neapel hinunter, französische

Aufkäufer erschienen, um zu jedem Preis rasch das so notwendige Näh-garn zu beschaffen. Eine goldene Zeit für die Außenseiter des italienisch-britischen Nähgarnringes!

Ebenso uralt wie das Nähen ist das Netzen und Stricken sowie das Verzieren der Gewebe durch Sticken. Ausdrücklich erwähnt wird das Stricken das erste Mal in einer Parlamentsakte unter Heinrich VII. (*1457, † 1509). Der Wirkstuhl (1589 Lee) und seine Verbesserungen der Paget- (1861) und der Cotton-(1868)Stuhl sowie der Rundstuhl (1789 Decroix, bzw. 1816 Brunel) und die Strickmaschine (1866 Lamb) för-derten ungemein die Herstellung der Wirk- und Strickgarne.

Das Sticken mit Kreuz- und Plattstich war den alten Babyloniern, Phrygiern und Ägyptern geläufig und im Mittelalter eine Lieblings-beschäftigung der Frauen, wobei die Buntstickerei bis zum 19. Jahr-hundert vorherrschend war. Erst nach der Erfindung der Stickmaschine (1828 Heilmann) wurde die Weißstickerei bevorzugt; sie bildet heute eine große, viel Zwirne verbrauchende Industrie (240).

Mit den gesteigerten Ansprüchen an die Haltbarkeit und die durch sich selbst wirkenden Stoffe hat auch der Verbrauch an Web-, Wirk-und Kunstzwirnen, ganz besonders nach dem Weltkrieg, zugenommen, wobei die gute Einwirkung der großartig entwickelten Glanzstoffäden (Kunstseide) als Schrittmacherin für die Förderung des ausgewählten Geschmackes nicht unerwähnt bleiben soll.

VIII B. Nähfaden und Handarbeitsgarne.

B a) In der Vorkriegszeit.

a1. Arten.

Solange noch ausschließlich mit der Hand genäht wurde, waren in Strängchen und Knäueln aufgemachte Leinenzwirne — für feinere Arbeiten auch Seidenzwirne — die hauptsächlichsten Nähmittel, und Haupterzeugungsländer waren Belgien und Irland. Mit der Einführung der Nähmaschine kam das Bedürfnis nach einem billigen, durchaus gleichmäßigen und bis in die feinsten Nummern lieferbaren Nähfaden, der die für den Maschinenbetrieb erforderlichen Eigenschaften an Elasti-zität, Reißkraft und glattem, schmiegsamem Ablauf aufwies. Der Sonderzwirn aus bestem, sorgfältig gearbeitetem Makogespinst entspricht meistens diesen Anforderungen, und bald entwickelte sich darin eine Eigenindustrie, deren Bedeutung heute sehr groß ist. Millionenwerte sind in ihr festgelegt, und sie gibt unmittelbar und mittelbar Hundert-tausenden Brot.

a2. Britischer Nähfadentrust.

Großbritannien, das klassische Land der Baumwollverarbeitung, war naturgemäß führend in diesem neuen Industriezweig; doch folgten bald die übrigen Kulturstaaten mit eigener Erzeugung, wobei indessen nicht unerwähnt bleiben mag, daß der bereits seit der Jahrhundertwende bestehende britische Nähfadentrust mit Geld an den Nähfadenfabriken in vielen Staaten, z. B. Belgien, Italien, Japan, Polen, Rußland (vor dem Krieg) ausschlaggebend und mit Kapital an dem amerikanischen Nähfadentrust beteiligt ist. Zwei britische Firmen mit 1927 zusammen 30 Millionen Pfund Kapital (612 Millionen Goldmark) üben teilweise durch gemeinsamen Verkauf eine fast Alleinbeherrschung des englischen Marktes aus und haben durch angeschlossene Werke auch im Ausland großen Einfluß (241).

a3. Aufmachung.

Seit der Einführung der Nähmaschine erfuhr auch die Art der Aufmachung des Nähgarns eine den neuen Erfordernissen entsprechende Änderung, indem an Stelle der Strähne und des Knäuels die Holzrolle und später der Kreuzwickel traten.

Die Sonderausbildungen der Nähmaschine für die verschiedensten Arbeitsgebiete und die dadurch erreichten Schnelläufer stellten immer größere Anforderungen an Elastizität, Gleichmäßigkeit und Feinheit des Nähgarns und führten zwangläufig zur Herstellung von Hochleistungsgarnen für die verschiedenen Nähgewerbe: Kleider- und Wäschegroßherstellung, Schuh-, Strohhut-, Pelz- und Handschuhnäherei, Stickindustrie, usw.; doch bildet das einfache Röllchen, wie es im Haushalt zu Millionen verwendet wird, auch heute noch die Grundlage der Nähfadenindustrie.

a4. Marken.

Nähfaden und Handarbeitsgarne sind schon seit vielen Jahrzehnten ausgeprägte Markenware und darauf beruht zum Großteil die Macht der vertrusteten Industrie. Hausfrauen wie gewerbliche Näherinnen, welche einmal eine bestimmte Marke für gut befunden haben, wechseln sie nur schwer, selbst wenn ihnen gleichgute, vielleicht sogar bessere, aber unbekannte Güten mit Preisvorteil angeboten werden, auch weil der Verbraucher die Güte eines aufgemachten Garnes nicht nach dem Augenschein beurteilen kann und deshalb in der Marke eine Gewähr für die Güte der Ware erblickt. Ein neues Erzeugnis hat daher immer einen sehr schweren Stand, um sich auf dem Markt einzuführen.

Einer der ersten, welche Ende der 1880er Jahre den hohen Wert der Marke erkannten, war ein Deutscher, O. E. Philippi, der durch zielbewußte Verkaufspolitik eine kleine schottische Nähfadenfabrik zur führenden Stellung (Coats) in diesem Industriezweig brachte, größere Wettbewerber zum Anschlußzwang und den weltumfassenden Britischen Nähfadentrust schuf. Als Gegenstück ist der Vater der italienischen Nähfadenindustrie, ebenfalls ein Deutscher, namens Niemack aus

Hannover (1886), zu erwähnen, der den Wert der Marke nicht erkannte, sich mit seinen Preisen nach jedem kleinen Wettbewerber richtete, großen Abnehmern Eigenmarken fertigte und daher nie auf einen grünen Zweig kam, bis das Unternehmen vom Britischen Trust aufgesogen wurde.

Die Bedeutung der Marke wird am besten gekennzeichnet durch die Blüten, welche die Nachahmung trieb, als der Markenschutz noch in den Kinderschuhen stak. Z. B. machte eine der ersten britischen Marken (der Firma Brooks in Paisley bei Glasgow, Schottland), den Kopf eines Ziegenbocks darstellend, die merkwürdigsten Umwandlungen durch: es wurde daraus der Kopf eines Steinbocks, Gemsbocks, Rehbocks bis zum Wolfs-, Fuchs-, Hunde- und Giraffenkopf; zuletzt war ein wahrer Tierpark beisammen. Auch mit der britischen Marke: Bischof mit Krummstab leistete man sich, z. B. in Italien, ein tolles Spiel: es wurde daraus ein König mit Szepter, und mit der Zeit erschienen alle Heiligen des Kalenders, weil jeder kleine Fabrikant sich seinen besonderen Heiligen zulegte, so daß das Abbild eines Heiligen seine Eignung als Handelsmarke zuletzt ganz verlor.

In Deutschland hatte der Britische Trust vor dem Weltkrieg noch ein gewisses Absatzgebiet für seine eigenen Marken, besonders in Norddeutschland; er besaß auch in Witzschdorf in Sachsen eine als Deutsche Aktiengesellschaft aufgezogene Fabrik mittleren Umfangs, welche eigene Marken vertrieb, aber der deutsche Markt wurde doch in der Hauptsache von einer Reihe deutscher Fabriken versorgt, die unter sich einen erbitterten Wettbewerbkampf führten.

Bb) Im Weltkrieg.

b1. Zwangsbewirtschaftung.

Nach der italienischen Kriegserklärung, im Mai 1915, und mit der zunehmenden Verschärfung der Blockademaßnahmen seitens der Entente mußten auch die Rohbaumwolle und Garne unter Zwangswirtschaft gestellt werden, deren Maschen im Laufe der Zeit immer enger wurden. Zum Glück fielen den Deutschen in den belgisch-französisch-polnischen Industriebezirken erhebliche Vorräte an Rohbaumwolle, Garnen und Halbguten in die Hände, die zum größten Teil nach Bremen abgeführt und dort von der Baumwoll-Abrechnungsstelle verwaltet wurden (Leiter Kommerzienrat Christian Fopp, Bremen).

Der größte Verbraucher an Nähgarn aller Art war während des Krieges die Heeres- und Marineverwaltung. Noch im Jahre 1915 bezog sie den ganzen Bedarf käuflich von der Industrie. Als Anfang 1916 die ersten Eisenbahnwagen mit Nähgarn aus dem belgisch-französischen Industriegebiet in Bremen anrollten, wurden durch einen Inspektor der Heeresverwaltung (Bekleidungsamt) die Waren besichtigt und, was für Heereszwecke unbrauchbar erschien, ausgeschieden, während der Rest an Nähfadenfabriken verkauft wurde. Die Heeresverwaltung hielt blutwenig zurück, denn die Mannigfaltigkeit der für den fremden Markt angefertigten Garne ließ sich nicht ohne weiteres in das Schema des Bekleidungsamtes zwängen, das nun einmal 40/4 oder 70/9 feldgrau vorschrieb. Infolgedessen ging in der ersten Zeit so ziemlich alles käuflich in die Hände der Industrie über, obgleich es sich um gebrauchsfertige Ware handelte. Im April 1916 beschloß die zuständige Kriegsrohstoffabteilung des Kriegsministeriums in Berlin, mit diesem unwirtschaftlichen Verfahren zu brechen, und von diesem Augenblick an fand keine Rolle mehr ihren Weg in die außeramtliche Wirtschaft. Planmäßig wurde hinfort die bestmögliche Verwertung der zum Teil hervorragend guten Nähgarne, halbfertigen Zwirne und Rohgespinste vorgenommen. Die Bekleidungsämter mußten sich überzeugen, daß ein gutes 6faches Nähgarn in schwarz eine ebenso gute und schöne Naht ergibt als das vorschriftsmäßige 70/9 feldgrau, ein gutes 3faches Glanzgarn denselben Dienst erweisen kann wie ein 40er Obergarn. Die schwarzen und weißen Bestände an fertigem Nähgarn konnten auf diese Weise restlos für Heereszwecke aufgebraucht werden, ohne kostbare Rohbaumwolle in Anspruch zu nehmen; bunte Garne wurden für das Nähen von Kartuschenbeuteln, Sandsäcken u. dgl., wo es auf die Farbe nicht ankam, zugeteilt, feinere Garnnummern für Gasmasken usw.

Unter den Beständen befanden sich größere Mengen Rohzwirne aller Art, wie eigentliche Nähzwirne, Häkelgarn, Vorzwirne zu Stopfgarn, Schleier(Voile)garne usw. Die eigentlichen Nähzwirne konnten durch Färben, Ausrüsten und Spulen ohne weiteres ihrer Bestimmung zugeführt werden. Auch Rohzwirn für Häkelgarne ließ sich in den mittleren und feineren Nummern zu Nähgarn verarbeiten und als Ersatz für 70/9 verwenden. Vorzwirne zu Stopfgarn mit nur wenig Drehungen, aber fast durchwegs aus bestem gekämmtem Makogespinst, wurden nachgezwirnt und zu einem vorzüglichen Nähkordonnet verarbeitet. Selbst Schleier(Voile)garne, die ungefähr dieselbe Drehungszahl wie Vorzwirn zu Obergarn haben, wurden zu Obergarn und in den feineren Nummern zu 6fach Kordonnet mit überraschend gutem Erfolg verarbeitet.

Bei fortschreitender Kriegsdauer mußte mit den immer knapper werdenden Beständen aufs schärfste hausgehalten und alles, was irgendwie für den Heeresbedarf verwendbar war, für diesen Zweck zurückgestellt werden. Für die Herstellung von Handarbeitsgarnen, weil Prunkware, wurde nichts mehr freigegeben, während für Nähgarn als Gegenstand des täglichen Bedarfs den Fabriken eine begrenzte Menge für die bürgerliche Bevölkerung zugewiesen wurde.

b2. Markenende.

Bis Mitte 1916 waren die deutschen Nähfadenfabriken noch einigermaßen mit Rohgarnen versorgt, und konnten ihre Betriebe, wenn auch

mit Einschränkungen, aufrechterhalten. Selbst in der zweiten Hälfte
1916 bekamen sie aus den Heeresbeständen in Bremen auf Grund eines
Mengenschlüssels noch vorzügliche Rohgarne und Rohzwirne zugewiesen,
die sich zur Herstellung von Markenwaren eigneten. Die zunehmende
Knappheit an besseren Güten, die zuletzt ausschließlich für den Heeresbedarf vorbehalten blieben, brachte es indessen mit sich, daß Mitte
1917 auch einfache Beutegespinste zur Deckung des Nähfadenverbrauchs
der Heeresverwaltung herangezogen werden mußten und für den bür-
gerlichen Nähfadenbedarf anstatt Makogarne nur noch amerikanische
Gespinste freigegeben wurden, und das Nähgarn unter einheitlicher
Etikette in den Nummern 40 und 50, als sog. Kriegsgarn in den Verkehr kam. Damit war bis auf weiteres die Marke erledigt.

b3. Lohnarbeit.

Von April 1916 bis Kriegsende war die Industrie als unabhängige
Lieferin von Nähgarn für die Heeres- und Marineverwaltung vollständig
ausgeschaltet. Die Leitung hatte die Baumwoll-Abrechnungsstelle in
Bremen in Händen, Leitung stellvertretender Direktor W. Elwert,
jetzt München, welche, soweit die fertigen Nähgarnbestände nicht aus-
reichten, die geeigneten Rohstoffe aus den reichseigenen Beständen der
Industrie zur Verarbeitung im Lohn übergab und die Verteilung an die
Verbrauchsämter vornahm. Weil gerade die beiden größten Nähfaden-
betriebe sich zu dieser Lohnarbeit nicht verstehen wollten, so wurden
dazu auch Zwirnereien und Spulereien mit herangezogen, die in gewöhnlichen Zeiten Nähfaden nicht herstellten.

b4. Nähfaden aus Papiergarnen.

Auf Veranlassung der Heeresverwaltung wurden im Jahr 1918 im
Hinblick auf den drohenden gänzlichen Mangel an Rohbaumwolle auch
Versuche mit der Herstellung von Nähfaden aus Papiergarnen gemacht;
zu einer praktischen Auswertung im großen Stil kam es damit jedoch
nicht mehr. Die Textiliensammlung der Technischen Hochschule München besitzt Schaukästen mit schönen Papiernäh- und -handarbeits-
garnen der bestbekannten Augsburger Zwirnerei vorm. Schürer A.G.

b5. Meter und Grammaufmachung.

Eine wichtige Verbesserung auf dem Gebiet der Maß- und Ge-
wichtseinteilung für Näh- und Handarbeitsgarne brachten gleichfalls
die Kriegsjahre. Vor 1914 wurden Nähgarne auch in Deutschland fast
ausschließlich in Rollen mit englischer Maßeinheit (Yards) hergestellt,
Handarbeitsgarne in Strähnen und Knäueln der verschiedensten Gewichte. Am 10. April 1916 wurde durch Gesetz (Nr. 6299 Reichs-
Gesetzblatt Nr. 51, Jahrgang 1918) bestimmt, daß Garne in Klein-
handelsaufmachungen nur noch in bestimmten Metern und Grammen
in den Verkehr gebracht werden dürfen. Merkwürdigerweise mußte

Brüggemann, Zwirne. 25

diese gesetzliche Regelung gegen den Willen maßgebender Fachindustrieller durchgeführt werden. Zu gleicher Zeit gingen ernstliche Bestrebungen der Regierung dahin, ganz allgemein für Baumwollgarne die metrische anstatt der englischen Numerierung gesetzlich einzuführen, indessen scheiterten sie in diesem Fall an dem Widerstand der Industrie. Das Trägheitsgesetz siegte hier wie so oft im Leben.

b6. Vorläufer des Nähgarnverbandes.

Trotz verhältnismäßig günstiger Kartellvoraussetzungen ist die Baumwollnähfadenindustrie in der Vorkriegszeit über lose und kurzlebige Preisabreden nicht hinausgekommen wegen des verwickelten und zersplitterten Absatzes und der zügellosen Unterbietungen des Zwischenhandels. Dem Druck der Schleuderverkäufe begegneten die großen Markenwarenfabriken durch Zweit- und Drittsorten, was die Gefahr immer näherrückte, daß auch bei den Markenwaren die Güte infolge der Preisschleudereien auf die Dauer nicht aufrechterhalten werden konnte. Aus diesen Gründen haben mehrere kleinere und mittlere Baumwollnähfadenfabriken in den letzten Vorkriegsjahren die Herstellung von Marken, d. h. von Handelsgarnen, aufgegeben und dafür die Web-, Strick-, Stick- und Wirkgarne besonders gepflegt. Veranlaßt durch die Zwangsbewirtschaftung der Rohgarne und dem immer fühlbarer werdenden Arbeitermangel übernahmen am 14. Dezember 1916 drei Höchstleistungsbetriebe die Herstellung aller Nähgarne, die aber von den stillgelegten Betrieben im Rahmen ihrer staatlich geregelten Zuweisungen (Kontingente) weitervertrieben wurden. Die damals gegründete Vereinigung der mittleren und kleineren Baumwollnähfadenfabriken wurde im Herbst 1918 zu einer G. m. b. H. umgewandelt, die durch Beitritt der größeren Fabriken zu einem „Ständigen Ausschuß der Nähfadenindustrie" erweitert wurde.

Bc) In der Gegenwart.

c1. Der Deutsche Nähgarnverband.

Nach Aufarbeitung der sogenannten Kriegsware erfolgte Ende 1919 die Freigabe der Verkaufspreise für Nähgarne. Gefördert durch die kriegswirtschaftliche Erfahrung und weltwirtschaftlichen Wettbewerbskämpfe schlossen sich am 24. Juli 1920 sämtliche größeren Baumwollnähfadenfabriken zum Verband Deutscher Baumwoll-Nähfaden-Fabriken G. m. b. H. (Nähgarnverband) mit dem Sitz in Berlin zusammen. Gleichzeitig errichteten sie zur Vermittlung des Verkaufs der Garne die Vertriebsgesellschaft Deutscher Baumwoll-Nähfaden-Fabriken G. m. b. H. (Nähgarnvertrieb) mit dem Sitz in München, Direktor Dr. Ludwig Reiners. Die Kartellverträge laufen bis Ende 1941 falls ihre Verlängerung nicht einstimmig beschlossen wird. Im Verband sind 13 bzw. 9 Firmen mit ungefähr 30,5 % aller Zwirnspindeln zusammengeschlossen,

wodurch ihm ermöglicht wurde, eine ausreichende deutsche Nähfadenindustrie am Leben zu erhalten, während die anderen europäischen
und außereuropäischen Länder fast ausschließlich vom britiichen Nähfadentrust beliefert werden. Dieser Erfolg dürfte unter anderm darauf
zurückzuführen sein, daß der Verband auch für eine weitgehende
Gütenbeschränkung in den einzelnen Fabriken Sorge getragen hat.

c2. Der Umsatz des Verbandes.

Dieser betrug, 1924 = 100 gesetzt, 1925: 110; 1926: 102; 1927: 132;
1928: 117; 1929: 121; 1930: 118.

c3. Außenseiter.

Die Erzeugung der Außenseiter ist zwar in der Geldschwundzeit
(Inflation) dauernd gewachscn, hat sich aber nach der Befestigung
(Stabilisation) der Währung wieder zurückgcbildet. Heute kommen
für das Nähgarnkartell vielfach nur noch solche Außenseiter in Frage,
die geringere Sorten von Nähgarn neben Seidenfäden, Leinenfäden usw.
herstellen. Der bedeutendste Außenseiter ist außerdem, durch Geld-
beteiligungen der Verbandsfirmen mittelbar an die Preis- und Absatz-
politik des Nähgarnkartells gebunden. Der Anteil der Außenseiter
an der Gesamterzeugung der deutschen Nähfadenindustrie beträgt
schätzungsweise bis zu 20%.

c4. Größe und Sondergarne der deutschen Nähgarnfabriken; Bekämpfung unliebsamer Außenseiter.

Die Spindelzahl der deutschen Nähfadenfabriken beträgt für die
mittleren Betriebe bis zu 25000, die der beiden Höchstleistungsanlagen
80000 und 98000 Spindeln. Das Bestreben, sich auf besondere Garn-
sorten zu beschränken, kleinere Betriebe aufzusaugen und Außenseiter
„einzuplätten", scheint bisher auch erfolgreich zu sein. So haben sich
z. B. die Nähfadenfirmen Dresden, Dülken (Rheinland) und Neusalz
(Oder) zusammengetan und stellen entsprechende Sondergarnsorten
her, wodurch ihre Läger verringert und die Wirtschaftlichkeit erhöht
werden. Neue Werke können sich daher schwer behaupten. Ein Außenseiter, der als erfahrener Techniker ein gutcs Nähgarn herstellte, hat es
nicht verstanden, sich kaufmännisch zu halten; zur Einführung verkaufte
er scinen Nähfaden weit unter dem Gestehungspreis, wodurch er äußerst
große Verluste erlitt und sich dann an den Verband wenden mußte.

c5. Die Einfuhr und Ausfuhr von Baumwollnähfaden.

Der Anteil der Einfuhr an der deutschen Gesamterzeugung dürfte
etwa 2% betragen (1924÷1926); im Jahr 1913 etwa 3%. Die Ausfuhr
nach dem Osten, Österreich und Italien beläuft sich auf etwa 10%.

c6. Wieder die Marke.

Zwei Jahre lang war Nähfaden als Markenartikel vollständig tot
und die britischen Erzeugnisse durch die deutsche Geldentwertung in

ihrem Absatz gehemmt, weshalb auch nach dem Krieg neu auftauchende Fabriken es leicht hatten, ihren Erzeugnissen Eingang in die Verbraucherkreise zu verschaffen. Heute herrscht wieder die „Marke", und durch das feste Gefüge des Verbandes hat sich die Nähfadenindustrie eine außerordentlich starke Stellung auf dem Markte verschafft.

Sie verdient noch gut trotz der Weltwirtschaftskrise.

c 7. Andere Garnverbände.

Die Fabriken von Strickgarnherstellern sind gleichfalls in einem Verband, der Striga, vereinigt mit dem Sitz in München, der seit 1931 eine Verwaltungsgemeinschaft mit dem Nähgarnvertrieb eingegangen ist. Die Hersteller von Handarbeitsgarnen unterhalten einen Verband unter dem Namen Strihaga mit Sitz in Engelskirchen (Rheinland). In ähnlicher Weise haben sich die Hersteller von Leinen-Nähzwirn zusammengeschlossen in der Leinenvertriebs-G. m. b. H., Hamburg. Außerdem besteht unter der Firma Einheit, G. m. b. H., Hamburg, eine Verkaufseinrichtung, welche Leinenzwirne, Nähseiden und Bindfäden verschiedener Hersteller verkauft.

VIII C. Wirtschaftliches.

Ca) Kapital einer Nähgarnfabrik.

Die Neuanschaffung einer Baumwollnähfadenfabrik ist ziemlich kostspielig. Das Verhältnis von Anlagekapital, außer Betriebskapital, zum Umsatz beträgt etwa 1:2.

Cb. Die Kostenverteilung beim Nähfaden.

b 1. Der Herstellungspreis und die Verkaufsnachlässe.

Vom wirklichen Verkaufswert ab Fabrik entfallen bei der Standartsorte (Nr. 40/4) über 50% auf Rohgarn, 17% auf Löhne, einschließlich der sozialen Abgaben, 16% auf Handlungskosten, einschließlich der Steuern, 4% für die Holzrolle, und die Verpackung, 4½% Gebühr des Vertreters, der auch die Rechnungen ausstellt, 1,2% Unkosten für die Nähfadenvertriebsgesellschaft, welche die gesamte Buchhaltung für das Nähfadengeschäft der Firmen führt. Der Gewinn beträgt 6,5%. Bei dieser Berechnung wurde der Kassenskonto und auch das Delkredere (Verluste ausstehender Forderungen), das 1% beträgt, gleich vom Endpreis abgezogen. Das in der Anlage festgelegte Kapital wird einbis zweimal im Jahr umgesetzt. Die Verkaufspreise sind von 1913 bis Juli 1927 um 122% (1000 m 4fach), 120% (1000 m 2f.) und 90% (500 m 3f.) gestiegen. Allerdings ist in der Nähfadenindustrie ein Vergleich mit den Vorkriegspreisen infolge der Änderungen in den Güten und Aufmachung schwer möglich.

Die Nachlässe betragen im Durchschnitt 10% und solche Firmen, welche die Deckung ihres Bedarfs auf längere Zeit einer Firma zusagen,

erhalten noch einen eigenen Treunachlaß (Treurabatt). Um Fabrik-
lagerbestände zu räumen, werden ausnahmsweise bis zu 20% Nachlaß
gewährt (242).

b2. Die Großhandelspreise.

Diese entwickelten sich folgendermaßen:

RM. je 1000 Holzrollen	30. 4. 28	22. 20. 28	24. 3. 30	15. 3. 30	23. 3. 31	9. 11. 31	1. 1. 32	— %
1000 m 4 fach Obergarn 30/60	92	88	82	75	68,5	62	59	36
» » 2 » Unter » 40/60	60	54	52	47	43,5	41	37	38
» » 2 » Konfekt. 40/60	53	50	48	44	39,5	36	33	38
500 » 3 » Glanz u. Matt 30 und feiner	37	33	33	30	28,5	25,5	23,5	36,5
Sakellaridis in Liverpool; Pence je engl. Gewichtspfund	20,55	17,76	13,04	10,50	9,80	7,40	7,00	66

Zum Vergleich sind von uns die Preise für die als Rohstoff in
Betracht kommende Baumwollsorte hinzugefügt. Der Rohstoff der
Nähfadenfabriken selbst ist allerdings nicht die rohe Baumwolle, sondern Rohgarn, für das Notierungen nicht vorliegen; auf Rohgarn ent-
fielen 1928 etwa 50% der Gestehungskosten, auf Baumwolle selbst
also weniger (243).

b3. Der Ladenpreis.

Die Ladenpreise lagen 1929 für 4/1000 m Göggingen oder Ackermann zwischen 1,05 und 1,20 RM. und der Lieferpreis war etwa 98 Rpf.
Werden die Unterschiede in den Nachlässen berücksichtigt, so bewegen
sich die Aufschläge um 18% und bis zu 38%.

Cc) Zollbelastung.

Der Vertragszoll für Baumwollnähfaden beträgt je kg 1 RM. Für
die Standartsorte 4/1000 in Nr. 40, wozu Garn Nr. 50 aus Sakellaridis-
baumwolle verwendet wird, beläuft sich der Zoll auf rund 7%, weil das
Gewicht der Holzrolle mit verzollt werden muß. Für Nähgarne auf
Papphülsen, sog. Kreuzwickel, ist der Zoll geringer (242), er beträgt
etwa 4%.

Cd) Reingewinne.

Die veröffentlichten Reingewinne der verschiedenen Nähfaden-
unternehmungen lassen sich nicht ohne weiteres miteinander vergleichen,
aber sie gestatten doch, sich ein ungefähres Bild von der Wirtschaftlichkeit der Anlagen zu machen. So hatte die Zwirnerei Ackermann A.-G.
in Sontheim bei Heilbronn, Württemberg, für das am 31. März 1932
abgelaufene Geschäftsjahr einen Reingewinn von 994896 (im Vorjahr
1051710) RM. bei einem Aktienkapital von 6 Millionen Mark. Die
Zwirnerei und Nähfadenfabrik Rhenania A.-G. in Dülken (Rheinland)
hatte für 1931 einen Reingewinn von 49174 RM. (Verlustvortrag des

Vorjahres 18511 RM.) und verteilte auf das Aktienkapital von 500000 RM. 4% Gewinnanteil und 1% Übergewinnanteil; zum Vortrag auf neue Rechnung verbleiben noch 1600 RM.

Die D.M.C., Dollfus, Mieg et Cie. in Mülhausen, Elsaß, welche allerdings überwiegend Handarbeitsgarne herstellt, weist 1931 einen Gewinn von 94,4 Millionen Francs aus (1930: 99,7 Mill. Fr.) auf ein Aktienkapital von 72 Millionen Francs, das bis auf 32 Millionen Francs getilgt ist. Die Warenlager sind noch mit 44,7 gegen 52,8 Millionen Francs im Vorjahr bewertet, die Forderungen sind von 118 auf 109 Millionen Francs zurückgegangen. Auf neue Rechnung werden 18,7 Millionen Francs vorgetragen, statt 4,1 Millionen Francs im Vorjahr (244).

Ce) Gesamtübersicht der Baumwoll-Zwirnspindeln aller Länder.

In Deutschland betragen die Zwirnspindeln 16,33% der Spinnspindeln. Für das übrige Europa 11,24% und für Deutschland und das übrige Europa 11,85%. Für Großbritannien und Bulgarien wurden 10% der Spindelzahl bei der Abschätzung zugrunde gelegt (245).

Gesamtübersicht der Zwirnspindeln Europas für 1931.

Deutschland		Ausland	
Baden	73338	Baltische Staaten	50336
Bayern	282474	Belgien	425109
Hamburg	1074	Bulgarien	3000
Mecklenburg	420	Dänemark	11600
Oldenburg	2768	Finnland	53567
Preußen: Brandenburg	22288	Frankreich	543004
Hannover	32312	Griechenland	19924
Hessen-Nassau	37190	Großbritannien	5400000
Rheinprovinz	358814	Holland	51164
Sachsen	7500	Italien	943739
Schlesien	49552	Jugoslawien	10756
Schleswig-Holstein	13220	Norwegen	13842
Westfalen	250962	Österreich	97250
Rheinpfalz	14150	Polen	272524
Sachsen	521432	Portugal	41170
Thüringen	7130	Rumänien	700
Württemberg	212722	Schweden	86398
Deutschland	1887286	Schweiz	267670
Ausland	9004400	Spanien	245034
		Tschecho-Slowakei	390640
Europa	10881686	Ungarn	76982
			9004400

Quellennachweis.

1. Dillmont, Th. de: Encyklopädie der weiblichen Handarbeiten, Dornach-Mülhausen (Elsaß). Verlag Dollfus, Mieg & Cie.
2. Hochseenetzwerke A.-G., Itzehoe.
3. Müller E.: Maschinen zur Herstellung von Fischnetzen. Zeitschrift des Vereins deutscher Ingenieure, Bd. 32
4. Glafey H.: Die Textilindustrie. Herstellung textiler Flächengebilde. Verlag Quelle & Meyer, Leipzig 1913.
5. Mayer A. G.: Die gewebte deutsche Tüllgardine. Plauen i. V. 1931.
6. Kraft A. und Nagel A.: Der Nähmaschinen-Mechaniker; Die Doppelsteppstich-Nähmaschine. Herausgeber Reichsverband deutscher Mechaniker e. V., Bremen.
7. a) Pfaff, Kaiserslautern (Pfalz); b) Singer-Nähmaschinen A.-G., Wittenberge-Potsdam.
8. Kraft M.: Die Stickerei und Spitzenherstellung. Buch der Erfindungen, Gewerbe und Industrien, 1898, Verlag Spamer O., Leipzig.
9. Schopper L., Bayerische Straße 77, Leipzig.
10. Brüggemann, H., Theorie und Praxis der rationellen Spinnerei. Band I: Die nötigen Eigenschaften der Gespinste und deren Prüfung. Verlag: Kröner A., Leipzig 1897.
11. Società per la Filatura dei Cascami di Seta Milano.
12. Kuhn F. W., Dr.; Zweigle K., Reutlingen (Württemberg).
13. D. R. P. 486759 Schreiber H., Dr., Charlottenburg; *17. 10. 27 (9).
14. Schärer-Nußbaumer & Co., Erlenbach-Zürich (Schweiz).
15. Schweiter A. G., Horgen (Schweiz).
16. Schlafhorst W. & Co., Gladbach-Rheydt (Rheinland).
17. a) Arundel and Co., Stockport (England); b) Brooks and Doxey Ltd, Manchester; c) Dobson & Barlow, Bolton; d) Hamel C., Schönau-Chemnitz, Sa.; e) Howard & Bullough Ltd., Accrington; f) Lees Asa, Soho Iron Works, Oldham; g) Platt bros and Co., Ltd., Oldham (England); h) The Draper Company, Hopedale, Mass. (V. S. A.); i) Voigt R., Chemnitz, Sa.
18. D.R.P. 181838. Rivett F. und Oldham T. in Heaton-Norvis (England). * 9. 6. 1906, † 1917.
19. The Universal Winding Co., Providence, R. J. (V. S. A.).
20. a) Adolf E., Reutlingen (Württemberg); b) Ahlhelm & Co., Lößnitz i. Erzgeb.; Groß K., Hof, Saale; Papierhülsen- und Spulenfabrik Zittau; Reinhardt J., Reichenbach i. V.
21. a) Dixon J. and Son, Steton, near Keighley, Yorkshire (England); b) Meyer J., Holzspulenfabrik, Säckingen a. Rh.; c) Schubach C. H., Grimitschau (Sachsen); d) Weber Gebr., G. m. b. H., Holzwarenfabrik, Tettnang-Pfingstweid (Württemberg), Bodensee; e) Wilson Bros., Bobbin Co. Ltd. Todmorden, England; f) Zuppinger J. W., Freyung (N.-Bayern).
22. Allgemeine Elektrizitätsgesellschaft, Berlin, A. E. G.
23. a) Geidner W., Kottern. Allgäu; Pabst E., Aue i. Sa.
24. Stiel W., Dr.: Elektrobetrieb in der Textilindustrie. Verlag Hirzel S., Leipzig 1930.

25. D.R.P. 392555. Lauer-Schmaltz, Offenbach a. M.; * 26. 9. 22.
26. Fletcher Works, formerly Schaum and Uhlinger, 1850; Glenwood Avenue and Second Street, Philadelphia (V. S. A.); C. G. Haubold, A.-G., Chemnitz.
27. Becker Textilmaschinen G. m. b. H., Krefeld.
28. Barber Colman Company Rockford, Illinois, V. S. A. — Barber Colman G. m. b. H., München.
29. a) Kluge Paul, Lößnitzthal; b) Sächsische Textilmaschinenfabrik, vorm. Hartmann R., Chemnitz; c) Voigt R., Chemnitz (Sachsen).
30. Irmscher & Witte, Strickmaschinenfabrik, Dresden.
31. a) Deutsche Spinnereimaschinenbau A.-G., Ingolstadt a. Donau; b) Hamel C., Maschinenfabrik, Schönau-Chemnitz (Sachsen); c) Hammer & Haebler, Forst (Lausitz); d) Rieter J. J. & Cie., Winterthur (Schweiz), e) Schubert und Salzer, A.-G., Chemnitz, Sa.; f) Sondermann & Stier A.-G., Abteilung: Gebrüder Franke, Chemnitz, Sa.
32. Brüggemann H.: Theorie und Praxis der rationellen Spinnerei. Bd. III, Teil 1. Verlag Alfred Kröner, Leipzig 1903.
33. a) A. E. G. (Allgemeine Elektrizitätsgesellschaft) Berlin; b) Bergmann-Elektrizitäts-Werke, A.-G., Berlin; c) Brown, Boveri & Cie., A.-G., Mannheim; d) Sachsenwerk, Niedersedlitz, Sa.; e) Schorch & Co., Gladbach-Rheydt; f) Siemens & Halske, A.-G.; g) Siemens-Schuckert, A.-G., Berlin-Siemensstadt.
34. Ateliers Roannais, Constructions Textiles, Roanne, Loire (Frankreich).
35. Wegmann & Co. A.-G., Maschinenfabrik, Baden (Schweiz), überführt in 15.
36. The Atwood Machine Company, Stonnington, Conn., 267 Fifth Avenue, New-York (V. S. A.); C. G. Haubold A.-G., Chemnitz, Sa.
37. D.R.P. 424295. Laarmann Otto, Oesel-Elstra, * 2. 7. 24, † 1929.
38. a) Bamag Berlin-Anhalt'sche Maschinenbau A.-G., Dessau; b) Heucken C., Treibriemenfabrik, Aachen; c) Dayton Cog-Belt Drives, The Dayton Rubbers Manufacturing Co., Dayton, Ohio; d) Gates Vulco Rope-Multiple V Belt Drives-Gates-Rubber Co., Denver, Colo. (V. S. A.); e) Link-Belt Positive Drives, Philadelphia, 2045 W. Hunting Park Ave (V. S. A.).
39. a) Morse Chain Co., Ithaca, New-York (V. S. A.); b) Renold Industrie Ketten G. m. b. H., Berlin SW 63, Kochstr. 67.
40. a) Boyce-Meynel H., Accrington, England; b) Cook & Co., Ltd., 18 Exchange Street, Manchester, England.
41. Boyd J. and T., Ltd., Maschinenfabrik, Glasgow (England).
42. Britisches Patent 13079 (1898). Clark F. H., Chastergate Works and Malvin A., Stockport (England).
43. Brüggemann H.: Die Ringspinner. Verlag 31a).
44. D.R.P. 371757, * 11. 1. 21 und 415072. Kayser J. J., Aarau, * 23. 10. 24 in Perfekt Spindel A.-G., Windisch (Schweiz).
45. Brüggemann H.: Die Herstellung der Ringspindeln. Melliands Textilberichte, Heidelberg, Nr. 12, 1923.
46. Peugeot, Japy et Co., Audincort (Frankreich).
47. a) Bodden Wm. and Son, Ltd., The Acme Spindle, Hargreave Works, Oldham. (England); b) Rheydter Maschinen- und Spindelfabrik, Blankertz und Schumachers, Gladbach-Rheydt; c) Spindeln- und Spinnflügelfabrik, A.-G., Neudorf, Erzgebirge; d) Süddeutsche Spindelwerke, K.-G., Ebersbach a. d. Fils, Württemberg; e) Württ. Spindelfabrik, G. m. b. H., Süssen, Württ.
48. D.R.P. 372825, * 29. 9. 1919, Norma, S. K. F. Schwedische Kugellagerfabriken, Stuttgart-Cannstatt.
49. D.R.P. 479664. Neher A., Cannstadt, * 29. 9. 1926. Novibra-Staufert & Maier, Stuttgart-Cannstatt.
50. a) Froitzheim & Rudert, Weißensee-Berlin, Langhausstraße 129/131; b) Horn Guido, Weißensee-Berlin, Laughausstraße 123/125.

51. D.R.P. 255016. Spach & fils, Rothau (Elsaß). * 11. 12. 11, † 1919.
52. a) Brandenburg W., Spindelschnurfabrik, Holzweiler-Aachen; b) Horn Guido, Maschinenfabrik, Berlin-Weißensee; c) Meyer-Samboeuf, Emmendingen, Baden.
53. Tales and Jenks, Southern Offices, Woodside Building, Greenville South Carolina, U. S. A.
54. a) Cook & Co., Ltd., 18 Exhange Street, Manchester (England); b) Maschinen-baugesellschaft Lengenthal (Schweiz). c) Woonsocket Machine and Press Co., Inc. Pawtucket, Rhode-Island (V. S. A.).
55. a) Martinot-Galland, Maschinenfabrik Bitschweiler-Thann (Elsaß); b) D.R.P. 188382, 46a, * 18. 10. 1905, † 1910.
56. a) Brüggemann H.: Jenny, Gebrauchsmuster, 31. 3. 07 (32); b) Schimmel O., Maschinenfabrik, Chemnitz (Sachsen), übergegangen in 29b.
57. Frotscher W., Dr., Über den Bandantrieb von Spindeln. Melliands Textil-berichte. XIII. Band, Lieferung 4, April 1932.
58. Brüggemann, H., Prof., Dopp lfadenverhüter und Doppelfadentrenner, Elsässisches Textilblatt. Verlag: J. Dreyfuß 1910—1911.
59. a) D. R. P. 25372 Schlumberger N. & Cie., Gebweiler, Elsaß. *16. 5. 1882, † 1887; b) Koech'in A., Mülhausen, Els. 1899.
60. a) Saco-Lowell Shops, 147 Milk Street, Boston (V. S. A.); b) Schlumberger N. & Co., Gebweiler (Elsaß).
61. a) American Standard Ring Travellers (14b); b) Cook & Co., Ltd. (54a); c) Eadie Bros & Co., Ltd., Victoria-Buildings, Manchester (England); d) Hoffmann C., Schönau-Chemnitz; e) Loose A., Altendorf-Chemnitz (Sachsen); f) Mann Ch., Waldshut (Baden); g) Whitinsville Spinning Ring Co. 1873, Mass. (V. S. A.).
62. D.R.P. 109513. Cook J. W., Manchester (England), * 11. 7. 1899, † 1900.
63. Millbank, The Production of Heavy Folded Yarn — The Textile Manufacturer, Emmot and Co., Ltd., 65 King Street, Manchester, September 15, 1927.
64. Holtzhausen, Spinners- und Zwirners Berater, Martin T., Textilverlag, Leipzig.
65. Boßhard O.: Die mechanische Baumwollzwirnerei. Verlag Voigt B. F., Weimar 1891.
66. a) Schmid H., Direktor der Mechanischen Baumwollspinnerei Kempten, vorm. Gebr. Denzler, Kempten (Allgäu); b) Silbrmann H., Die Seide, Verlag Kühtmann G., Dresden 1897; c) Bietenholz A., Direktor, Ingenieur, Basel (Schweiz).
67. Deetken & Clement, Dinglingen, Baden.
68. D.R.P. 3938. Stein G., Fabrik für Posamenterie-, Weberei-, Wirkerei- und Seilereimaschinen, Berlin O, Blumenstr. 24, * 1880, † 1880.
69. D.R.P. 35389. Spach et fils, Rothau (Elsaß), * 27. 4. 1886, † 1888.
70. D.R.P. 183959. Dornnistorpe F. R. and Finnrew Chambres in Leicester (Eng-land), * 1907, † 1908.
71. D.R.P. 1569. Bollmann, Lindenthal und Baumgartner, Wien (Österreich), * 1880, † 1883.
72. D.R.P. 38324. Spach et fils, Rothau (Elsaß), * 1886, † 1887.
73. D.R.P. 32514. Coats Th. und Watson Th. ind Paisley (England), * 1885, † 1891.
74. D.R.P. 11616. Lindenthal, Wien, * 1880, † 1883.
75. D.R.P. 309792. Kapp A. & H., Pfullingen, * 1918, † 1924.
76. D.R.P. 361351. Wegmann und Co., Baden (Schweiz), * 1922, † 1928.
77. Baines Patent-Knäuel-Wickelmaschine. Ayrton W. and Co., Gorebrook Iron-works, Longsight-Manchester (England).
78. Eidgenössisches Patent 53228. Zwicky H., Schindellegi (Schweiz), * 20. 10. 1910.
79. Walcott Chain-Warper-The Draper Geo and Sons, Hopedale Mass. (V. S. A.), 1896.
80. Hurst W. and Co., Hamer Machine Works, Red Lane, Roch dale (England).
81. Clarkes Patent Balling Machine. Draper Geo and Sons, Hopedale Mass. (V. S. A.), 1896.

82. Mather and Platt, Salford Iron Works, Manchester (England).

83. Gildard H. and Straw, F. H. 1894. Draper G. and Sons, Hopedale, Mass. (V. S. A.).

84. Fox F. W.: The preparation of textile threads for the loom. The textile Recorder. John Heywood, Ridgefield, Manchester (England) 1898.

85. Holt Thomas, Ltd., Atlas Iron Works, Rochedale (England).

86. Zittauer Maschinenfabrik, A.-G., Zittau (Sachsen).

87. Villain R., Constructeur: Vandamme successeur, Lille (Frankreich).

88. D.R.P. 185704. Rivett F. und Oldham S., Heaton-Norris (England), * 8. 7. 1905, † 1906.

89. Senga: Hochleistungssengmaschine, Maschinenfabrik Zell-Wiesenthal (Baden).

90. Electro-Textile, 149, rue de Rome, Paris.

91. Kind W., Dr.: Neue Probleme der Fettchemie und ihre Bedeutung für die Textilindustrie. Melliands Textilberichte, Heidelberg, 1931, Nr. 2.

92. Reumuth H.: Die Beeinflussung der Waschwirkung durch den p_{II}-Wert. Zeitschrift für die gesamte Textilindustrie. Verlag L. A. Klepzig, Leipzig C1, 1931, Heft 20.

93. Ullmann G., Dr.: Verfahren und Präparat zur Unschädlichmachung von Härtebildnern und Salzlösungen bei Seifprozessen. Melliands Textilberichte, Heidelberg 1926, Nr. 11 und 12.

94. Stockhausen & Co., Chemische Fabrik, Krefeld: Die Vermeidung der Kalkseifenbildung durch Intrasol. 1931; Werth, van der. Dr., Neue Sulfonierungsverfahren zur Herstellung von Dispergier-, Netz- und Waschmitteln. Allgemeiner Industrieverlag G. m. b. H., Berlin 1932.

95. D.R.P. 345359. Wagner R., Frankenberg (Sachsen), * 27. 7. 1920, † 1931.

96. Gold- und Silberscheideanstalt vormals Roessler, Frankfurt a. M.

97. D.R.P. 527032. Elektrochemische Werke München A.-G. in Höllriegelskreuth, * 14. 6. 30.

98. a) Bischoff I., Dr.: Taschenbuch für den Chemikalienhandel, 2. Auflage 1922; Ziemsen A. Verlag, Wittenberg-Halle; b) Staub & Co., Nürnberg; c) Stöber C. H., Kom.-G. a. A., Hamburg; d) Zschimmer und Schwarz, Chemische Fabrik, Chemnitz.

99. Witt O. N. und Lehmann: Chemische Technologie der Gespinstfasern. Verlag Vieweg F. und Sohn, Braunschweig, 1888—1911.

100. a) Bernheim R., Augsburg-Pfersee; b) Böhme H., Th., A.-G., Chemnitz; c) Farb- und Gerbstoffwerke Flesch C. Jr., Frankfurt a. M., Brentanostr. 18; d) I. G. Farbenindustrie A.-G., Frankfurt a. M.; e) Simon J. und Dürkheim, Offenbach a. M.; f) Röhm & Haas A.-G., Darmstadt; g) Stockhausen & Co., Krefeld; h) Stockhausen & Cie., Buch & Landauer A.-G., Berlin SO 16; i) Zschimmer & Schwarz, Greiz-Dölau (Thüringen); S. Boehringer C. II. Sohn, A.-G., Nieder-Ing lheim a. Rh.; Vereinigte Ultramarin-Fabriken, A.-G., Köln a. Rh.

101. Ullmann G., Dr., Wien: Verfahren zum Auskochen vegetabilischer Fasern mit und ohne Druck. Melliands Textilberichte, XII. Bd., Lieferung 9, September 1931, Heidelberg.

102. Kind W., Dr.: Das Bleichen der Pflanzenfasern, 2. Aufl. Verlag Ziemsen A., Wittenberg-Halle 1923.

103. Ristenpart-Herzfeld: Die Praxis der Bleicherei. Verlag Krayn M., Berlin W 1928.

104. Scheurer A.: Untersuchungen über die reinigende Wirkung der beim Beuchen der Baumwolle verwendeten Laugen. — Das Bleichen der Baumwollgewebe. Bulletin de la Société Industrielle de Mulhouse, Alsace 1888.

105. Thies F. H. und Freiberger M.: Die Baumwollbleiche am Vorabend einer grundsätzlich neuen Entwicklung. Melliands Textilberichte 1921.

106. Grandmougin E., Dr.: Über Baumwollbleicherei, Österreichs Wollen- und Leinenindustrie 1910.

107. Thies F. H. und Freiberger M.: a) D.R.P. 79102; * 6. 2. 1882, †1897; b) D.R.P. 85119; * 19. 7. 1894, † 1897; c) D.R.P. 283232, * 3. 4. 1913, † 1923.

108. a) Ganswindt A., Dr.: Leichtfaßliche Chemie, 5. Aufl. Verlag Ziemsen A., Wittenberg-Halle; b) Kielmeyer A., Dr. und Zänker W.: Der Färberei-lehrling im Chemieexamen, 3. Aufl. Verlag Ziemsen A., Wittenberg-Halle 1920.

109. I. G. Farbenindustrie A.-G., Griesheim-Frankfurt a. M.

110. Badische Anilin- und Sodafabrik, Ludwigshafen.

111. a) Siemens & Halske, Wernerwerk, Berlin; b) Elektrolyseur-Bau Arthur Stahl, Aue, Sa.

112. Gmelin R. u. Muralt R. v., Dr., Taschenbuch für die Färberei. 2. Aufl., Verlag: Springer J., Berlin 1924.

113. Ullmann F.: Enzyklopädie der technischen Chemie. Bleicherei, Bd. 2 (Risten-part). Verlag Urban & Schwarzenberg, Berlin W, Friedrichstr. 105b.

114. a) Bucks & Sohn, Faß- und Bottichfabrik, Bleicherstr. 65/73, Wandsbeck-Hamburg; b) Deutsche Ton- und Steinzeugwerke A.-G., Berlin-Charlottenburg, Berliner Straße 23; c) Ganzler C., Kupfer und Aluminiumschmiede, Apparate-und Maschinenbau, Auskleidungen aus V-2-A-Stahl, Düren (Rheinland); d) Müller E., Schwarzbachstr. 141, Wuppertal-Rittershausen; e) Säureschutz-gesellschaft m. b. H., Altglenicke-Rudowerstr. 49/50, Berlin; f) Then R., Bottichfabrik, Chemnitz; g) Zapf R., Schließfach 490, Düsseldorf.

115. D.R.P. 233856. Pietsch A. und Adolph G., Dr., München, * 24. 4. 1911.

116. D.R.P. 515596. Elektrochemische Werke München A.-G., Höllriegelskreuth, * 7. 9. 1926.

117. D.R.P. 439834. Schmidt G., Dr.-Ing., Dachau-München, * 14. 10. 21.

118. Folgner R. und Schneider G., Zur Verwendung der nichtrostenden Stähle in der Bleicherei. Melliand Textilberichte; XIII. Band, Lieferung 9; September 1932.

119. D.R.P. 279993. Lehmann A., Rheydt. Diamalt A.-G., München, * 5. 10. 1913, † 1924.

120. Korte H.: Vortrag für die Techniker-Konferenz in Leverkusen am 12. 1. 1931; J. G. Farbenindustrie A.-G., Frankfurt a. M., veröffentlicht unter: Bemerkungen zu den Neuerungen in der Baumwollbleiche. Monatsschrift für Textilindustrie, Heft 10, 11, 1931. Verlag Martius Th., Leipzig.

121. Bottler M., Prof.: Bleich- und Reinigungsmittel der Neuzeit, 2. Aufl. 1924. Verlag Ziemsen, Wittenberg-Halle.

122. D.R.P. 311546. Mohr, Eibergen, Holland, * 14. 9. 1916.

123. D.R.P. 176609. Pick L. und Erban F., * 30. 4. 1905, † 1915.

124. a) Chemische Fabrik, G. m. b. H., Coswig (Anhalt); b) Deutsche Gold- und Silberscheideanstalt, vormals Rössler, Frankfurt a. M.; c) Elektrochemische Werke A.-G., Höllriegelskreuth-München; d) Königswarter & Ebell, Linden (Hannover).

125. Cassella Leopold, G. m. b. H., Frankfurt a. M.: Kleines Handbuch der Druckerei und Färberei. Selbstverlag, 3. Auflage 1925.

126. Verfahren W. Dulière. Journal de Pharmacie d'Anvers (Belgien), 1907, Nr. 2.

127. D.R.P. 284761. Deutsche Gold- und Silberscheideanstalt, vormals Rössler, Frankfurt a. M., * 21. 2. 1913.

128. Heermann P., Dr.: Technologie der Textilveredlung, 2. Aufl. Verlag Springer J., Berlin.

129. Schramek W. und Schubert C.: Über die Gewichtsverluste der Baumwolle in der Wasserstoffsuperoxydbleiche im Vergleich mit der Beuch-Chlor-Bleiche. Monatsschrift für Textilindustrie, Leipzig, Heft 9, 1931.

130. a) Thies B., Spezialfabrik automatischer Farb- und Bleichapparate, Coesfeld (Westfalen); b) Haubold C. G., A.-G., Chemnitz; c) Gruschwitz C. A., A.-G., Olbersdorf, Sa.

131. D.R.P. 433054. Thies B., Coesfeld (Westfalen), * 22. 3. 21, † 1929.

132. Grunert A.: Fleckenbildung beim Kochprozeß unter Adler G. in Melliands Textilberichte 1930, Heft 11.

133. D.R.P. 145583. Mathesius W., Hörde (Westfalen), * 3. 5. 1902.

134. D.R.P. 209457. Thies H., Coesfeld (Westfalen) und Nathesius W., * 3. 5. 1907, † 1923.

135. D.R.P. 457679. * 21. 3. 1928; 475121, * 18. 4. 1929, Werner E.

136. D.R.P. 79102, * 6. 2. 1892, † 1897; 85119, * 19. 7. 1894, † 1897; Thies H., Laaken-Wuppertal und Herzig E., Augsburg.

137. Krantz H., Maschinenfabrik, Aachen (Rheinland); a) Hamburger E., G. m. b. H., Görlitz; b) Heine Gebrüder, Viersen; c) »Rowag« Zentrifugenbau-Gesellschaft, Görlitz; d) Schäfer & Co., Viersen.

138. Stöcke; Bendgens Wwe., Sevelen, Rheinland; Ferger H., Oberndorf bei Salzburg; Gerven J. v., Nieubeck a. Rh.

139. a) Frank'sche Eisenwerke A.-G., Niederscheld (Dillkreis); b) Gerber Maschinenfabrik Wansleben-Krefeld; c) Taschner W. Maschinenfabrik A.-G., Krefeld.

140. D.R.P. 501300 und 504995, * 1. 2. 27; Freiberger M., Berlin.

141. Haas F., Maschinenfabrik, G. m. b. H., Lennep (Rheinland).

142. Hausbrand E.: Das Trocknen mit Luft und Dampf, 5. Aufl. Verlag Springer J., Berlin 1930.

143. Bosch M., sen.: Die Wärmeübertragung. Verlag Springer J., Berlin 1927.

144. Hütte, Bd. I, Kollier-Zahlentafeln, 23. Aufl. Verlag Ernst W. und Sohn, Berlin 1931.

145. Hinsch M.: Die Trockentechnik. Verlag Springer J., Berlin.

146. a) Hahl R. and Sons Ltd., Maschinenfabrik, Bury (England); b) Haubold C. G., G. m. b. H., Chemnitz; c) Timmer J., Maschinenfabrik, Coesfeld (Westfalen); d) Webstuhl- und Webereimaschinenfabrik A.-G., Jaegerndorf (Österreich).

147. Cohnen B., Textilmaschinenfabrik, Grevenbroich (Rheinland).

148. a) Walter Mc Gee and Son, Ltd., Albion Works, Paisley (Schottland), seit 31. 7. 1924 aufgegangen in b) Ayrton W. and Co., Gorebrock, Ironworks Longsight, Manchester (England).

149. D.R.P. 20887. Ayrton W., Baines und Schmidt J. W., Longsight, Manchester, * 27. 4. 1882, † 1884.

150. a) Bowman F. H., Dr.: Structure of the cotton fibre. Verlag Palmer and Howe, Manchester 1885. b) Gardner E., Merzerisation und Appretur. Verlag Springer J., Berlin 1932; c) Herzinger E.: Die Veredelung der Baumwollfaser durch Merzerisation und Animalisierung. Verlag Ziemsen J., Wittenberg, 2. Aufl. 1926; d) Sedlaczek, Dr.: Die Merzerisierungsverfahren. Verlag Springer J., Berlin 1928; e) Haller R., Dr.: Chemische Technologie der Baumwolle, und Glafey H., Professor: Mechanische Hilfsmittel zur Veredelung der Baumwolltextilien. Verlag Springer J., Berlin 1928.

151. D.R.P. 428857. Piepenbrok C. A., Baumwollschwarzfärberei und Merzerisieranstalt in Elberfeld, * 25. 7. 1923, † 1930.

152. Kleinewefers J., Söhne, Maschinenfabrik, Krefeld; Jaegli J., Winterthur, Schweiz.

153. D.R.P. 123822. Hahn P., Niederlahnstein, * 2. 6. 1900, † 1915; 263762, * 30. 1. 12, † 14. Frank'sche Eisenwerke A.-G., Niederscheld (Dillkreis).

154. D.R.P. 282001. Hahn P., Niederlahnstein, * 7. 3. 1913, † 1929.

155. D.R.P. 341709. Olig J., Montabaur, * 11. 7. 1919, † 1930.

156. D.R.P. 340222. Olig J., Montabaur, * 11. 7. 1919, † 1930.

157. D.R.P. 434263. Niederlahnsteiner Maschinenfabrik G. m. b. H., * 23. 5. 1922, † 1930. Frank'sche Eisenwerke Adolfshütte (Dillkreis).
158. D.R.P. 334897. * 11. 7. 1919, † 1927; 342732, * 24. 10. 1919, † 1931; 348375, * 13. 2. 1920, † 1923; 391140, * 17. 5. 1922, † 1925; alle von Olig J., Montabaur.
159. D.R.P. 414183. Niederlahnsteiner Maschinenfabrik G. m. b. H., * 25. 6. 1922, † 1930. Frank'sche Eisenwerke Adolfshütte Niederscheld (Dillkreis).
160. D.R.P. 237835. Kohl M., Chemnitz, * 12. 6. 1910, † 1913.
161. D.R.P. 249171. Kleinewefen J., Söhne, Krefeld, * 7. 6. 1908, † 1918.
162. D.R.P. 286359. Zieger M., Krefeld, * 27. 1. 1912, † 1921.
163. D.R.P. 442074. Bebié E., Barcelona, * 4. 11. 1924, † 1930.
164. D.R.P. 388179. Olig J., Montabaur, * 22. 2. 1922, † 1926.
165. D.R.P. 415852, Haubold C. G., A.-G., Chemnitz, * 28. 9. 23, † 1927.
166. D.R.P. 412107. Funke O., Elberfeld, * 6. 1. 1923, † 1927.
167. H. W. Butterworth and Sons Co., Philadelphia (V. S. A.).
168. Boger R. C., Präsident der Fa. Boger and Crawford, Philadelphia (V. S. A.).
169. Lehne A., Dr., Prof.: Färberei und Zeugdruck. Verlag Ziemsen A., Wittenberg-Halle 1926.
170. Grandmougen E., Dr., Prof.: Die Druckerei und Färberei in Ullmann F., Dr., Prof.: Enzyklopädie der technischen Chemie. Verlag Urban & Schwarzenberg, Berlin N, Friedrichstr. 103b und Wien.
171. Zänker W., Dr.: Die Färberei. Verlag Jännecke M., Dr., Leipzig 1913.
172. Stirm K., Dr.: Chemische Technologie der Gespinstfasern. Verlag Gebrüder Bornträger, Berlin W 35, Schöneberger Ufer 12a.
173. Witt O. N., Prof.: Theorie der Farbstoffe. 1876.
174. Brass K., Dr., Prof.: Färbe-Praktikum, Technische Hochschule München, Juni 1922. Verlag Springer J., Berlin.
175. a) Ullmann G.: Theorie der Schaumfärberei — Apparatefärberei. Verlag Springer J., Berlin 1905; b) Heuser E. J.: Die Apparatfärberei der Baumwolle und Wolle. Verlag Springer J., Berlin 1913.
176. a) Löwenthal R., Dr.: Die Färberei der Spinnfasern nebst Bleicherei und Zeugdruck. Verlag Spamer O., Leipzig 1901; b) Handbuch der Färberei der Spinnfasern; Verlag Loewenthal W. und S., Berlin 1900; c) Herzfeld J., Dr.: Die Praxis der Färberei. Fischers technologischer Verlag Fischer & Heilmann, Berlin 1893.
177. Farbwerke, vorm. Meister Lucius und Brüning, Höchst a. M. a) Kurzer Ratgeber für die Anwendung der Teerfarbstoffe. III. Aufl. 1908. Selbstverlag; b) Ratgeber für das Färben von Baumwolle und anderen fasernpflanzlichen Ursprungs. 5. Aufl. 1925; c) Kurzer Leitfaden für die Anwendung der Farbstoffe der Badischen Anilin- und Sodafabrik, Ludwigshafen a. Rh., Selbstverlag; d) Tabellarische Übersicht über Eigenschaften und Anwendung der Farbstoffe der Fa. Farbenfabriken vorm. Friedrich Bayer & Co., Leverkusen b. Köln a. Rh. 6. Aufl., 1925, Selbstverlag.
178. Grandmongin E. Dr., Prof., Zeitschrift für Farbenindustrie 5. Verlag Buntrock, Berlin 1906.
179. Decock E., Ryo Catteau, Maschinenfabrik, Rosebaix (Frankreich).
180. D.R.P. 291999. Bemberg J. P., A.-G., Wuppertal-Rittershausen, * 29. 8. 1913, † 1929.
181. a) Obermaier, Maschinenfabrik, Lambrecht (Pfalz); b) Müller & Krieg, Friedeberg/Qu.; c) Erckens & Brix, Rheydt; d) Schirp H., Vohwinkel-Elberfeld; e) Esser E. & Co., G. m. b. H., Görlitz.
182. Zänker W., Dr.: Die Fehler beim Färben von Kreuzspulen und die Möglichkeiten ihrer Verhütung. Deutsche Färberzeitung, Nr. 37, 39, 1926. Verlag Ziemsen A., Wittenberg-Halle.
183. a) Geidner W., Kempten, Allgäu; b) Pabst E., Aue i. Sa.

184. Wanke K., Zwickau; Ullmann Färberzeitung, Lehne, Berlin 19, 283, 1908.
185. a) Liebscher O., Maschinenfabrik, Chemnitz; b) Röthig & Sohn, Seifhennersdorf (Sachsen).
186. D.R.P. 101074. Liebscher C. O., Gera (Reuß), * 17. 2. 1898, † 1901.
187. D.R.P. a) 132004, * 2. 9. 1900, † 1909; b) 156109, * 29. 5. 1903, † 1909; c) 59553, * 22. 11. 90, † 1901; d) 66421, * 11. 3. 92, † 1901, Hallensleben O., Oberhausen (Rheinland).
188. D.R.P. a) 155391, * 7. 11. 1902, † 1905; b) 155393, * 7. 11. 1902, † 1909; c) 155392, * 7. 11. 1902, † 1911; d) 155390, * 7. 11. 1902, † 1908; Schmidt F., Oberschönweide-Berlin; e) 133417, Schmid W., Hof, * 29. 10. 1901, † 1903.
189. D.R.P. 376540. Schöller Gebr., Düren (Rheinland), * 1. 8. 1922.
190. D.R.P. 57482. Marchette G., Halifax (England), * 17. 1. 1891, † 1894.
191. D.R.P. 113686. Bayreuther, Eger (Böhmen), * 9. 4. 1899, † 1902.
192. D.R.P. a) 159659, * 11. 7. 1903, † 1911; b) 157551, * 5. 11. 1904, † 1915; c) 161724, * 5. 11. 1904, † 1915; Hofman A., Gothenburg (Schweden).
193. D.R.P. 310849. Zimmermann J., Philadelphia (V. S. A.), * 25. 5. 1916.
194. Amerikanisches Patent 750513. Winslow G. H. und Demet C. W., Nortg Adam, Massachusetts.
195. Glafey H., Professor: Das Bedrucken der Kettgarne. Färberzeitung, Lehne, Berlin 1906.
196. D.R.P. 159983. Keefer W. B., Philadelphia (V. St. A.), * 16. 12. 1902, † 1905.
197. D.R.P. 278601. Paatz F., Berlin, * 22. 9. 1912, † 1921.
198. a) Elsässische Maschinenbau-Gesellschaft, Mülhausen (Elsaß); b) Haubold C. G., A.-G., Chemnitz (Sachsen); c) Zimmers F. Erben, Zittau (Sachsen) und Wamsdorf (Böhmen).
199. a) Berthoud E.: Traité de la gravure sur rouleaux. Verlag Vve Bader, Mulhouse (Alsace); b) Koller Th. Dr.: Die Imprägni rungs-Technik. 2. Aufl. 1907; Verl g Hartl. ben A., Wien, Le'pzig; c) Pearson H., New York: Das Wasserd chtmac en von Textilien; übersetzt von Krais; P., Dr., Prof.; Verlag: Steinkopf Th., Dresden, Leipzig 1928.
200. William Ayrton and Co., Gorebrook Ironworks, Nachfolger von William Weild and Co., Longsight, Manchester (England).
201. Walter Mc Gee and Son, Ltd., Paisley, übergegangen am 31. Juli 1924 in 200.
202. Schemag, Maschinen- und Apparate-Fabrik, Dr. Schenderlein & Co., Inhaber Preusse E. F., Leipzig.
203. Maschinenfabrik Augsburg-Nürnberg.
204. Chemille Schneid- und Brennmaschinen Klingers C., Nachfolger, Glauchau (Sachsen).
205. Brüggemann H., Prof.: Die Herstellung der Gewebe unter besonderer Berücksichtigung der Herstellung der Roßhaargewebe. Verlag R. Oldenbourg, München-Berlin 1928.
206. D.R.P. 435350. Döhler F., Zeulenroda (Thüringen), * 27. 3. 25, † 1927.
207. D.R.P. 358803. Kempf K., Roth, Nürnberg, * 18. 5. 1921, † 1923.
208. D.R.P. 150835. Zimpel R., Berlin, * 16. 6. 1900, † 1904.
209. D.R.P. 358972. Brude E., Lyon (Frankreich), * 9. 4. 1920, † 1924.
210. D.R.P. 444006. Müller F., Buchholz (Sachsen), * 26. 4. 1925, † 1931.
211. D.R.P. 7924. Clapham J., Leeds (England), * 23. 9. 1878, † 1881.
212. D.R.P. 226536. Fürst M., Weißenburg, * 14. 9. 1909, † 1911.
213. D.R.P. 214501. Friedrich G., Elberfeld, * 25. 8. 1908, † 1909.
214. D.R.P. 424843. Société Varillon et Balayron und Wilmonth E., Lyon (Frankreich), * 19. 6. 24, † 1931.
215. D.R.P. 174027. Züricher Draht- und Kabelwerke, Zürich (Schweiz), * 9. 7. 1905, † 1908.

216. D.R.P. 130026. Petsch Telefonapparatefabrik, Berlin-Charlottenburg, * 14. 9. 1901, † 1905.
217. D.R.P. 431681. Réal L., Lyon (Frankreich), * 21. 4. 1923, † 1927.
218. D.R.P. 126331. Bruder D., Wien, * 7. 4. 1900, † 1903.
219. D.R.P. 157058. Zimpel K., Berlin, * 16. 8. 1902, † 1903.
220. D.R.P. 118481. Maschinenbau-Anstalt für Kabelfabrikation, Berlin, * 24. 4. 1900, † 1905.
221. D.R.P. 40547. Melzer F. G., Chemnitz, * 1. 12. 1886, † 1890.
222. D.R.P. 37432. Graf O. und Preusse V., * 12. 1. 1886, † 1892.
223. D.R.P. 370012. Weber C. und Co., Isselhorst (Westfalen), * 2. 7. 1921, † 1929.
224. D.R.P. 37271. Hille E., Cottbus, * 28. 1. 86, † 1888.
225. D.R.P. 401524. Hammer und Häbler, Forst (Lausitz), * 1. 4. 1923, † 1926.
226. D.R.P. 90419. Huschke M. und Schulze E., Guben, * 10. 6. 1896, † 1897. Sykes J. and Sons, Huddersfield (England).
227. Davis, Furber and Co., Ltd., Manchester.
228. Schultz A., Die Fantasiezwirne. Textilzeitung, Berlin, 1905.
229. D.R.P. 96899. Fohry A. und Golditz R., Chemnitz (Sachsen), * 8. 10. 1896, † 1899.
230. D.R.P. 46731. Graf E., Sandow-Kottbus, * 13. 7. 1888, † 1899.
231. Brüggemann H.: Theorie und Praxis der rationellen Spinnerei. Bd. II: Das Strecken der Fasermassen. Verlag Kröner A., Leipzig 1897.
232. Taggart W. S.: Practical Details in Spinning Machinery. The Textile Manufacturer 1898.
233. Dantzer J. und Prat D. de: Traité de Fabrication des fils de fantasie. Verlag Librairie Politechnique Béranger Ch., Rue des Saints-Péres 15, Paris 1930.
234. Gégauff C.: Festigkeit und Elastizität der Baumwollgespinste. Elsässisches Textilblatt Gebweiler (Elsaß), Schriftleiter Prof. H. Brüggemann, Jahrgang 1909—1910.
235. Amerikanisches Patent Nr. 1578243. Danville Conditioning Machine Company, Danville, Virginia (V. S. A.), * 23. 3. 1926.
236. Maschinen- und Apparate-Bauanstalt, Rheydt (Rheinland).
237. Scheidecker de Regel, Kesselschmiede, Thann (Elsaß).
238. Pornitz U. und Cie., A.-G., Chemnitz (Sachsen).
239. Glafey H., Geh. Reg.-Rat, Dipl.-Ing. in Geitel M.: Der Siegeslauf der Technik. Union, Deutsche Verlagsgesellschaft. Stuttgart, Berlin, Leipzig.
240. Reh F., Prof.: Strickerei und Wirkerei im Buch der Erfindungen, Gewerbe und Industrie. 9. Auflage, 1898. Leipzig, Verlag: Spamer O.
241. Die Wirtschaft des Auslandes 1900÷1927. Bearbeitet im Statistischen Reichsamt. Berlin 1928. Verlag: Hobbing R., Berlin SW. 61.
242. Ausschuß zur Untersuchung der Erzeugungs- und Absatzbedingungen der deutschen Wirtschaft. 1930. Verlag: Mittler E. S. & Sohn, Berlin.
243. Frankfurter Zeitung, 29. März 1931.
244. Textilzeitung, Hauptschriftleiter: Stöhr Chr., Berlin SW 19, Leipziger Straße 62—63.
245. Bremer Baumwollbörse: Baumwoll-Spinnerei- und Zwirnerei-Verzeichnis 1931. Verlag der Bremer Baumwollbörse, Versand durch H. M. Hauschild, Bremen.

Auskunft.

Abkömmlinge, Derivate, in der Kohlenstoffchemie Verbindungen, die von einer andern durch Ersetzen von Wasserstoffatomen durch andere oder durch Atomgruppen sich ableiten lassen.

Absorption = die Ansaugung, Festhaltung und Verdichtung von Gasen an der Oberfläche fester, besonders poriger Körper; das Verschlucken.

Adulcinol ist das Sulfonat eines hochmolekularen Fettalkoles, kalkbeständig, schäumt und reinigt vorzüglich, verhindert die Kalkseifenbildung mit hartem Wasser, und ist beständig in sauren Flotten; säurehaltige Garne können sofort in Adulcinol nachgewaschen werden. Adulcinol wird angewendet in der Beuche, in Färbebädern und zum Nachbehandeln von Schwefelschwarz-, Indanthren- und Naphtholfärbungen, bei denen es zur Erhöhung der Leuchtkraft und Echtheit, zur Vertiefung des Farbtones und zur Erzeugung eines weichen Griffes beiträgt. Hersteller: Flesch C. jr., Farb- und Gerbstoffwerke, Frankfurt a. M.

Äther sind Verbindungen, die aus zwei Molekülen des gleichen oder verschiedener Alkohole unter Wasseraustritt entstanden sind.

Ätherische Öle = Riechöle sind keine chemischen Verbindungen, sondern Gemenge; viele bestehen aus Kohlenwasserstoffen, die meisten enthalten noch sauerstoffhaltige Bestandteile; sind wenig in Wasser löslich, leicht in Alkoholen, Äther, Chloroform und fetten Ölen und brennen mit leuchtender, rußender Flamme; sie dunkeln an der Luft nach und verharzen.

Äthylen, C_2H_4, ist ein süßlich riechendes Gas, das sich bei — 1,1° und 42 ½ atü verflüssigt; brennt mit leuchtender Flamme, bildet mit Luft ein Knallgemisch, wasserunlöslich.

Agave, über 50 verschiedene Arten krautiger Pflanzen mit in Strahlenbüscheln stehenden, oft dornig gezahnten Blättern und weißen bis grünlich weißen Blüten in einfacher Traube, Rispe, die über alle feuchtheißen Länder, besonders Mexiko, verbreitet ist; versponnen werden die aus den Blättern gewonnenen Fasern der Sisalagave.

Ahorn, Acer L., Bäume oder Sträucher mit gegenständigen, einfachen, gelappten bis zusammengesetzen Blättern, regelmäßigen, zu Rispen, Trauben oder Ähren gestellten Blüten und Doppelflügelfrüchten, fast 100 Arten. Der Ahornbaum $20 \div 30$ m hoch und bis 500 Jahre alt, vorzügliches Tischlerholz.

Alaun = Gruppe gut kristallisierender Doppelsulfate, die zum Teil in Gesteinen auftreten; es kommen vor Kali-, Natron-, Ammonium-, Magnesia-, Eisen- und Manganalaune. Kali-Alaun $(Al_2(SO_4)_3 K_2SO_3 + 24 H_2O)$ farblose Kristalle oder weißes Pulver.

Albumin, Eiweiß; Eialbumin (wasserlösliches, trockenes Eiweiß) und Blutalbumin (hornartige, gelbe bis braune Blättchen).

Algen stets Pflanzengrünführende, meist in Wasser lebende Pflanzen, ohne Gliederung in Wurzel, Stengel und Blätter, sehr verschieden nach Form, Größe und Entwicklung.

Algofarbstoffe sind Kupenfarben von guter bis mittlerer Alkali-, Wasch-, Säure-, Chlor- und Lichtechtheit.

Alizarin, $C_{14}H_8O_4$, rote Prismen, verlieren bei 100^0 ihr Kristallwasser, sind in Alkalien mit Purpurfarbe löslich, geben mit Basen gefärbte Salze, Krapplacke.

Alizarinzyanol, ein Teerfarbstoff (C).

Alkalien, die Hydroxyde der Alkalimetalle, sind starke Basen von ätzendem, laugenhaftem Geschmack, zerstören Gewebe aus tierischen Fasern, verseifen Fette, färben rotes Lackmuspapier blau (alkalische Reaktion).

Alkalimetalle, Elemente: Lithium, Natrium, Kalium, Rubidium, Cäsium; zersetzen Wasser unter Bildung der Hydroxyde: Alkalien.

alkalisch = laugenhaft schmeckend, Fett verseifend, erkennbar an dem Vermögen, rotes Lackmuspapier blau zu färben.

Alkaliviolett, ein Triphenyl-(Teer)farbstoff (B, J, M, By, C, t, M).

Alkohol, Weingeist C_2H_5OH, farblose, dünne Flüssigkeit von angenehmem Geruch und brennendem Geschmack, die nicht gefriert, leicht entzündlich ist und mit blaßblauer Farbe brennt.

Alkoholate sind chemische Verbindungen von Alkohol mit Salzen, in denen der Alkohol gewissermaßen die Rolle des Kristallwassers spielt.

Alkyl ist der einwertige Rest eines Kohlenwasserstoffes.

Aloehanf, der aus den fleischigen, dornig gezahnten Blättern der in Ostindien strauch- und baumartig vorkommenden Aloepflanzen gewonnene Faserstoff, der zu Seilen und Tauen verarbeitet wird.

Aluminium, das (Al) ein chemisches Element bildet und in Verbindung mit Sauerstoff als Tonerde ein wesentlicher Bestandteil der Erdrinde ist; ein silberweißes Metall, stark glänzend, silberklingend, geruch- und geschmacklos, walzbar, von Säuren, außer Salzsäure, nur wenig angegriffen. Salzsäure und Alkalilaugen lösen es. Vereinigt sich leicht mit den verschiedensten Metallen.

Aluminiumazetat, essigsaure Tonerde $Al_2(C_2H_3O_2)_6$.

Ameisensäure, Formylsäure CH_2O_2, klare, farblose, scharf riechende, ätzende, flüchtige Flüssigkeit; Ersatz für Essig- und Schwefelsäure beim Färben.

Amide, Verbindungen des Ammoniaks, in denen die Wasserstoffe nacheinander durch einwertige Säurereste ersetzt sind; mit Wasserstoffresten heißen sie Amine. Enthält der mit NH_2 verbundene Rest noch ein Karboxyd (COOH), so entstehen Aminsäuren.

Amido = Amino, saure Farbstoffe.

Amidosäuren, Alanine können als Säuren gelten, worin 1 Atom Wasserstoff durch den Ammoniakrest NH_2 ersetzt ist.

Amine sind die kohlenstoffhaltigen Abkömmlinge des Ammoniaks.

Ammoniak (NH_3), das, ein farbloses, stechend riechendes, scharf alkalisch schmeckendes Gas. In Wasser gelöst, Ammoniakflüssigkeit, Salmiakgeist $(NH_4)OH$ kommt 24%, auch 10%, in den Handel.

Amphoter, heißen Körper, die zugleich sauer und basisch wirken, blaues Lackmuspapier röten und rotes blau färben.

Anilin, Aminobenzol ist ein farbloses Öl, das sich im Licht braun färbt; es löst sich leicht in einer wässerigen Lösung von salzsaurem Anilin und mischt sich in jedem Verhältnis mit Alkohol, Äther und Benzol. Es ist ein starkes Gift.

Anilinschwarz $(C_6H_5N)n$, durch Oxydation von Anilin oder Anilinsalz auf der Pflanzenfaser erzeugtes Schwarz-Nigranilin (FTM); außerhalb der Faser erzeugt, ist es ein schwarzes Pulver, welches als Base mit Säuren schwarzgrüne Salze bildet.

Anorganisch heißen alle chemischen Verbindungen mit Ausnahme der Kohlenstoffverbindungen.

Anteigen nennt man das Auflösen eines Farbstoffes, indem man aus ihm in einem Kübel mit heißem Wasser einen Teig bildet, diesen mit viel Wasser übergießt und umrührt, die Mischung sich absitzen läßt, abgießt und bis zur vollständigen Lösung des Teiges weiterrührt.

Anthrachinon bildet gelbe Kristalle, gewonnen aus Anthracen, einem Bestandteil des Steinkohlenteers; liefert die echtesten Farbstoffe (Anthracen- und Alizarin-farbstoffe).

Antichlor, Natriumhyposulfit $Na_2S_2O_3 + 5H_2O$, farblose, in Wasser leicht lösliche Kristalle.

Antimon, das, Spießglanz, bläulichweiße, stark metallisch glänzend, kristallinisch-blättrig, schmilzt bei 440^0, verdampft bei $1500 \div 1700^0$, ist in Königswasser leicht löslich.

Arabin, das, Arabinsäure, Gummisäure $C_{24}H_{20}O_{20} + 2HO$, farblose bis gelbliche, durchscheinende, kristallose Masse, Hauptbestandteil des arabischen und Senegal-gummis.

Archimedes, griechischer Mathematiker, * 287, † 212 vor Christi, zu Syrakus.

Argon, das, Ar, Element, ein farb- und geruchloses Gas, das sich zur farblosen Flüssig-keit verdichten läßt, die bei -187^0 siedet und bei -190^0 erstarrt; wasserlöslich; Verbindungen, außer einer mit Benzoldämpfen, sind von ihm nicht bekannt.

Aromatische Körper, Benzolabkömmlinge, die große Klasse aller chemischen Ver-bindungen, welche sich vom Benzol C_6H_6 ableiten, im Unterschied von den ali-phatischen, fetten Verbindungen, dem Methan CH_4. Der Name aromatische Körper ist geschichtlich, aber nicht sachlich begründet, weil sich in beiden Klassen sowohl angenehm (aromatische) als übelriechende Verbindungen finden.

Arsen, Arsenik, das, As, Metalloid, stahlgrau, metallglänzend, spröde, kristallinisch; beim Erhitzen verflüchtigt es sich mit Knoblauchgeruch, ohne vorher zu schmelzen; alle Arsenverbindungen sind höchst giftig.

Asphalt, unterschieden in natürlich vorkommende und in künstlich erzeugte, letztere Pech genannt; schwarz, brenn- und schmelzbar.

Atome sind die kleinsten Teile der Elemente. die weder chemisch noch mechanisch teilbar sind.

Auxochrome sind salzbildende Amino- oder Hydroxylgruppen, welche die Chromo-gene in Farbstoffe überführen.

Avirol A. H. extra ist ein Öl zum Netzen, Bleichen, Färben, von Garnen im Strang, auf Kreuzspulen und Kettbäumen sowie in der Indanthrenfärberei. Es ist sehr kalk- und gut säurebeständig und wird geliefert als Pulver und Paste. Weil schon $0,5 \div 1$ g je l Behandlungsbad genügen, arbeitet es äußerst wirtschaftlich. Hersteller: H. Th. Böhme, A.-G., Chemnitz, Sa.

Avirol L-Brillant 142 und **168** sind pulverförmige, auf Fettgrundlage aufgebaute Mittel für das Färben und Weichmachen von Garnen aus Baumwolle, Kunst-seiden und deren Mischungen. Man setzt die Brillant-Avirole dem Färbebad $(0,1 \div 0,3$ g je l) zu und erzielt hierdurch gleichmäßige, leuchtende Färbungen und schmiegsame, griffige Garne. Beide Avirole verhüten das Nachgilben und Ranzigwerden beim Lagern. Hersteller: H. Th. Böhme, A.-G., Chemnitz, Sa.

Avivan 99 ein Weichmachungsmittel, von dem schon Mengen von $0,1\%$ die Zwirne geschmeidig und gleitfähig machen. Hersteller: R. Bernheim, Augsburg-Pfersee.

Azetate = Salze der Essigsäure, z. B. essigsaures Bleiazetat.

Azetatglanzstoffäden werden aus Azetylzellulose, d. h. Essigsäureestern der Zellu-lose, trocken oder naß gesponnen; sie sind hinreichend wasserfest, etwas hart, neuerdings auch gut färbbar.

Azetin, Essigsäureester des Glyzerins.

Azetylen, das, C_2H_2, farbloses, widerlich riechendes Gas, das mit leuchtender rußender Flamme brennt, wird bei $+1^0$ und 48 atü flüssig, löst sich in Wasser, Alkohol und Benzol; giftig; zerknallt sehr leicht.

Azin = Phenazin, das, bei 171^0 schmelzende Kristalle, Grundstoff der Azinfarbstoffe.

Azine sind Farbstoffe; sie besitzen die Eigenschaft, durch Sauerstoffentzug nicht zerstört, sondern nur in Leukoderivate übergeführt zu werden, die an der Luft wieder zu Farbstoff werden.

Azofarbszoffe sind größtenteils Sulfosäuren, eine Gruppe von Körpern, die Chromophor enthalten.

Bakterien, mikroskopisch kleine, meist einzellige, kugelige Stäbchen oder fadenartige, gewellte Lebeformen; nur wenige sind rot oder grün gefärbt; viele selbstbeweglich mit Hilfe einer oder mehrerer Geißeln; Vermehrung ungeschlechtlich, meist durch fortgesetzte Querteilung, daher Spaltpilze genannt, seltener durch Sporenbildung, wobei sich innerhalb einer Zelle eine neue, die Spore (Endosporen) bildet.

Balsam, Weichharz, der dickflüssige Harzsaft verschiedener Bäume, entweder Lösungen von Harzen in Riechölen oder Gemenge beider, daher stark wohlriechend; nicht ranzig werdend, verbrennen mit rußender Flamme; in Wasser unlöslich, löslich in Alkohol, Äther, Chloroform, Benzol, Terpentinöl, Schwefel- und Tetrachlorkohlenstoff.

Barium, das, Element, ist ein silberweißes, glänzendes, weiches Metall, zersetzt Wasser sehr ungestüm.

Baryt, schwefelsaurer, Ba SO_4, Bariumsulfat, Schwerspat, Schnee-, Permanent-, Neuweiß, blanc fix, durch Bergbau oder bei der Herstellung von Wasserstoffsuperoxyd gewonnen, rein weißes, erdiges, sehr schweres, geschmack- und geruchloses Pulver, in Wasser und Säuen unlöslich; bei großer Hitze schmilzt und verflüchtigt es sich; verändert nie sein Weiß.

Basen sind Verbindungen, die, in Wasser gelöst, Hydroxylionen bilden, schmecken meist laugenhaft, bilden mit Säuren Salze und wirken alkalisch.

Batschen, das Einweichen und Gären der Stengelfasern, besonders der Jute, mit einer Flüssigkeit aus Wasser, Fischtranöl, Petroleum.

Baumé Antoine, Professor, *26. 2. 1728 zu Senlis, † 15. 10. 1804 zu Paris, bekannt durch seinen Dichtigkeitsmesser von Flüssigkeiten (Aräometer).

Baumwolle, ein einzelliges Haar, der Samen der Baumwollpflanzen, welche in Nord- und Südamerika, Indien, Ägypten, Mittelmeer, Südrußland gedeihen; weiß, gelblich bis braun, matt bis glänzend; 10 ÷ 50 mm lange, abgeplattete Rohre von 0,015 ÷ 0,045 mm Breite, mit Streifen und Körnchen in den verkorkten Außenhäutchen; Feuchtigkeitszuschlag 8 ½%; $(C_6H_{10}O_5)n$.

Baumwollschwarz, Trisazo-(Teer)farbstoff, Kolumbiaschwarz (A, B, By) Dianilschwarz R (M).

Beizen, die Behandlung mit Säuren und Ätzmitteln zur Erhöhung der Farbaufnahme.

Benzidin, silberglänzende, kristallinische, bei 122° schmelzende Blättchen mit stark basischen Eigenschaften für die Darstellung von Baumwollfarbstoffen sehr wichtige organische Base.

Benzin, das, der zwischen 25 ÷ 150° übergehende Anteil des Erdöls und des Braunkohlenteers; farblose, leicht entzündliche Flüssigkeit von starkem, eigentümlichem Geruch; in Deutschland nur Erdöldestillat.

Benzol, das, C_6H_6, Kohlenwasserstoff, dünnflüssiges, farbloses Öl, duftend; schmilzt bei 5°, siedet bei 81° und brennt mit helleuchtender, rußender Flamme, zerknallt beim Entzünden, wenn es mit Luft gemischt ist; unlöslich in Wasser, löslich in Alkohol und Äther; Mutterstoff aller Anilinfarben; gutes Lösungsmittel für flüchtige und fette Öle, Kampfer, Kautschuk, Guttapercha, Brom, Jod, Phosphor, Schwefel usw.; z. T. beständig gegen Sauerstoffträger.

Benzolkern, der vielen aromatischen Verbindungen (Benzolreihe) gemeinsame, aus 6 Kohlenstoffatomen bestehende Kern, dessen einfachste Verbindung das Benzol ist.

Berlinerblau, Preußischblau, Pariserblau, das Eisenoxydsalz der Ferrozyanwasserstoffsäure, d. i. das Ferri-Ferrozyanid, ein licht- und säureechtes, lebhaftes Blau von großer Alkaliempfindlichkeit, tiefdunkelblaue Stücke, löst sich in Oxalsäure.

26*

Bernstein, Succinit, Harze aus Bäumen der Vorkreidezeit, goldgelb bis bräunlich gefärbt, hin und wieder prachtvoll grün und blau schillernd (Sizilien); häufig durch Luftblasen getrübt, manchmal mit tierischen und pflanzlichen Einschlüssen; ziemlich zäh, weich, polierfähig; nur in wasserfreiem Alkohol löslich, leicht entzündbar und mit wenig rußender, duftend riechender Flamme brennbar.

Beton, ein Gemisch aus Zement, Kiessand, Kiesschlag oder Grobkies unter Bespritzen mit Wasser durch Zusammenschaufeln oder in der Betonmaschine hergestellt.

Beuchöl PL, ein Fettlöser mit Seife, der feinst verteilt in Wasser löslich ist. Dient in einer Menge von $\frac{1}{4} \div \frac{1}{2}\%$ vom Gewicht der Ware als Zusatz zur Kochflotte, wodurch die Behandlungsdauer bis zu $\frac{1}{3}$ abgekürzt werden kann. Es ist höchstgehaltig, vollkommen neutral und läßt sich mit heißem Wasser wieder aus der Ware herausspülen. Hersteller: Zschimmer & Schwarz, Chemnitz, Sa.

Beuchseife, ein Seife und terpenartige Kohlenwasserstoffe enthaltendes, hochwirksames Beuchmittel. Hersteller: Zschimmer & Schwarz, Chemnitz, Sa.

Biancal, ein stickstoffhaltiges Pulver von guter Reinigungswirkung, das im Molekül aktiven Sauerstoff enthält. Es wird als Zusatz zur Beuche, für Vorbleiche und in der Bleiche besonders als Stabilisator in Wasserstoffsuperoxydflotten angewandt. Hersteller: Flesch C. jr., Farb- und Gerbstoffwerke, Frankfurt a. M.

Bikarbonate sind die sauren Salze der Kohlensäure CO_2; das dem Färber geläufigste kohlensaure Salz ist die Soda.

Birke, Bäume, meist mit geschichteter, weißer Korkrinde, liefern wenig helle, sehr geschätzte Gerbstoffe und vorzügliches Holz für die Spulen.

Blankit, I, weißes, in kaltem Wasser lösliches Bleichmittel auf Grundlage von Hydrosulfit. Liefert im Anschluß an die Chlorbleiche eine vorzügliche Verbesserung des Weißes, wirkt als kräftiges Gegen(Anti)chlor, entfernt Eisensalze und gewährleistet ein haltbares, lagerfarbiges Weiß. Hersteller: I. G. Farbenindustrie, A. G., Frankfurt a. M.

Blattfasern sind: Agave-, Aloe-, Manilahanf, Neuseelandflachs, Sisalhanf.

Blauholz, das dunkelrote Kernholz (Blauholz, Campeche, Stadt in Yukatan, Mexiko) des Blutbaumes mit lockeren, gelben Blütentrauben; Mexiko, Zentralamerika, Westindien, Südamerika und im tropischen Asien auch angepflanzt; liefert einen wertvollen Farbstoff.

Blaupulver = Ultramarin oder Indigocarmin.

Blaustein = Kupfervitriol, auch Blaupulver in Kugelform.

Blei, das Element Pb. Sehr weich, ziemlich dehnbar, schmilzt bei 330^0, auf frischem Schnitte silberglänzend, an der Luft schnell anlaufend; Schwefel- und Salzsäure greifen es nur wenig an; verdünnte Salpetersäure, Essig- und Milchsäure lösen es.

Bor, das, Borium, Element der Metalloide, kommt in freiem Zustand nicht vor, ist jedoch als Borsäure weitverbreitet; tritt in seinen Verbindungen stets 3 wertig auf.

Borax, der, Natriumbiborat, $Na_2B_4O_7 + 10 \, H_2O$, weiße, wasserhaltige Kristalle oder weißes, wasserfreies Pulver, der sog. „gebrannte Borax". Dient als mildes Alkali beim Ansieden der Wolle mit Alkaliblau; als Lösungsmittel des Kaseins, bei der Herstellung feuersicherer Gewebe.

Borsäure, $B(OH)_3$, glänzende, schuppige Kristalle, die in Wasser, Glyzerin und Alkohol löslich sind.

Bourrettegespinste werden aus den Abfällen der Schappespinnerei und aus zerfaserten Seidengeweben erzeugt.

Braunstein, Gemenge der verschiedenen Mangansauerstoffverbindungen, glänzende, faserige bis körnige, grauschwarze bis braune, meist abfärbende Masse.

Brechweinstein, Kaliumantimonyltartrat oder weinsaures Antimonoxydkali $K(SbO)$ $C_4H_4O_6 + \frac{1}{2}H_2O$. Weiße, große Kristallstücke mit etwa 43% Antimonoxydgehalt. In heißem Wasser leicht, in Alkohol unlöslich; giftig, daher ist die gebeizte Ware gut zu spülen.

Britishgum, durch Erhitzen auf 200^0 dunkelbraun gebrannte Stärke.

Brom Br, Element, Gruppe Metalloide, braun, einen erstickenden, an Chlor erinnernden Dampf ausstoßende Flüssigkeit, Schmelzpunkt —7,3°, Siedepunkt 63°; etwas löslich in Wasser, Äther, Schwefelkohlenstoff.

Bronze, die, Rotguß, Legierung aus Kupfer und Zinn, wobei das Kupfer überwiegt; oft sind auch andere Metalle beigemischt. Leicht schmelzbar, härter und elastischer als Kupfer, besitzt körnigen Bruch und poliert Hochglanz. Die Lagerbronze hat 73/98 (meist 84) Kupfergehalt und Zusätze von Zink, Blei. Die Phosphorbronze enthält einen geringen Phosphorzusatz, der sie zäh, fest und dünnflüssig, walz-, zieh- und schmiedbar macht.

Buche (Weißbuche), hohe, sommergrüne Bäume, mit knäuelartigen Blütenkätzchen und dreikantigen, zu zwei (selten drei) von einem stachligen, vierklappig aufspringenden Fruchtbecher umhüllten, einsamen Nüßchen; der wichtigste Gebirgslaubbaum Europas mit glatter, silbergrauer Rinde, schwach gezähnelten, gewimperten Blättern, mit schlankem Stamm und hoch angesetzter, dichtbelaubter Krone; erreicht mit 100 Jahren die größte Höhe 32 ÷ 39 m.

Bunsenbrenner, Vorrichtung zur Mischung von Leuchtgas mit Luft kurz vor der Verbrennungsstelle zwecks vollkommener Verbrennung; genannt nach seinem Erfinder dem Chemiker Prof. Rob. Wilh. Bunsen, * 31. 3. 1811, Göttingen, † 16. 8. 1899, Heidelberg.

Butyl, das, C_4H_9, Radikal der Butylreihe der Kohlenwasserstoffverbindungen.

Cachou de Laval, brauner, durch Schmelzen von Sägespänen, Kleie usw. mit Schwefelnatrium bereiteter Schwefelfarbstoff. Cachou = Katechu siehe dieses.

Carrageen, isländisches Moos, Perltang, der getrocknete laubartige Thallus verschiedener Algen.

CFD 1931, ein auf Fettalkoholgrundlage aufgebautes, in Bleichflotten sowie gegen Säuren, Alkalien, Kalk und Eisen, Kupfer, Messing usw. beständiges Hilfsmittel, das die Ausscheidungen der Härtebildner des Wassers, auch in Gegenwart gewöhnlicher Seife, verhindert. Hersteller: Zschimmer & Schwarz, Chemnitz, Sa.

Chinaclay ist Pfeifenton.

Chinoidin, ein braunes, basisches, in Alkohol und verdünnten Säuren lösliches Harz, das in den Rinden des Cinchona L., einer Rubiaceengattung, vorkommt (Chinarinde).

Chinone, meist gelbe, kristallisierbare Verbindungen; ihre Abkömmlinge sind wichtige Küpenfarbstoffe.

Chlor, das, Cl, Element, ein grüngelbes Gas, bei 15° und 57 atü oder bei —40° und 1 atü sich verflüssigend. Erregt Husten und Erstickung; starkes Gift. 1 Raumeinheit Wasser nimmt 2 ÷ 7 Raumeinheiten Chlor auf und bildet das im Dunkeln aufzubewahrende Chlorwasser. Chlor vereinigt sich unmittelbar mit den meisten Elementen, außer Sauer-, Stick- und Kohlenstoff, mit manchen unter Feuererscheinung. Durch chemisch wirksame Strahlen wird seine Reaktionsfähigkeit so erhöht, daß ein Gemisch von Chlor und Wasserstoff (Chlorknallgas) im Sonnenlicht verknallt.

Chloramin, ein auxochromloser, gelber und grüner Azofarbstoff, sehr chlor- und lichtecht (B).

Chlorbarium, Bariumchlorid, $BaCl_2 + 2H_2O$, farblose, flache, vielseitige Tafeln; die Kristalle sind luftbeständig, schmecken scharf salzig-bitter, wirken ekelerregend und sind giftig.

Chlorkalzium, Kalziumchlorid, $CaCl_2$, große formlose Stücke, die, weil sehr wasseranziehend, zum Trocknen von Gasen und Entwässern von Flüssigkeiten dienen.

Chlormagnesium, Magnesiumchlorid, $MgCl_2$, schneeweiße, an der Luft zerfließende Stücke, welche sich in Wasser unter Erhitzen leicht lösen.

Chlornatrium, Salz, Kochsalz, Kristallwürfel, die beim Erhitzen wegen des eingeschlossenen Wassers knistern; in Alkohol und Äther unlöslich; die bei 15° gesättigte Lösung enthält 26.395% Salz.

Chloroform, Trichlormethan, das, $CHCl_3$, farblose, eigentümlich riechende, süßlich schmeckende, flüchtige, bei 61° siedende Flüssigkeit, sehr wenig in Wasser löslich, dagegen mit Alkohol, Äther, Fetten und Riechölen in jedem Verhältnis mischbar, darf Lackmuspapier nicht röten.

Chlorzink, Zinkchlorid, $ZnCl_2$, ist eine weiße, sehr wasseranziehende und ätzende Salzmasse; ihre wässerige, hochgehaltige Lösung dient zum Verkohlen der Pflanzenfasern in gemischten Geweben und zur Ber itung von Teerfarbstoffen.

Chrom, das, C, Element, ein sehr hartes, schwer schmelzbares, stark glänzendes, gut polierbares Metall, dessen Verbindungen sich durch große Pracht auszeichnen; völlig eisenfrei, ist es nicht magnetisch; es verbindet sich leicht mit Eisen und anderen Metallen.

Chromalaun, der, Kaliumchromisulfat, $K_2Cr_2(SO_4)_4 + 24 H_2O$, dunkelviolette, fast schwarze Kristalle; in Wasser violett löslich; beim Erhitzen grün; abgekühlt, wieder violett.

Chromate = chromsaure Salze, Salze der Chromsäure H_2CrO_4, mit Ausnahme der Alkalichromate, in Wasser schwer löslich, löslich in verdünnten Mineralsäuren.

Chromazetat, essigsaures Chrom, $Cr(C_2H_3O_2)_3$, als 24° Bé im Handel 1. als schwere Lösung, grünes, essigsaures Chrom, 2. als essigsaures Chrom trocken, fest und 3. letzteres in violetter Lösung als essigsaures Chrom 20° Bé, (BASF).

Chrombeize GA I, II und III sind Chromchromate, wovon chromsaures Chromoxyd. eine schwärzlich-braune Lösung, zum Beizen von Seide und Wolle und basisches Chromchromat sowie Chromsulfatchromat zum Beizen im allgemeinen verwendet wird.

Chromfluorid, Fluorchrom, $CrF_3 + 4H_2O$, grünes, leicht wasserlösliches Pulver, auf Glas und Metalle ätzend wirkend, weshalb in hölzernen (oder kupfernen) Gefäßen zu lösen und zu verwenden.

Chromkali, chromsaures Kalium, gelbes Kaliumchromat, K_2CrO_4, gelbe, rhombische, in Wasser lösliche Kristalle, gewonnen aus rotem Kaliumchromat, $K_2Cr_2O_7$, rote, große Prismen oder Tafeln, die sich zu einem gelbroten Pulver zerreiben lassen; giftig.

Chromogene, „mehr oder minder gefärbte oder selbst auch farblose organische, in der Regel aromatische Verbindungen, die mindestens ein Chromophor enthalten und die erst durch die Einführung einer auxochromen Gruppe (Amino- oder Hydroxylgruppe) zu eigentlichen Farbstoffen werden, d. h. die Fähigkeit erlangen, die Faser anzufärben, womit gleichzeitig in der Regel auch eine erhebliche Vermehrung der Farbstärke verbunden ist". Bucherer.

Chromophore werden nach Witt die in den Farbstoffen enthaltenen farbgebenden Gruppen genannt. .

Chromstahl, ein schmiedbares Eisen, dessen große Härte und Festigkeit durch einen Gehalt von 1 ÷ 2% Chrom bedingt wird.

Ciba-Farbstoffe sind Küpenfarbstoffe, haben meist indigoiden Charakter; vorzüglich echt (J).

Cibanon-Farbstoffe sind meist Anthrachinonabkömmlinge; vorzüglich echt.

Delphine, Familie der Zahnwale; mit gestrecktem Körper, meist zugespitztem Kopf, mit einem Spritzloch, kegeligen Zähnen; über alle Meere verbreitete, sehr lebhafte und gefräßige Raubtiere, die vorwiegend von Fischen leben.

Destillieren, meist zur Trennung flüchtiger Stoffe (Flüssigkeiten oder Gase) von weniger oder nicht flüchtigen durch ihre Verwandlung in Dampf oder Gas und durch darauffolgende Rückkühlung, die nasse Destillation. oder Erhitzen kohlenstoffreicher Körper, z. B. Kohle, unter Luftabschluß, und Zerlegen in feste (Koks), flüssige (Teer) und gasförmige (Leuchtgas) Anteile, die trockene Destillation.

Dextrin, $C_6H_{10}O_5$, Kohlehydrat von nicht einheitlicher Zusammensetzung, weißes oder gelbliches Pulver oder gelbliche, spröde kristallose Stücke (Kristallgummi).

geruch- und geschmacklos; läßt sich leicht in Wasser lösen, geht durch die Wirkung der sie spaltenden Pilze (Diastase) in Maltose $C_{12}H_{22}O_{11} + H_2O$ und beim Erhitzen mit verdünnten Säuren in Zucker (Dextrose) über.

Diamalt, ein Malzauszug, der in der Bäckerei durch Stärkeabbau bei der Teigbereitung einen guten Nährboden für Hefe schafft.

Diamant, der, Kohlenstoff, sehr spröde Kristalle, härteste aller Massen, farblos, häufig schwach gelblich, selten kräftig grün, gelb, rot, blau gefärbt, am seltensten schwarz.

Diamine, Diaminoverbindungen der zweiwertigen Radikale mit 2 NH_2(Amino)-Gruppen, z. B. Äthylendiamin. $C_2H_4(NH_2)_2$, besonders aber Benzidin für substantive Farbstoffe (C).

Diaminfarbstoffe sind substantive (C).

Dianile sind substantive Teerfarbstoffe (M).

Disazofarbstoffe, Verbindungen mit 2 Azogruppen, z. B. die Farbstoffe der Kongoreihe und andere Azofarbstoffe (Biebricher Scharlach).

Diastafor, bräunlich gefärbte, sirupartige Auszugsstoffe von in der Bier- und Branntweinmaische enthaltenen Maltose $O_{12}H_{22}O_{11} + H_2O$, Maltosedextrinen, welche in höchstgehaltiger Form die die Stärke spaltenden und sie löslich machenden Pilze aufweisen.

Diastase, die, Enzym in keimender Gerste und andern Körnerfrüchten (Maiskörner); farblose, gummiartige Masse, leicht löslich in Wasser, neutral, verwandelt Stärke in Dextrin und Zucker.

Diazofarbstoffe, enthalten zwei Azogruppen. z. B. die Farbstoffe der Kongoreihe und andere Azofarbstoffe.

Diazopon A gelbe Flüssigkeit von hervorragender, schutzkolloider Wirkung, dient als Zusatz zu Naphtol-Entwicklungsbädern zwecks Erzielung gut reibechter Färbungen. Hersteller: I. G. Farbenindustrie A.G., Frankfurt a. M.

Diazotieren, die Behandlung einer Lösung primärer, aromatischer Amine in überschüssiger Salz- oder Schwefelsäure mit salpetriger Säure unter Eiskühlung.

Diphenyl, das, $C_6H_5 — C_6H_5$, Kohlenwasserstoff mit zwei Benzolresten, im Steinkohlenteer; Mutterstoff des Benzidins.

Di- und Triphenylmethan-Farbstoffe sind meist basische Farbstoffe vom Charakter des Fuchsins.

Diphenylmethan, $C_6H_5 — CH_2C_6H_5$, Benzylbenzol, bildet lange, prismatische Nadeln von angenehmem, apfelsinenartigem Geruch.

Doppelsulfate oder Bisulfate sind die sauren Salze der Schwefelsäure, die vorwiegend in Wasser löslich sind.

Double englisch: double threaded sind zweifache Zwirne.

Ebonit = Hartgummi durch Erhitzen mit Schwefel auf 150° erhaltener Hornersatz.

Eisen Fe, Element, wird unterschieden in: 1. Roheisen, unmittelbar aus dem Hochofen, weder schmied- noch härtbar; 2. Schmiedeeisen (Schweiß- und Flußeisen). Unter Stahl versteht man gewöhnlich Fluß- und Schweißstahl. Tiegelstahl heißt in Tiegeln umgeschmolzener Schweißstahl. Gußeisen erhält man durch Umschmelzen von Roheisen; durch Eingießen in eiserne Formen (Coquillen) entsteht der Hartguß, bei Zusatz von Stahlabfällen der Stahlguß, bei nachträglichem Glühen von Gußstücken der schmiedbare oder Temperguß. Ein Gehalt über 2,8% Kohlenstoff verhindert die Schmiedbarkeit, ein solcher unter 0,25% die Härtbarkeit. Phosphor erhöht die Schmelzbarkeit. Schwefel macht das Eisen rotbrüchig. Kieselgehalt vermindert die Aufnahmefähigkeit des Eisens für Kohlenstoff und befördert die Graphitausscheidung. Mangan wirkt der Graphitbildung entgegen und begünstigt die Entstehung von gebundenem Kohlenstoff. Verschmelzungen des Eisens mit Mangan, Chrom, Wolfram, Molybdän, Vanadium sind bei geringem Kohlenstoffgehalt härtbar und werden als Mangan usw. Stahl bezeichnet. In der

Rotglut zersetzt Eisen das Wasser; verdünnte Säuren lösen es; höchstgehaltige Säuren greifen es dagegen fast gar nicht an; in feuchter Luft oder lufthaltigem Wasser geht es in Eisenhydroxyd über, es rostet. Chemisch reines Eisen ist ein graues, glanzloses Pulver; in festem Zustand ist es silberweiß, ziemlich weich, vorübergehend magnetisierbar.

Eisenbeize, salpetersaures Eisen, basisches Ferrisulfat, Eisenoxydsulfat, Schwarzbeize, Rotbeize, Salpeterbeize; meist als 50^0 Bé schwere, sirupartige, braunrote Flüssigkeit.

Eisengarne, glänzende, stark geschlichtete und gebürstete Baumwollzwirne.

Eisenoxyd, das, Fe_2O_3, Eisensesquioxyd, ist ein braunrotes, im Handel unter dem Namen „Caput mortuum" und „Englischrot" vorkommendes, rotes Pulver; luft- und glühbeständig; unlöslich in Wasser und schwierig in Säuren.

Eisenoxydsalze, Ferrisalze, die mit Säuren aus dem Eisenoxyd gebildeten Salze.

Eisensalze, Ferrisalze aus Eisenoxyd, Fe_2O_3, und Eisenoxydulsalze, Ferrosalze aus Eisenoxydul, FeO, meist grün.

Eisenvitriol, das, Mineral, $FeSO_4 + 7H_2O$, bläulich-grünliche, wasserlösliche, leicht verwitternde und durch Sauerstoffaufnahme bräunlich werdende Kristalle.

Eisessig ist die nahezu wasserfreie Essigsäure, die bei $16,75^0$ erstarrt.

Eiweißstoffe, Proteinkörper, sind die in allen Tier- und Pflanzensäften vorkommenden, stickstoffhaltigen Körper, von denen das aus geronnenem Blut gewonnene, wasserlösliche Blutalbumin in der Druckerei verwendet wird; sie sind auch in Alkalien (unter Bildung von Albuminaten) und Essigsäure löslich und werden durch Erhitzen, Alkohol, Tannin, manche Mineralsäuren und Metallsalze, indem sie gerinnen, gefällt.

Elain, das, Elainsäure, technische Bezeichnung für Ölsäure.

Elektroden sind die Stromzuleitungsköpfe, meistens Platten, Siebe; die mit dem negativen Pol verbundene heißt Kathode, die mit dem positiven Anode.

Elektrolyse, die Zerlegung eines Elektrolyten, d. h. eines Salzes, einer Säure oder Base durch den elektrischen Strom.

Elektrolyte sind Salze, Säuren oder Basen, die in wässeriger Lösung durch den elektrischen Strom zersetzt werden.

Elemente, die durch chemischen Abbau erhältlichen, nicht weiter zerlegbare Stoffeinheiten, aus denen alle Naturkörper bestehen.

Email, Schmelz, Schmalte, ein Glasüberzug auf Metallgegenständen zu deren Schutz; das feingepulverte, leicht schmelzbare blei- oder borsäurehaltige Glas wird mit Wasser zu einem Teig verrührt, aufgetragen und im Ofen geschmolzen.

Emulgator Püropolöl EMP, ein ausgezeichnetes Zerteilungsmittel fast aller Öle, Paraffine, Talg usw. in Wasser. Hersteller: J. Simon & Dürkheim, Offenbach a. M.

Emulphor FM, öllöslich, dient in Verbindung mit Seifen als Emulgierungsmittel für fette Öle, feste Fette und Mineralöle; gestattet die Herstellung äußerst fein verteilter und haltbarer Emulsionen für Appretur- und Avivage-Zwecke. Hersteller: I. G. Farbenindustrie A.G., Frankfurt a. M.

Emulphor O, gelbliche, wachsartige, in Wasser lösliche Masse; gut geeignet zur Herstellung von I. G. Wachs-Emulsionen für Appreturzwecke. Hersteller: I. G. Farbenindustrie A.G., Frankfurt a. M.

Energie, in verschiedenen Formen aufgespeichertes, auslösbares Arbeitsvermögen.

Enkaustin ist eine milchige, Paraffine in feinster Verteilung enthaltende Flüssigkeit, mit der die Wände in Bleichereien und Färbereien sowie die Gebäudeaußenseiten bestrichen oder bespritzt werden. Nach dem Verdunsten der Flüssigkeit sind die Wände mit einer sehr fest haftenden, nicht wieder ablösbaren Paraffinschicht überzogen, die das Eindringen von Wetterniederschlägen und Dämpfen verhindert. Dabei sind die Poren des Mauerwerkes und des Putzes nicht verschlossen, sondern nur mit Paraffin ausgekleidet, so daß die Wände atmen können und nie innen feucht werden. Hersteller: Elektro-Chemische Werke, München, A.G.

Enzyme oder Fermente sind die von Kleinstlebewesen, meist Pilzen (Bakterien, Schimmel- und Hefepilze) abgeschiedenen Stoffe, durch welche die Gärung verursacht wird; sie stehen den Eiweißstoffen nahe, sind in Wasser löslich und werden durch kochendes Wasser wirkungslos; sie verursachen chemische Vorgänge, ohne daran teilzunehmen (Reizstoffe, Katalisatoren).

Eosin, das, Tetrabromfluoreszin, $C_{20}H_8Br_4O_5$, dient in Form des leicht wasserlöslichen Kalium- oder Ammoniumsalzes als Farbstoff.

Erdalkalien, Kalzium-, Strontium-, Baryumhydroxyd, sind anorganische Basen mit mäßiger bzw. geringer Wasserlöslichkeit; ihre Karbonate, Phosphate und Sulfate sind un- oder sehr schwer löslich.

Erle, Eller, die; 14 Arten auf der nördlichen Halbkugel, nur 2 in Südamerika, Bäume, seltener Sträucher, mit langen, zylindrischen männlichen und kleinen, eiförmigen weiblichen Kätzchen. Das rötlich-weiße bis gelbrote Holz der Schwarz- und Weiß- oder Grauerle ist weich, ziemlich leicht und gut spaltbar.

Esdeform-Beuchöl enthält einen Kohlenwasserstoff (Siedepunkt über 200^0), der durch Verseifen in wasserlösliche Form übergeführt ist, die Harze und Fette der Faser löst und das Beuchen sowie Kochen beschleunigt und vereinfacht. Hersteller: J. Simon & Dürkheim, Offenbach a. M.

Esdeform-Kernseife ist eine harzfreie Seife, die einen wasserlöslich gemachten Kohlenwasserstoff enthält, der in der Seifenlösung nicht mehr ausscheidet und daher gut schmutzlösend wird. Auch zum Reibechtmachen zu verwenden. Hersteller: J. Simon & Dürkheim, Offenbach a. M.

Essigsäure, $C_2H_4O_2$, 6^0 Bé (30%), eine farblose, stechend riechende, saure Flüssigkeit, die sich mit Wasser in allen Verhältnissen mischt; enthält meist Spuren von Mineralsäuren, welche die Baumwolle beim Lagern angreifen können, weshalb nur mineralsäurefreie für das Schönen und Krachendmachen verwendet werden.

Estarfin wird in gelblichweißen dünnen, neutralen Schuppen in Säcken geliefert und gibt in kaltem oder heißem Wasser unter Umrühren schnell und leicht eine weiße, haltbare Lösung, welche sich mit allen in der Zwirnerei und Schlichterei gebräuchlichen Ausrüstungsmitteln, wie Gummi- oder Pflanzenschleimen, Stärken oder Mehlen oder Seifen, Fetten, Wachsen, Ölen (außer Bittersalz) verträgt und sie sogar noch besser bindet und gleichförmiger macht. Hersteller: Stockhausen & Cie. — Buch & Landauer A.G., Berlin SO, Melchiorstraße 4.

Ester, der, entsteht aus Alkohol und Säure unter Wasseraustritt.

Eulysin A stellt eine gelbliche, fast geruchlose alkalisch wirkende Flüssigkeit mit gutem Netzvermögen dar, die sich zum Anteigen aller Farbstoffe mit Ausnahme der basischen eignet; sie dient ferner zur Verhütung des Bronzierens beim Färben mit Schwefelfarbstoffen. Hersteller: I. G. Farbenindustrie, Frankfurt a. M.

Ferrizyan, Radikal $Fe(CN)_6$, in dem das Eisen dreiwertig auftritt, während es im **Ferrozyan** $Fe_2(CN)_6$ zweiwertig erscheint.

Fette, fette **Öle,** sind neutrale pflanzliche oder tierische Erzeugnisse, erstere durch Pressen oder Ausziehen mit Benzin und Schwefelkohlenstoff, letztere durch Ausschmelzen gewonnen; sie bilden Gemenge von Neutralfett und Fettsäuren; sie lassen sich nicht verflüchtigen, bei $250 \div 300^0$ zersetzen sie sich; durch Alkalien werden sie verseift, d. h. in fettsaures Salz (Seife) und Glyzerin gespalten; in Berührung mit Luft und Feuchtigkeit und durch die stickstoffhaltigen Beimengungen werden sie ranzig, indem sich flüchtige, niedere Fettsäuren bilden. Den Fetten nahe stehen die Wachse, nicht dazu gehören die Mineralöle, Paraffine und die duftenden (ätherischen) Öle; die festen Fette sind meist reich an Stearin- und Palmitinsäure, die flüssigen reicher an Ölsäure, geruch- und geschmacklos; wasserunlöslich, in Alkohol (außer Rizinusöl) wenig löslich; dagegen leicht in Äther, Schwefelkohlenstoff, Chloroform, Benzol, Benzin, Tetrachlorkohlenstoff (Tetra) und andern „Fettlösern".

Fettsäuren, fette Säuren; die aus natürlichen Fetten gewonnenen Säuren $C_nH_{2n}O_2$, niedrigstes Glied die Ameisensäure CH_2O_2, höchstes die Melissinsäure $C_{30}H_{60}O_2$. Die niedrigen sind, im Gegensatz zu den farblosen, gut kristallisierenden hohen, flüssig bei gewöhnlicher Luftwärme, wasserlöslich und bleiben beim Verdampfen und Rückkühlen unzersetzt. Die Glyzeride Laurin-$(C_{12}H_{24}O_2)$ und Myristinsäure $(C_{14}H_{28}O_2)$ sind neben Olein, Stearin die wesentlichsten Bestandteile des Palmkernöls und des Kokosfettes; diese dienen zu Seifen.

Fichte, 12 Arten in der nördlichen gemäßigten Zone, die gewöhnliche Fichte- auch Rot- oder Pechtanne genannt, ist der wichtigste Nadelholzbaum Mitteleuropas. Bis 600 Jahre alt, bis 50 m hoch und 2 m dick; mit kegeliger Krone, glänzend dunkelgrünen Nadeln und hellbraunen Zapfen; ihr Holz ist gelblich weiß.

Filz, entweder ein Fasergebilde, in dem die Fasern unter Anwendung von Feuchtigkeit, Wärme und schiebendem Druck vereinigt sind, oder ein Gewebe, das durch dieselben Einwirkungen so dicht wird, daß es die Kreuzungen von Schuß und Kette nicht mehr erkennen läßt.

Firnisse in Leinöl oder in Leinöl und Terpentinöl durch Erhitzen gelöste Harze, die nach dem Trocknen einen harten, glänzenden Überzug ergeben und gegen Luft und Wasser schützen.

Fischtranöl, fettes Öl aus dem Speck der Wale, Delphine, Seehunde und Walrosse.

Flachs, Lein, in gemäßigten Gebieten, Kräuter oder Stauden mit sitzenden, ganzrandigen Blättern, fünfzähligen Blüten und Kapselfrüchten. Die $0{,}3 \div 1$ m lange, technische Faser ist aus neben- und hintereinander gelegenen Faserzellen von $20 \div 40$ mm Länge und $0{,}012 \div 0{,}040$ mm Breite gebildet. Feuchtigkeitszuschlag 12%. Sie enthält $65 \div 70\%$ Zellulose, $20 \div 25\%$ Pektinstoffe, Holz $4 \div 5\%$, Asche 1%; glänzend, weiß bis blond und stahlgrau; Einheitsgewicht $1{,}4 \div 1{,}5$.

Flerhenol B T Spezial ist ein sulfurierter Ricinolfettsäureabkömmling, der mit besonderen Fettlösungsmitteln zusammen hergestellt wird. Er ist technisch wasserfrei, wird beim Beuchen und Kochen verwendet. Hersteller: Flesch C. jr., Farb- und Gerbstoffwerke, Frankfurt a. M.

Flerhenol M ist ein auf Grund von Rizinusölfettsäure erhaltenes hochsulfuriertes Zusatzmittel, verhindert jede Kalkseifenbildung; wird hauptsächlich im Färbebad für Küpenfarbstoffe und Naphtolgrundierung verwendet. Hersteller: Flesch C. jr., Farb- und Gerbstoffwerke, Frankfurt a. M.

Flerhenol (Merzerisier) wird unter Verwendung von stickstoffhaltigen Massen hergestellt, die in höchstgehaltiger Natronlauge löslich sind. Es empfiehlt sich für die Trockenmerzerisation, weil es außerordentliche Netz- und Durchdringungswirkung besitzt und auch in stehenden Bädern äußerst haltbar ist. Hersteller: Flesch C. jr., Farb- und Gerbstoffwerke, Frankfurt a. M.

Flerhenol Neo ist ein Fettsäureabkömmling, dessen Sulfierung in besonderer Weise durchgeführt wird; er hat ein gutes Netz- und Farbenvergleichmäßigungsvermögen, empfiehlt sich besonders zum gleichmäßigen Färben stark gezwirnter Garne. Hersteller: Flesch C. jr., Farb- und Gerbstoffwerke, Frankfurt a. M.

Flocken-Hautleim wird aus ungegerbten Hautabfällen der Gerbereien hergestellt, im Gegensatz zum Lederleim, der auch aus Chromlederabfällen entsteht und geringwertiger ist. Er ist hellfarbig, fett- und säurefrei, geruchlos, im Wasser schnell löslich und hat geringen Wassergehalt. Lösungen halten sich ohne Zusatzmittel bis zu 3 Tagen. Hersteller: Röhm & Haas A.-G., Chemische Fabrik, Darmstadt.

Fluor, das, F, Element, farbloses Gas von stechendem Geruch, zersetzt Wasser und verbindet sich mit fast allen Elementen außer Blei, Gold und Platin unter Feuererscheinung, greift Kupfer nur oberflächlich an.

Fluorchrom, das, Chromfluorid $CrFl_3 + 4 H_2O$, grünes, in Wasser leicht lösliches Kristallpulver mit $42 \div 43\%$ Chromoxyd Cr_2O_3.

Fluorwasserstoffsäure oder **Flußsäure,** rauchende Flüssigkeit, deren Dämpfe sauer, ätzend und giftig sind, greift Glas und Porzellan (Silikate) heftig an und löst sie unter starker Erhitzung; wird in Kautschukflaschen aufbewahrt.

Formaldehyd H . CHO, farbloses Gas von stechendem Geruch; es ist flüchtig, stark fäulniswidrig und bringt Eiweiß zum Gerinnen; die wässerige Lösung von 40% heißt Formalin, Formol.

Fossil, das, Versteinerung; in den Erdschichten enthaltene Überreste, Abdrücke oder Spuren von Gebilden aus früheren geologischen Zeitabschnitten.

Franzosenholz, Pockholz, Guajak, äußerst hartes Holz von vier westindischen Baumarten mit ledrigen Fliederblättern und bläulichen oder rötlichen Blüten.

Fuchsin, das, $C_{20}H_{19}N_3HCl + H_2O$. Teerfarbstoff aus Anilin in vielen Arten.

Gärung ist die durch Kleinstlebewesen (Pilze oder Bakterien) verursachte Zersetzung höher-molekularer Verbindungen zu niedriger-molekularen von geringerer Verbrennungswärme, wodurch meist unter Wärmeentwicklung zum Teil gasförmige Gebilde entstehen.

Gallen, krankhaft' Neubildung an Pflanzen, hervorgerufen durch pflanzliche oder tierische Lebewesen; Galläpfel ausschließlich durch Gallwespen, indem das Weibchen mittels Legestachels die Öffnung für das in sie gelegte Ei bohrt. Die umliegenden Zellen wuchern dann bis der Larvenzustand erreicht ist.

Gallieren = mit Gerbsäure beizen.

Gallussäure, $C_6H_2(OH)_3$, COOH, Trioxybenzoësäure, seidenglänzende Nadeln, in heißem Wasser, Alkohol und Äther leicht löslich; wirkt weniger gerbend als die Gallusgerbsäure; entsteht aus Tannin durch Gärung oder Hydrolyse.

Gardinol, ein als Pulver oder Paste gelieferter, sulfonierter, neutraler Fettalkohol mit guter Lösungs- und Reinigungswirkung, beständig gegen Erdalkalien, Alkalien, Säuren und Salze bei außerordentlich hohem Netzvermögen und faserschonender, weichmachender Wirkung. Ist der Seife mehrfach überlegen und daher auch preislich günstig. Wird vorteilhaft zum Reinigen, Netzen, Färben und Nachseifen von Diazo-, Schwefel-, Indanthren- und Naphtolfärbungen verwendet. Hersteller: H. Th. Boehme, A.-G., Chemnitz, Sa.

Gasolin, Gasäther, entsteht bei der Destillation von Erdöl, Steinöl oder Benzol, einem Gemisch flüssiger Kohlenwasserstoffe, das an vielen Stellen dem Erdboden als Roherdöl oder Rohbenzin entspringt.

Gelatine, farb-, geruch- und geschmackloser Leim mit geringer Klebkraft.

Gerbstoffe, Gerbsäure, aus Kohlen-, Wasser- und Sauerstoff bestehende, pulverige, wasserlösliche Pflanzenstoffe, die zusammenziehend schmecken, durch Eisensalze blau oder grün gefärbt werden, Leim- und Eiweißlösung fällen und tierische Haut in Leder, verwandeln.

Gips, schwefelsaurer Kalk, Kalziumsulfat, $Ca SO_4 + 2 H_2O$, etwas wasserlöslich; bildet mit die bleibende Härte des Wassers; der pulverförmige, durch starkes Erhitzen seines Kristallwassers beraubte heißt gebrannter Gips.

Glanzstofffäden sind Kunstgebilde aus Zellulose, die, chemisch aufgelöst und durch Haarröhrchen gepreßt, in der Luft oder in einer Fällflüssigkeit erstarren und umeinandergedreht, einen Faden ergibt. Wegen ihres Glanzes werden sie oft Kunstseiden genannt, eine Bezeichnung, die hier nicht verwendet wird, um eine scharfe Unterscheidung mit den echten Seidenfäden durchzuführen. Übrigens sind die französischen und englischen Namen Rayon und Rayoon die Übersetzung von Glanzstoff, welche Bezeichnung 1891 Prof. E. Bronnert den von ihm hergestellten, glänzenden Faden gab; auch ihm verdanken wir die Bezeichnung „Stapelfaser" für die auf die Länge der Baumwollen oder Wollen zerschnittenen Glanzstofffäden.

Glas, durch Schmelzen von Kieselsäure mit Kali oder Natron hergestellte Masse, die zunächst zähflüssig ist und dann allmählich in den starren, nicht kristallinischen Zustand übergeht. Fenster- und Flaschenglas enthalten erhebliche Beimengungen von Kalk, der sie streng flüssig, hart und widerstandsfähig gegen chemische Angriffe macht. Bleioxyd verursacht ein stark lichtbrechendes, äußerst durchsichtiges Glas.

Glaubersalz, schwefelsaures Natron, Natriumsulfat, $Na_3SO_4 + 10\ H_2O$, große, durchsichtige, salzig schmeckende, leicht wasserlösliche Kristalle, die 50% Kristallwasser enthalten; kommt kalziniert (wasserfrei) und kristallisiert in den Handel; letzteres verwittert leicht an der Luft; verändert blaues und rotes Lackmuspapier nicht.

Glukose, Glykose, im engen Sinn Traubenzucker; in vielen Früchten, im Honig und im Harn (Harnzucker) vorkommend; technisch hergestellt aus Stärke durch Kochen mit verdünnter Schwefelsäure (Stärkezucker); kommt in gelben Brocken und flüssig in den Handel.

Glyzeride, Fettsäureester des Glyzerins.

Glyzerin, $C_3H_5(OH)_3$, farblose bis gelblichbraune, sirupartige Flüssigkeit von meist süßlichem Geschmack, mit Essigsäure, Alkohol und Wasser mischbar, nicht in Äther; in der Färberei oft Ölsüß genannt. Es löst viele Farbstoffe und wasserunlösliche Seifen (Magnesium-, Kalkseife). Erstarrt unter 0^0 kristallinisch; Siedepunkt 290^0.

Gold, Au, metallisches Element, hochgelb, in Pulver braun, sehr weich und dehnbar, wird nur von Königswasser und freies Chlor enthaltenden Flüssigkeiten gelöst, verbindet sich mit Zyan, Jod und Schwefel. Schwefelwasserstoff und Sauerstoff sind ohne Einwirkung.

Graphit, der, Mineral, eine Abart des Kohlenstoffs, schwarze, undurchsichtige, metallglänzende Blättchen; guter Leiter für Elektrizität und Wärme; fühlt sich fettig an.

Grünspan, basisch essigsaures Kupfer, dunkelgrünes, in Wasser unlösliches, in Essigsäure und verdünnter Salpetersäure lösliches Pulver; ein Doppelsalz aus essig- und arsenigsaurem Kupfer ist das smaragdgrüne Schweinfurter Grün; äußerst giftig.

Gummi, das, $(C_6H_{10}O_5)n$, Pflanzenausscheidungen, kristallos, durchscheinend, geruchlos, in Wasser löslich oder quellbar, werden durch Alkohol gefällt. — Gummiarabicum, das, aus der Rinde von tropischen Akazien, unregelmäßige, bis 2 cm dicke, farblose, gelbe oder braune Stücke, innen meist von Rissen durchzogen; wasserlöslich; nicht wasseranziehend; Senegalgummi, schwerer und gallertartig löslich. Kirschgummi, von Kirschbäumen, erst nach längerem Kochen löslich.

Guttapercha, die, Milchsaft aus den auf Molukken und Sumatra wachsenden Bäumen; eine lederartige, grauweiße, kautschukähnliche, unelastische Masse, die bei 50^0 erweicht, bei $70 \div 80^0$ knetbar wird und bei 130^0 schmilzt; sie ist in Wasser, verdünnten Säuren und Alkalien unlöslich, in Chloroform, Schwefelkohlenstoff, Benzin, Petroleum, Terpentinöl leicht löslich, an der Luft bröcklig und zerreibbar.

Halogene (Salzbildner), die einwertigen Elemente Brom, Chlor, Fluor, Jod, die sich mit Metallen unmittelbar zu salzartigen Verbindungen, den Haloidsalzen, Salzen der Haloidsäuren, oder Halogenwasserstoffsäuren vereinigen.

Haloidsäuren sind Wasserstoffverbindungen mit den Elementen der Gruppe der Halogene; sie sind sauerstofffrei.

Hanf, ein aus Asien stammendes, bis 3 m hohes Kraut, mit $5 \div 7$zähligen Blättern und 2häusigen Blüten, die bei der meist größern und dichter belaubten weiblichen Pflanze (grüner oder Winterhanf, Hanfhenne, Mastel) in kleinen Ähren, bei der männlichen (tauber, Sommer- oder Staubhanf, Hanfhahn oder Fimmel) in dichten Rispen stehen; Frucht ein Nüßchen mit ölreichem Samen; Faser bis 1 m lang, mehr oder weniger glänzend, weißlich oder grau bis grünlich gelb (geringe Sorten).

Harze, pflanzliche Ausscheidungen, deren Bestandteile wenig erforschte Harzsäuren, Alkohole und Ester sind; in Wasser unlöslich, in Äther, Alkohol, Chloroform meist leicht löslich. Es gibt: Weichharze oder Balsame; Hartharze spröde, von muschligem Bruch, in der Wärme erweichend und schmelzend; Gummiharze, eingedickte Milchsäfte und fossile Harze, der Bernstein und Asphalt.

Harzseife aus Kolophonium und Fichtenharz unter Zusatz von Talg oder Palmöl hergestellte, gelbe, stark schäumende Natronseife von schwachem Terpentingeruch.

Hefe, Zellen von Hefenpilzen, welche in zuckerhaltigen Flüssigkeiten Alkoholgärung hervorbringen, rundlich oder eiförmig von 0,007 ÷ 0,01 mm Durchmesser, wovon 1 kg Hefe etwa 2000 Millionen Zellen enthält.

Heilmann, Josua, geboren 1796 zu Mülhausen im Elsaß, erfand 1828 die Stickmaschine, 1830 den Röllchenbreithalter für Webstühle, 1833 eine Meß- und Legemaschine für Gewebe, 1841 den Doppelsamtwebstuhl und 1844 die Kämmaschine. Er starb am 5. November 1848 in Mülhausen, Elsaß.

Helindonfarbstoffe sind Küpenfarbstoffe verschiedener Herkunft, meist für Wolle (M).

Helium, das, He, gasförmiges Element, das am schwersten zu verflüssigen ist.

Humectol C, ein auf Ölgrundlage zubereitetes, vorzügliches Netzmittel, weil kalkbeständig. Auch büßt es selbst in heißen, alkalischen Bädern seine Netzwirkung nicht ein und ist deshalb besonders als Zusatz zu Indanthrenfärbebädern sehr gut geeignet. Hersteller: I. G. Farben A. G., Frankfurt a. M.

Hydrate, Verbindungen chemischer Körper mit Wasser, sog. Molekularverbindungen, wie kristallwasserhaltige Salze oder Chlorhydrat, $Cl_2 + 8\,H_3O$.

Hydratzellulose sind gequollene oder quellbare Zellulosen ohne Reduktionsvermögen und stärker wasseranziehend als Zellulose.

hydrierbar, fähig, sich mit Wasserstoff chemisch zu verbinden.

Hydronfarbstoffe, Küpenfarbstoffe für Pflanzenfasern. Ersatz für Indigo. (c).

Hydrosan, ein unter Zusatz von Harnstoff, Aminosäuren, Abbaustoffen der Glutine wiederholt mit Schwefelsäure behandeltes Rizinusöl, hat eine zerteilende Wirkung auf die Kalkseifen. Durch es kann, wie bei der Verwendung chemisch reinen Wassers, Seife gespart werden. Es ist mit wenig Wasser zu lösen und vor oder spätestens mit der Seife der Flotte beizugeben. Verwendet wird es für das Seifen von gebleichten und gefärbten Bündelgarnen und in der Färberei der Zwirne auf Spulen und Kettbäumen. Hersteller: R. Bernheim, Augsburg-Pfersee.

Hydrosulfit $Na_2S_2O_4$ (wasserfrei), hydroschwefligsaures Natron, Natriumhydrosulfit, weißes Pulver. Verbindungen von Hydrosulfit mit Formaldehyd gehen im Handel als: Hydrosulfit NF (B, CM), Rongalit (B), Hyraldit (C), Blankit (B), Burmol (B).

Hydroverbindungen entstehen aus anderen Verbindungen durch Hinzufügen von Wasserstoff.

Hydroxyd, s. Hydroxyl.

Hydroxyl OH, eine in Wirklichkeit nicht vorhandene Gruppe, ein sogenanntes Radikal, das als ungesättigte Verbindung in freiem Zustand nicht bestehen kann. Die den Oxyden der Metalle entsprechenden Hydroxylverbindungen heißen Hydroxyde.

Hydrozellulose = Hydrat-Zellulose, $C_{12}H_{22}O_{11}$, durch Wasseraufnahme aus Zellulose entstehend.

Hygrolit, ein Netzmittel, verhindert die Schimmelbildung auf Baumwollgarnen sowie den Mottenfraß, solange das Wollgarn nicht nach der Behandlung gewaschen wird, und verhütet mit einer Vordämpfung das Kringeln. Hersteller: Apparatebau-Anstalt Rheydt, Rheinland.

Igepon A und T sind Salze kohlenstoffreicher Sulfosäuren und erheblich stärkere Waschmittel als Seife, greifen Wollgarne nicht an, sind säurebeständig, besonders Marke T, bilden lösliche Metallseifen, sind beständig gegen die Härtebildner des Wassers und in saurer Lösung. Verhindern in Verbindung mit Seife das Ausflocken von Kalkseife in Gegenwart von hartem Wasser und vermögen bereits gebildete Kalkseifen zu lösen. Igepon T ist besonders geeignet als Zusatz zu Beuchlaugen; es ermöglicht die Abkürzung der Beuche, erleichtert die Bleiche und gibt dem Gut neben vorzüglicher Aufhellung einen angenehmen, weichen Griff und gute Saugfähigkeit.

Immedial-(Schwefel)farbstoffe, direkt färbende, unlöslich in Wasser, löslich in Schwefelnatrium; bilden Leukoverbindungen und färben ungebeizte Baumwolle in schwefel-alkalischer Flotte an.

Imprägnol M ist eine weiße, schnittfähige Masse, die sich in heißem Wasser löst und alle zur Wasserabstoßung notwendigen Grundstoffe, wie Paraffine, ameisen- oder essigsaure Tonerde enthält; gibt in jeder Gehaltigkeit außerordentlich haltbare Bäder, die bei leichter Handhabung von $20^0 \div 80^0$ angewendet werden können. Imprägnol M wirkt auch, wenn dem Bad Schlichte zugesetzt oder es beim Verweben auf die Kette aufgetragen wird. Hersteller: R. Bernheim, Augsburg-Pfersee.

Indanthrenblau R S I. G. Farben A.G., Frankfurt a.M.

Indanthrenfarbstoffe sind vom Anthrachinon sich ableitende Kupenfarbstoffe von höchster Echtheit (B, By, M), und zwar sind es die von der I. G. Farbenindustrie, Frankfurt a. M., ausgewählten Algol- und Helindon-Küpenfarbstoffe, die Pflanzenfasern (Baumwolle, Flachs, Kunstseide) hervorragend waschecht und lichtecht färben.

Indigo, der, oder das Indigotin, ist eine geruch- und geschmacklose, leicht kristallisierende Masse, bildet prachtvolle, blauschwarze, kupferglänzende Nadeln und Prismen, ist in den gewöhnlichen Lösungsmitteln unlöslich, löslich in siedendem Anilin, Nitrobenzol, Phenol, Eisessig. Bei hohen Hitzegraden flüchtig und sublimierbar; liefert einen rotvioletten Dampf, der sich beim Abkühlen zu blauschwarzen Kristallen verdichtet. Durch Reduktion entsteht das farblose Indigoweiß oder der Leukindigo, $C_{16}H_{12}N_2O_2$, das alkalilöslich ist. Solche Lösungen nennt man Küpen. Durch Sauerstoffaufnahme des Indigoweiß aus der Luft scheidet sich wieder unlösiges Indigoblau ab.

Indigopflanze, Indigofera L., 220 tropische Arten, Kräuter bis Sträucher mit meist roten Blüten, jährlich $2 \div 4$ Schnitte der $1\frac{1}{2}$ m und mehr hohen Sprosse; gepflanzt in Ostindien, Java, Japan, Amerika. Der Naturhandelsindigo kommt in Kuchen, Stücken oder Brocken in den Handel, er enthält außer Indigotin, Indigrubin oder Indigorot, Indigobraun und Indigoleim.

Intrasol, ein durch Behandlung mit Schwefelsäure wasserlöslich gemachtes Rizinusöl, das in Verbindung mit gewöhnlicher Seife, die Abscheidung von Kalkseifen und der braunen Eisen- und Manganverbindungen auf der Faser verhindert, indem sie diese sonst unlöslichen Verbindungen selbst bei Wasser mit $30 \div 40^0$ D. H., in feinster Verteilung in sich aufnehmen. Ein Zusatz von $\frac{1}{2}$ g je Liter Arbeitsflotte genügt auch bei hartem Wasser um die Kalkseifengefahr auszuschalten. Hersteller: Chemische Fabrik Stockhausen & Cie., Krefeld.

Ionen heißen die mit entgegengesetzter Elektrizität geladenen, selbständig bestehenden Teilmolekel, in die sich die Elektrolyten bei der Lösung spalten. Die positiven Ionen heißen Kationen, die negativen Anionen.

Iridium, das, Ir, Element der Gruppe Platinmetalle. Grauweißes, stahlähnliches Edelmetall, wird nur in feinstverteiltem Zustand von Königswasser gelöst.

Jacquardmaschine, erfunden 1805 von Jos. Marie Jacquard, *7. 7. 1752 zu Lyon, † 7. 8. 1834 zu Oullins (Rhône), dient zur Ablenkung der einzelnen Kettfäden, unabhängig voneinander, aus der Gewebeebene zur Bildung des Faches, durch das der das Schußgespinst bergende Schütz'n geschlagen wird.

Jasmin, aufrechte oder windende Sträucher mit weißen oder gelben oft stark duftenden Blüten.

Javellesche Lauge, Chlorsoda, Unterchlorigsaures Natron, Natriumhypochlorit, Eau de Javelle, NaOCl, Bleichlauge.

Jod, das, Element J, schwarze, metallisch glänzende Blättchen von Chlorgeruch; fast wasserunlöslich, leicht löslich in Alkohol und Äther (mit brauner Farbe), in Schwefelkohlenstoff und in Chloroform (mit violetter Farbe), auch in einer wäßrigen Lösung von Jodkalium; verbindet sich unmittelbar mit Metallen, mit Wasserstoff, mit Chlor und Brom, mit Phosphor und Arsen.

Jute, die Bastfaser mehrerer einjähriger, $3 \div 4$ m hohen Corchorusarten, Gemüselinde, sog. indischer Flachs. Die technischen Faserbündel sind $1,5 \div 3$ m lang, seidenglänzend, in frischem Zustand wenig gefärbt (weißlich oder flachsgelb), dunkeln jedoch selbst noch im Gespinst in feuchter Luft nach und werden brüchig; leicht entflammbar, geringere Sorten bis dunkelbraun; haben Bastzellen von $0,032 \div 0,16$ mm Breite und 22 mm Länge; Einheitsgewicht 1,48. Kochendes Wasser, Dampf und Alkalien lösen bei längerer Einwirkung die Bastfasern in die Elementarzellen auf.

Kacheln sind Tonplatten, ein- oder zweifarbig, glasiert. Besonders beliebt sind die Mettlacher von Villeroy und Boch, in Mettlach, Rheinland.

Kämmer, Vorbereitungsmaschine für die Feinspinnerei, welche die Fasermasse in die langen Fasern mit einer Mindestlänge, den Zug, Kammzug, und in die kurzen Fasern mit einer Höchstlänge, den Kämmling, zerlegt.

Kaffee, Genußmittel aus den Bohnen des 1. arabischen Kaffeebaumes, $5 \div 6$ m hoher Baum mit lorbeerartigen, $7 \div 10$ cm langen Blättern, 5gliedrigen jasminartigen Blüten und kornelkirschenförmigen, von dunkelgrün über gelb und hellrot zu karmoisin- bis schwarzrot sich färbenden Steinfrüchten, deren süßes Fleisch (mit der ledrigen Oberhaut zusammen als „Hülse" bezeichnet) zwei mit der Flachseite einander zugekehrten Samen umschließt; 2. Liberiakaffeebaum, bis 12 m hoch, $10 \div 30$ cm lange Blätter, $6 \div 7$gliedrige Blüten, $2 \frac{1}{2}$ cm lange, bei der Reife fast blaurote Früchte.

Kalilauge, Lösung von Kaliumhydroxyd, KOH, einer weißen, kristallinischen Masse, die an der Luft unter Anziehung von Wasser und Kohlensäure zerfließt und sehr ätzend wirkt.

Kaliumchromat, das, K_2CrO_4, gelbe, glänzende Kristalle, ist der Ausgangsstoff zur Herstellung der übrigen chromsauren Salze.

Kaliumdichromat, dichromsaures Kalium, $K_2Cr_2O_2$, schöne dunkelapfelsinenrote, große Tafeln oder Prismen, die sich zu einem gelbroten Pulver zerreiben lassen; sie sind luftbeständig, enthalten kein Kristallwasser, sind wasserlöslich und giftig.

Kaliumkarbonat, kohlensaures Kali, Pottasche, K_2CO_3, weißes, krümeliges, aus der Luft Feuchtigkeit anziehendes und zerfließendes, in Wasser leicht, nicht in Alkohol lösliches, laugenhaft schmeckendes, stark alkalisch reagierendes Salz.

Kaliumsalze, Kalisalze, sind gebildet mit Säuren aus Kaliumhydroxyd, Ätzkali KOH, farblos, wenn die Säure ungefärbt ist; meist kristallinisch, in Wasser löslich.

Kalk, gebrannter, s. Kalziumoxyd.

Kalk, gelöschter, s. Kalziumhydroxyd.

Kalk, kohlensaurer, s. Kalziumkarbonat.

Kalk, schwefelsaurer, $CaSO_4$, Kalziumsulfat, Gips.

Kalkhydrat, $Ca(OH)_2$, in Wasser gelöschter, gebrannter Kalk, gräulichweißes Pulver, schmeckt laugenhaft, wenig in Wasser löslich, besser in kohlensäurehaltigem Wasser als Calciumbicarbonat.

Kalkstein, vorherrschend aus kohlensaurem Kalk, $CaCO_3$, Farbmarmor (grau, gelb, braun, rot und schwarz) von schöner Zeichnung, wenig wetterbeständig.

Kalzinieren, das, Entfernen von Wasser, Kohlensäure und anderen flüchtigen Stoffen durch Glühen in besonderen Flammenöfen.

Kalziumhydroxyd, gelöschter Kalk, Kalkhydrat, $Ca(OH)_2$.

Kalziumhypochlorit, $Ca(OCl)_2$, unterchlorigsaurer Kalk; im Handel enthält es noch Chlorkalzium und Kalziumhydroxyd; weißes staubtrockenes bis krümeliges Pulver.

Kalziumsulfat, $Ca\,SO_4$, schwefelsaurer Kalk bedingt die bleibende Härte des Wassers; wasserfrei = Anhydrit, wasserhaltig = Gips.

Kammgarn ist gekämmtes Garn.

Kammwolle heißt lange, kämmbare Wolle.

Kampfer, der, $C_{10}H_{16}O$, Ausscheidung im Holz des Kampferbaumes, weiße durchscheinende, bröcklig kristallinische, entzündliche Masse von eigenartigem Geruch und brennendem Geschmack, in Wasser wenig, leicht in Alkohol, Äther, Chloroform und fetten Ölen löslich.

Kampferbaum, ein in Südchina, Japan und Formosa, hier waldbildend, heimischer Baum, dessen schöngemasertes Holz zu Möbeln dient. Das kleingehackte Holz wird mit Wasserdampf behandelt und der sich verflüchtigende Kampfer durch Rückkühlung gewonnen.

Kaolin, Porzellanerde, stark mit Quarz verunreinigter Kaolinit, $H_4Al_2Si_2O_9$, vor dem Lötrohr unschmelzbar, in Säuren schwer löslich.

Karbolineum, Handelsname für ein zum Anstreichen und Tränken von Holz dienendes, schweres Steinkohlenteeröl.

Karbonate sind kohlensaure Salze, bedingen die vorübergehende Härte, Karbonathärte, des Wassers.

Karbonsäuren, kohlenstoffhaltige Säuren, die sich von Kohlenwasserstoffen ableiten, bei denen 1 oder mehrere Wasserstoffatome durch die 1wertige Karboxylgruppe COOH ersetzt sind.

Karboxyl, das, COOH, einwertige Gruppe in den Karbonsäuren.

Karde, Krempel, Maschine zum Zerfasern der Büschel und Sammeln der Fasern zu einem Schleier, Vlies.

Karragheenmoos, auch isländisches Moos, Perltang, getrocknete, laubartige Algen, in Form eines gallertigen Schleimes im Handel.

Kartoffelstärke, das in deutlich exzentrisch geschichteten, durchschnittlich 0,09 mm dicken Körnern vom Gefäßbündelmantel der Knolle sich bildende Stärkemehl.

Kasein, Laktarin, Käsestoff, weißes, lockeres, in Wasser und Alkohol wenig lösliches Pulver, bildet mit Alkalien wasserlösliche Verbindungen; gerinnt durch Dämpfen und im kochenden, angesäuerten Bad.

Katalisator, Reizstoff, der die Geschwindigkeit chemischer Vorgänge bedeutend erhöht, vielfach ohne nachweislich selbst an ihnen teilzunehmen.

Katanol O, ein Pulver, das die Tannin-Brechweinsteinbeize für Baumwolle fast verdrängt hat. Hersteller: Farbenfabriken vorm. Friedr. Bayer & Co., Leverkusen bei Köln.

Katechu, der, französisch Cachou, Auszug aus Holz und Blättern der Acacia (Akazie) catechu, Bombay; dunkelbraune, spröde, muschelig brechende, in Wasser teilweise, in Alkohol vollständig lösliche, braune Gerbsäure enthaltende Masse. Dient zum Gerben und Schwarzfärben.

Katigene, Schwefelfarbstoffe (By).

Kautschuk, der, Federharz, Gummi elasticum, englisch india-rubber, kommt im Milchsaft vieler tropischer Pflanzen in Form mikroskopischer Kügelchen vor. ($6 \div 36\%$).

Kernseife, s. Seife.

Kiesel, Silizium, Si, Element, entweder kristalloses, graubraunes, an der Luft beim Erhitzen verbrennendes Pulver; oder kristallisierte, schwarze, glänzende, glühbeständige Blättchen; beide in Kalilauge beim Erhitzen löslich.

Kleie, die Abfälle der Müllerei, Schalenteilchen und Getreidekörner mit Resten des Mehlkörpers.

Knallquecksilber, Hg(CNO)$_2$, farbloses, in Wasser wenig lösliches, giftiges Salz, verknallt beim Erhitzen oder durch Schlag.

Knochenöl, aus zerkleinerten Knochen durch Auskochen oder Ausziehen mit Benzin gewonnenes Öl; aus frischen Knochen fast geruchlos; aus alten übelriechend.

Kobalt, Co, Element, rötlich, silberweiß glänzend, polierbar, magnetisierbar, sehr zäh und luftbeständig; von Salpetersäure wird es leicht, von Salz- und Schwefelsäure wenig gelöst.

Kochsalz, NaCl, Chlornatrium würfelige Kristalle, Neutralsalz, fast glühbeständig, leicht wasserlöslich. Der Färber verwendet das denaturierte Gewerbe- und Viehsalz, das durch Eisenoxyd, Anilinfarbstoffe, Petroleum ungenießbare, steuerfreie Kochsalz.

Königswasser, eine Mischung von 1 Teil Salpetersäure mit 4 Teilen Salzsäure, welche Gold, den König der Metalle, löst.

Kohle, unreine, kristallose Kohlenstoffverbindung unbekannter Zusammensetzung aus der Verkohlung; unterschieden wird sie in a) fossile Kohle = Kohlen, meistens aus verschütteten Wäldern hervorgegangene Erzeugnisse, die sich vom Holz durch größeren Gehalt an Kohlenstoff und geringerem an Sauerstoff unterscheiden; b) Holzkohle, das Verkohlungsgebilde des Holzes; c) Koks, aus Steinkohlen durch trockene Destillation gewonnen; d) Tier oder Knochenkohle, aus stickstoffhaltigen Knochen bereitet; e) Retortengraphit, aus den Retorten der Gasanstalt hervorgehend.

Kohlensäure, CO$_2$, richtiger Kohlendioxyd oder Kohlensäureanhydrid, schweres, farbloses, giftiges, nicht brennbares Gas, das sich zu Boden setzt, säuerlich riecht, prickelnd schmeckt, das weder die Atmung noch die Verbrennung unterhält, in Wasser löslich. Bei gewöhnlicher Luftwärme wird es unter 50÷60 Atü, bei 0° unter 35,4 Atü eine farblose, sehr bewegliche, mit Wasser nicht mischbare, darauf schwimmende Flüssigkeit, welche beim gewöhnlichen Druck verdampft und die Luftwärme so schnell aufnimmt, daß der Rest durch die ihm dabei entzogene Wärme zu Kohlensäureschnee erstarrt. Erfolgt diese Verdampfung im Tripelpunkt, so entsteht sehr festes Kohlensäureeis mit einem Raumeinheitsgewicht von über 1,5.

Kohlenstoff, C, Element, geruch- und geschmacklos, unschmelzbar, nur im elektrischen Lichtbogen verdampfbar, bei Luftabschluß feuerfest, in allen Lösungsmitteln unlöslich. Bei Luftzutritt verbrennt es zu Kohlensäure und Kohlenoxyd, mit Schwefel zu Schwefelkohlenstoff, mit Stickstoff unter gewissen Bedingungen zu Zyan.

Kohlenwasserstoffe sind die Verbindungen des Kohlenstoffs mit Wasserstoff. Im elektrischen Lichtbogen vereinigen sich beide zu Azetylen, C$_2$H$_2$. Die sehr zahlreichen übrigen Kohlenwasserstoffe können nur mittelbar hergestellt werden. Man teilt sie ein in ketten- und ringförmige (zyklische) und unterscheidet in jeder dieser Gruppen gesättigte (Paraffine) und ungesättigte (Oleine, Azetylene). Zu den gesättigten, ringförmigen Kohlenwasserstoffen gehören die Naphtene, zu den ungesättigten das Benzol und die daraus durch Zusammentreten mehrerer Ringe gebildeten Steinkohlenteerkohlenwasserstoffe, Naphthalin, Anthrazen und weitere. Durch Austauschen der Wasserstoffatome des Benzols durch einwertige Paraffin- oder Oleinreste entstehen Kohlenwasserstoffe wie das Toluol, die Xylole, das Styrol und andere. Zu den Kohlenwasserstoffen gehören größtenteils die in duftenden (ätherischen) Ölen vorkommenden Terpene.

Kokosnuß, Steinfrucht der 25 m hohen, in Südasien, Ozeanien und Südamerika heimischen Kokospalme, hochstämmig bis stammlos, mit gleichmäßig gefiederten Blättern und rutenförmig verzweigten, von kahnähnlicher Holzscheide umgebenen Blütenkolben. Wird höchstens 100 Jahre. Die Nuß besteht aus einer dünnen Oberhaut, einer faserigen Schicht, der harten Schale und mit ihr verwachsenen Samen, der die Kokosmilch liefert, die säuerlich schmeckt; ihr Kernfleisch enthält Öl und Fett und kommt getrocknet als Kopra in den Handel.

Kolophonium, das, von der griechischen Stadt Kolophon, gelbbraune, glasglänzende, spröde, bei $90 \div 100^0$ schmelzende, alkohollösliche, aus Fichtenharz gewonnene Masse mit muscheligem Bruch ist. in Alkalien löslich. Bei trockener Verdampfung liefert es Harzöle neben Pech (sog. Brauerpech).

Komplexsalze, Salze von besonderer Zusammensetzung, durch welche die von der Regel abweichende Eigenschaften der Bestandteile ihre Erklärung finden.

Komponente, eine der von einem Punkt aus wirkenden Seitenkräfte, welche sich zur Mittelkraft, der Eckenverbindungslinie des aus zwei Seitenkräften gebildeten Parallellogrammes, verbinden. Bestandteil einer chemischen Masse, z. B. eines Farbstoffes oder Heilmittels.

Kongo, mit dieser Kennzeichnung gehen verschiedene Teer- (Di- und Triazo-) farbstoffe im Handel, z. B. Kongorot und Kongoblau.

Kornelkirsche, Kornazeen, strauch- und baumartig, mit gelben Blüten und kirschroten Früchten, liefert schweres und zähes Holz, blüht nur in wärmeren Gegenden; eines der schönsten Bäumchen in den Wäldern des östlichen Nordamerika.

Krapp, der, ein rotgelbes Pulver, hergestellt aus den grob gemahlenen Wurzeln der Färberröte (Krappstrauch), eines in Südeuropa, Asien, Nil- und Kapland vorkommenden Strauches, das beim Erhitzen mit verdünnter Schwefelsäure den Alizarin Beizenfarbstoff ergibt, der die schönsten Lacke mit Tonerde eingeht (Türkischrot auf Baumwolle); heute aus Anthrachinon künstlich erzeugt.

Kratze, Stoff aus mehreren übereinandergeleimten Geweben, in den Reihen von dichtstehenden Doppelhäkchen eingesetzt sind, welche eine rauhe Oberfläche ergeben.

Kreide, lockere, abfärbende Kalkablagerungen, kalksteinweise; durch Schlemmen gewonnene heißt Schlemmkreide.

Kristalle werden unterschieden in unvollkommene oder flüssige Kristalle und vollkommene, feste, die eine mehrflächige Umgrenzung mit $2 \div 4$ und 6zähligen Achsen aufweisen, um die der Kristall nach einer Drehung von 180, 120, 90 bzw. 60^0 mit sich selbst wieder zur Deckung kommt. Alle Kristalle sind chemische Verbindungen nach festen Verhältnissen. Gegensatz die amorphen (kristallosen) Stoffe.

Kristallisieren, das Ausscheiden fester Kristalle aus Schmelzfluß oder Lösungen; beruht auf der Eigenschaft, daß die Löslichkeit der Kristalle von der Wärme und der Stärke des Lösungsmittels abhängt.

Kristallviolett, -blau, ein Triphenyl (Methan-)farbstoff (B, M, By, J, t. M.).

Kristallwasser, das bei der Kristallisation vom Kristall in bestimmten molecularem Verhältnis aufgenommene Wasser.

Kryogenschwarz, Schwefelfarbstoff (B).

Küpe, die, der Färbekessel und sein Inhalt = Kufe.

Küpenfarbstoffe sind unlöslich, ohne Verwandtschaft zur Faser und färben nur dann, wenn sie in der Küpe in eine lösliche Verbindung übergeführt und unlöslich auf der Faser niedergeschlagen werden, z. B. Indigo.

Kupfer, Cu, Metall, rot, metallglänzend, dehnbar und sehr zäh, hämmer-, walz- und ausziehbar; in trockener Luft beständig, in feuchter bedeckt es sich mit einer Schicht von basischem Kupferkarbonat (Patina, fälschlich Grünspan genannt); in der Glühhitze erhält es einen braunschwarzen Überzug, der blättrig abspringt (Kupferhammerschlag); in verdünnter Salz- und Schwefelsäure und in Ammoniak löst es sich nur bei Luftzutritt, leicht dagegen in Salpetersäure zu Nitsat und beim Erwärmen in höchstgehaltiger Schwefelsäure zu Kupfervitriol.

Kupferkarbonat, das, kohlensaures Kupferoxyd, entsteht aus Kupfer in feuchter Luft; verschieden zusammengesetzt, dient als Farbe.

Kupfervitriol, der, Mineral, schwefelsaures Kupfer, $Cu\,SO_4 + 5\,H_2O$, große, blaue, durchsichtige Kristalle, die bei 200^0 alles Wasser verlieren und zu einem weißen Pulver zerfallen, das an der Luft und im Wasser wieder blau wird.

Lackmus, das, Farbstoff aus Flechten, dessen Azolithmin, $C_7H_7NO_4$, durch Säuren rot, durch Alkalien wieder blau wird.

Laventin KB, eine dickflüssige, braune, seifenfreie Masse, deren nicht unangenehmer Geruch in Verbindung mit Seife verschwindet, von hoher Kalk- und Säurebeständigkeit und sehr geringer Flüchtigkeit, so daß es in kochenden Flotten ohne Verlust verwendet werden kann. Guter Zusatz in Verbindung mit Kern-, Schmier- und Harzseifen zur Kochlauge. Dient in höchstgehaltigem Zustand als Ablösungsmittel von Flecken und Farben (Detachiermittel) aller Art. Hersteller: I. G. Farben A.G., Frankfurt a. M.

Laventin HW, fast farblose, gallertartige Masse von ähnlicher Wirkung wie Laventin KB, jedoch vollkommen kalkbeständig. Hersteller: I. G. Farbenindustrie A.G., Frankfurt a. M.

Legierungen sind Schmelzmischungen zweier oder mehrerer Metalle, teils chemische Verbindungen, teils Gemische gegenseitiger Lösung, erlauben die Härte, Dehnbarkeit, Schmelzbarkeit des entstehenden Körpers beliebig zu regeln. Die Legierungen des Quecksilbers heißen Amalgane.

Leim wird unterschieden in Haut- oder Lederleim, aus Hautabfällen und Knochenleim aus Knochen; besteht vorwiegend aus Glutin, einer Zusammensetzung aus Kohlen-, Wasser-, Sauer- und Stickstoff, kristall-, geruch- und geschmacklos; in Alkohol und Äther unlöslich; in kaltem Wasser quillt er auf, in heißem löst er sich zu einer klebrigen, beim Erkalten gelatinösen Flüssigkeit. Fischleim wird aus Hausenblase (Fischabfällen) gewonnen.

Leinsamen, Leinsaat als Saatgut, Schlagsaat für Öl; kalt gepreßt gibt er goldgelbes Speiseöl, warm und ausgelaugt, bräunlichgelbes, technisches Öl, schmeckt und riecht scharf und süßlich bitter, wird an der Luft bald ranzig und trocknet ein.

Leonil S und S.B sind Salze kohlenstoffreicher Sulfosäuren, fast farblose Pulver, die in Wasser, verdünnten Alkalien und Säuren warm besonders leicht löslich, nicht kalkempfindlich und als Zusätze zu den Farbflotten für Woll- und Halbwollgarne sowie für das Netzen der Schußkötzer zu empfehlen sind. Hersteller: I. G. Farben A.G., Frankfurt a. M.

Leophan M ist eine gelbbraune, duftend riechende Flüssigkeit. Sie findet Verwendung als hochwirksames Netzmittel für Merzerisierlaugen, in denen es sich bei 30° Bé, klar auflöst. Nicht giftig! Nicht ätzend! Hersteller: I. G. Farbenindustrie A.G., Frankfurt a. M.

Leukoverbindungen, farblose Abkömmlinge von Farbstoffen, entstehen durch Sauerstoffentzug, z. B. Indigoweiß aus Indigoblau; aus basischen Farbstoffen entstehen Leukobasen, z. B. Leukanilin aus Rosanilin, Fuchsin.

Lignin, das, Vaskulose, die beim Verholzen der Zellulose sich zwischen sie einlagert.

Lithium, das, Li, Element aus der Reihe der Alkalimetalle, silberweiß, leichtester, aller fester Körper, bei 180° schmelzend.

Lorbeer, ein Strauch oder Baum mit ganzrandigen Blättern, unbedeutenden Blüten und bläulichschwarzen Steinfrüchten. Blätter und Früchte dienen als Gewürz, das Holz zu Tischler- und Drechslerarbeiten.

Magnesia, gebrannte, Magnesiumoxyd, MgO, ein lockeres, leichtes, weißes, in Wasser wenig lösliches Pulver.

Magnesium, silberweißes an trockner Luft beständiges Metall, das etwa bei 800° schmilzt, bei größerer Hitze mit glänzenden Lichtstrahlen verbrennt, sich leicht in Säuren löst und Wasser beim Kochen zersetzt.

Magnesiumhydroxyd wird durch Ätzalkalien aus Magnesiumsalzlösungen ausgefällt.

Magnesiumsalze sind farblos und teilweise wasserlöslich.

Magnesiumsilikat, das, kieselsaures Magnesium in der Natur als Serpentin, Speckstein, Talkum, Asbest, Federweiß, Meerschaum.

Magnesiumsulfat, das, = Bittersalz $MgSO_4 + 7H_2O$, farblose, oft verunreinigte Kristalle; dient als Beschwerungsmittel.

Mahagoni, Holz des tropischen Mahagonibaumes, zimt- bis rotbraun, gleichmäßig gefärbt oder gemasert, an der Luft nachdunkelnd, wenig schwindend, dauerhaft.

Malz, gekeimte Getreidekörner, meistens Gerste, in denen sich aus stickstoffhaltigen Bestandteilen ein Enzym, die Diastase, gebildet hat, durch den Stärkemehl in Dextrin und Zucker verwandelt ist.

Mangan, das, Mn, Element, ein stahlgraues, sprödes, hartes, bei 1245° schmelzendes Metall, das beim Erhitzen an der Luft regenbogenfarbig anläuft, Wasser beim Kochen zersetzt und sich in verdünnten Säuren rasch löst.

Mangansuperoxyd, Braunstein, MnO_2, ist das bekannteste Manganerz, bildet ein schwarzgraues Pulver. Beim Glühen für sich oder beim Erhitzen mit Schwefelsäure gibt es seinen Sauerstoff teilweise ab.

Messing, das, Gelbguß, Schmelze von $2 \div 3$ Teilen Kupfer und 1 Teil Zink (oft $18 \div 50\%$ Zink); rötlich bis goldgelb; Einheitsgewicht 8,3; schmilzt bei 830°; läßt sich leicht gießen; oxydiert sich an der Luft weniger leicht als Kupfer.

Meta bedeutet vor Namen anorganischer Säuren, daß diese durch Austritt von 1 Molekül Wasser aus wasserhaltigen (ortho-) entstanden sind.

Metalle. Die Elemente werden eingeteilt in reine, einheitliche, die Metalle, und die metallähnlichen, die Metalloide. Die Metalle sind im Gegensatz zu den Metalloiden bei gewöhnlicher Luftwärme fest (Ausnahme: Quecksilber), weich (Zinn und Blei mit dem Messer schneidbar), bis glashart, fest und widerstandsfähig, undurchsichtig (Gold und Silber sind in dünnen Blättchen grünblau durchscheinend), metallglänzend, weißgrau (Ausnahme: Gold und Kupfer), erscheinen in Pulverform schwarz, gute Leiter für Wärme und Elektrizität, dehnbar, geschmeidig, hämmerbar (Ausnahme: Wismut und Antimon); Platin und Eisen sind schweißbar; Eisen, Kupfer und Silber sind ausziehbar zu Drähten; kristallinisch; die Schmelzpunkte liegen zwischen —39° (Quecksilber) und +1950° (Iridium); dem Schmelzpunkt entspricht die Flüchtigkeit (Quecksilber schon in gewöhnlicher Luftwärme, Platin erst im elektrischen Lichtbogen). Dem Einheitsgewicht nach gibt es Leichtmetalle (bis 5) und darüber Schwermetalle. Chemisch sind sie äußerst verschieden, so verbinden sich Metalle der Alkalien so lebhaft mit Sauerstoff, daß sie nur unter Petroleum aufbewahrt werden können, während sich Gold, Platin und Silber nicht oder nur unter besonderen Verhältnissen mit ihm verbinden. Mit den Salzbildnern (Halogenen) gehen sie salzartige Verbindungen ein; von kohlenstofflosen Säuren (Mineralsäuren) werden die meisten Metalle gelöst unter Salzbildung, Gold und Platin nur von Königswasser. Das Wasser zersetzen die Metalle der Alkalien und alkalischen Erden schon bei gewöhnlicher Luftwärme, andere (z. B. Eisen) nur in der Glühhitze. Mit Schwefel verbinden sich alle Metalle; miteinander bilden sie Schmelzmischungen (Legierungen).

Metalloide sind Elemente meist ohne Metallglanz, schlechte Leiter der Wärme und Elektrizität, die gasförmige Wasserstoffverbindungen bilden und deren Sauerstoffverbindungen Säuren liefern; alles im Gegensatz zu den Metallen.

Metalloxyde nennt man die Sauerstoffverbindungen der Metalle; wasserfrei.

Methan, Methylwasserstoff, CH_4, niedrigstes Glied der Paraffinreihe, bekannt als Gruben- oder Sumpfgas, farb- und geruchlos, brennbar, bei 55 Atü und —82° flüssig, siedet bei —162°.

Methylenblau, ein Thiazin-(Teer-)farbstoff (M. B, A).

Methylviolett, ein Triphenylmethan-(Teer-)farbstoff.

Milchsäure, $C_2H_4(OH) . COOH$; farblose Kristalle oder dickliche, sauerschmeckende, geruchlose, mit Wasser mischbare Flüssigkeit; die technische enthält $50 \div 80\%$ reine Milchsäure und sieht bräunlich aus. Hersteller: C. H. Boehringer Sohn A.G., Nieder-Ingelheim a. Rh.

Mimetesit, der, Mineral, $Pb_5(AsO_4)_3Cl$, gelbe bis gelbgrüne diamantglänzende Kristalle.

Mineral-, Stein-. anorganische Farbstoffe sind fast sämtlich »Pigmente«, d. h. Farbmassen, die bei ihrer Anwendung nicht in der Faser gelöst sind, sondern sich in fester Form, durch Ablagerumg auf ihr oder in ihr, befinden.

Mineralsäuren, anorganische, kohlenstofffreie Säuren.

Mohair ist das feine, weiße, 150÷200 mm lange, leicht gekräuselte Haar der in Asien lebenden Angoraziege.

Molybdän, das, Mo, Element, silberweißes, schwer schmelzbares Metall.

Molybdänsaures Ammoniak. $(NH_4)_2MoO_4$, Wollbeize.

Molybdänsäurehydrat, H_2MoO_4, Beize für Baumwolle.

Mono, allein, einmalig, z. B. monochrom = einfarbig.

Monopolbrillantöl entspricht in seiner Zusammensetzung der Monopolseife. Es ist auf 50prozentig handelsüblich eingestellt, enthält also ungefähr 37% Fett. Monopolbrillantöl ist sehr wasserlöslich, stark netzend und geruchlos, bildet mit Kalk keinen Niederschlag, gibt deshalb den Zwirnen einen weichen Griff und wird von den Zusätzen im Färbebad nicht beeinträchtigt. Hersteller: Chemische Fabrik Stockhausen & Cie., Krefeld.

Monopolseife ist ein durch Verseifen von sulfoniertem Rizinusöl mit Natronlauge hergestellter, schwach saurer Fettkörper von gelblichbrauner Farbe und schmierseifenartiger Dichtigkeit, dessen Metallseifen, bei Anwendung genügender Mengen Wasser, klar löslich sind, und gegen Elektrolyte, verdünnte Säuren sowie Mineralsäuren, Salzlösungen einschließlich Bittersalzlösungen widerstandsfähig ist. Sie benetzt sehr gut bei geringer Schaumbildung, erleichtert das Ausgleichen der Färbungen, zerteilt andere Fette und Öle und drückt die Gefahr der Schimmelbildung herab. Hersteller: Chemische Fabrik Stockhausen & Cie., Krefeld.

Motten, Schaben, Kleinschmetterlinge, wovon die Pelz-, Kleidermotte glänzend. gelblich grau ist und auf den Vorderflügeln dunklen Punkt hat.

Naphtole, $C_{10}H_7OH$, farblose, bei 94 (α-) bzw. 128° (β-) schmelzende Kristalle, die für die Herstellung der Azofarbstoffe verwendet werden.

Naphtolrot, ein Monoazo(teer)farbstoff (M, B, By, C).

Natriumbisulfat, Weinsteinpräparat, Präparat $NaHSO_4$, weiße, leicht wasserlösliche Brocken bis grobkörniges Pulver.

Natriumchromat, chromsaures Natrium, Na_2CrO_4.

Natriumdichromat, $Na_2Cr_2O_7$, Kristalle oder apfelsinenrote Nadeln, in Wasser leicht löslich, an der Luft zerfließend.

Natriumsalze, Natronsalze, die Salze des Natriumhydroxyds, sind farblos, wenn die Säure farblos ist, mehr oder weniger leicht in Wasser löslich.

Natriumsulfit, $Na_3So_3 + 7\,H_3O$, schwefligsaures Natron.

Natriumthiosulfat, $Na_2S_2O_3 + 5\,H_2O$, unterschwefligsaures Natron, Antichlor, farblose Kristalle.

Natron, zinnsaures Natriumstannat. Präpariersalz, Zinnsoda $Na_2SnO_3 + 3\,H_2O$, in Wasser leicht lösliche Kristalle.

Nekal Bx trocken, ein Netz-, Lösungs- und Zerteilungsmittel für alle Körper, das als fast weißes, nicht stäubendes, wasseranziehendes Pulver in den Handel kommt und daher trocken aufbewahrt werden muß, ist in warmem Wasser leicht farblos löslich und sehr beständig gegen Säuren und Alkalien, in Merzerisierlaugen jedoch nicht verwendbar. Es ist ziemlich unempfindlich gegen die Härtebildner des Wassers, wie Kalk- und Magnesiasalze, und scheidet Kalkseifen in feinster Verteilung aus; beim Kochen gebildete Kalkseifen sind leicht auswaschbar. Es zeigt keine Verwandtschaft zur Pflanzenfaser und wird daher von ihr nicht dem Bad entzogen, weshalb äußerst sparsam. Mengen von 2 g je 1 Kochflotte lösen die Schalentrümmer, verkürzen die Kochdauer, erlauben Einsparungen an Natronlauge, erleichtern das Bleichen und gewährleisten eine gute und gleichmäßige Durchfärbung bei Verwendung von Indigo und Indanthren auf der Tauchküpe.

Nekal ist ein ausgesprochener Kaltnetzer, weshalb es als Netzmittel bei der Kaltbleiche, jedoch nur in Natriumhypochloritbädern, Verwendung findet. Hersteller: I. G. Farben A.G., Frankfurt a. M.

Neopol T, T pulv., T pulv. conc., T extra sind durch neuartige Zusammensetzungen hergestellte Fettkörper, die fast ganz kalkbeständig sind, und alle Ausscheidungen, wie Kalkseife u. a., verhüten. Vorzüglich ist ihr Reinigungs- und Schaumvermögen, die von der Härte des Wassers und der Einstellung der Waschflotte völlig unabhängig sind. Selbst in schwachsaurer Lösung kommt diese Wirkung uneingeschränkt zur Geltung. Hersteller: Chemische Fabrik Stockhausen & Cie., Krefeld.

Neuseelandflachs, Blattfaser der Flachslilie, stattliche Büsche aus ledrigen, schwertförmigen, bis 2,5 m langen Blättern und gleich hohen Blütenschäften; Ostindien, Australien, Natal, Mauritius; die $1 \div 1,5$ m langen Fasern sind zäh, glänzend weiß, fein und stark.

Neutral, weder sauer noch alkalisch, daher Lackmuspapier nicht beeinflussend.

Neutralisation, die, Sättigung einer Säure mit einer Base oder umgekehrt unter Bildung eines gegen Lackmus unempfindlichen (neutralen) Salzes.

Nickel, das, Ni, graugelbliches, glänzendes, hämmer-, walz- und schweißbar, ist magnetisch, luftbeständig, langsam in Salz- und Schwefelsäure, leicht in Salpetersäure löslich.

Nickelin ist eine Nickellegierung.

Nigranilin, das, steht dem Anilinschwarz nahe, in das es überführt werden kann.

Nitraniline, $C_6H_4(NO_2)NH_2$, kristallinische Verbindungen (ortho-, meta-, para-). dienen zur Bereitung von Azofarbstoffen.

Nitrazol ist das haltbar gemachte diazotierte Paranitranilin (C).

Nitrite = salpetrigsaure Salze.

Nitrofarbstoffe, z. B. Pikrinsäure, sind Farbstoffe der Nitrogruppe $-NO_2$.

Öffner, der, die Maschine zum Zerflocken der den Ballen entstammenden hartgepreßten Fasermassen.

Öle, s. Fette.

Ölpapier, mit Ölen durchsichtig und wasserabstoßend gemachtes Papier.

Ölsäure, Oleinsäure, $C_{18}H_{34}O_3$, ungesättigte Fettsäure. ein gelblich-bräunliches, geruchloses, bei $+4^0$ erstarrendes, in Wasser unlösliches Öl. Man unterscheidet destillierte Oleinsäure, durch Verseifen der Fette mit Schwefelsäure und nachfolgender Destillation, und saponifiziertes Olein. durch Dampfverseifung gewonnen.

Olein, s. Ölsäure.

Oleonat F, ein mit Schwefelsäure behandeltes Rizinusöl, bewährt als Zusatz zur Beuch- und Bleichlauge. Hersteller: R. Bernheim, Augsburg-Pfersee.

Olive, Frucht des Ölbaumes der Mittelmeerländer. Höhe, auch bei 2000jährigem Alter, selten über 10 m; ein immergrünendes Hartlaubgehölz mit blauschwarzen, $2,5 \div 4$ cm großen Steinfrüchten, die innerhalb des öligen Fruchtfleisches einen hellbraunen, ölhaltigen Steinkern enthalten.

Olivenöl, das nicht trocknende. fette Öl der Olive; enthält etwa 70% Triolein, 25% Tripalmitin und 5% Trilinolein; erstarrt bei $+ 6^0$ teilweise und wird bei 0^0 fest.

Organische Verbindungen sind im Gegensatz zu den anorganischen (kohlenstofffreien) kohlenstoffhaltig. Sie bilden den Hauptbestandteil der tierischen und pflanzlichen Stoffe.

Osmose, die, die Erscheinung, daß eine Lösung, die durch eine nur für das Lösungsmittel durchlässige Wand von dem reinen Lösungsmittel getrennt ist, infolge Durchtritts des letzteren sich allmählich verdünnt.

Oxalsäure, Zucker-. Kleesäure, $C_3H_2O_4 \div 2 H_2O$, weiße, wasserlösliche Kristalle, die an der Luft langsam verwittern, sie verliert bei 100^0 ihr Kristallwasser und zerfällt zu Pulver; sie bildet in Wasser und Essigsäure unlösliche Kalksalze. Oxalsäure und ihre Salze sind giftig.

Oxazine, Farbstoffe, die sich von den Azinen dadurch unterscheiden, daß sie an Stelle eines Stickstoffatomes im Azinring ein Sauerstoffatom enthalten; einige sind basische, die wichtigsten sind Beizenfarbstoffe, die sich vorwiegend von der Gallussäure ableiten lassen.

Oxydation, chemischer Vorgang, wobei Sauerstoff oder eine sauerstoffreiche Verbindung auf andere Stoffe einwirkt, z. B. unter Bildung von Oxyden aus Metallen.

Oxyzellulosen. Hiermit bezeichnet man die durch fehlerhafte Einwirkung von Säuren (Chrom-, Salpeter-, Salzsäure) und fast aller Koch- und Bleichmittel entstandenen Abkömmlinge der Zellulose, deren Natur restlos noch nicht geklärt ist; es soll bei der Oxyzellulosebildung stets Hydrolyse eintreten, die der eigentlichen Oxydation vorangeht. Als Oxydationsmittel wirken feuchtes Chlor, unterchlorige Säure, Ozon, Wasserstoffsuperoxyd unter Mitwirkung von Licht, Salpetersäure, Chromsäure usw. Oxyzellulose reduziert stark Kupferlösungen, färbt sich durch Methylenblau stark an, zieht Beizen an und stößt substantive und saure Farbstoffe ab.

Palladium, das, Pd, zu den Platinmetallen gehöriges Schwermetall, kristallinische, stahlgraue Täfelchen.

Palmitin, Tripalmitin, das, $C_3H_5(C_{16}H_{31}O_2)_3$, Glyzerid der Palmitinsäure, Bestandteil vieler Fette, bei 63° schmelzende Kristalle.

Palmitinsäure, der Stearinsäure nahestehend.

Palmöl, Palmfett, besteht hauptsächlich aus Palmitin und Olein aus der Ölpalme im tropischen Amerika, Westafrika; ein 30 m hoher Baum mit 0,3 m dickem Stamm, 5 m langen Blättern, kugligen Blütenkolben und pflaumen- bis nußgroßen gelblichen oder rötlichen, zu dichten bis 50 kg schweren Trauben gestellten Steinfrüchten; diese enthalten im bohnenförmigen Samen (Palmkerne) viel, nach Veilchen duftendes, aber schnell ranzig werdendes Öl.

Paraffine sind gesättigte Kohlenwasserstoffe, die Grundstoffe der Fettverbindungen. Paraffinreihe.

Pektine, den Pflanzenschleimen und Gummiarten nahestehende, in Früchten und Wurzeln vorkommende, wenig untersuchte Stoffe, deren Grundkörper die in den Zellwänden unreifer Gebilde abgelagerte Pektose sein soll, die durch Reifen, Kochen oder Enzyme (Pektase) in mehrere, z. T. wasserlösliche, gallertartige Stoffe (Pektin, Metapektinsäure) übergeht.

Pektosen, in Pflanzenzellen vorhandene, in Wasser, Alkohol und Äther unlösliche Ablagerungen, welche bisher noch wenig untersucht sind, und die durch Reifen, Kochen oder Spalten (Säuren und Gärung) mehrere, zum Teil wasserlösliche, beim Erkalten gallertartige Stoffe (Pektin, das, Meta- und Parapektin, Pektin- und Metapektinsäure) enthalten.

Perborate sind die Alkalisalze der Überborsäure. Natriumperborat oder überborsaures Natron, ein in Wasser sehr wenig lösliches, weißes Pulver, das im reinen Zustand 10% wirksamen Sauerstoff enthält, den es beim Erwärmen in Wasser leicht abspaltet.

Peregal O, eine gelbe, neutralwirkende Flüssigkeit, stellt ein äußerst wirksames Farbwolkenausgleichmittel für die Indanthrenfärberei dar. Hersteller: I. G. Farbenindustrie A.G., Frankfurt a. M.

Permanganate sind die Salze der Übermangansäure, $HMnO_4$, mit den Alkalien. Übermangansaure Salze.

Permutite, künstliche Zeolithe, sind basische Natriumsaluminiumsilikate, die sich mit Salzen der alkalischen Erden und der Schwermetalle, z. B. mit Kalziumsulfat, in der Weise umsetzen, daß unlösliches Kalziumaluminiumsilikat entsteht und

Natriumsulfat in Lösung geht. Hierauf beruht die Anwendung und die Reinigungswirkung für hartes Wasser. Unwirksam gewordenes Permutit wird durch Kochsalzlösung wieder brauchbar, die sich mit Kalziumaluminiumsilikat zu Natriumaluminiumsilikat und Kalziumchlorid umsetzt.

Peroxyd, s. Superoxyd.

Petroleum, Steinöl, Erdöl, vorwiegend ein Gemenge der Kohlenwasserstoffe der Methanreihe, CH_4 (amerikanisches); daneben finden sich ungesättigte und andere Kohlenwasserstoffe.

Pfeifenerde, feiner, weißbrennender Ton für Holländer, Kölnerpfeifen.

Pflanzenschleime, Pflanzengallerte, den Gummiarten nahestehende Stoffe, die in Wasser gallertartig aufquellen und es in dicke, schleimige Flüssigkeiten verwandeln.

Phenol, Oxybenzol, Karbolsäure, C_6H_5OH, farblose, bei 42^0 schmelzende, duftend riechende Kristalle von stark ätzender, fäulnisverhindernder Wirkung, löslich in viel Wasser, in Alkohol, Äther, Chloroform, Alkalilaugen und fetten Ölen; sehr giftig.

Phenole, Kohlenwasserstoffabkömmlinge der aromatischen Reihe, durch Ersatz von Benzolkernwasserstoffatomen gegen Hydroxylgruppen entstehend.

Phenolphtalein, $C_{13}H_{14}O_4$, das, farblose Kristalle, in Alkalien mit tiefroter Farbe löslich, sog. Indikator.

Phenyl $= C_6H_5$.

Phenylen, das, der zweiwertige Rest C_6H_4.

Phenylendiamine, $C_6H_4(NH_2)_2$.

Phosphate heißen die Salze der Phosphorsäure.

Phosphor, P, Element, Metalloid, weißer, gelblichweiße, wachsartige, durchscheinende Stangen, in der Kälte spröde und brüchig, verdampft schon bei gewöhnlicher Luftwärme, siedet bei 294^0; unter Wasser bis auf 44^0 erwärmt, schmilzt er zu einem farblosen, gelblichen Öl, das beim Abkühlen wieder erstarrt, nicht löslich in Wasser, leicht in Schwefelkohlenstoff, Benzol, fetten Ölen, kristallisiert, oxydiert sich an feuchter Luft zu phosphoriger Säure und Ozon; leicht entzündlich, leuchtet im Dunkeln, sehr giftig. Erhitzt auf 260^0, verwandelt er sich in roten Phosphor, ein glanz-, geschmack- und geruchloses, luftbeständiges, ungiftiges, in den genannten Lösungsmitteln unlösliches, kristalloses Pulver. Erhitzt man weiter bis auf 300^0, so geht er wieder in den ersten Zustand mit all seinen Eigenschaften zurück. Der schwarze metallische Phosphor besteht aus metallglänzenden schwarzen Kristallen; er wird aus dem roten dargestellt.

Phosphorsäure, H_3PO_4, farblose, zerfließliche Kristalle.

Phtaleine, Teerfarbstoffe, die durch Verschmelzen von Phtalsäureanhydrid und Phenolen mit Schwefelsäure oder Chlorzink entstehen.

Phtalsäure, Benzoldikarbonsäure, $C_6H_4(COOH)_2$, Kristalle, die beim Erhitzen zerfallen; dient zur Bereitung des Indigos und der Phtaleine.

Pigmente, die, durch Umwandlung des Protoplasmas gebildete körnige Tier- und Pflanzenfarbstoffe; heute zählt man dazu die meist wasserunlöslichen künstlichen Farbstoffe, die z. B. mit Hilfe eines Klebmittels auf der Faser, meistens durch Druck, gefestigt werden können.

Pikrinsäure, Trinitrophenol, das, $C_6H_2(NO_2)_3OH$, giftige, gelbliche, in Wasser schwer lösliche, bitter schmeckende Kristalle, brennt, angezündet, ruhig ab, verknallt durch Schlag; eine mäßig starke, einbasische Säure.

Pilze, die höheren Formen, auch Schwämme genannt, sind teils Wasser- teils Luftpflanzen; sie schmarotzen auf Tieren und Pflanzen oder zersetzen verwesende Stoffe oder leben zusammen mit gewissen Algen in der Form von Flechten. Der Hefepilz verursacht die Gärung von Bier, Wein, Alkohol, Brot; viele fleischige Pilze sind Nahrungsmittel.

Pitch-Pine, Holz der amerikanischen Gelb- oder Pechkiefer (Föhre, fälschlich Tanne genannt), Felsengebirge bis Neu-Mexiko, bis 90 m hoch, mit $12 \div 25$ cm langen Nadeln.

Platin, Pt, Schwer-(Edel-)metall, grausilberweiß, zäh, dehn- und schweißbar, luftbeständig, löslich nur in Königswasser, in fein verteiltem Zustand schluckt es Gase, besonders Sauerstoff.

Plüsch, ein Gewebe mit kurzen, aufrechtstehenden Faserbüscheln.

Polyazofarbstoffe sind Farbstoffe, die mehrere Azogruppen (— N_2 —) enthalten.

Porenbeton, auch in Form von Platten und Mauersteinen, mit großen Blasen durchsetzt, die bei der auf jedem Bau durchführbaren Herstellung durch Beimischung von Wasserstoffsuperoxyd zur Betonmasse und dessen nachträgliches Zersetzen entstehen. Er zeigt bei erheblicher mechanischer Festigkeit eine große wärme- und schallabschließende Wirkung. Hersteller: Leichtbaugesellschaft Frankfurt a. M., eine Gründung der Elektrochemischen Werke München und der Deutschen Gold- und Silber-Scheideanstalt in Frankfurt a. M.

Porzellan, das, dichte, gesinterte, weiße, durchscheinende, aber nicht klar durchsichtige Tonwaren aus wasserundurchlässiger Masse (der Scherben) von muschligem Bruch; Einheitsgewicht 2,5; leitet Wärme und Elektrizität schlecht.

Pottasche, ein kohlensaures Kali, das durch Auslaugen von Pflanzenaschen und Eindampfen der Lösung erhalten wurde. Heute wird es aus dem Chlorkalium und schwefelsaurem Kali gewonnen; krümeliges, weißes, Feuchtigkeit ansaugendes und dann zerfließendes, in Wasser leicht lösliches, laugenhaft schmeckendes und wirkendes Pulver.

Praestabitöl ist ein hochsulfoniertes Öl, das gegen die Härte des Wassers, gegen Alkalien und Säuren in gleicher Weise unempfindlich ist. Es kann, weil beständig gegen wirksames Chlor, auch auf stehenden Chlorflotten gebraucht werden. Bereits ein geringer Zusatz ermöglicht eine schnelle und vollständige Durchdringung des Bleichgutes. Die Marke „KG" dient beim Merzerisieren als Zusatz zur Natronlauge, beschleunigt das Netzen und Schrumpfen und ermöglicht Rohgarne gut zu merzerisieren. Hersteller: Chemische Fabrik Stockhausen & Cie., Krefeld.

Protoplasma, das, der lebendige Urstoff der Zelle; der tierische ist ein Gemisch von meist 75% Wasser, Eiweißkörpern, Fetten, Kohlehydraten und Salzen; eine zähflüssige, mattgraue Masse mit zahlreichen, stark lichtbrechenden Körnchen; der pflanzliche, gewöhnlich von einem Zellhäutchen umgeben, setzt sich zusammen aus dem Cytoplasma, dicht oder mit Zellsaft gefüllt, und einem darinliegenden Kern, der Kernsaft und ein Netzwerk feiner Fäden (Liningerüst) enthält, denen Körperchen von Nuklein, ein stark färbender Stoff, daher auch Chromatin genannt, aufliegen.

Puropolöl AMG, ein Öl enthaltendes Netzmittel, das äußerst beständig gegen Kalk, Bittersalz und Säuren ist, und, der Bleichflotte zugesetzt, das Vornetzen erspart. Hersteller: J. Simon & Dürkheim, Offenbach a. M.

Puropolöl NB, ein aus fetten Ölen durch Schwefelsäure hergestellter, kalk- und säurebeständiger, in Wasser klarlöslicher Netz-, Beuch- und Färbezusatz, der in geringen Mengen verwendet, die Faserharze löst und in der Bleiche mit Perborat und Wasserstoffsuperoxyd gute Dienste leistet. Hersteller: J. Simon & Dürkheim, Offenbach a. M.

Puropolöl S, ein Türkischrotöl von heller Farbe verhindert infolge seiner besonderen Zusammensetzung bei kalkhaltigem Wasser die Bildung klebender Kalkseifen und hinterläßt keinen ranzigen Geruch im Zwirn. Hersteller: J. Simon & Dürkheim, Offenbach a. M.

Puropolseife ist eine auf Rizinusölgrundlage zubereitete Seife, welche allein oder mit Marseiller Seife verwendet wird; sie ist in Wasser leicht löslich und reinigt die Faser so gut, daß sie die Bleich- bzw. Farbstoffe leicht aufnimmt. Hersteller: J. Simon & Dürkheim, Offenbach a. M.

Pyro . . ., durch trockene Verdampfung und Rückkühlung entstanden.

Pyroton ist eine kochbeständige Steinzeugmasse, entweder mit Bleiglasur, die von Säuren gelöst wird, oder mit einer bleifreien, säurebeständigen Braunglasur für

Bleicherei- und Färbereigefäße, weil sie durch einfaches Abspritzen leicht zu reinigen sind. DRP. 415767, Deutsche Ton- und Steinzeugwerke A.G., Berlin-Charlottenburg, Berliner Straße 23.

Quecksilber, das, Hg, einziges flüssiges Metall, silberglänzend, gefriert bei —39°, verdampft in ganz geringen Mengen schon bei gewöhnlicher Luftwärme, dehnt sich bis 100° regelmäßig aus, siedet bei 360°, luftbeständig; verbindet sich leicht mit Schwefel und Salzbildnern, löst sich in verdünnter Salpetersäure und in heißer, höchstgehaltiger Schwefelsäure zu Quecksilberoxydsulfat, schwefelsaurem Quecksilber. Mit allen Metallen außer Eisen, Nickel, Platin, bildet Quecksilber Legierungen (Amalgame); seine löslichen Verbindungen sind giftig.

Quecksilberoxyd, basisch schwefelsaures, $HgO . HgSO_4$, Mineral, Quecksilberturpeth.

Radikal, Rest, Gruppe von Atomen, welche durch chemische Einwirkungen vielfach unverändert hindurchgehen und sich wie zusammengesetzte Elemente verhalten.

Ramasit, eine feinstverteilte Paraffinlösung; dient als Zusatz zu den Glänzschichten für Nähgarn und Eisengarn, weil es selbst hartgedrehte Zwirne glatt und geschmeidig macht. Hersteller: I. G. Farbenindustrie A.G., Frankfurt a. M.

Ramie, Chinagras, mit $1 \div 2$ m hohen, einjährigen Stengeln; zwei Formen: weiße oder chinesische Nessel mit unterseits weißfilzigen Blättern und grüne oder Rhea. mit unten grünen Blättern, Indien, Sumatra; die bis 260 mm lange Faser ist seidenglänzend, blendend weiß, fest, elastisch, fein.

Raps, Reps, Kohlsaat, Kraut mit Pfahlwurzel, starkem Stengel mit kahlen, dunkelgrünen Blättern, Blüten in lockeren Trauben und rot- bis schwarzbraunen Samen.

Reduktion, reduzieren, Sauerstoffentziehung durch einen Körper von größerer Sauerstoffverwandtschaft.

Resorcin, das, meta — Dioxybenzol, $C_6H_4(OH)_2$, 2wertiges Phenol, wasserlösliche, süßlich schmeckende, bei 111° schmelzende Kristalle. Dient zur Herstellung von Teerfarbstoffen.

Retorten heißen die Behälter, in denen die zu verdämpfenden oder zu verflüchtigenden Körper der Hitze ausgesetzt werden und aus denen die Dämpfe bzw. Gase zur Verdichtung in die Kühlanlage entweichen.

Rhodanammonium, $NH_4 . SCN$, zerfließende Kristalle, in Alkohol und Wasser leicht löslich.

Rhodankupfer, $Cu_2(SCN)_2$, ein weißer Teig.

Rhodanwasserstoffsäure, HSCN, farblose, stark sauer wirkende und schmeckende, zersetzbare Flüssigkeit, ölig, von stechendem Geruch. Ihre Salze, Rhodanide, werden mit Eisenoxydsalzen blutrot gefärbt.

Rhodium, das, Rh, seltenes Platinmetall, silberweiß, zieh-, hämmer- und schwer schmelzbar, in Königswasser unlöslich.

Rizinus, ein in allen warmen Ländern vorkommender Strauch oder Baum bis 13 m Höhe, mit handförmig gelappten, oft metergroßen Blättern, unten männliche, oben weibliche Blütenrispen und weichstacheligen Kapseln, aus deren Samen das

Rizinusöl gepreßt wird, das hellgelb bis braun, geruchlos, dickflüssig ist, mild schmeckt, an der Luft langsam trocknet, bei —18° erstarrt, in Wasser und Alkohol klar löslich ist. Hauptbestandteil Triglyzerid der Rizinusölsäure, $C_{17}H_{32}(OH)COOH$, als Rizinusölsulfosäure in der Türkischrotfärberei verwendet.

Robben, Familien der Flossenfüßer; Eckzähne nicht hervorragend; Ohrenrobben können die Hinterbeine beim Aufenthalt auf dem Land als Stütze des Körpers verwenden; Fußsohlen nackt; mit kleinen äußeren Ohren. Zehen hinten gleichlang, vorn nach außen an Größe abnehmend; meist südliche Halbkugel. Mähnenrobbe; gelbgrau bis braungelb, mit langer, struppiger Mähne; südliches Eismeer. Bärenrobbe, dunkelbraun bis braunschwarz; Ostasien. Seelöwe, schwarzbraun,

5 m lang und 500 kg schwer, nördlicher Stiller Ozean. Nach den Fellen eingeteilt in Haarseehunde, mit kurzem, dicht anliegendem Oberhaar und in Pelz- oder Biberseehunde mit ungemein weichem, zartem Wollhaar, aus denen man den kostbaren Sealskin gewinnt.

Rosanilinfarbstoffe gehören zu den Triphenylmethanfarbstoffen.

Rosiersalz, eine Lösung von Zinnchlorid, $SnCl_4 + 5\ H_2O$, zum Schönen (Avivieren. Rosieren).

Rost, ein durch den Luftsauerstoff entstehender Überzug auf Metallen, dessen Bildung durch Säuredämpfe begünstigt wird (Eisenhydroxyd); in alkalischem Wasser und bei Luftwärmen über 100° tritt er nicht auf.

Rotguß, Tombak, eine Schmelze aus Kupfer mit geringem Zinkgehalt; fein ausgeschlagen gibt es das unechte Blattgold (Goldschaum).

Rubiazeen mit 350 Gattungen und an 4500 Arten, sind über die ganze Welt verbreitete, vielgestaltige Gewächse mit kreuzständigen ganzrandigen Blättern und regelmäßigen, zu reich verzweigten Rispen, Trugdolden oder Scheinköpfchen gestellten Blüten, liefern Krapp, Katechu gelb, Chinarinde, Kaffee.

Rubidium, das, Rb, Alkalimetall, silberweiß, bei 38° schmelzend, dem Kalium sehr ähnlich.

Rüböl, fettes Öl aus Rübsen- und Rapssamen; gelb bis gelbbraun, dicklicht, riecht eigenartig.

Rübsen, wie Raps nur mit grasgrünen und (zuerst) behaarten Blättern und helleren, kleineren Samen.

Ruthenium, das, Ru, Platinmetall, hart, weiß glänzend, spröde, schwer schmelzbar.

Salmiak, Chlorammonium, NH_4Cl, runde, durchscheinende, zähbrüchige, weiße Kuchen oder Stücke; geruchlos; schmeckt scharf salzig und ist in Wasser unter Kältebildung löslich. Bei der Hitze verflüchtigt er sich, ohne zu schmelzen (er sublimiert).

Salpeter, der, KNO_3, Kalisalpeter, salpetersaures Kali, bildet durchsichtige lange Kristalle oder ein kristallinisches Pulver mit kühlendem Geschmack, verschieden wasserlöslich; schmilzt bei 352° und zerfällt bei höherer Hitze in Kaliumnitrit und Sauerstoff; auf glühender Kohle verpufft es. Natronsalpeter, $NaNO_3$, in großen Lagern in Chile (Chilisalpeter).

Salpetersäure, HNO_3, Scheidewasser ist eine farblose, durch Zersetzung gelb werdende, rauchende Flüssigkeit, mit Wasser mischbar, löst alle Metalle außer Gold, Iridium. Rhodium und Ruthenium, ist ein starkes Oxydationsmittel und ätzend, färbt Haut, Nägel, Wolle gelb.

Salze sind chemische Verbindungen von Elektrolytencharakter, Gebilde der Neutralisation von Säuren und Basen. Von den Säuren lassen sich die Salze ableiten durch Ersatz von Wasserstoff gegen Metalle oder gegen Atomgruppen von Metallcharakter (z. B. Ammonium NH_4), von den Basen durch Austausch der Hydroxylgruppe gegen einen Säurerest. In Neutralsalzen ist der Wasserstoff einer Säure vollkommen gegen Metalle ausgetauscht, während saure Salze durch teilweisen Ersatz der Wasserstoffatome, mehrbasischer Säuren, basische Salze durch teilweisen Ersatz der Hydroxylgruppen mehrsäuriger Basen entstehen. Die Ionen der Salze können einatomig sein, z. B. in den Haloidsalzen, oder mehratomig, z. B. in den Sauerstoffsalzen, d. h. den Salzen der sauerstoffhaltigen Säuren, z. B. Chlor-, Phosphor-, Schwefel-, Salpetersäure.

Salzsäure. Chlorwasserstoffsäure; die höchstgehaltige, reine ist eine farblose, an der Luft stark rauchende Flüssigkeit; meist verunreinigt durch Schwefelsäure, Arsen und Eisensalze, sind dann gelblich.

Sauerstoff, O, Metalloid, ein farb-, geruch- und geschmackloses Gas; der flüssige ist bläulich gefärbt. Er verbindet sich mit allen Elementen außer Argon, Fluor,

Helium zu Sauerstoffverbindungen; nicht brennbar, unterhält und erhöht die Verbrennung anderer Körper, die dadurch Sauerstoffverbindungen bilden.

Sauerstoffsäuren leiten sich von den Sauerstoffverbindungen des Stickstoffs, Schwefels, Phosphors usw. ab.

Säureanhydride sind wasserfreie Sauerstoffverbindungen, die durch Wasseraufnahme wieder in Säure übergehen.

Säuren sind feste, flüssige oder gasförmige chemische Verbindungen, Elektrolyte, deren positive Ionen Wasserstoffatome sind, deren negative aus Atomen oder Atomgruppen anderer Elemente, vorzugsweise der Metalloide, bestehen, röten blaues Lackmuspapier und werden durch Basen unter Bildung von Salzen neutral (Lackmuspapier unbeeinflussend). Bei der Salzbildung wird der ionisierbare Wasserstoff durch Metalle ersetzt. Je nachdem die Säure 1, 2, 3 oder mehr ersetzbare Wasserstoffatome enthält, unterscheidet man 1-, 2-, 3- oder mehrbasische Säuren. Die kohlenstofffreien (anorganischen) Säuren teilt man ein in Haloidsäuren oder Halogenwasserstoffsäuren und Sauerstoffsäuren; daneben schwefelhaltige Säuren.

Säure, arsenige, weißer Arsenik, Giftmehl, As_2O_3, im Handel kristalloses Pulver oder feste, harte, halbdurchsichtige, weiße bis gelbliche Stücke ohne Geruch, schwer wasserlöslich; leicht löslich in Salzsäure, Natronlauge und Glyzerin; beim Erhitzen verflüchtigt sie sich ohne zu schmelzen; zerstört, wie alle löslichen Arsenverbindungen, alles pflanzliche und tierische Leben.

Säure, schweflige, H_2SO_3, ist im freien Zustand nicht bekannt; dagegen in wasserfreier Form als SO_2-Gas; im Schwefelwasser sind 5÷6% Schwefeldioxyd, SO_2, gelöst.

Säure, unterchlorige, HClO, in reinem Zustand nicht bekannt; verursacht die Bleichwirkung des Chlorkalks.

Schappegespinste haben als Rohstoff die Abfälle, die sich bei der Gewinnung und Verarbeitung der Rohseide ergeben.

Schläger, der, eine Zerflockungsmaschine, deren Hauptbestandteil eine zwei- oder dreiflüglige Welle mit senkrecht zur Durchgangsrichtung des Gutes befestigten Schlagschienen ist, der die Fasermasse gegen 10 ÷ 30 Roststäbe schleudert.

Schmälze, in Wasser feinst verteilte Fette und fette Öle, meistens Olein und Olivenöl, zum Geschmeidigmachen der Fasern, um sie durch die Nadeln der Krempeln und Streckwerke unbeschadet bearbeiten zu können.

Schwefel, S, Metalloid, tritt in drei Zuständen auf: 1. als schöne, gelbe, fettglänzende Kristalle, im Stangenschwefel; 2. als kristalloses Pulver a) in den Schwefelblumen, b) im plastischen Schwefel, wenn geschmolzener Schwefel in Wasser fließt, eine durchsichtige, knetbare Masse, die lange weich bleibt, c) in der Schwefelmilch, ein feines, weißes Pulver; 3. als Dampf, wenn er über 400° erhitzt wird. Schwefel ist luftbeständig; in Wasser unlöslich, gering löslich in Alkohol, Äther und Riechölen; löslich in Schwefelkohlenstoff und Chlorschwefel; riecht etwas nach Schwefel, geschmacklos und in der Luft starr und spröde; bei 100° schmilzt er, bei 160° wird er braun und zähflüssig, bei 200° dunkelbraun und zäh.

Schwefeldioxyd, SO_2, giftiges, farbloses Gas in Stahlbomben von erstickendem Geruch; weder brenn- noch atembar; brennende Körper erlöschen in ihr; bei —10° und Druck oder allein durch Druck flüssig, bei —75° kristallinisch starr. Bei Aufhören des Druckes und der Kälte wird es wieder unter starker Kälteentwicklung gasförmig.

Schwefelkohlenstoff, CS_2, farblose, stark lichtbrechende, leicht flüchtige und entzündliche, in Wasser unlösliche und darin untersinkende Flüssigkeit von widerwärtigem Geruch, verdampft schon in der Luft, verknallt gemischt mit Sauerstoff oder Luft bei Hinzutritt eines brennenden Körpers und wirkt eingeatmet sehr giftig.

Schwefelnatrium, Natriumsulfid, $Na_2S + 9 H_2O$, gelbe bis bräunliche, wasseranziehende Kristalle; auch wasserfreies und rohes, d. h. die rohe, nicht ausgelaugte Schmelze; in Wasser leicht löslich, wirkt als Sauerstoffentzieher.

Schwefelsäure ist eine ölige, farblose bis schwach bräunlich gefärbte, geruchlose, höchst ätzende Flüssigkeit, zieht begierig Wasserdampf aus der Luft an und verkohlt Pflanzenfasern (carbonisiert); mit Wasser mischt sie sich unter starker Erhitzung (bis 120⁰); Siedepunkt 325⁰; ist eine sehr starke Säure und verdrängt viele andere Säuren aus ihren Salzen; löst die meisten Metalle unter Wasserstoffentwicklung und Bildung von Sulfaten; sie kommt im Handel vor als Kammersäure von $50 \div 53$ Bé, als 60grädige, als 66grädige ($93 \div 95\%$), als extra konzentrierte Säure ($96 \div 98\%$), als technisches Monohydrat und als rauchende Schwefelsäure („Oleum").

Schwefelschwarz ist ein Teerfarbstoff.

Schwerspat, $BaSO_4$, schwefelsaurer Baryt, schweres, weißes, kristalloses Pulver, unlöslich in Wasser; dient als weiße Streichfarbe (Permanentweiß oder blanc fixe) und als Füllmittel in der Ausrüstung.

Sebumol, wasserlösliches Fetterzeugnis mit talgartigen Eigenschaften. Hersteller: Zschimmer & Schwarz; Chemnitz, Sa.

Seehunde, Gruppe der Robben; äußere Ohren fehlen, Sohlen behaart, Hinterfüße nach hinten gestreckt, gemeiner, grönländischer, grauer Seehund.

Seide, der glänzende Faserstoff, der durch Abhaspeln der von den Seidenraupen. als Schutz während ihrer Entwicklung zum Schmetterling, hergestellten Hüllen (Kokons) erhalten wird; sie besteht aus dem Seidenbastleim (Serizin) und dem Seidenstoff (Fibroin); letzterer ist weiß, durchsichtig, glänzend; Einheitsgewicht 1,34. Feuchtigkeitszuschlag 11%; er besteht aus Kohlenstoff, Wasserstoff, Stickstoff (18,33%) und Sauerstoff (kein Schwefel); kann ohne Schädigung im Trockenofen mit bis zu 140⁰ Hitze behandelt werden.

Seife, Marseiller, gute, neutrale Seifen, neigen wenig dazu, ranzig zu werden.

Seifen sind die Kali- und Natronsalze der Fettsäuren und werden durch Sieden der Fette mit Kali- oder Natronlauge erhalten; nebenbei bildet sich Glyzerin. Durch Zufügen von Kochsalz (Aussalzen) werden die Seifen ausgeschieden, Glyzerin geht in die Unterlauge. Die Kaliseifen sind weich und heißen Schmierseife; sind sie schwarz, braun oder grün, so heißen sie Kronenseife; die silberweißen aus Baumwollöl, Schweinefett, Talg und Palmöl heißen Silberseife. Elain-(Ölsäure-)seife und Leimseife besitzen hohem Fettgehalt und entstehen in großer Ausbeute (aus 100 kg Fett entstehen $200 \div 400$ kg Seife). Die Natronseifen sind hart und heißen bei hohem Fettsäuregehalt Kernseifen; zu ihnen werden Olivenöl, Baumwollsamenöl, Palmöl, Talg unter Zusatz von Tannenharz verwendet. Marseillerseife ist die beste Olivenölkernseife. Leimseifen sind beschwerte oder gefüllte Seifen, welche außer Wasser noch Wasserglas, Kreide, Gips, Stärke enthalten. Halbkernseifen sind aus Ölen und Talg hergestellt, bekannteste: die Eschwegerseife. Eine geschliffene Seife ist eine nochmals mit Wasser aufgekochte und erkaltet gelassene Kernseife.

Seifenstein, Saponit, Mineral, technisches Ätznatron.

Senegal, arabischer Gummi, unregelmäßige, glänzende und spröde Stücke von weißer bis brauner Farbe; Hauptbestandteile bilden Arabin und Arabinsäure als Kalzium-. Magnesium- und Kaliumverbindungen.

Setavin ON, ein Fettalkoholerzeugnis in Pulverform, besonders zum Weichmachen; auch im Färbebad zu verwenden. Hersteller: Zschimmer & Schwarz, Chemnitz. Sachsen.

Sidurolkaliseife T, eine mit Fettlösern hergestellte Seife in Pastenform aus besten Pflanzenölen hergestellt. Das Beuchen wird durch sie abgekürzt, die Faser von anhaftenden, schwerlöslichen Verunreinigungen befreit, weich, und für das Färben netzfähig gemacht. Hersteller: Simon J. & Dürkheim, Offenbach a. M.

Siemens-Martin-Stahl, ein im Flammofen mit Gasfeuerung durch Zusammenschmelzen von Roh- und schmiedbarem Eisen erhaltenes, härtbares Flußeisen (Flußstahl) mit $1,6 \div 0,25\%$ Kohlenstoff und einem Schmelzpunkt bei $1300 \div 1400^0$.

Silber, Ag, Element, kristallinisches, weißes, weiches aber zähes, dehn-, hämmer- und polierbares Edelmetall; guter Leiter der Wärme und Elektrizität, luftbeständig; verbindet sich mit Brom, Chlor, Fluor und Jod; löslich in verdünnter Salpetersäure, in kochender, höchstgehaltiger Schwefelsäure und in Zyankaliumlösungen.

Silikate, kieselsaure Salze, sind nur durch Fluorwasserstoffsäure (Flußsäure) oder Schmelzen mit Alkalien oder Soda aufschließbar.

Sisal, Hennequen, aus Agavenarten in Mexiko (Mexicangras), Florida, Bahama und Java gewonnener, hanfartiger Faserstoff zu Seilerarbeiten.

Soda, kalziniert, auch Solvay- oder Ammoniaksoda genannt, ist ein schneeweißes Pulver, wasserfrei, luftbeständig.

Soda, Kristall, Na_2CO_3, auch Leblancsoda oder Kristallkarbonat genannt, große, farblose Kristalle mit etwa 63% Kristallwasser, verwittert an der Luft; in feuchter Luft ballt sie sich zu harten Klumpen zusammen.

Solutol W ist, im Gegensatz zu verseiften Ölen, die mit Kohlenwasserstoffen durchsetzt sind, sozusagen ein Kohlenwasserstoff, der verseift ist. Der letztere hat seinen Siedepunkt über 200^0. Es ist besonders als Zusatz zur Kochung zu empfehlen bei Garnen mit Paraffin oder ähnlichen Verschmutzungen. Hersteller: Simon J. & Dürkheim, Offenbach a. M.

Soromin A, gelbliche, schwach saure Paste, in warmem Wasser leicht löslich, gut bewährt zum Weichmachen von Perl-, Stick-, Handarbeits-, Flor- und Wirkgarnen. Nur zur Nachbehandlung, in Färbebädern nicht zu verwenden. Hersteller; I. G. Farbenindustrie A.G., Frankfurt a. M.

Soromin F, gelbliche, in warmem Wasser leicht lösliche Paste. Dient als Weichmachungsmittel ähnlich wie Soromin A, kann jedoch dem Färbebad unmittelbar zugesetzt werden, so daß sich eine besondere Nachbehandlung der gefärbten Garne erübrigt. Hersteller: I. G. Farbenindustrie A.G., Frankfurt a. M.

Spinner, der, die letzte Maschine der Spinnerei, welche das vorgelegte Gut, die Lunte, verzieht und dreht und das Gespinst aufwickelt. Erfolgen alle Arbeiten gleichzeitig, so heißt er Stetigspinner. Erfolgt nach dem Verziehen und Drehen das Aufwickeln, so wird er Selbstspinner genannt. Die Stetigspinner sind Flügelspinner, wenn die Drehung und die Aufwicklung über einen Flügel, und Ringspinner, wenn sie über einen Ring mit Läufer verwirklicht werden.

Spinnereivorbereitung, die, begreift die Arbeitsstufen, welche nötig sind, um die als Ballen in die Fabrik gelangenden Fasermassen zur Verfeinerung durch die Spinnmaschinen geeignet zu machen, also das Zusammenstellen der Güten, das Mischen, das Zerflocken, Zerfasern, das Vergleichmäßigen und für die feineren Gespinste noch das Herausnehmen der kürzeren Fasern.

Spuler in der Spinnerei die Vorspinnmaschine, welche aus Lunten Spulen bildet; in der Wicklerei auch manchmal die Abkürzung für Spulmaschinen.

Stabilisatoren, Körper, welche die Beständigkeit einer Verbindung oder Lösung erhöhen.

Stahl, schmiedbares Eisen von großer Härte und Festigkeit, die durch einen Gehalt von $1 \div 2\%$ Kohlenstoff oder metallische Beimengungen, wie Mangan, Nickel, Wolfram, Chrom erzielt werden.

Stannate sind zinnsaure Salze.

Stärke, Amylum $(C_6H_{10}O_5)_n$, Stärkemehl, Kohlehydrat in Pflanzenzellen, Samen, Früchten, Knollen, meist in Form runder oder länglicher, eigentümlich geschichteter, mikroskopischer Körner, die von eigenen, lebenden Zellinhaltsbestandteilen gebildet werden; ein weißes Pulver vom Einheitsgewicht 1,5, in kaltem Wasser unlöslich, quillt aber in Wasser von 60^0 auf zu einer durchscheinenden Gallerte (Stärkekleister). Beim Erhitzen für sich auf 200^0 oder durch Kochen mit verdünnter Schwefelsäure und durch Diastase geht Stärke in Dextrin und weiter in Glykose (Traubenzucker) über.

Stammlösung, die auf Vorrat bereitete Lösung.

Stearine sind die Stearinsäureester des Glyzerins; alle heißen Glyzeride. Tristearin das, $C_3H_5O(C_{18}H_{35}O)_3$, Hauptbestandteil der meisten Fette.

Stearinsäure, $C_{18}H_{36}O_2$, Fettsäure, in den meisten Pflanzen- und Tierfetten enthalten, bildet bei 69,2⁰ schmelzende, weiße, silberglänzende, in Wasser unlösliche, in Alkohol lösliche, farblose Kristalle; ihre Salze heißen Stearate.

Steingut unterscheidet sich durch sein weniger dichtes Gefüge vom Steinzeug; es ist gekennzeichnet durch seinen weißen, für Wasser und Gase durchlässigen Scherben, der größtenteils Bleiglasur trägt. Er begreift drei Sorten: Tonsteingut, Kalksteingut und Feldspat- oder Hartsteingut. Gewisse Sorten des letzteren sind säurefest, während Steingut aus Speckstein Magnesia Silikat basenbeständig ist. (DRP. 416901, Deutsche Ton- und Steingutwerke A.G., Charlottenburg-Berlin.)

Steinzeug ist eine aus weniger reinem Ton gebrannte, dichte, undurchlässige porzellanartige Masse, die säurefest ist und im allgemeinen aus Ton unter Zusatz geringer Mengen gebrannter, gekörnter Scherben gleicher Zusammensetzung und gegebenenfalls von gemahlenen Schmelzgesteinen entsteht und meistens salzglasiert ist.

Stengelfasern, auch Bastfasern, sind: Flachs, Hanf, Jute, Nessel (Ramie).

Stickstoff N, Element, farb-, geruch- und geschmackloses Gas, verbindet sich nur mit einigen Metalloiden, vor allem mit Wasserstoff und Sauerstoff; nicht atembar und nicht brennbar.

Strecke, die, Maschine zum Vergleichmäßigen der Gute, meistens Bänder, Mischen und Geraderichten der Fasern.

Strontium, das, Sr, Element, Erdalkalimetall, goldgelb, glänzend, verbindet sich rasch an der Luft mit Sauerstoff und zersetzt Wasser.

Sublimieren, das Reinigen der flüchtigen, aber schwer, häufig erst oberhalb des Siedepunktes schmelzenden Stoffe (Arsenik, Jod, Kampfer, Salmiak) durch Verdampfung und Dampfrückkühlung zur festen Masse.

Sulfide, Schwefelverbindungen der Metalle (Schwefelmetalle) und organische Radikale (Alkylsulfide). Mono-, Di-, Tri-, Tetra-, Penta-Sulfide enthalten 1, 2, 3, 4 bzw. 5 Atome Schwefel in der Molekel.

Sulfite = schwefligsaure Salze.

Sulfonat, ein Salz der durch Sulfonieren entstehenden Sulfonsäure.

Sulfosalze, Doppelsulfide, enthalten, an Stelle des Sauerstoffes der Sauerstoffsalze, Schwefel (s. Haloidsalze).

Sulfosäuren, die aromatischen Sulfosäuren, die durch Behandeln aromatischer Verbindungen mit höchstgehaltiger Schwefelsäure in der Hitze (sulfurieren) entstehen; ermöglichen unlösliche Teerfarbstoffe, durch Überführen in die Salze ihrer Sulfosäuren, leicht löslich zu machen.

Sulfozyan, Rhodan, das in freiem Zustand nicht beständige Radikal SCN, das in zahlreichen Rhodanverbindungen auftritt, welche in der Färberei und Beschwerung vornehmlich der Seiden, verwendet werden.

Sulfonzyanin, Disazo-(Teer-)farbstoff (By).

Sulfurieren, Sulfonieren, Sulfieren, die Behandlung aromatischer Verbindungen mit höchstgehaltiger Schwefelsäure in der Hitze behufs Erzeugung einer Sulfonsäure.

Sumach, Schmack, Sträucher oder Bäume mit abwechselnden Blättern, meist kleinen in zusammengesetzten Rispen, stehenden Blüten und trockenen Steinfrüchten gelblichbräunliche, kräftig wachsende Blätter. Sumach kommt in Form gemahlener Blätter oder als dickflüssige, braune Lösung oder als feste Masse in den Handel; die flüssigen Lösungen gären leicht.

Super- oder **Peroxyde** sind Oxyde mit anormal hohem Sauerstoffgehalt.

Supralan T. S., ein kalk-, magnesia- und säurebeständiges Hilfsmittel im Gemisch mit wasserlöslich gemachten Chlorkohlenwasserstoffen, vorwiegend Trichloräthylen. Hersteller: Zschimmer & Schwarz, Chemnitz, Sa.

Talg, Unschlitt, Schmer, ein Rinds- oder Hammelfett, eine weiße, harte, eigenartig riechende Masse, die zwischen 43÷50° schmilzt, besteht aus 25% Olein und 75% eines Gemenges von Stearin und Palmitin.

Tallosan S und K sind nach besonderem Verfahren hergestellter sulfonierter Talg, der praktisch wasserlöslich ist. Weil beide keine Eigenfarbe haben und besonders die Marke „K" im Gegensatz zum verwendeten Rohstoff, dem Talg, auch nicht nachgilben, wird diese für das Schönen weißer Zwirne gebraucht, um ihnen Glanz, Glätte und Geschmeidigkeit zu geben. Tallosan S eignet sich als Zusatz für die gewöhnliche Schlichte. Tallosan ST wird bei hartem Wasser wegen seiner höheren Beständigkeit bevorzugt. Hersteller: Chemische Fabrik Stockhausen & Cie., Krefeld.

Tannate, die Salze der Gerbsäure.

Tannin, Gerbsäure, Gallusgerbsäure, Digallussäure, $C_{14}H_{10}O_9 + 2 H_2O$, im Handel gelblich bis weiß in Kristallnadeln (Nadeltannin) oder als feines, staubigtrockenes Pulver, oder schuppige, glasige, spröde Blättchen, oder in gelber bis brauner, schaumiger Masse (Schaumtannin); nachdunkelnd; löslich in Wasser, verdünntem Alkohol und Essigsäure, Glyzerin. Gute Tannine enthalten 65÷75%, die besten 75÷80% Gerbsäure.

Tartrazinfarbstoffe, goldgelbe Teerfarbstoffe von ziemlich guter Lichtechtheit. (B, By, J, H, S, M).

Teer, bei der Trockenverdampfung und Dampfrückkühlung von Holz, Kohle, Knochen entstehende, dicke, schwarze oder braunschwarze, in Wasser nur wenig lösliche Flüssigkeit, die eine Lösung von nicht flüchtigen, harzartigen Stoffen (Pech, Brandharz, Brenzharz) in leichter siedenden Teerölen ist.

Teerfarben, Teerfarbstoffe sind von den Bestandteilen des Teeres, wie Benzol, Tolual Naphthalin, Anthracen usw. abgeleitete Verbindungen; nach ihrem Bau und dem in ihnen enthaltenen Farbträger (Chromophor) werden sie eingestellt in Nitro- (Pikrinsäure), Azo- und Pyrazolon- (Tartrazin-), Oxychinon- (Alizarin-) und Chinonoxim-, Di- und Triphenylmethan- (Fuchsin, Fluoreszeine), Thiazin, Safranin, Induline, Chinolin und Akridin- (Zyanin, Phosphin) Farbstoffe, und die ihrem Bau nach noch nicht völlig erforschten Schwefelfarbstoffe. Dazu die wichtige Gruppe der Küpenfarbstoffe (Indigo, Thioindigo, Indanthren, Algol- und Helindon-Farbstoffe).

Terpene, ungesättigte, in den Riechölen vorkommende Kohlenwasserstoffe der Zusammensetzung $C_{10}H_{16}$, farblose, zwischen 150÷180° siedende, brennbare Flüssigkeiten, Fettlöser.

Terpentin, der, von Kiefern gewonnener Harzsaft; zäher, klebriger, gelblichweißer, eigenartig riechender Balsam, enthält, neben 15÷30% Terpentinöl, vorwiegend Kolophonium.

Terpentinöl, farblose, neutrale, leicht bewegliche, duftende, bei 156÷160° siedende Flüssigkeit, unlöslich in Wasser, löslich in Alkohol, Äther usw.

Terpinopol BT ist eine beständige Terpentinölmischung, die nicht auf Fettgrundlage aufgebaut ist. Sein ungewöhnlich hoher Anteil an Terpentinöl in wasserlöslicher Form steigert die Wirkung der Beuchflotte, erhöht ihre Haltbarkeit und verbessert den Weißgrad des Zwirnes. Hersteller: Chemische Fabrik Stockhausen & Cie., Krefeld.

Terpuril enthält Fettlösungsmittel mit hohem Siedepunkt, starkem Lösungs- und Schaumvermögen, verkürzt die Beuchdauer um $\frac{1}{3}$ und die Alkalimenge um $\frac{1}{4}$ bei gleicher Beuchwirkung. Hersteller: Bernheim R.. Augsburg-Pfersee.

Tetra = 4 (griechisch).

Tetrachlorkohlenstoff, CCl$_4$, Kohlenstofftetrachlorid, das, farblose, schwere, wohlriechende Flüssigkeit; in Wasser unlöslich und in ihm untersinkend, mischbar mit Alkohol und Äther, nicht brennbar, greift Farben und Fasern nicht an, löst Fette.

Tetralin, Tetrahydronaphthalin, Fettlöser, hydriertes Naphthalin.

Tetrapol enthält Tetrachlorkohlenstoff (CCl$_4$) in wasserlöslicher Form und ist eine gelbliche, klare Flüssigkeit, die kein überschüssiges Alkali enthält und auch frei von Chlor, Wasserglas und die Fasern schädigenden Bestandteilen ist; es bildet mit hartem Wasser keine unlöslichen Kalkseifen und hat großes Netz- und Durchdringungsvermögen für die Fasern. Hersteller: Chemische Fabrik Stockhausen & Cie., Krefeld.

Textale sind fett- und kohlenwasserstoffhaltige Gallerten, die an Stelle von Talg (T), Kokosfett (K), Japanwachs (W), Stearin (S), Paraffin (P), Wallrat (WR) verwendet werden. Sie sind beständig, feinst verteilt in der Flotte, leicht auswaschbar und verlangen keine Kochhitze um das Ausschneiden unverseifter Fette und Wachse zu vermeiden. Hersteller: Bernheim R., Augsburg-Pfersee.

Thallus, der, ein Pflanzenkörper ohne Gliederung in Achse und Blatt. Pflanzen mit Thallus bilden die untersten Glieder (bis zu den Mosen) des Pflanzenreichs.

Thiazine, Klasse schwefelhaltiger Teerfarbstoffe (B).

Thiogenfarbstoffe sind wasch- und lichtechte Schwefelfarbstoffe (M).

Thioindigo, der, C$_{16}$H$_8$S$_2$O$_2$, ein blaustichigroter Küpen-(Teer)farbstoff (K).

Thioschwefelsäure, fälschlich unterschweflige Säure, H$_2$S$_2$O$_3$, ist nur in Form ihrer Salze (Thiosulfate) bekannt.

Thiosulfate, die Salze der Thioschwefelsäure.

Titon S F ist ein flüssiges Eiweiß-Spalterzeugnis, das sich leicht in feinster Form im Wasser farblos verteilt. Zur Erzielung einer ausgeglichenen Färbung genügen schon Zusätze von 2÷3 g je l Flotte; es erhöht die Haltbarkeit der Küpen. Hersteller: Röhm & Haas A.G., Darmstadt.

Tolidin ist ein Zwischenerzeugnis der Teerfarbenherstellung, ein Abkömmling des Benzidins.

Toluol, Methylbenzol, das, C$_7$H$_8$, farblose, bei 110^0 siedende, dem Benzol ähnliche Flüssigkeit, unlöslich in Wasser.

Ton, Pelit, Rückstand verwitterter, tonerdehaltiger Silikatgesteine; trocken ist er eine erdige, milde, zerreibliche, an der Zunge klebende, feucht eine knetbare Masse von weißer bis dunkler Farbe. Es wird unterschieden: a) die kaolinhaltige, alkalifreie Tonerde oder Tegel, brennt sich weiß zu Pfeifenerde; b) die nicht kaolinischen oder mageren Tone, wenig formbar und feuerbeständig. Hierhin gehören die Töpfer- und Ziegeltone.

Tonerde = Aluminiumoxyd, Al$_2$O$_3$.

Tonerdesilikate, Aluminiumsilikate, kieselsaure Tonerde, kieselsaures Aluminium, Al$_2$(SiO$_4$)$_3$, wesentlicher Bestandteil des Tons (Walkerde, Pfeifenerde, Chinaclay).

Tonerdesulfat, Aluminiumsulfat, schwefelsaure Tonerde, Al$_2$(SO$_4$) + 18 H$_2$O, formlose, weiße Brocken und Körner; die wäßrige Lösung wirkt sauer und greift Eisen, Zink und andere Metalle an unter Bildung basischer Tonerdesalze.

Tournantöl (von huile tournante = vergärendes Öl), freie Säure enthaltendes Öl von ausgegorenen Preßrückständen der Oliven.

Tragant, Tragantgummi, geruch- und geschmacklose, hornartige, durchscheinende, weiße, gelbe oder braune Stücke, der eingetrocknete Saft in Persien einheimischer Bäume; enthält 30% wasserlösliches Arabin und 70% gallertartig aufquellendes Tragantin-Bassorin (Pflanzenleim).

Traubenzucker, Glykose, Sirup, Stärkezucker, körnige, weiße, harte Brocken, oder farbloser bis bräunlicher, dicker Sirup (hochgehaltige Zuckerlösung); sehr stark wasseranziehend.

Triolein, Glyzerid der Ölsäure, flüssig, geht durch Salpetersäure in das feste Trielaidin über.

Tripalmitin, Palmitin, Triglyzerid der Palmitinsäuren, kristallinisch, in Wasser unlöslich, in Alkohol sehr schwer löslicher Körper, der durch Alkali verseift wird.

Tripelpunkt, auch Fundamentalpunkt, ist der Wärmegrad, bei dem alle drei Zustände (fest, flüssig, dampfförmig) eines Körpers im Gleichgewicht sein können; für Wasser bei 0,00764°.

Triphenylmethan, das, $(C_6H_5)_3CH$, Kohlenwasserstoff der Benzolreihe, glänzende, farblose, bei 92° schmelzende Kristalle; ist der Grundstoff der Triphenylmethanfarbstoffe, z. B. der Rosanilinfarbstoffe.

Tristearin, Stearin, Triglyzerid der Stearinsäure kristallinisch, in Alkohol sehr schwer, in Äther leichtlöslicher Körper, der durch Alkali verseift wird.

Triumph Avivage K. S. P., ein mit Schwefelsäure behandeltes Öl von höchstweichmachender Wirkung, das als Schönbad oder im Färbebad vorteilhaft Verwendung findet. Es ist gegen hartes Wasser sowie in der Kochhitze beständig. Hersteller: Zschimmer & Schwarz, Chemnitz, Sa.

Triumphöl, ein mit Schwefelsäure erhaltenes Rizinusölerzeugnis zum Geschmeidigmachen der Garne. Hersteller: Zschimmer & Schwarz, Chemnitz, Sa.

Triumphseife, eine auf Rizinusölgrundlage zusammengestellte Textilseife. Hersteller: Zschimmer & Schwarz, Chemnitz, Sa.

Türkischrotöl wird erhalten durch Einbringen höchstgehaltiger Schwefelsäure in Rizinusöl unter Umrühren bei höchstens 35°, nachfolgendes Vermischen mit Wasser, Absitzenlassen, Abziehen der ober n Flüssigkeit und Auswaschen mit Natriumsulfat oder Ammoniak, bis Lackmuspapier nicht mehr verfärbt wird. Durch dieses Verfahren, das Sulfurieren, entsteht eine chemische Verbindung zwischen dem Rizinusöl und der Schwefelsäure, die Rizinusölsulfonsäure, welche wasserlöslich ist, während Rizinusöl selbst in Wasser unlöslich ist. Das Türkischrotöl enthält $30 \div 35\%$ Öl und wirkt lösend auf das Harz, das Wachs und die Pektine der Baumwollfaser. Es wird mit einem Gehalt von $30 \div 100\%$ handelsüblich geliefert und ist verhältnismäßig beständig gegen Kalk. Sehr wesentlich für die Erzeugung von Türkischrot auf Baumwolle. Es wird mit einem Gehalt von $30 \div 100\%$ handelsüblich geliefert und ist verhältnismäßig beständig gegen Kalk.

Ultramarin, eine Verbindung von kieselsaurer Tonerde mit Natriumsulfat, Schwefel usw., von unbekannter chemischer Verbindung; es gibt blaues, grünes, rotes und violettes Ultramarin; licht-, luft- und waschecht. Säuren zerstören die Farbe. Hersteller: Vereinigte Ultramarinfabriken, A.G., Köln a. Rh.

Umformer, Transformatoren, Vorrichtungen zur Umwandlung der Spannung oder Stromart eines elektrischen Stromes in eine andere.

Universalin ist ein Seifenpulver mit großen Mengen salzbildender Salze. Hersteller: Simon J. & Dürkheim, Offenbach a. M.

Vanadium, Vanadin, V, das, grauglänzendes Metallpulver.

Vaseline, die, Vaselin, das, aus Erdölrückständen gewonnenes, salbenartiges Mineralfett, gelb oder weiß, nicht ranzig werdend.

Vaselinöl, gelbes oder farbloses Mineralöl.

Verapol ist eine Seife, die Fettlöser in wasserlöslich gemachter Form enthält. Sie ermöglicht ein leichtes und vollständiges Entfernen unverseifbarer Fette und Wachse der Baumwollfaser, während der Seifenanteil unlösliche Fremdstoffe in feinste Verteilung bringt. Hersteller: Chemische Fabrik Stockhausen & Cie., Krefeld.

Vidalschwarz, eines der ältesten (Vidal 1893) Schwefelfarbstoffe (P).

Viskose ist ein an Natron gebundener Cellulose-Xanthogensäure-Ester; sie entsteht durch Einwirkung von Schwefelkohlenstoff auf Natronzellulose.

Viskoseglanzstoffäden entstehen aus Holzzellstoff, der in Natronzellulosexanthogenat, eine dickflüssige Lösung, die Viskose, übergeführt wird, die nach dem Reifen durch Haarröhrchen gepreßt, in einer Fällflüssigkeit erstarrt und aus ihr zur Aufwindung und Zwirnung geleitet wird.

Vitriol, Bezeichnung der schwefelsauren Salze von Schwermetallen.

Volt, das, = 100 000 000 · der elektrischen Krafteinheit, d. h. der Kraft, welche in einem Leiter vom Widerstand 1 die Stromstärke 1 bewirkt.

Wachs, den Fetten nahestehende, aus Estern hochmolekularer Fettsäuren und einwertiger, hochmolekularer Alkohole bestehende pflanzliche oder tierische Stoffe; sie enthalten kein Glyzerin.

Wachstuch, ein- oder beidseitig geleimte und gefirnißte oder lackierte Gewebe aus Pflanzengarnen mit weißer oder bedruckter, oft gemaserter Oberfläche und manchmal gerauhter Unterseite.

Wale, Ordnung der Säugetiere, im Wasser lebend. Körper fischförmig, endigt in einer waagerecht gestellten Schwanzflosse; Vordergliedmaßen flossenförmig, die hinteren bis auf unter der Haut verborgene Reste verschwunden; Kiefer schnabelförmig; Nasenöffnungen (Spritzlöcher) nach dem Scheitel verschoben. Haare und Hautdrüsen fehlen, höchstens einige Borsten am Maul.

Walrosse, Familie der Flossenfüßer; obere Eckzähne zu mächtigen, bis über 0,5 m langen Hauern entwickelt, womit sie den Meeresgrund nach Muscheln aufwühlen; bis 4 m lang und 1500 kg schwer; nördliches Eismeer.

Waschblau = Blaupulver, Ultramarin, Indigoblau.

Wasserglas, kieselsaures Natrium, $Na_2Si_4O_9$, oder kieselsaures Kalium, dickliche, klare, nahezu farblose Flüssigkeit, deren stark alkalische Lösungen von 37÷40° Bé in der Färberei verwendet werden; sie sind unter Luft- bzw. Kohlensäureabschluß aufzubewahren.

Wasserstoff, ein farb-, geruch- und geschmackloses, sehr leichtes Gas (16mal leichter als Sauerstoff und etwa 14mal leichter als Luft), nicht atembar, unterhält die Verbrennung nicht, verbrennt aber selbst mit nicht leuchtender, blauer, sehr heißer Flamme zu Wasser.

Wasserstoffsuperoxyd. Vor 1908 wurde Wasserstoffsuperoxyd im wesentlichen als 3%ige Ware, häufig unter der Bezeichnung „10/12 Volumen" aus Bariumsuperoxyd hergestellt und konnte naturgemäß wegen seines geringen Gehaltes und seiner Zersetzlichkeit nur auf geringe Entfernung verschickt werden.

Neben Wasserstoffsuperoxyd kam deshalb für Bleichzwecke das Natriumsuperoxyd, dessen Herstellung von der Deutschen Gold- und Silberscheideanstalt in Frankfurt ausgearbeitet worden war, in erheblichem Umfang in Anwendung. Es enthält 18÷19% wirksamen Sauerstoff und läßt sich in verlöteten Blechbüchsen ohne Verlust an Sauerstoff verschicken. Durch Eintragen in verdünnte Schwefelsäure entsteht unter Bildung von Natriumsulfat das gewünschte Wasserstoffsuperoxydbad.

Etwa 1908 wurden durch die Östereichischen Chemischen Werke in Wien und 1910 durch die Elektrochemischen Werke München elektrolytische Verfahren zur Herstellung eines reinen hochprozentigen Wasserstoffsuperoxydes entwickelt. Anfangs wurde die Ware mit 24 Gewichtsprozent, später mit 30% und neuerdings mit 35 Gewichtsprozent geliefert. Das Verfahren der Östereichischen Chemischen Werke beruht auf der elektrolytischen Herstellung von Überschwefelsäure und deren Umsetzung zu Wasserstoffsuperoxyd und Schwefelsäure, während die Elektrochemischen Werke München sich der überschwefelsauren Alkalisalze bedienten, die durch Elektrolyse erzeugt und mit Schwefelsäure zu Wasserstoffsuperoxyd unter Rückbildung der Ausgangsstoffe umgesetzt werden.

Das Verfahren der Österreichischen Chemischen Werke wurde später von der Deutschen Gold- und Silberscheideanstalt in Rheinfelden, von der Roesler, Has-

lacher Comp. in Niagara-Falls und von der Société Air Liquide in Paris über-
nommen, während das Verfahren der Elektrochemischen Werke München von
der Elektrochemischen Fabrik in Aarau in der Schweiz, der Firma Henkel & Cie.
in Düsseldorf, der Firma E. Merck, Darmstadt, und der Buffalo Elektrochemical
Comp. in Buffalo angewendet wird.

Der größte Teil des heute in der Welt verwendeten Wasserstoffsuperoxydes
wird nach den elektrolytischen Verfahren hergestellt und nach allen Teilen der
Erde verschickt, weil seine Haltbarkeit so groß ist, daß es praktisch ohne
Sauerstoffverlust nach allen Ländern, so auch in die Tropen, verschickt werden
kann.

Der Verbrauch an Wasserstoffsuperoxyd hat sich infolgedessen in den letzten
12 Jahren außerordentlich gesteigert.

Weißbuche, Hage-, Hainbuche, Hornbaum, mittelgroßer Baum mit eingeschlech-
tigen, lockern Blütenkätzchen und einsamigen Nüßchen an dreilappiger krautiger
Hülle; hat hartes, schweres und zähes, aber wenig dauerhaftes Holz.

Wismut, Bi, Schwermetall, stark glänzend, silberweiß, spröde, kristallinisch, vollkommen spaltbar, zieht nur oberflächlich Sauerstoff aus der Luft an, leicht löslich in Salpeter- und kochender starker Schwefelsäure, nicht in Salzsäure.

Wolfram, das, W, Katzenzinn, Schwermetall, Schmelzpunkt etwa 2700^0; wird nur
für Legierungen angewendet.

Wolframsaueres Natron, Natriumwolframat, $Na_2WO_4 + 2 H_2O$, farblose, in Wasser
leicht lösliche Kristalle zum Unentflammbarmachen von Garnen und Geweben
durch einfaches Tränken.

Wolle, Haarkleid des Schafes, zeichnet sich gegenüber dem anderer Tiere dadurch
aus, daß beim Zerreißen eines Wollhaares sich die Spitzen einrollen (zusammen-
schwirren, krimpfen) und es große Formbarkeit besitzt, d. h. feuchtwarm in eine
Form gepreßt, diese nach dem Erkalten beibehält. Die Faser ist schlicht, glänzend
(englische Leicesterwolle) oder gewellt, matt (Merinowolle), weich, geschmeidig,
Durchmesser von $0,015 \div 0,040$ mm, Raumgewicht 1,32, besteht aus 50 Teilen
Kohlenstoff, 7 Wasserstoff, 22 Sauerstoff, 17,5 Stickstoff und 3,5 Schwefel;
Streichwollen sind die feinsten und bis 70 mm lang, Kammwollen die 125 mm
langen und die Strickwollen darüber; Zerreißfestigkeit $3 \div 75$ g, bei einer Faser
Dehnung bis zu 70% (gewellte). Feuchtigkeitszuschlag 17% für Streichgarn,
$18^3/_4$% für Kammgarn.

Xylol, Dimethylbenzol, das, C_8H_{10}. Kohlenwasserstoffgemisch, farblose Flüssigkeit,
bei $139 \div 140^0$ siedend.

Zäsium, das, Cs, Element, ein silberweißes Metall; kleine, glänzende Kristalle; ent-
flammt selbst in trockenem Sauerstoff, zersetzt Wasser indem es mit rotvioletter
Farbe verbrennt.

Zeolithe sind wasserhaltige Tonerdesilikate in Verbindung mit Alkalien und alkalischen Erden, basische Aluminiumsilikate, Kristalle, farblos, auch weiß, rötlich,
von Salzsäure meist leicht zersetzt. Handelsname: Permutite.

Zinksalze, farblos, wenn auch die Säure farblos ist, in Wasser zum Teil, in verdünnter Salzsäure, überschüssigem Ammoniak und Alkalilaugen leicht löslich,
giftig.

Zinksulfat, Zinkvitriol, Kupferrauch, weißer Galitzenstein $ZnSO_4 + 7 H_2O$ farblose, leichtlösliche Kristalle.

Zinn, Sn, Metall; silberweiß, glänzend, sehr weich, kristallinisch, knirscht beim Biegen
durch Aneinanderreiben der Kristallteilchen (Zinngeschrei), dehn-, walzbar (Blatt-
zinn, Zinnfolie, Staniol); bei 200^0 läßt es sich pulvern, bei 228^0 schmilzt es; luftbeständig, beim Schmelzen überzieht es sich mit einer grauen Schicht von SnO_2,

die Zinnkrätze, Zinnasche; Zinn ist löslich in Salz-, Schwefel- und Salpetersäure sowie in Alkalien.

Zinnchlorid, Doppelchlorzinn, Zinntetrachlorid, $SnCl_4$, Pinksalz, farblose, rauchende,
bei 114° siedende Flüssigkeit oder kristallinische, weiße, weiche, in Wasser leichtlösliche Masse; starke Lösungen sind haltbar.

Zinnsalz, Chlorzinn, Zinnchlorür, $SnCl_2 + 2$ HCl, weißes, kristallinisches Salz, in
wenig Wasser klar löslich, in viel milchig.

Zucker, das Bisaccharid, $C_{12}H_{22}O_{11}$, das wegen seines Vorkommens im Zuckerrohr
auch Rohrzucker genannt wird und sich nur im Pflanzenreich findet; er bildet
farblose, leicht in Wasser, wenig in Alkohol lösliche Kristalle von angenehm süßem
Geschmack, schmilzt bei 160° und geht dann in Gerstenzucker, eine kristallose
Masse, über; bei stärkerer Erhitzung bildet er Karamel und bei noch stärkerem
Erhitzen verwandelt er sich in glänzende, schwer verbrennliche Zuckerkohle.

Zyan, Zyanogen, das, Blaustoff (CN), einwertiges Radikal; freies Zyan besteht nicht,
es soll im Hochofen- und im Leuchtgas vorkommen, sondern nur als C_2N_2 Dizyan,
ein farbloses, sehr giftiges Gas von stechendem Geruch, bei mittlerer Luftwärme
und einem Druck von 5 Atü flüssig, bei —34° kristallinisch; brennbar mit blauer,
rötlich gesäumter Flamme. Die Zyangruppe verbindet sich mit den meisten
Elementen.

Zyanwasserstoff, Blausäure, HCN, eine leicht bewegliche, wasserhelle Flüssigkeit,
siedet bei 26,5° und erstarrt kristallinisch bei —15°, sehr giftig; bildet mit den
Metallen Salze, die Zyanide; mischbar mit Wasser, Alkohol und Äther.

Sachverzeichnis.

Schrift- und Bezugsquellen nebst Textseitenhinweisen.

Tafeln, Abbildungen und Textseitenhinweise.

Die Gewebeherstellung

unter besonderer Berücksichtigung der Roßhaargewebeherstellung. Von Prof. Heinrich Brüggemann. 196 S., 7 Taf. Gr.-8°. 1928. Brosch. M. 11.70, Leinen M. 13.50

Über die Herstellung der Roßhaargewebe ist in der Buch- und Zeitschriftenliteratur nur wenig, und das auch nur ganz zerstreut, zu finden. Man muß dem Verfasser deshalb dafür danken, daß er in mühsamer Arbeit alles für das fragliche Gebiet Wissenswerte zusammengestellt und einwandfrei technologisch geordnet hat. Die Ausdrucksweise ist durchweg klar, und die zahlreichen, in reiner Strichzeichnung einheitlich ausgeführten Abbildungen vermitteln eine klare Vorstellung vom Gesagten. Nach allem bildet das Buch für den Studierenden ein ausgezeichnetes Lehrbuch und für den Praktiker ein wertvolles Nachschlagewerk.

(Melliands Textilberichte.)

Das aus den Vorlesungen des Verfassers an der technischen Hochschule zu München hervorgegangene Werk kann als Lehr- und Nachschlagewerk über das in der Textilliteratur bisher nicht bearbeitete Gebiet der Roßhaarweberei bestens empfohlen werden.

(Zeitschrift des VDI.)

Die Stapelfaser Sniafil

ihre Verarbeitung nach dem Baumwollverfahren vom Rohstoff bis zum veredelten Gewebe unter besonderer Berücksichtigung der Fasereigenschaften. Von Dr.-Ing. Julius Lindenmeyer. 103 Seiten, 24 Abb., 20 Zahlentafeln. Gr.-8°. 1931. Brosch. M. 7.50, Lw. M. 9.50

Zusammenfassend kann gesagt werden, daß die vorliegende Studie allen Fachleuten eine große Bereicherung bringt, denn sie ist für die Weiterentwicklung der Stapelfaserverarbeitung die feste Basis.

(Melliands Textilberichte.)

Hochverzug in der Baumwollverarbeitung

vom Rohstoff bis zum veredelten Gewebe. Von Dr.-Ing. Walter Lindenmeyer. 104 S., 17 Taf. Gr.-8°. 1929. Brosch. M. 7.20, Leinen M. 9.—

Der Hochverzug in mäßigen Grenzen, der hier zugrunde gelegt ist, wird von der Spinnerei und den Garnverbrauchern immer mehr beachtet, um die Kosten für 1 kg Gespinst zu verringern und anderseits ein für Sonderwerke geeignetes Gespinst zu erhalten; das Studium dieses Buches ist also für die beteiligten Kreise nicht nur zu empfehlen, sondern auch notwendig.

(Zeitschrift des VDI.)

R. OLDENBOURG / MÜNCHEN U. BERLIN

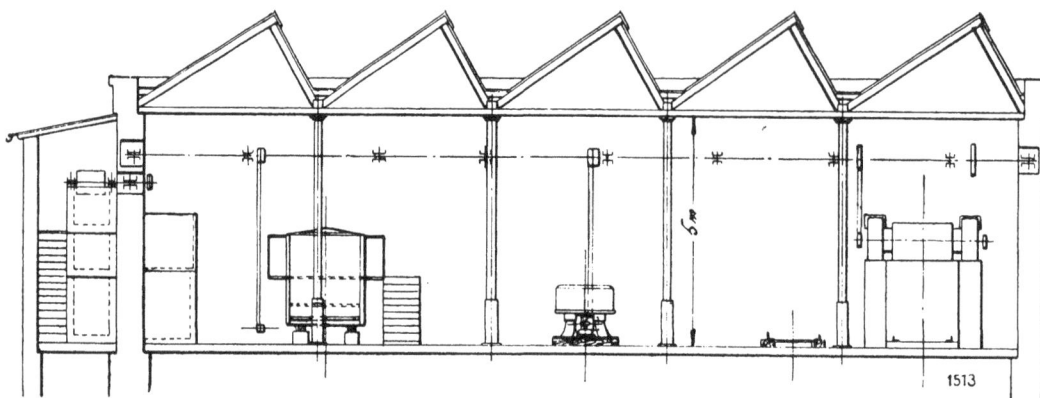
1513

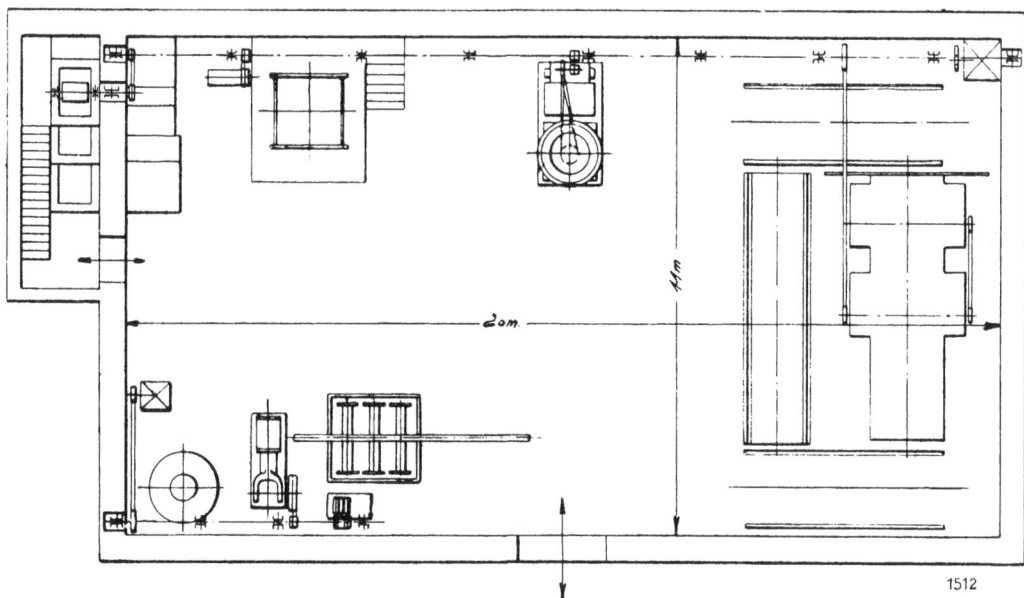
1512

Bleicherei-Anlage für Kreuzspulen u. Kettbäume
der Zittauer Maschinenfabrik A.-G., Zittau, Sa.

Kocher und Bleicher (Abb. 17, T. 10; S. 198). — Kettbaumbleicher mit Saugluftanlage (wie Abb. 21, T. 18; S. 248 oder Abb. 3, T. 14; S. 212, 213, 225, 302, 303). — Schleuder (Abb. 10, 11, T. 11; S. 223). — Kanaltrockner (wie Abb. 5, 6, T. 13; S. 228). — Chlorkalkauflöser (Abb. 15, 16, T. 10; S. 173, 174).

Im Kettbaumbleicher kann nach dem Chloren und Säuren auch gewaschen und geseift werden. Soll nicht nach dem vorausgesetzten Kaltbleichverfahren gearbeitet werden, so geht dem Bleichen eine Behandlung im Hochdruckkessel voraus. Zur besseren Entwässerung der Kettbäume verwende man die liegende oder stehende Schleuder (Abb. 1, Tafel 15, Abb. 1, Tafel 17; S. 226).

1509

1508

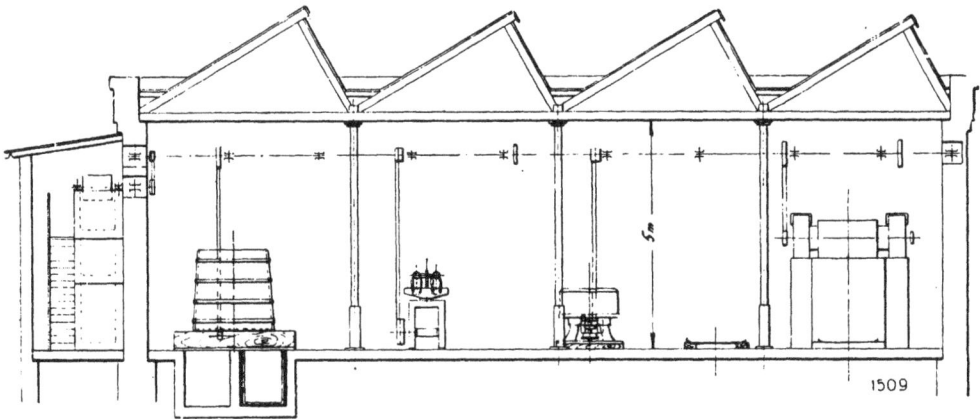

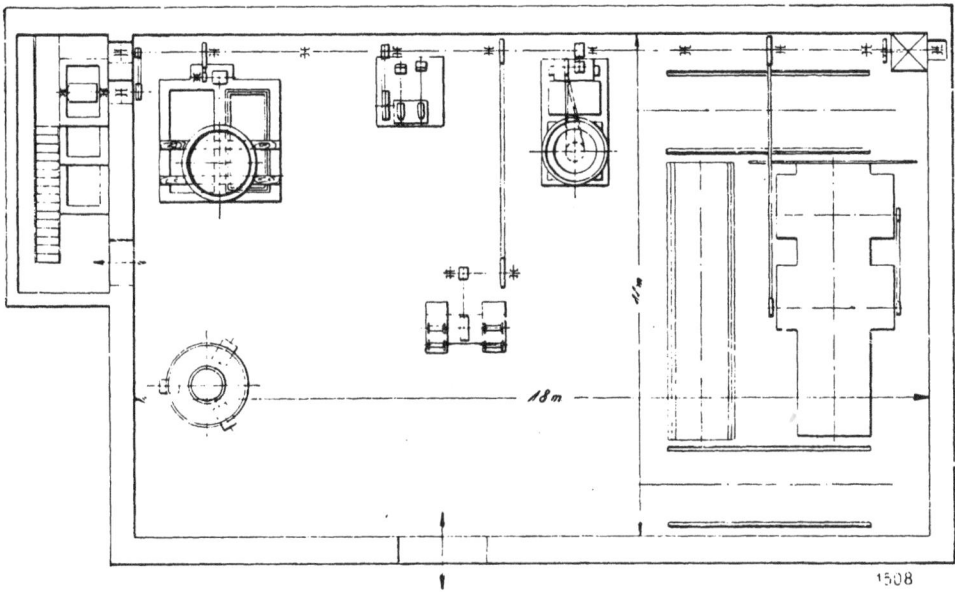

Bleicherei-Anlage für Baumwollstranggarn
der Zittauer Maschinenfabrik A.-G., Zittau, Sa.

Hochdruck-Kochkessel (Abb. 18, Tafel 10; Seite 203). — Bleichfaß (Abb. 20, T. 10; S. 202). — Strangspuler (Abb. 8, T. 9; S. 211). — Schleuder (Abb. 10, 11, T. 11; S. 223). — Strangschläger (Abb. 9, T. 9; S. 234). — Kanaltrockner (wie Abb. 5, 6, T. 13; S. 228). — Chlorkalkauflöser (Abb. 15, 16, T. 10; S. 173, 174).
An Stelle des Hochdruck-Kochkessels und Bleichfasses ist auch der Kocher und Bleicher (Abb. 17, T. 10; S. 198) verwendbar.

1

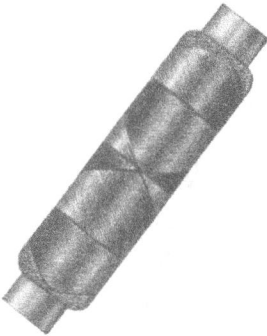

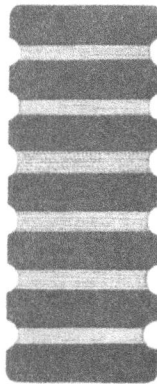

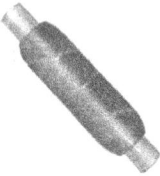

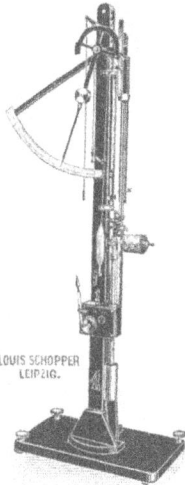

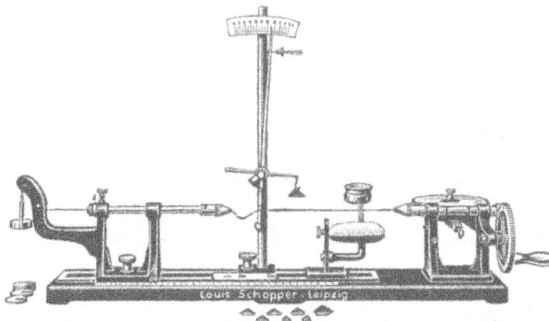

13

Rieter
Winterthur

16

17

ZSCHIMMER & SCHWARZ

Chemische Fabriken

CHEMNITZ

Siegmar i. Sa. • Grünberg (CSR)
Greiz-Dölau • Heinrichshall • Hamburg

liefern

Chemikalien

Textilseifen

Hilfsmittel für Färbereien

und alle Zwecke der

Faserveredelung

HARTMANN

23

Zittau

Zittauer Maschinenfabrik A.-G., Zittau

29

ELEKTROCHEMISCHE WERKE MÜNCHEN A.G.

Wasserstoffsuperoxyd
30 u. 40 %
Kalium- u. Ammonium-Persulfat.

HÖLLRIEGELSKREUTH-JSARTAL

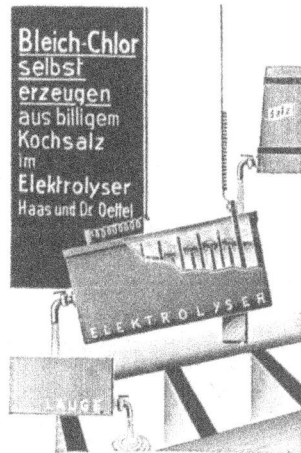

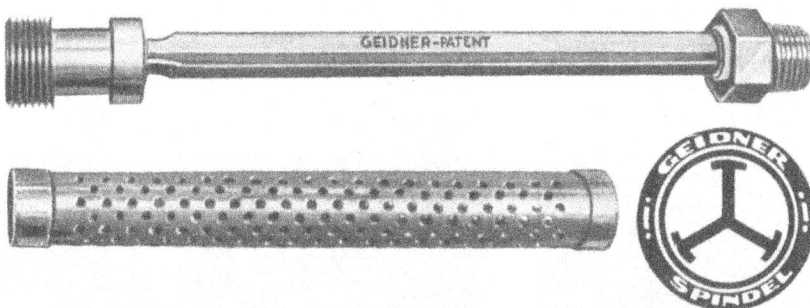

H. KRANTZ · AACHEN

1882-1932

Baumwoll-Färbe-Apparate

für Kreuzspulen
(Scheibensystem „Spindellos" Patent,
und „Hülsenlos"-System Patent,
Aufstecksystem, Packsystem)
Kettbäume, Stranggarn, Kopse,
Kardenband und lose Baumwolle

Offene und geschlossene Apparate
Vakuum-Anlagen

Baumwoll-Färbeapparat, offene Bauart
(Scheibensystem „Spindellos" Patent)

Garantiert einwandfreie Durchfärbungen
auch für Uni-Ware

Günstigste Flottenverhältnisse auch
bei kleinen Partien

Große Ersparnis an Farbstoffen,
Chemikalien, Dampf u. Arbeitslohn

Vorbildliche Werkstattausführung,
größte Zweckmäßigkeit der Anordnung aller Teile

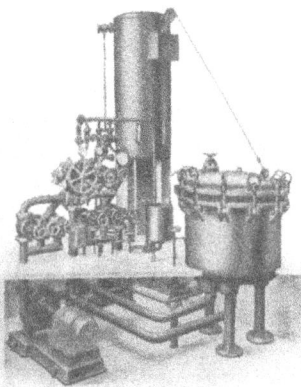

Färbepumpen eigener Bauart mit
unübertroffen günstiger Druck- und
Förderleistung. Verwendung von
Umsteuer-Automaten, Druck-Regu-
lier-Vorrichtungen und
Spezial-Ventilen

Geschlossener Färbeapparat
für Kreuzspulen

«IMPRÄGNOL»

gesch. durch D.R.P. a.

das beste Imprägnierungsmittel

R. BERNHEIM

Fabrik chemischer Produkte, Augsburg = Pfersee

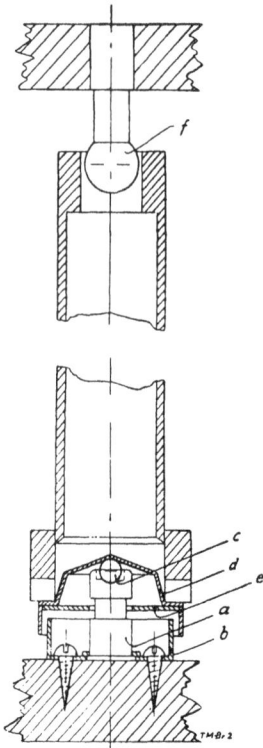

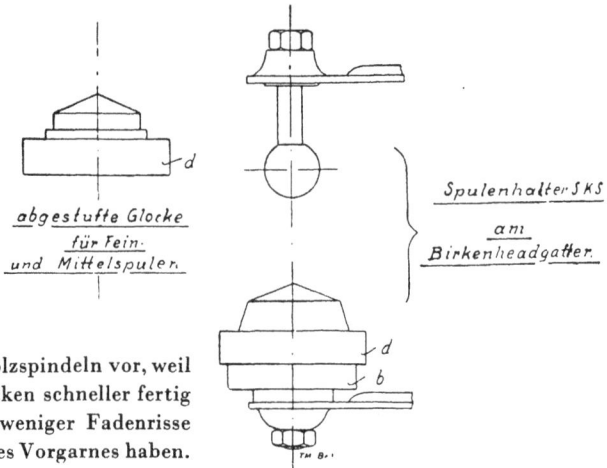

Die Merzerisiermaschine
mit größter Leistung und unerreichter Wirtschaftlichkeit

Alle Firmen, welche mit unserer Revolver-Merzerisiermaschine arbeiten, sind sich geschlossen darüber einig, daß die nachstehend verzeichneten Vorteile von keiner anderen Ausführung auch nur annähernd erreicht werden können.

1. Lieferung bis zu 200 engl. Pfund (91 kg) je Std.
2. Außerordentlich geringer Laugenverbrauch.
3. Unerreicht schöner Glanz.
4. Hervorragend weicher Griff.

Die Anordnung von **sechs Abquetsch- bzw. Einquetschwalzen** bewirkt, 1. ein vollständiges Eindringen der Lauge in das Garn und 2. eine besonders hohe Ausquetschung an den eigens dafür vorgesehenen Stellen. Durch die starke Einquetschung der Lauge wird der hohe Glanz erzielt, und durch einen besonders stark bemessenen Druckkolben bei der Abquetschung der geringe Laugenverbrauch und damit eine hohe Wirtschaftlichkeit bedingt, die bei unserer Maschine wesentlich höher ist, als bei irgendeiner anderen.

Für kleinere Leistung empfehlen wir unsere beiden selbsttätigen nach der Blockbauart hergestellten Ausführungen N. I. und N. 3.

JOH. KLEINEWEFERS SÖHNE

KREFELD Maschinenfabrik • Eisengießerei
Stahlwerk • Walzen-Gravieranstalt

JKS WERKE
GEGR. 1862

Vierling-Kettenbaum-Färbeapparat

geschlossene Bauart, für stehende Bäume

Zittauer Maschinenfabrik A.-G., Zittau

Soweit der Vorrat reicht, kann noch abgegeben und vom Verfasser Prof. H. Brüggemann, München, Technische Hochschule München, bezogen werden:

Theorie und Praxis der rationellen Spinnerei. 2 Bände. RM. 39.—.
Die Spinnerei, ihre Rohstoffe, Entwicklung und heutige Bedeutung. Preis RM. 5.—.
Die Gewebeherstellung (Roßhaargewebe). Preis RM. 13.50.
Die Ausbildung und Herstellung der Riffelzylinder. Preis RM. 2.—.
Rückblick über und Aussichten für die Textilindustrie und den deutschen Spinnereimaschinenbau. Preis RM. 1.—.
Kurzfaserausscheider für die Baumwollkrempeln. Preis RM. —.50.
Gußeisen, Formgebung u. a. im Spinnereimaschinenbau. Preis RM. —.20.
Bericht über die Ermittlungen in der Snialangfaserspinnerei Altessano b. Turin. Preis RM. —.30.

40

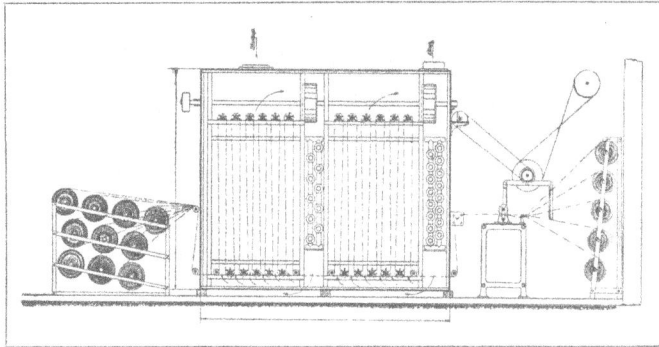

Patent-
Garnbefeuchtungs-
Maschine
„Hygroskop"
Modell H$_1$
(im Arbeitssaal)

Maschinen- und Apparate-
Bauanstalt, G.m.b.H.
Rheydt, Rhld.

Garnbefeuchtungs-Anlagen

„HYGROLIT"
für Baumwolle, Wolle, Schappe u. Stapelfasern

Einzelbefeuchter
der Anlage
„System Rheydt"

Patent-
Garnbefeuchtungs-
Maschine
„Hygroskop"
Modell H. 2

46

47

Effektzwirne aus Glanzstoff

Kunstseidene farbige Zierwirkungen haben sich bei neuzeitlichen Stoffen aller Art so stark eingeführt, daß die Verwendung von Effektzwirnen voraussichtlich noch auf lange Zeit in der Mode sehr stark auftreten wird. Die Zusammenstellung von farbigen Kunstseidengarnen, wobei sich besonders die Viscose-Kunstseide als hervorragend abwechslungsreich zeigt, ergibt in der Verarbeitung mit jeder anderen Textilfaser, wie Wolle, Baumwolle, anderen Kunstseiden usw., die schönsten Effekte.

Aber nicht nur auf dem Stoffgebiet, auch in allen anderen Industrien, in der Wirkerei und Strickerei, bei Handarbeitsgarnen aller Art, Gardinen usw., taucht der Kunstseiden-Zierzwirn mit seinen zahllosen, geradezu unerschöpflichen Mannigfaltigkeiten in Glanzton, Farbton und Griffigkeit immer wieder mit bestem Erfolg auf.

Man kann sagen, daß der Neuheitenerfolg häufig von der geschickten, technisch und geschmacklich richtigen Verarbeitung des Viscose-Effektzwirns abhängt. Alles, was die Industrie braucht, um die mannigfachen Wünsche des Einzelhandels in jeder Art zu befriedigen, liefert die

Vereinigte Glanzstoff-Fabriken A.-G.
Wuppertal-Elberfeld

Verkauf durch: Kunstseide-Verkaufsbüro G.m.b.H., Berlin W 35
Abt. Kunstseiden-Aktiengesellschaft (vormals C. Benrath jr. A.-G.)

48

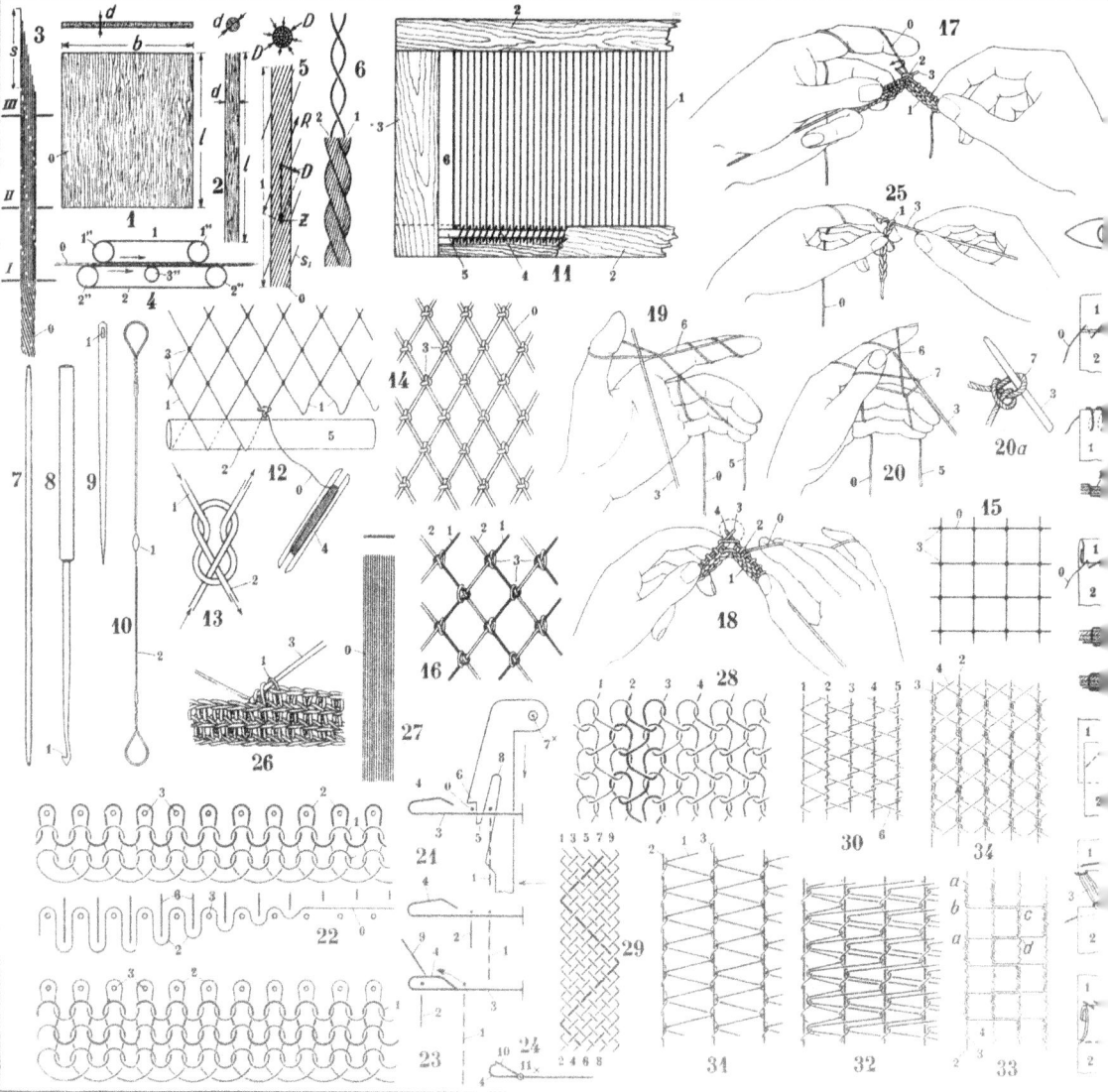

Verlag von R. Oldenbourg, München und Berlin.

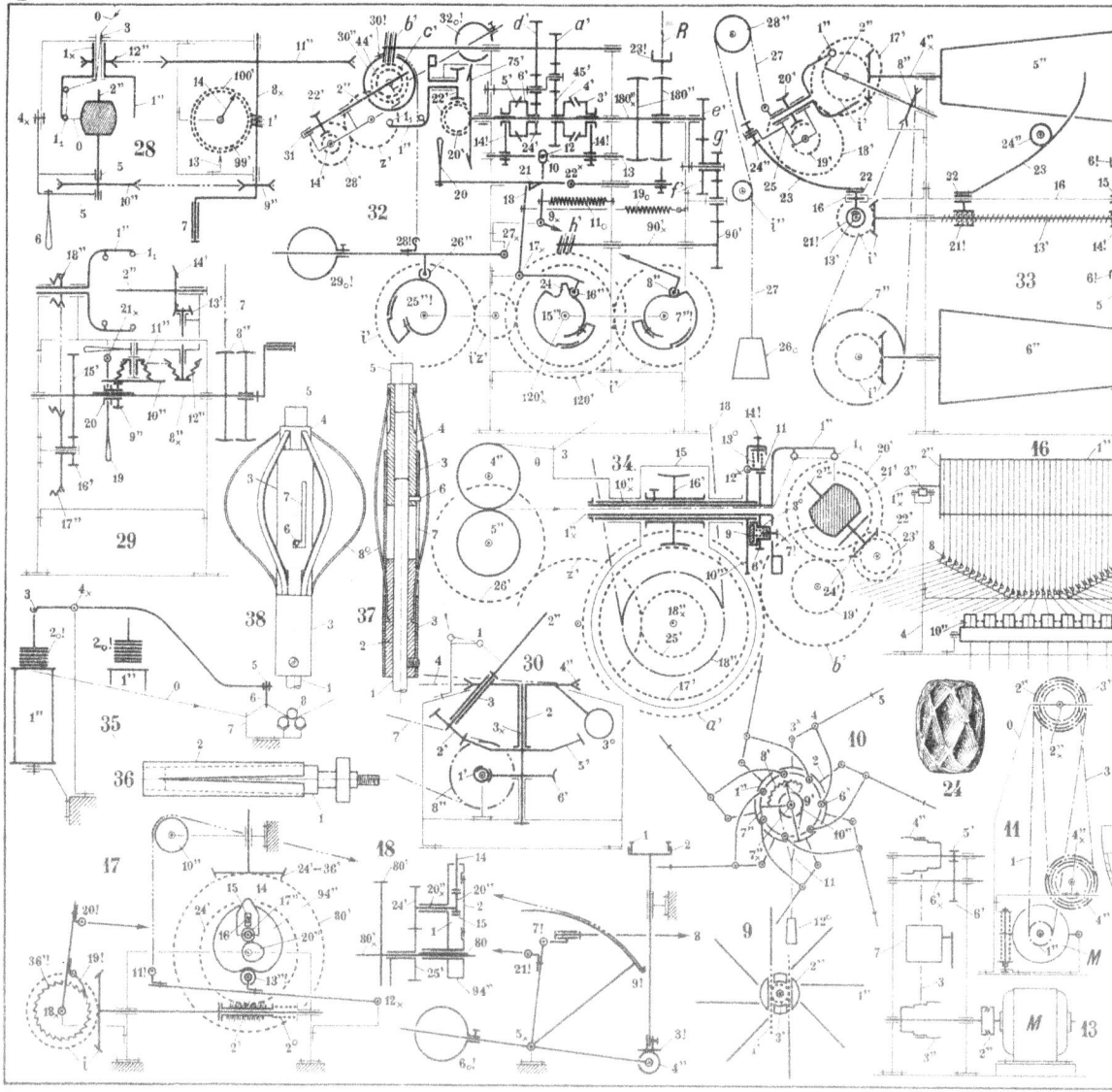

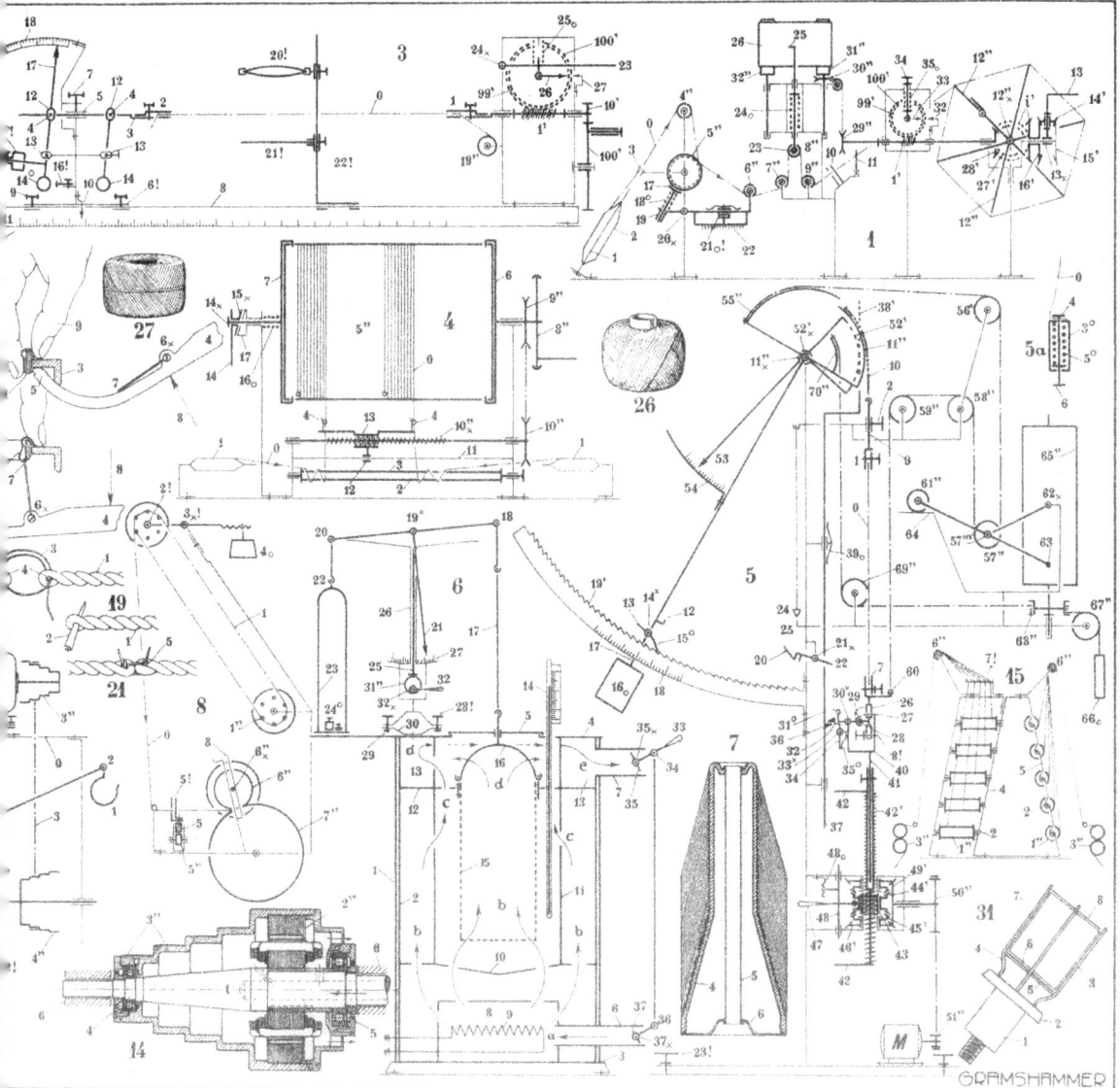

GRAMSHAMMER

Verlag von R. Oldenbourg, München und Berlin.

3

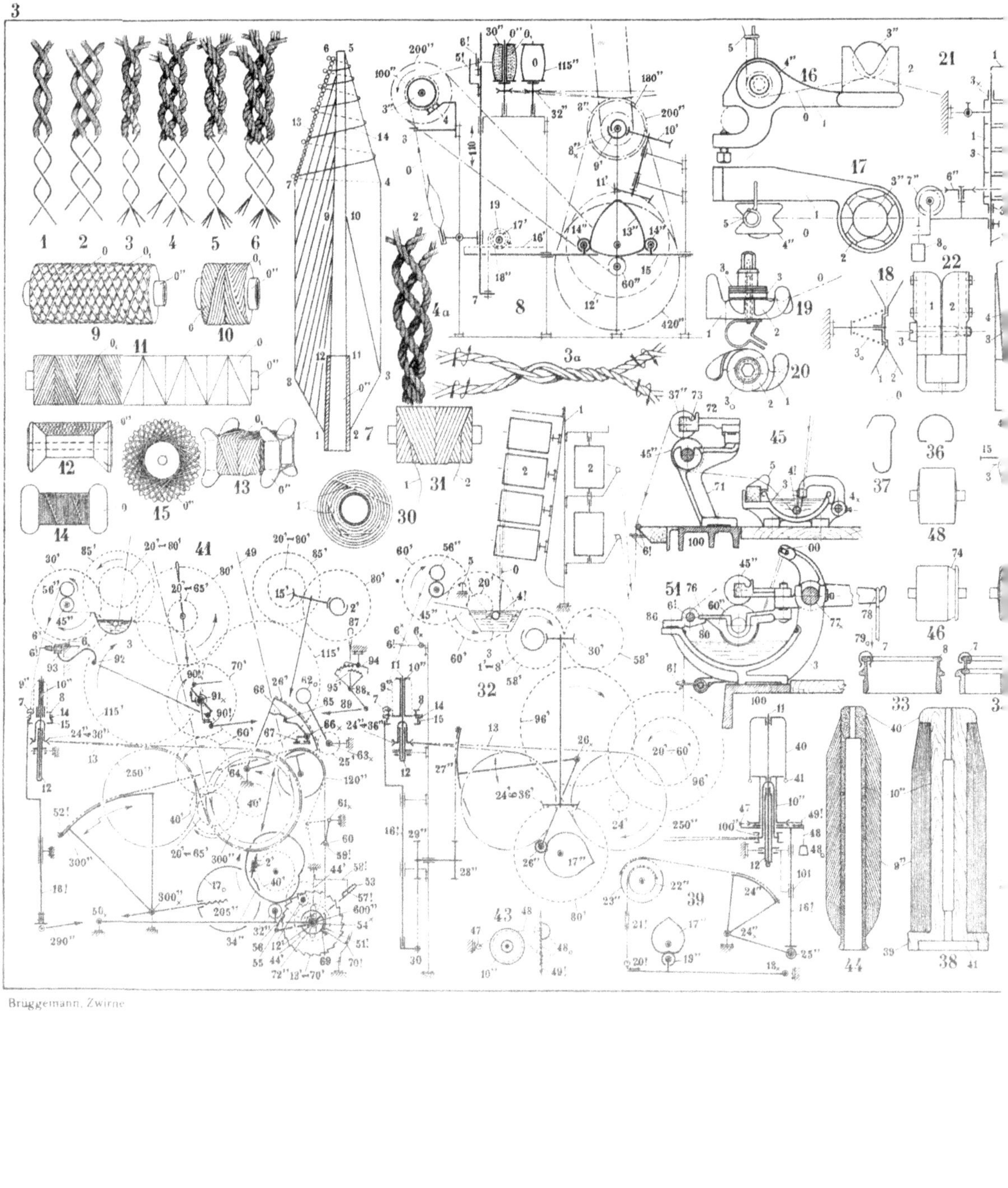

Bruggemann, Zwirne

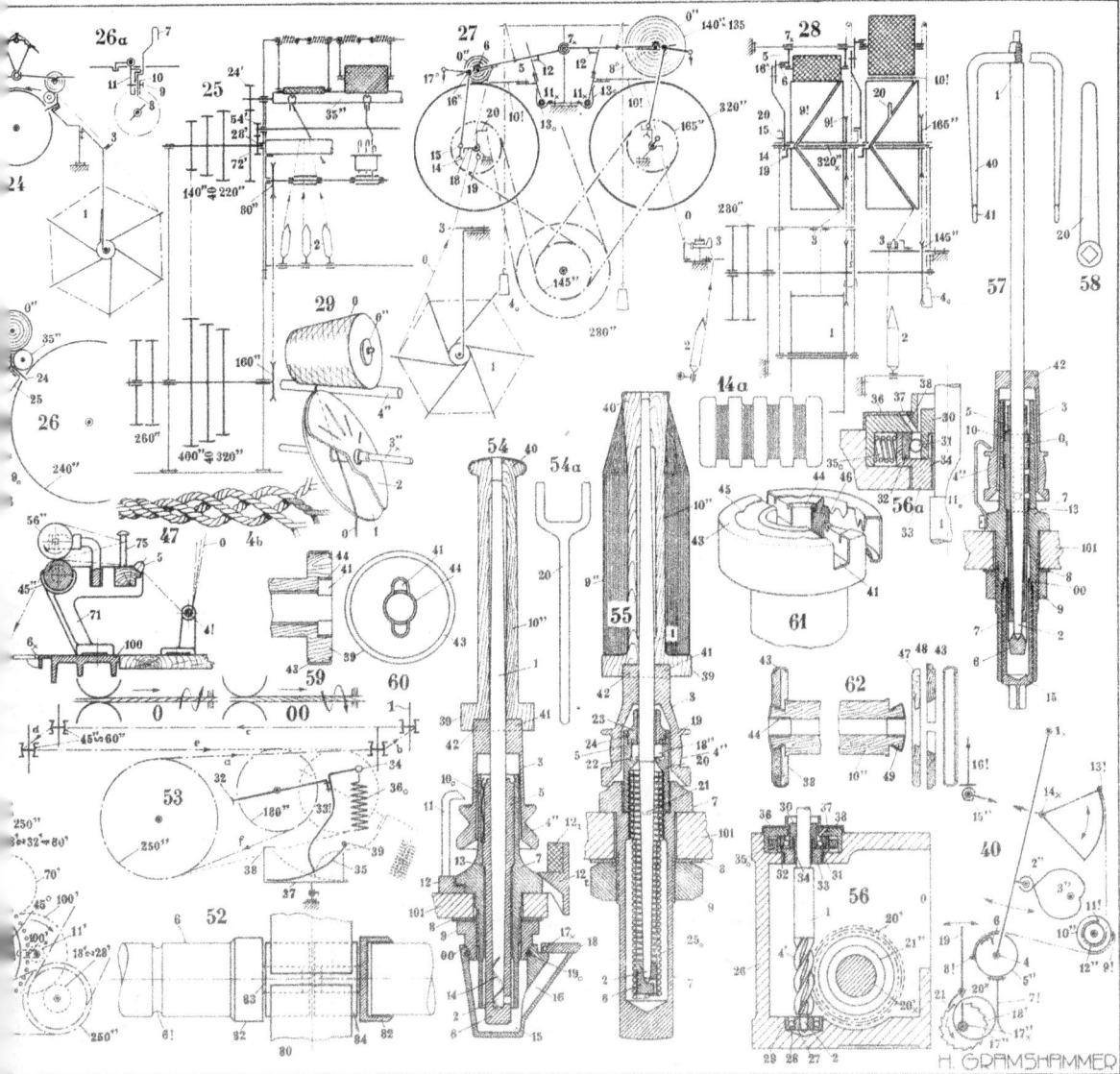

Verlag von R. Oldenbourg, München und Berlin.

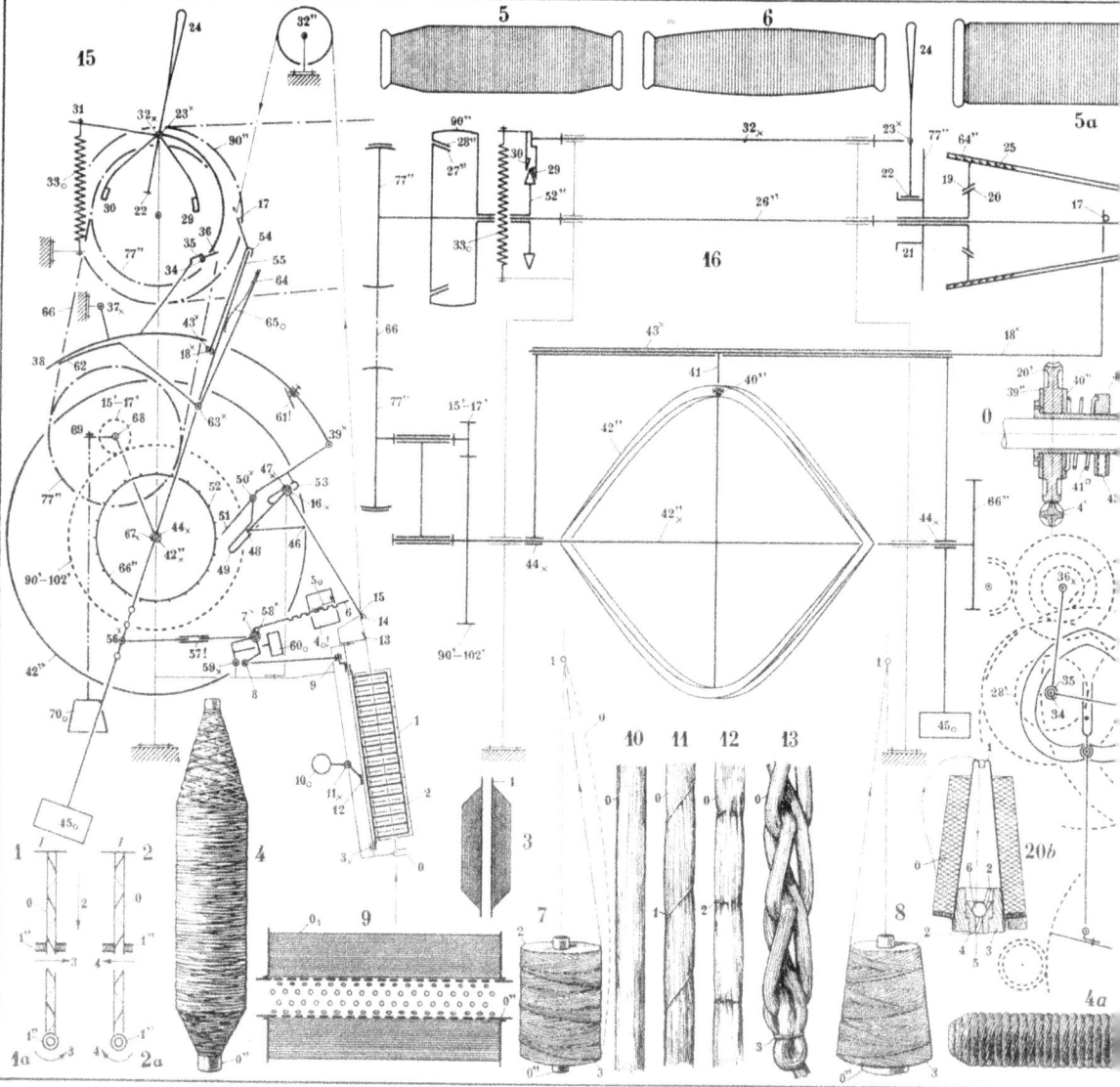

Verlag von R. Oldenbourg, München und Berlin.

GRAMSHAMMER

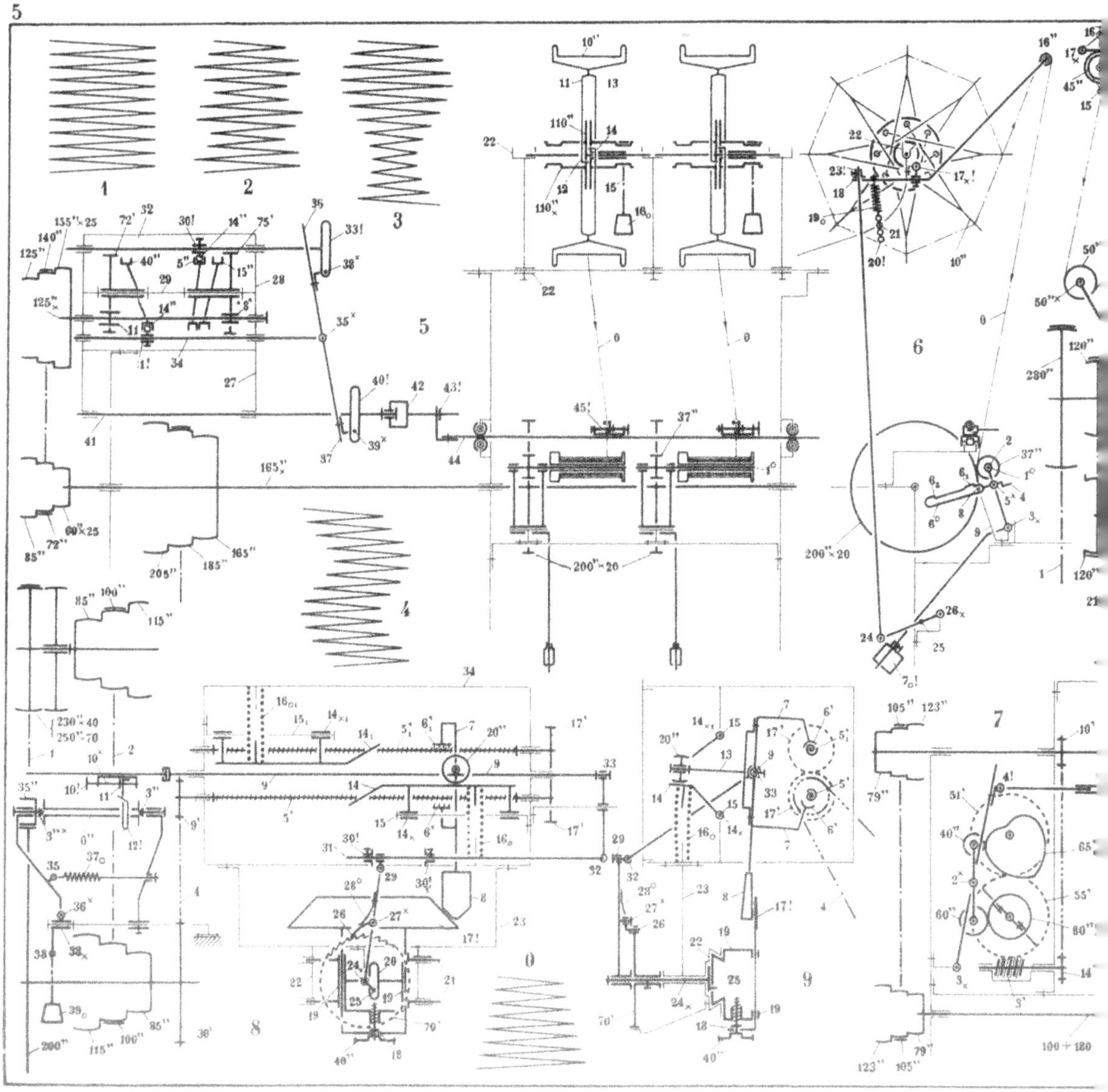
1
2
3
4
5
6
7
8
9
0

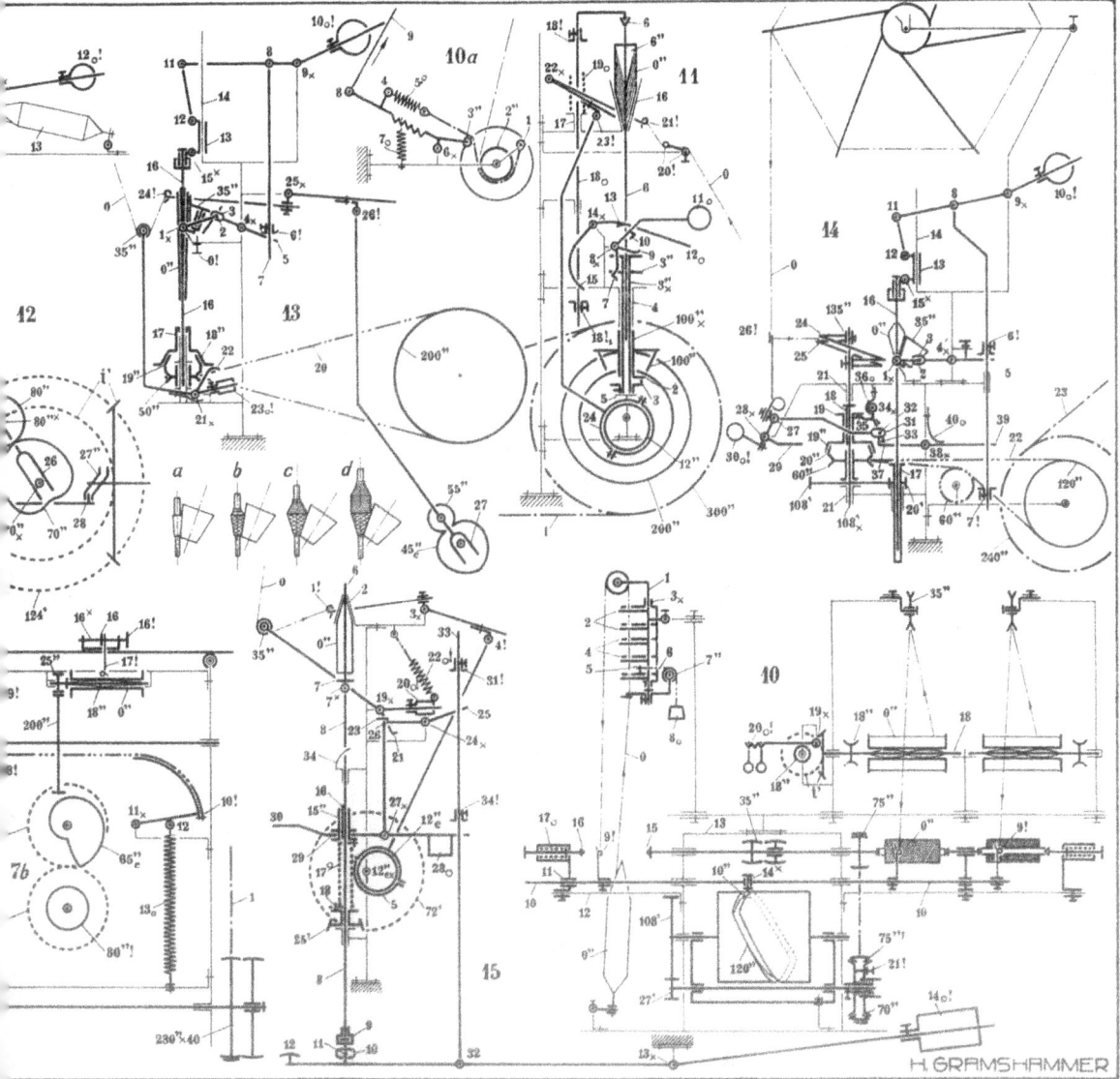

Verlag von R. Oldenbourg, München und Berlin.

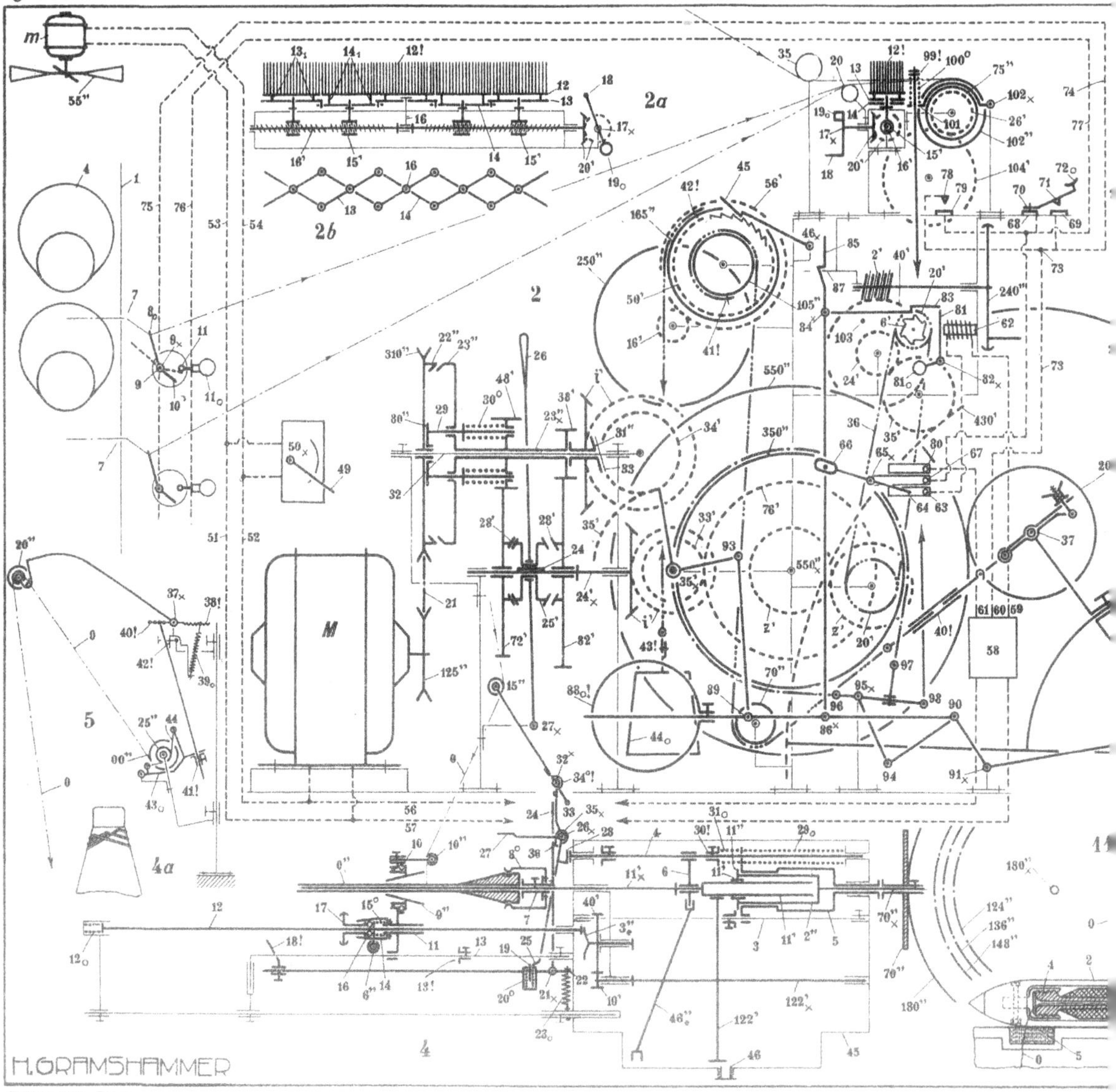

Brüggemann, Zwirne.

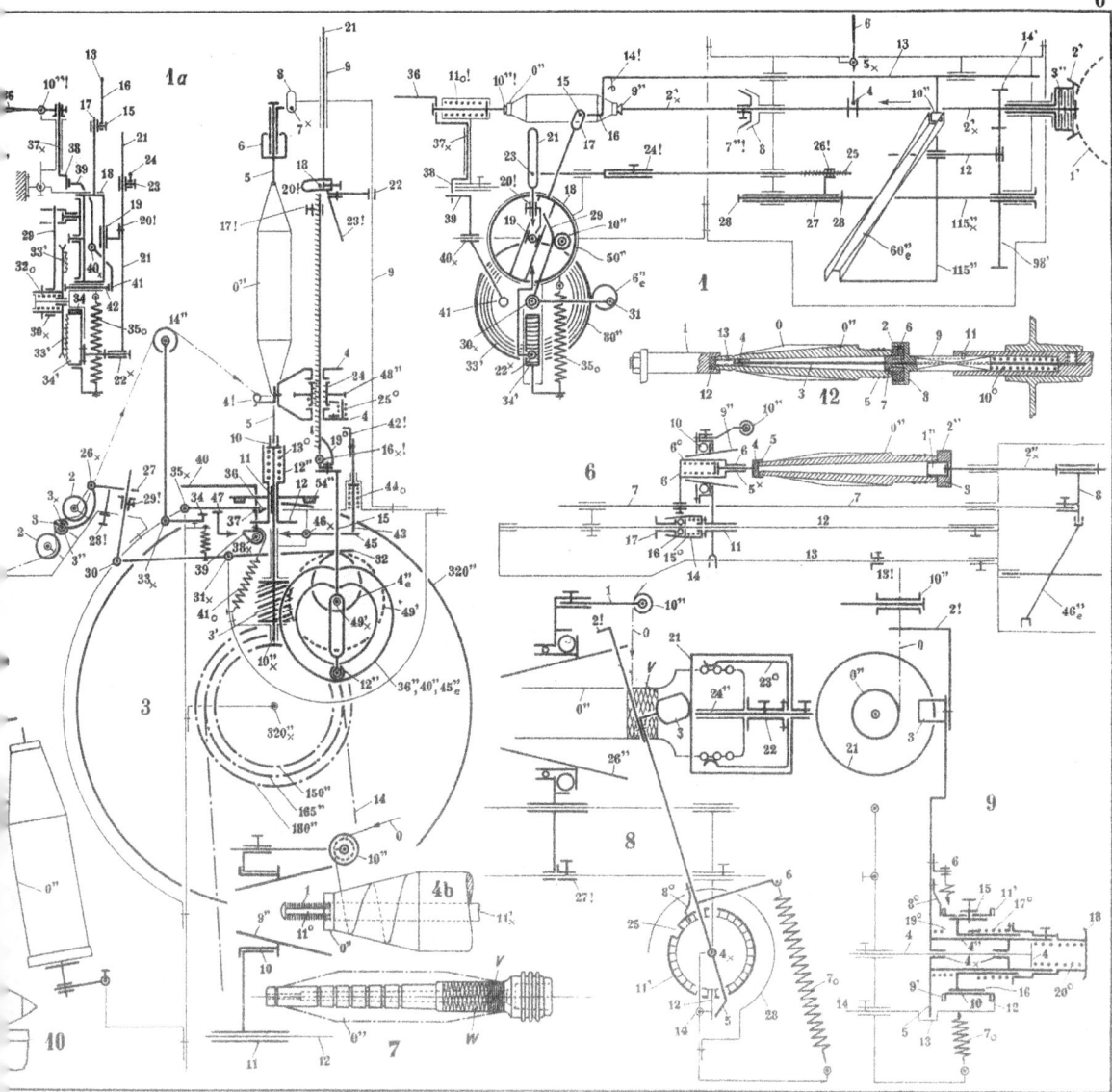

Verlag von R. Oldenbourg, München und Berlin.

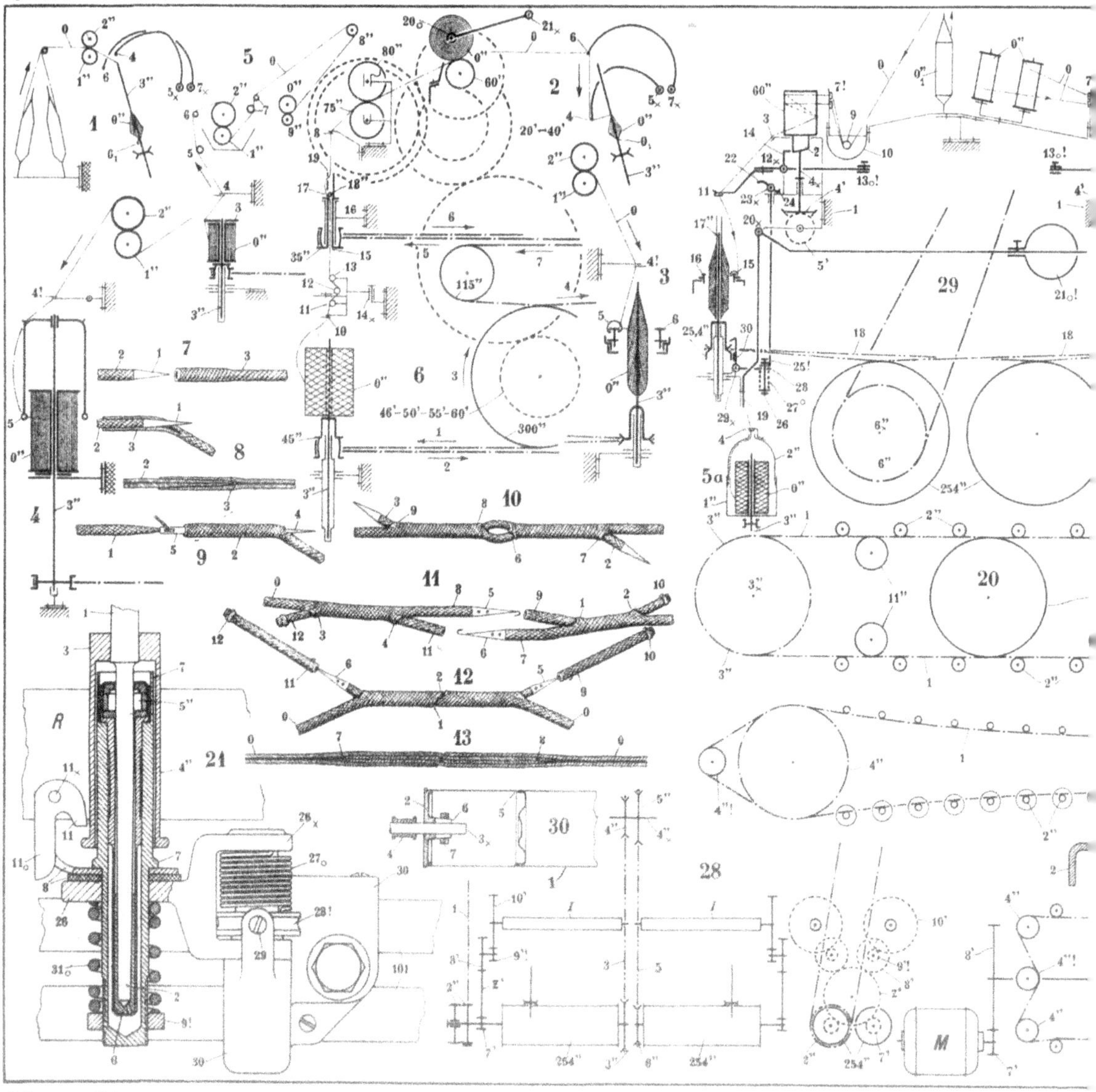

Brüggemann, Zwirne

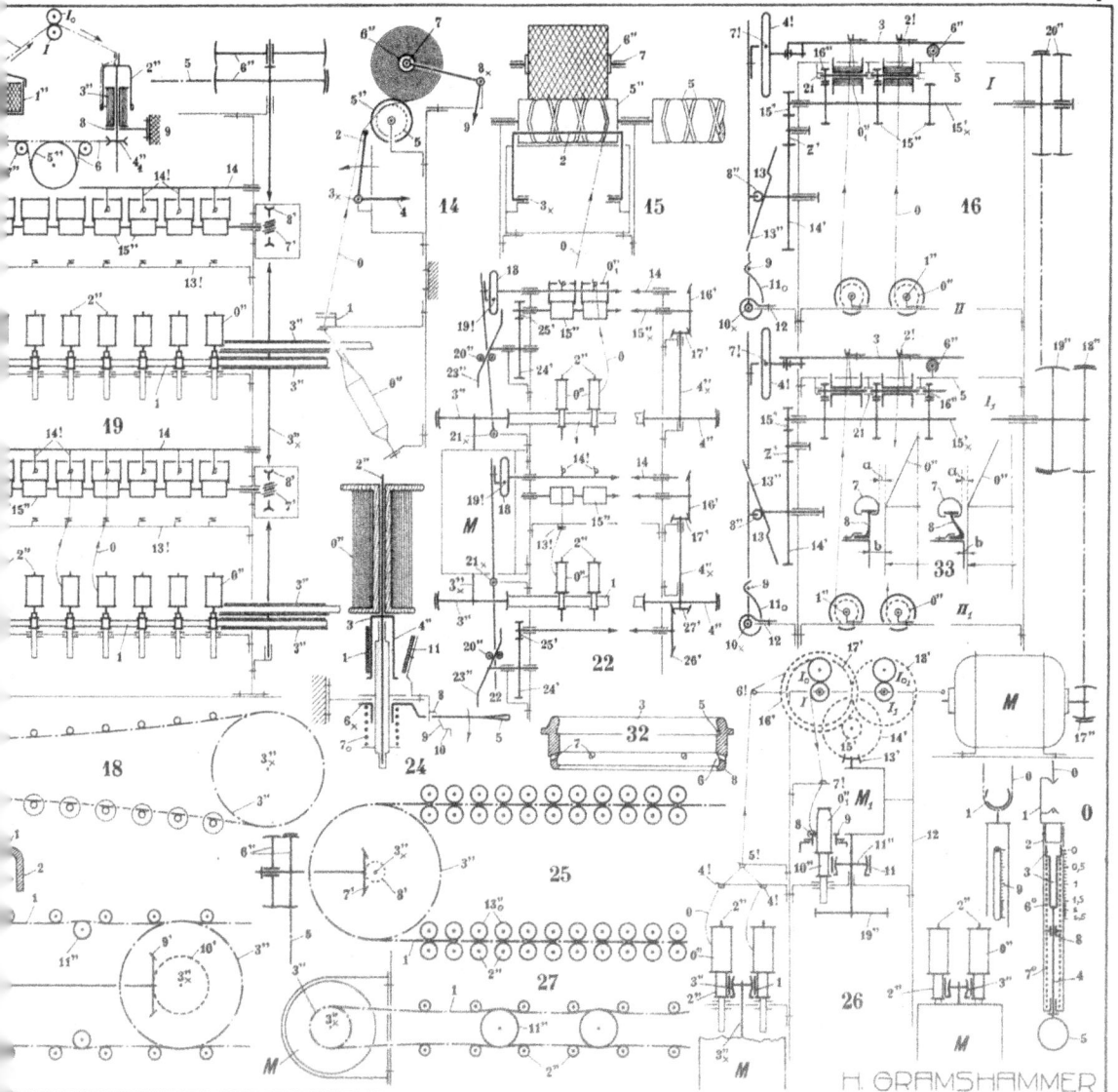

H. GRAMSHAMMER

Verlag von R. Oldenbourg, München und Berlin.

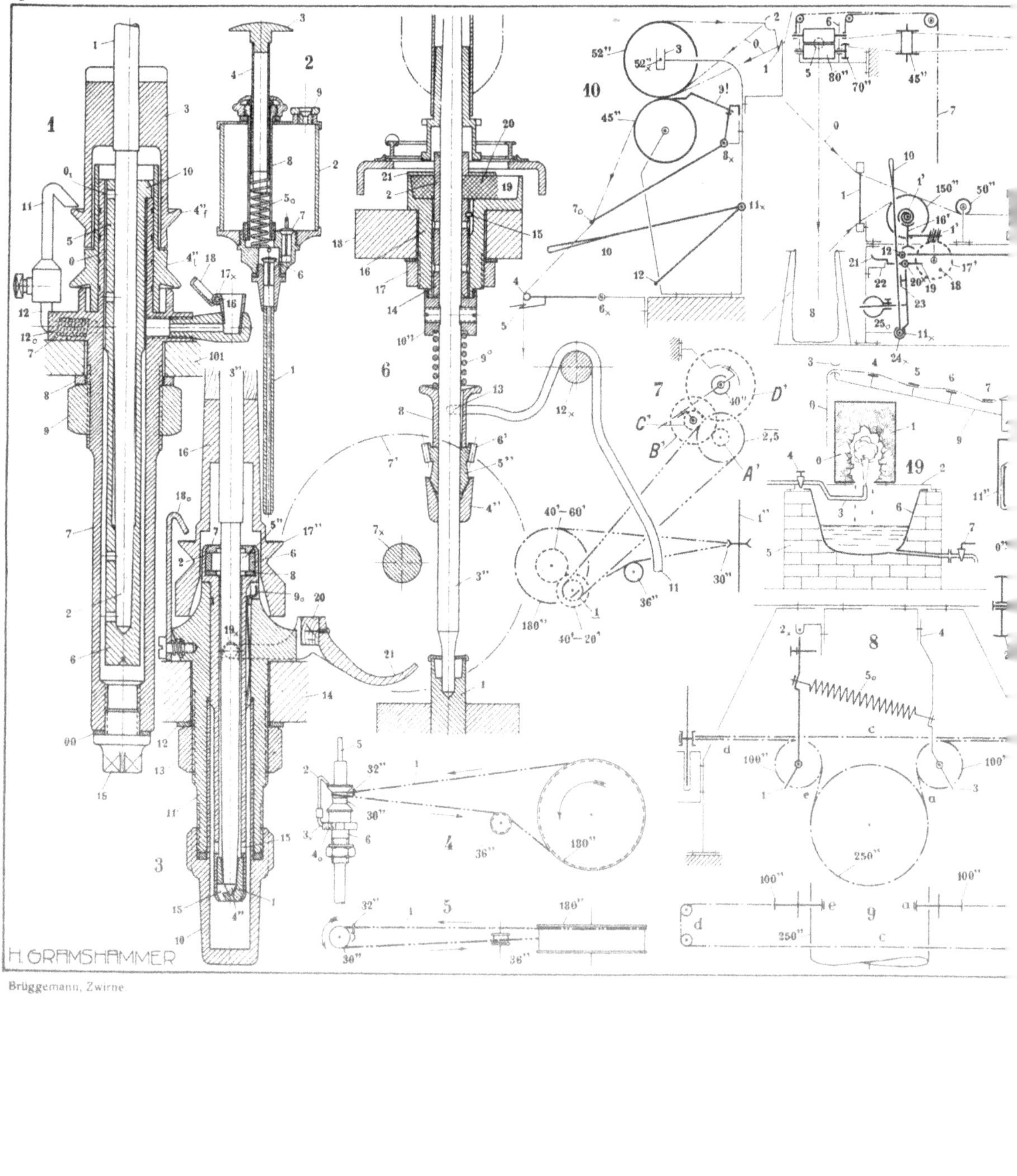

Brüggemann, Zwirne

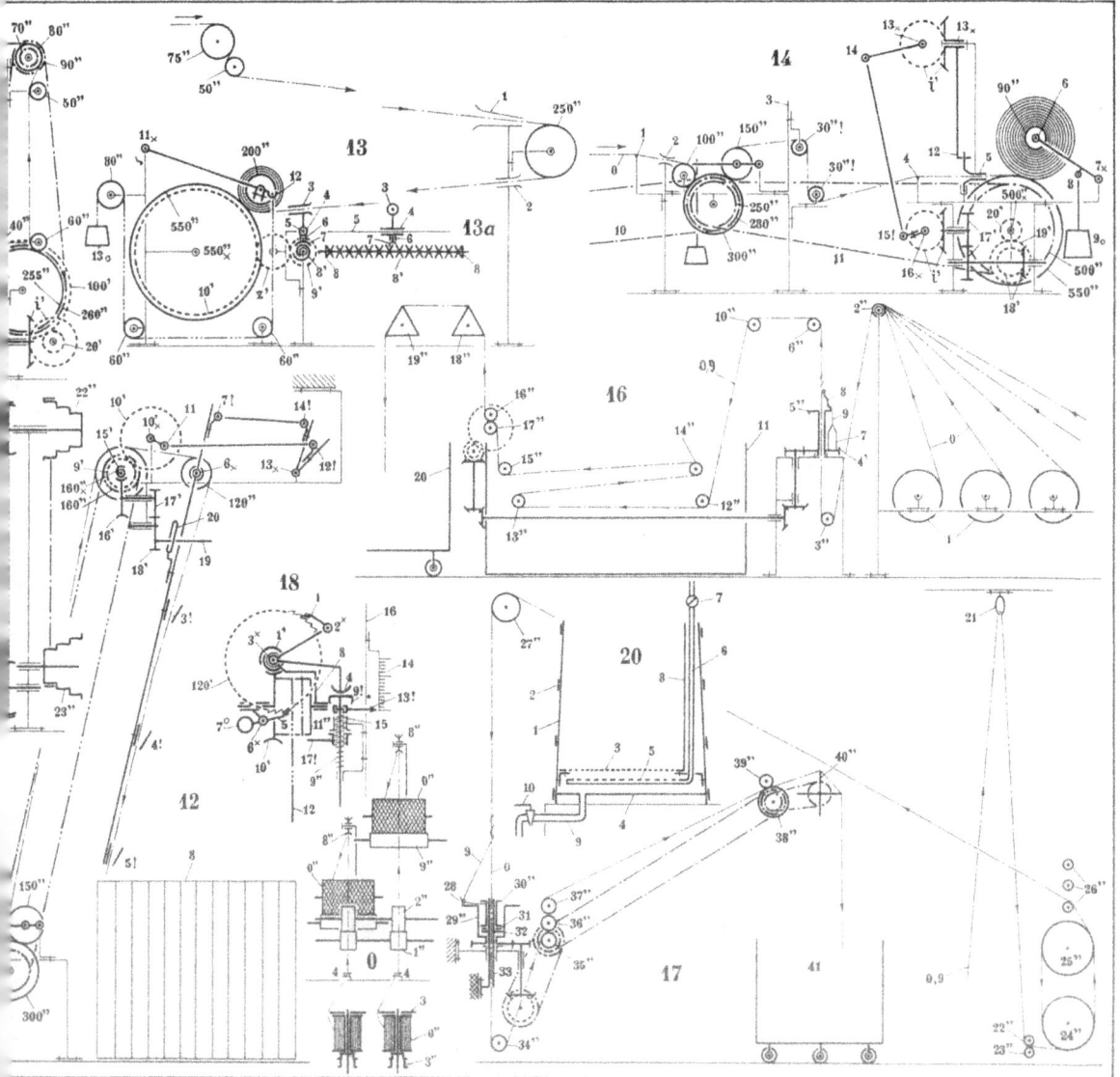

Verlag von R. Oldenbourg, München und Berlin.

9a

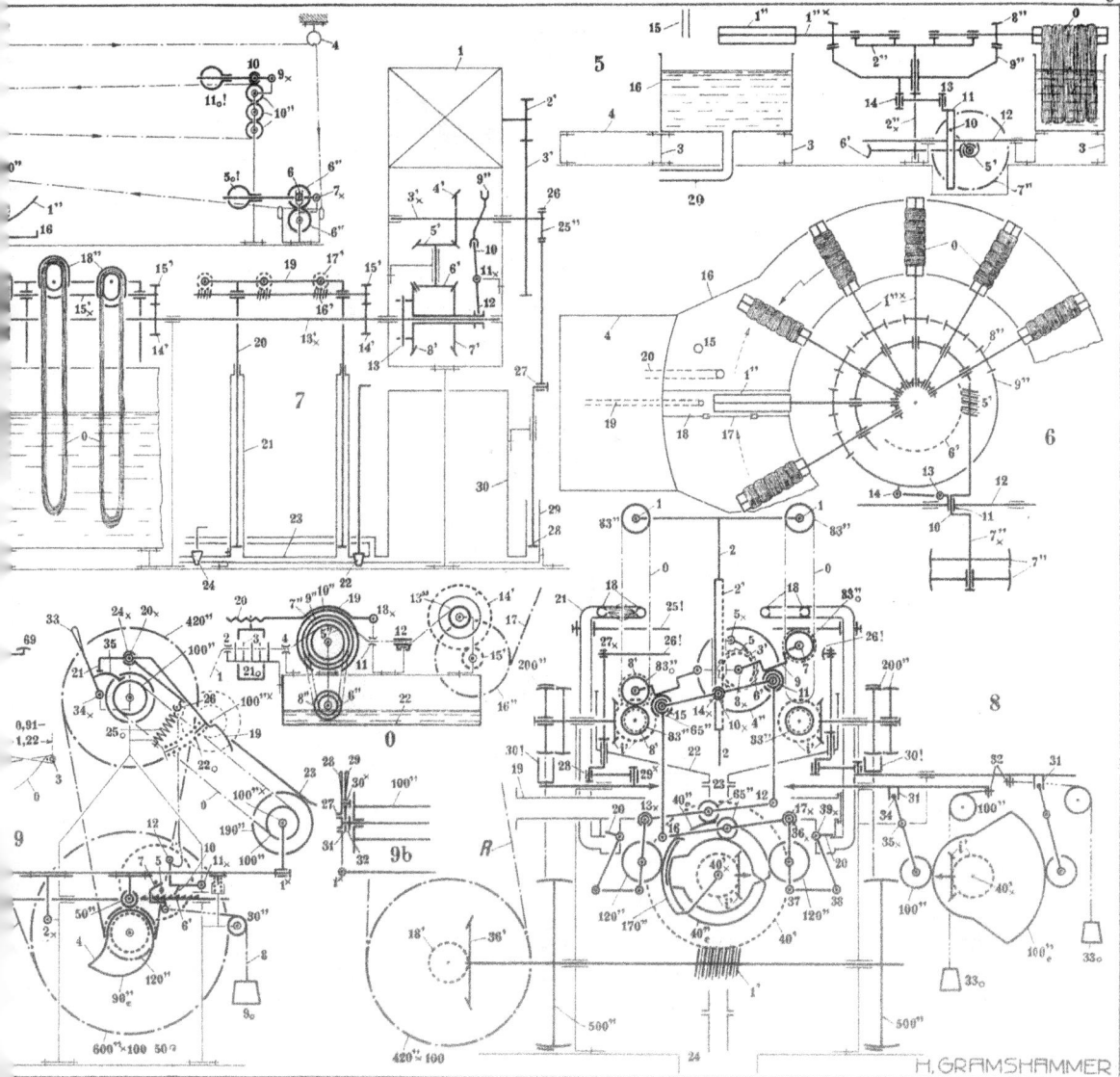

H. GRAMSHAMMER

Verlag von R. Oldenbourg, München und Berlin.

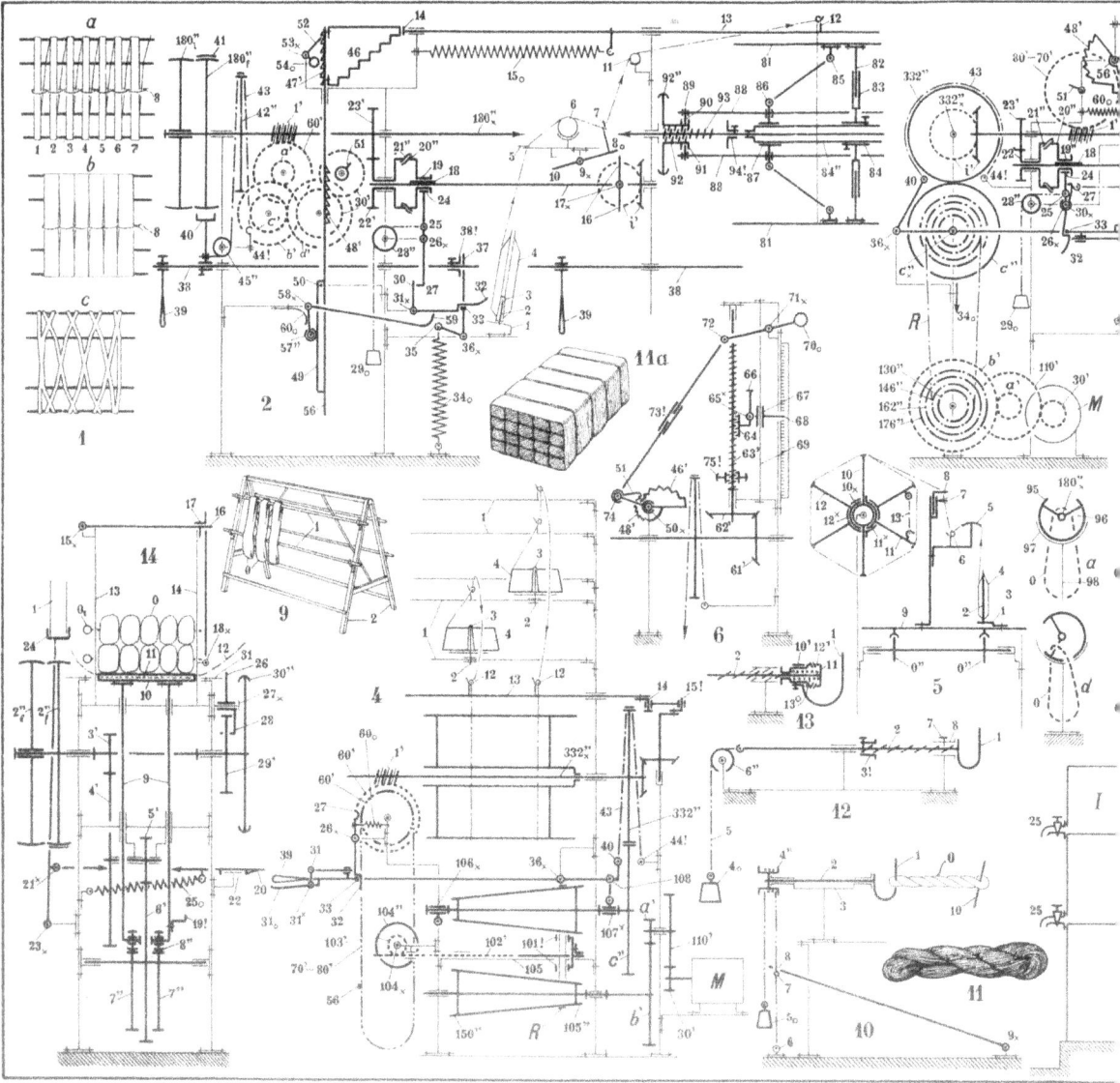

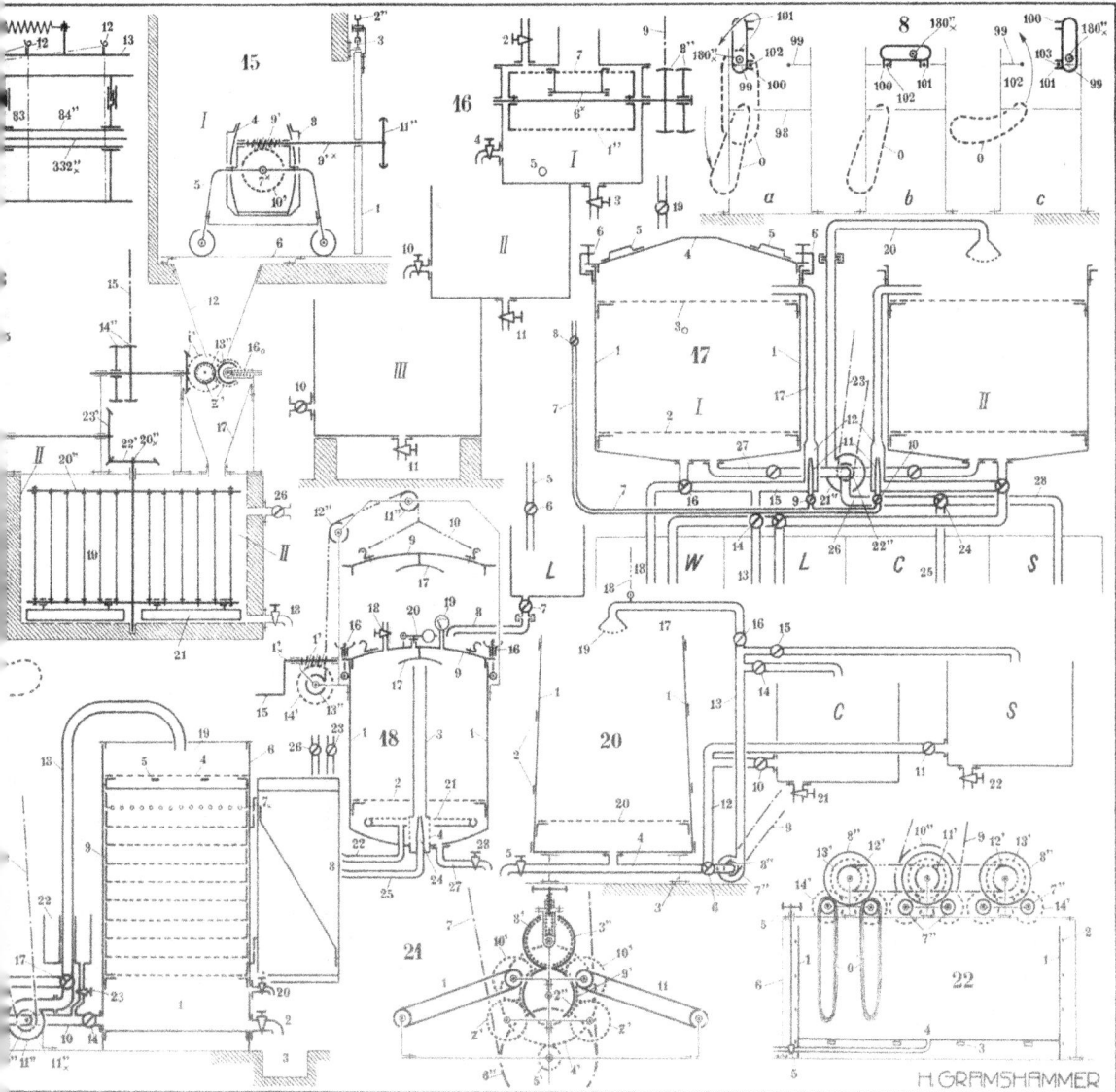

H. GRAMSHAMMER

Verlag von R. Oldenbourg, München und Berlin.

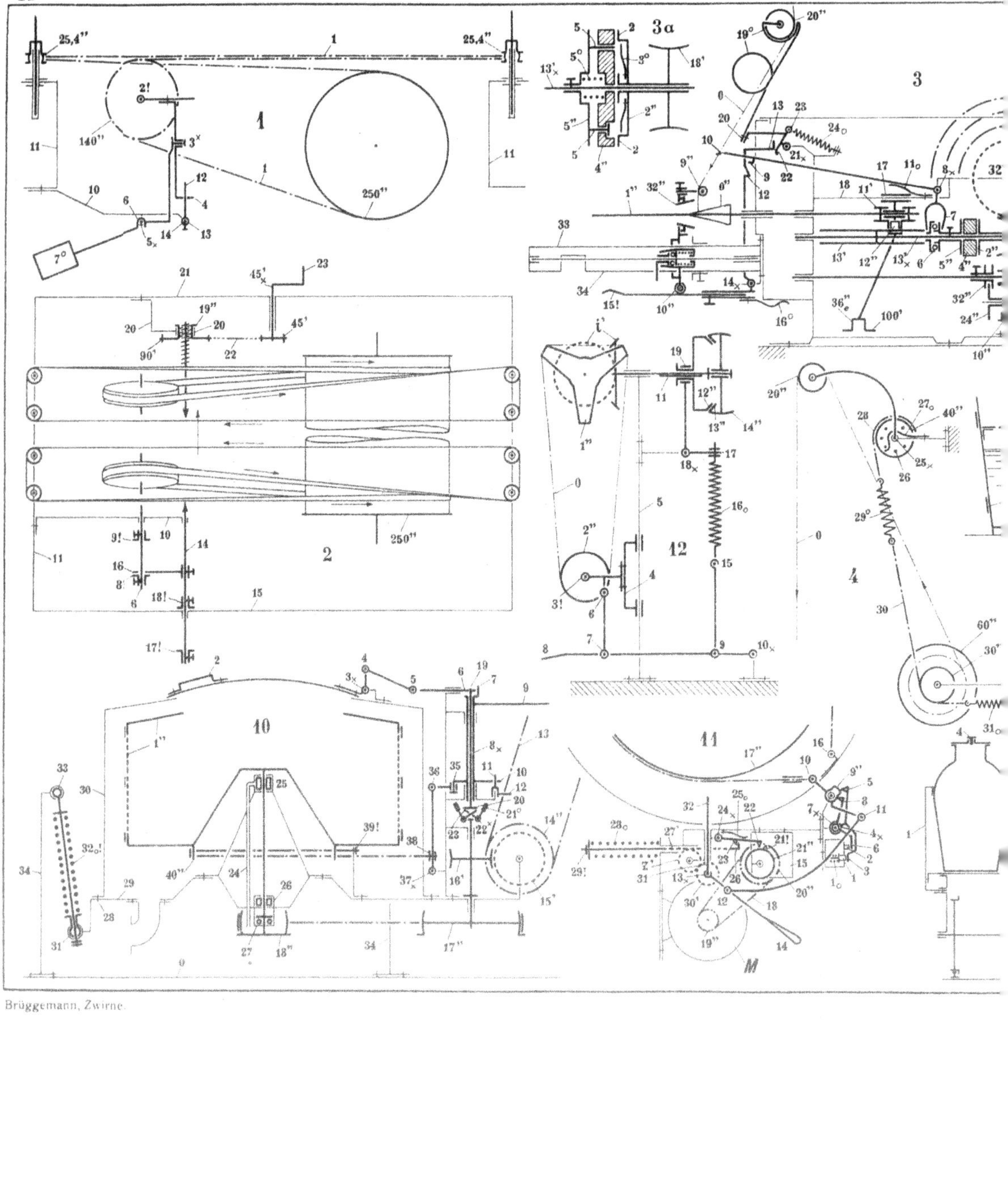
1
2
3a
3
12
4
10
11

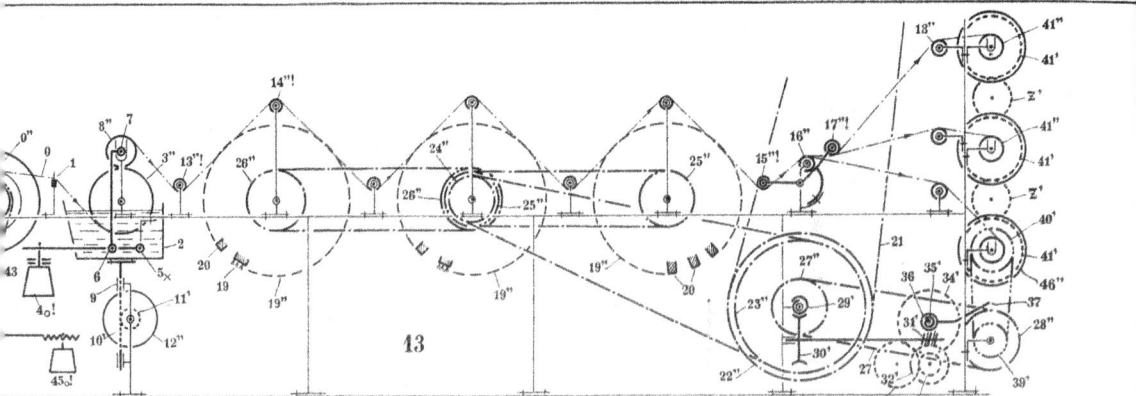

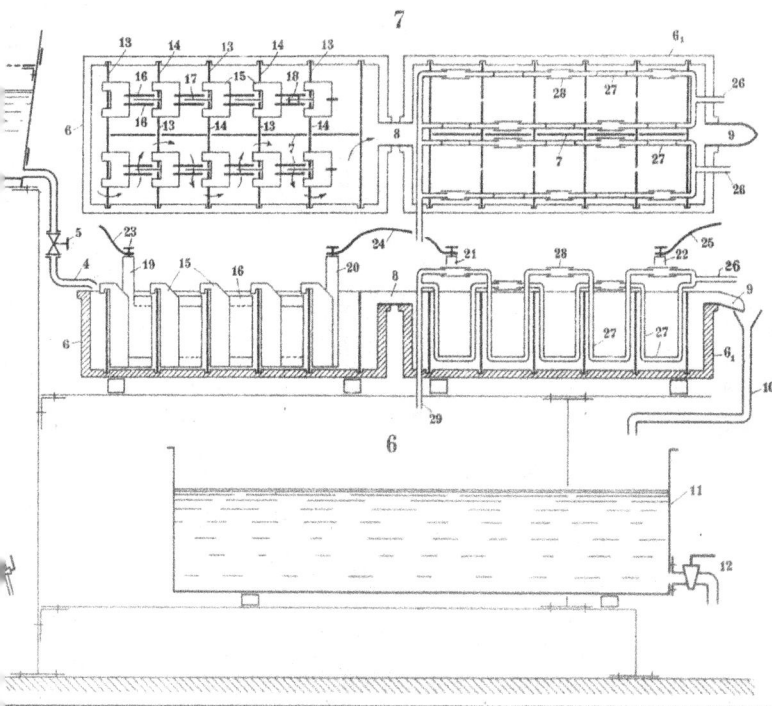

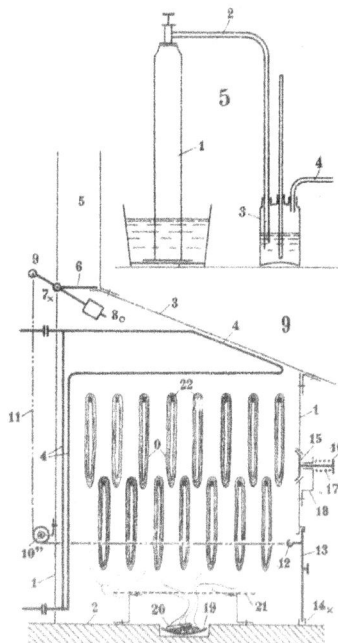

H. GRAMSHAMMER

Verlag von R. Oldenbourg, München und Berlin.

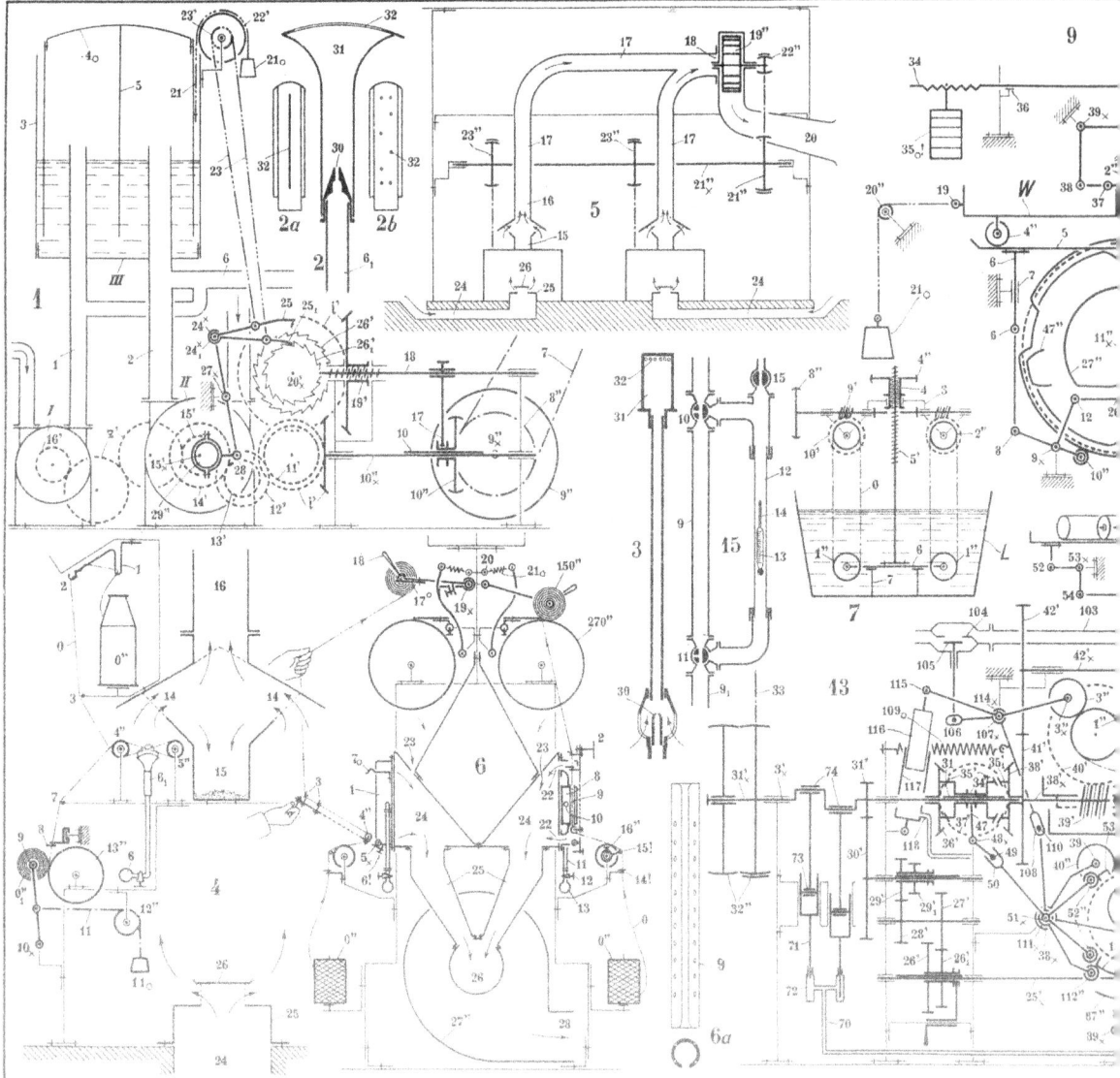

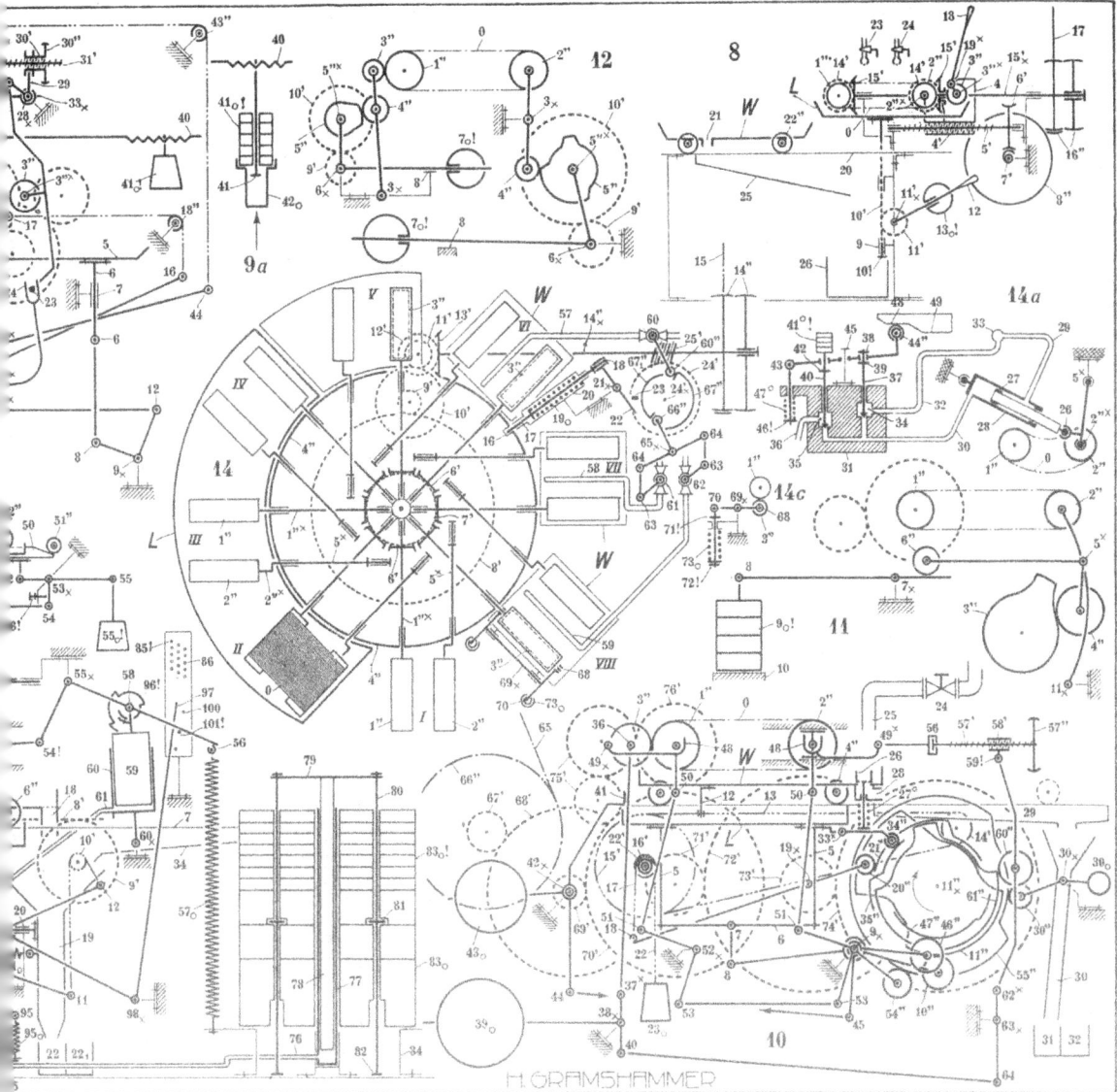

Verlag von R. Oldenbourg, München und Berlin.

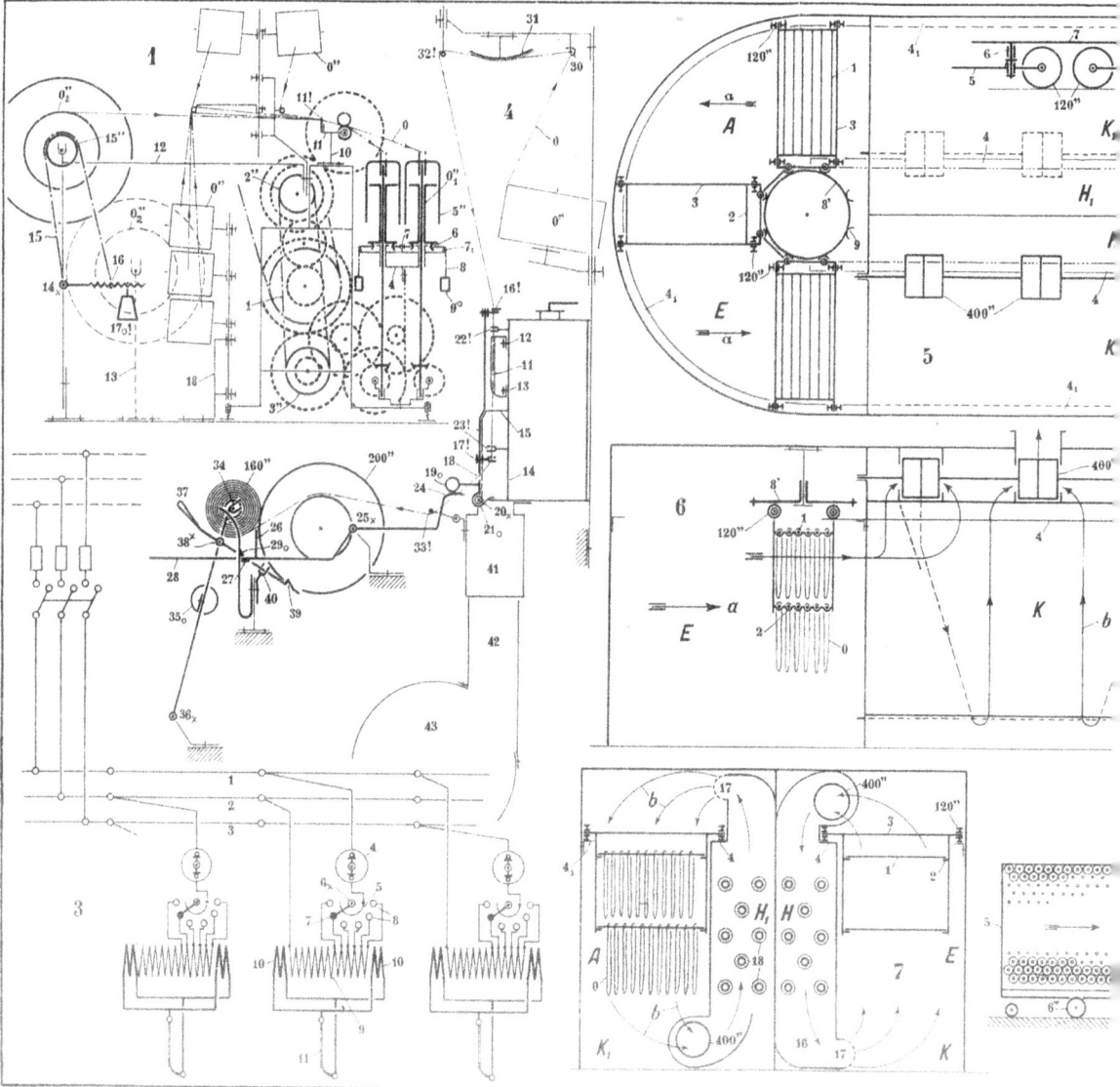

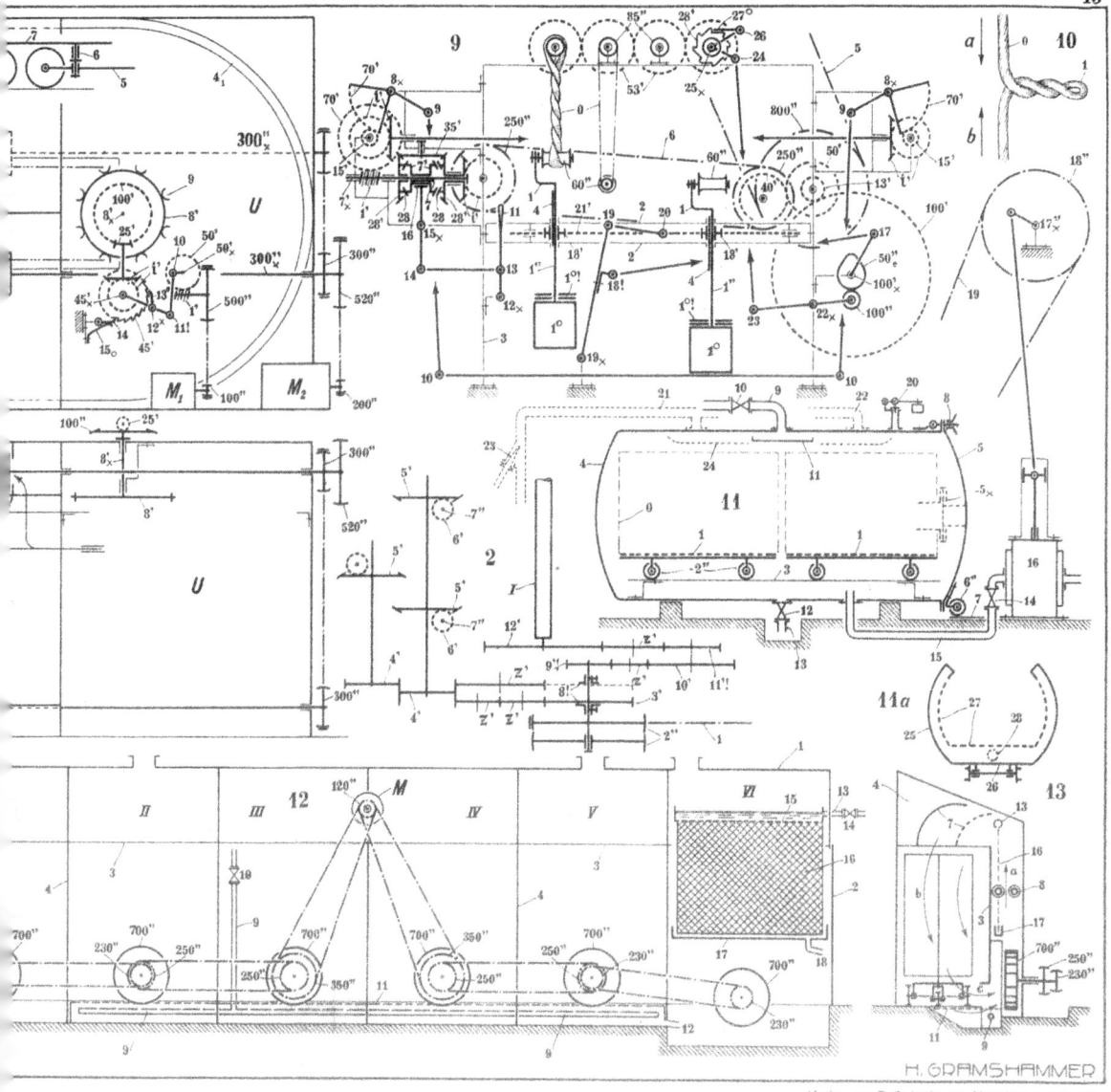

H. GRAMSHAMMER

Verlag von R. Oldenbourg, München und Berlin.

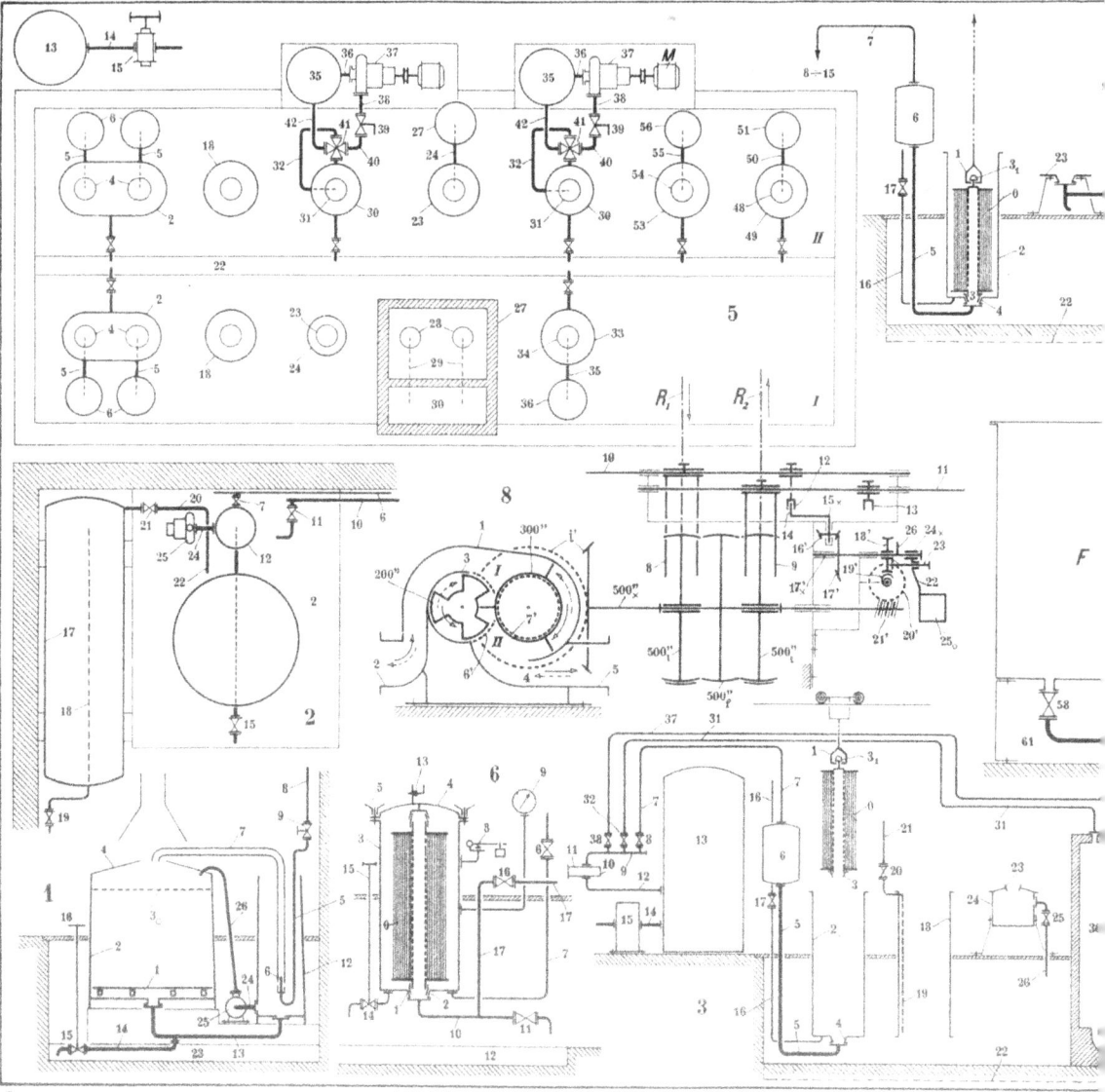

H. GRAMSHAMMER

Verlag von R. Oldenbourg, München und Berlin.

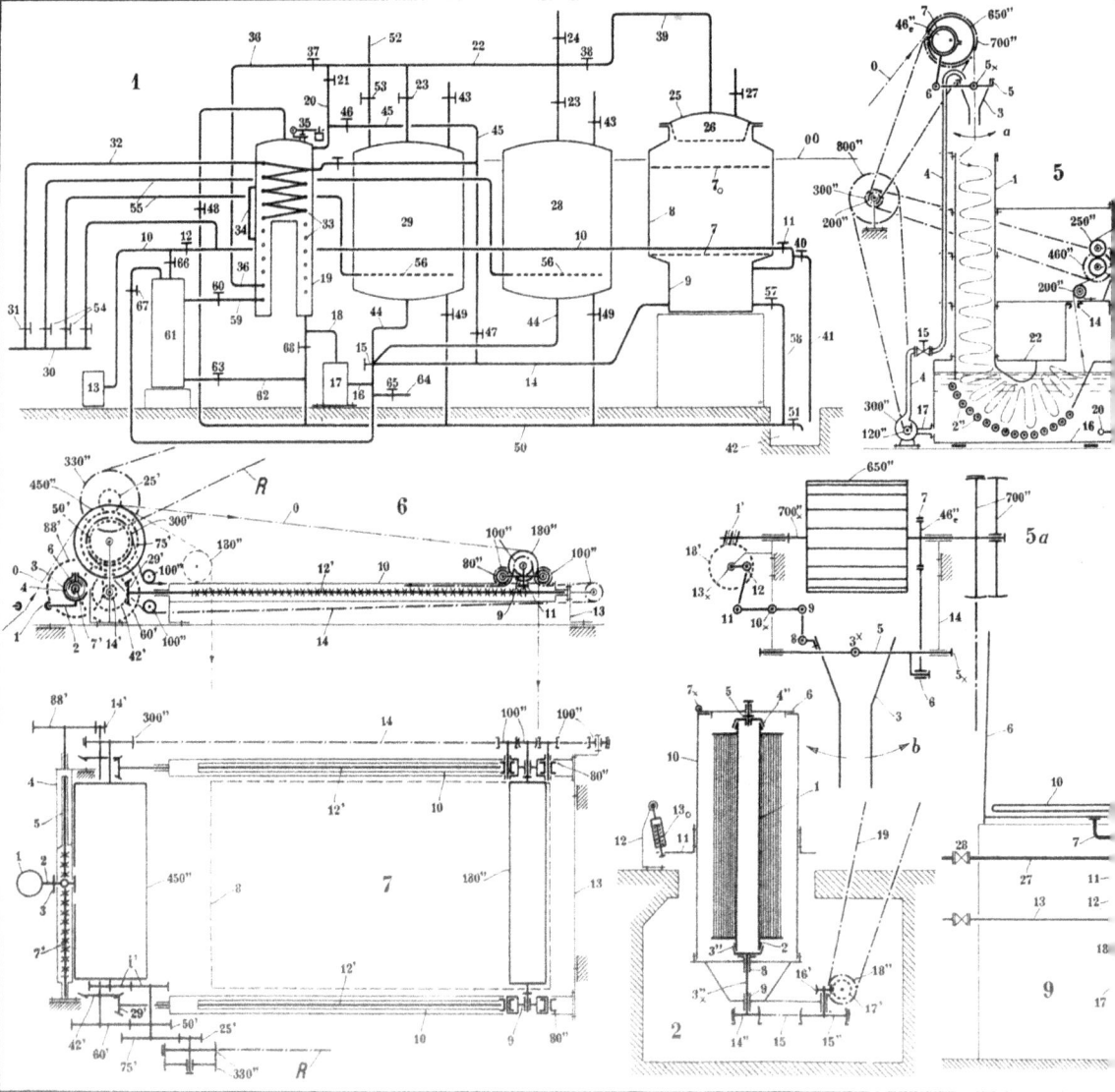

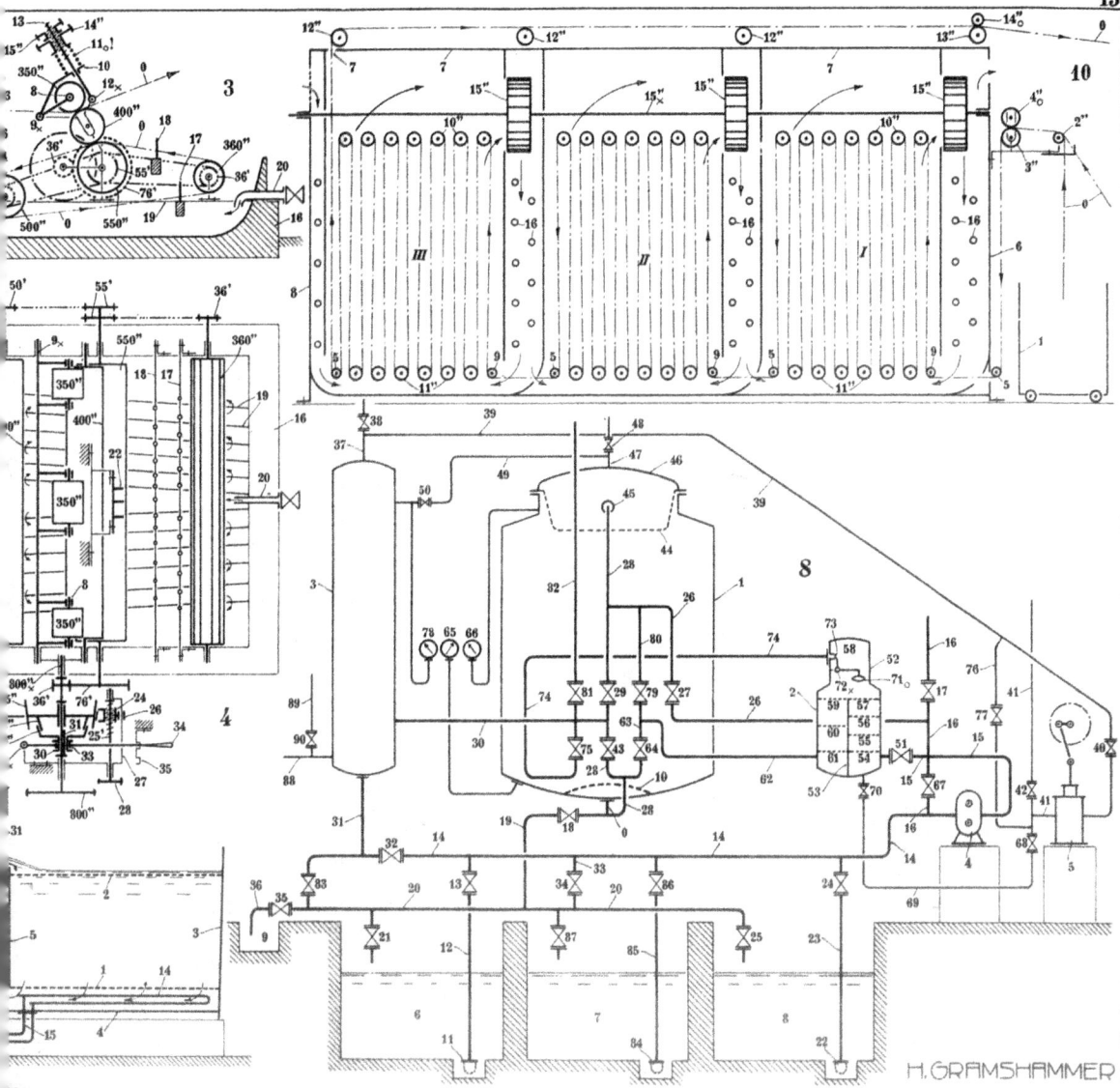

Verlag von R. Oldenbourg, München und Berlin.

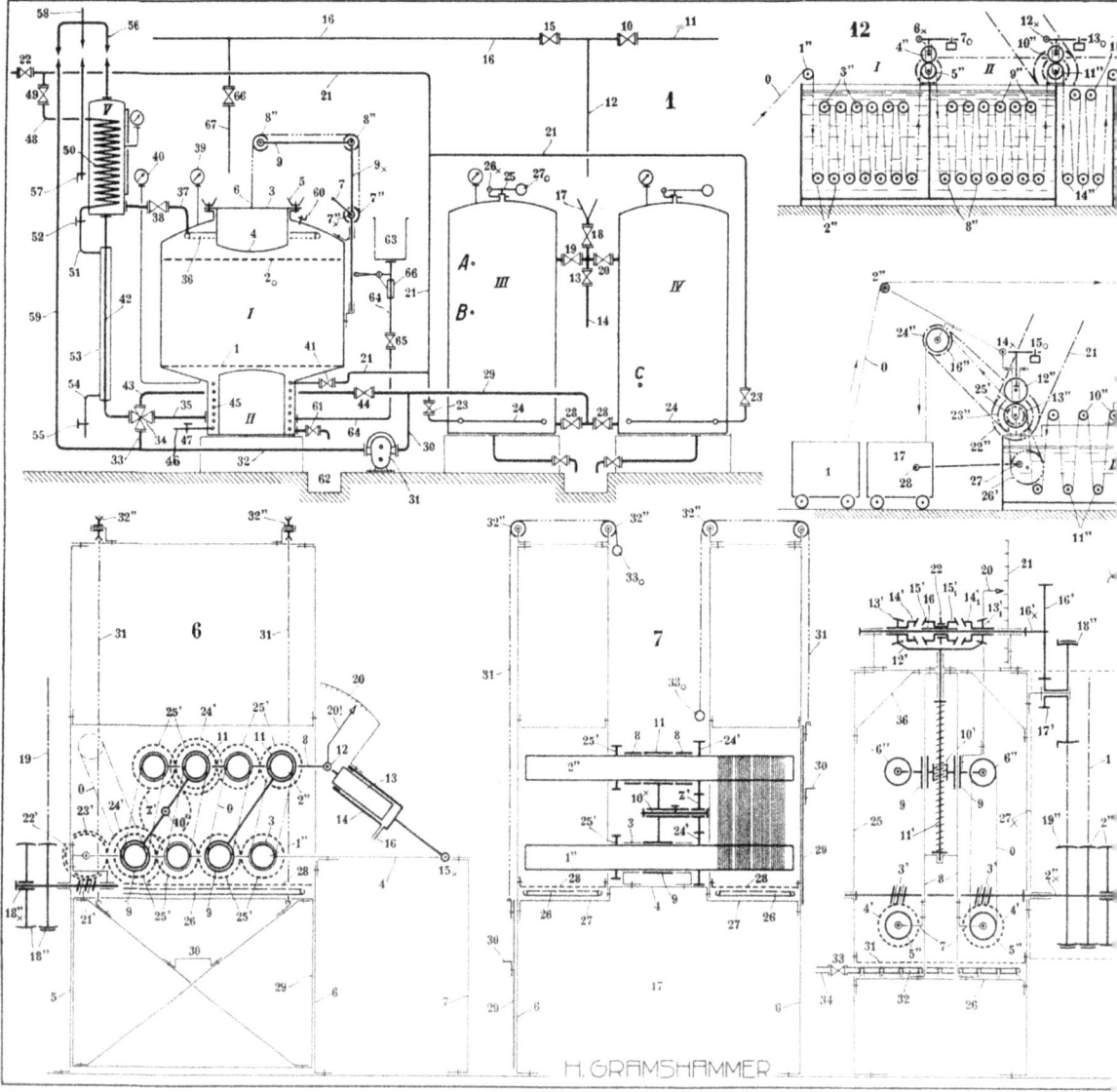

Brüggemann, Zwirne.

H. GRAMSHAMMER

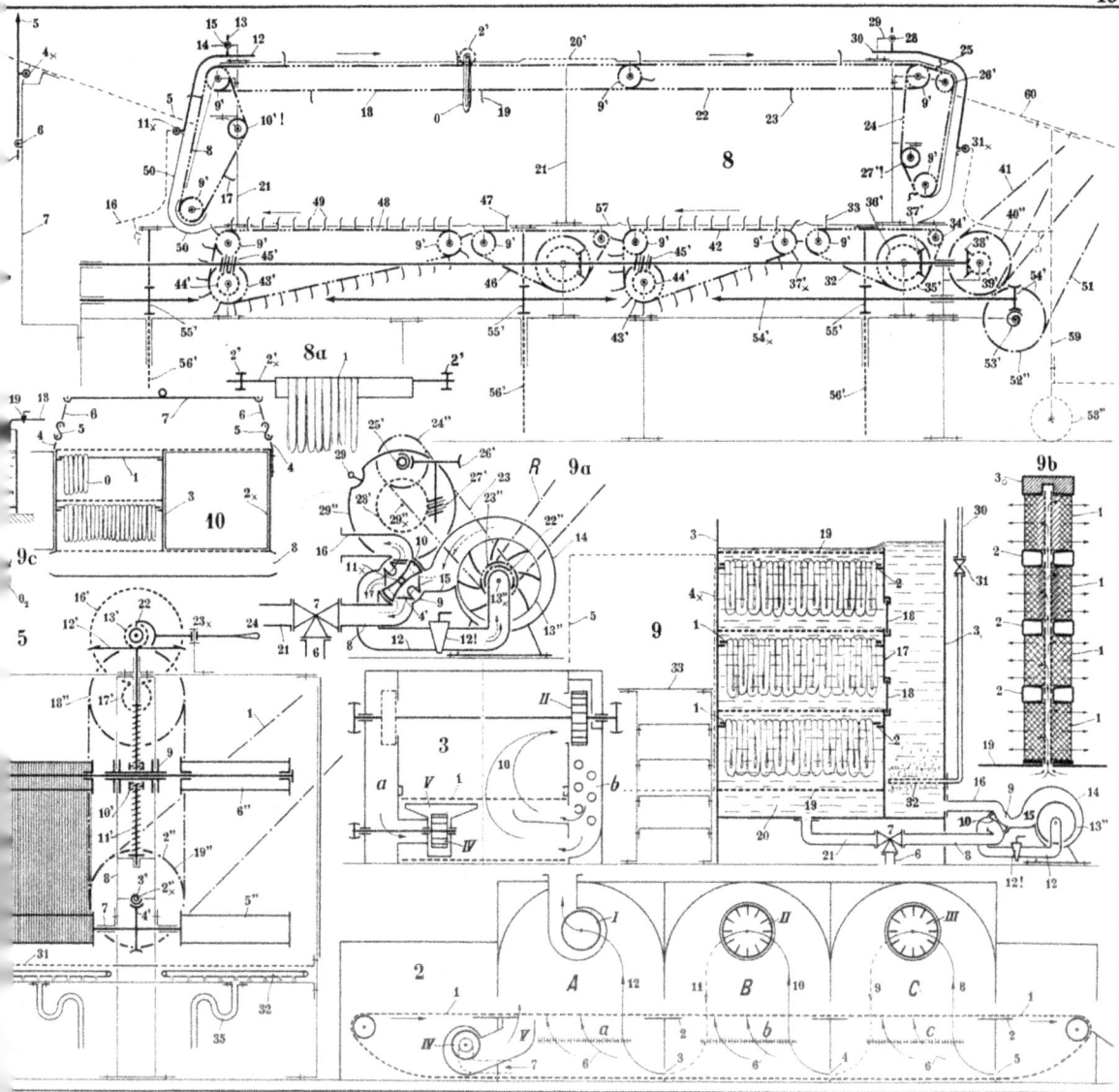

Verlag von R. Oldenbourg, München und Berlin.

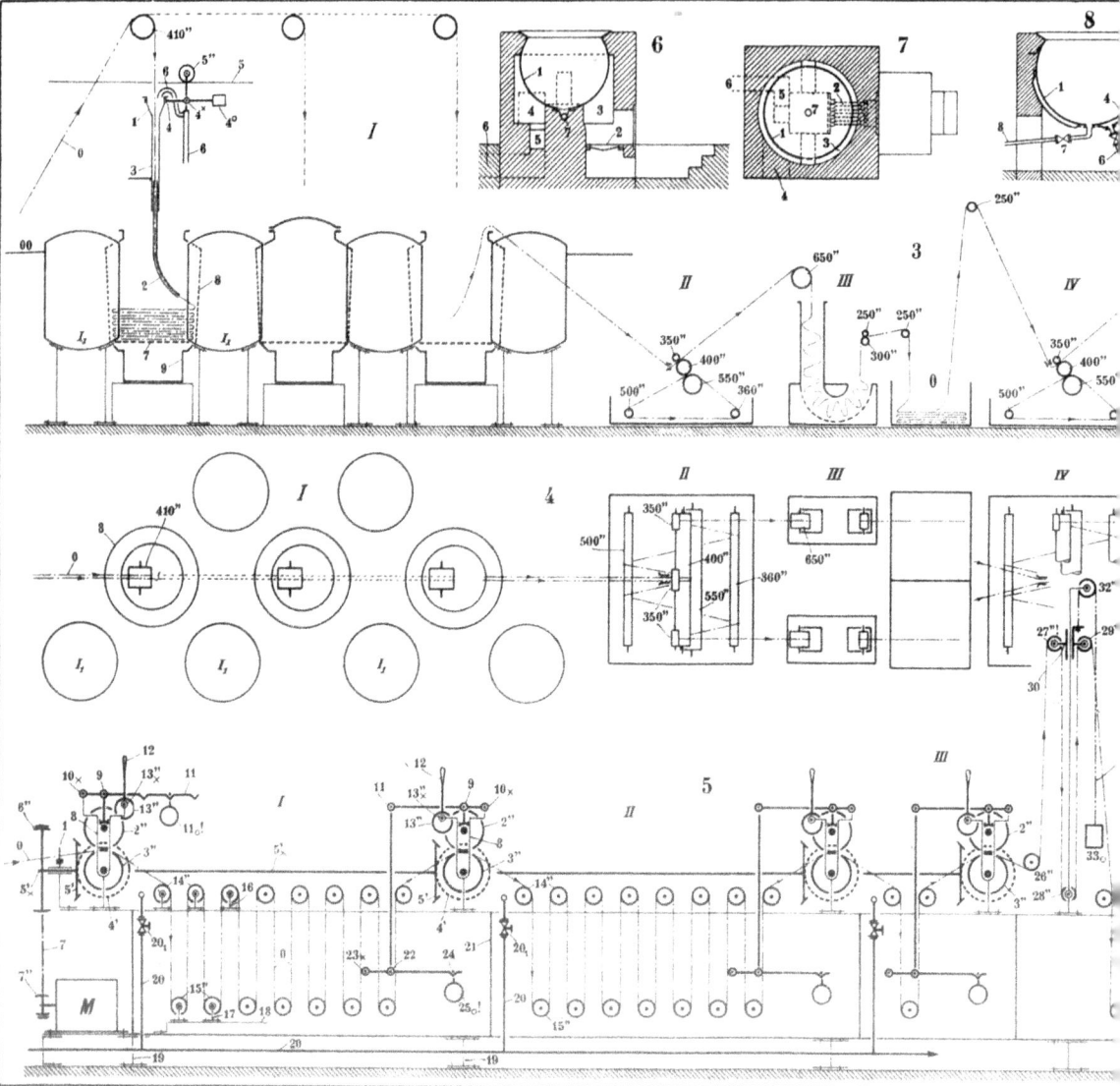

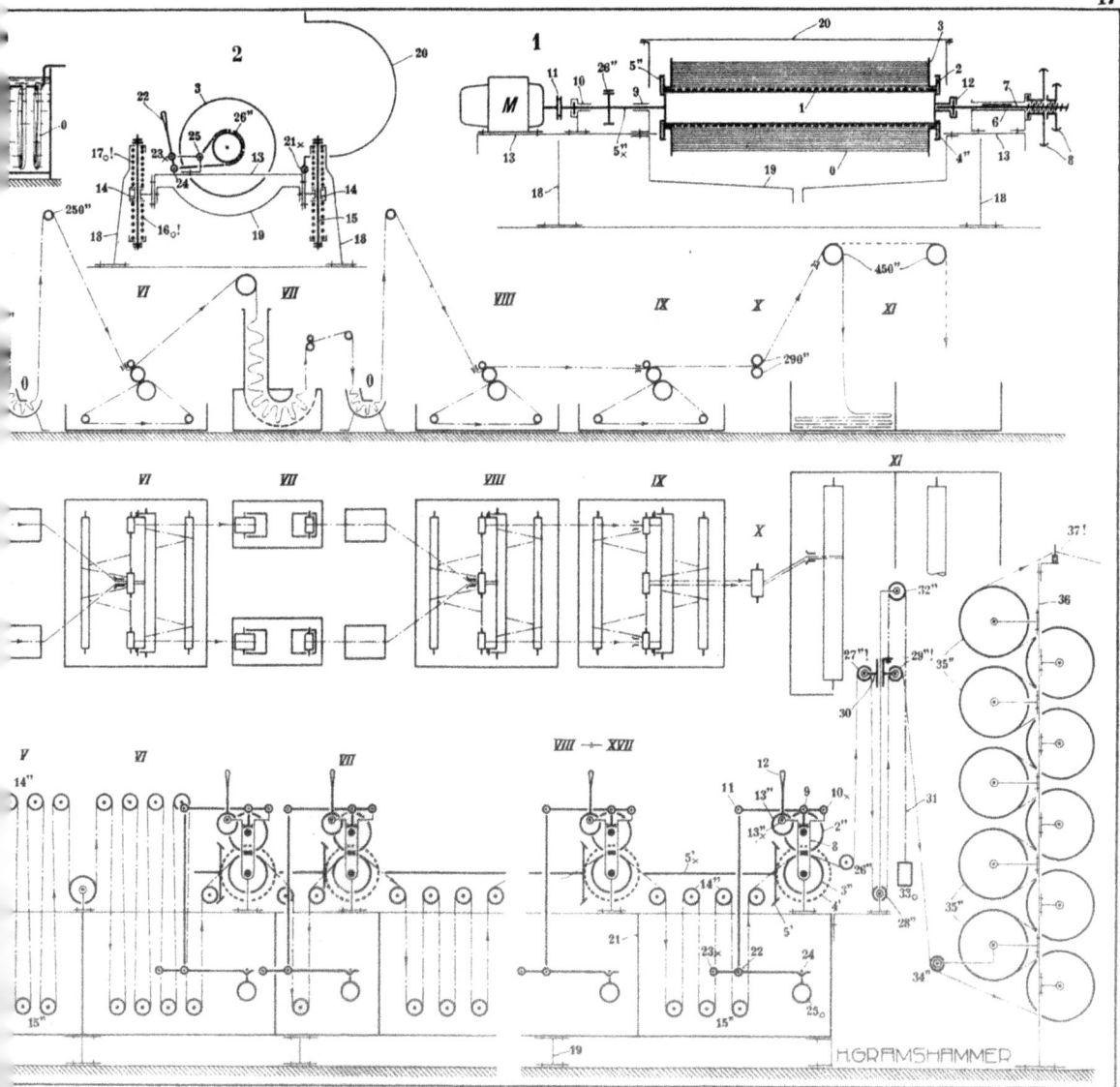

2

1

M

20

20

VI VII VIII IX X XI

450"

290"

250"

XI

X

37!

36

32"

27"!1 29"!1 35"

30 31

35"

V VI VII VIII → XVII

14"

12
11 13" 9
13"× 2"
5' 3
14" 3"
5'
4"

21 23× 22 24

15" 15" 25○

19

H.GRAMSHAMMER

Verlag von R. Oldenbourg, München und Berlin.

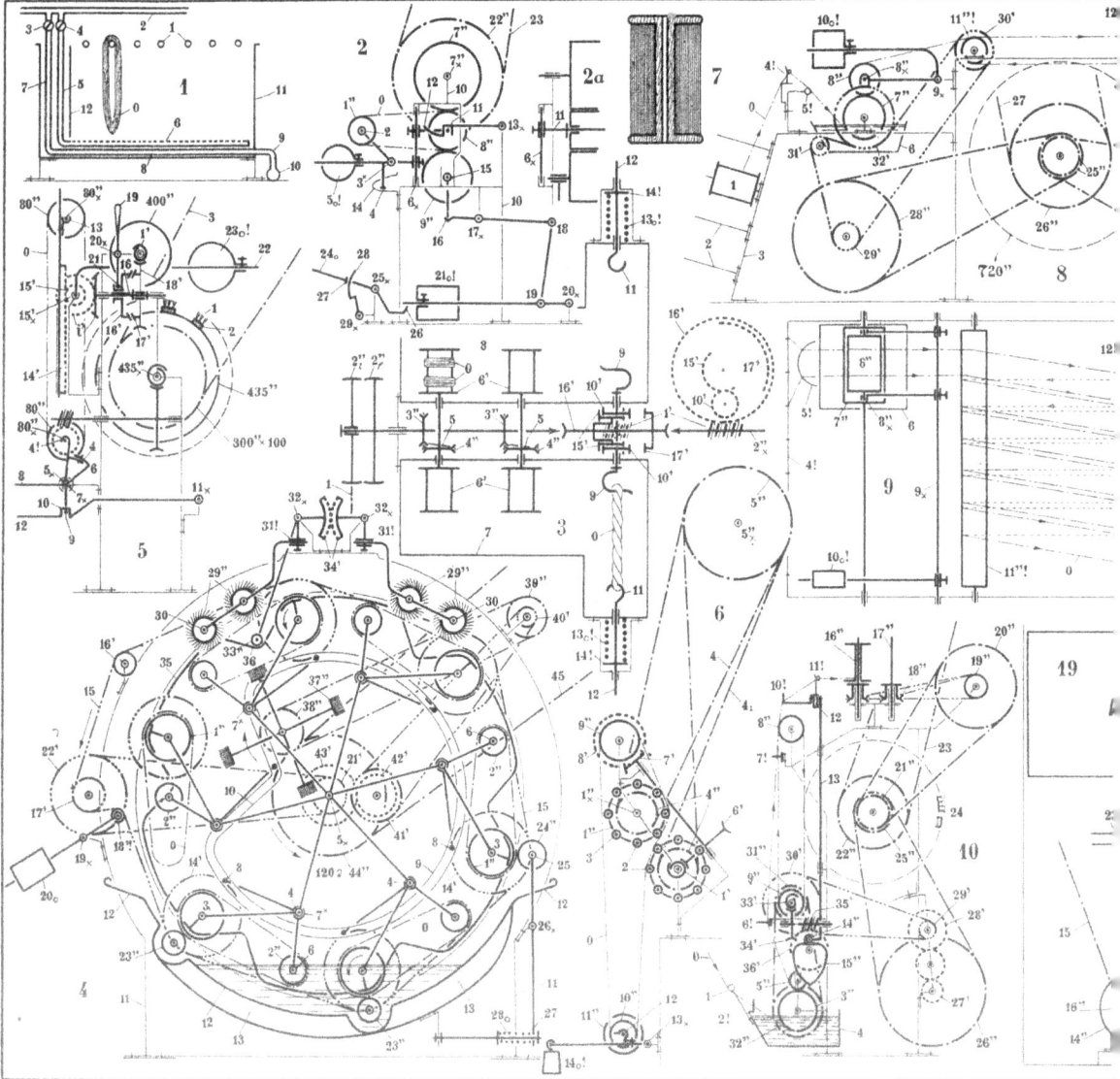

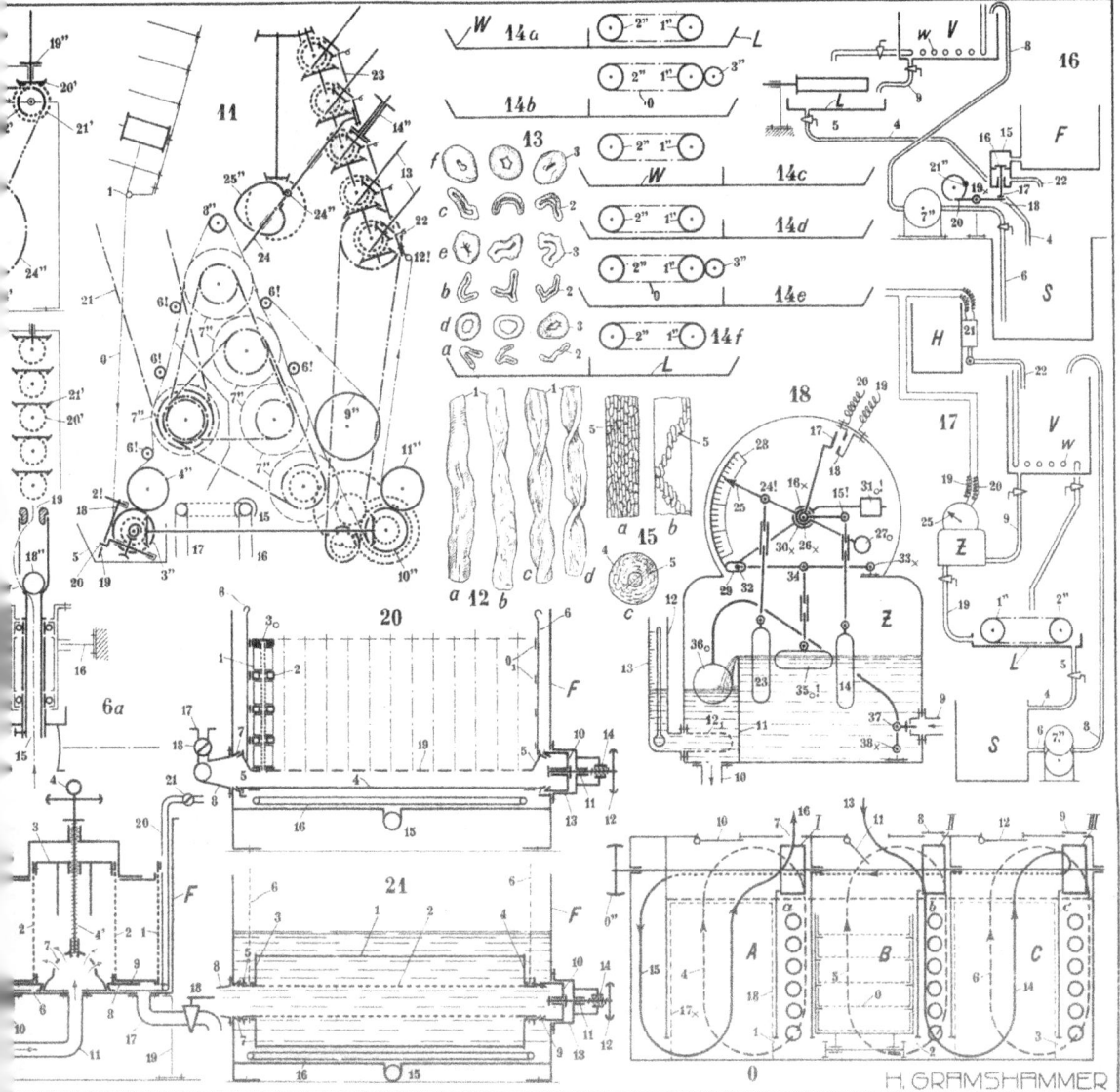

H. GRAMSHAMMER

Verlag von R. Oldenbourg, München und Berlin.

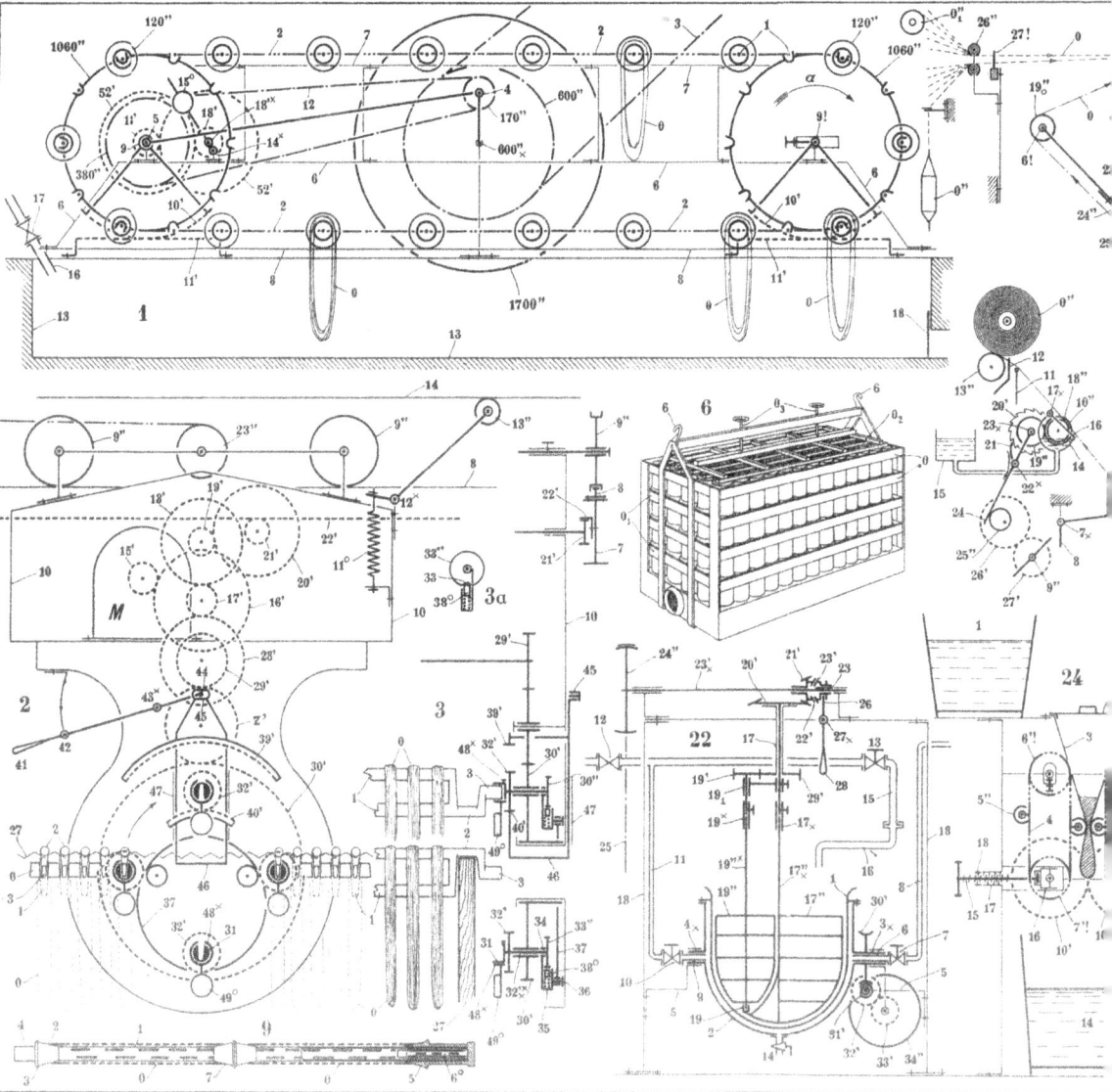

Verlag von R. Oldenbourg, München und Berlin.

H. GRAMSHAMMER

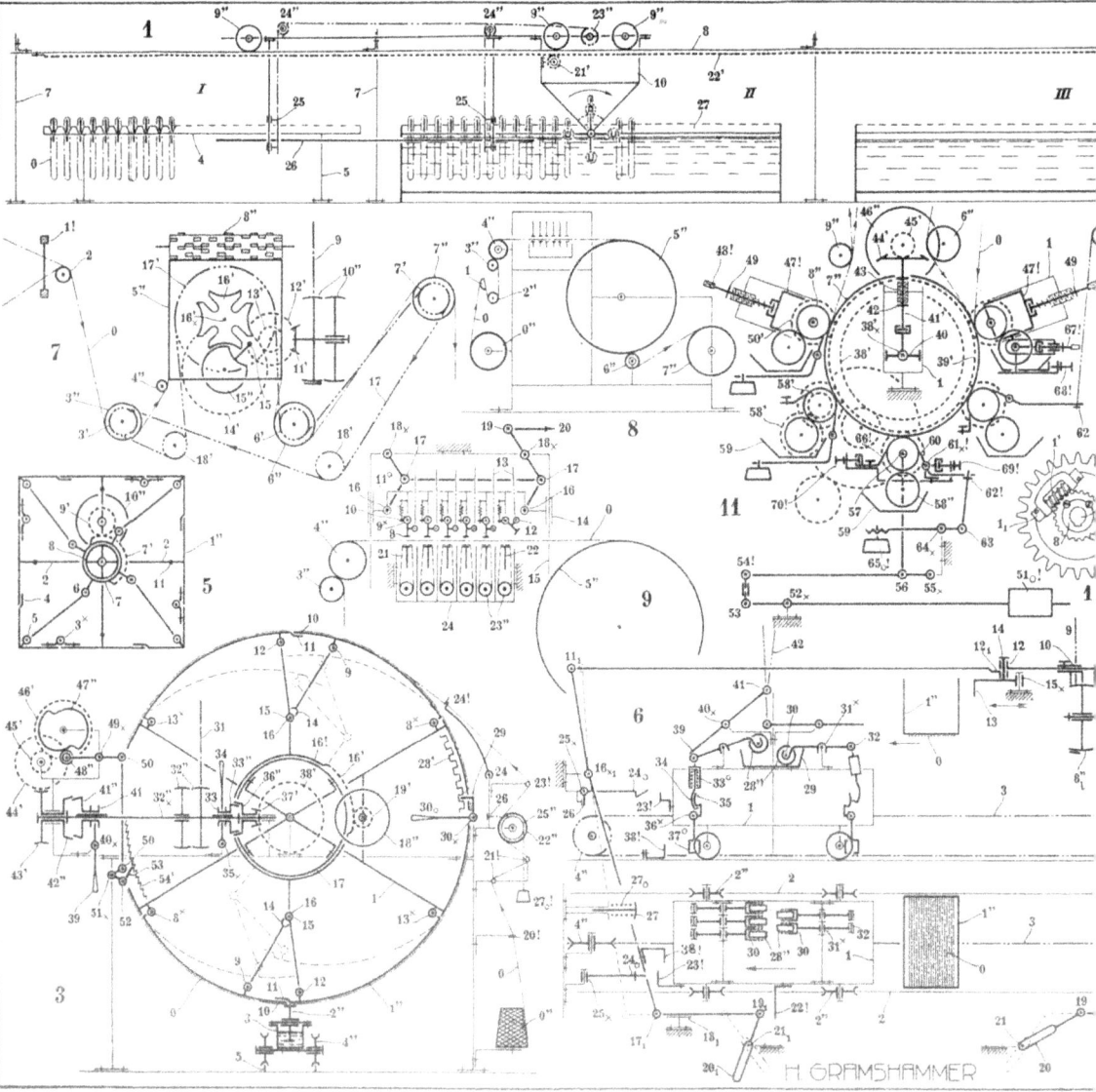

H. GRAMSHAMMER

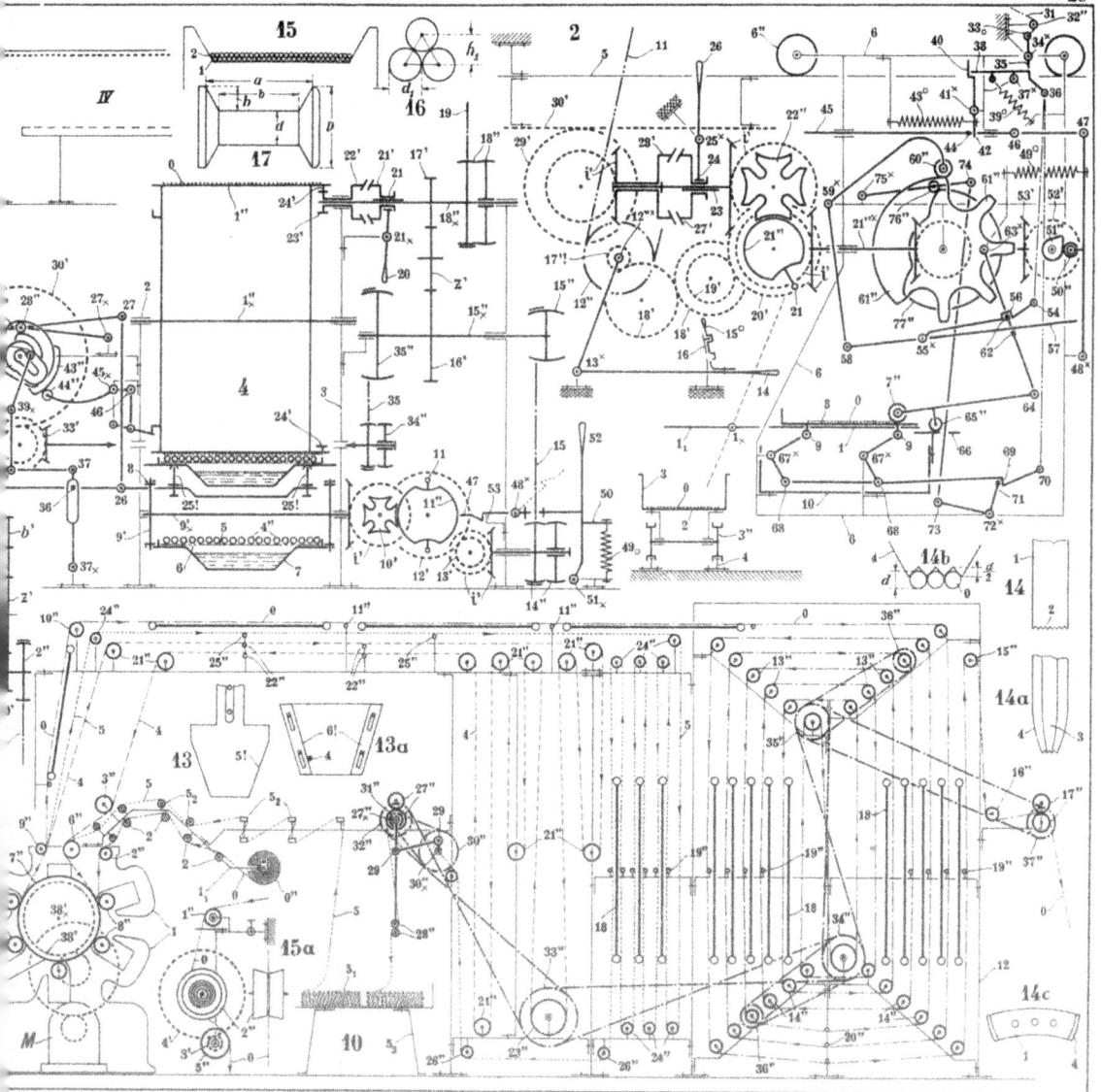

Verlag von R. Oldenbourg, München und Berlin.

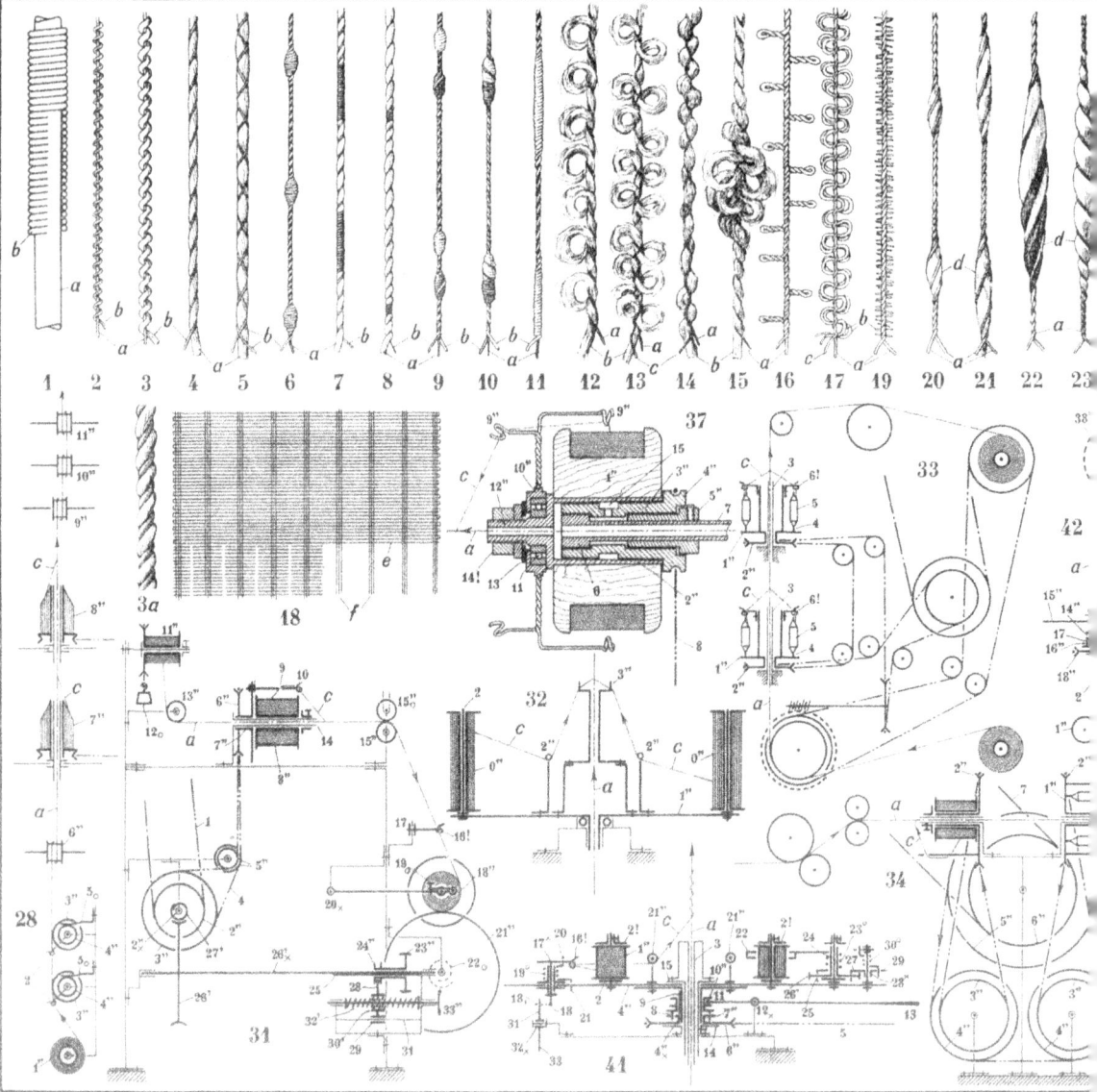

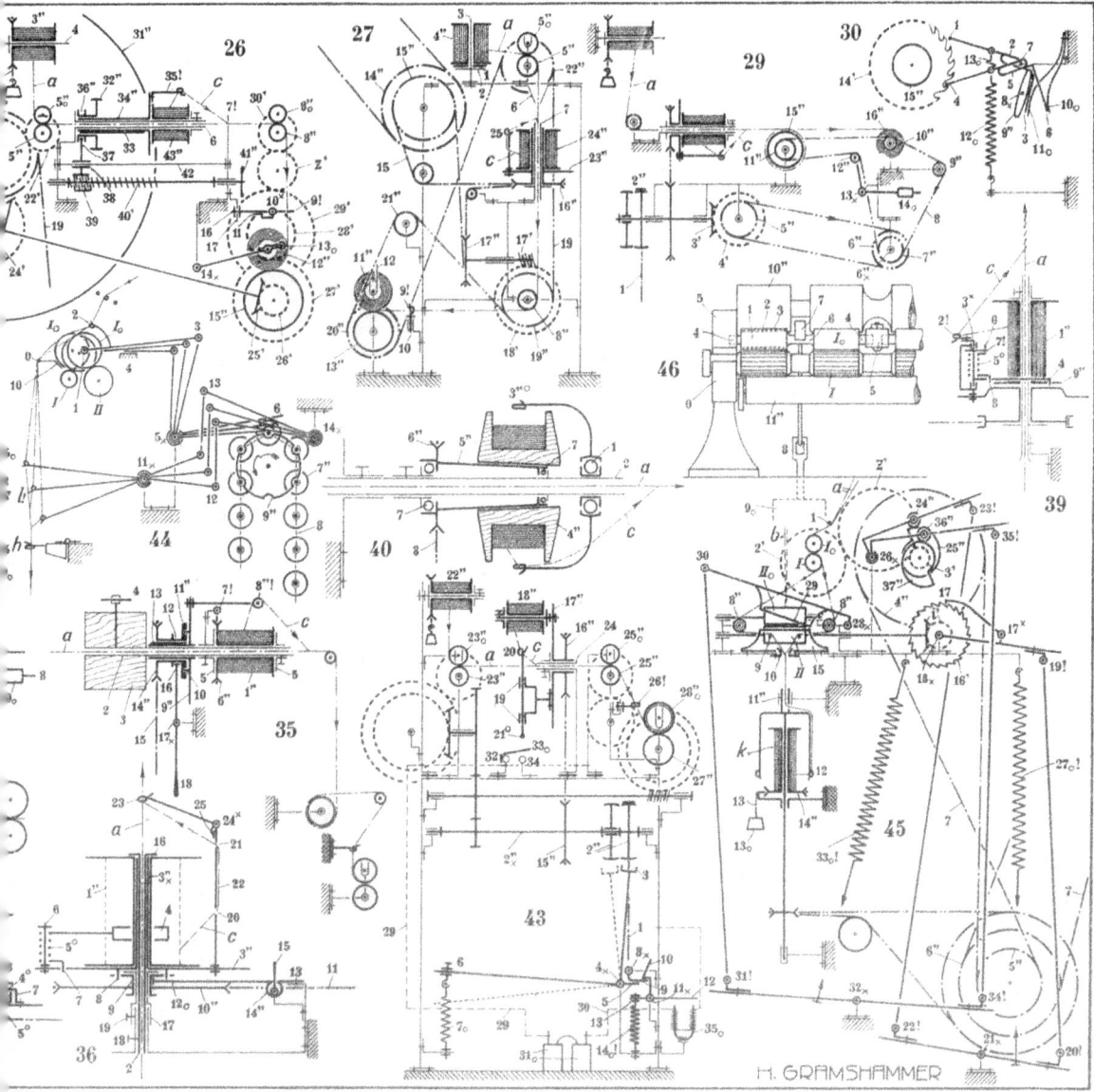

H. GRAMSHAMMER

Verlag von R. Oldenbourg, München und Berlin.

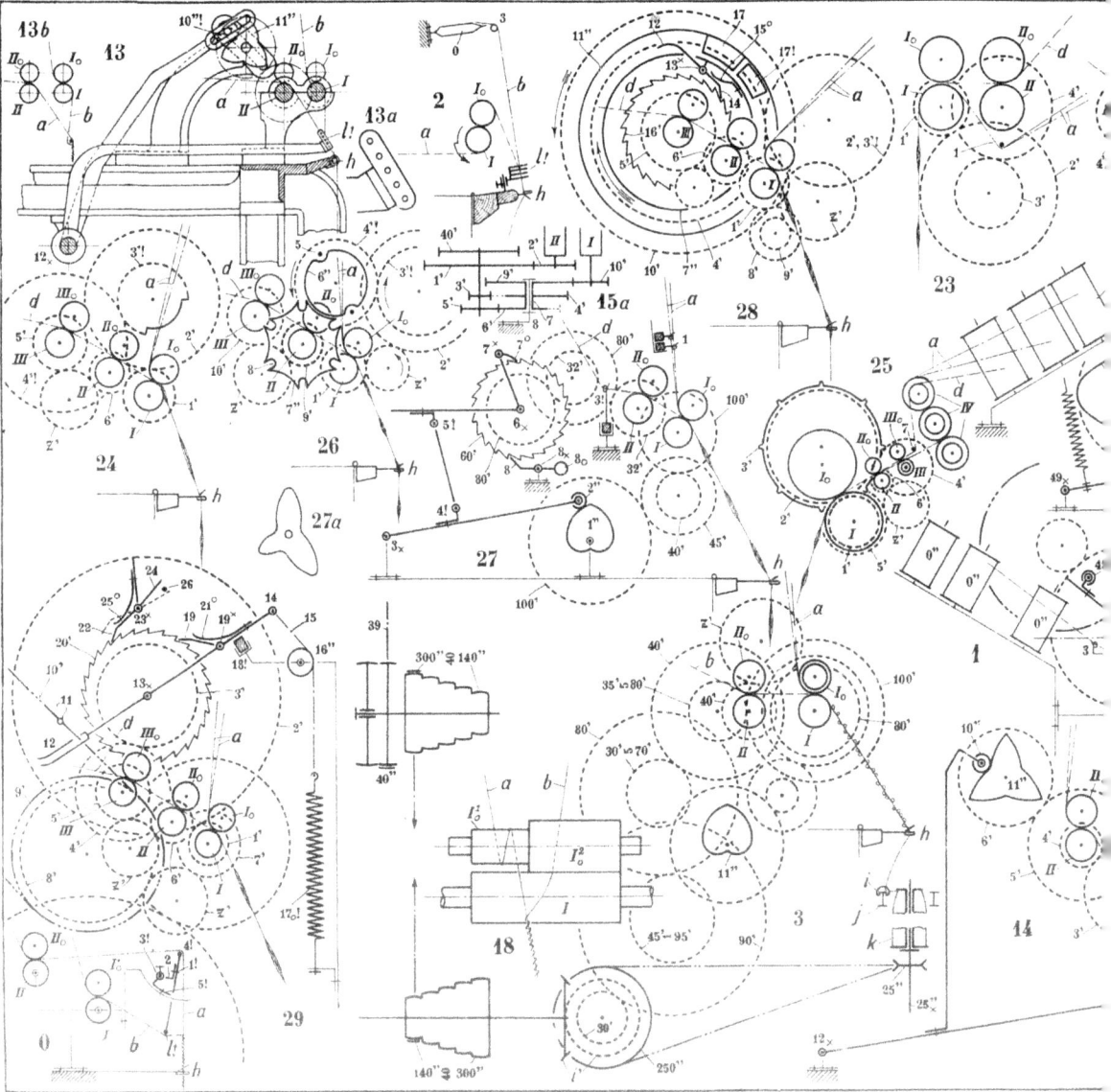

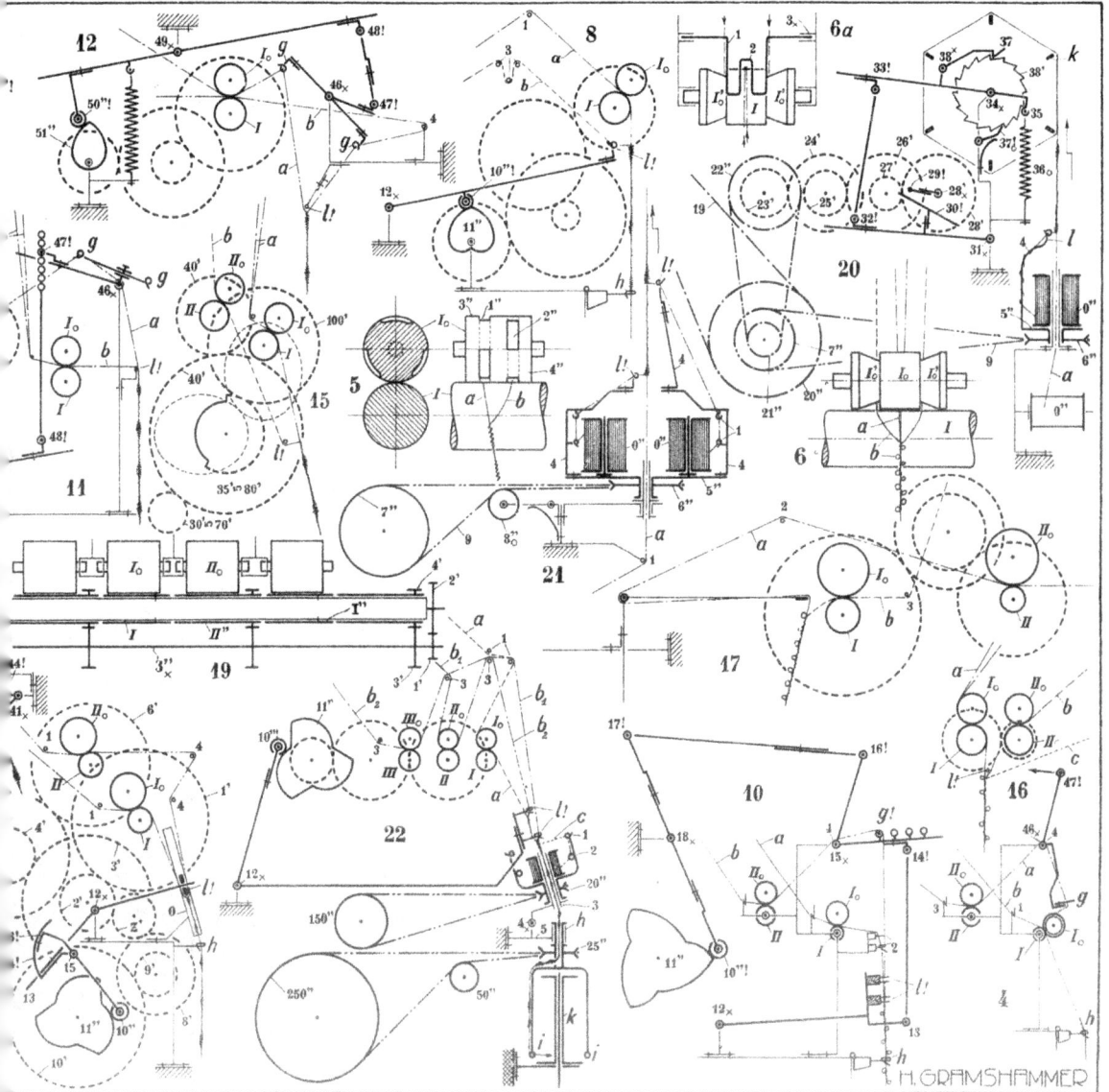

H.GRAMSHAMMER

Verlag von R. Oldenbourg, München und Berlin.

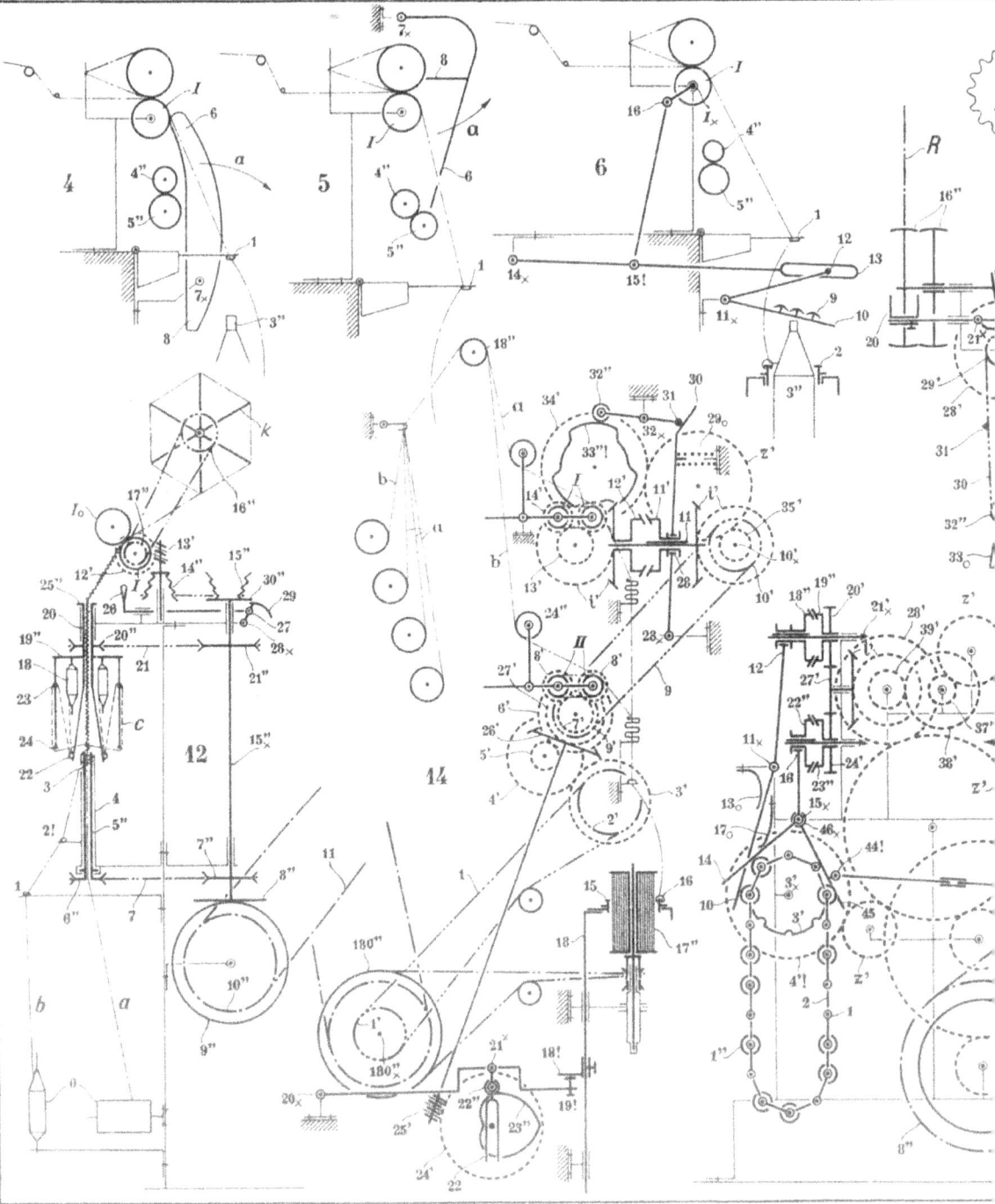

H. GRAMSHAMMER

Verlag von R. Oldenbourg, München und Berlin.

1 Gespinstzerreisswerte

Nr	Kartdraht	Nr	Mitteldraht
16	500 ÷ 450	30	250 ÷ 170
18	430 ÷ 360	36	180 ÷ 140
20	410 ÷ 310	38	200 ÷ 160
22	350 ÷ 270	40	175 ÷ 130
24	340 ÷ 270	42	180 ÷ 130
26	325 ÷ 250	46	155 ÷ 120
28	280 ÷ 220	50	150 ÷ 110
30	290 ÷ 220	60	125 ÷ 100
32	240 ÷ 200	70	110 ÷ 90
34	260 ÷ 200	80	104 ÷ 78
36	260 ÷ 160	90	95 ÷ 70
38	210 ÷ 160	100	85 ÷ 60
40	180 ÷ 140	110	75 ÷ 60
42	190 ÷ 150	120	65 ÷ 35
46	176 ÷ 130	130	65 ÷ 45
50	160 ÷ 120		

12 Kraftbedarf 1 PS für:

Spindel Ring	Teilung	Ring ø	Drehzahl
65	60	38	8000
60	65	45	8000
55	70,3	51	7250
55	75,3	57	6000
50	83	63	5000
45	95,5	76	4000
Flügel getrennte Lag.		Wirtel ø	
25	100	45	2000
25	125	50	1600
20	150	55	1200
verb. Lagen			
20	100	45	3000

3 Teilungen und Abmessungen in m/m

Werbeblatt A Trocken-Nasszwirner mit englischem Trog

Teilung	58,5	64,0	70,3	73,0	82,8	94,0	100,5	117,0
Ringweite	38,1	44,4	50,8	57,1	63,5	69,8	76,2	88,9

Werbeblatt A Nasszwirner mit schottischem Trog

Teilung	57,1	60,3	63,5	66,7	69,8	73,0	76,2			
Ringweite	34,9	38,1	41,3	44,4	47,6	50,8	54,0			

Werbeblatt B Ringzwirner

Teilung	60	65	70,3	75,3	81,2	83	88	92	95,5	101,6
Ringweite	38	45	51	57	60	60	70	70	70	76
Spulen ø	33	40	45	52	54	58	64	64	70	90
Höhe für Spulen	100	100	115	115	125	125	125	150	150	150
" " Kötzer	145	150	165	175	185	185	185	200	200	200

Werbeblatt B Flügelzwirner

Teilung	175	200	250	100	105,5	115	125	140	150
Wickelhöhe	175	200	250	100	110	115	125	140	150
Kopfflansch ø	115	140	160	60	65	70	75	90	100
Wicke	100	100	100	45	45	45	50	50	55

2 Lieferungszahlen

Zyl. Umdr	Zahl. f. S = kg / Nr	Zahl. f. S = kg / Ne
1250	189,65625	223,93875
1400	212,4374	250,8114
1500	227,6415	268,7265
1600	242,7856	286,6476
1700	257,9597	304,5567
1800	273,1333	322,4718
1900	288,3079	340,3869
2000	303,482	358,3020

Zahl bei f = 2

1250	379,3525	446,8775
1300	394,5260	465,7926
1400	455,2230	501,6228
1500	458,5212	439,4530
1600	515,9194	573,2832
1700	546,7676	609,1134
1800	576,6156	644,9436
1900	606,9640	680,7738
2000	624,8748	716,6040

Zahl bei f = 3

1250	569,0288	671,8163
1300	591,7884	698,6339
1400	632,3112	752,4342
1500	682,8345	806,1795
1600	728,3568	859,9248
1700	773,8791	913,6701
1800	819,4014	967,4154
1900	864,9237	1021,1607
2000	910,4460	1074,9060

4 Zwirnhülsenmasse in m/m

Teilung	64	70	75
Teller ø	39	45	50
Hubhöhe	100	115	115

9 Zwirndrahtzahlen für 1 Zoll engl. und Gespir...

Einstufige Zwirne

Fachung	Schuss	Kettzw.	Kettzwirn	Nähzwirn	Glanzzw. Eisengarn	Stick Sachsen
2	1,96÷2,09 / 90 ≈ 100	5,2÷2,8 / 12 ÷ 130	1,36÷6,36 / 5 ÷ 100	4,4		
3	—	—	1,07÷4,00 / 5 ÷ 100	3,6	3,83÷4,19 / 12 ÷ 34	
4	—	—	0,93÷3,65 / 5÷100	5÷5,37 / 180÷300		
5	Strickgarn		0,76÷3,05 / 5÷100	—	—	1,48÷1,51 / 50 ≈ 130
6	2,2÷3,8		0,67÷2,64 / 5÷100	—		1,34÷1,44 / 50 ≈ 130

Zweistufige oder gefachte Zwirne

	Geschirzw.	Näh-zwirn		Häkelgarn
4 Vorzwirn 2		3,6÷3,9	5,64÷6,64	—
Nachzw. 2		3,7÷3,9	40 ≈ 140	
6 Vorzwirn 2		3,1÷3,5	2,46÷2,69	4,9
Nachzw. 3		2,7÷3,0	40 ≈ 120	8,0
9 Vorzw.3 Nachzw.3	2,09÷2,37	—	—	—
12 Vorzw.3 Nachzw.4	1,83÷1,97	—	—	—

6 Zwirn- und Läufernummern

LN	12	13	14	15	16
ZN	30/6	36/6	40/6-45/6	45/6-50/6	55/6-60/6
				30/4	30/4-35
				18/3	20/3-30
					18/2

LN	18	19	20	21
ZN	100/6	110/6-120/6	130/6-150/6	150/6
	50/4-60/4	60/4-80/4	8/4-110/4	110/4-140/4
	40/3-50/3	50/3-70/3	70/3-110/3	90/3-110/3
	27/2-35/2	35/2-45/2	45/2-60/2	60/2-70/2

LN	23	24	25	26
ZN	80/2-90/2°	90/2-100/2	100/2-120/2	120/2-140/2

7 Nummern und Spindelteilungen in m...

Teilung	Nr des einfachen Gespinstes		
	2 fach	3 fach	4 fach
64	60 ÷ 120		
70	20 ÷ 60	42 ÷ 100	90 ÷ 120
76	16 ÷ 28	18 ÷ 40	36 ÷ 90
81	---	---	20 ÷ 30

11 Zwirnzerreisswerte

Ne des Gespinst	2 fach Erstg.	2 fach Zweitg.	3 fach Erstg.	4 fach Erstg.	4 fach Zweitg.	6 fach Erstg.	6 fach Schubzwirn
16	1350	–	–	–	–	–	–
18	1250	–	1850	–	–	–	–
20	1050	1000	1750	–	–	–	–
22	1020	1000	1500	–	–	–	–
24	960	–	1400	–	–	–	–
26	910	–	1380	–	–	–	–
28	–	940	–	–	–	–	–
30	850	–	1280	1700	1000	2600	2700
32	–	650	–	–	–	–	–
34	700	–	1100	–	–	–	–
36	–	550	–	1450	1260	2250	2300
38	650	–	1000	–	–	–	–
40	–	500	950	1300	1250	2000	2000
42	580	–	950	–	–	–	–
46	520	–	850	–	–	–	1800
50	500	–	800	1100	1000	1800	1800
56	–	–	–	–	–	–	1560
60	460	–	700	900	850	1550	1500
70	–	–	650	800	–	1350	1400
80	–	–	550	720	–	1250	1200
90	–	–	500	640	–	–	–
100	–	–	480	610	–	100	1000
110	–	–	450	560	–	950	–
120	–	–	370	–	–	870	–
130	–	–	300	–	–	800	–

10 Zwirndraht

Ne des Gespinstes	$\sqrt[2]{Ne}$	Sewing 2 fach δ=4,4	Sewing 3 fach δ=3,6	4 Cord Vorzw. δ=3,9	4 Cord Nachz. δ=3,7	6 Cord Vorzw. δ=3,1	6 Cord Nachz. δ=2,7	Häkelgarn Vorzw. δ=3,0÷2,5	Häkelgarn Nachz. δ=2,0÷2,3	Schuhgarn Vorzw. δ=4,9	Schuhgarn Nachz. δ=2,0
16	4	17,6	14,4	–	–	–	–	2,0	8	–	–
18	4,24	18,7	15,3	–	–	–	–	21,2	8,5	–	–
20	4,47	19,7	16,1	16,1	–	14	12	22,1	9	–	–
22	4,70	20,6	16,9	16,9	–	14,5	12,7	24,9	10,3	–	–
24	4,90	21,6	17,6	17,6	19,1	15,2	13,2	25,9	11,3	–	–
26	5,10	22,3	18,4	18,4	–	–	–	27	11,7	–	–
27	–	22,9	–	18,7	20,2	–	–	–	–	–	–
28	5,30	23,3	19,0	19,0	–	–	–	2,8	12,8	25,9	11,6
30	5,48	24,1	19,7	19,7	21,4	17	15,0	29	12,6	26,8	–
31	–	–	–	–	–	–	–	–	–	–	–
32	5,66	24,9	20,4	20,4	–	–	–	30	13	26,9	11
33	–	–	–	–	–	–	–	–	–	–	–
34	5,83	25,7	21	21,0	–	–	–	30,9	13,4	28,1	14,5
35	–	26,1	21,3	21,3	23,1	–	–	–	–	–	–
36	6	26,4	21,6	23,4	–	18,7	16,2	34,8	13,8	29,8	12,2
37	–	–	–	–	–	–	–	–	–	–	–
38	–	–	22,2	–	–	–	–	–	–	–	–
40	6,32	27,8	22,8	24,6	24,6	19,7	17,2	33,5	14,5	31	12,6
41	–	–	–	–	–	–	–	–	–	–	–
42	6,48	29,5	23,3	25,3	–	–	–	–	–	32,1	–
44	–	29,2	23,8	–	–	–	–	–	–	–	–
45	6,70	29,5	24,2	26,2	–	20,7	18,1	35,6	15,4	32,8	13,4
46	–	–	–	–	–	–	–	–	–	–	–
47	6,85	29,8	24,6	26,4	–	21	18,2	35,9	15,6	33,6	–
50	7,07	31,1	25,5	27,6	–	22	19,2	37,5	16,3	34,6	14,1
55	–	–	28,9	–	–	–	–	–	–	–	–
56	7,48	32,7	26,9	29,2	–	23	20,1	39,3	17,1	36,6	14,8
60	7,75	34,1	27,9	30,2	–	24	21	44,1	17,8	38	15,5
70	8,37	36,8	30,1	32,6	–	26	23	44,4	19,3	41	16,7
76	8,72	38,3	31,4	34	–	27	23,5	–	–	–	–
80	8,94	38,3	32,2	34,9	–	28	24,2	47,4	20,6	43,8	–
85	9,22	40,5	33,2	36	–	28,6	24,9	–	–	–	–
90	9,49	41,0	34,3	35,9	–	29	25,7	50,3	21,8	–	–
95	9,75	42,9	35,1	38	–	30,2	26,3	–	–	–	–
100	10	44,0	36,0	39	–	31	27	–	–	–	–
105	10,20	45,1	36,9	40	–	31,8	27,7	–	–	–	–
110	–	–	37,8	34,8	–	–	–	53	2,3	49	–
115	10,72	46,2	38,8	41,8	–	33,2	28,9	–	–	–	–
120	10,99	–	39,4	42,7	–	34	29,7	–	–	–	–
130	11,40	–	41,0	44,5	–	35,5	31	–	–	–	–

8 Ne, Drehzahlen und Teilungen in m/m

Ne	2fach Nähfaden 64	70	76	Ne	3fach Nähfaden 70	76	81
16÷20	–	–	–	16÷20	–	–	3500
22÷28	–	5000	5000	22÷28	–	4500	4000
30÷38	–	6000	5000	30÷38	–	5000	4500
40÷48	–	6500	5500	40÷48	–	5500	5000
50÷60	7000	7000	6000	50÷58	–	6000	5000
65÷80	8000	7500	6500	60÷68	7000	6500	–
85÷100	8500	7500	–	70÷78	7000	6500	–
110÷135	8500	–	–	80÷88	7000	–	–
				90÷100	7500	–	–
				110÷130	7500	–	–

4fach Nähfad.	Vorzwirn 64	70	76	Nachzwirn 76	81
24÷28	–	6000	5000	4500	3500
30÷36	–	6500	5500	5500	4500
40÷47	–	7000	6000	6000	–
50÷70	8000	7500	–	6500	–
80÷90	8000	–	–	7000	–
100÷130	8500	–	–	7500	–

6fach Häkelgarn	Vorzwirn 64	70	76	Nachzwirn 76	81	Flügel
14÷20	–	–	5000	–	–	1500÷1900
24÷30	–	6000	5500	–	4000	–
36÷40	–	5400	6000	5000	4500	–
60÷80	8000	7000	6500	5500	5000	–
90÷100	8500	7500	–	6000	5500	–

5 Läufernummerierung

Läufer-Nummer	Grains	Gram	Bruchteilen	Läufer Nummer	Grains	Gram	Bruchteilen
20/0 ÷ 18/0	1,25	0,081	1/3 ÷ 1/9	1 ÷ 8	10	0,648	1/10 ÷ 1/16
18/0 ÷ 16/0	2,50	0,162	1/5 ÷ 1/10	8 ÷ 11	20	1,296	1/25 ÷ 1/11,5
16/0 ÷ 14/0	1,25	0,081	1/14 ÷ 1/14	11 ÷ 18	30	1,944	1/37 ÷ 1/14,7
14/0 ÷ 10/0	2,50	0,162	1/13 ÷ 1/11	18 ÷ 20	50	2,592	1/25 ÷ 1/9,8
10/0 ÷ 8/0	5,00	0,324	1/6 ÷ 1/7	20 ÷ 23	60	3,888	1/9 ÷ 1/12
8/0 ÷ 6/0	2,50	0,162	1/16 ÷ 1/16	23 ÷ 27	80	5,184	1/9 ÷ 1/12
6/0 ÷ 4/0	5,00	0,324	1/9 ÷ 1/11	27 ÷ 28	100	6,480	1/10,6 ÷ 1/11,6
4/0 ÷ 1/0	10,00	0,648	1/6 ÷ 1/7	28 ÷ 30	120	7,776	1/9,7 ÷ 1/10,7

Verlag von R. Oldenbourg, München und Berlin.

1   Schappe-Gespinste und -Zwirne

Gespinste	für einfaches Garn aus Zug:				Gespinste für 2-fach. Garn aus Zug:				Zwirn aus 2-fachem Gespinst, Zug:				
N_m	I	II	III	IV	I	II	III	IV	N_m	I	II	III	IV
20 ⚯ 400	66,67 ÷ 66,85	73,83 ÷ 74,00	76,73 ÷ 76,80	79,64 ÷ 79,75	57,91 ÷ 61,03	71,20 ÷ 80,90	89,24 ÷ 89,39	94,94 ÷ 95,05	20 ⚯ 400	55,06 ÷ 56,08	50,63 ÷ 51,41	55,06 ÷ 55,06	59,18 ÷ 56,20
Mittel b	66,76	73,92	76,77	79,70	59,47	76,05	89,32	95,00	Mittel b	56,07	51,02	55,06	57,69

14 Cor...

Gespinst N_m
50 ⚯ 150
Mittel b

2   Webschappe

Gespinst N_m	Zug II und III		Gespinst N_m	kurze Ware Schuhnätzer f.f. (Cannetten) b
	Gespinst b	Zwirn 2-fach b		
20 ⚯ 300	54,74 ÷ 56,00	52,25 ÷ 54,39	60 ⚯ 180	51,44 ÷ 52,68
Mittel b	55,00	53,80	Mittel b	52,00

Gespinst N_m	lange Ware für Sammet		lange Ware für Plüsch	
	Gespinst b	Zwirn 2-fach b	Gespinst b	Zwirn 2-fach b
140 ⚯ 200	40,61 ÷ 41,39	50,24 ÷ 51,00	46,50 ÷ 46,94	50,24 ÷ 51,00
Mittel b	41,05	50,54	46,71	50,54

3   Cordonnet

N_m	Gespinst b	2-fach b	3-fach b
30 ⚯ 160	91,95 ÷ 91,93	122,47 ÷ 122,57	108,85 ÷ 109,44

4   Filoselle und Corsett

Gespinst N_m	Filoselle		Corsett	
	Gespinst b	Zwirn 2-fach b	Gespinst b	Zw. 2-fach rechts b
40 ⚯ 110	58,00 ÷ 59,28	70,00 ÷ 71,58	162,74 ÷ 166,70	173,34 ÷ 175,63
Mittel b	58,70	70,81	164,63	174,33

5   Perl-Cordonnets (Perlé)

Gespinst N_m	Gespinst b	Zwirn 2-fach b	Gespinst b	Zwirn 3-fach b
20 ⚯ 140	89,41 ÷ 90,52	114,80 ÷ 118,61	77,42 ÷ 79,11	109,29 ÷ 111,86
Mittel b	89,88	116,72	79,02	110,82

6   Cordonnets für Modenäherei (Couture)

Gespinst-N_m	Gespinst b	Zwirn 2-fach b	Gespinst N_m	Gespinst b	Zwirn 3...
60 ⚯ 120	125,60 ÷ 126,40	145,27 ÷ 146,05	45 u 70	82,09 ÷ 83,73	11... ÷ 11...
Mittel b	126,18	145,73	Mittel b	82,66	115...

7   Cordonnets für Fransen

Gespinst-N_m	Gespinst b	Zwirn 2-fach b	Gespinst N_m	Gespinst b	Zwirn 3...
40 ⚯ 130	47,45 ÷ 51,63	64,52 ÷ 65,88	30 ⚯ 130	46,45 ÷ 47,47	64... ÷ 66...
Mittel b	50,45	65,15	Mittel b	47,26	65...

8   Cordonnets für Corset

Gespinst N_m	Gespinst b	Zwirn 2-fach b
20 u 40	138,70 ÷ 142,40	155,06 ÷ 155,66
Mittel b	140,78	155,17

9   Fischer-(Netz-) Zwi...

Gespinst N_m	Gespinst b	Zw...
20/4	80	1...
20/5	70	1...
25/4	90	1...
25/5	80	1...

10   Trommel-Cordonnets

Gespinst N_m	Gespinst b	Zwirn 3-fach b
22, 25, 30, 45	147,00 ÷ 147,81	161,76 ÷ 164,56
Mittel b	147,32	162,15

11   Cordonnet für Knop...

Gespinst N_m	Gespinst b	Zw...
30 u 60	69,26 ÷ 70,71	1... ÷ 1...
Mittel b	69,78	1...

12   Schappe für Stickseide

Gespinst N_m	Gespinst b	Zwirn 2-fach b
20 ⚯ 140	63,85 ÷ 65,33	63,29 ÷ 64,88
Mittel b	64,62	64,11

13   Strickerei (Trikot...

Gespinst N_m	Gespinst b	Zw...
50 ⚯ 120	73,55 ÷ 74,35	
Mittel b	74,15	